독학으로 준비하는 수험서!
가스산업기사 실기

일진사

책머리에

우리나라는 70년대 산업화 이후 중화학공업 및 첨단산업이 급속히 발전하면서 세계 10위권의 경제규모를 갖게 되었고, 경제규모가 커짐에 따라 각 산업현장 및 우리의 일상생활에서 가스 소비는 획기적으로 증가하고 가스분야의 기술인력이 많이 필요하게 되었습니다.

이에 저자는 현장실무와 가스 강의 경험을 토대로 **가스산업기사 실기시험**을 준비하는 수험생에게 꼭 필요한 수험서가 될 수 있도록 다음과 같은 부분에 중점을 두어 교재를 발행하게 되었습니다.

첫째, 가스산업기사 실기 출제기준에 맞추어 필답형과 작업형(동영상)으로 구성하였습니다.

둘째, 기능장, 기사, 산업기사 출제문제의 구별이 없는 것을 감안하여 기능장과 기사에 출제된 문제도 선별하여 수록하였습니다.

셋째, 필답형 부분에서는 단원별 핵심 이론정리와 예상문제를 자세한 설명과 풀이과정을 수록하여 독학으로 준비하는 데 부족함이 없도록 하였습니다.

넷째, 작업형(동영상) 부분에서는 분야별로 예상문제와 해답 그리고 해설을 수록하여 동영상시험에서 고득점을 받을 수 있는 기초가 되도록 하였습니다.

다섯째, 필답형 및 작업형(동영상) 실전 모의고사를 2015년부터 2024년까지 수록하였습니다.

여섯째, 부록으로 '단위환산 및 자주하는 질문', '간추린 가스 공식 100선'을 수록하여 의문이나 궁금증을 스스로 해결할 수 있도록 하였습니다.

끝으로 저자는 이 책으로 가스산업기사 실기시험을 준비하는 수험생 여러분이 최종 합격의 영광이 있기를 기원하며, 교재가 출판될 때까지 많은 도움을 주신 분들과 도서출판 **일진사** 직원 여러분께 깊은 감사를 드립니다.

저자 씀

★ 저자가 운영하고 있는 카페를 방문하면 많은 정보와 관련 자료를 공유하고, 소통할 수 있습니다.
네이버 - 자격증을 공부하는 모임(cafe.navwer.com/gas21)

실기시험 수험자 유의사항

1. 일반사항

1. 시험문제를 받은 즉시 응시하고자 하는 종목의 문제지가 맞는지 여부를 확인하여야 합니다.
2. 시험문제지의 총면 수, 문제번호 순서, 인쇄상태 등을 확인하고(**확인 이후 시험문제지 교체 불가**), 수험번호 및 성명을 답안지에 기재하여야 합니다.
3. 부정 또는 불공정한 방법(시험문제 내용과 관련된 메모지 사용 등)으로 시험을 치른 자는 부정행위자로 처리되어 당해 시험을 중지 또는 무효로 하고, 3년간 국가기술자격검정의 응시자격이 정지됩니다.
4. 저장용량이 큰 전자계산기 및 유사 전자제품 사용 시에는 반드시 저장된 메모리를 초기화한 후 사용하여야 하며, 시험위원이 초기화 여부를 확인할 시 협조하여야 합니다. 초기화되지 않은 전자계산기 및 유사 전자제품을 사용하여 적발 시에는 부정행위로 간주합니다.
5. 시험 중에는 통신기기 및 전자기기(휴대용 전화기 및 스마트워치 등)를 지참하거나 사용할 수 없습니다.
6. 문제 및 답안(지), 채점기준은 공개하지 않습니다.
7. 복합형 시험의 경우 시험의 전 과정(필답형, 작업형)을 응시하지 않은 경우 채점대상에서 제외합니다.

2. 채점사항

1. 수검자 인적사항 및 계산식을 포함한 답안작성은 **흑색 필기구만 사용해야 하며**, 그 외 연필류, 빨간색, 청색 등 필기구 및 수정테이프(액)를 사용허 작성한 답항은 0점 처리되오니 불이익을 당하지 않도록 유의해 주시기 바랍니다.
2. 답란에는 문제와 관련 없는 불필요한 낙서나 특이한 기록사항 등을 기재하여서는 안 되며, 답안지의 인적사항 기재란 외의 부분에 답안과 관련 없는 **특수한 표시를 하거나 특정인임을 암시하는 경우 답안지 전체를 0점 처리합니다.**
3. 계산문제는 반드시 「계산과정」과 「답」란에 기재하여야 하며, **계산과정이 틀리거나 없는 경우 0점 처리됩니다.**
4. 계산문제는 최종 결과 값(답)에서 소수 셋째자리에서 반올림하여 둘째자리까지 구하여야 하나 개별문제에서 소수 처리에 대한 요구사항이 있을 경우 그 요구사항에 따라야 합니다.

5. 답에 단위가 없으면 오답으로 처리됩니다. (단, 문제의 요구사항에 단위가 주어졌을 경우는 생략되어도 무방합니다.)
6. 문제에서 요구한 가지 수(항 수) 이상을 답란에 표기한 경우에는 답란기재 순으로 요구한 가지 수(항 수)만 채점하고 한 항에 여러 가지를 기재하더라도 한 가지로 보며 그 중 정답과 오답이 함께 기재되어 있을 경우 오답으로 처리됩니다.
7. 답안 정정 시에는 정정하고자 하는 단어에 두 줄(=)을 긋고 다시 작성하시기 바랍니다.

※ 수험자 유의사항 미준수로 인한 채점상의 불이익은 수험자 본인에게 책임이 있습니다.

3 실기시험 배점 및 시간

구분	필답형	작업형(동영상)
배점	60점	40점
문제 수	15문제	10문제
시험 시간	1시간 30분	1시간 30분 정도

4 동영상 실기시험 변경사항

1. 동영상시험 주요 변경사항
  - 2020년 제4회부터 시행

구분	내용	
	변경 전	변경 후
동영상 문제 구성	동영상(화면)과 문제(문제지 겸 답안지) 별도 구성	동영상, 문제가 화면에 동시에 연출
답안지	문제를 포함한 답안지 제공	답안지만 제공

  - 2024년 1월 1일부터 적용되는 사항

변경 전	변경 후(24년부터)
당일 시행(필답형 + 동영상)	필답형 : 필답 시험일에 시행 동영상 : 별도 시험일에 시행

[유의사항]
- 가스산업기사 실기시험 응시희망 수험자는 접수 시 ① 필답형 시험장, ② 동영상 시험장을 각각 선택한 후 접수하여야 합니다.
- 필답형 및 동영상 시험의 각 시험시간 및 채점방식은 기존과 동일합니다.

2. 동영상 답안 작성 방법
- 답안지에 종목명, 문제 수를 수험생이 직접 기입
- 동영상 문제번호에 해당되는 답란에 답안 작성

3. 동영상 응시 화면 안내

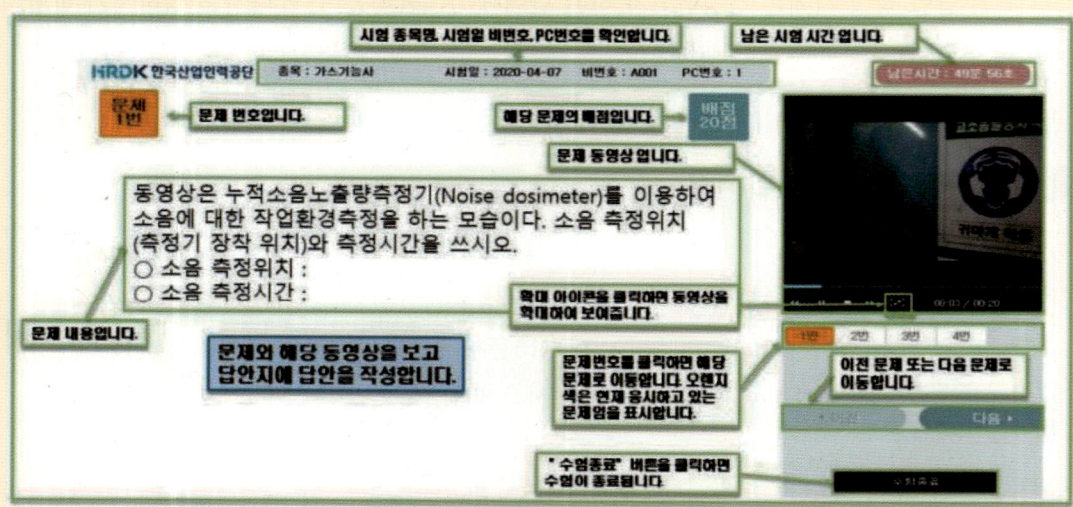

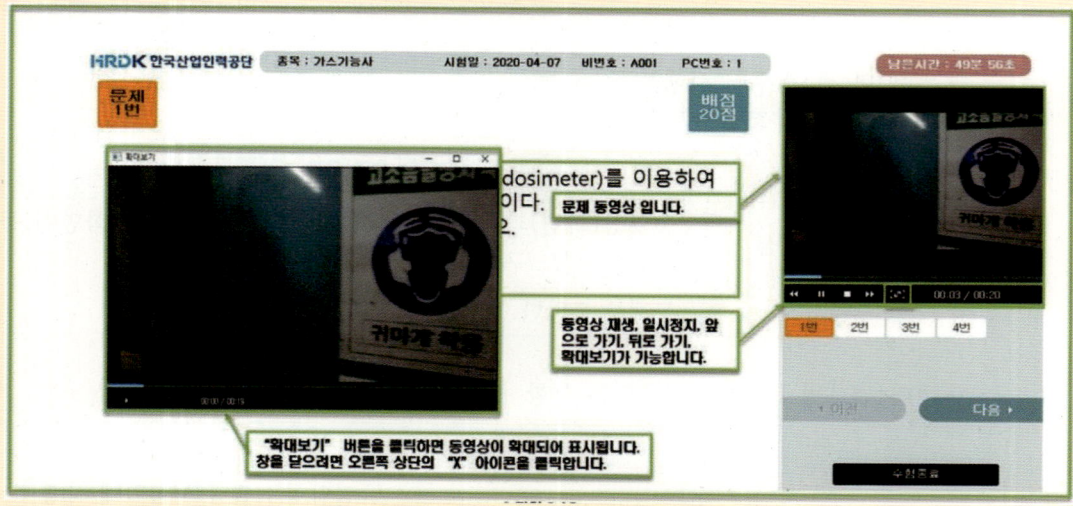

4. 동영상 시험 체험 프로그램 배포
- 산업인력공단 홈페이지(Q-net)에서 동영상 모의테스트 프로그램이 제공되니 내려받기하여 활용하시기 바랍니다.

5 가스산업기사 연도별 검정현황

연도	필기			실기		
	응시	합격	합격률(%)	응시	합격	합격률(%)
2023	6,542	2,315	35.4%	2,992	953	31.9%
2022	7,082	1,508	21.3%	2,582	548	21.2%
2021	7,280	1,875	25.8%	3,253	981	30.2%
2020	6,334	2,758	43.5%	4,740	1,302	27.5%
2019	7,127	2,755	38.7%	4,303	1,271	29.5%
2018	5,443	1,948	35.8%	2,680	1,352	50.4%
2017	5,141	1,517	29.5%	2,369	1,206	50.9%
2016	4,959	1,362	27.5%	1,895	824	43.5%
2015	4,217	1,077	25.5%	1,754	749	42.7%
2014	3,876	714	18.4%	1,278	214	16.7%
2013	3,697	645	17.4%	1,092	558	51.1%
2012	3,500	589	16.8%	1,240	398	32.1%
2011	3,290	848	25.8%	1,459	638	43.7%
2010	3,662	1,001	27.3%	1,388	441	31.8%
2009	3,667	870	23.7%	1,098	679	61.8%
2008	3,156	647	20.5%	1,238	635	51.3%
2007	3,452	992	28.7%	1,564	724	46.3%
2006	3,797	994	26.2%	1,584	379	23.9%
2005	3,394	744	21.9%	1,285	680	52.9%
2004	3,109	762	24.5%	1,225	243	19.8%
2003	3,089	649	21%	1,083	557	51.4%
2002	3,107	710	22.9%	1,264	321	25.4%
2001	4,094	989	24.2%	1,797	605	33.7%
1979~2000	107,669	33,922	31.5%	55,254	12,657	22.9%
소계	210,684	62,191	29.5%	100,417	28,915	28.8%

가스산업기사 실기 출제기준

직무분야	안전관리	중직무분야	안전관리	자격종목	가스산업기사	적용기간	2024.1.1.~2027.12.31.

○직무내용 : 가스 및 용기제조의 공정관리, 가스의 사용방법 및 취급요령 등을 위해 예방을 위한 지도 및 감독업무와 저장, 판매, 공급 등의 과정에서 안전관리를 위한 지도 및 감독 업무를 수행하는 직무이다.
○수행준거 : 1. 가스제조에 대한 고도의 전문적인 지식 및 기능을 가지고 각종 가스를 제조, 설치 및 정비작업을 할 수 있다.
2. 가스설비, 운전, 저장 및 공급에 대한 취급과 가스장치의 고장 진단 및 유지관리를 할 수 있다.
3. 가스기기 및 설비에 대한 검사업무 및 가스안전관리에 관한 업무를 수행할 수 있다.

실기검정방법	복합형	시험시간	필답형: 1시간 30분, 작업형: 1시간 30분 정도

실기과목명	주요항목	세부항목	세세항목
가스 실무	1. 가스설비 실무	1. 가스 설비 설치하기	1. 고압가스 설비를 설계·설치관리 할 수 있다. 2. 액화석유가스 설비를 설계·설치관리 할 수 있다. 3. 도시가스 설비를 설계·설치관리 할 수 있다. 4. 수소 설비를 설계·설치관리 할 수 있다.
		2. 가스 설비 유지관리하기	1. 고압가스 설비를 안전하게 유지관리 할 수 있다. 2. 액화석유가스 설비를 안전하게 유지관리 할 수 있다. 3. 도시가스 설비를 안전하게 유지관리 할 수 있다. 4. 수소 설비를 안전하게 유지관리 할 수 있다.
	2. 안전관리 실무	1. 가스안전 관리하기	1. 용기, 가스용품, 저장탱크 등 가스설비 및 기기의 취급운반에 대한 안전 대책을 수립할 수 있다. 2. 가스폭발 방지를 위한 대책을 수립하고, 사고발생 시 신속히 대응할 수 있다. 3. 가스시설의 평가, 진단 및 검사를 할 수 있다
		2. 가스 안전 검사 수행하기	1. 가스관련 안전인증대상 기계·기구와 자율안전 확인 대상 기계·기구 등을 구분할 수 있다. 2. 가스관련 의무안전인증 대상 기계·기구와 자율안전 확인대상 기계·기구 등에 따른 위험성의 세부적인 종류, 규격, 형식의 위험성을 적용할 수 있다. 3. 가스관련 안전인증 대상 기계·기구와 자율안전 대상 기계·기구 등에 따른 기계·기구에 대하여 측정장비를 이용하여 정기적인 시험을 실시할 수 있도록 관리계획을 작성할 수 있다. 4. 가스관련 안전인증 대상 기계·기구와 자율안전 대상 기계·기구 등에 따른 기계·기구 설치방법 및 종류에 의한 장단점을 조사할 수 있다. 5. 공정진행에 의한 가스관련 안전인증 대상 기계·기구와 자율안전 확인 대상 기계·기구 등에 따른 기계기구의 설치, 해치, 변경 계획을 작성할 수 있다.

책머리에 • 3
수험자 유의사항 • 4
가스산업기사 실기 출제기준 • 8

PART 1 가스설비 실무

제1장 열역학 기초 16
1. 압력 16
2. 동력 17
3. 비열 및 비열비 18
4. 현열과 잠열 19
5. 열에너지 20
6. 열역학 법칙 21
7. 비중, 밀도, 비체적 22
8. 가스의 기초 법칙 22
9. 혼합가스의 성질 25
• 예상문제 27

제2장 고압가스 제조 62
1. 고압가스의 분류 62
2. 고압가스의 종류 및 특징 63
• 예상문제 80

제3장 액화석유가스(LPG) 설비 109
1. 액화석유가스 109
2. 액화석유가스 설비 110
• 예상문제 121

제4장 도시가스 설비 158
1. 도시가스 제조 158
2. 도시가스 설비 162
• 예상문제 173

제5장 압축기 및 펌프 212
1. 압축기 212
2. 펌프 218
• 예상문제 226

제6장 ◆ 가스 장치 및 설비 일반 249
1. 저온장치 249
2. 금속재료 254
3. 가스 제조 설비 일반 260
4. 가스 배관 설비 261
5. 압력용기 및 충전용기 264
- 예상문제 273

제7장 ◆ 계측기기 325
1. 가스 검지법 및 분석기 325
2. 가스 계측기기 327
- 예상문제 332

제8장 ◆ 연소 및 폭발 349
1. 가스의 연소 349
2. 가스 폭발 및 폭굉 350
3. 연소 계산 355
- 예상문제 360

제9장 ◆ 고압가스 안전관리 384
1. 저장능력 및 냉동능력 산정기준 384
2. 보호시설 385
3. 고압가스 제조 기준 386
4. 특정고압가스 및 특정설비 394
5. 고압가스 운반 기준 395
- 예상문제 397

제10장 ◆ 액화석유가스 안전관리 466
1. 충전시설 466
2. 소형 저장탱크 설치 472
3. 액화석유가스 사용시설 473
- 예상문제 475

제11장 ◆ 도시가스 안전관리 506
1. 가스도매사업 공급시설 506
2. 일반도시가스사업 공급시설 509
3. 사용시설 514
- 예상문제 519

PART 2   필답형 실전 모의고사

- **2015년 가스산업기사 필답형 실전 모의고사** ························ 558
  - 제1회   필답형 모의고사 • 558
  - 제2회   필답형 모의고사 • 563
  - 제4회   필답형 모의고사 • 569

- **2016년 가스산업기사 필답형 실전 모의고사** ························ 574
  - 제1회   필답형 모의고사 • 574
  - 제2회   필답형 모의고사 • 579
  - 제4회   필답형 모의고사 • 585

- **2017년 가스산업기사 필답형 실전 모의고사** ························ 591
  - 제1회   필답형 모의고사 • 591
  - 제2회   필답형 모의고사 • 598
  - 제4회   필답형 모의고사 • 603

- **2018년 가스산업기사 필답형 실전 모의고사** ························ 609
  - 제1회   필답형 모의고사 • 609
  - 제2회   필답형 모의고사 • 615
  - 제4회   필답형 모의고사 • 621

- **2019년 가스산업기사 필답형 실전 모의고사** ························ 627
  - 제1회   필답형 모의고사 • 627
  - 제2회   필답형 모의고사 • 632
  - 제4회   필답형 모의고사 • 637

- **2020년 가스산업기사 필답형 실전 모의고사** ························ 642
  - 제1회   필답형 모의고사 • 642
  - 제2회   필답형 모의고사 • 649
  - 제3회   필답형 모의고사 • 656
  - 제4회   필답형 모의고사 • 661

- **2021년 가스산업기사 필답형 실전 모의고사** ························ 666
  - 제1회   필답형 모의고사 • 666
  - 제2회   필답형 모의고사 • 672
  - 제4회   필답형 모의고사 • 677

- 2022년 가스산업기사 필답형 실전 모의고사 ·················· 682

  제1회 필답형 모의고사 • 682
  제2회 필답형 모의고사 • 688
  제4회 필답형 모의고사 • 693

- 2023년 가스산업기사 필답형 실전 모의고사 ·················· 699

  제1회 필답형 모의고사 • 699
  제2회 필답형 모의고사 • 706
  제4회 필답형 모의고사 • 712

- 2024년 가스산업기사 필답형 실전 모의고사 ·················· 717

  제1회 필답형 모의고사 • 717
  제2회 필답형 모의고사 • 723
  제3회 필답형 모의고사 • 731

PART 3 안전관리 실무 [동영상 예상문제]

1. 액화석유가스 시설 ·················· 740
2. 도시가스 시설 ·················· 756
3. 도시가스 배관 ·················· 767
4. 가스사용시설 ·················· 785
5. 배관 부속 ·················· 788
6. 압축도시가스 및 수소자동차 충전시설 ·················· 792
7. 가스계량기 ·················· 795
8. 주거용 가스보일러 ·················· 799
9. 충전용기 및 부속품 ·················· 803
10. 압축기 및 펌프 ·················· 819
11. 계측기기 ·················· 823
12. 폭발 및 방폭 설비 ·················· 825

PART 4 동영상 실전 모의고사

- 2015년 가스산업기사 동영상 실전 모의고사 ·········· 832
  - 제1회 동영상 모의고사 • 832
  - 제2회 동영상 모의고사 • 835
  - 제4회 동영상 모의고사 • 838
- 2016년 가스산업기사 동영상 실전 모의고사 ·········· 841
  - 제1회 동영상 모의고사 • 841
  - 제2회 동영상 모의고사 • 844
  - 제4회 동영상 모의고사 • 847
- 2017년 가스산업기사 동영상 실전 모의고사 ·········· 851
  - 제1회 동영상 모의고사 • 851
  - 제2회 동영상 모의고사 • 854
  - 제4회 동영상 모의고사 • 857
- 2018년 가스산업기사 동영상 실전 모의고사 ·········· 860
  - 제1회 동영상 모의고사 • 860
  - 제2회 동영상 모의고사 • 864
  - 제4회 동영상 모의고사 • 867
- 2019년 가스산업기사 동영상 실전 모의고사 ·········· 870
  - 제1회 동영상 모의고사 • 870
  - 제2회 동영상 모의고사 • 873
  - 제4회 동영상 모의고사 • 876
- 2020년 가스산업기사 동영상 실전 모의고사 ·········· 879
  - 제1회 동영상 모의고사 • 879
  - 제2회 동영상 모의고사 • 882
  - 제3회 동영상 모의고사 • 885
  - 제4회 동영상 모의고사 • 889
- 2021년 가스산업기사 동영상 실전 모의고사 ·········· 893
  - 제1회 동영상 모의고사 • 893
  - 제2회 동영상 모의고사 • 897
  - 제4회 동영상 모의고사 • 901

- 2022년 가스산업기사 동영상 실전 모의고사 ·· 904

  제1회 동영상 모의고사 • 904
  제2회 동영상 모의고사 • 907
  제4회 동영상 모의고사 • 911

- 2023년 가스산업기사 동영상 실전 모의고사 ·· 914

  제1회 동영상 모의고사 • 914
  제2회 동영상 모의고사 • 917
  제4회 동영상 모의고사 • 921

- 2024년 가스산업기사 동영상 실전 모의고사 ·· 925

  제1회 동영상 모의고사 • 925
  제2회 동영상 모의고사 • 928
  제3회 동영상 모의고사 • 932

부록

1 단위환산 및 자주하는 질문 ·· 936

  1. 단위환산 ·· 936
  2. 자주하는 질문 ·· 939
  3. 단위정리가 이루어지지 않는 공식 ·· 949

2 간추린 가스 공식 100선(選) ··· 951

가스설비 실무

제1장 열역학 기초

1 압력

1-1 압력(pressure)

(1) 표준대기압(atmospheric) : 0°, 위도 45° 해수면을 기준으로 지구중력이 $9.8m/s^2$이고, 수은주 760mmHg로 표시될 때의 압력으로 1atm으로 표시한다.

> **참고** 1atm = 760mmHg = 76cmHg = 0.76mHg = 29.9inHg = 760torr
> = $10332kgf/m^2$ = $1.0332kgf/cm^2$ = $10.332mH_2O$ = $10332mmH_2O$
> = $101325N/m^2$ = 101325Pa = 101.325kPa = 0.101325MPa
> = 1.01325bar = 1013.25mbar = $14.7lb/in^2$ = 14.7psi

(2) 절대압력, 대기압, 게이지압력, 진공압력의 구분

① 절대압력(absolute pressure) : 완전진공 상태를 기준으로 측정한 압력으로 단위에 'a' 또는 'abs'를 붙여 표시한다.
② 대기압(atmospheric pressure) : 대기에 작용하는 중력에 의해 지표에 생긴 압력으로 0℃, 위도 45° 해수면을 기준으로 하며, 'atm'으로 표시한다.
③ 게이지압력(gauge pressure) : 대기압을 기준으로 측정한 압력으로 단위에 'g'를 붙이거나 생략한다.
④ 진공압력(vacuum pressure) : 대기압을 기준으로 하여 대기압보다 낮게 지시되는 압력으로 단위에 'v' 또는 압력에 해당되는 수치 앞에 '−' 부호를 붙여 구별한다. 완전 진공상태는 760mmHg·v 또는 −760mmHg이다.

(3) 절대압력, 대기압, 게이지압력, 진공압력의 관계

절대압력 = 대기압 + 게이지압력
= 대기압 − 진공압력

(4) 압력 환산

$$환산압력 = \frac{주어진\ 압력}{주어진\ 압력의\ 표준대기압} \times 구하려는\ 표준대기압$$

예제 01 1MPa은 몇 kgf/cm²에 해당되는가? (단, 소수점 이하는 버린다.)

풀이 환산압력 = $\dfrac{\text{주어진 압력}}{\text{주어진 압력의 표준대기압}} \times \text{구하려는 표준대기압}$

$= \dfrac{1}{0.101325} \times 1.0332 = 10.1968 ≒ 10\,\text{kgf/cm}^2$

해답 $10\,\text{kgf/cm}^2$

※ 압력을 환산하기 위해서는 1atm에 해당되는 내용을 숙지하여야 함

참고 공학단위와 SI단위의 관계
- $1\,\text{MPa} = 10.1968\,\text{kgf/cm}^2 ≒ 10\,\text{kgf/cm}^2$
- $1\,\text{kPa} = 101.968\,\text{mmH}_2\text{O} ≒ 100\,\text{mmH}_2\text{O}$

예제 02 밀도가 0.998g/cm³인 액체가 들어있는 저장탱크에서 액면에서 2m 아래 지점의 절대압력(kPa)은 얼마인가? [10. 2회. 산기]

해설 대기압 1atm은 101.325kPa이다.

∴ 절대압력 = 대기압 + 게이지압력
$= 101.325 + \{(0.998 \times 10^3) \times 9.8 \times 2 \times 10^{-3}\}$
$= 120.885 ≒ 120.89\,\text{kPa}\cdot\text{a}$

해답 $120.89\,\text{kPa}\cdot\text{a}$

참고
① 밀도 $0.998\,\text{g/cm}^3 = 0.998\,\text{kg/L} = 0.998 \times 10^3\,\text{kg/m}^3$이다.
② 게이지압력 $P = \gamma \times h\,[\text{kgf/m}^2] = (\rho \times g) \times h\,[\text{N/m}^2]$이고, N/m²은 Pa이며, $10^{-3}\,\text{kPa}$이다.
③ 공학단위인 비중량(γ)을 절대단위로 변환할 때에는 중력가속도(g)를 곱하며, 이때의 단위는 $\text{kg/m}^2\cdot\text{s}^2$이다.

2 동력

(1) 동력이란 단위시간 동안 행한 일의 비이다.

(2) 단위

① $1\,\text{PS} = 75\,\text{kgf}\cdot\text{m/s} = 632.2\,\text{kcal/h} = 0.735\,\text{kW} = 2646\,\text{kJ/h}$

② $1\,\text{kW} = 1\,\text{kJ/s} = 3600\,\text{kJ/h} = 102\,\text{kgf}\cdot\text{m/s} = 860\,\text{kcal/h} = 1.36\,\text{PS}$

주요 물리량의 단위 비교

물리량	SI단위	공학단위	물리량	SI단위	공학단위
힘	$N(=kg \cdot m/s^2)$	kgf	일	$J(=N \cdot m)$	$kgf \cdot m$
압력	$Pa(=N/m^2)$	kgf/m^2	에너지	$J(=N \cdot m)$	$kgf \cdot m$
열량	$J(=N \cdot m)$	kcal	동력	$W(=J/s)$	$kgf \cdot m/s$

예제 03 전기 에너지 1kW를 kcal/h로 환산하면 얼마인가?

풀이 1kW는 일량으로 $102 kgf \cdot m/s$이므로 이것을 열량으로 환산하며, 1시간은 3600초(s)에 해당되는 것을 적용한다.

$$Q = A \times W = \frac{1}{427} \times 102 \times 3600 = 859.953 \fallingdotseq 860 \text{kcal/h}$$

해답 860kcal/h

3 비열 및 비열비

(1) **비열** : 물질 1kg의 온도를 1℃(또는 1K) 상승시키는 데 소요되는 열량으로 정압비열과 정적비열이 있다.

> **참고** 비열은 물질 1kg의 온도를 1℃(또는 1K) 상승시키는 데 소요되는 열량이기 때문에 단위는 kJ/kg·℃를 kJ/kg·K로 또는 kcal/kg·℃를 kcal/kg·K로 숫자 변환없이 사용할 수 있다.

(2) **비열비** : 정압비열과 정적비열의 비

$$k = \frac{C_p}{C_v} > 1 \, (C_p > C_v \text{이므로 } k > 1 \text{이 되어야 한다.})$$

$$C_p - C_v = R$$

$$C_p = \frac{k}{k-1} R$$

$$C_v = \frac{1}{k-1} R$$

여기서, C_p : 정압비열(kJ/kg·K) C_v : 정적비열(kJ/kg·K)

R : 기체상수 $\left(\frac{8.314}{M} \text{kJ/kg·K} \right)$

[공학단위]

$$C_p - C_v = AR \qquad C_p = \frac{k}{k-1}AR \qquad C_v = \frac{1}{k-1}AR$$

여기서, k : 비열비 C_p : 정압비열(kcal/kgf·K) C_v : 정적비열(kcal/kgf·K)

A : 일의 열당량 $\left(\dfrac{1}{427} \text{kcal/kgf·m}\right)$

R : 기체상수 $\left(\dfrac{848}{M} \text{kgf·m/kg·K}\right)$

예제 04 분자량이 30인 가스의 정압비열이 0.75kJ/kg·K일 때 비열비는 얼마인가?

풀이 ① 정적비열(C_v) 계산 : 정압비열(C_p), 정적비열(C_v), 기체상수(R)와의 관계식 $C_p - C_v = R$을 이용하여 정적비열 C_v를 구한다.

$$\therefore C_v = C_p - R = C_p - \frac{8.314}{M} = 0.75 - \frac{8.314}{30} = 0.472 \fallingdotseq 0.47 \text{kJ/kg·K}$$

② 비열비(k) 계산

$$k = \frac{C_p}{C_v} = \frac{0.75}{0.47} = 1.595 \fallingdotseq 1.60$$

해답 1.6

※ 계산한 정적비열 값을 소수점 몇 째자리에서 반올림하여 적용하느냐에 따라 최종값에서 오차는 발생하며, 채점에는 영향이 없는 사항임

4. 현열과 잠열

(1) 현열(감열) : 상태변화는 없이 온도변화에 총 소요된 열량

$$Q = m \cdot C \cdot \Delta t$$

여기서, Q : 현열(kJ) m : 물체의 질량(kg)
C : 비열(kJ/kg·℃) Δt : 온도변화(℃)

(2) 잠열 : 온도변화는 없이 상태변화에 총 소요된 열량

$$Q = m \cdot \gamma$$

여기서, Q : 잠열(kJ) m : 물체의 질량(kg)
γ : 잠열량(kJ/kg)

물의 증발잠열 및 얼음의 융해잠열

구분	공학단위	SI단위
증발잠열	539 (kcal/kgf)	2256.68 (kJ/kg)
융해잠열	79.68 (kcal/kgf)	333.6 (kJ/kg)

※ ① 공학단위에서 SI단위로 변환 시 1kcal에 약 4.1868kJ을 곱하면 환산됩니다.
　② SI단위에 해당되는 잠열 수치는 변환할 때 사용하는 수치를 어떤 값(4.185, 4.2 등)을 적용하느냐에 따라 차이가 있습니다.

예제 05 −5℃ 얼음 10g을 16℃의 물로 만드는 데 필요한 열량은 몇 kJ인가? (단, 얼음의 비열은 2.1J/g·K, 융해열은 335J/g, 물의 비열은 4.2J/g·K이다.)

풀이 고체(얼음), 액체(물), 기체(수증기)의 질량은 동일하므로, 아래 풀이 과정에 10g을 적용한다.

① −5℃ 얼음을 0℃까지 가열한 열량(현열) 계산
$Q_1 = G \times C \times \Delta T$
$= 10 \times 2.1 \times \{(273+0)-(273-5)\} = 105J$

② 0℃ 얼음을 0℃ 물로 가열한 열량(잠열) 계산
$Q_2 = G \times \gamma = 10 \times 335 = 3350J$

③ 0℃ 물을 16℃까지 가열한 열량(현열) 계산
$Q_3 = G \times C \times \Delta T$
$= 10 \times 4.2 \times \{(273+16)-(273+0)\} = 672J$

④ 합계 열량 계산
$Q = Q_1 + Q_2 + Q_3 = 105 + 3350 + 672 = 4127J = 4.127kJ ≒ 4.13kJ$

해답 4.13kJ

5 열에너지

(1) **내부에너지** : 모든 물체는 그 물체 자신이 외부와 관계없이 현열과 잠열로서 열을 비축하고 있는데 이를 내부에너지라 한다.

(2) **엔탈피** : 어떤 물체가 갖는 단위질량당의 열량으로 내부에너지와 외부에너지의 합이다.

$h = U + P \cdot v$

여기서, h : 엔탈피(kJ/kg)　U : 내부에너지(kJ/kg)
　　　　P : 압력(kPa)　　　v : 비체적(m^3/kg)

[공학단위]

$$h = U + A \cdot P \cdot v$$

여기서, h : 엔탈피(kcal/kgf) U : 내부에너지(kcal/kgf)
A : 일의 열당량$\left(\dfrac{1}{427}\text{kcal/kgf}\cdot\text{m}\right)$ P : 압력(kgf/m^2)
v : 비체적(m^3/kgf)

6 열역학 법칙

(1) **열역학 제0법칙** : 열평형의 법칙

$$t_m = \dfrac{m_1 \cdot C_1 \cdot t_1 + m_2 \cdot C_2 \cdot t_2}{m_1 \cdot C_1 + m_2 \cdot C_2}$$

여기서, t_m : 열평형 온도(평균온도) (℃) m_1, m_2 : 각 물질의 질량(kg)
C_1, C_2 : 각 물질의 비열(kJ/kg·℃) t_1, t_2 : 각 물질의 온도(℃)

(2) **열역학 제1법칙** : 에너지보존의 법칙

$$Q = W$$

여기서, Q : 열량(kJ) W : 일량(kJ)

※ SI 단위에서는 열과 일은 같은 단위인 kJ을 사용한다.

[공학단위]

$$Q = A \cdot W \qquad W = J \cdot Q$$

여기서, Q : 열량(kcal) W : 일량(kgf·m)
A : 일의 열당량$\left(\dfrac{1}{427}\text{kcal/kgf}\cdot\text{m}\right)$ J : 열의 일당량(427kgf·m/kcal)

(3) **열역학 제2법칙** : 방향성의 법칙

(4) **열역학 제3법칙** : 절대온도 0도(−273℃)를 이룰 수 없다.

예제 06
80℃의 물 50kg과 20℃의 물 100kg을 혼합하면 이 혼합된 물의 온도는 약 몇 ℃인가? (단, 물의 비열은 4.2kJ/kg·℃이다.)

풀이 $t_m = \dfrac{m_1 \cdot C_1 \cdot t_1 + m_2 \cdot C_2 \cdot t_2}{m_1 \cdot C_1 + m_2 \cdot C_2} = \dfrac{50 \times 4.2 \times 80 + 100 \times 4.2 \times 20}{50 \times 4.2 + 100 \times 4.2} = 40℃$

해답 40℃

7 비중, 밀도, 비체적

(1) 비중

① 가스비중 = $\dfrac{\text{기체 분자량(질량)}}{\text{공기의 평균 분자량}(29)}$

② 액체비중 = $\dfrac{t\,℃\ \text{물질의 밀도}}{4\,℃\ \text{물의 밀도}}$

(2) 밀도 : 단위체적당 질량으로 비체적의 역수이다.

가스밀도$(g/L,\ kg/m^3)$ = $\dfrac{\text{분자량}(M)}{22.4}$ = $\dfrac{1}{\text{비체적}(v)}$

(3) 비체적 : 단위질량당 체적으로 밀도의 역수이다.

가스비체적$(L/g,\ m^3/kg)$ = $\dfrac{22.4}{\text{분자량}(M)}$ = $\dfrac{1}{\text{밀도}(\rho)}$

예제 07 STP 상태(0℃, 1기압)에서 부탄의 밀도(kg/m^3) 및 비체적(m^3/kg)은 각각 얼마인가?

풀이 부탄(C_4H_{10})의 분자량은 58이다.

① 밀도 계산

$\rho = \dfrac{M}{22.4} = \dfrac{58}{22.4} = 2.589 ≒ 2.59\,kg/m^3$

② 비체적 계산

$v = \dfrac{22.4}{M} = \dfrac{22.4}{58} = 0.386 ≒ 0.39\,m^3/kg$

또는 $v = \dfrac{1}{\rho} = \dfrac{1}{2.59} = 0.386 ≒ 0.39\,m^3/kg$

해답 ① 밀도 : $2.59\,kg/m^3$ ② 비체적 : $0.39\,m^3/kg$

※ STP 상태가 아닌 경우에는 이상기체 상태방정식을 이용하여 계산한다.

---

8 가스의 기초 법칙

(1) **보일의 법칙** : 일정온도 하에서 일정량의 기체가 차지하는 부피는 압력에 반비례한다.

(2) **샤를의 법칙** : 일정압력 하에서 일정량의 기체가 차지하는 부피는 절대온도에 비례한다.

(3) 보일-샤를의 법칙 : 일정량의 기체가 차지하는 부피는 압력에 반비례하고, 절대온도에 비례한다.

$$\frac{P_1 \cdot V_1}{T_1} = \frac{P_2 \cdot V_2}{T_2}$$

여기서, P_1 : 변하기 전의 절대압력　　P_2 : 변한 후의 절대압력
　　　　V_1 : 변하기 전의 부피　　　　V_2 : 변한 후의 부피
　　　　T_1 : 변하기 전의 절대온도(K)　T_2 : 변한 후의 절대온도(K)

 예제 08　15℃에서 15MPa로 충전된 산소 저장탱크에서 온도가 40℃로 상승되었을 때 압력은 몇 MPa인가? (단, 대기압은 0.101MPa이다.)

[풀이] 보일-샤를의 법칙 $\frac{P_1 \cdot V_1}{T_1} = \frac{P_2 \cdot V_2}{T_2}$에서 저장탱크는 온도 변화에 따라 체적 변화가 없으므로(또는 무시할 정도로 아주 적다) $V_1 = V_2$가 되어 생략하고, 변화 후의 압력 P_2를 구한다. 보일-샤를의 법칙에 적용되는 압력은 절대압력이므로 구한 후의 압력도 절대압력이 되며 저장탱크, 용기 등에 충전된 압력은 게이지압력이 된다.

$$\therefore P_2 = \frac{P_1 \times T_2}{T_1} = \frac{(15+0.101) \times (273+40)}{273+15}$$
$$= 16.411 \text{MPa} \cdot a - 0.101 = 16.31 \text{MPa} \cdot g$$

[해답] 16.31MPa·g

---

(4) 이상기체 상태 방정식

① 이상기체의 성질
　(가) 보일-샤를의 법칙을 만족한다.
　(나) 아보가드로의 법칙에 따른다.
　(다) 내부에너지는 체적에 무관하며, 온도에 의해서만 결정된다.
　(라) 비열비는 온도에 관계없이 일정하다.
　(마) 기체의 분자력과 크기도 무시되며, 분자간의 충돌은 완전 탄성체이다.
　(바) 줄의 법칙이 성립한다.

② 이상기체 상태 방정식
　(가) 절대단위

$$PV = nRT \qquad PV = \frac{W}{M}RT \qquad PV = Z\frac{W}{M}RT$$

여기서, P : 압력(atm) V : 체적(L) n : 몰(mol)수
R : 기체상수(0.082L·atm/mol·K) M : 분자량(g/mol)
W : 질량(g) T : 절대온도(K) Z : 압축계수

(나) SI단위

$$PV = GRT$$

여기서, P : 압력(kPa·a) V : 체적(m^3) G : 질량(kg)
T : 절대온도(K) R : 기체상수$\left(\dfrac{8.314}{M}\text{kJ/kg·K}\right)$

(다) 공학단위

$$PV = GRT$$

여기서, P : 압력(kgf/m^2·a) V : 체적(m^3) G : 중량(kgf)
T : 절대온도(K) R : 기체상수$\left(\dfrac{848}{M}\text{kgf·m/kg·K}\right)$

(5) 실제기체 상태 방정식(Van der Waals 식)

① 실제기체가 1mol의 경우 : $\left(P + \dfrac{a}{V^2}\right) \cdot (V - b) = RT$

② 실제기체가 n mol의 경우 : $\left(P + \dfrac{n^2 \cdot a}{V^2}\right) \cdot (V - n \cdot b) = nRT$

여기서, a : 기체분자간의 인력(atm·L^2/mol^2)
b : 기체분자 자신이 차지하는 부피(L/mol)

예제 09 용기에 산소 32kg이 들어 있을 때 120℃에서의 절대압력이 0.7MPa이었다면 용기의 내용적은 몇 m^3인가? (단, 산소의 가스정수는 26.5kgf·m/kg·K이다.) [12. 2회. 기사]

풀이 가스정수(기체상수) R이 공학단위로 제시되었으므로 공학단위 이상기체 상태방정식 $PV=GRT$를 이용하여 내용적 V를 구한다.

$$V = \dfrac{GRT}{P} = \dfrac{32 \times 26.5 \times (273+120)}{\dfrac{0.7}{0.101325} \times 10332} = 4.668 ≒ 4.67 m^3$$

해답 $4.67 m^3$

별해 산소의 가스정수를 무시하고 SI단위로 계산하는 방법 산소(O_2)의 분자량은 32이고, 가스정수(기체상수) $R = \dfrac{8.314}{M}$[kJ/kg·K], 압력은 kPa·a를 적용한다.

$$\therefore V = \dfrac{GRT}{P} = \dfrac{32 \times \dfrac{8.314}{32} \times (273+120)}{0.7 \times 1000} = 4.667 ≒ 4.67 m^3$$

※ 이상기체 상태방정식 3가지 공식 중 어느 하나를 선택하여 풀이를 하길 바라며, 최종값에서 발생하는 오차는 채점에는 영향이 없으니 쉽게 계산할 수 있는 것을 선택하여 답안을 작성하길 바랍니다. 단, 제시된 조건의 단위를 공식에 맞춰 주어야 합니다.

9 혼합가스의 성질

(1) **달톤의 분압법칙** : 혼합기체가 나타내는 전압은 각 성분 기체의 분압의 총합과 같다.

(2) **아메가의 분적법칙** : 혼합가스가 나타내는 전 부피는 같은 온도, 같은 압력 하에 있는 각 성분 기체의 부피의 합과 같다.

(3) **전압(전체 압력)**

$$P = \frac{P_1V_1 + P_2V_2 + P_3V_3 + \cdots + P_nV_n}{V}$$

여기서, P : 전압
V : 전부피
P_1, P_2, P_3, P_n : 각 성분 기체의 분압
V_1, V_2, V_3, V_n : 각 성분 기체의 부피

(4) **분압(부분 압력)**

$$분압 = 전압 \times \frac{성분\ 몰수}{전\ 몰수} = 전압 \times \frac{성분\ 부피}{전\ 부피} = 전압 \times \frac{성분\ 분자수}{전\ 분자수}$$

(5) **혼합가스의 확산속도(그레이엄의 법칙)** : 일정한 온도에서 기체의 확산속도는 기체의 분자량(또는 밀도)의 평방근(제곱근)에 반비례한다.

$$\frac{U_2}{U_1} = \sqrt{\frac{M_1}{M_2}} = \frac{t_1}{t_2}$$

여기서, U_1, U_2 : 1번 및 2번 기체의 확산속도
M_1, M_2 : 1번 및 2번 기체의 분자량
t_1, t_2 : 1번 및 2번 기체의 확산시간

예제 10
A 기체를 대기 중으로 확산하는 데 20분이 소요되었다. 같은 조건에서 수소의 확산시간은 4분이 소요되었다면 A 기체의 분자량은?   [09. 2회, 11. 1회. 기사]

풀이 $\frac{U_2}{U_1} = \sqrt{\frac{M_1}{M_2}} = \frac{t_1}{t_2}$ 에서 $\sqrt{\frac{M_A}{M_{H_2}}} = \frac{t_A}{t_{H_2}}$ 가 되며, A기체의 분자량 M_A를 구한다.

$$\therefore M_A = \left(\frac{t_A}{t_{H_2}}\right)^2 \times M_{H_2} = \left(\frac{20}{4}\right)^2 \times 2 = 50$$

해답 50

해설 분자량의 단위는 'g/mol' 또는 'kg/kmol'이지만 일반적으로 생략하여 표시한다.

(6) 르샤틀리에의 법칙(폭발한계 계산) : 폭발성 혼합가스의 폭발한계를 계산할 때 이용한다.

$$\frac{100}{L} = \frac{V_1}{L_1} + \frac{V_2}{L_2} + \frac{V_3}{L_3} + \frac{V_4}{L_4} + \cdots \text{에서}$$

$$L = \frac{100}{\frac{V_1}{L_1} + \frac{V_2}{L_2} + \frac{V_3}{L_3} + \frac{V_4}{L_4}} \text{이다.}$$

여기서, L : 혼합가스의 폭발한계치
V_1, V_2, V_3, V_4 : 각 성분 체적(%)
L_1, L_2, L_3, L_4 : 각 성분 단독의 폭발한계치

예제 77

체적비로 메탄 40%, 수소 30%, 일산화탄소 30%인 혼합가스의 폭발범위를 계산하시오. (단, 각 성분의 폭발범위는 메탄 5~15vol%, 수소 4~75vol%, 일산화탄소 13~74vol% 이다.)

[21. 3회. 기사]

풀이 르샤틀리에의 법칙 $\frac{100}{L} = \frac{V_1}{L_1} + \frac{V_2}{L_2} + \frac{V_3}{L_3}$ 에서

$$L = \frac{100}{\frac{V_1}{L_1} + \frac{V_2}{L_2} + \frac{V_3}{L_3}} \text{이다.}$$

① 폭발범위 하한값 계산

$$L_l = \frac{100}{\frac{V_1}{L_{l_1}} + \frac{V_2}{L_{l_2}} + \frac{V_3}{L_{l_3}}} = \frac{100}{\frac{40}{5} + \frac{30}{4} + \frac{30}{13}} = 5.615 ≒ 5.62\text{vol\%}$$

② 폭발범위 상한값 계산

$$L_h = \frac{100}{\frac{V_1}{L_{h_1}} + \frac{V_2}{L_{h_2}} + \frac{V_3}{L_{h_3}}} = \frac{100}{\frac{40}{15} + \frac{30}{75} + \frac{30}{74}} = 28.801 ≒ 28.80\text{vol\%}$$

해답 5.62~28.8vol%

※ 가연성가스의 체적비가 100%가 아닌 경우에는 공식의 '100'에 체적비 합계를 적용한다.

열역학 기초 예상문제

01 압력계에 지시된 26kgf/cm²을 수두(水頭)로 변환하면 몇 m인가? [23. 2회. 산기]

풀이 환산압력 = $\dfrac{\text{주어진 압력}}{\text{주어진 압력의 표준대기압}} \times$ 구하려는 표준대기압

$= \dfrac{26}{1.0332} \times 10.332 = 260 \text{mH}_2\text{O}$

해답 $260 \text{mH}_2\text{O}$

해설 $1\text{atm} = 760\text{mmHg} = 76\text{cmHg} = 0.76\text{mHg} = 29.9\text{inHg} = 760\text{torr}$
$= 10332\text{kgf/m}^2 = 1.0332\text{kgf/cm}^2 = 10.332\text{mH}_2\text{O} = 10332\text{mmH}_2\text{O}$
$= 101325\text{N/m}^2 = 101325\text{Pa} = 101.325\text{kPa} = 0.101325\text{MPa}$
$= 1.01325\text{bar} = 1013.25\text{mbar} = 14.7\text{lb/in}^2 = 14.7\text{psi}$

※ 압력을 다른 단위로 환산하기 위해서는 표준대기압에 해당하는 것을 기억하고 있어야 가능하니 반드시 기억해 놓길 바랍니다.

02 대기압이 750mmHg이고 게이지압력이 3.5kgf/cm²일 때 절대압력(MPa)은 얼마인가?

풀이 절대압력 = 대기압 + 게이지압력

$= \left(\dfrac{750}{760} \times 0.101325\right) + \left(\dfrac{3.5}{1.0332} \times 0.101325\right) = 0.443 ≒ 0.44\text{MPa}$

해답 $0.44 \text{MPa} \cdot \text{a}$

해설 (1) 절대압력, 대기압, 게이지압력, 진공압력의 관계

절대압력 = 대기압 + 게이지압력 = 대기압 − 진공압력

(2) 절대압력, 대기압, 게이지압력, 진공압력의 구분

① 절대압력(absolute pressure) : 완전진공 상태를 기준으로 측정한 압력으로 단위에 'a' 또는 'abs'를 붙여 표시한다.

② 대기압(atmospheric pressure) : 대기에 작용하는 중력에 의해 지표에 생긴 압력으로 0℃, 위도 45° 해수면을 기준으로 하며, 'atm'으로 표시한다.

③ 게이지압력(gauge pressure) : 대기압을 기준으로 측정한 압력으로 단위에 'g'를 붙이거나 생략한다.

④ 진공압력(vacuum pressure) : 대기압을 기준으로 하여 대기압보다 낮게 지시되는 압력으로 단위에 'v' 또는 압력에 해당되는 수치 앞에 '−'부호를 붙여 구별한다. 완전 진공상태는 760mmHg·v 또는 −760mmHg이다.

※ 문제에서 최종값 단위가 제시되었으므로 답란에는 단위를 작성하지 않아도 또는 문제에서 제시된 단위 MPa, 해답란의 단위 중에서 선택하여 작성하길 바랍니다.

03 대기압이 100kPa일 때 진공도 30%의 절대압력은 몇 kPa인가? [20. 3회. 산기]

풀이 ① 진공도(%) = $\dfrac{진공압력}{대기압} \times 100$ 이다.

∴ 진공압력 = 대기압 × 진공도

② 절대압력 = 대기압 − 진공압력 = 대기압 − (대기압 × 진공도)
= 100 − (100 × 0.3) = 70 kPa·a

해답 70 kPa·a

---

04 비열의 SI단위를 쓰시오. [21. 2회. 산기]

해답 kJ/kg·K (또는 kJ/kg·℃, J/g·K, J/g·℃)

해설 비열은 어떤 물질 1kg을 온도변화 1K(또는 1℃)에 필요한 열량(kJ)이므로 절대온도(K) 또는 섭씨온도(℃)를 사용해도 관계없다. 온도 변화 폭 1도는 절대온도와 섭씨온도 동일한 범위이다.

---

05 질소의 비열비가 1.41일 때 정압비열(kJ/kg·℃)을 계산하시오. [11. 1회. 산기]

풀이 SI단위 정압비열(C_p), 비열비(k), 기체상수(R)의 관계식을 이용하여 계산하며,

기체상수 $R = \dfrac{8.314}{M}$ 이고, 질소 분자량(M)은 28이다.

∴ $C_p = \dfrac{k}{k-1} R = \dfrac{1.41}{1.41-1} \times \dfrac{8.314}{28} = 1.021 ≒ 1.02 \, \text{kJ/kg·℃}$

해답 1.02 kJ/kg·℃

해설 정압비열(C_p), 정적비열(C_v), 비열비(k), 기체상수(R)의 관계식

$$C_p - C_v = R \qquad C_p = \dfrac{k}{k-1} R \qquad C_v = \dfrac{1}{k-1} R$$

여기서, C_p : 정압비열(kJ/kg·K) C_v : 정적비열(kJ/kg·K)

R : 기체상수$\left(\dfrac{8.314}{M} \text{kJ/kg·K}\right)$

---

06 헬륨의 정압비열(C_p)이 1.25 kcal/kg·K, 기체상수(R)가 212 kgf·m/kg·K일 때 정적비열(C_v)은 얼마인가 계산하시오.

풀이 공학단위 정압비열(C_p)과 정적비열(C_v) 및 기체상수(R)의 관계식 $C_p - C_v = AR$에서 정적비열 C_v를 구한다.

∴ $C_v = C_p - AR = 1.25 - \left(\dfrac{1}{427} \times 212\right) = 0.753 ≒ 0.75 \, \text{kcal/kg·K}$

해답 0.75kcal/kg·K

해설 ① 일의 열당량 A[kcal/kgf·m]는 열역학 제1법칙에 의하여 일량(kgf·m)을 열량(kcal)으로 변환하는 것으로 $\frac{1}{427}$은 오차를 보정하기 위한 상수 개념으로 생각하길 바랍니다. 이 수치가 어떤 근거로 나왔는지 반드시 알아야 할 분은 열역학 제1법칙의 개념을 정립한 학자 중에 한 분인 줄(Joule)이라는 분께 확인해 보길 바랍니다.
② 대부분의 문제가 공학단위에서 SI단위로 변경되어 출제되는 과정에 있으며, SI단위일 때 비열과 기체상수 단위는 kJ/kg·K로 제시되고, 관계식은 05번 해설을 참고하길 바랍니다.

07 공기의 조성이 질소 78vol%, 산소 21vol%, 아르곤 1vol%일 때 분자량을 계산식을 이용하여 구하시오.

풀이 ① 공기는 여러 성분으로 이루어진 혼합가스로 볼 수 있으며, 혼합가스의 분자량 (M)은 각 성분의 고유 분자량에 체적비를 곱한 값을 합한 것이다.
② 공기의 분자량 계산 : 각 성분의 분자량은 질소 28, 산소 32, 아르곤 40이다.
∴ $M = (28 \times 0.78) + (32 \times 0.21) + (40 \times 0.01) = 28.96$

해답 28.96

해설 ① 분자량의 단위는 'g/mol', 'kg/kmol'이지만 일반적으로 생략하여 사용하고 있다.
② 함유율(비율) 표시방법
㉮ 'vol%' : 체적(volume) 백분율을 의미하며, 'v%'로 표시하는 경우도 있다.
㉯ 'wt%' : 무게(weight) 백분율을 의미한다.

08 체적비로 메탄 84%, 에탄 12%, 질소 4%인 혼합가스의 평균분자량과 표준상태에서의 밀도를 구하시오.

풀이 ① 평균분자량(M) 계산 : 혼합가스의 성분에 해당하는 고유 분자량에 체적비를 곱하여 합산한 것이 평균분자량이며, 각 성분의 분자량은 메탄(CH_4) 16, 에탄(C_2H_6) 30, 질소(N_2) 28이다.
∴ $M = (16 \times 0.84) + (30 \times 0.12) + (28 \times 0.04) = 18.16$
② 밀도(ρ) 계산 : 밀도는 단위질량당 체적으로 분자량을 22.4로 나눈 값이다.
∴ $\rho = \frac{M}{22.4} = \frac{18.16}{22.4} = 0.810 ≒ 0.81 \text{kg/m}^3$

해답 ① 평균분자량 : 18.16   ② 밀도 : 0.81kg/m³

해설 밀도의 단위는 'kg/m³', 'g/L'을 사용하며 표준상태가 아닌 경우 이상기체 상태방정식으로 온도와 압력을 보정한 밀도를 계산하여야 한다.

09 어느 기체가 10℃, 740mmHg에서 200mL의 무게가 0.6g이라면 표준상태(STP 상태)에서 이 기체의 밀도는 얼마인가? (단, 압력은 절대압력이다.)

풀이 ① 분자량 계산 : 절대단위 이상기체 상태방정식 $PV = \dfrac{W}{M}RT$에서 분자량 M을 구하며, 200mL는 0.2L이다.

$$\therefore M = \dfrac{WRT}{PV} = \dfrac{0.6 \times 0.082 \times (273+10)}{\dfrac{740}{760} \times 0.2} = 71.499 ≒ 71.50 \text{g/mol}$$

※ 단서 조항에서 절대압력이라는 조건이 없으면 게이지압력으로 판단하여 절대압력 'atm'으로 변환하여 적용합니다.

② 밀도(ρ) 계산 : 밀도는 단위체적당 질량으로 분자량을 22.4로 나눈 값이다.

$$\therefore 밀도 = \dfrac{분자량}{22.4} = \dfrac{71.5}{22.4} = 3.191 ≒ 3.19 \text{g/L}$$

해답 3.19g/L

---

10 표준상태(0℃, 1기압)에서 암모니아 가스의 비체적(m^3/kg)을 계산하시오. [19. 1회. 기사]

풀이 ① 가스의 비체적은 단위질량당 체적으로 단위는 'L/g', 'm^3/kg'이다.
② 비체적 계산 : 암모니아(NH_3)의 분자량은 17이다.

$$\therefore 비체적 = \dfrac{22.4}{분자량} = \dfrac{22.4}{17} = 1.317 ≒ 1.32 \text{m}^3/\text{kg}$$

해답 1.32m^3/kg

---

11 2kgf/cm²·a, 온도 25℃인 산소의 비중량(N/m^3)을 계산하시오. [19. 3회. 기사]

풀이 ① 밀도(kg/m^3) 계산 : 밀도(ρ)는 단위체적(V)당 질량(G)이고, 표준상태가 아니므로 SI단위 이상기체 상태방정식 $PV = GRT$를 이용하여 계산한다.

$$\therefore \rho = \dfrac{G}{V} = \dfrac{P}{RT} = \dfrac{\dfrac{2}{1.0332} \times 101.325}{\dfrac{8.314}{32} \times (273+25)} = 2.533 ≒ 2.53 \text{kg/m}^3$$

② 절대단위 비중량(N/m^3, kg/m^2·s] 계산 : 뉴턴(N)은 'kg·m/s²'이다.

$$\therefore \gamma = \rho \times g = 2.53 \times 9.8 = 24.794 \text{kg·m/m}^3 \cdot \text{s}^2 = 24.794 \text{N/m}^3 ≒ 24.79 \text{N/m}^3$$

해답 24.79 N/m^3

별해 밀도를 계산하는 과정에 중력가속도(g) 9.8m/s²을 곱하여 하나의 식으로 계산

$$\gamma = \rho \times g = \frac{G}{V} \times g = \frac{P}{RT} \times g = \frac{\frac{2}{1.0332} \times 101.325}{\frac{8.314}{32} \times (273+25)} \times 9.8 = 24.826 ≒ 24.83 \text{N/m}^3$$

12 프로판(C_3H_8)과 펜탄(C_5H_{12})을 혼합하여 평균 분자량 58g인 혼합가스를 만들 때 각각의 체적비를 구하시오.

풀이 ① 프로판의 체적비 계산 : 분자량은 프로판 44, 펜탄 72이고, 프로판의 체적비율을 x라 하면 펜탄은 $(1-x)$가 되며, 이것을 식으로 만들어 정리하면 다음과 같다.

$44x + 72(1-x) = 58$

$44x + 72 - 72x = 58$

$x(44-72) = 58-72$

$\therefore x = \frac{58-72}{44-72} \times 100 = 50\%$

② 펜탄의 체적비 계산

펜탄 $= (1-x) \times 100 = (1-0.5) \times 100 = 50\%$

해답 ① 프로판(C_3H_8) : 50% ② 펜탄(C_5H_{12}) : 50%

13 프로판(C_3H_8)과 부탄(C_4H_{10})의 혼합가스가 표준상태에서 밀도가 2.25kg/m³이다. 프로판의 조성은 몇 %인가?

풀이 ① 프로판과 부탄의 밀도 계산

$$\rho_{프로판} = \frac{분자량}{22.4} = \frac{44}{22.4} = 1.964 ≒ 1.96 \text{kg/m}^3$$

$$\rho_{부탄} = \frac{분자량}{22.4} = \frac{58}{22.4} = 2.589 ≒ 2.59 \text{kg/m}^3$$

② 프로판의 조성비율 계산 : 혼합가스의 체적비에서 프로판의 비를 x라 하면 부탄은 $(1-x)$가 되고 이것을 식으로 만들어 정리하면 다음과 같다.

$1.96x + 2.59(1-x) = 2.25$

$1.96x + 2.59 - 2.59x = 2.25$

$x(1.96 - 2.59) = 2.25 - 2.59$

$\therefore x = \frac{2.25 - 2.59}{1.96 - 2.59} \times 100 = 53.968 ≒ 53.97\%$

해답 53.97%

해설 프로판과 부탄의 밀도를 계산한 값을 소수점 몇 째자리에서 반올림하여 적용하느냐에 따라 최종값에서 오차는 발생하며, 채점에는 영향이 없으니 참고하길 바랍니다.

14 내용적 50L인 아세틸렌 충전용기에 다공성물질이 채워져 있다. 이 용기에 내용적의 48% 만큼 아세톤이 충전되어 있을 때 다공도가 85%이었다면 이 용기에 충전된 아세톤의 무게(kg)를 계산하시오. (단, 아세톤의 비중은 0.79이다.) [16. 3회. 기사]

풀이 아세톤이 차지하는 비율이 내용적의 48%이고, 무게(kg)는 체적(L)에 액비중을 곱한다.
∴ W = (내용적 × 아세톤 비율) × 아세톤 액비중 = (50 × 0.48) × 0.79 = 18.96kg

해답 18.96kg

해설 ① 액비중은 단위가 없는 무차원수이지만 단위변환 등을 할 때에는 'kgf/L'을 적용한다.
② 액비중(kgf/L)에 체적(L)을 곱하면 중량(kgf)으로 계산되지만, 공학단위를 기본으로 사용할 때 중력가속도 $9.8m/s^2$이 작용하는 지구상에서 질량 1kg은 중량 1kgf가 되므로 구분없이 사용한 경우이다.

15 공기와 혼합된 아세틸렌의 폭발하한계는 2.5%이다. 표준상태에서 혼합기체 $1m^3$ 중 아세틸렌의 폭발하한계에 해당하는 중량은 얼마인가? [13. 1회, 19. 1회. 기사]

풀이 ① 공기와 아세틸렌의 혼합기체 $1m^3$ 중 아세틸렌의 부피(m^3) 계산
V = 혼합기체 체적 × 폭발하한계 = $1m^3$ × 0.025 = $0.025m^3$
② 표준상태(0℃, 1기압)에서의 아세틸렌(C_2H_2)의 중량 계산
$22.4m^3 : 26kgf = 0.025m^3 : x\ kgf$
∴ $x = \dfrac{26 \times 0.025}{22.4} = 0.029 ≒ 0.03kgf$

해답 0.03kgf

해설 중력가속도 $9.8m/s^2$이 작용하고 있는 지구에서는 질량 1kg이 중량 1kgf가 된다.

16 아보가드로의 법칙을 설명하시오. [20. 4회, 21. 4회. 산기]

해답 모든 기체 1몰(mol)은 표준상태(0℃, 1기압)에서 22.4L의 부피를 차지하며, 그 속에는 6.02×10^{23}개의 분자가 들어 있다.

17 20℃, 100kg의 물을 온수기를 이용하여 60℃까지 상승시키는 데 $0.2m^3$의 LPG를 소비하였다면 이 연소기 효율(%)은 얼마인가? (단, LPG의 발열량은 $24000kcal/m^3$이다.)

풀이 연소기 효율은 '공급 열량(연료량 × 연료발열량)'에 대한 '유효하게 사용한 열량(현열량)'의 비이다.

$$\therefore \eta = \frac{\text{유효하게 사용된 열량}}{\text{공급 열량}} \times 100 = \frac{G \times C \times \Delta t}{G_f \times H_l} \times 100$$

$$= \frac{100 \times 1 \times (60-20)}{0.2 \times 24000} \times 100 = 83.333 ≒ 83.33\%$$

해답 83.33%

18 250L의 물을 5℃에서 15분간 가열하여 40℃로 상승시키는 데 가스를 10m³/h를 사용하였다. 이때 연소기의 열효율(%)은 얼마인가? (단, 가스의 발열량은 5000kcal/m³, 물의 비열은 1kcal/kgf·℃이다.) [06. 2회. 산기]

풀이 연소기 효율(%) 계산 : 5℃에서 40℃로 상승시키는 데 15분이 소요되었는데, 가스 사용량은 시간당 10m³를 사용하였으므로 온도를 상승시키는 데 소요되는 시간도 1시간으로 맞춰 주어야 하며(15분 소요되는 것을 1시간 동안 가열하는 것으로 계산하려면 4배 $\left(\frac{60}{15}=4\right)$를 해 주어야 한다), 물의 비중은 1이므로 1L은 1kgf가 된다.

$$\therefore \eta = \frac{\text{유효하게 사용된 열량}}{\text{공급 열량}} \times 100 = \frac{G \times C \times \Delta t}{G_f \times H_l} \times 100$$

$$= \frac{\{250 \times 1 \times (40-5)\} \times \left(\frac{60}{15}\right)}{10 \times 5000} \times 100 = 70\%$$

해답 70%

별해 15분간 사용한 가스량으로 변환하여 계산 : 1시간은 60분에 해당된다.

$$\therefore \eta = \frac{G \times C \times \Delta t}{G_f \times H_l} \times 100 = \frac{250 \times 1 \times (40-5)}{\left(10 \times \frac{15}{60}\right) \times 5000} \times 100 = 70\%$$

19 비열이 0.8kcal/kg·℃인 어떤 액체 1000kg을 0℃에서 100℃로 상승시키는 데 필요한 프로판은 몇 kg인가? (단, 프로판의 발열량은 12000kcal/kg, 연소기 효율은 90%이다.) [15. 4회, 20. 1회. 산기]

풀이 연소기 효율 $\eta = \frac{G \times C \times \Delta t}{G_f \times H_l} \times 100$에서 연료량 G_f를 구한다.

$$\therefore G_f = \frac{G \times C \times \Delta t}{H_l \times \eta} = \frac{1000 \times 0.8 \times (100-0)}{12000 \times 0.9} = 7.407 ≒ 7.41\text{kg}$$

해답 7.41kg

해설 답안에 계산 과정을 작성할 때 연료사용량 공식을 유도하는 과정 등의 설명은 작성할 필요가 없으며, 마지막 계산 과정으로 작성하길 바랍니다. (공식도 작성하지 않아도 되니 선택하여 작성하길 바랍니다.)

20 열역학 제0법칙을 설명하시오.

해답 온도가 서로 다른 물질이 접촉하면 고온은 저온이 되고, 저온은 고온이 되어서 결국 시간이 흐르면 두 물질의 온도는 같게 된다. 이것을 열평형이 되었다고 하며, 열평형의 법칙이라 한다.

21 40℃ 상태의 공기 40kg과 10℃ 상태의 산소 10kg을 혼합하였을 때 열평형 온도를 계산하시오. (단, 공기와 산소의 정적비열은 각각 0.172kcal/kg·℃, 0.156kcal/kg·℃이다.) [14. 1회. 산기]

풀이 $t_m = \dfrac{G_1 C_1 t_1 + G_2 C_2 t_2}{G_1 C_1 + G_2 C_2} = \dfrac{(40 \times 0.172 \times 40) + (10 \times 0.153 \times 10)}{(40 \times 0.172) + (10 \times 0.153)} = 34.454 ≒ 34.45℃$

해답 34.45℃

22 온도 250℃, 질량 50kg인 금속을 20℃의 물속에 넣었을 때 최종 평형상태에서의 온도가 30℃이면 물의 양은 몇 kg인가? (단, 열손실은 없으며, 금속의 비열은 0.5kJ/kg·K, 물의 비열은 4.18kJ/kg·K이다.)

풀이 $t_m = \dfrac{G_1 C_1 t_1 + G_2 C_2 t_2}{G_1 C_1 + G_2 C_2}$ 에서 금속을 '1', 물을 '2'로 구별하여 물의 양 G_2를 구한다.

$G_1 C_1 t_1 + G_2 C_2 t_2 = t_m(G_1 C_1 + G_2 C_2)$
$G_1 C_1 t_1 + G_2 C_2 t_2 = t_m G_1 C_1 + t_m G_2 C_2$
$G_2 C_2 t_2 - t_m G_2 C_2 = t_m G_1 C_1 - G_1 C_1 t_1$
$G_2(C_2 t_2 - t_m C_2) = t_m G_1 C_1 - G_1 C_1 t_1$

∴ $G_2 = \dfrac{t_m G_1 C_1 - G_1 C_1 t_1}{C_2 t_2 - t_m C_2} = \dfrac{30 \times 50 \times 0.5 - 50 \times 0.5 \times 250}{4.18 \times 20 - 30 \times 4.18}$
$= 131.578 ≒ 131.58 kg$

해답 131.58kg

23 100L의 물이 들어 있는 욕조에 온수기를 사용하여 온수를 넣은 결과 20분 후에 욕조의 온도가 45℃, 온수량이 300L가 되었을 때의 온수기 효율(%)을 계산하시오. (단, 사용가스의 발열량은 10400kcal/m³, 온수기의 가스소비량은 10m³/h, 물의 비열은 1kcal/kgf·℃, 수도의 수온 및 욕조의 초기 수온은 5℃로 한다.) [20. 2회. 산기]

풀이 ① 온수기에서 나오는 온수 온도(℃) 계산 : 욕조에 있는 5℃ 물이 온수기에서 나온 온수와 혼합되어 45℃가 된 것이므로 온수기에서 나오는 온수는 45℃보다는 온도가 높고, 온수기에서 나오는 온수의 양(G_2)은 45℃로 혼합된 온수

300L에서 처음부터 욕조에 있던 5℃, 100L(G_1)의 차이인 200L이 되며, 물의 비중은 1이므로 1L는 1kgf가 된다.

혼합된 평균온도 계산식 $t_m = \dfrac{G_1C_1t_1 + G_2C_2t_2}{G_1C_1 + G_2C_2}$에서 온수기에서 나오는 온도 t_2를 구하는 식을 유도하여 계산한다.

$G_1C_1t_1 + G_2C_2t_2 = t_m(G_1C_1 + G_2C_2)$

$G_2C_2t_2 = \{t_m(G_1C_1 + G_2C_2)\} - G_1C_1t_1$

$\therefore t_2 = \dfrac{t_m(G_1C_1 + G_2C_2) - G_1C_1t_1}{G_2C_2}$

$= \dfrac{\{45 \times (100 \times 1 + 200 \times 1)\} - (100 \times 1 \times 5)}{200 \times 1} = 65℃$

② 온수기 효율(%) 계산 : 온수를 가열하는 시간 20분을 1시간 동안 가스를 소비하는 양과 같은 '시간(hour)' 단위로 맞춰 주어야 한다.

$\therefore \eta = \dfrac{G_2 \times C \times \Delta t}{G_f \times H_l} \times 100 = \dfrac{\{200 \times 1 \times (65-5)\} \times \left(\dfrac{60}{20}\right)}{10 \times 10400} \times 100$

$= 34.615 ≒ 34.62\%$

해답 34.62%

별해 온수를 가열하는 데 소요된 20분간 사용한 가스량으로 변환하여 계산 : 1시간은 60분에 해당된다.

$\therefore \eta = \dfrac{G_2 \times C \times \Delta t}{G_f \times H_l} \times 100 = \dfrac{200 \times 1 \times (65-5)}{\left(10 \times \dfrac{20}{60}\right) \times 10400} \times 100 = 34.615 ≒ 34.62\%$

24 50℃, 30℃, 15℃인 3종류의 액체 A, B, C가 있다. A와 B를 같은 질량으로 혼합하였더니 40℃가 되었고, A와 C를 같은 질량으로 혼합하였더니 20℃가 되었다고 하면 B와 C를 같은 질량으로 혼합하면 온도는 몇 ℃가 되겠는가? (단, A와 B의 비열은 1이다.)

풀이 혼합된 후의 평균온도 계산식 $t_m = \dfrac{G_1C_1t_1 + G_2C_2t_2}{G_1C_1 + G_2C_2}$를 이용하여 B와 C가 혼합되었을 때의 평균온도를 구한다.

① A와 C를 혼합하였을 때 C의 비열(C_C) 계산

$20 = \dfrac{(1 \times 1 \times 50) + (1 \times C_C \times 15)}{(1 \times 1) + (1 \times C_C)}$는 $20 = \dfrac{50 + 15C_C}{1 + C_C}$이고 식을 정리하면 다음과 같다.

$50 + 15C_C = 20 \times (1 + C_C)$ $\quad$ $50 + 15C_C = 20 + 20C_C$

$15C_C - 20C_C = 20 - 50$ $\quad$ $C_C(15 - 20) = 20 - 50$

$\therefore C_C = \dfrac{20 - 50}{15 - 20} = 6$

② B와 C를 혼합하였을 때 온도 계산

$$t_{B+C} = \frac{G_B C_B t_B + G_C C_C t_C}{G_B C_B + G_C C_C} = \frac{(1 \times 1 \times 30) + (1 \times 6 \times 15)}{(1 \times 1) + (1 \times 6)}$$
$$= 17.142 \fallingdotseq 17.14℃$$

해답 17.14℃

---

25 절대압력 1atm인 이상기체 1m³를 5L의 용기에 충전하면 압력은 얼마로 변하겠는가? (단, 온도변화는 없는 것으로 한다.) [21. 1회. 산기]

풀이 보일-샤를의 법칙 $\dfrac{P_1 \cdot V_1}{T_1} = \dfrac{P_2 \cdot V_2}{T_2}$ 에서 충전 후의 압력 P_2를 구한다.

온도변화는 없으므로 $T_1 = T_2$이고, 1m³는 1000L이다.

$$\therefore P_2 = \frac{P_1 \cdot V_1}{V_2} = \frac{1 \times 1000}{5} = 200 \text{atm} \cdot \text{a} - 1 = 199 \text{atm} \cdot \text{g}$$

해답 199atm·g

해설 보일-샤를의 법칙에 적용되는 압력은 절대압력이기 때문에 나중 상태의 압력을 계산한 것도 절대압력이 되며, 5L 용기에 충전된 압력은 계산된 절대압력에서 대기압 1atm을 빼서 게이지압력으로 계산한 것이다.

---

26 내용적 20L인 LPG 저압 배관 공사가 완료되어 기밀시험을 하기 위하여 공기로 9.0kPa로 가압하였다. 10분 경과 후 압력계를 확인하여 보니 9.5kPa를 나타내고 있었다. 기밀시험 개시 시 온도가 18℃이었다면 관내의 온도는 몇 ℃ 상승하였는가? (단, 관내의 공기 누설은 없는 것으로 본다.)

풀이 ① 10분 후 상태 온도(T_2) 계산 : 보일-샤를의 법칙 $\dfrac{P_1 \cdot V_1}{T_1} = \dfrac{P_2 \cdot V_2}{T_2}$에서 T_2를 구한다. 배관은 온도변화에 따라 내용적 변화가 없으므로 $V_1 = V_2$이고, 기밀시험 압력은 압력계에 지시된 압력이므로 게이지압력이기 때문에 대기압은 101.325kPa 더해서 절대압력으로 적용한다.

$$\therefore T_2 = \frac{T_1 \cdot P_2}{P_1} = \frac{(273+18) \times (9.5+101.325)}{9.0+101.325} = 292.318\text{K} - 273$$
$$= 19.318 \fallingdotseq 19.32℃$$

② 상승온도 계산

상승온도 = 나중 상태의 온도 − 현재 온도 = 19.32 − 18 = 1.32℃

해답 1.32℃

27 20℃에서 1atm으로 용기에 충전된 가스가 온도가 상승되어 압력이 2.5배 증가되었다면 이때의 온도는 몇 ℃인가? [22. 4회. 산기]

풀이 보일-샤를의 법칙 $\dfrac{P_1 \cdot V_1}{T_1} = \dfrac{P_2 \cdot V_2}{T_2}$에서 충전용기의 내용적은 일정($V_1 = V_2$)하므로 $\dfrac{P_1}{T_1} = \dfrac{P_2}{T_2}$이다. 압력이 2.5배로 증가되는 것은 $\dfrac{P_2}{P_1}$의 값이 2.5배라는 것이므로 여기에 대입하여 변화된 후의 온도 T_2를 구하며, 이때의 온도는 절대온도(K)이므로 섭씨온도(℃)로 변환한다.

$$\therefore T_2 = \dfrac{P_2}{P_1} \times T_1 = 2.5 \times (273 + 20) = 732.5\text{K} - 273 = 459.5℃$$

해답 459.5℃

28 내용적 20L인 용기에 20℃에서 수소(H_2)가 5MPa로 충전되어 있을 때 용기 내의 온도가 상승하여 안전밸브가 작동하였다. 안전밸브 작동이 정상이고 수소를 이상기체로 간주할 때 용기 내의 온도는 몇 ℃인가? (단, 용기의 내압시험압력은 10MPa이다.) [08. 1회. 산기]

풀이 ① 안전밸브 작동압력 계산 : 안전밸브 작동압력 기준이 되는 내압시험압력은 게이지압력이므로 안전밸브 작동압력도 게이지압력이다.

$$\therefore \text{작동압력} = \text{내압시험압력} \times \dfrac{8}{10} = 10 \times \dfrac{8}{10} = 8\text{MPa} \cdot \text{g}$$

② 안전밸브 작동 시 용기 내의 온도 계산 : 보일-샤를의 법칙 $\dfrac{P_1 \cdot V_1}{T_1} = \dfrac{P_2 \cdot V_2}{T_2}$에서 충전용기의 내용적은 $V_1 = V_2$이므로 변화가 없고, 대기압은 0.101325 MPa이다.

$$\therefore T_2 = \dfrac{T_1 \cdot P_2}{P_1} = \dfrac{(273 + 20) \times (8 + 0.101325)}{5 + 0.101325}$$
$$= 465.308\text{K} - 273 = 192.308 ≒ 192.31℃$$

해답 192.31℃

29 36Nm³ 상태의 기체 압력을 0.1MPa, 온도를 273℃로 변화시켰을 때 체적은 몇 m³인가?

풀이 'Nm³'에서 'N(normal)'은 표준상태(0℃, 1기압)를 의미하고, 1기압은 0.101325 MPa이며, 문제에서 제시된 압력은 게이지압력으로 판단한다. 표준상태의 조건을 0번, 변화 후의 상태를 1번으로 구별하여 보일-샤를의 법칙 $\dfrac{P_0 \cdot V_0}{T_0} = \dfrac{P_1 \cdot V_1}{T_1}$에 적용하여 현재 상태의 체적 V_1을 구한다.

$$\therefore V_1 = \frac{P_0 \times V_0 \times T_1}{P_1 \times T_0} = \frac{0.101325 \times 36 \times (273+273)}{(0.1+0.101325) \times (273+0)} = 36.236 ≒ 36.24 \text{m}^3$$

해답 36.24m^3

해설 풀이에 적용한 보일-샤를의 법칙에 단위를 정리하면 'Nm³'가 남아 단위가 맞지 않는 현상이 발생하는데 'Nm³'는 단순히 표준상태(0℃, 1기압)의 체적을 의미하는 것이고, 풀이에는 온도와 압력을 적용했으므로 '0℃, 1기압 상태의 체적이 36m³'로 생각해야 합니다.

30 이상기체(완전기체)의 성질에 대하여 4가지를 쓰시오.

해답
① 보일-샤를의 법칙을 만족한다.
② 아보가드로의 법칙에 따른다.
③ 내부에너지는 온도만의 함수이다.
④ 비열비는 온도에 관계없이 일정하다.
⑤ 분자간의 충돌은 완전탄성체이다.

31 1기압 25℃에서 수소 30g, 질소 30g으로 된 혼합기체가 있다. 이 혼합기체가 차지하는 체적은 몇 L인가?

풀이 ① 혼합기체의 몰(mol)수 계산 : 분자량(M)은 수소 2, 질소 28이다.

$$\therefore n = \frac{W}{M} = \frac{30}{2} + \frac{30}{28} = 16.071 ≒ 16.07 \text{mol}$$

② 혼합기체가 차지하는 체적 계산 : 절대단위 이상기체 상태방정식 $PV=nRT$에서 체적 V를 구하며, 기체상수 R은 0.082L·atm/mol·K이다.

$$\therefore V = \frac{nRT}{P} = \frac{16.07 \times 0.082 \times (273+25)}{1} = 392.686 ≒ 392.69 \text{L}$$

해답 392.69L

32 25℃에서 수소 30g, 질소 30g을 50L 용기에 충전할 때 용기 내 압력은 절대압력으로 몇 atm인가?

[22. 1회. 기사]

풀이 ① 수소(H_2)의 분자량은 2, 질소(N_2)의 분자량은 28이므로 각각의 몰수(n)를 구하여 합산한다.
② 이상기체 상태방정식 $PV=nRT$에서 압력 P[atm]를 구하며, 'atm' 단위는 절대압력에 해당된다.

$$\therefore P = \frac{nRT}{V} = \frac{\left(\frac{30}{2}+\frac{30}{28}\right) \times 0.082 \times (273+25)}{50} = 7.854 ≒ 7.85 \text{atm}$$

해답 7.85atm

별해 SI단위 이상기체 상태방정식 $PV=GRT$를 이용한 풀이

① 압력 계산 : 기체상수 R값은 수소와 질소의 질량분율을 곱한 값을 합산한 것이다.

$$\therefore P = \frac{GRT}{V}$$

$$= \frac{\{(30+30)\times 10^{-3}\}\times\left\{\left(\frac{8.314}{2}\times 0.5\right)\times\left(\frac{8.314}{28}\times 0.5\right)\right\}\times(273+25)}{50\times 10^{-3}}$$

$$= 796.362 ≒ 796.36 \text{kPa}\cdot\text{a}$$

② 압력단위를 'kPa'에서 'atm' 단위로 변환 : ①에서 구한 값을 'kPa' 단위의 표준대기압 '101.325'로 나눠주면 'atm' 단위로 변환된다.

$$\therefore 환산압력 = \frac{796.36}{101.325} = 7.859 ≒ 7.86 \text{atm}$$

33 40℃ 상태에서 내용적 2m³인 용기에 산소 3kg, 질소 2kg이 충전되어 있을 때 용기 내의 압력(kPa)은 얼마인가? (단, 산소와 질소는 이상기체로 가정하며, 기체상수 R은 산소가 0.2598kJ/kg·K, 질소가 0.2962kJ/kg·K이다.) [20. 4회. 기사]

풀이 SI단위 이상기체 상태방정식 $PV=GRT$에서 압력 P는 절대압력(kPa·a)이고, 용기 내의 압력은 게이지압력이 되어야 하므로 계산한 압력에서 대기압 101.325 kPa을 제외시켜야 한다.

$$\therefore P = \frac{GRT}{V} = \frac{\{(3\times 0.2598)+(2\times 0.2962)\}\times(273+40)}{2}$$

$$= 214.686 \text{kPa}\cdot\text{a} - 101.325 = 113.361 ≒ 113.36 \text{kPa}\cdot\text{g}$$

해답 113.36kPa·g

별해 ① 산소와 질소의 몰수 계산 : 분자량은 산소 32, 질소 28이다.

$$n_{O_2} = \frac{W}{M} = \frac{3\times 1000}{32} = 93.75 \text{mol}$$

$$n_{N_2} = \frac{W}{M} = \frac{2\times 1000}{28} = 71.428 ≒ 71.43 \text{mol}$$

② 혼합기체의 압력 계산 : $PV=nRT$에서 압력 P의 단위는 'atm'이고, 용기 내의 압력은 게이지압력이므로 계산된 압력에 대기압 101.325kPa을 곱한 값에서 대기압을 제외시킨다.

$$\therefore P = \frac{nRT}{V} = \frac{(93.75+71.43)\times 0.082\times(273+40)}{2\times 1000}$$

$$= 2.119 \text{atm}\times 101.325 = 214.707 \text{kPa}\cdot\text{a} - 101.325$$

$$= 113.382 \text{kPa}\cdot\text{g} ≒ 113.38 \text{kPa}\cdot\text{g}$$

34 단열된 밀폐공간 2.1m³에 101kPa 상태로 공기가 5kg 채워져 있을 때 온도는 몇 ℃인가? [20. 1회. 기사]

풀이 이상기체 상태방정식 $PV=GRT$에서 밀폐된 공간의 압력 101kPa은 게이지압력이므로 절대압력으로 환산하여 온도(T)를 구하며, 공기의 분자량(M)은 29, 대기압은 101.325kPa에 해당된다.

$$\therefore T = \frac{PV}{GR} = \frac{(101+101.325) \times 2.1}{5 \times \frac{8.314}{29}} = 296.405 \text{K} - 273 = 23.405 \fallingdotseq 23.41 \text{℃}$$

해답 23.41℃

35 내용적 2L의 고압용기에 암모니아를 충전하여 온도를 173℃로 상승시켰더니 압력이 220atm을 나타내었다. 이 용기에 충전된 암모니아는 몇 g인가? (단, 173℃, 220atm에서 암모니아의 압축계수는 0.4이다.) [15. 1회. 산기] [23. 2회. 기사]

풀이 절대단위 이상기체 상태방정식 $PV = Z\frac{W}{M}RT$에서 충전량 W를 구하며, 암모니아(NH_3) 분자량(M)은 17이다.

$$\therefore W = \frac{PVM}{ZRT} = \frac{220 \times 2 \times 17}{0.4 \times 0.082 \times (273+173)} = 511.320 \fallingdotseq 511.32 \text{g}$$

해답 511.32g

별해 SI단위 이상기체 상태방정식 $PV=GRT$에서 압축계수(Z)는 오른쪽 항에 적용($PV=ZGRT$)하여 충전량 G를 구하며, 1atm은 101.325kPa이고, 1kg은 1000g이다.

$$\therefore G = \frac{PV}{ZRT} = \frac{(220 \times 101.325) \times (2 \times 10^{-3})}{0.4 \times \frac{8.314}{17} \times (273+173)}$$
$$= 0.510991 \text{kg} \times 1000 = 510.991 \text{g} \fallingdotseq 510.99 \text{g}$$

※ 'atm' 단위는 별도의 언급이 없으면 절대단위에 해당되므로 SI단위 공식에 맞는 'kPa' 단위로 변환하여 적용한 것이다.

36 암모니아 1kg을 내용적 5L 용기에 50atm으로 충전하여 온도를 60℃로 상승하였다면 암모니아의 부피는 몇 L인가? (단, 60℃, 50atm에서 압축계수는 0.82이다.)

풀이 절대단위 이상기체 상태방정식 $PV=Z\frac{W}{M}RT$에서 부피 V를 구하며, 암모니아(NH_3) 분자량(M)은 17, 1kg은 1000g이다.

$$\therefore V = \frac{ZWRT}{PM} = \frac{0.82 \times 1000 \times 0.082 \times (273+60)}{50 \times 17} = 26.342 ≒ 26.34\text{L}$$

해답 26.34L

별해 SI단위 이상기체 상태방정식 $PV=GRT$에서 압축계수(Z)는 오른쪽 항에 적용 ($PV=ZGRT$)하여 부피 V를 구하며, 1atm은 101.325kPa이다.

$$\therefore V = \frac{ZGRT}{P} = \frac{0.82 \times 1 \times \left(\frac{8.314}{17}\right) \times (273+60)}{50 \times 101.325}$$
$$= 0.026359\text{m}^3 \times 1000 = 26.359\text{L} ≒ 26.36\text{L}$$

37 내용적 5L의 용기에 에탄 1650g을 충전하여 온도가 100℃일 때 압력은 게이지압력으로 200atm을 나타내고 있었다. 이때 에탄의 압축계수(Z)는 얼마인가? [21. 3회. 기사]

풀이 ① 에탄(C_2H_6)의 분자량은 30이고, 압력은 게이지압력이므로 대기압 1atm을 적용해 절대압력으로 변환하여 계산한다.

② 절대단위 이상기체 상태방정식 $PV = Z\frac{W}{M}RT$에서 압축계수 Z를 구한다.

$$\therefore Z = \frac{PVM}{WRT} = \frac{(200+1) \times 5 \times 30}{1650 \times 0.082 \times (273+100)} = 0.597 ≒ 0.60$$

해답 0.6

별해 SI단위를 적용하여 계산 : $PV=GRT$에 압축계수 Z를 오른쪽 항에 적용하여 계산하며 1atm은 101.325kPa, 내용적 5L은 0.005m³, 에탄 1650g은 1.65kg이다.

$$\therefore Z = \frac{PV}{GRT} = \frac{\{(200+1) \times 101.325\} \times 0.005}{1.65 \times \frac{8.314}{30} \times (273+100)} = 0.597 ≒ 0.6$$

해설 ① 압축계수(Z)는 단위가 없는 무차원수이다.
② 용기의 압력 200atm이 게이지압력으로 주어졌으므로 주의하여야 한다.

38 내용적 40L인 용기에 27℃의 상태에서 산소가 절대압력 150atm으로 충전되어 있을 때 질량은 몇 kg인가? [23. 1회. 기사]

풀이 절대단위 이상기체 상태방정식 $PV = \frac{W}{M}RT$에서 질량 W를 구하는 데 단위가 'g'이므로 'kg'으로 변환하여야 하며, 용기에 충전된 압력은 절대압력으로 주어졌으므로 그대로 대입하여 계산하고, 산소(O_2)의 분자량(M)은 32이다.

$$\therefore W = \frac{PVM}{RT} = \frac{150 \times 40 \times 32}{0.082 \times (273+27) \times 1000} = 7.804 ≒ 7.80\text{kg}$$

해답 7.8kg

[별해] SI단위 이상기체 상태방정식 $PV=GRT$를 이용하여 계산 : 문제에서 제시된 조건을 공식의 각 기호에 맞는 단위로 변환하여 적용한다. (1atm은 101.325kPa, 40L은 $0.04m^3$이다.)

$$\therefore G = \frac{PV}{RT} = \frac{(150 \times 101.325) \times 0.04}{\frac{8.314}{32} \times (273+27)} = 7.799 ≒ 7.80 kg$$

39 프로판 20kg이 내용적 50L의 용기에 들어 있다. 이 프로판을 매일 $0.5m^3$씩 사용한다면 며칠간 사용할 수 있겠는가? (단, 25℃, 1atm 기준이며, 이상기체로 가정한다.)

[풀이] ① 50L 용기에 들어 있는 프로판 20kg을 1atm, 25℃ 상태의 기체 체적으로 계산 : SI단위 이상기체 상태방정식 $PV=GRT$에서 체적 V를 구하며, 1atm은 101.325kPa이고, 프로판(C_3H_8)의 분자량(M)은 44이다.

$$\therefore V = \frac{GRT}{P} = \frac{20 \times \frac{8.314}{44} \times (273+25)}{101.325} = 11.114 ≒ 11.11 m^3$$

② 사용일 계산

$$\therefore 사용일 수 = \frac{가스량}{1일 소비량} = \frac{11.11}{0.5} = 22.22일$$

[해답] 22.22일

40 내용적 50L의 고압용기에 0℃에서 100atm으로 산소가 충전되어 있다. 이 가스 3kg을 사용하였다면 압력(atm)은 얼마인가? (단, 온도변화는 없는 것으로 본다.) [16. 2회. 산기]

[풀이] ① 충전상태의 질량(g) 계산 : 절대단위 이상기체 상태방정식 $PV=\frac{W}{M}RT$에서 질량 W를 구하며, 산소(O_2)의 분자량(M)은 32이다.

$$\therefore W = \frac{PVM}{RT} = \frac{100 \times 50 \times 32}{0.082 \times (273+0)} = 7147.324 ≒ 7147.32 g$$

② 사용 후 잔압(atm) 계산 : 이상기체 상태방정식 $PV=\frac{W}{M}RT$에서 압력 P를 구하며, 충전량 7147.32g에서 사용량 3000g의 차이가 현재 용기에 남아 있는 잔량(g)이다.

$$\therefore P = \frac{WRT}{VM} = \frac{(7147.32-3000) \times 0.082 \times (273+0)}{50 \times 32} = 58.026 ≒ 58.03 atm$$

[해답] 58.03atm

41 산소가 20℃에서 내용적 47L의 용기에 120kgf/cm²·g의 압력으로 충전되어 있다. 이때의 충전량(kg)과 표준상태(0℃, 1기압)의 부피(m³)를 계산하시오.

풀이 ① 충전량(kg) 계산 : 공학단위 이상기체 상태방정식 $PV=GRT$에서 무게 G를 구하며, 산소의 분자량은 32이다. 'kgf/cm²'을 'kgf/m²'으로 변환할 때에는 1만을 곱한다.

$$\therefore G = \frac{PV}{RT} = \frac{(120+1.0332)\times 10^4 \times (47\times 10^{-3})}{\frac{848}{32}\times (273+20)} = 7.326 \fallingdotseq 7.33\text{kg}$$

② 표준상태의 부피 계산 : 현재 용기에 들어 있는 산소의 체적은 용기 내용적과 같은 47L이며, 현재 상태의 체적을 '1', 표준상태의 체적을 '0'으로 구별하여 보일-샤를의 법칙 $\frac{P_1 \cdot V_1}{T_1} = \frac{P_0 \cdot V_0}{T_0}$에서 V_0를 구한다.

$$\therefore V_0 = \frac{P_1 V_1 T_0}{P_0 T_1} = \frac{(120+1.0332)\times (47\times 10^{-3})\times (273+0)}{1.0332 \times (273+20)} = 5.129 \fallingdotseq 5.13\text{m}^3$$

해답 ① 충전량 : 7.33kg   ② 표준상태 부피 : 5.13m³

별해 ① 충전량 계산 : 절대단위 이상기체 상태방정식 $PV=\frac{W}{M}RT$에서 무게 W를 구하며, W의 단위가 '그램(g)'이므로 'kg'으로 변환해 주어야 한다.

$$\therefore W = \frac{PVM}{RT} = \frac{\left(\frac{120+1.0332}{1.0332}\right)\times 47 \times 32}{0.082 \times (273+20)\times 1000} = 7.333 \fallingdotseq 7.33\text{kg}$$

② 표준상태에서의 부피(m³) 계산 : SI단위 이상기체 상태방정식 $PV=GRT$에서 부피(체적) V를 구하며, 질량 G는 ①번에서 구한 값을 적용한다.

$$\therefore V = \frac{GRT}{P} = \frac{7.33 \times \frac{8.314}{32}\times (273+0)}{101.325} = 5.131 \fallingdotseq 5.13\text{m}^3$$

※ 풀이 과정을 여러 가지 공식과 방법을 적용할 수 있으며, 이때 발생하는 오차는 채점에는 영향이 없으니 선택하여 답안을 작성하길 바랍니다.

참고 이상기체 상태방정식에 따른 기체상수 R값은 어떤 값을 적용해야 할까 고민이 되죠?

구분	공식	압력(P) 단위	체적(V) 단위	R값 및 단위
절대단위	$PV=\frac{W}{M}RT$	atm	L	0.082 L·atm/mol·K
SI단위	$PV=GRT$	kPa·a	m³	$\frac{8.314}{M}$ kJ/kg·K
공학단위	$PV=GRT$	kgf/m²·a	m³	$\frac{848}{M}$ kgf·m/kg·K

42 내용적 118L의 LPG 용기에 프로판(C_3H_8)이 50kg 충전되어 있다. 이 프로판을 2시간 소비한 후 용기 내 잔압을 측정하니 27℃에서 400kPa이었다면 소비한 프로판은 몇 kg인가?

풀이 ① 잔량 계산 : SI단위 이상기체 상태방정식 $PV=GRT$에서 질량 G를 구하며, 프로판(C_3H_8) 분자량(M)은 44이고, 1atm은 101.325kPa이다.

$$\therefore G = \frac{PV}{RT} = \frac{(400+101.325) \times (118 \times 10^{-3})}{\frac{8.314}{44} \times (273+27)} = 1.043 = 1.04 \text{kg}$$

② 소비량 계산
　　소비량 = 충전량 − 잔량 = 50 − 1.04 = 48.96kg

해답 48.96kg

---

43 내용적 117.5L 용기에 프로판(C_3H_8)을 충전하여 사용한 후 잔압이 20℃에서 0.5MPa이었다. 사용한 프로판은 처음 충전량의 몇 wt%에 해당하는가? (단, C_3H_8의 충전상수는 2.35이고, 대기압은 101.3kPa이다.) [07. 3회. 기사]

풀이 ① 충전량(kg) 계산

$$W = \frac{V}{C} = \frac{117.5}{2.35} = 50 \text{kg}$$

② 소비한 후 잔량(kg) 계산 : SI단위 이상기체 상태방정식 $PV=GRT$에서 질량 G를 구하며, 프로판 분자량은 44, 1MPa은 1000kPa이다.

$$\therefore G = \frac{PV}{RT} = \frac{\{(0.5 \times 10^3)+101.3\} \times (117.5 \times 10^{-3})}{\frac{8.314}{44} \times (273+20)} = 1.276 = 1.28 \text{kg}$$

③ 사용량 비율(%) 계산

$$\text{사용량} = \frac{\text{사용한 양(소비량)}}{\text{충전량}} \times 100 = \frac{\text{충전량} - \text{잔량}}{\text{충전량}} \times 100$$

$$= \frac{50-1.28}{50} \times 100 = 97.44\%$$

해답 97.44%

---

44 1atm, 25℃의 상태에서 무게가 27.92g인 진공밸브에 건조공기가 유입되어 28.05g으로 되었고, 여기에 메탄과 에탄으로 이루어진 LP가스를 넣었을 때 28.14g이 되었다. LP가스 성분에 해당하는 메탄과 에탄의 몰분율(%)을 계산하시오. (단, 공기의 평균 분자량은 29이다.) [19. 3회. 기사]

풀이 ① 진공밸브의 체적(L) 계산 : 건조공기 무게는 건조공기가 유입된 상태의 무게 28.05g과 진공밸브의 무게 27.92g의 차이에 해당되고, 건조공기 무게를 이상

기체 상태방정식 $PV=\dfrac{W}{M}RT$에 적용해서 체적 V를 구한다.

$$\therefore V=\dfrac{WRT}{PM}=\dfrac{(28.05-27.92)\times 0.082\times (273+25)}{1\times 29}=0.109\fallingdotseq 0.11\text{L}$$

② 메탄과 에탄으로 이루어진 LP가스의 분자량 계산 : LP가스의 무게는 LP가스를 넣었을 때 무게 28.14g과 건조공기가 유입되었을 때 무게 28.05g의 차이에 해당되므로 이상기체 상태방정식 $PV=\dfrac{W}{M}RT$에 적용해서 LP가스 분자량 M을 구한다.

$$\therefore M=\dfrac{WRT}{PV}=\dfrac{(28.14-28.05)\times 0.082\times (273+25)}{1\times 0.11}=19.993\fallingdotseq 19.99$$

③ 메탄과 에탄의 몰분율(%) 계산 : 몰분율(%)은 체적비율(%)과 같고, 메탄의 분자량 16과 에탄의 분자량 30에 몰분율을 곱하면 LP가스의 분자량이 된다. 메탄의 몰분율을 x라 하면 에탄의 몰분율은 $1-x$가 된다.

$\therefore M = (M_{CH_4} \times x) + \{M_{C_2H_6} \times (1-x)\}$

$\therefore 19.99 = (16 \times x) + \{30 \times (1-x)\}$

$\quad 19.99 = 16x + 30 - 30x$

$\quad 19.99 - 30 = 16x - 30x$

$\quad 19.99 - 30 = x(16 - 30)$

$\therefore x = \dfrac{19.99-30}{16-30} = 0.715 = 71.5\%$

$\therefore C_2H_6$ 몰분율 $= 100 - 71.5 = 28.5\%$

해답 ① 메탄(CH_4)의 몰분율 : 71.5% ② 에탄(C_2H_6)의 몰분율 : 28.5%

45 밀폐된 용기 내에 1atm, 27℃로 프로판과 산소가 부피비로 1 : 5의 비율로 혼합되어 있다. 프로판이 다음과 같이 완전연소하여 화염의 온도가 1000℃가 되었다면 용기 내에 발생하는 압력(atm)은 얼마인가?

$$C_3H_8 + 5O_2 \rightarrow 3CO_2 + 4H_2O$$

풀이 용기의 내용적(V)이 제시되지 않아 이상기체 상태방정식 $PV=nRT$를 이용하여 연소 후의 압력(P_2)을 구할 수 없으므로 문제에서 주어진 반응식에서 반응 전의 상태를 '1', 반응 후의 상태를 '2'로 구별하여 식을 각각 작성하면 $P_1V_1 = n_1R_1T_1$, $P_2V_2 = n_2R_2T_2$이 된다.

이것을 비례식으로 놓고 정리하면 $\dfrac{P_2V_2}{P_1V_1} = \dfrac{n_2R_2T_2}{n_1R_1T_1}$이 되고 $V_1 = V_2$, $R_1 = R_2$가 되므로 생략하고 식을 다시 쓰면 다음과 같다.

$\dfrac{P_2}{P_1} = \dfrac{n_2T_2}{n_1T_1}$에서 연소 후 압력 P_2를 구한다.

$$\therefore P_2 = \frac{P_1 \times n_2 \times T_2}{n_1 \times T_1} = \frac{1 \times (3+4) \times (273+1000)}{(1+5) \times (273+27)} = 4.950 ≒ 4.95\text{atm}$$

해답 4.95atm

별해 ① 연소 전의 조건을 이상기체 상태방정식 $PV=nRT$에 적용하여 용기 내용적(V)을 계산

$$V = \frac{nRT}{P} = \frac{(1+5) \times 0.082 \times (273+27)}{1} = 147.6\text{L}$$

② 연소 후의 압력(P_2) 계산

$$P_2 = \frac{n_2RT_2}{V} = \frac{(3+4) \times 0.082 \times (273+1000)}{147.6} = 4.950 ≒ 4.95\text{atm}$$

해설 n_1과 n_2에 대입되어 합산한 숫자는 제시된 반응식에서 반응 전의 몰수, 반응 후의 몰수이다.

46 밀폐된 용기 내에 1atm, 27℃로 프로판과 산소가 2 : 8의 비율로 혼합되어 있으며, 그것이 연소하여 아래와 같은 반응을 하고, 화염온도는 3000K가 되었다고 한다. 이 용기 내에 발생하는 압력(atm)은 얼마인가? (단, 이상기체로 거동한다고 가정한다.)

$$2C_3H_8 + 8O_2 \rightarrow 6H_2O + 4CO_2 + 2CO + 2H_2$$

풀이 용기의 내용적(V)이 제시되지 않아 이상기체 상태방정식 $PV=nRT$를 이용하여 연소 후의 압력(P_2)을 구할 수 없으므로 문제에서 주어진 반응식에서 반응 전의 상태를 '1', 반응 후의 상태를 '2'로 구별하여 반응식을 각각 작성하면 $P_1V_1=n_1R_1T_1$, $P_2V_2=n_2R_2T_2$이 된다.

이것을 비례식으로 놓고 정리하면 $\frac{P_2V_2}{P_1V_1}=\frac{n_2R_2T_2}{n_1R_1T_1}$이 되고 $V_1=V_2$, $R_1=R_2$가 되므로 생략하고 식을 다시 쓰면 다음과 같다.

$\frac{P_2}{P_1}=\frac{n_2T_2}{n_1T_1}$에서 연소 후 압력 P_2를 구한다.

$$\therefore P_2 = \frac{P_1 \times n_2 \times T_2}{n_1 \times T_1} = \frac{1 \times (6+4+2+2) \times 3000}{(2+8) \times (273+27)} = 14\text{atm}$$

해답 14atm

별해 ① 연소 전의 조건을 이상기체 상태방정식 $PV=nRT$에 적용하여 용기 내용적(V)을 계산

$$V = \frac{nRT}{P} = \frac{(2+8) \times 0.082 \times (273+27)}{1} = 246\text{L}$$

② 연소 후의 압력(P_2) 계산

$$P_2 = \frac{n_2RT_2}{V} = \frac{(6+4+2+2) \times 0.082 \times 3000}{246} = 14\text{atm}$$

47 돌턴(Dalton)의 법칙을 설명하시오. [21. 3회. 기사]

해답 혼합기체가 나타내는 전압은 각 성분기체 분압의 총합과 같다.

48 동일한 온도에서 내용적 8L의 용기에 20MPa의 기체가 충전되어 있고, 내용적 18L의 용기에 8MPa의 같은 기체가 충전되어 있다. 이 충전용기를 연결하여 양쪽 기체가 서로 혼합되어 평형에 도달하였을 때의 기체의 압력은 몇 MPa인가? [14. 2회. 기사]

풀이 $P = \dfrac{P_1 V_1 + P_2 V_2}{V_1 + V_2} = \dfrac{(20 \times 8) + (8 \times 18)}{8 + 18} = 11.692 ≒ 11.69\,\text{MPa}$

해답 11.69MPa

49 동일한 온도에서 A기체 130L의 압력이 6atm이고, B기체 150L의 압력이 8atm이다. 2가지 기체를 내용적 500L의 용기에 넣어 혼합하였다면 전압은 몇 atm인가? [17. 2회. 산기]

풀이 $P = \dfrac{P_A V_A + P_B V_B}{V} = \dfrac{(6 \times 130) + (8 \times 150)}{500} = 3.96\,\text{atm}$

해답 3.96atm

50 온도가 일정한 상태에서 용기 내에 A와 B의 혼합기체가 동일한 질량으로 충전되어 있다. 이 용기 내의 압력(atm)은 얼마인가? (단, 이 온도에서 A의 증기압은 20atm, B의 증기압은 40atm, A의 분자량은 50, B의 분자량은 20으로 하고 라울(Raoult)의 법칙이 성립한다.) [20. 1회, 21. 2회. 기사]

풀이 ① 각 성분의 몰분율 계산

$$X_A = \dfrac{n_A}{n_A + n_B} = \dfrac{\dfrac{W}{50}}{\dfrac{W}{50} + \dfrac{W}{20}} = \dfrac{\dfrac{2W}{100}}{\dfrac{2W}{100} + \dfrac{5W}{100}} = \dfrac{\dfrac{2W}{100}}{\dfrac{7W}{100}} = \dfrac{2}{7}$$

$$\therefore X_B = 1 - X_A = 1 - \dfrac{2}{7} = \dfrac{7}{7} - \dfrac{2}{7} = \dfrac{5}{7}$$

② 용기 내의 압력 계산

$$P = P_A + X_B = \left(20 \times \dfrac{2}{7}\right) + \left(40 \times \dfrac{5}{7}\right) = 34.285 ≒ 34.29\,\text{atm}$$

해답 34.29atm

51 메탄올 96g과 아세톤 116g을 함께 진공상태의 용기에 넣고 기화시켜 25℃의 혼합기체를 만들었다. 이때 전압력은 몇 mmHg인가? (단, 25℃에서 순수한 메탄올과 아세톤의 증기압 및 분자량은 각각 96.5mmHg, 56mmHg 및 32, 58이다.)

[풀이] ① 메탄올 몰(mol) 수 계산 : $n_1 = \dfrac{W_1}{M_1} = \dfrac{96}{32} = 3\,\text{mol}$

② 아세톤 몰(mol) 수 계산 : $n_2 = \dfrac{W_2}{M_2} = \dfrac{116}{58} = 2\,\text{mol}$

③ 전압력 계산

$$P = \left(P_1 \times \dfrac{n_1}{n_1+n_2}\right) + \left(P_2 \times \dfrac{n_2}{n_1+n_2}\right)$$
$$= \left(96.5 \times \dfrac{3}{3+2}\right) + \left(56 \times \dfrac{2}{3+2}\right) = 80.3\,\text{mmHg}$$

[해답] 80.3mmHg

52 질소(N_2) 70mol, 산소(O_2) 30mol로 구성된 혼합기체가 충전용기에 500kPa의 압력으로 충전되어 있을 때 질소(N_2)와 산소(O_2)의 분압(kPa)은 각각 얼마인가?

[풀이] 분압 = 전압 × 몰비율 = 전압 × $\dfrac{\text{성분 몰수}}{\text{전 몰수}}$ 에서 질소(N_2)와 산소(O_2)의 분압(kPa)을 각각 구한다.

① 질소 분압 계산

$$P_{N_2} = 500 \times \dfrac{70}{70+30} = 350\,\text{kPa}$$

② 산소 분압 계산

$$P_{O_2} = 500 \times \dfrac{30}{70+30} = 150\,\text{kPa}$$

[해답] ① 질소 분압 : 350kPa ② 산소 분압 : 150kPa

[해설] ① 분압을 계산할 때에는 절대압력으로 환산할 필요가 없이 제시된 압력을 대입하여 요구하는 압력으로 계산하다.

② '분압'이란 '부분 압력'으로 가스 조성 중에 지정한 성분이 갖는 압력이다. ('전압'은 전체 압력으로 충전용기에 충전된 500kPa이다.)

53 O_2 1.5mol, N_2 2mol, H_2 1mol, CO 0.5mol을 혼합한 혼합기체의 전압이 4atm일 때 분압이 0.4atm이 되는 기체는 어느 것인가?

풀이 분압=전압×$\dfrac{\text{성분 기체의 몰수}}{\text{전 몰수}}$에서 '성분 기체의 몰수'를 구한다.

∴ 성분 기체의 몰수=$\dfrac{\text{분압}\times\text{전 몰수}}{\text{전압}}=\dfrac{0.4\times(1.5+2+1+0.5)}{4}=0.5\text{mol}$

∴ 성분 기체의 몰수가 0.5mol에 해당하는 기체는 CO(일산화탄소)이다.

해답 CO

54 액화 프로판(C_3H_8) 1kg을 기화시키면 표준상태에서 부피는 몇 L가 되는가?

풀이 표준상태(0℃, 1기압)에서 기화된 체적 계산은 SI단위 이상기체 상태방정식 $PV=GRT$에서 체적 V를 구하며, 이때 체적의 단위는 m³이므로 L로 변환해 주어야 한다. 프로판의 분자량은 44, 1기압(atm) 상태는 101.325kPa이다.

∴ $V=\dfrac{GRT}{P}=\dfrac{1\times\dfrac{8.314}{44}\times(273+0)}{101.325}\times 1000=509.100\fallingdotseq 509.10\text{L}$

해답 509.1L

별해 아보가드로의 법칙을 이용하여 계산 : 질량불변의 법칙에 의하여 액체와 기체의 무게는 같고(차지하는 체적은 다르다), 기체 1mol의 체적은 22.4L이다.

44g : 22.4L=1000g : xL

∴ $x=\dfrac{22.4\times 1000}{44}=509.090\fallingdotseq 509.09\text{L}$

55 C_3H_8 액 1L가 표준상태에서 기화하면 체적은 몇 배로 증가하는가? (단, C_3H_8 액비중은 0.5이다.)

풀이 프로판 액비중 0.5라는 것은 액체 1L의 무게가 0.5kg이라는 것이므로 아보가드로의 법칙을 이용하여 비례식으로 기체 체적을 구한다. 프로판의 분자량은 44이다.

44g : 22.4L=500g : xL

∴ $x=\dfrac{500\times 22.4}{44}=254.545\fallingdotseq 254.55\text{L}$

∴ 프로판(C_3H_8) 액체 1L가 기화하면 체적은 254.55배로 증가한다.

해답 254.55배

별해 절대단위 이상기체 상태방정식 $PV=\dfrac{W}{M}RT$에서 체적 V를 구하며, 표준상태이므로 온도(T)는 0℃, 압력(P)은 대기압(1atm) 상태이다.

∴ $V=\dfrac{WRT}{PM}=\dfrac{500\times 0.082\times(273+0)}{1\times 44}=254.386\fallingdotseq 254.39\text{L}$

56 액화산소 1L를 기화시키면 표준상태에서 체적은 몇 L가 되는가? (단, 산소의 비중은 1.105(기체), 1.14(액체, −183℃), 표준상태에서 밀도 1.429g/L이다.) [20. 2회. 산기]

풀이 ① 액화산소 1L의 무게 계산
$$W = 액체\ 체적(L) \times 액비중 = 1 \times 1.14 = 1.14\,kgf$$

② 표준상태(0℃, 1기압)에서 기화된 체적 계산 : 공학단위 이상기체 상태방정식 $PV = GRT$에서 체적 V를 구하며, 이때 체적의 단위는 'm³'이므로 'L'로 변환해 주어야 한다. 산소의 분자량은 32, 1기압(atm) 상태는 10332kgf/m²이다.

$$\therefore V = \frac{GRT}{P} = \frac{1.14 \times \frac{848}{32} \times (273+0)}{10332} \times 1000 = 798.231 ≒ 798.23\,L$$

해답 798.23L

별해 아보가드로의 법칙을 이용하여 계산 : 1mol의 체적은 22.4L이다.
$$32g : 22.4L = 1.14 \times 1000g : x\,L$$
$$\therefore x = \frac{22.4 \times 1.14 \times 1000}{32} = 798\,L$$

57 LNG 700kg을 1기압 20℃에서 기화시키면 체적은 몇 m³가 되는지 계산하시오. (단, LNG는 체적비로 메탄 95%, 에탄 5%이고, 액비중은 0.46이다.) [21. 2회. 기사]

풀이 ① 혼합가스의 평균분자량(M) 계산 : LNG 각 성분의 분자량은 메탄(CH_4) 16, 에탄(C_2H_6) 30이고 평균분자량은 각 성분의 분자량에 체적비를 곱한 값을 합산한 것이다.
$$\therefore M = (16 \times 0.95) + (30 \times 0.05) = 16.7$$

② 20℃에서 기화된 체적(m³) 계산 : SI단위 이상기체 상태방정식 $PV = GRT$에서 체적 V를 계산하며, 1기압은 101.325kPa이다.

$$\therefore V = \frac{GRT}{P} = \frac{700 \times \frac{8.314}{16.7} \times (273+20)}{101.325} = 1007.726 ≒ 1007.73\,m^3$$

해답 1007.73m³

별해 아보가드로의 법칙에서 1kmol=22.4Nm³이므로 비례식으로 계산한다.
$$16.7\,kg : 22.4\,Nm^3 = 700\,kg : x(V_1)\,Nm^3$$

$x(V_1) = \dfrac{700 \times 22.4}{16.7}\,Nm^3$이고 이것은 표준상태(0℃, 1기압)의 체적이므로 보일-샤를의 법칙 $\dfrac{P_1 V_1}{T_1} = \dfrac{P_2 V_2}{T_2}$을 이용하여 온도를 보정한 값을 계산하며, 압력은 언급이 없으므로 $P_1 = P_2$이다.

$$\therefore V_2 = V_1 \times \frac{T_2}{T_1} = \frac{700 \times 22.4}{16.7} \times \frac{273+20}{273} = 1007.707 ≒ 1007.71\,m^3$$

58 기체 상태의 프로판 100Sm³를 액화시켰을 때 무게는 몇 kg인가? (단, 온도와 압력은 변동이 없다.)

[12. 4회, 19. 4회. 산기]

풀이 ① 기체 상태의 프로판 100Sm³는 표준상태(0℃, 1기압 상태)의 체적이고 질량불변의 법칙에 의해 기체의 무게와 액체의 무게는 같으므로 이상기체 상태방정식 $PV=GRT$를 이용하여 무게(G)를 계산한다. 1기압(1atm) 상태는 101.325kPa이고, 프로판(C_3H_8)의 분자량은 44이다.

② 액화 프로판 무게 계산

$$G = \frac{PV}{RT} = \frac{101.325 \times 100}{\frac{8.314}{44} \times 273} = 196.424 \fallingdotseq 196.42\text{kg}$$

해답 196.42kg

---

59 프로판 75vol%, 부탄 25vol%의 조성을 갖는 LPG를 시간당 1kg을 소비할 때 체적으로는 몇 L에 해당되는가? (단, 공급하는 가스의 평균압력은 3kPa이고, 온도는 20℃이다.)

풀이 ① LPG의 평균분자량 계산 : 분자량은 프로판(C_3H_8) 44, 부탄(C_4H_{10}) 58이다.

∴ $M = (44 \times 0.75) + (58 \times 0.25) = 47.5$

② 표준상태에서 LPG 1kg의 부피 계산 : 아보가드로 법칙을 이용하여 계산한다.

47.5g : 22.4L = 1000g : $x(V_0)$L

∴ $x(V_0) = \frac{1000 \times 22.4}{47.5} = 471.578 \fallingdotseq 471.58\text{L}$

③ 20℃, 3kPa에서의 부피 계산 : 보일-샤를 법칙 $\frac{P_0V_0}{T_0} = \frac{P_1V_1}{T_1}$에서 표준상태의 조건을 '0', 현재의 조건을 '1'로 구별하여 V_1을 구한다.

∴ $V_1 = \frac{P_0V_0T_1}{P_1T_0} = \frac{101.325 \times 471.58 \times (273+20)}{(3+101.325) \times (273+0)} = 491.573 \fallingdotseq 491.57\text{L}$

해답 491.57L

별해 평균분자량을 구한 후 SI단위 이상기체 상태방정식 $PV=GRT$를 이용하여 계산하며, 부피(체적) V의 단위가 'm³'이므로 'L' 단위로 변환한다. (1m³는 1000L에 해당된다.)

∴ $V = \frac{GRT}{P} = \frac{1 \times \frac{8.314}{47.5} \times (273+20)}{3+101.325} \times 1000 = = 491.581 \fallingdotseq 491.58\text{L}$

60 내용적 30m³인 저장탱크에 공기압축기로 15.5kgf/cm²·g의 압력으로 기밀시험을 한다. 토출량이 0.5m³/min인 압축기를 사용할 때 기밀시험 압력까지 상승시키는 데 몇 시간이 소요되는가? (단, 온도변화, 압축기의 체적효율은 무시하며, 대기압은 1.033kgf/cm²이다.) [13. 1회. 산기]

풀이 ① 기밀시험에 해당하는 공기량 계산 : 대기압이 별도로 제시되었으므로 보일-샤를의 법칙을 이용하여 가압할 공기량을 표준상태의 공기량으로 계산한다.

보일-샤를의 법칙 $\dfrac{P_0 V_0}{T_0} = \dfrac{P_1 V_1}{T_1}$ 에서 온도변화는 $T_0 = T_1$이므로 생략하고 V_0를 구한다.

$$\therefore V_0 = \dfrac{P_1 V_1}{P_1} = \dfrac{(15.5 + 1.033) \times 30}{1.033} = 480.145 ≒ 480.15 \text{m}^3$$

② 소요시간(t) 계산

$$t = \dfrac{\text{기밀시험에 해당되는 공기량}}{\text{압축기 능력}} = \dfrac{480.15}{0.5 \times 60} = 16.005 ≒ 16.01 \text{시간}$$

해답 16.01시간

해설 기밀시험에 해당하는 공기량에서 처음 상태의 저장탱크에는 대기압 상태의 공기가 있으므로 내용적에 해당하는 공기량을 제외시켜야 하는 것으로 생각할 수 있지만, 문제에서 저장탱크에 대기압 상태의 공기가 있다는 전제 조건이 없어 계산하지 않은 것입니다.

61 지름이 8.2m인 구형저장탱크에 수압시험을 하기 위하여 물을 채우고자 한다. 처리능력이 10m³/h인 원심펌프를 사용한다면 탱크에 물을 가득 채울 때까지 걸리는 시간은 얼마인가?

풀이 ① 구형저장탱크의 내용적 계산

$$V = \dfrac{\pi}{6} \times D^3 = \dfrac{\pi}{6} \times 8.2^3 = 288.695 ≒ 288.70 \text{m}^3$$

② 걸리는 시간 계산

$$\text{시간} = \dfrac{\text{탱크 내용적(m}^3\text{)}}{\text{펌프 능력(m}^3\text{/h)}} = \dfrac{288.70}{10} = 28.87 \text{시간}$$

해답 28.87시간

62 내용적이 48m³인 LPG 저장탱크에 부탄 18톤을 충전한다면 저장탱크 내의 액체 부탄의 용적은 상용의 온도에서 저장탱크 내용적의 몇 %가 되겠는가? (단, 저장탱크의 상온온도에 있어서의 액체 부탄의 비중은 0.55로 한다.)

[풀이] ① 부탄 18톤을 체적(m³)으로 계산

$$V = \frac{\text{저장량(톤)}}{\text{액 비중}} = \frac{18}{0.55} = 32.73 \text{m}^3$$

② 액체 부탄이 차지하는 비율(%) 계산

$$\text{비율} = \frac{\text{액체 부탄 체적}}{\text{내용적}} \times 100 = \frac{32.73}{48} \times 100 = 68.187 \fallingdotseq 68.19\%$$

[해답] 68.19%

63 내용적 118L의 용기에 50kg의 프로판이 충전되어 있다. 이때 온도가 15℃라 하면 기체 (기상) 부분이 차지하는 부피는 몇 %인가? (단, 15℃에 있어서 포화상태의 액상프로판의 밀도는 0.51kg/L, 가스 상태의 프로판의 밀도는 0.016kg/L이다.)

[풀이] ① 기체 부피(L) 계산 : 용기에 충전된 프로판 50kg은 액체와 기체 무게의 합이고, 부피(L)에 밀도(kg/L)를 곱하면 무게(kg)로 계산되는 것을 이용하여 기체 부피를 구한다. 여기서 기체의 부피를 x[L]라 하면 액체의 부피는 $118-x$[L]이 되고 이것을 정리하면 다음과 같다.

{액체부피(L) × 액체밀도(kg/L)} + {기체부피(L) × 기체밀도(kg/L)} = 전체무게(kg)

$$\{(118-x) \times 0.51\} + (x \times 0.016) = 50 \text{kg}$$

$$(118 \times 0.51) - 0.51x + 0.016x = 50$$

$$x(0.016 - 0.51) = 50 - (118 \times 0.51)$$

$$\therefore x = \frac{50 - (118 \times 0.51)}{0.016 - 0.51} = 20.607 \fallingdotseq 20.61 \text{L}$$

② 기체가 차지하는 부피(%) 계산

$$\text{기체부피} = \frac{\text{기체가 차지하는 부피}}{\text{용기 내용적}} \times 100 = \frac{20.61}{118} \times 100 = 17.466 \fallingdotseq 17.47\%$$

[해답] 17.47%

64 15℃에서 내용적 1200L 용기에 500kg의 프로판이 충전되어 있을 때 액상의 프로판이 차지하는 용적비(%)는 얼마인가? (단, 15℃에서 액상의 프로판 비용적은 2L/kg, 기체상태의 비용적은 60L/kg이다.)

[풀이] ① 액체의 질량 계산 : 용기에 충전된 프로판 500kg은 액체와 기체 무게의 합이고, 무게(kg)에 비용적(L/kg)을 곱하면 부피(L)로 계산되는 것을 이용하여 액체의 무게를 구한다. 여기서 액체가 차지하는 질량을 x[kg]이라 하면 기체의 질량은 $500-x$[kg]이 되고, 이것을 정리하면 다음과 같다.

$$\{액체질량(kg) \times 액체비용적(L/kg)\} + \{기체질량(kg) \times 기체비용적(L/kg)\} = 부피(L)$$

$$(x \times 2) + \{(500-x) \times 60\} = 1200L$$

$$2x + (500 \times 60) - 60x = 1200$$

$$x(2-60) = 1200 - (500 \times 60)$$

$$\therefore x = \frac{1200 - (500 \times 60)}{2-60} = 496.551 ≒ 496.55 kg$$

② 액체가 차지하는 용적비(%) 계산

$$액체 용적비 = \frac{액체무게(kg) \times 액체비용적(L/kg)}{용기 내용적} \times 100$$

$$= \frac{496.55 \times 2}{1200} \times 100 = 82.758 ≒ 82.76\%$$

해답 82.76%

65 내용적 40L인 용기에 아세틸렌가스 6kg(액비중 0.613)을 충전할 때 다공성물질의 다공도를 90%라 하면 표준상태에서 안전공간은 몇 %인가? (단, 아세톤의 비중은 0.8이고, 주입된 아세톤량은 13.9kg이다.) [21. 2회. 산기]

풀이 ① 아세톤이 차지하는 체적(V_1) 계산

$$V_1 = \frac{액체무게}{액비중} = \frac{13.9}{0.8} = 17.375 ≒ 17.38L$$

② 다공성물질이 차지하는 체적(V_2) 계산

$$V_2 = 40 \times (1-0.9) = 4L$$

③ 아세틸렌이 차지하는 체적(V_3) 계산 : 용기에 충전된 것은 액체상태의 아세틸렌이다.

$$V_3 = \frac{액체무게}{액비중} = \frac{6}{0.613} = 9.788 ≒ 9.79L$$

④ 용기 내 내용물이 차지하는 체적(V) 계산

$$V = V_1 + V_2 + V_3 = 17.38 + 4 + 9.79 = 31.17L$$

⑤ 안전공간(%) 계산

$$안전공간 = \frac{V-E}{V} \times 100 = \frac{40-31.17}{40} \times 100 = 22.075 ≒ 22.08\%$$

해답 22.08%

66 동일한 온도에서 13L의 용기 2개 중 하나는 수소가 53atm·g, 나머지 하나에는 질소가 63atm·g의 압력으로 충전되어 있다. 2개의 용기를 호스로 연결한 후 밸브를 개방하여 수소와 질소가 평형에 도달하였을 때 수소의 용적 비율(%)은 얼마인가? [18. 1회. 기사]

풀이 몰(mol) 비율(%)이 용적 비율(%)과 같고, 이상기체 상태방정식 $PV=nRT$에서 수소의 몰(mol)수 $n_1=\dfrac{P_1V_1}{R_1T_1}$, 질소의 몰(mol)수 $n_2=\dfrac{P_2V_2}{R_2T_2}$로 구분하여 계산하며, 수소와 질소의 압력이 게이지압력(atm·g)으로 주어졌으므로 대기압 1atm을 더해 절대압력으로 적용한다.

① 수소의 몰(mol)수 계산

$$n_1=\dfrac{P_1V_1}{R_1T_1}=\dfrac{(53+1)\times 13}{R_1\times T_1}=\dfrac{702}{R_1\times T_1}$$

② 질소의 몰(mol)수 계산

$$n_2=\dfrac{P_2V_2}{R_2T_2}=\dfrac{(63+1)\times 13}{R_2\times T_2}=\dfrac{832}{R_2\times T_2}$$

③ 수소의 용적 비율(%) 계산 : $T_1=T_2$이므로 T로, $R_1=R_2$이므로 R로 표시한다.

$$\text{수소의 비율}=\dfrac{n_1}{n_1+n_2}\times 100=\dfrac{\dfrac{702}{RT}}{\dfrac{702}{RT}+\dfrac{832}{RT}}\times 100=\dfrac{\dfrac{702}{RT}}{\dfrac{702+832}{RT}}\times 100$$

$$=45.762≒45.76\%$$

해답 45.76%

67 대기압 상태의 내용적 200m³의 저장탱크에 질소가스로 치환시키기 위해 게이지압력 5기압으로 압입한 후 공기와 질소가 충분히 혼합되었을 때 가스 방출관 밸브를 열어 대기압 상태로 하였을 때 내부에 잔류하는 산소 농도(%)는? (단, 공기 중 산소의 농도는 21%이다.)

풀이 ① 저장탱크 내 공기와 질소(N_2)를 대기압 상태의 체적(m³)으로 계산 : 공학단위 압축가스 저장능력 산정식을 이용하여 계산한다.

∴ $Q=(P+1)V=(5+1)\times 200=1200\text{m}^3$

② 저장탱크 내 산소량(m³) 계산 : 처음 대기압 상태에서 저장탱크 내용적에 해당하는 200m³의 공기가 있었으므로 저장탱크 내 산소량은 공기 중 산소농도에 해당하는 21%가 있는 것이다.

∴ 산소량=저장탱크 내용적×공기 중 산소의 체적비=$200\times 0.21=42\text{m}^3$

③ 저장탱크 내 산소농도(%) 계산 : 질소를 압입하여 공기와 혼합되었을 때와 혼합 기체를 방출하여 대기압 상태가 되었을 때 산소가 차지하는 비율은 동일한 비율을 유지한다.

∴ 산소 농도=$\dfrac{\text{저장탱크 내 산소량}}{\text{혼합 기체량}}\times 100=\dfrac{42}{1200}\times 100=3.5\%$

해답 3.5%

68 내용적 50m³의 저장탱크에 대기압의 공기가 있을 때 질소가스로 치환하기 위하여 어느 압력까지 질소가스를 압입하고(이때의 저장탱크 내의 산소농도를 측정하였더니 3%이었다.) 저장탱크 내에 질소가스가 충분히 확산될 때까지 시간이 경과하고 난 후에 저장탱크의 압력을 2kgf/cm²·g까지 내부가스를 방출하였다. 질소가스를 압입하였을 때의 저장탱크의 압력(kgf/cm²·g)은 얼마인가?

풀이 ① 저장탱크 내 산소량(m³) 계산 : 공기 중 산소의 농도는 21vol%이므로 저장탱크 내용적의 21%에 해당하는 산소가 있는 것이다.

∴ 산소량 = 저장탱크 내용적 × 공기 중 산소의 체적비 = 50 × 0.21 = 10.5m³

② 대기압 상태의 공기와 질소의 합계량(m³) 계산 : 저장탱크 내 산소농도 3%는 산소량과 공기와 질소의 합계량의 비이므로 이것을 이용하여 공기와 질소의 합계량을 계산한다.

$$\therefore \text{산소농도 } 3\% = \frac{\text{산소량}}{\text{공기와 질소의 합계량}} \times 100$$

$$\therefore \text{공기와 질소의 합계량} = \frac{\text{산소량}}{\text{산소농도비율}} = \frac{10.5}{0.03} = 350 \text{m}^3$$

③ 저장탱크 압력(kgf/cm²·g) 계산 : 대기압 상태의 혼합기체 350m³를 내용적 50m³에 압입한 것이므로 압력은 대기압 이상이 될 것이다. 대기압 상태를 '1', 압입한 후의 상태를 '2'로 구별하여 보일의 법칙 $P_1V_1 = P_2V_2$에서 P_2를 구하며, 구한 압력은 절대압력이므로 게이지압력으로 변환한다.

$$\therefore P_2 = \frac{P_1V_1}{V_2} = \frac{1.0332 \times 350}{50}$$
$$= 7.2324 \text{kgf/cm}^2 \cdot \text{a} - 1.0332 = 6.199 ≒ 6.20 \text{kgf/cm}^2 \cdot \text{g}$$

해답 6.2kgf/cm²·g

69 어떤 고압가스 제조소에서 내용적 100m³의 저장용기에 100%의 공기가 차 있는데 산소농도가 1.25%가 되도록 질소로 불활성화하려고 한다. 이때 질소는 몇 m³를 넣어야 하는가? (단, 질소는 산소를 0.01% 포함하고 있다.)

풀이 산소농도 = $\frac{\text{전체 산소량}}{\text{공기량} + \text{압입 질소량}} \times 100 = 1.25\%$에서 압입 질소량을 x로 놓으면

$$\frac{(100 \times 0.21) + (0.0001 \times x)}{100 + x} = 0.0125$$가 되고 이것을 다시 정리하여 압입 질소량 x를 구한다.

$(100 \times 0.21) + 0.0001x = 0.0125 \times (100 + x)$

$(100 \times 0.21) + 0.0001x = (0.0125 \times 100) + 0.0125x$

$0.0001x - 0.0125x = (0.0125 \times 100) - (100\ 0.21)$

$$x(0.0001-0.0125)=(0.0125\times 100)-(100\times 0.21)$$

$$\therefore x=\frac{(0.0125\times 100)-(100\times 0.21)}{(0.0001-0.0125)}=1592.741 ≒ 1592.74\text{m}^3$$

해답 1592.74m^3

70 산소를 내용적 40L의 충전용기에 27℃, 130atm으로 압축 저장하여 판매하고자 할 때 물음에 답하시오. (단, 산소는 이상기체로 가정한다.) [20. 1회. 산기]

(1) 이 용기 속에는 산소가 몇 mol이 있는가?
(2) 이 산소는 몇 kg인가?

풀이 (1) 이상기체 상태방정식 $PV=nRT$에서 몰(mol)수 n을 구한다.

$$\therefore n=\frac{PV}{RT}=\frac{130\times 40}{0.082\times(273+27)}=211.382 ≒ 211.38\text{mol}$$

(2) 산소 1mol의 질량은 32g이고, 1kg은 1000g이다.

$$\therefore W=211.38\times 32\times 10^{-3}=6.764 ≒ 6.76\text{kg}$$

해답 (1) 211.38mol (2) 6.76kg

71 물(H_2O) 27kg을 전기분해에 의하여 산소(O_2)와 수소(H_2)를 제조하여 내용적 40L 용기에 0℃에서 15MPa·g로 충전한다면 제조된 가스를 모두 충전하는 데 필요한 최소 용기는 각각 몇 개인가?

풀이 ① 물의 전기분해 반응식 : $2H_2O \rightarrow 2H_2+O_2$
(이때 생성되는 수소와 산소는 기체이다.)

② 27kg 물(H_2O)을 전기분해 시 생성되는 산소(O_2)와 수소(H_2)의 양(m^3) 계산 : 물(H_2O) 1kmol의 분자량은 18kg/kmol이고, 기체 1kmol의 체적은 22.4Nm³이다.

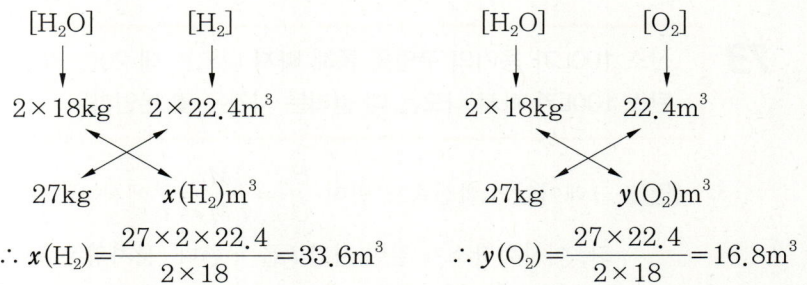

$$\therefore x(H_2)=\frac{27\times 2\times 22.4}{2\times 18}=33.6\text{m}^3 \quad \therefore y(O_2)=\frac{27\times 22.4}{2\times 18}=16.8\text{m}^3$$

③ 40L 용기 1개당 충전량(m^3) 계산 : SI단위 압축가스 저장능력 산정식을 이용하며, 내용적 40L는 0.04m³이다.

$$\therefore Q=(10P+1)\times V=\{(10\times 15)+1\}\times 0.04=6.04\text{m}^3$$

④ 충전용기 수 계산 : 용기 수는 발생되는 가스량을 용기 1개당 충전량으로 나누고, 이때 발생되는 소수는 크기에 관계없이 무조건 1개로 계산한다.

$$수소용기 \ 수 = \frac{발생된 \ 수소량}{용기 \ 1개당 \ 충전량} = \frac{33.6}{6.04} = 5.562 ≒ 6개$$

$$산소용기 \ 수 = \frac{발생된 \ 산소량}{용기 \ 1개당 \ 충전량} = \frac{16.8}{6.04} = 2.781 ≒ 3개$$

해답 ① 수소용기 : 6개   ② 산소용기 : 3개

해설 압축가스 저장능력 산정식 비교

구분	저장능력 산정식	비고
SI단위	$Q=(10P+1)V$	압력 P의 단위가 MPa이다.
공학단위	$Q=(P+1)V$	압력 P의 단위가 kgf/cm^{2}이다.

72 규소(硅素)의 어떤 화합물이 Si 90.29%, H 9.71% 포함되어 있다. 이 화합물의 확산속도가 질소의 약 2/3라고 가정할 때 이 화합물을 분자식을 쓰시오. (단, Si의 원자량은 28.09, H의 원자량은 1이다.)

풀이 그레이엄의 확산속도 법칙 $\frac{U_2}{U_1} = \sqrt{\frac{M_1}{M_2}}$는 $\frac{U_2^2}{U_1^2} = \frac{M_1}{M_2}$와 같으며, 질소를 '1', 화합물을 '2'로 놓는다. 질소의 분자량은 28이고, 확산속도가 제시되지 않았으므로 1m/s로 놓고 화합물의 분자량 M_2를 구하여 어떤 화합물의 명칭을 유추(類推)한다.

$$M_2 = M_1 \times \frac{U_1^2}{U_2^2} = 28 \times \frac{1^2}{\left(1 \times \frac{2}{3}\right)^2} = 63$$

∴ 규소(Si)와 수소(H)의 화합물 중에 분자량이 63인 것은 디실란(Si$_2$H$_6$)이다.

해답 Si$_2$H$_6$

73 산소 100L가 용기의 구멍을 통해 빠져 나오는 데 20분 걸렸다면, 같은 조건에서 이산화탄소 100L가 빠져 나오는 데 걸리는 시간은 몇 분인가?

풀이 그레이엄의 확산속도 법칙 $\frac{U_2}{U_1} = \sqrt{\frac{M_1}{M_2}} = \frac{t_1}{t_2}$에서 산소를 '1', 이산화탄소를 '2'로 놓고, 이산화탄소가 걸린 시간 t_2를 구한다. 분자량은 산소 32, 이산화탄소 44이다.

$$∴ t_2 = \frac{t_1}{\sqrt{\frac{M_1}{M_2}}} = \frac{20}{\sqrt{\frac{32}{44}}} = 23.452 ≒ 23.45분$$

해답 23.45분

74 A 기체를 대기 중으로 확산하는 데 16분이 소요되었다. 같은 조건에서 수소의 확산시간은 4분이 소요되었다면 A 기체의 분자량은 얼마인가? [20. 3회. 기사]

풀이 $\dfrac{U_2}{U_1} = \sqrt{\dfrac{M_1}{M_2}} = \dfrac{t_1}{t_2}$ 에서 'A' 기체와 '수소'로 구분하여 다시 쓰면 $\sqrt{\dfrac{M_A}{M_{H_2}}} = \dfrac{t_A}{t_{H_2}}$ 가 되고,

이것은 $\dfrac{M_A}{M_{H_2}} = \left(\dfrac{t_A}{t_{H_2}}\right)^2$ 와 같으며, 여기서 'A' 기체의 분자량 M_A를 구한다. 수소의 분자량은 2이다.

$$\therefore M_A = M_{H_2} \times \left(\dfrac{t_A}{t_{H_2}}\right)^2 = 2 \times \left(\dfrac{16}{4}\right)^2 = 32$$

해답 32

해설 분자량의 단위는 생략해도 무방하지만, 단위를 기록할 경우 'g/mol', 'kg/kmol'을 사용한다.

75 바닥 넓이 60m², 높이 3m인 저장소 내에 표준상태에서 프로판가스 7kg이 누출되었을 때 폭발위험이 있는지 여부를 계산에 의해 판별하시오.

풀이 ① 프로판가스 7kg을 표준상태(0℃, 1기압) 체적(Nm³)으로 계산 : 프로판 분자량은 44이고, SI단위 이상기체 상태방정 $PV = GRT$을 이용하여 체적 V를 계산한다.

$$\therefore V = \dfrac{GRT}{P} = \dfrac{7 \times \dfrac{8.314}{44} \times 273}{101.325} = 3.563 ≒ 3.56 \text{Nm}^3$$

② 누출된 프로판이 저장소 내에서 차지하는 체적비율 계산

$$체적비 = \dfrac{누출된\ 프로판\ 체적}{저장소\ 체적} \times 100 = \dfrac{3.56}{60 \times 3} \times 100 = 1.977 ≒ 1.98\%$$

③ 폭발 여부 판단 : 공기 중에서 프로판의 폭발범위 2.1~9.5%에서 하한값에 도달하지 않으므로(하한값 미만이므로) 폭발위험이 없다.

해답 폭발위험이 없다.

76 르샤틀리에 법칙에 대하여 설명하시오. [18. 1회. 산기]

해답 두 종류 이상의 가연성가스가 혼합되었을 때 혼합가스의 폭발범위 상한값과 하한값을 계산하는 것으로 공식은 다음과 같다.

$$\dfrac{100}{L} = \dfrac{V_1}{L_1} + \dfrac{V_2}{L_2} + \dfrac{V_3}{L_3} + \dfrac{V_4}{L_4} + \cdots$$

여기서, L : 혼합가스의 폭발한계치 V_1, V_2, V_3, V_4 : 각 성분 체적(%)

L_1, L_2, L_3, L_4 : 각 성분 단독의 폭발한계치

해설 별도의 조건없이 '르샤틀리에 법칙'을 묻는 경우에는 가연성 혼합가스의 폭발범위를 구하는 것으로 판단하길 바랍니다. 가스 분야에서 더 많이 다뤄지는 부분은 화학 평형 이동의 법칙(르샤틀리에 법칙이라고 불려짐)보다는 가연성 혼합가스의 폭발범위입니다.

77 화학평형에서 계의 상태를 결정하는 변수인 온도, 압력, 성분 농도 등의 조건을 변화시키면 그 계는 변화에 의해서 생기는 영향이 될 수 있는 대로 적게 하는 방향으로 진행되어 새로운 평형상태를 형성하는 법칙은 무엇인가? [16. 4회. 산기]

해답 르샤틀리에 법칙 (또는 화학 평형 이동의 법칙)

78 공기 중 체적비로 수소 10%, 프로판 50%, 에탄 40%인 혼합가스의 폭발하한계를 계산과정과 함께 쓰시오. (단, 공기 중에서 수소의 폭발범위는 4~75%, 프로판은 2~10%, 에탄은 3~13%이다.) [22. 1회. 산기]

풀이 혼합가스의 폭발범위 계산식 $\dfrac{100}{L} = \dfrac{V_1}{L_1} + \dfrac{V_2}{L_2} + \dfrac{V_3}{L_3}$ 에서 폭발범위 하한값 L을 구한다.

$$\therefore L = \dfrac{100}{\dfrac{V_1}{L_1} + \dfrac{V_2}{L_2} + \dfrac{V_3}{L_3}} = \dfrac{100}{\dfrac{10}{4} + \dfrac{50}{2} + \dfrac{40}{3}} = 2.448 \fallingdotseq 2.45\%$$

해답 2.45%

79 부피로 헥산 8vol%, 메탄 7vol%, 공기 85vol%로 구성된 혼합가스의 폭발범위 하한값은 얼마인가? (단, 헥산, 메탄의 폭발범위 하한값은 각각 1.1vol%, 5.0vol%이다.) [22. 3회. 기사]

풀이 혼합가스의 폭발범위를 구하는 르샤틀리에 식 $\dfrac{100}{L} = \dfrac{V_1}{L_1} + \dfrac{V_2}{L_2}$ 에서 가연성가스가 차지하는 체적비율은 15vol%이므로 혼합가스 폭발범위 하한값은 다음과 같다.

$$\therefore L = \dfrac{15}{\dfrac{V_1}{L_1} + \dfrac{V_2}{L_2}} = \dfrac{15}{\dfrac{8}{1.1} + \dfrac{7}{5.0}} = 1.729 \fallingdotseq 1.73\text{vol}\%$$

해답 1.73vol%

해설 르샤틀리에 공식에서 '100'은 가연성가스의 체적비율을 합산한 값이 100%일 때 적용하는 것이고, 문제와 같이 100%가 되지 않는 경우에는 실제 합산 체적비율을 적용해야 합니다.

80 다음 (   ) 안에 알맞은 용어를 쓰시오.

> 기체가 액체에 녹는 경우의 용해도는 일반적으로 온도의 상승에 대하여 (①)한다. 또 온도가 일정한 경우에는 일정 양의 액체에 용해하는 기체의 무게는 그 (②)에 비례하고 혼합기체이면 (③)에 비례한다. 이 관계를 헨리의 법칙이라 한다.

해답 ① 감소   ② 압력   ③ 분압

해설 헨리의 법칙 : 기체 용해도의 법칙이라 하며 일정한 온도에서 일정량의 용매에 녹는 기체의 용해도는 압력에 비례하고, 기체의 부피는 그 기체의 압력에 관계없이 일정하다. 또 기체가 일정 온도로 일정 양의 액체에 용해되는 무게는 압력에 비례하며, 온도가 상승하면 용해도는 감소한다.

㉮ 수소(H_2), 산소(O_2), 질소(N_2), 이산화탄소(CO_2) 등과 같이 물에 잘 녹지 않는 기체만 적용된다.

㉯ 염화수소(HCl), 암모니아(NH_3), 이산화황(SO_2) 등과 같이 물에 잘 녹는 기체는 적용되지 않는다.

제2장 고압가스 제조

1 고압가스의 분류

1-1 고압가스의 종류 및 범위

(1) 고압가스 안전관리법의 적용을 받는 고압가스의 종류 및 범위 : 고법 시행령 제2조
  ① 상용의 온도에서 압력(게이지압력)이 1MPa 이상이 되는 압축가스로서 실제로 그 압력이 1MPa 이상이 되는 것 또는 35℃의 온도에서 압력이 1MPa 이상이 되는 압축가스(아세틸렌가스는 제외한다)
  ② 15℃의 온도에서 압력이 0Pa을 초과하는 아세틸렌가스
  ③ 상용의 온도에서 압력이 0.2MPa 이상이 되는 액화가스로서 실제로 그 압력이 0.2MPa 이상이 되는 것 또는 압력이 0.2MPa이 되는 경우의 온도가 35℃ 이하인 액화가스
  ④ 35℃의 온도에서 압력이 0Pa을 초과하는 액화가스 중 액화시안화수소·액화브롬화메탄 및 액화산화에틸렌가스

(2) 도시가스 사업법에 규정된 액화가스(도법 시행규칙 제2조) : 액화가스란 상용의 온도 또는 35℃의 온도에서 압력이 0.2MPa 이상이 되는 것을 말한다.

예제 01 고압가스 안전관리법 적용을 받는 고압가스 중 35℃의 온도에서 압력이 0Pa을 초과하는 액화가스에 해당하는 가스 종류 3가지를 쓰시오. [15. 2회 산기]
해답 ① 액화시안화수소 ② 액화브롬화메탄 ③ 액화산화에틸렌

1-2 고압가스의 분류

(1) 상태에 따른 분류
  ① 압축가스 : 일정한 압력에 의하여 압축되어 있는 가스
  ② 액화가스 : 가압(加壓)·냉각 등의 방법에 의하여 액체 상태로 되어 있는 것으로서 대기압에서의 끓는 점(비점)이 40℃ 이하 또는 상용의 온도 이하인 것

③ 용해가스 : 용제 속에 가스를 용해시켜 취급되는 것으로 아세틸렌(C_2H_2)이 해당

(2) 연소성에 의한 분류

① 가연성가스 : 폭발한계 하한이 10% 이하이거나 폭발한계 상한과 하한의 차가 20% 이상의 것
② 조연성가스 : 다른 가연성가스의 연소를 도와주거나(촉진) 지속시켜 주는 것
③ 불연성가스 : 가스 자신이 연소하지도 않고 다른 물질도 연소시키지 않는 것

(3) 독성에 의한 분류

① 독성가스 : 허용농도가 100만분의 5000 이하의 가스
② 비독성가스 : 독성가스 이외의 독성이 없는 가스

예제 02 고압가스 안전관리법에 정한 액화가스의 정의를 쓰시오. [23. 1회. 기사] [22. 4회. 산기 유사]

해답 가압(加壓)·냉각 등의 방법에 의하여 액체 상태로 되어 있는 것으로서 대기압에서의 끓는 점이 40℃ 이하 또는 상용온도 이하인 것을 말한다.

해설 도시가스 사업법 : 액화가스란 상용의 온도 또는 35℃의 온도에서 압력이 0.2MPa 이상이 되는 것을 말한다.

---

2 고압가스의 종류 및 특징

2-1 수소(H_2)

(1) 물리적 성질

① 무색, 무취, 무미의 가스이다.
② 고온에서 강재, 금속재료를 쉽게 투과한다.
③ 확산속도(1.8km/s)가 대단히 크다.
④ 열전도율이 대단히 크고, 열에 대해 안정하다.

(2) 화학적 성질

① 폭발범위가 넓다.
  ㈎ 공기 중 폭발범위 : 4~75%
  ㈏ 산소 중 폭발범위 : 4~94%
    • 폭발범위와 압력과의 관계 : 압력이 상승하면 폭발범위가 좁아지다가 10atm 이상 상승하면 폭발범위가 다시 넓어지는 특징이 있다.

② 폭굉속도는 1000~3500m/s에 달한다.
③ 산소와 수소의 혼합가스를 연소시키면 2000℃ 이상의 고온도를 발생시킬 수 있다.
④ 수소 폭명기 : 공기 중 산소와 체적비 2 : 1로 반응하여 물을 생성한다.
$2H_2 + O_2 \rightarrow 2H_2O + 136.6 kcal$
⑤ 염소 폭명기 : 수소와 염소의 혼합가스는 빛(직사광선)과 접촉하면 심하게 반응한다.
$H_2 + Cl_2 \rightarrow 2HCl + 44 kcal$
⑥ 고온 고압하에서 질소와 반응하여 암모니아를 생성한다.
$N_2 + 3H_2 \rightarrow 2NH_3 + 23 kcal$
⑦ 수소 취성 : 고온, 고압 하에서 강제 중의 탄소와 반응하여 탈탄작용을 일으킨다.
$Fe_3C + 2H_2 \rightarrow 3Fe + CH_4$
- 수소 취성 방지 원소 : 텅스텐(W), 바나듐(V), 몰리브덴(Mo), 티타늄(Ti), 크롬(Cr)

(3) 제조법

① 실험적 제조법
  (가) 아연이나 철에 묽은 황산(H_2SO_4)이나 묽은 염산(HCl)을 가한다.
  (나) 양쪽성 원소는 강 알칼리를 가해도 수소를 발생한다.
  (다) 이온화 경향이 큰 금속(K, Ca, Na)은 찬물과 격렬하게 반응하여 수소를 발생한다.

② 공업적 제조법
  (가) 물의 전기분해(水電解法)에 의하여 제조 : $2H_2O \rightarrow 2H_2 + O_2$
  (나) 수성가스법(석탄, 코크스의 가스화) : 적열된 코크스에 수증기(H_2O)를 작용시켜 제조
    $C + H_2O \rightarrow CO + H_2 - 31.4 kcal$
  (다) 천연가스 분해법(CH_4 분해법)
    ㉮ 수증기 개질법 : $CH_4 + H_2O \rightarrow CO + 3H_2 - 49.3 kcal$
    ㉯ 부분 산화법 : $2CH_4 + O_2 \rightarrow 2CO + 4H_2 + 17.4 kcal$
  (라) 석유 분해법 : 수증기 개질법과 부분 산화법이 있다.
  (마) 일산화탄소 전화법 : $CO + H_2O \rightarrow CO_2 + H_2 + 9.8 kcal$

(4) 용도

① 암모니아(NH_3), 염산(HCl), 메탄올(CH_3OH) 등의 합성원료로 사용
② 환원성을 이용한 금속 제련에 사용
③ 백금, 석영 등의 세공에 사용
④ 기구나 풍선의 부양용 가스로 사용
⑤ 연료전지의 연료나 로켓의 연료로 사용

> **예제 03** 수소가스의 특성 중 폭명기의 종류 2가지를 반응식을 쓰고 설명하시오.
>
> **해답** ① 수소 폭명기 : 수소가 공기 중 산소와 체적비 2 : 1로 반응하여 물을 생성한다.
> 　　반응식 : $2H_2 + O_2 \rightarrow 2H_2O + 136.6\,kcal$
> ② 염소 폭명기 : 수소와 염소의 혼합가스는 빛(직사광선)과 접촉하면 심하게 반응한다.
> 　　반응식 : $H_2 + Cl_2 \rightarrow 2HCl + 44\,kcal$
>
> **해설** 반응식 중 발생열량(또는 흡수열량)은 작성하지 않아도 되며, 열량의 수치가 잘못되면 오답으로 채점되니 주의하길 바랍니다. (단, 문제에서 발열량까지 작성하는 문제가 제시될 수도 있으니 선택하여 기억하길 바랍니다)

2-2 산소(O_2)

(1) 물리적 성질

① 상온, 상압에서 무색, 무취이며 물에는 약간 녹는다.
② 공기 중에 체적으로 21%, 질량으로 23.2% 함유하고 있다.
③ 강력한 조연성 가스이나 그 자신은 연소하지 않는다.
④ 액화산소(액 비중 1.14)는 담청색을 나타낸다.

(2) 화학적 성질

① 화학적으로 활발한 원소로 모든 원소와 직접 화합하여(할로겐 원소, 백금, 금 등 제외) 산화물을 만든다.
② 철, 구리, 알루미늄선 또는 분말을 반응시키면 빛을 내면서 연소한다.
③ 산소+수소 불꽃은 2000~2500℃, 산소+아세틸렌 불꽃은 3500~3800℃까지 오른다.
④ 산소 또는 공기 중에서 무성방전을 행하면 오존(O_3)이 된다.

(3) 연소에 관한 성질

① 산소농도나 분압이 높아질 때 나타나는 현상
　㈎ 증가(상승) : 연소속도, 화염온도, 발열량 증가, 폭발범위, 화염길이
　㈏ 감소(저하) : 발화온도, 발화에너지
② 공기 중과 비교하여 폭발범위가 현저하게 넓어져 폭발의 위험성이 높아진다.

(4) 제조법

① 실험적 제조법
　㈎ 염소산칼륨($KClO_3$)에 이산화망간(MnO_2)을 촉매로 하여 가열, 분리시킨다.

(나) 과산화수소(H_2O_2)에 이산화망간(MnO_2)을 가한다.
② 공업적 제조법
　　(가) 물의 전기분해에 의해 제조한다.
　　(나) 공기의 액화분리에 의해 제조한다.
③ 공기액화 분리장치에 의한 산소 제조 공정
　　(가) 공기여과기 : 먼지, 매연 등 원료 공기 중의 불순물을 제거한다.
　　(나) 이산화탄소 흡수탑 : 원료 공기 중 이산화탄소가 존재하면 저온장치 내에서 드라이아이스(고체탄산)가 되어 밸브 및 배관을 폐쇄하므로 가성소다(NaOH) 수용액을 이용하여 제거한다.
　　　　$2NaOH + CO_2 \rightarrow Na_2CO_3 + H_2O$

> **참고** CO_2 1g 제거에 가성소다(NaOH) 1.818g이 소요된다.

　　(다) 공기 압축기 : 고압식에서는 왕복동형 다단 압축기가, 저압식에서는 원심식 압축기가 사용된다.
　　(라) 중간 냉각기 : 압축기에서 압축된 공기를 냉각시킨다.
　　(마) 유분리기(油分離器) : 압축기에서 압축된 원료공기 중에 혼입된 윤활유를 분리시킨다.
　　(바) 건조기
　　　　㉮ 소다 건조기 : 입상의 가성소다를 이용하여 미량의 수분과 이산화탄소를 제거한다.
　　　　㉯ 겔 건조기 : 실리카 겔(SiO_2), 활성알루미나(Al_2O_3), 소바이드 등의 건조제를 사용하며, 수분은 제거하나 이산화탄소는 제거하지 못한다.
　　(사) 팽창기(膨脹機) : 압축기에서 압축된 고압의 공기를 저온도로 변화시켜 주는 것으로 자유팽창에 의한 방법과 단열팽창에 의한 방법이 사용된다.
　　(아) 열교환기 : 압축기에서 압축된 공기와 분리기에서 나오는 저온의 산소, 질소와 열교환하여 분리기로 공기를 −140℃까지 냉각시킨다.
　　(자) 정류탑 : 열교환기에서 냉각된 공기를 정류 장치에서 산소와 질소의 비등점 차이에 의해 정류 분리되며 단식 정류탑과 복식 정류탑이 있다.
　　(차) 공기액화 분리장치의 폭발원인
　　　　㉮ 공기 취입구로부터 아세틸렌의 혼입
　　　　㉯ 압축기용 윤활유 분해에 따른 탄화수소의 생성
　　　　㉰ 공기 중 질소화합물(NO, NO_2)의 혼입
　　　　㉱ 액체공기 중에 오존(O_3)의 혼입
　　(카) 폭발방지 대책
　　　　㉮ 장치 내 여과기를 설치한다.

④ 아세틸렌이 흡입되지 않는 장소에 공기 흡입구를 설치한다.
⑤ 양질의 압축기 윤활유를 사용한다.
⑥ 장치는 1년에 1회 정도 내부를 사염화탄소(CCl_4)를 사용하여 세척한다.

(5) 용도

① 각종 화학공업, 야금(冶金) 등에 대량으로 사용한다.
② 용기에 충전하여 철제 절단용으로 사용한다.
③ 가스용접(산소＋아세틸렌, 산소＋프로판), 로켓 추진제, 액체산소 폭약 등에 사용한다.
④ 의료용으로 사용한다. (용기 도색 : 백색)

(6) 취급 시 주의사항

① 석유류, 유지류, 글리세린(농후한 글리세린)은 산소 압축기 내부 윤활제로 사용해서는 안 된다. (내부 윤활제 : 물 또는 10% 이하의 묽은 글리세린수)
② 금유(禁油)라 표시된 전용 압력계를 사용하고, 윤활유, 그리스 사용을 금지한다.
③ 밸브의 급격한 개폐 조작을 금지한다.
④ 기름 묻은 장갑 사용을 금지한다.
⑤ 인체에 대한 위해성
　㈎ 산소 농도는 18~22vol%를 유지한다.
　㈏ 60vol% 이상의 고농도 산소를 흡입하면 폐에 충혈을 일으키고 실명, 사망할 수 있다.

예제 04 공기액화 분리장치의 폭발원인 물질 4가지를 쓰시오.

해답 ① 아세틸렌　② 탄화수소　③ 질소화합물　④ 오존
해설 질소화합물과 질소산화물은 같은 물질을 지칭하는 것이니, 선택하여 답안을 작성하길 바랍니다.

2-3 일산화탄소(CO)

(1) 물리적 성질

① 무색, 무취의 가연성가스이다.
② 독성이 강하고(TLV-TWA 50ppm), 불완전연소에 의한 중독사고가 발생될 위험이 있다.

(2) 화학적 성질

① 환원성이 강한 가스로 금속의 산화물을 환원시켜 단체금속을 생성한다.

② 철족의 금속(Fe, Co, Ni)과 반응하여 금속카르보닐을 생성한다.
  ㉮ 고압에서 철(Fe)과 반응하여 철-카르보닐[$Fe(CO)_5$]을 생성한다.
    $Fe + 5CO \rightarrow Fe(CO)_5$
  ㉯ 100℃ 이상에서 미분상의 니켈(Ni)과 반응하여 니켈-카르보닐[$Ni(CO)_4$]을 생성한다.
    $Ni + 4CO \rightarrow Ni(CO)_4$
  ㉰ 카르보닐 생성을 방지하기 위하여 장치 내면에 은(Ag), 구리(Cu), 알루미늄(Al) 등을 라이닝하여 사용한다.
③ 상온에서 염소와 반응하여 포스겐($COCl_2$)을 생성한다. (촉매 : 활성탄)

(3) 제조법
① 의산(개미산)에 농황산(진한 황산)을 작용시켜 제조한다.
② 수성가스에서 회수한다.
③ 목탄(숯), 코크스를 불완전 연소시켜 회수한다.

(4) 위험성
① 인체에 대한 위해성 : 일산화탄소를 흡입하면 혈액속의 헤모글로빈과 결합하고(그 친화력은 산소의 200~250배 정도) 호흡을 저해하여 중독 사고를 일으킨다.
② 연소성에 대한 특징
  ㉮ 압력 증가 시 폭발범위가 좁아지며, 공기 중 질소를 아르곤, 헬륨으로 치환하면 폭발범위는 압력과 더불어 증대된다.
  ㉯ 공기와의 혼합가스 중 수증기가 존재하면 폭발범위는 압력과 더불어 증대된다.

(5) 용도
① 메탄올(CH_3OH) 합성에 사용한다.
② 포스겐($COCl_2$)의 제조 원료에 사용한다.
③ 화학 공업용 원료에 사용한다.
④ 환원제에 사용한다.

예제 05

고온 고압의 상태에서 일산화탄소(CO)에 의한 카르보닐을 생성하는 금속물질 3가지를 쓰시오.

해답 ① 철(Fe) ② 니켈(Ni) ③ 코발트(Co)
해설 코발트 분자기호 중 소문자 'o'를 대문자로 'CO'와 같이 작성하면 일산화탄소 분자 기호가 되므로 주의하길 바랍니다.

2-4 염소(Cl_2)

(1) 물리적 성질
① 상온에서 황록색의 심한 자극성이 있다.
② 비점($-34.05℃$)이 높고 상온에서 6~7기압의 압력을 가하면 쉽게 액화가 되며 액화가스는 갈색이다. (충전용기 도색 : 갈색)
③ 조연성, 독성(TLV-TWA 1ppm, LC50 293ppm)가스이다.

(2) 화학적 성질
① 화학적으로 활성이 강하여 염화물을 만든다.
② 건조한 상태에서는 강재에 대하여 부식성이 없으나, 수분이 존재하면 염산(HCl)이 생성되어 철을 심하게 부식시킨다.
③ 120℃ 이상이 되면 철과 직접 반응하여 부식이 진행된다.
④ 수소와 접촉 시 폭발한다(염소 폭명기).
⑤ 메탄과 작용하여 염소 치환제를 만든다.
⑥ 물에 녹으면(용해) 염산과 차아염소산이 생성되고 차아염소산이 분해하여 생긴 발생기 산소에 의하여 살균, 표백작용을 한다.
$Cl_2 + H_2O \rightarrow HCl + HClO$[차아염소산]
$HClO \rightarrow HCl + (O)$
⑦ 암모니아와 접촉하면 백색연기(白煙)가 발생하고, 이것으로 검출이 가능하다.
⑧ 염소와 아세틸렌이 접촉하면 자연발화의 가능성이 높다. (충전용기 혼합적재 금지)

(3) 제조법
① 실험적 제조법
　㈎ 소금물의 전기분해로 제조한다.
　㈏ 소금물에 진한 황산과 이산화망간을 가하고 가열하여 제조한다.
　㈐ 표백분에 진한 염산을 가하여 제조한다.
　㈑ 염산에 이산화망간, 과망간산칼륨 등 산화제를 작용시켜 제조한다.
② 공업적 제조법
　㈎ 수은법에 의한 식염(NaCl)의 전기분해 : 양극을 탄소, 음극을 수은으로 하여 생성된 나트륨 아말감으로 하여 수은에 용해시키고 다른 탱크에 옮겨 물로 분해하여 가성소다와 수소를 생성하며 양극에서 염소를 발생시킨다.
　㈏ 격막법에 의한 식염의 전기분해 : 전기분해용 탱크의 양극을 아스베스토 등의 격막으로 하여 발생하는 염소가 음극에서 발생하는 수소와 혼합하지 않는다.
　㈐ 염산의 전기분해에 의하여 제조한다.

(4) 취급 시 주의사항

① 인체에 대한 위해성

    ㈎ 독성이 매우 강하여 공기 중에서 TLV-TWA 30ppm 이면 심한 기침이 나오고, TLV-TWA 40~60ppm에서는 30분 내지 1시간 호흡하면 생명이 위험하다.

    ㈏ 염소가 눈에 들어갔을 때는 3% 붕산수로, 피부에 노출되었을 때에는 맑은 물로 씻어낸다.

② 강재에 대한 영향

    ㈎ 물과 접촉 시 발생하는 염산(HCl)이 강재를 부식시킨다.

    ㈏ 염화비닐, 유리, 내산도기 등은 염산 취급에 적당한 재료이다.

③ 용기 취급 시 주의사항

    ㈎ 충전용기, 저장탱크의 재료로 탄소강을 사용한다. (수분이 없을 때에는 부식성이 없다.)

    ㈏ 용기 밸브의 재질은 황동, 스핀들은 18-8 스테인리스강을 사용한다.

    ㈐ 충전용기 안전장치는 가용전을 사용한다. (용융온도 : 65~68℃)

(5) 용도

① 염화수소(HCl), 염화비닐(C_2H_3Cl), 포스겐($COCl_2$)의 제조에 사용한다.

② 종이, 펄프 공업, 알루미늄 공업 등에 사용한다.

③ 수돗물의 살균에 사용한다.

④ 섬유의 표백에 사용한다.

예제 06 염소에 대한 다음 물음에 답하시오.

(1) TLV-TWA 기준농도(허용농도)는 얼마인가?

(2) 연소성에 의한 가스 종류는?

(3) 액화염소 충전용기 재질은?

해답 (1) 1ppm   (2) 조연성 (또는 지연성)   (3) 탄소강

2-5 ▸ 암모니아(NH_3)

(1) 물리적 성질

① 가연성가스(폭발범위 : 15~28%)이며, 독성가스(TLV-TWA 25ppm)이다.

② 물에 잘 녹는다. (상온, 상압에서 물 1cc에 대하여 800cc가 용해)

③ 액화가 쉽고(비점 : -33.3℃), 증발잠열(301.8kcal/kg)이 커서 냉동기 냉매로 사용된다.

(2) 화학적 성질

① 동과 접촉 시 부식의 우려가 있다. (동 함유량 62% 미만 사용가능)
② 액체 암모니아는 할로겐, 강산과 접촉하면 심하게 반응하여 폭발, 비산하는 경우가 있다.
③ 염소(Cl_2), 염화수소(HCl), 황화수소(H_2S)와 반응하면 백색연기가 발생한다.
④ 산소 중에서 황색 불꽃을 발생하며 연소하고 질소와 물을 생성한다.
$$4NH_3 + 3O_2 \rightarrow 2N_2 + 6H_2O$$
⑤ 금속이온(구리, 아연, 은, 코발트)과 반응하여 착이온을 생성한다.
⑥ 염소가 과잉상태로 접촉하면 폭발성의 3염화질소(NCl_3)를 만든다.
$$8NH_3 + 3Cl_2 \rightarrow N_2 + 6NH_4Cl$$
$$NH_4Cl + 3Cl_2 \rightarrow NCl_3 + 4HCl$$
⑦ 상온에서는 안정하나 1000℃ 정도에서 분해하여 질소와 수소로 된다.
⑧ 건조제로 염기성인 소다석회를 사용한다.

(3) 제조법

① 실험적 제조법
　㈎ 진한 암모니아수(28%)를 가열하여 제조한다.
　㈏ 암모늄염에 강알칼리를 가해 제조한다.
② 공업적 제조법
　㈎ 석회 질소법 : 석회질소($CaCN_2$: 칼슘시안화미드)에 과열증기를 작용시켜 제조한다.
　㈏ 하버-보시법(Haber-Bosch process) : 수소와 질소를 체적비 3 : 1로 반응시켜 제조한다.
　　㉮ 고압 합성(600~1000kgf/cm²) : 클라우드법, 카자레법
　　㉯ 중압 합성(300kgf/cm²) : IG법, 뉴파우더법, 뉴데법, 동공시법, JCI법, 케미크법
　　㉰ 저압 합성(150kgf/cm²) : 켈로그법, 구데법

(4) 취급 시 주의사항

① 동, 동합금, 알루미늄 합금에 심한 부식성이 있으므로 장치나 계기에는 동이나 황동 등을 사용할 수 없다. (동 함유량 62% 미만 사용 가능)
② 고온, 고압 하에서 탄소강에 대하여 질화 및 탈탄(수소 취성) 작용이 있다.
③ 고온, 고압 하의 장치 재료는 18-8 스테인리스강, Ni-Cr-Mo 강을 사용한다.

(5) 용도

① 요소비료 원료로 사용 : 황산암모늄[$(NH_4)_2SO_4$], 질산암모늄[$(NH_4)_2CO_3$], 요소

② 소다회, 질산 제조용으로 사용한다.
③ 냉동기 냉매로 사용한다.

> **예제 07** 암모니아(NH_3)에 대한 다음 물음에 답하시오.
> (1) 공기 중에서 폭발범위는 얼마인가?
> (2) 충전용기의 충전구 나사형식을 쓰시오.
>
> **해답** (1) 15~28% (2) 오른나사
> **해설** 암모니아는 가연성으로 분류되며, 가연성가스의 충전구 나사 형식은 왼나사이지만 암모니아는 예외적으로 오른나사를 적용한다.

2-6 아세틸렌(C_2H_2)

(1) 물리적 성질

① 무색의 기체이고 불순물로 인한 특유의 냄새가 있다.
② 공기 중에서의 폭발범위가 가연성가스 중 가장 넓다.

> **참고** 공기 중 : 2.5~81%, 산소 중 : 2.5~93%

③ 액체 아세틸렌은 불안정하나, 고체 아세틸렌은 비교적 안정하다.
④ 비점과 융점의 차이가 적어 고체 아세틸렌은 융해하지 않고 승화한다.
⑤ 15℃에서 물 1L에 1.1L, 아세톤 1L에 25L 녹는다.

(2) 화학적 성질

① 동(Cu), 은(Ag), 수은(Hg) 등의 금속과 접촉 반응하여 폭발성의 아세틸드가 생성된다. (동 및 동합금 사용 시 동 함유량 62%를 초과하는 것을 사용하지 않는다.)
② 아세틸렌을 접촉적으로 수소화 하면 에틸렌(C_2H_4), 에탄(C_2H_6)이 생성된다.
③ 아세틸렌의 폭발성
　㈎ 산화폭발 : 공기 중 산소와 반응하여 폭발을 일으킨다.
　　$C_2H_2 + 2.5O_2 \rightarrow 2CO_2 + H_2O$
　㈏ 분해폭발 : 가압, 충격에 의하여 탄소와 수소로 분해되면서 폭발을 일으키며, 흡열화합물이기 때문에 위험성이 크다.
　　$C_2H_2 \rightarrow 2C + H_2 + 54.2 kcal$
　㈐ 화합폭발 : 동(Cu), 은(Ag), 수은(Hg) 등의 금속과 접촉 반응하여 폭발성의 아세틸드가 생성된다.

$$C_2H_2 + 2Cu \rightarrow Cu_2C_2 + H_2$$
$$C_2H_2 + 2Ag \rightarrow Ag_2C_2 + H_2$$

(3) 카바이드(CaC_2)를 이용한 제조법 : 카바이드(CaC_2)와 물(H_2O)을 접촉시키면 아세틸렌이 발생한다.

> **참고** 제조 반응식 : $CaC_2 + 2H_2O \rightarrow Ca(OH)_2 + C_2H_2$

① 가스 발생기 : 카바이드와 물이 반응하여 아세틸렌을 발생시킨다.
  (가) 발생 방법에 의한 분류
    ㉮ 주수식 : 카바이드에 물을 주입하는 방식으로 불순가스 발생량이 많다.
    ㉯ 침지식 : 물과 카바이드를 소량씩 접촉하는 방식으로 위험성이 크다.
    ㉰ 투입식 : 물에 카바이드를 넣는 방식으로 대량생산에 적합하다.
  (나) 발생 압력에 의한 분류
    ㉮ 저압식 : $0.07 kgf/cm^2$ 미만
    ㉯ 중압식 : $0.07 \sim 1.3 kgf/cm^2$
    ㉰ 고압식 : $1.3 kgf/cm^2$ 이상
  (다) 발생기 표면온도는 70℃ 이하로 유지한다.
② 쿨러 : 발생가스를 냉각하여 수분, 암모니아를 제거한다.
③ 가스청정기 : 발생가스의 불순물을 제거하는 것으로 청정제의 종류는 에퓨렌(Epurene), 카다리솔(Catalysol), 리가솔(Rigasol)을 사용한다.
④ 저압건조기 : 수분을 제거하여 아세틸렌과 함께 압축되는 것을 방지한다.
⑤ 아세틸렌 압축기
  (가) 100rpm 전후의 저속 왕복 압축기를 사용한다.
  (나) 압축기는 수중에서 작동시킨다.
  (다) 냉각수의 온도는 20℃ 이하로 유지한다.
  (라) 충전 시에는 온도와 관계없이 2.5MPa 이하로 유지한다.

> **참고** 2.5MPa 이상으로 압축 시 희석제 첨가 → 질소(N_2), 메탄(CH_4), 일산화탄소(CO), 에틸렌(C_2H_4) 등

  (마) 압축기 내부 윤활유 : 양질의 광유(디젤 엔진유)
⑥ 유분리기 : 압축된 가스 중의 윤활유(오일)을 분리한다.
⑦ 고압건조기 : 압축가스 중의 수분을 제거 (건조제 : 염화칼슘[$CaCl_2$])
⑧ 역화방지기 : 고압건조기와 충전용 교체밸브 사이 배관에 설치

(4) 용제 및 다공물질
① 용제 : 아세톤[$(CH_3)_2CO$], DMF(디메틸 포름아미드)

② 다공물질
　(가) 다공물질을 충전하는 이유 : 분해폭발 방지
　(나) 종류 : 규조토, 석면, 목탄, 석회, 산화철, 탄산마그네슘, 다공성 플라스틱 등
　(다) 다공도 계산식

$$다공도(\%) = \frac{V-E}{V} \times 100$$

　　여기서, V : 다공물질의 용적(m^3)
　　　　　　E : 아세톤의 침윤 잔용적(m^3)
　(라) 다공도 기준 : 75% 이상 92% 미만
　(마) 다공물질의 구비조건
　　　㉮ 고다공도일 것　　　　　㉯ 기계적 강도가 클 것
　　　㉰ 가스충전이 쉬울 것　　　㉱ 안전성이 있을 것
　　　㉲ 화학적으로 안정할 것　　㉳ 경제적일 것

(5) 용도
　① 가스용접, 금속의 절단 작업에 사용
　② 카본블랙은 전지용 전극에 사용
　③ 의약, 향료, 파인케미컬의 합성에 사용

아세틸렌 제조설비 중 아세틸렌이 접촉하는 부분에는 구리 함유량이 62%를 초과하는 것을 사용해서는 안 되는 이유에 대해 반응식을 쓰고 설명하시오.

해답　① 반응식 : $C_2H_2 + 2Cu \rightarrow Cu_2C_2 + H_2$
　　　　② 이유 : 구리와 접촉 반응하여 폭발성의 동-아세틸드(Cu_2C_2)를 생성하여 약간의 충격에도 폭발의 위험성이 있기 때문에 사용을 제한한다.

해설　아세틸렌에 접촉하는 부분에 사용하는 재료 기준
　　　　① 동 또는 동함유량이 62%를 초과하는 동합금은 사용하지 아니한다.
　　　　② 충전용 지관에는 탄소의 함유량이 0.1% 이하의 강을 사용한다.
　　　　③ 굴곡에 의한 응력이 일부에 집중되지 아니하도록 된 형상으로 한다.

아세틸렌을 충전할 때 용기 내부에 다공물질을 충전하는 이유를 설명하시오.

해답　아세틸렌은 2기압 이상으로 압축 시 분해폭발을 일으키므로 충전용기 내부를 미세한 간격으로 구분하여 분해폭발이 일어나지 않도록 하고, 분해폭발이 일어나도 용기 전체로 파급되는 것을 방지하기 위하여 충전한다.

2-7 시안화수소(HCN)

(1) 물리적 성질

① 독성가스(TLV-TWA 10ppm)이며, 가연성가스(폭발범위 : 6~41%)이다.
② 액체는 무색, 투명하고 감, 복숭아 냄새가 난다.
③ 액화가 용이하여(비점 : 25.7℃) 액화가스로 취급된다.

(2) 화학적 성질

① 소량의 수분 존재 시 중합폭발을 일으킬 우려가 있다.
② 알칼리성 물질(암모니아, 소다)을 함유하면 중합이 촉진된다.
③ 중합폭발을 방지하기 위하여 안정제를 사용한다.
   (안정제의 종류 : 황산, 아황산가스, 동, 동망, 염화칼슘, 인산, 오산화인)
④ 물에 잘 용해하고 약산성을 나타낸다.

(3) 제조법

① 앤드루소법 : 암모니아, 메탄에 공기를 가하고 10%의 로듐을 함유한 백금 촉매를 1000~1100℃로 통하면 시안화수소를 함유한 가스를 얻고 이것을 분리, 정제하여 제조한다.
② 포름아미드법 : 일산화탄소와 암모니아에서 포름아미드를 거쳐 시안화수소를 제조한다.

> **예제 10** 시안화수소를 용기에 충전할 때 첨가하는 안정제 종류 2가지를 쓰시오.
> **해답** ① 황산 ② 아황산가스

2-8 포스겐($COCl_2$)

(1) 물리적 성질

① 일명 염화카르보닐이라 하며, 자극적인 냄새(푸른 풀 냄새)가 난다.
② 맹독성가스(TLV-TWA 0.1ppm)이다.
③ 무색의 액체이나 시판 중인 제품은 담황록색이다.
④ 사염화탄소(CCl_4)에 잘 녹는다.

(2) 화학적 성질

① 활성탄을 촉매로 일산화탄소와 염소를 반응시켜 제조한다.
② 가열하면 일산화탄소와 염소로 분해된다.

③ 가수분해하여 이산화탄소와 염산이 생성된다.
④ 건조한 상태에서는 금속에 대하여 부식성이 없으나 수분이 존재하면 금속을 부식시키며, 알칼리, 고무, 코팅제와 격렬히 반응한다.
⑤ 건조제로 진한 황산을 사용한다.

(3) 제조법

일산화탄소와 염소를 활성탄 촉매로 하여 제조한다.

예제 11 일산화탄소와 염소를 이용하여 포스겐을 제조하는 반응식과 촉매 명칭을 각각 쓰시오.

해답 ① 반응식 : $CO + Cl_2 \rightarrow COCl_2$
② 촉매 : 활성탄

2-9 산화에틸렌(C_2H_4O)

(1) 물리적 성질

① 무색의 가연성가스이다. (폭발범위 : 3~80%)
② 독성가스이며, 자극성의 냄새가 있다. (TLV-TWA 50ppm)
③ 물, 알코올, 에테르에 용해된다.

(2) 화학적 성질

① 산, 알칼리, 산화철, 산화알루미늄 등에 의해 중합폭발 한다.
② 액체 산화에틸렌은 연소하기 쉬우나 폭약과 같은 폭발은 없다.
③ 산화에틸렌 증기는 전기 스파크, 화염, 아세틸드 등에 의하여 폭발한다.
④ 구리와 직접 접촉을 피하여야 한다.

(3) 제조법

① 에틸렌크롤히드린을 경유하는 방법
② 에틸렌을 직접 산화하는 공업적 제조법 : 현재 공업적 제조법으로 이용한다.

예제 12 산화에틸렌의 폭발성 3가지를 쓰시오.

해답 ① 산화폭발 ② 중합폭발 ③ 분해폭발

2-10 특정 고압가스 및 특수 고압가스

(1) 디보레인(B_2H_6)의 특징

① 분자량 27.7인 무색의 가스로 자극적인 냄새를 갖는다.
② 비점이 -92℃로 압축가스로 취급된다.
③ 독성(TLV-TWA 0.1ppm), 가연성(폭발범위 : 0.8~88%)가스이다.
④ 극인화성가스, 산화하는 물질들과 격렬하게 반응한다.
⑤ 열 또는 화염에 접촉 시 폭발적으로 반응하고, 습기에 접촉 시 수소가스가 생성된다.
⑥ 흡입하면 호흡기 계통에 손상을 일으키며 치명적이다.
⑦ 피부에 노출 시 심한 화상, 눈에 들어갔을 경우 심한 손상을 일으킨다.
⑧ 혼합금지 물질로는 물, 할로겐화합물, 알루미늄, 리튬, 산화된 표면들이다.
⑨ 소화제는 분말 소화약제, 이산화탄소, 분무주수, 내알코올포 등이다.
⑩ 제독제는 과망간칼륨, 수산화칼륨이 함유된 흡착제이다.

(2) 알진(Arsine)의 특징

① 분자식 : AsH_3, 분자량 : 77.95, 비점 : -62℃
② 허용농도 : TLV-TWA 0.005ppm, LC50 20ppm
③ 무색의 독성가스, 극인화성 압축액화가스로 마늘냄새가 난다. 폭발범위 4.5~78%
④ 열에 불안정하고, 물리적 충격에 민감하게 작용한다.
⑤ 산화제, 산, 할로겐, 암모니아 혼합물 등과 격렬히 반응하며, 빛에 노출 시 비소로 분해한다.
⑥ 전자 화합물, 유기물 합성, 납산 배터리 등 제조에 이용

(3) 모노실란(SiH_4)

① 반도체 산업과 태양전지 산업에서 각광을 받고 있는 신소재 물질이다.
② 분자량 32.01로 공기보다 무겁고, 특이한 냄새(불쾌한 냄새)가 나는 무색의 기체이다.
③ 강력한 환원제, 할로겐족(브롬, 염소 등)과 반응하며 가열 시 실리콘과 수소로 분해한다.
④ 폭발범위가 1.37~100%이고, 허용농도가 TLV-TWA 5ppm, LC50 19000ppm이다.
⑤ 녹는점이 -184.7℃, 비점은 약 -112℃로 압축가스로 취급된다.
⑥ 1% 이하는 불연성이지만, 3% 이상은 공기 중에서 자연 발화한다.
⑦ 공기 중에서 자연 발화할 수 있고, 공기와 혼합되어 폭발성 혼합물을 형성할 수 있다.
⑧ 열분해 또는 연소에 의해 자극적이고 유독한 가스가 발생할 수 있다.
⑨ 불소, 염소, 브롬과 상온에서 폭발적인 반응을 일으킨다.
⑩ 눈, 피부, 호흡기를 자극하고, 액체와 접촉 시 동상에 걸릴 수 있다.

(4) 디실란(SiH_6)

① 분자량 62.22, 비점 −14.3℃, 폭발범위 1~100% (허용농도 자료 없음)
② 무색의 기체로 자극적인 냄새가 있다.
③ 공기 중에서 자연발화, 할로겐과 격렬하게 반응하며 모노실란과는 달리 사염화탄소, 클로로포름과도 격렬히 반응한다.
④ 물에 가수분해되어 수소와 붕산을 형성한다.
⑤ 눈, 피부, 호흡기에 자극을 준다.
⑥ 화재진압 요령
　(가) 누출을 멈추게 할 수 없고, 누출 중인 가스에 불이 붙은 경우라면 화재진압을 시도하지 않을 것
　(나) 위험하지 않다면 용기를 화재지역으로부터 이동시킬 것
　(다) 다량의 물로 용기 냉각, 진화된 후에도 물분무기로 용기를 냉각시킬 것
　(라) 물 분무하여 대기 중 증기 발생 억제
　(마) 소화제로는 분말소화약제, 이산화탄소, 분무 또는 무상주수

(5) 셀렌화수소(H_2Se)

① 분자량 81, 무색의 가스로 마늘냄새가 난다.
② 비점 −41℃, 허용농도 TLV−TWA 0.05ppm, LC50 51ppm
③ 가연성가스(8.84~62.4%)이며, 증기는 공기보다 무거워 지면을 타고 확산 및 분포
④ 공기와 섞여 폭발성 혼합물을 형성
⑤ 공기와 접촉 시 독성 및 부식성 가스인 이산화셀레늄을 발생
⑥ 호흡기에 자극성, 피부에 자극성, 흡입을 통해 체내로 흡수될 수 있음
⑦ 화재진압 요령
　(가) 누출을 멈추게 할 수 없고, 누출 중인 가스에 불이 붙은 경우라면 화재진압을 시도하지 않을 것
　(나) 누출원 또는 안전장치에는 직접 주수를 하지 않을 것
　(다) 진화가 된 후에도 물분무기로 용기를 냉각시킬 것
　(라) 용기 내부로 물이 들어가지 않도록 하고, 파손된 용기는 전문가가 처리할 것
　(마) 소화제 : 분말소화약제, 이산화탄소, 분무주수, 무상주수 또는 일반포말

(6) 모노게르만(GeH$_4$)

① 분자량 76.6으로 공기보다 무겁고 마늘냄새가 난다.
② 비점이 −88.5℃이고, 압축가스로 취급된다.
③ 폭발범위가 2.28~100%이고, 허용농도가 TLV−TWA 0.2ppm, LC50 620ppm 이다.
④ 극인화성 물질로 공기에 노출되면 자연 발화될 수도 있다.
⑤ 열분해 또는 연소에 의해 자극적이고 유독한 가스가 발생할 수 있다.
⑥ 흡입하거나 피부를 통해 흡수되면 치명적인 피해를 입힐 수 있다.
⑦ 혈액 속으로 들어갈 경우 전신 손상을 유발할 수 있다.

예제 13 디보레인(B$_2$H$_6$)이 충전된 용기를 운반 도중 누출이 되어 화재가 발생하였을 때 화재진압 요령을 설명하시오.

해답
① 누출을 멈추게 할 수 없고, 누출 중인 가스에 불이 붙은 경우라면 화재진압을 시도하지 않을 것
② 누출원 또는 안전장치에는 직접 주수를 하지 않을 것
③ 진화가 된 후에도 물분무기로 용기를 냉각시킬 것
④ 용기 내부로 물이 들어가지 않도록 하고, 파손된 용기는 전문가가 처리할 것

예제 14 폭발범위가 1.3~100%인 가연성가스로 반도체 공정에서 도핑액(doping agent)으로 사용되며, 분자량이 32이고, 공기 중에서 자연 발화하는 가스 명칭을 쓰시오.

해답 모노실란(SiH$_4$)

고압가스 제조 예상문제

01 고압가스 안전관리법에 정하고 있는 법의 적용을 받는 고압가스의 종류 및 범위 4가지를 설명하시오.

[해답]
① 상용의 온도에서 압력이 1MPa 이상이 되는 압축가스로 실제로 그 압력이 1MPa 이상이 되는 것 또는 35℃의 온도에서 압력이 1MPa 이상이 되는 압축가스
② 15℃의 온도에서 압력이 0Pa 초과하는 아세틸렌가스
③ 상용의 온도에서 압력이 0.2MPa 이상이 되는 액화가스로서 실제로 그 압력이 0.2MPa 이상이 되는 것 또는 압력이 0.2MPa이 되는 경우의 온도가 35℃ 이하의 액화가스
④ 35℃의 온도에서 압력이 0Pa을 초과하는 액화가스 중 액화시안화수소, 액화브롬화메탄 및 액화산화에틸렌가스

[해설] 고압가스의 종류 및 범위 : 고법 시행령 제2조

02 가스 종류를 상태에 따라 3가지로 구분하고 설명하시오.

[해답]
① 압축가스 : 비등점이 극히 낮거나 임계온도가 낮아 상온에서 압력을 가하여도 액화되지 않는 가스로서 일정한 압력에 의하여 압축되어 있는 것
② 액화가스 : 가압, 냉각에 의하여 액체 상태로 되어 있는 것으로서 대기압에서 비점이 40℃ 이하 또는 상용의 온도 이하인 것
③ 용해가스 : 아세틸렌과 같이 용제 속에 가스를 용해시켜 취급되는 고압가스

[해설]
• 연소성에 의한 분류 : 가연성가스, 조연성가스, 불연성가스
• 독성에 의한 분류 : 독성가스, 비독성가스

03 고압가스 안전관리법에서 규정하고 있는 가연성가스의 정의를 쓰시오.

[해답] 폭발한계 하한이 10% 이하의 것과 폭발한계 상한과 하한의 차가 20% 이상인 고압가스

[해설] 폭발범위(연소범위) : 공기에 대한 가연성가스의 혼합농도의 백분율(체적(%))로서 폭발하는 최고 농도를 폭발상한계, 최저 농도를 폭발하한계라 하며, 그 차이를 폭발범위라 한다.

04 가연성가스의 폭발범위에 대한 압력과 온도의 영향에 대하여 설명하시오.

해답 압력과 온도가 높아지면 폭발범위 하한값은 저하하고, 상한값은 증가하여 폭발범위가 넓어지나, 수소와 일산화탄소는 압력이 높아지면 반대로 폭발범위가 좁아진다. (수소는 10atm 이상 압력이 높아지면 다시 폭발범위가 넓어진다.)

05 액체질소 순도가 99.999%이면 불순물은 몇 ppm인가?

풀이 'ppm'은 100만분의 1의 농도이고, 순도가 99.999%이므로 불순물은 0.001%이다.

∴ 불순물(ppm) = $\dfrac{\text{불순물}(\%)}{100} \times 10^6 = \dfrac{100-99.999}{100} \times 10^6 = 10\text{ppm}$

해답 10ppm

06 초저온 액화가스 4가지를 쓰시오. [21. 1회. 산기]

해답 ① 액화 산소 ② 액화 아르곤 ③ 액화 질소 ④ 액화 메탄

07 고압가스 안전관리법에서 정하는 가연성가스이면서 독성가스에 해당되는 것 4가지를 쓰시오. [13. 2회, 20. 4회. 산기]

해답 ① 아크릴로니트릴 ② 일산화탄소 ③ 벤젠 ④ 산화에틸렌 ⑤ 모노메틸아민
⑥ 염화메탄 ⑦ 브롬화메탄 ⑧ 이황화탄소 ⑨ 황화수소 ⑩ 암모니아
⑪ 시안화수소

해설 가연성가스이면서 독성가스에 해당되는 것은 답안에 수록된 가스 외에도 많이 있지만, 10여 개 정도만 암기하고 있으면 답안을 작성하는 데 무리가 없을 것으로 판단됩니다.
[암기법] 가스 명칭 머리글자를 따서 "아일벤 산모가 염려 되브이 황암석 시트를 보냈다"

08 가스시설의 퍼지용 가스로 사용되는 불활성가스 2가지를 쓰시오. [18. 2회. 기사]

해답 ① 아르곤(Ar) ② 헬륨(He) ③ 네온(Ne)

해설 질소(N_2)는 불연성가스에 해당되지만, 불활성가스와는 관계가 없다. 문제에서 묻는 내용을 잘 확인하고 답안을 작성하길 바랍니다.

09 수소가스의 특성 중 폭명기의 종류 2가지를 반응식을 쓰고 설명하시오.

해답 ① 수소 폭명기 : 수소가 공기 중 산소와 체적비 2 : 1로 반응하여 물을 생성한다.
반응식 : $2H_2 + O_2 \rightarrow 2H_2O + 136.6 kcal$
② 염소 폭명기 : 수소와 염소의 혼합가스는 빛(직사광선)과 접촉하면 심하게 반응한다.
반응식 : $H_2 + Cl_2 \rightarrow 2HCl + 44 kcal$

해설 반응식 중 발생열량(또는 흡수열량)은 작성하지 않아도 되며, 열량의 수치가 잘못되면 오답으로 채점되니 주의하길 바랍니다. (단, 문제에서 발열량까지 작성하는 문제가 제시될 수도 있으니 선택하여 기억하길 바랍니다)

10 수소 취성에 대하여 설명하시오. [20. 4회. 기사]

해답 수소는 고온, 고압 하에서 강재 중의 탄소와 반응하여 메탄(CH_4)을 생성하고 취성을 발생시키는 것으로 수소 취화, 탈탄작용이라 한다.

해설 수소 취성 반응식과 방지원소
① 반응식 : $FeC + 2H \rightarrow 3Fe + CH_4$
② 방지원소 : 텅스텐(W), 바나듐(V), 몰리브덴(Mo), 티타늄(Ti), 크롬(Cr)

참고 고압가스용 저장탱크 및 압력용기 제조의 기준 : KGS AC111
① "수소 취성(hydrogen embrittlement)"이란 금속이 수소 원자의 침입으로 연성을 잃고 취성균열로 이어지는 현상을 말한다. 〈신설 21. 1. 12〉
② "수소압축가스설비"란 압축기로부터 압축된 수소가스를 저장하기 위한 것으로서 설계압력이 41MPa을 초과하는 압력용기를 말한다. 〈신설 22. 1. 10〉

11 고온, 고압의 수소가 들어있는 곳에 탄소강을 사용하면 안 되는 이유를 설명하시오. [21. 4회. 산기]

해답 수소는 고온, 고압 하에서 강재 중의 탄소와 반응하여 메탄(CH_4)을 생성하고, 이것이 취성을 발생시키는 수소 취성이 일어나기 때문에 사용을 제한한다.

해설 수소 취성 방지 원소 : 텅스텐(W), 바나듐(V), 몰리브덴(Mo), 티타늄(Ti), 크롬(Cr)

12 고온으로 가열한 코크스에 수증기를 작용시키면 발생하는 가스 명칭과 조성을 쓰시오.

해답 ① 가스 명칭 : 수성가스
② 조성 : $CO+H_2$

해설 수성가스법 : 적열된 코크스에 수증기를 작용시키면 다음의 반응에 따라 수소와 일산화탄소의 혼합가스가 생성되고 이를 수성가스라 한다. 수성가스의 생성반응은 흡열반응이므로 고온도에서 하여야 한다.
※ 반응식 : $C+H_2O \rightarrow CO+H_2 - 31.4 kcal$

13 LNG 또는 석유로부터 수소를 제조하는 방법 2가지를 쓰시오. [11. 3회, 20. 3회. 기사]

해답 ① 수증기 개질법
② 부분 산화법

해설 천연가스 분해법(메탄 분해법)
① 수증기 개질법
㉮ 메탄과 수증기와의 반응은 흡열반응이다.
$CH_4+H_2O \rightarrow CO+3H_2 - 49.3 kcal$
㉯ 촉매를 사용하지 않아도 메탄, 수증기를 약 1400℃에서 분해로를 통하게 함으로써 진행할 수 있다.
㉰ 니켈 촉매를 사용하면 650~800℃에서 반응이 진행된다.
㉱ 반응압력은 상압~$10 kgf/cm^2$ 정도이다.
② 부분 산화법
㉮ 메탄을 약 $15 kgf/cm^2$ 정도로 가압하여 니켈 촉매상에서 산소 또는 공기와 800~1000℃로 반응시켜 제조한다.
㉯ 반응식 : $2CH_4+O_2 \rightarrow 2CO+4H_2+17 kcal$

14 천연가스를 원료로 사용하여 수소를 제조하는 방법인 부분산화법 중 파우더법을 설명하고 반응식을 쓰시오. [23. 2회. 기사]

해답 ① 부분산화법 중 파우더법 : 메탄을 약 $15 kgf/cm^2$ 정도로 가압하여 니켈 촉매상에서 산소 또는 공기와 800~1000℃로 반응시켜 제조한다.
② 반응식 : $2CH_4+O_2 \rightarrow 2CO+4H_2+17 kcal$

해설 부분산화법 중 '그랜드 파로와스법' : 메탄 또는 저급 탄화수소를 원료로 하여 니켈 촉매상에서 약 $10 kgf/cm^2$ 정도의 수증기에 의하여 가압하고 850~950℃로 분해하여 수소를 얻는다.
※ 메탄과 수증기와의 반응식 : $CH_4+H_2O \rightarrow CO+3H_2 - 49.3 kcal$

15 [보기]와 같은 반응에 의하여 수소를 제조하는 공업적 제조법 명칭을 쓰시오. [16. 2회. 산기]

> **보기**
> $$C_mH_n + mH_2O \rightleftarrows mCO + \left(\frac{2m+n}{2}\right)H_2$$

해답 석유 분해법의 수증기 개질법

해설 석유 분해법 : 나프타, 중유 또는 원유를 분해하여 합성가스를 제조하는 방법으로 수증기 개질법과 부분 산화법이 있다.

① 수증기 개질법 : 탄화수소 중 메탄에서 나프타 유분(비점 205℃ 이하)까지 원료로 사용할 수 있으며, 촉황분이 3~5ppm이 될 때까지 충분히 탈황된 나프타를 수증기와 혼합하여 니켈계의 촉매를 통하게 함으로써 다음의 반응이 일어난다.
$$C_mH_n + mH_2O \rightleftarrows mCO + \left(\frac{2m+n}{2}\right)H_2$$

② 부분 산화법 : 원유 또는 중유를 산소 및 수증기와 함께 노(爐)에 흡입하고 불완전 연소시켜 가스화하는 방법이며 반응은 다음과 같다.
$$C_mH_n + \frac{m}{2}O_2 \rightleftarrows mCO + \frac{n}{2}H_2$$
$$C_mH_n + mH_2O \rightleftarrows mCO + \left(\frac{2m+n}{2}\right)H_2$$
$$CO + H_2O \rightleftarrows CO_2 + H_2$$

16 수소의 공업적 제조법 중 일산화탄소 전화법을 반응식을 쓰고 설명하시오. [10. 2회. 산기]

해답 ① 반응식 : $CO + H_2O \rightarrow CO_2 + H_2 + 9.8kcal$
② 일산화탄소에 수증기(H_2O)를 2단으로 구분하여 반응시켜 수소를 제조하는 방법이다.

참고 촉매 및 반응온도

구분	촉매	반응온도
제1단 반응(고온 전화반응)	$Fe_2O_3 - Cr_2O_3$ 계	350~500℃
제2단 반응(저온 전화반응)	$CuO - ZnO$ 계	200~250℃

17 일산화탄소와 수소를 반응시켜 메탄올을 합성하는 제조 반응식을 쓰시오. [22. 2회. 산기]

[해답] $CO + 2H_2 \rightarrow CH_3OH$
[해설] 일산화탄소(CO)와 수소(H_2)에 의한 메탄올(CH_3OH) 제조
　① 반응식 : $CO + 2H_2 \rightarrow CH_3OH$
　② 촉매 : 동·아연계(CuO, ZnO), 아연·크롬계(ZnO, Cr_2O_3)
　③ 온도 : 250~400℃
　④ 압력 : 200~300atm

18 수소를 생산방식에 따라 4가지로 구분하여 쓰시오. [22. 4회. 산기]

[해답] ① 그린 수소　② 그레이 수소　③ 브라운 수소　④ 블루 수소
[해설] ① 그린 수소(green hydrogen) : 태양광, 풍력 등 재생에너지에서 생산된 전기로 물을 전기분해(수전해)하여 생산한 수소이다. 수소를 생산하는 과정에서 오염물질이 배출되지 않으며, 전기에너지를 수소로 변환하여 쉽게 저장하므로 생산량이 고르지 않은 재생에너지의 단점을 보완할 수 있는 장점이 있는 반면 생산단가가 높고 전력 사용량이 많아 상용화에 어려움이 있다.
　② 그레이 수소(gray hydrogen) : 천연가스를 고온·고압의 수증기와 반응시켜 물에 함유된 수소를 추출하는 개질 방식(반응식 : $CH_4 + 2H_2O \rightarrow CO_2 + 4H_2$)과 석유화학이나 철강 공정 등에서 부수적으로 발생하는 부생수소도 포함된다. 수소 생산 과정에서 이산화탄소가 가장 많이 발생한다.
　③ 브라운 수소(brown hydrogen) : 석탄이나 갈탄을 고온·고압하에서 가스화하여 수소가 주성분인 합성가스를 만드는 방식이다.
　④ 블루 수소(blue hydrogen) : 그레이 수소를 만드는 과정에서 발생한 이산화탄소를 포집·저장하여 탄소 배출을 줄인 수소를 말한다. 블루 수소는 그레이 수소, 브라운 수소에 비해 친환경적인 생산 방식으로, 그린 수소에 비해 경제성이 뛰어나다.

19 산소에 대한 다음의 물음에 답하시오.

(1) 대기압 하에서 비점은 몇 ℃인가?
(2) 임계압력 및 임계온도는 얼마인가?
(3) 충전용기의 도색을 공업용과 의료용으로 구분하여 쓰시오.

[해답] (1) −183℃
　　　(2) ① 임계압력 : 50.1atm　② 임계온도 : −118.4℃
　　　(3) ① 공업용 : 녹색　② 의료용 : 백색

20 가연성가스에서 산소농도나 분압이 높아짐에 따라 다음 사항은 어떻게 변화되는가?

(1) 연소속도 :
(2) 발화온도 :
(3) 폭발범위 :
(4) 최소점화에너지 :

[20. 4회. 산기]

해답 (1) 빨라진다.　　(2) 낮아진다.
　　　 (3) 넓어진다.　　(4) 낮아진다.

해설 '빨라진다', '넓어진다', '높아진다'를 '증가한다'로, '낮아진다'를 '감소한다'로 답안을 작성해도 채점에는 영향이 없으니 선택하여 작성하길 바랍니다. 단, 문제의 조건에서 특정 단어를 제시해 주면 그 내용으로만 작성해야 합니다.

---

21 3%의 묽은 과산화수소(H_2O_2)에 촉매로 이산화망간(MnO_2)을 가하면 산소(O_2)를 얻을 수 있다. 이때 이산화망간의 역할을 설명하시오.

해답 과산화수소가 분해될 때 반응 활성도를 높여 산소가 쉽게 발생하는 역할을 한다.

해설 과산화수소 분해 반응식 : $2H_2O_2 + MnO_2 \rightarrow 2H_2O + MnO_2 + O_2 \uparrow$

---

22 산소의 공업적 제조법 2가지를 쓰시오.

해답 ① 물의 전기분해　② 공기의 액화분리

---

23 공기액화 분리장치에서 산소와 질소를 분리하여 제조하는 원리를 설명하시오.

[21. 2회. 기사]

해답 공기액화 분리장치에서 액화된 공기를 산소의 비점(-183℃)과 질소의 비점(-196℃) 차이를 이용하여 정류장치에서 분리하여 얻는다.

해설 산소의 비점 -183℃, 질소의 비점 -196℃로 액화는 비점이 높은 산소가 먼저 이루어지고, 기화는 비점이 낮은 질소가 먼저 이루어진다.
[암기법] 액산기질

---

24 공기액화 분리장치에서 원료공기 중에 포함된 수분(H_2O)과 탄산가스(CO_2)의 영향을 설명하시오.

[23. 2회. 기사]

해답 공기액화 분리장치 저온의 장치에서 수분(H_2O)은 얼음이 되고, 탄산가스(CO_2)는 고형의 드라이아이스가 되어 밸브 및 배관을 폐쇄하여 장애(障礙)를 발생시키므로 제거하여야 한다.

해설 장애(障礙)와 장해(障害)의 사전적 의미
① 장애(障礙) : 어떤 사물의 진행을 가로막아 거치적거리게 하거나 충분한 기능을 하지 못하게 함. 또는 그런 일
② 장해(障害) : 하고자 하는 일을 막아서 방해함. 또는 그런 것

25 공기액화 분리장치에서 수분을 제거하는 겔 건조기에 사용되는 건조제 종류 3가지를 쓰시오.

해답 ① 실리카 겔(SiO_2) ② 활성알루미나(Al_2O_3) ③ 소바이드

26 공기액화 분리장치에서 수분(H_2O) 및 탄산가스(CO_2)를 제거하는 방법을 각각 설명하시오.

해답 ① 수분 : 겔 건조기에서 실리카 겔(SiO_2), 활성알루미나(Al_2O_3), 소바이드 등을 사용하여 흡착, 제거시킨다.
② 탄산가스 : CO_2 흡수기에서 가성소다(NaOH) 수용액을 사용하여 제거하며 반응식은 다음과 같다.
$$2NaOH + CO_2 \rightarrow Na_2CO_3 + H_2O$$

해설 ① 탄산가스(CO_2)를 제거할 때 사용하는 흡수제(吸收劑) : 가성소다(NaOH) 수용액, 몰레큘러 시브(molecular sieves)
② 흡수제(吸收劑)는 물을 흡수하는 물질이 아니라, 어떤 특정 물질을 주위의 물질이나 환경으로부터 빨아들이는 약제를 나타내는 것이다.

참고 공기액화 분리장치 이산화탄소 흡수탑에서 이산화탄소 1kg을 제거하기 위해 필요한 가성소다(NaOH) 양(kg) 계산 : 분자량은 이산화탄소(CO_2)가 44, 가성소다(NaOH)가 40이다.

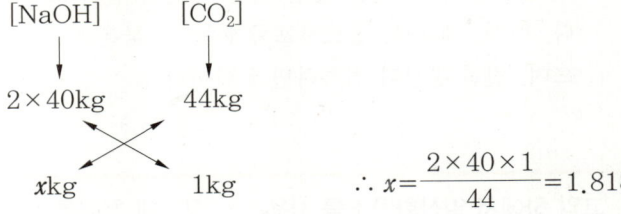

$$\therefore x = \frac{2 \times 40 \times 1}{44} = 1.818 \text{kg}$$

27 공기액화 분리장치에서 원료공기 중에 함유된 불순물과 제거하는 방법 2가지를 쓰시오.

해답 ① 먼지, 이물질 : 여과기를 사용하여 제거
② 이산화탄소(CO_2) : 탄산가스 흡수기에서 가성소다(NaOH)를 사용하여 제거
③ 수분 : 겔 건조기에서 건조제(실리카 겔, 활성알루미나, 소바이드)를 사용하여 제거
④ 아세틸렌(C_2H_2) : 아세틸렌 흡착기에서 제거

28 공기액화 분리장치의 폭발원인 4가지를 쓰시오. [12. 1회, 16. 2회, 18. 3회, 기사]

해답 ① 공기 취입구로부터 아세틸렌(C_2H_2)의 혼입
② 압축기용 윤활유 분해에 따른 탄화수소의 생성
③ 공기 중 질소화합물(NO, NO_2) 혼입
④ 액체 공기 중에 오존(O_3)의 혼입

해설 폭발방지대책
① 장치 내 여과기를 설치한다.
② 아세틸렌이 흡입되지 않는 장소에 공기 흡입구를 설치
③ 양질의 압축기 윤활유 사용
④ 장치는 1년에 1회 정도 내부를 사염화탄소(CCl_4)를 사용하여 세척한다.
※ 답안의 각 물질 분자기호는 작성하지 않아도 되며(단, 답안을 물질명 분자기호로 요구하는 경우도 있으니 기억해야 함), '질소화합물'을 '질소산화물'로 표현해도 무방합니다.

29 니켈(Ni) 금속을 포함하고 있는 촉매를 사용하는 공정에서 주로 발생할 수 있는 맹독성 가스를 분자기호로 쓰시오.

해답 $Ni(CO)_4$

해설 ① 니켈(Ni)이 고온, 고압의 상태에서 일산화탄소(CO)와 반응하여 니켈카르보닐을 생성한다.
$Ni + 4CO \rightarrow Ni(CO)_4$ [니켈-카르보닐]
② 니켈카르보닐[$Ni(CO)_4$] : 휘발성의 무색의 액체로 맹독성을 나타낸다. 비점 43℃, 비중 1.32이다. 반자성을 나타내며 200℃에서 금속니켈과 일산화탄소로 분해한다. 증기는 강한 빛을 내면서 불타 그을음 모양의 니켈가루를 만든다. 벤젠, 에테르, 클로로포름에 녹고, 묽은 산, 알칼리 수용액 등에는 녹지 않으며, 진한 황산과 접촉하면 폭발한다.

30 고온, 고압 하에서 일산화탄소를 사용하는 장치에 철재를 사용할 때 영향(주의사항)을 쓰시오.

해답 철족의 금속(Fe, Ni, Co)과 반응하여 금속카르보닐을 생성하며 침탄의 원인이 된다.

해설 ① 고압에서 철(Fe)과 반응하여 철-카르보닐[$Fe(CO)_5$]을 생성한다.
$Fe + 5CO \rightarrow Fe(CO)_5$
② 100℃ 이상에서 니켈(Ni)과 반응하여 니켈-카르보닐을 생성한다.
$Ni + 4CO \rightarrow Ni(CO)_4$

③ 카르보닐 생성을 방지하기 위하여 장치 내면에 은(Ag), 구리(Cu), 알루미늄(Al) 등을 라이닝하여 사용한다.

31 일산화탄소의 용도 3가지를 쓰시오.

해답 ① 메탄올(CH_3OH) 합성에 사용
② 포스겐($COCl_2$) 제조의 원료로 사용
③ 화학공업용 원료에 사용
④ 환원제로 사용

32 이산화탄소(CO_2)에 대한 물음에 답하시오.

(1) 공업적 제조법 3가지를 쓰시오.
(2) 용도를 3가지를 쓰시오.

해답 (1) ① 일산화탄소 전화법으로 수소 제조 시 부생물로 회수된다.
($CO + H_2O \rightarrow CO_2 + H_2$)
② 석회석($CaCO_3$)을 가열 분해에 의해 제조한다. ($CaCO_3 \rightarrow CaO + CO_2$)
③ 알코올 발효의 부생물에서 얻는다. ($C_6H_{12}O_6 \rightarrow 2C_2H_5OH + 2CO_2$)
④ 코크스 연소 시 회수한다. ($C + O_2 \rightarrow CO_2$)
(2) ① 요소 제조 및 소다회 제조용
② 탄산염의 제조, 정제용으로 사용
③ 소화제(消火劑)로 사용
④ 청량음료 제조용으로 사용
⑤ 드라이아이스는 물품냉각용에 사용

해설 제조법 각각에 해당되는 반응식을 작성하지 않아도 되지만, 문제에서 반응식까지 요구하면 반드시 작성해야 합니다.

33 염소 폭명기에 대한 물음에 답하시오.

(1) 염소(Cl_2)와 1 : 1로 반응하여 폭명기를 일으키는 것은?
(2) 염소 폭명기가 발생할 때 촉매 역할을 하는 것은?

해답 (1) 수소(H_2)
(2) 직사광선(햇빛)

해설 ① 염소 폭명기 : 수소와 염소의 혼합가스는 빛(직사광선)과 접촉하면 심하게 반응한다.
② 반응식 : $H_2 + Cl_2 \rightarrow 2HCl + 44kcal$

34 염소(Cl_2)에 대한 다음 물음에 답하시오.
(1) 연소성에 의하여 분류하면 어디에 해당되는가?
(2) 액체 염소를 기화시켜 기체 염소를 만들 때 수분을 제거하는 건조제는?
(3) 염소를 보관하는 용기, 저장탱크의 재질은?
(4) 염소용기 안전밸브 종류는?

해답 (1) 지연성가스(또는 조연성가스)
(2) 진한 황산
(3) 탄소강
(4) 가용전식

해설 ① 염소는 수분과 반응하면 염산(HCl)을 생성하여 철을 심하게 부식하지만 용기, 저장탱크에 저장하는 염소는 수분이 제거된 상태(건조한 상태)에서 저장하므로 부식의 우려는 없다.
② 가용전식 안전밸브의 용융온도는 65~68℃이다.

35 염소는 건조한 상태에서는 강재에 대하여 부식성이 없으나, 수분이 존재하면 철을 심하게 부식시킨다. 수분 존재 시 철을 부식시키는 이유와 화학반응식을 쓰시오. [19. 3회. 기사]

해답 ① 부식시키는 이유 : 염소가 수분과 접촉 시 염산(HCl)을 생성하여 이것이 철과 반응하여 염화제1철($FeCl_2$)을 생성하면서 부식이 발생한다.
② 화학반응식
$Cl_2 + H_2O \rightarrow HCl + HClO$
$Fe + 2HCl \rightarrow FeCl_2 + H_2$

36 염소의 공업적 제조법 2가지를 반응식과 함께 쓰시오. [15. 1회. 기사]

해답 ① 수은법에 의한 식염의 전기분해 : $2NaCl + (Hg) \rightarrow Cl_2 + 2Na(Hg)$
② 격막법에 의한 식염의 전기분해 : $NaCl \rightarrow Na^+ + Cl^-$

37 염소의 제조법 중 클로로 알칼리(Chloro-Alkali) 공정을 반응식을 쓰고 설명하시오. [21. 1회. 기사]

해답 ① 공정 설명 : 염소의 공업적 제조법으로 소금물(NaCl : 식염)을 전기분해에 의해 제조하는 것으로 음극에서는 수소(H_2) 기체가 발생하며 그 주위에는 수산화나트륨(NaOH : 가성소다)이 생기고, 양극에서는 염소(Cl_2) 기체가 발생된다.
② 반응식 : $2NaCl + 2H_2O \rightarrow 2NaOH + Cl_2 + H_2$

해설 클로로 알칼리(Chloro-Alkali) 공정에 의하여 발생된 염소는 물에 상당히 녹으며 수용액 속의 염소와 생성된 수산화나트륨(NaOH)은 다음과 같이 반응하여 소금(NaCl)이나 차아염소산나트륨(NaClO)으로 되돌아 간다.
$Cl_2 + 2NaOH \rightarrow NaCl + NaClO + H_2O$
이 반응과 같이 염소와 수산화나트륨이 반응하지 않게 하기 위하여 음극과 양극 간에 격막을 만드는 격막법과 음극을 수은(Hg)으로 하는 수은법이 있다.

38 NH_3의 특징적인 위험성에 대하여 4가지를 쓰시오. [10. 3회, 16. 1회, 23. 3회. 기사]

해답 ① 폭발범위가 15~28%인 가연성가스이다.
② 허용농도가 TLV-TWA 25ppm으로 독성가스이다.
③ 동 및 동합금에 대하여 부식성을 나타낸다.
④ 액체 암모니아가 피부에 노출되면 동상, 염증의 위험성이 있다.

39 암모니아 누설 검지법 4가지를 설명하시오.

해답 ① 자극성이 있어 냄새로서 알 수 있다.
② 유황, 염산과 접촉 시 백색 연기(百煙)가 발생한다.
③ 적색 리트머스지가 청색으로 변한다.
④ 페놀프탈레인 시험지가 백색에서 갈색으로 변한다.
⑤ 네슬러 시약이 미색 → 황색 → 갈색으로 변한다.

40 NH_3 제조 설비의 기밀시험을 CO_2로 하는 경우 예상되는 문제점과 반응식을 각각 쓰시오. [09. 1회. 산기]

해답 ① 문제점 : 탄산암모늄[$(NH_4)_2CO_3$]이 생성되어 부식의 원인이 된다.
② 반응식 : $2NH_3 + CO_2 + H_2O \rightarrow (NH_4)_2CO_3$

41 고온에서 암모니아와 마그네슘이 반응하는 반응식을 완성하시오. [20. 1회. 산기]

해답 $2NH_3 + 3Mg \rightarrow Mg_3N_2 + 3H_2$
해설 ① 암모니아가 고온에서 마그네슘과 반응하는 경우 마그네슘이 암모니아의 모든 수소 원자를 치환하여 삼차 아마이드인 질화마그네슘(Mg_3N_2)을 만든다.
② 질화마그네슘(Mg_3N_2) : 무색의 입방정계(立方晶系) 결정으로 공기 중에서 가열하면 타서 산화물이 되고, 쉽게 가수분해를 하여 암모니아와 수산화마그네슘이 된다.

42 암모니아 공업적 제조법 2가지를 쓰시오. [10. 2회. 기사]

해답 ① 석회질소법 ② 하버 보시법

43 암모니아의 공업적 제조법인 하버-보시법의 반응식을 쓰시오. [18. 1회, 21. 4회. 산기]

해답 $N_2 + 3H_2 \rightarrow 2NH_3$

해설 하버-보시법(Harber-Bosch process)의 합성 공정의 종류

구분	반응압력(kgf/cm²)	종류
고압 합성법	600~1000	클라우드법, 카자레법
중압 합성법	300 전후	IG법, 뉴우파우더법, 뉴데법, 동공시법, JCI법, 케미크법
저압 합성법	150 전후	구데법, 켈로그법

44 아세틸렌 제조 설비 중 아세틸렌이 접촉하는 부분에는 구리 함유량이 62%를 초과하는 것을 사용해서는 안 되는 이유에 대해 반응식을 쓰고 설명하시오. [10. 2회, 17. 3회. 기사]

해답 ① 반응식 : $C_2H_2 + 2Cu \rightarrow Cu_2C_2 + H_2$
② 이유 : 구리와 접촉 반응하여 폭발성의 동 아세틸드(Cu_2C_2)를 생성하여 약간의 충격에도 폭발의 위험성이 있기 때문에

해설 아세틸렌에 접촉하는 부분에 사용하는 재료 기준
① 동 또는 동함유량이 62%를 초과하는 동합금은 사용하지 아니한다.
② 충전용 지관에는 탄소의 함유량이 0.1% 이하의 강을 사용한다.
③ 굴곡에 의한 응력이 일부에 집중되지 아니하도록 된 형상으로 한다.

45 아세틸렌의 폭발성 3가지를 반응식을 쓰고 설명하시오.

해답 ① 산화폭발 : 산소와 혼합하여 점화하면 폭발을 일으킨다.
$C_2H_2 + 2.5O_2 \rightarrow 2CO_2 + H_2O$
② 분해폭발 : 가압, 충격에 의해 탄소와 수소로 분해되면서 폭발을 일으킨다.
$C_2H_2 \rightarrow 2C + H_2 + 54.2kcal$
③ 화합폭발 : 동(Cu), 은(Ag), 수은(Hg) 등의 금속과 화합 시 폭발성의 아세틸드(구리 아세틸드[Cu_2C_2], 은 아세틸드[Ag_2C_2])를 생성하여 충격, 마찰에 의하여 폭발한다.
$C_2H_2 + 2Cu \rightarrow Cu_2C_2 + H_2$
$C_2H_2 + 2Ag \rightarrow Ag_2C_2 + H_2$

[해설] 반응식에서 발생되는 열량 또는 흡열량은 작성하지 않아도 채점에는 영향이 없으니 참고하길 바랍니다.

46 CaC$_2$ 1kg을 25℃, 1기압 상태에서 1L 물에 넣으면 아세틸렌은 몇 L 생성되는가? (단, Ca의 원자량은 40이다.)　　　　　　　　　　　　　　　　　　　　　　　　[10. 1회, 16. 4회. 산기]

[풀이] ① 카바이드(CaC$_2$)와 물(H$_2$O)에 의한 아세틸렌 제조 반응식
　　　　$CaC_2 + 2H_2O \rightarrow Ca(OH)_2 + C_2H_2$
② 카바이드 1kg이 발생하는 아세틸렌가스량 계산 : 카바이드(CaC$_2$)의 분자량은 64이다.

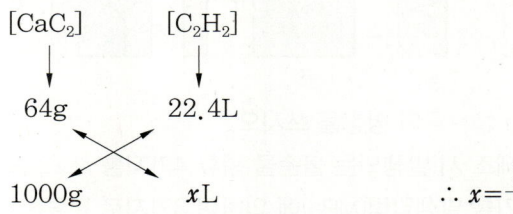

$$\therefore x = \frac{1000 \times 22.4}{64} = 350L$$

③ 25℃의 상태 체적으로 계산 : 보일-샤를의 법칙 $\frac{P_1 \cdot V_1}{T_1} = \frac{P_2 \cdot V_2}{T_2}$ 를 이용하여 온도를 보정한 체적 V_2를 계산하며, $P_1 = P_2$이므로 생략한다.

$$\therefore V_2 = V_1 \times \frac{T_2}{T_1} = 350 \times \frac{273+25}{273} = 382.051 ≒ 382.05L$$

[해답] 382.05L

[별해] ① 카바이드 64g이 물과 반응하여 아세틸렌가스 26g이 생성되므로 카바이드 1000g이 물과 반응하여 생성되는 아세틸렌가스 질량을 계산한다.
　　　　$64g : 26g = 1000g : x[g]$
　　　　$\therefore x = \frac{26 \times 1000}{64} = 406.25g$

② 아세틸렌 질량 406.25g을 25℃ 상태에서의 체적(L) 계산 : 이상기체 상태방정식 $PV = \frac{W}{M}RT$에서 체적 V를 계산한다.

$$\therefore V = \frac{WRT}{PM} = \frac{406.25 \times 0.082 \times (273+25)}{1 \times 26} = 381.812 ≒ 381.81L$$

[해설] 아세틸렌 제조 반응식에서 카바이드(CaC$_2$)와 반응하는 물(H$_2$O)은 2mol(다시 이야기하면 2mol×22.4L/mol=44.8L)이기 때문에 문제에서 제시된 물 1L로는 양이 부족하여 반응이 이루어질 수 없다고 생각할 수 있지만, 44.8L는 기체(수증기)의 체적이고 표준상태에서 물 1L가 기체(수증기)로 되면 약 1244.44L가 되므로 물이 부족한 상태는 아니니 착오 없기를 바랍니다.

47 아세틸렌 제조공정도에 대한 다음 물음에 답하시오.

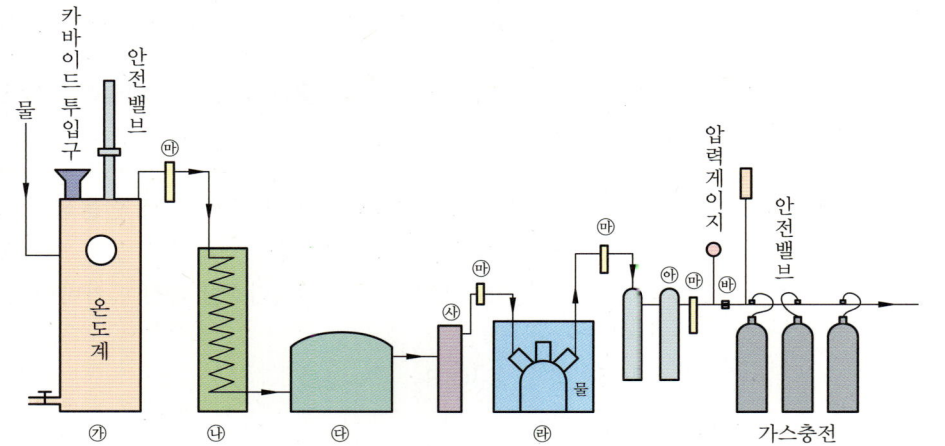

(1) 공정도에서 ㉮~㉰의 명칭을 쓰시오.
(2) 아세틸렌 제조 시 발생되는 불순물 종류 4가지를 쓰고, 불순물 존재 시 영향을 쓰시오.
(3) 가스 발생기를 발생압력(MPa)에 의하여 3가지로 분류하시오.
(4) 가스 발생기의 구비조건 4가지를 쓰시오.

해답 (1) ㉮ 가스발생기 ㉯ 쿨러 ㉰ 가스청정기 ㉱ 가스압축기
㉲ 역화방지기 ㉳ 체크밸브 ㉴ 저압건조기 ㉵ 고압건조기
(2) ① 불순물의 종류 : 인화수소(PH_3), 황화수소(H_2S), 규화수소(SiH_4), 암모니아(NH_3), 일산화탄소(CO), 메탄(CH_4)
② 영향 : 순도 저하 및 충전 시 아세톤에 용해되는 것을 방해하며 자연폭발의 원인이 된다.
(3) ① 저압식 : 0.007MPa 미만
② 중압식 : 0.007~0.13MPa 미만
③ 고압식 : 0.13MPa 이상
(4) ① 구조가 간단하고 취급이 쉬울 것
② 가열, 지연 발생이 적을 것
③ 일정압력을 유지하고 가스 수요에 맞을 것
④ 안정기를 갖추고 산소의 역류, 역화 시 위험을 방지할 수 있을 것

48 아세틸렌의 공업적 제조법 중 탄화칼슘을 이용한 제조방법의 반응식을 쓰고 설명하시오.
[12. 2회. 산기]

해답 ① 제조 반응식 : $CaC_2 + 2H_2O \rightarrow Ca(OH)_2 + C_2H_2$
② 제조방법 설명 : 탄화칼슘(CaC_2 : 카바이드)과 물(H_2O)이 반응하여 아세틸렌(C_2H_2) 가스가 발생한다.

49 카바이드(CaC$_2$)를 이용하여 아세틸렌을 제조할 때 가스발생기는 주수식, 침지식, 투입식으로 분류된다. 이때 공업적으로 가장 많이 사용하는 방식의 명칭과 그 이유를 설명하시오.
[23. 2회. 기사]

해답 ① 명칭 : 투입식
② 이유 : 물에 카바이드를 넣는 방식으로 카바이드가 물속에 있어 온도 상승이 크지 않고, 불순가스 발생이 적으며, 카바이드 투입량에 따라 아세틸렌가스 발생량을 조절할 수 있기 때문에 공업적으로 가장 많이 사용되고 있다.

해설 아세틸렌가스 발생기 종류
① 주수식 : 카바이드에 물을 넣는 방식으로 카바이드에 접촉하는 물이 적기 때문에 온도 상승으로 인한 분해의 우려가 있고 불순가스 발생이 많다. 주수량 가감에 의해 가스 발생량을 조절할 수 있다.
② 침지식(접촉식) : 물과 카바이드를 소량씩 접촉시키는 방식으로 발생기의 온도 상승과 불순물이 혼입될 우려가 있다.
③ 투입식 : 물에 카바이드를 넣는 방식으로 카바이드가 물속에 있어 온도 상승이 크지 않고, 불순가스 발생이 적으며, 카바이드 투입량에 따라 아세틸렌가스 발생량을 조절할 수 있기 때문에 공업적으로 가장 많이 사용되는 방식이다.

50 탄화칼슘(CaC$_2$)을 원료로 하여 아세틸렌을 제조할 때에 대한 물음에 답하시오.

(1) 발생되는 불순물 종류 5가지를 쓰시오.
(2) 불순물을 제거하는 청정제 종류 3가지를 쓰시오.

해답 (1) ① 인화수소(PH$_3$) ② 황화수소(H$_2$S) ③ 암모니아(NH$_3$)
④ 일산화탄소(CO) ⑤ 메탄(CH$_4$)
(2) ① 에퓨렌 ② 카다리솔 ③ 리가솔

해설 청정제 역할 : 카바이드(CaC$_2$)와 물(H$_2$O)을 반응시켜 아세틸렌을 제조할 때 발생하는 불순물을 제거하는 장치가 가스 청정기이며, 여기에 투입되는 물질이 청정제이고 에퓨렌, 카다리솔, 리가솔이 해당된다.

51 아세틸렌 압축기에 대한 다음 물음에 답하시오.

(1) 압축기 내부 윤활유를 쓰시오.
(2) 습식 아세틸렌 발생기의 표면온도는 얼마로 유지하여야 하는가?
(3) 아세틸렌 충전 중 압력(MPa)은 얼마인가?
(4) 희석제의 종류 4가지를 쓰시오.
(5) 압축기를 수중에서 작동시키는 이유를 설명하시오.

해답 (1) 양질의 광유
(2) 70℃ 이하
(3) 2.5MPa 이하
(4) ① 질소(N_2) ② 메탄(CH_4) ③ 일산화탄소(CO) ④ 에틸렌(C_2H_4)
(5) 압축기를 충분히 냉각시키기 위하여

52 아세틸렌 제조공정에 대한 물음에 답하시오.
(1) 아세틸렌 건조기에서 건조제로 사용되는 물질을 화학식으로 쓰시오.
(2) 아세틸렌 건조기는 무엇을 참고하여 어떻게 설치해야 하는가?

해답 (1) $CaCl_2$
(2) 압축기를 참고(기준)하여 압축기 전(1차 측)에 저압건조기를, 압축기 후(2차 측)에 고압건조기를 설치한다.

해설 건조기의 역할
① 저압건조기 : 아세틸렌 압축기 1차 측에 설치하여 발생된 아세틸렌 중의 수분을 제거하여 액압축을 방지한다.
② 고압건조기 : 아세틸렌 압축기 2차 측에 설치하여 압축되어 나온 가스 중의 수분을 제거한다.
③ 건조기에서 수분을 제거하는 물질로 염화칼슘($CaCl_2$)을 사용한다.

53 아세틸렌 용기에 주입하는 다공질물에 관한 물음에 답하시오. [21. 1회. 산기]
(1) 다공질물을 충전하는 이유를 설명하시오.
(2) "용기에 채우는 다공물질이 고형일 경우에는 아세톤 또는 디메틸포름아미드를 충전한 다음 용기벽을 따라 용기 직경의 (   ) 또는 3mm를 초과하지 않는 틈이 있는 것은 무방하다."에서 (   ) 안에 알맞은 내용을 넣으시오.
(3) 다공질물의 다공도는 다공질물을 용기에 충전한 상태로 20℃에서 아세톤, 디메틸포름아미드 또는 무엇의 흡수량으로 측정하는가?

해답 (1) 아세틸렌은 2기압 이상으로 압축 시 분해폭발을 일으키므로 충전용기 내부를 미세한 간격으로 구분하여 분해폭발이 일어나지 않도록 하고, 분해폭발이 일어나도 용기 전체로 파급되는 것을 방지하기 위하여 충전한다.
(2) 1/200
(3) 물

해설 '다공물질'을 '다공질물'로 표현하는 경우도 있으며, 2가지 명칭을 혼용하여 사용하고 있다.

54 아세틸렌을 용기에 충전할 때 사용하는 다공물질의 구비조건 4가지를 쓰시오.

[16. 4회. 산기]

해답 ① 고다공도일 것
② 기계적 강도가 클 것
③ 가스충전이 쉽고, 안전성이 있을 것
④ 경제적일 것
⑤ 화학적으로 안정할 것

해설 다공물질 종류 : 규조토, 목탄, 석회, 산화철, 탄산마그네슘, 다공성 플라스틱

55 아세틸렌 용기의 내용적이 10L 이하이고, 다공성물질의 다공도가 75% 이상 80% 미만일 때 디메틸포름아미드의 최대 충전량은 얼마인가?

해답 36.3% 이하

해설 다공질물 충전량 : KGS AC214

① 디메틸포름아미드 충전량 기준

다공질물의 다공도(%)	내용적 10L 이하	내용적 10L 초과
90 이상 92 이하	43.5% 이하	43.7% 이하
85 이상 90 미만	41.1% 이하	42.8% 이하
80 이상 85 미만	38.7% 이하	40.3% 이하
75 이상 80 미만	36.3% 이하	37.8% 이하

② 아세톤 최대충전량 기준

다공질물의 다공도(%)	내용적 10L 이하	내용적 10L 초과
90 이상 92 이하	41.8% 이하	43.4% 이하
87 이상 90 미만	–	42.0% 이하
83 이상 90 미만	38.5% 이하	–
80 이상 83 미만	37.1% 이하	–
75 이상 87 미만	–	40.0% 이하
75 이상 80 미만	34.8% 이하	–

[비고] 위 표 중 오른쪽 난의 수치는 용제의 충전용량과 용기의 내용적에 대한 백분율임(20℃ 기준)

56 아세틸렌 충전용기에 대한 물음에 답하시오.

(1) 충전용기에 사용하는 재료는?
(2) 제조방법에 의하여 분류할 때 명칭을 각각 쓰시오.
(3) 용제의 종류 2가지를 쓰시오.

해답 (1) 탄소강
(2) 용접용기
(3) ① 아세톤 ② DMF(디메틸 포름아미드)

57 아세틸렌 용기의 안전밸브는 가용전식을 사용하는데 용융온도는 얼마인가?

해답 105±5℃

해설 가용전 안전밸브의 특징
① 고온의 영향을 받는 곳에서는 사용이 불가능하다.
② 가용전이 작동하면 재사용할 수 없다.
③ 재료 : 납(Pb), 주석(Sn), 비스무트(Bi), 안티몬(Sb) 등

58 아세틸렌을 용기에 충전하는 때의 다음 물음에 답하시오.

(1) 아세틸렌을 2.5MPa 압력으로 압축할 때에 사용하는 희석제 종류 4가지를 쓰시오.
(2) 충전 후에는 15℃에서 압력(MPa)이 얼마로 될 때까지 정치하여야 하는가?
(3) 다공도 기준은 얼마인가?

해답 (1) ① 질소 ② 메탄 ③ 일산화탄소 ④ 에틸렌
(2) 1.5MPa 이하
(3) 75% 이상 92% 미만

해설 아세틸렌 충전작업 기준 : KGS FP112
① 아세틸렌을 2.5MPa 압력으로 압축하는 때에는 질소·메탄·일산화탄소 또는 에틸렌 등의 희석제를 첨가한다.
② 습식 아세틸렌 발생기의 표면온도는 70℃ 이하로 유지하고, 그 부근에서는 불꽃이 튀는 작업을 하지 아니한다.
③ 아세틸렌을 용기에 충전하는 때에는 미리 용기에 다공물질을 고루 채워 다공도가 75% 이상 92% 미만이 되도록 한 후 아세톤 또는 디메틸포름아미드를 고루 침윤시키고 충전한다.
④ 아세틸렌을 용기에 충전하는 때의 충전 중의 압력은 2.5MPa 이하로 하고, 충전 후에는 압력이 15℃에서 1.5MPa 이하로 될 때까지 정치하여 둔다.

59 아세틸렌 충전용기의 다공물질의 용적이 150L이고, 아세톤의 침윤 잔용적이 40L일 때 다공도를 계산하시오. [07. 1회. 기사]

풀이 다공도 $= \dfrac{V-E}{V} \times 100 = \dfrac{150-40}{150} \times 100 = 73.333 ≒ 73.33\%$

해답 73.33%

---

60 내용적 40L인 아세틸렌 충전용기에 다공성물질이 채워져 있다. 이 용기에 내용적의 45%만큼 아세톤이 충전되어 있을 때 다공도가 85%이었다면 이 용기에 충전된 아세톤의 무게(kg)를 계산하시오. (단, 아세톤의 비중은 0.795이다.)

풀이 아세톤이 차지하는 비율이 내용적의 45%이고, 부피(L)에 액비중을 곱하면 무게(kg)로 변환된다.

∴ $W[\text{kg}]$ = 부피(L) × 액비중(kg/L) = (40×0.45)×0.795 = 14.31kg

해답 14.31kg

해설 ① 액비중은 단위가 없는 무차원수이지만 단위 변환을 할 때에는 'kgf/L'를 사용한다.
② 중력가속도 9.8m/s^2이 작용하는 지구에서 질량 1kg은 중량 1kgf이므로, 액비중을 'kg/L'로 사용할 수 있고, 법령 등 규정에도 이 단위로 사용하고 있습니다.

---

61 아세틸렌의 품질검사에 대한 다음 물음에 답하시오.

(1) 시험방법 3가지를 쓰시오.
(2) 검사주기는 얼마인가?
(3) 순도는 몇 % 이상이어야 하는가?

해답 (1) ① 발연황산을 사용한 오르사트법
② 브롬시약을 사용한 뷰렛법
③ 질산은 시약을 사용한 정성시험
(2) 1일 1회 이상
(3) 98 % 이상

---

62 아세틸렌의 품질검사에서 가스 착색 반응검사에 사용되는 시약은 무엇인가?

해답 질산은($AgNO_3$) 시약

참고 가스 착색 반응검사 : 지름 7cm의 여과지에다 0.1% 질산은($AgNO_3$) 용액을 적신 다음 압력조정기에 최고압력 3PSI(약 0.2kgf/cm^2) 이하로 조정한 가스를 30

초간 통과시켜 백색, 담황색, 황색으로 변하면 합격, 흑색으로 변하면 불합격으로 판정한다.

63 아세틸렌가스는 공업적으로 여러 분야에 사용되고 있다. 아세틸렌가스의 주된 용도 4가지를 쓰시오.
[20. 3회. 산기]

해답 ① 금속의 절단용으로 사용
② 금속의 가스용접용으로 사용
③ 염화비닐 제조 원료로 사용
④ 카본 블랙 제조 원료로 사용
⑤ 유기화학(아세톤, 초산비닐, 아크릴로니트릴 등) 저조 원료로 사용
⑥ 의약, 향료, 파인케미컬 합성원료로 사용

64 시안화수소(HCN)에 대한 다음 물음에 답하시오.
(1) 충전 후 얼마나 정치하여야 하는가?
(2) TLV-TWA 기준농도(허용농도) 및 폭발범위는 얼마인가?
(3) 수분함유량이 얼마 이상이면 중합폭발의 위험성이 있는가?
(4) 충전 시 순도 및 첨가하는 안정제의 종류 4가지를 쓰시오.
(5) 충전용기에 충전 후 며칠 간 저장할 수 있는가?

해답 (1) 24시간
(2) ① 기준농도(허용농도) : 10ppm
② 폭발범위 : 6~41%
(3) 2% 이상
(4) ① 순도 : 98% 이상
② 안정제의 종류 : 황산, 아황산가스, 동, 동망 인산, 오산화인, 염화칼슘
(5) 60일 (단, 순도가 98% 이상으로 착색되지 아니한 것은 60 이상을 충전할 수 있다.)

해설 시안화수소 충전작업 기준 : KGS FP112
① 용기에 충전하는 시안화수소는 순도가 98% 이상이고 아황산가스 또는 황산 등의 안정제를 첨가한 것으로 한다.
② 시안화수소를 충전한 용기는 충전 후 24시간 정치하고, 그 후 1일 1회 이상 질산구리벤젠 등의 시험지로 가스의 누출검사를 하며, 용기에 충전 연월일을 명기한 표지를 붙이고, 충전한 후 60일이 경과되기 전에 다른 용기에 옮겨 충전한다. 다만, 순도가 98% 이상으로서 착색되지 아니한 것은 다른 용기에 옮겨 충전하지 않을 수 있다.

65 시안화수소(HCN)의 제조법 2가지를 제조반응식과 반응온도, 촉매에 관해서 설명하시오.
[07. 3회, 09. 2회, 기사]

해답 (1) 앤드루소(Andrussow)법
① 반응식 : $CH_4 + NH_3 + \dfrac{3}{2}O_2 \rightarrow HCN + 3H_2O + 11.3kcal$
② 반응온도 : 1000~1100℃
③ 촉매 : 로듐을 함유한 백금

(2) 포름아미드법
① 반응식 : $CO + NH_3 \rightarrow HCONH_2 \rightarrow HCN + H_2O$
② 반응온도 : 400~600℃
③ 촉매 : 아연, 망간, 알루미나 제올라이트

해설 시안화수소(HCN)의 제조법
(1) 앤드루소(Andrussow)법 : 암모니아(NH_3), 메탄(CH_4)에 공기를 가하고 10%의 로듐을 함유한 백금 촉매상을 1000~1100℃로 통하면 시안화수소(HCN)를 함유한 가스를 얻을 수 있고 이것에서 시안화수소를 분리, 정제하는 제조법이다.
(2) 포름아미드(Formamide)법 : 일산화탄소(CO)와 암모니아(NH_3)를 100~200atm 정도의 고압으로 반응탑에 이송되고 메탄올 용액 중에서 반응시키면 포름아미드($HCONH_2$)가 생성되고 알루미나 제올라이트, 아연, 망간 등의 촉매를 사용하여 탈수하면 시안화수소를 얻는다.
① 포름아미드 생성 반응식 : $CO + NH_3 \rightarrow HCONH_2$
② 포름아미드 탈수 반응식 : $HCONH_2 \rightarrow HCN + H_2O$

66 시안화수소(HCN)의 제조법 중 메탄, 암모니아, 산소를 원료로 제조하는 앤드루소(Andrussow)법의 반응식을 쓰시오.
[21. 1회. 산기]

해답 $CH_4 + NH_3 + \dfrac{3}{2}O_2 \rightarrow HCN + 3H_2O$

67 포스겐에 대한 물음에 답하시오.
[15. 1회. 기사]
(1) 포스겐의 분자기호를 쓰시오.
(2) 포스겐의 제조법과 반응식을 쓰시오.

해답 (1) $COCl_2$
(2) ① 제조법 : 일산화탄소(CO)와 염소(Cl_2)를 활성탄 촉매로 하여 제조
② 반응식 : $CO + Cl_2 \rightarrow COCl_2$

해설 포스겐($COCl_2$) 특성
① 허용농도 : TLV-TWA 0.1ppm, LC50 5ppm
② 제독제 종류 : 가성소다(NaOH) 수용액, 소석회
③ 취급 시 주의사항
　㉮ 공기보다 무거워 누설 시 바닥에 체류하므로 환기를 충분히 시킨다.
　㉯ 맹독성이므로 보호구를 착용한 후 취급하여야 한다.
　㉰ 누설 시 공기 중의 수분과 반응하여 염산(HCl)을 생성하여 강재를 부식시키므로 주의하여야 한다.
　　[반응식]　$COCl_2 + H_2O \rightarrow CO_2 + 2HCl$ ← 이 반응식을 '가수분해 반응식'이라 한다.
④ 건조제 : 진한 황산

68 [보기]에서 설명하는 가스의 명칭을 화학식(분자기호)으로 쓰시오. [10. 2회, 18. 2회. 산기]

| 보기 |
① 가연성가스이다.
② 물과 반응하여 글리콜을 생성한다.
③ 암모니아와 반응하여 에탄올아민을 생성한다.
④ 물, 알코올, 에테르, 유기용제에 녹는다.

해답 C_2H_4O

해설 산화에틸렌(C_2H_4O)의 특징
① 무색의 가연성가스이다. (폭발범위 : 3~80%)
② 독성가스(TLV-TWA 50ppm, LC50 2900ppm)이다.
③ 에테르취를 가지며, 고농도에서는 자극성의 냄새가 있다.
④ 물, 알코올, 에테르 등 유기용제에 용해된다.
⑤ 산, 알칼리, 산화철, 산화알루미늄 등에 의해 중합폭발 한다.
⑥ 액체 산화에틸렌은 연소하기 쉬우나 폭약과 같은 폭발은 없다.
⑦ 산화에틸렌 증기는 전기 스파크, 화염, 아세틸드 등에 의하여 폭발한다.
⑧ 구리와 직접 접촉을 피하여야 한다.

69 석유정제시설에서 장치를 부식시키는 황화합물 명칭을 쓰시오. [10. 1회. 기사]

해답 황화수소(H_2S)

70 황화수소를 제거하는 탈황법 중 수산화 제2철을 사용하여 제거하는 화학반응식을 쓰시오. [12. 4회. 산기]

해답 $2Fe(OH)_3 + 3H_2S \rightarrow Fe_2S_3 + 6H_2O$

71 다음 물음에 답하시오.
(1) 아세틸렌 충전 시 첨가하는 희석제의 종류 4가지를 쓰시오.
(2) 시안화수소 충전 시 첨가하는 안정제의 종류 4가지를 쓰시오.
(3) 산화에틸렌 충전 시 저장탱크 및 용기에 45℃에서 압력이 0.4MPa 이상이 되도록 충전하는 것 2가지를 쓰시오.

해답 (1) ① 질소 ② 메탄 ③ 일산화탄소 ④ 에틸렌
(2) ① 황산 ② 아황산가스 ③ 동 ④ 동망
 ⑤ 인산 ⑥ 오산화인 ⑦ 염화칼슘
(3) ① 질소 ② 탄산가스

해설 KGS FP112 규정 등에는 시안화수소 안정제는 황산과 아황산가스 2가지로 규정되어 있으니 답안을 작성할 때 이것을 우선적으로 선택하길 바랍니다.

72 수분이 존재할 때 수분과 반응하여 강재를 부식시키는 가스 종류 4가지를 쓰시오.

해답 ① 이산화탄소(CO_2)
② 염소(Cl_2)
③ 황화수소(H_2S)
④ 포스겐($COCl_2$)

73 아황산가스(SO_2)가 수분이 존재할 때 강에 미치는 영향을 반응식을 이용하여 설명하시오.

해답 ① 반응식 : $SO_2 + H_2O \rightarrow H_2SO_3$
$H_2SO_3 + \dfrac{1}{2}O_2 \rightarrow H_2SO_4$

② 영향 : 수분이 존재하면 반응하여 황산(H_2SO_4)을 생성하여 부식이 발생한다.

74 [보기]와 같은 반응이 이루어지는 곳에 탄소강이 접촉되었을 때 어떤 문제점이 발생하는지 설명하시오. [18. 2회. 산기]

| 보기 |
① $Cl_2 + H_2O \rightarrow HCl + HClO$
② $Fe_3C + 2H_2 \rightarrow 3Fe + CH_4$

해답 ① 염소(Cl_2)와 수분(H_2O)이 반응하여 생성된 염산(HCl)이 탄소강을 심하게 부식시킨다.
② 고온, 고압에서 수소(H_2)는 탄소강(Fe_3C) 중의 탄소와 반응하여 수소취성(수소취화, 탈탄작용)을 일으킨다.

75 다음에서 설명하는 가스 명칭을 쓰시오. [22. 1회. 기사]

(1) 어떤 물질이 불완전연소 시 가장 많이 발생하는 독성가스이며, 흡입하면 적혈구의 헤모글로빈과 결합하여 혈중 산소농도를 떨어트려 죽음에 이르게 하는 가스이다.
(2) 독성은 없으나 공기 중에 다량으로 존재하면 질식의 우려가 있고, 연료가 연소할 때 가장 많이 발생하는 가스이다.
(3) 무색의 계란 썩은 냄새를 가지며 합성가스를 제조할 때 정제공정에서 회수하며 습기를 함유한 공기 중에서 금, 백금을 제외한 모든 금속과 반응한다.
(4) 황을 연소시킬 때 발생하는 강한 자극성의 유독한 무색 기체로 불연성 가스이다.

해답 (1) 일산화탄소(CO)
(2) 이산화탄소(CO_2)
(3) 황화수소(H_2S)
(4) 아황산가스(SO_2) 또는 이산화황

76 독성가스 중에서 특유의 색깔이 있어 누출 시 바로 그 사실을 알 수 있는 가스의 종류 4가지를 쓰시오. [22. 1회. 산기]

해답 ① 염소
② 이산화질소
③ 불소(또는 플루오린)
④ 요오드펜타플루오르화
⑤ 질소트리산화물
⑥ 오존
⑦ 산소디플루오르화물

해설 각 가스의 색상 및 허용농도

명칭	기체 색깔	허용농도
염소(Cl_2)	황록색	TLV-TWA 1ppm
이산화질소(NO_2)	갈색	TLV-TWA 3ppm
불소(F_2)	연한 황색(황록색)	TLV-TWA 0.1ppm
요오드펜타플루오르화(IF_5)	무색에서 노란색	LC50 1278ppm
질소트리산화물(N_2O_3)	갈색, 녹색, 파란색	LC50 88ppm
산소디플루오르화물(OF_2)	갈색, 무채색	LC50 136ppm
오존(O_3)	무색에서 파란색까지	TLV-TWA 0.1ppm

77 최근 반도체산업과 태양전지산업에서 각광을 받고 있는 신소재 물질로서 특이한 냄새가 나는 무색의 기체이고, 녹는점이 -187.4℃, 비점은 약 -112℃이고, 1% 이하는 불연성이지만 3% 이상은 공기 중에서 자연발화하며 독성가스로 분류되는 물질의 화학식을 쓰시오.

해답 SiH_4

해설 모노실란(SiH_4) 특징
① 분자량 32.01로 공기보다 무겁고 특이한 냄새(불쾌한 냄새)가 나는 무색의 기체이다.
② 강력한 환원제, 할로겐족(브롬, 염소 등)과 반응하여 가열 시 실리콘과 수소로 분해된다.
③ 폭발범위가 1.37~100%이고, 허용농도가 TLV-TWA 5ppm, LC50 1900ppm이다.
④ 열분해 또는 연소에 의해 자극적이고 유독한 가스가 발생할 수 있다.
⑤ 불소, 염소, 브롬과 상온에서 폭발적인 반응을 일으킨다.
⑥ 눈, 피부, 호흡기를 자극하고, 액체와 접촉 시 동상의 우려가 있다.

78 무색인 독성가스로 마늘냄새가 나며 납산 배터리 및 전자 화합물 재료 등으로 쓰이는 액화가스는?

[10. 1회, 17. 2회, 기사]

해답 아르신(AsH_3)

해설 아르신(Arsine)의 특징
① 분자식 : AsH_3, 분자량 : 77.95, 비점 : -62℃
② 허용농도 : TLV-TWA 0.05ppm, LC50 20ppm
③ 무색의 독성가스, 극인화성 압축액화가스로 마늘냄새가 난다.
④ 열에 불안정하고, 물리적 충격에 민감하게 작용한다.

⑤ 산화제, 산, 할로겐, 암모니아 혼합물 등과 격렬히 반응하며, 빛에 노출 시 비소로 분해한다.
⑥ 전자 화합물, 유기물합성, 납산 배터리 등 제조에 이용

참고 고법 시행규칙 제2조의 독성가스 정의에 설명하고 있는 가스 중 "알진"이 "아르신(Arsine)"에 해당한다.

79 디보레인(B_2H_6)이 충전된 용기를 운반 도중 누출이 되어 화재가 발생하였을 때 화재진압 요령을 설명하시오.

해답
① 누출을 멈추게 할 수 없고 누출 중인 가스에 불이 붙은 경우라면 화재진압을 시도하지 않을 것
② 누출원 또는 안전장치에는 직접 주수를 하지 않을 것
③ 진화가 된 후에도 물분무기로 용기를 냉각시킬 것
④ 용기 내부로 물이 들어가지 않도록 하고, 파손된 용기는 전문가가 처리할 것

해설 디보레인(B_2H_6)의 특징
① 분자량 27.7인 무색의 가스로 자극적인 냄새를 갖는다.
② 비점이 -92℃로 압축가스로 취급된다.
③ 독성(TLV-TWA 0.1ppm, LC50 80ppm), 가연성(폭발범위 : 0.8~88%)가스이다.
④ 극인화성가스, 산화하는 물질들과 격렬하게 반응한다.
⑤ 열 또는 화염에 접촉 시 폭발적으로 반응하고, 습기에 접촉 시 수소가스가 생성된다.
⑥ 흡입하면 호흡기 계통에 손상을 일으키며 치명적이다.
⑦ 피부에 노출 시 심한 화상, 눈에 들어 갔을 경우 심한 손상을 일으킨다.
⑧ 혼합금지 물질로는 물, 할로겐화합물, 알루미늄, 리튬, 산화된 표면들이다.
⑨ 소화제는 분말 소화약제, 이산화탄소, 분무주수, 내알코올포 등이다.
⑩ 제독제는 과망간칼륨, 수산화칼륨이 함유된 흡착제이다.

80 다음 물음에 답하시오.

(1) 공기 중에서 자연 발화하는 가스 2가지를 쓰시오.
(2) 폭발하한계가 10%를 넘는 가연성가스 2가지를 쓰시오.
(3) 압력이 100atm 이상 시 폭발범위가 좁아지는 가스를 쓰시오.

해답 (1) ① 모노게르만(GeH_4) ② 모노실란(SiH_4) ③ 디실란(Si_2H_6)
(2) ① 일산화탄소 ② 암모니아 ③ 황화카보닐
(3) 일산화탄소

해설 ① 일산화탄소 및 암모니아, 황화카보닐 폭발범위
㉮ 일산화탄소 : 12.5~74%
㉯ 암모니아 : 15~28%
㉰ 황화카보닐 : 12~29%
② 일산화탄소의 경우 압력이 증가하면 폭발범위가 좁아지는 특성이 있다.

81 천연가스, 석탄·바이오매스 등을 열분해해 제조한 화합물로 6기압, −25℃에서 액화할 수 있어 운송과 저장이 용이하고, LPG와 물성이 비슷해 혼합이 가능하여 기존의 배관을 이용하여 사용할 수 있으며, 자동차 연료로 사용할 수 있는 차세대 연료의 명칭을 쓰시오.
[20. 2회. 산기]

해답 디메틸에테르(DME)

82 불소(플루오린)에 대한 물음에 답하시오.
[21. 2회. 산기]
(1) 분자식을 쓰시오.
(2) 기체 상태의 색상을 쓰시오.
(3) 연소성에 의하여 분류할 때 무엇에 해당되는지 쓰시오.
(4) 물과 반응했을 때 생성되는 것으로 인체에 유해한 물질의 명칭을 쓰시오.

해답 (1) F_2
(2) 연한 황색(또는 황갈색, 연한 노란색)
(3) 조연성(또는 지연성)
(4) 불화수소(HF) (또는 플루오르수소, 불산, 불화수소산, 플루오린화수소산)

해설 불소(F_2)와 물(H_2O)이 반응했을 때 반응식
$2F_2 + 2H_2O \rightarrow 4HF + O_2$

83 가스에 함유된 수분을 제거하는 방법 3가지를 쓰시오.
[21. 1회. 산기]

해답 ① 염화칼슘($CaCl_2$)을 이용하여 제거
② 진한 황산을 이용하여 제거
③ 수취기(drain separator)를 설치하여 제거
④ 소다석회를 이용하여 제거

해설 가스 중에 함유된 수분을 제거하는 방법
① 카바이드를 이용하여 아세틸렌을 제조할 때 발생된 아세틸렌가스 중의 수분은 저압건조기 및 고압건조기에서 염화칼슘($CaCl_2$)을 이용하여 제거한다.
② 염소, 포스겐에 함유된 수분은 진한 황산을 이용하여 제거한다.

③ 산소 또는 천연메탄을 용기에 충전하는 때에는 압축기와 충전용 지관 사이에 수취기를 설치하여 그 가스 중의 수분을 제거한다.
④ 암모니아에 함유된 수분은 염기성인 소다석회(CaO와 NaOH의 혼합물)를 이용하여 제거한다.

84 다음 물음에 해당되는 가스를 [보기]에서 찾아 쓰시오.

| 보기 |
산소, 오존, 이산화탄소, 일산화탄소, 아르곤, 메탄, 암모니아, 아황산가스

(1) 6대 온실가스 중에 해당하는 것 2가지를 쓰시오.
(2) 가연성이면서 독성가스에 해당하는 것 2가지를 쓰시오.
(3) 표준상태에서 밀도가 가장 큰 것은?
(4) 표준상태에서 밀도가 가장 작은 것은?
(5) 공기액화 분리장치에서 회수하는 가스 2가지를 쓰시오.
(6) 냄새로 구분이 가능한 것 2가지를 쓰시오.

해답 (1) ① 이산화탄소 ② 메탄
(2) ① 일산화탄소 ② 암모니아
(3) 아황산가스
(4) 메탄
(5) ① 산소 ② 아르곤
(6) ① 암모니아 ② 아황산가스

해설 ① 가스(기체) 밀도 $\rho = \dfrac{분자량}{22.4}$ 이므로 분자량이 작은 것이 밀도가 작고, 분자량이 큰 것이 밀도가 크다.

② 각 가스의 분자량

명칭	분자량	명칭	분자량
산소(O_2)	32	아르곤(Ar)	40
오존(O_3)	48	메탄(CH_4)	16
이산화탄소(CO_2)	44	암모니아(NH_3)	17
일산화탄소(CO)	28	아황산가스(SO_2)	64

③ 온실가스[저탄소 녹색성장 기본법 제2조] : 이산화탄소(CO_2), 메탄(CH_4), 아산화질소(N_2O), 수소불화탄소(HFCS), 과불화탄소(FFC_S), 육불화황(SF_6) 및 그 밖에 대통령령으로 정하는 것으로 적외선 복사열을 흡수하거나 재방출하여 온실효과를 유발하는 대기 중의 가스 상태의 물질을 달한다.

제 3 장 액화석유가스(LPG) 설비

1 액화석유가스

1-1 액화석유가스(LPG)

(1) LPG의 의미 : Liquefied Petroleum Gas의 약자로 액화석유가스이다.

(2) LP가스의 조성 : 석유계 저급 탄화수소의 혼합물로 탄소 수가 3개에서 5개 이하의 것으로 프로판(C_3H_8), 부탄(C_4H_{10}), 프로필렌(C_3H_6), 부틸렌(C_4H_8), 부타디엔(C_4H_6) 등이 포함되어 있다.

(3) 제조법
  ① 습성 천연가스 및 원유에서 회수 : 압축냉각법, 흡수유에 의한 흡수법, 활성탄에 의한 흡착법
  ② 제유소 가스(원유 정제공정)에서 회수
  ③ 나프타 분해 생성물에서 회수
  ④ 나프타의 수소화 분해

> **예제 01** 액화석유가스(LPG)의 주성분 2가지를 쓰시오.   [18. 4회. 산기]
>
> **해답** ① 프로판(C_3H_8) ② 부탄(C_4H_{10})
>
> **해설** 액화석유가스의 정의(액법 제2조) : "액화석유가스"란 프로판이나 부탄을 주성분으로 한 가스를 액화(液化)한 것(기화(氣化)된 것을 포함한다)을 말한다.

1-2 LP가스의 특징

(1) 일반적인 특징
  ① LP가스는 공기보다 무겁다.
  ② 액상의 LP가스는 물보다 가볍다.
  ③ 액화, 기화가 쉽다.

④ 기화하면 체적이 커진다.
⑤ 기화열(증발잠열)이 크다.
⑥ 무색, 무미, 무취하다.
⑦ 용해성이 있다.

(2) 연소 특징
① 타 연료와 비교하여 발열량이 크다.
② 연소 시 공기량이 많이 필요하다.
③ 폭발범위(연소범위)가 좁다.
④ 연소속도가 느리다.
⑤ 발화온도가 높다.

예제 02 액화석유가스(LPG)의 연소 특징 4가지를 쓰시오. [17. 3회, 21. 2회, 기사]

해답 ① 타 연료와 비교하여 발열량이 크다
② 연소 시 공기량이 많이 필요하다.
③ 폭발범위(연소범위)가 좁다.
④ 연소속도가 늦고, 발화온도가 높다.

---

2 액화석유가스 설비

2-1 LPG 수송 방법

(1) 용기에 의한 방법
① 용기 자체가 저장설비로 이용된다.
② 소량 수송의 경우 편리하다.
③ 수송 비용이 높다.
④ 취급 부주의로 인한 사고의 위험성이 있다.

(2) 탱크로리에 의한 방법
① 기동성이 있어 원거리(장거리) 및 단거리 모두에 적합하다.
② 철도를 이용하는 방법과 같이 특별한 설비 등이 필요없다.
③ 용기에 비해 대량 수송이 가능하다.
④ 자동차에 탱크가 부설되어 있어야 한다.

(3) 철도 차량에 의한 방법
① 대량 수송이 가능하다.
② 철도 선로가 부설된 곳에만 가능하다.
③ 철도에 부설된 LPG 유조화차가 필요하다.

(4) 유조선에 의한 방법
LPG 수송 전용 선박을 이용하는 것으로 해상 수입설비가 있는 공급기지나 대량 소비자에게 수송하는 경우에 적합하다.

(5) 파이프 라인(pipe line)에 의한 방법
배관을 설치하여 원거리에 대량으로 수송하는 방법이다.

예제 03 LPG 수송 방법 중 탱크로리에 의한 방법의 특징(장단점)을 4가지 쓰시오. [18. 3회. 기사]

해답
① 기동성이 있어 장거리, 단거리 어느 쪽에도 적합하다.
② 철도 전용선과 같은 특별한 설비가 필요하지 않다.
③ 용기와 비교하여 다량 수송이 가능하다.
④ 자동차에 고정된 탱크가 설치되어야 한다.

2-2 LPG 이입·충전

(1) 차압에 의한 방법
펌프 등을 사용하지 않고 압력차를 이용하는 방법
(탱크로리 > 저장탱크)

(2) 액펌프에 의한 방법
① 분류 : 기상부에 균압관이 없는 경우, 기상부에 균압관이 있는 경우
② 특징
 ㈎ 재액화 현상이 없다.
 ㈏ 드레인 현상이 없다.
 ㈐ 충전시간이 길다.
 ㈑ 잔가스 회수가 불가능하다.
 ㈒ 베이퍼 로크 현상이 발생한다.

(3) 압축기에 의한 방법
① 특징
 ㈎ 펌프에 비해 이송시간이 짧다.
 ㈏ 잔가스 회수가 가능하다.

㈐ 베이퍼 로크 현상이 없다.
㈑ 부탄의 경우 재액화 현상이 일어난다.
㈒ 압축기 오일로 인한 드레인의 원인이 된다.
② 부속 기기 : 액트랩(액분리기), 자동정지 장치, 사방밸브(4-way valve), 유분리기

(4) 작업을 중단해야 하는 경우
① 과충전이 되는 경우
② 충전작업 중 주변에서 화재 발생 시
③ 탱크로리와 저장탱크를 연결한 호스 등에서 누설이 되는 경우
④ 압축기 사용 시 워터해머(액 압축)가 발생하는 경우
⑤ 펌프 사용 시 액배관 내에서 베이퍼 로크가 심한 경우

예제 04 LPG를 자동차에 고정된 탱크에서 저장탱크로 이입·충전하는 방법 3가지를 쓰시오.

[16. 1회. 산기]

해답 ① 차압에 의한 방법
② 액펌프에 의한 방법
③ 압축기에 의한 방법

2-3 ◈ LPG 저장설비

(1) 용기에 의한 저장
주로 소량을 사용하는 곳에서 용기를 여러 개 집합해서 저장한다.

(2) 저장탱크에 의한 저장
① 횡형 원통형 저장탱크에 의한 방법
㈎ 표면적 계산식 : 경판을 평판으로 가정하여 계산하며, 좌우 2개이다.

$$A = 동체부분\ 표면적 + 경판부분\ 표면적 = (\pi \cdot D \cdot L) + \left(\frac{\pi}{4} \cdot D^2\right) \cdot 2$$

여기서, A : 저장탱크 표면적(m²) D : 저장탱크 바깥지름(m)
       L : 원통부의 길이(m)

② 구형(球形) 저장탱크에 의한 저장
㈎ 내용적 계산식

$$V = \frac{4}{3} \cdot \pi \cdot r^3 = \frac{\pi}{6} \cdot D^3$$

여기서, V : 구형 저장탱크의 내용적(m³) r : 구형 저장탱크의 안쪽 반지름(m)
       D : 구형 저장탱크의 안지름(m)

(나) 특징
   ㉮ 표면적이 작고, 강도가 높다.
   ㉯ 기초가 간단하여 건설비가 적게 소요된다.
   ㉰ 외관 모양이 안정적이다.

예제 05 안지름이 30m인 구형 저장탱크의 내용적은 몇 m³인가?

풀이 $V = \dfrac{\pi}{6} \times D^3 = \dfrac{\pi}{6} \times 10^3 = 523.598 ≒ 523.60 \text{m}^3$

해답 523.6m³

※ 내용적을 계산할 때 파이(π)대신 '3.14'를 적용하면 오차가 발생하며, 어느 것으로 계산하여도 관계없으니 선택하여 풀이하기 바랍니다.

2-4 LP가스 공급설비

(1) 기화 방식 분류

① 자연 기화 방식 : 용기 내의 LP가스가 대기 중의 열을 흡수하여 기화하는 방식이다.
   (가) 부하변동이 비교적 적을 경우
   (나) 연간 온도 차이가 크지 않을 경우
   (다) 용기설치 장소를 용이하게 확보할 수 있는 경우
② 강제 기화 방식
   (가) 선정 목적(이유)
      ㉮ 부하변동이 비교적 심한 경우
      ㉯ 한랭지에서 사용하는 경우
      ㉰ 용기설치 장소를 확보하지 못하는 경우
   (나) 공급방법 : 생가스 공급 방식, 공기혼합 가스 공급 방식, 변성가스 공급 방식

예제 06 LPG 공급방법 중 공기혼합 가스 공급 목적 4가지를 쓰시오.

해답
① 발열량 조절
② 연소효율 증대
③ 누설 시 손실 감소
④ 재액화 방지

(2) 기화기(vaporizer)

① 기능 : 액상의 LP가스를 열교환기에서 열매체와 열교환하여 가스화 시키는 장치이다.

② 구성 3요소 : 기화부, 제어부, 조압부

③ 작동원리에 따른 분류

    ㈎ 가열감압 기화 방식 : 열교환기에 액체 상태의 LPG를 보내 여기서 기화된 가스를 조정기에 의해 감압하여 공급하는 방식이다.

    ㈏ 감압가열 기화 방식 : 액체 상태의 LP가스를 액체 조정기 또는 팽창밸브를 통하여 감압 및 온도를 내려서 열교환기에 보내 대기 또는 온수 등으로 가열하여 기화시키는 방식이다.

④ 기화기 사용 시 장점

    ㈎ 한랭시에도 연속적으로 가스 공급이 가능하다.

    ㈏ 공급가스의 조성이 일정하다.

    ㈐ 설치 면적이 적어진다.

    ㈑ 기화량을 가감할 수 있다.

    ㈒ 설비비, 인건비가 절약된다.

예제 07 프로판과 부탄의 기화 방식 차이점을 설명하시오.

해답 프로판은 자연 기화 방식을 사용하고, 부탄은 강제 기화 방식을 사용한다.

해설 프로판의 비점은 −42.1℃, 부탄의 비점은 −0.5℃로 부탄의 경우 겨울철에 외기 온도가 영하로 내려갈 경우 기화가 되지 않는 현상이 발생하기 때문에 강제 기화 방식을 사용한다.

2-5 LP가스 사용설비

(1) 충전용기

① 탄소강으로 제작하며 용접용기이다.

② 용기 재질은 사용 중 견딜 수 있는 연성, 전성, 강도가 있어야 한다.

③ 내식성, 내마모성이 있어야 한다.

④ 안전밸브는 스프링식을 부착한다.

(2) 조정기(調整器, regulator)

① 기능 : 유출압력 조절로 안정된 연소를 도모하고, 소비가 중단되면 가스를 차단한다.

② 조정기의 분류

    ㈎ 1단 감압식 조정기 : 저압 조정기와 준저압 조정기로 구분

㈏ 2단 감압식 조정기 : 1차 조정기와 2차 조정기를 사용하여 가스를 공급한다.
㈐ 자동교체식 조정기 : 분리형과 일체형으로 구분
㈑ 그 밖의 압력조정기

(3) 가스미터(gas meter)의 종류 및 특징

구분	막식(diaphragm type) 가스미터	습식 가스미터	roots형 가스미터
장점	① 가격이 저렴하다. ② 유지관리에 시간을 요하지 않는다.	① 계량이 정확하다. ② 사용 중에 오차의 변동이 적다.	① 대유량의 가스 측정에 적합하다. ② 중압가스의 계량이 가능하다. ③ 설치면적이 적다.
단점	대용량의 것은 설치면적이 크다.	① 사용 중에 수위조정 등의 관리가 필요하다. ② 설치면적이 크다.	① 여과기의 설치 및 설치 후의 유지관리가 필요하다. ② 적은 유량($0.5m^3/h$)의 것은 부동(不動)의 우려가 있다.
용도	일반 수용가	기준용, 실험실용	대량 수용가
용량범위	$1.5 \sim 200m^3/h$	$0.2 \sim 3000m^3/h$	$100 \sim 5000m^3/h$

예제 08 일반용 액화석유가스 압력조정기의 역할 3가지를 쓰시오. [17. 2회. 산기] [22. 2회. 기사]

해답 ① 유출압력 조절 ② 안정된 연소를 도모 ③ 소비가 중단되면 가스를 차단

(4) 집합공급 설비 용기 수 계산

① 피크 시 평균 가스소비량(kg/h)
  = 1일 1호당 평균 가스소비량(kg/day) × 세대수 × 피크 시의 평균 가스소비율

② 필요 최저 용기 수

  필요 최저 용기 수 = $\dfrac{\text{피크 시 평균 가스소비량(kg/h)}}{\text{피크 시 용기가스 발생능력(kg/h)}}$

③ 2일분 용기 수

  2일분 용기 수 = $\dfrac{\text{1일 1호당 평균 가스소비량(kg/day)} \times 2\text{일} \times \text{세대수}}{\text{용기의 질량(크기)}}$

④ 표준 용기 설치 수
  표준 용기 수 = 필요 최저 용기 수 + 2일분 용기 수

⑤ 2열 합계 용기 수
  2열 용기 수 = 표준 용기 수 × 2

(5) 영업장의 용기 수 계산 : 발생되는 소수는 무조건 용기 1개로 계산한다.

$$용기 수 = \frac{최대 \ 소비수량(kg/h)}{표준가스 \ 발생능력(kg/h)}$$

(6) 용기 교환 주기 계산 : 발생되는 소수는 무조건 버린다.

$$용기 \ 교환 \ 주기 = \frac{가스총량}{1일 \ 가스소비량}$$

> **예제 09**
>
> 자연 기화 방식에 의한 LPG 공급시설에서 1일 1호당 평균 가스소비량이 1.45kg/day, 소비 호 수가 50세대, 평균 가스소비율이 20%일 때 피크 시 가스 사용량(kg/h)을 계산하시오.
> [20. 3회. 산기]
>
> **풀이** $Q = q \times N \times \eta = 1.45 \times 50 \times 0.2 = 14.5 \text{kg/h}$
>
> **해답** 14.5kg/h
>
> **해설** 1일 1호당 평균 가스소비량(q) 단위 'kg/day'에서 피크 시 가스 사용량(Q) 단위 'kg/h'로 환산 없이 변경될 수 있는 것은 '평균 가스소비율(η)' 때문이다. 그 이유는 LPG를 사용하는 가정에서 가스 소비를 24시간 계속 사용하는 것이 아니라 24시간 중 문제에서 제시된 20%에 해당하는 시간만 사용하는 것이기 때문이다.

2-6 배관설비

(1) 배관재료 구비조건

① 관내의 가스 유통이 원활한 것일 것
② 내부의 가스압력과 외부로부터의 하중 및 충격하중에 견디는 강도를 가질 것
③ 토양, 지하수 등에 대하여 내식성을 가지는 것일 것
④ 관의 접합이 용이하고, 가스의 누설을 방지할 수 있는 것일 것
⑤ 절단가공이 용이한 것일 것

(2) 배관 내의 압력손실

① 마찰저항에 의한 압력손실

　㈎ 유속의 2승에 비례한다. (유속이 2배이면 압력손실은 4배이다.)
　㈏ 관의 길이에 비례한다. (길이가 2배이면 압력손실은 2배이다.)
　㈐ 관 안지름의 5승에 반비례한다. (관 안지름이 1/2로 작아지면 압력손실은 32배이다.)
　㈑ 관 내벽의 상태에 관련 있다. (내면에 요철부가 있으면 압력손실이 커진다.)
　㈒ 유체의 점도에 관련 있다. (유체의 점성이 크면 압력손실이 커진다.)

(ㅂ) 압력과는 관계가 없다.
② 입상배관에 의한 압력손실

$$H = 1.293 \cdot (S-1) \cdot h$$

여기서, H : 입상배관에 의한 압력손실(mmH$_2$O) S : 가스 비중
h : 입상높이(m)

> **참고** 입상배관에 의한 압력손실은 단위정리가 되지 않는 공식이며, 가스 비중(S)이 공기보다 작은 경우(1보다 작은 경우) "−" 값이 나오면 압력이 상승되는 것이다.

예제 10 가스 비중이 0.5인 도시가스가 수직으로 100m 상승한 곳에 공급될 때 배관 내에서 발생하는 압력손실은 수주로 몇 mm인가?   [11. 1회. 기사]

풀이 $H = 1.293 \times (S-1) \times h = 1.293 \times (0.5-1) \times 100 = -64.65$ mmH$_2$O

해답 -64.65 mmH$_2$O

해설 ① 압력손실이 마이너스(−) 값이 나오는 것은 가스가 공기보다 가볍기 때문에 압력이 상승하는 것을 의미한다.
② 압력손실의 단위를 파스칼(Pa)로 물으면 계산과정에 중력가속도 9.8m/s^{2}을 곱하고, 'kPa'이면 중력가속도를 곱한 값을 1000으로 나눈다.

(3) 배관 지름의 결정

① 저압 배관의 유량식

$$Q = K\sqrt{\frac{D^5 \cdot H}{S \cdot L}} \rightarrow D = \sqrt[5]{\frac{Q^2 \cdot S \cdot L}{K^2 \cdot H}}, \quad H = \frac{Q^2 \cdot S \cdot L}{K^2 \cdot D^5}$$

여기서, Q : 가스 유량(m^3/h) D : 관 안지름(cm)
H : 압력손실(mmH$_2$O) S : 가스 비중
L : 관 길이(m) K : 유량계수(폴의 상수 : 0.707)

② 중·고압 배관의 유량식

$$Q = K\sqrt{\frac{D^5 \cdot (P_1^2 - P_2^2)}{S \cdot L}} \rightarrow D = \sqrt[5]{\frac{Q^2 \cdot S \cdot L}{K^2 \cdot (P_1^2 - P_2^2)}}$$

여기서, Q : 가스의 유량(m^3/h) D : 관 안지름(cm)
P_1 : 초압(kgf/cm$^2 \cdot$a) P_2 : 종압(kgf/cm$^2 \cdot$a)
S : 가스 비중 L : 관 길이(m)
K : 유량계수(코크스의 상수 : 52.31)

예제 77 비중이 0.64인 가스를 길이 400m 떨어진 곳에 저압으로 시간당 200m³로 공급하고자 할 때 압력손실이 수주로 20mm이면 배관의 최소 관지름은 몇 cm인가? [15. 4회, 23. 2회. 산기]

풀이 저압 배관 유량식 $Q = K\sqrt{\dfrac{D^5 \cdot H}{S \cdot L}}$ 에서 관지름 D를 구하며, 단위는 'cm'이다.

$$\therefore D = \sqrt[5]{\dfrac{Q^2 \cdot S \cdot L}{K^2 \cdot H}} = \sqrt[5]{\dfrac{200^2 \times 0.64 \times 400}{0.707^2 \times 20}} = 15.925 ≒ 15.93 \text{cm}$$

해답 15.93cm

해설 ① 저압 배관 및 중고압 배관 유량식은 단위정리가 이루어지지 않는 공식입니다.
② 유량계수(폴의 상수 0.707, 코크스의 상수 52.31)는 문제에서 제시되지 않을 수 있으니 반드시 기억하길 바라며, 유사한 값으로 제시되면 그 값을 적용해야 합니다.
③ 일반적으로 유량계수와 같은 상수는 경험식 등에 해당하는 경우 오차를 보정하기 위하여 적용하는 것이며, 어떤 근거로 나온 것인지 꼭 알아야 하는 경우에는 공식을 정립한 폴과 코크스 학자분께 확인해 보길 바랍니다.

2-7 연소기구

(1) 연소방식의 분류 및 특징

① 적화(赤化)식 : 연소에 필요한 공기를 2차 공기로 취하는 방식
  (가) 역화의 위험성이 없다.
  (나) 자동온도 조절장치 사용이 용이하다.
  (다) 가스압이 낮은 곳에서도 사용할 수 있다.
  (라) 불꽃의 온도가 낮아 국부적인 과열현상이 없다.
  (마) 버너 내압이 높으면 선화현상이 발생한다.
  (바) 고온을 얻기 어렵다.
  (사) 연소실이 작으면 불완전연소의 우려가 있다.

② 분젠식 : 가스를 노즐로부터 분출시켜 주위의 공기를 1차 공기로 흡입하는 방식
  (가) 불꽃은 내염, 외염을 형성한다.
  (나) 연소속도가 크고, 불꽃길이가 짧다.
  (다) 연소온도가 높고 연소실이 작아도 된다.
  (라) 선화현상이 일어나기 쉽다.
  (마) 소화음, 연소음이 발생한다.
  (바) 공기조절기 조정이 필요하다.

③ 세미분젠식 : 적화식과 분젠식의 혼합형으로 1차 공기량을 40% 미만 취한다.
  (가) 역화의 위험이 적다.

(나) 불꽃의 온도가 1000℃ 정도이다.
(다) 고온을 요하는 곳에는 적당하지 않다.
④ 전1차 공기식 : 송풍기로 공기를 압입하여 연소용 공기를 1차 공기로 하여 연소하는 방식
(가) 버너를 어떤 방향으로도 설치할 수 있다.
(나) 가스가 갖는 에너지의 70% 정도를 적외선으로 전환할 수 있다.
(다) 고온의 노(爐) 내부에 버너를 설치할 수 없다.
(라) 구조가 복잡하고 가격이 비싸다.
(마) 압력조정기(governor)의 설치가 필요하다.

(2) 염공(炎孔) 및 노즐

① 염공(炎孔)이 갖추어야 할 조건
(가) 모든 염공에 빠르게 불이 옮겨서 완전히 점화될 것
(나) 불꽃이 염공 위에 안정하게 형성될 것
(다) 가열불에 대하여 배열이 적정할 것
(라) 먼지 등이 막히지 않고 청소가 용이할 것
(마) 버너의 용도에 따라 여러 가지 염공이 사용될 수 있을 것

> **참고** 염공부하(kcal/mm²·h) : 가스가 완전히 연소할 수 있는 염공의 단위면적에 대한 가스의 In-put이다.

② 노즐에서 가스 분출량 계산

$$Q = 0.011 K \cdot D^2 \cdot \sqrt{\frac{P}{d}} = 0.009 D^2 \cdot \sqrt{\frac{P}{d}}$$

여기서, Q : 분출가스량(m³/h) K : 유출계수(0.8) D : 노즐의 지름(mm)
P : 노즐 직전의 가스압력(mmH₂O) d : 가스 비중

예제 12

LPG를 사용하는 연소기구의 밸브가 열려 0.6mm의 노즐에서 수주 280mm의 압력으로 LP가스가 4시간 유출하였을 경우 가스분출량은 몇 L인가? (단, 분출압력 280mmH₂O에서 LP가스의 비중은 1.7이다.)

풀이 노즐에서 가스분출량(m³/h) 계산식에 유출된 4시간과 유출된 가스량 단위를 'm³'에서 'L'단위로 변환한다. (1m³는 1000L에 해당된다.)

$$\therefore Q = 0.009 D^2 \times \sqrt{\frac{P}{d}} = \left(0.009 \times 0.6^2 \times \sqrt{\frac{280}{1.7}}\right) \times 4 \times 1000 = 166.325 ≒ 166.33 L$$

해답 166.33L

해설 노즐에서 가스분출량 계산식은 단위정리가 이루어지지 않는 공식에 해당됩니다.

(3) 연소기구에서 발생하는 이상 현상

① 역화 : 연소속도가 가스 유출속도보다 클 때 불꽃이 노즐 선단에서 연소하는 현상
② 선화 : 가스의 유출속도가 연소속도보다 클 때 염공을 떠나 공간에서 연소하는 현상

역화의 원인	선화의 원인
• 염공이 크게 되었을 때 • 노즐의 구멍이 너무 크게 된 경우 • 콕이 충분히 개방되지 않은 경우 • 가스의 공급압력이 저하되었을 때 • 버너가 과열된 경우	• 염공이 작아졌을 때 • 공급압력이 지나치게 높을 경우 • 배기 또는 환기가 불충분할 때 (2차 공기량 부족) • 공기 조절장치를 지나치게 개방하였을 때 (1차 공기량 과다)

③ 블로 오프(blow off) : 불꽃 주변 기류에 의하여 불꽃이 염공에서 떨어져 연소하다 꺼져버리는 현상
④ 옐로 팁(yellow tip) : 불꽃의 끝이 적황색으로 되어 연소하는 현상으로 연소반응이 충분한 속도로 진행되지 않을 때, 1차 공기량이 부족하여 불완전연소가 될 때 발생한다.
⑤ 불완전연소의 원인
  ㈎ 공기 공급량 부족
  ㈏ 배기 불충분
  ㈐ 환기 불충분
  ㈑ 가스 조성의 불량
  ㈒ 연소기구의 부적합
  ㈓ 프레임의 냉각

(4) 연소기구가 갖추어야 할 조건

① 가스를 완전연소시킬 수 있을 것
② 연소열을 유효하게 이용할 수 있을 것
③ 취급이 쉽고 안전성이 높을 것

예제 13 연료용 가스를 사용하는 연소기에서 발생하는 이상 연소 현상 4가지를 쓰시오.

해답 ① 역화 ② 선화 ③ 옐로 팁 ④ 블로 오프

액화석유가스(LPG) 설비 예상문제

01 LPG 성분 2가지를 쓰시오. [18. 4회. 산기]

해답 ① 프로판(C_3H_8) ② 부탄(C_4H_{10})

해설 액화석유가스(LPG)
① 액화석유가스의 정의(액법 제2조) : "액화석유가스"란 프로판이나 부탄을 주성분으로 한 가스를 액화(液化)한 것[기화(氣化)된 것을 포함한다]을 말한다.
② LP가스의 조성 : 석유계 저급 탄화수소의 혼합물로 탄소 수가 3개에서 5개 이하의 것으로 프로판(C_3H_8), 부탄(C_4H_{10}), 프로필렌(C_3H_6), 부틸렌(C_4H_8), 부타디엔(C_4H_6) 등이 포함되어 있다.

02 유전지대에서 채취되는 습성 천연가스 및 원유에서 LPG를 회수하는 방법 3가지를 쓰시오.

해답 ① 압축 냉각법
② 흡수유에 의한 흡수법
③ 활성탄에 의한 흡착법

03 LP가스의 일반적인 특징 4가지를 쓰시오.

해답 ① LP가스는 공기보다 무겁다. ② 액상의 LP가스는 물보다 가볍다.
③ 액화, 기화가 쉽다. ④ 기화하면 체적이 커진다.
⑤ 기화열(증발잠열)이 크다. ⑥ 무색, 무취, 무미하다.
⑦ 용해성이 있다.

04 액화 프로판 15L를 대기 중에 방출하였을 경우 기체 체적은 몇 L인가? (단, 액화 프로판의 액 밀도는 0.5kg/L이고, 표준상태이다.)

해설 ① 액화 프로판 15L를 무게로 환산
∴ 무게 = 체적 × 밀도 = 15 × 0.5 = 7.5kg

② 기화된 체적 계산 : 절대단위 이상기체 상태방정식 $PV = \frac{W}{M}RT$에서 체적 V를 구하며, 표준상태의 온도는 0℃, 압력은 대기압(1기압)이다.

∴ $V = \frac{WRT}{PM} = \frac{(7.5 \times 10^3) \times 0.082 \times (273+0)}{1 \times 44} = 3815.795 ≒ 3815.80L$

해답 3815.80L

해설 액체 15L가 기화된 체적이 3815.8L가 되어 '기화하면 체적이 커진다'로 설명할 수 있는 것이고, 기화되면 체적이 약 250배 정도가 된다.

05 LP가스의 연소 특징 4가지를 쓰시오. [17. 3회, 21. 2회. 기사]

해답
① 타 연료와 비교하여 발열량이 크다.
② 연소 시 공기량이 많이 필요하다.
③ 폭발범위(연소한계)가 좁다.
④ 연소속도가 느리다.
⑤ 발화온도가 높다.

06 탄화수소에서 탄소(C) 수가 증가할 때 다음 사항은 어떻게 변화되는지 쓰시오.

(1) 발화점 :   (2) 연소열 :   (3) 끓는점 :
(4) 증기압 :   (5) 폭발범위 하한값 :

해답 (1) 낮아진다. (2) 증가한다. (3) 높아진다. (4) 저하한다. (5) 낮아진다.

해설 탄화수소에서 탄소(C) 수가 증가할 때
① 증가(상승) : 비등점, 융점, 비중, 발열량(연소열)
② 저하(감소) : 증기압, 발화점, 폭발범위, 폭발범위 하한값, 증발잠열

참고 '낮아진다'를 '저하한다', '감소한다'로, '증가한다'는 '상승한다', '높아진다'로 작성해도 채점에는 영향이 없으니 선택하여 작성하길 바랍니다. 단, 문제의 조건에서 특정 단어를 제시해 주면 그 내용으로만 작성해야 합니다.

07 LPG 수입 기지 플랜트의 공정순서를 완성하시오.

LPG 선박 → 수입 설비 → ① → ② → ③ → ④ → 2차 기지 소비 플랜트

해답 ① 저온 저장설비   ② 이송설비   ③ 고압 저장설비   ④ 출하설비

08 LPG 수송 방법 중 용기에 의한 방법과 탱크로리에 의한 방법의 특징(장단점)을 각각 4가지 쓰시오. [18. 3회. 기사]

해답 (1) 용기에 의한 방법
① 용기 자체가 저장설비로 이용될 수 있다.

② 소량 수송의 경우 편리하다.
③ 수송비가 많이 소요된다.
④ 용기 취급 부주의로 인한 사고의 위험이 있다.
(2) 탱크로리에 의한 방법
① 기동성이 있어 장거리, 단거리 어느 쪽에도 적합하다.
② 철도 전용선과 같은 특별한 설비가 필요하지 않다.
③ 용기와 비교하여 다량 수송이 가능하다.
④ 자동차에 고정된 탱크가 설치되어야 한다.

09 LPG 저장탱크 내부를 청소하려고 할 때 내부의 LPG를 이송하는 방법 3가지를 쓰시오.
[18. 4회. 산기]

해답 ① 차압에 의한 방법 ② 액펌프에 의한 방법 ③ 압축기에 의한 방법

10 LPG 이입·충전에는 차압에 의한 방법, 펌프에 의한 방법, 압축기에 의한 방법이 있는데 이 중에서 압축기에 의한 방법을 설명하시오.
[22. 4회. 산기]

해답 저장탱크 상부의 가스를 압축기를 이용하여 흡입하여 압력을 올린 후 이것으로 탱크로리 상부를 가압하여 탱크로리의 LPG를 저장탱크로 이송시키며, 사방밸브를 조작하여 탱크로리 내의 잔가스를 회수할 수 있다. 액화석유가스 이송방법 중 속도가 가장 빨라 충전소 등에서 가장 많이 이용되고 있는 방법이다.

해설 압축기 사용 시 특징
① 펌프에 비해 이송시간이 짧다.
② 잔가스 회수가 가능하다.
③ 베이퍼 로크 현상이 없다.
④ 부탄의 경우 재액화 현상이 일어난다.
⑤ 압축기 오일이 탱크에 유입되어 드레인의 원인이 된다.

참고 액펌프 사용 시 특징
① 재액화 현상이 없다.
② 드레인 현상이 없다.
③ 충전시간이 길다.
④ 잔가스 회수가 불가능하다.
⑤ 베이퍼 로크 현상이 일어나 누설의 원인이 된다.

11 자동차에 고정된 탱크에서 저장탱크로 LPG를 이입·충전작업 중 작업을 중단해야 하는 경우 4가지를 쓰시오.

해답 ① 과충전이 되는 경우
② 충전작업 중 주변에서 화재 발생 시
③ 탱크로리와 저장탱크를 연결한 호스 등에서 누설이 되는 경우
④ 압축기 사용 시 워터해머(액압축)가 발생하는 경우
⑤ 펌프 사용 시 액배관 내에서 베이퍼 로크가 심한 경우

12 압축기에 의한 LPG 이송방식 중 압축기의 흡입측과 토출측을 전환하여 액이송과 가스회수를 동시에 할 수 있는 부속장치의 명칭을 쓰시오.

해답 사방밸브(사로밸브, 4-way valve)

13 액화석유가스를 사용할 때 자연 기화 방식과 강제 기화 방식을 선정하는 이유(목적)를 각각 2가지씩 설명하시오. [12. 2회. 기사]

해답 (1) 자연 기화 방식
① 부하 변동이 비교적 적을 경우
② 연간 온도 차이가 크지 않을 경우
③ 용기 설치 장소를 용이하게 확보할 수 있는 경우
(2) 강제 기화 방식
① 부하 변동이 비교적 심한 경우
② 한랭지에서 사용하는 경우
③ 용기 설치 장소를 확보하지 못하는 경우

14 LPG 강제 기화 방식 중 생가스 공급방식을 설명하시오. [16. 4회. 산기]

해답 기화기에서 기화된 가스를 그대로 공급하는 방식이다.
해설 생가스 공급방식의 특징 [14. 4회, 19. 4회. 산기]
① 기화기에서 기화된 가스를 그대로 공급한다.
② 공기 혼합기 등이 필요 없으므로 설비가 간단하다.
③ 부탄의 경우 재액화 우려가 있다.
④ 재액화 현상을 방지하기 위하여 배관을 보온조치 하여야 한다.
참고 LPG 강제 기화에 의한 공급방식
① 생가스 공급방식
② 공기혼합가스 공급방식
③ 변성가스 공급방식

15 액화석유가스 변성가스 공급방식을 설명하시오. [09. 2회, 18. 1회. 기사] [22. 1회. 산기]

해답 부탄을 고온의 촉매로서 분해하여 메탄, 수소, 일산화탄소 등의 연질가스로 변성시켜 공급하는 방법으로 재액화방지 외에 특수한 용도에 사용하기 위하여 변성한다.

16 LPG-Air 혼합방식에 대하여 설명하시오.

해답 기화기에서 기화된 LPG와 공기를 혼합하여 발열량을 조절하고, 재액화를 방지하기 위하여 공기를 혼합한 것으로 공기희석가스(air dilute gas)라 하며, 폭발범위 내의 혼합가스를 만들지 않도록 주의하여야 한다.

해설 공기혼합설비 종류
① 벤투리 믹서(venturi mixer) : 기화한 가스를 일정 압력으로 노즐에서 분출시켜 노즐실 내를 감압함에 의해서 공기를 흡입하여 혼합하는 방식으로, 벤투리 튜브 방식이 있다.
② 플로 믹서(flow mixer) : LPG의 압력을 대기압으로 하며 플로(flow)로서 공기와 함께 흡인하는 방식으로 가스 압력이 내려갈 경우에는 안전장치가 움직여 플로(flow)가 정지하도록 되어 있다.

17 기화된 LPG의 발열량을 조절하기 위하여 일정량의 공기를 혼합하는 벤투리 튜브 방식에 대하여 설명하시오. [14. 1회, 20. 2회. 산기]

해답 노즐로부터 가스의 분사 에너지에 의하여 혼합에 필요한 공기를 흡인하여 혼합하는 형식으로 동력원을 필요로 하지 않으며, 혼합가스의 열량을 조정하려면 노즐 압력을 조절하거나 노즐 지름을 변경하는 방법이 사용된다.

18 LPG 공급방식에서 공기 혼합가스(air direct gas)를 공급하는 목적 3가지를 쓰시오. [16. 1회, 20. 1회. 기사]

해답 ① 발열량 조절 ② 재액화 방지 ③ 누설 시 손실 감소 ④ 연소효율 증대

19 기화장치의 주요 구성 부분 3가지를 쓰시오.

해답 ① 기화부 ② 제어부 ③ 조압부

20 LPG 기화기를 작동원리에 따라 분류할 때 "감압가열 기화 방식"에 대하여 설명하시오. [15. 2회, 17. 1회. 기사]

해답 액체 상태의 LP가스를 액체 조정기 또는 팽창밸브를 통하여 감압 및 온도를 내려서 열교환기에 보내 대기 또는 온수 등으로 가열하여 기화시키는 방식이다.

해설 가열감압 기화 방식 : 열교환기에 액체 상태의 LPG를 보내 여기서 기화된 가스를 조정기에 의해 감압하여 공급하는 방식이다.

21 기화기의 구조별 형식에 따른 분류를 4가지 쓰시오. [10. 3회. 기사]

해답 ① 다관식 기화기 ② 단관식 기화기 ③ 사관식 기화기 ④ 열판식 기화기

22 다음 도면은 LPG 기화장치의 구조도이다. 도면에서 ①~⑤의 명칭을 쓰시오. [05. 4회. 산기]

해답 ① 열교환기   ② 온도제어장치   ③ 과열방지장치   ④ 액면제어장치
⑤ 안전밸브

23 간접 가열방식의 기화장치에 사용되는 열매체의 종류 3가지를 쓰시오.

해답 ① 온수 ② 증기 ③ 전기

24 LPG 기화장치를 사용할 때 장점 4가지를 쓰시오. [20. 1회. 산기]

해답 ① 한랭 시에도 연속적으로 가스 공급이 가능하다.
② 공급가스의 조성이 일정하다.
③ 설치면적이 좁아진다.

④ 기화량을 가감할 수 있다.
⑤ 설비비 및 인건비가 절약된다.

25 부탄 200kg/h를 기화시키는 데 20000kcal/h의 열량이 필요한 경우 효율이 80%인 온수순환식 기화기를 사용할 때 열교환기에 순환되는 온수량(L/h)은 얼마인가? (단, 열교환기 입구와 출구의 온수 온도는 60℃와 40℃이며, 온수의 비열은 1kcal/kgf·℃, 비중은 1이다.) [13. 1회, 19. 2회. 산기]

풀이 ① 부탄 200kg/h를 기화시키는 데 필요한 열량(Q_1)과 열교환기에 온수가 순환되어 공급되는 열량(Q_2)은 같으므로 $Q_1 = Q_2$이므로 Q로 표시하고, Q_2 = 순환온수량(G) × 온수비열(C) × 온수온도차(Δt) × 효율(η)이다.

② 순환온수량(L/h) 계산 : 물의 비중은 1이므로 1kgf는 1L이다.

$$\therefore G = \frac{Q}{C \times \Delta t \times \eta} = \frac{20000}{1 \times (60-40) \times 0.8} = 1250 \text{kg/h}$$

$$\therefore 순환온수량 = \frac{G[\text{kg/h}]}{비중} = \frac{1250}{1} = 1250 \text{L/h}$$

해답 1250L/h

해설 질량 1kg은 중력가속도 9.8m/s²이 작용하고 있는 지구상에서 중량 1kgf이 되므로 공학단위가 기본으로 사용되던 시기에는 질량과 중량을 구별없이 주어지는 경우가 있었다.

26 LPG 사용시설에 사용하는 조정기의 역할을 설명하시오.

해답 용기 내의 압력과 관계없이 유출압력을 조절하여 안정된 연소를 도모하고, 소비가 중단되면 가스를 차단한다.

27 일반용 액화석유가스용 압력조정기의 종류 4가지를 쓰시오. [16. 1회. 산기]

해답 ① 1단 감압식 저압 조정기
② 1단 감압식 준저압 조정기
③ 2단 감압식 1차용 조정기
④ 2단 감압식 2차용 저압 조정기
⑤ 2단 감압식 2차용 준저압 조정기
⑥ 자동절체식 일체형 저압 조정기
⑦ 자동절체식 일체형 준저압 조정기

28 1단 감압식 저압 조정기를 사용할 때 장점 및 단점을 각각 2가지씩 쓰시오. [20. 3회. 산기]

해답 (1) 장점
① 장치가 간단하다.
② 조작이 간단하다.
(2) 단점
① 배관지름이 커야 한다.
② 최종 압력이 부정확하다.

29 액화석유가스 사용시설에서 2단 감압방식을 설명하시오. [19. 4회. 산기]

해답 저장시설(용기)의 가스압력을 소요 압력보다 약간 높은 압력으로 1차로 감압시켜 공급한 후, 사용시설 근처에서 소요압력으로 2차로 감압시켜 각 연소기에 알맞은 압력으로 공급하고 압력손실을 보정할 수 있어 안정적으로 액화석유가스를 공급하는 방법이다.

해설 2단 감압방식
(1) 사용하는 이유 : 액화석유가스 저장시설로부터 가스사용시설까지 거리가 먼 경우, 입상관에 의하여 압력손실이 크게 발생하는 경우, 가스사용량이 많은 경우, 연소기 종류에 따라 소요압력이 다를 경우에 사용한다.
(2) 장점
① 입상배관에 의한 압력손실을 보정할 수 있다.
② 가스 배관이 길어도 공급압력이 안정된다.
③ 각 연소기구에 알맞은 압력으로 공급이 가능하다.
④ 중간 배관의 지름이 작아도 된다.
(3) 단점
① 설비가 복잡하고, 검사방법이 복잡하다.
② 조정기 수가 많아서 점검부분이 많다.
③ 부탄의 경우 재액화의 우려가 있다.
④ 시설의 압력이 높아서 이음방식에 주의하여야 한다.

30 LPG 사용시설에서 자동 교체식 조정기 사용 시 장점 4가지를 쓰시오.

해답 ① 전체 용기 수량이 수동 교체식의 경우보다 적어도 된다.
② 잔액이 없어질 때까지 소비된다.
③ 용기 교환주기의 폭을 넓힐 수 있다.
④ 분리형을 사용하면 배관의 압력손실을 크게 해도 된다.

31 다음 조정기의 입구압력과 조정압력을 각각 쓰시오.

종류	입구압력	조정압력
1단 감압식 저압 조정기	①	②
1단 감압식 준저압 조정기	③	④

해답 ① 0.07~1.56MPa
② 2.3~3.3kPa
③ 0.1~1.56MPa
④ 5~30kPa 이내에서 제조자가 설정한 기준압력의 ±20%

해설 압력조정기 종류에 따른 입구압력 및 조정압력 : KGS AA434

종류	입구압력(MPa)	조정압력(kPa)
1단 감압식 저압 조정기	0.07~1.56	2.30~3.30
1단 감압식 준저압 조정기	0.1~1.56	5.0~30.0 이내에서 제조자가 설정한 기준압력의 ±20%
2단 감압식 1차용 조정기 (용량 100kg/h 이하)	0.1~1.56	57.0~83.0
2단 감압식 1차용 조정기 (용량 100kg/h 초과)	0.3~1.56	57.0~83.0
2단 감압식 2차용 조정기	0.01~0.1 또는 0.025~0.1	2.30~3.30
2단 감압식 2차용 준저압 조정기	조정압력 이상 ~0.1	5.0~30.0 내에서 제조자가 설정한 기준압력의 ±20%
자동 절체식 일체형 저압 조정기	0.1~1.56	2.55~3.30
자동 절체식 일체형 준저압 조정기	0.1~1.56	5.0~30.0 내에서 제조자가 설정한 기준압력의 ±20%
그 밖의 압력조정기	조정압력 이상 ~1.56	5kPa을 초과하는 압력범위에서 상기 압력조정기의 종류에 따른 조정압력에 해당하지 않는 것에 한하며, 제조자가 설정한 기준압력의 20%일 것

32 일반용 액화석유가스 압력조정기의 입구쪽 기밀시험 압력을 각각 쓰시오. [15. 2회, 18. 1회, 산기]

(1) 1단 감압식 저압조정기 :
(2) 2단 감압식 1차 조정기 :

해답 (1) 1.56MPa 이상   (2) 1.8MPa 이상

해설 일반용 액화석유가스 압력조정기의 기밀 성능 : KGS AA434

구분	입구쪽	출구쪽
1단 감압식 저압 조정기 · 2단 감압식 일체형 저압 조정기	1.56MPa 이상	5.5kPa 이상
1단 감압식 준저압 조정기 · 2단 감압식 일체형 준저압 조정기	1.56MPa 이상	조정압력의 2배 이상
2단 감압식 1차용 조정기	1.8MPa 이상	150kPa 이상
2단 감압식 2차용 저압 조정기	0.5MPa 이상	5.5kPa 이상
2단 감압식 2차용 준저압 조정기	0.5MPa 이상	조정압력의 2배 이상
자동 절체식 저압 조정기	1.8MPa 이상	5.5kPa 이상
자동 절체식 준저압 조정기	1.8MPa 이상	조정압력의 2배 이상
그 밖의 압력 조정기	최대 입구압력의 1.1배 이상	조정압력의 1.5배 이상

33 가스미터 선정 시 고려할 사항 4가지를 쓰시오. [18. 3회. 기사]

해답 ① 사용하고자 하는 가스전용일 것
② 사용 최대 유량에 적합할 것
③ 사용 중 오차 변화가 없고 정확하게 계측할 수 있을 것
④ 내압, 내열성이 있으며 기밀성, 내구성이 좋을 것
⑤ 부착이 쉽고 유지관리가 용이할 것

해설 가스미터의 구비조건
① 구조가 간단하고, 수리가 용이할 것
② 감도가 예민하고 압력손실이 적을 것
③ 소형이며 계량 용량이 클 것
④ 기차의 변동이 작고, 조정이 용이할 것
⑤ 내구성이 클 것

34 가스미터를 분류할 때 사용하는 실측식과 추량식의 차이점을 설명하시오. [17. 2회. 산기]

해답 ① 실측식 : 일정한 부피를 만들어 그 부피로 가스가 몇 회 통과되었는가를 적산(積算)하는 방식으로 건식(乾式)과 습식(濕式)으로 구분되며, 일반적으로 수용가에 부착되어 있는 건식(막식형 독립내기식)이고, 습식은 액체를 봉입한 것으로 기준 가스미터 및 실험실 등에서 사용된다.
② 추량식 : 유량과 일정한 관계가 있는 다른 양(임펠러의 회전수, 차압 등)을 측정함으로써 간접적으로 가스의 양을 측정하는 방식이다.

35 가스를 일정 용적의 통속에 넣어 충만시킨 후 두 개의 막이 수축팽창으로 가스 사용량을 측정하는 가스미터의 명칭을 쓰시오.

해답 막식 가스미터

36 LPG 가스미터의 감도 유량을 설명하시오. [20. 3회. 산기]

해답 가스미터가 작동하는 최소 유량이다.
해설 가스미터 감도 유량
① 가정용 막식 가스미터 : 3L/h
② LPG용 가스미터 : 15L/h

37 습식 가스미터에 대한 물음에 답하시오.
(1) 습식 가스미터의 특징 4가지를 쓰시오.
(2) 용도에 대하여 쓰시오.

해답 (1) ① 계량이 정확하다.
② 사용 중 오차의 변동이 적다.
③ 사용 중에 수위 조정 등의 관리가 필요하다.
④ 설치면적이 크다.
(2) ① 기준용 ② 실험실용

38 다이어프램식 가스미터의 특징 3가지를 쓰시오. [12. 2회. 산기]

해답 ① 가격이 저렴하다.
② 유지관리에 시간을 요하지 않는다.
③ 대용량의 것은 설치면적이 크다.
④ 용량범위가 1.5~200 m^3/h로 일반수용가에 사용된다.
해설 다이어프램식(diaphragm type) 가스미터는 막식 가스미터를 지칭하는 것이다.

39 LPG 소비설비에서 용기 본수 결정 시에 고려할 사항 4가지를 쓰시오.

해답 ① 1일 1호당 평균 가스소비량 ② 가구 수(세대수)
③ 평균 가스소비율 ④ 피크 시 가스 발생능력
⑤ 용기의 크기 ⑥ 자동 절체식 조정기 사용 유무

40 LPG를 자연 기화 방식으로 사용하는 곳에서 1일 1호당 평균 가스소비량이 1.48kg/day, 소비호수가 40세대, 평균 가스 소비율이 20%일 때 피크 시 가스사용량(kg/h)을 계산하시오.
[14. 1회. 산기]

풀이 $Q = q \times N \times \eta = 1.48 \times 40 \times 0.2 = 11.84 \text{kg/h}$

해답 11.84kg/h

해설 1일 1호당 평균 가스소비량(q) 단위 'kg/day'에서 피크 시 가스사용량(Q) 단위 'kg/h'로 환산 없이 변경될 수 있는 것은 '평균 가스소비율(η)' 때문이다. 그 이유는 LPG를 사용하는 가정에서 가스 소비를 24시간 계속 사용하는 것이 아니라 24시간 중 문제에서 제시된 20%에 해당하는 시간만 사용하는 것이기 때문이다.

41 [보기]의 설계조건과 그래프를 이용하여 물음에 답하시오.

| 보기 |

[설계조건]
- 1일 1호당 평균 가스소비량 : 1.35kg/day
- 세대수 : 50호
- 사용 용기 질량 : 50kg
- 용기의 가스발생능력 : 1.10kg/h
- 외기온도 : 0℃
- 자동 절환식 일체형 조정기 사용

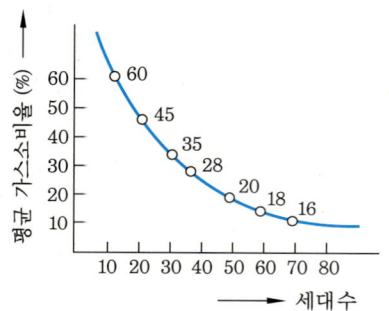

(1) 피크 시 평균 가스소비량(kg/h)을 계산하시오.
(2) 필요 최저 용기 수를 계산하시오.
(3) 2일분 용기 수를 계산하시오.
(4) 표준 용기 설치 수는 몇 개인가?
(5) 2열 용기 수는 몇 개인가?

풀이 (1) 평균가스 소비율은 오른쪽 그래프에서 해당 세대수에서 수직으로 선을 연결하여 일치하는 20이 소비율이 되며, 실제 문제에서는 오차 때문에 소비율 값으로 제시되고 있다.

∴ $Q = q \times N \times \eta = 1.35 \times 50 \times 0.2 = 13.5 \text{kg/h}$

(2) 필요 최저 용기 수 = $\dfrac{\text{피크 시 평균 가스소비량(kg/h)}}{\text{용기 가스 발생능력(kg/h)}} = \dfrac{13.5}{1.10} = 12.272 ≒ 12.27\text{개}$

(3) 2일분 용기 수 = $\dfrac{\text{1일 1호당 평균 가스소비량(kg/day)} \times 2\text{일} \times \text{세대수}}{\text{용기의 크기(질량)}}$

$= \dfrac{13.5 \times 2 \times 50}{50} = 2.7\text{개}$

(4) 표준 용기 수=필요 최저 용기 수+2일분 용기 수=12.27+2.7=14.97개
(5) 2열 용기 수=14.97×2=29.92≒30개

해답 (1) 13.5kg/h (2) 12.27개 (3) 2.7개 (4) 14.97개 (5) 30개

해설 ① 문제와 같이 용기 수를 계산할 때 항목별로 주어지면 계산에서 발생되는 소수점은 유지시키는 방법으로 계산하고, 최종 "2열 용기 수"에서 발생되는 소수는 크기에 관계없이 무조건 1개로 계산하여야 합니다.
② '2일분 용기 수'의 의미는 LPG 판매점이 야간시간(보통 오후 8~9시 이후)부터 다음날 아침(오전 8~9시 정도)까지는 LPG를 배달하지 않을 것이고, 이 시간 동안 사용할 수 있는 최소의 가스량으로 생각하길 바랍니다.

42
1일 1호당 평균 가스소비량 1.65kg/day, 가구 수 30호인 곳에 자동 절체식 조정기를 사용할 때 필요한 용기 수는 얼마인가? (단, 피크 시 소비율 24%, 용기의 가스발생능력 1.2kg/h이다.) [21. 산기 4회]

풀이 ① 필요 최저 용기 수 계산

$$용기\ 수 = \frac{피크\ 시\ 평균\ 가스소비량}{용기의\ 가스발생능력} = \frac{1.65 \times 30 \times 0.24}{1.2} = 9.9 ≒ 10개$$

② 예비 용기 포함 용기 수 계산 : 자동 절체식 조정기를 사용하므로 예비 용기를 포함하여야 한다.
예비 용기 포함 용기 수=필요 최저 용기 수×2=10×2=20개

해답 20개

43
소비호수가 50호인 액화석유가스 사용시설에서 피크 시 평균 가스소비량이 15.5kg/h이다. 50kg 용기를 사용하여 가스를 공급하고, 외기온도가 5℃일 경우 가스발생능력이 1.7kg/h라 할 때 표준 용기 설치 수를 계산하시오. (단, 2일분 용기 수는 4개이다.) [07. 2회, 19. 1회, 산기]

풀이 표준 용기 수=필요 최저 용기 수+2일분 용기 수

$$= \frac{피크\ 시\ 평균\ 가스소비량}{가스발생능력} + 2일분\ 용기\ 수$$

$$= \frac{15.5}{1.7} + 4 = 13.117 ≒ 14개$$

해답 14개

해설 '피크 시 평균 가스소비량(kg/h)=1일 1호당 평균 가스소비량(kg/day)×가구 수×피크 시 소비율'로 계산하지만, 문제에서는 계산된 값인 15.5kg/h로 주어졌기 때문에 별도의 계산과정이 필요 없음.

44 어느 식당에서 연소기의 가스소비량이 0.4kg/h 8대, 0.14kg/h 2대, 0.85kg/h 1대를 자동 절체식 조정기를 사용하여 1일 평균 3시간 사용하는데, LPG 20kg 용기를 설치할 경우 최소한 몇 개가 필요한가? (단, LPG 용기 1개의 가스발생능력은 외기온도 5℃에서 1.5kg/h로 한다.)

풀이 ① 용기 수 계산 : 식당에서 사용하는 가스의 최대소비수량(kg/h)은 연소기에서 소비되는 가스량(kg/h)에 설치 수를 곱한 값을 합산한 양이다.

$$\therefore 용기\ 수 = \frac{최대소비수량(kg/h)}{용기의\ 가스발생능력(kg/h)}$$

$$= \frac{(0.4 \times 8) + (0.14 \times 2) + (0.85 \times 1)}{1.5} = 2.886 ≒ 3개$$

② 최소 용기 수 계산 : 사용측과 예비측으로 나뉘어진 자동 절체식 조정기를 사용하므로 ①번에서 계산된 용기의 2배가 필요하다.
∴ 최소 용기 수 = 현재 사용측 용기 수 × 2 = 3 × 2 = 6개

해답 6개

해설 문제에서 제시된 용기에 충전된 LPG 20kg은 용기 수를 계산하는 데 직접적으로 적용하는 것이 아니고, 20kg 용기에서 가스를 발생하는 능력을 적용하는 것이다. (만약 50kg 용기로 주어졌다면 외기와 접하는 표면적이 크기 때문에 가스발생능력은 현재보다 큰 것으로 이해하길 바랍니다.)

45 [보기]와 같은 연소기구를 설치하려고 할 때 최대 가스소비량(m^3/h)을 계산하시오. (단, 동시 사용률은 70%이다.)

| 보기 |

가스레인지 : 0.35 m^3/h,   온수기 : 0.9 m^3/h,   스토브 : 0.6 m^3/h

풀이 최대 가스소비량 = (0.35 + 0.9 + 0.6) × 0.7 = 1.295 ≒ 1.30 m^3/h

해답 1.3 m^3/h

해설 단서 조항에 제시된 동시 사용률은 [보기]에서 주어진 연소기구 3종류가 동시에 사용될 확률이 70%라는 것이다.

46 어느 음식점에서 0.4kg/h의 가스를 연소시키는 버너를 10대 설치하고, 1일 평균 4시간씩 사용할 때 물음에 답하시오. (단, 사용 시 최저온도는 0℃이고, 용기는 50kg 용기이며 잔액이 20%일 때 교환하고 용기의 가스발생능력은 850g/h이다.)

(1) 필요 최저 용기 수는 몇 개인가?   [15. 1회, 산기 유사]
(2) 용기의 교환 주기는 며칠인가?

풀이 (1) 필요 최저 용기 수 = $\dfrac{\text{최대소비수량(kg/h)}}{\text{표준가스발생능력(kg/h)}}$

= $\dfrac{\text{연소기 가스소비량(kg/h)} \times \text{연소기 수}}{\text{표준가스발생능력(kg/h)}}$

= $\dfrac{0.4 \times 10}{0.85}$ = 4.705 ≒ 5개

(2) 용기 내 잔액이 20%일 때 교환한다는 것은 용기에 충전된 양의 80%만 사용한다는 것이다.

∴ 용기 교환 주기 = $\dfrac{\text{보유한 가스 총량}}{\text{1일 가스소비량}}$ = $\dfrac{50 \times 5 \times 0.8}{0.4 \times 10 \times 4}$ = 12.5 ≒ 12일

해답 (1) 5개 (2) 12일

해설 ① 필요 최저 용기 수 최종값에서 발생하는 소수는 크기와 관계없이 무조건 1개로 계산한다. 이유는 충전용기를 1개 이하인 0.705개를 확보하려면 어차피 충전용기 1개가 있어야 하기 때문이다.
② 용기 교환 주기 최종값에서 발생하는 소수는 크기와 관계없이 무조건 버린다. 이유는 0.5일 사용하고 용기를 교환할 수 없기 때문이다.

47 LPG 제조, 저장, 사용시설에 사용하는 배관재료의 구비조건 4가지를 쓰시오. [17. 2회. 기사]

해답 ① 관내의 가스 유통이 원활한 것일 것
② 내부의 가스압력과 외부로부터의 하중 및 충격하중에 견디는 강도를 가질 것
③ 토양, 지하수 등에 대하여 내식성을 가지는 것일 것
④ 관의 접합이 용이하고, 가스의 누설을 방지할 수 있는 것일 것
⑤ 절단가공이 용이한 것일 것

48 가스 배관 경로 선정 요소 4가지를 쓰시오.

해답 ① 최단거리로 할 것
② 구부러지거나 오르내림이 적을 것
③ 은폐, 매설을 피할 것
④ 옥외에 설치할 것

49 LP가스 배관 시공 시 옥내로의 인입관을 설치할 경우 주의사항 4가지를 쓰시오.

해답 ① 가능한 한 배관은 노출할 것
② 가능한 한 온도변화가 적을 것
③ 가능한 한 경사배관(사주배관)을 피할 것

④ 벽 관통부에서의 접합은 피할 것
⑤ 굴곡부분이 적고 최단거리로 할 것

50 배관에서 발생하는 진동의 원인 5가지를 쓰시오.

해답 ① 펌프, 압축기에 의한 영향
② 관내를 흐르는 유체의 압력변화에 의한 영향
③ 관의 굴곡에 의해 생기는 힘의 영향
④ 안전밸브 작동에 의한 영향
⑤ 바람, 지진 등에 의한 영향

참고 배관에서 발생되는 응력의 원인
① 열팽창에 의한 응력
② 내압에 의한 응력
③ 냉간가공에 의한 응력
④ 용접에 의한 응력
⑤ 배관재료의 무게에 의한 응력
⑥ 배관 부속물, 밸브, 플랜지 등에 의한 응력

51 고압장치의 설비 및 배관 등에 대한 기밀시험 시 불합격되었을 때 누출 개소를 확인하는 방법 4가지를 쓰시오. [16. 3회. 기사]

해답 ① 발포법　　　　② 할로겐 디텍터(Halogen detector)법
③ 검지기법　　　④ 검사지법

해설 ① 발포법 : 비눗물 또는 누설검지액을 사용하여 누설되는 곳에서 거품이 발생하는 것으로 누출되는 부분을 찾는 방법이다.
② 할로겐 디텍터(Halogen detector)법 : 고압가스설비, 용기를 검사할 때 주입되는 공기 또는 질소에다 할로겐 화합물(프레온가스)을 혼입시켜 두고 외부에서 할로겐 화합물 검출기로 검출하면 극히 미량의 누설도 검출할 수 있다. 이때 사용되는 검출기를 할로겐 디텍터라 한다.

52 가스 배관에서 누설 발생을 사전에 방지할 수 있는 대책 4가지를 쓰시오. [20. 3회. 산기]

해답 ① 노후관의 조사 및 교체
② 매설위치가 불량한 관의 조사 및 교체
③ 타 공사에 대한 입회, 순회와 사전 보안조치 후 시공
④ 방식설비의 유지
⑤ 밸브, 신축이음 등의 설비에 대한 기능점검 및 분해 수리

53 배관길이 30m인 LPG 배관(관호칭 1B)의 공사를 완성하고, 공기를 이용하여 15℃에서 기밀시험압력을 수주 1000mm로 유지했다. 이후 온도가 상승하여 30℃가 되었을 때 배관 내의 공기압력은 수주로 몇 mm가 되겠는가? (단, 배관 1B의 안지름은 2.76cm이며, 누설은 없는 것으로 한다.)

풀이 보일-샤를의 법칙 $\dfrac{P_1V_1}{T_1}=\dfrac{P_2V_2}{T_2}$에서 온도가 상승된 후의 압력 P_2를 구하며, 이때 구한 압력은 절대압력이므로 게이지압력으로 변환한다. 배관 내용적은 변화가 없으므로 $V_1=V_2$이고, 대기압은 10332mmH$_2$O이다.

$$\therefore P_2=\dfrac{P_1T_2}{T_1}=\dfrac{(1000+10332)\times(273+30)}{273+15}$$
$$=11922.208\text{mmH}_2\text{O}\cdot\text{a}-10332=1590.208\fallingdotseq1590.21\text{mmH}_2\text{O}\cdot\text{g}$$

해답 1590.21mmH$_2$O·g

54 LPG 배관공사(관호칭 1B, 배관길이 30m)를 완성하고, 공기압으로 수주 1000mm에서 기밀시험을 하였다. 이후 5분이 경과한 후 압력이 수주 650mm로 강하하였다. 이때의 누설량(cm^3)은 표준상태에서 얼마인가 계산하시오. (단, 공기의 온도변화는 없으며 관호칭 1B의 안지름은 2.76cm, 대기압은 1.0332kgf/cm^{2}이다.)

풀이 ① 배관 내용적(cm^3) 계산 : 관 단면적에 배관길이를 곱한 값이 내용적이고, 배관길이는 'cm' 단위를 적용한다.

$$\therefore V=\dfrac{\pi}{4}\times D^2\times L=\dfrac{\pi}{4}\times 2.76^2\times(30\times100)=17948.547\fallingdotseq17948.55\text{cm}^3$$

② 처음 상태(기밀시험)의 공기 체적을 STP 상태(0℃, 1기압)로 환산 : 보일-샤를의 법칙 $\dfrac{P_0V_0}{T_0}=\dfrac{P_1V_1}{T_1}$에서 표준상태를 '0', 기밀시험 상태를 '1'로 구별하여 V_0를 구하며, 온도는 제시되지 않았으므로 0℃를 적용하여 $T_0=T_1$이다.

$$\therefore V_0=\dfrac{P_1V_1}{P_0}=\dfrac{(0.1+1.0332)\times17948.55}{1.0332}=19685.730\fallingdotseq19685.73\text{cm}^3$$

③ 5분 후 상태의 체적을 STP 상태로 환산 : 보일-샤를의 법칙 $\dfrac{P_0'V_0'}{T_0'}=\dfrac{P_2V_2}{T_2}$에서 표준상태를 '0', 5분 후 상태를 '2'로 구별하여 V_0'를 구하며, $T_0'=T_2$이다.

$$\therefore V_0'=\dfrac{P_2V_2}{P_0'}=\dfrac{(0.065+1.0332)\times17948.55}{1.0332}=19077.717\fallingdotseq19077.72\text{cm}^3$$

④ 누설량(cm^3) 계산
누설량$=V_0-V_0'=19685.73-19077.72=608.01\text{cm}^3$

해답 608.01cm^3

해설 ① 기밀시험 상태와 5분 후의 공기의 체적은 배관 내용적과 같고, 압력이 다르기 때문에 동일한 조건인 STP 상태(0℃, 1기압)의 체적으로 환산한 것이다.
② 기밀시험 압력은 게이지압력에 해당되고, 대기압 1.0332kgf/cm²이 주어졌으므로 압력은 'kgf/cm²' 단위를 적용한다.
1atm=1.0332kgf/cm²=10332mmH₂O이므로
1000mmH₂O는 0.1kgf/cm², 650mmH₂O는 0.065kgf/cm²이다.

55 안지름 200mm, 배관길이 150m의 가스 배관을 완성하고, 공기로 200kPa·g의 압력으로 기밀시험을 하였다. 이때 배관 내의 온도는 25℃이었으나 2시간이 경과한 후 온도와 압력을 측정하여보니 20℃, 80kPa·g를 나타내고 있었다면 누설량은 몇 kg인가?

풀이 ① 배관 내용적 계산

$$V = \frac{\pi}{4} \times D^2 \times L = \frac{\pi}{4} \times 0.2^2 \times 150 = 4.712 ≒ 4.71 \text{m}^3$$

② 처음 상태(기밀시험)의 공기 질량(kg) 계산 : SI단위 이상기체 상태방정식 $P_1V_1 = G_1R_1T_1$에서 질량 G_1을 구하며, 대기압은 101.325kPa이다. 처음 상태와 2시간 후의 배관 내용적(V)과 기체상수(R)는 변함이 없이 동일하므로 구별없이 적용하며, 공기의 분자량은 29이다.

$$\therefore G_1 = \frac{P_1V}{RT_1} = \frac{(200+101.325) \times 4.71}{\frac{8.314}{29} \times (273+25)} = 16.612 ≒ 16.61 \text{kg}$$

③ 2시간 후의 공기 질량(kg) 계산

$$G_2 = \frac{P_2V}{RT_2} = \frac{(80+101.325) \times 4.71}{\frac{8.314}{29} \times (273+20)} = 10.167 ≒ 10.17 \text{kg}$$

④ 누설량(kg) 계산
누설량 = $G_1 - G_2$ = 16.61 - 10.17 = 6.44kg

해답 6.44kg

56 내용적 18L의 LP가스 배관공사를 끝내고 나서 수주 880mm의 압력으로 공기를 넣어 기밀시험을 실시했다. 기밀시험 소요시간 12분이 경과한 후 배관에 부착된 자기압력계를 보니 수주 660mm의 압력을 나타내었다. 이 경우 기밀시험 개시 시의 몇 %의 공기가 누설되었는가? (단, 기밀시험 실시 중 온도변화는 무시한다.) [19. 4회. 산기]

풀이 기밀시험을 실시하는 처음 상태를 '1', 12분이 경과한 후의 상태를 '2', 표준상태를 '0'으로 구별하여 보일의 법칙을 적용하여 기밀시험 전·후의 상태를 표준상태의 체적으로 환산한다. 1atm=10332kgf/m²=10332mmH₂O=1.0332kgf/cm²이다.

① 처음 상태(기밀시험)의 공기체적(V_1)을 표준상태(STP : 0℃, 1기압)의 체적(V_0)으로 환산

$$V_0 = \frac{P_1 V_1}{P_0} = \frac{(880+10332) \times 18}{10332} = 19.533 ≒ 19.53\text{L}$$

② 12분 후 공기체적(V_2)을 표준상태(STP)의 체적(V_0')으로 환산

$$V_0' = \frac{P_2 V_2}{P_0'} = \frac{(660+10332) \times 18}{10332} = 19.149 ≒ 19.15\text{L}$$

③ 누설량(%) 계산

$$누설량 = \frac{V_0 - V_0'}{V} \times 100 = \frac{19.53 - 19.15}{18} \times 100 = 2.111 ≒ 2.11\%$$

해답 2.11%

해설 누설량 비율(%)을 계산할 때 처음 상태 공기체적을 환산한 V_0가 아닌 배관 내 용적을 기준으로 적용한 것은 기밀시험을 하는 주체가 배관이 되기 때문이다. (19.53L의 공기를 내용적 18L의 배관에 압입하면 배관은 압력 변화에 따라 체적 변화가 없으므로 공기체적은 배관 내용적과 같은 18L가 되기 때문이다.)

57 프로판 60vol%, 부탄 40vol%의 혼합 LPG를 시간당 1kg씩 사용하는 음식점이 있다. 이 음식점의 저압 배관을 통과하는 LPG의 시간당 용적은 몇 L인가? (단, 저압 배관을 통과하는 가스의 평균압력은 수주 280mm, 온도는 27℃이다.) [09. 2회. 기사]

풀이 ① 혼합가스 평균 분자량 계산 : 혼합가스의 성분에 해당하는 것의 고유 분자량에 체적비를 곱한 값을 합산하며, 분자량은 프로판(C_3H_8)이 44, 부탄(C_4H_{10})이 58이다.

$$\therefore M = (44 \times 0.6) + (58 \times 0.4) = 49.6$$

② 시간당 통과하는 LPG 체적(용적) 계산 : 절대단위 이상기체 상태방정식

$PV = \frac{W}{M}RT$에서 체적 V를 구하며, 대기압은 10332mmH$_2$O이다.

$$\therefore V = \frac{WRT}{PM} = \frac{1000 \times 0.082 \times (273+27)}{\frac{280+10332}{10332} \times 49.6} = 482.881 ≒ 482.88\text{L/h}$$

해답 482.88L/h

별해 SI단위 이상기체 상태방정식 $PV = GRT$를 이용하여 계산 : 대기압은 101.325kPa이다.

$$\therefore V = \frac{GRT}{P} = \frac{1 \times \frac{8.314}{49.6} \times (273+27)}{\frac{280+10332}{10332} \times 101.325} \times 100 = 483.192 ≒ 483.19\text{L}$$

58 입상배관에 의한 압력손실을 구하는 공식을 쓰고 각 인자에 대하여 단위까지 포함하여 설명하시오. [16. 3회. 기사]

해답 ① 공식 : $H=1.293(S-1)h$
② 각 인자의 의미 및 단위
　　H : 가스의 압력손실(mmH$_2$O)　S : 가스 비중　h : 입상높이(m)

해설 입상배관에 의한 압력손실을 구하는 공식은 단위 정리가 되지 않는 공식이지만, 공학단위를 기본으로 사용할 때 질량 1kg은 중량 1kgf와 같은 것으로 했고, 공기의 밀도 1.293kg/m^{3}에 입상높이(m)를 곱하면 'kg/m^2'이 되며, 이것은 'kgf/m^2'가 되고 'mmH$_2$O'와 같기 때문에 단위 정리가 이루어졌던 것이다.

59 관지름 25mm인 배관을 입상높이 25m인 곳에 프로판(C$_3$H$_8$)을 공급할 때 압력손실은 수주로 몇 mm인가? (단, C$_3$H$_8$의 비중은 1.52이다.) [16. 1회. 산기]

풀이 $H=1.293(S-1)h=1.293\times(1.52-1)\times25=16.809≒16.81\text{mmH}_2\text{O}$

해답 16.81mmH$_2$O

60 가스 비중이 0.55인 도시가스를 20m 높이에 공급할 때 압력손실은 몇 mmH$_2$O인가? [22. 2회. 산기]

풀이 $H=1.293\times(S-1)\times h=1.293\times(0.55-1)\times20$
　　$=-11.637≒-11.64\text{mmH}_2\text{O}$

해답 $-11.64\text{mmH}_2\text{O}$

해설 압력손실이 마이너스(-) 값이 나오는 것은 공기보다 가볍기 때문에 압력이 상승하는 것을 의미한다.

61 입상높이 20m인 곳에 프로판(C$_3$H$_8$)을 공급할 때 압력손실은 몇 Pa인가? (단, C$_3$H$_8$의 비중은 1.65이다.) [14. 3회, 17. 2회. 기사]

풀이 $H=1.293\times(S-1)\times h\times g=1.293\times(1.65-1)\times20\times9.8$
　　$=164.728≒164.73\text{Pa}$

해답 164.73Pa

해설 입상관에서 압력손실
① 입상관에서 압력손실을 구하는 공식 $H=1.293(S-1)h$에 의하여 계산되는 최종값의 단위는 'mmH$_2$O'이며, 이것은 'kgf/m^2'으로 단위 환산없이 변환이 가능하기 때문에 중력가속도 9.8m/s^{2}을 곱하면 SI단위인 'N/m^2'으로 변환되고,

'N/m²'은 'Pa'이다.
② 단위 정리 : 'kgf' 단위에 중력가속도 9.8m/s²을 곱하면 'f'는 삭제되며, 'N'= kg·m/s²이다.
∴ kg/m²×m/s²=kg·m/m²·s²=N/m²=Pa

62 25층 아파트에서 1층의 가스 압력이 1.7kPa일 때, 25층에서 유출압력은 몇 kPa이 되겠는가? (단, 25층까지의 고저차는 75m, 가스의 비중은 0.63이다.)

[풀이] ① 입상관에서의 압력손실(kPa) 계산 : 공학단위 'mmH₂O'(또는 kgf/m²) 단위에 중력가속도 9.8m/s²을 곱하면 SI단위 파스칼(Pa)로 변환되며, 1kPa은 1000Pa이다.
$$\therefore H = 1.293 \times (S-1) \times h \times g = \{1.293 \times (0.63-1) \times 75 \times 9.8\} \times 10^{-3}$$
$$= -0.351 ≒ -0.35 \text{kPa}$$
② 25층에서의 유출압력 계산
유출압력=1층에서의 압력－손실압력=1.7－(－0.35)=2.05kPa

[해답] 2.05kPa

[별해] 법령 및 KGS code 규정에 적용되었던 공학단위를 SI단위로 변경할 때 100mmH₂O를 1kPa로 변환하여 적용하였으므로 1mmH₂O를 10^{-2}kPa로 계산한다.
$$\therefore H = 1.293(S-1)h = 1.293 \times (0.63-1) \times 75 \times 10^{-2} = -0.358 ≒ -0.36\text{kPa}$$
$$\therefore 유출압력 = 1층에서의 압력 - 손실압력 = 1.7 - (-0.36) = 2.06\text{kPa}$$

63 동일한 입상배관에서 프로판가스와 부탄가스를 각각 흐르게 할 경우 가스 자체의 무게로 인하여 입상관에서 발생하는 압력손실을 서로 비교하면 어떻게 되는가? (단, 부탄의 비중은 2, 프로판의 비중은 1.5이며, 부탄을 기준으로 설명하시오.)

[풀이] 입상관에서 압력손실 계산식 $H=1.293(S-1)h$에서 프로판(H_1)과 부탄(H_2)의 압력손실을 비교하면 다음과 같다.
$$\frac{H_2}{H_1} = \frac{1.293(S_2-1)h}{1.293(S_1-1)h} = \frac{2-1}{1.5-1} = 2$$

[해답] 부탄이 프로판보다 압력손실 2배 크게 발생한다.

64 LP가스 저압 배관의 유량 계산식을 쓰고 설명하시오.

[해답] $Q = K\sqrt{\dfrac{D^5 H}{SL}}$

Q : 가스 유량(m³/h)　D : 관 안지름(cm)　H : 압력손실(mmH₂O)
S : 가스 비중　　　　L : 관 길이(m)　　K : 유량계수(폴의 상수 : 0.707)

참고 중·고압 배관의 유량 계산식

$$Q = K\sqrt{\frac{D^5(P_1^2 - P_2^2)}{SL}}$$

Q : 가스의 유량(m^3/h) D : 관 안지름(cm) P_1 : 초압(kgf/cm^2·a)
P_2 : 종압(kgf/cm^2·a) S : 가스 비중 L : 관 길이(m)
K : 유량계수(코크스의 상수 : 52.31)

※ 저압 배관 및 중고압 배관 유량식은 '단위 정리'가 안 되는 공식이며, 상수값 0.707, 52.31이 나온 근거를 꼭 알아야만 하는 분들은 이 식을 정립한 폴과 코크스 학자분께 직접 확인하여야 하며, 상수값을 적용하는 이유는 오차가 발생하는 것을 보정하기 위한 것으로 이해하길 바랍니다.

65 LPG 저압 배관의 조건이 다음과 같이 변경될 때 압력손실은 어떻게 변하는가 답하시오.

(1) 가스 유량이 2배로 증가할 때 :
(2) 가스 비중이 1/2배로 작아질 때 :
(3) 배관 안지름이 1/2로 작아질 때 :

해답 (1) 4배 증가   (2) 1/2로 감소   (3) 32배 증가

해설 ① 저압 배관의 유량 결정식 $Q = K\sqrt{\dfrac{D^5 \cdot H}{S \cdot L}}$에서 압력손실 $H = \dfrac{Q^2 \cdot S \cdot L}{K^2 \cdot D^5}$이 된다.
그러므로 압력손실(H)은 유량(Q)의 제곱에, 가스 비중(S)에, 배관 길이(L)에 비례하고 배관 안지름(D)의 5승에 반비례한다.
② (2)번에서 가스 비중이 1/2배로 작아진다는 것은 가스 비중이 1인 것을 가정하면 0.5가 되어 더 가벼워진다는 것으로 압력손실은 1/2(0.5)로 감소된다.

66 안지름 200mm인 저압 배관의 길이가 300m이다. 이 배관에서 20mmH_2O의 압력손실이 발생할 때 통과하는 가스유량(m^3/h)을 계산하시오. (단, 가스 비중은 0.5, 폴의 정수 K는 0.7이다.) [11. 4회, 20. 3회. 산기]

풀이 안지름 200mm는 20cm이고, 폴의 정수 K는 문제에서 주어진 값을 적용한다.

∴ $Q = K\sqrt{\dfrac{D^5 \cdot H}{S \cdot L}} = 0.7 \times \sqrt{\dfrac{20^5 \times 20}{0.5 \times 300}} = 457.238 ≒ 457.24 m^3/h$

해답 457.24m^3/h

67 배관 호칭 1B(안지름 2.76cm), 관 길이 20m의 배관에 압력손실이 45mmH_2O일 때 유량(kg/h)은 얼마인가? (단, 온도는 15℃이며, 이 온도에서의 가스 비중은 1.58이고, 밀도는 2.5kg/m^3, 유량계수는 0.707이다.) [09. 1회. 기사]

풀이 저압 배관의 유량식에서 계산된 유량은 체적유량(m³/h)이므로 여기에 가스의 밀도(ρ[kg/m³])를 곱하면 질량유량(kg/h)으로 계산된다.

$$\therefore Q = K\sqrt{\frac{D^5 \cdot H}{S \cdot L}}[m^3/h] = \rho \cdot K\sqrt{\frac{D^5 \cdot H}{S \cdot L}}[kg/h]$$

$$= 2.5 \times 0.707 \times \sqrt{\frac{2.76^5 \times 45}{1.58 \times 20}} = 26.692 \fallingdotseq 26.69 \, kg/h$$

해답 26.69kg/h

---

68 [보기]의 가스 중 같은 온도, 압력 조건에서 가장 많이 흐르는 가스부터 번호 순서대로 나열하시오. [08. 2회, 19. 4회. 산기]

| 보기 |

① 수소 ② 천연가스 ③ 이산화탄소 ④ 질소

해답 ① → ② → ④ → ③

해설 (1) 저압 배관의 유량식 $Q = K\sqrt{\frac{D^5 \cdot H}{S \cdot L}}$ 에서 조건이 모두 같고, 가스 종류가 각각 주어졌으므로(가스 비중이 다름), 유량은 가스 비중(S)의 평방근에 반비례된다. 즉, 분자량이 작은 것일수록 유량은 크게 된다.

(2) 각 가스의 분자량 및 가스 비중

명칭	분자량(M)	가스 비중 $\left(S = \dfrac{M}{29}\right)$
수소(H_2)	2	0.0689
천연가스(CH_4)	16	0.551
이산화탄소(CO_2)	44	1.517
질소(N_2)	28	0.965

---

69 LP가스를 가구 수 40세대인 집단공급시설에 1단 감압식 조정기를 설치하여 안지름 50mm의 배관으로 시간당 30m³로 공급할 때 배관길이 100m에서 발생하는 압력손실(mmH₂O)은 얼마인가? (단, 공급하는 LP가스의 비중은 1.5이고, 유량계수는 0.707이다.) [20. 2회. 기사]

풀이 저압 배관의 유량식 $Q = K\sqrt{\dfrac{D^5 \cdot H}{S \cdot L}}$ 에서 압력손실(H)을 구하는 식을 유도하고, 안지름(D)은 5cm를 적용한다.

$$\therefore H = \frac{Q^2 \cdot S \cdot L}{K^2 \cdot D^5} = \frac{30^2 \times 1.5 \times 100}{0.707^2 \times 5^5} = 86.426 \fallingdotseq 86.43 \, mmH_2O$$

해답 86.43mmH₂O

70 비중이 0.64인 가스를 길이 200m 떨어진 곳에 저압으로 시간당 200m³로 공급하고자 한다. 압력손실이 수주로 20mm이면 배관의 최소 관지름(cm)은 얼마인가? (단, 폴의 상수 K는 0.7055이다.) [20. 4회. 산기]

풀이 저압 배관 유량식 $Q = K\sqrt{\dfrac{D^5 \cdot H}{S \cdot L}}$ 에서 관지름 D를 구한다.

$$\therefore D = \sqrt[5]{\dfrac{Q^2 \cdot S \cdot L}{K^2 \cdot H}} = \sqrt[5]{\dfrac{200^2 \times 0.64 \times 200}{0.7055^2 \times 20}} = 13.875 ≒ 13.88\text{cm}$$

해답 13.88cm

해설 '루트 5승'은 공학용 계산기로만 계산이 가능하며, 조작 방법은 계산기에 따라 다르므로, 소지하고 있는 공학용 계산기의 조작 방법을 숙지하길 바랍니다.

71 길이가 200m인 배관에 비중이 0.65인 가스를 시간당 273m³를 이송하려고 한다. 이때 관 입구압력은 150mmH₂O, 관 말단압력은 130mmH₂O로 지시되었을 때 관 안지름(cm)을 계산하시오. (단, 유량계수는 0.7055이다.) [22. 1회. 기사]

풀이 저압 배관 유량식 $Q = K\sqrt{\dfrac{D^5 \cdot H}{S \cdot L}}$ 에서 안지름 D를 구하며, 압력손실 H는 관 입구압력과 관 말단압력의 차이에 해당된다.

$$\therefore D = \sqrt[5]{\dfrac{Q^2 \cdot S \cdot L}{K^2 \cdot H}} = \sqrt[5]{\dfrac{273^2 \times 0.65 \times 200}{0.7055^2 \times (150 - 130)}} = 15.763 ≒ 15.76\text{cm}$$

해답 15.76cm

72 비중이 0.64인 가스를 길이 300m 떨어진 곳에 저압으로 시간당 145m³로 공급하고자 할 때 압력손실이 수주로 20mm이면 배관의 최소 관지름(mm)은 얼마인가? (단, 폴의 정수 K는 0.707이다.) [19. 2회. 산기]

풀이 저압 배관 유량식 $Q = K\sqrt{\dfrac{D^5 \cdot H}{S \cdot L}}$ 에서 관지름 D를 구한다.

$$\therefore D = \sqrt[5]{\dfrac{Q^2 \cdot S \cdot L}{K^2 \cdot H}} = \sqrt[5]{\dfrac{145^2 \times 0.64 \times 300}{0.707^2 \times 20}} \times 10 = 132.200 ≒ 132.20\text{mm}$$

해답 132.2mm

해설 풀이과정 마지막에 '10'을 적용한 것은 관지름 단위 'cm'를 'mm'로 변환하기 위한 것이다.

73 비중이 0.5인 가스를 중압으로 길이 1km인 배관에 초압 1.7kgf/cm², 종압 1.5kgf/cm²으로 시간당 1500m³로 공급하고 있을 때 배관 안지름(cm)을 계산하시오. [15. 1회. 기사]

풀이 중고압 배관 유량식 $Q = K\sqrt{\dfrac{D^5 \cdot (P_1^2 - P_2^2)}{S \cdot L}}$ 에서 안지름 $D[cm]$를 구하며, 배관 길이 1km는 1000m이고, 압력은 절대압력($kgf/cm^2 \cdot a$)을 적용하므로 대기압 1.0332 kgf/cm^2을 대입하고, 코크스 상수는 주어지지 않았으므로 52.31을 적용한다.

$$\therefore D = \sqrt[5]{\dfrac{Q^2 \times S \times L}{K^2 \times (P_1^2 - P_2^2)}} = \sqrt[5]{\dfrac{1500^2 \times 0.5 \times 1000}{52.31^2 \times \{(1.7+1.0332)^2 - (1.5+1.0332)^2\}}}$$
$$= 13.130 ≒ 13.13 cm$$

해답 13.13cm

---

74 세대수가 10000인 아파트에 비중이 0.65인 가스를 중압으로 길이 500m인 배관에 초압 3kgf/cm²·g, 종압 3kgf/cm²·a으로 공급하고 있다. 1호당 평균 가스소비량이 1.5m³/h, 공동사용률 15%일 때 배관 안지름을 계산하시오. (단, 코크스의 상수는 52.31이다.)

[14. 1회. 산기]

풀이 중고압 배관 유량식 $Q = K\sqrt{\dfrac{D^5 \cdot (P_1^2 - P_2^2)}{S \cdot L}}$ 에서 안지름 $D[cm]$를 구하며, 아파트에 공급되는 총가스량(Q)은 세대수에 1호당 평균 가스소비량, 공동사용률(동시사용률)을 곱한 값이 된다. 초압은 게이지압력으로 주어졌으므로 절대압력으로 변환하여 적용하고, 종압은 절대압력으로 주어졌으므로 그대로 적용한다.

$$\therefore D = \sqrt[5]{\dfrac{Q^2 \times S \times L}{K^2 \times (P_1^2 - P_2^2)}} = \sqrt[5]{\dfrac{(10000 \times 1.5 \times 0.15)^2 \times 0.65 \times 500}{52.31^2 \times \{(3+1.0332)^2 - 3^2\}}}$$
$$= 9.628 ≒ 9.63 cm$$

해답 9.63cm

해설 중고압 배관의 유량식에서 압력은 절대압력을 적용하며, 문제에서 제시되는 압력이 게이지압력인지, 절대압력인지 구별을 하길 바랍니다.

---

75 배관의 총 연장길이가 300m인 가스관에 150m³/h의 LP가스를 공급할 때 주어진 표를 이용하여 배관 안지름을 설계하시오. (단, 최초압력과 최종압력의 압력차는 20mmH₂O, 가스 비중은 0.6이다.)

관 호칭(A)	바깥지름(mm)	두께(mm)	안지름(mm)	D^5
100	114.3	4.5	105.3	129463
125	139.8	4.5	130.8	382956
150	165.2	5.0	155.2	900475
175	190.7	5.3	180.1	1894842

풀이 저압 배관 유량식 $Q = K\sqrt{\dfrac{D^5 H}{SL}}$ 에서 D^5값을 계산하여 표에서 같거나 큰 값을 선택한다.

$$\therefore D^5 = \frac{Q^2 SL}{K^2 H} = \frac{150^2 \times 0.6 \times 300}{0.707^2 \times 20} = 405122.346$$

∴ D^5값은 표에서 382956(125A)<405122.346<900475(150A) 이므로 배관은 150A를 선택하여야 한다.

해답 150A

---

76 공급압력이 수주 180mmH$_2$O인 가스를 100m 높이의 건물에 30m^3/h로 공급할 때 주어진 표를 이용하여 배관을 선택하시오. (단, 가스의 비중은 0.6이고, 배관길이는 건물의 높이와 같은 것으로 한다.)

[09. 2회, 12. 2회. 기사]

관 호칭(A)	바깥지름(mm)	두께(mm)	안지름(mm)	D^5
25	34	3.2	27.6	160
32	42.7	3.5	35.7	580
40	48.6	3.5	41.6	1245
50	60.5	3.8	52.9	4142
65	76.3	4.2	67.9	14431

풀이 ① 입상관에서 압력손실(압력변화) 계산

$H = 1.293(S-1)h = 1.293 \times (0.6-1) \times 100 = -51.72 \text{mmH}_2\text{O}$

(입상관에서 발생하는 압력손실의 "-"값은 압력이 상승되는 것을 나타내는 것이므로 D^5값을 구할 때 압력손실(H)은 높이 100m에서 발생하는 압력변화의 절댓값 51.72mmH$_2$O를 적용한다.)

② D^5값 계산 : 저압 배관 유량식 $Q = K\sqrt{\dfrac{D^5 H}{SL}}$에서 D^5값을 계산하여 표에서 같거나 큰 값을 선택한다.

$$\therefore D^5 = \frac{Q^2 SL}{K^2 H} = \frac{30^2 \times 0.6 \times 100}{0.707^2 \times 51.72} = 2088.797 ≒ 2088.80$$

∴ 표에서 40A(D^5=1245)<2088.8<50A(D^5=4142)이므로 배관은 50A를 선택한다.

해답 50A

---

77 비중이 0.6인 가스를 1층에서 2.1kPa의 압력으로 100m 높이의 건물에 30m^3/h로 공급할 때에 대한 물음에 답하시오. (단, 배관 길이는 건물 높이와 같은 것으로 하며, 1Pa은 0.101969mmH$_2$O로 적용한다.)

[20. 3회. 기사]

(1) 높이 100m 지점에서의 유출압력(mmH$_2$O)은 얼마인가?
(2) 배관 안지름(cm)을 계산하시오.

[풀이] (1) ① 공급압력 2.1kPa을 'mmH$_2$O' 단위로 환산

환산압력 $=(2.1 \times 1000) \times 0.101969 = 214.134 ≒ 214.13$ mmH$_2$O

② 입상관에서 발생하는 압력손실 계산

$H = 1.293(S-1)h = 1.293 \times (0.6-1) \times 100 = -51.72$ mmH$_2$O

③ 100m 부분에서의 유출압력 계산

유출압력 = 공급압력 − 손실압력 = 214.13 − (−51.72) = 265.85 mmH$_2$O

(2) 배관 안지름(cm) 계산 : 폴(Pole)의 유량식 $Q = K\sqrt{\dfrac{D^5 \cdot H}{S \cdot L}}$ 에서 안지름 D를 구하며, 압력손실(H)은 입상배관에서 발생하는 손실압력 절댓값을 적용한다.

$$\therefore D = \sqrt[5]{\dfrac{Q^2 \cdot S \cdot L}{K^2 \cdot H}} = \sqrt[5]{\dfrac{30^2 \times 0.6 \times 100}{0.707^2 \times 51.72}} = 4.612 ≒ 4.61 \text{ cm}$$

[해답] (1) 265.85 mmH$_2$O (2) 4.61 cm

---

78 A지점에서 B지점까지 거리가 1000m인 곳에 내경 300mm인 강관으로 비중이 0.65인 도시가스를 A지점에 압력 200mmH$_2$O로 시간당 500m^{3}를 공급할 때 B지점의 압력은 얼마인가? (단, B지점은 A지점보다 30m 높은 위치에 있고, Pole의 상수는 0.7이다.)

[22. 3회. 기사]

[풀이] ① A지점과 B지점까지 거리 1000m에서 발생하는 압력손실 계산 : 저압 배관 유량식 $Q = K\sqrt{\dfrac{D^5 \cdot H}{S \cdot L}}$ 을 이용하여 압력손실 H를 구한다.

$$\therefore H_1 = \dfrac{Q^2 \times S \times L}{K^2 \times D^5} = \dfrac{500^2 \times 0.65 \times 1000}{0.7^2 \times 30^5} = 13.647 ≒ 13.65 \text{ mmH}_2\text{O}$$

② A지점과 B지점의 높이차 30m에서 발생하는 압력손실 계산 : 입상배관에서 발생하는 압력손실을 구하는 식을 이용하여 계산하고, 가스 비중이 1보다 작으므로 결괏값에서 마이너스(−)가 나오며, 이것은 압력이 상승한다는 것이다.

$\therefore H_2 = 1.293 \times (s-1) \times h = 1.293 \times (0.65-1) \times 30$
$= -13.576 ≒ -13.58$ mmH$_2$O

③ B지점의 압력 계산

B지점 압력 = A지점 공급압력 − 손실압력
= A지점 공급압력 − ($H_1 + H_2$)
= 200 − {13.65 + (−13.58)} = 199.93 mmH$_2$O

[해답] 199.93 mmH$_2$O

---

79 길이 30m의 저압 배관에 프로판(C$_3$H$_8$)가스를 5m^3/h로 공급할 때 압력손실이 15mmH$_2$O이다. 이 배관에 부탄(C$_4$H$_{10}$)가스를 4.5m^3/h로 공급하면 손실수두는 몇 mm인가? (단, 프로판 및 부탄의 비중은 각각 1.52, 2.05이다.)

풀이 ① 부탄을 공급할 때 안지름이 제시되지 않아 저압 배관 유량식으로 구할 수 없으므로 프로판 '1', 부탄 '2'로 구분하여 비례식을 쓰면 다음과 같다.

$$\frac{H_2}{H_1} = \frac{\dfrac{Q_2^2 \cdot S_2 \cdot L_2}{K_2^2 \cdot D_2^5}}{\dfrac{Q_1^2 \cdot S_1 \cdot L_1}{K_1^2 \cdot D_1^5}}$$ 에서 동일한 시설(배관)이므로 유량계수(K), 관길이(L),

배관 안지름(D)은 변화가 없어 생략하고 다시 쓰면 $\dfrac{H_2}{H_1} = \dfrac{Q_2^2 \times S_2}{Q_1^2 \times S_1}$ 가 된다.

② 부탄을 공급할 때 압력손실(H_2) 계산

$$H_2 = \frac{H_1 \times Q_2^2 \times S_2}{Q_1^2 \times S_1} = \frac{15 \times 4.5^2 \times 2.05}{5^2 \times 1.52} = 16.386 ≒ 16.39 \text{mmH}_2\text{O}$$

해답 $16.39\text{mmH}_2\text{O}$

별해 프로판이 공급될 때의 조건을 갖고 배관 안지름을 구하여 부탄을 공급할 때 압력손실을 구한다.

① 프로판이 공급될 때 배관 안지름 계산

$$D_1 = \sqrt[5]{\frac{Q_1^2 \cdot S_1 \cdot L_1}{K_1^2 \cdot H_1}} = \sqrt[5]{\frac{5^2 \times 1.52 \times 30}{0.707^2 \times 15}} = 2.731 ≒ 2.73 \text{cm}$$

② 부탄을 공급할 때 압력손실 계산 : $D_1 = D_2$, $K_1 = K_2$, $L_1 = L_2$이다.

$$∴ H_2 = \frac{Q_2^2 \times S_2 \times L_2}{K_2^2 \times D_2^5} = \frac{4.5^2 \times 2.05 \times 30}{0.707^2 \times 2.73^5} = 16.430 ≒ 16.43 \text{mmH}_2\text{O}$$

※ 풀이에 적용하는 공식이나 과정이 다르면 최종값에서 오차가 발생하는 것은 당연한 것이기 때문에 채점에는 영향이 없으니 선택하여 답안을 작성하길 바랍니다.

80 배관 지름 80mm, 길이 100m의 저압 배관에 "A"성분 가스(프로판 60v%, 부탄 40v%)를 공급할 때 압력손실이 수주로 100mm이다. 이 배관에 "B"성분 가스(프로판 95v%, 부탄 5v%)를 동일한 유량으로 공급할 때 압력손실은 수주로 몇 mm인가? (단, 프로판 및 부탄의 비중은 각각 1.6, 2.0이며, 다른 조건은 변함이 없다.)

풀이 ① "A"성분 가스 비중(S_1), "B"성분 가스 비중(S_2) 계산 : 각 성분 가스의 비중에 체적비를 곱한 값을 합산한 것이다.

∴ $S_1 = (1.6 \times 0.6) + (2.0 \times 0.4) = 1.76$

$S_2 = (1.6 \times 0.95) + (2.0 \times 0.05) = 1.62$

② 압력손실 계산 : 저압 배관에서 압력손실 $H = \dfrac{Q^2 \cdot S \cdot L}{K^2 \cdot D^5}$ 에서 "B"성분을 공급할 때 압력손실은 유량(Q)과 배관 안지름(D)이 제시되지 않아 구할 수 없으므로 "A"성분 가스를 공급할 때를 '1', "B"성분 가스를 공급할 때를 '2'로 구분하여 비례식을 쓰면 다음과 같다.

$$\frac{H_2}{H_1} = \frac{\dfrac{Q_2^{\,2} \cdot S_2 \cdot L_2}{K_2^{\,2} \cdot D_2^{\,5}}}{\dfrac{Q_1^{\,2} \cdot S_1 \cdot L_1}{K_1^{\,2} \cdot D_1^{\,5}}}$$ 에서 동일한 유량과 동일한 시설(배관)이므로 유량(Q),

유량계수(K), 관길이(L), 배관 안지름(D)은 변화가 없어 생략하고 다시 쓰면

$\dfrac{H_2}{H_1} = \dfrac{S_2}{S_1}$이 된다. 여기서 "B"가스를 공급할 때 압력손실 H_2를 구한다.

$$\therefore H_2 = \frac{H_1 \times S_2}{S_1} = \frac{100 \times 1.62}{1.76} = 92.045 \fallingdotseq 92.05\,\text{mmH}_2\text{O}$$

해답 92.05mmH₂O

81 가스 배관에 최대사용유량을 설정할 때 고려하는 인자 4가지 중 2가지를 쓰시오.
[21. 3회. 기사]

해답 ① 관 안지름 ② 압력손실 ③ 가스의 비중 ④ 관 길이

해설 가스 배관 유량 계산식

① 저압 배관

$$Q = K\sqrt{\frac{D^5 \cdot H}{S \cdot L}}$$

Q : 가스의 유량(m³/h) D : 관 안지름(cm) H : 압력손실(mmH₂O)
S : 가스의 비중 L : 관 길이(m) K : 유량계수(폴의 상수 : 0.707)

② 중고압 배관

$$Q = K\sqrt{\frac{D^5 \cdot (P_1^{\,2} - P_2^{\,2})}{S \cdot L}}$$

Q : 가스의 유량(m³/h) D : 관 안지름(cm) P_1 : 초압(kgf/cm²·a)
P_2 : 종압(kgf/cm²·a) S : 가스의 비중 L : 관 길이(m)
K : 유량계수(코크스의 상수 : 52.31)

82 가스미터에 공기를 통과시켰을 때 지시된 유량이 1.5m³/h일 때 프로판(C₃H₈)가스를 통과시키면 유량(kg/h)은 얼마인가? (단, C₃H₈가스의 비중은 1.52, 밀도는 1.86kg/m³이며, 다른 조건은 변함이 없다.)
[14. 1회. 산기]

해설 저압 배관의 유량식 $Q = K\sqrt{\dfrac{D^5 \cdot H}{S \cdot L}}$ 에서 공기를 '1', 프로판을 '2'로 구분하여 비례식을 쓰면

$$\frac{Q_2}{Q_1} = \frac{K_1\sqrt{\dfrac{D_1^{\,5} \cdot H_1}{S_1 \cdot L_1}}}{K_2\sqrt{\dfrac{D_2^{\,5} \cdot H_2}{S_2 \cdot L_2}}}$$ 이 되고, 여기서 동일한 시설이므로 유량계수(K), 안지름(D),

압력손실(H), 배관길이(L)는 변함이 없으므로 생략하고 식을 다시 작성하면 다음과 같다.

$\dfrac{Q_2}{Q_1} = \dfrac{\dfrac{1}{\sqrt{S_2}}}{\dfrac{1}{\sqrt{S_1}}}$ 에서 프로판으로 변경하였을 때 유량 Q_2를 구하며, 체적유량(m³/h)

에 밀도(ρ[kg/m³])를 곱하면 질량유량(kg/h)으로 변환된다.

$$\therefore Q_2 = \dfrac{\dfrac{1}{\sqrt{S_2}}}{\dfrac{1}{\sqrt{S_1}}} \times Q_1 [\text{m}^3/\text{h}] = \dfrac{\dfrac{1}{\sqrt{S_2}}}{\dfrac{1}{\sqrt{S_1}}} \times (Q_1 \times \rho)[\text{kg/h}]$$

$$= \dfrac{\dfrac{1}{\sqrt{1.52}}}{\dfrac{1}{\sqrt{1}}} \times (1.5 \times 1.86) = 2.262 ≒ 2.26 \text{kg/h}$$

해답 2.26kg/h

83 공기와 연료용 가스의 혼합방식에 따른 연소방식을 4가지로 분류하고 설명하시오.

해답 ① 적화식(赤火式) : 연소에 필요한 공기를 2차 공기로 모두 취하는 방식이다.
② 분젠식 : 가스를 노즐로부터 분출시켜 주위의 공기를 흡입하여 1차 공기로 취한 후 연소 과정에서 나머지는 2차 공기를 취하는 방식이다.
③ 세미분젠식 : 적화식과 분젠식의 혼합형으로 1차 공기량을 40% 미만을 취하는 방식이다.
④ 전1차 공기식 : 연소용 공기를 송풍기로 압입하여 가스와 강제 혼합하여 필요한 공기를 모두 1차 공기로 하여 연소하는 방식이다.

84 분젠식 연소장치의 특징 4가지를 쓰시오. [21. 1회. 기사]

해답 ① 불꽃은 내염과 외염을 형성한다.
② 연소속도가 크고, 불꽃길이가 짧다.
③ 연소온도가 높고, 연소실이 작아도 된다.
④ 선화현상이 발생하기 쉽다.
⑤ 소화음, 연소음이 발생한다.

85 연소기구 연소방식 중 전1차 공기식 버너의 특징 4가지를 쓰시오.

해답 ① 연소용 공기를 모두 1차 공기로 취한다.
② 버너를 어떤 방향으로도 설치할 수 있다.
③ 가스가 갖는 에너지의 70% 정도를 적외선으로 전환할 수 있다.
④ 개방된 노에 사용해도 대류작용에 의한 열손실이 적다.
⑤ 고온의 노(爐) 내부에 버너를 설치해서 사용할 수 없다.
⑥ 구조가 복잡하고 가격이 비싸다.
⑦ 압력조정기 설치가 필요하다.

해설 전1차 공기식 : 연소에 필요한 공기 전부를 송풍기로 압입하여 1차 공기만으로 공급되며 이것을 가스와 혼합하여 연소시키는 방식으로 공업용의 각종 가열로, 적외선 스토브 등에서 사용된다.

86 연소기구를 사용하다가 부주의로 점화되지 않은 상태에서 콕이 전부 개방되었다. 이때 노즐로부터 분출되는 생가스의 양은 몇 m^3/h인가? (단, 유량계수는 0.8, 노즐 지름은 2mm, 가스 비중은 1.52, 가스압력은 280mmH$_2$O이다.) [12. 2회. 산기]

풀이 $Q = 0.011 KD^2 \sqrt{\dfrac{P}{d}} = 0.011 \times 0.8 \times 2^2 \times \sqrt{\dfrac{280}{1.52}} = 0.477 ≒ 0.48 m^3/h$

해답 $0.48 m^3/h$

해설 ① 노즐에서 분출량 계산식은 단위 정리가 이루어지지 않는 공식에 해당됩니다.
② 유량계수(K)가 주어지는 경우 공식은 $Q = 0.011 KD^2 \sqrt{\dfrac{P}{d}}$ 이며, 유량계수(K)는 상수 개념으로 0.8이 제시되므로 공식 중 숫자 '0.011'에 '0.8'을 곱하면 '0.0088'이 되며, 이것을 반올림하여 유량계수가 주어지지 않을 경우에는 $Q = 0.009 D^2 \sqrt{\dfrac{P}{d}}$ 를 사용하는 것입니다.

87 가스난로를 사용하다가 부주의로 점화되지 않은 상태에서 콕을 전부 개방하였다. 이때 노즐로부터 분출되는 생가스의 양은 몇 m^3/h인가? (단, 노즐의 지름 1.5mm, 가스 비중 0.5, 유량계수 0.8, 가스압력 2kPa 이다.)

풀이 ① 단위 변환 공식을 이용하여 'kPa' 단위를 'mmH$_2$O' 단위로 변환 : 1atm = 101.325kPa = 10332mmH$_2$O이다.

∴ 변환 압력 = $\dfrac{\text{주어진 압력}}{\text{주어진 압력의 표준대기압}} \times$ 구하려 하는 표준대기압

$= \dfrac{2}{101.325} \times 10332 = 203.937 ≒ 203.94 mmH_2O$

② 분출 가스량 계산

$$Q = 0.011KD^2\sqrt{\frac{P}{d}} = 0.011 \times 0.8 \times 1.5^2 \times \sqrt{\frac{203.94}{0.5}} = 0.399 ≒ 0.40 \text{m}^3/\text{h}$$

해답 $0.4\text{m}^3/\text{h}$

별해 노즐에서 가스분출량 계산식에서 압력 P의 단위가 'mmH$_2$O'이므로 'kPa' 단위를 'mmH$_2$O' 단위로 변환하여야 하며, 1kPa은 약 100mmH$_2$O에 해당되는 것을 적용하여 풀이한다.

$$\therefore Q = 0.011KD^2\sqrt{\frac{P}{d}} = 0.011 \times 0.8 \times 1.5^2 \times \sqrt{\frac{2 \times 100}{0.5}} = 0.396 ≒ 0.40 \text{m}^3/\text{h}$$

88 LPG를 사용하는 연소기구의 노즐이 0.5mm이고, 노즐에서 수주 280mm의 압력으로 LP가스가 15시간 유출하였을 경우 가스분출량(m³)은 얼마인가? (단, 분출압력 280mmH$_2$O에서 LP가스의 비중은 1.75이다.) [16. 2회. 기사]

풀이 노즐에서 가스분출량(m³/h) 계산식에 유출된 15시간을 적용하여 계산한다.

$$\therefore Q = 0.009D^2 \times \sqrt{\frac{P}{d}} = \left(0.009 \times 0.5^2 \times \sqrt{\frac{280}{1.75}}\right) \times 15 = 0.426 ≒ 0.43\text{m}^3$$

해답 0.43m^3

89 연소기구에 접속된 염화비닐호스가 지름 0.5mm의 구멍이 뚫려 수주 200mm의 압력으로 LP가스가 10시간 유출하였을 경우 가스분출량은 몇 L인가? (단, LP가스의 분출압력 수주 200mm에서 비중은 1.5이다.) [14. 2회, 17. 4회. 산기]

풀이 염화비닐호스의 작은 구멍에서 유출되는 가스는 노즐에서 가스가 나오는 것과 동일한 현상이므로 '노즐에서 가스분출량(m³/h) 계산식'을 이용하며, 유출된 10시간을 적용하고, 1m³는 1000L에 해당되는 것도 적용하여 계산한다.

$$\therefore Q = 0.009 \times D^2 \times \sqrt{\frac{P}{d}} = \left(0.009 \times 0.5^2 \times \sqrt{\frac{200}{1.5}}\right) \times 10 \times 1000$$
$$= 259.807 ≒ 259.81\text{L}$$

해답 259.81L

90 메탄이 주성분인 LNG를 사용하는 연소기구에 접속된 고무호스에 지름 3mm의 구멍이 뚫려 실내(2.7m×3.6m×2.2m)에 생가스가 누설되었을 때 다음 물음에 답하시오. (단, 메탄의 비중은 0.55, 유량계수는 0.8, 가스압력은 230mmH$_2$O이고 실내는 환기가 되지 않는다.)

(1) 1시간 동안 누설된 가스량(L)은 얼마나 되겠는가?
(2) 몇 시간 누설이 되면 폭발을 일으킬 수 있는 폭발범위에 도달하겠는가?

풀이 (1) $Q = 0.011KD^2\sqrt{\dfrac{P}{d}} = \left(0.011 \times 0.8 \times 3^2 \times \sqrt{\dfrac{230}{0.55}}\right) \times 1000$

$= 1619.599 \fallingdotseq 1619.60 \text{L/h}$

(2) ① 메탄의 폭발범위는 5~15%이므로 실내에 누설된 가스량이 폭발범위 하한 값 5%에 해당되는 가스량을 계산하며, 누설된 가스량을 x라 하면 다음 식으로 만들 수 있다.

$\dfrac{x}{2.7 \times 3.6 \times 2.2} = 0.05$에서 식을 정리하여 x값을 구한다.

∴ $x = (2.7 \times 3.6 \times 2.2) \times 0.05 = 1.069 \fallingdotseq 1.07 \text{m}^3$

② 폭발범위 하한값에 도달하는 시간 계산 : 1m³는 1000L이다.

∴ 도달하는 시간 = $\dfrac{\text{폭발범위 하한값에 해당하는 가스량(L)}}{\text{시간당 누설되는 가스량(L/h)}}$

$= \dfrac{1.07 \times 1000}{1619.60} = 0.660 \fallingdotseq 0.66 \text{h}$

해답 (1) 1619.6L/h

(2) 0.66시간(h)

해설 폭발범위에 도달하는 시간을 분(min), 초(s)까지 계산할 경우에는 소수점 이하의 수치에 '60'을 곱한다.

∴ 0.66 × 60 = 39.6분 = 39분 36초

91 크기가 20m×10m×6m인 정압기실에 가스설비의 부적합으로 인하여 시간당 38m³의 가스가 누출되고 있을 때 몇 시간 후에 가스가 폭발할 가능성이 있겠는가? (단, 도시가스 주성분은 메탄이며, 정압기실은 밀폐된 상태로 환기가 되지 않는 것으로 가정한다.)

[23. 1회. 기사]

풀이 ① 메탄의 폭발범위는 5~15%이므로 실내에 누설된 가스량이 폭발범위 하한값 5%에 해당되는 가스량을 계산하며, 누설된 가스량을 x라 하면 다음 식으로 만들 수 있다.

$\dfrac{x}{20 \times 10 \times 6} = 0.05$ 에서 식을 정리하여 x값을 구한다.

∴ $x = (20 \times 10 \times 6) \times 0.05 = 60 \text{m}^3$

② 폭발범위 하한값에 도달하는 시간 계산 : 폭발범위 하한값에 도달하면 폭발가능성이 있다.

∴ 도달하는 시간 = $\dfrac{\text{폭발범위 하한값에 해당하는 가스량(m}^3\text{)}}{\text{시간당 누설되는 가스량(m}^3\text{/h)}}$

$= \dfrac{60}{38} = 1.578 \fallingdotseq 1.58 \text{h}$

해답 1.58시간(h)

92 진발열량 4500kcal/m³을 시간당 3500kcal를 사용할 때 노즐의 지름(mm)은 얼마로 하면 되는가? (단, 가스의 공급압력은 180mmH₂O, 유량계수 K는 0.8, 가스 비중은 0.66이다.)

풀이 ① 노즐에서 분출되는 가스량(m³/h) 계산 : 사용하는 가스소비량(kcal/h)을 진발열량(kcal/m³)으로 나눠주면 시간당 분출되는 가스량으로 변환된다.

$$\therefore Q = \frac{\text{사용하는 가스소비량(kcal/h)}}{\text{진발열량(kcal/m}^3)} = \frac{3500}{4500} = 0.777 ≒ 0.78 \, \text{m}^3/\text{h}$$

② 노즐 지름 계산 : 노즐에서 분출되는 가스량(m³/h) 계산식 $Q = 0.011 KD^2 \sqrt{\dfrac{P}{d}}$ 에서 노즐 지름 D를 구한다.

$$\therefore D = \sqrt{\frac{Q}{0.011 K \sqrt{\dfrac{P}{d}}}} = \sqrt{\frac{0.78}{0.011 \times 0.8 \times \sqrt{\dfrac{180}{0.66}}}} = 2.316 ≒ 2.32 \, \text{mm}$$

해답 2.32mm

별해 하나의 식으로 계산 : 풀이 ①에서 구하는 것을 풀이 ②에 직접 적용해서 계산

$$\therefore D = \sqrt{\frac{Q}{0.011 K \sqrt{\dfrac{P}{d}}}} = \sqrt{\frac{\dfrac{3500}{4500}}{0.011 \times 0.8 \times \sqrt{\dfrac{180}{0.66}}}} = 2.313 ≒ 2.31 \, \text{mm}$$

※ 계산하는 과정이 다르기 때문에 오차가 발생하며, 채점에는 영향이 없으니 선택하여 답안을 작성하길 바랍니다.

93 염공(炎孔)이 갖추어야 할 조건 4가지를 쓰시오. [16. 2회. 산기]

해답 ① 모든 염공에 빠르게 불이 옮겨서 완전히 점화될 것
② 불꽃이 염공 위에 안정하게 형성될 것
③ 가열불에 대하여 배열이 적정할 것
④ 먼지 등이 막히지 않고 청소가 용이할 것
⑤ 버너의 용도에 따라 여러 가지 형식의 염공이 사용될 수 있을 것

94 가스가 완전연소할 수 있는 염공의 단위면적에 대한 가스의 In-put을 무엇이라 하는가?

해답 염공 부하(kcal/mm²·h)

95 액화석유가스 및 도시가스를 사용하는 연소기에서 발생하는 역화(back fire)를 설명하시오.

해답 가스의 연소속도가 염공의 가스 유출속도보다 크게 됐을 때 불꽃이 버너 내부에 침입하여 노즐의 선단에서 연소하는 현상이다.

해설 역화의 원인
① 염공이 크게 되었을 때
② 노즐의 구멍이 너무 크게 된 경우
③ 콕이 충분히 개방되지 않은 경우
④ 가스의 공급압력이 저하되었을 때
⑤ 버너가 과열된 경우

96 연소기에서 발생하는 이상 현상 중 리프팅(lifting) 발생원인 4가지를 쓰시오.

해답 ① 염공이 작아졌을 때
② 가스의 공급압력이 높을 때
③ 배기 또는 환기가 불충분할 때 (2차 공기량 부족)
④ 공기 조절장치를 지나치게 개방하였을 때 (1차 공기량 과다)

해설 리프팅(lifting) 현상 : 불꽃이 염공에 접하여 연소하지 않고 염공을 떠나 공간에서 연소하는 현상으로 선화라고 한다.

97 액화석유가스 및 도시가스를 사용하는 연소기에서 발생하는 이상 현상 중 리프팅(lifting) 현상이 발생할 때 가스의 분출속도와 연소속도의 관계에 대하여 설명하시오.

해답 가스의 분출속도가 연소속도보다 클 때 발생한다.

98 가스의 공급압력이 높아 불꽃이 염공을 떠나 공간에서 연소하는 현상을 (①)라 하고, 불꽃 주위 기류에 의하여 불꽃이 염공에 정착하지 않고 떨어지게 되어 꺼지는 현상을 (②)라 한다. ( ) 안에 알맞은 용어를 쓰시오. [15. 2회, 19. 3회. 산기]

해답 ① 선화(또는 리프팅, lifting)   ② 블로 오프(blow off)

99 불꽃의 주위, 특히 기저부에 대한 공기의 움직임이 세지면 불꽃이 노즐(염공)에 정착하지 않고 떨어지게 되어 꺼지는 현상을 무엇이라 하는가?

해답 블로 오프(blow off)

해설 블로 오프(blow off) 현상을 설명하는 것으로 문제가 제시되면 문제 내용으로 답안을 작성하길 바랍니다.

100 연소기구의 불꽃이 적황색으로 변하면서 연소하는 현상을 무엇이라 하는가?

해답 옐로 팁(yellow tip)
해설 옐로 팁 원인
① 연소반응이 충분한 속도로 진행되지 않을 때
② 1차 공기량이 부족하여 불완전연소가 될 때

101 LPG 연소기구가 갖추어야 할 조건 3가지를 쓰시오.

해답 ① 가스를 완전연소시킬 수 있을 것
② 열을 유효하게 이용할 수 있을 것
③ 취급이 간편하고, 안전성이 높을 것

102 LP가스가 불완전연소되는 원인 4가지를 쓰시오.

해답 ① 공기 공급량 부족
② 환기 및 배기 불충분
③ 가스조성의 불량
④ 가스기구의 부적합
⑤ 프레임의 냉각

103 다음 그래프는 환기가 불량한 실내에서 연소기구를 사용할 때 연소 배기가스 농도와 시간과의 관계를 나타낸 것이다. ①~③에 해당하는 가스 명칭을 각각 쓰시오.

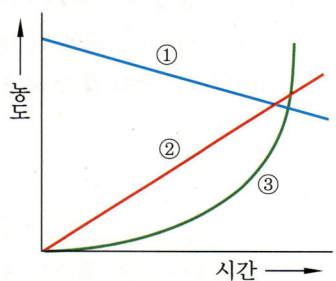

해답 ① 산소 ② 이산화탄소(CO_2) ③ 일산화탄소(CO)
해설 환기가 잘 되지 않는 실내에서 연소기구를 사용할 때 시간이 경과함에 따라 산소 농도는 감소하고, 이산화탄소의 농도는 직선적으로 증가하며, 산소 농도가 감소함에 따라 불완전연소가 발생하기 시작하면서 시간이 경과함에 따라 일산화탄소의 농도는 급격히 증가한다.

104 다음은 분젠식 연소방식에서 가스(제조가스, 천연가스, LP가스)에 따른 연소 특성을 나타낸 그림이다. ①~④ 곡선의 가스 명칭을 쓰시오.

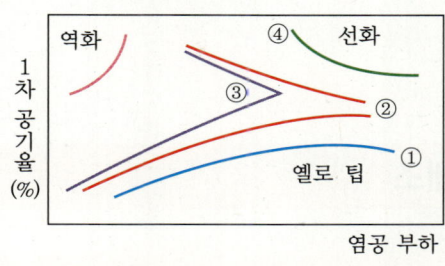

해답 ① 제조가스 ② 천연가스 ③ LP가스 ④ 제조가스

105 다음 그림에 표시한 LPG 저장탱크의 드레인 밸브(drain valve) 조작 순서를 [보기]에서 골라 올바른 순서로 나열하시오. (단, A와 C 밸브는 조작 전에 닫혀 있다.)

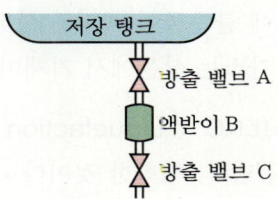

| 보기 |
① C를 단속적으로 열고 드레인을 배출한다.
② A를 닫는다.
③ C를 닫는다.
④ A를 열고 B로 드레인을 유입한다.

해답 ④ → ② → ① → ③

제 4 장 도시가스 설비

1 도시가스 제조

1-1 도시가스의 원료

(1) **천연가스(NG : Natural Gas)** : 지하에서 생산되는 탄화수소를 주성분으로 하는 가연성가스를 지칭하는 것이다.

① 도시가스 원료 : C/H 비가 3이므로 그대로 도시가스로 공급할 수 있다.
② 정제 : 제진, 탈유, 탈탄산, 탈황, 탈습 등 전처리 공정에 해당하는 정제설비가 필요
③ 공해 : 사전에 불순물이 제거된 상태이기 때문에 환경문제 영향이 적다.
④ 저장 : 천연가스는 상온에서 기체이므로 가스홀더 등에 저장하여야 한다.

(2) **액화천연가스(LNG : Liquefaction Natural Gas)** : 지하에서 생산된 천연가스를 $-161.5°C$까지 냉각, 액화한 것이다.

① 특징
  (가) 불순물이 제거된 청정연료로 환경문제가 없다.
  (나) LNG 수입기지에 저온 저장설비 및 기화장치가 필요하다.
  (다) 불순물을 제거하기 위한 정제설비는 필요하지 않다.
  (라) 초저온 액체로 설비재료의 선택과 취급에 주의를 요한다.
  (마) 냉열 이용이 가능하다.

② LNG에서 발생되는 현상
  (가) 롤 오버(roll over) 현상 : LNG 저장탱크에서 상이한 액체 밀도로 인하여 층상화된 액체의 불안정한 상태가 바로 잡힐 때 생기는 LNG의 급격한 물질 혼입 현상으로 상당한 양의 증발가스(BOG)가 발생하는 현상이다. 발생 원인으로는 외부에서 열량 침투 시, 탱크 벽면을 통한 열전도 등이다.
  (나) BOG(boil of gas) : LNG 저장시설에서 자연 입열에 의하여 기화된 가스로 증발가스라 한다. 처리방법에는 발전용에 사용, 탱커의 기관용(압축기 가동용)에 사용, 대기로 방출하여 연소하는 방법이 있다.

(3) **정유가스(off gas)** : 석유정제 또는 석유화학 계열공장에서 부산물로 생산되는 가스이다.

(4) 나프타(Naphtha : 납사) : 원유를 상압에서 증류할 때 얻어지는 비점이 200℃ 이하인 유분(액체 성분)으로 경질의 것을 라이트 나프타, 중질의 것을 헤비 나프타라 부른다.

(5) LPG(액화석유가스) : 도시가스로 공급하는 방법으로 직접 혼입방식, 공기 혼합방식, 변성 혼입방식으로 구분

도시가스 원료 선택 시 고려사항 4가지를 쓰시오.   [20. 4회. 산기]

 ① 제조설비의 건설비가 적게 소요될 것
② 이동 및 변동이 용이할 것
③ 수질 및 대기의 공해 문제가 적을 것
④ 원료 취급이 간편할 것

도시가스 원료 중 나프타의 특징 4가지를 쓰시오.   [15. 2회, 21. 3회. 기사]

 ① 가스화가 용이하기 때문에 높은 가스화 효율을 얻을 수 있다.
② 타르, 카본 등 부산물이 거의 생성되지 않는다.
③ 가스 중에는 불순물이 적어서 정제설비를 필요로 하지 않는 경우가 많다.
④ 대기오염, 수질오염의 환경문제가 적다.
⑤ 취급과 저장이 모두 용이하다.

1-2 가스의 제조

(1) 가스화 방식에 의한 분류

① 열분해 공정(thermal craking process) : 고온 하에서 탄화수소를 가열하여 수소(H_2), 메탄(CH_4), 에탄(C_2H_6), 에틸렌(C_2H_4), 프로판(C_3H_8) 등의 가스상의 탄화수소와 벤젠, 톨루엔 등의 조경유 및 타르 나프탈렌 등으로 분해하고, 10000kcal/Nm^3의 고열량 가스를 제조하는 방법이다.

② 접촉분해 공정(steam reforming process) : 촉매를 사용해서 반응온도 400~800℃에서 탄화수소와 수증기를 반응시켜 메탄(CH_4), 수소(H_2), 일산화탄소(CO), 이산화탄소(CO_2)로 변환하는 공정이다.

③ 부분연소 공정(partical combustion process) : 탄화수소의 분해에 필요한 열을 노(爐) 내에 산소 또는 공기를 흡입하여 원료의 일부를 연소시켜 연속적으로 가스를 만드는 공정이다.

④ 수첨분해 공정(hydrogenation cracking process) : 고온, 고압 하에서 탄화수소를 수소 기류 중에서 열분해 또는 접촉분해하여 메탄(CH_4)을 주성분으로 하는 고열량의 가스를 제조하는 공정이다.

⑤ 대체천연가스 공정(substitute natural process) : 수분, 산소, 수소를 원료 탄화수소와 반응시켜 수증기 개질, 부분연소, 수첨분해 등에 의해 가스화하고, 메탄합성, 탈산소 등의 공정과 병용해서 천연가스의 성상과 거의 일치하게끔 가스를 제조하는 공정으로 제조된 가스를 대체천연가스(SNG)라 한다.

(2) 원료의 송입법에 의한 분류

① 연속식 : 원료를 연속적으로 송입하며 가스의 발생도 연속으로 된다.
② 배치(batch)식 : 일정량의 원료를 가스화 실에 넣어 가스화하는 방법이다.
③ 사이클릭(cyclic)식 : 연속식과 배치식의 중간적인 방법이다.

(3) 가열방식에 의한 분류

① 외열식 : 원료가 들어있는 용기를 외부에서 가열하는 방법이다.
② 축열식 : 반응기 내에서 연료를 연소시켜 충분히 가열한 후 원료를 송입하여 가스화하는 방법이다.
③ 부분연소식 : 원료에 소량의 공기와 산소를 혼합하여 반응기에 넣어 원료의 일부를 연소시켜 그 열을 이용하여 원료를 가스화 열원으로 한다.
④ 자열식 : 가스화에 필요한 열을 발열반응에 의해 가스를 발생시키는 방식이다.

예제 03 도시가스 제조 공정 중 접촉개질공정에 대하여 설명하시오.
[07. 2회, 09. 1회, 19. 1회, 20. 3회, 23. 2회. 산기]

해답 촉매를 사용해서 반응온도 400~800℃에서 탄화수소와 수증기를 반응시켜 메탄(CH_4), 수소(H_2), 일산화탄소(CO), 이산화탄소(CO_2)로 변환하는 공정이다.

예제 04 도시가스 제조 프로세스(process)에서 가열방식에 의한 분류 중 외열식과 축열식을 각각 설명하시오.
[18. 2회. 산기]

해답 ① 외열식 : 원료가 들어 있는 용기를 외부에서 가열하는 방법이다.
② 축열식 : 반응기 내에서 연료를 연소시켜 충분히 가열한 후 원료를 송입하여 가스화하는 방법이다.

1-3 부취제(付臭製)

(1) 부취제의 종류

① TBM(Tertiary Buthyl Mercaptan) : 양파 썩는 냄새가 나며, 내산화성이 우수하고 토양 투과성이 우수하며 토양에 흡착되기 어렵다.
② THT(Tetra Hydro Thiophen) : 석탄가스 냄새가 나며 산화, 중합이 일어나지 않는 안정된 화합물이다. 토양의 투과성이 보통이며, 토양에 흡착되기 쉽다.
③ DMS(DiMethyl Sulfide) : 마늘 냄새가 나며 안정된 화합물이다. 내산화성이 우수하고 토양의 투과성이 우수하며 토양에 흡착되기 어렵다.

(2) 부취제의 구비조건

① 화학적으로 안정하고 독성이 없을 것
② 보통 존재하는 냄새(생활취)와 명확하게 식별될 것
③ 극히 낮은 농도에서도 냄새가 확인될 수 있을 것
④ 가스관이나 가스미터 등에 흡착되지 않을 것
⑤ 배관을 부식시키지 않을 것
⑥ 물에 잘 녹지 않고 토양에 대하여 투과성이 클 것
⑦ 완전연소가 가능하고 연소 후 냄새나 유해한 성질이 남지 않을 것

(3) 부취제의 주입방법

① 액체 주입식 : 부취제를 액상 그대로 가스 흐름에 주입하는 방법으로 펌프 주입방식, 적하 주입방식, 미터 연결 바이패스 방식으로 분류
② 증발식 : 부취제의 증기를 가스 흐름에 혼합하는 방법으로 바이패스 증발식, 위크 증발식으로 분류

(4) 냄새 측정방법

① 오더 미터법(냄새측정기법) : 공기와 시험가스의 유량조절이 가능한 장비를 이용하여 시료기체를 만들어 감지희석배수를 구하는 방법
② 주사기법 : 채취용 주사기로 채취한 일정량의 시험가스를 희석용 주사기에 옮기는 방법으로 시료기체를 만들어 감지희석배수를 구하는 방법
③ 냄새주머니법 : 일정한 양의 깨끗한 공기가 들어 있는 주머니에 시험가스를 주사기로 첨가하여 시료기체를 만들어 감지희석배수를 구하는 방법
④ 무취실법

(5) 희석배수 : 500배, 1000배, 2000배, 4000배

(6) 착취농도 : 1/1000의 농도(0.1%)

(7) 부취제 누설 시 제거방법

① 활성탄에 의한 흡착 : 소량 누설 시 적합하다.
② 화학적 산화처리 : 대량으로 누설 시 차아염소산나트륨을 사용하여 분해 처리한다.
③ 연소법 : 부취제 용기, 배관을 기름으로 닦고 그 기름을 연소하는 방법이다.

예제 05 부취제 주입방식 중 액체 주입방식 3가지를 쓰시오.   [18. 1회, 20. 1회, 21. 2회. 산기]

해답 ① 펌프 주입방식   ② 적하 주입방식   ③ 미터 연결 바이패스 방식

---

2 도시가스 설비

2-1 도시가스 공급설비

(1) 압력에 의한 공급방식의 분류

① 저압 공급방식 : 0.1MPa 미만
② 중압 공급방식 : 0.1MPa 이상 1MPa 미만
③ 고압 공급방식 : 1MPa 이상

(2) LNG 기화장치

① 오픈 랙 기화기(open rack vaporizer) : 베이스 로드용으로 바닷물을 열원으로 사용하므로 초기시설비가 많으나 운전비용이 저렴하다.
② 중간 매체식 기화기(intermediate fluid vaporizer) : 베이스 로드용으로 해수와 LNG 사이에 프로판(C_3H_8), 펜탄(C_5H_{12}) 등과 같은 중간 열매체가 순환된다.
③ 서브머지드 기화기(submerged vaporizer) : 피크 로드용으로 액중 버너를 사용한다. 초기시설비가 적으나 운전비용이 많이 소요된다.

(3) 가스홀더(gas holder)

① 기능
   (개) 가스 수요의 시간적 변동에 대하여 공급가스량을 확보한다.
   (내) 공급설비의 일시적 중단에 대하여 어느 정도 공급량을 확보한다.
   (대) 공급가스의 성분, 열량, 연소성 등의 성질을 균일화한다.
   (래) 소비 지역 근처에 설치하여 피크 시의 공급, 수송 효과를 얻는다.

② 종류 및 특징

구분	특징
유수식	• 제조설비가 저압인 경우에 적합하다. • 구형 가스홀더에 비해 유효 가동량이 크다. • 대량의 물이 필요하므로 초기 설비비가 많이 소요된다. • 가스가 건조하면 물탱크의 수분을 흡수한다. • 압력이 가스탱크의 수에 따라 변동한다. • 한랭지에서는 탱크 내 물의 동결을 방지하여야 한다.
무수식	• 기초가 간단하고 초기 설비비가 절약된다. • 유수식에 비해 작동 중의 가스압이 일정하다. • 저장가스를 건조한 상태로 저장할 수 있다. • 구형 가스홀더에 비해 유효 가동량이 크다.
구형 가스홀더	• 표면적이 작아 단위저장 가스량당 강제 사용량이 적다. • 부지면적과 기초공사비가 적다. • 가스를 건조한 상태로 저장할 수 있다. • 가스 송출에 가스홀더 압력을 이용할 수 있다. • 관리가 용이하다.

③ 구형 가스홀더의 활동량(Nm^3) 계산 : 가스홀더의 최고압력과 최저압력 차이에 해당하는 가스량(가스홀더를 거쳐 공급된 가스량)을 표준상태(0℃, 1기압)의 체적으로 나타낸 것이다.

$$\Delta V = V \times \frac{P_1 - P_2}{P_0} \times \frac{T_0}{T_1} = \left(\frac{\pi}{6} \times D^3\right) \times \frac{P_1 - P_2}{P_0} \times \frac{T_0}{T_1}$$

여기서, ΔV : 가스홀더의 활동량(Nm^3)
  V : 가스홀더의 내용적(m^3)
  P_1 : 가스홀더의 최고사용압력($kgf/cm^2 \cdot a$)
  P_2 : 가스홀더의 최저사용압력($kgf/cm^2 \cdot a$)
  P_0 : 표준대기압($1.0332 kgf/cm^2$)
  T_0 : 표준상태의 절대온도(273K)
  T_1 : 가동상태의 절대온도(K)

※ 가스홀더의 내용적 : $V = \frac{4}{3}\pi r^3 = \frac{\pi}{6}D^3$

④ 가스홀더의 용량 결정식

$$S \times a = \frac{t}{24} \times M + \Delta H \text{에서 1일의 최대 제조능력 } M = (S \times a - H) \times \frac{24}{t} \text{가 된다.}$$

여기서, M : 1일의 최대 필요 제조능력 S : 1일의 최대 공급량
  a : 17시~22시 공급률 H : 가스홀더 활동량
  t : 시간당 공급량이 제조능력보다도 많은 시간(피크 사용시간)

예제 06

지름이 30m인 구형 가스홀더에 0.7MPa·g의 압력으로 도시가스가 저장되어 있는 것을 압력이 0.25MPa·g로 될 때까지 공급하였을 때 공급된 가스량(Sm³)을 계산하시오. (단, 가스 공급 시 온도는 20℃로 변함이 없고, 대기압은 0.1MPa이다.) [12. 1회. 기사]

풀이 ① 구형 가스홀더 내용적(m³) 계산

$$V = \frac{\pi}{6} \times D^3 = \frac{\pi}{6} \times 30^3 = 14137.166 ≒ 14137.17\,\text{m}^3$$

② 공급된 가스량(Sm³) 계산

$$\Delta V = V \times \frac{P_1 - P_2}{P_0} \times \frac{T_0}{T_1}$$

$$= 14137.17 \times \frac{(0.7+0.1)-(0.25+0.1)}{0.1} \times \frac{273}{273+20}$$

$$= 59274.789 ≒ 59274.79\,\text{Sm}^3$$

해답 59274.79Sm³

별해 하나의 식으로 구하는 방법 : 공급된 가스량을 구하는 식에 가스홀더 내용적 V를 구하는 것을 바로 대입하여 계산

$$\therefore \Delta V = V \times \frac{P_1 - P_2}{P_0} \times \frac{T_0}{T_1} = \left(\frac{\pi}{6} \times D^3\right) \times \frac{P_1 - P_2}{P_0} \times \frac{T_0}{T_1}$$

$$= \left(\frac{\pi}{6} \times 30^3\right) \times \frac{(0.7+0.1)-(0.25+0.1)}{0.1} \times \frac{273}{273+20}$$

$$= 59274.776 ≒ 59274.78\,\text{Sm}^3$$

해설 ① 'Sm³'는 표준상태(0℃, 1기압)의 체적을 의미한다.
② 구형 가스홀더에서 공급된 가스량은 문제에서 제시된 게이지압력을 대입하여 계산하여도 동일한 값이 나오지만, 공식은 보일-샤를의 법칙을 이용하여 만들어진 공식이기 때문에 절대압력을 적용하는 것이 원칙이다.
③ 구형 가스홀더 내용적을 계산할 때 '파이(π)'와 '3.14'를 적용하는 것에 따라 오차가 발생하며 이것 역시 선택하여 답안을 작성하길 바라며, '3.14'로 계산할 경우 풀이 과정에 기록하길 바랍니다.

2-2 정압기(governor)

(1) 정압기의 기능(역할)
① 감압 기능 : 도시가스 압력을 사용처에 맞게 낮추는 기능
② 정압 기능 : 2차측의 압력을 허용범위 내의 압력으로 유지하는 기능
③ 폐쇄 기능 : 가스의 흐름이 없을 때는 밸브를 완전히 폐쇄하여 압력 상승을 방지하는 기능

(2) 정압기 작동 원리
① 직동식 정압기 : 정압기 작동 원리의 기본이다.
   (개) 구조

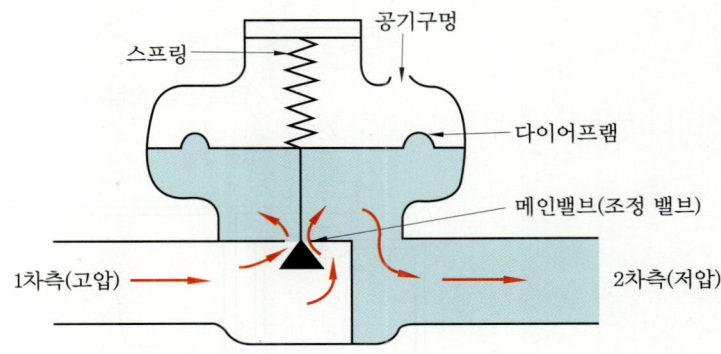

   (내) 기본 구조 3요소의 역할
      ㉮ 다이어프램 : 2차 압력을 감지하고, 2차 압력의 변동사항을 메인밸브에 전달하는 역할을 한다.
      ㉯ 스프링 : 조정할 2차 압력을 설정하는 역할을 한다.
      ㉰ 메인밸브 : 가스의 유량을 메인밸브의 개도에 따라서 직접 조정하는 역할을 한다.
   (대) 작동 원리
      ㉮ 설정압력이 유지될 때 : 다이어프램에 걸려 있는 2차 압력과 스프링 힘이 균형을 이루면서 메인밸브는 움직이지 않고 일정 개도치를 유지하면서 일정량의 가스를 2차측으로 공급한다.
      ㉯ 2차 압력이 설정압력보다 높을 때 : 2차측 가스 사용량이 감소하여 2차측 압력이 설정 압력 이상으로 상승하며, 이때 다이어프램을 들어 올리는 힘이 증가하여 스프링의 힘에 이기고 다이어프램에 연결된 메인밸브를 닫히게 하여 가스의 유량을 제한하므로 2차 압력을 설정압력으로 유지되도록 작동한다.
      ㉰ 2차 압력이 설정압력보다 낮을 때 : 정압기 스프링 힘이 다이어프램을 받치고 있는 힘보다 커서 다이어프램에 연결된 메인밸브를 열리게 하여 가스의 유량이 증가하게 되며 2차 압력을 설정압력으로 유지되도록 작동한다.

② 파일럿(pilot)식 정압기
    ㈎ 구조

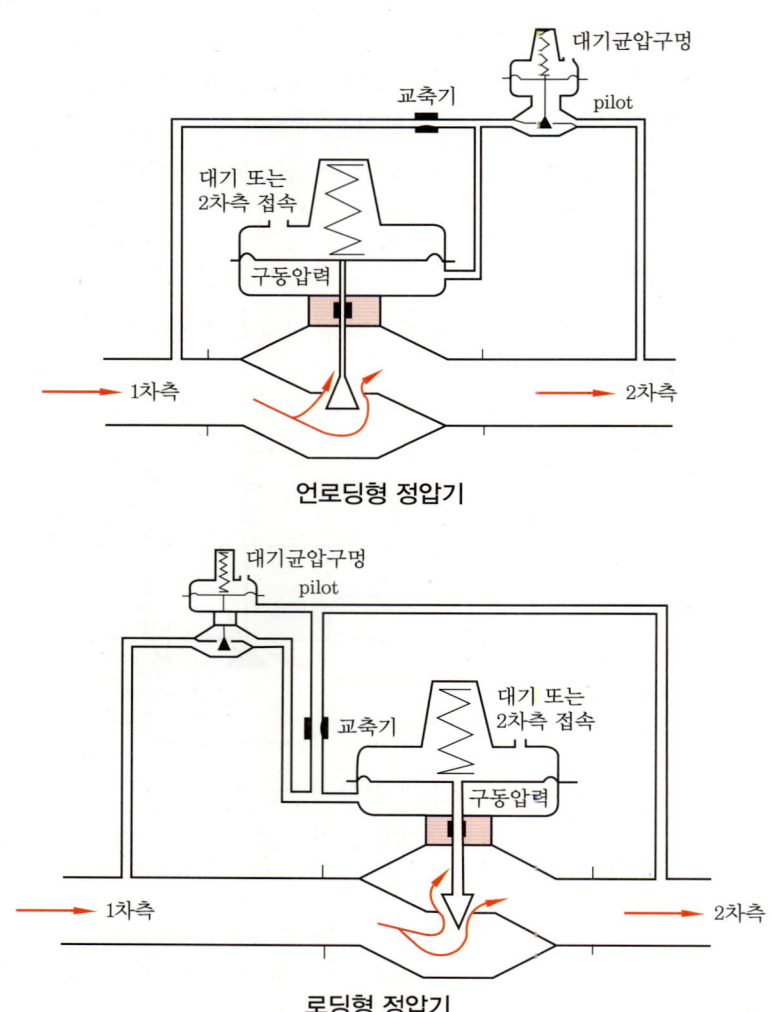

    ㈏ 작동 원리
        ㉮ 2차 압력이 설정압력으로 되어 있는 경우 : 평형상태 유지
            ㉠ 언로딩형 : 파일럿(pilot) 다이어프램에 가해지는 2차 압력과 파일럿 스프링 힘이 균형되어 있기 때문에 파일럿 밸브는 움직이지 않고 파일럿 계통에 일정량의 가스가 흐른다. 이 때문에 구동압력은 일정하고 본체 다이어프램에 가해지는 압력과 본체 스프링 힘이 균형을 유지하므로 본체 밸브도 움직이지 않고 일정량의 가스가 본체 밸브를 통과해서 2차측으로 흐른다.
            ㉡ 로딩형 : 파일럿 다이어프램에 가해지는 2차 압력과 파일럿 스프링의 힘이 균형되어 있어 파일럿 밸브는 일정 개도를 유지하고 있으므로 파일럿 계통에는 일정량의 가스가 흘러서 파일럿과 교축기 사이의 구동압력은 일정한 압력

을 유지하고 본체 다이어프램에 가해지는 압력과 스프링 힘이 균형되는 위치에서 밸브는 정지되어 있고, 일정량의 가스가 본체 밸브를 통과해서 2차측으로 흐른다.

㉯ 2차 압력이 설정압력보다 높을 때 : 2차측 사용량 감소
  ㉠ 언로딩형 : 파일럿 다이어프램을 밀어 올리는 힘이 파일럿 스프링의 힘을 이겨서 파일럿 밸브를 위쪽으로 움직여서 파일럿 계통에 흐르는 가스의 유량을 제한한다. 이에 의해서 구동압력이 높아지면서 본체 다이어프램을 밀어 올리는 힘이 스프링의 힘을 이겨내어 본체 밸브를 위쪽으로 밀어 올려서 가스 유량을 제한하여 2차 압력이 설정압력으로 되돌아가도록 작동한다.
  ㉡ 로딩형 : 파일럿 다이어프램을 밀어 올리는 힘이 파일럿 스프링의 힘을 이겨내고 파일럿 밸브를 위쪽으로 움직여서 파일럿 계통에 흐르는 가스량의 유량을 제한한다. 이에 의해서 구동압력이 낮아지고 본체 스프링의 힘이 본체 다이어프램을 밀어 올리는 힘을 이겨내어 본체 밸브를 아래쪽으로 내려 보내면서 가스의 유량을 제한하여 2차 압력이 설정압력으로 되돌아가도록 작동한다.

㉰ 2차 압력이 설정압력보다 낮을 때 : 2차측 사용량 증가
  ㉠ 언로딩형 : 파일럿 스프링 힘이 파일럿 다이어프램을 밀어 올리는 힘을 이기고 파일럿 밸브를 아래쪽으로 밀어 내려서 파일럿 계통에 흐르는 가스량을 증가시킨다. 이때 1차 압력은 교축기에 의해서 제한되어 있으므로 본체 구동압력이 저하되어 본체 스프링 힘이 본체 다이어프램을 밀어 올리는 힘을 이기고 밸브를 아래쪽으로 밀어 내려서 가스량을 증가시켜서 2차 압력을 설정압력까지 회복하도록 작동한다.
  ㉡ 로딩형 : 파일럿 스프링 힘이 파일럿 다이어프램을 밀어 올리는 힘을 이겨내어 파일럿 밸브를 아래쪽으로 움직여서 파일럿 계통에 공급하는 가스량을 증가시킨다. 이때 교축기에 의해서 구동압력이 2차측으로 빠져 나가는 것이 제한되기 때문에 구동압력이 상승하여 본체 다이어프램을 밀어 올리는 힘이 본체 스프링 힘을 이겨내서 본체 밸브를 위쪽으로 움직여서 가스량을 증가시켜 압력을 설정압력까지 회복하도록 작동한다.

③ 직동식과 파일럿식의 특성 비교

구분		직동식	파일럿식
정특성	오프셋 (off set)	• 2차 압력을 신호겸 구동압력으로서 이용하기 때문에 오프셋이 크게 된다.	• 파일럿에서 2차 압력의 작은 변화를 증폭해서 메인 정압기를 작동시키므로 오프셋은 적어진다.
	시프트 (shift)	• 1차 압력이 변화하면 메인밸브의 평형위치가 변화하므로 2차 압력도 시프트(shift) 된다.	• 기본적으로 1차 압력 변화의 영향은 적으나, 1차 압력이 변화해도 2차 압력이 거의 시프트(shift)되지 않도록 할 수 있다.

정특성	로크 업 (lock up)	• 2차 압력을 완전차단 압력으로서 이용하므로 로크 업은 크게 된다.	• 오프셋과 같은 이유로 로크 업은 적게 할 수 있다.
동특성	응답속도	• 신호계통이 단순하므로 응답속도는 빠르다.	• 응답속도는 약간 늦어지지만 기종에 따라서는 상당히 빠른 것도 있다.
	안정성	• 스프링 제어식에서는 상당한 안정성을 확보할 수 있다.	• 직동식보다 안정성은 좋은 것이 많으나 추 제어식의 것은 안정성은 나빠진다.
	적용성	• 소용량으로서 요구 유량제어 범위가 좁은 경우에 이용할 수 있다. • 낮은 차압으로 사용하는 경우에 적당하다.	• 대용량으로서 요구 유량제어 범위가 넓은 경우에 적당하다. • 높은 압력 제어 정도가 요구되는 경우에 적당하다.

예제 07 직동식 정압기의 기본 구조에 해당하는 다이어프램, 스프링, 메인밸브의 역할을 각각 설명하시오.

[20. 4회. 기사]

해답 ① 다이어프램 : 2차 압력을 감지하고, 2차 압력의 변동사항을 메인밸브에 전달하는 역할을 한다.
② 스프링 : 조정할 2차 압력을 설정하는 역할을 한다.
③ 메인밸브 : 가스의 유량을 메인밸브의 개도에 따라서 직접 조정하는 역할을 한다.

(3) 정압기의 특성

① 정특성 : 유량과 2차 압력의 관계
  (가) 로크업(lock up) : 유량이 0으로 되었을 때 끝맺은 압력과 기준압력(P_s)과의 차이
  (나) 오프셋(offset) : 유량이 변화했을 때 2차 압력과 기준압력(P_s)과의 차이
  (다) 시프트(shift) : 1차 압력의 변화에 의하여 정압곡선이 전체적으로 어긋나는 것

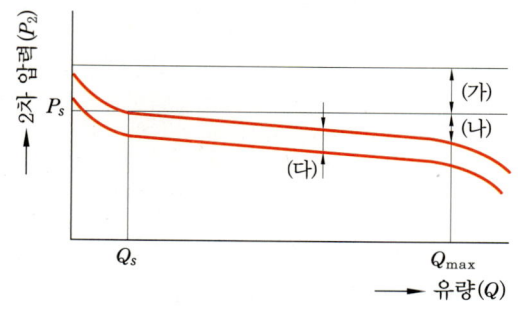

② 동특성(動特性) : 부하변동에 대한 응답의 신속성과 안정성이 요구됨
  ㈎ 응답속도가 빠르면 안정성은 떨어진다.
  ㈏ 응답속도가 늦으면 안정성은 좋아진다.

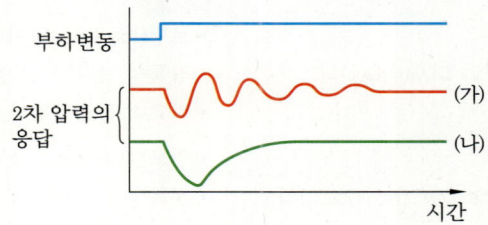

③ 유량 특성 : 메인밸브의 열림과 유량의 관계
  ㈎ 직선형 : 메인밸브의 개구부 모양이 장방향의 슬릿(slit)으로 되어 있으며 열림으로부터 유량을 파악하는 데 편리하다.
  ㈏ 2차 형 : 개구부의 모양이 삼각형(V자형)의 메인밸브로 되어 있으며 천천히 유량을 증가하는 형식으로 안정적이다.
  ㈐ 평방근형 : 접시형의 메인밸브로 신속하게 열(開) 필요가 있을 경우에 사용하며, 다른 것에 비하여 안정성이 좋지 않다.

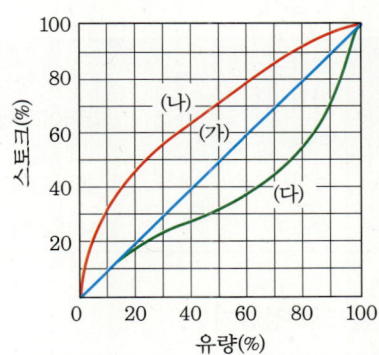

④ 사용 최대 차압 : 메인밸브에 1차와 2차 압력이 작용하여 최대로 되었을 때 차압
⑤ 작동 최소 차압 : 정압기가 작동할 수 있는 최소 차압

예제 08 정압기를 평가 선정할 경우 각 특성이 사용조건에 적합하도록 정압기를 선정하여야 한다. 이때 정압기를 선정할 때 고려하여야 할 특성 4가지를 쓰시오.
[17. 1회. 기사] [16. 4회, 23. 2회. 산기]

해답 ① 정특성 ② 동특성 ③ 유량 특성 ④ 사용 최대 차압 ⑤ 작동 최소 차압

(4) 지역 정압기

① 종류 및 특징

구분	특징
피셔(fisher)식	• 로딩(loading)형이다. • 정특성, 동특성이 양호하다. • 비교적 콤팩트하다.
레이놀즈(Reynolds)식	• 언로딩(unloading)형이다. • 정특성은 극히 좋으나 안정성이 부족하다. • 다른 것에 비하여 크다.
액시얼플로(AFV)식	• 변칙 언로딩형이다. • 정특성, 동특성이 양호하다. • 고차압이 될수록 특성이 양호하다. • 극히 콤팩트하다.
KRF식	• 레이놀즈식과 같다.

② 작동상황 플로차트

(가) 피셔식 정압기

항목		수용가의 가스 사용량	2차 압력	파일럿 다이어프램	파일럿 다이어프램 공급밸브	파일럿 다이어프램 배출밸브	구동 압력	메인 밸브
상황		증가	저하	올라간다	닫힌다	열린다	상승	열린다
		감소	상승	내려간다	열린다	닫힌다	저하	닫힌다

(나) 레이놀즈식 정압기

항목		수용가의 가스 사용량	2차 압력	저압 보조 정압기의 열림 정도	중간 압력	보조압력 내의 다이어프램을 밀어올리는 힘	보조압력 내의 다이어 드램의 위치	조봉, 레버, 메인밸브의 위치	메인 밸브의 열림 정도
상황		증가	저하	증가	저하	약해진다	내려간다	내려간다	증가
		감소	상승	감소	상승	강해진다	올라간다	올라간다	감소

(다) 액시얼플로식 정압기

항목		수용가의 가스 사용량	2차 압력	파일럿 밸브 개도	구동 압력	고무 슬리브 개도
상황		증가	저하	증가	저하	증가
		감소	상승	감소	상승	감소

③ 고장의 종류와 원인

구분	2차압 이상 상승	2차압 이상 저하
피셔식	① 메인밸브에 먼지류가 끼어들어 완전차단(cut off) 불량 ② 센터 스템(center stem)과 메인밸브의 접속 불량 ③ 파일럿 공급밸브(pilot supply valve)의 누설 ④ 메인밸브의 밸브 폐쇄 무 ⑤ 바이패스 밸브의 누설 ⑥ 가스 중 수분의 동결	① 정압기의 능력 부족 ② 필터의 먼지류의 막힘 ③ 파일럿의 오리피스의 녹 막힘 ④ 센터 스템의 작동 불량 ⑤ 스트로크 조정 불량 ⑥ 주 다이어프램 파손
레이놀즈식	① 메인밸브에 먼지류가 끼어들어 완전차단(cut-off) 불량 ② 저압 보조 정압기의 완전차단(cut-off) 불량 ③ 메인밸브 시트의 조립 불량 ④ 종·저압 보조 정압기의 다이어프램 누설 ⑤ 바이패스 밸브류의 누설 ⑥ 2차압 조절관의 파손 ⑦ 보조구반 내 물이 침입한 경우 ⑧ 가스 중 수분의 동결	① 정압기의 능력 부족 ② 필터의 먼지류의 막힘 ③ 센터 스템의 조립 불량 ④ 저압 보조 정압기의 열림 정도 부족 ⑤ 주, 보조 추의 부족 ⑥ 니들 밸브의 열림 정도 초과 ⑦ 가스 중 수분의 동결
AFV식	① 고무 슬리브, 게이지 사이에 먼지류가 끼어들어 완전차단(cut-off) 불량 ② 파일럿의 완전차단(cut-off) 불량 ③ 파일럿 계통의 필터, 조리개의 막힘 ④ 고무 슬리브 하류측의 파손 ⑤ 2차압 조절관 파손 ⑥ 바이패스 밸브류의 누설 ⑦ 파일럿 대기측 다이어프램 파손	① 정압기의 능력 부족 ② 필터의 먼지류의 막힘 ③ 조리개 열림 정도 초과 ④ 고무 슬리브 상류측 파손 ⑤ 파일럿 2차측 다이어프램 파손

예제 09 지역 정압기 종류 4가지를 쓰시오.

 ① 피셔(fisher)식 정압기
② 레이놀즈(Reynolds)식 정압기
③ KRF식 정압기
④ 액시얼 플로 밸브(AFV : Axial Flow Valve)식 정압기

2-3 웨버지수

(1) 웨버지수 : 가스 발열량을 비중의 평방근으로 나눈 것으로 가스의 연소성을 판단하는 데 사용된다.

$$WI = \frac{H_g}{\sqrt{d}}$$

여기서, H_g : 도시가스 발열량(kcal/m³) d : 도시가스 비중

예제 10 발열량 11000kcal/Nm³, 비중 0.55인 도시가스(LNG)의 웨버지수는 얼마인가?
[08. 2회. 기사] [14. 2회. 산기 유사]

풀이 $WI = \dfrac{H_g}{\sqrt{d}} = \dfrac{11000}{\sqrt{0.55}} = 14832.396 ≒ 14832.40$

해답 14832.4

해설 웨버지수는 단위가 없는 무차원수이다.

---

(2) 노즐 조정 : 연소기에 공급되는 가스가 변경되면 웨버지수와 가스압력은 정해지므로 양호한 연소상태를 유지하기 위하여 노즐 구멍 지름을 변경해 주어야 한다. 노즐 구멍 지름의 변경은 가스 변경 전·후 웨버지수, 가스압력에 따라 다음의 식으로 계산한다.

$$\frac{D_2}{D_1} = \frac{\sqrt{WI_1\sqrt{P_1}}}{\sqrt{WI_2\sqrt{P_2}}}$$

여기서, D_1 : 변경 전 노즐 지름(mm) D_2 : 변경 후 노즐 지름(mm)
       WI_1 : 변경 전 가스의 웨버지수 WI_2 : 변경 후 가스의 웨버지수
       P_1 : 변경 전 가스의 압력(mmH₂O) P_2 : 변경 후 가스의 압력(mmH₂O)

예제 11 발열량 6000kcal/Nm³, 비중 0.6, 공급 표준압력 100mmH₂O인 가스에서 발열량 10500kcal/Nm³, 비중 0.66, 공급 표준압력 200mmH₂O인 LNG로 가스를 변경할 경우 노즐 변경률은 얼마인가?
[10. 4회, 12. 1회. 산기]

풀이 $\dfrac{D_2}{D_1} = \sqrt{\dfrac{WI_1\sqrt{P_1}}{WI_2\sqrt{P_2}}} = \sqrt{\dfrac{\frac{6000}{\sqrt{0.6}} \times \sqrt{100}}{\frac{10500}{\sqrt{0.66}} \times \sqrt{200}}} = 0.650 ≒ 0.65$

해답 0.65

도시가스 설비 예상문제

01 도시가스 원료 선택 시 고려사항 4가지를 쓰시오. [20. 4회. 산기]

해답 ① 제조설비의 건설비가 적게 소요될 것
② 이동 및 변동이 용이할 것
③ 수질 및 대기의 공해 문제가 적을 것
④ 원료 취급이 간편할 것

02 도시가스 연료의 가연성분 원소 중에서 가장 무거운 원소는? [20. 4회. 산기]

해답 황(S)
해설 연료의 가연성분 성질 : 분자량이 큰 것이 질량이 크므로 무거운 것이다.

명칭	분자량
탄소(C)	12
수소(H_2)	2
황(S)	32

03 도시가스 원료 중 액체 성분에 해당하는 것 2가지를 쓰시오. [19. 2회. 산기]

해답 ① 나프타(naphtha) ② LNG(액화천연가스) ③ LPG(액화석유가스)

04 지하에서 채굴한 천연가스를 액화하기 전에 거치는 전처리 과정 4가지를 쓰시오.

해답 ① 제진 ② 탈유 ③ 탈탄산 ④ 탈수 ⑤ 탈습

05 보일 오프 가스(BOG : boil off gas)에 대한 물음에 답하시오. [21. 4회. 산기]

(1) 정의를 쓰시오.
(2) 발생하는 원인 2가지를 쓰시오.

해답 (1) LNG 저장시설에서 자연 입열에 의하여 기화된 가스로 증발가스라 한다.
(2) ① 저장탱크 외부로부터 전도되는 열
② 롤 오버(roll over) 현상

해설 롤 오버(roll over) 현상 : LNG 저장탱크에서 상이한 액체 밀도로 인하여 층상화된 액체의 불안정한 상태가 바로 잡히며 생기는 LNG의 급격한 물질 혼합 현상을 말하여 일반적으로 상당한 양의 증발가스가 탱크 내부에서 방출되는 현상이 수반된다.

06 천연가스(NG)를 도시가스로 공급할 경우의 특징 4가지를 쓰시오.

해답
① 천연가스를 그대로 공급한다.
② 천연가스를 공기로 희석해서 공급한다.
③ 종래의 도시가스에 혼합하여 공급한다.
④ 종래의 도시가스와 유사 성질의 가스로 개질하여 공급한다.

07 극지방과 심해저 등에서 저온·고압 하에서 수소결합을 하는 고체의 격자 속에 가스가 조립된 결합체로 존재하는 얼음과 같은 고체상태의 가스연료로 차세대 대체연료로 가능성이 있는 것의 명칭을 쓰시오.

해답 메탄 하이드레이트(hydrate)

08 셰일가스(shale gas)의 정의를 쓰시오. [21. 3회. 기사]

해답 오랜 세월 동안 입자가 작은 진흙이 퇴적되면서 형성된 암석층(퇴적암)을 셰일(shale)이라 하며 퇴적물은 시간에 따라 열과 압력을 받아 진흙에서 혈암으로, 유기물들은 천연가스로 변하게 된다. 이때 생성된 천연가스는 투과되지 못하는 암석층에 막혀 있거나 암석의 미세한 틈새에 광범위하게 퍼져 있는 상태의 가스를 셰일가스라 한다. 셰일가스는 수직 시추는 불가능하여 오랫동안 채굴이 이루어지지 못하다가 2000년대 들어오면서 수평시추법(horizontal drilling)과 수압파쇄법(hyduraulic fracturing) 등이 상용화되면서 경제적인 채굴이 가능하게 되면서 본격적으로 개발되었다.

09 도시가스 원료로 사용하는 오프가스를 설명하시오. [19. 2회. 산기] [21. 기사 2회]

해답 오프가스(off gas)는 석유정제 오프가스와 석유화학 오프가스로 분류되며 석유정제 오프가스는 원유를 상압증류, 감압증류 및 가솔린 생산을 위한 접촉개질공정 등에서 발생하는 가스를 회수한 것이다. 석유화학 오프가스는 나프타 분해에 의해 에틸렌 등을 제조하는 공정에서 발생하는 가스를 회수한 것이다.

10 도시가스 원료 중 나프타의 장점 4가지를 쓰시오. [15. 2회, 21. 3회, 22. 2회. 기사] [14. 4회. 산기]

해답 ① 가스화가 용이하기 때문에 높은 가스화 효율을 얻을 수 있다.
② 타르, 카본 등 부산물이 거의 생성되지 않는다.
③ 가스 중에는 불순물이 적어서 정제설비를 필요로 하지 않는 경우가 많다.
④ 대기오염, 수질오염의 환경문제가 적다.
⑤ 취급과 저장이 모두 용이하다.

11 나프타(naphtha)의 가스화에 따른 물음에 답하시오. [19. 2회. 기사]
(1) PONA가 무엇을 의미하는 것인지 쓰시오. [17. 2회. 산기]
(2) PONA 중 어느 것이 많거나 적을 때 가스의 생성에 유리한가?

해답 (1) ① P : 파라핀계 탄화수소
② O : 올레핀계 탄화수소
③ N : 나프텐계 탄화수소
④ A : 방향족 탄화수소
(2) 파라핀계 탄화수소가 많을 때 가스화 효율이 높아지며, 올레핀계, 나프텐계, 방향족 탄화수소가 많아지면 카본 석출, 촉매 노화, 나프탈렌 생성 등으로 가스화 효율이 저하되므로 3가지 성분을 적을수록 가스 생성에 유리하다.

12 LPG를 도시가스 원료로 사용할 경우 공급방식의 종류 3가지를 쓰시오.

해답 ① 직접 혼입 방식 ② 공기 혼합 방식 ③ 변성 혼입 방식

13 공기 혼합가스(air direct gas) 공급방식의 목적 3가지를 쓰시오. [07. 1회. 기사]

해답 ① 발열량 조절 ② 재액화 방지 ③ 누설 시 손실 감소 ④ 연소효율 증대

14 도시가스 제조공정 중 가스화 방식에 의한 분류 4가지를 쓰시오. [16. 1회. 산기] [20. 4회. 기사]

해답 ① 열분해 공정
② 접촉분해 공정 (또는 접촉개질공정)
③ 부분연소 공정
④ 대체천연가스(SNG) 공정
⑤ 수소화 분해 공정

15 도시가스 제조공정 중 접촉개질공정에 대하여 설명하시오.
[07. 2회, 09. 1회, 19. 1회, 20. 3회, 23. 2회, 산기]

해답 촉매를 사용해서 반응온도 400~800℃에서 탄화수소와 수증기를 반응시켜 메탄(CH_4), 수소(H_2), 일산화탄소(CO), 이산화탄소(CO_2)로 변환하는 공정이다.

16 도시가스 제조공정 중 접촉분해공정에 의하여 발생하는 가스 종류 4가지를 쓰시오.
[21. 1회, 산기]

해답 ① 메탄(CH_4) ② 수소(H_2) ③ 일산화탄소(CO) ④ 이산화탄소(CO_2)
해설 '접촉분해공정'은 '접촉개질공정'을 지칭하는 것이다.

17 접촉분해공정에서 고온수증기 개질법의 ICI방식의 공정 4단계를 순서대로 쓰시오.
[20. 4회, 산기]

해답 ① 원료의 탈황 ② 가스의 제조 ③ CO 변성 ④ 열 회수
해설 ICI방식 : Imperrial Chemical Industries 사의 약칭으로 수소(H_2)가 많고 연소속도가 빠른 발열량 3000kcal/Nm^3 전후의 가스를 제조한다.

18 접촉분해공정에서 수증기비가 일정할 때 온도를 저온에서 고온으로 상승 시 CO_2, CO, H_2, CH_4의 생성량 변화를 설명하시오.
[11. 1회, 기사]

해답 CH_4과 CO_2가 감소하고, H_2와 CO가 증가한다.
해설 접촉분해공정에서의 온도, 압력, 수증기비의 영향
(1) 압력과 온도의 영향

구분		CH_4, CO_2	H_2, CO
압력	상승	증가	감소
	하강	감소	증가
온도	상승	감소	증가
	하강	증가	감소

(2) 수증비의 영향 : 일정 온도, 압력 하에서 수증비를 증가시키면 CH_4, CO가 적고, CO_2, H_2가 많은 가스가 생성된다.
(3) 카본 생성 방지 방법
반응식 : $CH_4 \rightleftarrows 2H_2 + C$(카본) … 반응온도를 낮게, 반응압력을 높게 유지
$2CO \rightleftarrows CO_2 + C$(카본) … 반응온도 높게, 반응압력 낮게 유지

19 도시가스 가스화 프로세스에서 발생되는 일산화탄소(CO)는 독성에 의한 중독 등 피해가 발생되는 것을 방지하기 위해 일산화탄소를 변성을 해서 함유량을 저감시키고 있다. 제조가스 중에 포함되어 있는 일산화탄소를 이산화탄소(CO_2)로 변성시키는 일산화탄소 변성반응에 대하여 설명하시오. [01. 1회. 산기]

해답 ① 일산화탄소 변성반응식 : $CO + H_2O \rightleftarrows CO_2 + H_2$
② 반응온도 : 400℃ 전후(일산화탄소를 감소시키기 위해 반응온도를 낮추면 반응속도가 심하게 감소하므로 400℃ 전후에서 철-크롬($Fe_2O_3 - Cr_2O_3$)계 촉매를 사용하여 반응시킨다.)
③ 반응압력 : CO의 변성반응은 등 몰(mol) 반응이고 반응 전후에 체적변화가 일어나지 않으므로 압력의 영향은 없다.
④ 수증기비 : 수증기량이 증가하면 수증기 분압이 상승하기 때문에 CO 변성이 진행된다.
⑤ 카본(C)의 생성 : 일산화탄소 분해에 의하여 카본(C)의 생성 가능성이 있다. (반응식 : $2CO \rightleftarrows CO_2 + C$) 카본 생성을 방지하기 위하여 반응온도는 고온, 반응압력은 저압으로 유지하여야 한다.

20 [보기]와 같은 반응으로 진행되는 접촉분해(수증기 개질)공정에서 카본(C) 생성을 방지하는 방법에 대하여 온도, 압력, 수증기비의 관계를 설명하시오. [19. 1회. 산기]

| 보기 |
$CH_4 \rightleftarrows 2H_2 + C(카본)$ ……… (1)
$2CO \rightleftarrows CO_2 + C(카본)$ ……… (2)

해답 (1) 반응온도를 낮게, 반응압력을 높게 유지하고 수증기비(수증기량)를 증가시킨다.
(2) 반응온도를 높게, 반응압력을 낮게 유지하고 수증기비(수증기량)를 증가시킨다.

해설 카본(C) 생성을 방지하는 방법
① (1)번, (2)번 모두 반응에 필요한 수증기량 이상의 수증기를 가하면 카본 생성을 방지할 수 있다.
② (1)번 반응은 발열반응에 해당되고 반응 전 1mol, 반응 후 카본(C)을 제외한 2mol로 반응 후의 mol수가 많으므로 온도가 높고, 압력이 낮을수록 반응이 잘 일어난다. 그러므로 카본(C) 생성을 방지하려면 반응이 잘 일어나지 않도록 하여야 하므로 반응온도를 낮게, 반응압력은 높게 유지한다.
③ (2)번 반응은 발열반응에 해당되고 반응 전 2mol, 반응 후 카본(C)을 제외한 1mol로 반응 후의 mol수가 적으므로 온도가 낮고, 압력이 높을수록 반응이 잘 일어난다. 그러므로 카본(C) 생성을 방지하려면 반응이 잘 일어나지 않도록 하여야 하므로 반응온도는 높게, 반응압력은 낮게 유지하여야 한다.

21 도시가스 제조법 중 수증기 개질법에서 일정 압력, 일정 온도 상태에서 수증기비가 증가하면 CH_4, CO가 감소하고, H_2, CO_2가 많은 가스가 생성되는 이유를 화학식을 이용하여 설명하시오. [17. 1회. 산기]

해답 나프타(탄화수소)를 이용한 수증기 개질법에서 탄화수소와 수증기간의 반응식은 다음과 같다.

$$A(C_mH_n) + B(H_2O) \rightarrow C(H_2) + D(CO) + E(CO_2) + F(CH_4) + G(C) + H(H_2O)$$

여기서 최종적으로 발생가스의 조성은 다음의 3가지 식의 평형관계에 의하여 결정된다.

$CO + H_2O \rightleftarrows CO_2 + H_2$: 발열반응 ……… ①
$CO + 3H_2 \rightleftarrows CH_4 + H_2O$: 발열반응 ……… ②
$2CO + 2H_2 \rightleftarrows CO_2 + CH_4$: 발열반응 ……… ③

수증기비가 증가하면 발생가스 중의 H_2O의 분압은 증가한다. 따라서 ①식은 우방향으로, ②식은 좌방향으로 진행하기 쉽게 되고 CO_2 및 H_2는 증대하고, CH_4 및 CO는 감소한다.

22 도시가스 제조법 중 수증기 개질법에서 반응온도를 상승시키면 수소와 일산화탄소가 많고, 이산화탄소와 메탄이 적은 저발열량의 가스가 생성되는 이유를 설명하시오. [17. 4회. 산기]

해답 나프타(탄화수소)를 이용한 수증기 개질법에서 탄화수소와 수증기간의 반응식은 다음과 같다.

$$A(C_mH_n) + B(H_2O) \rightarrow C(H_2) + D(CO) + E(CO_2) + F(CH_4) + G(C) + H(H_2O)$$

여기서 최종적으로 발생가스의 조성은 다음의 3가지 식의 평형관계에 의하여 결정된다.

$CO + H_2O \rightleftarrows CO_2 + H_2$: 발열반응 ……… ①
$CO + 3H_2 \rightleftarrows CH_4 + H_2O$: 발열반응 ……… ②
$2CO + 2H_2 \rightleftarrows CO_2 + CH_4$: 발열반응 ……… ③

①, ②, ③ 반응식에서 우방향은 발열반응이고 좌방향은 흡열반응이므로 반응온도를 상승시키면 좌방향으로 반응이 진행되기 쉽게 되어 수소(H_2)와 일산화탄소(CO)가 많고, 이산화탄소(CO_2)와 메탄(CH_4)이 적은 저발열량의 가스가 생성된다.

23 가스화 방식 중 수증기 개질법에서 원료 중에 함유된 불순물을 제거하는 수첨 탈황법에 첨가하는 물질은 무엇인가? [18. 1회. 산기]

해답 수소

해설 수첨(수소화) 탈황법 : 유기유황 화합물은 황화수소보다 반응성이 낮아서 일반적인 황화수소 제거장치에서는 제거할 수 없어 유기유황 화합물을 황화합물로 변화시켜서 제거하여야 한다. 수첨(수소화) 탈황법은 촉매를 사용해서 수소를 첨가하여 유기유황 화합물을 황화수소로, 질소 화합물을 암모니아로, 산소화합물을 물로 변화시켜 제거한다.

24 원유, 중유, 나프타 등 탄화수소를 고온에서 가열하여 약 10000kcal/m³의 고열량 가스를 제조하는 공정 명칭을 쓰시오. [21. 4회. 산기]

해답 열분해 공정

25 도시가스 제조법 중 수소화분해공정에 대하여 설명하시오. [22. 4회. 산기]

해답 C/H비가 큰 탄화수소를 고온·고압의 수소기류 중에서 열분해 또는 접촉분해시켜서 메탄을 주성분으로 하는 고열량의 가스를 제조하는 방법으로 촉매로는 Ni(니켈) 등을 사용한다.

26 [보기]는 나프타 및 LPG를 원료로 SNG를 제조하는 저온 수증기 개질 프로세스이다. ( )에 알맞은 공정을 쓰시오. [18. 4회. 산기]

| 보기 |
LPG → (①) → 저온 수증기 개질 → 메탄화 → (②) → 탈습 → SNG

해답 ① 수소화 탈황 ② 탈탄산

해설 저온 수증기 개질에 의한 SNG 제조 프로세스

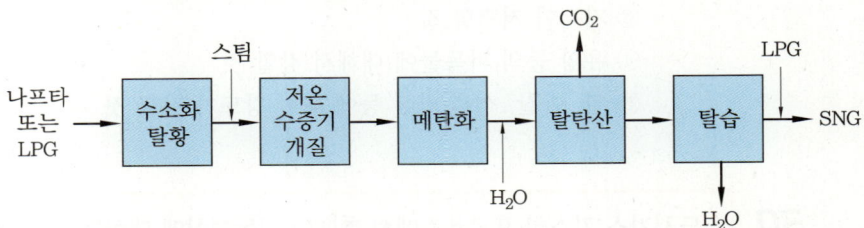

27 탄화수소를 원료로 도시가스를 제조하는 방법 중 대체천연가스 공정에서 가스화하는 공정 3가지를 쓰시오. [20. 1회. 기사]

해답 ① 수증기 개질 공정 ② 부분연소 공정 ③ 수첨분해 공정

해설 대체천연가스 공정(substitute natural process) : 수분, 산소, 수소를 원료 탄화수소와 반응시켜 수증기 개질, 부분연소, 수첨분해 등에 의해 가스화하고, 메탄합성,

탈산소 등의 공정과 병용해서 천연가스의 성상과 거의 일치하게끔 가스를 제조하는 공정으로 제조된 가스를 대체천연가스(SNG) 또는 합성천연가스라 한다.

28. 도시가스 제조 프로세스에서 원료의 송입법에 의한 분류 3가지를 쓰시오. [18. 3회. 기사]

해답 ① 연속식 ② 배치식 ③ 사이클릭식

해설 도시가스 제조 프로세스 분류
(1) 원료의 송입법에 의한 분류
  ① 연속식 : 원료가 연속적으로 송입되고, 가스 발생도 연속으로 이루어진다.
  ② 배치(batch)식 : 일정량의 원료를 가스화 실에 넣어 가스화하는 방법이다.
  ③ 사이클릭(cyclic)식 : 연속식과 배치식의 중간적인 방법이다.
(2) 가열방식에 의한 분류
  ① 외열식 : 원료가 들어 있는 용기를 외부에서 가열하는 방법이다.
  ② 축열식 : 반응기 내에서 연료를 연소시켜 충분히 가열한 후 이것을 가스화 열원으로 하는 방법이다.
  ③ 부분 연소식 : 원료의 일부를 연소시켜 그 열을 이용하여 가스화 열원으로 하는 방법이다.
  ④ 자열식 : 가스화에 필요한 열을 발열반응을 이용하는 방법이다.

29. 도시가스 제조공정에서 가스화 촉매에 요구되는 성질 4가지를 쓰시오. [20. 2회. 기사]

해답 ① 활성이 높을 것
② 수명이 길 것
③ 가격이 저렴할 것
④ 유황 등의 피독물에 대해서 강할 것
⑤ 열, 마찰, 석출 카본 등에 대한 강도가 강할 것

30. 도시가스 가스화 프로세스에서 촉매의 피독현상에 대하여 설명하시오. [06. 4회. 산기]

해답 유황분에 의하여 촉매의 활성점이 반응물질이나 침전물과 결합하여 촉매의 활성이 저하되는 현상이다.

31. 도시가스 제조 중 가스의 열량 조정방식 3가지를 쓰시오. [16. 1회. 기사]

해답 ① 유량비율 제어방식 ② 캐스케이드 방식 ③ 서걸라이저 방식

해설 제조 가스의 열량 조정방식
① 유량비율 제어방식 : 제조가스의 열량이 일정한 경우에 사용되는 방식으로 단순히 유량비율을 제어하는 방식이다.
② 캐스케이드 방식 : 고열량 가스나 발열량이 변동할 경우에 사용하는 방식으로 열량계로부터 신호에 의해 자동적으로 열량을 제어한다.
③ 서멀라이저 방식 : 공기식, 전류식, 전압식 등이 있으며 여러 종류의 가스를 제조하고 열량을 조정할 때 사용하는 방식이다.

32 도시가스 열량조정 공정 중 증열법과 희석법에 대하여 설명하시오.

해답 ① 증열법 : 발열량이 낮은 제조가스(부분연소 프로세스, 사이클릭식 접촉프로세스, 접촉분해 프로세스 등)에 발열량이 높은 천연가스(NG), 액화천연가스(LNG), LPG, 나프타 분해가스 등을 일정량 첨가하여 발열량을 높여 도시가스로 공급하는 방법으로, 일반적으로 발열량이 높은 LPG(프로판, 부탄)를 첨가하는 방법을 이용한다.
② 희석법 : 발열량이 높은 천연가스(NG), 액화천연가스(LNG), LPG, 나프타 분해가스 등에 일정량의 공기를 혼합하여 발열량을 낮춰 도시가스로 공급하는 방법이다.

33 액화석유가스, 도시가스 등에 부취제를 첨가하는 이유를 설명하시오. [22. 3회. 기사]

해답 액화석유가스, 도시가스 등은 냄새가 없거나 극히 미약하여 누설이 되어도 사람이 인지하지 못할 가능성이 있어 폭발사고의 원인이 되기 때문에 냄새나는 물질(부취제)을 첨가(혼합)하여 가스가 누출될 경우 사람이 이를 쉽게 감지할 수 있도록 하여 폭발사고 등을 방지하기 위하여 첨가한다.
해설 부취제 첨가 : KGS FP331
① 부취제는 공기 중의 혼합비율이 용량으로 1000분의 1의 상태에서 감지할 수 있어야 한다.
② 냄새 측정방법 : 오더(odor)미터법(냄새측정기법), 주사기법, 냄새주머니법, 무취실법

34 LPG 및 LNG에 첨가하는 부취제의 종류 2가지를 영어 약자로 쓰시오. [21. 4회. 산기]

해답 ① TBM
② THT
③ DMS

해설 부취제의 종류 및 특징
① TBM(Tertiary Buthyl Mercaptan) : 양파 썩는 냄새가 나며, 내산화성이 우수하고 토양 투과성이 우수하며 토양에 흡착되기 어렵다.
② THT(Tetra Hydro Thiophen) : 석탄가스 냄새가 나며 산화, 중합이 일어나지 않는 안정된 화합물이다. 토양의 투과성이 보통이며, 토양에 흡착되기 쉽다.
③ DMS(DiMethyl Sulfide) : 마늘 냄새가 나며 안정된 화합물이다. 내산화성이 우수하고 토양의 투과성이 아주 우수하며 토양에 흡착되기 어렵다.

35 부취제의 구비조건 4가지를 쓰시오. [11. 2회, 22. 1회. 산기]

해답 ① 화학적으로 안정하고, 독성이 없을 것
② 보통 존재하는 냄새(생활취)와 명확하게 식별될 것
③ 극히 낮은 농도에서도 냄새가 확인될 수 있을 것
④ 가스관이나 가스미터 등에 흡착되지 않을 것
⑤ 배관을 부식시키지 않을 것
⑥ 물에 잘 녹지 않고 토양에 대하여 투과성이 클 것
⑦ 완전연소가 가능하고, 연소 후 냄새나 유해한 성질이 남지 않을 것

36 부취제 주입방식 중 액체주입방식 3가지를 쓰시오. [18. 1회, 20. 1회, 21. 2회. 산기]

해답 ① 펌프 주입방식 ② 적하 주입방식 ③ 미터 연결 바이패스 방식
해설 부취제의 주입방법
① 액체 주입식 : 부취제를 액상 그대로 가스흐름에 주입하는 방법으로 펌프 주입방식, 적하 주입방식, 미터 연결 바이패스 방식으로 분류한다.
② 증발식 : 부취제의 증기를 가스 흐름에 혼합하는 방법으로 바이패스 증발식, 위크 증발식으로 분류한다.

37 부취제 주입방식 중 증발식 부취설비의 특징(장단점) 2가지를 쓰시오. [21. 2회. 기사]

해답 ① 부취제의 증기를 가스 흐름에 혼합하는 방식으로 설비비가 저렴하다.
② 동력을 필요로 하지 않는다.
③ 압력, 온도의 변동이 적고 관내 가스 유속이 큰 곳에 적합하다.
④ 부취제 첨가율을 일정하게 유지하기 어렵다.
⑤ 유량의 변동이 작은 소규모 부취설비에 적합하다.

38 도시가스 부취제 주입방법 중 위크 증발식에 대하여 설명하시오.

해답 부취제를 담은 용기에 심지를 전달하여 부취제가 상승하고 이것에 가스가 접촉하는 데 따라 부취제가 증발하여 첨가되는 방식으로 첨가량 조절이 어렵고 소규모 시설에 적합하다.

39 액화석유가스의 부취제 냄새측정방법 4가지를 쓰시오. [10. 2회, 20. 3회, 4회. 기사]

해답 ① 오더미터법(또는 냄새측정기법) ② 주사기법
③ 냄새주머니법 ④ 무취실법

40 도시가스 공급 시 냄새 판정을 위한 시료기체는 깨끗한 공기와 시험가스와의 희석배수 4가지를 이용하여 패널(panel)에 의한 가스냄새농도 측정을 한다. 이때 희석배수 4가지를 쓰시오.

해답 ① 500배 ② 1000배 ③ 2000배 ④ 4000배

41 부취제가 누설되었을 때 제거하는 방법 3가지를 쓰시오.

해답 ① 활성탄에 의한 흡착 ② 화학적 산화처리 ③ 연소법

42 도시가스 공급방식 중 공급압력에 따른 종류 3가지를 쓰시오.
[12. 1회, 20. 1회. 기사][18. 2회. 산기]

해답 ① 저압 공급방식 : 0.1MPa 미만
② 중압 공급방식 : 0.1MPa 이상 1MPa 미만
③ 고압 공급방식 : 1MPa 이상

해설 도시가스사업법 시행규칙 제2조
① "고압"이란 1MPa 이상의 압력(게이지압력)을 말한다. 다만, 액체 상태의 액화가스는 고압으로 본다.
② "중압"이란 0.1MPa 이상 1MPa 미만의 압력을 말한다. 다만, 액화가스가 기화되고 다른 물질과 혼합되지 아니한 경우에는 0.01MPa 미만의 압력을 말한다.
③ "저압"이란 0.1MPa 미만의 압력을 말한다. 다만, 액화가스가 기화(氣化)되고 다른 물질과 혼합되지 아니한 경우에는 0.01MPa 미만의 압력을 말한다.

43 도시가스 공급시설의 종류 5가지를 쓰시오.

해답 ① 가스발생설비　② 가스정제설비　③ 가스홀더
　　④ 배송기 및 압송기　⑤ 액화가스 저장탱크　⑥ 정압기

44 LNG 기화기의 종류 3가지를 쓰시오. [08. 1회, 17. 1회. 산기]

해답 ① 오픈 랙(open rack) 기화기　② 중간 매체식 기화기
　　③ 서브머지드(submerged) 기화기

해설 LNG 기화장치의 종류
① 오픈 랙(open rack) 기화기 : 베이스 로드용으로 바닷물을 열원으로 사용하므로 초기시설비가 많으나 운전비용이 저렴하다.
② 중간 매체식 기화기 : 베이스 로드용으로 프로판(C_3H_8), 펜탄(C_5H_{12}) 등을 사용한다.
③ 서브머지드(submerged) 기화기 : 피크 로드용으르 액중 버너를 사용한다. 초기시설비가 적으나 운전비용이 많이 소요된다.

45 다음 그림과 같은 구조로 이루어진 LNG 기화장치의 명칭을 쓰시오.

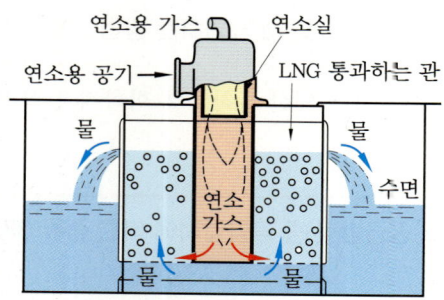

해답 서브머지드(submerged) 기화기

46 도시가스 제조 및 공급시설 중 가스홀더의 기능에 대하여 4가지를 쓰시오.
[16. 3회, 1c. 3회. 기사] [17. 2회, 20. 4회. 산기]

해답 ① 가스 수요의 시간적 변동에 대하여 공급가스량을 확보한다.
② 공급설비의 일시적 중단에 대하여 어느 정도 공급량을 확보한다.
③ 공급가스의 성분, 열량, 연소성 등의 성질을 균일화한다.
④ 소비 지역 근처에 설치하여 피크 시의 공급, 수송 효과를 얻는다.

47 1일 공급할 수 있는 최대 가스량이 500m³, 3시간 동안 200m³를 가스홀더에 공급하며 송출량이 제조량보다 많아지는 17시~23시의 송출률이 45%일 때 필요한 제조 가스량 (m³/day)은 얼마인가? [10. 2회. 산기]

풀이 $S \times a = \dfrac{t}{24} \times M + \Delta H$에서 1일 최대 공급량($S$) 500m³/day, t시간의 송출률(a) 45%, 가스홀더의 유효가동량 ΔH는 3시간 동안 송출량 200m³를 3시간으로 나눈 값을 적용하고, 제조능력보다 소비량이 커지는 시간 t는 17시부터 23시이므로 6시간을 대입하여 최대 제조능력 M을 구한다.

$$\therefore M = \dfrac{24}{t} \times (S \times a - \Delta H) = \dfrac{26}{6} \times \left(500 \times 0.45 - \dfrac{200}{3}\right) = 633.333 ≒ 633.33 \text{m}^3/\text{day}$$

해답 633.33m³/day

참고 가스홀더의 용량 결정식

$$S \times a = \dfrac{t}{24} \times M + \Delta H$$

여기서, S : 최대 공급량(m³/day) a : t시간의 송출률
t : 시간당 송출량이 제조능력보다 많은 시간
M : 최대 제조능력(m³/day) ΔH : 가스홀더의 유효가동량(m³)

48 구형 가스홀더 내용적 계산식을 쓰고 각 인자에 대하여 설명하시오. [18. 2회. 기사]

해답 $V = \dfrac{\pi}{6} \times D^3 = \dfrac{4}{3} \times \pi \times r^4$

여기서, V : 내용적(m³) D : 안지름(m) r : 내측 반지름(m)

49 지름이 30m인 구형 가스홀더에 1MPa의 압력으로 도시가스가 저장되어 있는 것을 압력이 0.2MPa로 될 때까지 가스를 공급하였을 때 공급된 가스량(Nm³)을 계산하시오. (단, 공급 시 온도는 20℃로 변함이 없는 것으로 한다.) [21. 1회. 기사]

풀이 ① 구형 가스홀더 내용적(m³) 계산

$$V = \dfrac{\pi}{6} \times D^3 = \dfrac{\pi}{6} \times 30^3 = 14137.166 ≒ 14137.17 \text{m}^3$$

② 공급된 가스량(Nm³) 계산 : 공급된 가스량의 단위 'Nm³'는 표준상태의 체적이므로, 온도(T_0)는 0℃, 압력은 절대압력을 적용하기 때문에 구형 가스홀더의 압력은 게이지압력으로 판단하고, 대기압은 0.1MPa을 적용하여 계산한다.

$$\therefore \Delta V = V \times \dfrac{P_1 - P_2}{P_0} \times \dfrac{T_0}{T_1} = 14137.17 \times \dfrac{(1+0.1) - (0.2+0.1)}{0.1} \times \dfrac{273}{273+20}$$
$$= 105377.403 ≒ 105377.40 \text{Nm}^3$$

[해답] 105377.4Nm³

[별해] 하나의 식으로 계산 : 구형 가스홀더 내용적(V) 계산식을 공급 가스량 계산식에 적용하여 계산

$$\therefore \Delta V = V \times \frac{P_1 - P_2}{P_0} \times \frac{T_0}{T_1} = \left(\frac{\pi}{6} \times D^3\right) \times \frac{P_1 - P_2}{P_0} \times \frac{T_0}{T_1}$$

$$= \left(\frac{\pi}{6} \times 30^3\right) \times \frac{(1+0.1)-(0.2+0.1)}{0.1} \times \frac{273}{273+20}$$

$$= 105377.380 ≒ 105377.38 \text{Nm}^3$$

[해설] ① 계산에 적용하는 공식, 풀이 과정에 따라 오차는 발생하며 채점에는 영향이 없으니 선택하여 답안을 작성하길 바랍니다.

② 구형 가스홀더 내용적을 계산할 때 '파이(π)'와 '3.14'를 적용하는 것에 따라 오차가 발생하며 이것 역시 선택하여 답안을 작성하길 바라며, '3.14'로 계산할 경우 풀이 과정에 기록하길 바랍니다.

50 지름이 40m인 구형 가스홀더에 도시가스가 7kgf/cm²·a로 저장되어 있다. 이 가스를 압력이 3kgf/cm²·a로 될 때까지 공급하였을 때 공급된 가스량(Nm³)은 얼마인가? (단, 온도변화는 무시하며, 대기압은 1atm이다.) [13. 2회. 산기]

[풀이] ① 구형 가스홀더 내용적(m³) 계산

$$V = \frac{\pi}{6} \times D^3 = \frac{\pi}{6} \times 40^3 = 33510.321 ≒ 33510.32 \text{m}^3$$

② 공급된 가스량(Nm³) 계산 : 공급된 가스량의 단위 'Nm³'는 표준상태의 체적이고, 온도는 0℃이지만 온도변화는 무시하는 조건이므로 생략하며, 압력은 절대압력을 적용하는데 문제에서 압력은 절대압력으로 제시되었으므로 그대로 적용하며, 1atm은 1.0332kgf/cm²이다.

$$\therefore \Delta V = V \times \frac{P_1 - P_2}{P_0} \times \frac{T_0}{T_1} = 33510.32 \times \frac{7-3}{1.0332}$$

$$= 129734.107 ≒ 129734.11 \text{Nm}^3$$

[해답] 129734.11Nm³

[별해] 하나의 식으로 계산 : 구형 가스홀더 내용적(V) 계산식을 공급 가스량 계산식에 적용하여 계산

$$\therefore \Delta V = V \times \frac{P_1 - P_2}{P_0} \times \frac{T_0}{T_1} = \left(\frac{\pi}{6} \times D^3\right) \times \frac{P_1 - P_2}{P_0} \times \frac{T_0}{T_1}$$

$$= \left(\frac{\pi}{6} \times 40^3\right) \times \frac{7-3}{1.0332} = 129734.114 ≒ 129734.11 \text{Nm}^3$$

51 최고사용압력이 7kgf/cm²·g, 최저압력이 2kgf/cm²·g일 때 구형 가스홀더의 활동량이 60000Nm³라면 이 구형 가스홀더의 안지름(m)을 계산하시오. (단, 온도변화는 없다.)

[20. 1회. 산기]

풀이 ① 가스홀더의 내용적(m³) 계산 : 구형 가스홀더 활동량 계산식

$$\Delta V = V \times \frac{(P_1 - P_2)}{P_0}$$ 에서 내용적 V를 구한다.

$$\therefore V = \frac{P_0 \times \Delta V}{P_1 - P_2} = \frac{1.0332 \times 60000}{(7 + 1.0332) - (2 + 1.0332)} = 12398.4 \text{m}^3$$

② 가스홀더의 지름(m) 계산 : 구형 가스홀더의 내용적 계산식 $V = \frac{\pi}{6} \times D^3$에서 지름 D를 구한다.

$$\therefore D = \sqrt[3]{\frac{6V}{\pi}} = \sqrt[3]{\frac{6 \times 12398.4}{\pi}} = 28.715 = 28.72 \text{m}$$

해답 28.72m

별해 하나의 식으로 구하는 방법 : 지름을 구하는 식에서 내용적 V에 구형 가스홀더 활동량 계산식에서 유도된 내용적을 대입하여 계산한다.

$$\therefore D = \sqrt[3]{\frac{6V}{\pi}} = \sqrt[3]{\frac{6 \times \frac{P_0 \times \Delta V}{P_1 - P_2}}{\pi}} = \sqrt[3]{\frac{6 \times \frac{1.0332 \times 60000}{(7 + 1.0332) - (2 + 1.0332)}}{\pi}}$$
$$= 28.715 = 28.72 \text{m}$$

52 도시가스시설에 설치되는 정압기(governor)의 기능 3가지를 쓰고 설명하시오.

[15. 1회, 16. 1회. 기사] [16. 2회. 산기]

해답 ① 감압 기능 : 도시가스 압력을 사용처에 맞게 낮추는 기능
② 정압 기능 : 2차측의 압력을 허용범위 내의 압력으로 유지하는 기능
③ 폐쇄 기능 : 가스의 흐름이 없을 때는 밸브를 완전히 폐쇄하여 압력 상승을 방지하는 기능

53 직동식 정압기의 기본 구조에 해당하는 다이어프램, 스프링, 메인밸브의 역할을 각각 설명하시오.

[20. 4회. 기사]

해답 ① 다이어프램 : 2차 압력을 감지하고, 2차 압력의 변동사항을 메인밸브에 전달하는 역할을 한다.
② 스프링 : 조정할 2차 압력을 설정하는 역할을 한다.
③ 메인밸브 : 가스의 유량을 메인밸브의 개도에 따라서 직접 조정하는 역할을 한다.

54 직동식 정압기에서 2차 압력이 설정압력보다 높을 때와 낮을 때 작동 원리에 대하여 각각 설명하시오. [20. 2회. 기사]

해답 ① 높을 때 작동 원리 : 2차측 가스 사용량이 감소하여 2차측 압력이 설정 압력 이상으로 상승하며, 이때 다이어프램을 들어 올리는 힘이 증가하여 스프링의 힘에 이기고 다이어프램에 연결된 메인밸브를 닫히게 하여 가스의 유량을 제한하므로 2차 압력을 설정압력으로 유지되도록 작동한다.
② 낮을 때 작동 원리 : 2차측 가스 사용량이 증가하여 정압기 스프링 힘이 다이어프램을 받치고 있는 힘보다 커서 다이어프램에 연결된 메인밸브를 열리게 하여 가스의 유량이 증가하게 되며 2차 압력을 설정압력으로 유지되도록 작동한다.
[17. 3회, 20. 1회. 기사] [19. 2회, 4회. 산기]
③ 설정압력이 유지될 때 : 다이어프램에 걸려 있는 2차 압력과 스프링의 힘이 평형 상태를 유지하면서 메인밸브는 움직이지 않고 일정량의 가스가 메인밸브를 경유하여 2차측으로 가스를 공급한다.

55 파일럿식 정압기는 언로딩형과 로딩형으로 분류되는데 작동압력에 따른 차이점을 설명하시오.

해답 파일럿(pilot) 다이어프램에 작용하는 2차 압력에 의하여 파일럿 밸브가 개폐되며 이것에 의하여 언로딩형은 메인 정압기를 구동하는 2차 압력을 제한하여 메인밸브를 작동시키고, 로딩형은 메인 정압기를 구동하는 1차측 압력을 제한하여 메인밸브를 작동시킨다. 일례로 메인밸브의 구동압력이 스프링 힘보다 크면 밸브가 상부로 이동하면 언로딩형은 메인밸브가 닫히고, 로딩형은 메인밸브가 열린다.

해설 (1) 언로딩(unloading)형 및 로딩(loading)형 정압기 구조

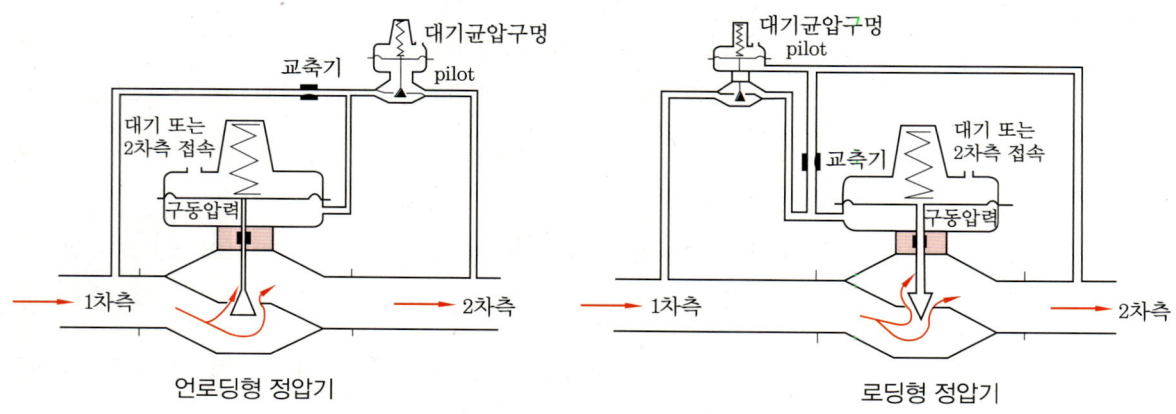

(2) 작동상태
① 2차 압력이 설정압력으로 되어 있는 경우 : 평형상태 유지
㉮ 언로딩형 : 파일럿 다이어프램에 가해지는 2차 압력과 파일럿 스프링 힘

이 균형되어 있기 때문에 파일럿 밸브는 움직이지 않고 파일럿 계통에 일정량의 가스가 흐른다. 이 때문에 구동압력은 일정하고 본체 다이어프램에 가해지는 압력과 본체 스프링 힘이 균형을 유지하므로 본체 밸브도 움직이지 않고 일정량의 가스가 본체 밸브를 통과해서 2차측으로 흐른다.

㈏ 로딩형 : 파일럿 다이어프램에 가해지는 2차 압력과 파일럿 스프링의 힘이 균형되어 있어 파일럿 밸브는 일정 개도를 유지하고 있으므로 파일럿 계통에는 일정량의 가스가 흘러서 파일럿과 교축기 사이의 구동압력은 일정한 압력을 유지하고 본체 다이어프램에 가해지는 압력과 스프링 힘이 균형되는 위치에서 밸브는 정지되어 있고, 일정량의 가스가 본체 밸브를 통과해서 2차측으로 흐른다.

② 2차 압력이 설정압력보다 낮은 경우 : 2차측의 사용량이 증가하면 2차측의 압력이 설정압력 이하로 저하된다.

㈎ 언로딩형 : 파일럿 스프링 힘이 파일럿 다이어프램을 밀어 올리는 힘을 이기고 파일럿 밸브를 아래쪽으로 밀어 내려서 파일럿 계통에 흐르는 가스량을 증가시킨다. 이때 1차 압력은 교축기에 의해서 제한되어 있으므로 본체 구동압력이 저하되어 본체 스프링 힘이 본체 다이어프램을 밀어 올리는 힘을 이기고 밸브를 아래쪽으로 밀어 내려서 가스량을 증가시켜서 2차 압력을 설정압력까지 회복하도록 작동한다.

㈏ 로딩형 : 파일럿 스프링 힘이 파일럿 다이어프램을 밀어 올리는 힘을 이겨내어 파일럿 밸브를 아래쪽으로 움직여서 파일럿 계통에 공급하는 가스량을 증가시킨다. 이때 교축기에 의해서 구동압력이 2차측으로 빠져나가는 것이 제한되기 때문에 구동압력이 상승하여 본체 다이어프램을 밀어 올리는 힘이 본체 스프링 힘을 이겨내서 본체 밸브를 위쪽으로 움직여서 가스량을 증가시켜 압력을 설정압력까지 회복하도록 작동한다.

③ 2차 압력이 설정압력보다 높은 경우 : 2차측의 사용량이 감소하면 2차측의 압력이 설정압력 이상으로 증가된다. [20. 2회. 산기]

㈎ 언로딩형 : 파일럿 다이어프램을 밀어 올리는 힘이 파일럿 스프링의 힘을 이겨서 파일럿 밸브를 위쪽으로 움직여서 파일럿 계통에 흐르는 가스의 유량을 제한한다. 이에 의해서 구동압력이 높아지면서 본체 다이어프램을 밀어 올리는 힘이 스프링의 힘을 이겨내어 본체 밸브를 위쪽으로 밀어 올려서 가스 유량을 제한하여 2차 압력이 설정압력으로 되돌아가도록 작동한다.

㈏ 로딩형 : 파일럿 다이어프램을 밀어 올리는 힘이 파일럿 스프링의 힘을 이겨내고 파일럿 밸브를 위쪽으로 움직여서 파일럿 계통에 흐르는 가스량의 유량을 제한한다. 이에 의해서 구동압력이 낮아지고 본체 스프링의 힘이 본체 다이어프램을 밀어 올리는 힘을 이겨내어 본체 밸브를 아래쪽으로 내려 보내면서 가스의 유량을 제한하여 2차 압력이 설정압력으로 되돌아가도록 작동한다.

> **참고** 언로딩(unloading)형과 로딩(loading)형
> ① 언로딩(unloading)형 : 메인밸브의 모양이 삼각형 형태이다.
> ② 로딩(loading)형 : 메인밸브의 모양이 역삼각형 형태이다.

56 파일럿 정압기에서 파일럿의 역할을 쓰시오. [21. 1회. 기사]

해답 2차 압력의 작은 변화를 증폭해서 메인 정압기를 작동시키는 역할을 하여 정특성 중 오프셋과 로크업은 적게 할 수 있고, 1차 압력이 변화해도 2차 압력이 시프트 되지 않도록 할 수 있다.

57 직동식 및 파일럿식 정압기에서 정특성 중 하나인 off-set 변화 크기가 다른 이유를 설명 하시오. [23. 1회. 기사]

해답 직동식 정압기는 2차 압력을 신호겸 구동압력으로 이용하기 때문에 오프셋 변화의 크기가 커지며, 파일럿식 정압기는 파일럿에서 2차 압력의 작은 변화를 증폭하여 메인 정압기를 작동시키므로 오프셋 변화의 크기는 작다.

58 파일럿식 정압기와 비교하여 직동식 정압기의 동특성 특징에 대하여 설명하시오. [20. 4회. 산기]

해답 ① 신호계통이 단순하므로 응답속도는 빠르다.
② 스프링 제어식에서는 상당한 안정성을 확보할 수 있다.

59 정압기를 평가 선정할 경우 각 특성이 사용조건에 적합하도록 정압기를 선정하여야 한 다. 이때 고려하여야 할 사항 4가지를 쓰고 각각에 대하여 설명하시오.
[16. 4회, 19. 1회, 20. 2회, 20. 3회. 산기] [21. 3회. 기사]

해답 ① 정특성 : 정상상태에 있어서 유량과 2차 압력과의 관계이다.
② 동특성 : 부하변화가 큰 곳에 사용되는 정압기에 대하여 중요한 특성으로 부하 변동에 대한 응답의 신속성과 안정성이 요구된다.
③ 유량 특성 : 메인밸브의 열림과 유량과의 관계이다.
④ 사용 최대 차압 : 메인밸브에 1차와 2차 압력이 작용하여 최대로 되었을 때 차 압이다.
⑤ 작동 최소 차압 : 정압기가 작동할 수 있는 최소 차압이다.

60 다음은 정압기 정특성 곡선이다. ①, ②, ③의 곡선 명칭을 쓰고, 설명하시오.

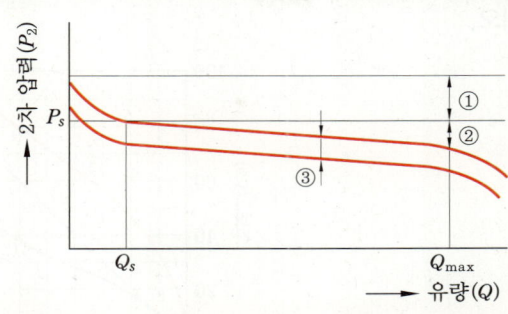

해답 ① 로크업(lock up) : 유량이 0으로 되었을 때 끝맺은 압력과 기준압력(P_s)과의 차이
② 오프셋(off set) : 유량이 변화했을 때 2차 압력과 기준압력(P_s)과의 차이
③ 시프트(shift) : 1차 압력의 변화에 의하여 정압곡선이 전체적으로 어긋나는 것

61 정압기 특성 중 동특성(動特性)을 설명하시오.

해답 부하변화가 큰 곳에 사용되는 정압기에 대하여 중요한 특성으로 부하변동에 대한 응답의 신속성과 안정성이 요구된다.

62 다음은 정압기의 부하변동에 대한 2차 압력의 응답에 대한 동특성을 나타낸 것이다. ①, ② 선도에서 응답속도 및 안정성에 대하여 설명하시오.

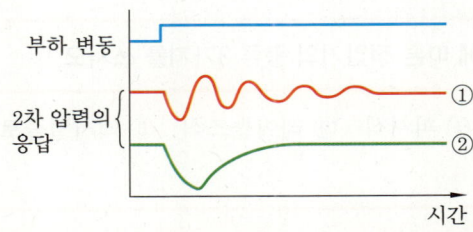

해답 ① 응답속도가 빠르며, 안정성은 나쁘다.
② 응답속도가 늦으나, 안정성이 좋다.

63 다음은 정압기 유량 특성을 나타낸 것이다. ①, ②, ③의 특성 종류 3가지와 특징을 설명하시오.

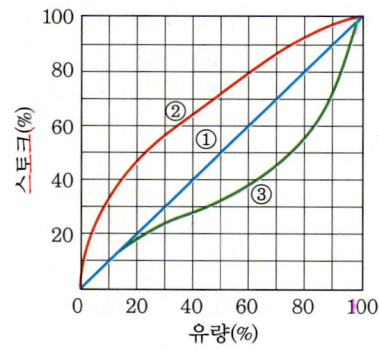

해답 ① 직선형 : 메인밸브 개구부의 모양이 장방향의 슬릿(slit)으로 되어 있을 경우에 생기며 열림으로부터 유량을 파악하는 데 편리하다. (유량=K×열림)
② 2차형 : 메인밸브의 개구부의 모양이 삼각형(V자 모양) 형태로 되어 있는 경우에 생기며 천천히 유량을 늘리는 형식으로 비교적 안정성이 좋다.
(유량=K×열림^2)
③ 평방근형 : 접시형의 메인밸브의 경우에 생기며 신속하게 열(開) 필요가 있을 경우에 사용하며, 다른 것에 비하여 안정성이 떨어진다. (유량=K×열림×$\frac{1}{2}$)

64 정압기의 특성 중 사용 최대 차압에 대하여 설명하시오. [16. 2회, 21. 2회. 산기]

해답 메인밸브에 1차와 2차 압력이 작용하여 최대로 되었을 때 차압

65 구조에 따른 정압기의 종류 3가지를 쓰시오. [17. 4회. 산기]

해답 ① 피셔식   ② 레이놀즈식   ③ 액시얼플로식(AFV식)

66 레이놀즈(Reynolds)식 정압기의 특징 4가지를 쓰시오. [19. 1회. 산기]

해답 ① 정압기 본체는 복좌밸브로 구성되며, 상부에 다이어프램이 있다.
② 언로딩(unloading)형이다.
③ 다른 정압기에 비하여 크기가 크다.
④ 정특성은 극히 좋으나 안정성이 부족하다.

67 피셔식 정압기의 작동상황 플로차트에서 빈칸을 채우시오. (단, 압력은 '상승, 하강'으로, 밸브는 '열린다, 닫힌다'에서 선택하여 적으시오.) [22. 1회, 23. 2회. 산기]

항목	수용가의 가스 사용량	2차 압력	파일럿 다이어프램	파일럿 다이어프램 공급밸브	파일럿 다이어프램 배출밸브	구동 압력	메인 밸브
상황	사용량 감소	상승	①	②	③	④	⑤

[해답] ① 내려간다 ② 열린다 ③ 닫힌다 ④ 하강 ⑤ 닫힌다

68 도시가스 주 정압기로 사용되는 것으로 주 다이어프램과 메인밸브를 고무 슬리브 1개를 공용으로 사용하는 매우 콤팩트한 구조로 이루어진 정압기의 명칭을 쓰시오.

[해답] AFV(Axial Flow Valve)식 정압기

69 AFV식 정압기에서 2차 압력이 상승할 때 작동상태를 설명하시오. [20. 3회. 산기 동영상] [22. 기사 3회]

[해답] 2차측 압력이 상승하면 파일럿 다이어프램이 아래쪽으로 밀려 내려와 파일럿 밸브가 닫히게 된다. 그러면 1차 압력이 고무 슬리브와 보디 사이에 도입되어 이 때문에 고무 슬리브 상류측과의 차압이 없어져 고무 슬리브는 수축하여 게이지에 밀착한다. 이로 인하여 고무 슬리브는 하류측에 있어서 1차 압력과 2차 압력의 차압을 받아 가스를 완전히 차단한다.

[해설] 2차 압력이 저하할 때 작동상태 : 2차 압력이 저하하면 파일럿 스프링이 작동하여 파일럿 다이어프램을 위쪽으로 밀어 올린다. 이에 의하여 파일럿 밸브가 열리면서 작동압력은 2차측으로 빠져 나간다. 이때 1차측에서 가스가 흘러 들어오나 조리개로 제한되어 있으므로 작동압력이 저하하기 때문에 고무 슬리브 내외에 압력차가 생겨서 고무 슬리브가 바깥쪽으로 확장되어 가스가 흐른다.

70 수용가의 가스 사용량이 감소할 때 AFV식 정압기 작동 상황 플로차트 중 ( ) 안에 알맞은 내용을 쓰시오. (단, 답안은 '증가'와 '감소' 중에서 선택하여 작성하시오.) [22. 2회. 기사]

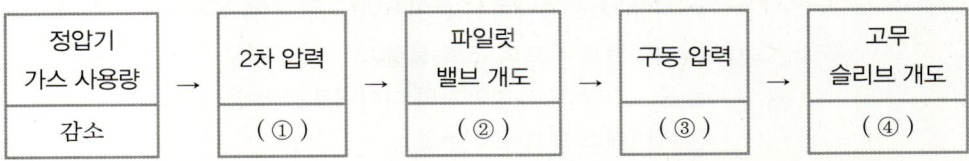

[해답] ① 증가 ② 감소 ③ 증가 ④ 감소

해설 수용가의 가스 사용량이 증가할 때 작동상황

정압기 가스 사용량	→	2차 압력	→	파일럿 밸브 개도	→	구동 압력	→	고무 슬리브 개도
증가		감소		증가		감소		증가

71 도시가스 정압기 중 피셔(fisher)식 정압기의 2차 압력 이상 상승 원인 4가지를 쓰시오.
[09. 2회, 16. 1회. 기사] [10. 4회. 산기]

해답 ① 메인밸브에 먼지류가 끼어들어 완전차단(cut off) 불량
② 센터 스템(center stem)과 메인밸브의 접속불량
③ 파일럿 공급밸브(pilot supply valve)의 누설
④ 메인밸브의 밸브 폐쇄 무
⑤ 바이패스 밸브의 누설
⑥ 가스 중 수분의 동결

72 도시가스 정압기 중 피셔(fisher)식 정압기의 2차압 이상 저하의 원인과 예방 대책 4가지를 각각 쓰시오.
[19. 2회. 산기] [18. 1회. 기사]

해답

구분	2차압 이상 저하의 원인	2차압 이상 저하의 예방 대책
①	정압기 능력 부족	적절한 능력을 갖는 정압기로 교체
②	필터의 먼지류의 막힘	필터의 교환
③	파일럿의 오리피스의 녹 막힘	
④	센터 스템의 작동 불량	정압기 분해 정비 및 부품 교체
⑤	스트로크 조정 불량	
⑥	주 다이어프램 파손	다이어프램 교환

73 레이놀즈(Reynolds)식 정압기의 2차 압력 이상 상승 원인 4가지를 쓰시오.

해답 ① 메인밸브에 먼지류가 끼어들어 완전차단(cut-off) 불량
② 저압 보조 정압기의 완전차단(cut-off) 불량
③ 메인밸브 시트의 조립 불량
④ 중·저압 보조 정압기의 다이어프램 누설
⑤ 바이패스 밸브류의 누설
⑥ 2차압 조절관의 파손
⑦ 보조구반 내 물이 침입한 경우

⑧ 가스 중 수분의 동결
- **해설** 레이놀즈(reynolds)식 정압기 2차 압력 이상 저하 원인
  ① 정압기의 능력 부족   ② 필터의 먼지류의 막힘
  ③ 센터 스템의 조립 불량   ④ 저압 보조 정압기의 열림 정도 부족
  ⑤ 주, 보조 추의 부족   ⑥ 니들 밸브의 열림 정도 초과
  ⑦ 가스 중 수분의 동결

74 액시얼－플로(axial flow)식 정압기의 2차 압력 이상 상승 원인 4가지를 쓰시오.

- **해답** ① 고무 슬리브, 게이지 사이에 먼지류가 끼어들어 완전차단(cut-off) 불량
  ② 파일럿의 완전차단(cut-off) 불량
  ③ 파일럿 계통의 필터, 조리개의 막힘
  ④ 고무 슬리브 하류측의 파손
  ⑤ 2차압 조절관 파손
  ⑥ 바이패스 밸브류의 누설
  ⑦ 파일럿 대기측 다이어프램 파손
- **해설** 액시얼－플로(axial flow)식 정압기 2차 압력 이상 저하 원인
  ① 정압기의 능력 부족
  ② 필터의 먼지류의 막힘
  ③ 조리개 열림 정도 초과
  ④ 고무 슬리브 상류측 파손
  ⑤ 파일럿 2차측 다이어프램 파손

75 정압기에 대한 물음에 답하시오.
(1) 가스 소비가 없을 때 정압기 폐쇄기능이 불량해지는 원인을 설명하시오.
(2) 정압기의 출구 압력이 저하하는 원인을 설명하시오.

- **해답** (1) 메인밸브에 이물질이 침입하거나 밸브 시트가 불량일 때
  (2) 정압기의 능력이 부족하거나, 필터가 이물질에 의하여 막혀 있을 때

76 정압기의 이상 감압에 대처할 수 있는 방법 3가지를 쓰시오.

- **해답** ① 저압 배관의 루프(loop)화
  ② 2차측 압력감시 장치 설치
  ③ 정압기의 2계열 설치

77 정압기의 분해점검 등에 대비하여 설치하는 바이패스(by-pass) 배관도에서 ①~⑥의 명칭을 쓰시오. [22. 2회. 기사]

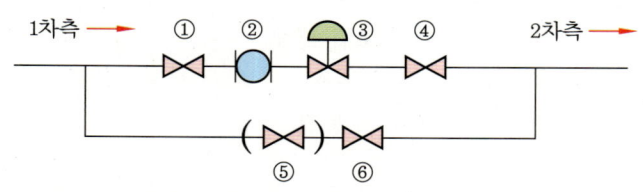

해답 ① 입구 밸브(in valve) ② 필터(filter) ③ 정압기 ④ 출구 밸브(out valve)
⑤ 차단용 바이패스 밸브 ⑥ 유량 조정용 바이패스 밸브

78 웨버지수 계산식을 쓰고 각 인자에 대하여 설명하시오. [11. 2회, 19. 1회. 기사]

해답 $WI = \dfrac{H_g}{\sqrt{d}}$

여기서, WI : 웨버지수
H_g : 도시가스의 총발열량(kcal/m³)
d : 도시가스의 공기에 대한 비중

79 발열량이 12100kcal/m³인 LPG+air 가스의 웨버지수는 얼마인가? (단, 가스의 분자량(g/mol)은 34, 공기의 분자량은 28.8 이다.) [20. 3회. 산기]

풀이 ① 가스의 공기에 대한 비중 계산

$$d = \dfrac{\text{가스 분자량}}{\text{공기 분자량}} = \dfrac{34}{28.8} = 1.180 ≒ 1.18$$

② 웨버지수 계산

$$WI = \dfrac{H_g}{\sqrt{d}} = \dfrac{12100}{\sqrt{1.18}} = 11138.952 ≒ 11138.95$$

해답 11138.95

별해 하나의 과정으로 계산

$$\therefore WI = \dfrac{H_g}{\sqrt{d}} = \dfrac{12100}{\sqrt{\dfrac{34}{28.8}}} = 11136.331 ≒ 11136.33$$

※ 계산 과정을 다르게 적용하면 최종값에서 오차가 발생하지만, 채점에는 영향이 없으니 선택하여 답안을 작성하면 됩니다.

해설 웨버지수는 단위가 없는 무차원수이다.

80 혼합가스의 발열량이 7000kcal/m³일 때 웨버지수는 얼마인가? (단, 혼합가스의 몰분율은 H_2 49.6%, CO_2 16.5%, N_2 4.1%, CH_4 12.4%, C_3H_8 17.4%이고, 공기의 평균분자량은 28.9이다.)

[21. 4회. 산기]

풀이 ① 혼합가스 분자량 계산 : 혼합가스 분자량은 성분가스의 분자량에 몰분율을 곱한 값을 합산한 것이고, 각 성분의 분자량은 수소(H_2) 2, 이산화탄소(CO_2) 44, 질소(N_2) 28, 메탄(CH_4) 16, 프로판(C_3H_8) 44이다.

$$M = (2 \times 0.496) + (44 \times 0.165) + (28 \times 0.041) + (16 \times 0.124) + (44 \times 0.174)$$
$$= 19.04$$

② 혼합가스의 공기에 대한 비중 계산

$$d = \frac{혼합가스 분자량}{공기 분자량} = \frac{19.04}{28.9} = 0.658 ≒ 0.66$$

③ 웨버지수 계산

$$WI = \frac{H_g}{\sqrt{d}} = \frac{7000}{\sqrt{0.66}} = 8616.404 ≒ 8616.40$$

해답 8616.4

별해 혼합가스 분자량을 구한 값에서 하나의 과정으로 계산

$$WI = \frac{H_g}{\sqrt{d}} = \frac{7000}{\sqrt{\frac{19.04}{28.9}}} = 8624.094 ≒ 8624.09$$

81 다음과 같은 조성을 갖는 제조가스와 발열량이 24000kcal/m³인 C_3H_8을 혼합하여 발열량 7000kcal/m³의 가스를 제조할 때 이 가스의 웨버지수를 계산하시오. (단, 공기의 평균분자량은 28.9 이다.)

[07. 2회. 산기]

가스 명칭	H_2	CO	CO_2	CH_4
mol(%)	60	5	15	20
발열량(kcal/m³)	3050	3020	−	9540

풀이 ① 제조가스의 발열량 $= (3050 \times 0.6) + (3020 \times 0.05) + (9540 \times 0.2) = 3889 \text{kcal/m}^3$

② C_3H_8이 혼합된 가스의 C_3H_8 함유율 계산 : C_3H_8의 함유율을 x라 하면 제조가스의 함유율은 $1-x$가 되므로 식을 정리하면 다음과 같다.

$$24000x + 3889 \times (1-x) = 7000 \text{kcal/m}^3$$
$$24000x + 3889 - 3889x = 7000$$
$$x(24000 - 3889) = 7000 - 3889$$
$$\therefore x = \frac{7000 - 3889}{24000 - 3889} = 0.15469 = 15.469\% ≒ 15.47\%$$

③ 제조가스와 C_3H_8이 혼합된 가스의 체적비를 다시 계산 : 제조가스 4가지의 체적비는 전체 100%에서 제조가스에 C_3H_8이 15.47% 혼합됨으로써 이것의 차이에 해당하는 84.53%의 체적비로 변경되었다.

$H_2 = 60 \times (1 - 0.1547) = 50.718 \fallingdotseq 50.72\%$

$CO = 5 \times (1 - 0.1547) = 4.226 \fallingdotseq 4.23\%$

$CO_2 = 15 \times (1 - 0.1547) = 12.679 \fallingdotseq 12.68\%$

$CH_4 = 20 \times (1 - 0.1547) = 16.9\%$

$C_3H_8 = 15.47\%$

④ C_3H_8이 혼합된 가스의 분자량(M) 및 비중(d) 계산 : 각 가스의 분자량은 수소(H_2) 2, 일산화탄소(CO) 28, 이산화탄소(CO_2) 44, 메탄(CH_4) 16, 프로판(C_3H_8) 44 이다.

$\therefore M = (2 \times 0.5072) + (28 \times 0.0423) + (44 \times 0.1268) + (16 \times 0.169) + (44 \times 0.1547)$
$= 17.288 \fallingdotseq 17.29$

$\therefore d = \dfrac{M}{28.9} = \dfrac{17.29}{28.9} = 0.598 \fallingdotseq 0.60$

⑤ C_3H_8이 혼합된 가스의 웨버지수 계산

$WI = \dfrac{H_g}{\sqrt{d}} = \dfrac{7000}{\sqrt{0.6}} = 9036.961 \fallingdotseq 9036.96$

해답 9036.96

82 웨버지수는 연소성과 호환성을 판단하는 지수로 사용하며, 연소기에 웨버지수가 같은 다른 연료를 사용해도 이상이 없는 것이 일반적이다. LPG를 사용하던 연소기구를 LNG로 바꿀 때 변경해야 할 입력값(in-put)에 대하여 설명하시오. [22. 4회. 산기]

해답 LNG는 LPG보다 단위체적당 발열량이 낮아 웨버지수가 작으므로 LPG 연소기구의 노즐 지름을 크게 하여 웨버지수가 같아지도록 조정하면 호환이 가능하다.

83 다음 그림은 웨버지수(WI)와 연소속도지수(C_P)에 의한 가스의 호환성을 나타낸 것이다. ①~⑤의 명칭을 쓰시오.

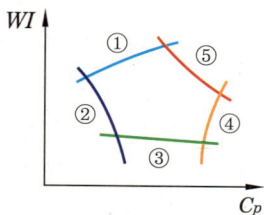

해답 ① 불완전연소 한계 ② 선화(lifting) 한계 ③ 적외선 버너의 적열 부족
④ 역화(back fire) 한계 ⑤ 적외선 버너의 역화 한계

84 발열량 5000kcal/Nm³, 비중 0.61, 공급 표준압력 100mmH₂O인 가스에서 발열량 11000kcal/Nm³, 비중 0.66, 공급 표준압력 200mmH₂O인 LNG로 가스를 변경할 경우 노즐 지름 변경률을 계산하시오. [11. 3회, 16. 3회, 18. 2회. 기사]

풀이
$$\frac{D_2}{D_1} = \sqrt{\frac{WI_1\sqrt{P_1}}{WI_2\sqrt{P_2}}} = \sqrt{\frac{\frac{H_{g_1}}{\sqrt{d_1}} \times \sqrt{P_1}}{\frac{H_{g_2}}{\sqrt{d_2}} \times \sqrt{P_2}}} = \sqrt{\frac{\frac{5000}{\sqrt{0.61}} \times \sqrt{100}}{\frac{11000}{\sqrt{0.66}} \times \sqrt{200}}} = 0.578 ≒ 0.58$$

해답 0.58

별해 계산기를 한 번에 입력하여 계산하기 어려울 경우 항목별로 계산한 후 그 과정을 답안에 작성하길 바라며, 최종값에서 발생하는 오차는 채점에는 영향이 없으니 선택하여 답안을 작성하길 바랍니다.

① 처음 상태 웨버지수 계산
$$WI_1 = \frac{H_{g_1}}{\sqrt{d_1}} = \frac{5000}{\sqrt{0.61}} = 6401.843 ≒ 6401.84$$

② 변경된 후의 웨버지수 계산
$$WI_2 = \frac{H_{g_2}}{\sqrt{d_2}} = \frac{11000}{\sqrt{0.66}} = 13540.064 ≒ 13540.06$$

③ 노즐 지름 변경률 계산
$$\frac{D_2}{D_1} = \sqrt{\frac{WI_1\sqrt{P_1}}{WI_2\sqrt{P_2}}} = \sqrt{\frac{6401.84 \times \sqrt{100}}{13540.06 \times \sqrt{200}}} = 0.578 ≒ 0.58$$

해설 노즐 지름 변경률은 단위가 없으며, 공급압력이 'kPa'로 제시될 때에는 분모·분자에 동일한 단위가 되어 약분되기 때문에 공식에 그대로 대입하여 계산하여도 됩니다.

85 발열량이 24000kcal/m³, 공급압력 2.8kPa, 공기에 대한 가스 비중 1.55인 LPG를 사용하는 연소기구의 노즐 지름이 0.6mm이었다. 이 연소기구를 발열량이 6000kcal/m³, 공급압력 1.0kPa, 공기에 대한 가스 비중 0.65인 도시가스를 사용하는 것으로 변경할 경우 노즐 지름은 몇 mm인가? [21. 2회. 산기]

풀이 노즐 지름 변경률 계산식 $\frac{D_2}{D_1} = \sqrt{\frac{WI_1\sqrt{P_1}}{WI_2\sqrt{P_2}}}$ 에서 변경 후 노즐 지름(D_2)을 구한다.

$$\therefore D_2 = D_1 \times \sqrt{\frac{WI_1\sqrt{P_1}}{WI_2\sqrt{P_2}}} = \sqrt{\frac{\frac{H_1}{\sqrt{d_1}} \times \sqrt{P_1}}{\frac{H_2}{\sqrt{d_2}} \times \sqrt{P_2}}} = 0.6 \times \sqrt{\frac{\frac{24000}{\sqrt{1.55}} \times \sqrt{2.8}}{\frac{6000}{\sqrt{0.65}} \times \sqrt{1.0}}}$$

$$= 1.249 ≒ 1.25mm$$

해답 1.25mm

별해 LPG와 LNG의 웨버지수(WI)를 각각 구한 후 변경 후 노즐 지름(D_2)을 구하는 방법

① 웨버 지수 계산

$$WI_1 = \frac{H_1}{\sqrt{d_1}} = \frac{24000}{\sqrt{1.55}} = 19277.263 ≒ 19277.26$$

$$WI_2 = \frac{H_2}{\sqrt{d_2}} = \frac{6000}{\sqrt{0.65}} = 7442.084 ≒ 7442.08$$

② 변경 후 노즐 지름(D_2) 계산

$$D_2 = D_1 \times \sqrt{\frac{WI_1\sqrt{P_1}}{WI_2\sqrt{P_2}}} = 0.6 \times \sqrt{\frac{19277.26 \times \sqrt{2.8}}{7442.08 \times \sqrt{1.0}}} = 1.249 ≒ 1.25\text{mm}$$

86 발열량 4500kcal/Nm³, 가스 비중 0.55인 가스를 공급압 100mmAq로 사용하고 있는 연소기구를 다음과 같은 조성을 가진 혼합가스로 변경하여 사용할 때 노즐 변경률을 계산하시오. (단, 혼합가스 공급압은 200mmAq이다.)

가스의 종류	용적 비율(%)	발열량(kcal/Nm³)
메탄(CH_4)	90	9500
프로판(C_3H_8)	5	24000
부탄(C_4H_{10})	5	32000

풀이 ① 혼합가스의 평균분자량(M) 계산 : 각 가스의 분자량은 메탄 16, 프로판 44, 부탄 58이다.

∴ $M = (16 \times 0.9) + (44 \times 0.05) + (58 \times 0.05) = 19.5$

② 혼합가스의 비중(d) 계산 : 공기의 평균분자량은 29이다.

∴ $d = \dfrac{M}{\text{공기의 평균분자량}} = \dfrac{19.5}{29} = 0.67$

③ 혼합가스의 발열량(H_{g_2}) 계산

$H_{g_2} = (9500 \times 0.9) + (24000 \times 0.05) + (32000 \times 0.05) = 11350\text{kcal/Nm}^3$

④ 노즐 변경률 계산

$$\frac{D_2}{D_1} = \sqrt{\frac{WI_1\sqrt{P_1}}{WI_2\sqrt{P_2}}} = \sqrt{\frac{\dfrac{4500}{\sqrt{0.55}} \times \sqrt{100}}{\dfrac{11350}{\sqrt{0.67}} \times \sqrt{200}}} = 0.556 ≒ 0.56$$

해답 0.56

87 다음과 같은 조성을 갖는 제조가스를 분젠식 가스기구를 사용하여 연소시킨다. 이 가스기구의 노즐 지름이 2.0mm이고 가스압력이 100mmH$_2$O일 때 입열량(in-put)은 몇 kcal/h인가?

구분	H$_2$	CH$_4$	CO	C$_3$H$_8$	N$_2$	CO$_2$
mol(%)	46	22	10	3	9	10
발열량 (kcal/m^3)	3050	9530	3020	24320	–	–
비중	0.07	0.55	0.97	1.52	0.97	1.52

풀이 ① 제조가스의 비중 계산 : 성분에 해당되는 각 가스의 비중에 몰비율을 곱한다.
∴ $d = (0.07 \times 0.46) + (0.55 \times 0.22) + (0.97 \times 0.1) + (1.52 \times 0.03) +$
　　$(0.97 \times 0.09) + (1.52 \times 0.1)$
　　$= 0.535 ≒ 0.54$

② 제조가스의 발열량 계산 : 성분에 해당되는 각 가스의 발열량에 몰비율을 곱한다.
∴ $H_1 = (3050 \times 0.46) + (9530 \times 0.22) + (3020 \times 0.1) + (24320 \times 0.03)$
　　$= 4531.2 \text{kcal/m}^3$

③ 노즐을 통한 분출가스량 계산
$$Q = 0.009 D^2 \sqrt{\frac{P}{d}} = 0.009 \times 2.0^2 \times \sqrt{\frac{100}{0.54}} = 0.489 ≒ 0.49 \text{m}^3/\text{h}$$

④ 입열량(in-put) 계산
　　in-put $= Q \times H_1 = 0.49 \times 4531.2 = 2220.288 ≒ 2220.29 \text{kcal/h}$

해설 2220.29kcal/h

---

88 발열량이 30000kcal/Nm^{3}인 부탄(C$_4$H$_{10}$)가스에 공기를 3배 희석하였다면 발열량(kcal/Nm^3)은 얼마로 변경되었는가 계산하시오.

풀이 $Q_2 = \dfrac{Q_1}{1+x} = \dfrac{30000}{1+3} = 7500 \text{kcal/Nm}^3$

해답 7500kcal/Nm^3

---

89 프로판 가스의 총발열량은 24000kcal/m^{3}이다. 이를 공기와 희석하여 5000kcal/m^{3}의 발열량을 갖는 가스로 제조하려면 프로판 가스 1m^{3}에 대하여 얼마의 공기를 희석하여야 하는지 계산하시오.　　　　　　　　　　　　　　　　　　　　[11. 2회, 17. 2회. 산기]

풀이 공기를 혼합(희석)하였을 때 발열량 $Q_2 = \dfrac{Q_1}{1+x}$ 에서 혼합하는 공기량 x를 구한다.

$$\therefore x = \frac{Q_1}{Q_2} - 1 = \frac{24000}{5000} - 1 = 3.8\,\text{m}^3$$

해답 $3.8\,\text{m}^3$

해설 변경되는 발열량 공식 중 분모의 '$1+x$'에서 공기를 혼합하기 전 가스량 $1\,\text{m}^3$에 대하여 공기량은 얼마인지 모르지만 $x[\text{m}^3]$를 혼합하면 발열량이 '$xxxx[\text{kcal/m}^3]$'로 변경된다는 것이다.

90 메탄(CH_4)을 주성분으로 하는 발열량이 12000kcal/Nm³인 가스에 공기를 혼합하여 3600kcal/Nm³로 변경하려고 할 때 공기 혼합이 가능한지 설명하시오. [10. 1회, 17. 1회. 산기]

풀이 ① 공기량(m^3) 계산 : 공기를 혼합(희석)하였을 때 발열량 $Q_2 = \dfrac{Q_1}{1+x}$에서 혼합하는 공기량 x를 구한다.

$$\therefore x = \frac{Q_1}{Q_2} - 1 = \frac{12000}{3600} - 1 = 2.333 \fallingdotseq 2.33\,\text{m}^3$$

② 혼합가스 중 메탄의 부피비(%) 계산

$$\text{메탄 부피비(\%)} = \frac{\text{메탄 부피}}{\text{메탄 부피} + \text{공기 부피}} \times 100$$

$$= \frac{1}{1+2.33} \times 100 = 30.030 \fallingdotseq 30.03\%$$

③ 메탄의 폭발범위 5~15%를 벗어나므로 공기 혼합이 가능하다.

해답 공기 혼합이 가능하다.

91 발열량 24000kcal/m³인 부탄(C_4H_{10})에 공기를 혼합하여 발열량을 9000kcal/m³로 변경하여 도시가스로 공급하고 있다. 이 도시가스의 비중을 계산하시오.

풀이 ① 혼합된 공기량 계산 : 공기를 혼합(희석)하였을 때 발열량 $Q_2 = \dfrac{Q_1}{1+x}$에서 공기량 x를 구한다.

$$\therefore x = \frac{Q_1}{Q_2} - 1 = \frac{24000}{9000} - 1 = 1.666 \fallingdotseq 1.67\,\text{m}^3$$

② 혼합가스의 비중 계산 : 부탄(C_4H_{10})은 분자량이 58이므로 비중은 2이고, 공기의 비중은 1이다. 부탄과 공기의 비중에 체적비를 곱한 값을 합산한 값이 혼합가스 비중이다.

$$\therefore d = \left(2 \times \frac{1}{1+1.67}\right) + \left(1 \times \frac{1.67}{1+1.67}\right) = 1.374 \fallingdotseq 1.37$$

해답 1.37

92 [보기]의 조건과 같은 3종류의 생가스에 공기를 혼합하여 발열량 5000kcal/Nm³의 혼합가스를 제조할 때에 대한 다음 물음에 답하시오.

| 보기 |
- A기체 : 비중 0.4, 가스소비량 : 130000Nm³/h, 발열량 : 4000kcal/Nm³
- B기체 : 비중 0.6, 가스소비량 : 120000Nm³/h, 발열량 : 8000kcal/Nm³
- C기체 : 비중 0.8, 가스소비량 : 10000Nm³/h, 발열량 : 10000kcal/Nm³

(1) 공기가 혼합된 가스 합계량(Nm³/h)을 계산하시오.
(2) 혼합된 공기량(Nm³/h)을 계산하시오.
(3) 공기가 혼합된 가스의 비중을 계산하시오.

풀이 (1) $V = \dfrac{\text{사용 열량(kcal/h)}}{\text{공기 혼합가스 발열량(kcal/Nm}^3\text{)}} = \dfrac{\text{가스소비량(Nm}^3\text{/h)} \times \text{발열량(kcal/Nm}^3\text{)}}{\text{공기 혼합가스 발열량(kcal/Nm}^3\text{)}}$

$= \dfrac{(130000 \times 4000) + (120000 \times 8000) + (10000 \times 10000)}{5000}$

$= 316000 \text{Nm}^3/\text{h}$

(2) 공기량은 공기가 혼합된 가스량과 3가지 성분 가스소비량 합계와의 차이에 해당된다.
∴ 공기량 = 공기혼합가스량 − 가스소비합계량
$= 316000 - (130000 + 120000 + 10000) = 56000 \text{Nm}^3/\text{h}$

(3) 공기가 혼합된 가스의 비중은 각 가스의 비중값에 차지하는 체적비를 곱한 값의 합이다.
∴ $d = \left(0.4 \times \dfrac{130000}{316000}\right) + \left(0.6 \times \dfrac{120000}{316000}\right) + \left(0.8 \times \dfrac{10000}{316000}\right) + \left(1 \times \dfrac{56000}{316000}\right)$
$= 0.594 ≒ 0.59$

해답 (1) 316000Nm³/h
(2) 56000Nm³/h
(3) 0.59

93 다음과 같은 조성을 가지는 부탄증열 제조가스의 진발열량(kcal/m³)을 계산하시오. (단, 수증기의 응축잠열은 0.6kcal/g이다.) [02. 2회, 07. 2회, 19. 2회. 기사]

조성	H_2	O_2	N_2	CO	CO_2	CH_4	C_4H_{10}
mol(%)	37	1	35	5	6	6	10
발열량 (kcal/m³)	3050	−	−	3030	−	9540	32000

풀이 ① 총발열량(kcal/m³) 계산 : 문제에서 제시된 각 성분 중 가연성분에 해당하는 가스의 발열량에 몰비(체적비)를 곱하여 합산한다.

$$\therefore H_L = (3050 \times 0.37) + (3030 \times 0.05) + (9540 \times 0.06) + (32000 \times 0.1)$$
$$= 5052.4 \text{kcal/m}^3$$

② 제조가스 중 가연성분의 연소반응식

- 수소 : $H_2 + \frac{1}{2}O_2 \rightarrow H_2O$
- 일산화탄소(CO) : $CO + \frac{1}{2}O_2 \rightarrow CO$
- 메탄(CH_4) : $CH_4 + 2O_2 \rightarrow CO_2 + 2H_2O$
- 부탄(C_4H_{10}) : $C_4H_{10} + 6.5O_2 \rightarrow 4CO_2 + 5H_2O$

③ 수증기의 응축잠열을 진발열량 단위와 같은 'kcal/m³'로 계산 : 제조가스 중 가연성분이 연소 시 생성되는 수증기(H_2O) 몰(mol) 수는 연소반응식에서 H_2 1mol, CH_4 2mol, C_4H_{10} 5mol이고 각각의 mol 비율만큼 생성되며, 수증기의 응축잠열 0.6kcal/g은 600cal/g과 같다.

$$\therefore 환산단위 = \frac{600\text{cal/g} \times 18\text{g/mol}}{22.4\text{L/mol}} \times \{(1 \times 0.37) + (2 \times 0.06) + (5 \times 0.1)\}$$
$$= 477.321\text{cal/L} = 477.321\text{kcal/m}^3 ≒ 477.32\text{kcal/m}^3$$

④ 진발열량(kcal/m³) 계산

진발열량 = 총발열량 − 수증기 응축잠열 = 5052.4 − 477.32
$$= 4575.08 \text{kcal/m}^3$$

해답 4575.08kcal/m³

해설 '부탄증열 제조가스'란 제조가스의 발열량이 낮아 상대적으로 발열량이 높은 부탄을 혼합하여 일정 수준 이상의 발열량을 확보한 제조가스를 일컫는다.

---

94 공급하는 도시가스 중에 수분이 포함되어 있을 때 일으키는 장애 3가지를 쓰시오.

해답 ① 응축수에 의한 배관의 폐쇄 또는 공급압력 저하
② 응축수 동결에 의한 공급 장애
③ 배관의 부식 촉진

---

95 메탄(CH_4) 비점이 −161℃, 20℃ 상태에서 기체 메탄 밀도는 0.667g/L, 같은 온도에 있어서 건조공기 밀도는 1.23g/L이라 할 때 물음에 답하시오.

(1) 메탄의 비점 온도에서 기체 메탄은 20℃ 공기보다 몇 배 무거운가?
(2) 기체 메탄이 20℃ 건조공기와 밀도가 같아지는 온도는 몇 ℃인가?

풀이 (1) ① 메탄 비점인 -161℃에서 기체 메탄의 밀도 계산 : 절대단위 이상기체 상태

방정식 $PV=\dfrac{W}{M}RT$를 이용하여 밀도를 구한다.

$$\therefore \rho_{CH_4}=\dfrac{W}{V}=\dfrac{PM}{RT}=\dfrac{1\times 16}{0.082\times(273-161)}=1.742≒1.74\,g/L$$

② 20℃ 공기와 밀도 비교

$$\dfrac{\rho_{CH_4}}{\rho_{공기}}=\dfrac{1.74}{1.23}=1.414≒1.41\,배$$

(2) $\rho=\dfrac{W}{V}$이고, $\dfrac{1}{\rho}=\dfrac{V}{W}$이므로 이상기체 상태방정식 $PV=\dfrac{W}{M}RT$를 이용하여 밀도가 같아지는 온도 T를 구한다.

$$\therefore T=\dfrac{PVM}{WR}=\dfrac{V}{W}\times\dfrac{PM}{R}=\dfrac{1}{\rho_{공기}}\times\dfrac{PM}{R}$$

$$=\dfrac{1}{1.23}\times\dfrac{1\times 16}{0.082}=158.653\,K-273=-114.364≒-114.36\,℃$$

해설 (1) 1.41배 (2) -114.36℃

96
가스 연소기구를 급·배기 방식에 따라 밀폐식과 반밀폐식으로 분류할 때 밀폐식에 대하여 설명하시오. [20. 3회. 산기]

해답 가스기구가 설치되어 있는 실내의 공기와 완전히 격리된 외기에서 흡입된 공기에 의해서 가스를 연소시키고 연소생성물(연소가스)도 직접 외기로 배출하는 형식의 것을 말한다.

해설 연소기구를 급·배기 방식에 따른 분류
① 개방형 연소기구 : 가스기구가 설치되어 있는 실내에서 연소용 공기를 취하고 연소생성물(연소가스)은 그대로 실내로 배출하는 형식의 가스기구로 입열량이 비교적 적은 주방용 기구, 소형 스토브 등이 해당된다.
② 반밀폐식 연소기구 : 연소용 공기는 가스기구가 설치되어 있는 실내에서 취하고 연소생성물(연소가스)은 배기통을 사용하여 배출하는 형식으로 자연 드래프트(draft)에 의해서 배출하는 자연배기식(CF 방식)과 배기 팬(fan)을 이용해서 강제로 배출하는 강제배기식(FE 방식)으로 분류한다.
③ 밀폐식 연소기구 : 가스기구가 설치되어 있는 실내의 공기와 완전히 격리된 외기에서 흡입된 공기에 의해서 가스를 연소시키고 연소생성물(연소가스)도 직접 외기로 배출하는 형식의 것을 말한다.

97
가스보일러를 배기방식에 의하여 구분할 때 다음 각각에 대하여 설명하시오. [22. 3회. 기사]
(1) 개방식 :   (2) FF 방식 :   (3) FE 방식 :   (4) CF 방식 :

[해답] (1) 가스보일러가 설치된 실내에서 연소용 공기를 취하고, 연소생성물(배기가스)은 실내로 방출하는 형식이다.

(2) 강제급배기식(Forced draft balanced Flue type)이라 하며, 연소용 공기는 가스보일러가 설치된 곳의 실외에서 취하고, 연소생성물(배기가스)은 팬(fan)을 이용해서 배기통으로 직접 외기로 배출하는 형식이다.

(3) 강제배기식(Forced Exhaust type)이라 하며, 연소용 공기는 가스보일러가 설치된 실내에서 취하고, 연소생성물(배기가스)은 배기 팬(fan)을 이용해서 배기통으로 강제적으로 실외로 배출하는 형식이다.

(4) 자연배기식(Conventional Flue type)이라 하며, 연소용 공기는 가스보일러가 설치된 실내에서 취하고, 연소생성물(배기가스)은 자연 드래프트(draft)에 의해서 실외로 배출하는 형식이다.

98
자연급배기식(BF) 보일러와 강제급배기식(FF) 보일러는 밀폐식, 반밀폐식으로 구분할 때 어디에 해당되는지 쓰시오. [16. 4회. 산기]

[해답] 밀폐식

[해설] 실내에 설치되는 연소기구의 분류

구분		구분의 내용
개방식		연소용 공기를 실내에서 취하고, 연소 배기가스는 옥내로 배출하는 방식
반밀폐식	자연배기식 (CF)	연소용 공기를 실내에서 취하고, 연소 배기가스를 배기통을 사용해서 자연 통풍력에 의해서 실외로 배출하는 방식
	강제배기식 (FE)	연소용 공기를 실내에서 취하고, 연소 배기가스를 배기 팬을 사용해서 강제적으로 실외로 배출하는 방식
밀폐식	자연급배기식 (BF)	급배기통을 외기에 접하는 벽을 관통하여 실외로 내보내고, 자연 통풍력에 의해서 급배기를 시키는 방식 (약호 : BF-W)
		급배기통을 전용 급배기통(chamber) 내에 접속하고, 자연 통풍력에 의해서 복도에 급배기를 시키는 방식 (약호 : BF-C)
		급배기통을 공용 급배기통(U 덕트 또는 SE 덕트) 내에 접속하고, 자연 통풍력에 의해서 급배기를 시키는 방식 (약호 : BF-D)
	강제급배기식 (FF)	급배기통을 외기에 접하는 벽을 관통하여 실외로 내보내고, 팬에 의해서 강제적으로 급배기를 시키는 방식

99 실내에 설치되는 반밀폐식 보일러를 급배기 방식에 따라 2가지로 구분하시오.
[17. 1회. 기사]

해답 ① 자연배기식(또는 CF 방식)
② 강제배기식(또는 FE 방식)

100 배기가스의 실내 누출로 인하여 질식사고가 발생하는 것을 방지하기 위해 반드시 전용 보일러실에 설치하여야 하는 가스보일러는 무엇인가?

해답 반밀폐식·강제배기식

101 다음 용어를 설명하시오.
(1) 연소 안전장치 :
(2) 연돌 효과 :

해답 (1) 가스가 정상연소 중에 불이 소화될 때 가스공급을 차단하는 장치
(2) 배기가스와 외기의 온도 차이에 의한 비중 차이로 배기가스를 흡입하는 효과로 온도차가 클수록, 연돌의 높이가 높을수록 연돌 효과는 크다.

102 자연배기식 반밀폐형 가스보일러에 설치된 역풍방지구(또는 역풍방지 도피구)의 역할 3가지를 쓰시오.

해답 ① 배기가스의 역류를 방지
② 배기통의 연돌 효과가 지나쳐 과도한 공기가 흡입되는 것을 억제
③ 안정된 연소로 연소기구의 열효율 저하를 방지
④ 기구 설치실 내의 공기를 적당히 흡입해서 환기를 실시

해설 역풍방지장치의 부착 요령
① 1차 배기통 위에 부착하고, 굴뚝과 동일 장소에 부착할 것
② 연소기에 부착된 경우는 개조, 위치를 변환시키지 말 것
③ 방향을 정확히 부착할 것

103 도시가스용 반밀폐식 보일러를 설치할 때 자연배기식 단독 배기통 방식의 배기통 높이를 계산하는 공식을 적고 각 인자에 대하여 설명하시오.
[15. 1회. 기사]

해답 $h = \dfrac{0.5 + 0.4n + 0.1l}{\left(\dfrac{1000A_v}{6H}\right)^2}$

여기서, h : 배기통의 높이(m)
n : 배기통의 굴곡 수
l : 역풍방지장치 개구부 하단으로부터 배기통 끝의 개구부까지의 전길이(m)
A_v : 배기통의 유효단면적(cm^2)
H : 가스소비량(kcal/h)

해설 배기통 높이 상세도

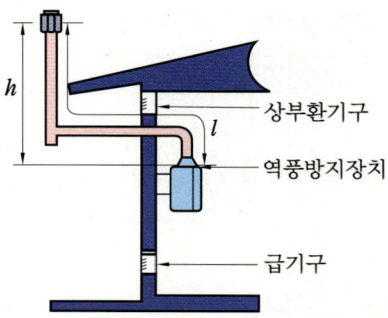

※ 배기통 높이 기준은 1993년 11월 28일 이전 도시가스사용시설에 설치된 가스보일러 설치기준(KGS GC208 부록 C)에 해당되는 사항임.

104 공동·반밀폐식·강제배기식 가스보일러를 설치할 때 연돌의 유효단면적(mm^2)을 구하는 공식을 쓰고 4가지 인자에 대하여 단위를 포함하여 설명하시오. (단, 연돌의 유효단면적 A는 제외한다.) [10. 3회, 15. 3회. 기사]

해답 $A = Q \times 0.6 \times K \times F + P$

여기서, Q : 가스보일러의 가스소비량 합계(kcal/h)
K : 형상계수
F : 가스보일러의 동시 사용률
P : 배기통의 수평투영면적(mm^2)

해설 "공동·반밀폐식·강제배기식"이란 다수의 가스보일러를 사용하는 배기 시스템으로써 연소용 공기는 가스보일러가 설치된 실내에서 급기하고, 배기가스는 연돌을 통하여 실외로 배기하며, 송풍기를 사용하여 강제적으로 배기하는 시스템을 말한다. (KGS GC208 주거용 가스보일러의 설치·검사기준)

105

[보기]와 같은 조건으로 공동·반밀폐식·강제배기식 가스보일러를 설치할 경우 연돌의 유효단면적(mm²)을 구하시오.   [12. 3회. 기사]

> | 보기 |
> - 가스보일러 가스소비량 합계 : 160000kcal/h
> - 공동 배기구의 형상계수 : 1
> - 가스보일러 동시사용률 : 0.81
> - 배기통 수평투영면적 : 24000mm²

풀이 $A = Q \times 0.6 \times K \times F + P = 160000 \times 0.6 \times 1 \times 0.81 + 24000 = 101760 \text{mm}^2$

해답 101760mm²

106

가스보일러 설치기준에 대한 내용 중 ( ) 안에 알맞은 용어를 쓰시오.   [10. 2회. 산기 동영상]

> 가스보일러의 접속 배관은 (①) 또는 가스용품검사에 합격한 (②)를[을] 사용하고, 가스의 누출이 없도록 확실히 접속하여야 한다.

해답 ① 금속 배관
② 연소기용 금속 플렉시블 호스

107

가스보일러를 전용보일러실에 설치하지 않아도 되는 경우 2가지를 쓰시오.   [10. 2회. 산기 동영상] [11. 4회, 16. 1회. 산기]

해답 ① 밀폐식 가스보일러
② 옥외에 설치한 가스보일러
③ 전용급기통을 부착하는 구조로 검사에 합격한 강제배기식 가스보일러

해설 주거용 가스보일러 설치기준(KGS GC208) : 가스보일러는 전용보일러실(보일러실 안의 가스가 거실로 들어가지 않는 구조로서 보일러실과 거실 사이의 경계벽은 출입구를 제외하고는 내화구조의 벽을 말한다)에 설치한다. 다만, 다음 중 어느 하나에 해당하는 경우에는 전용보일러실에 설치하지 않을 수 있다.
① 밀폐식 가스보일러
② 옥외에 설치한 가스보일러
③ 전용급기통을 부착하는 구조로 검사에 합격한 강제배기식 가스보일러

108 가스보일러는 방, 거실 그밖에 사람이 거처하는 곳과 목욕탕, 샤워장, 베란다, 환기가 잘 되지 않아 가스보일러의 배기가스가 누출되는 경우 사람이 질식할 우려가 있는 곳에는 설치하지 않아야 하는데 불가피하게 설치하여야 할 경우 어느 조치를 하면 밀폐식 가스보일러를 설치할 수 있는지 2가지를 쓰시오.

해답 ① 가스보일러와 연통의 접합은 나사식, 플랜지식 또는 리브식으로 하고 연통과 연통의 접합은 나사식, 플랜지식, 클램프식, 연통일체형 밴드 조임식 또는 리브식 등으로 하여 연통이 이탈되지 않도록 설치하는 경우
② 막을 수 없는 구조의 환기구가 외기와 직접 통하도록 설치되어 있고, 그 환기구의 크기가 바닥면적 $1m^2$마다 $300cm^2$의 비율로 계산한 면적 이상인 곳에 설치하는 경우
③ 실내에서 사용 가능한 전이중급배기통(coaxial flue pipe)을 설치하는 경우
〈신설 18. 8. 10〉

해설 ① 주거용 가스보일러 시설기준 중 설치방법 : KGS GC208
② 전이중급 배기통(coaxial flue pipe) : 급기와 배기통을 일체형으로 제작된 제품

109 밀폐식 보일러를 사람이 거처하는 곳에 부득이 설치할 때 통풍구 면적 기준을 쓰시오.
[10. 2회. 기사 동영상]

해답 바닥면적 $1m^2$ 당 $300cm^2$ 이상

110 강제배기식 단독 배기통 방식의 가스보일러 설치기준이다. (   )에 알맞은 숫자를 넣으시오.
[11. 1회. 기사]

(1) 배기통 및 연돌의 터미널에는 새, 쥐 등의 지름 (   )cm 이상의 물체가 들어가지 아니하는 내식성의 구조물을 설치하여야 한다.
(2) 방열판이 설치되지 않은 터미널의 상하주위 (   )cm 이내에 가연성 구조물이 없어야 한다.
(3) 터미널 개구부로부터 (   )cm 이내에 배기가스가 실내로 유입할 우려가 있는 개구부가 없어야 한다.

해답 (1) 1.6 (2) 60 (3) 60

해설 길이의 단위가 'cm'가 아닌 'm', 'mm'로 주어질 수 있으니 단위를 잘 확인하고 답안을 작성하길 바랍니다.

111
가스보일러를 설치 시공한 자는 그가 설치·시공한 시설에 대하여 시공자 명칭 등이 포함된 것을 가스보일러에 부착하는데 이것을 무엇이라 하는가? [12. 4회. 산기]

해답 시공표지판

112
가스온수기를 가정집의 목욕탕(샤워실)과 같은 곳에 설치를 제한하는 이유를 설명하시오.

해답 목욕탕(샤워실)과 같은 환기가 잘 되지 않는 곳에 설치하여 사용하면 연소용 공기 (산소)의 공급이 원활하게 이루어지지 않아 불완전연소가 되며, 이때 발생하는 일산화탄소(CO)에 중독되어 사망할 수 있는 사고가 발생할 가능성이 크기 때문에 제한하는 것이다.

113
가스보일러의 배기가스에 의한 중독사고를 예방하기 위해 일산화탄소 경보기를 설치할 때 단독형 경보기 및 탐지부를 설치하지 않아야 할 장소 4가지를 쓰시오.

해답 ① 출입구 부근 등으로서 외부의 기류가 통하는 곳
② 환기구(전용보일러실의 환기구를 제외한다) 등 공기가 들어오는 곳으로부터 1.5m 이내인 곳
③ 가구·보·설비 등에 가려져 누출가스의 유통이 원활하지 못한 곳
④ 수증기, 기름 섞인 연기 등이 직접 접촉될 우려가 있는 곳

해설 일산화탄소 경보기 설치 방법 : KGS GC208
① 단독형 경보기 : 탐지부와 수신부가 일체로 되어 있는 형태의 경보기
② 분리형 경보기 : 탐지부와 수신부가 분리된 형태의 경보기
③ 단독형 경보기 및 탐지부를 설치하지 않아야 할 장소
　㉮ 출입구 부근 등으로서 외부의 기류가 통하는 곳
　㉯ 환기구(전용보일러실의 환기구를 제외한다) 등 공기가 들어오는 곳으로부터 1.5m 이내인 곳
　㉰ 가구·보·설비 등에 가려져 누출가스의 유통이 원활하지 못한 곳
　㉱ 수증기, 기름 섞인 연기 등이 직접 접촉될 우려가 있는 곳

제 5 장 압축기 및 펌프

1 압축기(compressor)

1-1 용적형 압축기

(1) 왕복동식 압축기

① 특징
  ㈎ 용적형으로 고압이 쉽게 형성된다.
  ㈏ 급유식(윤활유식) 또는 무급유식이다.
  ㈐ 배출가스 중 오일이 혼입될 우려가 있다.
  ㈑ 압축이 단속적이므로 맥동현상이 발생한다. (소음 및 진동 발생)
  ㈒ 형태가 크고 설치면적이 크다.
  ㈓ 접촉부가 많아서 고장 시 수리가 어렵다.
  ㈔ 용량 조정범위가 0~100%로 넓고, 압축효율이 높다.
  ㈕ 반드시 흡입, 토출밸브가 필요하다.

② 피스톤 압출량 계산
  ㈎ 이론적 피스톤 압출량

  $$V = \frac{\pi}{4} \times D^2 \times L \times n \times N$$

  ㈏ 실제적 피스톤 압출량

  $$V' = \frac{\pi}{4} \times D^2 \times L \times n \times N \times \eta_v$$

  여기서, V : 이론적인 피스톤 압출량(m^3/min)
  V' : 실제적인 피스톤 압출량(m^3/min)
  D : 실린더 안지름(m)
  L : 행정거리(m)
  n : 기통 수
  N : 분당 회전수(rpm)
  η_v : 체적효율

> **예제 01** 왕복동 압축기의 실린더 안지름 200mm, 행정거리 200mm, 실린더 수 2, 회전수 450rpm, 체적효율 80%일 때 피스톤 압출량(m³/h)은 얼마인가?
>
> **풀이** 실린더 수 2는 기통 수(n)가 2개라는 것이다.
>
> $$\therefore V = \frac{\pi}{4} \times D^2 \times L \times n \times N \times \eta_v$$
>
> $$= \frac{\pi}{4} \times 0.2^2 \times 0.2 \times 2 \times 450 \times 0.8 \times 60 = 271.433 ≒ 271.43 \text{m}^3/\text{h}$$
>
> **해답** 271.43m³/h
>
> **해설** ① 실린더 단면적을 구하는 공식이 '$\frac{\pi}{4} \times D^2$'이고, 여기에 행정거리(L)를 곱하면 실린더 체적이 되며, 체적의 단위가 'm³'이므로 실린더 지름(D)과 행정거리는 미터(m) 단위를 적용한다.
> ② 풀이과정 마지막에 '60'을 곱한 것은 시간 단위를 분(min)에서 시간(h)으로 변환하기 위하여 적용한 것이다.
> ③ 실린더 단면적을 구할 때 파이(π) 대신에 '3.14'를 적용하면 오차가 발생하며, 어느 것이든 채점에는 영향이 없으니 선택하여 답안을 작성하길 바랍니다. (단, '3.14'로 계산할 경우에는 풀이과정에 기록하길 바랍니다.)

③ 압축기 효율
  (가) 체적효율(η_v) : 이론적 피스톤 압출량에 대한 실제적 피스톤 압출량의 비이다.

  $$\eta_v = \frac{\text{실제적 피스톤 압출량}}{\text{이론적 피스톤 압출량}} \times 100$$

  (나) 압축효율(η_c) : 실제 소요동력에 대한 이론동력의 비이다.

  $$\eta_c = \frac{\text{이론동력}}{\text{실제 소요동력(지시동력)}} \times 100$$

  (다) 기계효율(η_m) : 축동력에 대한 실제 소요동력의 비이다.

  $$\eta_m = \frac{\text{실제 소요동력(지시동력)}}{\text{축동력}} \times 100$$

  (라) 토출효율(η') : 흡입된 기체 부피에 대한 토출 기체의 부피를 흡입된 상태로 환산한 부피비이다.

  $$\eta' = \frac{\text{토출 기체를 흡입상태로 환산한 부피}}{\text{흡입된 기체 부피}} \times 100$$

④ 용량 제어법
  (가) 연속적인 용량 제어법
    ㉮ 흡입 주 밸브를 폐쇄하는 방법

㉯ 타임드 밸브 제어에 의한 방법
㉰ 회전수를 변경하는 방법
㉱ 바이패스 밸브에 의한 압축가스를 흡입측에 복귀시키는 방법
㈏ 단계적인 용량 제어법
㉮ 클리어런스 밸브에 의한 방법
㉯ 흡입밸브 개방에 의한 방법
⑤ 다단 압축의 목적
㈎ 1단 단열압축과 비교한 일량의 절약
㈏ 이용효율의 증가
㈐ 힘의 평형이 양호해진다.
㈑ 온도상승을 피할 수 있다.
⑥ 압축비(a)
㈎ 1단 압축비 $a = \dfrac{P_2}{P_1}$

㈏ 다단 압축비 $a = \sqrt[n]{\dfrac{P_2}{P_1}}$

여기서, a : 압축비 n : 단수
P_1 : 흡입 절대압력 P_2 : 최종 절대압력
㈐ 압축비가 증가할 때 나타나는 현상
㉮ 압축일량 증가로 소요동력이 증가한다.
㉯ 실린더 내의 온도가 상승하여 토출가스 온도가 상승한다.
㉰ 체적효율이 저하한다.
㉱ 토출가스량이 감소한다.

예제 02 압축기에서 용량 제어를 하는 목적 4가지를 쓰시오. [19. 2회. 산기]

해답 ① 수요 공급의 균형 유지 ② 압축기 보호
③ 소요동력의 절감 ④ 경부하 기동

해설 왕복동형 압축기와 터보 압축기의 용량 제어법까지 구분하여 기억하길 바랍니다.

예제 03 가스압축에 사용하는 압축기에서 다단 압축을 하는 목적 4가지를 쓰시오.
[08. 2회, 19. 2회, 21. 2회. 산기] [21. 1회. 기사]

해답 ① 1단 단열압축과 비교한 일량의 절약 ② 이용효율의 증가
③ 힘의 평형이 양호해진다. ④ 가스의 온도상승을 피할 수 있다.

⑦ 축동력

　(가) 미터마력　　$PS = \dfrac{PQ}{75\eta}$

　(나) kW　　　　$kW = \dfrac{PQ}{102\eta}$

　　여기서, P : 토출압력(kgf/m²)　　Q : 토출유량(m³/s)　　η : 효율

예제 04

실린더 안지름 20cm, 피스톤 행정 15cm, 매분 회전수 300rpm, 효율 90%인 수평 1단 단동 압축기가 있다. 지시평균 유효압력을 0.2MPa로 하면 압축기에 필요한 전동기의 마력은 몇 PS인가? (단, 1MPa은 10kgf/cm²로 한다.)

풀이 ① 피스톤 압출량 계산 : 체적효율은 언급이 없으므로 100%로 가정한다.

$$\therefore V = \dfrac{\pi}{4} \times D^2 \times L \times n \times N \times \eta_v = \dfrac{\pi}{4} \times 0.2^2 \times 0.15 \times 1 \times 300 \times 1$$

$$= 1.413 \fallingdotseq 1.41 \, m^3/min$$

② 축동력 계산 : 필요한 전동기 마력이 축동력이며, 압력(P)의 단위는 'kgf/m²'을 적용하고, 유량의 단위는 'm³/s'이다.

$$\therefore PS = \dfrac{PQ}{75\eta} = \dfrac{(0.2 \times 10 \times 10^4) \times 1.41}{75 \times 0.9 \times 60} = 6.962 \fallingdotseq 6.96\,PS$$

해답 6.96PS

해설 1atm = 1.0332kgf/cm² = 10332kgf/m²이므로 'kgf/cm²'에서 'kgf/m²'으로 단위를 변환할 때에는 1만을 곱한다.

⑧ 윤활유

　(가) 구비조건

　　㉮ 화학반응을 일으키지 않을 것

　　㉯ 인화점은 높고 응고점은 낮을 것

　　㉰ 점도가 적당하고 항유화성이 클 것

　　㉱ 불순물이 적을 것

　　㉲ 잔류탄소의 양이 적을 것

　　㉳ 열에 대한 안정성이 있을 것

　(나) 각종 가스 압축기의 윤활유

　　㉮ 산소 압축기 : 물 또는 10% 이하의 묽은 글리세린수

　　㉯ 공기 압축기, 수소 압축기, 아세틸렌 압축기 : 양질의 광유

　　㉰ 염소 압축기 : 진한 황산

㉔ LP가스 압축기 : 식물성유
㉕ 이산화황(아황산가스) 압축기 : 화이트유, 정제된 용제 터빈유
㉖ 염화메탄(메틸 클로라이드) 압축기 : 화이트유

> **예제 05** 산소 압축기의 내부 윤활제 종류 2가지를 쓰시오. [21. 2회. 기사]
>
> **해답** ① 물 ② 10% 이하의 묽은 글리세린수
> **해설** 산소 압축기 내부 윤활제로 사용할 수 없는 것
>   ① 석유류 ② 유지류 ③ 글리세린

(2) 회전식 압축기

① 특징
  ㈎ 용적형이며, 오일 윤활방식(급유식)으로 소용량에 사용된다.
  ㈏ 압축이 연속적으로 이루어져 맥동현상이 없다.
  ㈐ 왕복 압축기와 비교하여 구조가 간단하며, 동작이 단순하다.
  ㈑ 고진공을 얻을 수 있다.
  ㈒ 직결 구동이 용이하고, 고압축비를 얻을 수 있다.
② 종류 : 고정익형과 회전익형이 있다.

(3) 나사 압축기(screw compressor)

① 특징
  ㈎ 용적형이며 무급유식 또는 급유식이다.
  ㈏ 흡입, 압축, 토출의 3행정을 가지고 있다.
  ㈐ 압축이 연속적으로 이루어져 맥동현상이 없다.
  ㈑ 용량조정이 어렵고(70~100%), 효율이 낮다.
  ㈒ 소음방지 장치가 필요하다.
  ㈓ 토출압력 변화에 의한 용량변화가 적다.
  ㈔ 고속회전이므로 형태가 작고, 경량이다.
  ㈕ 두 개의 암(female), 수(male)의 치형을 가진 로터의 맞물림에 의해 압축한다.

1-2 터보(turbo)형 압축기

(1) 원심식 압축기

① 특징
  ㈎ 원심형 무급유식이다.

(나) 연속 토출로 맥동이 적다.
(다) 고속회전이 가능하므로 모터와 직결 사용이 가능하다.
(라) 형태가 적고 경량이어서 기초, 설치면적이 적게 차지한다.
(마) 용량조정범위가 좁고(70~100%), 어렵다.
(바) 압축비가 적고 효율이 나쁘다.
(사) 운전 중 서징(surging)현상에 주의하여야 한다.
(아) 다단식은 압축비를 높일 수 있으나 설비비가 많이 소요된다.
(자) 토출압력 변화에 의해 용량변화가 크다.

② 용량 제어법
 (가) 속도 제어에 의한 방법
 (나) 토출밸브 조정에 의한 방법
 (다) 흡입밸브 조정에 의한 방법
 (라) 바이패스에 의한 방법

③ 상사 법칙 : 임펠러 회전수 및 지름을 변경했을 때 풍량(Q), 풍압(P), 동력(L)의 관계를 나타낸다.
 (가) 풍량 : 풍량은 회전수 변화에 비례하고, 임펠러 지름 변화의 3제곱에 비례한다.

$$Q_2 = Q_1 \times \left(\frac{N_2}{N_1}\right) \times \left(\frac{D_2}{D_1}\right)^3$$

 (나) 풍압 : 풍압은 회전수 변화의 제곱에 비례하고, 임펠러 지름 변화의 제곱에 비례한다.

$$P_2 = P_1 \times \left(\frac{N_2}{N_1}\right)^2 \times \left(\frac{D_2}{D_1}\right)^2$$

 (다) 동력 : 동력은 회전수 변화의 3제곱에 비례하고, 임펠러 지름 변화의 5제곱에 비례한다.

$$L_2 = L_1 \times \left(\frac{N_2}{N_1}\right)^3 \times \left(\frac{D_2}{D_1}\right)^5$$

여기서, Q_1, Q_2 : 변경 전, 후 풍량 P_1, P_2 : 변경 전, 후 풍압
    L_1, L_2 : 변경 전, 후 동력 N_1, N_2 : 변경 전, 후 임펠러 회전수
    D_1, D_2 : 변경 전, 후 임펠러 지름

> **예제 06** 터보 압축기의 용량 제어 방법 4가지를 쓰시오.
>
> **해답** ① 속도 제어에 의한 방법   ② 토출밸브에 의한 방법
>   ③ 흡입밸브에 의한 방법   ④ 바이패스에 의한 방법

④ 서징(surging)현상 : 토출측 저항이 커지면 유량이 감소하고 맥동과 진동이 발생하며 불안전 운전이 되는 현상으로 방지법으로는 다음과 같다.
　㈎ 우상(右上)이 없는 특성으로 하는 방법
　㈏ 방출밸브에 의한 방법
　㈐ 베인 컨트롤에 의한 방법
　㈑ 회전수를 변화시키는 방법
　㈒ 교축밸브를 기계에 가까이 설치하는 방법

> **예제 07** 터보 압축기(원심 압축기)에서 발생하는 서징(surging) 현상 방지법 4가지를 쓰시오.
> [17. 4회. 산기]
> **해답** ① 우상(우상)이 없는 특성으로 하는 방법
> ② 방출밸브에 의한 방법
> ③ 베인 컨트롤에 의한 방법
> ④ 회전수를 변경하는 방법
> ⑤ 교축밸브를 기계에 가까이 설치하는 방법

(2) **축류 압축기** : 축방향으로 흡입하여 축방향으로 토출하는 압축기로 효율이 좋지 않고, 압축비가 작아서 공기조화설비용으로 사용된다.

2 펌프(pump)

2-1 터보(turbo)식 펌프

(1) **원심 펌프**
　① 특징
　　㈎ 원심력에 의하여 유체를 압송한다.
　　㈏ 용량에 비하여 소형이고 설치면적이 작다.
　　㈐ 흡입, 토출밸브가 없고 액의 맥동이 없다.
　　㈑ 기동 시 펌프 내부에 유체를 충분히 채워야 한다.
　　㈒ 고양정에 적합하다.
　　㈓ 서징 현상, 캐비테이션 현상이 발생하기 쉽다.
　② 종류
　　㈎ 벌류트 펌프 : 임펠러에 안내 베인이 없는 펌프

(나) 터빈 펌프 : 임펠러에 안내 베인이 있는 펌프

> **예제 08** 시동하기 전에 프라이밍이 필요한 펌프는?
>
> **해답** 원심 펌프
>
> **해설** 프라이밍 : 펌프를 운전할 때 펌프 내에 액이 없을 경우 임펠러의 공회전으로 펌핑이 이루어지지 않는 것을 방지하기 위하여 가동 전에 펌프 내에 액을 충만시키는 것을 말한다.

③ 특성 곡선 및 축봉장치
  (가) 특성 곡선 : 횡축에 토출량(Q), 종축에 양정(H), 축동력(L), 효율(η)을 취하여 표시한 것으로 펌프의 성능을 나타낸다.
    ㉮ $H-Q$ 곡선 : 양정 곡선
    ㉯ $L-Q$ 곡선 : 축동력 곡선
    ㉰ $\eta-Q$ 곡선 : 효율 곡선

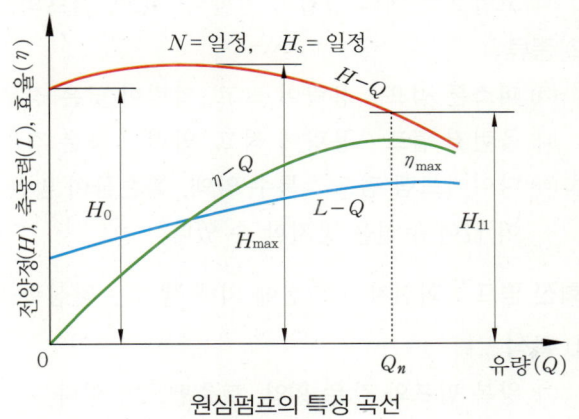

원심펌프의 특성 곡선

  (나) 축봉장치 : 축이 케이싱을 관통하여 회전하는 부분에 설치하여 액의 누설을 방지하는 것이다.
    ㉮ 그랜드 패킹 : 내부의 액이 누설되어도 무방한 경우에 사용
    ㉯ 메커니컬 실(mechanical seal) : 내부의 액이 누설되는 것이 허용되지 않는 가연성, 독성 등의 액체 이송 시 사용한다.

(2) **사류 펌프** : 액체의 흐름이 축에 대하여 비스듬히 토출되는 형식이다.

(3) **축류 펌프** : 축 방향으로 흡입하여 축 방향으로 토출되는 형식이다.

예제 09 펌프의 특성 곡선에서 체절운전(체절양정)이란 무엇인가?

해답 유량이 0일 때의 양정

해설 체절운전(체절양정) : 유량이 0일 때 양정이 최대가 되는 운전상태로, 토출측 밸브를 폐쇄하고 가동하였을 때 압력계에 지시되는 압력으로 확인할 수 있다.

2-2 용적식 펌프

(1) **왕복 펌프** : 실린더 내의 피스톤 또는 플런저를 왕복시켜 액체를 흡입하여 압출하는 형식이다.

① 특징
   ㈎ 소형으로 고압, 고점도 유체에 적당하다.
   ㈏ 회전수가 변하여도 토출압력의 변화가 적다.
   ㈐ 토출량이 일정하여 정량토출이 가능하고 수송량을 가감할 수 있다.
   ㈑ 송출이 단속적이라 맥동이 일어나기 쉽고 진동이 있다.
   ㈒ 고압으로 액의 성질이 변할 수 있고, 밸브의 그랜드패킹이 고장이 많다.

② 종류
   ㈎ 피스톤 펌프 : 용량이 크고, 압력이 낮은 경우에 사용
   ㈏ 플런저 펌프 : 용량이 적고, 압력이 높은 경우에 사용
   ㈐ 다이어프램 펌프 : 특수 약액, 불순물이 많은 유체를 이송할 수 있고 그랜드 패킹이 없어 누설을 방지할 수 있다.

(2) **회전 펌프** : 회전자의 회전에 의해 생기는 원심력을 이용하여 유체를 이송한다.

① 특징
   ㈎ 왕복 펌프와 같은 흡입, 토출밸브가 없다.
   ㈏ 연속으로 송출하므로 맥동현상이 없다.
   ㈐ 점성이 있는 유체의 이송에 적합하다.
   ㈑ 고압 유압펌프로 사용된다. (안전밸브를 반드시 부착한다.)

② 종류 : 기어 펌프, 나사 펌프, 베인 펌프 등

예제 10 왕복 펌프 중 산, 알칼리액을 수송하는 데 사용되는 펌프는?

해답 다이어프램 펌프

2-3 특수 펌프

노즐에서 고속으로 분출된 유체에 의하여 주위의 유체를 흡입하여 토출하는 제트 펌프, 압축공기를 이용한 기포 펌프, 유체의 위치에너지를 이용한 수격 펌프 등이 있다.

2-4 펌프의 성능

(1) 펌프의 효율

① 체적효율(η_v) : 이론적 흡출량에 대한 실제적 흡출량의 비이다.

$$\eta_v = \frac{실제적\ 흡출량}{이론적\ 흡출량} \times 100$$

② 수력효율(η_h) : 평균 유효압력에 대한 최종 압력 증가량의 비이다.

$$\eta_h = \frac{최종\ 압력\ 증가량}{평균\ 유효압력} \times 100$$

③ 기계효율(η_m) : 축동력에 대한 실제적 소요동력의 비이다.

$$\eta_m = \frac{실제적\ 소요동력(지시동력)}{축동력} \times 100$$

④ 펌프의 전효율(η)

$$\eta = \frac{수동력(L_w)}{축동력(L_s)} = \eta_v \times \eta_h \times \eta_m$$

※ 수동력은 이론적인 동력을 의미한다.

(2) 축동력

① 미터 마력: $PS = \dfrac{\gamma QH}{75\eta}$ ② kW: $kW = \dfrac{\gamma QH}{102\eta}$

여기서, γ : 액체의 비중량(kgf/m³), Q : 유량(m³/s), H : 전양정(m), η : 효율

예제 77 전양정 8m, 송수량 1.5m³/min인 펌프의 축동력(kW)은 얼마인가? (단, 펌프의 효율은 75%이다.)

풀이 송수(送水)라는 것은 물을 보내고 있다는 것이며, 물의 비중량(γ)은 1000kgf/m³, 유량(Q)은 초(s)당 유량(단위 : m³/s)으로 변환하여 적용한다.

$$\therefore kW = \frac{\gamma QH}{102\eta} = \frac{1000 \times 1.5 \times 8}{102 \times 0.75 \times 60} = 2.614 ≒ 2.61 kW$$

해답 2.61kW

예제 12

양정 15m, 송수량 5.25m³/min일 때 축동력 20PS를 필요로 하는 원심 펌프의 효율(%)은 얼마인가? (단, 물의 비중은 1이다.) [22. 2회. 산기]

풀이 원심 펌프의 축동력 계산식 $PS = \dfrac{\gamma \times Q \times H}{75 \times \eta}$에서 효율 η를 구하며, 물의 비중량(γ)은 1000kgf/m³, 유량(Q)은 초(s)당 유량(단위 : m³/s)으로 변환하여 적용한다.

$$\therefore \gamma = \dfrac{\gamma \times Q \times H}{75 \times PS} \times 100 = \dfrac{1000 \times 5.25 \times 15}{75 \times 20 \times 60} \times 100 = 87.5\%$$

해답 87.5%

(3) 원심 펌프의 상사법칙

① 유량 : 유량은 회전수 변화에 비례하고, 임펠러 지름 변화의 3제곱에 비례한다.

$$Q_2 = Q_1 \times \left(\dfrac{N_2}{N_1}\right) \times \left(\dfrac{D_2}{D_1}\right)^3$$

② 양정 : 양정은 회전수 변화의 제곱에 비례하고, 임펠러 지름 변화의 제곱에 비례한다.

$$H_2 = H_1 \times \left(\dfrac{N_2}{N_1}\right)^2 \times \left(\dfrac{D_2}{D_1}\right)^2$$

③ 동력 : 동력은 회전수 변화의 3제곱에 비례하고, 임펠러 지름 변화의 5제곱에 비례한다.

$$L_2 = L_1 \times \left(\dfrac{N_2}{N_1}\right)^3 \times \left(\dfrac{D_2}{D_1}\right)^5$$

여기서, Q_1, Q_2 : 변경 전, 후 유량
H_1, H_2 : 변경 전, 후 양정
L_1, L_2 : 변경 전, 후 동력
N_1, N_2 : 변경 전, 후 임펠러 회전수
D_1, D_2 : 변경 전, 후 임펠러 지름

예제 13

전양정이 15m인 원심 펌프의 회전수를 1000rpm에서 2000rpm으로 변경시켰을 때 전양정은 몇 m가 되겠는가? (단, 펌프의 효율은 변함이 없다.) [15. 1회. 산기]

풀이 원심 펌프의 상사법칙에서 양정은 회전수 변화의 제곱에 비례한다.

$$\therefore H_2 = H_1 \times \left(\dfrac{N_2}{N_1}\right)^2 = 15 \times \left(\dfrac{2000}{1000}\right)^2 = 60\text{m}$$

해답 60m

(4) 비교회전도

① 토출량이 1m³/min, 양정 1m가 발생하도록 설계한 경우의 판상 임펠러의 매분 회전수로 비속도라 한다. 비교회전도가 작으면 유량이 작은 고양정의 대형 펌프이고, 비교회전도가 크면 유량이 큰 저양정의 소형 펌프에 해당된다.

② 비교회전도 계산식

$$N_s = \frac{N \times \sqrt{Q}}{\left(\frac{H}{Z}\right)^{\frac{3}{4}}} = N \times Q^{\frac{1}{2}} \times \left(\frac{H}{Z}\right)^{-\frac{3}{4}}$$

여기서, N_s : 비교회전도(rpm·m³/min·m) N : 임펠러 회전수(rpm)
Q : 토출량(m³/min) H : 전양정(m)
Z : 단수

③ 각 펌프의 양정 및 비교회전도 범위

구분	양정	비교회전도 범위
원심 펌프	고양정	100~600rpm·m³/min·m
사류 펌프	중양정	500~1300rpm·m³/min·m
축류 펌프	저양정	1200~2000rpm·m³/min·m

(5) 원심 펌프의 운전 특성

① 직렬 운전 : 양정 증가, 유량 일정
② 병렬 운전 : 양정 일정, 유량 증가

2-5 펌프에서 발생되는 이상 현상

(1) 캐비테이션(cavitation) 현상 : 유수 중에 그 수온의 증기압력보다 낮은 부분이 생기면 물이 증발을 일으키고 기포를 다수 발생하는 현상

① 발생 원인
 ㈎ 흡입양정이 지나치게 클 경우
 ㈏ 흡입관의 저항이 증대될 경우
 ㈐ 과속으로 유량이 증대될 경우
 ㈑ 관로 내의 온도가 상승될 경우

② 일어나는 현상
 ㈎ 소음과 진동이 발생
 ㈏ 깃(임펠러)의 침식
 ㈐ 특성 곡선, 양정 곡선의 저하
 ㈑ 양수 불능

③ 방지법
- ㈎ 펌프의 위치를 낮춘다. (흡입양정을 짧게 한다.)
- ㈏ 수직축 펌프를 사용한다.
- ㈐ 회전차를 수중에 완전히 잠기게 한다.
- ㈑ 펌프의 회전수를 낮춘다.
- ㈒ 양흡입 펌프를 사용한다.
- ㈓ 두 대 이상의 펌프를 사용한다.

(2) 수격작용(water hammering) : 펌프에서 물을 압송하고 있을 때 정전 등으로 펌프가 급히 멈춘 경우 관 내의 유속이 급변하면 물에 심한 압력변화가 생기는 현상이다.

① 발생 원인
- ㈎ 밸브의 급격한 개폐
- ㈏ 펌프의 급격한 정지
- ㈐ 유속이 급변할 때

② 방지법
- ㈎ 배관 내부의 유속을 낮춘다. (관지름이 큰 배관을 사용한다.)
- ㈏ 배관에 조압수조(調壓水槽 ; surge tank)를 설치한다.
- ㈐ 펌프에 플라이 휠(fly wheel)을 설치한다.
- ㈑ 밸브를 송출구 가까이 설치하고 적당히 제어한다.

(3) 서징(surging) 현상 : 맥동현상이라 하며 펌프를 운전 중 주기적으로 운동, 양정, 토출량이 규칙적으로 바르게 변동하는 현상이다.

① 발생 원인
- ㈎ 양정곡선이 산형 곡선이고 곡선의 최상부에서 운전했을 때
- ㈏ 유량조절 밸브가 탱크 뒤쪽에 있을 때
- ㈐ 배관 중에 물탱크나 공기탱크가 있을 때

② 방지법
- ㈎ 임펠러, 가이드 베인의 형상 및 치수를 변경하여 특성을 변화시킨다.
- ㈏ 방출밸브를 사용하여 서징 현상이 발생할 때의 양수량 이상으로 유량을 증가시킨다.
- ㈐ 임펠러의 회전수를 변경시킨다.
- ㈑ 배관 중에 있는 불필요한 공기탱크를 제거한다.

(4) 베이퍼 로크(vapor lock) 현상 : 저비점 액체 등을 이송 시 펌프의 입구에서 발생하는 현상으로 액의 끓음에 의한 동요를 말한다.

① 발생 원인
  ㈎ 흡입관 지름이 작을 때
  ㈏ 펌프의 설치위치가 높을 때
  ㈐ 외부에서 열량 침투 시
  ㈑ 배관 내 온도 상승 시

② 방지법
  ㈎ 실린더 라이너의 외부를 냉각한다.
  ㈏ 흡입배관을 크게 하고 단열 처리한다.
  ㈐ 펌프의 설치위치를 낮춘다.
  ㈑ 흡입관로를 청소한다.

원심 펌프에서 캐비테이션(cavitation) 현상이 발생하는 원인 4가지를 쓰시오. [21. 기사 1회]

 ① 흡입양정이 지나치게 클 경우
② 흡입관의 저항이 증대될 경우
③ 과속으로 유량이 증대될 경우
④ 배관 내의 온도가 상승될 경우

압축기 및 펌프 예상문제

01 왕복동형 압축기의 특징 4가지를 쓰시오.

해답 ① 용적형으로 고압이 쉽게 형성된다.
② 급유식(윤활유식) 또는 무급유식이다.
③ 배출가스 중 오일이 혼입될 우려가 있다.
④ 압축이 단속적이므로 진동이 크고 소음이 크다.
⑤ 형태가 크고 설치면적이 크다.
⑥ 접촉부가 많아서 고장 시 수리가 어렵다.
⑦ 용량 조정범위가 0~100%로 넓고, 압축효율이 높다.
⑧ 반드시 흡입, 토출밸브가 필요하다.

02 압축기 운전 개시 전 점검사항 4가지를 쓰시오.

해답 ① 압력계 및 온도계 확인
② 냉각수 및 밸브 확인
③ 윤활유 점검
④ 압축기에 부착된 볼트의 조임상태 확인

해설 압축기 운전 중 점검사항
① 압력 이상 유무 확인
② 온도 이상 유무 확인
③ 누설 유무 점검
④ 작동 중 이상음 유무 점검
⑤ 진동 유무 점검

03 왕복동형 압축기의 흡입, 토출밸브 구비조건 4가지를 쓰시오.

해답 ① 개폐가 확실하고 작동이 양호할 것
② 충분한 통과 단면을 갖고 유체저항이 적을 것
③ 누설이 없고 마모 및 파손에 강할 것
④ 운전 중에 분해하는 경우가 없을 것

04

[보기]에서 설명된 기호를 이용하여 왕복동형 압축기의 실제 피스톤 압출량 계산식을 완성하시오.
[06. 4회. 산기]

> **보기**
> - V : 실제 피스톤 압출량(m³/h)
> - L : 행정거리(m)
> - n : 기통 수
> - D : 실린더 안지름(m)
> - N : 분당 회전수(rpm)
> - η_v : 체적효율

[해답] $V = \dfrac{\pi}{4} \times D^2 \times L \times n \times N \times \eta_v \times 60$

[해설] 완성된 공식 마지막에 '60'을 곱한 것은 피스톤 압출량 시간 단위를 분(min)당 단위에서 시간(hour)당 단위로 변환하기 위한 것이다.

05

왕복동 압축기의 실린더 안지름이 100mm, 행정거리가 150mm, 회전수가 600rpm, 체적효율이 80%일 때 피스톤 압출량(m³/min)을 계산하시오.
[18. 1회. 산기]

[풀이]
$V = \dfrac{\pi}{4} \times D^2 \times L \times n \times N \times \eta_v$

$= \dfrac{\pi}{4} \times 0.1^2 \times 0.15 \times 1 \times 600 \times 0.8 = 0.565 ≒ 0.57 \text{m}^3/\text{min}$

[해답] $0.57 \text{m}^3/\text{min}$

[해설] ① 실린더 단면적을 구하는 공식이 '$\dfrac{\pi}{4} \times D^2$'이고, 실린더 단면적에 행정거리($L$)를 곱하면 실린더 체적이 되며, 체적의 단위가 'm³'이므로 실린더 지름(D)과 행정거리는 미터(m) 단위를 적용한다.
② 실린더 단면적을 구할 때 파이(π) 대신에 '3.14'를 적용하면 오차가 발생하며, 어느 것이든 채점에는 영향이 없으니 선택하여 답안을 작성하길 바랍니다. (단, '3.14'로 계산할 경우에는 풀이과정에 기록하길 바랍니다.)

06

왕복동 다단압축기에서 대기압 상태의 20℃ 공기를 흡입하여 최종단에서 토출압력 30kgf/cm²·g, 온도 40℃의 압축공기 30m³/h를 토출하면 체적효율(%)은 얼마인가? (단, 1단 압축기의 이론적 흡입체적은 1000m³/h이고, 대기압은 1.033kgf/cm²이다.)
[12. 3회. 기사] [06. 2회, 18. 2회. 산기 유사]

[풀이] ① 실제적 피스톤 압출량 계산 : 보일-샤를의 법칙 $\dfrac{P_1 V_1}{T_1} = \dfrac{P_2 V_2}{T_2}$를 이용하여 최종단의 토출가스량($V_2$)을 1단의 압력, 온도와 같은 조건의 체적(V_1)으로 환산

한다. (보일-샤를의 법칙에서 1단의 온도와 압력 조건을 '1', 최종단의 온도와 압력 조건을 '2'로 구분한다)

$$\therefore V_1 = \frac{P_2 V_2 T_1}{P_1 T_2} = \frac{(30+1.033) \times 30 \times (273+20)}{1.033 \times (273+40)} = 843.661 ≒ 843.66 \text{m}^3/\text{h}$$

② 체적효율 계산 : 이론적 피스톤 압출량은 이론적 흡입체적을 적용하며, 실제적 피스톤 압출량은 1단의 조건으로 환산한 토출가스량을 적용한다.

$$\therefore \eta_v = \frac{\text{실제적 피스톤 압출량}}{\text{이론적 피스톤 압출량}} \times 100 = \frac{843.66}{1000} \times 100 = 84.366 ≒ 84.37\%$$

해답 84.37%

별해 이론적 흡입체적 1000m³/h을 토출조건으로 환산하여 체적효율 계산

$$V_2 = \frac{P_1 V_1 T_2}{P_2 T_1} = \frac{1.033 \times 1000 \times (273+40)}{(30+1.033) \times (273+20)} = 35.559 ≒ 35.56 \text{m}^3/\text{h}$$

$$\therefore \eta_v = \frac{\text{실제적 피스톤 압출량}}{\text{이론적 피스톤 압출량}} \times 100 = \frac{30}{36.56} \times 100 = 84.364 ≒ 84.36\%$$

해설 기체는 압축성이기 때문에 압력이 상승하면 체적이 줄어드는 특성이 있어 문제에서 제시된 조건을 갖고 체적효율을 구하면 이론적으로 불합리하기 때문에 동일한 온도, 압력의 조건으로 환산하여 효율을 구하는 것입니다.

---

07 왕복 압축기에서 체적효율에 영향을 주는 요소 4가지를 쓰시오. [18. 3회, 21. 2회, 기사]

해답 ① 톱 클리어런스에 의한 영향
② 사이드 클리어런스에 의한 영향
③ 밸브 하중 및 기체 마찰에 의한 영향
④ 누설에 의한 영향
⑤ 압축기 불완전 냉각에 의한 영향

---

08 왕복 압축기에서 톱 클리어런스(top clearlance)가 크면 어떤 영향이 있는지 4가지를 쓰시오.

해답 ① 토출가스 온도 상승   ② 체적효율 감소
③ 압축기의 과열 운전   ④ 윤활유의 열화 및 탄화
⑤ 압축기 소요동력의 증대

해설 왕복 압축기의 톱 클리어런스와 사이드 클리어런스
① 톱 클리어런스(top clearlance) : 피스톤이 상사점(실린더에서 피스톤이 맨 위쪽에 있을 때의 지점)에 위치할 때 차지하는 공간(체적)이다.
② 사이드 클리어런스(side clearlance) : 실린더와 피스톤 사이의 틈(간격)이 차지하는 체적이다.

09 피스톤 행정 용량 0.003m³, 회전수 150rpm의 압축기로, 토출구로 100kg/h의 가스가 통과하고 있을 때 가스의 토출효율은 몇 %인가? (단, 토출가스 1kg을 흡입한 상태로 환산한 체적은 0.2m³이다.)

풀이 ① 흡입된 상태의 기체 부피는 피스톤 행정 용량에 분당 회전수(rpm)를 곱한 값(단위 : m³/min)이고, 토출된 가스량(단위 : m³/h)이 시간당이므로 단위시간을 맞춰 주어야 한다.

② 토출효율 계산

$$\therefore \eta' = \frac{\text{토출 기체를 흡입상태로 환산한 부피}}{\text{흡입된 기체 부피}} \times 100$$

$$= \frac{100 \times 0.2}{0.003 \times 150 \times 60} \times 100 = 74.074 ≒ 74.07\%$$

해답 74.07%

해설 토출효율(η') : 흡입된 기체 부피에 대한 토출 기체의 부피를 흡입된 상태로 환산한 부피비이다.

---

10 압축기에서 용량 제어를 하는 이유 2가지를 쓰시오. [19. 2회. 산기]

해답 ① 수요 공급의 균형 유지　② 압축기 보호
③ 소요 동력의 절감　　　　　④ 경부하 기동

---

11 왕복동형 압축기의 용량 제어 방법은 연속적인 방법, 단계적인 방법 2단계로 분류된다. 각각의 방법에 대해서 2가지 종류를 쓰시오. [22. 1회. 기사]

해답 (1) 연속적인 용량 제어 방법
① 흡입 주 밸브를 폐쇄하는 방법　② 타임드 밸브에 의한 방법
③ 회전수를 변경하는 방법　　　　④ 바이패스 밸브에 의한 방법
(2) 단계적인 용량 제어 방법
① 클리어런스 밸브에 의한 방법　② 흡입밸브 개방에 의한 방법

해설 터보(turbo) 압축기의 용량 제어 방법
① 속도제어에 의한 방법　② 토출밸브에 의한 방법
③ 흡입밸브에 의한 방법　④ 베인 컨트롤에 의한 방법
⑤ 바이패스에 의한 방법

※ 왕복동형 압축기와 터보 압축기(또는 원심 압축기)의 용량 제어 방법은 구분하여 기억하길 바랍니다.

12 가스압축에 사용하는 압축기에서 다단 압축의 목적 4가지를 쓰시오.

[08. 2회, 19. 2회, 21. 2회, 산기] [21. 1회. 기사]

해답
① 1단 단열압축과 비교한 일량의 절약
② 이용효율의 증가
③ 힘의 평형이 양호해진다.
④ 가스의 온도상승을 피할 수 있다.

해설 압축기 단수를 결정하는 데 고려하여야 할 사항
① 최종의 토출압력   ② 취급 가스량
③ 취급가스의 종류   ④ 연속운전의 여부
⑤ 동력 및 제작의 경제성

13 압축기에서 중간 냉각의 목적 2가지를 쓰시오.

해답
① 흡입가스 열을 제거하여 흡입효율을 양호하게 하기 위하여
② 활동면을 냉각시켜 윤활이 원활하게 이루어지게 하기 위하여
③ 밸브 및 밸브 스프링의 열을 제거하여 수명을 연장하기 위하여

해설 압축기 냉각 효과
① 흡입효율, 압축효율 증가   ② 윤활기능의 유지 및 향상
③ 윤활유의 열화 및 탄화방지   ④ 습동부품의 수명유지
⑤ 소요동력의 감소

14 흡입압력 2kgf/cm²·g, 최종단의 토출압력 80kgf/cm²·g인 3단 압축기의 압축비는 얼마인가? (단, 대기압은 1kgf/cm²이다.)

풀이 $a = \sqrt[n]{\dfrac{P_2}{P_1}} = \sqrt[3]{\dfrac{80+1}{2+1}} = 3$

해답 3

해설 ① 압축비는 단위 정리가 이루어지지 않고, 단위가 없는 무차원수이다.
② 압축비를 계산할 때 적용하는 압력은 절대압력을 적용한다.

15 대기압에서 1.5MPa·g까지 2단 압축기로 압축하는 경우 압축동력을 최소로 하기 위해서는 중간압력(MPa·g)을 얼마로 하는 것이 좋은가? (단, 대기압은 0.1MPa이다.)

풀이 $P_0 = \sqrt{P_1 \times P_2} = \sqrt{0.1 \times (1.5+0.1)} = 0.4\text{MPa·a} - 0.1 = 0.3\text{MPa·g}$

해답 0.3MPa·g

[별해] ① 압축비 계산 : $a = \sqrt[n]{\dfrac{P_2}{P_1}} = \sqrt[2]{\dfrac{1.5+0.1}{0.1}} = 4$

② 중간압력 계산 : $P_0 = a \times P_1 = 4 \times 0.1 = 0.4 \text{MPa} \cdot \text{a} - 0.1 = 0.3 \text{MPa} \cdot \text{g}$

[해설] 2단 압축기에서 중간압력 구하는 식이 유도되는 과정 : 2단 압축기에서 중간압력(1단의 토출압력 또는 2단의 흡입압력)을 P_0라 하면 첫 번째 압축기의 압축비 $a = \dfrac{P_0}{P_1}$이 되고, 토출압력(중간단 압력) $P_0 = a \times P_1$이다. 2단 전체의 압축비 $a = \sqrt[2]{\dfrac{P_2}{P_1}}$는 $a = \sqrt{\dfrac{P_2}{P_1}}$와 같으므로 이것을 중간단 압력 a에 대입하여 식을 정리한다.

$$\therefore P_0 = a \times P_1 = \sqrt{\dfrac{P_2}{P_1}} \times P_1 = \sqrt{\dfrac{P_2}{P_1}} \times \sqrt{P_1^2} = \sqrt{P_2} \times \sqrt{P_1} = \sqrt{P_1 \times P_2}$$

16 흡입압력이 대기압인 3단 압축기의 압축비가 3일 때 각 단의 이론 토출압력은 각각 몇 MPa·g인가? (단, 대기압은 0.1MPa이다.)

[풀이] 3단 압축기는 압축기 3개가 직렬로 연결된 상태로 각각을 하나의 압축기로 볼 수 있고, 전체 압축비와 각 단의 압축비는 같다.

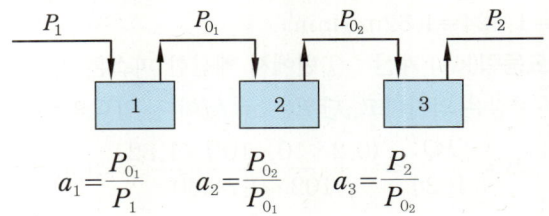

$a_1 = \dfrac{P_{0_1}}{P_1} \quad a_2 = \dfrac{P_{0_2}}{P_{0_1}} \quad a_3 = \dfrac{P_2}{P_{0_2}}$

① 첫 번째 단의 토출압력(P_{0_1}) 계산
$P_{0_1} = a \times P_1 = 3 \times 0.1 = 0.3 \text{MPa} \cdot \text{a} - 0.1 = 0.2 \text{MPa} \cdot \text{g}$

② 두 번째 단의 토출압력(P_{0_2}) 계산
$P_{0_2} = a \times P_{0_1} = 3 \times 0.3 = 0.9 \text{MPa} \cdot \text{a} - 0.1 = 0.8 \text{MPa} \cdot \text{g}$

③ 세 번째 단의 토출압력(P_2) 계산
$P_2 = a \times P_{0_2} = 3 \times 0.9 = 2.7 \text{MPa} \cdot \text{a} - 0.1 = 2.6 \text{MPa} \cdot \text{g}$

[해답] ① 첫 번째 단 토출압력 : 0.2MPa·g
② 두 번째 단 토출압력 : 0.8MPa·g
③ 세 번째 단 토출압력 : 2.6MPa·g

[해설] 다단 압축기에서 전체 압축비와 각 단의 압축비가 다르면 밸런스가 깨져 압축기가 작동할 수 없는 상태에 도달할 수 있다.

17 압축기에서 압축비가 증가할 때 나타나는 현상 4가지를 쓰시오. [15. 1회. 기사]

[해답] ① 압축일량 증가로 소요동력이 증가한다.
② 실린더 내의 온도가 상승하여 토출가스 온도가 상승한다.

③ 체적효율이 저하한다.
④ 토출 가스량이 감소한다.
⑤ 압축기 능력이 저하한다.

해설 압축기에서 압축비가 커진다는 것은 토출압력이 높아지는 것으로 토출압력이 높아지는 것은 압축을 하는 일이 증가되고, 일이 증가되면 소요동력과 온도가 상승되는 결과가 나타난다. 온도가 상승되면 기체의 체적은 커지므로 온도가 상승되지 않은 동일한 온도로 비교하면 토출가스량이 감소되고 토출가스량이 감소되면 체적효율이 저하하는 현상이 나타난다.

18 실린더 안지름 220mm, 행정거리 150mm, 매분 회전수 400rpm인 1단 압축기가 있다. 지시평균 유효압력이 0.2MPa이라 하면 압축기에 필요한 전동기 소요동력은 몇 kW인가? (단, 체적효율은 80%, 압축기 효율은 70%이고, 1MPa은 10kgf/cm²로 한다.)

풀이 ① 피스톤 압출량(m³/min) 계산

$$V = \frac{\pi}{4} \times D^2 \times L \times n \times N \times \eta_v = \frac{\pi}{4} \times 0.22^2 \times 0.15 \times 1 \times 400 \times 0.8$$
$$= 1.824 ≒ 1.82 \, m^3/min$$

② 소요동력(kW) 계산 : ①번에서 계산한 피스톤 압출량 'V'와 소요동력 계산식에서 'Q'는 같은 의미이고, 단위는 'm³/s'이다. 압력의 단위는 'kgf/m²'을 적용한다.

$$\therefore kW = \frac{PQ}{102\eta} = \frac{(0.2 \times 10 \times 10^4) \times 1.82}{102 \times 0.7 \times 60} = 8.496 ≒ 8.50 \, kW$$

해답 8.5kW

해설 ① 1atm = 1.0332kgf/cm² = 10332kgf/m²이므로 'kgf/cm²'에서 'kgf/m²'으로 단위를 변환할 때에는 1만을 곱한다.
② 문제에서 1MPa은 10kgf/cm²이라는 조건이 없을 경우 SI단위로 계산하는 방법 : 1MPa은 1000kPa이고, 'kPa'은 'kN/m²', 'kW'는 'kJ/s'이며, 'kJ'는 'kN·m'이다.

$$\therefore kW = \frac{P[kPa] \times Q[m^3/s]}{\eta} = \frac{(0.2 \times 1000) \times 1.82}{0.7 \times 60} = 8.666 ≒ 8.67 \, kW$$

19 단면적 2m²인 관에 공기가 유속 200cm/s, 압력 30mmHg로 송출될 때 송풍기의 축동력(kW)을 계산하시오. (단, 송풍기 효율은 60%이며, 여유율 10%를 포함한다.) [07. 3회. 기사]

풀이 송풍기 풍량(Q)은 단면적(A)에 유속(V)을 곱한 값이고, 공기 유속 200cm/s은 2m/s이다.

$$\therefore kW = \frac{PQ}{102\eta} = \frac{P \times (A \times V)}{102\eta} = \frac{\left(\frac{30}{760} \times 10332\right) \times (2 \times 2)}{102 \times 0.6} \times 1.1 = 29.321 ≒ 29.32 \, kW$$

해답 29.32kW

별해 SI단위를 적용하여 하나의 식으로 계산 : 1atm은 101.325kPa이다.

$$\therefore kW = \frac{P[kPa] \times Q[m^3/s]}{\eta} = \frac{\left(\frac{30}{760} \times 101.325\right) \times (2 \times 2)}{0.6} \times 1.1$$
$$= 29.339 ≒ 29.34kW$$

해설 여유율 10%는 필요한 축동력에 여분으로 10%를 더 확보하는 것이므로 필요한 축동력을 계산한 값에 1.1배를 해 주어야 한다. (만약 마지막에 0.1을 곱하면 여유율에 해당되는 값이 계산되는 것이니 주의하길 바랍니다.)

---

20 전압 2kPa, 풍량 5m³/min, 축동력 0.5PS인 송풍기의 효율(%)을 계산하시오.

풀이 SI단위로 계산 : 1PS=75kgf·m/s=632.2kcal/h=0.735kJ/s=2646kJ/h이므로 풍량은 초(s)당 풍량(단위 : m³/s)으로 변환하여 적용한다.

$$\therefore \eta = \frac{PQ}{0.735PS} \times 100 = \frac{2 \times 5}{0.735 \times 0.5 \times 60} \times 100 = 45.351 ≒ 45.35\%$$

해답 45.35%

별해 공학단위 미터 마력 축동력 계산식 $PS = \frac{PQ}{75\eta}$에서 효율 η를 구하며, 압력(P) 단위는 'kgf/m²', 풍량(Q)은 초(s)당 풍량(단위 : m³/s)으로 변환하여 적용한다.

$$\therefore \eta = \frac{PQ}{75PS} \times 100 = \frac{\left(\frac{2}{101.325} \times 10332\right) \times 5}{75 \times 0.5 \times 60} \times 100 = 45.319 ≒ 45.32\%$$

참고 단위 정리 : 'N·m'가 'J'이므로 'kN·m'는 'kJ'이다.
$$\therefore P[kPa] \times Q[m^3/s] = kN/m^2 \times m^3/s = kN \cdot m/s = kJ/s$$

---

21 다음 가스 압축기의 내부 윤활제를 쓰시오. [20. 2회. 기사]

(1) 산소 압축기 : (2) 염소 압축기 :

(3) 공기 압축기 : (4) 아세틸렌 압축기 :

해답 (1) 물 또는 10% 이하의 묽은 글리세린수
 (2) 진한 황산
 (3) 양질의 광유
 (4) 양질의 광유

해설 각종 가스 압축기의 내부 윤활제(윤활유)
 ① 산소 압축기 : 물 또는 10% 이하의 묽은 글리세린수
 ② 공기 압축기, 수소 압축기, 아세틸렌 압축기 : 양질의 광유

③ 염소 압축기 : 진한 황산
④ LP가스 압축기 : 식물성유
⑤ 이산화황(아황산가스) 압축기 : 화이트유, 정제된 용제 터빈유
⑥ 염화메탄(메틸 클로라이드) 압축기 : 화이트유

22 산소 압축기 내부 윤활제로 사용할 수 없는 것 3가지를 쓰시오. [21. 2회. 기사]

해답 ① 석유류 ② 유지류 ③ 글리세린

23 원심식 송풍기의 송풍량이 420m³/h에서 500m³/h로 변경될 때의 물음에 답하시오.
(1) 회전수는 몇 배로 변경되어야 하는가? [04. 4회, 13. 1회, 17. 3회. 기사]
(2) 축동력은 몇 배로 변화되었는가?

풀이 (1) 회전수 변화에 의한 송풍량 변경 $Q_2 = Q_1 \times \left(\dfrac{N_2}{N_1}\right)$에서 회전수 변화 $\dfrac{N_2}{N_1}$를 구한다.

$$\therefore \frac{N_2}{N_1} = \frac{Q_2}{Q_1} = \frac{500}{420} = 1.190 ≒ 1.19$$

(2) 회전수 변화가 1.19배로 변경된 것을 축동력 관계식에 대입하여 구한다.

$$\therefore L_2 = L_1 \times \left(\frac{N_2}{N_1}\right)^3 = L_1 \times 1.19^3 = 1.685 L_1 ≒ 1.69 L_1$$

해답 (1) 1.19 배로 증가 (2) 1.69 배로 증가

24 터보형 압축기에서 맥동과 진동이 발생하여 불안전 운전이 되는 서징(surging) 현상의 발생원인 2가지를 쓰시오. [17. 3회. 기사]

해답 ① 토출측 저항이 증가하였을 때
② 사용측의 부하(사용량)가 급격히 감소되었을 때

해설 (1) 서징(surging) 현상 : 토출측 저항이 커지면 유량이 감소하고 맥동과 진동이 발생하여 불안전 운전이 되는 현상
(2) 서징 현상 방지법 [18. 3회. 기사]
① 우상(右上)이 없는 특성으로 하는 방법
② 방출밸브에 의한 방법
③ 베인 컨트롤에 의한 방법
④ 회전수를 변화시키는 방법
⑤ 교축밸브를 기계에 가까이 설치하는 방법

참고 압축기에서 발생되는 서징현상과 펌프에서 발생되는 서징현상은 구별하기 바라며, 원인과 방지방법이 다른 이유는 압축기와 펌프는 구조가 다르고 사용하는 용도가 다르기 때문입니다.

25 가스압축용 압축기 토출라인 및 흡인라인에 공통으로 설치하여 배관에 전달되는 진동과 관의 신축을 흡수하는 역할을 하는 설비(부품) 명칭을 쓰시오. [12. 1회. 기사]

해답 플렉시블 조인트(flexible joint)

26 압축기 가동 중 실린더에서 이상음이 발생한다. 발생원인 4가지를 쓰시오.

해답 ① 실린더와 피스톤이 닿는다.
② 피스톤링이 마모되었다.
③ 실린더에 이물질이 혼입하고 있다.
④ 실린더 라이너에 편감 또는 홈이 있다.
⑤ 실린더 내에 액압축(액해머)가 발생하고 있다.

27 압축기의 과열원인 3가지를 쓰시오.

해답 ① 가스량의 부족　　　　　② 윤활유의 부족
③ 압축비의 증대　　　　　④ 냉각수량 부족 (냉각능력 부족)

28 압축기에서 토출온도가 상승되는 원인 4가지를 쓰시오

해답 ① 토출밸브 불량에 의한 역류　② 흡입밸브 불량에 의한 고온가스 혼입
③ 압축비 증가　　　　　　　　④ 전단 냉각기 불량에 의한 고온가스 혼입

해설 토출온도 저하 원인
① 흡입가스 온도의 저하　　② 압축비 저하
③ 실린더의 과냉각

29 왕복동식 다단 압축기에서 중간단의 압력이 이상 상승하게 되는 원인 4가지를 쓰시오.

해답 ① 다음 단의 흡입, 토출밸브의 불량　② 다음 단 피스톤링의 마모
③ 중간단의 바이패스의 순환　　　　④ 냉각기 능력저하
⑤ 토출배관의 저항 증대　　　　　　⑥ 다음 단 클리어런스 밸브의 불완전 폐쇄

30 액화가스를 이송하는 펌프를 다음과 같이 분류할 때 각각의 종류 2가지를 쓰시오.

(1) 원심식 펌프 :　　(2) 회전식 펌프 :　　(3) 왕복식 펌프 :

해답 (1) ① 벌류트 펌프　② 터빈 펌프
(2) ① 기어 펌프　② 베인 펌프　③ 나사펌프
(3) ① 피스톤 펌프　② 플런저 펌프　③ 다이어프램 펌프

해설 펌프의 분류
(1) 터보식 펌프
　① 원심식 펌프(centrifugal pump) : 벌류트 펌프, 터빈 펌프
　② 사류식 펌프
　③ 축류식 펌프
(2) 용적식 펌프
　① 왕복식 펌프 : 피스톤 펌프, 플런저 펌프, 다이어프램 펌프
　② 회전식 펌프 : 기어 펌프, 나사 펌프, 베인 펌프
(3) 특수 펌프 : 재생 펌프, 제트 펌프, 기포 펌프, 수격 펌프

31 원심 펌프의 특징 4가지를 쓰시오.

해답 ① 원심력에 의하여 유체를 압송한다.
② 용량에 비하여 소형이고 설치면적이 적다.
③ 흡입, 토출밸브가 없고 액의 맥동이 없다.
④ 고양정에 적합하다.
⑤ 기동 시 펌프 내부에 액체를 충분히 채워야 한다.
⑥ 서징 현상, 캐비테이션 현상이 발생하기 쉽다.

32 다음 그림은 터빈 펌프의 성능 곡선이다. ①, ②, ③ 은 각각 어떠한 곡선을 나타내는가?

[08. 4회. 산기]

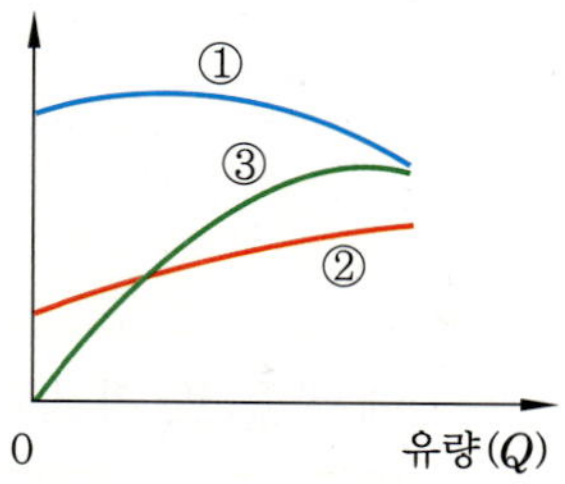

해답 ① 양정 곡선　② 동력 곡선　③ 효율 곡선

33 다음 펌프의 특성 곡선은 송출량에 따른 양정의 변화를 나타낸 것이다. A~D에 해당하는 펌프 명칭을 [보기]에서 찾아 쓰시오. [20. 2회. 기사]

| 보기 |
원심 펌프, 축류 펌프, 점성 펌프, 왕복 펌프

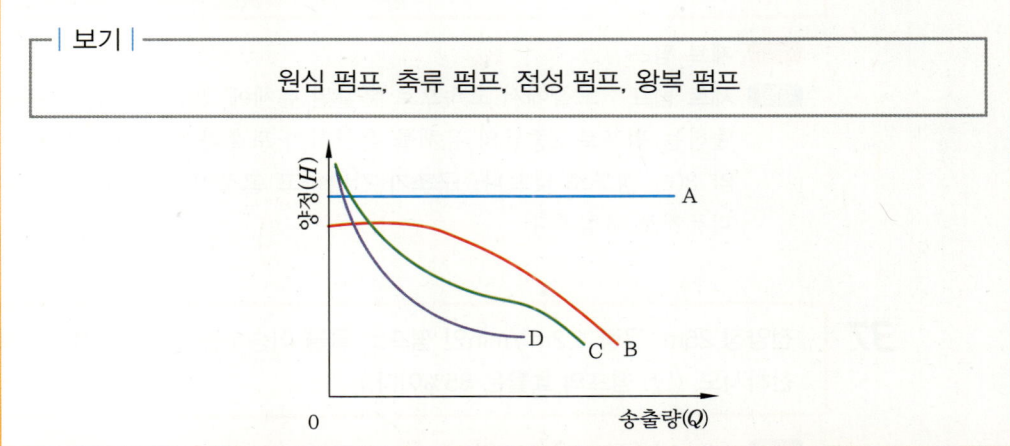

- **해답** ① A : 왕복 펌프 ② B : 원심 펌프 ③ C : 축류 펌프 ④ D : 점성 펌프
- **해설** 점성 펌프(viscosity pump) : 점도가 높은 액체의 점성에 따른 마찰력을 이용하여 펌핑(pumping)을 하는 펌프의 총칭으로 유량이 적은 반면 양정이 높은 경우에 적합하지만 효율이 낮다. 윤활유의 펌프나 축봉장치 등에 응용되며, 실용화되고 있는 것은 원통형 펌프, 나선형 펌프, 나사형 펌프 등이다.

34 왕복 펌프에서 맥동을 방지하기 위해 설치하는 것은?

- **해답** 공기실(또는 air chamber)
- **해설** 왕복 펌프는 송출이 단속적이라 맥동이 일어나기 쉽고, 진동이 발생하므로 이를 완화하기 위하여 공기실(air chamber)을 설치한다.

35 모듈 3, 잇수 10개, 기어의 폭이 12mm인 기어 펌프를 1200rpm으로 회전할 때 송출량 (cm³/s)은 얼마인가?

- **풀이** $Q = 2\pi Z M^2 B N \eta_v = 2 \times \pi \times 10 \times 3^2 \times 1.2 \times \dfrac{1200}{60} \times 1 = 13571.680 ≒ 13571.68\,\text{cm}^3/\text{s}$
- **해답** 13571.68 cm³/s
- **해설** 각 기호의 의미 및 단위
  - Q : 기어 펌프 송출량(cm³/min) Z : 잇수 M : 모듈
  - B : 기어의 폭(cm) N : 회전수(rpm) η_v : 체적효율

36 고압의 액체를 분출할 때 그 주변의 액체가 분사류에 따라서 송출되는 구조로서 노즐, 슬롯, 디퓨저 등으로 구성되어 있는 펌프는?

해답 제트 펌프

해설 제트 펌프 : 노즐에서 고속으로 분출된 유체에 의하여 주위의 유체를 흡입하여 토출하는 펌프로 2종류의 유체를 혼합하여 토출하므로 에너지 손실이 크고 효율이 약 30% 정도로 낮으나, 구조가 간단하고 고장이 적은 이점이 있다. 노즐, 슬롯, 디퓨저로 구성된다.

37 전양정 25m, 유량 1.2m³/min인 펌프로 물을 이송하는 경우 이 펌프의 축동력(PS)을 계산하시오. (단, 펌프의 효율은 85%이다.) [20. 1회, 기사]

풀이 물의 비중량(γ)은 1000kgf/m³, 유량(Q)은 초(s)당 유량(단위 : m³/s)으로 변환하여 적용한다.

$$\therefore PS = \frac{\gamma \cdot Q \cdot H}{75\eta} = \frac{1000 \times 1.2 \times 25}{75 \times 0.85 \times 60} = 7.843 ≒ 7.34PS$$

해답 7.84PS

38 냉각수 펌프의 총 필요양정이 6m, 냉각수량이 5400L/min, 펌프의 효율이 60%일 때 축동력(PS)은 얼마인가?

풀이 물의 비중량(γ)은 1000kgf/m³, 유량(Q)은 초(s)당 유량(단위 : m³/s)으로 변환하여 적용하며, 1m³는 1000L이므로 5400L은 5.4m³이다.

$$\therefore PS = \frac{\gamma \cdot Q \cdot H}{75\eta} = \frac{1000 \times 5.4 \times 6}{75 \times 0.6 \times 60} = 12PS$$

해답 12PS

39 전양정 25m, 유량 1.5m³/min인 펌프로 물을 이송하는 경우 이 펌프의 축동력(kW)을 계산하시오. (단, 펌프의 효율은 75%이다.) [08. 1회, 기사]

풀이 $$kW = \frac{\gamma \cdot Q \cdot H}{102\eta} = \frac{1000 \times 1.5 \times 25}{102 \times 0.75 \times 60} = 8.169 ≒ 8.17kW$$

해답 8.17kW

40 펌프 중심에서 아래로 5m에 있는 물을 21m 높이에 0.8m³/min으로 송출할 때 필요한 축동력은 몇 kW인가? (단, 펌프의 효율은 80%이고, 관로의 전손실수두는 4m이다.)

[16. 4회. 산기]

풀이 ① 펌프의 전양정(H) 계산

H = 흡입양정 + 송출양정 + 손실수두
  = 5 + 21 + 4 = 30m

② 축동력(kW) 계산

$$kW = \frac{\gamma \cdot Q \cdot H}{102 \cdot \eta} = \frac{1000 \times 0.8 \times 30}{102 \times 0.8 \times 60} = 4.901 ≒ 4.90 kW$$

해답 4.9kW

41 관지름 750mm, 길이 20km인 수평배관에 송수량 20m³/min으로 송출할 때 펌프의 수동력(kW)을 계산하시오. (단, 관마찰계수는 0.02이다.)

풀이 ① 송수되는 유체의 속도 계산 : 체적 유량 계산식 $Q = AV$에서 속도 V를 구하며, 유량(Q)은 초(s)당 유량(단위 : m³/s)으로, 관지름은 미터(m) 단위로 변환하여 적용한다.

$$\therefore V = \frac{Q}{A} = \frac{Q}{\frac{\pi}{4} \times D^2} = \frac{20}{\left(\frac{\pi}{4} \times 0.75^2\right) \times 60} = 0.754 ≒ 0.75 m/s$$

② 마찰손실수두(mH₂O) 계산 : 다르시-바이스 바하 방정식을 이용하며, 관 길이(L)는 미터(m) 단위로 변환하여 계산한다.

$$\therefore h_f = f \times \frac{L}{D} \times \frac{V^2}{2g} = 0.02 \times \frac{20 \times 10^3}{0.75} \times \frac{0.75^2}{2 \times 9.8} = 15.306 ≒ 15.31 mH_2O$$

③ 수동력(kW) 계산 : 물을 송출하는 것(송수[送水])이므로 비중량(γ)은 1000 kgf/m³을, 유량(Q)은 초(s)당 유량(단위 : m³/s)으로, 수평배관이므로 마찰손실수두를 전양정(H)으로, 수동력은 이론적인 동력이므로 효율(η)은 100%를 적용한다.

$$\therefore kW = \frac{\gamma Q H}{102 \eta} = \frac{1000 \times 20 \times 15.31}{102 \times 1 \times 60} = 50.032 ≒ 50.03 kW$$

해답 50.03kW

해설 수동력은 이론적인 동력이고, 이론적인 동력은 손실이 없기 때문에 효율(η)은 100%가 되는 것이므로 동력을 계산할 때 적용하지 않아도 채점에는 영향이 없으니 선택하여 답안을 작성하기 바랍니다.

42 지름 30cm 배관에 압력 128kPa, 유속 2m/s로 물이 흐를 수 있도록 할 때 필요한 동력은 몇 kW인가?

풀이 ① 유량 계산

$$Q = A \times V = \left(\frac{\pi}{4} \times D^2\right) \times V = \left(\frac{\pi}{4} \times 0.3^2\right) \times 2 = 0.141 ≒ 0.14 \text{m}^3/\text{s}$$

② SI단위로 동력 계산 : 효율(η)이 제시되지 않았으므로 100%로 계산한다.

$$\therefore \text{kW} = \frac{P[\text{kPa}] \times Q[\text{m}^3/\text{s}]}{\eta} = \frac{128 \times 0.14}{1} = 17.92 \text{kW}$$

해답 17.92kW

별해 공학단위로 계산 : 비중량(γ)[kgf/m³] × 양정(H)[m] = 압력(P)[kgf/m²]이다.

$$\therefore \text{kW} = \frac{\gamma Q H}{102\eta} = \frac{PQ}{102\eta} = \frac{\left(\frac{128}{101.325} \times 10332\right) \times 0.14}{102 \times 1} = 17.914 ≒ 17.91 \text{kW}$$

해설 단위 변환 과정

① SI단위 'Pa'이 'N/m²'이므로 'kPa'은 'kN/m²'이다.
② 여기에 유량(m³/s)을 곱하면 'kN·m/s'가 되고, 'N·m'가 'J'이므로 'kN·m/s'는 'kJ/s'가 된다.
③ 'J/s'는 'W'이므로 'kJ/s'는 'kW'가 된다.

43 양정 15m, 송수량 3.6m³/min일 때 축동력 15PS를 필요로 하는 원심 펌프의 효율은 몇 %인가? [15. 2회, 21. 1회, 산기]

풀이 원심 펌프의 축동력(PS) 계산식 $PS = \frac{\gamma \cdot Q \cdot H}{75 \cdot \eta}$에서 효율 η를 구하며, 물의 비중량(γ)은 1000kgf/m³, 유량(Q)은 초(s)당 유량(단위 : m³/s)으로 변환하여 적용한다.

$$\therefore \eta = \frac{\gamma \cdot Q \cdot H}{75 \cdot PS} \times 100 = \frac{1000 \times 3.6 \times 15}{75 \times 15 \times 60} \times 100 = 80\%$$

해답 80%

44 원심 펌프의 회전수 400rpm, 전양정 70m, 유량 6m³/s의 물을 송출하고 있다. 이때 축동력이 10000PS, 체적효율 75%, 기계효율 80%로 하면 이 펌프의 수력효율(%)은 얼마인가 계산하시오.

풀이 ① 펌프의 효율(전효율) 계산 : 축동력 계산식 $PS = \frac{\gamma \cdot Q \cdot H}{75 \cdot \eta}$에서 효율 η를 구하며, 물의 비중량(γ)은 1000kgf/m³을 적용한다.

$$\therefore \eta = \frac{\gamma \cdot Q \cdot H}{75 \cdot PS} \times 100 = \frac{1000 \times 6 \times 70}{75 \times 10000} \times 100 = 56\%$$

② 수력효율 계산 : 전효율(η)=체적효율(η_v)×기계효율(η_m)×수력효율(η_h)에서 수력효율 η_h를 구한다.

$$\therefore \eta_h = \frac{\eta}{\eta_v \times \eta_m} \times 100 = \frac{0.56}{0.75 \times 0.8} \times 100 = 93.333 ≒ 93.33\%$$

해답 93.33%

45 송수량 6m³/min, 전양정 45m, 동력 100PS일 때 원심 펌프 회전수가 1000rpm에서 1500rpm으로 변경시켰을 때 송수량, 전양정, 동력의 변화는 어떻게 되겠는가? (단, 다른 조건은 변함이 없다.)

풀이 ① 송수량 계산 : 송수량(유량)은 회전수 변화에 비례한다.

$$\therefore Q_2 = Q_1 \times \left(\frac{N_2}{N_1}\right) = 6 \times \left(\frac{1500}{1000}\right) = 9 \text{m}^3/\text{min}$$

② 전양정 계산 : 전양정은 회전수 변화의 제곱에 비례한다.

$$\therefore H_2 = H_1 \times \left(\frac{N_2}{N_1}\right)^2 = 45 \times \left(\frac{1500}{1000}\right)^2 = 101.25 \text{m}$$

③ 동력 계산 : 동력은 회전수 변화의 3제곱에 비례한다.

$$\therefore L_2 = L_1 \times \left(\frac{N_2}{N_1}\right)^3 = 100 \times \left(\frac{1500}{1000}\right)^3 = 337.5 \text{PS}$$

해답 ① 송수량(유량) : 9m³/min ② 전양정 : 101.25m ③ 동력 : 337.5PS

해설 원심 펌프의 상사법칙

① 유량은 회전수 변화에 비례하고, 임펠러 지름 변화의 3제곱에 비례한다.

$$Q_2 = Q_1 \times \left(\frac{N_2}{N_1}\right) \times \left(\frac{D_2}{D_1}\right)^3$$

② 양정은 회전수 변화의 제곱에 비례하고, 임펠러 지름 변화의 제곱에 비례한다.

$$H_2 = H_1 \times \left(\frac{N_2}{N_1}\right)^2 \times \left(\frac{D_2}{D_1}\right)^2$$

③ 동력은 회전수 변화의 3제곱에 비례하고, 임펠러 지름 변화의 5제곱에 비례한다.

$$L_2 = L_1 \times \left(\frac{N_2}{N_1}\right)^3 \times \left(\frac{D_2}{D_1}\right)^5$$

46 1000rpm으로 회전하고 있는 원심 펌프의 회전수를 2000rpm으로 증가시켰을 때 다음은 몇 배로 변화되겠는가? (단, 다른 조건은 변함이 없다.)

(1) 펌프의 토출량 :   (2) 펌프의 양정 :
(3) 소요동력 :   (4) 펌프의 효율 :

해답 (1) 2배 (2) 4배 (3) 8배 (4) 변화 없음

해설 원심 펌프의 상사 법칙에서 유량은 회전수 변화에 비례하고, 양정은 회전수 변화의 제곱에 비례하고, 동력은 회전수 변화의 3제곱에 비례하며, 펌프의 효율은 변화가 없다.

47 전양정 45m, 송수량 10m³/s, 펌프 효율 80%일 때 회전수를 20% 증가시키면 동력의 변화는 몇 배로 증가되는지 계산하시오.

풀이 동력은 회전수 변화의 3제곱에 비례하며, 회전수를 20% 증가시킨 것은 회전수를 1.2배로 한 것이다.

$$\therefore L_2 = L_1 \times \left(\frac{N_2}{N_1}\right)^3 = L_1 \times 1.2^3 = 1.728 L_1 ≒ 1.73 L_1$$

해답 1.73배 증가

48 원심 펌프의 비속도(비교회전도)에 대하여 설명하시오.

해답 토출량이 1m³/min, 양정 1m가 발생하도록 설계한 경우의 판상 임펠러의 매분 회전수이다.

해설 비속도 : 1개의 임펠러를 대상으로 형상과 운전상태를 동일하게 유지하면서 그 크기를 변경하고, 유량 1m³/min에서 양정 1m를 발생시킬 때 그 임펠러에 주어져야 할 회전수(rpm)를 비속도 또는 비교회전도(比較回轉度)라 한다. 비속도가 작으면 유량이 작은 고양정의 대형 펌프이고, 비속도가 크면 유량이 큰 저양정의 소형 펌프에 해당된다.

49 펌프의 비교회전도(비속도)에 대한 설명 중 (   ) 안에 알맞은 내용을 쓰시오. [22. 4회. 산기]

비교회전도(比較回轉度)란 1개의 임펠러를 대상으로 형상과 운전상태를 동일하게 유지하면서 그 크기를 변경하고, 유량 1m³/min에서 양정 1m를 발생시킬 때 그 임펠러에 주어져야 할 회전수(rpm)로 비속도라고도 한다. 비교회전도가 크면 (①), (②) 펌프이고 작으면 (③), (④) 펌프 특성을 갖는다.

해답 ① 대유량 ② 저양정 ③ 소유량 ④ 고양정

해설 각 펌프의 양정 및 비교회전도 범위

구분	양정	비교회전도 범위
원심 펌프	고양정	100~600rpm·m³/min·m
사류 펌프	중양정	500~1300rpm·m³/min·m
축류 펌프	저양정	1200~2000rpm·m³/min·m

50 양정 200m, 유량 1.5m³/min, 회전수 3000rpm인 4단 원심 펌프의 비교회전도는 얼마인가?
[14. 3회. 기사]

풀이 $N_s = \dfrac{N \times \sqrt{Q}}{\left(\dfrac{H}{n}\right)^{\frac{3}{4}}} = \dfrac{3000 \times \sqrt{1.5}}{\left(\dfrac{200}{4}\right)^{\frac{3}{4}}} = 195.406 ≒ 195.41 \text{rpm} \cdot \text{m}^3/\text{min} \cdot \text{m}$

해답 $195.41 \text{rpm} \cdot \text{m}^3/\text{min} \cdot \text{m}$

해설 비교회전수(비교회전도) 공식

$N_s = \dfrac{N \times \sqrt{Q}}{\left(\dfrac{H}{n}\right)^{\frac{3}{4}}}$

여기서, N_s : 비교회전수(rpm·m³/min·m) N : 임펠러 회전수(rpm)
Q : 토출량(m³/min) H : 양정(m)
n : 단수

51 토출량 5m³/min, 전양정 30m, 비교회전도 90rpm·m³/min·m인 3단 원심 펌프의 회전수는 몇 rpm인가?

풀이 원심 펌프의 비교회전도 $N_s = \dfrac{N \times \sqrt{Q}}{\left(\dfrac{H}{Z}\right)^{\frac{3}{4}}}$ 에서 회전수 N을 구한다.

$\therefore N = \dfrac{N_s \times \left(\dfrac{H}{Z}\right)^{\frac{3}{4}}}{\sqrt{Q}} = \dfrac{90 \times \left(\dfrac{30}{3}\right)^{\frac{3}{4}}}{\sqrt{5}} = 226.338 ≒ 226.34 \text{rpm}$

해답 226.34rpm

52 전동기 직결식 원심 펌프에서 모터의 극수가 4극이라 할 때 펌프의 회전수는 몇 rpm인가? (단, 미끄럼률은 0이다.)

풀이 주파수(f)에 대하여 별도로 제시된 것이 없으면 60Hz를 적용한다.

$N = \dfrac{120f}{P} \times \left(1 - \dfrac{s}{100}\right) = \dfrac{120 \times 60}{4} \times \left(1 - \dfrac{0}{100}\right) = 1800 \text{rpm}$

해답 1800rpm

해설 회전수 공식의 각 기호의 의미 및 단위
N : 전동기 분당 회전수(rpm) f : 주파수
P : 극수 s : 미끄럼률

53 지름 50mm, 배관 길이 10m, 관마찰계수 0.03인 원형관 속을 물이 흐르고 있다. 관 입구와 출구의 압력차가 0.1기압일 때 유량(L/s)은 얼마인가?

풀이 ① 유속 계산 : 다르시-바이스 바하 방정식 $h_f = f \times \dfrac{L}{D} \times \dfrac{V^2}{2g}$ 에서 유속 V를 구하며, 1기압은 10.332mH$_2$O이고, 압력차 0.1기압은 압력손실로 인하여 압력 차이가 발생한 것이다.

$$\therefore V = \sqrt{\dfrac{h_f \times D \times 2 \times g}{f \times L}} = \sqrt{\dfrac{(0.1 \times 10.332) \times 0.05 \times 2 \times 9.8}{0.03 \times 10}} = 1.837 ≒ 1.84 \text{m/s}$$

② 유량 계산 : 1m^{3}는 1000L에 해당된다.

$$\therefore Q = A \times V = \left\{\left(\dfrac{\pi}{4} \times 0.05^2\right) \times 1.84\right\} \times 1000 = 3.612 ≒ 3.61 \text{L/s}$$

해답 3.61L/s

54 원심 펌프를 직렬 및 병렬 운전할 때의 특성을 유량과 양정에 대하여 각각 설명하시오.
[20. 2회. 기사] [18. 4회. 산기]

해답 ① 직렬 운전 : 양정 증가, 유량 일정
② 병렬 운전 : 유량 증가, 양정 일정

55 액화가스를 원심펌프로 이송할 때 기동 순서를 [보기]의 번호로 쓰시오.

| 보기 |
① 가스를 제거한다.
② 흡입밸브를 연다.
③ 토출밸브를 서서히 연다
④ 전동기 스위치를 켠다.

해답 ② → ① → ④ → ③

해설 ① 원심 펌프 정지 순서 : 토출밸브를 서서히 닫음 → 전동기 정지 → 흡입밸브 닫음 → 펌프 속의 액을 드레인한다.
② 펌프 및 압축기의 기동 및 정지 순서는 실제로 현장에서 사용하는 현실과는 거리가 있으므로 매뉴얼에 정해진 원칙적인 사항으로 이해하길 바랍니다.

56 [보기]는 기어 펌프의 정지 시 조치사항이다. 정지 시의 작업 순서를 올바르게 나열하시오.
[17. 2회. 산기]

> | 보기 |
> ① 흡입밸브를 서서히 닫는다.
> ② 토출밸브를 닫는다.
> ③ 드레인 밸브를 개방하여 펌프 내부의 액을 빼낸다.
> ④ 전동기 스위치를 끊는다.

해답 ④ → ① → ② → ③

57 원심 펌프가 높은 능력으로 운전되는 경우 임펠러 흡입부의 압력이 유체의 증기압력보다 낮아지면 흡입부의 유체는 증발하게 되며 이 증기는 임펠러의 고압부로 이동하여 갑자기 응축하게 된다. 이러한 현상을 무엇이라 하는가?
[10. 2회. 산기]

해답 캐비테이션(cavitation) 현상 (또는 공동 현상)
해설 캐비테이션(cavitation) 현상
(1) 캐비테이션 현상 : 유수 중에 그 수온의 증기압력보다 낮은 부분이 생기면 물이 증발을 일으키고 기포를 다수 발생하는 현상이다.
(2) 캐비테이션 현상이 발생할 때 일어나는 현상
  ① 소음과 진동이 발생   ② 깃(임펠러)의 침식
  ③ 특성 곡선, 양정 곡선의 저하   ④ 양수 불능
(3) 발생 원인
  ① 흡입양정이 지나치게 클 경우
  ② 흡입관의 저항이 증대될 경우
  ③ 과속으로 유량이 증대될 경우
  ④ 배관 내의 온도가 상승될 경우
(4) 방지법
  ① 펌프의 위치를 낮춘다.(흡입양정을 짧게 한다.)
  ② 수직축 펌프를 사용한다.
  ③ 회전차를 수중에 완전히 잠기게 한다.
  ④ 펌프의 회전수를 낮춘다.
  ⑤ 양흡입 펌프를 사용한다.
  ⑥ 두 대 이상의 펌프를 사용한다.
※ 펌프에서 발생하는 이상 현상의 내용, 원인, 방지법 등은 모두 숙지하여야 할 사항입니다.

58 펌프에서 발생하는 수격작용(water hammering)을 설명하시오. [19. 4회. 산기]

해답 펌프에서 물을 압송하고 있을 때 정전 등으로 펌프가 급히 멈춘 경우 관 내의 유속이 급변하면 물에 심한 압력변화가 생기는 작용을 말한다.

59 펌프에서 발생하는 워터 해머링(water hammering)을 방지하는 방법 4가지를 쓰시오. [19. 3회. 기사]

해답 ① 관내 유속을 낮게 한다.
② 압력조절용 탱크를 설치한다.
③ 펌프에 플라이 휠(fly wheel)을 설치한다.
④ 밸브를 펌프 토출구 가까이 설치하고 적당히 제어한다.

60 펌프에서 발생하는 서징(surging) 현상을 설명하시오.

해답 펌프를 운전 중 주기적으로 운동, 양정, 토출량이 규칙적으로 바르게 변동하는 현상을 말한다.

해설 (1) 서징 현상 발생 원인
① 펌프의 양정곡선이 산고 곡선이고 곡선의 최상부에서 운전했을 때
② 유량조절 밸브가 탱크 뒤쪽에 있을 때
③ 배관 중에 물탱크나 공기탱크가 있을 때
※ '산고 곡선'이란 양정곡선이 산(山) 모양으로 가운데가 뽀족하게 만들어졌다는 것이다.

(2) 서징 현상 방지법
① 임펠러, 가이드 베인의 형상 및 치수를 변경하여 특성을 변화시킨다.
② 방출밸브를 사용하여 서징 현상이 발생할 때의 양수량 이상으로 유량을 증가시킨다.
③ 임펠러의 회전수를 변경시킨다.
④ 배관 중에 있는 불필요한 공기탱크를 제거한다.

참고 압축기에서 발생되는 서징 현상과 펌프에서 발생되는 서징 현상은 구별하기 바라며, 원인과 방지방법이 다른 이유는 압축기와 펌프는 구조가 다르고 사용하는 용도가 다르기 때문입니다.

61 저비점 액체용 펌프를 사용할 때의 주의사항 4가지를 쓰시오.

해답
① 펌프는 가급적 저장탱크 가까이 설치한다.
② 펌프의 흡입, 토출관에는 신축 조인트를 설치한다.
③ 펌프와 밸브 사이에 안전밸브를 설치한다.
④ 운전개시 전 펌프를 청정하여 건조한 다음, 펌프를 충분히 냉각시킨다.

62 펌프에서 발생되는 베이퍼 로크(vapor lock) 현상을 설명하시오.

해답 저비점 액체 등을 이송 시 펌프의 입구에서 발생하는 현상으로 액의 끓음에 의한 동요를 말한다.

해설 베이퍼 로크(vapor lock) 현상
(1) 발생 원인 [12. 2회, 20. 3회. 산기]
① 흡입관 지름이 작을 때
② 외부에서 열량 침투 시
③ 펌프의 설치위치가 높을 때
④ 배관 내 온도 상승 시

(2) 방지법 [19. 2회. 산기]
① 실린더 라이너의 외부를 냉각한다.
② 흡입배관을 크게 하고 단열 처리한다.
③ 펌프의 설치위치를 낮춘다.
④ 흡입배관을 청소한다.

63 펌프에서 토출량이 감소하는 원인 4가지를 쓰시오.

해답
① 임펠러의 마모 또는 부식되었을 때
② 임펠러에 이물질이 끼었을 때
③ 관로 저항이 증대될 경우
④ 공기를 흡입하였을 경우
⑤ 캐비테이션 현상이 발생하였을 때

64 펌프의 흡입배관에서 공기가 혼입되었을 때 일어나는 현상 3가지를 쓰시오.

해답 ① 송수량이 감소하며 혼입량이 많을 경우 송수 불능이 된다.
② 기동 불능이 발생된다.
③ 이상음, 진동이 발생하며 압력계의 지침이 변동한다.

해설 공기 혼입 원인
① 탱크의 수위가 낮아졌을 때
② 흡입배관 중에 공기가 체류하는 부분이 있을 때
③ 흡입배관에서 누설되는 부분이 있을 때

65 펌프에서 발생하는 전동기 과부하의 원인 4가지를 쓰시오.

해답 ① 양정이나 유량이 증가한 때
② 액의 점도가 증가되었을 때
③ 액비중이 증가되었을 때
④ 임펠러, 베인에 이물질이 혼입되었을 때

66 펌프에서 발생하는 이상소음 및 진동의 원인 4가지를 쓰시오. [16. 3회. 기사]

해답 ① 캐비테이션이 발생되었을 때
② 공기가 흡입되었을 때
③ 서징 현상이 발생되었을 때
④ 임펠러에 이물질이 끼었을 때

67 방진기초에 대하여 설명하시오.

해답 펌프나 압축기를 설치할 때 받침대에 스프링을 부착하여 바닥과 분리되도록 하여 작동 중에 발생하는 진동을 흡수·완화시켜 펌프, 압축기를 보호하기 위하여 설치하는 것이다.

제 6 장 가스 장치 및 설비 일반

1 저온장치

1-1 냉동 사이클

(1) 냉동의 원리

① 자연 냉동 : 열을 흡수하는 방법으로 물리적 자연 현상에 의한 것으로 증발, 융해, 승화가 해당된다.

② 기계적 냉동 : 기계적인 일이나 열을 이용하여 주위 물체에서 열을 제거하는 방법이다.

  (가) 증기 압축식 냉동장치

   ㉠ 압축기 : 저온, 저압의 냉매가스를 고온, 고압으로 압축하여 응축기로 보내 응축, 액화하기 쉽도록 하는 역할을 한다.

   ㉡ 응축기 : 고온, 고압의 냉매가스를 공기나 물을 이용하여 응축, 액화시키는 역할을 한다.

   ㉢ 수액기 : 응축기에서 액화된 냉매를 일시 저장하는 역할을 한다.

   ㉣ 팽창밸브 : 고온, 고압의 냉매액을 증발기에서 증발하기 쉽게 저온, 저압으로 교축 팽창시키는 역할을 한다.

   ㉤ 증발기 : 저온, 저압의 냉매액이 피냉각 물체로부터 열을 흡수하여 증발함으로써 냉동의 목적을 달성한다.

  (나) 흡수식 냉동장치

냉매	흡수제	냉매	흡수제
암모니아(NH_3)	물(H_2O)	염화메틸(CH_3Cl)	사염화에탄
물(H_2O)	리튬브로마이드(LiBr)	톨루엔	파라핀유

(2) 냉매

① 1차 냉매(직접냉매) : 냉동장치를 순환하면서 상태변화에 의한 잠열에 의하여 열을 운반하는 냉매(암모니아(NH_3), 프레온 등)

② 2차 냉매(간접냉매) : 브라인(brine)이라 하며, 배관을 순환하면서 온도변화에 의한

감열상태로 열을 운반하는 것(염화나트륨(NaCl), 염화칼슘($CaCl_2$), 염화마그네슘($MgCl_2$), 물(H_2O) 등)

③ 냉매의 구비조건

  (개) 물리적 조건

    ㉮ 대기압 이상, 상온에서 응축, 액화가 쉬울 것
    ㉯ 응고점이 낮고 임계온도가 높을 것
    ㉰ 증발잠열이 크고 기체의 비체적이 적을 것
    ㉱ 오일과 냉매가 작용하여 냉동장치에 악영향을 미치지 않을 것
    ㉲ 점도가 적고, 전열이 양호하고 표면장력이 적을 것
    ㉳ 누설 발견이 쉬울 것
    ㉴ 수분 함유 시에도 장치 내 악영향을 미치지 않을 것
    ㉵ 비열비가 적을 것
    ㉶ 전기적 절연내력이 크고, 전기적 절연물질을 침식시키지 말 것
    ㉷ 열화, 폭발성이 없을 것

  (내) 화학적 조건

    ㉮ 화학적으로 결합이 양호하고 분해하지 말 것
    ㉯ 패킹재료에 악영향을 미치지 말 것
    ㉰ 금속에 대한 부식성이 없을 것
    ㉱ 인화 및 폭발성이 없을 것

  (대) 생물학적 조건

    ㉮ 인체에 무해할 것
    ㉯ 누설 시 냉장품에 손상을 주지 말 것
    ㉰ 악취가 없을 것

  (래) 기타

    ㉮ 경제적일 것(가격이 저렴할 것)
    ㉯ 자동운전이 쉬울 것

(3) 성적계수

① 냉동능력 : 증발기에서 시간당 제거할 수 있는 열량(단위 : kcal/h)으로 냉동기의 능력을 나타낸다. 단위는 [RT]를 사용한다.

② 냉동효과 : 액화 냉매 1kg이 증발기에 들어가서 흡수하여 나오는 열량(단위 : kcal/kg)으로 냉동력이라 한다.

③ 성적계수(Coefficient of Performance : COP_R) : 저온체에서 흡수·제거한 열량(Q_2)과 공급된 일[동력](W)과의 비로 단위가 없는 무차원수이다.

$$COP_R = \frac{Q_2}{W} = \frac{Q_2}{Q_1 - Q_2} = \frac{T_2}{T_1 - T_2}$$

여기서, COP_R : 냉동기 성적계수 W : 압축기 일의 열당량(kJ)
Q_1 : 공급된 열량(kJ) Q_2 : 제거한 열량(kJ)
T_2 : 저온측의 절대온도(K) T_1 : 고온측의 절대온도(K)

예제 01 냉매의 구비조건 5가지를 쓰시오.   [19. 1회. 산기]

해답 ① 응고점이 낮고 임계온도가 높으며 응축, 액화가 쉬울 것
② 증발잠열이 크고 기체의 비체적이 적을 것
③ 오일과 냉매가 작용하여 냉동장치에 악영향을 미치지 않을 것
④ 화학적으로 안정하고 분해하지 않을 것
⑤ 금속에 대한 부식성 및 패킹재료에 악영향이 없을 것
⑥ 인화 및 폭발성이 없을 것
⑦ 인체에 무해할 것(비독성가스일 것)
⑧ 액체의 비열은 작고, 기체의 비열은 클 것
⑨ 경제적일 것(가격이 저렴할 것)
⑩ 단위 냉동량당 소요 동력이 적을 것

예제 02 어떤 냉동기에서 0℃의 물로 얼음 4톤을 만드는데 100kWh의 일이 소요되었다면 이 냉동기의 성적계수는 얼마인가? (단, 얼음의 융해잠열은 80kcal/kg이다.)   [17. 1회. 산기]

풀이 ① 1kWh는 860kcal, 1톤은 1000kg에 해당되며, 얼음의 융해잠열은 물의 응고잠열과 같다.
② 성적계수 계산 : 냉동기에서 흡수 제거하는 열량(Q_2)은 물질량(G)에 물질의 잠열(γ)을 곱한 값이다.

$$\therefore COP_R = \frac{Q_2}{W} = \frac{G \times \gamma}{W} = \frac{(4 \times 1000) \times 80}{100 \times 860} = 3.720 ≒ 3.72$$

해답 3.72

1-2 가스액화의 원리

(1) 단열 팽창 방법 : 팽창밸브에 의한 방법으로 유체를 자유 팽창시켜 온도가 강하되는 줄-톰슨 효과에 의한 방법이다.

(2) 팽창기에 의한 방법 : 피스톤식(왕복동형)과 터빈식(터보형)이 있으며, 이것은 외부에 대해 일을 하면서 단열 팽창시키는 방법이다.

(3) 가스액화 사이클
① 린데(Linde) 액화 사이클 : 단열팽창(줄-톰슨 효과)을 이용
② 클라우드(Claude) 액화 사이클 : 피스톤 팽창기에 의한 단열교축 팽창 이용
③ 가피자(Kapitza) 액화 사이클 : 터빈식 팽창기, 열교환기에 축랭기 사용, 공기압축 압력 7atm
④ 필립스(Philips) 액화 사이클 : 실린더에 피스톤과 보조 피스톤 사용, 냉매는 수소, 헬륨 사용
⑤ 캐스케이드 액화 사이클 : 다원 액화 사이클이라 하며 암모니아, 에틸렌, 메탄을 냉매로 사용

(4) 액화 분리장치 구성
① 한랭 발생장치 : 가스액화 분리장치의 열 제거를 돕고 액화가스에 필요한 한랭을 공급
② 정류(분축, 흡수)장치 : 원료가스를 저온에서 분리, 정제하는 장치
③ 불순물 제거장치 : 원료가스 중의 수분, 탄산가스 등을 제거하기 위한 장치

예제 03 프로판, 에틸렌, 메탄 등 비점이 점차 낮은 고순도 냉매를 사용하여 저비점의 기체를 냉각, 액화하는 사이클의 명칭은 무엇인가? [06. 3회. 기사]

해답 캐스케이드 액화 사이클 (또는 다원액화 사이클)

1-3 공기액화 분리장치

(1) 고압식 공기액화 분리장치
① 공기여과기 : 원료 공기 중 먼지, 매연 등 제거
② 공기압축기 : 왕복동식 다단 압축기가 사용되며 중간단에서 15atm으로 압축된 원료 공기를 탄산가스 흡수기(흡수탑)로 이송되며, 탄산가스가 제거된 것을 다시 150~200atm으로 압축
③ 탄산가스 흡수기(흡수탑) : 가성소다(NaOH) 수용액을 이용하여 원료 공기 중 탄산가스를 제거
④ 중간냉각기 : 압축기에서 압축된 고압의 원료 공기를 냉각
⑤ 유수분리기 : 압축된 원료 공기 중 포함된 압축기 윤활유 성분을 제거
⑥ 예랭기 : 액화되지 않은 저온의 질소가스로 압축된 원료 공기를 냉각

⑦ 수분리기 : 예랭기에서 냉각 응축된 원료 공기 중 수분을 제거
⑧ 건조기 : 고형 가성소다, 실리카 겔 등을 이용하여 원료 공기 중 수분을 제거
⑨ 피스톤식 팽창기 : 원료 공기 중 절반 정도가 5atm까지 단열팽창하여 약 -150℃의 저온이 된다.
⑩ 열교환기 : 팽창기에 송입되지 않은 절반 정도의 원료 공기는 액화되지 않은 저온의 질소가스를 이용하여 냉각된다. 열교환기는 고온, 중온, 저온 열교환기로 분류된다.
⑪ 아세틸렌 흡착기 : 액체 공기 중의 아세틸렌을 제거
⑫ 정류탑 : 일반적으로 복식 정류탑이 사용되며 액화된 공기를 산소와 질소로 분류
⑬ 액체질소, 액체산소 탱크 : 액화된 질소와 산소를 저장

(2) **저압식 공기액화 분리장치** : 터보식 공기압축기로 원료 공기를 5atm까지 압축하며, 팽창기는 터빈식 팽창기를 사용하고, 축랭기에서 수분과 탄산가스가 제거된다.

※ 저압식 공기액화 분리장치에 대한 출제는 제한적이라 구체적인 설명은 생략했습니다.

1-4 저온 단열법

(1) 단열재(보온재) 구비조건
 ① 열전도도가 적을 것
 ② 화학적으로 안정할 것
 ③ 불연성, 난연성일 것
 ④ 흡습, 흡수성이 없을 것
 ⑤ 밀도가 작을 것(가벼울 것)
 ⑥ 가격이 저렴할 것

(2) 저온 단열법
 ① 상압 단열법 : 단열 공간에 분말, 섬유 등의 단열재 충전
 ② 진공 단열법
  ㈎ 고진공 단열법 : 단열 공간을 진공으로 처리
  ㈏ 분말진공 단열법 : 진공 공간에 샌다셀, 펄라이트, 규조토, 알루미늄 분말 사용
  ㈐ 다층진공 단열법 : 고진공 단열법에 알루미늄 박판과 섬유를 이용하여 단열처리

04 저온장치에 사용되는 진공 단열법의 종류 3가지를 쓰시오. [10. 1회, 20. 3회, 산기]
해답 ① 고진공 단열법 ② 분말진공 단열법 ③ 다층진공 단열법

2 금속재료

2-1 응력(stress)

(1) **원주방향 응력** : 원둘레 방향에서 발생하는 응력

$$\sigma_A = \frac{PD}{2t}$$

(2) **축방향 응력** : 길이방향에서 발생하는 응력

$$\sigma_B = \frac{PD}{4t}$$

여기서, σ_A : 원주방향 응력(kgf/cm²)　　σ_B : 축방향 응력(kgf/cm²)
　　　　P : 사용압력(kgf/cm²)　　　　　D : 안지름(mm)
　　　　t : 두께(mm)

> **예제 05** 200A 강관에 내압 10kgf/cm²을 받는 경우 관에 생기는 원주방향 응력(kgf/cm²)과 축방향 응력(kgf/cm²)을 각각 계산하시오. (단, 200A 강관의 바깥지름(D)은 216.3mm, 두께(t)는 5.8mm이다.) [09. 1회. 기사]
>
> **풀이** ① 원주방향 응력 계산
>
> $$\sigma_A = \frac{PD}{2t} = \frac{10 \times (216.3 - 2 \times 5.8)}{2 \times 5.8} = 176.465 ≒ 176.47 \text{kgf/cm}^2$$
>
> ② 축방향 응력 계산
>
> $$\sigma_B = \frac{PD}{4t} = \frac{10 \times (216.3 - 2 \times 5.8)}{4 \times 5.8} = 88.232 ≒ 88.23 \text{kgf/cm}^2$$
>
> **해답** ① 원주방향 응력 계산 : 176.47kgf/cm²
> 　　　② 축방향 응력 계산 : 88.23kgf/cm²
>
> **해설** 응력 계산식에서 지름 D는 안지름을 의미하므로 문제에서 주어진 바깥지름에서 안지름을 계산하기 위해서는 좌·우에 있는 두께 2개소를 제외시켜야 한다.

2-2 고압장치 설비용 금속재료

(1) **고온, 고압장치용 재료**

① 고압장치 재료 선택 시 고려사항

㉮ 내열성(耐熱性)

㉯ 내식성(耐蝕性)

㉰ 내랭성(耐冷性)
㉱ 내마모성(耐磨耗性)
② 고온 재료의 구비조건
㉮ 고온도에서 기계적 강도를 유지하고 냉각 시 열화를 일으키지 않을 것
㉯ 접촉유체에 대한 내식성이 있을 것
㉰ 가공이 용이하고 경제적일 것
㉱ 크리프(creep) 강도가 클 것
③ 고온, 고압장치용 금속재료 종류
㉮ 5% 크롬강
㉯ 9% 크롬강
㉰ 18-8 스테인리스강
㉱ 니켈-크롬-몰리브덴강

(2) 저온장치용 재료

① 저온취성 : 철강재료는 온도가 내려감에 따라 인장강도, 항복응력, 경도가 증대하지만 연신율, 수축률, 충격치가 온도 강하와 함께 감소하고, 어느 온도(탄소강의 경우 -70℃) 이하가 되면 0으로 되어 소성변형을 일으키는 성질이 없어지게 되는 현상을 말한다.
② 응력이 극히 적은 부분 : 동 및 동합금, 알루미늄, 니켈, 모넬메탈 등
③ 어느 정도 응력이 생기는 부분
㉮ 상온보다 약간 낮은 온도 : 탄소강을 적당하게 열처리한 것 사용
㉯ -80℃까지 : 저합금강을 적당하게 열처리한 것 사용
㉰ 극저온 : 오스테나이트계 스테인리스강(18-8 STS) 사용

 예제 06 액화산소 저장탱크 재료로 사용할 수 있는 금속재료 3가지를 쓰시오.

해답 ① 알루미늄 합금 ② 동 및 동합금 ③ 18-8 스테인리스강

2-3 ▶ 열처리의 종류

(1) 열처리의 목적 : 금속재료의 기계적 성질을 향상시키기 위하여 열처리를 한다.

(2) 일반 열처리

① 담금질(quenching ; 소입) : 재료를 적당한 온도로 가열하여 물, 기름 등에 급속 냉각시키는 것으로 강도, 경도가 증가한다.

② 불림(normalizing ; 소준) : 결정조직을 미세화하고 균일하게 하여 조직의 변형을 제거하기 위하여 균일하게 가열한 후 공기 중에서 냉각하는 것이다.

③ 풀림(annealing ; 소둔) : 가공 중에 생긴 내부응력을 제거하거나 가공 경화된 재료를 연화시켜 상온가공을 용이하게 할 목적으로 노(爐) 중에서 가열하여 서서히 냉각시킨다.

④ 뜨임(tempering ; 소려) : 담금질 또는 냉간 가공된 재료의 내부응력을 제거하며 재료에 연성, 인장강도를 부여하기 위해 담금질 온도보다 낮은 온도로 재가열한 후 냉각시킨다.

예제 07 강의 기계적 성질을 개선하기 위하여 실시하는 일반적인 열처리 방법 4가지를 쓰시오.

[07. 1회, 18. 4회, 산기]

해답 ① 담금질(quenching)   ② 불림(normalizing)
③ 풀림(annealing)   ④ 뜨임(tempering)

2-4 ▶ 금속재료의 부식(腐蝕)

(1) 부식의 정의 : 금속이 전해질 속에 있을 때 「양극 → 전해질 → 음극」이란 전류가 형성되어 양극 부위에서 금속이온이 용출되는 현상으로서 일종의 전기화학적인 반응이다. 즉 금속이 전해질과 접하여 금속표면에서 전해질 중으로 전류가 유출하는 양극반응이다. 양극반응이 진행되는 것이 부식이 발생되는 것이다.

(2) 습식 : 철이 수분의 존재 하에 일어나는 것으로 국부전지에 의한 것이다.

① 부식의 원인
  (가) 이종 금속의 접촉
  (나) 금속재료의 조성, 조직의 불균일
  (다) 금속재료의 표면상태의 불균일
  (라) 금속재료의 응력상태, 표면온도의 불균일
  (마) 부식액의 조성, 유동상태의 불균일

② 부식의 형태
  (가) 전면부식 : 전면이 균일하게 부식되므로 부식량은 크나 쉽게 발견하여 대처하므로 피해는 적다.
  (나) 국부부식 : 특정 부분에 부식이 집중되는 현상으로 부식속도가 크고, 위험성이 높다. 공식(孔蝕), 극간부식(隙間腐蝕), 구식(溝蝕) 등이 있다.
  (다) 선택부식 : 합금의 특정 부분만 선택적으로 부식되는 현상으로 주철의 흑연화 부식, 황동의 탈아연부식, 알루미늄 청동의 탈알루미늄 부식 등이 있다.

㈐ 입계부식 : 결정입자가 선택적으로 부식되는 현상으로 스테인리스강에서 발생된다.

(3) 건식

① 고온가스 부식 : 고온가스와 접촉한 경우 금속의 산화, 황화, 할로겐 등의 반응이 일어난다.
② 용융금속에 의한 부식 : 금속재료가 용융 금속 중 불순물과 반응하여 일어나는 부식

(4) 가스에 의한 고온부식의 종류

① 산화 : 산소 및 탄산가스
② 황화 : 황화수소(H_2S)
③ 질화 : 암모니아(NH_3)
④ 침탄 및 카르보닐화 : 일산화탄소(CO)가 많은 환원가스
⑤ 바나듐 어택 : 오산화바나듐(V_2O_5)
⑥ 탈탄작용 : 수소(H_2)

예제 08 오스테나이트계 스테인리스강에서 입계부식이 발생하는 환경조건에 대하여 설명하시오.

해답 오스테나이트계 스테인리스강을 450~900℃로 가열하면 결정입계로 크롬탄화물이 석출되며 부식이 발생한다.

2-5 방식(防蝕) 방법

(1) 부식을 억제하는 방법

① 부식환경의 처리에 의한 방식법
② 부식억제제(인히비터)에 의한 방식법
③ 피복에 의한 방식법
④ 전기 방식법

(2) 전기방식법

① 전기방식(電氣防蝕) : 지중 및 수중에 설치하는 강재배관 및 저장탱크 외면에 전류를 유입시켜 양극반응을 저지함으로써 배관의 전기적 부식을 방지하는 것이다.
② 종류
㈎ 희생양극법(犧牲陽極法) : 지중 또는 수중에 설치된 양극(anode)금속과 매설배관(cathode : 음극)을 전선으로 연결해 양극금속과 매설배관 사이의 전지작용(고유 전위차)에 의하여 부식을 방지하는 방법이다. 양극재료로는 마그네슘(Mg), 아연(Zn)이 사용된다.

㉮ 시공이 간편하다.
㉯ 단거리의 배관에 경제적이다.
㉰ 다른 매설 금속체로의 장해가 없다.
㉱ 과방식의 우려가 없다.
㉲ 효과 범위가 비교적 좁다.
㉳ 장거리 배관에는 비용이 많이 소요된다.
㉴ 전류 조절이 어렵다.
㉵ 관리장소가 많게 된다.
㉶ 강한 전식에는 효과가 없다.

㈏ 외부전원법(外部電源法) : 외부 직류전원장치의 양극(+)은 매설배관이 설치되어 있는 토양이나 수중에 설치한 외부 전원용 전극에 접속하고, 음극(-)은 매설배관에 접속시켜 부식을 방지하는 방법으로 직류전원장치(정류기), 양극, 부속배선으로 구성된다.
㉮ 효과 범위가 넓다.
㉯ 평상시의 관리가 용이하다.
㉰ 전압, 전류의 조성이 일정하다.
㉱ 전식에 대해서도 방식이 가능하다.
㉲ 초기 설비비가 많이 소요된다.
㉳ 장거리 배관에는 전원 장치 수가 적어도 된다.
㉴ 과방식의 우려가 있다.
㉵ 전원을 필요로 한다.
㉶ 다른 매설금속체로의 장해에 대해 검토가 필요하다.

㈐ 배류법(排流法) : 매설배관의 전위가 주위의 타 금속 구조물의 전위보다 높은 장소에서 매설배관과 주위의 타 금속 구조물을 전기적으로 접속시켜 매설배관에 유입된 누출전류를 전기회로적으로 복귀시키는 방법으로 전철이 가까이 있는 곳에 설치하며 배류기를 설치하여야 한다.
㉮ 유지관리비가 적게 소요된다.
㉯ 전철과의 관계 위치에 따라 효과적이다.
㉰ 설치비가 저렴하다.
㉱ 전철 운행 시에는 자연부식의 방지효과도 있다.
㉲ 다른 매설금속체로의 장해에 대해 검토가 필요하다.
㉳ 전철 휴지기간에는 전기방식의 역할을 못한다.
㉴ 과방식의 우려가 있다.

③ 전위측정용 터미널(TB) 설치 거리 : 고압가스, 액화석유가스, 도시가스 배관에 공통적으로 적용되는 사항이다.

㉮ 희생양극법, 배류법 : 300m 이내의 간격

㉯ 외부전원법 : 500m 이내의 간격

④ 도시가스시설 전기방식 기준 : KGS GC202

㉮ 방식전위 하한값은 전기철도 등의 간섭영향을 받는 곳을 제외하고는 포화황산동 기준 전극으로 −2.5V 이상이 되도록 한다.

㉯ 방식전류가 흐르는 상태에서 토양 중에 있는 배관의 방식전위 상한값은 포화황산동 기준 전극으로 −0.85V 이하(황산염환원 박테리아가 번식하는 토양에서는 −0.95V 이하)로 한다.

㉰ 방식전류가 흐르는 상태에서 자연전위와의 전위변화가 최소한 −300mV 이하로 한다. 다만, 다른 금속과 접촉하는 배관은 제외한다.

㉱ 토양 중에 있는 배관의 방식전위 상한값은 방식전류가 일순간 동안 흐르지 않은 상태(instant−off)에서 포화황산동 기준 전극으로 −0.85V(황산염환원 박테리아가 번식하는 토양에서는 −0.95V) 이하로 한다.

⑤ 도시가스시설 전기방식시설의 점검 주기 : KGS GC202

㉮ 전기방식시설의 관대지전위(管對地電位) 등을 1년에 1회 이상 점검한다. 다만, 전위측정용 터미널(T/B)에 원격으로 감시·기록하는 장치 등을 설치하고 모니터링이 가능한 경우에는 관대지전위 등의 점검을 한 것으로 볼 수 있다. 〈개정 21. 8. 9〉

㉯ 외부전원법에 따른 전기방식시설은 외부전원점 관대지전위(管對地電位), 정류기의 출력, 전압, 전류, 배선의 접속상태 및 계기류 확인 등을 3개월에 1회 이상 점검한다. 다만, 기준 전극을 매설하고 데이터로거 등을 이용하여 전위를 측정하고 이상이 없는 경우에는 6개월에 1회 이상 점검할 수 있다.

㉰ 배류법에 따른 전기방식시설은 배류점 관대지전위(管對地電位), 배류기의 출력, 전압, 전류, 배선의 접속상태 및 계기류 확인 등을 3개월에 1회 이상 점검한다. 다만, 기준 전극을 매설하고 데이터로거 등을 이용하여 전위를 측정하고 이상이 없는 경우에는 6개월에 1회 이상 점검할 수 있다.

㉱ 절연부속품, 역전류방지장치, 결선(bond) 및 보호절연체의 효과는 6개월에 1회 이상 점검한다.

예제 09

지중 또는 수중에 설치된 양극(anode)금속과 매설배관(cathode : 음극) 등을 전선으로 연결하여 양극금속과 매설배관 등 사이의 전지작용(고유 전위차)에 의하여 전기적 부식을 방지하는 전기방식법은? [19. 2회, 20. 3회. 기사] [11. 1회, 17. 1회, 18. 4회. 산기]

해답 희생양극법

2-6 비파괴검사

① 육안검사(VT : Visual Test)
② 음향검사 : 간단한 공구를 이용하여 음향에 의해 결함 유무를 판단하는 방법
③ 침투탐상검사(PT : Penetrant Test) : 표면의 미세한 균열, 작은 구멍, 슬러그 등을 검출하는 방법
④ 자분탐상검사(MT : Magnetic Particle Test) : 피검사물이 자화한 상태에서 표면 또는 표면에 가까운 손상에 의해 생기는 누설 자속을 사용하여 검출하는 방법
⑤ 방사선투과검사(RT : Radiographic Test) : X선이나 γ선으로 투과한 후 필름에 의해 내부결함의 모양, 크기 등을 관찰할 수 있고 검사 결과의 기록이 가능
⑥ 초음파탐상검사(UT : Ultrasonic Test) : 초음파를 피검사물의 내부에 침입시켜 반사파를 이용하여 내부의 결함과 불균일층의 존재 여부를 검사하는 방법
⑦ 와류검사 : 교류전원을 이용하여 금속의 표면이나 표면에 가까운 내부의 결함이나 조직의 부정, 성분의 변화 등의 검출에 적용되며 비자성 금속재료인 동합금, 18-8 STS의 검사에 사용
⑧ 전위차법 : 결함이 있는 부분에 전위차를 측정하여 균열의 깊이를 조사하는 방법

예제 10 용접부에 대하여 실시하는 비파괴검사법 종류 4가지를 쓰시오. [17. 1회. 기사] [17. 1회. 산기]

해답
① 음향검사(VT)
② 침투탐상검사(PT)
③ 자분탐상검사(MT)
④ 방사선투과검사(RT)
⑤ 초음파탐상검사(UT)

---

3 가스 제조 설비 일반

3-1 오토클레이브

오토클레이브(auto clave)는 액체를 가열하면 온도의 상승과 함께 증기압도 상승하며, 이때 액상을 유지하며 2종류 이상의 고압가스를 혼합하여 반응시키는 일종의 고압 반응가마를 일컫는 것으로 교반형, 진탕형, 회전형, 가스 교반형으로 분류된다.

3-2 암모니아 합성탑

내압 용기와 내부 구조물로 되어 있으며, 내부 구조물은 촉매를 유지하고 반응과 열교환을 하기 위해서이다. 암모니아 합성의 촉매는 주로 산화철에 Al_2O_3, K_2O를 첨가한 것이나 CaO 또는 MgO 등을 첨가한 것도 있다.

3-3 메탄올 합성법

온도 300~350℃, 압력 150~300atm에서 Zn-Cr계 또는 Zn-Cr-Cu계의 촉매를 사용하여 CO와 H_2로 직접 합성된다.

3-4 레페 반응장치

아세틸렌을 이용하여 화합물을 제조할 때 압축하는 것은 분해폭발의 위험 때문에 불가능한 상태이다. 이와 같은 위험성 때문에 아세틸렌을 이용하여 화합물을 제조하는 것이 어려웠으나 레페(W. Reppe)가 압력을 가하여 아세틸렌 화합물을 만들 수 있는 장치를 고안한 것이 레페의 반응장치이다.

> **예제 77** 레페 반응장치 내에서 아세틸렌을 압축할 때 폭발의 위험을 최소화하기 위해 첨가하는 물질과 비율은?
>
> **해답** 질소(N_2) 49% 또는 이산화탄소(CO_2) 42%일 때

4 가스 배관 설비

4-1 강관

(1) 특징
  ① 인장강도가 크고, 내충격성이 크다.
  ② 배관 작업이 용이하다.
  ③ 비철금속관에 비하여 경제적이다.
  ④ 부식으로 인한 배관수명이 짧다.

(2) **스케줄 번호(schedule number)** : 배관 두께의 체계를 표시하는 것으로 번호가 클수록 두께가 두껍다.

$$\text{Sch No} = 10 \times \frac{P}{S}$$

여기서, P : 사용압력(kgf/cm^2) S : 재료의 허용응력(kgf/mm^2)

$$S = \frac{\text{인장강도}(kgf/mm^2)}{\text{안전율}(4)}$$

예제 12 사용압력 60kgf/cm², 배관의 허용응력이 20kgf/mm²일 때 스케줄 번호는 얼마인가?

풀이 $\text{Sch No} = 10 \times \dfrac{P}{S} = 10 \times \dfrac{60}{20} = 30$

해답 30

해설 ① 스케줄 번호는 단위 정리가 되지 않는 공식이다.
② 허용응력(S) 대신 인장강도로 제시되는 경우가 많으므로 안전율을 이용하여 허용응력을 구하는 과정을 숙지하길 바라며, 이 경우는 용접용기, 저장탱크 및 구형 가스홀더 동판 두께를 계산할 때에도 동일하게 적용되니 참고하길 바랍니다.

4-2 밸브의 종류 및 특징

(1) 고압밸브의 특징

① 주조품보다 단조품을 이용하여 제조한다.
② 밸브 시트는 내식성과 경도가 높은 재료를 사용한다.
③ 밸브 시트는 교체할 수 있도록 한다.
④ 기밀유지를 위하여 스핀들에 패킹이 사용된다.

(2) 밸브의 종류

① 글로브 밸브(glove valve) : 스톱 밸브라 하며 유량조정용으로 사용된다.
② 슬루스 밸브(sluice valve) : 게이트 밸브라 하며 유로의 개폐용에 사용된다.
③ 체크 밸브(check valve) : 유체의 역류를 방지하기 위하여 사용된다.

(3) 안전밸브(safety valve) : 가스 설비의 내부압력이 상승 시 파열사고를 방지할 목적으로 사용된다.

① 스프링식 : 기상부에 설치하며 일반적으로 가장 많이 사용된다.
② 파열판식 : 구조가 간단하며 취급, 점검이 용이하다.

③ 가용전식 : 일정온도 이상이 되면 용전이 녹아 가스를 배출하는 것으로 구리(Cu), 주석(Sn), 납(Pb), 안티몬(Sb) 등이 사용된다.
④ 릴리프 밸브(relief valve) : 액체 배관에 설치하여 배출되는 액체를 저장탱크나 펌프의 흡입측으로 되돌려 보낸다.

> **예제 13**
> 내부압력이 상승 시 파열사고를 방지할 목적으로 사용되는 안전밸브의 종류 3가지를 쓰시오.
> [17. 4회. 산기]
>
> **해답** ① 스프링식　② 파열판식　③ 가용전식

4-3 ▶ 신축 조인트

(1) 종류
① 루프형 : 곡관의 형태로 만들어진 것으로 구조가 간단하다.
② 슬리브형 : 이중관으로 만들어진 것으로 누설의 우려가 있어 가스관에는 부적합하다.
③ 벨로스형 : 주름통형으로 만들어진 것으로 설치장소의 제약이 없다.
④ 스위블형 : 2개 이상의 엘보를 이용한 것으로 누설의 우려가 있어 가스관에는 부적합하다.
⑤ 상온 스프링(cold spring) : 배관의 자유팽창량을 미리 계산하여 자유팽창량의 1/2만큼 짧게 절단하여 강제배관을 하여 열팽창을 흡수하는 방법이다.
⑥ 볼 조인트(ball joint) : 볼 조인트와 오프셋 배관을 이용해서 신축을 흡수하는 방법으로 설치공간이 적고, 평면상의 변위뿐만 아니라 입체적인 변위까지도 안전하게 흡수하므로 어떤 현상에 의한 신축에도 배관이 안전한 신축이음이다.

(2) 열팽창에 의한 신축길이 계산

$$\Delta L = L \times \alpha \times \Delta t$$

여기서, ΔL : 관의 신축길이(mm)　　L : 관의 길이(mm)
　　　　α : 선팽창계수　　　　　　Δt : 온도차(℃)

> **예제 14**
> 배관에서 온도변화에 의한 열팽창을 흡수하기 위하여 사용되는 신축이음장치 종류 3가지를 쓰시오.
>
> **해답** ① 루프형　② 슬리브형　③ 벨로스형　④ 스위블형
> 　　　⑤ 상온 스프링(cold spring)　⑥ 볼 조인트(ball joint)
>
> **해설** '신축이음장치'는 '신축이음쇠', '신축 조인트', '익스펜션 조인트' 등으로 불려지고 있다.

5 압력용기 및 충전용기

5-1 압력용기(저장탱크)

(1) 고압 원통형 저장탱크
① 동체(동판)와 경판으로 구성되며 수평형(횡형)과 수직형(종형)으로 나눈다.
② 경판의 종류 : 접시형, 타원형, 반구형
③ 부속 기기 : 안전밸브, 유체 입출구, 드레인 밸브, 액면계, 온도계, 압력계 등
④ 동일 용량, 동일 압력의 구형 저장탱크에 비하여 철판두께가 두껍다.
   (표면적이 크다.)
⑤ 수평형이 강도, 설치 및 안전성이 수직형에 비해 우수하며, 수직형은 바람, 지진 등의 영향을 받기 때문에 철판두께를 두껍게 하여야 한다.

(2) 구형(球形) 저장탱크
① 원통형 저장탱크에 비해 표면적이 작고, 강도가 높다.
② 기초가 간단하고 외관 모양이 안정적이다.
③ 부속 기기 : 상하 맨홀, 유체의 입출구, 안전밸브, 압력계, 온도계 등

(3) 구면 지붕형 저장탱크
액화산소, 액화질소, LPG, LNG 등의 액화가스를 대량으로 저장할 때 사용한다.

(4) 고압가스 저장탱크의 방호형식 : KGS FP112 〈신설 20. 3. 18〉
① 단일 방호형식 : 내부탱크는 액상 및 기상의 가스를 모두 저장하며, 내부탱크가 파괴되는 경우 누출된 액상의 가스를 방류둑에서 충분히 담을 수 있는 구조
② 이중 방호형식 : 내부탱크는 액상 및 기상의 가스를 모두 저장하며, 내부탱크가 파괴되어 액상의 가스가 누출되는 경우 방류둑 또는 외부탱크에서 누출된 액상의 가스를 담을 수 있는 구조
③ 완전 방호형식 : 정상운전 시 내부탱크는 액상의 가스를 저장할 수 있고, 외부탱크는 기상의 가스를 저장할 수 있는 구조로서 내부탱크가 파괴되어 누출되는 경우 외부탱크가 누출된 액상 및 기상의 가스를 담을 수 있으며, 증발가스(boil-off gas)는 안전밸브를 통해 방출될 수 있는 구조

> **예제 15**
> LNG 탱크 중 저온수축을 흡수하는 구조를 가진 금속박판을 사용한 탱크 명칭을 쓰시오.
>
> **해답** 금속제 멤브레인 탱크
>
> **해설** 금속제 멤브레인 탱크 : 내측의 저장조에 오스테나이트계 스테인리스 박판에 주름가공을 한 멤브레인을 용접하여 제작한 것으로, 저온수축을 흡수할 수 있도록 한 구조의 LNG 저장탱크이다.

5-2 충전용기

(1) 용기 재료의 구비조건

① 내식성, 내마모성을 가질 것
② 가볍고 충분한 강도를 가질 것
③ 저온 및 사용 중 충격에 견디는 연성, 전성을 가질 것
④ 가공성, 용접성이 좋고 가공 중 결함이 생기지 않을 것

(2) 용기의 종류

① 이음매 없는 용기(무계목[無繼目] 용기, 심리스 용기)
  (가) 압축가스 또는 액화 이산화탄소 등을 충전
  (나) 제조방법 : 만네스만식, 에르하르트식, 딥 드로잉식
② 용접용기(계목[繼目] 용기, 웰딩용기)
  (가) 액화가스 및 아세틸렌 등을 충전
  (나) 제조방법 : 심교용기, 종계용기
③ 특징

이음매 없는 용기	용접용기
① 고압에 견디기 쉬운 구조이다.	① 강판을 사용하므로 제작비가 저렴하다.
② 내압에 대한 응력분포가 균일하다.	② 이음매 없는 용기에 비해 두께가 균일하다.
③ 제작비가 비싸다.	③ 용기의 형태, 치수 선택이 자유롭다.
④ 두께가 균일하지 못할 수 있다.	

④ 초저온 용기
  (가) 정의 : -50℃ 이하인 액화가스를 충전하기 위한 용기로서, 단열재로 피복하거나 냉동설비로 냉각하는 등의 방법으로 용기 안의 가스 온도가 상용의 온도를 초과하지 않도록 한 용기이다.
  (나) 재료 : 오스테나이트계 스테인리스강(18-8 STS강), 알루미늄 합금

⑤ 화학 성분비 제한

구분	탄소(C)	인(P)	황(S)
이음매 없는 용기	0.55% 이하	0.04% 이하	0.05% 이하
용접용기	0.33% 이하	0.04% 이하	0.05% 이하

⑥ 용기 동체의 최대 두께와 최소 두께와의 차이
 (개) 이음매 없는 용기 : 평균 두께의 20% 이하
 (내) 용접용기, 초저온 용기 : 평균 두께의 10% 이하

(3) 용기 밸브

① 충전구 형식에 의한 분류
 (개) A형 : 충전구가 수나사
 (내) B형 : 충전구가 암나사
 (대) C형 : 충전구에 나사가 없는 것
② 충전구 나사 형식에 의한 분류
 (개) 왼나사 : 가연성가스 용기(단, 액화암모니아, 액화크롬화메탄은 오른나사)
 (내) 오른나사 : 가연성가스 외의 용기

예제 16 이음매 없는 용기를 제조할 때 사용하는 강의 탄소(C), 황(S), 인(P)의 함유율은 각각 어떻게 되는지 쓰시오.

해답 ① 탄소(C) : 0.55% 이하
② 황(S) : 0.05% 이하
③ 인(P) : 0.04% 이하

5-3 용기의 검사

(1) 재검사

① 재검사를 받아야 할 용기
 (개) 일정한 기간이 경과된 용기
 (내) 합격표시가 훼손된 용기
 (대) 손상이 발생된 용기
 (래) 충전가스 명칭을 변경할 용기
 (매) 유통 중 열영향을 받은 용기

② 열영향 판단 기준
  ㈎ 도장의 그을음
  ㈏ 용기의 일그러짐
  ㈐ 밸브 본체 또는 부품의 용융
  ㈑ 전기불꽃으로 인한 흠집, 용접불꽃의 흔적
③ 재검사 주기 : 고법 시행규칙 별표 22

용기의 종류		신규검사 후 경과 연수		
		15년 미만	15년 이상 20년 미만	20년 이상
용접용기 (LPG용 용접용기 제외)	500L 이상	5년마다	2년마다	1년마다
	500L 미만	3년마다	2년마다	1년마다
LPG용 용접용기	500L 이상	5년마다	2년마다	1년마다
	500L 미만	5년마다		2년마다
이음매 없는 용기	500L 이상	5년마다		
	500L 미만	신규검사 후 경과 연수가 10년 이하인 것은 5년마다, 10년을 초과한 것은 3년마다.		

(2) 내압시험

① 수조식 내압시험 : 용기를 수조에 넣고 내압시험에 해당하는 압력을 가했다가 대기압 상태로 압력을 제거하면 원래 용기의 크기보다 약간 늘어난 상태로 복귀한다. 이때의 체적변화를 측정하여 영구증가량을 계산하여 합격, 불합격을 판정한다.

② 비수조식 내압시험 : 저장탱크와 같이 고정설치된 경우에 펌프로 가압한 물의 양을 측정해 팽창량을 계산한다.

$$\Delta V = (A-B) - \{(A-B)+V\}P\beta$$

여기서, ΔV : 내압시험에 따른 내용적의 전증가량(m^3)

A : 내압시험압력 P에서의 압입수량(수량계의 물 강하량) (cm^3)

B : 내압시험압력 P에서의 수압펌프에서 용기까지의 연결관에 압입된 수량(용기 이외의 압입수량) (cm^3)

V : 용기 내용적(cm^3)

P : 내압시험압력(MPa)

β : 내압시험 시 물 온도에서의 압축계수로서, 다음 식에 따라 얻은 수

$\beta = (5.11 - 3.8981t \times 10^{-2} + 1.0751t^2 \times 10^{-3} - 1.3043t^3 \times 10^{-5} - 6.8P \times 10^{-3}) \times 10^{-4}$

t : 내압시험 시 물 온도(℃)

③ 판정 방법 : 영구증가율 10% 이하인 경우 적합으로 한다.

$$\text{영구(항구)증가율(\%)} = \frac{\text{영구증가량}}{\text{전증가량}} \times 100$$

(3) 초저온 용기의 단열성능시험

① 침입열량 계산식

$$Q = \frac{Wq}{H \Delta t V}$$

여기서, Q : 침입열량(J/h·℃·L) W : 기화된 가스량(kg)
q : 시험용 가스의 기화잠열(J/kg) H : 측정시간(h)
Δt : 시험용 가스의 비점과 대기 온도와의 온도차(℃)
V : 초저온 용기 내용적(L)

② 판정 기준

내용적	침입열량	
	kcal/h·℃·L	J/h·℃·L
1000L 미만	0.0005 이하	2.09 이하
1000L 이상	0.002 이하	8.37 이하

③ 시험용 액화가스의 종류 : 액화질소, 액화산소, 액화아르곤

예제 17

내용적 500L인 초저온 용기에 200kg의 산소를 넣고 외기온도 20℃인 곳에서 12시간 방치한 결과 190kg의 산소가 남아 있다. 이 용기의 침입열량을 계산하고, 단열성능시험의 합격, 불합격을 판정하시오. (단, 액화산소의 비점은 −183℃, 기화잠열은 213526J/kg 이다.)

풀이 ① 침입열량 계산 : 기화된 시험용 가스(액화산소)의 양은 처음 상태의 양에 12시간 후의 잔량과의 차이에 해당된다.

$$\therefore Q = \frac{W \cdot q}{H \cdot \Delta t \cdot V} = \frac{(200-190) \times 213526}{12 \times (20+183) \times 500} = 1.753 ≒ 1.75 \text{J/h} \cdot ℃ \cdot L$$

② 판정 : 침입열량 합격기준인 2.09J/h·℃·L 이하에 해당되므로 합격이다.

해답 ① 침입열량 : 1.75J/h·℃·L ② 판정 : 합격

(4) 충전용기 시험압력

① 최고충전압력

㈎ 압축가스를 충전하기 위한 용기 : 35℃의 온도에서 그 용기에 충전할 수 있는 가스의 압력 중 최고압력

㈏ 아세틸렌 용기 : 15℃에서 용기에 충전할 수 있는 가스의 압력 중 최고압력

㈐ 초저온, 저온 용기 : 상용압력 중 최고압력

㈑ 액화가스를 충전하기 위한 용기 : 내압시험압력의 5분의 3배

⒨ 접합 및 납붙임 용기
  ㉮ 압축가스를 충전하는 용기 : 35℃의 온도에서 그 용기에 충전할 수 있는 가스의 압력 중 최고압력
  ㉯ 액화가스를 충전하는 용기 : 규정에 정한 내압시험압력의 5분의 3배. 다만, 내압시험압력이 0.8MPa를 초과하는 경우에는 0.8MPa로 한다.

② 기밀시험압력
  ㉮ 아세틸렌 용기 : 최고충전압력의 1.8배
  ㉯ 초저온, 저온 용기 : 최고충전압력의 1.1배의 압력
  ㉰ 그 밖의 용기 : 최고충전압력
  ㉱ 접합 및 납붙임 용기 : 최고충전압력

③ 내압시험압력
  ㉮ 압축가스 및 초저온, 저온 용기에 충전하는 액화가스 : 최고충전압력의 3분의 5배
  ㉯ 아세틸렌 용기 : 최고충전압력의 3배
  ㉰ 액화가스 : 액화가스 종류별로 정한 압력
  ㉱ 접합 및 납붙임 용기
    ㉮ 압축가스를 충전하는 용기 : 최고충전압력 수치의 3분의 5배
    ㉯ 액화가스를 충전하는 용기 : 액화가스 종류별로 규정에 정한 압력

> **예제 18** 아세틸렌 용기와 납붙임 용기의 기밀시험압력을 각각 쓰시오.
>
> **해답** ① 아세틸렌 용기 : 최고충전압력의 1.8배
> ② 납붙임 용기 : 최고충전압력

5-4 합격용기의 각인

(1) 신규검사에 합격된 용기
① 용기 제조업자의 명칭 또는 약호
② 충전하는 가스의 명칭
③ 용기의 번호
④ V : 내용적(L)
⑤ W : 밸브 및 부속품을 포함하지 않은 용기의 질량(kg)
⑥ TW : 아세틸렌가스 충전용기는 용기의 질량에 다공물질, 용제 및 밸브의 질량을 합한 질량(kg)

⑦ 내압시험에 합격한 연월
⑧ TP : 내압시험압력(MPa)
⑨ FP : 압축가스 충전의 경우 최고충전압력(MPa)
⑩ t : 동판의 두께(mm) → 내용적 500(L) 초과하는 용기만 해당
⑪ 충전량(g) → 납붙임 또는 접합용기에 한정한다.

(2) 용기 종류별 부속품 기호

① AG : 아세틸렌가스를 충전하는 용기의 부속품
② PG : 압축가스를 충전하는 용기의 부속품
③ LG : 액화석유가스 외의 액화가스를 충전하는 용기의 부속품
④ LPG : 액화석유가스를 충전하는 용기의 부속품
⑤ LT : 초저온 용기 및 저온 용기의 부속품

(3) 용기의 도색 및 표시

가스 종류	용기 도색		글자 색깔		띠의 색상 (의료용)
	공업용	의료용	공업용	의료용	
산소(O_2)	녹색	백색	백색	녹색	녹색
수소(H_2)	주황색	–	백색	–	–
액화탄산가스(CO_2)	청색	회색	백색	백색	백색
액화석유가스	밝은 회색	–	적색	–	–
아세틸렌(C_2H_2)	황색	–	흑색	–	–
암모니아(NH_3)	백색	–	흑색	–	–
액화염소(Cl_2)	갈색	–	백색	–	–
질소(N_2)	회색	흑색	백색	백색	백색
아산화질소(N_2O)	회색	청색	백색	백색	백색
헬륨(He)	회색	갈색	백색	백색	백색
에틸렌(C_2H_4)	회색	자색	백색	백색	백색
사이클로 프로판	회색	주황색	백색	백색	백색
기타의 가스	회색	–	백색	백색	백색

[비고] 1. 스테인리스강 등 내식성 재료를 사용한 용기 : 용기 동체의 외면 상단에 10cm 이상의 폭으로 충전가스에 해당하는 색으로 도색
2. 가연성가스 : "연"자, 독성가스 : "독"자 표시
3. 선박용 액화석유가스 용기 : 용기 상단부에 2cm의 백색 띠 두 줄, 백색 글씨로 선박용 표시

예제 19 LPG 용기 외면 도색을 쓰시오.

해답 밝은 회색

해설 LPG 용기 외면 도색은 '회색'에서 '밝은 회색'으로 2018년 10월 16일 개정되었음

5-5 저장능력 산정식

(1) 압축가스 저장탱크 및 용기

$$Q = (10P+1)V_1$$

(2) 액화가스

① 저장탱크

$$W = 0.9dV_2$$

② 용기 : 충전용기, 자동차에 고정된 탱크

$$W = \frac{V_2}{C}$$

여기서, Q : 저장능력(m^3) P : 35℃에서 최고충전압력(MPa)
  V_1 : 내용적(m^3) W : 저장능력(kg)
  V_2 : 내용적(L) d : 상용온도에서의 액화가스 비중(kg/L)
  C : 액화가스 충전상수(C_3H_8 : 2.35, C_4H_{10} : 2.05, NH_3 : 1.86)

(3) 안전공간

$$Q = \frac{V-E}{V} \times 100$$

여기서, Q : 안전공간(%) V : 저장시설의 내용적 E : 액화가스의 부피

 예제 20 내용적 500L인 용기 120개에 12MPa로 충전되어 있을 때 총 저장능력은 몇 m^3인가?

풀이 용기에 압력 12MPa 상태로 충전되어 있다는 것은 압축가스 상태라는 것이므로 압축가스 저장능력 산정식을 이용하여 저장능력(m^3)을 구하며, 용기 1개의 저장능력에 용기 수를 곱하면 총 저장능력으로 계산된다.

∴ $Q = (10P+1) \times V = \{(10 \times 12 + 1) \times 0.5\} \times 120 = 7260 m^3$

해답 $7260 m^3$

해설 압축가스 저장능력 산정식 구분

① $Q = (10P+1) \times V$: 충전압력 P의 단위가 'MPa'이다.
② $Q = (P+1) \times V$: 충전압력 P의 단위가 'kgf/cm^2'이다.

5-6 두께 산출식

(1) 용접용기 및 저장탱크 동판

$$t = \frac{PD}{2S\eta - 1.2P} + C$$

(2) 구형 가스홀더

$$t = \frac{PD}{4f\eta - 0.4P} + C$$

여기서, t : 두께(mm) P : 최고충전압력(MPa)
D : 안지름(mm) S, f : 허용응력(N/mm^2)
η : 용접효율 C : 부식여유(mm)

예제 21

최고충전압력 2.0MPa, 동체 안지름 65cm인 강재 용접용기의 동판 두께는 몇 mm인가? (단, 재료의 인장강도 500N/mm^2, 용접효율 100%, 부식여유 1mm이다.)

풀이 $t = \dfrac{PD}{2S\eta - 1.2P} + C = \dfrac{2 \times (65 \times 10)}{2 \times \left(500 \times \dfrac{1}{4}\right) \times 1 - 1.2 \times 2} + 1 = 6.250 ≒ 6.25\text{mm}$

해답 6.25mm

해설 허용응력(S)은 인장강도를 안전율로 나눠 구할 수 있고, 안전율에 대하여 별도로 제시되지 않으면 4를 적용하며, 안지름은 'mm' 단위를 적용한다.

가스 장치 및 설비 일반 예상문제

01 [보기]의 증기 압축식 냉동 사이클에서 냉매가 순환되는 과정을 번호로 나열하시오.

> |보기|
> ① 팽창밸브 ② 증발기 ③ 응축기 ④ 수액기 ⑤ 압축기

[22. 2회. 산기]

해답 ⑤ → ③ → ④ → ① → ②

해설 증기 압축식 냉동기의 각 기기 역할(기능)
① 압축기 : 저온, 저압의 냉매가스를 고온, 고압으로 압축하여 응축기로 보내 응축, 액화하기 쉽도록 하는 역할을 한다.
② 응축기 : 고온, 고압의 냉매가스를 공기나 물을 이용하여 응축, 액화시키는 역할을 한다.
③ 수액기 : 응축기에서 액화된 냉매를 일시 저장하는 역할을 한다.
④ 팽창밸브 : 고온, 고압의 냉매액을 증발기에서 증발하기 쉽게 저온, 저압으로 교축 팽창시키는 역할을 한다.
⑤ 증발기 : 저온, 저압의 냉매액이 피냉각 물체로부터 열을 흡수하여 증발함으로써 냉동의 목적을 달성한다.

02 흡수식 냉동기의 원리를 설명하시오.

해답 흡수기, 발생기(재생기), 응축기, 증발기로 구성되며, 발생기에 열원(증기, 도시가스 연소열 등)을 공급하면 냉매인 물은 증발되고 흡수액인 리튬브로마이드(LiBr)는 농축액이 되어 흡수기로 보내진다. 발생기에서 분리된 냉매는 응축기에서 액체로 된 후 진공압력으로 약 6.5mmHg 정도인 증발기에서 실내기로 순환되는 냉수와 열교환을 통해 5℃ 정도에서 증발되고 냉수는 온도가 떨어져 냉방을 지속할 수 있게 한다. 증발기에서 증발된 냉매는 흡수기에서 흡수액과 혼합된 후 다시 발생기로 공급되는 과정을 반복하는 냉동기이다.

03 가스용 냉난방기에서 사용하는 흡수제의 명칭을 쓰시오. [16. 4회. 산기]

해답 리튬브로마이드(LiBr) (또는 취화리튬)

해설 흡수식 냉동기(냉온수기)의 냉매 및 흡수제

냉매	흡수제
암모니아(NH_3)	물(H_2O)
물(H_2O)	리튬브로마이드(LiBr)
염화메틸(CH_3Cl)	사염화에탄
톨루엔	파라핀유

04 냉동장치에서 흡수식 냉동기의 구성요소 4가지를 쓰시오.

해답 ① 발생기 ② 흡수기 ③ 응축기 ④ 증발기
참고 증기 압축식 냉동기의 구성요소 : 압축기, 응축기, 팽창밸브, 증발기

05 냉동설비에 사용되는 냉매의 구비조건 4가지를 쓰시오. [19. 1회. 산기]

해답 ① 응고점이 낮고 임계온도가 높으며 응축, 액화가 쉬울 것
② 증발잠열이 크고 기체의 비체적이 적을 것
③ 오일과 냉매가 작용하여 냉동장치에 악영향을 미치지 않을 것
④ 화학적으로 안정하고 분해하지 않을 것
⑤ 금속에 대한 부식성 및 패킹재료에 악영향이 없을 것
⑥ 인화 및 폭발성이 없을 것
⑦ 인체에 무해할 것(비독성가스일 것)
⑧ 액체의 비열은 작고, 기체의 비열은 클 것
⑨ 경제적일 것(가격이 저렴할 것)
⑩ 단위 냉동량당 소요 동력이 적을 것

06 냉동장치 내의 배관을 순환하면서 상태변화 없이 온도변화에 의한 감열상태로 열을 운반하는 냉매를 무엇이라 하는가?

해답 브라인(brine) (또는 2차 냉매, 간접냉매)
해설 브라인(brine)의 종류
① 염화칼슘($CaCl_2$) : 제빙용, 냉장용에 사용
② 염화나트륨(NaCl) : 식료품과 직접 접촉하는 경우에 사용
③ 염화마그네슘($MgCl_2$) : 염화칼슘이 부족할 때 대용품으로 사용되었지만, 근래에는 거의 사용하지 않고 있다.
④ 물(H_2O) : 냉방용으로 사용
⑤ 기타 : 유기질 물질로 에틸렌 글리콜, 프로필렌 글리콜, 메틸렌클로라이드 등

07 어떤 냉동기에서 0℃의 물로 얼음 4톤을 만드는 데 100kWh의 일이 소요되었다면 이 냉동기의 성적계수는 얼마인가? (단, 얼음의 융해잠열은 80kcal/kg이다.) [17. 1회. 산기]

풀이 ① 1kWh는 860kcal, 1톤은 1000kg에 해당되며, 얼음의 융해잠열은 물의 응고잠열과 같다.

② 성적계수 계산 : 냉동기에서 흡수 제거하는 열량(Q_2)은 물질량(G)에 물질의 잠열(γ)을 곱한 값이다.

$$\therefore COP_R = \frac{Q_2}{W} = \frac{G \times \gamma}{W} = \frac{(4 \times 1000) \times 80}{100 \times 860} = 3.720 \fallingdotseq 3.72$$

해답 3.72

해설 냉동기 성적계수는 단위가 없는 무차원수이다.

08 어떤 냉동장치로 20℃의 물을 −10℃의 얼음으로 만드는 데 물 1톤당 45kWh의 동력이 소요되었을 때 성적계수는 얼마인가? (단, 얼음의 융해잠열 및 비열은 각각 336kJ/kg, 2.1kJ/kg·℃이다.)

풀이 ① 20℃ 물을 −10℃ 얼음으로 만드는 데 제거해야 할 열량 계산

㉮ 20℃ 물 → 0℃ 물 : 현열에 해당되고, 물의 비열은 4.2kJ/kg·℃(또는 4.185, 4.186)를 적용하고, 물 1톤은 1000kg 이다.

$$\therefore Q_1 = m \times C_1 \times \Delta t_1 = 1000 \times 4.2 \times (20-0) = 84000 \text{kJ}$$

㉯ 0℃ 물 → 0℃ 얼음 : 잠열에 해당되고, 물의 응고잠열은 얼음의 융해잠열 336kJ/kg과 같다.

$$\therefore Q_2 = m \times \gamma = 1000 \times 336 = 336000 \text{kJ}$$

㉰ 0℃ 얼음 → −10℃ 얼음 : 현열에 해당되고, 얼음의 비열은 2.1kJ/kg·℃ 이다.

$$\therefore Q_3 = m \times C_3 \times \Delta t_3 = 1000 \times 2.1 \times \{0-(-10)\} = 21000 \text{kJ}$$

㉱ 제거해야 할 합계 열량

$$Q = Q_1 + Q_2 + Q_3 = 84000 + 336000 + 21000 = 441000 \text{kJ}$$

② 성적계수 계산 : 1kWh는 3600kJ에 해당된다.

$$\therefore COP_R = \frac{Q}{W} = \frac{441000}{45 \times 3600} = 2.722 \fallingdotseq 2.72$$

해답 2.72

해설 ① 냉동기 성적계수(Coefficient of Performance : COP_R) : 저온체에서 흡수·제거한 열량(Q)과 공급된 일[동력](W)과의 비로 단위가 없는 무차원수이다.

② 문제에서 물의 비열은 언급이 없으므로 4.2 대신에 4.185, 4.186 등을 적용하여 계산할 수 있으며, 최종값에서 발생하는 오차는 채점에는 영향이 없으니 선택하여 적용하길 바랍니다. (1kcal는 약 4.2kJ에 해당됩니다.)

09 단열을 한 배관 중에 작은 구멍을 내고 이 관에 압력이 있는 유체를 흐르게 하면 유체가 작은 구멍을 통할 때 유체의 압력이 하강함과 동시에 온도가 변화하는 현상을 무엇이라고 하는가?

해답 줄-톰슨 효과

10 다음 그림과 같이 압축기에 압축된 공기는 열교환기에 들어가 액화기와 팽창기에서 나온 저온도의 공기와 열교환하여 냉각되고 "2"에서 일부의 공기는 팽창기에 들어가 열교환하여 "3"을 통해 팽창밸브에 의해 자유팽창하여 "3-4"에 따라 등엔탈피 팽창해서 액화기에 들어가면 일부는 액화되고 일부는 액화되지 않는 포화증기로 된다. 액화된 액체공기는 취출밸브 "5"를 통해 취출되고 액화되지 않는 포화증기는 "6"을 통해 열교환기에 들어가 압축가스와 열교환을 하여 과열증기로 되고 따라서 온도가 상승하여 "7"을 통해 압축기로 흡입된다. 이와 같은 순환과정을 반복하여 액화하는 것을 무슨 형식의 공기액화 사이클이라고 하는가?

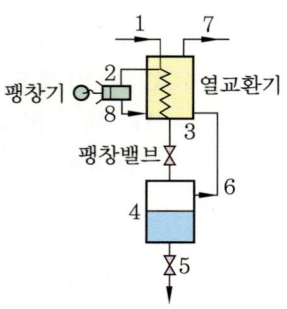

해답 클라우드식 공기액화 사이클

참고 린데(Linde)식 공기액화 사이클 : 압축기에서 압축된 공기는 "1"을 통해 열교환기에 들어가 액화기에서 액화하지 않고 나오는 저온 공기와 열교환하여 저온이 되어 "2"를 통해 단열 자유팽창시켜 온도가 강하하여 액화기에 들어간다. 일부는 액화하여 액화된 액체공기는 "5"의 취출밸브를 통해 취출된다. 또한 액화하지 않은 포화증기는 "4"를 통하여 열교환기에 들어가 압축가스와 열교환을 하여 과열증기로 되어 온도가 상승하여 "6"을 통해 압축기로 흡입된다. 이와 같은 순환과정을 되풀이하여 액화되는 장치를 린데(Linde)식 공기액화 사이클이라 한다.

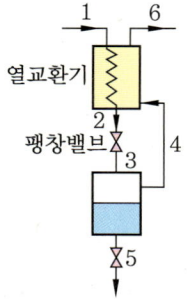

11 [보기]에서 설명하는 공기액화 사이클의 명칭을 쓰시오. [08. 4회, 09. 2회, 20. 2회. 산기]

> | 보기 |
> - 공기의 압축압력은 약 7atm 정도이다.
> - 열교환기에 축랭기를 사용하여 원료공기를 냉각시킴과 동시에 원료공기 중의 수분과 탄산가스를 제거한다.
> - 공기는 팽창식 터빈에서 −145℃ 정도로 90% 처리한다.

해답 가피자(Kapitza) 공기액화 사이클

12 [보기]에서 설명하는 공기액화 사이클의 명칭을 쓰시오. [15. 2회. 기사]

> | 보기 |
> - 여러 대의 압축기를 이용하여 각 단에서 비점이 점차 낮은 냉매를 사용하여 공기를 액화시킨다.
> - 암모니아, 에틸렌, 메탄을 냉매로 사용한다.

해답 캐스케이드 액화 사이클

13 가스액화 분리장치를 구성하는 기기 3가지를 쓰시오. [16. 2회, 21. 1회. 산기]

해답 ① 한랭 발생장치 ② 정류장치 ③ 불순물 제거장치
해설 각 장치의 역할
① 한랭 발생장치 : 냉동 사이클, 가스액화 사이클의 응용으로 가스액화 분리장치에서 액화가스를 채취할 때에 그것에 필요한 한랭을 보급한다.
② 정류장치 : 분축(分縮), 흡수(吸收)장치로 원료가스를 저온에서 분리, 정제하는 역할을 한다.
③ 불순물 제거장치 : 저온도가 되면 동결하는 원료가스 중의 수분, 탄산가스 등을 제거하는 역할을 한다.
참고 ① 분축(分縮) : 혼합기체의 일부 성분만을 응축하여 끓는점이 높은 성분과 낮은 성분으로 분리하는 일
② 흡수(吸收) : 외부의 물질을 안으로 빨아들임

14 LNG의 용도 중 한랭을 이용하는 방법 4가지를 쓰시오.

해답 ① 공기분리에 의한 액화산소, 액화질소의 제조

② 액화탄산, 드라이아이스 제조
③ 냉동식품의 제조 및 냉동창고에 의한 저장
④ 고무, 플라스틱 등의 저온 분쇄 처리
⑤ 해수의 담수화
⑥ 저온에 의한 배연 탈황
⑦ 에틸렌 분리, 크실렌 분리 등 화학 공업용

15 보온재의 구비조건 5가지를 쓰시오.

해답 ① 열전도도가 적을 것 ② 화학적으로 안정할 것
③ 불연성, 난연성일 것 ④ 흡습, 흡수성이 없을 것
⑤ 밀도가 작을 것(가벼울 것) ⑥ 가격이 저렴할 것

해설 보온재의 구비조건과 단열재의 구비조건은 동일하다.

16 내조와 외조로 구성된 2중 단열 액화가스 저장탱크의 공간 부분은 진공작업 후 단열재를 이용하여 단열을 실시한다. 이때 단열재로 사용하는 재료는? [10. 3회. 기사]

해답 ① 펄라이트 ② 경질폴리우레탄폼 ③ 폴리염화비닐폼

해설 2중으로 이루어진 저장탱크에서 안쪽을 이루는 구조체를 내조(內槽), 바깥쪽을 이루는 구조체를 외조(外槽)라 한다.

17 저온장치의 단열법 중 일반적으로 사용되는 단열법으로 단열 공간에 분말, 섬유 등의 단열재를 충전하는 방법의 명칭은 무엇인가?

해답 상압 단열법

18 저온장치에 사용되는 진공 단열법의 종류 3가지를 쓰시오. [10. 1회, 20. 3회. 산기]

해답 ① 고진공 단열법 ② 분말진공 단열법 ③ 다층진공 단열법

19 분말진공 단열법에 사용되는 충진용 분말의 종류 4가지를 쓰시오.

해답 ① 샌다셀 ② 펄라이트 ③ 규조토 ④ 알루미늄 분말

해설 충전(充塡)과 충진(充塡) : 충전의 사전적 의미는 '무엇이 빠진 곳이나 빈 공간을 채움'으로 한자의 塡은 '전(메울 전)'과 '진(메울 진)'으로 읽혀서 두 가지 용어를 함께 사용하고 있는 것이다.

20 저온 단열법 중 다층진공 단열법의 특징 3가지를 쓰시오.

해답 ① 고진공 단열법과 큰 차이가 없는 50mm의 두께로 고진공 단열법보다 좋은 효과를 얻을 수 있다.
② 최고의 단열 성능을 얻으려면 10^{-5} Torr 정도의 높은 진공도를 필요로 한다.
③ 단열층 내의 온도 분포가 복사 전열의 영향으로 저온 부분일수록 온도 분포가 급하다. 이것은 저온 단열법으로서 열용량이 적으므로 유리하다.
④ 단열층이 어느 정도 압력에 견디므로 내층의 지지력이 있다.

21 고압가스 저장탱크의 열침입 원인 4가지를 쓰시오. [19. 1회. 산기]

해답 ① 외면에서의 열복사
② 지지점에서의 열전도
③ 밸브, 안전밸브에 의한 열전도
④ 연결된 배관을 통한 열전도
⑤ 단열재를 충진한 공간에 남은 가스 분자의 열전도

22 다음에 설명하는 내용을 무엇이라 하는가?

> 탄성 구역에서의 변형은 세로 방향에 연신이 생기면 가로 방향에는 수축이 생긴다. 그리고 각 방향의 치수 변화의 비는 그 재료의 고유한 값을 나타낸다.

해답 푸아송의 비(Poisson's ratio)
해설 푸아송의 비(Poisson's ratio) : 재료는 탄성한도 이내에서 가로 변형률과 세로 변형률의 비가 항상 일정한 값을 가지며, 이 비를 푸아송의 비라 하고 m을 푸아송의 수라 한다.

23 푸아송의 비가 0.2일 때 푸아송의 수는 얼마인가?

풀이 푸아송의 비 $\dfrac{1}{m} = \dfrac{\text{가로 변형률}}{\text{세로 변형률}}$ 에서 푸아송의 수 m을 구한다.

$$m = \dfrac{1}{\text{푸아송의 비}} = \dfrac{1}{0.2} = 5$$

해답 5

24 재료의 세로 탄성계수(E)가 $2 \times 10^6 \text{kgf/cm}^2$, 가로 탄성계수($G$)가 $8 \times 10^5 \text{kgf/cm}^2$라고 하면 이 재료의 푸아송비는 얼마인가?

풀이 $\dfrac{1}{m} = \dfrac{\text{가로 변형률}}{\text{세로 변형률}} = \dfrac{E - 2G}{2G} = \dfrac{2 \times 10^6 - 2 \times 8 \times 10^5}{2 \times 8 \times 10^5} = 0.25$

해답 0.25

25 지름 20mm, 표점거리 300mm의 연강재 시험편을 인장시험한 결과 표점거리가 350mm가 되었을 때 이 재료의 연신율(%)을 계산하시오. [15. 4회. 산기]

풀이 연신율 $= \dfrac{L' - L}{L} \times 100 = \dfrac{350 - 300}{300} \times 100 = 16.666 ≒ 16.67\%$

해답 16.67%

26 지름이 10mm인 재료에 인장하중이 800N이 작용할 때 응력(N/mm²)을 계산하시오.

풀이 $\sigma = \dfrac{F}{A} = \dfrac{800}{\dfrac{\pi}{4} \times 10^2} = 10.185 ≒ 10.19 \text{N/mm}^2$

해답 10.19N/mm^2

27 두께 5mm, 폭(너비) 20mm인 강판에 인장하중 1500N을 가했더니 재료가 파괴되었다. 이 재료의 인장강도(N/mm²)는 얼마인가? [10. 1회. 산기]

풀이 인장강도는 재료의 시험편이 견디는 최대하중으로 하중(N)을 단면적(mm²)으로 나눈 값이다.

∴ $\sigma = \dfrac{F}{b \times t} = \dfrac{1500}{20 \times 5} = 15 \text{N/mm}^2$

해답 15N/mm^2

28 지름 30mm의 강봉에 40kN의 하중이 안전하게 작용하고 있을 때 이 강봉의 인장강도가 350MPa이면 안전율은 얼마인가?

풀이 ① 허용응력 계산 : 인장강도와 같은 단위인 'MPa'로 계산하며, 1MPa은 10^6 Pa이다.

∴ 허용응력 $= \dfrac{F}{A} = \dfrac{40 \times 1000}{\dfrac{\pi}{4} \times 0.03^2} = 56588424.21 \text{N/m}^2 = 56588424.21 \text{Pa}$

$= 56.588 \text{MPa} ≒ 56.59 \text{MPa}$

② 안전율 계산

$$안전율 = \frac{인장강도}{허용응력} = \frac{350}{56.59} = 6.184 ≒ 6.18$$

해답 6.18

해설 ① 허용응력 : 기계나 구조물에 외력의 힘이 가해졌을 때 그 힘 때문에 파괴되지 않고 안전하게 사용할 수 있는 응력의 최댓값으로 일반적으로 단위는 'N/mm²'을 사용한다.

② 인장강도 : 인장부하를 받고 있는 물체가 파괴되지 않고 견딜 수 있는 최대 응력으로 이 값을 넘어서는 순간 재료는 파괴된다. 단위는 허용응력과 같은 'N/mm²'을 사용한다.

29 200A 강관에 내압을 15kgf/cm² 받을 경우 관에 생기는 원주방향 응력(kgf/cm²)과 축방향 응력(kgf/cm²)을 각각 계산하시오. (단, 200A 강관의 바깥지름은 216.3mm, 두께는 5.8mm이다.)

풀이 ① 원주방향 응력(σ_A) 계산

$$\sigma_A = \frac{PD}{2t} = \frac{15 \times (216.3 - 2 \times 5.8)}{2 \times 5.8} = 264.698 ≒ 264.70 \text{kgf/cm}^2$$

② 축방향 응력(σ_B) 계산

$$\sigma_B = \frac{PD}{4t} = \frac{15 \times (216.3 - 2 \times 5.8)}{4 \times 5.8} = 132.349 ≒ 132.35 \text{kgf/cm}^2$$

해답 ① 원주방향 응력 : 264.7kgf/cm²

② 축방향 응력 : 132.35kgf/cm²

해설 ① 응력 계산식에서 지름 D는 안지름을 의미하므로 문제에서 주어진 바깥지름에서 안지름을 계산하기 위해서는 좌·우에 있는 두께 2개소를 제외시켜야 안지름이 계산된다는 것을 이해하고 있어야 한다.

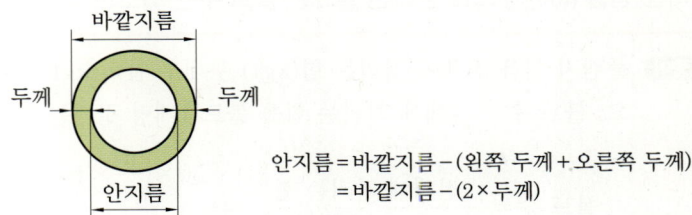

안지름 = 바깥지름 - (왼쪽 두께 + 오른쪽 두께)
       = 바깥지름 - (2 × 두께)

② 안지름과 두께의 단위는 'cm'가 되어야 하지만 분모, 분자에 동일한 단위를 적용하면 약분되어 최종값에는 변화가 없기 때문에 'mm' 단위를 적용해도 이상이 없는 사항이다.

③ 응력의 단위가 'kgf/cm²'일 때와 'kgf/mm²'일 때 계산식을 구분하여야 한다.

※ 단위가 'kgf/mm²'일 때 $\sigma_A = \frac{PD}{200t}$, $\sigma_B = \frac{PD}{400t}$ 를 적용하여야 함

30 바깥지름 215mm, 두께 8mm인 원통형 용기에 내압이 1.2MPa 작용할 때 원주방향 응력(N/mm²)과 길이방향 응력(N/mm²)을 각각 계산하시오. [11. 1회. 산기]

풀이 ① 원주방향 응력 계산

$$\sigma_A = \frac{PD}{2t} = \frac{1.2 \times (215 - 2 \times 8)}{2 \times 8} = 14.925 ≒ 14.93 \text{N/mm}^2$$

② 길이방향 응력 계산

$$\sigma_B = \frac{PD}{4t} = \frac{1.2 \times (215 - 2 \times 8)}{4 \times 8} = 7.462 ≒ 7.46 \text{N/mm}^2$$

해답 ① 원주방향 응력 : 14.93N/mm^2
② 길이방향 응력 : 7.46N/mm^2

해설 SI단위 'MPa'과 'N/mm²'은 환산없이 단위 변환이 가능하다.

31 바깥지름 310mm, 두께 5mm인 재료에 파괴압력이 30kgf/mm²이면 이 재료의 최대허용내압(kgf/cm²)은 얼마인가?

풀이 재료의 최대허용응력과 파괴압력은 같은 것으로 보아야 하며, 원주방향 응력과 길이방향 응력 중 응력이 더 크게 작용하는 것은 원주방향 응력이다. 파괴압력(최대허용응력) 단위가 'kgf/mm²'으로 주어졌으므로 $\sigma_A = \frac{PD}{200t}$에서 압력 P를 구한다.

$$\therefore P = \frac{200 t \sigma_A}{D} = \frac{200 \times 5 \times 30}{310 - 2 \times 5} = 100 \text{kgf/cm}^2$$

해답 100kgf/cm^2

32 압력 50kgf/cm²이 작용하는 안지름 10cm 배관에 플랜지 이음을 하였다. 볼트 1개에 걸리는 힘을 400kgf으로 한다면 필요한 볼트 수는 최소한 몇 개가 있어야 하는가?

풀이 플랜지 이음 전체에 걸리는 힘(kgf)은 내부 압력(kgf/cm²)과 단면적(cm²)의 곱이고, 볼트 수는 전체에 걸리는 힘을 볼트 1개당 걸리는 힘으로 나눈 값이다.

$$\therefore \text{볼트 수} = \frac{\text{전체에 걸리는 힘}}{\text{볼트 1개당 걸리는 힘}} = \frac{50 \times \left(\frac{\pi}{4} \times 10^2\right)}{400} = 9.817 ≒ 10 \text{개}$$

해답 10개

해설 볼트 수 계산에서 나오는 소수점 이하의 숫자는 크기와 관계없이 무조건 1개로 계산하여야 한다.

33 1.5MPa 압력을 받는 안지름 10cm의 뚜껑이 6개의 볼트로 체결되어 있다. 이때 볼트 1개가 받는 힘은 몇 N인가?

해설 $1.5\text{MPa} = 1.5 \times 10^6 \text{Pa} = 1.5 \times 10^6 \text{N/m}^2$이고, 안지름 10cm는 0.1m이다.

$$\therefore \text{볼트 1개가 받는 힘} = \frac{\text{전체에 걸리는 힘}}{\text{볼트 수}} = \frac{\text{압력}(P) \times \text{단면적}(A)}{N}$$

$$= \frac{(1.5 \times 10^6) \times \left(\frac{\pi}{4} \times 0.1^2\right)}{6} = 1963.495 \fallingdotseq 1963.50 \text{N}$$

해답 1963.5N

34 고압 플랜지에 지름이 18mm인 볼트로 조립된 것을 지름 12mm로 변경할 때 다음 물음에 답하시오.

(1) 18mm 볼트를 6개 사용했다면 12mm 볼트로 변경할 때에는 몇 개가 필요한가? (단, 볼트의 강도는 변함이 없고, 볼트 구멍은 관계없는 것으로 한다.)
(2) 처음 상태에서의 볼트 1개의 인장응력이 500kgf/cm²이었다면 12mm로 바꾼 후 볼트 1개당 인장응력은 얼마인가? (단, 볼트의 수는 같은 것으로 한다.)

풀이 (1) 18mm 볼트를 사용하였을 때와 12mm 볼트를 사용한 상태의 응력은 동일하고 볼트의 개수만 변경된 것이고, '볼트의 체결력=응력×볼트의 총 단면적'이다. 18mm 볼트를 '1', 12mm 볼트를 '2'로 놓고 식을 쓰면 다음과 같다.

$\sigma_1 \times \left(\frac{\pi}{4} \times D_1^2 \times N_1\right) = \sigma_2 \times \left(\frac{\pi}{4} \times D_2^2 \times N_2\right)$ 에서 $\sigma_1 = \sigma_2$, $\frac{\pi}{4}$는 같으므로 생략하고 12mm 볼트 수 N_2를 구한다.

$$\therefore N_2 = \frac{D_1^2 \times N_1}{D_2^2} = \frac{18^2 \times 6}{12^2} = 13.5 \fallingdotseq 14\text{개}$$

(2) $\sigma_1 \times \left(\frac{\pi}{4} \times D_1^2 \times N_1\right) = \sigma_2 \times \left(\frac{\pi}{4} \times D_2^2 \times N_2\right)$ 에서 12mm 볼트일 때 인장응력 σ_2를 구하는 식은 다음과 같다.

$$\sigma_2 = \frac{\sigma_1 \times \left(\frac{\pi}{4} \times D_1^2 \times N_1\right)}{\frac{\pi}{4} \times D_2^2 \times N_2}$$ 에서 $N_1 = N_2$, $\frac{\pi}{4}$는 같으므로 생략하고 σ_2를 구한다.

$$\therefore \sigma_2 = \frac{\sigma_1 \times D_1^2}{D_2^2} = \frac{500 \times 18^2}{12^2} = 1125 \text{kgf/cm}^2$$

해답 (1) 14개
(2) 1125kgf/cm²

35 지름 20mm의 볼트로 고압 플랜지를 조립하였을 때 내압에 의한 볼트 1개당 인장응력이 600kgf/cm²이었다. 이때 지름 15mm의 볼트로 변경하면 볼트 1개당 인장응력(kgf/cm²)은 얼마인가? (단, 볼트의 수는 같은 것으로 한다.) [21. 1회. 기사]

풀이 ① 볼트 수에 변함이 없는 상태에서 20mm의 볼트를 사용했을 때와 15mm의 볼트를 사용했을 때 볼트 1개당 받는 인장응력이 변경되며, 볼트의 체결력은 동일하다.

② 지름이 변경된 후 인장응력(kgf/cm²) 계산 : '볼트의 체결력=응력×볼트의 총단면적'이므로 $\sigma_1 \times \left(\frac{\pi}{4} \times D_1^2 \times N_1\right) = \sigma_2 \times \left(\frac{\pi}{4} \times D_2^2 \times N_2\right)$에서

$$\sigma_2 = \frac{\sigma_1 \times \left(\frac{\pi}{4} \times D_1^2 \times N_1\right)}{\frac{\pi}{4} \times D_2^2 \times N_2}$$ 이고, $N_1 = N_2$, $\frac{\pi}{4}$는 같으므로 생략한다.

$$\therefore \sigma_2 = \frac{\sigma_1 \times D_1^2}{D_2^2} = \frac{600 \times 2^2}{1.5^2} = 1066.666 = 1066.67 \text{kgf/cm}^2$$

해답 1066.67kgf/cm²

36 탄소강은 주성분인 철(Fe)과 탄소(C) 외에 함유하고 있는 원소 종류 3가지를 쓰시오.

해답 ① 망간(Mn) ② 인(P) ③ 황(S) ④ 규소(Si)
해설 함유 원소의 영향
① 탄소(C) : 탄소함유량이 증가하면 인장강도 항복점은 증가, 연신율 충격치는 감소한다. 탄소함유량이 0.9% 이상이 되면 반대로 인장강도, 항복점은 감소하여 취성이 증가한다.
② 망간(Mn) : 강의 경도, 강도, 점성 강도를 증대시킨다.
③ 인(P) : 경도를 증대하나 상온취성의 원인이 된다.
④ 황(S) : 적열취성의 원인이 된다.
⑤ 규소(Si) : 유동성을 좋게 하나 단접성, 냉간 가공성을 나쁘게 한다.

37 고압장치에 사용되는 금속재료 선택 시 고려할 사항 4가지를 쓰시오.

해답 ① 내식성 ② 내열성 ③ 내랭성 ④ 내마모성

38 고압장치용 금속재료 중 고온 재료의 구비조건 4가지를 쓰시오.

해답 ① 접촉유체에 대한 내식성이 클 것
② 사용 중 고온에서의 기계적 강도가 클 것
③ 크리프 강도가 클 것
④ 가공이 용이하고 가격이 저렴할 것

39 다음 용어를 설명하시오.
(1) 크리프 현상 :
(2) 가공경화 :
(3) 청열취성 :
(4) 피로파괴 :

해답 (1) 어느 온도 이상에서 재료에 일정한 하중을 가하여 그대로 방치하면 시간의 경과와 더불어 변형이 증대되는 현상
(2) 금속을 가공함에 따라 경도가 증대되는 현상
(3) 탄소강의 경우 300℃ 부근에서 인장강도 및 경도가 최대치를 나타내고 연신율 및 단면수축률은 최소치를 보인다. 이 온도 부근에서는 상온에서보다도 취약한 성질을 가지며 이것을 청열취성이라 한다.
(4) 정적시험에 의한 파괴강도보다 상당히 낮은 응력에서도 그것이 반복 작용하는 경우에 재료가 파괴되는 현상

40 금속재료 중 탄소강에서 발생하는 저온취성에 대하여 설명하시오. [22. 1회. 산기]

해답 탄소강은 온도가 저하함에 따라 인장강도, 항복점, 경도는 증가하지만 연신율, 단면수축률, 충격치는 감소한다. 탄소강의 경우 특히 -70℃ 부근에서는 충격치가 거의 0에 가깝게 되어 소성변형을 일으키는 성질이 없어지며 이와 같은 성질을 저온취성이라 한다.

41 금속재료의 저온취성에 대한 ( ) 안에 알맞은 용어를 쓰시오.
(1) 탄소강은 온도가 저하함에 따라 (①), (②), (③)는[은] 증가하지만, (④), (⑤), (⑥)는[은] 저하하여 어떤 온도 이하에서는 거의 0이 되고 (⑦)을[를] 거의 하지 않게 된다. 따라서 저온용의 재료로는 적합하지 않다.
(2) 황동은 온도가 저하함에 따라 (①), (②)는[은] 증가하고, (③), (④)는[은] 일정하며 저온취성을 나타내지 않으므로 일반적으로 저온용 재료로 사용되고 있다.

해답 (1) ① 인장강도 ② 항복점 ③ 경도 ④ 연신율 ⑤ 단면수축률 ⑥ 충격치
⑦ 소성변형
(2) ① 인장강도 ② 경도 ③ 연신율 ④ 단면수축률(교축)

42 금속재료 중 저온취성에 견딜 수 있는 재료 3가지를 쓰시오.

해답 ① 동 및 동합금 ② 알루미늄 합금 ③ 18-8 스테인리스강 ④ 9% 니켈강

43 초저온 액화산소를 저장 및 취급하는 장치의 재질로 탄소강을 사용하고자 할 때 사용 적합 여부와 그 이유를 설명하시오.

해답 ① 사용 적합 여부 : 부적합
② 이유 : 액화산소 등 초저온 액화가스를 취급하는 장치에 탄소강을 사용하면 저온취성에 의해 약간의 충격에도 장치가 파괴될 위험이 있다.

44 금속재료의 열간가공과 냉간가공의 한계를 결정짓는 것은?

해답 재결정 온도
해설 재결정 온도 : 금속재료를 적당한 시간 동안 가열하면 새로운 결정핵이 생겨 그 핵으로부터 새로운 결정입자가 형성될 때의 온도로 냉간가공과 열간가공을 구분하는 기준이 된다.

45 고압가스 설비재료에 대한 다음 물음에 답하시오.

(1) 저온취성에 강한 금속재료의 종류 2가지를 쓰시오.
(2) 수소취성을 방지하는 원소 5가지를 쓰시오.
(3) 내식성이 우수한 금속재료 종류 2가지를 쓰시오.

해답 (1) ① 9% Ni 강 ② 18-8 스테인리스 강 ③ 알루미늄 합금
(2) ① W(텅스텐) ② V(바나듐) ③ Mo(몰리브덴) ④ Ti(티타늄) ⑤ Cr(크롬)
(3) ① Cr 강 ② 18-8 스테인리스 강

46 금속재료에 대한 열처리는 일반적으로 4가지로 구별할 때 각각을 설명하시오. [19. 3회. 기사]

(1) 담금질(quenching) :   (2) 불림(normalizing) :
(3) 풀림(annealing) :   (4) 뜨임(tempering) :

해답 (1) 재료를 적당한 온도로 가열하여 이 온도에서 물, 기름 등에 급속 냉각시키는 것으로 강도, 경도가 증가하며 소입이라 한다.
(2) 결정조직이 거칠은 것을 미세화하여 조직을 균일하게 하고 조직의 변형을 제거하기 위하여 균일하게 가열한 후 공기 중에서 냉각하는 방법으로 소준이라 한다.

(3) 가공 중에 생긴 내부응력을 제거하거나 가공 경화된 재료를 연화시켜 상온가공을 용이하게 할 목적으로 노(爐 ; furnace) 중에서 가열하여 서서히 냉각시키는 방법으로 소둔이라 한다.
(4) 담금질 또는 냉간가공된 재료의 내부응력을 제거하며 재료에 연성이나 인장강도를 부여하기 위하여 담금질 온도보다 낮은 온도에서 재가열한 후 공기 중에서 서랭시키 방법으로 소려라 한다.

47 다음에 설명하는 부식 명칭을 쓰시오. [17. 1회. 기사]

(1) 결정입자가 선택적으로 부식되는 것으로 오스테나이트계 스테인리스강을 450~900℃로 가열하면 결정입계로 크롬탄화물이 석출되는 현상이다. 스테인리스강 용접부에 열 영향을 받는 경우에 잘 나타난다.
(2) 중유 및 연료유의 회분 중에 포함되어 있는 바나듐이 산소와 반응하여 오산화바나듐(V_2O_5)이 만들어지고 이것이 고온 전열면에 부착하여 고온부식을 일으키는 현상이다.
(3) 배관 및 밴드 등의 굴곡부, 펌프의 회전차 등 유속이 큰 부분이 부식성 환경에서 마모가 현저하게 되는 현상으로 황산의 이송배관에서 주로 발생된다.

해답 (1) 입계부식
(2) 바나듐 어택
(3) 에로션(erosion)

48 오스테나이트계 스테인리스강에서 발생하는 입계부식에 대하여 설명하시오. [10. 2회. 산기]

해답 결정입자가 선택적으로 부식되는 것으로 오스테나이트계 스테인리스강을 450~900℃로 가열하면 결정입계로 크롬탄화물이 석출되는 현상이다.

49 갈바니 부식에 대하여 설명하시오.

해답 두 개의 다른 금속이 접촉되어 전해질 용액 내에 존재할 때 재질이 다른 금속간 전위차에 의해 용액 내에서 전류가 흐르고 이로 인해 양극부가 부식이 되는 현상이다.

50 금속재료에 발생하는 응력부식에 대하여 설명하시오.

해답 내부응력 또는 냉간가공이나 용접 등에 의해서 재료 내에 남은 응력이 원인이 되어 금속재료에 부식이 나타나는 현상이다.

51 금속재료에 인장응력이 작용하면 균열이 발생하고 부식이 발생한다. 이와 같이 금속재료에 발생하는 응력부식의 방지대책 4가지를 쓰시오. [08. 1회, 20. 1회, 기사]

해답 ① 잔류응력을 제거한다. ② 합금조성을 변화시킨다.
③ 재료의 두께를 크게 한다. ④ 환경의 유해성분을 제거한다.

52 고압가스 설비에서 다음 가스에 의하여 발생하는 부식 명칭을 쓰시오.
(1) 산소(O_2) : (2) 황화수소(H_2S) :
(3) 수소(H_2) : (4) 암모니아(NH_3) :

해답 (1) 산화 (2) 황화 (3) 탈탄(수소취성) (4) 질화, 탈탄

53 동관은 열전도율이 양호해서 열교환기용 튜브에 널리 사용되지만, 암모니아 냉동장치에는 동관을 사용하지 못한다. 그 이유를 설명하시오.

해답 암모니아와 접촉되면 동관이 부식되기 때문

54 서로 다른 종류의 가스금속관을 접속하려고 한다. 이때 이종금속의 접촉에 의한 부식방지 또는 감소시키기 위한 방법 3가지를 쓰시오.

해답 ① 전위차가 적은 금속끼리 접속한다.
② 부식억제제(인히비터)를 사용한다.
③ 저전위 금속(양극 금속)을 교환하기 쉽도록 하거나 두께를 크게 한다.
④ 전기방식법을 사용하여 부식을 방지한다.

55 지하에 매설된 도시가스 배관에서 발생하는 부식의 원인 4가지를 쓰시오. [19. 1회, 22. 2회, 산기]

해답 ① 국부전지의 발생 ② 이종 금속의 접촉
③ 통기 차(토질의 차이) ④ 콘크리트의 접촉
⑤ 미주전류의 발생 ⑥ 토양 중의 박테리아(세균)

56 철과 동을 수용액 중에 접촉하였을 때 양극반응을 일으키는 것과 부식이 일어나는 것을 쓰시오. [20. 2회, 산기]

해답 ① 양극반응 : 철　　　② 부식 : 철
해설 양극반응을 일으키는 것이 부식이 진행되는 과정에 해당된다.

57 매설배관에 발생하는 부식에 대한 설명 중에서 (　) 안에 알맞은 용어를 넣으시오.

> 매설배관 주위의 토양 중에 포함되는 수분 및 기타의 화학성분 등에 의해서 형성되는 국부전지에 의한 부식으로써 부식이 발생하는 쉬운 곳으로는 pH가 극단적으로 다른 곳이나 모래와 점토질 등과 같이 토양 중의 (①)농도가 다른 경계 부근 등이 있고, 토양 속에 혐기성 황산염 환원박테리아가 존재하는 곳에서 (②)부식이 발생한다.

[18. 1회. 산기]

해답 ① 산소　② 자연

58 다음 설명 중 (　) 안에 알맞은 공통적인 용어를 쓰시오.　　　[17. 2회. 기사]

> 지하에 매설된 가스 배관을 도복장으로 부식을 방지하려고 할 때 다른 금속체와 접촉되어 (　)을[를] 형성하는 경우가 있다. 이와 같은 가능성이 있는 장소에서는 방식테이프를 감거나 절연 피복한 재료를 사용하거나 해서 다른 금속체와의 접촉을 피하는 것이 좋다. (　)은[는] 주로 환경의 차에 의해서 일어나고, 긴 관로의 경우 전위차도 크게 되는 경향이 있으므로 관로를 적당히 절연시켜 (　)의[이] 형성을 방지하여 방식 효과를 높일 수 있다.

해답 매크로셀
해설 매크로셀(macro cell) 부식 : 금속표면에서 양극(+), 음극(−)의 부위가 각각 변화하여 양극과 음극의 위치가 확정적이지 않아 전면부식이 발생하는 현상이고, 이때 구성하는 전지를 매크로셀(macro cell)이라 한다.

59 고압가스 배관의 부식을 억제하는 방법 4가지를 쓰시오.　　　[17. 1회. 산기]

해답 ① 부식환경의 처리에 의한 방법　② 부식억제제(인히비터)에 의한 방법
　　　③ 피복에 의한 방법　　　　　　④ 전기방식법

60 전기방식법의 종류 4가지를 쓰시오.　　　[16. 2회. 산기]

해답 ① 희생양극법(또는 유전양극법, 전기양극법)　② 외부전원법
　　　③ 배류법(또는 선택배류법)　　　　　　　　　④ 강제배류법

해설 전기방식(電氣防蝕) : 지중 및 수중에 설치하는 강재배관 및 저장탱크 외면에 전류를 유입시켜 양극반응을 저지함으로써 배관의 전기적 부식을 방지하는 것이다.
① 희생양극법(犧生陽極法) : 지중 또는 수중에 설치된 양극(anode)금속과 매설배관(cathode : 음극)을 전선으로 연결해 양극금속과 매설배관 사이의 전지작용(고유 전위차)에 의하여 부식을 방지하는 방법이다.
② 외부전원법(外部電源法) : 외부 직류전원장치의 양극(+)은 매설배관이 설치되어 있는 토양이나 수중에 설치한 외부 전원용 전극에 접속하고, 음극(-)은 매설배관에 접속시켜 부식을 방지하는 방법이다.
③ 배류법(排流法) : 매설배관의 전위가 주위의 타금속 구조물의 전위보다 높은 장소에서 매설배관과 주위의 타 금속 구조물을 전기적으로 접속시켜 매설배관에 유입된 누출전류를 전기회로적으로 복귀시키는 방법이다.
④ 강제배류법 : 외부전원법과 배류법(선택배류법)을 혼합한 것이다.

61 도시가스 매설배관의 부식을 방지하는 희생양극법에 대하여 설명하시오. [15. 3회, 22. 3회. 기사]

해답 지중 또는 수중에 설치된 양극(anode)금속과 매설배관(cathode)을 전선으로 연결해 양극금속과 매설배관 사이의 전지작용에 의하여 부식을 방지하는 방법이다.

62 전기방식법 중 희생양극법의 장점과 단점을 각각 1가지를 쓰시오. [18. 1회. 산기]

해답 ① 장점 : 시공이 간편하고, 단거리 배관에 경제적이다.
② 단점 : 효과 범위가 좁고, 장거리 배관에는 비용이 많이 소요된다.
해설 희생양극법의 특징(장점 및 단점) [18. 2회. 산기]
① 시공이 간편하다.　　　　　　　② 단거리의 배관에 경제적이다.
③ 다른 매설 금속체로의 장해가 없다.　④ 과방식의 우려가 없다.
⑤ 효과 범위가 비교적 좁다.　　　⑥ 장거리 배관에는 비용이 많이 소요된다.
⑦ 전류 조절이 어렵다.　　　　　⑧ 관리장소가 많게 된다.
⑨ 강한 전식에는 효과가 없다.

63 땅속에 매설한 애노드(anode)에 강제전압을 가하여 피방식 금속체를 캐소드(cathode)하는 방식의 전기방식법 명칭은 무엇인가?

해답 외부전원법

64 [보기]에서 설명하는 전기방식법의 명칭은 무엇인가? [18. 2회. 기사]

> **보기**
> 매설배관 주위의 타 금속 구조물을 전기적으로 접속시켜 매설배관에 유입된 누출전류를 전기회로적으로 복귀시키는 방법으로 부식을 방지한다.

해답 배류법

65 직류전철 등에 의한 누출전류의 영향을 받는 배관에 적합한 전기방식법의 명칭과 전위측정용 터미널 설치간격은 얼마인가? [12. 2회. 산기]

해답 ① 전기방식법 : 배류법
② 전위측정용 터미널 설치 간격 : 300m 이내

참고 전기방식 방법 : KGS GC202
① 직류전철 등에 따른 누출전류의 영향이 없는 경우에는 외부전원법 또는 희생양극법으로 한다.
② 직류전철 등에 의한 누출전류의 영향을 받는 배관에는 배류법으로 하되, 방식효과가 충분하지 않을 경우에는 외부전원법 또는 희생양극법을 병용한다.
③ 전위측정용 터미널(TB) 설치 거리
  ㉮ 희생양극법, 배류법 : 300m 이내의 간격
  ㉯ 외부전원법 : 500m 이내의 간격

66 전기방식법 중 외부전원법과 선택배류법의 장점 2가지를 각각 쓰시오. [20. 1회. 산기]

해답 (1) 외부전원법
  ① 효과 범위가 넓다.
  ② 평상시의 관리가 용이하다.
  ③ 전압, 전류의 조성이 일정하다.
  ④ 전식에 대해서도 방식이 가능하다.
  ⑤ 장거리 배관에는 전원 장치의 수가 적어도 된다.
(2) 선택배류법
  ① 유지관리비가 적게 소요된다.
  ② 전철과의 관계 위치에 따라 효과적이다.
  ③ 설치비가 저렴하다.
  ④ 전철 운행 시에는 자연부식의 방지효과도 있다.

해설 (1) 외부전원법의 단점
　　① 초기 설비비가 많이 소요된다.
　　② 과방식의 우려가 있다.
　　③ 전원을 필요로 한다.
　　④ 다른 매설금속체로의 장해에 대해 검토가 필요하다.
(2) 선택배류법(배류법)의 단점
　　① 과방식의 우려가 있다.
　　② 다른 매설금속체로의 장해에 대해 검토가 필요하다.
　　③ 전철 휴지기간에는 전기방식의 역할을 못한다.

67 전기방식법 중 강제배류법의 장점 4가지를 쓰시오. [11. 2회, 15. 1회, 23. 2회, 기사]

해답 ① 효과범위가 넓다.
② 전압, 전류의 조정이 용이하다.
③ 전식에 대해서도 방식이 가능하다.
④ 외부전원법에 비해 경제적이다.
⑤ 전철의 휴지기간에도 방식이 가능하다.
⑥ 양극효과에 의한 간섭이 없다.

해설 강제배류법의 단점
① 다른 매설금속체로의 장해에 대해 검토가 있어야 한다.
② 전철에의 신호장해에 대해 검토가 있어야 한다.
③ 전원을 필요로 한다.
※ 강제배류법은 외부전원법과 배류법(선택배류법)을 혼합한 것이다.

68 도시가스 매설배관에 전기방식을 할 때 포화황산동 기준 전극으로 $-2.5V$를 넘는 과방식이 되었을 때 강관(금속)에 미치는 영향을 설명하시오. [21. 3회, 기사]

해답 배관 피복이 박리되는 현상과 수소취성이 발생할 가능성이 있다.

해설 도시가스시설 전기방식 기준 : KGS GC202
① 방식전위 하한값은 전기철도 등의 간섭영향을 받는 곳을 제외하고는 포화황산동 기준 전극으로 $-2.5V$ 이상이 되도록 한다.
② 방식전류가 흐르는 상태에서 토양 중에 있는 배관의 방식전위 상한값은 포화황산동 기준 전극으로 $-0.85V$ 이하(황산염환원 박테리아가 번식하는 토양에서는 $-0.95V$ 이하)로 한다.
③ 방식전류가 흐르는 상태에서 자연전위와의 전위변화가 최소한 $-300mV$ 이하로 한다. 다만, 다른 금속과 접촉하는 배관은 제외한다.

④ 토양 중에 있는 배관의 방식전위 상한값은 방식전류가 일순간 동안 흐르지 않은 상태(instant-off)에서 포화황산동 기준 전극으로 -0.85V(황산염환원 박테리아가 번식하는 토양에서는 0.95V) 이하로 한다.

69 전기방식 설계를 위해 시설물에 대한 전위 측정결과 구조물(배관)의 자연전위 -550mV, 가전극에서 방식하였을 때 전위는 -600mV, 가전극에서 흘린 전류는 20mA, 완전방식 전위는 -850mV로 하였을 때 Mg anode의 수량은? (단, Mg 양극 접지 저항치는 50Ω, Fe과 Mg의 전위차는 0.8V이다.) [18. 1회. 기사]

풀이 ① 완전방식을 위한 전위 변화값 계산
전위 변화값 = 완전방식 전위값 - 자연 전위값
= 850 - 550 = 300mV

② 방식에 필요한 전류(x) 계산 : 가전극에서 20mA의 전류로 자연전위와 가전극 방식 전위값의 차이 50mV의 전위변화를 얻었으므로, 완전방식에 필요한 전위 변화값 300mV일 때 전류값을 계산한다.
∴ 20mA : 50mV = x[mA] : 300mV
∴ $x = \dfrac{20\text{mA} \times 300\text{mV}}{50\text{mV}} = 120\text{mA}$

③ 구조물의 접지 저항 계산
$R = \dfrac{E}{I} = \dfrac{50\text{mV}}{20\text{mA}} = 2.5\,\Omega$

④ 1개의 Mg이 발생시키는 전류는 Fe과 Mg의 전위차를 0.8V로 해서 계산한다.
∴ $I = \dfrac{E}{R} = \dfrac{0.8\text{V}}{2.5\,\Omega + 50\,\Omega} = 0.0152\text{A} = 15.2\text{mA}$

⑤ 필요한 Mg의 수량 계산
$n = \dfrac{120\text{mA}}{15.2\text{mA}} = 7.894 ≒ 8\text{개}$

해답 8개

70 고압가스시설에서 전기방식조치 대상 2가지를 쓰시오. [19. 2회. 산기]

해답 ① 지중 및 수중에 설치하는 강재배관
② 저장탱크

해설 전기방식조치 대상 : KGS GC202 가스시설 전기방식 기준
① 액화석유가스시설 : 지중 및 수중에 설치하는 강재배관 및 강재저장탱크
② 도시가스시설 : 지중 및 수중에 설치하는 강재배관

71 도시가스 배관의 부식을 방지하기 위하여 시공한 전기방식시설의 방식전위 측정 및 시설 점검에 대한 내용 중 (   ) 안에 해당되는 것을 각각 쓰시오. [19. 3회. 기사]

> 전기방식시설의 (①)은[는] 1년에 1회 이상 점검하며, 외부전원법에 따른 전기방식 시설의 (②), 정류기의 출력, 전압, 전류, 배선의 접속상태, 계기류 확인 및 배류법에 따른 전기방식시설의 (③), 배류기의 출력, 전압, 전류, 배선의 접속상태, 계기류 확인은 (④)개월에 1회 이상 점검한다.

해답 ① 관대지전위 ② 외부전원점 관대지전위 ③ 배류점 관대지전위 ④ 3

해설 도시가스시설 전기방식시설의 점검 주기 : KGS GC202
① 전기방식시설의 관대지전위(管對地電位) 등을 1년에 1회 이상 점검한다. 다만, 전위측정용 터미널(T/B)에 원격으로 감시·기록하는 장치 등을 설치하고 모니터링이 가능한 경우에는 관대지전위 등의 점검을 한 것으로 볼 수 있다.
〈개정 21. 8. 9〉
② 외부전원법에 따른 전기방식시설은 외부전원점 관대지전위(管對地電位), 정류기의 출력, 전압, 전류, 배선의 접속상태 및 계기류 확인 등을 3개월에 1회 이상 점검한다. 다만, 기준 전극을 매설하고 데이터로거 등을 이용하여 전위를 측정하고 이상이 없는 경우에는 6개월에 1회 이상 점검할 수 있다.
③ 배류법에 따른 전기방식시설은 배류점 관대지전위(管對地電位), 배류기의 출력, 전압, 전류, 배선의 접속상태 및 계기류 확인 등을 3개월에 1회 이상 점검한다. 다만, 기준 전극을 매설하고 데이터로거 등을 이용하여 전위를 측정하고 이상이 없는 경우에는 6개월에 1회 이상 점검할 수 있다.
④ 절연부속품, 역전류방지장치, 결선(bond) 및 보호절연체의 효과는 6개월에 1회 이상 점검하다.

72 전기방식시설 중 6개월에 1회 이상 점검하여야 할 대상 3가지를 쓰시오. [18. 2회. 기사]

해답 ① 절연부속품 ② 역전류방지장치 ③ 결선(bond) ④ 보호절연체의 효과

73 전기방식시설의 유지관리에 대한 다음 물음에 답하시오.
(1) 관대지전위(管對地電位)의 점검 주기는?
(2) 외부전원법에 따른 외부전원점 관대지전위, 정류기의 출력, 전압, 전류, 배선의 접속상태 점검 주기는?
(3) 배류법에 따른 배류점 관대지전위, 배류기의 출력, 전압, 전류, 배선의 접속상태 및 계기류 점검 주기는?
(4) 절연부속품, 역전류방지장치, 결선 및 보호절연체의 효과 점검 주기는?

해답 (1) 1년에 1회 이상   (2) 3개월에 1회 이상
       (3) 3개월에 1회 이상   (4) 6개월에 1회 이상

74 도시가스 배관을 방식 조치를 하기 위한 정류기, 배류기에서 계기의 상태와 일치하는지 여부를 확인하기 위하여 측정하여야 할 항목 3가지를 쓰시오. [11. 1회. 기사 동영상]

해답 ① 출력전압   ② 출력전류   ③ 인입전압

75 배관 시공에서 나사이음과 비교한 용접이음의 장점을 4가지 쓰시오.

해답 ① 이음부 강도가 크고, 하자 발생이 적다.
     ② 이음부 관 두께가 일정하므로 마찰저항이 적다.
     ③ 배관의 보온, 피복 시공이 쉽다.
     ④ 시공기간을 단축할 수 있고 유지비, 보수비가 절약된다.

해설 단점
     ① 재질의 변형이 일어나기 쉽다.
     ② 용접부의 변형과 수축이 발생한다.
     ③ 용접부의 잔류응력이 현저하다.

76 아크용접부에 발생하는 결함의 종류 4가지를 쓰시오. [17. 3회, 19. 3회, 21. 1회. 기사][21. 4회. 산기]

해답 ① 오버랩(overlap)   ② 슬래그 섞임(slag inclusion)   ③ 기공(blow hole)
     ④ 언더컷(undercut)   ⑤ 피트(pit)   ⑥ 스패터(spatter)   ⑦ 용입 불량

77 용접이음부의 강도는 잔류응력과 결함의 크기에 영향을 받는다. 잔류응력의 발생원인 및 제거방법에 대하여 기술하시오.

해답 (1) 원인 : 용접 중의 가열 및 냉각에 의하여 용접부에 국부적으로 수축, 팽창이 발생되어 응력이 잔류하게 된다.
     (2) 제거방법
        ① 응력제거 풀림
        ② 저온 응력 완화법에 의한 방법
        ③ 기계적 응력 완화법
        ④ 피닝(peening)법

해설 피닝법 : 용접부를 구면상의 특수해머로 연속적으로 타격하여 표면층에 소성변형을 주어 잔류응력을 제거하는 방법이다.

78 용접부의 결함 발생 부분을 검사하는 비파괴검사법의 종류 6가지를 쓰시오. [18. 2회. 기사]

해답
① 음향검사(AE) ② 육안검사(VT)
③ 침투탐상검사(PT) ④ 자분탐상검사(MT)
⑤ 방사선투과검사(RT) ⑥ 초음파탐상검사(UT)

해설
① '비파괴검사'를 '비파괴시험'으로 표현하고 있으므로 '방사선투과검사'를 '방사선투과시험'과 같이 표현할 수 있으며 각 검사의 명칭의 '검사'를 '시험'으로 표현해도 채점에는 영향이 없으니 선택하여 답안을 작성하길 바랍니다.
② 검사 명칭을 영문 약어로 묻는 경우도 있으므로 괄호에 있는 부분도 숙지하길 바랍니다.

79 침투탐상시험(PT) 원리를 설명하시오. [21. 3회. 기사]

해답 표면장력이 작고 침투력이 강한 액을 도포하거나 액체 중의 피검사물을 침지하거나 하여 균열 등의 부분에 액을 침투시킨 다음, 표면의 투과액을 세척한 후 현상액을 사용하여 균열 등에 침투한 액을 표면에 출현시켜 검사하는 비파괴검사 방법이다.

해설 침투탐상시험(PT)의 종류 : 염료 침투탐상시험, 형광 침투탐상시험

80 자성체를 자화할 때 홈 부분에 생기는 누설자속을 이용하는 것으로 강자성체에 미분말을 뿌리면 홈 부분에 흡착, 폭 넓은 무늬가 되므로 철강제품 등에 적용하나 자성이 약한 재료는 사용하지 못하는 단점이 있고 용접부 내부 결함을 찾을 수 없는 비파괴검사의 명칭은 무엇인가?

해답 자분탐상검사
해설 자분탐상시험의 장단점
(1) 장점
① 육안으로 검지할 수 없는 결함(균열, 손상, 개재물, 편석, 블로 홀 등)을 검지할 수 있다.
② 검사속도가 매우 빠르며, 검사비용이 비교적 저렴하다.
③ 장비가 간편하여 이동성이 좋다.
(2) 단점 [16. 1회. 산기]
① 비자성체에는 적용할 수 없다.
② 전원이 필요하다.
③ 검사 완료 후에 탈자(脫磁) 처리가 필요하다.
④ 페인트 등이 두껍게 코팅이 된 경우 판독이 어렵다.

81 초음파탐상시험에 대한 물음에 답하시오. [20. 2회. 산기]

(1) 투과방법에 따른 종류 2가지 :
(2) 검사방법에 따른 분류 2가지 :

해답 (1) ① 수직법 ② 사각법
(2) ① 펄스반사법 ② 공진법 ③ 투과법

해설 초음파탐상시험(UT : Ultrasonic Test) : 사람이 들어 분간할 수 없는 음파인 초음파 진동수 0.5~15MHz 음파의 파장을 피검사물의 내부에 침입시켜 반사파를 이용하여 내부의 결함이나 불균일층의 존재 여부를 검사하는 방법이다.

82 용접부에 대한 비파괴검사법 중 초음파탐상검사의 단점 4가지를 쓰시오. [19. 3회. 기사] [21. 1회. 산기]

해답 ① 결함의 형태가 불명확하다.
② 검출 능력은 결함과 초음파 빔의 방향에 따른 영향이 크다.
③ 검사 절차에 대한 검사자의 지식이 필요하다.
④ 초음파의 전달 효율을 높이기 위해 접촉 매질이 필요하다.
⑤ 검사체의 내부 조직에 따른 영향을 받을 수 있다.

해설 초음파탐상검사의 장점
① 내부결함 및 불균일 층의 검사가 가능하다.
② 용입 부족 및 용입부의 결함을 검출할 수 있다.
③ 검사 비용이 저렴하고, 검사 결과를 신속히 알 수 있다.
④ 이동성이 좋고, 검사자 및 주변인에 대한 장해가 없다.

83 가스 배관 등 가스 설비를 시공한 후에 용접부에 비파괴검사를 할 때 가장 신뢰성이 있는 검사법은 무엇인가? [12. 1회. 기사]

해답 방사선투과검사

84 비파괴검사법 중 방사선투과검사(RT)의 특징 4가지를 쓰시오. [17. 3회. 기사]

해답 ① 내부결함 검출이 가능하다. ② 기록 결과가 유지된다.
③ 장치의 가격이 고가이다. ④ 방호에 주의하여야 한다.
⑤ 고온부, 두께가 큰 곳은 부적당하다.
⑥ 선에 평행한 크랙 등은 검출이 불가능하다.

85 비파괴검사 중 방사선투과검사에 Co 60 에서는 어떤 선이 나오는가? [11. 1회. 산기]

해답 감마(γ)선

86 용접부에 대한 방사선투과시험을 할 때 개인의 방사선 피폭을 막기 위하여 휴대하여야 하는 장비는 무엇인가? [20. 1회. 기사]

해답 가이거 계수기(Geiger counter)

해설 가이거 계수기(Geiger 計數器) : 이온화 방사선을 측정하는 장치로 휴대하기 간편하여 방사능 측정장비로 널리 사용되고 있다. 불활성 기체를 담은 가이거-뮐러 계수관을 이용하여 α입자, β입자, γ선 등과 같은 방사능에 의해 불활성 기체가 이온화되는 정도를 표시하여 방사능을 측정한다.

87 방사선투과검사 시 촬영된 투과사진의 감도(상질) 및 검사방법의 적정성을 알아보기 위해 사용하는 것으로 시험체와 같은 재질의 것을 사용하여야 하며, 촬영할 때 반드시 시험체의 표면에 붙이고 촬영하는 것을 무엇이라 하는가? [16. 2회. 산기]

해답 투과도계

88 비파괴검사법 중 내부결함을 검출할 수 있는 검사 2가지를 쓰시오. [11. 2회. 17. 4회. 산기]

해답 ① 방사선투과검사(RT)
② 초음파탐상검사(UT)

89 설퍼 프린트 검사방법에 대하여 설명하시오. [07. 4회. 산기]

해답 강재 중의 유황의 편석상태를 검출하는 비파괴검사법으로 황이 있는 부분은 지면이 황색으로 변하며 묽은 황산에 침적한 사진용 인화지를 사용한다.

90 교류전원을 이용하여 금속의 표면이나 표면에 가까운 내부의 결함이나 조직의 부정, 성분의 변화 등의 검출에 적용되며 비자성 금속재료에 적합한 비파괴검사의 명칭을 쓰시오. [13. 2회. 산기]

해답 와류검사

91 오토클레이브(auto clave)에 대한 물음에 답하시오.

(1) 오토클레이브가 무엇인지 설명하시오.
(2) 형태별 종류 3가지를 쓰시오.

해답 (1) 액체를 가열하면 온도 상승과 함께 증기압도 상승한다. 이때 액상을 유지하며 2종류 이상의 고압가스를 혼합하여 반응시키는 일종의 고압 반응가마를 일컫는다.
(2) ① 교반형 ② 진탕형 ③ 회전형 ④ 가스 교반형

92 진탕형 오토클레이브의 특징 4가지를 쓰시오.

해답 ① 가스누설의 가능성이 없다.
② 고압에서 사용할 수 있고, 반응물의 오손이 없다.
③ 장치 전체가 진동하므로 압력계는 본체로부터 떨어져 설치하여야 한다.
④ 뚜껑 판의 뚫어진 구멍에 촉매가 끼워들어갈 염려가 있다.

해설 진탕형 오토클레이브 : 횡형 오토클레이브 전체가 수평, 전후 운동을 하여 내용물을 교반시키는 형식으로 일반적으로 가장 많이 사용하고 있다.

93 촉매층에서 온도가 상승한 가스는 냉각코일에서 규정온도로 냉각되어 다음 촉매층에 들어가며, 이 형식은 각 촉매층의 입구온도를 임의로 조절할 수 있어 촉매층의 온도 분포를 최적온도로 접근시킬 수 있는 것이 특징이다. 이 형식의 암모니아 합성탑 명칭은 무엇인가?

해답 신 파우서(Fauser)법

해설 신 파우서(Fauser)법 암모니아 합성탑 : 촉매는 5단으로 나누어 충전되며, 최하단은 촉매를 충전한 열교환기이다. 상부 4단에서는 촉매층과 다음 촉매층 사이에 사관식 냉각코일이 설비되어 있다. 이 형식은 수냉각기에서 암모니아 1톤당 약 0.8~0.9톤 정도의 수증기가 폐열로 회수되며 촉매관은 구조가 복잡하므로 구조 재료는 18-8스테인리스강이 사용된다.

94 아세틸렌을 압축하면 분해폭발의 위험이 있기 때문에 이것을 최소화하기 위하여 내부에 질소가 49% 또는 이산화탄소가 42%가 되면 분해폭발이 일어나지 않게 된다는 것을 이용한 반응장치 명칭을 쓰시오.

해답 레페(Reppe) 반응장치

95 사용압력 60kgf/cm², 허용응력 20kgf/mm²인 배관의 스케줄번호를 구하시오.

풀이 Sch No = $10 \times \dfrac{P}{S} = 10 \times \dfrac{60}{20} = 30$

해답 30

96 최고사용압력이 65kgf/cm²인 곳에 압력배관용 탄소강관(SPPS 42)을 사용하는 경우 스케줄 번호는 얼마인가? (단, 안전율은 4이다.)

풀이 ① 압력배관용 탄소강관 기호 'SPPS 42'에서 숫자 '42'는 인장강도가 42kgf/mm²이라는 것이다.
② 스케줄 번호 계산 : 안전율은 허용응력(kgf/mm²)에 대한 인장강도(kgf/mm²)의 비이므로 허용응력은 인장강도를 안전율로 나눠주면 된다.

∴ Sch No = $10 \times \dfrac{P}{S} = 10 \times \dfrac{65}{\frac{42}{4}} = 61.904 ≒ 61.90$

해답 61.9

해설 ① 스케줄 번호는 단위 정리가 되지 않는 공식이다.
② 허용응력(S) 대신 인장강도로 제시되는 경우가 많으므로 안전율을 이용하여 허용응력을 구하는 과정을 숙지하여야 하며, 안전율은 허용응력(kgf/mm²)에 대한 인장강도(kgf/mm²)의 비이므로 허용응력은 인장강도를 안전율로 나눠주면 된다.

※ 안전율 = $\dfrac{\text{인장강도}}{\text{허용응력}}$ → 허용응력 = $\dfrac{\text{인장강도}}{\text{안전율}}$ 이고, 안전율은 별도로 제시되지 않으면 '4'를 적용합니다.

97 다음 용도에 해당하는 배관이음재의 종류를 각각 하나씩 쓰시오. [21. 2회. 기사]

(1) 동일한 지름의 배관을 직선으로 연결 :
(2) 배관 끝을 막을 때 :
(3) 배관의 방향을 변경할 때 :
(4) 배관 중간에서 분기할 때 :

해답 (1) 소켓, 니플, 유니언, 플랜지
(2) 플러그, 캡
(3) 엘보, 밴드, 리터밴드
(4) 티, 와이, 크로스

98 배관에서 동일한 지름의 강관을 이음할 때 사용하는 이음재 종류 4가지를 쓰시오.
[17. 3회, 21. 1회. 기사]

해답 ① 소켓(socket) ② 니플(nipple) ③ 유니언(union) ④ 플랜지(flange)

99 유체가 누설되거나 이물질이 유입되는 것을 방지하기 위하여 기계설비에 사용되는 부품으로 고정부와 고정부 사이의 밀봉에 이용되는 것을 (①)이라 하며, 고정부와 운동부 사이의 밀봉에 이용되는 것을 (②)이라고 한다. 괄호 안에 알맞은 용어를 쓰시오. [15. 1회. 기사]

해답 ① 개스킷(gasket) ② 글랜드 패킹(gland packing)

100 배관에 설치되는 스트레이너(strainer)의 역할을 쓰시오.

해답 배관에 이송되는 유체 중에 포함된 이물질을 제거한다.

해설 스트레이너의 종류 및 특징
① Y형 : 45°로 경사진 몸체에 원통형의 철망을 넣은 것으로 유체는 철망의 안쪽에서 바깥쪽으로 흐르게 하여 유체저항을 적게 한다.
② U형 : 주철제의 몸체 속에 여과망이 달린 둥근 통을 수직으로 넣은 것으로 구조상 유체의 흐름 방향이 직각으로 바뀌기 때문에 Y형 여과기에 비하여 유체에 대한 저항이 크지만 보수, 점검이 편리하다. 주로 오일 배관에 사용되기 때문에 오일 여과기(oil strainer)라 한다.
③ V형 : 주철제의 몸체 속에 V자 모양의 여과망을 넣은 것으로 유체가 이 여과망을 통과하면서 여과되며, 유체가 일직선으로 되어 있어 Y형이나 U형 여과기에 비하여 유체에 대한 저항이 적다. 여과망의 교환, 점검, 보수 및 관리가 편리하다.
※ 일반적으로 액체 중의 이물질을 제거하는 것을 '스트레이너(strainer)', '여과기'라 하며 기체 중의 이물질을 제거하는 것을 '필터(filter)'라 한다.

101 고압가스시설에 사용되는 밸브의 특징 4가지를 쓰시오.

해답 ① 주조품보다 단조품을 이용하여 제조한다.
② 밸브 시트는 내식성과 경도가 높은 재료를 사용한다.
③ 밸브 시트는 교체할 수 있도록 한다.
④ 기밀유지를 위하여 스핀들에 패킹이 사용된다.

102 다음 설명에 해당하는 밸브의 명칭을 쓰시오.

(1) 밸브의 리프트(lift)가 작아 개폐시간이 짧고 누설이 적으며 유량 조절에 적당하나 유체의 흐름이 급격히 변화하여 유체의 저항이 많이 작용하는 밸브로 일명 스톱밸브라 불리는 것은 무엇인지 쓰시오.
(2) 일명 게이트 밸브라 하며 유량 조절이 부적당하고 완전히 개방하면 유체의 저항이 작게 걸리는 밸브의 명칭을 쓰시오.
(3) 유체를 한 쪽 방향으로만 흐르게 하며 유체의 압력 또는 중력에 의하여 유로를 폐쇄하는 밸브의 명칭을 쓰시오.

해답 (1) 글로브 밸브 (2) 슬루스 밸브 (3) 역류방지 밸브(또는 체크 밸브)

103 내부압력이 상승 시 파열사고를 방지할 목적으로 사용되는 안전밸브의 종류 3가지를 쓰시오.

해답 ① 스프링식 안전밸브 ② 파열판식 안전밸브 ③ 가용전식 안전밸브

104 스프링식 안전밸브와 비교한 파열판식 안전밸브의 특징 4가지를 쓰시오.

해답 ① 밸브 시트의 누설이 없다.
② 구조가 간단하여 취급, 점검이 쉽다.
③ 한번 작동하면 재사용이 불가능하다.
④ 부식성 유체, 괴상(怪狀)물질을 함유한 유체에 적합하다.
⑤ 취출용량이 많아 압력상승이 급격한 중합, 분해와 같은 반응장치에 사용된다.

참고 괴상(怪狀)물질 : 괴이하거나 이상한 모양의 물질로 가스 중에 포함된 불순물을 의미하는 것으로 생각하길 바랍니다.

105 어떤 고압장치의 상용압력이 10MPa일 때 안전밸브의 최고 작동압력은 얼마인가?

[16. 4회. 산기]

풀이 안전밸브 작동압력 = 내압시험압력 $\times \dfrac{8}{10}$ = (상용압력 $\times$ 1.5) $\times \dfrac{8}{10}$

$= (10 \times 1.5) \times \dfrac{8}{10} = 12\text{MPa}$

해답 12MPa

해설 고압장치의 내압시험압력과 충전용기의 내압시험압력 기준이 다르게 적용되니 구분하여 기억하길 바랍니다.

106 산소를 압축하는 압축기에 설치된 안전밸브가 25℃에서 작동압력이 120kgf/cm²·g 일 때 분출부 유효면적(cm²)을 계산하시오. (단, 1시간에 분출하여야 할 가스량은 50000kgf이고, 대기압은 1kgf/cm² 이다.)

풀이 산소(O_2)의 분자량은 32이고, 압력은 절대압력(kgf/cm²·a)을 적용한다.

$$\therefore a = \frac{W}{230P\sqrt{\frac{M}{T}}} = \frac{50000}{230 \times (120+1) \times \sqrt{\frac{32}{273+25}}} = 5.482 \fallingdotseq 5.48 \text{cm}^2$$

해답 5.48cm²

해설 산소 압축기용 안전밸브 분출면적 계산식

$$a = \frac{W}{230P\sqrt{\frac{M}{T}}}$$

a : 분출부 유효면적(cm²) W : 시간당 분출가스량(kg/h)
P : 분출압력(kgf/cm²·a) M : 가스 분자량
T : 분출직전 가스의 절대온도(K)

107 작동압력이 2MPa인 스프링식 안전밸브의 지름이 4cm일 때 스프링에 작용하는 힘(N)은 얼마인가?

풀이 압력(P)은 단위면적(A)에 작용하는 힘(F)이므로 $P = \frac{F}{A}$에서 스프링에 작용하는 힘 F를 구한다.

$$\therefore F = P \times A = (2 \times 10^6) \times \left(\frac{\pi}{4} \times 0.04^2\right) = 2513.274 \fallingdotseq 2513.27 \text{N}$$

해답 2513.27N

해설 $1\text{MPa} = 10^6 \text{Pa} = 10^6 \text{N/m}^2$이고, 지름 4cm는 0.04m이다.

108 배관에서 온도변화에 의한 열팽창을 흡수하기 위하여 사용되는 신축이음장치의 종류 3 가지를 쓰시오.

해답 ① 루프형   ② 슬리브형   ③ 벨로스형   ④ 스위블형
⑤ 상온 스프링   ⑥ 볼 조인트

해설 신축이음장치의 종류
① 루프형 신축이음 : 곡관으로 만들어진 관의 가요성(可撓性)을 이용한 것으로 구조가 간단하고 내구성이 좋아 고온, 고압 배관이나 옥외 배관에 주로 사용한다.
② 슬리브형 신축이음 : 신축에 의한 자체 응력이 발생되지 않고 설치장소가 필요하며 단식과 복식이 있다. 슬리브와 본체와의 사이에는 패킹을 다져 넣고 그랜

드를 밀착시켜 온수 또는 증기의 누설을 방지한다.
③ 벨로스형 신축이음 : 주름통 형태로 이루어져 있으며 설치장소의 제약이 없고 가스, 증기, 물 등의 신축흡수에 사용되며 팩리스(packless)형이라 한다.
④ 스위블 신축이음 : 2개 이상의 엘보를 사용하여 관의 신축을 흡수하는 것으로 신축방향이 큰 배관에서는 누설의 우려가 있다. 지웰이음, 지블이음, 회전이음으로 불려진다.
⑤ 상온 스프링 : 온도변화에 따른 배관의 자유팽창량(신축길이)를 미리 계산하여 자유팽창량의 1/2 만큼 짧게 절단하여 강제 배관을 하여 신축을 흡수하는 방법이다.
⑥ 볼 조인트(ball joint) : 볼 조인트와 오프셋 배관을 이용하여 신축을 흡수하는 방법으로 설치공간이 적고, 평면상의 변위뿐만 아니라 입체적인 변위까지도 안전하게 흡수할 수 있어 어떤 현상에 의한 신축에도 안전한 신축이음이다.

109 배관의 자유팽창량을 미리 계산하여 자유팽창량의 1/2만큼 배관을 짧게 절단한 후 강제 배관을 하여 신축을 흡수하는 방법의 명칭을 쓰시오. [18. 1회. 기사]

해답 상온 스프링(cold spring)

110 신축이음쇠에 대한 설명 중 ( ) 안에 적당한 용어 또는 숫자를 넣으시오.

(①)은[는] 배관의 (②)을[를] 먼저 계산하여 배관의 줄단길이를 (③)% 정도 짧게 강제 시공하여 배관의 신축을 흡수하는 장치이다.

해답 ① 상온 스프링(cold spring) ② 자유팽창량 ③ 50

111 신축이음쇠 중 설치공간이 적고, 평면상의 변위뿐만 아니라 입체적인 변위까지도 안전하게 흡수하므로 어떤 현상에 의한 신축에도 배관이 안전한 신축이음의 명칭은 무엇인가?

해답 볼 조인트

112 [보기]는 배관을 시공할 때 온도변화에 의한 열팽창길이를 계산하는 공식을 나타낸 것이다. ( ) 안에 알맞은 용어를 쓰시오. [10. 1회. 기사]

| 보기 |
열팽창길이=선팽창계수×( )×배관길이

해답 온도차

113 길이가 50m인 배관이 −20℃에서 40℃ 범위에서 사용될 때 신축길이는 몇 mm인가? (단, 선팽창계수 $\alpha = 11.7 \times 10^{-6}$ ℃$^{-1}$이다.) [23. 3회. 기사]

풀이 $\Delta L = L \times \alpha \times \Delta t = (50 \times 1000) \times 11.7 \times 10^{-6} \times \{40 - (-20)\} = 35.1$ mm

해답 35.1mm

해설 ① 신축길이를 계산할 때 배관길이는 신축길이와 같은 단위를 적용하며, 길이 1m는 1000mm이다.
② 선팽창계수는 온도변화 폭이 1℃ 일 때 배관 길이 1m에 대하여 11.7×10^{-6}m 만큼 신축하는 것으로 단위를 'm/m·℃'를 사용하거나, 거리 단위를 생략하고 '/℃'로 사용하며, 이것을 '℃$^{-1}$'로 표기할 수 있다.
③ 선팽창계수의 단위는 'm/m·℃' 외에 'cm/cm·℃', 'mm/mm·℃'를 사용한다.

114 길이가 1km, 선팽창계수 $\alpha = 1.2 \times 10^{-5}$/℃인 배관이 −10℃에서 50℃ 범위에 있을 때 신축량 20mm를 흡수할 수 있는 신축이음은 몇 개를 설치하여야 하는가? [19. 1회. 산기]

풀이 ① 신축길이(mm) 계산 : 배관길이(L)는 신축길이와 같은 단위를 적용하며, 1km는 1000m이고 1m는 1000mm이다.
∴ $\Delta L = L \cdot \alpha \cdot \Delta t = (1000 \times 10^3) \times 1.2 \times 10^{-5} \times \{50 - (-10)\} = 720$mm
② 신축이음 수 계산

신축이음 수 = $\dfrac{\text{신축길이}}{\text{신축 흡수장치 1개당 흡수길이}} = \dfrac{720}{20} = 36$개

해설 36개

115 길이 1.5m인 배관에 인장하중이 작용했을 때 길이가 0.048mm 늘어났다. 영률이 2.1×10^5kgf/cm^{2}일 때 응력(kgf/cm^2)은 얼마인가? [14. 2회. 기사]

풀이 배관 길이(L), 늘어난 길이(ΔL)는 'cm' 단위를 적용한다.
∴ $\sigma = \dfrac{\varepsilon \times \Delta L}{L} = \dfrac{(2.1 \times 10^5) \times (0.048 \times 10^{-1})}{1.5 \times 100} = 6.72$ kgf/cm^2

해답 6.72kgf/cm^2

116 길이 40m인 강관을 외기온도가 −10℃ 상태에서 설치하였는데, 여름철 직사광선을 받아 온도가 상승하여 45℃가 되었다. 이때 배관에 작용하는 응력(kgf/cm^2)을 계산하시오. (단, 배관의 선팽창계수 $\alpha = 1.2 \times 10^{-5}$/℃, 영률 $\varepsilon = 2.1 \times 10^5$ kgf/cm^{2}이다.)

풀이 ① 신축길이(cm) 계산 : 배관길이도 'cm' 단위를 적용한다.

$$\therefore \Delta L = L \times \alpha \times \Delta t = (40 \times 10^2) \times (1.2 \times 10^{-5}) \times \{45-(-10)\} = 2.64 \text{cm}$$

② 응력(kgf/cm²) 계산

$$\sigma = \frac{\varepsilon \times \Delta L}{L} = \frac{(2.1 \times 10^5) \times 2.64}{40 \times 100} = 138.6 \text{kgf/cm}^2$$

해답 138.6kgf/cm²

117 액화가스 배관에서 발생하는 액봉현상과 방지법을 각각 설명하시오. [17. 2회, 기사]

해답 (1) 액봉현상 : 액화가스 배관을 사용하지 않을 때 액화가스가 충만한 상태로 밸브를 폐쇄해 놓은 경우 주변의 온도 상승에 의하여 액화가스 팽창으로 인한 압력 상승으로 배관이 파열되는 현상이다.
(2) 액봉현상 방지법
  ① 드레인 밸브를 설치하여 액화가스 배관을 사용하지 않을 때 내부의 액화가스를 배출시킨다.
  ② 액화가스 배관에 릴리프 밸브를 설치하여 압력 상승 시 내부 액체를 다른 시설로 유도시킨다.

118 지상에 설치되는 LNG 저장설비의 방호 종류 3가지를 쓰시오. [18. 1회, 산기]

해답 ① 단일 방호식 저장탱크 ② 이중 방호식 저장탱크 ③ 완전 방호식 저장탱크
해설 LNG 저장설비 방호(containment) 방식 : KGS AC115
  ① 단일 방호식 저장탱크(single containment tank) : 액화천연가스를 저장할 수 있는 하나의 탱크로 구성된 것으로 다음의 ㉮ 및 ㉯를 만족하는 저장탱크를 말한다.
    ㉮ 1차 탱크는 액화천연가스를 저장할 수 있는 자기 지지형 강재 원통형으로 한다.
    ㉯ 1차 탱크는 증기를 담을 수 있는 강재 돔(dome) 지붕이 있거나 상부 개방형인 경우에는 증기를 담을 수 있도록 설계되그 단열유지할 수 있는 기밀한 구조의 바깥 강재 탱크가 있는 것으로 한다.
  ② 이중 방호식 저장탱크(double containment tank) : 1차 탱크와 2차 탱크로 구성된 것으로서 다음의 ㉮부터 ㉰까지를 만족하는 저장탱크를 말한다.
    ㉮ 1차 탱크는 단일 방호식 저장탱크와 동일한 형태로 액화천연가스를 저장할 수 있는 기밀한 구조인 것으로 한다.
    ㉯ 2차 탱크는 1차 탱크가 파손되는 경우 액화천연가스를 담을 수 있는 것으로 한다.
    ㉰ 1차 탱크와 2차 탱크 사이의 환상공간(annular space)은 6m 이하인 것으로 한다.

③ 완전 방호식 저장탱크(full containment tank) : 1차 탱크와 2차 탱크가 함께 구성된 것으로서 다음의 ㉮부터 ㉱까지를 만족하는 저장탱크를 말한다.
  ㉮ 1차 탱크는 액화천연가스를 저장할 수 있는 것으로 자기 자립형(self-standing) 구조의 단일벽 강재인 것으로 한다.
  ㉯ 1차 탱크는 증기를 담지 않는 상부 개방형 구조 또는 증기를 담을 수 있는 돔 지붕을 갖춘 것으로 한다.
  ㉰ 2차 탱크는 돔 지붕을 갖춘 콘크리트 구조의 탱크로 하며, 다음의 성능을 갖도록 설계한다.
    ㉠ 정상운전 시 : 1차 탱크가 상부 개방형인 경우 증기를 담을 수 있어야 하고, 1차 탱크의 단열을 유지할 수 있는 것으로 한다.
    ㉡ 1차 탱크 누출 시 : 모든 액화천연가스를 담을 수 있어야 하고, 기밀을 유지할 수 있는 구조인 것으로 한다. 또한 증기는 압력 방출시스템을 통해 제어될 수 있는 것으로 한다.
  ㉱ 1차 탱크와 2차 탱크 사이의 환상공간은 2.0m 이하인 것으로 한다.
④ 멤브레인식 저장탱크(membrane containment tank) : 멤브레인의 1차 탱크와 단열재와 콘크리트가 조합된 복합구조의 2차 탱크로 구성된 것으로서 다음의 ㉮ 및 ㉯를 만족하는 저장탱크를 말한다.
  ㉮ 멤브레인에 걸리는 액화천연가스의 하중 및 기타 하중은 단열재를 거쳐 콘크리트 구조의 2차 탱크로 전달될 수 있는 것으로 한다.
  ㉯ 복합구조 지붕 또는 기밀한 돔 지붕과 단열된 현수 천장(suspended roof)은 증기를 담을 수 있는 것으로 한다.
⑤ 기타
  ㉮ 1차 탱크(primary container) : 정상운전 상태에서 액화천연가스를 저장할 수 있는 것으로서 단일 방호식, 이중 방호식, 완전 방호식 또는 멤브레인식 저장탱크의 안쪽 탱크를 말한다.
  ㉯ 2차 탱크(secondary container) : 액화천연가스를 담을 수 있는 것으로서 이중 방호식, 완전 방호식 또는 멤브레인식 저장탱크의 바깥쪽 탱크를 말한다.

참고 저장탱크 방호형식 : 고압가스 저장탱크(KGS FP112 〈신설 20. 3. 18〉), 액화천연가스 저장탱크(KGS FP451 〈신설 18. 3. 9〉)
① 단일 방호형식 : 내부탱크는 액상 및 기상의 가스를 모두 저장하며, 내부탱크가 파괴되는 경우 누출된 액상의 가스를 방류둑에서 충분히 담을 수 있는 구조
② 이중 방호형식 : 내부탱크는 액상 및 기상의 가스를 모두 저장하며, 내부탱크가 파괴되어 액상의 가스가 누출되는 경우 방류둑 또는 외부탱크에서 누출된 액상의 가스를 담을 수 있는 구조
③ 완전 방호형식 : 정상운전 시 내부탱크는 액상의 가스를 저장할 수 있고, 외부탱크는 기상의 가스를 저장할 수 있는 구조로서 내부탱크가 파괴되어 누출되는 경우 외부탱크가 누출된 액상 및 기상의 가스를 담을 수 있으며, 증발가스(boil-off gas)는 안전밸브를 통해 방출될 수 있는 구조

119 액화천연가스용 저장탱크에 대한 설명에 해당하는 명칭을 쓰시오. [23. 1회. 기사]

(1) 정상운전 상태에서 액화천연가스를 저장할 수 있는 것으로서 단일 방호식, 이중 방호식, 완전 방호식 또는 멤브레인식 저장탱크의 안쪽 탱크를 말한다.

(2) 액화천연가스를 담을 수 있는 것으로서 이중 방호식, 완전 방호식 또는 멤브레인식 저장탱크의 바깥쪽 탱크를 말한다.

해답 (1) 1차 탱크 (2) 2차 탱크

해설 액화천연가스용 저장탱크 제조 기준 용어의 정의 : KGS AC115
① 1차 탱크(primary container)란 정상운전 상태에서 액화천연가스를 저장할 수 있는 것으로서 단일 방호식, 이중 방호식, 완전 방호식 또는 멤브레인식 저장탱크의 안쪽 탱크를 말한다.
② 2차 탱크(secondary container)란 액화천연가스를 담을 수 있는 것으로서 이중 방호식, 완전 방호식 또는 멤브레인식 저장탱크의 바깥쪽 탱크를 말한다.

120 고압가스 용기 재료의 구비조건 4가지를 쓰시오.

해답 ① 내식성, 내마모성을 가질 것
② 가볍고 충분한 강도를 가질 것
③ 저온 및 사용 중 충격에 견디는 연성, 전성을 가질 것
④ 가공성, 용접성이 좋고 가공 중 결함이 생기지 않을 것

121 용접용기와 비교한 이음매없는 용기의 특징 4가지를 쓰시오.

해답 ① 고압에 견디기 쉬운 구조이다.
② 내압에 대한 응력분포가 균일하다.
③ 제작비가 비싸다.
④ 두께가 균일하지 못할 수 있다.

해설 용접용기의 특징
① 강판을 사용하므로 제작비가 저렴하다.
② 이음매 없는 용기에 비해 두께가 균일하다.
③ 용기의 형태, 치수 선택이 자유롭다.

122 초저온 가스용 용기 재료 2가지를 쓰시오.

해답 ① 오스테나이트계 스테인리스강(또는 18-8 스테인리스강)
② 알루미늄 합금

해설 초저온 용기 재료 및 두께 : KGS AC213
① 용기의 재료는 그 용기의 안전성을 확보하기 위하여 오스테나이트계 스테인리스강 또는 알루미늄 합금으로 한다.
② 용기 동판의 최대 두께와 최소 두께와의 차이는 평균 두께의 10% 이하로 한다.

참고 초저온 용기의 정의 : -50℃ 이하의 액화가스를 충전하기 위한 용기로서, 단열재로 피복하거나 냉동설비로 냉각하는 등의 방법으로 용기 안의 가스 온도가 상용의 온도를 초과하지 않도록 한 것을 말한다.

123 고압가스 용기는 그 용기의 안전성을 확보하기 위하여 용기 재료의 함유량에 제한을 두는 원소 3가지를 쓰시오. [20. 산기 1회]

해답 ① 탄소(C) ② 인(P) ③ 황(S)

해설 용접 용기의 재료는 스테인리스강, 알루미늄 합금, 탄소·인 및 황의 함유량이 각각 0.33% 이하·0.04% 이하 및 0.05% 이하인 강 또는 동등 이상의 기계적 성질 및 가공성 등을 가지는 것으로 한다. (단, 이음매 없는 용기는 탄소 0.55% 이하, 인 0.04% 이하, 황 0.05% 이하이다.)

124 이동식 초저온 용기 취급 시 주의사항 4가지를 쓰시오.

해답 ① 고도의 진공상태이므로 충격을 금한다.
② 용기는 직사광선, 비, 눈 등을 피한다.
③ 통풍이 불량한 지하실 같은 곳에 보관하지 않는다.
④ 적정용량의 기화기를 사용하여야 한다.
⑤ 기름 묻은 장갑, 면장갑을 사용하지 말고, 가죽장갑을 사용하여 취급한다.
⑥ 충전용기와 잔가스용기는 각각 구분하여 보관한다.

125 초저온 액화가스가 충전된 용기를 취급할 때 발생할 수 있는 사고 종류 4가지를 쓰시오. [20. 4회. 기사]

해답 ① 액체의 급격한 증발에 의한 이상 압력 상승
② 저온에 의하여 생기는 물리적 성질의 변화
③ 동상
④ 질식

해설 초저온 용기 취급 시 발생할 수 있는 사고 중 인명사고와 관련된 것은 '동상'과 '질식'이다.
[23. 3회. 기사]

126 가연성가스 충전용기 중 충전구 나사가 오른나사인 것 2가지를 쓰시오.

해답 ① 액화암모니아 ② 액화브롬화메탄

127 고압가스 용기의 재검사를 받아야 하는 경우 4가지를 쓰시오.

해답 ① 일정한 기간이 경과된 용기 ② 합격표시가 훼손된 용기
③ 손상이 발생된 용기 ④ 충전가스 명칭을 변경할 용기
⑤ 유통 중 열영향을 받은 용기

해설 열영향을 판단하는 현상 : KGS AC217, AC218 [14. 4회. 산기]
① 도장의 그을음
② 용기의 일그러짐
③ 밸브 본체 또는 부품의 용융
④ 전기불꽃으로 인한 흠집, 용접불꽃의 흔적

128 고압가스용 이음매 없는 용기의 재검사 항목 3가지를 쓰시오. [11. 4회. 기사 동영상]

해답 ① 외관검사 ② 음향검사 ③ 내압검사

해설 고압가스용 용기의 재검사 항목
① 이음매 없는 용기(KGS AC218) : 외관검사, 음향검사, 내압검사
② 용접용기(KGS AC217) : 외관검사, 내압검사, 누출검사, 다공질물 충전검사, 단열성능검사

129 용기의 내압시험에는 수조식과 비수조식이 있다. 이중 수조식 내압시험의 특징 3가지를 쓰시오.

해답 ① 보통 소형 용기에 행한다.
② 내압시험 압력까지 팽창이 정확히 측정된다.
③ 측정 결과에 대한 신뢰성이 크다.

130 충전용기를 수조식 내압시험 장치에서 내압시험을 한 결과 영구증가량이 0.04L, 전증가량이 0.5L일 때 영구증가율(%)을 계산하시오. [09. 2회. 산기]

풀이 영구증가율 $= \dfrac{영구증가량}{전증가량} \times 100 = \dfrac{0.04}{0.5} \times 100 = 8\%$

해답 8%

131 내용적 52L인 충전용기를 3.5MPa 압력으로 내압시험을 하였을 때 용기 내용적이 52.211L가 되었다. 압력을 제거한 후 대기압 상태에서 내용적이 52.004L가 되었다면 영구증가율(%)은 얼마인가? [20. 3회. 기사]

풀이 영구증가율 = $\dfrac{영구증가량}{전증가량} \times 100 = \dfrac{52.004-52}{52.211-52} \times 100 = 1.895 ≒ 1.90\%$

해답 1.9%

132 15℃에서 내용적 47L 용기에 LP가스 20kg을 규정에 맞게 충전하였다. 취급 시 온도가 40℃로 상승하였다면 이때 부피는 몇 L인가? (단, 15℃에서 40℃로 상승할 때 LP가스의 부피는 1.08배로 증가하며, 15℃에서 밀도는 0.5kg/L이다.)

풀이 ① LP가스 20kg을 체적으로 계산 $V = \dfrac{M}{\rho} = \dfrac{20}{0.5} = 40L$

② 40℃ 상태의 LP가스 체적 계산 $V' = V \times 체적팽창비 = 40 \times 1.08 = 43.2L$

해답 43.2L

133 [보기]의 조건일 때 초저온 용기의 침입열량을 계산하고 합격, 불합격을 판정하시오. (단, 소수점 5째 자리에서 반올림하여 4째 자리까지 구하시오.) [09. 1회, 12. 2회. 기사]

| 보기 |
- 기화가스량 : 20kg
- 시험용 액화가스의 기화잠열 : 51kcal/kg
- 시험용 액화가스의 비점 : -183℃
- 측정시간 : 4시간
- 외기온도 : 20℃
- 용기 내용적 : 1000L

풀이 ① 침입열량 계산

$$Q = \dfrac{Wq}{H \Delta tV} = \dfrac{20 \times 51}{4 \times \{20-(-183)\} \times 1000} = 0.00125 ≒ 0.0013 kcal/h \cdot ℃ \cdot L$$

② 판정 : 0.002kcal/h·℃·L를 초과하지 않으므로 합격이다.

해답 ① 침입열량 : 0.0013kcala/h·℃·L

② 판정 : 합격

해설 초저온 용기의 단열성능시험 기준 : KGS AC213

① 초저온 용기 단열성능시험 합격기준

내용적	침입열량	
	kcal/h·℃·L	J/h·℃·L
1000L 미만	0.0005 이하	2.09 이하
1000L 이상	0.002 이하	8.37 이하

② 시험용 가스의 비점 및 기화잠열

시험용 가스의 종류	비점(℃)	기화잠열	
		kcal/kg	J/kg
액화질소	-196	48	200966
액화산소	-183	51	213526
액화아르곤	-186	38	159098

※ 시험용 가스에 따른 비점 및 기화잠열은 문제에서 제시되니 참고만 하길 바라며, 규정에 정해진 값과 다르게 제시될 수도 있습니다.

③ SI단위로 출제 경향이 바뀌고 있으며, 이때에는 시험용 가스의 기화잠열이 'J/kg' 단위로 주어지며, 1kcal는 약 4186.8J 정도에 해당되므로 공학단위 침입열량에 '4186.8'을 곱한 값이 SI단위 기준으로 생각하길 바랍니다.

134 내용적 500L 초저온 용기에 250kg의 산소를 넣고 외기온도 20℃인 곳에서 24시간 방치한 결과 230kg의 산소가 남아 있다. 이 용기의 침입열량을 계산하고, 단열성능시험의 합격, 불합격을 판정하시오. (단, 액화산소의 비점은 -183℃, 기화잠열은 213526J/kg이다.) [23. 1회. 기사]

풀이 ① 침입열량 계산 : 기화된 시험용 가스(액화산소)의 양 W는 처음 상태의 양에 12시간 후의 잔량과의 차이에 해당된다.

$$\therefore Q = \frac{Wq}{H \Delta t V} = \frac{(250-230) \times 213526}{24 \times \{20-(-183)\} \times 500} = 1.753 ≒ 1.75 \text{J/h} \cdot ℃ \cdot \text{L}$$

② 판정 : 침입열량 합격기준인 2.09J/h·℃·L 이하에 해당되므로 합격이다.

해답 ① 침입열량 : 1.75J/h·℃·L   ② 판정 : 합격

135 용량 500L인 액산 탱크에 액산을 넣어 방출밸브를 개방하여 12시간 방치하였더니 탱크 내의 액산이 5kg 방출되었다. 이때 액산의 증발잠열이 40kcal/kg이라 하면 1시간당 탱크에 침입하는 열량은 몇 kcal인가?

풀이 증발에 필요한 열량은 잠열에 해당되고, 잠열량은 물질량(G)에 물질의 증발잠열(γ)의 곱이다.

$$\therefore \text{시간당 침입열량} = \frac{\text{증발에 필요한 열량(잠열량)}}{\text{방치한 시간}} = \frac{5 \times 40}{12}$$
$$= 16.666 ≒ 16.67 \text{kcal/h}$$

해답 16.67kcal/h

해설 '액산'으로 제시된 용어는 '액화산소'의 줄임말에 해당된다.

136 액화산소용기에 액화산소가 50kg 충전되어 있다. 이때 용기 외부에서 액화산소에 대하여 5kcal/h의 열량이 주어진다면 액화산소량이 $\frac{1}{2}$로 감소되는 데 걸리는 시간은 얼마인가? (단, 산소의 증발잠열은 1600cal/mol이다.) [14. 2회. 산기] [19. 3회. 기사]

풀이 ① 산소의 증발잠열을 'kcal/kg' 단위로 변환 : 산소의 분자량은 32g/mol이고, 1kcal는 1000cal, 1kg은 1000g이다.

$$\therefore 증발잠열 = \frac{1600\text{cal/mol}}{32\text{g/mol}} = 50\text{cal/g} = 50\text{kcal/kg}$$

② 걸리는 시간 계산 : 증발에 필요한 열량은 '잠열량'이고 '잠열량=물질량(G)×물질의 증발잠열(γ)'이다. 증발되는 산소량(G)은 50kg의 1/2에 해당된다.

$$\therefore 시간 = \frac{증발에\ 필요한\ 열량(잠열량)}{시간당\ 공급열량} = \frac{\left(50 \times \frac{1}{2}\right) \times 50}{5} = 250시간$$

해답 250시간

---

137 아세틸렌 충전용기의 내압시험압력은 최고충전압력의 몇 배인가?

해답 3배

해설 아세틸렌 충전용기 압력

구분	기준
최고충전압력(FP)	15℃에서 용기에 충전할 수 있는 가스의 압력 중 최고압력
기밀시험압력(AP)	최고충전압력의 1.8배
내압시험압력(TP)	최고충전압력의 3배

---

138 내용적 47L인 LPG 용기의 내압시험압력이 3MPa일 때 다음 물음에 답하시오.

(1) 기밀시험압력(MPa)은 얼마인가?
(2) 안전밸브의 종류 및 작동압력(MPa)은 얼마인가?
(3) 충전량은 몇 kg인가?
(4) 충전구 나사 형식은?

풀이 (1) LPG는 액화가스이고, 액화가스 용기의 기밀시험압력(AP)은 최고충전압력이며, 최고충전압력은 내압시험압력의 5분의 3배이다.

$$\therefore AP = FP = TP \times \frac{3}{5} = 3 \times \frac{3}{5} = 1.8\text{MPa}$$

(2) ① 안전밸브의 종류 : 스프링식 안전밸브

② 안전밸브 작동압력은 내압시험압력(TP)의 10분의 8배 이하이다.

$$\therefore 안전밸브\ 작동압력 = TP \times \frac{8}{10} = 3 \times \frac{8}{10} = 2.4\text{MPa}$$

(3) LPG 주성분은 프로판(C_3H_8)이므로 충전상수(C)는 2.35를 적용한다.

$$\therefore W = \frac{V}{C} = \frac{47}{2.35} = 20\text{kg}$$

해답 (1) 1.8MPa (2) ① 스프링식 안전밸브 ② 2.4MPa
(3) 20kg (4) 왼나사

해설 LPG 용기의 충전구 형식은 '암나사'이고, 충전구 나사 형식은 '왼나사'이다.

139
압축가스를 충전하는 용기의 내압시험압력이 22.5MPa일 때 최고충전압력은 몇 MPa인가?

풀이 압축가스를 충전하기 위한 용기의 최고충전압력(FP)은 35℃의 온도에서 그 용기에 충전할 수 있는 가스의 압력 중 최고압력이지만, 내압시험압력(TP)이 최고충전압력(FP)의 3분의 5배이므로 이것을 이용하여 최고충전압력을 구하는 문제이다.

$$\therefore TP = FP \times \frac{5}{3}\text{에서 최고충전압력 } FP\text{를 구한다.}$$

$$\therefore FP = \frac{TP}{\frac{5}{3}} = TP \times \frac{5}{3} = 22.5 \times \frac{5}{3} = 13.5\text{MPa}$$

해답 13.5MPa

140
고압가스 충전용기의 최고충전압력이 15MPa일 때 안전밸브의 작동압력(MPa)은 얼마인가?

풀이 고압가스 충전용기의 현재 상태를 충전압력으로 주어졌으므로 용기에는 압축가스가 충전된 것이고, 압축가스 용기의 내압시험압력은 최고충전압력의 3분의 5배이다.

$$\therefore 안전밸브\ 작동압력 = 내압시험압력 \times \frac{8}{10} = \left(최고충전압력 \times \frac{5}{3}\right) \times \frac{8}{10}$$

$$= \left(15 \times \frac{5}{3}\right) \times \frac{8}{10} = 20\text{MPa}$$

해답 20MPa

141
30℃에서 충전용기에 산소를 120atm으로 충전한 후 온도를 점차 상승시켰더니 안전밸브에서 가스가 분출되었다. 이때의 온도는 몇 ℃가 되겠는가? [16. 2회. 산기]

풀이 ① 내압시험압력 계산 : 압축가스 충전용기 내압시험압력(TP)은 최고충전압력(FP)의 $\dfrac{5}{3}$배이다.

$$\therefore TP = FP \times \dfrac{5}{3} = 120 \times \dfrac{5}{3} = 200 \text{atm}$$

② 안전밸브 작동압력 계산 : 안전밸브 작동압력은 내압시험압력(TP)의 $\dfrac{8}{10}$배 이하이다.

$$\therefore \text{안전밸브 작동압력} = TP \times \dfrac{8}{10} = 200 \times \dfrac{8}{10} = 160 \text{atm}$$

③ 안전밸브에서 가스가 분출될 때의 온도(T_2) 계산 : 보일-샤를의 법칙 $\dfrac{P_1 \cdot V_1}{T_1} = \dfrac{P_2 \cdot V_2}{T_2}$에서 나중 상태의 온도 T_2를 구하며, 이때의 온도는 절대온도이므로 섭씨온도로 환산하여야 하며, 충전용기는 내용적 변화가 없으므로 $V_1 = V_2$이고, 충전압력 'atm'은 절대압력이다.

$$\therefore T_2 = \dfrac{T_1 \cdot P_2}{P_1} = \dfrac{(273+30) \times 160}{120} = 404\text{K} - 273 = 131°\text{C}$$

해답 131°C

142 고압가스 충전용기의 파열 원인 4가지를 쓰시오.

해답
① 용기의 재질 불량   ② 내압에 의한 이상 압력 상승
③ 용접용기의 용접 불량   ④ 과잉 충전
⑤ 검사 태만 및 기피   ⑥ 용기 내 폭발성가스의 혼입
⑦ 충격 및 타격

140 고압가스 용기에 각인된 기호가 각각 무엇을 의미하는 것인지 단위와 함께 설명하시오.

[15. 1회. 산기]

(1) V :
(2) W :
(3) TP :
(4) FP :

해답 (1) 용기 내용적(L)
    (2) 밸브 및 부속품을 포함하지 않은 용기의 질량(kg)
    (3) 내압시험압력(MPa)
    (4) 압축가스 충전의 경우 최고충전압력(MPa)

해설 용기의 질량(W)
    ① 초저온 용기 : 용기+밸브 등 부속품
    ② 아세틸렌 용기 : 용기+다공물질+용제+밸브 등 부속품 → TW로 표시
    ③ 그 밖의 용기 : 순수한 용기의 질량

144 용기 종류별 부속품 기호를 각각 설명하시오. [15. 2회. 산기]

(1) AG : (2) LG : (3) PG :
(4) LT : (5) LPG :

해답 (1) 아세틸렌가스를 충전하는 용기의 부속품
(2) 액화석유가스 외의 액화가스를 충전하는 용기의 부속품
(3) 압축가스를 충전하는 용기의 부속품
(4) 초저온 용기 및 저온 용기의 부속품
(5) 액화석유가스를 충전하는 용기의 부속품

145 공업용 용기에 충전하는 가스 종류에 따른 용기 도색을 쓰시오.

(1) 이산화탄소 : (2) LPG :
(3) 염소 : (4) 질소 :

해답 (1) 청색 (2) 밝은 회색 (3) 갈색 (4) 회색

해설 충전용기 도색 및 문자 색상

가스 종류	용기 도색		문자 색상	
	공업용	의료용	공업용	의료용
산소	녹색	백색	백색	녹색
에틸렌	회색	자색	백색	백색
수소	주황색	–	백색	–
탄산가스	청색	회색	백색	백색
LPG	밝은 회색	–	적색	–
아세틸렌	황색	–	흑색	–
암모니아	백색	–	흑색	–
염소	갈색	–	백색	–
질소	회색	흑색	백색	백색
아산화질소	회색	청색	백색	백색
헬륨	회색	갈색	백색	백색
사이클로 프로판	회색	주황색	백색	백색
기타	회색	회색	백색	–

146 내용적 650m³인 저장탱크에 질소가 5.5MPa 상태로 저장되어 있을 때 저장능력(m³)을 계산하시오. [19. 2회. 기사]

[풀이] 질소가 저장탱크에 압력 5.5MPa 상태로 저장되어 있다는 것은 압축가스 상태라는 것이므로, 압축가스 저장능력 산정식을 이용하여 저장능력(m^3)을 계산한다.

∴ $Q=(10P+1) \times V = (10 \times 5.5+1) \times 650 = 36400 m^3$

[해답] $36400 m^3$

[해설] 압축가스 저장능력 산정식 구분
① $Q=(10P+1) \times V$: 충전압력 P의 단위가 'MPa'이다.
② $Q=(P+1) \times V$: 충전압력 P의 단위가 'kgf/cm^2'이다.

147 액화가스 저장탱크의 저장능력 산정 기준 공식을 완성하시오. [08. 1회, 11. 1회, 기사]

[해답] $W=0.9dV$

여기서, W : 저장능력(kg)
d : 상용온도에서의 액화가스 비중(kg/L)
V : 내용적(L)

148 내용적 1000m^3인 저장탱크에 액화가스를 충전할 때 충전량은 몇 톤인가 계산하시오. (단, 액화가스의 비중은 0.6이다.) [14. 1회. 산기]

[풀이] $W=0.9dV=0.9 \times 0.6 \times 1000 = 540$톤

[해답] 540톤

[해설] 액화가스 저장탱크 저장능력을 계산할 때 내용적(V)의 단위 'L'을 적용하면 저장능력 단위는 'kg'이 되며, 내용적 단위 'm^3'를 적용하면 저장능력 단위는 '톤(ton)'이 된다.

149 15℃에서 내용적 560L인 저장탱크에 액화프로판 300kg을 충전하였다. 규정상 과잉 충전 여부를 판별하시오. (단, 15℃에서 액비중은 0.509이다.)

[풀이] $W=0.9dV=0.9 \times 0.509 \times 560 = 256.536 ≒ 256.54kg$

∴ 법적 충전량이 256.54kg이므로 현재 충전량 300kg은 과잉 충전된 상태이다.

[해답] 과잉 충전상태

150 구형 저장탱크에 액비중 0.55인 액화가스를 법적인 충전량 10톤을 충족하고 있을 때 이 저장탱크의 지름(m)은 얼마인가?

[풀이] 액화가스 저장탱크 저장능력 산정식 $W=0.9dV$에서 내용적 V에 구형 저장탱크 내용적 계산식 $V=\dfrac{\pi}{6} \times D^3$을 대입하면 다음과 같이 정리된다.

$$W=0.9\times d\times V=0.9\times d\times\left(\frac{\pi}{6}\times D^3\right)$$에서 지름 D의 단위가 'm'이면 내용적은 'm³' 가 되어 저장능력은 '톤(ton)'이 된다.

$$\therefore D=\sqrt[3]{\frac{6\times W}{0.9\times\pi\times d}}=\sqrt[3]{\frac{6\times 10}{0.9\times\pi\times 0.550}}=3.379 ≒ 3.38\text{m}$$

해답 3.38m

151 내용적 50L인 용기에 액화암모니아를 저장하려고 한다. 이 저장설비의 저장능력은 몇 kg인가? (단, 액화암모니아의 충전상수는 1.86이다.) [11. 4회. 산기]

해설 $W=\dfrac{V}{C}=\dfrac{50}{1.86}=26.881 ≒ 26.88\text{kg}$

해답 26.88kg

152 저장능력 10톤인 LPG 저장탱크의 내용적을 구하시오. (단, 밀도는 0.472kg/L 이다.)

풀이 액화가스 저장탱크 충전량 계산식 $W=0.9dV$에서 내용적 V를 구하며, 1톤은 1000kg에 해당된다.

$$\therefore V=\frac{W}{0.9d}=\frac{10\times 1000}{0.9\times 0.472}=23540.489 ≒ 23540.49\text{L}$$

해답 23540.49L

해설 고법 시행규칙 별표1 저장능력 산정기준에 액화가스 저장탱크의 저장능력 계산식은 $W=0.9dV$이며 '상용온도에서의 액화가스의 비중 d'의 단위는 'kg/L'을 적용하도록 규정되어 있으므로 문제에서 밀도로 주어진 것을 비중으로 대입하여도 채점에는 영향이 없는 것입니다.

153 액화염소 1375kg을 내용적 50L인 용기에 충전하려면 몇 개의 용기가 필요한가? (단, 액화염소의 충전상수 C는 0.8이다.)

풀이 ① 용기 1개당 충전량 계산

$$W=\frac{V}{C}=\frac{50}{0.8}=62.5\text{kg}$$

② 용기 수 계산

$$용기\ 수=\frac{전체\ 가스량}{용기\ 1개당\ 충전량}=\frac{1375}{62.5}=22개$$

해답 22개

해설 용기 수 최종값에서 소수가 발생하면 크기와 관계없이 무조건 1개로 계산하여야 함

154 내용적 25000L인 액화산소 저장탱크와 내용적이 30m³인 압축산소 용기가 배관으로 연결된 경우 총 저장능력은 몇 m³인가? (단, 액화산소 비중량은 1.14kgf/L, 35℃에서 산소의 최고충전압력은 15MPa이다.)

풀이 ① 용기에 충전된 압축산소 저장능력(m³) 계산 : 산소의 충전압력이 SI단위로 제시되었으므로 SI단위 저장능력 산정식을 이용하여 계산한다.
∴ $Q = (10P+1) \times V = (10 \times 15 + 1) \times 30 = 4530 m^3$

② 저장탱크 액화산소 저장능력(kg) 계산
$W = 0.9dV = 0.9 \times 1.14 \times 25000 = 25650 kg$
→ 고법 시행규칙에 별표1에 규정된 저장능력 산정기준에서 액화가스 10kg을 압축가스 1m³로 계산할 수 있으므로 2565m³가 된다.

③ 총 저장능력(m³) 계산
총저장능력 = 4530 + 2565 = 7095m³

해답 7095m³

해설 저장능력 산정기준(고법 시행규칙 별표1) : 저장탱크 및 용기가 다음 각 목에 해당하는 경우에는 저장능력 산정식에 따라 산정한 각각의 저장능력을 합산한다. 다만, 액화가스와 압축가스가 섞여 있는 경우에는 액화가스 10kg을 압축가스 1m³로 본다.
① 저장탱크 및 용기가 배관으로 연결된 경우
② ①번의 경우를 제외한 경우로서 저장탱크 및 용기 사이의 중심거리가 30m 이하인 경우 또는 구축물에 설치되어 있는 경우. 다만, 소화설비용 저장탱크 및 용기는 제외한다.

155 내용적 50m³인 저장탱크에 비중 0.56인 액화석유가스 20톤을 저장할 때 물음에 답하시오.
[22. 4회. 산기]

(1) 저장탱크 저장능력(톤)은 얼마인가?
(2) 저장탱크 내용적 대비 액화석유가스가 차지하는 용적비(%)는 얼마인가?

풀이 (1) 저장탱크 저장능력 계산
$W = 0.9dV = 0.9 \times 0.56 \times 50 = 25.2$톤

(2) 용적비 계산
① 충전된 액화석유가스 20톤이 차지하는 체적 계산

액화석유가스 체적 = $\dfrac{\text{액화석유가스 질량(kg)}}{\text{액화석유가스 비중(kg/L)}}$

$= \dfrac{20 \times 1000}{0.56} = 35714.285L = 35.714m^3 ≒ 35.71m^3$

② 용적비(%) 계산

$$용적비 = \frac{충전된\ 가스체적}{저장탱크\ 내용적} \times 100 = \frac{35.71}{50} \times 100 = 71.42\%$$

해답 (1) 25.2톤 (2) 71.42%

해설 저장능력 계산할 때 내용적(V)의 단위 'L'을 적용하던 저장능력 단위는 'kg'이 되며, 내용적 단위 'm³'를 적용하면 저장능력 단위는 '톤(ton)'이 된다.

156 내용적이 47L인 용기에 프로판(C_3H_8)을 충전하였을 때 안전공간(%)을 구하시오. (단, 프로판의 충전상수는 2.35이고, 액화 프로판의 밀도는 0.52kg/L이다.) [22. 1회. 기사]

풀이 ① 내용적 47L 용기에 충전하는 프로판 충전량 계산 : 용기에 충전하는 프로판은 액체 상태다.

$$\therefore W = \frac{V}{C} = \frac{47}{2.35} = 20\text{kg}$$

② 액화 프로판 20kg이 차지하는 체적 계산

$$액화가스\ 체적 = \frac{액화가스\ 질량(kg)}{액화가스\ 밀도(kg/L)} = \frac{20}{0.52} = 38.461 ≒ 38.46\text{L}$$

③ 안전공간 계산

$$안전공간(\%) = \frac{용기\ 내용적 - 액화가스\ 체적}{용기\ 내용적} \times 100 = \frac{47 - 38.46}{47} \times 100$$
$$= 18.170 ≒ 18.17\%$$

해답 18.17%

157 내용적 40L인 용기에 아세틸렌가스 6kg(액비중 0.613)을 충전할 때 다공성물질의 다공도를 90%라 하면 표준상태에서 안전공간은 몇 %인가? (단, 아세톤의 비중은 0.8이고, 주입된 아세톤량은 13.9kg이다.)

풀이 ① 아세톤이 차지하는 체적(V_1) 계산

$$V_1 = \frac{액체무게}{액비중} = \frac{13.9}{0.8} = 17.375 ≒ 17.38\text{L}$$

② 다공성물질이 차지하는 체적(V_2) 계산

$$V_2 = 40 \times (1 - 0.9) = 4\text{L}$$

③ 아세틸렌이 차지하는 체적(V_3) 계산 : 용기에 충전된 것은 액체상태의 아세틸렌이다.

$$V_3 = \frac{액체무게}{액비중} = \frac{6}{0.613} = 9.788 ≒ 9.79\text{L}$$

④ 용기 내 내용물이 차지하는 체적(V) 계산

$$V = V_1 + V_2 + V_3 = 17.38 + 4 + 9.79 = 31.17\text{L}$$

⑤ 안전공간(%) 계산

$$안전공간 = \frac{V-E}{V} \times 100 = \frac{40-31.17}{40} \times 100 = 22.075 ≒ 22.08\%$$

해답 22.08%

158 [보기]는 용접용기 동판 두께를 산출하는 공식이다. 물음에 답하시오. [18. 2회. 산기]

| 보기 |

$$t = \frac{PD}{2S\eta - 1.2P} + C$$

(1) "S"는 무엇인가 설명하시오.　　　(2) "η"는 무엇인가 설명하시오.
(3) "P"는 무엇인가 설명하시오.　　　(4) "D"는 무엇인가 설명하시오.

해답 (1) 허용응력(N/mm^2)　(2) 용접효율　(3) 최고충전압력(MPa)　(4) 안지름(mm)

해설 용접용기 동판 두께 산출 공식

① SI단위 : $t = \dfrac{PD}{2S\eta - 1.2P} + C$

　t : 동판 두께(mm)　　P : 최고충전압력(MPa)　　D : 안지름(mm)
　S : 허용응력(N/mm^2)　η : 용접효율　　　　　C : 부식여유(mm)

② 공학단위 : $t = \dfrac{PD}{200S\eta - 1.2P} + C$

　t : 동판 두께(mm)　　P : 최고충전압력(kgf/cm^2)　D : 안지름(mm)
　S : 허용응력(kgf/mm^2)　η : 용접효율　　　　　C : 부식여유(mm)

※ SI단위와 공학단위를 구별하기 바라며, 문제에서 '허용응력' 대신에 '인장강도'로 주어지는 경우가 많으니 인장강도에서 허용응력을 구하는 것을 반드시 숙지하고 응용된 출제문제에 대응하길 바랍니다.

　∴ 허용응력 = $\dfrac{인장강도}{안전율}$ → 안전율에 대하여 별도로 언급이 없으면 '4'를 적용합니다.

　단, 스테인리스제일 경우는 '3.5'를 적용합니다.

159 [보기]와 같은 조건일 때 용접용기의 동판 두께(mm)를 계산하시오.

| 보기 |
- 최고사용압력 : 3MPa　　• 안지름 : 60cm　　• 용접효율 : 75%
- 항복응력 : 600N/mm^2　• 부식여유치 : 1mm

풀이 $t = \dfrac{PD}{2S\eta - 1.2P} + C = \dfrac{3 \times (60 \times 10)}{2 \times \left(600 \times \dfrac{1}{4}\right) \times 0.75 - 1.2 \times 3} + 1 = 9.130 ≒ 9.13\text{mm}$

해답 9.13mm

해설 [보기]의 조건 중 '항복응력'을 '인장강도'로 적용해야 하며, 허용응력(S)은 인장강도를 안전율로 나눠 구할 수 있고, 안전율에 대하여 별도로 제시되지 않으면 4를 적용한다.

160 용접용기가 [보기]와 같은 조건일 때 동판 두께는 몇 mm인가?

| 보기 |
- 최고충전압력 : 50kgf/cm²
- 안지름 : 65cm
- 인장강도 : 60kgf/mm²
- 용접효율 : 75%
- 부식여유치 : 1mm

풀이 최고충전압력과 인장강도가 공학단위로 주어졌으므로 공학단위 공식을 적용하여 두께를 구하며, 허용응력은 인장강도와 안전율의 관계를 적용한다.

$t = \dfrac{PD}{200S\eta - 1.2P} + C = \dfrac{50 \times (65 \times 10)}{200 \times \left(60 \times \dfrac{1}{4}\right) \times 0.75 - 1.2 \times 50} + 1$

$= 15.840 ≒ 15.84\text{mm}$

해답 15.84mm

161 기밀시험압력 5MPa, 안지름 10cm인 스테인리스제 초저온 용접용기의 동판 두께는 몇 mm인가? (단, 재료의 인장강도 600N/mm², 용접효율 60%, 부식여유 3mm이다.)

풀이 ① 초저온 용기 최고충전압력 계산 : 초저온 용기의 기밀시험압력(AP)은 최고충전압력(FP)의 1.1배이다.

∴ $AP = FP \times 1.1$배

∴ $FP = \dfrac{AP}{1.1} = \dfrac{5}{1.1} = 4.545 ≒ 4.55\text{MPa}$

② 동판 두께 계산 : 계산식에 적용하는 것은 허용응력(S)인데 문제에서 제시해준 조건은 인장강도가 주어졌으므로 허용응력과 인장강도의 관계를 대입하여 계산한다.

$t = \dfrac{PD}{2S\eta - 1.2P} + C = \dfrac{4.55 \times 10 \times 10}{2 \times \left(600 \times \dfrac{1}{3.5}\right) \times 0.6 - 1.2 \times 4.55} + 3$

$= 5.272 ≒ 5.27\text{mm}$

[해답] 5.27mm

[해설] 고압가스용 용접용기 동판 두께 계산식 중 재료의 구분에 따른 허용응력(N/mm²) 수치 : KGS AC211

재료의 구분		허용응력 수치
스테인리스강		인장강도의 3.5분의 1의 수치
스테인리스강 외의 강	열처리를 하여 제조된 저합금강으로서 인장강도가 392N/mm² 이상의 것 또는 그 용기의 상용온도에서 취성파괴를 일으키지 아니하는 성질을 가지는 것	항복점에 다음 산식에 따라 얻은 수치를 곱하여 얻은 수치 또는 인장강도의 4분의 1의 수치 $$\frac{1.7-\gamma}{2}$$ 위 식에서 γ는 그 재료의 항복점과 인장강도의 비(0.7 미만인 때에는 0.7)를 표시한다.
	그 밖의 것	항복점의 0.4배의 수치 또는 인장강도의 4분의 1의 수치
알루미늄 합금		재료의 인장강도와 내력의 합의 5분의 1의 수치 또는 내력의 3분의 2의 수치 중 작은 것

162 이음매 없는 용기의 바깥지름 50mm, 내압시험에서의 동체 재료의 허용응력 300N/mm², 내압시험압력 20MPa이다. 이때 최고충전압력의 1.7배 압력에서 항복을 일으키지 않는 이음매 없는 용기의 동체 두께는 몇 mm인가?

[풀이] $t=\dfrac{D}{2}\left(1-\sqrt{\dfrac{S-1.3P}{S+0.4P}}\right)=\dfrac{50}{2}\times\left(1-\sqrt{\dfrac{300-1.3\times20}{300+0.4\times20}}\right)=1.420 ≒ 1.42\text{mm}$

[해답] 1.42mm

[해설] 이음매 없는 용기 두께 : KGS AC212

① 용기는 최고충전압력의 1.7(알루미늄으로 제조한 용기는 1.5 또는 내력비의 5배 수치를 내력비에 1을 더한 수치로 나누어 얻은 수치 중 큰 것)을 곱한 수치 이상의 압력에서 항복을 일으키지 않는 두께 이상으로 제조한다.

② 최고충전압력의 1.7배 압력에서 항복을 일으키지 않는 이음매 없는 용기의 동체 두께는 다음 식으로 계산하여 얻은 값 가운데에서 큰 값 이상으로 한다.

$$t=\frac{D}{2}\left(1-\sqrt{\frac{S-1.3P}{S+0.4P}}\right), \quad t=\frac{d}{2}\left(\sqrt{\frac{S+0.4P}{S-1.3P}}-1\right)$$

여기서, t : 동체 두께(mm)
D : 바깥지름(mm)
d : 안지름(mm)
S : 내압시험압력에서의 동체 재료의 허용응력(N/mm²)
P : 내압시험압력(MPa)

163 고압용기의 지름을 1.5배 크게 하고, 용기 재료의 강도를 1.5배 증가시키면 용기 두께 변화는 어떻게 되는가? (단, 다른 조건은 동일하다.)

풀이 용접용기 동판 두께 계산식을 이용하여 계산

① 처음의 두께 계산식 : $t_1 = \dfrac{P_1 D_1}{2S_1 \eta_1 - 1.2P_1} + C_1$

② 지름과 강도가 증가할 때 두께 계산식 : $t_2 = \dfrac{P_2 D_2}{2S_2 \eta_2 - 1.2P_2} + C_2$

③ 용기의 지름(D)과 강도(허용응력 : S)가 각각 1.5배 증가할 때 두께 계산

$$\dfrac{t_2}{t_1} = \dfrac{\dfrac{P_2 D_2}{2S_2 \eta_2 - 1.2P_2} + C_2}{\dfrac{P_1 D_1}{2S_1 \eta_1 - 1.2P_1} + C_1} \text{에서}$$

$P_1 = P_2$, $\eta_1 = \eta_2$, $C_1 = C_2$이므로 생략하여 변화 후의 두께 t_2를 구하는 식을 완성하여 비교한다.

$$\therefore t_2 = \dfrac{\dfrac{D_2}{S_2}}{\dfrac{D_1}{S_1}} \times t_1 = \dfrac{\dfrac{1.5D_1}{1.5S_1}}{\dfrac{D_1}{S_1}} \times t_1 = \dfrac{1.5D_1 S_1}{1.5S_1 D_1} \times t_1 = t_1$$

$\therefore t_2 = t_1$이므로 두께에는 변함이 없다.

해답 두께는 변함이 없다.

---

164 [보기]에서 주어진 조건을 이용하여 구형 가스홀더의 두께(mm)를 계산하시오.

| 보기 |
- 압력 : 5MPa
- 인장 강도 : 600N/mm^2
- 부식여유치 : 2mm
- 용접효율 : 60%
- 안지름 : 1000mm

풀이 허용응력(f)은 인장강도를 안전율 4로 나눈 값을 적용한다.

$$\therefore t = \dfrac{PD}{4f\eta - 0.4P} + C = \dfrac{5 \times 1000}{4 \times \left(600 \times \dfrac{1}{4}\right) \times 0.6 - 0.4 \times 5} + 2 = 15.966 = 15.97\text{mm}$$

해답 15.97mm

제 7 장 계측기기

1 가스 검지법 및 분석기

1-1 가스 검지법

(1) 시험지법

검지가스	시험지	반응색	비고
암모니아(NH_3)	적색리트머스지	청색	산성, 염기성가스도 검지 가능
염소(Cl_2)	KI-전분지	청갈색	할로겐가스, NO_2도 검지 가능
포스겐($COCl_2$)	해리슨 시약지	유자색	
시안화수소(HCN)	초산벤지딘지	청색	
일산화탄소(CO)	염화팔라듐지	흑색	
황화수소(H_2S)	연당지	회흑색	초산납시험지라 불린다.
아세틸렌(C_2H_2)	염화제1구리착염지	적갈색	반응색을 적색으로 표현함

(2) **검지관법** : 발색시약을 충전한 검지관에 시료가스를 넣은 후 표준표와 비색 측정을 하는 것

(3) **가연성가스 검출기** : 안전등형, 간섭계형, 열선형, 반도체식 검지기

예제 01 다음 가스가 누설되었을 때 사용하는 누설검지 시험지와 반응색에 대하여 각각 쓰시오.

검지가스	시험지	반응색
포스겐($COCl_2$)	①	②
시안화수소(HCN)	③	④
일산화탄소(CO)	⑤	⑥
아세틸렌(C_2H_2)	⑦	⑧

[17. 3회. 기사]

해답 ① 해리슨 시약지 ② 유자색 ③ 초산벤지딘지 ④ 청색
⑤ 염화팔라듐지 ⑥ 흑색 ⑦ 염화제1구리착염지 ⑧ 적갈색

해설 아세틸렌(C_2H_2)의 반응색을 '적색'으로 표현하는 경우도 있다.

1-2 가스 분석기

(1) 가스 분석의 구분
① 화학적 가스 분석계 : 가스의 연소열을 이용한 것, 용액 흡수제를 이용한 것, 고체 흡수제를 이용한 것
② 물리적 가스 분석계 : 가스의 열전도율을 이용한 것, 가스의 밀도, 점도차를 이용한 것, 빛의 간섭을 이용한 것, 전기전도도를 이용한 것, 가스의 자기적 성질을 이용한 것, 가스의 반응성을 이용한 것, 적외선 흡수를 이용한 것

(2) 흡수 분석법
① 오르사트(Orsat)법
  ㈎ CO_2 : KOH 30% 수용액
  ㈏ O_2 : 알칼리성 피로갈롤 용액
  ㈐ CO : 암모니아성 염화제1구리 용액
  ㈑ N : 나머지 양으로 계산
② 헴펠(Hempel)법
  ㈎ CO_2 : 수산화칼륨(KOH) 30% 수용액
  ㈏ C_mH_n : 무수황산을 25% 포함한 발연황산
  ㈐ O_2 : 알칼리성 피로갈롤 용액
  ㈑ CO : 암모니아성 염화제1구리($CuCl_2$) 용액
③ 게겔(Gockel)법
  ㈎ CO_2 : 33% KOH 수용액
  ㈏ 아세틸렌 : 요오드수은(옥소수은) 칼륨 용액
  ㈐ 프로필렌, $n-C_4H_8$: 87% H_2SO_4
  ㈑ 에틸렌 : 취화수소(HBr) 수용액
  ㈒ O_2 : 알칼리성 피로갈롤 용액
  ㈓ CO : 암모니아성 염화제1구리 용액

(3) 가스 크로마토그래피
① 특징
  ㈎ 여러 종류의 가스 분석이 가능하다.
  ㈏ 선택성이 좋고 고감도로 측정한다.
  ㈐ 미량 성분의 분석이 가능하다.
  ㈑ 응답 속도가 늦으나 분리 능력이 좋다.
  ㈒ 동일 가스의 연속 측정이 불가능하다.
② 구성 : 분리관(칼럼), 검출기, 기록계

③ 캐리어가스 : 수소(H_2), 헬륨(He), 아르곤(Ar), 질소(N_2)
④ 검출기(detector)의 종류
　㈎ 열전도형 검출기(TCD) : 유기 및 무기화학종에 감응하며 일반적으로 사용
　㈏ 수소염 이온화 검출기(FID) : 탄화수소에서 감도가 최고
　㈐ 전자포획 이온화 검출기(ECD) : 할로겐 및 산소화합물 감도 최고
　㈑ 염광 광도형 검출기(FPD) : 인, 유황화합물 검출
　㈒ 알칼리성 이온화 검출기(FTD) : 유기질소 화합물 및 유기인 화합물 검출

> **예제 02** 도시가스 매설배관의 누설검사 차량에 탑재하여 누설검사에 사용되는 장비의 명칭을 영문약자로 쓰시오. [18. 2회. 산기 동영상]
> **해답** FID
> **해설** FID(Flame Ionization Detector) : 수소불꽃 이온화 검출기

2 가스 계측기기

2-1 온도계

(1) 접촉식 온도계
① 유리제 봉입식 온도계, 알코올 유리온도계, 베크만 온도계, 유점 온도계
② 바이메탈 온도계 : 열팽창률이 서로 다른 2종의 얇은 금속판을 밀착시킨 것
③ 압력식 온도계 : 액체나 기체의 체적 팽창을 이용
④ 전기식 온도계
　㈎ 저항 온도계 : 백금 측온 저항체, 니켈 측온 저항체, 동 측온 저항체
　㈏ 서미스터(thermistor) : 반도체를 이용하여 온도 측정
⑤ 열전대 온도계
　㈎ 원리 : 제베크(Seebeck) 효과
　㈏ 종류 : 백금-백금로듐(P-R), 크로멜-알루멜(C-A), 철-콘스탄트(I-C), 동-콘스탄트(C-C)
⑥ 제게르 콘(Seger kone) : 벽돌의 내화도 측정에 사용
⑦ 서모컬러(thermo color) : 온도 변화에 따른 색이 변하는 성질 이용

(2) 비접촉식 온도계

① 광고온도계 : 측정 대상물체의 빛과 전구 빛을 같게 하여 저항을 측정
② 광전관식 온도계 : 광전지 또는 광전관을 사용하여 자동으로 측정
③ 방사 온도계 : 스테판 – 볼츠만 법칙 이용
④ 색 온도계 : 물체에서 발생하는 빛의 밝고 어두움을 이용

제베크 효과(Seebeck effect)를 설명하시오.

해답 2종류의 금속선을 접속하여 하나의 회로를 만들어 2개의 접점에 온도차를 부여하면 회로에 접점의 온도에 거의 비례한 전류(열기전력)가 흐르는 현상으로 열전대 온도계의 측정원리이다.

2-2 압력계

(1) 1차 압력계

① 액주식 압력계(manometer) : 단관식 압력계, U자관식 압력계, 경사관식 압력계 등
② 침종식 압력계 : 아르키메데스의 원리 이용, 단종식과 복종식으로 구분
③ 자유 피스톤형 압력계 : 부르동관 압력계의 교정용으로 사용

(2) 2차 압력계

① 탄성 압력계 : 부르동관 압력계, 벨로스식 압력계, 다이어프램 압력계, 캡슐식
② 전기식 압력계 : 전기저항 압력계, 피에조 전기 압력계, 스트레인 게이지

수은을 이용한 U – 자관 액주계에서 액주 높이차(h)가 66cm일 때 절대압력은 몇 Pa인가?

풀이 ① 게이지압력 계산 : 수은(Hg)의 비중량은 $13600 \mathrm{kgf/m^3}$이고, 비중량(γ)에 액주계 높이차(m)를 곱하면 공학단위 'kgf/m²'이므로 여기에 중력가속도 $9.8 \mathrm{m/s^2}$을 곱하면 SI단위 'Pa'로 변환된다.

$$\therefore P_g = \gamma \times h = 13600 \times 0.66$$
$$= 8976 \mathrm{kgf/m^2} \times 9.8 \mathrm{m/s^2} = 87964.8 \mathrm{N/m^2} = 87964.8 \mathrm{Pa}$$

② 절대압력 계산
절대압력 = 대기압 + 게이지압력 = 101325 + 87964.8 = 189289.8Pa · a

해답 189289.8Pa · a

> **해설** 절대압력, 대기압, 게이지압력, 진공압력의 구분
> ① 절대압력(absolute pressure) : 완전진공 상태를 기준으로 측정한 압력으로 단위에 'a' 또는 'abs'를 붙여 표시한다.
> ② 대기압(atmospheric pressure) : 대기에 작용하는 중력에 의해 지표에 생긴 압력으로 0℃, 위도 45° 해수면을 기준으로 하며, 'atm'으로 표시한다.
> ③ 게이지압력(gauge pressure) : 대기압을 기준으로 측정한 압력으로 단위에 'g'를 붙이거나 생략한다.
> ④ 진공압력(vacuum pressure) : 대기압을 기준으로 하여 대기압보다 낮게 지시되는 압력으로 단위에 'v' 또는 압력에 해당되는 수치 앞에 '−'부호를 붙여 구별한다. 완전 진공상태는 760mmHg·v 또는 −760mmHg이다.

2-3 유량계

(1) 유량의 측정 방법

① 직접법 : 유체의 부피나 질량을 직접 측정하는 방법
② 간접법 : 유속을 측정하여 유량을 계산하는 방법으로 베르누이 정리를 응용한 것이다.
　(가) 체적유량 : $Q = A \cdot V$
　(나) 질량유량 : $M = \rho \cdot A \cdot V$
　(다) 중량유량 : $G = \gamma \cdot A \cdot V$
　　여기서, Q : 체적유량(m^3/s)　　M : 질량유량(kg/s)　　G : 중량유량(kgf/s)
　　　　　 ρ : 밀도(kg/m^3)　　γ : 비중량(kgf/m^3)　　A : 단면적(m^2)
　　　　　 V : 유속(m/s)

(2) 직접식 유량계

① 종류 : 오벌 기어식, 루트식, 로터리 피스톤식, 로터리 베인식, 습식 가스미터, 왕복 피스톤식
② 특징
　(가) 정도가 높아 상거래용으로 사용된다.
　(나) 고점도 유체나 점도 변화가 있는 유체의 측정에 적합하다.
　(다) 맥동의 영향을 적게 받는다.
　(라) 이물질의 유입을 차단하기 위하여 입구측에 여과기를 설치한다.
　(마) 회전자의 재질로 포금, 주철, 스테인리스강이 사용된다.

(3) 간접식 유량계

① 차압식 유량계(조리개 기구식)
   ㈎ 측정원리 : 베르누이 정리(베르누이 방정식)
   ㈏ 종류 : 오리피스미터, 플로노즐, 벤투리미터
   ㈐ 유량 계산식

$$Q = CA \frac{1}{\sqrt{1-m^2}} \sqrt{2g\frac{P_1-P_2}{\gamma}} = CA \frac{1}{\sqrt{1-m^2}} \sqrt{2gh\frac{\gamma_m-\gamma}{\gamma}}$$

여기서, Q : 유량(m^3/s) C : 유량계수
A : 조리개부분 단면적(m^2) g : 중력가속도($9.8m/s^2$)
m : 교축비 $\left\{\frac{D_2^2}{D_1^2} = \left(\frac{D_2}{D_1}\right)^2\right\}$ h : 마노미터(액주계) 높이차(m)
P_1 : 교축기구 입구측 압력(kgf/m^2) P_2 : 교축기구 출구측 압력(kgf/m^2)
γ_m : 마노미터 액체 비중량(kgf/m^3) γ : 유체의 비중량(kgf/m^3)

※ 유량은 차압(ΔP)의 평방근에 비례한다.

② 면적식 유량계 : 부자식(플로트식), 로터미터
③ 유속식 유량계 : 임펠러식 유량계, 피토관 유량계, 열선식 유량계
   ㈎ 피토관 특징
      ㉮ 피토관을 유체의 흐름 방향과 평행하게 설치한다.
      ㉯ 유속이 5m/s 이하인 유체는 측정이 불가능하다.
      ㉰ 슬러지, 분진 등 불순물이 많은 유체는 측정이 불가능하다.
      ㉱ 비행기의 속도 측정, 수력발전소의 수량 측정, 송풍기의 풍량 측정에 사용
   ㈏ 피토관 유속 계산식

$$V = C\sqrt{2g\frac{P_t-P_s}{\gamma}} = C\sqrt{2gh\frac{\gamma_m-\gamma}{\gamma}}$$

여기서, V : 유속(m/s) C : 유량계수
g : 중력가속도($9.8m/s^2$) h : 마노미터(액주계) 높이차(m)
P_t : 전압(kgf/m^2) P_s : 정압(kgf/m^2)
γ_m : 마노미터 액체 비중량(kgf/m^3) γ : 유체의 비중량(kgf/m^3)

④ 전자식 유량계 : 패러데이의 전자유도법칙을 이용
⑤ 와류식 유량계 : 소용돌이(와류)의 주파수 특성이 유속과 비례관계를 유지하는 것을 이용
⑥ 초음파 유량계 : 도플러 효과 이용

예제 05 지름이 14cm인 관에 8m/s로 물이 흐를 때 질량유량(kg/s)을 계산하시오. (단, 물의 밀도는 1000kg/m³이다.) [07. 2회, 09. 1회, 19. 1회. 산기]

풀이 질량유량(m)은 체적유량($Q=AV$)에 유체의 밀도(ρ)를 곱한 값이다.

$$\therefore M = \rho \times A \times V = 1000 \times \left(\frac{\pi}{4} \times 0.14^2\right) \times 8 = 123.150 ≒ 123.15 \text{kg/s}$$

해답 123.15kg/s

2-4 액면계

(1) 직접식 액면계의 종류

① 유리관식 액면계
② 부자식 액면계 (플로트식 액면계)
③ 검척식 액면계

(2) 간접식 액면계의 종류

① 압력식 액면계
② 저항 전극식 액면계
③ 초음파 액면계
④ 정전 용량식 액면계
⑤ 방사선 액면계
⑥ 차압식 액면계(햄프슨식 액면계)
⑦ 다이어프램식 액면계
⑧ 편위식 액면계
⑨ 기포식 액면계
⑩ 슬립 튜브식 액면계

 예제 06 액화산소 등을 저장하는 초저온 저장탱크의 액면 측정용으로 가장 적합한 액면계는?

해답 차압식 액면계

해설 차압식 액면계 : 액화산소와 같은 극저온의 저장조의 상·하부를 U자관에 연결하여 차압에 의하여 액면을 측정하는 방식으로 햄프슨식 액면계라 한다.

계측기기 예상문제

01 다음 가스가 누설되었을 때 사용하는 누설검지 시험지와 반응색을 각각 쓰시오.

번호	가스 명칭	시험지	반응색
(1)	Cl_2		
(2)	C_2H_2		
(3)	CO		
(4)	HCN		

해답

번호	가스 명칭	시험지	반응색
(1)	Cl_2	KI 전분지	청갈색
(2)	C_2H_2	염화제1구리착염지	적갈색
(3)	CO	염화팔라듐지	흑색
(4)	HCN	초산벤지딘지	청색

해설 아세틸렌(C_2H_2)의 반응색을 '적색'으로 표현하는 경우도 있다.

02 가연성가스 검출기로 사용할 수 있는 것 4가지를 쓰시오.

해답 ① 안전등형 ② 간섭계형 ③ 접촉연소식 검출기
④ 반도체식 검출기 ⑤ 열전도도 검출기

03 가연성가스 검출기 중 접촉연소방식의 원리를 설명하시오. [17. 1회. 기사]

해답 열선(필라멘트)으로 검지된 가스를 연소시켜 생기는 온도변화에 전기저항의 변화가 비례하는 것을 이용한 것이다.

04 서모스탯(thermostat) 검지기의 측정원리를 쓰시오.

해답 가스와 공기의 열전도도가 다른 것을 이용한 것이다.

해설 서모스탯(thermostat) 검지기 : 가스와 공기의 열전도도가 다른 것을 측정 원리로 한 것으로 전기적으로 자기가열한 서모스탯에 측정하고자 하는 가스를 접촉시키면 기체의 열전도도에 의해서 서모스탯으로부터 단위시간에 잃게 되는 열량

은 가스의 종류 및 농도에 따라서 변화한다. 따라서 가열전류를 일정하게 유지하면 가스 중에 방열에 의한 서모스탯의 온도변화는 전기저항의 변화로서 측정할 수 있고 이것을 브릿지회로에 조립하면 전위차가 생기면서 전류가 흘러 가스의 농도를 측정할 수 있다. 가연성가스만 또는 가연성가스 중 특정 성분만을 선택적으로 검출하는 것은 측정 원리상 불가능하고 공기와 열전도가 다른 가스이면 모두 검출된다. 검출감도는 가스의 열전도에 따라서 다르고 공기와의 차이가 큰 것일수록 높다. 측정범위는 가연성가스 검지기와 같은 연소반응을 일으키지 않으므로 0~100%의 가스 농도 측정이 원리적으로 가능하다. 참고로 서모스탯(thermostat) 검지기를 서미스터(thermistor) 가스검지기라 한다.

---

05 가스누설검지기에서 오보 대책에 대한 다음 내용을 설명하시오.

(1) 경보지연 :   (2) 반시한 경보 :   (3) 즉시경보 :

[20. 2회. 기사] [15. 3회. 기사 유사]

해답 (1) 일정시간 연속해서 가스를 검지한 후에 경보하는 형식
(2) 가스 농도에 따라서 경보까지의 시간을 변경하는 형식
(3) 가스 농도가 설정값 이상이 되면 즉시 경보하는 형식

해설 가스누설검지기의 오보 대책
① 즉시경보형 : 가스 농도가 설정값 이상이 되면 즉시 경보하는 형식으로 일반적으로 접촉연소식 경우에 적용한다.
② 지연경보형 : 일정시간 연속해서 가스를 검지한 후에 경보하는 형식으로 즉시경보형보다 경보는 늦지만 가스레인지에서 점화가 되지 않았을 경우, 조리 시에 일시적으로 에틸알코올 농도가 증가하는 경우에서는 경보를 하지 않는 장점이 있다.
③ 반시한 경보형 : 가스 농도에 따라서 경보까지의 시간을 변경하는 형식으로 가스 농도가 급격히 증가하면 즉시 경보하고, 농도 증가가 느리면 지연경보하는 경우이다.

---

06 채취된 가스를 분석기 내부에서 성분흡수제에 흡수시켜 측정하는 분석기의 종류 3가지를 쓰시오.

해답 ① 오르사트법 ② 헴펠법 ③ 게겔법

---

07 오르사트 흡수 분석기에서 분석 순서 및 흡수제의 종류를 쓰시오.

해답 ① CO_2 : KOH 30% 수용액
② O_2 : 알칼리성 피로갈롤 용액
③ CO : 암모니아성 염화제1구리용액

08 배기가스 100cc를 채취하여 KOH 30% 수용액에 흡수된 양이 15cc이었고, 이것을 알칼리성 피로갈롤 용액을 통과 후 70cc가 남았으며 암모니아성 염화제1구리에 흡수된 양은 1cc이었다. 이때 가스 중 CO_2, O_2, CO는 각각 몇 %인가 계산하시오.

풀이 ① CO_2 조성비 계산 : 시료 100cc가 CO_2 흡수액에 흡수된 양이 15cc이므로 남은 시료가 85cc이다.

$$\therefore CO_2 = \frac{CO_2 \text{ 흡수액에 흡수된 양}}{\text{시료량}} \times 100 = \frac{15}{100} \times 100 = 15\%$$

② O_2 조성비 계산 : CO_2 흡수액에서 흡수되고 남은 시료 85cc에서 O_2 흡수액을 통과한 후 남은 시료가 70cc 이므로 차이에 해당되는 양이 흡수된 양(체적감량)이다.

$$\therefore O_2 = \frac{O_2 \text{의 체적감량}}{\text{시료량}} \times 100 = \frac{85-70}{100} \times 100 = 15\%$$

③ CO 조성비 계산 : O_2 흡수액에서 흡수되고 남은 시료 70cc에서 CO 흡수액에 흡수된 양이 1cc이다.

$$\therefore CO = \frac{CO \text{ 흡수액에 흡수된 양}}{\text{시료량}} \times 100 = \frac{1}{100} \times 100 = 1\%$$

해답 ① CO_2 : 15% ② O_2 : 15% ③ CO : 1%

해설 문제에서 제시된 3가지 성분 외 질소(N_2) 성분까지 묻는 경우에는 전체 성분 100%에서 3가지 성분의 합계(%)를 빼 주면 된다.
$\therefore N_2 = 100 - (CO_2 + O_2 + CO) = 100 - (15 + 15 + 1) = 69\%$

09 가스 크로마토그래피 분석장치의 원리를 설명하시오. [22. 2회. 산기]

해답 운반기체(carrier gas)의 유량을 조절하면서 측정하여야 할 시료기체를 도입부를 통하여 공급하면 운반기체와 시료기체가 분리관을 통과하는 동안 분리되어 시료의 각 성분의 흡수력 차이(시료의 확산속도, 이동속도)에 따라 성분의 분리가 일어나고 시료의 각 성분이 검출기에서 측정된다.

10 가스 크로마토그래피 분석장치에 사용되는 캐리어가스의 종류 4가지를 쓰시오.

해답 ① 수소(H_2) ② 헬륨(He) ③ 아르곤(Ar) ④ 질소(N_2)

11 가스 크로마토그래피에서 검출기 종류 4가지를 쓰시오.

해답 ① 열전도도형 검출기(TCD)　　② 수소염 이온화 검출기(FID)
③ 전자포획 이온화 검출기(ECD)　④ 염광 광도형 검출기(FPD)
⑤ 알칼리성 이온화 검출기(FTD)　⑥ 방사선 이온화 검출기(RID)

12 불꽃 이온화 검출기(FID)라 불리며, 메탄과 같은 유기화합물을 검출할 때 특정 가스와의 반응을 이용한 것이다. 이 가스는 무엇인가?

해답 수소(H_2)

해설 FID 검출기는 수소(H_2)가 연소할 때 발생하는 수분의 응축을 방지하기 위하여 검출기의 온도가 100℃ 이상에서 작동되어야 한다.

13 다음에 설명하는 도로에 매설된 도시가스 배관의 누출 여부를 검사하는 장비의 명칭을 영문 약자로 쓰시오.　　　　　　　　　　　　　　　　　　　　　　　　　[18. 4회. 산기]

(1) 불꽃 속에 탄화수소가 들어가면 시료 성분이 이온화됨으로써 불꽃 중에 놓여진 전극 간의 전기전도도가 증대하는 것을 이용한 것이다.

(2) 적외선 흡광 특성을 이용한 방식으로 차량에 탑재하여 메탄의 누출 여부를 탐지하는 것이다.

해답 (1) FID
(2) OMD

해설 도시가스 매설배관 누출을 검사하는 장비(검지기)

① FID(Flame Ionization Detector) : 가스 크로마토그래피 분석장치 검출기 중 하나로 불꽃 속에 탄화수소가 들어가면 시료 성분이 이온화됨으로써 불꽃 중에 놓여진 전극간의 전기전도도가 증대하는 것을 이용한 것으로 탄화수소에서 감도가 최고이고, H_2, O_2, CO_2, SO_2 등은 감도가 없다. 수소불꽃 이온화 검출기(또는 수소염 이온화 검출기)라 한다.

② OMD(Optical Methane Detector) : 적외선 흡광방식으로 차량에 탑재하여 50km/h로 운행하면서 도로상 누출과 반경 50m 이내의 누출을 동시에 측정할 수 있고, GPS와 연동되어 누출지점 표시 및 실시간 데이터를 저장하고 위치를 표시하는 것으로 차량용 레이저 메탄 검지기라 한다.

참고 레이저 메탄가스 디텍터 등 가스 누출 정밀 감시장비(KGS FS451) : 최대 150m의 거리에서 300ppm·m의 메탄가스를 0.2초 이내에 검출해 낼 수 있으며, 진단 기간 동안 가스 누출을 자동으로 상시 감시할 수 있는 장비를 말한다.

14 온도계는 접촉식과 비접촉식으로 구분할 수 있는데 접촉식 온도계의 종류 4가지를 쓰시오.

해답 ① 유리제 봉입식 온도계 ② 바이메탈 온도계 ③ 압력식 온도계
④ 열전대 온도계 ⑤ 전기저항 온도계 ⑥ 제게르 콘

해설 비접촉식 온도계의 종류
① 광고온도계 ② 광전관 온도계 ③ 방사 온도계 ④ 색 온도계

15 금속마다 선팽창계수가 다른 기계적 성질을 이용한 것으로 발열체의 발열변화에 따라 굽히는 정도가 다른 2종의 얇은 금속판을 결합시켜 안전장치 등에 사용되는 것은 무엇인가?

[16. 1회. 산기]

해답 바이메탈

해설 바이메탈의 특성을 온도계에 이용한 것이 '바이메탈 온도계'이다.

16 열전대 온도계의 종류 4가지를 쓰시오.

해답 ① 백금-백금로듐(P-R) 열전대 ② 크로멜-알루멜(C-A) 열전대
③ 철-콘스탄트(I-C) 열전대 ④ 동-콘스탄트(C-C) 열전대

해설 열전대의 종류 및 특징

종류 및 약호	사용금속		측정범위	특징
	+ 극	− 극		
백금-백금로듐 (P-R)	Pt : 87% Rh : 13%	Pt(백금)	0~1600℃	산화성 분위기에 강하나 환원성에 약하다.
크로멜-알루멜 (C-A)	크로멜 Ni : 90% Cr : 10%	알루멜 Ni : 94% Al : 3% Mn : 2% Si : 1%	−20~1200℃	기전력이 크고 가격이 저렴하고 안정적이다.
철-콘스탄탄 (I-C)	순철(Fe)	콘스탄탄 Cu : 55% Ni : 45%	−20~800℃	환원성 분위기에 강하나 산화성에는 약하다.
동-콘스탄탄 (C-C)	순구리 (Cu)	콘스탄탄	−200~350℃	열기전력이 크고 저온용에 적합하다.

17 열전대 온도계의 측정원리와 용도를 쓰시오.

해답 ① 측정원리 : 제베크 효과
② 용도 : 고온 측정용, 원격 측정용

해설 제베크 효과(Seebeck effect) : 2종류의 금속선을 접속하여 하나의 회로를 만들어 2개의 접점에 온도차를 부여하면 회로에 접점의 온도에 거의 비례한 전류(열기전력)가 흐르는 현상으로 열전대 온도계의 측정원리이다.

18 방사 온도계는 물체에서의 전방사 에너지를 열전대와 측온접점에 모아 열기전력을 측정하여 온도를 구하는 형식으로 방사 온도계의 측정원리는 무슨 법칙을 이용한 것인가?

해답 스테판-볼츠만 법칙

해설 스테판-볼츠만 법칙(Stefan-Boltzman's law) : 단위 표면적당 복사되는 에너지는 절대온도의 4제곱에 비례한다.

19 1차 압력계와 2차 압력계 종류를 각각 3가지씩 쓰시오.

해답 ① 1차 압력계 : 단관식 압력계, U자관 압력계, 경사관식 압력계
② 2차 압력계 : 부르동관식 압력계, 다이어프램 압력계, 벨로스식 압력계, 전기식 압력계

20 액주식 압력계에 사용되는 액체의 구비조건 4가지를 쓰시오.

해답 ① 점성이 적을 것   ② 열팽창계수가 적을 것
③ 항상 액면은 수평을 만들 것   ④ 온도에 따라서 밀도변화가 적을 것
⑤ 증기에 대한 밀도변화가 적을 것 ⑥ 모세관 현상 및 표면장력이 적을 것
⑦ 화학적으로 안정할 것   ⑧ 휘발성 및 흡수성이 적을 것
⑨ 액주의 높이를 정확히 읽을 수 있을 것

21 비중이 0.9인 액체가 채워져 있는 탱크에 지시되는 압력이 $2.7 kgf/cm^2 \cdot a$ 이다. 이것을 수두(head)로 나타내면 몇 m인가?

풀이 베르누이 방정식에서 압력수두 $h = \dfrac{P}{\gamma}$를 이용하여 계산하며, 비중량($\gamma[kgf/m^3]$)은 비중에 1000을 곱해서 변환하고, 압력은 'kgf/m^2' 단위로 변환하여 적용한다.

$$\therefore h = \frac{P}{\gamma} = \frac{2.7 \times 10^4}{0.9 \times 10^3} = 30m$$

해답 30m

[해설] 1atm=1.0332kgf/cm²=10332kgf/m²=10332mmH₂O이므로 'kgf/cm²' 단위에서 'kgf/m²' 단위로 변환할 때에는 1만을 곱한다. 반대로 'kgf/m²' 단위에서 'kgf/cm²' 단위로 변환할 때에는 1만으로 나눠주면 된다.

22 밀도가 0.998g/cm³인 액체가 들어있는 저장탱크에서 액면 2m 아래 지점의 절대압력은 몇 kPa인가? [14. 2회. 산기]

[풀이] ① 액체의 밀도 0.998g/cm³는 0.998kg/L과 같으므로 MKS 단위로는 0.998×10^3kg/m³이다.
② 절대압력 계산 : 1atm은 101325Pa이다.
∴ 절대압력=대기압+게이지압력=$P_0 + (\rho \times g) \times h$
= $101325 + \{(0.998 \times 10^3 \times 9.8) \times 2\}$
= 120885.8Pa=120.885kPa≒120.89kPa

[해답] 120.89kPa·a

[해설] ① 압력 $P[N/m^2] = \gamma[N/m^3] \times h[m] = \{\rho[kg/m^3] \times g[m/s^2]\} \times h[m]$
③ 'N/m²'은 파스칼(Pa)이고, 1kPa은 1000Pa이다.

23 다음 그림과 같은 수은을 이용한 U-자관 액주계에서 액주 높이(h)가 66cm일 때 절대압력으로 P_2는 몇 kgf/cm²인가? (단, 대기압 1kgf/cm²이다.)

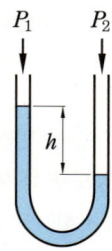

[풀이] 수은의 비중량은 13600kgf/m³이고, 액주 높이 66cm는 0.66m이다. 비중량(γ)에 액주 높이(h)의 곱은 'kgf/m²'이므로 'kgf/cm²'으로 단위 변환을 하기 위해 1만으로 나눠준다.
∴ 절대압력=대기압+게이지압력
= $P_0 + (\gamma \times h) = 1 + (13600 \times 0.66 \times 10^{-4})$
= 1.897≒1.90kgf/cm²·a

[해답] 1.9kgf/cm²·a

[해설] 수은의 비중 13.6, 비중량 13600kgf/m³은 상수 개념으로 기억하길 바랍니다.

24 U자관 마노미터를 사용하여 오리피스에 걸리는 압력차를 측정하였다. 마노미터 속의 유체는 비중 13.6인 수은이며, 오리피스를 통하여 흐르는 유체는 비중이 1인 물이다. 마노미터의 읽음이 50cm일 때 오리피스에 걸리는 압력차는 몇 gf/cm²인가?

[08. 1회, 11. 1회, 17. 3회, 기사]

풀이 ① 오리피스 상태[참고용]

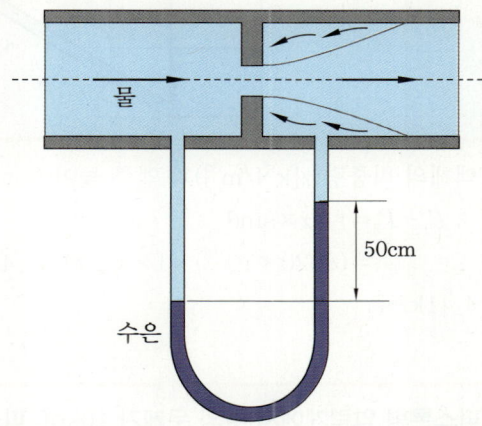

② U자관 마노미터에 측정되는 압력차는 마노미터와 흐르는 유체의 비중량(kgf/m³) 차이에 마노미터에서 발생하는 높이(m) 차의 곱으로 계산하며, 단위는 'kgf/m²'이므로 'gf/cm²'으로 변환해 주어야 한다. (1kgf=1000gf와 1m=100cm를 이용하여 단위 변환을 한다.)

비중에 1000을 곱하면 비중량(kgf/m³) 단위로 변환된다.

∴ $\Delta P = (\gamma_2 - \gamma_1) \times h$
  $= \{(13.6 \times 1000) - (1 \times 1000)\} \times 0.5$
  $= 6300 \text{kgf/m}^2 \times 10^3 \text{gf/kgf} \times \dfrac{1}{100^2} \text{m}^2/\text{cm}^2$
  $= 630 \text{gf/cm}^2$

해답 630gf/cm²

별해 비중은 단위가 없는 무차원수이지만 단위 변환을 할 때에는 'kgf/L'로 적용할 수 있으며, 1kgf는 1000gf, 1L는 1000cm³이므로 'kgf/L'는 'gf/cm³'와 같으므로 비중차에 높이(cm)를 적용하여 계산한다.

∴ $\Delta P = (s_2 - s_1) \times h = (13.6 - 1) \times 50 = 630 \text{gf/cm}^2$

25 그림과 같은 경사관식 압력계에서 압력 P_1과 P_2의 압력차는 몇 kPa인가? (단, θ는 30°, x는 100cm, 액체의 비중량은 8820N/m³이다.)

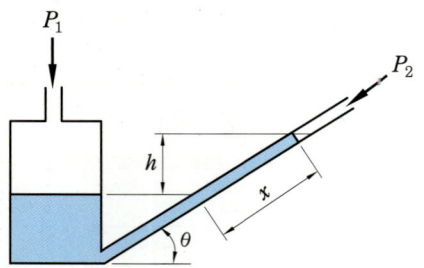

풀이 액체의 비중량(γ[kN/m³])과 액주 높이(h[m])의 곱은 'kN/m²'으로 'kPa'이다.
∴ $P_1 - P_2 = \gamma \times x \times \sin\theta$
$= (8820 \times 10^{-3}) \times 1 \times \sin 30 = 4.41 \text{kPa}$

해답 4.41kPa

26 자유 피스톤형 압력계에서 추의 무게가 10kgf, 피스톤의 무게가 20kgf이고, 피스톤의 지름 3cm일 때 이 상태에서의 절대압력(kgf/cm²·a)은 얼마인가? (단, 대기압은 1kgf/cm²이다.)

풀이 자유 피스톤형 압력계에서 측정되는 압력이 게이지압력이다.
∴ 절대압력 = 대기압 + 게이지압력
$= P_0 + \dfrac{W+W'}{A} = 1 + \left(\dfrac{10+20}{\dfrac{\pi}{4} \times 3^2}\right) = 5.244 ≒ 5.24 \text{kgf/cm}^2 \cdot \text{a}$

해답 5.24kgf/cm²·a

27 부유 피스톤형 압력계의 실린더 지름이 4cm, 추와 피스톤의 무게 합계가 100kgf일 때 이곳에 접속된 부르동관 압력계의 읽음이 10kgf/cm²이면 부르동관 압력계의 오차(%)는 얼마인가? [10. 1회, 18. 1회, 기사]

풀이 ① 참값 계산
$$\text{참값} = \dfrac{W+W'}{A} = \dfrac{100}{\dfrac{\pi}{4} \times 4^2} = 7.957 ≒ 7.96 \text{kgf/cm}^2$$

② 오차(%) 계산
$$\text{오차} = \dfrac{\text{측정값} - \text{참값}}{\text{참값}} \times 100 = \dfrac{10 - 7.96}{7.96} \times 100 = 25.628 ≒ 25.63\%$$

해답 25.63%

별해 측정값을 기준으로 계산하는 방법

$$오차 = \frac{측정값 - 참값}{측정값} \times 100 = \frac{10 - 7.96}{10} \times 100 = 20.4\%$$

※ **풀이** 와 **별해** 중에 선택하여 답안을 작성하길 바랍니다.

---

28 압력계에 대한 다음 물음에 답하시오.
(1) 탄성체의 변형을 이용한 압력계 종류 3가지를 쓰시오.
(2) 기기의 중량과 균형을 맞추는 압력계 종류 3가지를 쓰시오.
(3) 전기적 현상을 이용한 압력계 종류 3가지를 쓰시오.

해답 (1) ① 부르동관식 ② 벨로스식 ③ 다이어프램식 ④ 캡슐식
(2) ① 액주식 ② 침종식 ③ 링밸런스식 ④ 표준 분동식
(3) ① 전기저항 압력계 ② 피에조 전기 압력계 ③ 스트레인 게이지

---

29 탄성식 압력계 중 고압 측정에 가장 적당한 압력계는?

해답 부르동관식 압력계

---

30 급격한 압력변화를 측정하는 데 적당한 압력계의 종류 2가지를 쓰시오.

해답 ① 전기저항 압력계 ② 피에조 전기 압력계 ③ 스트레인 게이지

---

31 수정이나 전기석 또는 로셀염 등의 결정체의 특정 방향에 압력을 가하면 기전력이 발생하고 발생한 전기량은 압력에 비례하는 현상을 무엇이라 하는가? [10. 4회, 18. 2회, 산기]

해답 압전 현상

해설 압전(壓電 : piezo electric) 효과 : 압력이 가해지면 전기가 발생하는 현상으로 압전 효과를 나타내는 대표적인 물질로는 수정, 로셀염, 티탄산바륨, PZT 세라믹계가 있다.

※ PZT 세라믹 : 티탄산납($PbTiO_3$)과 지르코산납($PbZrO_3$)을 일정한 비율로 섞은 것으로 사용 용도에 따라 불순물을 첨가하여 여러 가지 재료 물성을 갖는 압전 세라믹으로 사용할 수 있다.

---

32 지름이 8cm인 관속을 흐르는 유체의 유속이 20m/s일 때 유량(m^3/s)을 계산하시오.

풀이 지름 8cm는 미터(m) 단위로 변환하여 적용한다.

$$\therefore Q = A \times V = \left(\frac{\pi}{4} \times D^2\right) \times V = \left(\frac{\pi}{4} \times 0.08^2\right) \times 20 = 0.1 \text{m}^3/\text{s}$$

해답 $0.1 \text{m}^3/\text{s}$

해설 '파이(π)' 대신에 '3.14'를 적용하면 최종값에서 오차가 발생하며, '3.14'를 적용하여 답안을 작성할 때에는 풀이과정에 '파이(π)' 대신에 '3.14'로 작성하길 바랍니다.

---

33 배관지름이 14cm인 관에 8m/s로 물이 흐를 때 질량유량(kg/s)을 계산하시오. (단, 물의 밀도는 1000kg/m³이다.) [07. 2회, 09. 1회, 19. 1회. 산기]

풀이 질량유량(M)은 체적유량($Q = AV$)에 유체의 밀도(ρ)를 곱한 값이다.

$$\therefore M = \rho \times A \times V = 1000 \times \left(\frac{\pi}{4} \times 0.14^2\right) \times 8 = 123.150 ≒ 123.15 \text{kg/s}$$

해답 123.15kg/s

---

34 안지름이 40mm인 배관에 밀도가 0.8kg/m³인 기체가 10m/s의 속도로 흐를 때 유량(kg/h)은 얼마인가? [07. 4회. 산기]

풀이 질량유량(M)은 체적유량($Q = AV$)에 유체의 밀도(ρ)를 곱한 값이고, 유속의 단위가 'm/s'이므로 시간당 유량으로 변환하기 위하여 3600을 곱한다.
(1시간은 3600초인 것을 이용하여 변환한다.)

$$\therefore M = \rho \times A \times V = 0.8 \times \left(\frac{\pi}{4} \times 0.04^2\right) \times 10 \times 3600 = 36.191 ≒ 36.19 \text{kg/h}$$

해답 36.19kg/h

---

35 유량 3m³/s, 유속 4m/s로 흐를 때 배관 지름은 몇 mm인가? (단, 손실은 없는 것으로 가정한다.)

풀이 체적유량 계산식 $Q = \left(\frac{\pi}{4} \times D^2\right) \times V$에서 지름 D를 구하며, 이때 구한 지름은 'm' 단위이므로 'mm' 단위로 변환한다. (1m는 1000mm를 이용하여 변환한다)

$$\therefore D = \sqrt{\frac{4Q}{\pi V}} = \sqrt{\frac{4 \times 3}{\pi \times 4}} \times 1000 = 977.205 ≒ 977.21 \text{mm}$$

해답 977.21mm

36 비중 0.75인 액체가 내경 4cm인 원관 속을 매분 31.4kg의 질량유량으로 흐를 때, 평균 속도(m/min)는 얼마인가? [20. 기사 4회]

풀이 ① 액체의 공학단위 밀도 계산

$$\rho = \frac{\gamma}{g} = \frac{0.75 \times 10^3}{9.8} = 76.530 \fallingdotseq 76.53 \text{kgf} \cdot \text{s}^2/\text{m}^4$$

② 액체의 절대단위 밀도 계산

$$\rho = 76.53 \text{kgf} \cdot \text{s}^2/\text{m}^4 \times 9.8 \text{m/s}^2 = 749.994 \fallingdotseq 749.99 \text{kg/m}^3$$

③ 속도(m/min) 계산 : 질량유량 $m = \rho \times A \times \overline{V}$에서 평균속도 $\overline{V}$를 구하며, 내경은 미터(m) 단위를 적용한다.

$$\therefore \overline{V} = \frac{m}{\rho \times A} = \frac{m}{\rho \times \left(\frac{\pi}{4} \times D^2\right)} = \frac{31.4}{749.99 \times \left(\frac{\pi}{4} \times 0.04^2\right)} = 33.316 \fallingdotseq 33.32 \text{m/min}$$

해답 33.32m/min

별해 질량유량 $m = \rho \times A \times \overline{V}$에서 유체의 밀도($\rho$)는 비중 0.75에 1000을 곱한 값을 적용하여 계산한다.

$$\therefore \overline{V} = \frac{m}{\rho \times A} = \frac{m}{\rho \times \left(\frac{\pi}{4} \times D^2\right)} = \frac{31.4}{(0.75 \times 10^3) \times \left(\frac{\pi}{4} \times 0.04^2\right)}$$
$$= 33.316 \fallingdotseq 33.32 \text{m/min}$$

37 그림과 같이 2번 지점의 단면적이 6m²이고, 유속이 0.8m/s일 때 1번 지점의 유속이 1.2m/s라면 1번 지점의 관지름은 몇 mm인가? [10. 3회. 기사]

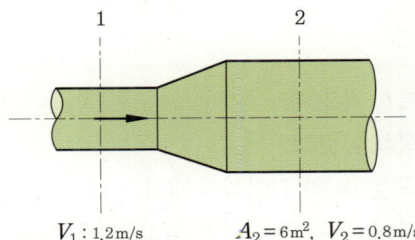

$V_1 : 1.2\text{m/s}$ $A_2 = 6\text{m}^2,\ V_2 = 0.8\text{m/s}$

풀이 연속의 방정식에서 $Q_1 = Q_2$이므로 $A_1 V_1 = A_2 V_2$이다. 여기서, 1번 지점의 단면적 (A_1)에 $\frac{\pi}{4} \times D_1^2$을 대입하여 지름 D_1을 구하며, 미터(m) 단위를 밀리미터(mm) 단위로 변환한다.

$$\therefore D_1 = \sqrt{\frac{4A_2 V_2}{\pi V_1}} = \sqrt{\frac{4 \times 6 \times 0.8}{\pi \times 1.2}} \times 1000 = 2256.758 \fallingdotseq 2256.76 \text{mm}$$

해답 2256.76mm

38 비압축성 유체의 유량을 일정하게 하고 배관지름을 2배로 확대하면 속도비 $\dfrac{U_2}{U_1}$는 어떻게 되는지 계산식을 쓰고, 설명하시오.

[풀이] 연속의 방정식에서 $A_1 U_1 = A_2 U_2$이고, 배관의 단면적(A)을 계산하는 것 $\left(\dfrac{\pi}{4}D^2\right)$을 대입하여 다시 쓰면 $\dfrac{\pi}{4}D_1^2 U_1 = \dfrac{\pi}{4}D_2^2 U_2$가 되고, 여기서 속도비 $\dfrac{U_2}{U_1}$로 정리하며 $D_2 = 2D_1$을 대입한다.

$$\dfrac{U_2}{U_1} = \dfrac{\dfrac{\pi}{4} \times D_1^2}{\dfrac{\pi}{4} \times D_2^2} = \dfrac{\dfrac{\pi}{4} \times D_1^2}{\dfrac{\pi}{4} \times (2D_1)^2} = \dfrac{\dfrac{\pi}{4} \times D_1^2}{\dfrac{\pi}{4} \times 2^2 \times D_1^2} = \dfrac{1}{4}$$

[해답] $\dfrac{1}{4}$로 감소한다.

39 용적식 유량계의 종류 5가지를 쓰시오.

[해답] ① 오벌 기어식 ② 루트식 ③ 로터리 피스톤식
④ 습식 가스미터 ⑤ 왕복 피스톤식 ⑥ 회전 원판식

40 서로 맞물려 회전하는 회전자(rotor)는 기어가 없는 땅콩형 모양으로 유입구와 유출구의 압력차에 의해서 회전하며 1회전 할 때마다 일정 용적의 유량을 케이스 밖으로 배출하는 구조이다. 고속회전이 가능하므로 소형으로 대용량을 계량할 수 있는 유량계의 명칭을 쓰시오. [22. 2회. 산기]

[해답] 루트형 유량계
[해설] 용적식 유량계
① 오벌(oval) 기어식 : 케이스 내부에 2개의 타원형의 기어가 서로 맞물려 회전할 수 있도록 조립되어 있고, 입구와 출구의 압력차에 의하여 회전하며 회전수로부터 유량을 측정한다. 중유와 같은 고점도 유체의 유량 측정도 가능하다.
② 루트(root)형 : 회전자가 기어가 없는 매끈한 구조의 땅콩 모양(또는 누에고치 모양)으로 되어 있다. 회전자 전 후의 압력차에 의하여 2개의 회전자가 서로 회전하며 케이스와 회전자 사이에 형성되는 계량실의 부피와 회전수로부터 통과 유량을 측정한다.

41 차압식 유량계의 측정원리는 무엇인가?

해답 베르누이 정리 (또는 베르누이 방정식)

해설 차압식 유량계
① 측정원리 : 베르누이 방정식
② 종류 : 오리피스미터, 플로 노즐, 벤투리미터
③ 측정방법 : 조리개 전후에 연결된 액주계의 압력차를 이용하여 유량을 측정
※ 피토관(pitot tube)은 유속식 유량계에 해당되며, 측정원리가 베르누이 방정식에 해당된다.

42 입구의 지름이 40cm, 벤투리목의 지름이 20cm인 벤투리미터로 공기 유량을 측정하여 물-공기 시차액주계가 300mmH$_2$O를 나타냈다. 이때 유량m^3/s은 얼마인가 계산하시오. (단, 물의 비중량은 1000kgf/m^3, 공기의 비중량은 1.5kgf/m^3, 유량계수는 1이다.)

풀이 ① 교축비(m) 계산

$$m = \left(\frac{D_2}{D_1}\right)^2 = \left(\frac{0.2}{0.4}\right)^2 = 0.25$$

② 유량 계산

$$Q = C \times A \times \frac{1}{\sqrt{1-m^2}} \times \sqrt{2gh \times \frac{\gamma_m - \gamma}{\gamma}}$$

$$= 1 \times \frac{\pi}{4} \times 0.2^2 \times \frac{1}{\sqrt{1-0.25^2}} \times \sqrt{2 \times 9.8 \times 0.3 \times \frac{1000-1.5}{1.5}}$$

$$= 2.029 ≒ 2.03 \text{m}^3/\text{s}$$

해답 2.03m^3/s

해설 교축비(m)를 지름비$\left(\frac{D_2}{D_1}\right)$로 계산하여 적용할 수도 있고, 유량을 계산하는 공식을 다르게 유도하여 적용하면 최종값에서 오차가 발생하며 채점에는 영향이 없습니다.

43 안지름 200mm, 오리피스의 지름 100mm, 차압 350mmHg일 때 유량(m^3/h)을 계산하시오. (단, 유량계수 C는 0.624, 물의 비중은 1, 수은의 비중은 13.6이다.) [06. 1회. 기사]

풀이 ① 교축비(m) 계산

$$m = \left(\frac{D_2}{D_1}\right)^2 = \left(\frac{100}{200}\right)^2 = 0.25$$

② 유량 계산 : 오리피스에서 차압이 350mmHg라는 것은 U자형 액주계에 수은(Hg)이 들어있고, 액주계 높이차가 350mm 발생하였다는 것이다. 유량의 단위시간이 시간(h)이므로 3600을 곱해서 단위 변환을 한다.

$$\therefore Q = C \times A \times \frac{1}{\sqrt{1-m^2}} \times \sqrt{2gh \times \frac{\gamma_m - \gamma}{\gamma}}$$

$$= 0.624 \times \left(\frac{\pi}{4} \times 1.2^2\right) \times \frac{1}{\sqrt{1-0.25^2}} \times \sqrt{2 \times 9.8 \times 0.35 \times \frac{13600-1000}{1000}}$$

$$\times 3600$$

$$= 169.409 ≒ 169.41 \text{m}^3/\text{h}$$

해답 $169.41 \text{m}^3/\text{h}$

---

44 차압식 유량계에서 차압이 18972Pa일 때 유량이 22m³/h 이었다. 차압이 10035Pa로 변할 때 유량은 몇 m³/h인가?

해설 차압식 유량계에서 유량은 차압의 평방근에 비례한다.

$$\therefore Q_2 = \sqrt{\frac{\Delta P_2}{\Delta P_1}} \times Q_1 = \sqrt{\frac{10035}{18972}} \times 22 = 16 \text{m}^3/\text{h}$$

해답 $16 \text{m}^3/\text{h}$

---

45 공기의 유속을 피토관(pito tube)으로 측정하여 차압 15mmAq를 얻었다. 공기의 비중량이 1.2kgf/m³이고, 피토계수가 1일 때 유속(m/s)은 얼마인가?

풀이 차압(ΔP) 15mmAq는 15mmH₂O, 15kgf/m²와 같다.

$$\therefore V = C\sqrt{2g\frac{\Delta P}{\gamma}} = 1 \times \sqrt{2 \times 9.8 \times \frac{15}{1.2}} = 15.652 ≒ 15.65 \text{m/s}$$

해답 15.65m/s

별해 차압 15mmAq는 액주계에 물이 들어 있고, 높이차가 15mm 발생한 것이므로 물의 비중량(γ_m) 1000kgf/m³을 적용하여 계산한다.

$$\therefore V = C\sqrt{2gh \times \frac{\gamma_m - \gamma}{\gamma}} = 1 \times \sqrt{2 \times 9.8 \times 0.015 \times \frac{1000-1.2}{1.2}}$$

$$= 15.643 ≒ 15.64 \text{m/s}$$

---

46 관로 속에 15℃, 101.325kPa로 공기가 흐르고, 이 속에 피토관을 설치하여 유속을 측정하였더니 U자관 수은주의 차가 100mm가 되었다. 비압축성 흐름일 때 공기의 속도(m/s)를 계산하시오. (단, 15℃, 101.325kPa에서 공기의 밀도는 1.223kg/m³이다.)

풀이 수은(Hg)의 비중은 13.6이므로 비중량은 13600kgf/m³을 적용하고, U자관의 높이차 100mm는 0.1m이다. 공기의 밀도로 주어진 조건은 풀이과정에 비중량(γ)으로 대입하여 계산한다.

$$\therefore V = \sqrt{2gh \times \frac{\gamma_m - \gamma}{\gamma}} = \sqrt{2 \times 9.8 \times 0.1 \times \frac{13600 - 1.223}{1.223}}$$
$$= 147.626 ≒ 147.63 \text{m/s}$$

해답 147.63m/s

해설 ① 절대단위 공기의 밀도를 공학단위로 변환 : 중력가속도로 나눠준다.

$$\therefore \rho = \frac{1.223 \text{kgf/m}^3}{9.8 \text{m/s}^2} = \frac{1.223}{9.8} \text{kgf} \cdot \text{s}^2/\text{m}^3 \cdot \text{m}$$

② 비중량 계산

$$\gamma = \rho \times g = \frac{1.223}{9.8} \text{kgf} \cdot \text{s}^2/\text{m}^3 \cdot \text{m} \times 9.8 \text{m/s}^2 = 1.223 \text{kgf/m}^3$$

47 온도 25℃, 기압 760mmHg인 대기 속의 풍속을 피토관으로 측정하였더니 전압(全壓)이 대기압보다 40mmH$_2$O 높았다. 이때 풍속은 몇 m/s인가? (단, 피토관 계수(C)는 0.9, 공기의 기체상수(R)는 29.27kgf·m/kg·K이다.)

해설 ① 25℃ 상태의 공기 비중량 계산 : 기체상수가 공학단위로 주어졌으므로 공학단위 이상기체 상태방정식 $PV=GRT$를 이용하여 비중량(γ)을 구하며, 기압 760mmHg는 대기압에 해당되므로 압력은 10332kgf/m^{2}을 적용한다.

$$\therefore \gamma = \frac{G}{V} = \frac{P}{RT} = \frac{10332}{29.27 \times (273+25)} = 1.184 ≒ 1.18 \text{kgf/m}^3$$

② 풍속 계산 : '전압(全壓)이 대기압보다 40mmH$_2$O 높았다'로 제시된 것은 액주계에는 물(H$_2$O)이 들어 있고, 높이차(h)가 40mm 발생한 것이다. 물의 비중량(γ_m)은 1000kgf/m^{3}을 적용한다.

$$\therefore V = C\sqrt{2gh \times \frac{\gamma_m - \gamma}{\gamma}} = 0.9 \times \sqrt{2 \times 9.8 \times 0.04 \times \frac{1000-1.18}{1.18}}$$
$$= 23.184 ≒ 23.18 \text{m/s}$$

해답 23.18m/s

48 기준면으로부터 2m 높이인 곳에 있는 배관에 1.0m/s로 물이 흐르고 있다. 이때 배관에 부착된 압력계에 지시된 압력이 200kPa이라면 전수두는 몇 m인가?

풀이 베르누이 방정식에서 전수두(H)는 위치수두(z), 압력수두$\left(\frac{P}{\gamma}\right)$, 속도수두$\left(\frac{V^2}{2g}\right)$의 합이다. SI단위 'kPa'은 'kN/m^2'이므로 200kPa은 200×10^3N/m^{2}이고, 물의 비중량은 'N/m^3' 단위로 변환하여 적용한다.

$$\therefore H = z + \frac{P}{\gamma} + \frac{V^2}{2g} = 2 + \frac{200 \times 10^3}{1000 \times 9.8} + \frac{1^2}{2 \times 9.8} = 22.459 ≒ 22.46 \text{m}$$

해답 22.46m

별해 공학단위로 계산 : 200kPa을 'kgf/m²' 단위로 변환하여 적용하고, 물의 비중량 (γ)은 1000kgf/m³을 적용한다.

$$\therefore H = z + \frac{P}{\gamma} + \frac{V^2}{2g} = 2 + \frac{\left(\frac{200}{101.325} \times 10332\right)}{1000} + \frac{1^2}{2 \times 9.8} = 22.444 \fallingdotseq 22.44\text{m}$$

49 액화가스 저장탱크와 유리제 게이지(액면계)를 접속하는 상하 배관에 설치하여야 할 것은 무엇인가? [20. 2회. 기사]

해답 자동 및 수동식의 스톱밸브

50 자동제어계의 특성 중 정특성과 동특성을 설명하시오. [19. 3회. 기사]

해답 ① 정특성 : 시간에 관계없는 정적인 특성으로 입력과 출력이 안정되어 있을 때의 일정한 관계를 유지하는 성질이다.
② 동특성 : 시간적인 동작의 특성으로 입력을 변화시켰을 때 출력을 변화시키는 성질이다.

51 P동작의 비례이득이 4일 때 비례대는 몇 %에 해당되는가?

풀이 비례대 $= \dfrac{1}{\text{비례이득(비례감도)}} \times 100 = \dfrac{1}{4} \times 100 = 25\%$

해답 25%

해설 비례대 : 비례제어(P) 동작에 의하여 출력이 전 범위를 변화하는 데 필요한 입력의 변화량을 백분율(%)로 표시한 것으로 비례대가 넓으면 응답이 덜 민감하고, 비례대가 좁으면 더 민감하게 반응한다.

제8장 연소 및 폭발

1. 가스의 연소

1-1 연소(燃燒)

(1) **연소의 정의** : 가연성 물질이 산소와 반응하여 빛과 열을 수반하는 화학반응

(2) **연소의 3요소**
  ① 가연성 물질 : 연료
  ② 산소공급원 : 공기
  ③ 점화원 : 전기불꽃, 정전기, 단열압축, 마찰 및 충격불꽃 등

(3) **연소의 분류**
  ① 표면연소 : 목탄 및 코크스 등과 같이 열분해 없이 표면에서 산소와 반응, 연소하는 것
  ② 분해연소 : 일반적인 고체연료의 연소
  ③ 증발연소 : 액체연료의 연소
  ④ 확산연소 : 기체연료의 연소
  ⑤ 자기연소 : 산소 공급 없이도 연소가 가능한 것으로 제5류 위험물로 분류

> **예제 01** 연소의 3요소를 쓰시오.
> **해답** ① 가연물 ② 산소공급원 ③ 점화원

1-2 인화점 및 발화점

(1) **인화점** : 가연성가스가 공기 중에서 점화원에 의해 연소할 수 있는 최저의 온도이다.

(2) **발화점(착화점, 발화온도)** : 가연성가스가 공기 중에서 점화원 없이 스스로 연소를 개시할 수 있는 온도이다.
  ① 발화의 4대 요소 : 온도, 압력, 조성, 용기의 크기
  ② 자연발화온도에 영향을 주는 요인 : 농도, 압력, 부피, 산소량, 촉매

③ 발화점이 낮아지는 조건
- ㈎ 압력이 클 때
- ㈏ 발열량이 클 때
- ㈐ 열전도율이 작을 때
- ㈑ 산소와 친화력이 클 때
- ㈒ 산소농도가 높을 때
- ㈓ 분자구조가 복잡할수록
- ㈔ 반응활성도가 클수록

 예제 02 발화의 4대 요소를 쓰시오.

해답 ① 온도 ② 조성 ③ 압력 ④ 용기의 크기

2 가스 폭발 및 폭굉

2-1 폭발의 종류

(1) 물리적 폭발

① 증기(蒸氣)폭발 : 보일러 폭발 등
② 금속선(金屬線)폭발 : 알루미늄(Al) 전선에 과전류가 흐를 때 발생
③ 고체상(固體相) 전이(轉移) 폭발 : 무정형 안티몬이 결정형 안티몬으로 고상 전이할 때 발생
④ 압력폭발 : 고압가스 용기의 폭발

(2) 화학적 폭발

① 산화(酸化)폭발 : 가연성 물질이 산화제와 산화반응에 의한 것
② 분해(分解)폭발 : 압력이 일정압력 이상으로 가했을 때 분해에 의한 단일가스의 폭발로 아세틸렌(C_2H_2), 산화에틸렌(C_2H_4O), 오존(O_3), 히드라진(N_2H_4) 등의 폭발
③ 중합(重合)폭발 : 시안화수소(HCN), 염화비닐(C_2H_3Cl), 산화에틸렌(C_2H_4O), 부타디엔(C_4H_6) 등이 중합반응에 따른 중합열에 의한 폭발
④ 촉매폭발 : 염소폭명기에서 직사광선이 촉매로 작용하여 일어나는 폭발
⑤ 분진폭발 : 가연성 고체의 미분(微分) 또는 가연성 액체가 공기 중 일정농도로 존재할 때 혼합기체와 같은 폭발을 일으키는 것
- ㈎ 폭연성 분진 : 금속분(Mg, Al, Fe분 등)
- ㈏ 가연성 분진 : 소맥분, 전분, 합성수지류, 황, 코코아, 리그린, 석탄분, 고무분말 등

공기나 산소가 없어도 자기분해 폭발을 일으킬 수 있는 가스 3가지를 쓰시오.

해답 ① 아세틸렌(C_2H_2) ② 산화에틸렌(C_2H_4O) ③ 히드라진(N_2H_4) ④ 오존(O_3)

2-2 가스 폭발

(1) 폭발범위 : 공기에 대한 가연성가스의 혼합농도 백분율(vol%)로서 폭발하는 최고농도를 폭발상한계, 최저농도를 폭발하한계라 하며 그 차이를 폭발범위라 한다.

① 온도의 영향 : 온도가 높아지면 폭발범위는 넓어지고, 온도가 낮아지면 폭발범위는 좁아진다.

② 압력의 영향 : 압력이 상승하면 폭발범위는 넓어진다. (단, CO는 압력상승 시 폭발범위가 좁아지며, H_2는 압력 상승 시 폭발범위가 좁아지다가 계속 압력을 올리면 폭발범위가 넓어진다.)

③ 불활성기체의 영향(산소농도의 영향) : CO_2, N_2 등을 공기와 혼합하여 산소농도를 줄이면 폭발범위는 좁아진다. (폭발범위는 공기 중에서보다 산소 중에서 넓어진다.)

(2) 르샤틀리에 법칙 : 가연성 혼합기체의 폭발범위를 구할 때 적용한다.

$$\frac{100}{L} = \frac{V_1}{L_1} + \frac{V_2}{L_2} + \frac{V_3}{L_3} + \frac{V_4}{L_4} + \cdots$$

여기서, L : 혼합가스의 폭발한계치
V_1, V_2, V_3, V_4 : 각 성분 체적(%)
L_1, L_2, L_3, L_4 : 각 성분 단독의 폭발한계치

(3) 위험도 : 폭발범위 상한과 하한의 차를 폭발범위 하한값으로 나눈 것으로 위험도 값이 클수록 위험성이 크다.

$$H = \frac{U - L}{L}$$

여기서, H : 위험도
U : 폭발범위 상한값
L : 폭발범위 하한값

① 위험도는 폭발범위에 비례하고 하한값에는 반비례한다.
② 위험도 값이 클수록 위험성이 크다.

(4) 안전간격 : 8L 정도의 구형 용기 안에 폭발성 혼합가스를 채우고 착화시켜 가스가 발화될 때 화염이 용기 외부의 폭발성 혼합가스에 전달되는가의 여부를 보아 화염을 전달시킬 수 없는 한계의 틈을 말한다. (안전간격이 작은 가스일수록 위험하다.)

폭발등급	안전간격	대상 가스의 종류
1등급	0.6mm 이상	일산화탄소, 에탄, 프로판, 암모니아, 아세톤, 에틸에테르, 가솔린, 벤젠 등
2등급	0.4~0.6mm	석탄가스, 에틸렌 등
3등급	0.4mm 미만	아세틸렌, 이황화탄소, 수소, 수성가스 등

(5) 블레이브 및 증기운 폭발

① BLEVE(Boiling Liquid Expanding Vapor Explosion : 비등 액체 팽창 증기 폭발) : 가연성 액체 저장탱크 주변에서 화재가 발생하여 기상부의 탱크가 국부적으로 가열되면 그 부분이 강도가 약해져 탱크가 파열된다. 이때 내부의 액화가스가 급격히 유출, 팽창되어 화구(fire ball)를 형성하여 폭발하는 형태이다.

② 증기운 폭발(UVCE : Unconfined Vapor Cloud Explosive) : 대기 중에 대량의 가연성가스나 인화성 액체가 유출 시 다량의 증기가 대기 중의 공기와 혼합하여 폭발성의 증기운(vapor cloud)을 형성하고, 이때 착화원에 의해 화구(fire ball)를 형성하여 폭발하는 형태이다.

예제 04 부탄(C_4H_{10})의 위험도를 구하시오.

[풀이] ① 공기 중에서 부탄의 폭발범위는 1.9~8.5%이다.
② 위험도 계산
$$H = \frac{U-L}{L} = \frac{8.5-1.9}{1.9} = 3.473 ≒ 3.47$$

[해답] 3.47

[해설] 위험도는 단위가 없는 무차원수이다.

2-3 폭굉(detonation)

(1) 폭굉의 정의 : 가스 중의 음속보다도 화염전파속도가 큰 경우로서 가스의 경우 1000~3500m/s 정도에 달하여 파면선단에 충격파라고 하는 압력파가 생겨 격렬한 파괴작용을 일으키는 현상으로 폭굉범위는 폭발범위 내에 존재한다.

(2) 폭굉유도거리(DID) : 최초의 완만한 연소가 격렬한 폭굉으로 발전할 때까지의 거리
① 폭굉유도거리가 짧아질 수 있는 조건
    ㈎ 정상 연소속도가 큰 혼합가스일수록
    ㈏ 관속에 방해물이 있거나 지름이 작을수록
    ㈐ 압력이 높을수록

㈜ 점화원의 에너지가 클수록
② 폭굉유도거리가 짧은 가연성가스일수록 위험성이 큰 가스이다.

예제 05 최초의 완만한 연소가 격렬한 폭굉으로 발전할 때의 거리를 무엇이라 하는가? [10. 1회. 기사]
해답 폭굉유도거리(DID)
해설 DID : Detonation Induction Distance

2-4 전기기기의 방폭구조

(1) 방폭구조의 종류

① 내압(耐壓) 방폭구조(d) : 방폭전기기기의 용기(이하 "용기"라 함) 내부에서 가연성 가스의 폭발이 발생할 경우 그 용기가 폭발압력에 견디고, 접합면, 개구부 등을 통하여 외부의 가연성가스에 인화되지 아니하도록 한 구조

② 유입(油入) 방폭구조(o) : 용기 내부에 절연유를 주입하여 불꽃, 아크 또는 고온 발생 부분이 기름 속에 잠기게 함으로써 기름면 위에 존재하는 가연성가스에 인화되지 아니하도록 한 구조

③ 압력(壓力) 방폭구조(p) : 용기 내부에 보호가스(신선한 공기 또는 불활성가스)를 압입하여 내부압력을 유지함으로써 가연성가스가 용기 내부로 유입되지 아니하도록 한 구조

④ 안전증 방폭구조(e) : 정상운전 중에 가연성가스의 점화원이 될 전기불꽃, 아크 또는 고온 부분 등의 발생을 방지하기 위하여 기계적, 전기적 구조상 또는 온도 상승에 대하여 특히 안전도를 증가시킨 구조

⑤ 본질안전 방폭구조(ia, ib) : 정상 시 및 사고(단선, 단락, 지락 등) 시에 발생하는 전기불꽃, 아크 또는 고온부에 의하여 가연성가스가 점화되지 아니하는 것이 점화시험, 기타 방법에 의하여 확인된 구조

⑥ 특수 방폭구조(s) : ①번부터 ⑤번까지에서 규정한 구조 이외의 방폭구조로서 가연성가스에 점화를 방지할 수 있다는 것이 시험, 기타 방법에 의하여 확인된 구조

(2) 가연성가스의 폭발등급과 발화도(위험등급)

① 내압 방폭구조의 폭발등급 분류

최대 안전틈새 범위(mm)	0.9 이상	0.5 초과 0.9 미만	0.5 이하
가연성가스의 폭발등급	A	B	C
방폭전기기기의 폭발등급	ⅡA	ⅡB	ⅡC

[비고] 최대 안전틈새는 내용적이 8L이고 틈새 깊이가 25mm인 표준용기 내에서 가스가 폭발할 때 발생한 화염이 용기 밖으로 전파하여 가연성가스에 점화되지 아니하는 최댓값

② 본질안전 방폭구조의 폭발등급 분류

최소 점화전류비 범위(mm)	0.8 초과	0.45 이상 0.8 이하	0.45 미만
가연성가스의 폭발등급	A	B	C
방폭전기기기의 폭발등급	ⅡA	ⅡB	ⅡC

[비고] 최소 점화전류비는 메탄가스의 최소 점화전류를 기준으로 나타낸다.

(3) 가연성가스의 발화도 범위에 따른 방폭전기기기의 온도등급

가연성가스의 발화도(℃) 범위	방폭 전기기기의 온도등급
450 초과	T1
300 초과 450 이하	T2
200 초과 300 이하	T3
135 초과 200 이하	T4
100 초과 135 이하	T5
85 초과 100 이하	T6

예제 06 방폭전기기기의 구조에 따른 분류 6가지와 기호를 각각 쓰시오. [12. 2회. 산기]

해답
① 내압 방폭구조 : d   ② 유입 방폭구조 : o
③ 압력 방폭구조 : p   ④ 안전증 방폭구조 : e
⑤ 본질안전 방폭구조 : ia, ib   ⑥ 특수 방폭구조 : s

2-5 위험성 평가기법

(1) 정성적 평가기법

① 체크리스트(checklist)기법 : 공정 및 설비의 오류, 결함상태, 위험상황 등을 목록화한 형태로 작성하여 경험적으로 비교함으로써 위험성을 파악하는 것이다.

② 사고예상질문분석(WHAT-IF)기법 : 공정에 잠재하고 있으면서 원하지 않은 나쁜 결과를 초래할 수 있는 사고에 대하여 예상 질문을 통해 사전에 확인함으로써 그 위험과 결과 및 위험을 줄이는 방법을 제시하는 것이다.

③ 위험과 운전분석(hazard and operablity studies ; HAZOP)기법 : 공정에 존재하는 위험 요소들과 공정의 효율을 떨어뜨릴 수 있는 운전상의 문제점을 찾아내어 그 원인을 제거하는 것이다.

(2) 정량적 평가기법

① 작업자실수분석(Human Error Analysis : HEA)기법 : 설비의 운전원, 정비 보수원,

기술자 등의 작업에 영향을 미칠만한 요소를 평가하여 그 실수의 원인을 파악하고 추적하여 실수의 상대적 순위를 결정하는 것이다.

② 결함수분석(Fault Tree Analysis : FTA)기법 : 사고를 일으키는 장치의 이상이나 운전자 실수의 조합을 연역적으로 분석하는 것이다.

③ 사건수분석(Event Tree Analysis : ETA)기법 : 초기사건으로 알려진 특정한 장치의 이상이나 운전자의 실수로부터 발생되는 잠재적인 사고 결과를 평가하는 것이다.

④ 원인결과분석(Cause-Consequence Analysis : CCA)기법 : 잠재된 사고의 결과와 이러한 사고의 근본적인 원인을 찾아내고 사고 결과와 원인의 상호관계를 예측, 평가하는 것이다.

(3) 기타

① 상대 위험순위 결정(dow and mond indices)기법 : 설비에 존재하는 위험에 대하여 수치적으로 상대 위험순위를 지표화하여 그 피해 정도를 나타내는 상대적 위험순위를 정하는 것이다.

② 이상 위험도 분석(Failure Modes Effect and Criticality Analysis : FMECA)기법 : 공정 및 설비의 고장의 형태 및 영향, 고장 형태별 위험도 순위를 결정하는 것이다.

예제 07 위험성 평가기법 중 정성적 평가기법 종류 3가지를 쓰시오.

해답 ① 체크리스트기법 ② 사고예상질문분석기법 ③ 위험과 운전분석기법

3 연소 계산

3-1 완전연소 반응식

(1) 연료 중 가연 성분 : 연료 성분 중 가연 성분은 탄소(C), 수소(H), 황(S)이며 불순물(불연성물질)로는 회분(A), 수분(W) 등이 포함되어 있다. 가연물질로는 탄소(C), 수소(H)가 해당되며, 황(S) 성분은 연소 시 황화합물을 생성하여 악영향을 미치므로 제거한다.

(2) 완전연소 반응 조건 : 표준상태(STP상태 : 0℃, 1기압)에서 가연성 물질이 산소(공기)와 반응하여 완전연소하는 것으로 가정하여 계산한다.

① 탄화수소(C_mH_n)의 완전연소 반응식

$$C_mH_n + \left(m + \frac{n}{4}\right)O_2 \rightarrow mCO_2 + \frac{n}{2}H_2O$$

② 탄화수소(C_mH_n)의 연소 반응식 및 연소 계산

  (가) 프로판(C_3H_8)

㉠ 반응식 :	C_3H_8	+ $5O_2$	→	$3CO_2$	+ $4H_2O$
㉡ 질량비 :	44kg	5×32kg		3×44kg	4×18kg
㉢ 체적비 :	$22.4Nm^3$	$5×22.4Nm^3$		$3×22.4Nm^3$	$4×22.4Nm^3$
㉣ 프로판 1kg당 질량 :	1kg	3.636kg		3kg	1.636kg
㉤ 프로판 1kg당 체적 :	1kg	$2.545Nm^3$		$1.527Nm^3$	$2.036Nm^3$
㉥ 프로판 $1Nm^3$ 당 체적 :	$1Nm^3$	$5Nm^3$		$3Nm^3$	$4Nm^3$

  (나) 부탄(C_4H_{10})

㉠ 반응식 :	C_4H_{10}	+ $6.5O_2$	→	$4CO_2$	+ $5H_2O$
㉡ 질량비 :	58kg	6.5×32kg		4×44kg	5×18kg
㉢ 체적비 :	$22.4Nm^3$	$6.5×22.4Nm^3$		$4×22.4Nm^3$	$5×22.4Nm^3$
㉣ 부탄 1kg당 질량 :	1kg	3.586kg		3.034kg	1.552kg
㉤ 부탄 1kg당 체적 :	1kg	$2.51Nm^3$		$1.545Nm^3$	$1.931Nm^3$
㉥ 부탄 $1Nm^3$당 체적 :	$1Nm^3$	$6.5Nm^3$		$4Nm^3$	$5Nm^3$

  (다) 메탄(CH_4)

㉠ 반응식 :	CH_4	+ $2O_2$	→	CO_2	+ $2H_2O$
㉡ 질량비 :	16kg	2×32kg		44kg	2×18kg
㉢ 체적비 :	$22.4Nm^3$	$2×22.4Nm^3$		$22.4Nm^3$	$2×22.4Nm^3$
㉣ 메탄 1kg당 질량 :	1kg	4kg		2.75kg	2.25kg
㉤ 메탄 1kg당 체적 :	1kg	$2.8Nm^3$		$1.4Nm^3$	$2.8Nm^3$
㉥ 메탄 $1Nm^3$당 체적 :	$1Nm^3$	$2Nm^3$		$1Nm^3$	$2Nm^3$

(3) 완전연소의 조건

① 적절한 공기 공급과 혼합을 잘 시킬 것
② 연소실 온도를 착화온도 이상으로 유지할 것
③ 연소실을 고온으로 유지할 것
④ 연소에 충분한 연소실과 시간을 유지할 것

> **참고**
> - **아보가드로 법칙** : 표준상태에서 이상기체 1mol이 차지하는 부피는 22.4L이다.
> - 이상기체 1mol이 차지하는 질량은 고유 분자량 값이다.
>   **예** 프로판(C_3H_8) 1mol의 질량은 44g이므로 1kmol은 44kg이고, 이때 차지하는 부피는 $22.4m^3$이다. 이런 이유로 주요 물질의 분자기호는 필히 암기하고 있어야 하며, 분자기호를 이용하여 분자량을 구하는 방법도 숙지하고 있어야 합니다.

3-2 이론산소량 및 이론공기량 계산

(1) 공기 중 산소의 비율 : 공기 중 산소는 체적(Nm^3)으로 21%, 질량(kg)으로 23.2% 존재하므로 완전연소 반응식에서 이론산소량에 체적 및 질량 비율로 나누어주면 이론공기량이 계산된다.

(2) 프로판(C_3H_8)의 이론산소량(O_0) 및 이론공기량(A_0) 계산

① 프로판(C_3H_8) 1kg당 이론산소량(kg) 및 이론공기량(kg) 계산

$$C_3H_8 + 5O_2 \rightarrow 3CO_2 + 4H_2O$$

44kg : 5×32kg = 1kg : $x(O_0)$kg

(가) 이론산소량(O_0) 계산 : $x = \dfrac{1 \times 5 \times 32}{44} = 3.636 \text{kg/kg}$

(나) 이론공기량(A_0) 계산 : $A_0 [\text{kg/kg}] = \dfrac{O_0}{0.232} = \dfrac{3.636}{0.232} = 15.672 \text{kg/kg}$

② 프로판(C_3H_8) 1kg당 이론산소량(Nm^3) 및 이론공기량(Nm^3) 계산

$$C_3H_8 + 5O_2 \rightarrow 3CO_2 + 4H_2O$$

44kg : 5×22.4Nm^3 = 1kg : $x(O_0)Nm^3$

(가) 이론산소량(O_0) 계산 : $x(O_0) = \dfrac{1 \times 5 \times 22.4}{44} = 2.545 \text{Nm}^3/\text{kg}$

(나) 이론공기량(A_0) 계산 : $A_0 [\text{Nm}^3/\text{kg}] = \dfrac{O_0}{0.21} = \dfrac{2.545}{0.21} = 12.12 \text{Nm}^3/\text{kg}$

③ 프로판(C_3H_8) 1Nm^3당 이론산소량(kg) 및 이론공기량(kg) 계산

$$C_3H_8 + 5O_2 \rightarrow 3CO_2 + 4H_2O$$

22.4Nm^3 : 5×32kg = 1Nm^3 : $x(O_0)$kg

(가) 이론산소량(O_0) 계산 : $x [\text{kg/Nm}^3] = \dfrac{1 \times 5 \times 32}{22.4} = 7.143 \text{kg/Nm}^3$

(나) 이론공기량(A_0) 계산 : $A_0 [\text{kg/Nm}^3] = \dfrac{O_0}{0.232} = \dfrac{7.143}{0.232} = 30.79 \text{kg/Nm}^3$

④ 프로판(C_3H_8) 1Nm^3당 이론산소량(Nm^3) 및 이론공기량(Nm^3) 계산

$$C_3H_8 + 5O_2 \rightarrow 3CO_2 + 4H_2O$$

22.4Nm^3 : 5×22.4Nm^3 = 1Nm^3 : $x(O_0)Nm^3$

(가) 이론산소량(O_0) 계산 : $x [\text{Nm}^3/\text{Nm}^3] = \dfrac{1 \times 5 \times 22.4}{22.4} = 5 \text{Nm}^3/\text{Nm}^3$

(나) 이론공기량(A_0) 계산 : $A_0 [\text{Nm}^3/\text{Nm}^3] = \dfrac{O_0}{0.21} = \dfrac{5}{0.21} = 23.81 \text{Nm}^3/\text{Nm}^3$

3-3 공기비 및 실제공기량 계산

(1) 공기비 : 실제 연료의 연소 시 연료의 가연성분과 공기 중 산소와의 접촉이 원활하게 이루어지지 못하기 때문에 이론공기량만으로는 완전연소가 어렵다. 따라서 이론공기량보다 더 많은 공기를 공급하여 가연성분과 공기 중 산소와의 접촉이 원활하게 이루어지도록 해야 한다. 즉, 실제연소에 있어서 연료를 완전연소시키기 위해 실제적으로 공급하는 공기량을 실제공기량(A)이라 하며, 실제공기량(A)과 이론공기량(A_0)의 비를 공기비(m) 또는 과잉공기계수라 하며 다음과 같은 식이 성립된다.

$$m = \frac{A}{A_0} = \frac{A_0 + B}{A_0} = 1 + \frac{B}{A_0}$$

$$\therefore A = m \cdot A_0$$

여기서, m : 공기비(과잉공기계수) A : 실제공기량
A_0 : 이론공기량 B : 과잉공기량

① 연료에 따른 공기비
  (개) 기체연료 : 1.1~1.3
  (내) 액체연료 : 1.2~1.4 (미분탄 포함)
  (대) 고체연료 : 1.5~2.0 (수분식), 1.4~1.7 (기계식)

② 공기비의 특성
  (개) 공기비가 클 경우
    ㉮ 연소실 내의 온도가 낮아진다.
    ㉯ 배기가스로 인한 손실열이 증가한다.
    ㉰ 연료소비량이 증가한다.
    ㉱ 배기가스 중 질소화합물(NO_x)이 많아져 대기오염을 초래한다.
  (내) 공기비가 작을 경우
    ㉮ 불완전연소가 발생하기 쉽다.
    ㉯ 연소효율이 감소한다.
    ㉰ 열손실이 증가한다.
    ㉱ 미연소 가스로 인한 역화의 위험이 있다.

(2) 실제공기량 계산 : 실제연소에 있어서 연료를 완전연소시키기 위해 실제적으로 공급하는 공기량을 실제공기량(A)이라 하며, 이론공기량(A_0)에 과잉공기량(B)을 합한 것이다.

$$\therefore A = m \cdot A_0 = A_0 + B$$

3-4 연소가스량 계산

가연성분이 연소 시 공급되는 공기 중에는 질소가 포함되어 있다. 그러나 질소 성분은 불연성 성질의 기체로 공기와 함께 연소실에 들어가 아무런 반응 없이 그대로 배기가스와 함께 배출된다. 공기 속의 산소와 질소의 체적비(%)는 21 : 79이므로 연소가스 속의 질소량은 산소량의 $\frac{79}{21}$배, 3.76배를 함유하게 된다.

(1) 이론연소가스량 : 이론공기량으로 연료를 완전연소할 때 발생하는 연소 가스량이다.

① 프로판(C_3H_8) 1kg당 이론습연소가스량(Nm^3) 계산

$$C_3H_8 + 5O_2 + (N_2) \rightarrow 3CO_2 + 4H_2O + (N_2)$$

$$44kg : (3 \times 22.4 + 4 \times 22.4 + 5 \times 22.4 \times 3.76)Nm^3 = 1kg : x[Nm^3]$$

$$\therefore x = \frac{1 \times (3 \times 22.4 + 4 \times 22.4 + 5 \times 22.4 \times 3.76)}{44} = 13.13 Nm^3/kg$$

② 프로판(C_3H_8) 1kg당 이론건연소가스량(Nm^3) 계산

$$C_3H_8 + 5O_2 + (N_2) \rightarrow 3CO_2 + 4H_2O + (N_2)$$

$$44kg : (3 \times 22.4 + 5 \times 22.4 \times 3.76)Nm^3 = 1kg : x[Nm^3]$$

$$\therefore x = \frac{1 \times (3 \times 22.4 + 5 \times 22.4 \times 3.76)}{44} = 11.1 Nm^3/kg$$

③ 프로판(C_3H_8) $1Nm^3$당 이론습연소가스량(Nm^3) 계산

$$C_3H_8 + 5O_2 + (N_2) \rightarrow 3CO_2 + 4H_2O + (N_2)$$

$$22.4Nm^3 : (3 \times 22.4 + 4 \times 22.4 + 5 \times 22.4 \times 3.76)Nm^3 = 1Nm^3 : x[Nm^3]$$

$$\therefore x = \frac{1 \times (3 \times 22.4 + 4 \times 22.4 + 5 \times 22.4 \times 3.76)}{22.4} = 25.8 Nm^3/Nm^3$$

④ 프로판(C_3H_8) $1Nm^3$당 이론건연소가스량(Nm^3) 계산

$$C_3H_8 + 5O_2 + (N_2) \rightarrow 3CO_2 + 4H_2O + (N_2)$$

$$22.4Nm^3 : (3 \times 22.4 + 5 \times 22.4 \times 3.76)Nm^3 = 1Nm^3 : x[Nm^3]$$

$$\therefore x = \frac{1 \times (3 \times 22.4 + 5 \times 22.4 \times 3.76)}{22.4} = 21.8 Nm^3/Nm^3$$

(2) 실제연소가스량 : 실제공기량으로 연료를 완전연소할 때 발생하는 연소가스량이다.

① 실제습연소가스량(G_w) = 이론습연소가스량 + 과잉공기량
　　　　　　　　　　　　 = 이론습연소가스량 + $\{(m-1) \cdot A_0\}$

② 실제건연소가스량(G_d) = 이론건연소가스량 + 과잉공기량
　　　　　　　　　　　　 = 이론건연소가스량 + $\{(m-1) \cdot A_0\}$

연소 및 폭발 예상문제

01 연소의 3요소를 쓰시오.

해답 ① 가연물 ② 산소공급원 ③ 점화원

02 연소의 3요소는 가연물, 점화원, 산소공급원이다. 가연물이 갖추어야 할 조건 4가지를 쓰시오. [22. 1회. 기사]

해답 ① 발열량이 크고, 열전도율이 작을 것
② 산소와 친화력이 좋고 표면적이 넓을 것
③ 활성화 에너지가 작을 것
④ 건조도가 높을 것(또는 수분 함량이 적을 것)

03 가연성가스의 발화 원인이 되는 점화원 종류 6가지를 쓰시오.

해답 ① 전기불꽃 ② 화염 ③ 충격불꽃 ④ 마찰열 ⑤ 단열압축 ⑥ 정전기

04 마찰, 충격 등에 의하여 맹렬히 폭발하는 가장 예민한 폭발물질 4가지를 쓰시오.

해답 ① 아세틸라이드(아세틸드) ② 아질화은(AgN_2)
③ 질화수은(HgN_2) ④ 유화질소(N_4S_4)
⑤ 염화질소(NCl_3) ⑥ 옥화질소(NI_3)

05 폭발범위를 벗어나 100% 존재 시에도 폭발을 일으키는 물질 종류 3가지를 쓰시오.

해답 ① 아세틸렌(C_2H_2) ② 산화에틸렌(C_2H_4O) ③ 히드라진(N_2H_4)
해설 분해폭발은 폭발범위와 관계없이 공기나 산소가 없어도 조건이 맞으면 폭발이 발생한다.

06 다량의 분진이 발생하는 작업장에서 발생할 수 있는 분진폭발 방지대책 4가지를 쓰시오. [18. 2회, 23. 3회. 기사]

해답 ① 분진의 퇴적 및 분진운의 생성방지 ② 분진발생 설비의 구조 개선
③ 불활성가스 봉입 조치 ④ 제진설비 설치 및 가동
⑤ 점화원의 제거 및 관리 ⑥ 접지로 정전기 제거
⑦ 폭발방호장치 설치

07 가연성가스의 연소범위(폭발범위)를 설명하시오. [17. 2회. 기사]

해답 공기에 대한 가연성가스의 혼합농도의 백분율(vol%)로서 폭발하는 최고농도를 폭발상한계, 최저농도를 폭발하한계라 하며 그 차이를 폭발범위라 한다.

08 가연성가스의 폭발범위는 다음의 조건일 때 어떻게 변화되는가 '증가한다', '감소한다'로 답하시오.

(1) 온도가 증가할 때 :
(2) 압력이 증가할 때
(3) 산소농도가 증가할 때 :

해답 (1) 증가한다.
(2) 증가한다. (단, 수소와 일산화탄소는 감소한다.)
(3) 증가한다.

해설 폭발범위 : 공기에 대한 가연성가스의 혼합농도의 백분율(vol%)로서 폭발하는 최고농도를 폭발상한계, 최저농도를 폭발하한계라 하며 그 차이를 폭발범위라 한다.
① 온도의 영향 : 온도가 높아지면 폭발범위는 넓어지고, 온도가 낮아지면 폭발범위는 좁아진다.
② 압력의 영향 : 압력이 상승하면 폭발범위는 넓어진다. (단, CO는 압력상승 시 폭발범위가 좁아지며, H_2는 압력상승 시 폭발범위가 좁아지다가 계속 압력을 올리면 폭발범위가 넓어진다.)
③ 불활성기체의 영향(산소농도의 영향) : CO_2, N_2 등을 공기와 혼합하여 산소농도를 줄이면 폭발범위는 좁아진다. (폭발범위는 공기 중에서보다 산소 중에서 넓어진다.)

09 가로, 세로, 높이가 각각 10m, 8m, 4m인 실내에 프로판가스가 폭발할 수 있는 최저농도로 누설되었다면 누설량(m^3)은 얼마인가? (단, 프로판의 폭발범위는 2.2~9.5%이고, 실내는 환기가 되지 않는다.) [10. 4회. 산기]

풀이 실내 체적에 해당하는 부분에 프로판의 폭발범위 하한값에 해당되는 가스가 누설되었을 때 폭발이 발생할 수 있는 최저농도이다.

∴ 누설량＝실내체적×폭발범위 하한값＝(10×8×4)×0.022＝7.04m³

해답 7.04m³

10 프로판(C_3H_8)과 부탄(C_4H_{10})이 동일한 몰(mol)비로 구성된 LP가스의 폭발하한이 공기 중에서 1.8 vol%라면 높이 2m, 넓이 9m², 압력 1atm, 온도 20℃인 주방에 최소 몇 g의 가스가 유출되면 폭발할 가능성이 있는가? (단, LP가스는 이상기체로 가정하고, 주방은 환기가 되지 않는다.)

풀이 ① 혼합가스의 평균분자량(M) 계산 : 프로판(C_3H_8)과 부탄(C_4H_{10})이 동일한 몰(mol)비로 구성되었으므로 각각 50%의 비율로 계산하며, 분자량은 프로판 44, 부탄 58이다.

∴ $M = (44 \times 0.5) + (58 \times 0.5) = 51$

② 폭발 가능한 누설량 계산 : 실내 체적에 폭발하한값에 해당하는 1.8% 누설 시 폭발할 가능성이 있으며, 유출되는 가스 질량(g)은 절대단위 이상기체 상태방정식 $PV = \dfrac{W}{M}RT$에서 질량 W를 구하며, 실내 체적은 리터(L) 단위로 변환하여 적용한다.

∴ $W = \dfrac{PVM}{RT} = \dfrac{1 \times (9 \times 2 \times 10^3 \times 0.018) \times 51}{0.082 \times (273+20)} = 637.754 ≒ 687.75 g$

해답 687.75g

11 공기 중에서 톨루엔($C_6H_5CH_3$)의 폭발범위를 존슨(Jones)의 연소범위 관계식으로 구하면 얼마인가?

풀이 ① 톨루엔($C_6H_5CH_3$)의 완전연소 반응식
$C_6H_5CH_3 + 9O_2 \rightarrow 7CO_2 + 4H_2O$

② 화학양론농도(x_0) 계산 : 완전연소 반응식에서 톨루엔 1몰이 연소할 때 필요한 산소 몰수(n)는 9몰이다.

∴ $x_0 = \dfrac{0.21}{0.21+n} \times 100 = \dfrac{0.21}{0.21+9} \times 100 = 2.28\%$

③ 폭발범위 하한값(x_1) 계산
$x_1 = 0.55 x_0 = 0.55 \times 2.28 = 1.254 ≒ 1.25\%$

④ 폭발범위 상한값(x_2) 계산
$x_2 = 4.8\sqrt{x_0} = 4.8 \times \sqrt{2.28} = 7.247 ≒ 7.25\%$

해답 1.25~7.25%

해설 ① 폭발범위값을 계산하는 존슨(Jones)의 연소범위 관계식은 탄화수소 증기의 폭발범위 하한계(LFL)와 폭발범위 상한계(UFL)는 연료의 양론농도(C_{st})의 함수

라는 것을 발견하였고, 실험 데이터가 없어 폭발범위를 추산해야 할 때 적용하고 있습니다. 이때 폭발범위값을 계산하는 공식 중 '0.55'와 '4.8'의 숫자는 오차를 보정하기 위한 상수 개념으로 이해하길 바라며, 이 숫자가 어떻게 나왔는지 그 이유는 중요한 것이 아닙니다. (그 이유를 반드시 알아야 할 이유가 있는 분은 존슨학자께 연락하여 확인을 받아 보길 바랍니다)

② 존슨(Jones)의 연소범위 관계식으로 계산된 폭발범위값은 실험실에서 측정되고 일반적으로 통용되고 있는 폭발범위와는 오차가 발생하고 있으며, 이것은 지극히 정상적인 사항입니다.

③ 존슨(Jones) 연소범위 관계식
  ㉮ 연소(폭발)하한계(LFL) : $x_1 = 0.55 C_{st}$
  ㉯ 연소(폭발)상한계(UFL) : $x_2 = 4.8\sqrt{C_{st}}$
  ※ C_{st}는 화학양론농도를 나타내는 것으로 풀이와 같은 기호를 사용할 수 있으며, 이상이 없는 사항이니 선택하여 적용하기 바랍니다.

12 프로판 1mol을 이론공기량으로 완전연소시킬 때에 대한 물음에 답하시오.
[11. 3회, 16. 1회, 22. 2회. 기사]
(1) 혼합기체 중 프로판의 화학양론농도(x_0)를 구하시오.
(2) 프로판의 폭발범위 하한값(x_1)을 구하시오.

풀이 (1) ① 이론공기량에 의한 프로판(C_3H_8)의 완전연소 반응식
  $C_3H_8 + 5O_2 + (N_2) \rightarrow 3CO_2 + 4H_2O + (N_2)$
② 화학양론농도(x_0) 계산 : 완전연소 반응식에서 프로판 1몰이 연소할 때 필요한 산소 몰수(n)는 5몰이다.
$$\therefore x_0 = \frac{0.21}{0.21+n} \times 100 = \frac{0.21}{0.21+5} \times 100 = 4.030 ≒ 4.03\%$$
(2) 폭발범위 하한값(x_1) 계산
  $x_1 = 0.55 x_0 = 0.55 \times 4.03 = 2.216 ≒ 2.22\%$

해답 (1) 4.03% (2) 2.22%

13 공기 중에서 메탄(CH_4)의 폭발범위가 5~15%일 때 위험도를 계산하시오.

풀이 위험도(H)는 폭발범위 상한값(U)과 하한값(L)의 차이를 폭발범위 하한값으로 나눈 값이다.
$$\therefore H = \frac{U-L}{L} = \frac{15-5}{5} = 2$$

해답 2

해설 위험도는 단위가 없는 무차원수이다.

14 프로판, 에틸렌, 메탄, 수소의 위험도를 구하고, 위험도가 큰 것부터 작은 순으로 쓰시오.
[23. 2회. 기사]

풀이 위험도(H) 계산식 $H=\dfrac{U-L}{L}$에 각 가스의 폭발범위 상한값(U)과 하한값(L)을 대입하여 구한다.

① 프로판 : $H=\dfrac{9.5-2.2}{2.2}=3.318≒3.32$

② 에틸렌 : $H=\dfrac{32-3.1}{3.1}=9.322≒9.32$

③ 메탄 : $H=\dfrac{15-5}{5}=2$

④ 수소 : $H=\dfrac{75-4}{4}=17.75$

해답 (1) 위험도 : ① 프로판 : 3.32 ② 에틸렌 : 9.32 ⓒ 메탄 : 2 ④ 수소 : 17.75
(2) 순서 : 수소 → 에틸렌 → 프로판 → 메탄

해설 ① 각 가스의 공기 중에서 폭발범위

가스 명칭	공기 중 폭발범위(vol%)
프로판(C_3H_8)	2.2~9.5
에틸렌(C_2H_4)	3.1~32 (2.7~36)
메탄(CH_4)	5~15
수소(H_2)	4~75

② 에틸렌(C_2H_4)의 폭발범위가 2.7~36%로 적용하는 경우도 있으며, 시험에는 한국가스안전공사에서 공개된 자료집에 수록된 3.1~32% 값을 적용하고 있습니다.

15 폭발은 폭연과 폭굉으로 분류할 때 폭연과 폭굉의 차이는 무엇인가?
[20. 4회. 산기]

해답 화염전파속도

해설 폭연과 폭굉의 정의
① 폭연(deflagration) : 음속 미만으로 진행되는 열분해 또는 음속 미만의 화염 전파속도로 연소하는 화재로 압력이 위험수준까지 상승할 수도 있고, 상승하지 않을 수도 있으며, 충격파를 방출하지 않으면서 급격하게 진행되는 연소이다.
② 폭굉(detonation) : 가스 중의 음속보다도 화염전파속도가 큰 경우로서 파면선단에 충격파라고 하는 압력파가 생겨 격렬한 파괴작용을 일으키는 현상이다.

16 폭굉(detonation)의 정의에 대한 설명 중 ( ) 안에 알맞은 용어를 쓰시오.

> 가스 중의 (①)보다도 화염전파속도가 큰 경우로서 가스의 경우 1000~3500m/s 정도에 달하여 파면선단에 충격파라고 하는 (②)가 생겨 격렬한 파괴작용을 일으키는 현상이다.

[19. 1회. 산기] [16. 3회. 기사 유사]

해답 ① 음속 ② 압력파

17 폭굉에 대한 물음에 답하시오.

(1) 폭굉의 정의를 쓰시오. [16. 3회, 23. 3회. 기사]
(2) 폭굉유도거리(DID)에 대하여 설명하시오. [09. 3회, 17. 1회. 기사]
(3) 폭굉유도거리가 짧아질 수 있는 조건 4가지를 쓰시오. [09. 2회, 20. 1회. 기사]

해답 (1) 가스 중의 음속보다도 화염전파속도가 큰 경우로서 가스의 경우 1000~3500m/s 정도에 달하여 파면선단에 충격파라고 하는 압력파가 생겨 격렬한 파괴작용을 일으키는 현상을 말한다.
(2) 최초의 완만한 연소가 격렬한 폭굉으로 발전할 때까지의 거리
(3) ① 정상 연소속도가 큰 혼합가스일수록
② 관속에 방해물이 있거나 지름이 작을수록
③ 압력이 높을수록
④ 점화원의 에너지가 클수록

18 가연성 액화가스 저장탱크에서 발생하는 BLEVE에 대한 물음에 답하시오.

(1) BLEVE 현상에 대해 설명하시오. [21. 산기 1회]
(2) 예방대책 3가지를 쓰시오.

해답 (1) BLEVE(Boiling Liquid Expanding Vapor Explosion)는 비등 액체 팽창 증기 폭발로 가연성 액체 저장탱크 주변에서 화재가 발생하여 기상부의 탱크가 국부적으로 가열되면 그 부분이 강도가 약해져 탱크가 파열된다. 이때 내부의 액화가스가 급격히 유출, 팽창되어 화구(fire ball)를 형성하여 폭발하는 형태를 말한다.
(2) ① 저장탱크 내부에 열전도도가 좋은 알루미늄 합금을 이용하여 기상부에 도달하는 열을 액상부에 전달하도록 한다. → 폭발방지장치 설치
② 저장탱크 외부는 열전도도가 좋지 않은 금속으로 하여 내부로 열이 잘 전달

되지 않도록 한다.
③ 저장탱크 외부를 단열재로 피복하여 주변에서 화재가 발생하였을 때 열영향을 적게 받도록 한다.
④ 저장탱크 상부와 주변에 물분무장치(스프링클러, 소화전)를 설치하여 화재 시 저장탱크와 주변을 냉각시킨다.

19 지상에 설치된 LPG 저장탱크에서 BLEVE의 발생을 방지하기 위하여 설치하는 소화설비는 무엇인가? [06. 4회, 산기]

해답 물분무 장치

20 증기운 폭발(UVCE : Unconfined Vapor Cloud Explosion)에 대하여 설명하시오. [16. 2회, 18. 3회, 22. 1회, 기사]

해답 대기 중에 대량의 가연성가스나 인화성 액체가 유출 시 다량의 증기가 대기 중의 공기와 혼합하여 폭발성의 증기운(vapor cloud)을 형성하고, 이때 착화원에 의해 화구(fire ball)를 형성하여 폭발하는 형태를 말한다.

21 증기운 폭발에 영향을 주는 인자 4가지를 쓰시오. [13. 2회, 산기 필기]

해답 ① 방출된 물질의 양
② 점화확률
③ 증기운이 점화하기까지 움직인 거리
④ 폭발효율
⑤ 방출에 관련된 점화원의 위치

22 TNT 당량은 어떤 물질이 폭발할 때 방출하는 에너지와 동일한 에너지를 방출하는 TNT의 질량을 말한다. LPG 3톤이 폭발할 때 방출하는 에너지는 TNT 당량으로 몇 kg인가? (단, 폭발한 LPG의 발열량은 15000kcal/kg이며, LPG의 폭발계수는 0.1, TNT가 폭발 시 방출하는 당량에너지는 1125kcal이다.)

풀이 $TNT\ 당량 = \dfrac{총발생열량(kcal)}{TNT\ 방출당량\ 에너지} = \dfrac{LPG량(kg) \times 발열량(kcal/kg) \times 폭발계수}{TNT\ 방출당량\ 에너지}$

$= \dfrac{3000 \times 15000 \times 0.1}{1125} = 4000kg$

해답 4000kg

23 가연성가스의 제조설비, 저장설비에 전기설비는 방폭성능을 가지는 것을 설치하여야 한다. 방폭전기기기의 종류 4가지를 쓰시오. [18. 1회, 20. 2회, 기사]

해답 ① 내압 방폭구조　② 유입 방폭구조　③ 압력 방폭구조
④ 안전증 방폭구조　⑤ 본질안전 방폭구조　⑥ 특수 방폭구조

24 다음에 설명하는 방폭구조의 명칭을 쓰시오. [18. 1회, 산기]

(1) 방폭전기기기의 용기 내부에 보호가스(신선한 공기 또는 불활성가스)를 압입하여 내부압력을 유지함으로써 가연성가스가 용기 내부로 유입되지 않도록 한 구조
(2) 방폭전기기기의 용기 내부에서 가연성가스의 폭발이 발생할 경우 그 용기가 폭발압력에 견디고 접합면, 개구부 등을 통하여 외부의 가연성가스에 인화되지 않도록 한 구조
(3) 방폭전기기기의 용기 내부에 절연유를 주입하여 불꽃, 아크 또는 고온 발생 부분이 기름 속에 잠기게 함으로써 기름면 위에 존재하는 가연성가스에 인화되지 않도록 한 구조
(4) 정상운전 중에 가연성가스의 점화원이 될 전기불꽃, 아크 또는 고온 부분 등의 발생을 방지하기 위하여 기계적, 전기적 구조상 또는 온도 상승에 대하여 특히 안전도를 증가시킨 구조
(5) 정상 시 및 사고(단선, 단락, 지락 등) 시에 발생하는 전기불꽃, 아크 또는 고온부에 의하여 가연성가스가 점화되지 않는 것이 점화시험, 기타 방법에 의하여 확인된 구조

해답 (1) 압력 방폭구조　(2) 내압 방폭구조　(3) 유입 방폭구조
(4) 안전증 방폭구조　(5) 본질안전 방폭구조

해설 방폭전기기기의 구조를 문제에서 제시해 주고 명칭을 묻는 문제로도 출제되니 구조를 정확히 기억하길 바랍니다.

25 방폭전기기기 설치에 사용되는 정션박스(junction box), 풀박스(pull box), 접속함 및 부속품 등에 사용되는 방폭구조 2가지를 쓰시오.

해답 ① 내압 방폭구조　② 안전증 방폭구조

해설 방폭전기기기 설치 : KGS GC201
① 방폭전기기기 결합부의 나사류를 외부에서 쉽게 조작함으로써 방폭성능을 손상시킬 우려가 있는 것은 드라이버, 스패너, 플라이어 등의 일반 공구로 조작할 수 없도록 한 자물쇠식 죄임구조로 한다.
② 방폭전기기기 배선에 사용되는 전선, 케이블, 금속관공사용 전선관 및 케이블 보호관 등은 방폭전기기기의 성능을 떨어뜨리지 않는 것으로 한다.
③ 방폭전기기기 설치에 사용되는 정션박스(junction box), 풀박스(pull box), 접

속함 등은 내압 방폭구조 또는 안전증 방폭구조의 것으로 한다.
④ 방폭전기기기 설비의 부속품은 내압 방폭구조 또는 안전증 방폭구조의 것으로 한다.
⑤ 도시가스 공급시설에 설치하는 정압기실 및 구역압력조정기실 개구부와 RTU(Remote Terminal Unit) BOX는 다음 기준에서 정한 거리 이상을 유지한다.
㉮ 지구정압기, 건축물 내 지역정압기 및 공기보다 무거운 가스를 사용하는 지역정압기 : 4.5m
㉯ 공기보다 가벼운 가스를 사용하는 지역정압기 및 구역압력조정기 : 1m

26 방폭전기기기 결합부의 나사류를 외부에서 쉽게 조작함으로써 방폭성능을 손상시킬 우려가 있는 것은 드라이버, 스패너, 플라이어 등의 일반 공구로 조작할 수 없도록 한 구조 명칭은 무엇인가?

해답 자물쇠식 죄임 구조

27 방폭전기기기에서 최대 안전틈새 범위란 무엇인가 설명하시오. [11. 1회. 기사]

해답 최대 안전틈새는 내용적이 8L이고 틈새 깊이가 25mm인 표준용기 내에서 가스가 폭발할 때 발생한 화염이 용기 밖으로 전파하여 가연성가스에 점화되지 아니하는 최댓값을 말한다.

28 방폭전기기기의 폭발등급에 대한 물음에 답하시오. [19. 2회. 기사]

(1) 가연성가스의 폭발등급 및 이에 대응하는 방폭전기기기의 폭방등급은 내압 방폭구조는 최대 안전틈새 범위에 따라 3가지로 분류하며, 본질안전 방폭구조는 (   )로 3가지로 분류한다. (   ) 안에 알맞은 내용을 쓰시오.
(2) 본질안전 방폭구조의 폭발등급을 분류할 때 기준이 되는 가스는 무엇인가?

해답 (1) 최소 점화전류비의 범위(mm) (2) 메탄
해설 가연성가스의 폭발등급 및 이에 대응하는 본질안전 방폭구조의 폭발등급 : KGS GC201

최소 점화전류비의 범위(mm)	0.8 초과	0.45 이상 0.8 이하	0.45 미만
가연성가스의 폭발등급	A	B	C
방폭전기기기의 폭발등급	ⅡA	ⅡB	ⅡC

[비고] 최소 점화전류비는 메탄가스의 최소 점화전류를 기준으로 나타낸다.

29 본질안전 방폭구조의 안전막(safety barrier)이란 무엇인가? [12. 4회, 산기]

해답 본질안전 방폭구조가 설치되는 0종 장소 등에서 위험장소와 비위험장소 사이에 설치하여 위험장소로 공급되는 전류치가 취급물질의 최소 점화에너지를 초과하지 못하도록 하는 안전장치로 위험장소로 공급되는 전류치가 커지면 자동으로 전원이 차단되는 구조 회로이다.

30 방폭전기기기에서 갈바닉 절연을 설명하시오. [19. 2회, 기사]

해답 본질안전 전기기기 또는 본질안전 관련 전기기기 내부의 2개 회로 사이에 직접적인 전기적 접속 없이 신호 또는 전력이 전달되도록 한 구조를 말한다.

해설 방폭전기기기의 설계, 선정 및 설치에 관한 기준(KGS GC102) : 용어의 정의
① 본질안전 전기기기(intrinsically safe isolation) : 모든 회로가 본질안전 방폭구조인 전기기기를 말한다.
② 본질안전 관련 전기기기(associated apparatus) : 본질안전회로와 비본질안전회로가 모두 포함되어 있고 비본질안전회로가 본질안전회로에 악영향을 미치지 아니하도록 제작된 전기기기를 말한다.
③ 본질안전회로(intrinsically safe circuit) : 정상작동상태 및 특정한 고장상태에서 발생하는 스파크 또는 가열효과가 폭발성 분위기에 점화를 유발할 수 없도록 한 회로를 말한다.
④ 갈바닉 절연(galvanic apparatus) : 본질안전 전기기기 또는 본질안전 관련 전기기기 내부의 2개 회로 사이에 직접적인 전기적 접속 없이 신호 또는 전력이 전달되도록 한 구조를 말한다.

31 몰드 방폭구조(encapsulation : "m")에 대하여 설명하시오.

해답 폭발성 분위기에 점화를 유발할 수 있는 부분에 컴파운드를 충전함으로써, 설치 및 운전 조건에서 폭발성 분위기에 점화가 일어나지 아니하도록 한 방폭구조이다.

해설 방폭전기기기의 설계, 선정 및 설치에 관한 기준 중 용어의 정의 : KGS GC102
① 비점화 방폭구조 "n"(type of protection "n") : 정상작동 및 특정 이상 상태에서 주위의 폭발성 분위기를 점화시키지 아니하는 전기 기계 및 기구에 적용하는 방폭구조를 말한다.
② 충전 방폭구조 "q"(powder filling "q") : 폭발성가스 분위기에 점화를 유발할 수 있는 부분을 고정설치하고 그 주위 전체를 충전물질로 둘러쌈으로써 외부 폭발성 분위기에 점화가 일어나지 아니하도록 한 방폭구조를 말한다.
③ 몰드 방폭구조 "m"(encapsulation "m") : 폭발성 분위기에 점화를 유발할 수 있

는 부분에 컴파운드를 충전함으로써, 설치 및 운전 조건에서 폭발성 분위기에 점화가 일어나지 아니하도록 한 방폭구조를 말한다.

32 방폭관리사와 방폭관리 감독자를 구분하여 각각 설명하시오.

해답 ① 방폭관리사 : 다양한 종류의 방폭구조 관련 지식, 위험장소 구분 관련 지식, KGS code 기준 및 국가 법령의 요구 조건 관련 지식과 방폭전기기기 설치 실무 관련 지식을 보유한 자를 말한다.
② 방폭관리 감독자 : 방폭 분야에 관한 충분한 지식, 현장 조건에 관한 정통한 지식 및 전기기기 설치에 관한 정통한 지식을 보유하고 폭발 위험장소 내 전기기기 점검 관리에 관한 총괄적 책임자 지위에서 방폭관리사를 관리하는 사람을 말한다.

해설 방폭관리사(skilled personnel)와 방폭관리 감독자(technical person with executive function)는 KGS GC103 방폭전기기기의 점검 및 유지관리에 관한 기준의 용어의 정의에 규정된 사항임

33 가연성가스가 폭발할 위험이 있는 장소에 전기설비를 할 경우 위험의 정도에 따라 위험 장소를 분류하는 등급 3가지를 쓰시오. [15. 1회. 기사]

해답 ① 1종 장소 ② 2종 장소 ③ 0종 장소

34 가연성가스가 폭발할 위험이 있는 농도에 도달할 우려가 있는 장소를 위험장소라 한다. 위험장소 중 0종 장소에 대하여 설명하시오. [12. 1회. 산기] [22. 2회. 기사]

해답 상용의 상태에서 가연성가스의 농도가 연속해서 폭발하한계 이상으로 되는 장소 (폭발상한계를 넘는 경우에는 폭발한계 이내로 들어갈 우려가 있는 경우를 포함한다.)

해설 위험장소의 분류 : KGS GC201 가스시설 전기방폭기준
① 1종 장소 : 상용상태에서 가연성가스가 체류하여 위험하게 될 우려가 있는 장소, 정비보수 또는 누출 등으로 인하여 종종 가연성가스가 체류하여 위험하게 될 우려가 있는 장소
② 2종 장소
 ㉮ 밀폐된 용기 또는 설비 내에 밀봉된 가연성가스가 그 용기 또는 설비의 사고로 인해 파손되거나 오조작의 경우에만 누출할 위험이 있는 장소
 ㉯ 확실한 기계적 환기조치에 의하여 가연성가스가 체류하지 않도록 되어 있으나 환기장치에 이상이나 사고가 발생한 경우에는 가연성가스가 체류하여

위험하게 될 우려가 있는 장소
㉰ 1종 장소의 주변 또는 인접한 실내에서 위험한 농도의 가연성가스가 종종 침입할 우려가 있는 장소
③ 0종 장소 : 상용의 상태에서 가연성가스의 농도가 연속해서 폭발하한계 이상으로 되는 장소(폭발상한계를 넘는 경우에는 폭발한계 이내로 들어갈 우려가 있는 경우를 포함한다.)

35 불활성화 작업에 대하여 설명하시오. [08. 3회, 20. 1회. 기사]

해답 가연성 혼합가스에 불활성가스를 주입하여 산소의 농도를 최소산소농도(MOC) 이하로 낮추는 작업으로 이너팅(inerting) 또는 퍼지(purge) 작업이라 한다.

해설 (1) 불활성화(inerting) 작업의 종류
① 진공 퍼지(vacumm purge) : 용기를 진공시킨 후 불활성가스를 주입시켜 원하는 최소산소농도에 이를 때까지 실시
② 압력 퍼지(pressure purge) : 불활성가스로 용기를 가압한 후 대기 중으로 방출하는 작업을 반복하여 원하는 최소산소농도에 이를 때까지 실시
③ 스위프 퍼지(sweep-through purge) : 한쪽으로는 불활성가스를 주입하고 반대쪽에서는 가스를 방출하는 작업을 반복하는 것으로 저장탱크 등에 사용
④ 사이펀 퍼지(siphon purge) : 용기에 물을 충만시킨 다음 용기로부터 물을 배출시킴과 동시에 불활성가스를 주입하여 원하는 최소산소농도를 만드는 작업

(2) 최소산소농도(MOC : Minimum Oxygen for Combustion)
$$MOC[\%] = LFL \times \frac{산소\ 몰수}{연료\ 몰수}$$

36 진공퍼지의 과정을 3단계로 나누어 설명하시오. [16. 2회, 22. 1회. 기사]

해답 ① 용기를 진공시킨다.
② 불활성가스를 주입시킨다.
③ 최소산소농도를 유지시킨다.

37 아세틸렌에 대한 최소산소농도값(MOC)을 추산하면 얼마인가? (단, 공기 중에서 아세틸렌의 폭발범위는 2.5~81%이다.) [22. 4회. 산기]

풀이 ① 아세틸렌(C_2H_2)의 완전연소 반응식 : $C_2H_2 + 2.5O_2 \rightarrow 2CO_2 + H_2O$

② 최소산소농도값(MOC) 계산 : 완전연소 반응식에서 아세틸렌 1몰에 대하여 산소 2.5몰이 필요하다.

$$\therefore MOC = LFL \times \frac{산소\ 몰수}{연료\ 몰수} = 2.5 \times \frac{2.5}{1} = 6.25\%$$

해답 6.25%

38 프로판(C_3H_8) 가스에 대한 최소산소농도값(MOC)를 추산하면 얼마인가? (단, 프로판의 공기 중에서 폭발범위 하한값은 2.1% 이다.) [19. 1회. 기사]

풀이 ① 프로판의 완전연소 반응식

$$C_3H_8 + 5O_2 \rightarrow 3CO_2 + 4H_2O$$

② 최소산소농도(MOC) 계산 : 완전연소 반응식에서 프로판 1몰(mol)에 대하여 산소 5몰이 소요된다.

$$\therefore MOC = LFL \times \frac{산소\ 몰수}{연료\ 몰수} = 2.1 \times \frac{5}{1} = 10.5\%$$

해답 10.5%

39 안전성 평가기법 4가지를 쓰시오. [16. 4회. 산기]

해답 ① 체크리스트기법 ② 사고예상질문분석기법 ③ 위험과 운전분석기법
④ 작업자실수분석기법 ⑤ 결함수분석기법(FTA) ⑥ 사건수분석기법(ETA)
⑦ 원인결과분석기법(CCA)

해설 안전성 평가기법(위험성 평가기법) 분류
① 정성적 평가기법 : 체크리스트기법, 사고예상질문분석기법, 위험과 운전분석기법
② 정량적 평가기법 : 작업자실수분석기법(HEA), 결함수분석기법(FTA), 사건수분석기법(ETA), 원인결과분석기법(CCA)

40 안전성 평가기법 중 정량적으로 파악하는 방법 4가지를 영문약자로 쓰시오. [21. 3회. 기사]

해답 ① HEA ② FTA ③ ETA ④ CCA

해설 정량적 안전성 평가기법
① HEA(Hunman Error Analysis ; 작업자실수분석기법) : 설비의 운전원, 정비보수원, 기술자 등의 작업에 영향을 미칠만한 요소를 평가하여 그 실수의 원인을 파악하고 추적하여 정량적으로 실수의 상대적 순위를 결정하는 안전성 평가기법을 말한다.
② FTA(Fault Tree Analysis ; 결함수분석기법) : 사고를 일으키는 장치의 이상이

나 운전사 실수의 조합을 연역적으로 분석하는 정량적 안전성 평가기법을 말한다. (KGS code 규정에 '운전자'가 아닌 '운전사'로 설명하고 있으며 오타가 아님)

③ ETA(Event Tree Analysis ; 사건수분석기법) : 초기사건으로 알려진 특정한 장치의 이상이나 운전자의 실수로부터 발생되는 잠재적인 사고 결과를 평가하는 정량적 안전성 평가기법을 말한다.

④ CCA(Cause-Consequence Analysis ; 원인결과분석기법) : 잠재된 사고의 결과와 이러한 사고의 근본적인 원인을 찾아내고 사고 결과와 원인의 상호관계를 예측·평가하는 정량적 안전성 평기법을 말한다.

41 탄소 2kg이 완전연소할 때 이론산소량은 몇 kg인가?

풀이 ① 탄소(C)의 완전연소 반응식 : $C + O_2 \rightarrow CO_2$
② 이론산소량 계산 : 분자량은 탄소(C) 12, 산소(O_2) 32이다.

$$[C] \quad [O_2]$$
$$12kg \quad 32kg$$
$$2kg \quad x(O_0)kg \quad \therefore x(O_0) = \frac{2 \times 32}{12} = 5.333 ≒ 5.33kg$$

해답 5.33kg

42 황(S) 1kg을 완전연소시키는 데 필요한 이론산소량(kg/kg)과 이론공기량(kg/kg)을 각각 구하시오.

풀이 ① 황(S)의 완전연소 반응식 : $S + O_2 \rightarrow SO_2$
② 이론산소량(kg/kg) 계산 : 분자량은 황이 32, 산소는 32이다.

$$[S] \quad [O_2]$$
$$32kg \quad 32kg$$
$$1kg \quad x(O_0)kg \quad \therefore x(O_0) = \frac{1 \times 32}{32} = 1kg/kg$$

③ 이론공기량(kg/kg) 계산 : 공기 중 산소의 질량비는 23.2%이므로 이론산소량(O_0)을 산소의 질량비로 나누어주면 이론공기량(A_0)이 계산된다.

$$\therefore A_0 = \frac{O_0}{0.232} = \frac{1}{0.232} = 4.310 ≒ 4.31kg/kg$$

해답 ① 이론산소량 : 1kg/kg ② 이론공기량 : 4.31kg/kg

43 메탄, 프로판, 부탄의 완전연소 반응식을 각각 쓰고, 이론공기량이 많이 필요한 것부터 적게 필요한 순서대로 나열하시오. [17. 4회. 산기]

해답 (1) 완전연소 반응식
① 메탄 : $CH_4 + 2O_2 \rightarrow CO_2 + 2H_2O$
② 프로판 : $C_3H_8 + 5O_2 \rightarrow 3CO_2 + 4H_2O$
③ 부탄 : $C_4H_{10} + 6.5O_2 \rightarrow 4CO_2 + 5H_2O$
(2) 순서 : 부탄 → 프로판 → 메탄

해설 ① 탄화수소(C_mH_n)의 완전연소 반응식

$$C_mH_n + \left(m + \frac{n}{4}\right)O_2 \rightarrow mCO_2 + \frac{n}{2}H_2O$$

② 완전연소 반응식에서 산소(O_2) 몰(mol) 수가 큰 것이 이론공기량(또는 이론산소량)이 많이 필요한 것이다.

44 프로판(C_3H_8) 1kg이 완전연소할 때 필요한 이론공기량(Nm^3)을 계산하시오. (단, 공기 중 산소 농도는 21%이다.)

풀이 ① 프로판(C_3H_8)의 완전연소 반응식 : $C_3H_8 + 5O_2 \rightarrow 3CO_2 + 4H_2O$
② 이론공기량(Nm^3) 계산

$$\begin{array}{cc} [C_3H_8] & [O_2] \\ 44kg & 5 \times 22.4Nm^3 \\ 1kg & x(O_0)Nm^3 \end{array}$$

$$\therefore A_0 = \frac{O_0}{0.21} = \frac{1 \times 5 \times 22.4}{44 \times 0.21} = 12.121 ≒ 12.12Nm^3$$

해답 $12.12Nm^3$

해설 Nm^3 : 표준상태(STP상태 : 0℃, 1기압)의 체적을 의미하는 것으로 'N'은 노멀(Normal)이라 읽는다. 같은 의미로 사용하는 것이 'Sm^3'이 있다.

45 다음 물음에 답하시오. [17. 1회. 기사]

(1) 프로판의 완전연소 반응식을 쓰시오.
(2) 프로판(C_3H_8) 10kg을 완전연소할 때 이론공기량(Nm^3)을 계산하시오. (단, 공기 중 산소 농도는 21%이다.)

[풀이] (1) 프로판(C_3H_8)의 완전연소 반응식 : $C_3H_8 + 5O_2 \rightarrow 3CO_2 + 4H_2O$

(2) 이론공기량(Nm^3) 계산

$$[C_3H_8] \quad\quad [O_2]$$
$$44kg \quad\quad 5 \times 22.4 Nm^3$$
$$10kg \quad\quad x(O_0)Nm^3$$

$$\therefore A_0 = \frac{O_0}{0.21} = \frac{10 \times 5 \times 22.4}{44 \times 0.21} = 121.212 ≒ 121.21 Nm^3$$

[해답] (1) $C_3H_8 + 5O_2 \rightarrow 3CO_2 + 4H_2O$

(2) $121.21 Nm^3$

---

46 액비중이 0.52인 프로판 1L를 완전연소하기 위한 이론공기량은 몇 Sm^3인가 계산하시오. (단, 공기 중 산소는 21vol%이다.) [12. 2회. 기사]

[풀이] ① 프로판의 완전연소 반응식 : $C_3H_8 + 5O_2 \rightarrow 3CO_2 + 4H_2O$

② 이론 공기량 계산 : 프로판 1L는 액체 상태의 프로판 1L를 제시해 준 것이고, 액비중 0.52는 액체 1L의 무게가 0.52kg에 해당되는 것이며, 액체와 기체 무게는 질량보존의 법칙에 의하여 같다.

$$[C_3H_8] \quad\quad [O_2]$$
$$44kg \quad\quad 5 \times 22.4 Sm^3$$
$$0.52kg \quad\quad x(O_0)Sm^3$$

$$\therefore A_0 = \frac{O_0}{0.21} = \frac{5 \times 22.4 \times 0.52}{44 \times 0.21} = 6.303 ≒ 6.30 Sm^3$$

[해답] $6.3 Sm^3$

[해설] $1 Sm^3$는 표준상태(0℃, 1기압)의 체적을 의미하는 것으로 'Nm^3'와 같은 의미이다.

---

47 탄화수소(C_mH_n) $1Nm^3$가 완전연소할 때 이론공기량(Nm^3/Nm^3)을 구하는 식을 완성하시오. [10. 1회, 16. 1회. 기사]

[풀이] ① 탄화수소(C_mH_n)의 완전연소 반응식

$$C_mH_n + \left(m + \frac{n}{4}\right)O_2 \rightarrow mCO_2 + \frac{n}{2}H_2O$$

② 이론공기량(Nm³/Nm³) 계산식 : 공기 중 산소는 21vol%이다.

$$\therefore A_0[\text{Nm}^3/\text{Nm}^3] = \frac{O_0}{0.21} = \frac{m + \frac{n}{4}}{0.21}$$

$$= \frac{m}{0.21} + \frac{\frac{n}{4}}{0.21} = \frac{1}{0.21}m + \frac{\frac{1}{4}n}{0.21} = \frac{1}{0.21}m + \frac{0.25}{0.21}n$$

$$= 4.761m + 1.190n \fallingdotseq 4.76m + 1.19n$$

해답 $4.76m + 1.19n$

---

48 프로판(C_3H_8) 1mol 연소에 필요한 이론공기량(A_0)은 몇 L인가? (단, 질소와 산소의 체적비는 79 : 21이다.) [11. 2회. 산기]

풀이 ① 프로판(C_3H_8)의 완전연소 반응식 : $C_3H_8 + 5O_2 \rightarrow 3CO_2 + 4H_2O$
② 프로판(C_3H_8) 1mol 연소에 필요한 산소는 5mol이고, 1mol의 체적은 22.4L이다.

$$\therefore A_0 = \frac{O_0}{0.21} = \frac{5 \times 22.4}{0.21} = 533.333 \fallingdotseq 533.33\text{L}$$

해답 533.33L

---

49 프로판가스 1Sm³를 완전연소시키는데 필요한 이론공기량은 몇 Sm³인가 계산하시오. (단, 공기 중 산소는 20vol%이다.) [12. 2회, 16. 1회. 산기]

풀이 ① 프로판(C_3H_8)의 완전연소 반응식 : $C_3H_8 + 5O_2 \rightarrow 3CO_2 + 4H_2O$
② 이론공기량 계산 : 아보가드로의 법칙에 의해 기체 1kmol의 체적은 22.4Sm³이다.

$$[C_3H_8] \quad\quad [O_2]$$
$$22.4\text{Sm}^3 \quad 5 \times 22.4\text{Sm}^3$$
$$1\text{Sm}^3 \quad\quad x(O_0)\text{Sm}^3 \quad\quad \therefore A_0 = \frac{O_0}{0.2} = \frac{1 \times 5 \times 22.4}{0.2 \times 22.4} = 25\text{Sm}^3$$

해답 25Sm³

해설 공기 중 산소의 체적비는 21vol%이지만 문제에서 체적비가 별도로 제시되면 그 값을 적용한다.

---

50 메탄과 부탄의 부피 조성비가 40 : 60인 혼합가스 1Nm³를 완전연소하는 데 필요한 이론공기량은 몇 Nm³인가?

풀이 ① 메탄(CH_4)과 부탄(C_4H_{10})의 완전연소 반응식

$$CH_4 + 2O_2 \rightarrow CO_2 + 2H_2O$$

$$C_4H_{10} + 6.5O_2 \rightarrow 4CO_2 + 5H_2O$$

② 이론공기량 계산 : 기체 1kmol의 부피는 $22.4Nm^3$이고, 체적으로 이론공기량(A_0)은 이론산소량(O_0)을 공기 중 산소의 체적비 21%로 나눠준다.

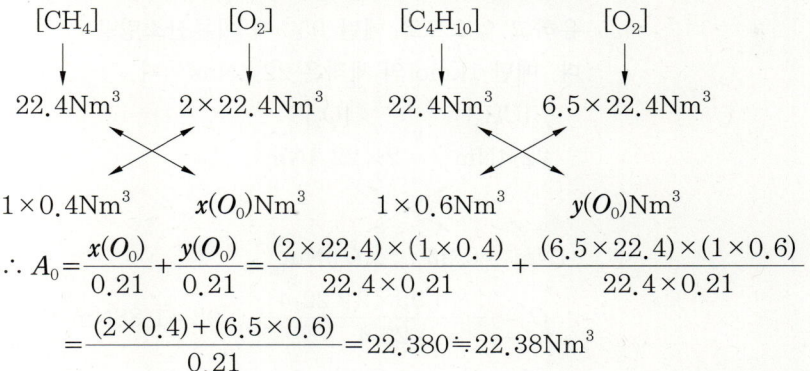

$$\therefore A_0 = \frac{x(O_0)}{0.21} + \frac{y(O_0)}{0.21} = \frac{(2 \times 22.4) \times (1 \times 0.4)}{22.4 \times 0.21} + \frac{(6.5 \times 22.4) \times (1 \times 0.6)}{22.4 \times 0.21}$$

$$= \frac{(2 \times 0.4) + (6.5 \times 0.6)}{0.21} = 22.380 ≒ 22.38Nm^3$$

해답 $22.38Nm^3$

51 수소 30%, 일산화탄소 70%인 혼합가스 $1Nm^3$가 완전연소할 때 필요한 이론공기량(Nm^3)은 얼마인가?

[23. 1회. 산기]

풀이 ① 수소(H_2)와 일산화탄소(CO)의 완전연소 반응식

$$H_2 + \frac{1}{2}O_2 \rightarrow H_2O$$

$$CO + \frac{1}{2}O_2 \rightarrow CO_2$$

② 이론공기량 계산 : 기체 1kmol의 부피는 $22.4Nm^3$이고, 체적으로 이론공기량(A_0)은 이론산소량(O_0)을 공기 중 산소의 체적비 21%로 나눠준다.

[H_2]	[O_2]	[CO]	[O_2]
$22.4Nm^3$	$\frac{1}{2} \times 22.4Nm^3$	$22.4Nm^3$	$\frac{1}{2} \times 22.4Nm^3$
$1 \times 0.3Nm^3$	$x(O_0)Nm^3$	$1 \times 0.7Nm^3$	$y(O_0)Nm^3$

$$\therefore A_0 = \frac{x(O_0)}{0.21} + \frac{y(O_0)}{0.21} = \frac{\left(\frac{1}{2} \times 22.4\right) \times (1 \times 0.3)}{22.4 \times 0.21} + \frac{\left(\frac{1}{2} \times 22.4\right) \times (1 \times 0.7)}{22.4 \times 0.21}$$

$$= \frac{\left(\frac{1}{2} \times 0.3\right) \times \left(\frac{1}{2} \times 0.7\right)}{0.21} = 2.380 ≒ 2.38Nm^3$$

해답 $2.38Nm^3$

52 체적비로 메탄 95%, 산소 2%, 질소 3%의 조성을 갖는 혼합가스 1Nm³를 연소시키는데 필요한 이론공기량(Nm³/Nm³)을 계산하시오. (단, 공기 중 산소의 체적비율은 21%이다.)

풀이 ① 메탄(CH_4)의 완전연소 반응식 : $CH_4 + 2O_4 \rightarrow CO_4 + 2H_4O$
② 혼합가스 1Nm³ 중에는 연소와 관련 있는 성분으로 메탄 95%, 산소 2%를 함유하고 있으므로 메탄 95%에 이론산소량을 구하여 산소 2%를 빼 주어야 한다. 메탄 1kmol의 체적은 22.4Nm³이다.

$$[CH_4] \quad\quad [O_2]$$
$$22.4Nm^3 \quad 2 \times 22.4Nm^3$$
$$1Nm^3 \times 0.95 \quad x(O_0)Nm^3$$

$$\therefore O_0 = \frac{1 \times 0.95 \times 2 \times 22.4}{22.4} - 0.02 = 1.88 Nm^3/Nm^3$$

$$\therefore A_0 = \frac{O_0}{0.21} = \frac{1.88}{0.21} = 8.952 \fallingdotseq 8.95 Nm^3/Nm^3$$

해답 $8.95 Nm^3/Nm^3$

별해 하나의 식으로 계산

$$\therefore A_0 = \frac{O_0}{0.21} = \frac{\frac{1 \times 0.95 \times 2 \times 22.4}{22.4} - 0.02}{0.21} = 8.952 \fallingdotseq 8.95 Nm^3/Nm^3$$

53 프로판(C_3H_8) 20Nm³가 완전연소 시 이론공기량(Nm³) 및 이산화탄소(CO_2) 생성량(Nm³)을 각각 계산하시오.

풀이 ① 프로판(C_3H_8)의 완전연소 반응식 : $C_3H_8 + 5O_2 \rightarrow 3CO_2 + 4H_2O$
② 이론공기량 계산 : 아보가드로의 법칙에 의해 기체 1kmol의 체적은 22.4Nm³이다.

$$[C_3H_8] \quad\quad [O_2]$$
$$22.4Nm^3 \quad 5 \times 22.4Nm^3$$
$$20Nm^3 \quad\quad x(O_0)Nm^3$$

$$\therefore A_0 = \frac{O_0}{0.21} = \frac{20 \times 5 \times 22.4}{0.21 \times 22.4} = 476.190 \fallingdotseq 476.19 Nm^3$$

③ 이산화탄소(CO_2) 생성량(Nm³) 계산

$$[C_3H_8] \quad\quad [CO_2]$$
$$22.4Nm^3 \quad 3 \times 22.4Nm^3$$
$$20Nm^3 \quad\quad CO_2[Nm^3]$$

$$\therefore CO_2 = \frac{20 \times 3 \times 22.4}{22.4} = 60 \text{Nm}^3$$

해답 ① 이론공기량 : 476.19Nm³ ② 이산화탄소(CO_2)량 : 60Nm³

54 메탄(CH_4) 1kg을 공기비 1.1로 완전연소 시 실제공기량(Nm³)을 계산하시오. [06. 3회. 기사]

풀이 ① 메탄(CH_4)의 완전연소 반응식 : $CH_4 + 2O_2 \rightarrow CO_2 + 2H_2O$

② 실제공기량(A) 계산 : 메탄 분자량은 16이다.

  [CH_4]   [O_2]
  16kg   2×22.4Nm³
  1kg $x(O_0)$Nm³

$$\therefore A = m \times A_0 = m \times \frac{O_0}{0.21} = 1.1 \times \left(\frac{1 \times 2 \times 22.4}{0.21 \times 16}\right) = 14.666 ≒ 14.67 \text{Nm}^3$$

해답 14.67Nm³

55 과잉공기계수 1.5로 프로판 1Nm³를 완전연소시키는 데 필요한 공기량은 몇 Nm³인가?
[18. 4회. 산기]

풀이 ① 프로판(C_3H_8)의 완전연소 반응식
   $C_3H_8 + 5O_2 \rightarrow 3CO_2 + 4H_2O$

② 실제공기량 계산 : 프로판 1Nm³가 완전연소할 때 필요한 이론산소량(O_0)은 연소반응식에서 산소 몰(mol)수와 같다.

$$\therefore A = m \times A_0 = m \times \frac{O_0}{0.21} = 1.5 \times \frac{5}{0.21} = 35.714 ≒ 35.71 \text{Nm}^3$$

해답 35.71Nm³

56 부탄 100몰(mol)을 완전연소시키는 데 공기 4000몰(mol)이 소요되었을 때 과잉공기율(%)을 계산하시오.

풀이 ① 부탄(C_4H_{10})의 완전연소 반응식 : $C_4H_{10} + 6.5O_2 \rightarrow 4CO_2 + 5H_2O$

② 부탄 1mol이 완전연소할 때 산소는 6.5mol이 필요하고, 공기는 $\frac{6.5}{0.21}$mol이 필요하다. 그러므로 부탄 100mol이 완전연소할 때 필요한 이론공기는 $\frac{6.5}{0.21}$×100mol이 필요하다.

$$\therefore A_0 = \frac{O_0}{0.21} = \frac{6.5}{0.21} \times 100 = 3095.238 ≒ 3095.24 \text{mol}$$

③ 과잉공기율(%) 계산

$$과잉공기율 = \frac{A-A_0}{A_0} \times 100 = \frac{4000-3095.24}{3095.24} = 29.230 ≒ 29.23\%$$

해답 29.23%

57 프로판(C_3H_8) 10kg을 완전연소시켰을 때 이론습연소가스량(Nm³)을 계산하시오.

[14. 2회. 기사]

풀이 ① 이론공기량에 의한 프로판(C_3H_8)의 완전연소 반응식

$C_3H_8 + 5O_2 + (N_2) \rightarrow 3CO_2 + 4H_2O + (N_2)$

② 이론습연소가스량(G_{0w}) 계산 : 이론공기량으로 연소 시 연소가스 중 H_2O가 포함된 가스량이고, 질소량은 산소량의 3.76배이다.

[C_3H_8]	[CO_2]	[H_2O]	[N_2]
44kg	3×22.4Nm³	4×22.4Nm³	5×22.4×3.76Nm³
10kg	CO_2Nm³	H_2ONm³	(N_2)Nm³

$$\therefore G_{0w} = CO_2 + H_2O + (N_2)$$
$$= \frac{10 \times 3 \times 22.4}{44} + \frac{10 \times 4 \times 22.4}{44} + \frac{10 \times 5 \times 22.4 \times 3.76}{44}$$
$$= \frac{(10 \times 3 \times 22.4) + (10 \times 4 \times 22.4) + (10 \times 5 \times 22.4 \times 3.76)}{44}$$
$$= 131.345 ≒ 131.35 Nm^3$$

해답 131.35Nm³

58 프로판(C_3H_8) 44kg을 연소할 때 발생하는 건연소가스량(Nm³)을 계산하시오. (단, 공기비 1.2, 공기 중 산소와 질소의 체적비는 21%, 79%이다.)

풀이 ① 공기비가 주어졌으므로 실제공기량으로 연소할 때 건연소가스량을 묻는 것이다.

② 실제공기량에 의한 프로판의 완전연소 반응식

$C_3H_8 + 5O_2 + (N_2) + B \rightarrow 3CO_2 + 4H_2O + (N_2) + B$

③ 실제건연소가스량(G_d) 계산 : 실제건연소가스량은 이론건연소가스량(G_{0d})과 과잉공기량(B)의 합이고, 이론건연소가스량은 이산화탄소량과 질소량이고, 질소량은 산소량의 3.76배이다. 프로판 분자량은 44이므로 문제에서 제시된 44kg은 1kmol에 해당되고, 1kmol이 연소할 때 발생되는 이산화탄소량은 몰수에 22.4Nm³를 곱한 값과 같다. 과잉공기량 $B = (m-1) \times \frac{O_0}{0.21}$ 이다.

$$\therefore G_d = G_{0d} + B = (CO_2량 + N_2량) + \{(m-1) \times A_0\}$$
$$= (CO_2량 + N_2량) + \left\{(m-1) \times \frac{O_0}{0.21}\right\}$$
$$= \{(3 \times 22.4) + (5 \times 22.4 \times 3.76)\} + \left\{(1.2-1) \times \frac{5 \times 22.4}{0.21}\right\}$$
$$= 594.986 ≒ 594.99 Nm^3$$

해답 $594.99 Nm^3$

해설 ① 질소(N_2)량이 산소(O_2)량의 3.76배가 되는 것은 공기 중 체적비로 산소 21%, 질소 79%의 비 $\frac{79}{21} = 3.7619$에서 나온 수치이다.

② 과잉공기량 : $B[m^3] = (m-1) \times A_0 = (m-1) \times \frac{O_0}{0.21}$

---

59 프로판가스 $1Nm^3$을 연소시켰을 때 실제건연소가스량(Nm^3)은 얼마인가? (단, 공기비는 1.1이다.) [09. 3회. 기사]

풀이 ① 프로판(C_3H_8)의 완전연소 반응식
$$C_3H_8 + 5O_2 + (N_2) + B \rightarrow 3CO_2 + 4H_2O + (N_2) + B$$

② 실제건연소가스량 계산 : 실제건연소가스량(G_d)은 이론건연소가스량(G_{0d})에 과잉공기량(B)의 합이다.
$$\therefore G_d = G_{0d} + B = \{3 + (5 \times 3.76)\} + \left\{(1.1-1) \times \frac{5}{0.21}\right\} = 24.18 Nm^3$$

해답 $24.18 Nm^3$

---

60 메탄이 주성분인 도시가스 $1Nm^3$가 이론공기량으로 완전연소할 때 공기량은 도시가스량의 몇 배인가? (단, 공기 중 산소는 체적비로 20%이다.) [07. 2회. 산기]

풀이 ① 메탄(CH_4)의 완전연소 반응식 : $CH_4 + 2O_2 \rightarrow CO_2 + 2H_2O$

② 이론공기량(A_0) 계산
$$A_0 = \frac{O_0}{0.21} = \frac{1 \times 2 \times 22.4}{0.2 \times 22.4} = 10 Nm^3$$

③ 공기량과 도시가스량의 배수 계산 : 도시가스 $1Nm^3$가 연소할 때 이론공기량은 $10Nm^3$가 필요한 것이다.
$$\therefore 배수 = \frac{이론공기량}{도시가스량} = \frac{10}{1} = 10배$$

해답 10배

61 프로판을 이론공기량으로 완전연소할 때 혼합가스 중 프로판의 농도(%)는 얼마인가? (단, 공기 중 산소와 질소의 체적비는 21 : 79이다.) [07. 4회, 12. 1회, 17. 1회. 산기]

풀이 ① 프로판(C_3H_8)의 완전연소 반응식
$$C_3H_8 + 5O_2 \rightarrow 3CO_2 + 4H_2O$$

② 혼합가스(프로판+공기) 중 프로판 농도(%) 계산 : 프로판 1몰(mol)의 체적은 22.4L이고, 프로판 1몰이 완전연소할 때 산소는 5몰이 필요하고, 이론산소량을 공기 중 산소체적비로 나눠주면 이론공기량이 계산된다.

$$\therefore \text{프로판 농도} = \frac{\text{프로판의 양}}{\text{혼합가스의 양}} \times 100 = \frac{\text{프로판의 양}}{\text{프로판의 양} + \text{공기량}} \times 100$$

$$= \frac{22.4}{22.4 + \left(\frac{5 \times 22.4}{0.21}\right)} \times 100 = 4.030 ≒ 4.03\%$$

해답 4.03%

별해 1몰(mol)의 체적은 22.4L이므로 몰(mol) 수로 계산

$$\text{프로판 농도} = \frac{1}{1 + \frac{5}{0.21}} \times 100 = 4.030 ≒ 4.03\%$$

62 진발열량에 대하여 설명하시오. [17. 4회. 산기]

해답 연료가 연소될 때 생성되는 총발열량에서 수증기의 응축잠열을 제외한 발열량으로 참발열량, 저위발열량이라 한다.

해설 총발열량과 진발열량
① 총발열량 : 연료가 연소될 때 생성되는 총발열량으로서 연소가스 중에 수증기의 응축잠열을 포함한 열량으로 고위발열량이라 한다.
② 진발열량 : 연료가 연소될 때 생성되는 총발열량에서 수증기의 응축잠열을 제외한 발열량으로 참발열량, 저위발열량이라 한다.

63 표준상태에서 고위발열량과 저위발열량의 차이는 몇 cal/m³인가?

풀이 ① 수소(H)의 완전연소 반응식 : $H_2 + \frac{1}{2}O_2 \rightarrow H_2O$

② 고위발열량과 저위발열량의 차이는 수소(H) 원소(성분)에 의한 것이고, 수소 1mol이 완전 연소하면 H_2O 1mol이 생성되고, 생성된 H_2O는 수증기 상태이다. 즉, 수증기 상태로 변하는데 필요한 열량이 고위발열량과 저위발열량의 차이에 해당된다.

③ 열량 차이 계산 : 물(H_2O) 분자량은 18이고, 증발잠열은 539cal/g이다.

∴ $\Delta H = 18g/mol \times 539cal/g = 9702cal/mol$

해답 9702cal/mol

64 프로판가스의 연소열이 530kcal/mol일 때, $1m^3$가 완전연소하면 연소열(kcal)은 얼마인가?

풀이 ① 프로판(C_3H_8)의 완전연소 반응식

$C_3H_8 + 5O_2 \rightarrow 3CO_2 + 4H_2O + 530kcal/mol$

② 프로판 $1m^3$의 연소열 계산 : 기체 1mol의 체적은 22.4L이므로 1kmol의 체적은 $22.4m^3$이다. 프로판의 연소반응식에서 발생열량(연소열) 530kcal는 1mol에 대한 것이므로 1kmol에 대한 발생열량은 530×1000kcal에 해당된다.

$22.4m^3/kmol : 530 \times 1000 kcal/kmol = 1m^3 : x[kcal]$

∴ $x = \dfrac{1 \times 530 \times 1000}{22.4} = 23660.714 ≒ 23660.71kcal$

해답 23660.71kcal

65 메탄이 [보기]와 같이 불완전연소했을 때의 발열량은 메탄 1mol에 대하여 얼마인가? (단, CH_4, CO, CO_2, H_2O 의 생성열은 각각 -17.9kcal, -26.4kcal, -94.1kcal, -57.8kcal이다.)

| 보기 |

$2CH_4 + 2O_2 \rightarrow CO + CO_2 + H_2O + 3H_2 + Q$

풀이 메탄(CH_4)의 불완전연소 반응식은 메탄 2mol에 대한 반응식이다.

$\quad\quad [CH_4] \quad\quad [CO] \quad\quad [CO_2] \quad\quad [H_2O]$

$-17.9kcal \times 2 = -26.4kcal - 94.1kcal - 57.8kcal + Q$

∴ $Q = 26.4 + 94.1 + 57.8 - (17.9 \times 2) = 142.5kcal/2mol$

∴ 메탄(CH_4) 1mol에 대해서 계산하면 $\dfrac{142.5}{2} = 71.25kcal/mol$이다.

해답 71.25kcal/mol

제9장 고압가스 안전관리

1 저장능력 및 냉동능력 산정기준

1-1 저장능력 산정기준

(1) 압축가스 저장탱크 및 용기

$$Q = (10P+1)V_1$$

(2) 액화가스

① 저장탱크

$$W = 0.9dV_2$$

② 용기 : 충전용기, 자동차에 고정된 탱크

$$W = \frac{V_2}{C}$$

여기서, Q : 저장능력(m^3)　　　　P : 35℃에서 최고충전압력(MPa)
　　　　V_1 : 내용적(m^3)　　　　W : 저장능력(kg)
　　　　V_2 : 내용적(L)　　　　　d : 상용온도에서의 액화가스의 비중(kg/L)
　　　　C : 액화가스 충전상수

> **참고**
> ① 압축가스 저장능력 산정식 구분
> 　㉮ $Q = (10P+1) \times V$: 충전압력 P의 단위가 'MPa'이다.
> 　㉯ $Q = (P+1) \times V$: 충전압력 P의 단위가 'kgf/cm²'이다.
> ② 충전상수 C값의 세부규정 : 고법 시행규칙 별표 1
> 　C : 저온용기 및 차량에 고정된 저온탱크와 초저온용기 및 차량에 고정된 초저온탱크에 충전하는 액화가스의 경우에는 그 용기 및 탱크의 상용온도 중 최고 온도에서의 그 가스의 비중(단위 : kg/L)의 수치에 10분의 9를 곱한 수치의 역수, 그 밖의 액화가스의 충전용기 및 차량에 고정된 탱크의 경우에는 가스 종류에 따르는 정수

(3) 저장능력 합산 기준 : 저장탱크 및 용기가 다음에 해당하는 경우에는 각각의 저장능력을 합산한다. 다만, 액화가스와 압축가스가 섞여 있는 경우에는 액화가스 10kg을 압축가스 $1m^3$로 본다.

① 저장탱크 및 용기가 배관으로 연결된 경우
② ①번의 경우를 제외한 경우로서 저장탱크 및 용기 사이의 중심거리가 30m 이하인 경우 또는 같은 구축물에 설치되어 있는 경우. 다만, 소화설비용 저장탱크 및 용기는 제외한다.

1-2 냉동능력 산정기준

(1) 1일의 냉동능력 1톤 계산

① 원심식 압축기 : 원동기 정격출력 1.2kW
② 흡수식 냉동설비 : 발생기를 가열하는 입열량 6640kcal/h
③ 그 밖의 것 : $R = \dfrac{V}{C}$

여기서, R : 1일의 냉동능력(톤) V : 피스톤 압출량(m^3/h)
C : 냉매가스 종류에 따른 수치

2 보호시설

2-1 1종 보호시설

① 학교, 유치원, 어린이집, 놀이방, 어린이놀이터, 학원, 병원(의원을 포함), 도서관, 청소년수련시설, 경로당, 시장, 공중목욕탕, 호텔, 여관, 극장, 교회 및 공회당(公會堂)
② 사람을 수용하는 건축물로서 사실상 독립된 부분의 연면적이 1000m^2 이상인 것
③ 예식장, 장례식장 및 전시장, 그 밖에 이와 유사한 시설로서 300명 이상 수용할 수 있는 건축물
④ 아동복지시설 또는 장애인복지시설로서 20명 이상 수용할 수 있는 건축물
⑤ 「문화재보호법」에 따라 지정문화재로 지정된 건축물

2-2 2종 보호시설

① 주택
② 사람을 수용하는 건축물로서 사실상 독립된 부분의 연면적이 100m^2 이상 1000m^2 미만인 것

3 고압가스 제조 기준

3-1 저장설비 및 가스설비

(1) 저장설비 기준

① 가스방출장치 설치 : 5m³ 이상
② 저장탱크 사이 거리 : 저장탱크 최대지름을 더한 길이의 4분의 1 이상의 거리 유지 (1m 미만인 경우 1m 이상 유지)
③ 저장탱크 설치기준
  ㉮ 지하 설치기준
    ㉮ 천장, 벽, 바닥의 두께 : 30cm 이상의 철근콘크리트
    ㉯ 저장탱크의 주위 : 마른 모래를 채울 것
    ㉰ 매설깊이 : 60cm 이상
    ㉱ 2개 이상 설치 시 : 상호간 1m 이상 유지
    ㉲ 지상에 경계표지 설치
    ㉳ 안전밸브 방출관 설치(방출구 높이 : 지면에서 5m 이상)
  ㉯ 실내 설치기준
    ㉮ 저장탱크실과 처리설비실은 구분 설치하고 강제통풍시설을 갖출 것
    ㉯ 천장, 벽, 바닥의 두께 : 30cm 이상의 철근콘크리트
    ㉰ 가연성가스 또는 독성가스의 경우 : 가스누출검지 경보장치 설치
    ㉱ 저장탱크 정상부와 천장과의 거리 : 60cm 이상
    ㉲ 2개 이상 설치 시 : 저장탱크실을 구분하여 설치
    ㉳ 저장탱크실 및 처리설비실의 출입문 : 각각 따로 설치(자물쇠 채움 등의 조치)
    ㉴ 주위에 경계표지 설치
    ㉵ 안전밸브 방출관 설치(방출구 높이 : 지상에서 5m 이상)
  ㉰ 저장탱크 부압 파괴 방지 조치
    ㉮ 압력계
    ㉯ 압력경보설비
    ㉰ 그 밖의 다음 중 어느 하나의 설비
      ㉠ 진공안전밸브
      ㉡ 다른 저장탱크 또는 시설로부터의 가스도입배관(균압관)
      ㉢ 압력과 연동하는 긴급차단장치를 설치한 냉동 제어설비
      ㉣ 압력과 연동하는 긴급차단장치를 설치한 송액설비
④ 과충전 방지 조치 : 내용적의 90% 초과 금지

(2) 가스설비 기준

① 가스설비 재료

㈎ 가스설비에 사용하는 재료는 가스의 종류·성질·온도 및 압력 등에 적합한 것

㈏ 아세틸렌에 접촉하는 부분에 사용하는 재료

㉮ 구리 또는 구리의 함유량이 62%를 초과하는 동합금은 사용하지 아니한다.

㉯ 충전용 지관은 탄소 함유량 0.1% 이하의 강을 사용

㉰ 굴곡에 의한 응력이 일부에 집중되지 않도록 된 형상으로 한다.

㈐ 액화산소가 접촉하는 부분의 외면의 단열재는 불연성 재료를 사용

② 가스설비 설치

㈎ 아세틸렌의 충전용 교체밸브는 충전하는 장소와 격리하여 설치

㈏ 공기액화 분리기로 처리하는 원료공기의 흡입구는 공기가 맑은 곳에 설치

㈐ 공기액화 분리기의 액화공기 탱크와 액화산소 증발기 사이에는 석유류·유지류 그 밖의 탄화수소를 여과·분리하기 위한 여과기를 설치

㈑ 에어졸 제조시설에는 정량을 충전할 수 있는 자동충전기를 설치, 인체나 가정에서 사용하는 에어졸 제조시설에는 불꽃길이 시험장치 설치

㈒ 에어졸 제조시설에는 46℃ 이상 50℃ 미만으로 누출시험을 할 수 있는 온수시험 탱크 설치

㈓ 액화가스를 용기에 충전하는 시설에는 과충전방지설비를 갖춘다.

(3) 배관설비 기준

① 2중관으로 하여야 하는 독성가스

㈎ 포스겐, 황화수소, 시안화수소, 아황산가스, 산화에틸렌, 암모니아, 염소, 염화메탄

㈏ 2중관의 외층관 내경은 내층관 외경의 1.2배 이상을 표준으로 한다.

② 배관설비 두께

㈎ 외경과 내경의 비가 1.2 이상인 경우

$$t = \frac{D}{2}\left(\sqrt{\frac{\frac{f}{s} \times P}{\frac{f}{s} - P}} - 1\right) + C$$

㈏ 외경과 내경의 비가 1.2 미만인 경우

$$t = \frac{PD}{2\frac{f}{s} - P} + C$$

여기서, t : 배관의 두께 수치(mm)

P : 상용압력의 수치(MPa)

D : 내경에서 부식여유에 상당하는 부분을 뺀 부분의 수치(mm)
f : 재료의 인장강도(N/mm^2) 규격 최소치이거나 항복점(N/mm^2) 규격 최소치의 1.6배
C : 관 내면의 부식여유의 수치(mm)
s : 안전율로서 환경의 구분에 따라 나타낸 수치

③ 배관설비 접합
  ㈎ 사업소 밖에 설치하는 배관 등의 접합부분은 용접을 한다. 다만, 용접이 적당하지 아니한 경우에는 안전확보에 필요한 강도를 갖는 플랜지 접합으로 할 수 있다.
  ㈏ 안전확보에 필요한 강도를 갖는 플랜지 설계압력
  $$P_d = P + P_{eq}$$
  여기서, P_d : 안전확보에 필요한 강도를 갖는 플랜지의 계산에 사용하는 설계압력(MPa)
  P : 배관의 설계내압(MPa)
  P_{eq} : 상당압력(MPa)으로 다음 식에 따라 구할 것
  $$P_{eq} = \frac{0.16M}{\pi G^3} + \frac{0.04F}{\pi G^2}$$
  여기서, M : 주하중(主荷重) 등으로 인하여 생기는 합성굽힘 모멘트(N·cm)
  F : 주하중 등으로 인하여 생기는 축방향의 힘(N). 다만, 인장력을 양(+)으로 한다.
  G : 개스킷 반력이 걸리는 위치를 통과하는 원의 지름(cm)

3-2 사고예방설비 및 피해저감설비 기준

(1) 사고예방설비

① 과압안전장치 설치
  ㈎ 과압안전장치 선정
    ㉮ 기체 및 증기의 압력상승을 방지하기 위하여 설치하는 안전밸브
    ㉯ 급격한 압력상승, 독성가스의 누출, 유체의 부식성 또는 반응생성물의 성상 등에 따라 안전밸브를 설치하는 것이 부적당한 경우에 설치하는 파열판
    ㉰ 펌프 및 배관에서 액체의 압력상승을 방지하기 위하여 설치하는 릴리프밸브 또는 안전밸브
    ㉱ ㉮부터 ㉰까지의 안전장치와 병행 설치할 수 있는 자동압력제어장치(고압가스설비 등의 내압이 상용의 압력을 초과한 경우 그 고압가스설비 등으로의 가스유입량을 감소시키는 방법 등으로 그 고압가스설비 등 안의 압력을 자동적으로 제어하는 장치)
  ㈏ 가연성가스 저장탱크의 과압안전장치 방출관 설치 : 지상으로부터 5m 이상의 높이 또는 저장탱크의 정상부로부터 2m의 높이 중 높은 위치
② 가스누출검지 경보장치 설치 : 독성가스 및 공기보다 무거운 가연성가스

㉮ 종류 : 접촉연소 방식, 격막 갈바니 전지방식, 반도체 방식, 그 밖의 방식
㉯ 경보농도(검지농도)
　㉮ 가연성가스 : 폭발하한계의 1/4 이하
　㉯ 독성가스 : TLV-TWA 기준농도 이하
　㉰ 암모니아(NH_3)를 실내에서 사용하는 경우 : 50ppm
㉰ 경보기의 정밀도 : 가연성가스(±25% 이하), 독성가스(±30% 이하)
㉱ 검지에서 발신까지 걸리는 시간 : 경보농도의 1.6배 농도에서 30초 이내 (단, 암모니아, 일산화탄소의 경우는 1분 이내)

③ 긴급차단장치 설치
㉮ 동력원 : 액압, 기압, 전기, 스프링
㉯ 조작위치 : 당해 저장탱크로부터 5m 이상 떨어진 곳(특정제조의 경우 10m 이상)

④ 역류방지장치(밸브) 설치
㉮ 가연성가스를 압축하는 압축기와 충전용 주관과의 사이 배관
㉯ 아세틸렌을 압축하는 압축기의 유분리기와 고압건조기와의 사이 배관
㉰ 암모니아 또는 메탄올의 합성탑 및 정제탑과 압축기와의 사이 배관

⑤ 역화방지장치 설치
㉮ 가연성가스를 압축하는 압축기와 오토클레이브와의 사이 배관
㉯ 아세틸렌의 고압건조기와 충전용 교체밸브 사이 배관
㉰ 아세틸렌 충전용 지관

⑥ 정전기 제거설비 설치 : 가연성가스 제조설비
㉮ 탑류, 저장탱크, 열교환기, 회전기계, 벤트스택 등은 단독으로 접지
㉯ 접지 접속선 단면적 : 5.5mm^2 이상
㉰ 접지 저항값 총합 : 100Ω 이하(피뢰설비 설치한 것 : 10Ω 이하)

⑦ 내부반응 감시설비 설치 : 고압가스 특정제조만 해당
㉮ 고압가스설비 중 반응기 또는 이와 유사한 설비로서 현저한 발열반응 또는 부차적으로 발생하는 2차 반응으로 인하여 폭발 등의 위해(危害)가 발생할 가능성이 큰 특수반응설비에는 온도감시장치, 압력감시장치, 유량감시장치 그 밖의 내부반응감시장치(가스의 밀도·조성 등의 감시장치)를 설치한다.
㉯ 설치장소 및 설치개수
　㉮ 온도감시장치 : 해당 특수반응설비 안의 국부과열 등으로 인한 이상온도 변화상태를 정확히 측정할 수 있는 장소에 그 온도를 측정하기에 충분한 수로 한다.
　㉯ 압력감시장치 : 해당 특수반응설비 안의 상용압력이 상당한 정도로 달라지거나 또는 달라질 우려가 있는 부위 2곳 이상에 설치한다.
　㉰ 유량감시장치 : 해당 특수반응설비와 관련되는 원재료의 송·출입계통 부위마다 1곳 이상 설치한다.

㉣ 가스의 밀도·조성 등의 감시장치 : 해당 특수반응설비 안의 가스의 밀도·조성 등을 정확하게 측정할 수 있는 장소에 1개 이상 설치한다.
(다) 특수반응설비 종류 : 암모니아 2차 개질로, 에틸렌 제조시설의 아세틸렌 수첨탑, 산화에틸렌 제조시설의 에틸렌과 산소 또는 공기와의 반응기, 사이클로헥산 제조시설의 벤젠 수첨 반응기, 석유정제에 있어서 중유 직접 수첨 탈황 반응기 및 수소화분해 반응기, 저밀도폴리에틸렌 중합기, 메탄올합성 반응탑

(2) 피해저감설비

① 방류둑 설치
(가) 구조
㉮ 방류둑의 재료 : 철근콘크리트, 철골·철근콘크리트, 금속, 흙 또는 이들을 혼합
㉯ 성토 기울기 : 45° 이하, 성토 윗부분 폭 : 30cm 이상
㉰ 출입구 : 둘레 50m마다 1개 이상 분산 설치(둘레가 50m 미만 : 2개 이상 설치)
㉱ 집합 방류둑 내 가연성가스와 조연성가스, 독성가스를 혼합 배치 금지
㉲ 방류둑은 액밀한 구조 및 액두압에 견디고, 액의 표면적은 적게 한다.
㉳ 방류둑에 고인 물을 외부로 배출할 수 있는 조치를 할 것(배수조치는 방류둑 밖에서 하고, 배수할 때 이외에는 반드시 닫아 둔다.)
㉴ 집합 방류둑에는 가연성가스와 조연성가스, 가연성가스와 독성가스의 혼합배치 금지
(나) 방류둑 용량 : 저장능력 상당용적
㉮ 액화산소 저장탱크 : 저장능력 상당용적의 60%
㉯ 집합 방류둑 내 : 최대저장탱크의 상당용적+잔여저장탱크 총 용적의 10%
㉰ 냉동설비 방류둑 : 수액기 내용적의 90% 이상

② 방호벽 설치 : 아세틸렌가스 또는 9.8MPa 이상인 압축가스를 용기에 충전하는 경우
(가) 압축기와 충전장소 사이
(나) 압축기와 가스충전용기 보관장소 사이
(다) 충전장소와 가스충전용기 보관장소 사이
(라) 충전장소와 충전용 주관밸브 조작밸브 사이

③ 독성가스 확산방지 및 제독제 구비
(가) 대상 : 포스겐, 황화수소, 시안화수소, 아황산가스, 산화에틸렌, 암모니아, 염소, 염화메탄
(나) 제독제 종류
㉮ 물을 사용할 수 없는 것 : 염소, 포스겐, 황화수소, 시안화수소
㉯ 물을 사용할 수 있는 것 : 아황산가스, 암모니아, 산화에틸렌, 염화메탄

㉰ 소석회를 사용하는 것 : 염소, 포스겐
④ 벤트스택(vent stack) : 가연성가스, 독성가스 설비의 내용물을 대기 중으로 방출하는 시설
  ㈎ 높이
    ㉮ 가연성가스 : 착지농도가 폭발하한계값 미만
    ㉯ 독성가스 : TLV-TWA 기준농도값 미만(제독 조치 후 방출)
  ㈏ 방출구 위치 : 작업원이 정상작업 장소 및 항시 통행하는 장소로부터 긴급용은 10m 이상, 그 밖의 것은 5m 이상 유지
⑤ 플레어스택(flare stack) : 긴급이송설비로 이송되는 가스를 연소에 의하여 처리하는 시설
  ㈎ 위치 및 높이 : 지표면에 미치는 복사열이 4000kcal/m^2·h 이하 되도록
  ㈏ 역화 및 공기와 혼합폭발을 방지하기 위한 시설
    ㉮ liquid seal 설치
    ㉯ flame arrester 설치
    ㉰ vapor seal 설치
    ㉱ purge gas(N_2, off gas 등)의 지속적인 주입
    ㉲ molecular seal 설치

(3) 부대설비

① 계측설비 설치
  ㈎ 압력계 설치
    ㉮ 압력계의 최고눈금 : 상용압력의 1.5배 이상 2배 이하
    ㉯ 국가표준기본법에 의한 제품인증을 받은 압력계를 2개 이상 비치
  ㈏ 액면계 설치
    ㉮ 평형반사식 유리액면계, 평형투시식 유리액면계 및 플로트(float)식·차압식·정전용량식·편위식·고정튜브식 또는 회전튜브식이나 슬립튜브식 액면계 등에서 선정·사용
    ㉯ 저장탱크와 유리제 게이지를 접속하는 상하 배관에는 자동식 및 수동식 스톱밸브를 설치
② 비상전력설비 설치
  ㈎ 반응·분리·정제·증류 등을 하는 제조설비를 자동으로 제어하는 설비, 살수장치, 방화설비, 소화설비, 제조설비의 냉각수 펌프, 비상용 조명설비에 정전 등으로 그 설비의 기능이 상실되지 않도록 설치
  ㈏ 비상전력설비 종류 : 타처 공급전력, 자가발전, 축전지장치, 엔진 구동발전, 스팀터빈 구동발전

(4) 식별표지 및 위험표지

① 식별표지 : 독성가스 제조시설의 안전을 확보하기 위하여 설치
  ㈎ 가스명칭 : 적색으로 기재
  ㈏ 경계표지와는 별도로 게시
  ㈐ 문자 크기 : 가로·세로 10cm 이상, 30m 이상 떨어진 위치에서도 알 수 있도록 한다.
  ㈑ 식별표지의 바탕색은 백색, 글씨는 흑색
  ㈒ 문자는 가로 또는 세로로 쓸 수 있다.
  ㈓ 식별표지에는 다른 법령에 따른 지시사항 등을 병기할 수 있다.

② 위험표지 : 독성가스가 누출할 우려가 있는 부분에 설치한다. (예 독성가스 누설 주의 부분)
  ㈎ 문자 크기 : 가로·세로 5cm 이상, 10m 이상 떨어진 위치에서도 알 수 있도록 한다.
  ㈏ 위험표지의 바탕색은 백색, 글씨는 흑색('주의'는 적색)
  ㈐ 문자는 가로 또는 세로로 쓸 수 있다.
  ㈑ 위험표지에는 다른 법령에 따른 지시사항 등을 병기할 수 있다.

3-3 제조 및 충전기준

(1) 압축가스(아세틸렌 제외) 및 액화가스(액화암모니아·액화탄산가스 및 액화염소만을 말한다)를 이음매 없는 용기에 충전할 때에는 용기에 대하여 음향검사 실시, 불량한 용기는 내부조명검사를 한다.

(2) 충전용 밸브, 충전용 지관 가열 : 열습포 또는 40℃ 이하의 물 사용

(3) 제조 및 충전작업

① 시안화수소 충전
  ㈎ 순도 98% 이상, 아황산가스, 황산 등의 안정제 첨가
  ㈏ 충전 후 24시간 정치, 1일 1회 이상 질산구리벤젠지로 누출검사 실시
  ㈐ 충전용기에 충전 연월일을 명기한 표지 부착
  ㈑ 충전 후 60일이 경과되기 전에 다른 용기에 옮겨 충전할 것(단, 순도가 98% 이상으로서 착색되지 않은 것은 제외)

② 아세틸렌 충전
  ㈎ 2.5MPa 압력으로 압축 시 희석제 첨가 : 질소, 메탄, 일산화탄소, 에틸렌 등
  ㈏ 습식 아세틸렌 발생기 표면은 70℃ 이하 유지, 부근에서 불꽃이 튀는 작업 금지
  ㈐ 다공도 : 75% 이상 92% 미만, 용제 : 아세톤, 디메킬포름아미드
  ㈑ 충전 중 압력 2.5MPa 이하, 충전 후에는 15℃에서 1.5MPa 이하로 될 때까지 정치

③ 산소 충전
  ㈎ 밸브, 용기 내부의 석유류 또는 유지류 제거
  ㈏ 용기와 밸브 사이에는 가연성 패킹 사용 금지
  ㈐ 산소 또는 천연메탄을 용기에 충전 시 압축기와 충전용 지관 사이에 수취기 설치
  ㈑ 밀폐형 수전해조에는 액면계와 자동급수장치를 할 것

④ 산화에틸렌 충전
  ㈎ 저장탱크 내부에 질소, 탄산가스로 치환하고 5℃ 이하로 유지
  ㈏ 저장탱크 또는 용기에 충전 시 질소, 탄산가스로 바꾼 후 산, 알칼리를 함유하지 않는 상태
  ㈐ 저장탱크 및 충전용기에는 45℃에서 압력이 0.4MPa 이상이 되도록 질소, 탄산가스 충전

(4) 압축 및 불순물 유입 금지

① 고압가스 제조 시 압축 금지
  ㈎ 가연성가스(C_2H_2, C_2H_4, H_2 제외) 중 산소용량이 전용량의 4% 이상의 것
  ㈏ 산소 중 가연성가스(C_2H_2, C_2H_4, H_2 제외) 용량이 전용량의 4% 이상의 것
  ㈐ C_2H_2, C_2H_4, H_2 중의 산소용량이 전용량의 2% 이상의 것
  ㈑ 산소 중 C_2H_2, C_2H_4, H_2의 용량 합계가 전용량의 2% 이상의 것

② 분석 및 불순물 유입 금지
  ㈎ 가연성가스, 물을 전기분해하여 산소를 제조할 때 1일 1회 이상 분석
  ㈏ 공기액화 분리기에 설치된 액화산소통 안의 액화산소 5L 중 아세틸렌 질량이 5mg, 탄화수소의 탄소의 질량이 500mg을 넘을 때에는 운전을 중지하고 액화산소를 방출시킬 것

(5) 품질검사

① 품질검사 대상 : 산소, 아세틸렌, 수소
② 품질검사 방법
  ㈎ 1일 1회 이상 가스제조장에서 실시
  ㈏ 안전관리책임자가 실시, 검사결과는 안전관리부총괄자와 안전관리책임자가 확인하고 서명
③ 품질검사 판정기준
  ㈎ 산소는 동·암모니아 시약을 사용한 오르사트법에 의한 시험결과 순도가 99.5% 이상이고, 용기 안의 가스충전압력이 35℃에서 11.8MPa 이상으로 한다.
  ㈏ 아세틸렌은 발연황산 시약을 사용한 오르사트법 또는 브롬 시약을 사용한 뷰렛법에 의한 시험에서 순도가 98% 이상이고, 질산은 시약을 사용한 정성시험에서 합격한 것으로 한다.

㈐ 수소는 피로갈롤 또는 하이드로설파이드 시약을 사용한 오르사트법에 의한 시험에서 순도가 98.5% 이상이고, 용기 안의 가스충전압력이 35℃에서 11.8MPa 이상의 것으로 한다.

3-4 점검 및 치환농도 기준

(1) 부대설비 점검

① 압력계
  ㈎ 표준이 되는 압력계로 기능 검사
  ㈏ 충전용 주관(主管)의 압력계 : 매월 1회 이상
  ㈐ 그 밖의 압력계 : 3개월에 1회 이상 (단, 특정제조의 경우 1년에 1회 이상)

② 안전밸브
  ㈎ 압축기 최종단에 설치한 것 : 1년에 1회 이상
  ㈏ 그 밖의 안전밸브 : 2년에 1회 이상

(2) 치환농도

① 가연성가스의 가스설비 : 폭발하한계의 1/4 이하
② 독성가스의 가스설비 : TLV-TWA 기준농도 이하
③ 산소가스설비 : 산소의 농도가 22% 이하
④ 가스설비 내 작업원 작업 : 산소농도 18~22%를 유지

(3) 고압가스 설비의 내압시험 및 기밀시험

① 내압시험 : 수압에 의하여 실시
  ㈎ 내압시험압력 : 상용압력의 1.5배 이상 (단, 기체일 때 상용압력의 1.25배 이상)
  ㈏ 공기 등에 의한 방법 : 상용압력의 50%까지 승압하고, 10%씩 단계적으로 승압

② 기밀시험
  ㈎ 공기, 위험성이 없는 기체의 압력에 의하여 실시(산소 사용 금지)
  ㈏ 기밀시험압력 : 상용압력 이상

4 특정고압가스 및 특정설비

4-1 특정고압가스

① 특정고압가스(고법 제20조) : 수소, 산소, 액화암모니아, 아세틸렌, 액화염소, 천연가스, 압축모노실란, 압축디보레인, 액화알진, 그 밖에 대통령령으로 정하는 고압가스

② 대통령령으로 정하는 고압가스(고법 시행령 제16조) : 포스핀, 세렌화수소, 게르만, 디실란, 오불화비소, 오불화인, 삼불화인, 삼불화질소, 삼불화붕소, 사불화유황, 사불화규소
③ 특수고압가스(고법 시행규칙 제2조) : 압축모노실란, 압축디보레인, 액화알진, 포스핀, 세렌화수소, 게르만, 디실란 및 그 밖에 반도체의 세정 등 산업통상자원부장관이 인정하는 특수한 용도에 사용되는 고압가스
④ 특수고압가스(KGS FU212 특수고압가스 사용시설 기준) : 특정고압가스 사용시설 중 압축모노실란, 압축디보레인, 액화알진, 포스핀, 세렌화수소, 게르만, 디실란, 오불화비소, 오불화인, 삼불화인, 삼불화질소, 삼불화붕소, 사불화유황, 사불화규소를 말한다.

4-2 특정설비 종류

① 안전밸브
② 긴급차단장치
③ 역화방지장치
④ 기화장치
⑤ 압력용기
⑥ 자동차용 가스 자동주입기
⑦ 독성가스 배관용 밸브
⑧ 차량에 고정된 탱크
⑨ 고압가스용 실린더 캐비닛
⑩ 자동차용 압축천연가스 완속충전설비
⑪ 액화석유가스용 용기 잔류가스 회수장치
⑫ 냉동설비를 구성하는 압축기·응축기·증발비 또는 압력용기

5 고압가스 운반 기준

5-1 용기에 의한 운반

(1) 차량 구조
① 적재함 보강 : 적재할 충전용기 최대 높이의 $\frac{3}{5}$ 이상까지 'ㄷ'자형 형강 또는 강관

② 적재함에는 리프트 설치. 다만, 다음의 경우 설치 제외
  ㉮ 가스를 공급받는 업소의 용기 보관실 바닥이 운반차량 적재함 최저 높이로 설치되어 있거나, 컨베이어벨트 등 상·하차 설비가 설치된 업소에 가스를 공급하는 차량
  ㉯ 적재능력 1.2톤 이하의 차량

(2) 경계표지 설치

① "위험고압가스" 및 "독성가스"라는 경계표지를 차량 앞뒤에 부착, 운전석 외부에 적색 삼각기 게시
② 경계표지 크기
  ㉮ 가로치수 : 차체 폭의 30% 이상
  ㉯ 세로치수 : 가로치수의 20% 이상
  ㉰ 정사각형이나 이에 가까운 형상일 때 : 면적을 600cm^2 이상

(3) 혼합 적재 금지

① 염소와 아세틸렌, 암모니아, 수소
② 가연성가스와 산소는 충전용기 밸브가 서로 마주보지 않도록 적재
③ 충전용기와 위험물관리법에 따른 위험물
④ 독성가스 중 가연성가스와 조연성가스

5-2 차량에 고정된 탱크에 의한 운반

(1) 내용적 제한

① 가연성가스(LPG 제외), 산소 : 18000L 초과 금지
② 독성가스(액화암모니아 제외) : 12000L 초과 금지

(2) 돌출 부속품의 보호

① 후부 취출식 탱크의 주밸브 및 긴급차단장치 밸브와 뒷범퍼와의 수평거리 : 40cm 이상
② 후부 취출식 탱크 외의 탱크 후면과 뒷범퍼와의 수평거리 : 30cm 이상
③ 조작상자와 뒷범퍼와의 수평거리 : 20cm 이상

고압가스 안전관리 예상문제

01 고압가스 안전관리법령에 따른 고압가스 제조허가의 종류 4가지를 쓰시오.

해답 ① 고압가스 특정제조 ② 고압가스 일반제조
③ 고압가스 충전 ④ 냉동 제조

해설 고압가스 제조허가 등의 종류 및 기준 등 : 고법 시행령 제3조
① 고압가스 특정제조 : 산업통상자원부령으로 정하는 시설에서 압축·액화 또는 그 밖의 방법으로 고압가스를 제조(용기 또는 차량에 고정된 탱크에 충전하는 것을 포함한다)하는 것으로서 그 저장능력 또는 처리능력이 산업통상자원부령으로 정하는 규모 이상인 것
② 고압가스 일반제조 : 고압가스 제조로서 고압가스 특정제조의 범위에 해당하지 아니하는 것
③ 고압가스 충전 : 용기 또는 차량에 고정된 탱크에 고압가스를 충전할 수 있는 설비로 고압가스를 충전하는 것으로서 다음 각 목의 어느 하나에 해당되는 것. 다만, 고압가스 특정제조 또는 고압가스 일반제조의 범위에 해당하는 것은 제외한다.
㉮ 가연성가스(액화석유가스와 천연가스는 제외한다) 및 독성가스의 충전
㉯ '㉮' 목 외의 고압가스(액화석유가스와 천연가스는 제외한다)의 충전으로서 1일 처리능력이 10m^3 이상이고 저장능력이 3톤 이상인 것
④ 냉동 제조 : 1일의 냉동능력(이하 "냉동능력"이라 한다)이 20톤 이상(가연성가스 또는 독성가스 외의 고압가스를 냉매로 사용하는 것으로서 산업용 및 냉동·냉장용인 경우에는 50톤 이상, 건축물의 냉·난방용인 경우에는 100톤 이상)인 설비를 사용하여 냉동을 하는 과정에서 압축 또는 액화의 방법으로 고압가스가 생성되게 하는 것. 다만, 다음 각목의 어느 하나에 해당하는 자가 그 허가받은 내용에 따라 냉동제조를 하는 것은 제외한다.
㉮ 고압가스 제조허가를 받은 자
㉯ 고압가스 판매허가를 받은 자
㉰ 액화석유가스 저장소의 설치허가를 받은 자

02 고압가스 안전관리법상 용기, 냉동기, 특정설비 제조등록 범위를 쓰시오.

해답 ① 용기 제조 : 고압가스를 충전하기 위한 용기(내용적 3dL 미만의 용기는 제외한다), 그 부속품인 밸브 및 안전밸브를 제조하는 것

② 냉동기 제조 : 냉동능력이 3톤 이상인 냉동기를 제조하는 것
③ 특정설비 제조 : 고압가스의 저장탱크(지하 암반 동굴식 저장탱크는 제외한다), 차량에 고정된 탱크 및 산업통상자원부령으로 정하는 고압가스 관련 설비를 제조하는 것

해설 용기 등의 제조등록 : 고법 시행령 제5조

03
대형 가스사고를 방지하기 위하여 오래되어 낡은 고압가스 제조시설의 가동을 중지한 상태에서 가스안전관리 전문기관이 정기적으로 첨단장비와 기술을 이용하여 잠재된 위험요소와 원인을 찾아내고 그 제거방법을 제시하는 것을 무엇이라 하는가?

해답 정밀안전검진
해설 "정밀안전검진"이란 용어의 뜻은 '고압가스 안전관리법 제3조'에 규정된 내용임

04
고압가스 안전관리법상 중간검사를 받아야 하는 공정 5가지를 쓰시오.

해답
① 가스설비 또는 배관의 설치가 완료되어 기밀시험 또는 내압시험을 할 수 있는 상태의 공정
② 저장탱크를 지하에 매설하기 직전의 공정
③ 배관을 지하에 설치하는 경우 한국가스안전공사가 지정하는 부분을 매몰하기 직전의 공정
④ 한국가스안전공사가 지정하는 부분의 비파괴시험을 하는 공정
⑤ 방호벽 또는 저장탱크의 기초설치 공정
⑥ 내진설계 대상 설비의 기초설치 공정

해설 중간검사를 해야 할 공정 : 고법 시행규칙 제28조

05
고압가스 안전관리법령에 의하여 허가, 신고 및 등록을 한 자는 정기검사를 받아야 한다. 다음 검사대상별 검사주기는 각각 얼마인가? [21. 산기 4회]

(1) 고압가스 특정제조자 :
(2) 고압가스 특정제조자 외의 가연성가스, 독성가스 및 산소의 제조자 :
(3) 고압가스 특정제조자 외의 질소가스 제조자 :

해답 (1) 4년 (2) 1년 (3) 2년
해설 정기검사의 대상별 검사주기 : 고법 시행규칙 별표19
① 대상별 검사주기는 다음과 같다. 다만, 가스설비 간의 고압가스를 제거한 상태에서의 휴지기간은 정기검사기간 산정에서 제외한다.

검사대상	검사주기
고압가스 특정제조허가를 받은 자(이하 이 표에서 "고압가스 특정제조자"라 한다)	매 4년
고압가스 특정제조자 외의 가연성가스·독성가스 및 산소의 제조자·저장자 또는 판매자(수입업자를 포함한다)	매 1년
고압가스 특정제조자 외의 불연성가스(독성가스는 제외한다)의 제조자·저장자 또는 판매자	매 2년
그 밖에 공공의 안전을 위하여 특히 필요하다고 산업통상자원부장관이 인정하여 지정하는 시설의 제조자 또는 저장자	산업통상자원부장관이 지정하는 시기

② 대상별 검사주기는 해당 시설의 설치에 대한 최초의 완성검사증명서를 발급받은 날을 기준으로 ①호의 표에 따른 기간이 지난 날(①호 단서에 따른 정기검사를 받은 자의 경우에는 그 정기검사를 받은 날을 기준으로 2년이 지난 날)의 전후 15일 안에 받아야 한다.

06 고압가스 안전관리법 시행규칙에 정한 다음 용어를 설명하시오.
(1) 가연성가스 :   (2) 독성가스 :
(3) 액화가스 :   (4) 압축가스 :

해답 (1) 공기 중에서 연소하는 가스로서 폭발한계의 하한이 10% 이하인 것과 폭발한계의 상한과 하한의 차가 20% 이상인 것
(2) 공기 중에 일정량 이상 존재하는 경우에 인체에 유해한 독성을 가진 가스로서 허용농도가 100만분의 5000 이하인 것
(3) 가압·냉각 등의 방법에 의하여 액체 상태로 되어 있는 것으로서 대기압에서의 끓는점이 40℃ 이하 또는 상용 온도 이하인 것
(4) 일정한 압력에 의하여 압축되어 있는 가스

07 독성가스에 대한 설명 중 (   ) 안에 알맞은 내용을 넣으시오.
(1) 독성가스란 공기 중에 일정량 이상 존재하는 경우 인체에 유해한 독성을 가진 가스로서 허용농도가 (   ) 이하인 것을 말한다.
(2) 허용농도란 해당 가스를 성숙한 흰쥐 집단에게 대기 중에서 (①)시간 동안 계속하여 노출시킨 경우 (②)일 이내에 그 흰쥐의 (③)% 이상이 죽게 되는 가스의 농도를 말한다.

해답 (1) 100만분의 5000 (2) ① 1 ② 14 ③ 50
해설 독성가스(고법 시행규칙 제2조) : 공기 중에 일정량 이상 존재하는 경우에 인체에 유

해한 독성을 가진 가스로서 허용농도(해당 가스를 성숙한 흰쥐 집단에게 대기 중에서 1시간 동안 계속하여 노출시킨 경우 14일 이내에 그 흰쥐의 2분의 1 이상이 죽게 되는 가스의 농도를 말한다)가 100만분의 5000 이하인 것을 말한다.

08 고압가스 안전관리법에서 독성가스의 허용농도는 해당 가스를 성숙한 흰쥐 집단에게 대기 중에서 1시간 동안 계속하여 노출시킨 경우 14일 이내에 그 흰쥐의 2분의 1 이상이 죽게 되는 반치사 농도로 100만분의 5000 이하를 독성가스로 분류한다. 이것의 명칭을 영문 약자로 쓰시오. [17. 2회. 기사]

해답 LC50

해설 LC50(Lethal Concentration 50) : 치사농도(致死濃度) 50

09 TLV-TWA와 TLV-STEL에 대하여 설명하시오. [16. 4회. 산기]

해답 ① TLV-TWA : 정상인이 1일 8시간 또는 1주 40시간 통상적인 작업을 수행함에 있어 건강상 나쁜 영향을 미치지 아니하는 정도의 공기 중 가스의 농도를 말한다.
② TLV-STEL : 15분 이하의 비교적 단시간 이내에 연속적으로 노출되어 자극을 느끼거나, 생체조직에 만성적 또는 비가역적인 병변을 일으키거나, 마취작용에 의해 사고를 일으키기 쉽거나, 자제심이 없어지거나, 작업능률이 현저히 저하되는 증상이 발생하는 최고농도를 말한다.

해설 ① TLV-TWA(Threshold Limit Value-Time Weighted Average) : 치사허용 시간 가중치(致死許容 時間 加重値)
② TLV-STEL(Threshold Limit Value-Short Term Exposure Limit) : 단시간 치사허용 노출한계치

10 가스시설 내진설계 기준에 독성가스 종류를 제1종 독성가스부터 제3종 독성가스로 분류하는데, 제1종 독성가스의 허용농도 기준은 얼마인가?

해답 1ppm 이하

해설 독성가스의 분류 : KGS GC203
① 제1종 독성가스 : 독성가스 중 염소, 시안화수소, 이산화질소, 불소 및 포스겐과 그 밖에 허용농도가 1ppm 이하인 것
② 제2종 독성가스 : 독성가스 중 염화수소, 삼불화붕소, 이산화유황, 불화수소, 브롬화메틸 및 황화수소와 그 밖에 허용농도가 1ppm 초과 10ppm 이하인 것
③ 제3종 독성가스 : 독성가스 중 제1종 및 제2종 독성가스 이외의 것

11 다음과 같은 독성가스를 혼합하였을 때 독성가스 농도를 구하시오.

체적비율	LC_{50}
50%	25ppm
10%	2.5ppm
40%	∞

풀이 체적비율과 몰분율은 같은 의미이고, 독성가스는 2가지이며 차지하는 합계 비율은 60%이다.

$$\therefore LC_{50} = \frac{1}{\sum_{i}^{n} \frac{C_i}{LC_{50i}}} = \frac{0.6}{\frac{0.50}{25} + \frac{0.10}{2.5}} = 10\text{ppm}$$

해답 10ppm

해설 혼합 독성가스의 허용농도 산정식 : KGS FP112

$$LC_{50} = \frac{1}{\sum_{i}^{n} \frac{C_i}{LC_{50i}}}$$

여기서, LC_{50} : 독성가스의 허용농도
n : 혼합가스를 구성하는 가스 종류의 수
C_i : 혼합가스에서 i번째 독성 성분의 몰분율
LC_{50i} : 부피 ppm으로 표현되는 i번째 가스의 허용농도

12 고압가스 안전관리법에 규정된 액화가스의 정의를 쓰시오. [22. 산기 4회]

해답 액화가스란 가압(加壓)·냉각 등의 방법에 의하여 액체상태로 되어 있는 것으로서 대기압에서의 끓는점이 40℃ 이하 또는 상용온도 이하인 것을 말한다.

참고 '도시가스사업법 시행규칙'에 규정된 액화가스의 정의 : 액화가스란 상용의 온도 또는 35℃의 온도에서 압력이 0.2MPa 이상이 되는 것을 말한다.

13 고압가스 안전관리법령에서 정의하는 '처리능력'이란 용어에 대하여 설명하시오.

해답 처리설비 또는 감압설비에 의하여 압축·액화 그 밖의 방법으로 1일에 처리할 수 있는 가스의 양으로 온도 0℃, 게이지압력 0Pa 상태를 기준으로 한다.

해설 ① 용어의 정의는 고압가스 안전관리법 시행규칙 제2조에 규정된 사항이다.
② 처리설비 : 압축·액화나 그 밖의 방법으로 가스를 처리할 수 있는 설비 중 고압가스의 제조(충전을 포함)에 필요한 설비와 저장탱크에 딸린 펌프·압축기 및 기화장치를 말한다.

③ 감압설비 : 고압가스의 압력을 낮추는 설비를 말한다.

참고 가스의 양 기준 : KGS FP112
① 처리능력은 공정흐름도(PFD : Process Flow Diagram)의 물질수지(material balance)를 기준으로 액화가스는 무게(kg)로, 압축가스는 용적(온도 0℃, 게이지압력 0Pa의 상태를 기준으로 한 m³)으로 계산한다.
② 처리능력은 가스 종류별로 구분하고 원료가 되는 고압가스와 제조되는 고압가스가 중복되지 않도록 계산한다.

14 고압가스 안전관리법에서 규정하고 있는 저장탱크의 정의를 쓰시오.

해답 고압가스를 충전·저장하기 위하여 지상 또는 지하에 고정 설치된 탱크

참고 액법에 규정된 저장탱크 종류 및 정의 : 액법 시행규칙 제2조
① 저장탱크 : 액화석유가스를 저장하기 위하여 지상 또는 지하에 고정 설치된 탱크(선박에 고정 설치된 탱크를 포함한다)로서 그 저장능력이 3톤 이상인 탱크를 말한다.
② 소형 저장탱크 : 액화석유가스를 저장하기 위하여 지상 또는 지하에 고정 설치된 탱크로서 그 저장능력이 3톤 미만인 탱크를 말한다.
③ 마운드형 저장탱크 : 액화석유가스를 저장하기 위하여 지상에 설치된 원통형 탱크에 흙과 모래를 사용하여 덮은 탱크로서 자동차에 고정된 탱크 충전사업시설에 설치되는 탱크를 말한다.

15 고압가스 안전관리법에서 규정하고 있는 초저온 저장탱크와 저온 저장탱크의 정의를 설명하고 사용할 수 있는 재료 2가지를 쓰시오.

해답 ① 초저온 저장탱크 : 섭씨 영하 50도 이하의 액화가스를 저장하기 위한 저장탱크로서 단열재를 씌우거나 냉동설비로 냉각시키는 등의 방법으로 저장탱크 내의 가스온도가 상용의 온도를 초과하지 아니하도록 한 것을 말한다.
② 저온 저장탱크 : 액화가스를 저장하기 위한 저장탱크로서 단열재를 씌우거나 냉동설비로 냉각시키는 등의 방법으로 저장탱크 내의 가스온도가 상용의 온도를 초과하지 아니하도록 한 것 중 초저온 저장탱크와 가연성가스 저온 저장탱크를 제외한 것을 말한다.
③ 재료 : 오스테나이트계 스테인리스강, 알루미늄 합금

해설 용어의 정의 : 고법 시행규칙 제2조

참고 ① 가연성가스 저온 저장탱크 : 대기압에서의 끓는점이 섭씨 0도 이하인 가연성가스를 섭씨 0도 이하인 액체 또는 해당 가스의 기상부의 상용압력 0.1메가파스칼 이하인 액체 상태로 저장하기 위한 저장탱크로서 단열재로 씌우거나 냉동설비로 냉각하는 등의 방법으로 저장탱크 내의 가스온도가 상용의 온도를 초과하

지 아니하도록 한 것을 말한다.
② 초저온 용기 : 섭씨 영하 50도 이하의 액화가스를 저장하기 위한 용기로서 단열재를 씌우거나 냉동설비로 냉각시키는 등의 방법으로 용기 내의 가스온도가 상용의 온도를 초과하지 아니하도록 한 것을 말한다.
③ 저온 용기 : 액화가스를 저장하기 위한 용기로서 단열재를 씌우거나 냉동설비로 냉각시키는 등의 방법으로 용기 내의 가스온도가 상용의 온도를 초과하지 아니하도록 한 것 중 초저온 용기 외의 것을 말한다.

16 고압가스 안전관리법 시행규칙에서 정한 용어 중 "잔가스 용기"의 정의를 쓰시오.

해답 고압가스의 충전질량 또는 충전압력의 $\frac{1}{2}$ 미만이 충전되어 있는 상태의 용기

해설 충전용기 : 고압가스의 충전질량 또는 충전압력의 $\frac{1}{2}$ 이상이 충전되어 있는 상태의 용기

17 상용압력 및 설정압력의 정의를 각각 쓰시오.

해답 ① 상용압력 : 내압시험압력 및 기밀시험압력의 기준이 되는 압력으로서 사용상태에서 해당 설비 등의 각부에 작용하는 최고사용압력을 말한다.
② 설정압력 : 안전밸브의 설계상 정한 분출압력 또는 분출개시압력으로서 명판에 표시된 압력을 말한다.

해설 압력 종류에 따른 정의 : KGS FP112
① "설계압력"이란 고압가스용기 등의 각부의 계산 두께 또는 기계적 강도를 결정하기 위하여 설계된 압력을 말한다.
② "상용압력"이란 내압시험압력 및 기밀시험압력의 기준이 되는 압력으로서 사용상태에서 해당 설비 등의 각부에 작용하는 최고사용압력을 말한다.
③ "설정압력(set pressure)"이란 안전밸브의 설계상 정한 분출압력 또는 분출개시압력으로서 명판에 표시된 압력을 말한다.
④ "축적압력(accumulated pressure)"이란 내부유체가 배출될 때 안전밸브에 의하여 축적되는 압력으로서 그 설비 안에서 허용될 수 있는 최대압력을 말한다.
⑤ "초과압력(over pressure)"이란 안전밸브에서 내부유체가 배출될 때 설정압력 이상으로 올라가는 압력을 말한다.

18 고압가스 안전관리법에서 정하는 특정고압가스 종류 4가지를 쓰시오. [22. 산기 2회]

해답 ① 수소 ② 산소 ③ 액화암모니아 ④ 아세틸렌 ⑤ 액화염소 ⑥ 천연가스

⑦ 압축모노실란   ⑧ 압축디보레인   ⑨ 액화알진
⑩ 그 밖에 대통령령으로 정하는 고압가스

[해설] ① 특정고압가스(고법 제20조) : 수소, 산소, 액화암모니아, 아세틸렌, 액화염소, 천연가스, 압축모노실란, 압축디보레인, 액화알진, 그 밖에 대통령령으로 정하는 고압가스
② 대통령령으로 정하는 고압가스(고법 시행령 제16조) : 포스핀, 세렌화수소, 게르만, 디실란, 오불화비소, 오불화인, 삼불화인, 삼불화질소, 삼불화붕소, 사불화유황, 사불화규소
③ 특수고압가스(고법 시행규칙 제2조) : 압축모노실란, 압축디보레인, 액화알진, 포스핀, 세렌화수소, 게르만, 디실란 및 그 밖에 반도체의 세정 등 산업통상자원부장관이 인정하는 특수한 용도에 사용되는 고압가스
④ 특수고압가스(KGS FU212 특수고압가스 사용시설 기준) : 특정고압가스 사용시설 중 압축모노실란, 압축디보레인, 액화알진, 포스핀, 세렌화수소, 게르만, 디실란, 오불화비소, 오불화인, 삼불화인, 삼불화질소, 삼불화붕소, 사불화유황, 사불화규소를 말한다.

19 고압가스 안전관리법에서 정하고 있는 특정설비의 종류 5가지를 쓰시오.

[해답] ① 안전밸브   ② 긴급차단장치   ③ 역화방지장치
④ 기화장치   ⑤ 압력용기   ⑥ 자동차용 가스 자동주입기
⑦ 독성가스 배관용 밸브   ⑧ 차량에 고정된 탱크
⑨ 고압가스용 실린더 캐비닛   ⑩ 자동차용 압축천연가스 완속충전설비
⑪ 액화석유가스용 용기 잔류가스 회수장치
⑫ 냉동설비를 구성하는 압축기·응축기·증발기 또는 압력용기

[해설] 특정설비(고압가스 관련설비) : 고법 시행규칙 제2조

20 고압가스 안전관리법에서 정하는 냉동기와 냉동용 특정설비의 정의를 구분하여 설명하시오.
[21. 기사 3회]

[해답] ① 냉동기 : 고압가스를 사용하여 냉동을 하기 위한 기기(機器)로서 산업통상자원부령으로 정하는 냉동능력 이상인 것을 말한다.
② 냉동용 특정설비 : 냉동설비(별표 11에서 정하는 일체형 냉동기는 제외한다)를 구성하는 압축기·응축기·증발기 또는 압력용기

[해설] ① 냉동기 : 고압가스 안전관리법 제3조에 규정되어 있음
② 냉동용 특정설비 : 고압가스 안전관리법 시행규칙 제2조에 규정되어 있음
③ 산업통상자원부령으로 정하는 냉동능력이란 고압가스 안전관리법 시행규칙 별표 3에 따른 냉동능력 산정기준에 따라 계산된 냉동능력 3톤을 말한다.

21 압축가스 설비 저장능력 산정식을 쓰시오. (단, Q : 저장능력(m^3), P : 35℃에서 최고충전압력(MPa), V : 내용적(m^3)을 의미한다.) [09. 1회, 19. 2회. 산기]

해답 $Q=(10P+1)V$

해설 압축가스 저장능력 산정식 구분
① $Q=(10P+1)\times V$: 충전압력 P의 단위가 'MPa'이다.
② $Q=(P+1)\times V$: 충전압력 P의 단위가 'kgf/cm²'이다.

22 내용적 650m^3인 저장탱크에 질소가 5.5MPa 상태로 저장되어 있을 때 저장능력을 계산하시오. [19. 2회. 기사]

풀이 질소가 저장탱크에 압력 5.5MPa 상태로 저장되어 있다는 것은 압축가스 상태라는 것이므로, 압축가스 저장능력 산정식을 이용하여 저장능력(m^3)을 계산한다.
∴ $Q=(10P+1)\times V=(10\times 5.5+1)\times 650=36400m^3$

해답 $36400m^3$

23 내용적 200L의 용기에 NH_3를 충전할 때 충전질량은 몇 kg인가? (단, NH_3의 충전상수는 1.86이다.)

풀이 암모니아(NH_3)는 액화가스로 취급되므로 액화가스 용기의 저장능력 산정식을 적용하여 계산한다.
∴ $W=\dfrac{V}{C}=\dfrac{200}{1.86}=107.526 ≒ 107.53kg$

해답 107.53kg

24 액화가스를 용기 및 자동차에 고정된 탱크에 저장할 때 저장능력 산정식은 $W=\dfrac{V_2}{C}$이다. 비중이 0.415인 메탄을 내용적이 12000L인 자동차에 고정된 초저온 탱크에 저장할 때 저장능력(kg)을 구하시오. [22. 기사 2회]

풀이 ① 액화가스 용기 및 자동차에 고정된 탱크의 저장능력 산정식 $W=\dfrac{V_2}{C}$에서 "C"는 가스의 비중(단위 : kg/L)의 수치에 10분의 9를 곱한 수치의 역수를 적용하는 규정을 이용하여 계산한다.
∴ $C=\dfrac{1}{d\times\dfrac{9}{10}}=\dfrac{1}{0.415\times\dfrac{9}{10}}=2.677 ≒ 2.68$

② 저장능력 계산

$$W = \frac{V_2}{C} = \frac{12000}{2.68} = 4477.611 ≒ 4477.61 \text{kg}$$

해답 4477.61kg

해설 ① 액화가스 용기 및 차량에 고정된 탱크의 저장능력 산정기준 : 고법 시행규칙 별표1

$$W = \frac{V_2}{C}$$

여기서, W : 저장능력(단위 : kg) V_2 : 내용적(단위 : L)
C : 저온 용기 및 차량에 고정된 저온 탱크와 초저온 용기 및 차량에 고정된 초저온 탱크에 충전하는 액화가스의 경우에는 그 용기 및 탱크의 상용온도 중 최고 온도에서의 그 가스의 비중(단위 : kg/L)의 수치에 10분의 9를 곱한 수치의 역수, 그 밖의 액화가스의 충전용기 및 차량에 고정된 탱크의 경우에는 가스 종류에 따르는 정수

② 액화가스 저장능력을 계산하는 것이므로 메탄(CH_4)의 비중 0.415는 액비중으로 판단하여야 함(실제로 −164℃에서 메탄의 액비중은 0.415에 해당됨)

---

25 액화가스와 압축가스 저장탱크 및 용기가 배관으로 연결된 경우 저장능력을 합산한다. 이때 압축가스 $1m^3$는 액화가스로 몇 kg에 해당하는 것으로 계산하는가? [19. 1회. 산기]

해답 10kg

해설 저장능력 산정기준(고법 시행규칙 별표1) : 저장탱크 및 용기가 다음 각 목에 해당하는 경우에는 저장능력 산정식에 따라 산정한 각각의 저장능력을 합산한다. 다만, 액화가스와 압축가스가 섞여 있는 경우에는 액화가스 10kg을 압축가스 $1m^3$로 본다.
① 저장탱크 및 용기가 배관으로 연결된 경우
② ①번의 경우를 제외한 경우로서 저장탱크 및 용기 사이의 중심거리가 30m 이하인 경우 또는 구축물에 설치되어 있는 경우. 다만, 소화설비용 저장탱크 및 용기는 제외한다.

---

26 내용적 25000L인 액화산소 저장탱크와 내용적이 $3m^3$인 압축산소 용기가 배관으로 연결된 경우 총 저장능력은 몇 m^3인가? (단, 액화산소 비중량은 1.14kgf/L, 35℃에서 산소의 최고 충전압력은 15MPa이다.)

풀이 ① 용기에 충전된 압축산소 저장능력 계산 : 산소의 충전압력이 SI단위로 제시되었으므로 SI단위 저장능력 산정식을 이용하여 계산한다.

$$\therefore Q = (10P+1) \times V = (10 \times 15 + 1) \times 3 = 453 m^3$$

② 저장탱크 액화산소 저장능력 계산
$W = 0.9dV = 0.9 \times 1.14 \times 25000 = 25650 \text{kg}$ → 고법 시행규칙에 별표1에 규정된 저장능력 산정기준에서 액화가스 10kg을 압축가스 1m³로 계산할 수 있으므로 2565m³가 된다.
③ 총 저장능력(m³) 계산
총저장능력 = 453 + 2565 = 3018m³

해답 3018m³

---

27 냉동능력 산정기준 산식 $R = \dfrac{V}{C}$ 에서 주어진 조건별로 "V"를 계산하는 공식을 쓰고 설명하시오. [20. 기사 1회]

(1) 다단압축방식, 다원냉동방식 :
(2) 회전 피스톤형 압축기 :

해답 (1) $VH + 0.08VL$
(2) $60 \times 0.785 tn(D^2 - d^2)$

여기서, VH : 압축기의 표준회전속도에 있어서 최종단 또는 최종원 기통의 1시간의 피스톤 압출량(단위 : m³)
VL : 압축기의 표준회전속도에 있어서 최종단 또는 최종원 앞의 기통의 1시간의 피스톤 압출량(단위 : m³)
t : 회전 피스톤의 가스 압축부분의 두께(단위 : m)
n : 회전 피스톤의 1분간의 표준회전수
D : 기통의 안지름(단위 : m)
d : 회전 피스톤의 바깥지름(단위 : m)

해설 (1) 냉동능력 산정기준(고법 시행규칙 별표3) : 원심식 압축기를 사용하는 냉동설비는 그 압축기의 원동기 정격출력 1.2kW를 1일의 냉동능력 1톤으로 보고, 흡수식 냉동설비는 발생기를 가열하는 1시간의 입열량 6640kcal를 1일의 냉동능력 1톤으로 보며, 그 밖의 것은 다음 산식에 의한다.

$$R = \dfrac{V}{C}$$

여기서, R : 1일의 냉동능력(단위 : 톤)
C : 냉매가스의 종류에 따른 수치
V : 압축기의 표준회전속도에 있어서의 1시간의 피스톤 압축량(단위 : m³)

(2) 스크루형 및 왕복동형 압축기 산식
① 스크루형 압축기 : $K^2 \times D^3 \times \dfrac{L}{D} \times n \times 60$

② 왕복동형 압축기 : $0.785 \times D^2 \times L \times N \times n \times 60$

여기서, K : 치형의 종류에 따른 계수
D : 기통의 안지름(스크루형은 로터의 지름) (단위 : m)
L : 로터의 압축에 유효한 부분의 길이 또는 피스톤의 행정(단위 : m)
n : 로터의 회전수
N : 실린더 수

28 회전 피스톤의 가스 압축부분의 두께 150mm, 회전수 360rpm, 실린더 안지름 200mm, 회전 피스톤 바깥지름 80mm인 베인형 압축기의 피스톤 압출량은 몇 L/h인가?

풀이 베인형 압축기가 회전 피스톤형 압축기를 의미하며, $1m^3$는 1000L에 해당된다.
∴ $V = 0.785 \times (D^2 - d^2) \times t \times N \times 60$
$= 0.785 \times (0.2^2 - 0.08^2) \times 0.15 \times 360 \times 60 \times 1000$
$= 85458.24 \text{L/h}$

해답 85458.24L/h

참고 ① 문제 풀이에서 적용된 공식이 규정에 정해진 공식과 기호의 순서가 다르지만 채점에는 영향이 없는 사항이며, 회전수 기호를 'N'으로 적용했는데 기호는 큰 의미가 없고 그 의미와 단위가 중요합니다.

② 규정에 정해진 공식에서 '0.785'는 원 단면적을 구하는 공식 중에서 '$\frac{\pi}{4}$' 값이다.

※ 원 단면적 공식 : $\frac{\pi}{4}D^2$ 또는 $\frac{3.14}{4}D^2$

29 냉동설비 종류에 따른 냉동능력 산정기준에 대하여 쓰시오. [14. 4회, 20. 2회, 산기]

(1) 원심식 압축기를 사용하는 냉동설비 :
(2) 흡수식 냉동설비 :

해답 (1) 압축기의 원동기 정격출력 1.2kW를 1일의 냉동능력 1톤으로 본다.
(2) 발생기를 가열하는 1시간의 입열량 6640kcal를 1일의 냉동능력 1톤으로 본다.

30 제2종 보호시설 중에서 사람을 수용하는 건축물(가설건축물 제외)로 사실상 독립된 부분의 연면적 기준은 얼마인가?

해답 $100m^2$ 이상 $1000m^2$ 미만

해설 보호시설 : 고법 시행규칙 별표2
(1) 제1종 보호시설
① 학교, 유치원, 어린이집, 놀이방, 어린이놀이터, 학원, 병원(의원을 포함), 도서관, 청소년수련시설, 경로당, 시장, 공중목욕탕, 호텔, 여관, 극장, 교회 및 공회당(公會堂)
② 사람을 수용하는 건축물(가설건축물은 제외)로서 사실상 독립된 부분의 연면적이 1000m² 이상인 것
③ 예식장, 장례식장 및 전시장, 그 밖에 이와 유사한 시설로서 300명 이상 수용할 수 있는 건축물
④ 아동복지시설 또는 장애인복지시설로서 20명 이상 수용할 수 있는 건축물
⑤ 「문화재보호법」에 따라 지정문화재로 지정된 건축물
(2) 제2종 보호시설
① 주택
② 사람을 수용하는 건축물(가설건축물은 제외)로서 사실상 독립된 부부의 연면적이 100m² 이상 1000m² 미만인 것

31 산소 저장설비의 저장능력에 따라 보호시설과 유지하여야 하는 안전거리 중 빈칸에 알맞은 거리를 쓰시오.

저장능력(kg)	제1종 보호시설	제2종 보호시설
1만 이하	①	③
1만 초과 2만 이하	14m	④
2만 초과 3만 이하	②	11m

해답 ① 12m ② 16m ③ 8m ④ 9m

해설 산소의 처리설비 및 저장설비와 보호시설과의 안전거리 (단위 : m)

처리능력 및 저장능력	제1종 보호시설	제2종 보호시설
1만 이하	12	8
1만 초과 2만 이하	14	9
2만 초과 3만 이하	16	11
3만 초과 4만 이하	18	13
4만 초과	20	14

[비고] 처리능력 및 저장능력의 단위는 압축가스는 'm³', 액화가스는 'kg'으로 한다.

32 1일 처리능력이 80톤인 가연성가스 저온 저장탱크와 제1종 보호시설과 유지하여야 할 안전거리는 몇 m인가? [12. 3회. 기사]

풀이 안전거리 $= \dfrac{3}{25} \times \sqrt{X+10000} = \dfrac{3}{25} \times \sqrt{80000+10000} = 36\text{m}$

해답 36m

해설 ① 가연성가스 저온 저장탱크가 저장능력이 5만 초과 99만 이하일 경우에만 적용되는 규정임

② 제2종 보호시설과 안전거리 $= \dfrac{2}{25}\sqrt{X+10000} = \dfrac{2}{25} \times \sqrt{80000+10000} = 24\text{m}$

---

33 고압가스 특정제조의 시설기준에서 제조설비 외면으로부터 그 제조소의 경계까지 유지하여야 하는 거리는 20m 이상으로 하는 것이 원칙이지만 20m 이상 유지하지 않아도 되는 경우 4가지를 쓰시오. [22. 기사 3회]

해답 ① 하나의 안전관리 체계로 운영되는 2개 이상의 제조소가 한 사업장 안에 공존하는 경우에는 30m 이상으로 한다.
② 제조설비와 인접한 제조소의 제조설비 사이의 거리가 40m 이상 유지되고, 그 안에 다른 제조설비가 설치되지 않는 것이 보장되는 경우
③ 비가연성·비독성가스의 제조설비인 경우
④ 비독성가스인 가연성가스의 제조설비로서 안전구역 안의 고압가스설비 가스의 단위중량인 진발열량의 수가 3.4×10^6 미만인 경우

해설 KGS FP111 고압가스 특정제조의 시설·기술·검사·감리·정밀안전검진 기준

---

34 고압가스 일반제조의 시설기준에 대한 내용 중 (   ) 안에 알맞은 내용을 넣으시오.

> 가연성가스 제조시설의 고압가스설비 외면으로부터 다른 가연성가스 제조시설의 고압가스설비까지의 거리는 (①)m 이상, 산소 제조시설의 고압가스설비까지의 거리는 (②)m 이상의 거리를 유지한다.

해답 ① 5 ② 10

해설 다른 설비와의 거리(KGS FP112) : 가연성가스 제조시설의 고압가스설비(저장탱크 및 배관은 제외한다)와 다른 가연성가스 제조시설의 고압가스설비 또는 산소 제조시설의 고압가스설비 사이에는 하나의 고압가스설비에서 발생한 위해요소가 다른 고압가스설비로 전이되지 않도록 하기 위하여 다음 기준에 따라 적절한 거리를 유지한다.
① 가연성가스 제조시설의 고압가스설비 외면으로부터 다른 가연성가스 제조시설의 고압가스설비까지의 거리는 5m 이상으로 한다.
② 가연성가스 제조시설의 고압가스설비 외면으로부터 산소 제조시설의 고압가스설비까지의 거리는 10m 이상으로 한다.

35 브롬화메틸 30톤(T=110℃), 펩탄 50톤(T=120℃), 시안화수소 20톤(T=100℃)이 저장되어 있는 고압가스 특정제조시설의 안전구역 내 고압가스 설비의 연소열량은 약 몇 kcal인가? (단, T는 상용온도를 말한다.)

〈상용온도에 따른 K의 수치〉

상용온도 (℃)	40 이상 70 미만	70 이상 100 미만	100 이상 130 미만	130 이상 160 미만
브롬화메틸	12000	23000	32000	42000
펩탄	84000	240000	401000	550000
시안화수소	59000	124000	178000	255000

풀이 ① 저장설비 안에 2종류 이상의 가스가 있는 경우에는 각각의 가스량(톤)을 합산한 양(Z)의 제곱근 수치에 각각의 가스량에 해당 합계량에 대한 비율을 곱하여 얻은 수치와 각각의 가스에 관계되는 K를 곱해 $K \cdot W$를 구한다.

② 각각의 가스량(톤)을 합산한 양(Z) 계산
$Z = W_A + W_B + W_C = 30 + 50 + 20 = 100$톤

③ 연소열량(Q) 계산 : 주어진 표에서 각 가스의 상용온도에 해당하는 K는 브롬화메틸이 32000, 펩탄이 401000, 시안화수소가 178000이다.

$$\therefore Q = K \cdot W = \left(\frac{K_A W_A}{Z} \times \sqrt{Z}\right) + \left(\frac{K_B W_B}{Z} \times \sqrt{Z}\right) + \left(\frac{K_C W_C}{Z} \times \sqrt{Z}\right)$$
$$= \left(\frac{32000 \times 30}{100} \times \sqrt{100}\right) + \left(\frac{401000 \times 50}{100} \times \sqrt{100}\right) + \left(\frac{178000 \times 20}{100} \times \sqrt{100}\right)$$
$$= 2457000 \text{kcal}$$

해답 2457000kcal

36 고압가스 설비의 설치에 유해한 영향을 미치는 부등침하 등의 원인 유무에 대하여 실시하는 지반조사 방법 4가지를 쓰시오.

해답 ① 보링 ② 표준관입 시험 ③ 베인시험 ④ 토질 시험
⑤ 평판재하 시험 ⑥ 파일 재하시험

37 내진설계에서 평균재현주기 500년 지진지반운동수준에 대한 평균재현주기별 지반운동수준의 비로 나타내는 것은 무엇인가? [09. 1회, 17. 1회, 산기]

해답 위험도계수
해설 내진설계 용어의 정의 : KGS GC203

38 가스시설의 내진설계에서 내진 특등급에 대하여 설명하시오.

해답 그 설비의 손상이나 기능상실이 사업소 경계 밖에 있는 공공의 생명과 재산에 막대한 피해를 초래할 수 있을 뿐만 아니라 사회의 정상적인 기능 유지에 심각한 지장을 가져올 수 있는 것을 말한다.

해설 가스시설 및 지상 가스배관 내진설계 기준 : KGS GC203
① 내진 특등급 : 그 설비의 손상이나 기능상실이 사업소 경계 밖에 있는 공공의 생명과 재산에 막대한 피해를 초래할 수 있을 뿐만 아니라 사회의 정상적인 기능 유지에 심각한 지장을 가져올 수 있는 것을 말한다.
② 내진 Ⅰ등급 : 그 설비의 손상이나 기능상실이 사업소 경계 밖에 있는 공공의 생명과 재산에 상당한 피해를 초래할 수 있는 것을 말한다. 〈개정 18. 1. 11〉
③ 내진 Ⅱ등급 : 그 설비의 손상이나 기능상실이 사업소 경계 밖에 있는 공공의 생명과 재산에 경미한 피해를 초래할 수 있는 것을 말한다. 〈개정 18. 1. 11〉

39 지진으로부터 가스설비를 보호하기 위하여 내진설계를 하여야 하는 고법 적용대상 시설에 대한 ( ) 안에 알맞은 내용을 넣으시오. [22. 기사 3회]
(1) 비가연성가스나 비독성가스의 경우 저장능력 ( ) 이상의 지상 저장탱크
(2) 탑류로서 동체부의 높이가 ( ) 이상인 압력용기
(3) 세로 방향으로 설치한 동체의 길이가 ( ) 이상인 원통형 응축기
(4) 내용적 ( ) 이상인 수액기

해답 (1) 10톤 (2) 5m (3) 5m (4) 5000L

해설 내진설계 적용 대상 : 가스시설 및 지상 가스배관 내진설계 기준 : KGS GC203
(1) 고법 적용 대상 시설
① 5톤(비가연성가스나 비독성가스의 경우에는 10톤) 또는 500m³(비가연성가스나 비독성가스의 경우에는 1000m³) 이상의 지상 저장탱크
② 반응·분리·정제·증류 등을 행하는 탑류로서, 동체부의 높이가 5m 이상인 압력용기
③ 세로 방향으로 설치한 동체의 길이가 5m 이상인 원통형 응축기
④ 내용적 5000L 이상인 수액기
⑤ 지상에 설치되는 사업소 밖의 고압가스 배관
⑥ ①에서 ⑤까지에 따른 시설의 지지구조물 및 기초와 이들의 연결부
(2) 액법 적용 대상 시설
① 3톤 이상의 지상 저장탱크
② 지상에 설치되는 액화석유가스 배관망공급 제조소 밖의 배관(사용자 공급관과 내관은 제외한다) 〈신설 22. 8. 30〉

③ ①에서 ②에 따른 시설의 지지구조물 및 기초와 이들의 연결부
④ 액화석유가스 배관망공급 사업자의 철근콘크리트 구조의 정압기실. 다만, 캐비닛 및 매몰형은 제외한다. 〈신설 22. 8. 30〉

(3) 도법 적용 대상 시설
① 가스제조시설에서 저장능력이 3톤(압축가스의 경우에는 300m³) 이상인 지상 저장탱크(가스도매사업자가 소요하는 지중식 저장탱크를 포함한다)와 가스홀더
② 가스충전시설에서 저장능력이 5톤 또는 500m³ 이상인 지상 저장탱크와 가스홀더
③ 가스충전시설에서 반응·분리·정제·증류 등을 행하는 탑류로서, 동체부의 높이가 5m 이상인 압력용기
④ 지상에 설치하는 사업소 밖의 도시가스 배관(사용자 공급관과 내관은 제외한다)
⑤ ①에서 ④까지에 따른 시설 및 압축기, 펌프, 기화기, 열교환기, 냉동설비, 정제설비, 부취제 주입 설비의 지지구조물 및 기초와 이들의 연결부
⑥ 가스도매사업자의 적용 대상 시설은 다음과 같다.
　㉮ 정압기지 및 밸브기지 내
　　㉠ 정압설비·계량설비·가열설비·배관의 지지구조물 및 기초
　　㉡ 방산탑
　　㉢ 건축물
　㉯ 사업소 밖의 배관에 긴급차단장치를 설치 또는 관리하는 건축물
⑦ 일반도시가스 사업자의 철근콘크리트 구조의 정압기실. 다만, 캐비닛 및 매몰형은 제외한다.

(4) 수소법 적용 대상 시설 〈신설 22. 8. 30〉
① 설비 중량 5톤 이상인 수소저장설비와 수소저장설비의 지지구조물 및 기초

참고 가스도매사업의 내진설계 제외 대상 : 도법 시행규칙 별표 5
① 저장능력 3톤(압축가스 300m³) 미만인 저장탱크 또는 가스홀더
② 지하에 설치되는 시설
③ 건축법령에 따라 내진설계를 하여야 하는 것으로서 같은 법령이 정하는 바에 따라 내진설계를 한 시설

40 내진설계 시 지진기록 측정장비 종류 2가지를 쓰시오. [09. 1회. 기사] [19. 2회. 산기]

해답 ① 가속도계　② 속도계　③ SI(Spectrum Intensity)센서

해설 지진기록 측정장비
① 가스도매사업 정압기(지) 및 밸브기지 기준(KGS FS452 용어의 정의) : "지진감지장치"란 내진설계의 기초자료가 되는 지면가속도(진도)를 측정하거나 긴

급할 때에 가스 흐름을 차단하고 정압기지·배관 등 가스시설의 실제 동적 거동에 대한 정보를 얻기 위하여 설치하는 가속도계, 속도계 및 SI(Spectrum Intensity)센서 등을 말한다.

② 매설 가스배관 내진설계 기준(KGS GC204 2017 : 2.8.3) : 지진기록 계측에는 가속도계, 속도계, 변위계, 간극수압계, 동토압계, 수압계 등을 사용한다. 〈2018. 1. 11 개정에서 '지진기록 계측' 항목 모두가 삭제되었음〉

41 최대 지름이 5m인 가연성 저장탱크 2기가 상호 인접하여 지상에 설치될 때 탱크 간에 유지하여야 할 거리는 몇 m인가?

풀이 두 저장탱크 최대지름을 합산한 길이의 $\frac{1}{4}$ 이상에 해당하는 거리를 유지해야 한다.

$$\therefore L = \frac{D_1 + D_2}{4} = \frac{5+5}{4} = 2.5\text{m}$$

해답 2.5m 이상

해설 저장탱크 간 거리(KGS FP111) : 가연성가스 저장탱크(저장능력이 300m³ 또는 3톤 이상의 것에 한정한다)와 다른 가연성가스 또는 산소의 저장탱크와의 사이에는 두 저장탱크의 최대지름을 합산한 길이의 4분의 1 이상에 해당하는 거리(두 저장탱크의 최대지름을 합산한 길이의 4분의 1이 1m 미만인 경우에는 1m 이상의 거리)를 유지한다.

42 저장탱크를 지하에 매설할 때의 기준에 관한 사항이다. 물음에 답하시오.
(1) 저장탱크실의 철근콘크리트 두께는 얼마인가?
(2) 저장탱크와의 이격거리와 저장탱크 사이에 채우는 것은?
(3) 지면으로부터 저장탱크 정상부까지의 거리는?
(4) 저장탱크에 설치한 안전밸브 방출구 높이는?

해답 (1) 30cm 이상
(2) ① 이격거리 : 1m 이상   ② 채우는 것 : 마른모래
(3) 60cm 이상
(4) 지면에서 5m 이상

43 저장탱크 및 처리설비를 실내에 설치하는 기준 4가지를 쓰시오.

해답 ① 저장탱크실과 처리설비실은 각각 구분하여 설치하고 강제환기시설을 갖춘다.
② 저장탱크실 및 처리설비실은 천장·벽 및 바닥의 두께가 30cm 이상인 철근콘크리트로 만든 실로서 방수처리가 된 것으로 한다.

③ 가연성가스 또는 독성가스의 저장탱크실과 처리설비실에는 가스누출검지 경보장치를 설치한다.
④ 저장탱크의 정상부와 저장탱크실 천장과의 거리는 60cm 이상으로 한다.
⑤ 저장탱크를 2개 이상 설치하는 경우에는 저장탱크실을 각각 구분하여 설치한다.
⑥ 저장탱크 및 그 부속시설에는 부식방지도장을 한다.
⑦ 저장탱크실 및 처리설비실의 출입문은 각각 따로 설치하고, 외부인이 출입할 수 없도록 자물쇠 채움 등의 조치를 한다.
⑧ 저장탱크실 및 처리설비실을 설치한 주위에는 경계표지를 한다.
⑨ 저장탱크에 설치한 안전밸브는 지상 5m 이상의 높이에 방출구가 있는 가스방출관을 설치한다.

[해설] 저장탱크 및 처리설비의 실내설치 : KGS FP112

44 가연성가스 저온 저장탱크에는 그 저장탱크의 내부압력이 외부압력보다 낮아짐에 따라 그 저장탱크가 파괴되는 것을 방지하기 위하여 설치하여야 할 설비 3가지를 쓰시오.

[23. 1회. 기사]

[해답] ① 압력계 ② 압력경보설비 ③ 진공안전밸브
④ 다른 저장탱크 또는 시설로부터의 가스도입배관(균압관)
⑤ 압력과 연동하는 긴급차단장치를 설치한 냉동제어설비
⑥ 압력과 연동하는 긴급차단장치를 설치한 송액설비

[해설] 저장탱크 부압파괴 방지조치(KGS FP112) : 가연성가스 저온 저장탱크에는 그 저장탱크의 내부압력이 외부압력보다 낮아짐에 따라 그 저장탱크가 파괴되는 것을 방지하기 위하여 다음의 부압파괴 방지설비를 설치한다.
① 압력계
② 압력경보설비
③ 그 밖의 다음 중 어느 하나 이상의 설비
   ㉠ 진공안전밸브
   ㉡ 다른 저장탱크 또는 시설로부터의 가스도입배관(균압관)
   ㉢ 압력과 연동하는 긴급차단장치를 설치한 냉동제어설비
   ㉣ 압력과 연동하는 긴급차단장치를 설치한 송액설비

45 아세틸렌 제조설비 중 아세틸렌이 접촉하는 부분에 사용하는 재료는 구리 함유량이 62%를 초과하는 것을 사용해서는 안 되는 이유에 대해 반응식을 쓰고 설명하시오.

[10. 2회, 17. 3회. 기사]

[해설] ① 반응식 : $C_2H_2 + 2Cu \rightarrow Cu_2C_2 + H_2$
② 이유 : 구리와 접촉 반응하여 폭발성의 동 아세틸드(Cu_2C_2)를 생성하여 약간의

충격에도 폭발의 위험성이 있기 때문에

[해설] 아세틸렌에 접촉하는 부분에 사용하는 재료 기준
① 동 또는 동함유량이 62%를 초과하는 동합금은 사용하지 아니한다.
② 충전용 지관에는 탄소의 함유량이 0.1% 이하의 강을 사용한다.
③ 굴곡에 의한 응력이 일부에 집중되지 아니하도록 된 형상으로 한다.

46 에어졸 제조시설에 대한 설명 중 (　) 안에 알맞은 내용을 쓰시오.

> 에어졸 제조시설에는 정량을 충전할 수 있는 (①)를[을] 설치하고, 인체에 사용하거나 가정에서 사용하는 에어졸의 제조시설에는 (②)를[을] 설치한다.

[해답] ① 자동충전기　② 불꽃길이 시험장치

[해설] 불꽃길이 시험장치

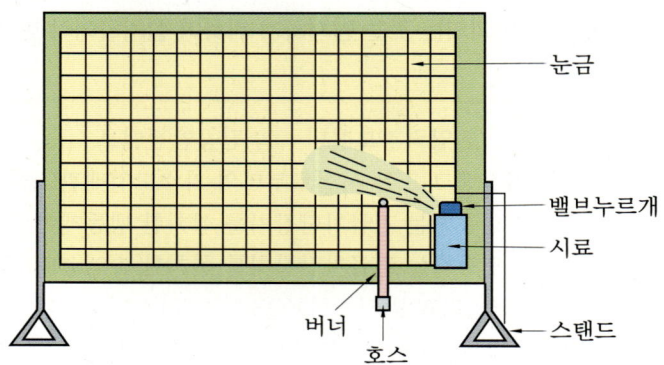

① 버너와 시료의 간격은 15cm로 한다.
② 버너의 불꽃길이를 4.5cm 이상 5.5cm 이하로 조절하고 시료의 하부가 버너의 불꽃상부 3분의 1을 통과하도록 설치한 다음, 시료를 분사하여 불꽃길이 시험장치에서 불꽃의 길이를 측정한다. 해당 시험을 3회 반복해 얻은 불꽃길이의 평균치를 시료의 불꽃길이로 한다.

47 에어졸 충전용기의 누출시험용 온수탱크의 온수온도는 얼마인가?

[해답] 46℃ 이상 50℃ 미만

48 독성가스 중 배관을 2중관으로 하여야 하는 가스 종류 8가지를 쓰시오.
['6. 3회, 18. 3회, 기사][21. 4회, 산기]

[해답] ① 포스겐　② 황화수소　③ 시안화수소　④ 아황산가스
⑤ 산화에틸렌　⑥ 암모니아　⑦ 염소　⑧ 염화메탄

해설 독성가스 배관 구조 기준 : KGSFP112
① 독성가스 배관은 그 가스의 종류, 성질, 압력 및 그 배관의 주위의 상황에 따라 안전한 구조를 갖도록 하기 위하여 2중관 구조로 한다.
② 2중관으로 하여야 하는 가스의 대상은 암모니아, 아황산가스, 염소, 염화메탄, 산화에틸렌, 시안화수소, 포스겐 및 황화수소로 한다.
③ 2중관의 외층관 내경은 내층관 외경의 1.2배 이상을 표준으로 하고 재료, 두께 등에 관한 사항은 배관설비 두께 기준에 따른다.
④ 2중관의 내층관과 외층관 사이에는 가스누출검지 경보설비의 검지부를 설치하여 가스누출을 검지하는 조치를 강구한다.

49 [보기]는 바깥지름과 안지름의 비가 1.2 이상인 경우 배관의 두께 계산식이다. "f"와 "C"가 의미하는 것을 단위를 포함하여 설명하시오. [14. 2회, 20. 4회. 산기]

| 보기 |

$$t = \frac{D}{2}\left\{\sqrt{\frac{\frac{f}{s}+P}{\frac{f}{s}-P}} - 1\right\} + C$$

해답 ① f : 재료의 인장강도(N/mm^2) 규격 최소치이거나 항복점(N/mm^2) 규격 최소치의 1.6배
② C : 관내면의 부식여유의 수치(mm)

해설 배관 두께 계산식 : KGS FP111, FP112
① 외경과 내경의 비가 1.2 이상인 경우

$$t = \frac{D}{2}\left\{\sqrt{\frac{\frac{f}{s}+P}{\frac{f}{s}-P}} - 1\right\} + C$$

② 외경과 내경의 비가 1.2 미만인 경우

$$t = \frac{PD}{2\frac{f}{s}-P} + C$$

여기서, t : 배관의 두께 수치(mm)　　P : 상용압력의 수치(MPa)
　　　　D : 내경에서 부식여유에 상당하는 부분을 뺀 부분의 수치(mm)
　　　　f : 재료의 인장강도(N/mm^2) 규격 최소치이거나 항복점(N/mm^2) 규격 최소치의 1.6배
　　　　C : 관 내면의 부식여유의 수치(mm)
　　　　s : 안전율로서 환경의 구분에 따라 나타낸 수치

50 안전확보에 필요한 강도를 갖는 플랜지(flange)의 계산에 사용하는 설계압력 공식을 쓰고 기호에 대해 설명하시오.　　　　　　　　　　　　　　　　　　　　　　　　　　　　　[11. 4회. 산기]

해답 $P_d = P + P_{eq}$

여기서, P_d : 안전확보에 필요한 강도를 갖는 플랜지의 계산에 사용하는 설계압력(MPa)
　　　　P : 배관의 설계내압(MPa)
　　　　P_{eq} : 상당압력(MPa)으로 다음 식에 따라 구할 것

$$P_{eq} = \frac{0.16M}{\pi G^3} + \frac{0.04F}{\pi G^2}$$

여기서, M : 주하중(主荷重) 등으로 인하여 생기는 합성굽힘 모멘트(N·cm)
　　　　F : 주하중 등으로 인하여 생기는 축방향의 힘(N). 다만, 인장력을 양(+)으로 한다.
　　　　G : 개스킷 반력이 걸리는 위치를 통과하는 원의 지름(m)

51 가스시설에서 배관 등을 용접한 후에 강도유지 및 수송하는 가스의 누출을 방지하기 위하여 실시하는 비파괴시험 중 육안검사를 할 때 보강 덧붙임은 그 높이가 모재 표면보다 낮지 않도록 하고 몇 mm 이하를 원칙으로 하는가?　　　　　　　　　　　　　　　　　　　　[18. 2회. 산기]

해답 3mm

해설 고압가스시설 배관 등의 용접부에 대한 육안검사 기준 : KGS GC205
① 보강덧붙임(reinforcement of weld)은 그 높이가 모재 표면보다 낮지 않도록 하고, 3mm(알루미늄은 제외한다) 이하를 원칙으로 한다.
② 외면의 언더컷(undercut)은 그 단면이 V자형으로 되지 않도록 하며, 1개의 언더컷 길이와 깊이는 각각 30mm 이하와 0.5mm 이하이고, 1개의 용접부에서 언더컷 길이의 합이 용접부 길이의 15% 이하가 되도록 한다.
③ 용접부 및 그 부근에는 균열, 아크스트라이크(arc-strike), 위해하다고 인정되는 지그(jig)의 흔적, 오버랩(overlap) 및 피트(pit) 등의 결함이 없고 또한 비드(bead) 형상이 일정하며, 슬러그(slug), 스파터(spatter) 등이 부착되어 있지 않도록 한다.

52 고압가스 제조시설의 사업소 밖 배관장치에는 압력 또는 유량의 이상변동 등 이상상태가 발생한 경우에 그 상황을 경보하는 장치를 설치하여야 한다. 경보장치가 울리는 경우에 해당하는 내용 중 (　) 안에 알맞은 내용을 쓰시오.　　　　　　　　　　　　　　　　　　　[18. 1회. 기사]

(1) 배관 안의 압력이 상용압력의 (　)배를 초과한 때
(2) 배관 안의 압력이 정상운전 시의 압력보다 (　)% 이상 강하한 때
(3) 배관 안의 유량이 정상운전 시의 유량보다 (　)% 이상 변동한 때
(4) (　)의 조작회로가 고장난 때 또는 폐쇄된 때

해답 (1) 1.05 (2) 15 (3) 7 (4) 긴급차단밸브

해설 운영상태 감시장치 설치 : KGS FP112
(1) 경보장치의 경보가 울리는 경우
① 배관 안의 압력이 상용압력의 1.05배(상용압력이 4MPa 이상인 경우에는 상용압력에 0.2MPa를 더한 압력)를 초과한 때
② 배관 안의 압력이 정상운전 시의 압력보다 15% 이상 강하한 때
③ 배관 안의 유량이 정상운전 시의 유량보다 7% 이상 변동한 때
④ 긴급차단밸브의 조작회로가 고장난 때 또는 긴급차단밸브가 폐쇄된 때
(2) 안전제어장치 설치 : 압축기·펌프·긴급차단장치 등을 신속하게 정지 또는 폐쇄하는 기능
① 압력계로 측정한 압력이 상용압력의 1.1배를 초과하였을 때
② 압력계로 측정한 압력이 정상운전 시의 압력보다 30% 이상 강하했을 때
③ 유량계로 측정한 유량이 정상운전 시의 유량보다 15% 이상 증가했을 때
④ 가스누출 경보기가 작동하였을 때

53 가스설비 등에 설치하는 과압안전장치는 압력상승 특성에 따라 선정하여야 한다. 급격한 압력상승, 독성가스의 누출, 유체의 부식성 또는 반응생성물의 성상 등에 따라 안전밸브를 설치하는 것이 부적당한 경우에 그 대용으로 설치하는 것의 명칭을 쓰시오.

해답 파열판

해설 과압안전장치 선정 : KGS FP111, FP112
① 기체 및 증기의 압력상승을 방지하기 위하여 설치하는 안전밸브
② 급격한 압력상승, 독성가스의 누출, 유체의 부식성 또는 반응생성물의 성상 등에 따라 안전밸브를 설치하는 것이 부적당한 경우에 설치하는 파열판
③ 펌프 및 배관에서 액체의 압력상승을 방지하기 위하여 설치하는 릴리프밸브 또는 안전밸브
④ ①부터 ③까지의 안전장치와 병행하여 설치할 수 있는 자동압력제어장치
※ **자동압력제어장치** : 고압가스설비 등의 내압이 상용의 압력을 초과한 경우 그 고압가스설비 등으로의 가스 유입량을 감소시키는 방법 등으로 그 고압가스설비 등 안의 압력을 자동적으로 제어하는 장치이다.

54 고압가스 제조장치에서 과압안전장치(안전밸브)를 설치하여야 할 곳 4가지를 쓰시오.

해답 ① 저장탱크 기상부
② 압축기 최종 토출배관
③ 반응기 및 반응탑
④ 감압밸브 2차 측 배관

55 고압가스설비에 부착하는 과압안전장치의 작동압력에 대한 기준 중 ( ) 안에 알맞은 내용을 넣으시오. [10. 1회, 19. 2회, 산기]

> 액화가스의 고압가스설비 등에 부착되어 있는 스프링식 안전밸브는 상용의 온도에 있어서 당해 고압가스설비 등 안의 액화가스의 상용의 체적이 당해 고압가스설비 등 안의 내용적의 ( )%까지 팽창하게 되는 온도에 대응하는 당해 고압가스설비 등 안의 압력에서 작동하는 것일 것

해답 98

56 고압가스설비에 설치되는 과압안전장치의 분출 원인이 화재인 경우 안전밸브의 축적압력은 안전밸브의 수량과 관계없이 최고허용사용압력의 얼마로 하여야 하는가?

해답 121% 이하

해설 과압안전장치 축적압력 : KGS FP112
① 분출 원인이 화재가 아닌 경우
㉮ 안전밸브를 1개 설치한 경우의 안전밸브의 축적압력은 최고허용사용압력의 110% 이하로 한다.
㉯ 안전밸브를 2개 이상 설치한 경우의 안전밸브의 축적압력은 최고허용사용압력의 116% 이하로 한다.
② 분출 원인이 화재인 경우 : 안전밸브의 축적압력은 안전밸브의 수량에 관계없이 최고허용사용압력의 121% 이하로 한다.

57 가연성가스 저장탱크에 설치한 안전밸브 방출관의 방출구 설치 높이 기준을 설명하시오. (단, 지상에 설치된 저장탱크이다.)

해답 지상으로부터 5m 이상의 높이 또는 저장탱크 정상부로부터 2m 높이 중 높은 위치

58 평형 벨로스형 안전밸브에 대하여 설명하시오. [16. 1회, 산기]

해답 밸브의 토출측 배압의 변화에 의하여 성능특성에 영향을 받지 않는 안전밸브이다.

해설 용어의 정의 : KGS FP112
① "설정압력(set pressure)"이란 안전밸브의 설계상 정한 분출압력 또는 분출개시압력으로서 명판에 표시된 압력을 말한다.
② "축적압력(accumulated pressure)"이란 내부 유체가 배출될 때 안전밸브에 의하여 축적되는 압력으로서 그 설비 안에서 허용될 수 있는 최대압력을 말한다.

③ "초과압력(over pressure)"이란 안전밸브에서 내부 유체가 배출될 때 설정압력 이상으로 올라가는 압력을 말한다.
④ "평형 벨로스형 안전밸브(balanced bellows safety valve)"란 밸브의 토출측 배압의 변화에 의하여 성능특성에 영향을 받지 않는 안전밸브를 말한다.
⑤ "일반형 안전밸브(conventional safety valve)"란 밸브의 토출측 배압의 변화에 의하여 직접적으로 성능특성에 영향을 받는 안전밸브를 말한다.
⑥ "배압(back pressure)"이란 배출물 처리설비 등으로부터 안전밸브의 토출측에 걸리는 압력을 말한다.

59 가스누출검지 경보장치의 종류 3가지를 쓰시오.

해답 ① 접촉연소 방식
② 격막 갈바니 전지방식
③ 반도체 방식

해설 가스누출검지 경보장치 : KGS FP112
① 역할 : 가연성가스 또는 독성가스의 누출을 검지하여 그 농도를 지시함과 동시에 경보를 울리는 것이다.
② 경보는 접촉연소 방식, 격막 갈바니 전지방식, 반도체 방식, 그 밖의 방식으로 검지 엘리먼트의 변화를 전기적 신호에 따라 이미 설정하여 놓은 가스 농도(경보농도)에서 자동적으로 울리는 것으로 한다. 이 경우 가연성가스 경보기는 담배연기 등에, 독성가스용 경보기는 담배연기, 기계세척유가스, 등유의 증발가스, 배기가스 및 탄화수소계 가스 등 잡가스에는 경보하지 아니하는 것으로 한다.

60 다음 가스에 대한 가스누출검지 경보장치의 경보농도를 쓰시오. [16. 3회. 기사]

(1) 가연성가스 :   (2) 독성가스 :

해답 (1) 폭발하한계의 1/4 이하 (2) TLV-TWA 기준농도 이하
해설 암모니아를 실내에서 사용하는 경우에는 50ppm으로 할 수 있다.

61 수소 제조시설에서 수소의 누출 여부를 검지하기 위하여 설치하는 가스누설 검지 경보장치의 경보농도는 몇 % 이하로 하는가? [23. 1회. 산기]

풀이 ① 공기 중에서 수소의 폭발범위는 4~75%이다.
② 경보농도는 가연성가스는 폭발하한계의 4분의 1 이하이다.

$$\therefore 경보농도 = 폭발범위 하한계 \times \frac{1}{4} = 4 \times \frac{1}{4} = 1\%$$

해답 1% 이하

해설 가스누출경보 및 자동차단장치 경보농도(KGS FP112) : 경보농도는 검지경보장치의 설치장소, 주위 분위기 온도에 따라 가연성가스는 폭발하한계의 4분의 1 이하, 독성가스는 TLV-TWA(Threshold Limit Value-Time Weight Average : 정상인이 1일 8시간 또는 주 40시간 통상적인 작업을 수행함에 있어 건강상 나쁜 영향을 미치지 아니하는 정도의 공기 중 가스 농도를 말한다) 기준농도 이하로 한다. (다만, 암모니아를 실내에서 사용하는 경우에는 50ppm으로 할 수 있다)

62 수소와 메탄이 체적비 50 : 50으로 이루어진 혼합가스를 취급하는 시설에 가스누출검지 경보장치를 설치할 때 검지부의 경보농도 설정값을 계산하시오. (단, 공기 중에서 수소의 폭발범위는 4~75%, 메탄의 폭발범위는 5~15%이다.) [22. 산기 4회]

풀이 ① 혼합가스의 폭발범위 하한계 계산 : 르샤틀리에 공식 $\dfrac{100}{L} = \dfrac{V_1}{L_1} + \dfrac{V_2}{L_2}$ 를 이용하여 폭발범위 하한계 L을 계산한다.

$$\therefore L = \dfrac{100}{\dfrac{V_1}{L_1} + \dfrac{V_2}{L_2}} = \dfrac{100}{\dfrac{50}{4} + \dfrac{50}{5}} = 4.444 \fallingdotseq 4.44\%$$

② 경보농도 설정값 계산 : 가스누출검지 경보장치 검지부의 경보농도 설정값은 폭발범위 하한계의 1/4 이하로 한다.

$$\therefore 경보농도 설정값 = 폭발범위 하한계 \times \dfrac{1}{4} = 4.44 \times \dfrac{1}{4} = 1.11\% \text{ 이하}$$

해답 1.11% 이하

63 고압가스 제조시설에 설치하는 가스누출검지 경보장치의 경보농도와 정밀도에 대하여 가연성가스와 독성가스로 구분하여 다음 표의 빈칸에 각각 쓰시오. [15. 1회, 17. 1회. 기사]

구분	경보농도	정밀도
가연성가스	①	②
독성가스	③	④

해답 ① 폭발하한계의 1/4 이하 ② ±25% 이하
③ TLV-TWA 기준농도 이하 ④ ±30% 이하

해설 가연성가스용 경보기의 정밀도는 고압가스 일반제조시설 기준(KGS FP112)에서는 '25% 이하'로 규정되어 있고, 나머지 모든 시설의 기준에서는 '±25% 이하'로 규정되어 있습니다. (문제에서 고압가스 일반제조시설로 제시되면 '25% 이하'로 답안을 작성하길 바랍니다)

64 고압가스 제조시설에 설치되어 있는 압축기, 펌프, 반응설비, 저장탱크 등 가스가 누출하기 쉬운 고압가스설비 등이 설치되어 있는 장소의 주위에는 누출한 가스가 체류하기 쉬운 곳에 가스누출검지 경보장치의 검출부를 설치하여야 한다. 이들 설비군이 건축물 안에 설치되어 있는 경우 바닥면 둘레 (①)m마다, 건축물 밖에 설치되어 있는 경우 바닥면 둘레 (②)m마다 (③)개 이상의 비율로 계산한 수를 설치하여야 한다. ( ) 안에 알맞은 내용을 넣으시오. [12. 1회. 산기]

해답 ① 10   ② 20   ③ 1

65 고압가스 제조시설에서 건축물 내에 가스가 누출하기 쉬운 고압가스 설비가 설치되어 있는 경우 바닥면 둘레가 45m일 때 가스누출검지 경보장치 검출부 설치 수는 몇 개인가? [18. 2회. 기사]

해답 5개 이상

해설 ① 건축물 내에 설치되어 있는 압축기, 펌프, 반응설비, 저장탱크 등 가스가 누출하기 쉬운 고압가스설비 등이 설치되어 있는 장소 주위에는 가스가 체류하기 쉬운 곳에 이들 설비군의 바닥면 둘레 10m에 대하여 1개 이상의 비율로 계산한 수의 가스누출검지 경보장치 검출부를 설치하여야 한다. 그러므로 검출부는 4.5개로 계산되지만 실제 설치해야 할 수는 5개 이상이다.
② 고압가스시설, 액화석유가스시설, 도시가스시설에 따라 검출부 설치 수 기준이 다르게 규정되어 있으니 시설이 어디에 해당되는지 구분하길 바랍니다.

66 저장설비에 설치된 긴급차단장치의 동력원 종류 4가지를 쓰시오.

해답 ① 액압   ② 기압   ③ 전기   ④ 스프링

해설 긴급차단장치 차단조작기구 : KGS FP112
① 긴급차단장치의 조작 동력원은 차단밸브의 구조에 따라 액압, 기압, 전기(어느 것이나 정전 시에 비상전력 등으로 사용 가능하게 한 것) 또는 스프링 등으로 한다.
② 긴급차단장치를 조작할 수 있는 위치는 해당 저장탱크로부터 5m 이상 떨어진 곳(방류둑 등을 설치한 경우에는 그 외측)이고 액화가스의 대량 유출 시에 대비하여 안전한 장소로 한다. 또한 상기 위치 이외의 주변 상황에 따라서 해당 차단조작을 신속히 할 수 있는 위치로 한다.
※ 고압가스 특정제조(KGS FP111)의 경우 조작 위치는 해당 저장탱크로부터 10m 이상 떨어진 곳이다.
③ 제조자 또는 수리자가 긴급차단장치를 제조 또는 수리하였을 경우 긴급차단장치는 KS B 2304(밸브검사통칙)에서 정하는 기준에 따라 수압시험 방법으

로 밸브시트의 누출검사를 하여 누출되지 아니하는 것으로 한다. 다만, 수압 대신에 공기 또는 질소 등의 기압을 사용하여 누출검사를 하는 경우에는 차압 0.5MPa~0.6MPa에서 분당 누출량이 $50\text{mL} \times \frac{\text{호칭경mm}}{25\text{mm}}$(330mL를 초과하는 경우에는 330mL)를 초과하지 아니하는 것으로 한다.

67 다음 그림은 고압가스 안전관리법에 액화석유가스, 가연성가스, 독성가스의 저장시설에 긴급차단장치를 설치하도록 규정된 것 중 유압식 긴급차단장치의 계통도이다. 그림에서 나타낸 설비를 중심으로 다음 물음에 답하시오.

(1) 정상 이송할 때의 작동원리를 설명하시오.
(2) 화재 등의 이상이 발생하였을 때 유압식 긴급차단장치가 동작될 수 있는 작동원리를 설명하시오.
(3) 유압작동밸브를 인위적으로 닫고자 할 때의 방법을 설명하시오.

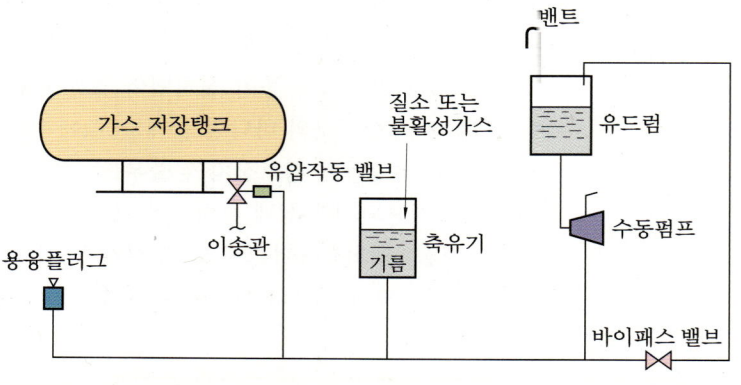

해답 (1) 오일압력이 긴급차단장치(그림에서는 유압작동 밸브)에 작용하여 밸브가 열려 있는 상태를 유지한다.
(2) 주변에서 화재가 발생하였을 때 용융 플러그의 가용전이 녹아 긴급차단장치에 작용하고 있는 오일이 분출되면서 오일압력이 낮아져 긴급차단장치가 폐쇄된다.
(3) 바이패스 밸브를 개방하여 긴급차단장치에 작용하고 있는 오일을 유드럼으로 회수시켜 오일압력을 낮추어주어 긴급차단장치를 폐쇄시킨다.

68 긴급차단장치 및 역류방지밸브 설치 시 배관에 조치하여야 할 사항을 쓰시오.

해답 긴급차단장치 또는 역류방지밸브 및 접속하는 배관 등에서 수격작용(water hammer)이 발생하지 아니하는 조치를 강구한다.

해설 긴급차단장치 수격작용방지 조치(KGS FP112) : 긴급차간장치 또는 역류방지밸브에는 그 차단에 따라 그 긴급차단장치 또는 역류방지밸브 및 접속하는 배관 등에서 수격작용(water hammer)이 발생하지 아니하는 조치를 강구한다. 〈개정 17. 12. 24〉

69 차량에 고정된 탱크에 설치된 긴급차단장치는 그 성능이 원격조작에 의하여 작동되고 차량에 고정된 탱크나 이에 접속하는 배관 외면의 온도가 얼마일 때 자동적으로 작동하도록 되어 있는가?

해답 110℃

70 고압가스 안전관리법에 규정된 역류방지장치를 설치하여야 할 곳과 역화방지장치를 설치하여야 할 곳을 각각 2가지씩 쓰시오.

해답 (1) 역류방지장치를 설치할 곳
① 가연성가스를 압축하는 압축기와 충전용 주관과의 사이 배관
② 아세틸렌을 압축하는 압축기의 유분리기와 고압건조기와의 사이 배관
③ 암모니아 또는 메탄올의 합성탑 및 정제탑과 압축기와의 사이 배관
(2) 역화방지장치를 설치할 곳
① 가연성가스를 압축하는 압축기와 오토클레이브와의 사이 배관
② 아세틸렌의 고압건조기와 충전용 교체밸브 사이의 배관
③ 아세틸렌 충전용 지관

해설 역류방지장치 및 역화방지장치를 설치할 곳 : KGS FP112

71 가연성가스를 압축하는 압축기와 오토클레이브와의 사이 배관 및 아세틸렌의 고압건조기와 충전용 교체밸브 사이 배관에 설치해야 하는 것은?

해답 역화방지장치

72 가연성가스의 제조설비 또는 저장설비 중 전기설비를 방폭구조로 하지 않아도 되는 가스 2가지를 쓰시오. [10. 4회. 산기]

해답 ① 암모니아(NH_3)
② 브롬화메탄(CH_3Br)
③ 공기 중에서 자기발화하는 가스

해설 전기방폭설비 설치(KGS FP112) : 위험장소 안에 있는 전기설비에는 그 전기설비가 누출된 가스의 점화원이 되는 것을 방지하기 위하여 가연성가스(암모니아, 브롬화메탄 및 공기 중에서 자기발화하는 가스를 제외한다)의 제조설비 또는 저장설비 중 전기설비는 KGS 기준에 따라 방폭성능을 갖도록 설치한다.

73 가연성가스 제조설비에는 그 설비에서 발생한 정전기가 점화원으로 되는 것을 방지하기 위하여 정전기 제거설비를 설치할 때 접지 저항치 총합은 얼마로 하여야 하는가? (단, 피뢰설비를 설치한 설비이다.) [19. 2회. 기사]

해답 10Ω 이하

해설 정전기 제거설비 설치 : KGS FP112
① 탑류, 저장탱크, 열교환기, 회전기계, 벤트스택 등은 단독으로 접지한다. 다만, 기계가 복잡하게 연결되어 있는 경우 및 배관 등으로 연속되어 있는 경우에는 본딩용 접속선으로 접속하여 접지할 수 있다.
② 본딩용 접속선 및 접지접속선은 단면적 $5.5mm^2$ 이상인 것(단선은 제외한다)을 사용하고 경납붙임, 용접, 접속금구 등을 사용하여 확실히 접속한다.
③ 접지 저항치는 총합 100Ω(피뢰설비를 설치한 것은 총합 10Ω) 이하로 한다.

74 고압가스 제조설비에 대한 다음 물음에 답하시오.

(1) 정전기 제거조치 방법 :
(2) 폭발성 혼합가스 생성 방지법 :

해답 (1) ① 탑류, 저장탱크, 열교환기, 회전기계, 벤트스택 등은 단독으로 접지하여야 하며, 기계가 복잡하게 연결되어 있는 경우 및 배관 등으로 연속되어 있는 경우는 본딩용 접속선으로 접속하여 접지하여야 한다.
② 본딩용 접속선 및 접지접속선은 단면적 $5.5mm^2$ 이상의 것으로 사용하고, 경납붙임, 용접, 접속금구 등을 사용하여 확실히 접속하여야 한다.
③ 접지 저항치는 총합 100Ω(피뢰설비를 설치한 것은 총합 10Ω) 이하로 하여야 한다.
(2) 질소, 불활성가스를 주입할 수 있는 설비를 갖춘다.

75 가연성가스 제조설비 등에서 발생하는 정전기를 제거할 때 단독으로 접지하는 설비 종류 4가지를 쓰시오. [12. 2회. 기사]

해답 ① 탑류 ② 저장탱크 ③ 열교환기 ④ 회전기계 ⑤ 벤트스택

76 정전기 제거설비를 정상상태로 유지하기 위하여 확인하여야 할 사항 3가지를 쓰시오. [12. 3회, 20. 4회. 기사]

해답 ① 지상에서 접지 저항치
② 지상에서의 접속부의 접속 상태

③ 지상에서의 절선 그 밖에 손상부분의 유무

[해설] 사고예방설비 유지관리(KGS FP112) : 정전기 제거설비를 정상상태로 유지하기 위하여 다음 사항을 확인한다.
① 지상에서 접지 저항치
② 지상에서의 접속부의 접속상태
③ 지상에서의 절선 그 밖에 손상부분의 유무

77 고압가스 제조시설에 설치하는 내부반응 감시장치의 종류 3가지를 쓰시오.

[06. 3회, 17. 1회, 20. 4회. 기사]

[해답] ① 온도감시장치 ② 압력감시장치
③ 유량감시장치 ④ 가스의 밀도·조성 등의 감시장치

[해설] 내부반응 감시설비 설치 : KGS FP111
(1) 고압가스설비 중 반응기 또는 이와 유사한 설비로서 현저한 발열반응 또는 부차적으로 발생하는 2차 반응으로 인하여 폭발 등의 위해(危害)가 발생할 가능성이 큰 특수반응설비에는 온도감시장치, 압력감시장치, 유량감시장치 그 밖의 내부 반응감시장치(가스의 밀도·조성 등의 감시장치)를 설치한다.
(2) 설치장소 및 설치개수
① 온도감시장치 : 해당 특수반응설비 안의 국부과열 등으로 인한 이상온도 변화상태를 정확히 측정할 수 있는 장소에 그 온도를 측정하기에 충분한 수로 한다.
② 압력감시장치 : 해당 특수반응설비 안의 상용압력이 상당한 정도로 달라지거나 또는 달라질 우려가 있는 부위 2곳 이상에 설치한다.
③ 유량감시장치 : 해당 특수반응설비와 관련되는 원재료의 송·출입계통 부위마다 1곳 이상 설치한다.
④ 가스의 밀도·조성 등의 감시장치 : 해당 특수반응설비 안의 가스의 밀도·조성 등을 정확하게 측정할 수 있는 장소에 1개 이상 설치한다.
(3) 특수반응설비 종류 : 암모니아 2차 개질로, 에틸렌 제조시설의 아세틸렌 수첨탑, 산화에틸렌 제조시설의 에틸렌과 산소 또는 공기와의 반응기, 사이클로헥산 제조시설의 벤젠 수첨 반응기, 석유정제에 있어서 중유 직접 수첨 탈황 반응기 및 수소화분해 반응기, 저밀도폴리에틸렌 중합기, 메탄올합성 반응탑

78 고압가스설비 중에서 반응기 또는 이와 유사한 설비로서 현저한 발열반응 또는 부차적으로 발생되는 2차 반응에 의하여 폭발 등의 위해가 발생할 가능성이 큰 반응설비 4가지를 쓰시오.

[13. 1회, 18. 1회. 기사]

해답 ① 암모니아 2차 개질로
② 에틸렌 제조시설의 아세틸렌 수첨탑
③ 산화에틸렌 제조시설의 에틸렌과 산소 또는 공기와의 반응기
④ 사이클로헥산 제조시설의 벤젠 수첨 반응기
⑤ 석유정제에 있어서 중유 직접 수첨 탈황 반응기 및 수소화분해 반응기
⑥ 저밀도폴리에틸렌 중합기
⑦ 메탄올합성 반응탑

79 고압가스 제조시설에 인터로크 제어장치를 설치하는 목적에 대하여 설명하시오.

해답 가연성가스나 독성가스의 제조설비 또는 이들 제조설비와 관련 있는 계장회로에는 제조하는 고압가스의 종류·온도 및 압력과 제조설비의 상황에 따라 안전확보를 위한 주요 부문에 설비가 잘못 조작되거나 정상적인 제조를 할 수 없는 경우에 자동으로 원재료의 공급을 차단하는 등 제조설비 안의 제조를 제어하기 위하여 설치한다.

해설 인터로크 제어장치 설치 : KGS FP111

80 고압가스설비에 설치하는 피해저감설비의 종류 2가지를 쓰시오.
[19. 2회. 산기] [15. 2회. 기사 유사]

해답 ① 방류둑
② 방호벽
③ 살수장치
④ 제독설비
⑤ 중화·이송설비
⑥ 온도상승방지설비

해설 사고예방설비 : 과압안전장치, 가스누출 경보 및 자동차단장치, 긴급차단장치, 역류방지장치, 역화방지장치, 전기방폭설비, 환기설비, 부식방지설비, 정전기제거설비

81 지상에 일정량 이상의 저장능력을 갖는 액화가스 저장탱크 주위에 방류둑을 설치하는 목적을 설명하시오.
[18. 2회. 산기] [22. 1회. 기사]

해답 가연성가스, 독성가스 또는 산소의 액화가스 저장탱크 주위에 액상의 가스가 누출된 경우에 액체상태의 가스가 저장탱크 주위의 한정된 범위를 벗어나서 다른 곳으로 유출되는 것을 방지하기 위하여 설치한다.

82 방류둑 구조에 대한 내용 중 (　) 안에 알맞은 내용을 쓰시오. [10. 2회, 22. 2회. 산기]

(1) 철근콘크리트, 철골·철근콘크리트는 (　) 콘크리트를 사용하고 균열 발생을 방지하도록 배근, 리베팅 이음, 신축이음 및 신축이음의 간격, 배치 등을 한다.
(2) 방류둑은 (　) 것으로 한다.
(3) 성토는 수평에 대하여 (　) 이하의 기울기로 하여 쉽게 허물어지지 않도록 충분히 다져 쌓고, 강우 등으로 인하여 유실되지 않도록 그 표면에 콘크리트 등으로 보호한다.
(4) 성토 윗부분의 폭은 (　)m 이상으로 한다.

해답 (1) 수밀성 (2) 액밀한 (3) 45° (4) 0.3

---

83 방류둑에는 방류둑 내에 고인 물을 외부로 배출할 수 있는 조치를 하여야 한다. 이 경우 배수조치는 방류둑 ① (내측, 외측)에서 하여야 하며, 배수밸브는 평상시에는 ② (개방, 폐쇄)하여야 한다. (　) 안에 알맞은 내용을 쓰시오.

해답 ① 외측 ② 폐쇄

---

84 가연성 액화가스 및 독성 액화가스의 저장탱크를 지상에 설치할 때 방류둑을 설치하여야 하는 저장능력은 얼마인가? [07. 1회. 기사]

해답 ① 가연성 : 1000톤 이상 (단, 고압가스 특정제조의 경우 500톤 이상)
② 독성 : 5톤 이상

해설 방류둑 설치 대상 저장능력
① 고압가스 특정제조
　㉮ 가연성가스 : 500톤 이상
　㉯ 독성가스 : 5톤 이상
　㉰ 액화산소 : 1000톤 이상
② 고압가스 일반제조
　㉮ 가연성, 액화산소 : 1000톤 이상
　㉯ 독성가스 : 5톤 이상
③ 냉동제조시설(독성가스 냉매사용) : 수액기 내용적 10000L 이상
④ 액화석유가스 : 1000톤 이상
⑤ 도시가스
　㉮ 가스도매사업 : 500톤 이상
　㉯ 일반도시가스사업 : 1000톤 이상

85 고압가스 냉동제조의 피해저감설비 기준에서 독성가스 냉매를 사용하는 수액기 주위에는 그 수액기로부터 액상의 독성가스가 누출될 경우 그 액상의 독성가스가 흘러 확산되는 것을 방지하기 위한 방류둑을 설치하여야 한다. 이때 수액기 내용적은 얼마인가?

해답 10000L 이상

해설 방류둑 설치(KGS FP113) : 독성가스를 사용하는 내용적이 1만 L 이상인 수액기 주위에는 그 수액기로부터 액상의 독성가스가 누출될 경우 그 액상의 독성가스가 흘러 확산되는 것을 방지하기 위하여 방류둑을 설치한다.

86 가스제조시설에 설치된 철근콘크리트 방호벽의 설치기준 4가지를 쓰시오. [12. 1회. 산기]

해답 ① 직경 9mm 이상의 철근을 가로·세로 400mm 이하의 간격으로 배근하고 모서리 부분의 철근을 확실히 결속한 두께 120mm 이상, 높이 2000mm 이상으로 한다.
② 일체로 된 철근콘크리트 기초로 한다.
③ 기초의 높이는 350mm 이상, 되메우기 깊이는 300mm 이상으로 한다.
④ 기초의 두께는 방호벽 최하부 두께의 120% 이상으로 한다.

87 고압가스 제조설비에서 누출된 가스의 확산을 방지하는 조치 중 저장탱크를 건축물로 덮는 등의 조치를 취하여야 할 독성가스 종류 2가지를 쓰시오.

해답 ① 염소 ② 포스겐

해설 확산방지 조치 기준 : KGS FP112
① 아황산가스, 암모니아, 염소, 염화메틸, 산화에틸렌, 시안화수소, 포스겐, 황화수소 등의 독성가스가 누출될 때에 확산을 방지하는 조치를 한다. 다만, 염소 또는 포스겐의 저장탱크에는 건축물로 덮는 등의 조치를 한다.
② 건축물로 덮는 등의 조치
㉮ 누출된 액화가스가 쉽게 외부에 누출되지 아니하는 구조로서 건축물 안의 가스를 흡인하여 제독하는 설비와 연결한다.
㉯ 건축물을 방류둑과 조합하는 경우에는 건축물과 방류둑 사이로 가스가 누출되지 아니하는 구조로 한다.
㉰ 건축물은 밸브조작 등의 작업에 필요한 충분한 공간을 확보한다.
㉱ 건축물 출입구는 불연성 문으로 하고 또한 밀폐구조로 한다. 다만, 건축물 내부의 가스를 흡인하여 제독하는 연동장치를 설치한 경우에는 밀폐구조로 하지 아니할 수 있다.

88 독성인 염소 저장탱크에서 가스가 누출된 때에 확산을 방지하는 조치 방법 2가지를 쓰시오.

해답 ① 누출된 액화가스가 쉽게 외부에 누출되지 아니하는 구조로서 건축물 안의 가스를 흡인하여 제독하는 설비와 연결한다.
② 건축물을 방류둑과 조합하는 경우에는 건축물과 방류둑 사이로 가스가 누출되지 아니하는 구조로 한다.
③ 건축물은 밸브조작 등의 작업에 필요한 충분한 공간을 확보한다.
④ 건축물 출입구는 불연성 문으로 하고 또한 밀폐구조로 한다. 다만, 건축물 내부의 가스를 흡인하여 제독하는 연동장치를 설치한 경우에는 밀폐구조로 하지 않을 수 있다.

89 독성가스 중 아황산가스, 암모니아, 염소, 염화메탄, 산화에틸렌, 시안화수소, 포스겐 또는 황화수소의 제조설비에는 그 설비로부터 독성가스가 누출될 경우 그 독성가스로 인한 중독을 방지하기 위하여 제독설비를 설치하고 제독제 및 제독작업에 필요한 보호구를 구비한다. 이때 누설된 독성가스의 제독조치 방법 3가지를 쓰시오.

해답 ① 물 또는 흡수제로 흡수 또는 중화하는 조치
② 흡착제로 흡착 제거하는 조치
③ 저장탱크 주위에 설치된 유도구에 의하여 집액구·피트 등에 고인 액화가스를 펌프 등의 이송설비를 이용하여 안전하게 제조설비로 반송하는 조치
④ 연소설비(플레어스택·보일러 등)에서 안전하게 연소시키는 조치

해설 제독조치(KGS FP112) : 제독조치는 다음의 방법 또는 이와 동등 이상의 작용을 하는 조치 중 한 가지 또는 두 가지 이상의 것을 선택한다.
① 물 또는 흡수제로 흡수 또는 중화하는 조치
② 흡착제로 흡착 제거하는 조치
③ 저장탱크 주위에 설치된 유도구에 의하여 집액구·피트 등에 고인 액화가스를 펌프 등의 이송설비를 이용하여 안전하게 제조설비로 반송하는 조치
④ 연소설비(플레어스택·보일러 등)에서 안전하게 연소시키는 조치

90 고압가스 제조시설에서 독성가스가 누출될 경우 그 독성가스로 인한 중독을 방지하기 위하여 제독제를 보유하여야 한다. 다음 독성가스의 제독제 종류를 1가지만 쓰시오.
(1) 산화에틸렌 : 　　　　　　　　(2) 포스겐 :
(3) 황화수소 : 　　　　　　　　　(4) 염화메탄 :

해답 (1) 물
(2) ① 가성소다 수용액 ② 소석회

(3) ① 가성소다 수용액   ② 탄산소다 수용액
(4) 물

[해설] 제조시설 제독제 보유량 : KGS FP112

가스별	제독제	보유량(kg)
염소	가성소다 수용액	670 [저장탱크 등이 2개 이상 있을 경우 저장탱크에 관계되는 저장탱크 수의 제곱근의 수치, 그 밖의 제조설비와 관계되는 저장설비 및 처리설비(내용적이 5m³ 이상의 것에 한정한다) 수의 제곱근의 수치를 곱하여 얻은 수량, 이하 염소는 탄산소다 수용액 및 소석회에 대하여도 같다.]
	탄산소다 수용액	870
	소석회	620
포스겐	가성소다 수용액	390
	소석회	360
황화수소	가성소다 수용액	1140
	탄산소다 수용액	1500
시안화수소	가성소다 수용액	250
아황산가스	가성소다 수용액	530
	탄산소다 수용액	700
	물	다량
암모니아 산화에틸렌 염화메탄	물	다량

91 포스겐(COCl₂) 제조설비에서 가스가 누출될 경우 그 가스로 인한 중독을 방지하기 위하여 보유하여야 할 제독제 2가지와 보유량을 각각 쓰시오.

[해답] ① 가성소다 수용액 : 390kg   ② 소석회 : 360kg

92 가연성가스 또는 독성가스의 고압가스설비 중 특수반응설비와 긴급차단장치를 설치한 고압가스설비에 이상사태가 발생하는 경우에 그 설비 안의 내용물을 설비 밖으로 긴급하고도 안전하게 처리할 수 있는 방법 4가지를 쓰시오.　　　　　　　　　　[16. 2회. 산기]

[해답] ① 플레어스택에서 안전하게 연소시킨다.
② 안전한 장소에 설치되어 있는 저장탱크 등에 임시 이송한다.

③ 벤트스택에서 안전하게 방출시킨다.
④ 독성가스는 제독조치 후 안전하게 폐기시킨다.

[해설] 긴급이송설비에 이송되는 내용물 처리방법 : KGS FP111

93 가연성 및 독성가스 설비에서 긴급이송설비에 부속된 처리설비 중 벤트스택(vent stack)의 역할에 대하여 설명하시오.

[해답] 가연성 또는 독성가스 설비에서 이상상태가 발생한 경우 당해 설비 내의 내용물을 설비 밖으로 긴급하고 안전하게 이송하는 탑 또는 파이프를 일컫는다.

94 벤트스택에 관한 다음 물음에 답하시오.

(1) 설치높이를 방출된 가스의 착지농도 기준으로 가연성가스와 독성가스로 각각 구분하여 답하시오.
(2) 벤트스택의 방출구 위치는 작업원이 정상작업을 하는 장소 및 통행하는 장소에서 얼마 이상 이격시켜 설치하여야 하는가? (단, 긴급용 벤트스택의 경우이다.)

[해답] (1) ① 가연성가스 : 방출된 가스의 착지농도가 폭발하한계값 미만이 되도록 충분한 높이
② 독성가스 : 방출된 가스의 착지농도가 TLV-TWA 기준농도값 미만이 되도록 충분한 높이
(2) 10m 이상 (긴급용 외 그 밖의 벤트스택 : 5m 이상)

95 고압가스 제조설비에 플레어스택(flare stack)을 설치하는 목적을 설명하시오.

[해답] 긴급이송설비에 의하여 이송되는 가연성가스를 대기 중에 분출하면 공기와 혼합하여 폭발성 혼합기체가 형성될 수 있으므로 연소시켜 처리하기 위하여 설치한다.

96 플레어스택에 관한 물음에 답하시오.

(1) 설치위치 및 높이는 지표면에 미치는 복사열이 얼마가 되도록 설치하여야 하는가?
(2) 긴급이송설비로부터 이송되는 가스를 연소시켜 대기 중에 방출할 수 있도록 설치하여야 하는 것은 무엇인가?

[해답] (1) $4000 kcal/m^2 \cdot h$ 이하
(2) 파일럿버너 또는 자동점화장치

97 고압가스 제조설비에서 가연성가스를 대기 중으로 방출하는 방법 2가지와 주의사항을 쓰시오.

해답 (1) 방출방법
① 벤트스택에서 대기 중으로 방출시키는 방법
② 플레어스택에서 연소시키는 방법
(2) 주의사항
① 벤트스택의 높이는 착지농도가 폭발하한계값 미만이 되도록 한다.
② 플레어스택의 위치 및 높이는 플레어스택 바로 밑의 지표면에 미치는 복사열이 $4000 kcal/m^2 \cdot h$ 이하가 되도록 한다.

98 고압가스 제조시설에 설치하는 플레어스택의 구조에서 역화 및 공기 등과의 혼합폭발을 방지하기 위하여 갖추어야 할 시설 4가지를 쓰시오. [09. 3회, 20. 2회. 기사] [22. 산기 2회]

해답 ① liquid seal의 설치
② flame arrestor의 설치
③ vapor seal의 설치
④ purge gas(N_2, off gas 등)의 지속적인 주입
⑤ molecular seal 설치

99 독성가스를 연소설비에 의하여 제독조치를 할 때의 장점 2가지와 단점 2가지를 각각 쓰시오. [17. 4회. 산기]

해답 (1) 장점
① 가연성 배출가스에만 적용할 수 있다.
② 제독조치할 유량이 많은 경우에 적합하다.
③ 고농도의 가스일 경우 제독조치 효과가 양호하다.
④ 제독 조치하는 가스의 가연성을 이용하므로 보조연료는 불필요하다.
(2) 단점
① 불연성가스에는 부적합하다.
② 제독조치할 유량이 적은 경우에는 부적합하다.
③ 집진기능이 없으므로 별도로 집진을 위한 설비가 필요하다.
④ 저농도의 가스일 경우 연소처리 유지가 어려워 다른 방법과의 조합이 필요하다.

100
다음 장치의 설치목적을 설명하시오.

(1) 긴급차단장치 :
(2) 플레어스택 :

해답 (1) 고압가스설비의 이상사태가 발생하는 때에 해당 설비를 신속히 차단하도록 하는 장치로 밸브와 부속물을 포함한 조립품을 말한다.
(2) 긴급이송설비에 의하여 이송되는 가연성가스를 대기 중으로 분출하면 공기와 혼합하여 폭발성 혼합기체가 형성될 수 있으므로 연소시켜 처리하기 위하여 설치한다.

101
액화가스 저장탱크와 유리제 게이지(액면계)를 접속하는 상하 배관에 설치하여야 할 것은 무엇인가? [20. 기사 2회]

해답 자동 및 수동식의 스톱밸브

102
독성가스 제해설비에 정전 시 필요한 비상전력설비 종류 4가지를 쓰시오.

해답
① 타처 공급전력　② 자가발전　③ 축전지장치
④ 엔진 구동발전　⑤ 스팀터빈 구동발전

해설 제조설비에 따른 비상전력의 종류 : KGS FP112

구분	타처 공급전력	자가발전	축전지 장치	엔진 구동발전	스팀터빈 구동발전
자동제어장치	○	○	○		
긴급차단장치	○	○	○		
살수장치	○	○	○	○	○
방소화설비	○	○	○	○	○
냉각수펌프	○	○	○	○	○
물분무장치	○	○	○	○	○
독성가스 제해설비	○	○	○	○	○
비상조명설비	○	○	○		
가스누설검지 경보설비	○	○	○		
통신시설	○	○	○		

103 고압가스 제조시설의 사업소 외의 배관에 설치된 배관장치에 설치하는 비상전력설비의 종류 4가지를 쓰시오. [22. 기사 1회] [17. 1회 2번 유사]

해답 ① 타처 공급전력 ② 자가발전 ③ 축전지장치
④ 엔진 구동발전 ⑤ 스팀터빈 구동발전

해설 배관장치의 비상전력설비(KGS FP111, FP112)
① 제조시설의 사업소 외의 배관에 설치된 다음 배관장치에는 비상전력설비를 설치한다.
   ㉮ 운전상태 감시장치   ㉯ 안전제어장치
   ㉰ 가스누출검지 경보설비   ㉱ 제독설비
   ㉲ 통신시설   ㉳ 비상조명설비
   ㉴ 그 밖에 안전상 중요하다고 인정되는 설비
② 비상전력설비 종류 : 타처 공급전력, 자가발전, 축전지장치, 엔진 구동발전, 스팀터빈 구동발전

104 독성가스 제조시설의 안전을 확보하기 위하여 필요한 곳에는 독성가스를 취급하는 시설 또는 일반인의 출입을 제한하는 시설이라는 것을 명확하게 식별할 수 있도록 식별표지 및 위험표지를 설치하여야 한다. 이때 식별표지의 바탕색과 글씨의 색상을 쓰시오.

해답 ① 식별표지의 바탕색 : 백색
② 글씨의 색상 : 흑색

해설 식별표지 및 위험표지 : KGS FP112
① 식별표지 : 독성가스 제조시설의 안전을 확보하기 위하여 설치
   ㉮ 가스명칭은 적색으로 기재한다.
   ㉯ 경계표지와는 별도로 게시한다.
   ㉰ 문자의 크기는 가로·세로 10cm 이상으로 하고, 30m 이상 떨어진 위치에서도 알 수 있도록 한다.
   ㉱ 식별표지의 바탕색은 백색, 글씨는 흑색으로 한다.
   ㉲ 문자는 가로 또는 세로로 쓸 수 있다.
   ㉳ 식별표지에는 다른 법령에 따른 지시사항 등을 병기할 수 있다.
② 위험표지 : 독성가스가 누출할 우려가 있는 부분에 설치한다.
   (예 독성가스 누설 주의 부분)
   ㉮ 문자의 크기는 가로·세로 5cm 이상으로 하고, 10m 이상 떨어진 위치에서도 알 수 있도록 한다.
   ㉯ 위험표지의 바탕색은 백색, 글씨는 흑색('주의'는 적색)으로 한다.
   ㉰ 문자는 가로 또는 세로로 쓸 수 있다.
   ㉱ 위험표지에는 다른 법령에 따른 지시사항 등을 병기할 수 있다.

105 공기압축기 내부윤활유에 대한 설명 중 (   ) 안에 알맞은 숫자를 넣으시오. [20. 2회. 산기]

> 공기압축기의 내부윤활유는 재생유가 아닌 것으로서 잔류탄소의 질량이 전 질량의 (①)% 이하이며, 인화점이 (②)℃ 이상으로서 170℃에서 8시간 이상 교반하여 분해되지 아니하거나, 잔류탄소의 질량이 (③)% 초과 (④)% 이하이며, 인화점이 (⑤)℃ 이상으로서 170℃에서 12시간 이상 교반하여 분해되지 아니하는 것을 사용한다.

해답 ① 1 ② 200 ③ 1 ④ 1.5 ⑤ 230

해설 윤활제의 선택 및 사용 : KGS FP112 고압가스 일반제조의 시설·기술·검사 기준
① 석유류·유지류 또는 글리세린은 산소압축기의 내부윤활제로 사용하지 아니한다.
② 공기압축기 내부윤활유는 재생유가 아닌 것으로서 잔류탄소의 질량이 전 질량의 1% 이하이며, 인화점이 200℃ 이상으로서 170℃에서 8시간 이상 교반하여 분해되지 아니하거나, 잔류탄소의 질량이 1% 초과 1.5% 이하이며, 인화점이 230℃ 이상으로서 170℃에서 12시간 이상 교반하여 분해되지 아니하는 것을 사용한다.

106 산소압축기 내부윤활제로 사용할 수 없는 것 3가지를 쓰시오.

해답 ① 석유류 ② 유지류 ③ 글리세린

107 시안화수소(HCN)에 대한 다음 물음에 답하시오.
(1) 용기에 충전할 때 첨가하는 안정제 종류 2가지를 쓰시오.
(2) TLV-TWA 기준농도는 얼마인가?
(3) 용기에 충전 후 보관할 수 있는 기간은 얼마인가?
(4) 누설검지 시험지의 명칭은?

해답 (1) ① 황산 ② 아황산가스
(2) 10ppm
(3) 60일
(4) 질산구리벤젠지

해설 시안화수소 충전작업 기준 : KGS FP112
① 용기에 충전하는 시안화수소는 순도가 98% 이상이고 아황산가스 또는 황산 등의 안정제를 첨가한 것으로 한다.
② 시안화수소를 충전한 용기는 충전 후 24시간 정치하고, 그 후 1일 1회 이상 질

산구리벤젠 등의 시험지로 가스의 누출검사를 하며, 용기에 충전 연월일을 명기한 표지를 붙이고, 충전한 후 60일이 경과되기 전에 다른 용기에 옮겨 충전한다. 다만, 순도가 98% 이상으로서 착색되지 아니한 것은 다른 용기에 옮겨 충전하지 않을 수 있다.

108 아세틸렌 충전작업 기준 중 ( ) 안에 알맞은 내용을 쓰시오.

(1) 아세틸렌을 용기에 충전하는 때의 충전 중의 압력은 2.5MPa 이하로 하고, 충전 후에는 압력이 15℃에서 ( )MPa 이하로 될 때까지 정치하여 둔다.
(2) 아세틸렌을 용기에 충전하는 때에는 미리 용기에 다공물질을 고루 채워 다공도가 ( )이 되도록 한 후 아세톤이나 디메틸포름아미드를 고루 침윤시키고 충전한다.
(3) 아세틸렌을 2.5MPa 압력으로 압축하는 때에는 질소, 메탄, 일산화탄소 또는 에틸렌 등의 ( )를[을] 첨가한다.
(4) 습식 아세틸렌 발생기의 표면은 ( ) 이하의 온도로 유지하며, 그 부근에서 불꽃이 튀는 작업을 하지 아니한다.

해답 (1) 1.5 (2) 75% 이상 92% 미만 (3) 희석제 (4) 70℃

해설 아세틸렌 충전작업 기준 : KGS FP112
① 아세틸렌을 2.5MPa 압력으로 압축하는 때에는 질소·메탄·일산화탄소 또는 에틸렌 등의 희석제를 첨가한다.
② 습식 아세틸렌 발생기의 표면온도는 70℃ 이하로 유지하고, 그 부근에서는 불꽃이 튀는 작업을 하지 아니한다.
③ 아세틸렌을 용기에 충전하는 때에는 미리 용기에 다공물질을 고루 채워 다공도가 75% 이상 92% 미만이 되도록 한 후 아세톤 또는 디메틸포름아미드를 고루 침윤시키고 충전한다.
④ 아세틸렌을 용기에 충전하는 때의 충전 중의 압력은 2.5MPa 이하로 하고, 충전 후에는 압력이 15℃에서 1.5MPa 이하로 될 때까지 정치하여 둔다.
⑤ 상하의 통으로 구성된 아세틸렌 발생장치로 아세틸렌을 제조하는 때에는 사용 후 그 통을 분리하거나 잔류가스가 없도록 조치한다.

109 아세틸렌을 충전하는 용기에 다공물질을 채운 후 다공도 기준은 얼마인가?

해답 75% 이상 92% 미만

해설 아세틸렌 충전작업(KGS FP112) : 아세틸렌을 용기에 충전하는 때에는 미리 용기에 다공물질을 고루 채워 다공도가 75% 이상 92% 미만이 되도록 한 후 아세톤 또는 디메틸포름아미드를 고루 침윤시키고 충전한다.

110. 아세틸렌(C_2H_2) 충전작업에 대한 물음에 답하시오. [19. 1회. 기사]

(1) 2.5MPa 압력으로 압축하는 때에 첨가하는 희석제 종류 4가지를 쓰시오. [17. 산기 2회 12번 동일]

(2) 용기에 충전하는 때에 미리 용기에 침윤시키는 것 2가지를 쓰시오. [15. 산기 1회 1번 동일]

해답 (1) ① 질소(N_2) ② 메탄(CH_4) ③ 일산화탄소(CO) ④ 에틸렌(C_2H_4)
(2) ① 아세톤[$(CH_3)_2CO$] ② 디메틸포름아미드(DMF)

참고 해답에 해당하는 각 물질의 분자기호는 문제에서 요구하지 않으면 작성하지 않아도 되며, 분자기호가 틀리면 오답으로 채점되는 것도 참고하길 바랍니다. (각 물질의 명칭을 분자기호로 요구하는 경우도 있으니 분자기호는 기억해 놓기 바랍니다.)

111. 충전용기에 산소를 충전 시 주의사항 2가지를 쓰시오. [21. 기사 1회]

해답
① 용기밸브와 용기 내부의 석유류, 유지류를 제거할 것
② 용기와 밸브 사이에 가연성 패킹을 사용하지 않을 것
③ 금유(禁油)라 표시된 산소 전용 압력계를 사용할 것
④ 기름 묻은 장갑으로 취급을 금지할 것
⑤ 급격한 충전은 피할 것

112. 산소시설에 설치하는 압력계는 금유(禁油)라 표시된 전용압력계를 사용하는 이유를 설명하시오. [16. 1회. 산기]

해답 산소는 화학적으로 활발한 원소로 산소농도가 높으면 반응성이 풍부해져 오일(석유류, 유지류)과 접촉 시 인화, 폭발의 위험성이 있기 때문에 금유(禁油)라 표시된 전용압력계를 사용하여야 한다.

해설 금유(禁油)란 오일(기름) 사용을 금지한다는 의미이다.

113. 다음 ( ) 안에 알맞은 기기 명칭을 쓰시오.

산소 또는 천연메탄을 용기에 충전하는 때에는 압축기와 충전용 지관 사이에 ( )를 설치하여야 한다.

해답 수취기

해설 산소 충전작업 기준(KGS FP112) : 산소 또는 천연메탄을 용기에 충전하는 때에는 압축기(산소압축기는 물을 내부윤활제로 사용하는 것에 한정한다)와 충전용 지관 사이에 수취기를 설치하여 그 가스 중의 수분을 제거한다.

114. 산화에틸렌(C_2H_4O) 충전 기준 중 ( ) 안에 알맞은 내용을 넣으시오.

(1) 산화에틸렌의 저장탱크는 그 내부의 질소가스·탄산가스 및 산화에틸렌가스의 분위기가스를 질소가스 또는 탄산가스로 치환하고 (　)℃ 이하로 유지한다.
(2) 산화에틸렌을 저장탱크 또는 용기에 충전하는 때에는 미리 그 내부가스를 질소가스 또는 탄산가스로 바꾼 후에 (①) 또는 (②)를 함유하지 아니하는 상태로 충전한다.
(3) 산화에틸렌의 저장탱크 및 충전용기에는 (①)에서 그 내부가스의 압력이 (②)MPa 이상이 되도록 질소가스 또는 탄산가스를 충전한다.

해답 (1) 5　(2) ① 산　② 알칼리　(3) ① 45℃　② 0.4

해설 산화에틸렌 충전 기준 : KGS FP112
① 산화에틸렌의 저장탱크는 그 내부의 질소가스·탄산가스 및 산화에틸렌가스의 분위기가스를 질소가스 또는 탄산가스로 치환하고 5℃ 이하로 유지한다.
② 산화에틸렌을 저장탱크 또는 용기에 충전하는 때에는 미리 그 내부가스를 질소가스 또는 탄산가스로 바꾼 후에 산 또는 알칼리를 함유하지 아니하는 상태로 충전한다.
③ 산화에틸렌의 저장탱크 및 충전용기에는 45℃에서 그 내부가스의 압력이 0.4MPa 이상이 되도록 질소가스 또는 탄산가스를 충전한다.

115. 고압가스 제조 시 압축금지에 대한 내용 중 ( ) 안에 알맞은 숫자를 넣으시오. [17. 2회. 산기]

(1) 가연성가스(아세틸렌, 에틸렌 및 수소는 제외) 중 산소용량이 전체 용량의 (　)% 이상인 것
(2) 산소 중의 가연성가스(아세틸렌, 에틸렌 및 수소는 제외)의 용량이 전체 용량의 (　)% 이상인 것
(3) 아세틸렌, 에틸렌 또는 수소 중의 산소용량이 전체 용량의 (　)% 이상인 것
(4) 산소 중의 아세틸렌, 에틸렌 및 수소의 용량 합계가 전체 용량의 (　)% 이상인 것

해답 (1) 4　(2) 4　(3) 2　(4) 2

해설 고압가스 제조 시 압축금지(KGS FP112) : 고압가스를 제조하는 경우 다음의 가스는 압축하지 아니한다.
① 가연성가스(아세틸렌·에틸렌 및 수소는 제외한다) 중 산소용량이 전체 용량의 4% 이상인 것
② 산소 중의 가연성가스(아세틸렌·에틸렌 및 수소는 제외한다)의 용량이 전체 용량의 4% 이상인 것
③ 아세틸렌·에틸렌 또는 수소 중의 산소용량이 전체 용량의 2% 이상인 것
④ 산소 중의 아세틸렌·에틸렌 및 수소의 용량 합계가 전체 용량의 2% 이상인 것

116 수소 50L 중에 포함된 산소가 7500ppm일 때 압축이 가능한지 판정하시오. [10. 4회. 산기]

풀이 1ppm은 100만분의 1의 농도에 해당되고, 현재 산소량 7500ppm은 수소 50L 중에 포함된 농도이므로 이것이 백분율로 몇 %에 해당되는지 계산하여 압축금지 규정에 해당되는지 여부를 판단한다.

∴ 산소 = (산소농도[ppm] × [ppm]농도비) × 100

$$= \left(7500 \times \frac{1}{1000000}\right) \times 100 = 0.75\%$$

해답 산소용량이 2% 미만이므로 압축이 가능하다.

---

117 공기액화 분리기의 불순물 유입 금지 기준 중 공기액화 분리기에 설치된 액화산소통 안의 액화산소 5L 중에 불순물이 유입되면 운전을 중지하고 액화산소를 방출하여야 한다. 이 경우에 해당되는 사항 2가지를 쓰시오.

해답 ① 아세틸렌의 질량이 5mg을 넘을 때
② 탄화수소의 탄소의 질량이 500mg을 넘을 때

해설 공기액화 분리기의 불순물 유입 금지(KGS FP112) : 공기액화 분리기(1시간의 공기압축량이 1000m³ 이하의 것은 제외한다)에 설치된 액화산소통 안의 액화산소 5L 중 아세틸렌의 질량이 5mg 또는 탄화수소의 탄소의 질량이 500mg을 넘을 때에는 그 공기액화 분리기의 운전을 중지하고 액화산소를 방출한다.

---

118 공기액화 분리장치의 액화산소 5L 중에 CH_4이 250mg, C_4H_{10}이 200mg 함유하고 있다면 공기액화 분리장치의 운전이 가능한지 판정하시오. (단, 공기액화 분리장치의 공기압축량이 1000m³/h 이상이다.)

풀이 ① 탄화수소 중 탄소질량 계산 : 탄화수소 중 탄소질량은 $\frac{\text{탄화수소 중 탄소질량}}{\text{탄화수소의 분자량}}$ × 탄화수소량으로 구할 수 있으며, 2가지 이상의 탄화수소가 주어지면 각각 구하여 합산한다. 메탄(CH_4)의 분자량은 16이고, 이중에 탄소(C) 원소는 1개 포함하고 있으므로 질량은 12이며, 부탄(C_4H_{10})의 분자량은 58이고, 이중에 탄소(C) 원소는 4개 포함하고 있으므로 질량은 48이다.

∴ 탄소질량 $= \left(\frac{12}{16} \times 250\right) + \left(\frac{48}{58} \times 200\right) = 353.017 ≒ 353.02\text{mg}$

② 판정 : 500mg이 넘지 않으므로 운전이 가능하다.

해답 탄화수소 중 탄소질량이 353.02mg으로 500mg을 넘지 않으므로 운전이 가능하다.

119 공기액화 분리장치에서 액체산소 35L 중 CH₄ 3g, C₄H₁₀ 3g이 혼합되어 있을 때 탄화수소의 탄소질량을 구하여, 공기액화 분리장치의 운전은 어떻게 하여야 하는지 조치방법에 대하여 설명하시오.

(1) 탄화수소의 탄소질량 계산 :
(2) 조치 방법 :

해답 (1) ① 탄화수소 중 탄소질량은 $\dfrac{\text{탄화수소 중 탄소질량}}{\text{탄화수소의 분자량}} \times \text{탄화수소량}$으로 구할 수 있으며, 2가지 이상의 탄화수소가 주어지면 각각 구하여 합산한다.

② 액화산소량이 35L로 주어졌으므로 공기액화 분리장치의 운전여부를 판단하는 기준인 액화산소 5L에 대한 탄소질량을 구하여야 한다. 즉 액화산소 35L는 기준량 대비 7배에 해당되는 양이다.

③ 메탄(CH_4)의 분자량은 16이고, 이중에 탄소(C) 원소는 1개 포함하고 있으므로 질량은 12이며, 부탄(C_4H_{10})의 분자량은 58이고, 이중에 탄소(C) 원소는 4개 포함하고 있으므로 질량은 48이다.

④ 탄소질량 계산

$$\text{탄소질량} = \dfrac{\dfrac{\text{탄화수소 중 탄소질량}}{\text{탄화수소의 분자량}} \times \text{탄화수소량}}{\text{액산의 기준량 대비 배수}}$$

$$= \dfrac{\left(\dfrac{12}{16} \times 3000\right) + \left(\dfrac{48}{58} \times 3000\right)}{\dfrac{35}{5}} = 673.108 ≒ 676.11\text{mg}$$

(2) 조치 방법 : 탄화수소 중 탄소질량이 500mg이 넘으므로 운전을 중지하고 액화산소를 방출하여야 한다.

해설 이 문제는 탄소질량을 '액화산소 35L'에 대하여 구하는 것이 아니라, '공기액화 분리장치의 운전여부'를 판단하기 위하여 탄소질량을 구하는 것이므로 '액화산소 5L'에 대하여 구하여야 하며, 운전여부의 판단 기준이 되는 '액화산소 5L'는 법령(규정)에 정해진 사항입니다.

120 고압가스를 제조하는 자는 일정한 순도 이상의 품질 유지를 위하여 품질검사를 실시하여야 한다. 수소의 품질검사 기준 4가지를 쓰시오.

해답 ① 검사는 1일 1회 이상 가스제조장에서 실시할 것
② 검사는 안전관리책임자가 실시하고, 검사결과는 안전관리부총괄자와 안전관리책임자가 함께 확인하고 서명 날인할 것
③ 피로갈롤 또는 하이드로설파이드 시약을 사용한 오르사트법으로 한다.
④ 순도는 98.5% 이상이어야 한다.

⑤ 용기 내 가스충전압력은 35℃에서 11.8MPa 이상일 것

해설 품질검사결과 판정기준 : KGS FP112
① 산소는 동·암모니아 시약을 사용한 오르사트법에 의한 시험결과 순도가 99.5% 이상이고, 용기 안의 가스충전압력이 35℃에서 11.8MPa 이상으로 한다.
② 아세틸렌은 발연황산 시약을 사용한 오르사트법 또는 브롬 시약을 사용한 뷰렛법에 의한 시험에서 순도가 98% 이상이고, 질산은 시약을 사용한 정성시험에서 합격한 것으로 한다.
③ 수소는 피로갈롤 또는 하이드로설파이드 시약을 사용한 오르사트법에 의한 시험에서 순도가 98.5% 이상이고, 용기 안의 가스충전압력이 35℃에서 11.8MPa 이상의 것으로 한다.

121
고압가스 제조시설의 안전을 확보하기 위하여 설치한 설비에 대하여 주기적으로 작동상황을 점검하고 그 결과 이상이 있을 때에는 그 설비가 정상적으로 작동할 수 있도록 필요한 조치를 강구하여야 한다. 가스설비 사용종료 시 점검사항 4가지를 쓰시오.

해답
① 사용종료 직전에 각 설비의 운전상황
② 사용종료 후에 가스설비에 있는 잔류물의 상황
③ 가스설비 안의 가스, 액 등의 불활성가스 등에 의한 치환상황. 특히 수리점검 작업상 설비 안에 사람이 들어갈 경우에는 공기로의 치환상황
④ 개방하는 가스설비와 다른 가스설비와의 차단상황
⑤ 가스설비의 전반에 대하여 부식, 마모, 손상, 폐쇄, 결합부의 풀림, 기초의 경사 및 침하, 그 밖의 이상 유무

해설 사용 전·후 가스설비 점검사항 : KGS FP112

122
다음의 가스가 통하는 설비의 수리 등을 하기 위하여 가스치환을 할 때에 치환농도 기준은 얼마인가?
(1) 가연성가스의 가스설비 :
(2) 독성가스의 가스설비 :
(3) 산소가스설비 :

해답
(1) 폭발하한계의 1/4 이하
(2) TLV-TWA 기준농도 이하
(3) 산소의 농도가 22% 이하

해설 가연성가스 가스설비, 독성가스 가스설비, 산소가스설비의 수리 등을 위하여 작업원이 그 가스설비 안에 들어갈 때에는 산소 농도가 18%에서 22%로 유지하여야 한다.

123 다음과 같은 분위기일 때 작업이 가능한지를 판단하시오.

　(1) 산소농도가 20%이고, 일산화탄소가 60ppm 상태일 때 작업 :
　(2) 산소농도가 21%이고, 암모니아가 30ppm 상태일 때 작업 :
　(3) 수소농도가 0.7%일 때 용접작업 :

[해답] (1) 산소농도가 18~22% 내에 있지만, 일산화탄소 60ppm 상태는 허용농도(TLV-TWA) 50ppm을 초과하므로 작업이 불가능하다.
　　(2) 산소농도가 18~22% 내에 있고, 암모니아 30ppm 상태는 허용농도(TLV-TWA) 25ppm을 초과하므로 작업이 불가능하다.
　　(3) 수소농도 0.7% 상태는 폭발범위(4~75%) 하한값의 $\frac{1}{4}$ 이하이므로 작업이 가능하다.

[해설] (1) 가스설비 내 치환농도
　　① 가연성가스 : 폭발하한계의 1/4 이하
　　② 독성가스 : TLV-TWA 기준농도 이하
　　③ 산소가스설비 : 산소농도가 22% 이하
　　④ 가스설비 내 작업원 작업할 때 산소농도는 18~22%를 유지
　(2) 각 가스의 허용농도 및 공기 중에서 폭발범위

구분	TLV-TWA 기준농도(허용농도)	폭발범위
일산화탄소(CO)	50ppm	12.5~74%
암모니아(NH_3)	25ppm	15~28%
수소(H_2)	-	4~75%

124 독성가스 가스설비를 수리 등을 하기 위하여 그 내부가스를 치환하는 방법을 설명하시오.

[해답] ① 가스설비의 내부가스를 그 압력이 대기압 가까이 될 때까지 다른 저장탱크 등에 회수한 후 잔류가스를 대기압이 될 때까지 제해설비로 유도하여 제해시킨다.
　② 처리를 한 후에는 해당 가스와 반응하지 아니하는 불활성가스 또는 물 그 밖의 액체 등으로 서서히 치환한다. 이 경우 방출하는 가스는 제해설비에 유도하여 제해시킨다.
　③ 치환의 결과를 가스검지기 등으로 측정하고 해당 독성가스의 농도가 TLV-TWA 기준농도 이하로 될 때까지 치환을 계속한다.

[해설] 가스의 치환 기준 : KGS FP112

125 고압가스 충전용기를 용기보관장소에 보관할 때 지켜야 할 사항 5가지를 쓰시오.

[해답] ① 충전용기와 잔가스용기는 각각 구분하여 용기보관장소에 놓는다.

② 가연성가스·독성가스 및 산소용기는 각각 구분하여서 용기보관장소에 놓는다.
③ 용기보관장소에는 계량기 등 작업에 필요한 물건 외에는 이를 두지 아니한다.
④ 용기보관장소의 주위 2m 이내에는 화기 또는 인화성물질이나 발화성물질을 두지 아니한다.
⑤ 용기는 항상 40℃ 이하의 온도를 유지하고, 직사광선을 받지 않도록 조치한다.
⑥ 가연성가스 용기보관장소에는 방폭형 휴대용 손전등 외의 등화를 휴대하고 들어가지 아니한다.
⑦ 밸브가 돌출한 내용적 5L 이상의 용기에는 넘어짐 및 밸브의 손상을 방지하는 조치를 강구하고, 난폭한 취급을 하지 아니한다.

참고 넘어짐 및 밸브의 손상을 방지하기 위한 조치사항 : KGS FP112
① 충전용기는 바닥이 평탄한 장소에 보관한다.
② 충전용기는 물건의 낙하우려가 없는 장소에 저장한다.
③ 고정된 프로텍터가 없는 용기에는 캡을 씌워 보관한다.
④ 충전용기를 이동하면서 사용하는 때에는 손수레에 단단하게 묶어 사용한다.

126
고압가스 설비에서 구조상 물에 의한 내압시험이 곤란하여 공기, 질소 등의 기체에 의하여 내압시험을 실시하는 경우 내압시험압력은 상용압력의 몇 배 이상으로 하여야 하는가? [11. 1회. 산기]

해답 1.25배 이상
해설 내압시험압력 : KGS FP112
① 내압시험은 상용압력의 1.5배(공기 등의 기체의 압력으로 하는 내압시험은 상용압력의 1.25배) 이상으로 한다.
② 규정압력을 유지하는 시간은 5분에서 20분간을 표준으로 한다.

127
가스관련 시설의 내압시험을 물로 하는 이유(장점) 2가지를 쓰시오. [18. 4회. 산기]

해답 ① 물은 비압축성이므로 시험 중에 파괴되어도 위험성이 적다.
② 장치 및 인체에 유해한 독성이 없다.
③ 구입이 쉽고 경제적이다.

128
어떤 고압설비의 상용압력이 1.6MPa일 때 이 설비의 내압시험압력은 얼마로 실시하여야 하는가?

풀이 내압시험압력은 상용압력의 1.5배 이상이다.
∴ 내압시험압력=상용압력×1.5=1.6×1.5=2.4MPa
해답 2.4MPa 이상

129 고압가스설비와 배관의 기밀시험용으로 사용되는 기체 2가지를 쓰시오. [22. 산기 2회]

해답 ① 질소 ② 공기

130 고압가스 특정제조시설의 배관을 기밀시험할 때 산소를 사용하면 안 되는 이유를 설명하시오. [19. 2회. 기사]

해답 산소는 화학적으로 활발한 원소이고, 강력한 조연성가스에 해당되기 때문에 기밀시험을 하는 배관 내부에 석유류, 유지류 등이 있을 때 산소와 접촉 반응하여 인화, 폭발의 위험성이 있기 때문에 사용해서는 안 된다.

해설 고압가스설비와 배관의 기밀시험 기준 : KGS FP111
① 기밀시험은 원칙적으로 공기 또는 위험성이 없는 기체의 압력으로 실시한다.
② 기밀시험은 그 설비가 취성 파괴를 일으킬 우려가 없는 온도에서 한다.
③ 기밀시험압력은 상용압력 이상으로 하되, 0.7MPa를 초과하는 경우 0.7MPa 압력 이상으로 한다.
④ 검사의 상황에 따라 위험이 없다고 판단되는 경우에는 해당 고압가스설비로 저장 또는 처리되는 가스를 사용하여 기밀시험을 할 수 있다. 이 경우 압력은 단계적으로 올려 이상이 없음을 확인하면서 승압한다.
⑤ 기밀시험은 기밀시험압력에서 누설 등의 이상이 없을 때 합격으로 한다.
⑥ 기밀시험에 종사하는 인원은 작업에 필요한 최소인원으로 하고, 관측 등은 적절한 장해물을 설치하고 그 뒤에서 한다.
⑦ 기밀시험을 하는 장소 및 그 주위는 잘 정돈하여 긴급한 경우 대피하기 좋도록 하고 2차적으로 인체에 피해가 발생하지 않도록 한다.

131 고압가스 냉동제조시설에 설치하는 내화 방열벽의 구조에 대하여 2가지를 쓰시오.

해답 ① 두께 1.5mm 이상의 강판
② 가로, 세로 20mm 이상인 강재골조 양면에 두께 0.6mm 이상의 강판을 용접한 패널
③ 두께 10mm 이상인 경질의 불연 재료로 강도가 큰 것

해설 내화 방열벽 기준 : KGS FP113
① 내화방열벽이란 다음 중 어느 하나에 해당하는 구조의 것
㉮ 두께 1.5mm 이상의 강판
㉯ 가로, 세로 20mm 이상인 강재골조 양면에 두께 0.6mm 이상의 강판을 용접한 패널
㉰ 두께 10mm 이상인 경질의 불연 재료로 강도가 큰 것

② 내화 방열벽의 냉매설비를 화기로부터 충분히 격리할 수 있는 높이 및 너비의 것
③ 내화 방열벽에 출입문을 설치하는 경우에는 방화구조의 것으로서 자동 폐쇄식의 것

132 냉동장치에서 다음과 같은 냉매 및 취급하는 물질에 따라 사용을 제한하는 재료를 각각 쓰시오.

(1) 암모니아 :
(2) 염화메틸 :
(3) 프레온 :
(4) 항상 물에 접촉하는 부분 :

해답 (1) 구리 및 구리합금
(2) 알루미늄 합금
(3) 2%를 넘는 마그네슘을 함유한 알루미늄 합금
(4) 순도 99.7% 미만의 알루미늄

해설 냉동장치 재료의 사용 제한 : KGS FP113
① 냉매가스 종류에 따른 사용금속 제한
  ㉮ 암모니아(NH_3) : 구리 및 구리합금. 다만, 압축기의 축수 또는 이들과 유사한 부분으로 항상 유막으로 덮여 액화암모니아에 직접 접촉하지 아니하는 부분에는 청동류를 사용할 수 있다.
  ㉯ 염화메탄(CH_3Cl) : 알루미늄 합금
  ㉰ 프레온 : 2%를 넘는 마그네슘을 함유한 알루미늄 합금
② 항상 물에 접촉되는 부분에는 순도가 99.7% 미만의 알루미늄을 사용하지 않는다. 다만 적절한 내식처리를 한 때는 그러하지 아니하다.
※ 염화메틸과 염화메탄은 동일한 물질명이다.

133 염화메틸(CH_3Cl)을 냉매로 사용하는 냉동장치에서 사용할 수 없는 금속재료를 쓰시오.

해답 알루미늄 합금

134 고압가스 냉동제조의 시설기준에서 냉매설비 안의 냉매가스의 압력이 상용의 압력을 초과하는 경우 즉시 상용의 압력 이하로 되돌릴 수 있도록 냉매설비에 설치하는 과압안전장치의 종류 4가지를 쓰시오. [기사 10. 1회, 22. 2회]

해답 ① 고압차단장치 ② 안전밸브
③ 파열판 ④ 용전 또는 압력 릴리프장치

해설 과압안전장치 설치(KGS FP113) : 냉매설비에는 그 냉매설비 안의 냉매가스의 압력이 상용의 압력을 초과하는 경우 즉시 상용의 압력 이하로 되돌릴 수 있도록 하

기 위하여 기준에 따라 고압차단장치·안전밸브·파열판·용전 또는 압력 릴리프장치를 설치한다.

135 다음은 냉동제조시설에서 냉매가스가 체류하지 않는 구조에 대한 기준이다. (   ) 안에 알맞은 기기 명칭을 쓰시오.

> 가연성가스 또는 독성가스를 냉매로 사용하는 냉매설비의 (①), (②), (③) 및 수액기와 이들 사이의 배관을 설치한 곳에는 냉매가스가 누출된 경우 그 냉매가스가 체류하지 아니하도록 필요한 조치를 강구한다.

해답 ① 압축기   ② 유분리기   ③ 응축기

해설 체류방지 조치(KGS FP113) : 가연성가스 또는 독성가스를 냉매로 사용하는 냉매설비의 압축기·유분리기·응축기 및 수액기와 이들 사이의 배관을 설치한 곳에는 냉매가스가 누출될 경우 그 냉매가스가 체류하지 아니하도록 다음 기준에 따라 필요한 조치를 강구한다.
① 해당 설비를 설치한 방에는 냉동능력 0.05m²/ton 이상의 면적을 갖는 환기구 (창 또는 문을 포함한다)를 직접 외기에 닿도록 설치한다.
② 해당 냉동설비의 냉동능력에 대응하는 환기구의 면적을 갖추지 못하는 때에는 그 부족한 환기구 면적에 대하여 냉동능력 1ton당 2m³/분 이상의 환기능력을 갖는 강제환기장치를 설치한다. 이 경우 강제환기장치는 해당 설비를 설치한 방의 내부와 외부의 어느 쪽에서도 시동 및 정지가 가능한 것으로 한다.

136 고압가스 냉동제조의 피해저감설비 기준에서 독성가스 냉매를 사용하는 수액기 주위에는 그 수액기로부터 액상의 독성가스가 누출될 경우 그 액상의 독성가스가 흘러 확산되는 것을 방지하기 위한 방류둑을 설치하여야 한다. 이때 수액기 내용적은 얼마인가?

해답 10000L 이상

해설 방류둑 설치(KGS FP113) : 독성가스를 사용하는 내용적이 1만 L 이상인 수액기 주위에는 그 수액기로부터 액상의 독성가스가 누출될 경우 그 액상의 독성가스가 흘러 확산되는 것을 방지하기 위하여 방류둑을 설치한다.

137 냉동설비(냉매설비)에 설치하는 계측설비에 대한 물음에 답하시오.
(1) 냉동능력 20톤 이상의 냉동설비에 설치하는 압력계는?
(2) 가연성가스 또는 독성가스를 냉매로 사용하는 수액기에 설치할 수 없는 액면계는?

해답 (1) 부르동관 압력계   (2) 환형유리관 액면계

해설 계측설비 설치 : KGS FP113
(1) 압력계 설치
① 냉동능력 20톤 이상의 냉동설비에 설치하는 압력계 기준
㉮ 압축기의 토출압력 및 흡입압력을 표시하는 압력계를 보기 쉬운 위치에 설치한다.
㉯ 압축기가 강제윤활방식인 경우에는 윤활유 압력을 표시하는 압력계를 부착한다. 다만, 윤활유 압력에 대한 보호장치가 있는 경우에는 압력계를 설치하지 아니할 수 있다.
㉰ 발생기에는 냉매가스의 압력을 표시하는 압력계를 설치한다.
② 압력계는 KS B 5305(부르동관 압력계) 또는 이와 동등 이상의 성능을 갖는 것을 사용하고 냉매가스, 흡수용액 및 윤활유의 화학작용에 견디는 것으로 한다.
③ 압력계 눈금판의 최고눈금 수치는 해당 압력계의 설치장소에 따른 시설의 기밀시험압력 이상이고 그 압력의 2배 이하(다만, 정밀한 측정 범위를 갖춘 압력계에 대하여는 그러하지 아니한다)로 한다. 또한 진공부의 눈금이 있는 경우에는 그 최저 눈금을 76cmHg로 한다.
(2) 액면계 설치 : 냉매설비의 안전을 확보하기 위하여 액면계를 설치한다. 다만, 가연성가스 또는 독성가스를 냉매로 사용하는 수액기의 경우에는 환형유리관 액면계 외의 액면계를 설치한다.

138 GHP를 구성하는 기기 4가지를 쓰시오.

해답 ① 압축기 ② 응축기 ③ 증발기 ④ 팽창밸브
⑤ 엔진 ⑥ 사방밸브(또는 냉난방 절환밸브)

해설 고압가스용 가스히트 펌프 제조 기준 : KGS AA112
① GHP(Gas engine Heat Pump) : 액화석유가스 또는 도시가스를 연료로 하는 가스엔진으로 증기압축식 냉동사이클의 압축기를 구동하는 냉동기로 고압가스용 가스히트 펌프식 냉난방기("가스히트 펌프"라 한다)라 한다.
② 엔진 등의 구조 : 가스접속 배관, 가스차단밸브, 가스배관, 연소가스 통로, 케이싱, 엔진보호장치, 엔진 시동용 전동기, 엔진 점화장치, 엔진오일 보급장치, 전기부

139 가스히트 펌프(GHP)의 장점과 단점을 각각 쓰시오.

해답 (1) 장점
① 난방 시 GHP 기동과 동시에 난방이 가능하다.
② 부분부하 특성이 매우 우수하다.

③ 외기온도 변동에 영향이 적다.
(2) 단점
① 초기 구입 가격이 높다.
② 구조가 복잡하다.
③ 정기적인 유지관리가 필요하다.

140 고압가스 저장량이 500kg인 용기보관실에 내용적 40L인 용기에 압축 수소가 최고충전압력 15MPa로 충전되어 있으며 보호시설과 거리가 충분하지 않을 때 물음에 답하시오.
[21. 기사 2회]
(1) 방호벽을 설치해야 할 대상인지 판단하시오.
(2) 이곳 용기보관실에 용기는 몇 개까지 보관할 수 있는가?

풀이 (2) ① 용기 1개당 충전가스량 계산 : 압축가스 충전량 산정식에서 용기 내용적 단위는 'm³'를 적용한다. (용기 내용적 40L는 0.04m³이다.)

$$\therefore Q = (10P+1)V = (10 \times 15 + 1) \times 0.04 = 6.04 \text{m}^3$$

② 용기 1개에 충전된 가스량(m³)을 질량(kg)으로 환산 : 압축가스 1m³를 5kg으로 보는 규정을 적용한다.

$$\therefore W = 5 \times Q = 5 \times 6.04 = 30.2 \text{kg}$$

③ 보관할 수 있는 용기 수 계산 : 계산한 값에서 나오는 소숫점 이하 숫자는 무조건 절사하여야 한다. 이유는 소숫점을 반올림하여 용기 수를 정수로 표시하면 용기보관실의 저장능력을 초과하는 것이 되기 때문이다.

$$\therefore \text{보관용기 수} = \frac{\text{저장능력}}{\text{용기 1개당 충전질량}} = \frac{500}{30.2} = 16.556 ≒ 16\text{개}$$

해답 (1) 설치대상이다. (2) 16개

해설 특정고압가스 사용의 시설 방호벽 설치 대상(KGS FU211) : 고압가스 저장량이 300kg(압축가스의 경우 1m³를 5kg으로 본다) 이상인 용기보관실은 기준에 따라 방호벽을 설치한다.

141 특정고압가스 사용시설의 가연성가스 충전용기 보관실 지붕을 가벼운 불연재료 또는 난연재료를 사용하는 것에서 제외되는 경우 2가지를 쓰시오.
[19. 기사 1회]

해답 ① 액화암모니아 충전용기 보관실
② 특정고압가스용 실린더 캐비닛의 보관실

해설 특정고압가스 사용시설 기준(KGS FU211) : 가연성가스 및 산소의 충전용기 보관실의 벽은 그 저장설비의 보호와 그 저장설비를 사용하는 시설의 안전 확보를 위하여 불연재료를 사용하고, 가연성가스의 충전용기보관실의 지붕은 가벼운 불연재료 또는 난연재료(難然材料)를 사용한다. 다만, 액화암모니아 충전용기 또는 특정고압가스용 실린더캐비닛의 보관실 지붕은 가벼운 재료를 사용하지 아니할 수 있다. 〈개정 16. 12. 15〉

142 고압가스용 기화장치의 용어 설명 중 (   ) 안에 알맞은 내용을 쓰시오. [20. 3회. 산기]

> 연결압력실이란 기화통의 동체 또는 경판과 교차하여 기화통에 종속된 압력실로 (①), (②), (③) 등을 말한다.

해답 ① 섬프(sump)   ② 돔(dome)   ③ 맨홀(manhole)

해설 고압가스용 기화장치에 관련된 용어의 정의 : KGS AA911
① 기화장치 : 액화가스를 증기·온수·공기 등 열매체로 가열하여 기화시키는 기화통을 주체로 한 장치이고, 이것에 부속된 기기·밸브류·계기류 및 연결관을 포함한 것(기화장치가 캐비닛 등에 격납된 것은 캐비닛 등의 외측에 부착된 밸브 또는 플랜지까지)을 말한다.
② 기화통 : 기화장치 중 액화가스를 증기·온수·공기 등 열매체로 가열하여 기화시키는 부분으로서 그 내부의 기구와 접속노즐을 포함한 것을 말한다.
③ 액화가스 : 가압·냉각 등의 방법으로 액체 상태로 되어 있는 것으로서 대기압에서의 비점이 섭씨 40도 이하 또는 상용의 온도 이하인 것을 말한다.
④ 연결압력실 : 기화통의 동체 또는 경판과 교차하여 기화통에 종속된 압력실로 섬프(sump), 돔(dome), 맨홀(manhole) 등을 말한다.

143 고압가스용 기화장치의 성능에 대한 물음에 답하시오.
(1) 온수가열방식의 과열방지 성능은 온수의 온도가 몇 ℃인가?
(2) 증기가열방식의 과열방지 성능은 증기의 온도가 몇 ℃인가?
(3) 안전장치의 작동성능은 얼마인가?

해답 (1) 80℃ 이하   (2) 120℃ 이하   (3) 내압시험압력의 $\frac{8}{10}$ 이하

144 고압가스용 기화장치의 내압시험을 물로 하지 못하는 경우에 대한 다음 물음에 답하시오.
(1) 내압시험용 유체의 종류 2가지를 쓰시오.
(2) 내압시험압력은 설계압력의 몇 배인가?

해답 (1) ① 질소   ② 공기
(2) 1.1배 이상

145 독성가스 배관용 밸브의 표시사항 4가지를 쓰시오.

해답 ① 제조자명 또는 약호 ② 호칭지름
③ 제조번호 또는 로트번호 ④ 용도(사용할 수 있는 가스명)
⑤ 개폐방향 ⑥ 호칭압력
⑦ 가스 흐름 방향(덮개쪽을 출구로 하고, 양방향은 제외)

해설 제품표시(KGS AA318) : 밸브 제조자 또는 수입자는 그 밸브의 몸통부분 등의 보기 쉬운 곳에 표시사항을 각인하거나 금속박판에 각인하여 이를 보기 쉬운 곳에 부착한다.

146 고압장치에 설치하는 안전밸브에 대한 물음에 답하시오. [17. 1회. 산기]

(1) 안전밸브를 제조하려는 자가 안전밸브를 검사하기 위하여 갖추어야 할 검사설비 중 계측기기 종류 2가지를 쓰시오.
(2) 가연성가스 또는 독성가스용으로 사용할 수 없는 안전밸브 형식을 쓰시오.

해답 (1) ① 초음파 두께 측정기, 나사게이지, 버니어캘리퍼스 등 두께 측정기
② 표준이 되는 압력계
③ 표준이 되는 온도계
(2) 개방형 안전밸브

해설 고압가스용 안전밸브 제조 기준 : KGS AA319
(1) 검사설비
① 초음파 두께 측정기, 나사게이지, 버니어캘리퍼스 등 두께 측정기
② 내압시험설비
③ 기밀시험설비
④ 표준이 되는 압력계
⑤ 표준이 되는 온도계
⑥ 그 밖에 검사에 필요한 설비 및 기구
(2) 안전밸브 구조 일반
① 안전밸브는 그 일부가 파손되어도 충분한 분출량을 얻어야 하며, 밸브시트는 이탈되지 않도록 밸브몸통에 부착된 것으로 한다.
② 스프링의 조정나사는 자유로이 헐거워지지 않는 구조이고 스프링이 파손되어도 밸브디스크 등이 외부로 빠져나가지 않는 구조인 것으로 한다.
③ 안전밸브는 압력을 마음대로 조정할 수 없도록 봉인할 수 있는 구조인 것으로 한다.
④ 가연성 또는 독성가스용의 안전밸브는 개방형을 사용하지 않는다.
⑤ 밸브디스크와 밸브시트와의 접촉면이 밸브축고 이루는 기울기는 45°(원추시트) 또는 90°(평면시트)인 것으로 한다.

147 고압가스용 안전밸브 구조 및 성능에 대한 내용 중 ( ) 안에 알맞은 용어를 쓰시오.
[21. 2회. 산기]

(1) 가연성 또는 독성가스용의 안전밸브에는 ( )을[를] 사용하지 않는다. [17. 1회. 산기]
(2) 분출관을 부착하는 안전밸브의 밸브몸통 출구쪽에는 밸브시트의 면보다 아래쪽에 개방된 ( )을[를] 설치한 것으로 한다.
(3) 안전밸브의 재료성능은 시험편을 채취한 밸브에 따른 적절한 ( ) 또는 항복점 및 연신율을 갖는 것으로 한다.
(4) 밀폐형의 기밀성능은 출구쪽으로부터 밸브 내부에 ( )MPa 이상의 압력을 가해서 입구쪽 및 출구쪽을 밀폐시켰을 때 몸체, 기타의 각부에 누출이 없는 것으로 한다.

해답 (1) 개방형 (2) 드레인 빼기 (3) 인장강도 (4) 0.6

---

148 고압가스용 안전밸브 중 스프링식 안전밸브 제품성능에 대한 물음에 답하시오. [07. 1회. 기사]

(1) 분출개시압력의 허용차는 설정압력이 0.7MPa 이하인 것은 얼마인가?
(2) 기밀성능에서 밀폐형은 입구쪽 및 출구쪽을 밀폐시키고 출구쪽으로부터 밸브 내부에 얼마의 압력을 가했을 때 누출이 없어야 하는가?

해답 (1) 설정압력의 ±0.02MPa (2) 0.6MPa 이상

해설 고압가스용 스프링식 안전밸브 제품성능 : KGS AA319
① 내압성능 : 밸브 몸통의 내부는 밸브 디스크 시트의 접촉면을 경계로 하여 호칭압력의 1.5배의 압력, 밀폐형 안전밸브에서 배기유체에 접하는 부분은 플랜지 호칭압력의 1.5배의 수압을 가했을 때 변형, 누설 등이 없는 것으로 한다.

밸브 몸통의 내압시험 시간

공칭 밸브 크기	최소 시험 유지시간(초)
50A 이하	15
65A 이상 200A 이하	60
250A 이상	180

② 기밀성능 : 분출개시압력의 측정을 시행한 후 안전밸브 입구쪽에 설정압력의 90% 이상의 압력을 가했을 때 누출이 없는 것으로 한다. 밀폐형에 대해서는 출구쪽으로부터 밸브 내부에 0.6MPa 이상의 압력을 가해서, 입구쪽 및 출구쪽을 밀폐시켰을 때 몸체, 기타의 각부에 누출이 없는 것으로 한다.
③ 작동성능
㉮ 분출개시압력의 허용차는 설정압력이 0.7MPa 이하인 것은 설정압력의 ±0.02MPa, 0.7MPa를 초과하는 것은 설정압력의 ±3%인 것으로 한다.
㉯ 밸브몸체를 밸브시트에서 들어 올리는 장치는 3회 이상 측정하여 설정압력

의 75% 이상에서 작동되는 것으로 한다.
㈐ 분출차의 압력은 분출압력 또는 설정압력에 따라 다음 표와 같다.

분출압력 또는 설정압력	분출차의 압력
0.1MPa 이하	0.02MPa 이하
0.1MPa 초과 0.2MPa 이하	0.03MPa 이하
0.2MPa 초과 0.3MPa 이하	0.04MPa 이하
0.3MPa 초과	설정압력의 15% 이하

149 고압가스용 안전밸브 작동성능 기준 중 분출압력 또는 설정압력에 따른 분출차의 압력 4가지를 각각 쓰시오.

(1) 분출압력 또는 설정압력 0.1MPa 이하 :
(2) 분출압력 또는 설정압력 0.1MPa 초과 0.2MPa 이하 :
(3) 분출압력 또는 설정압력 0.2MPa 초과 0.3MPa 이하 :
(4) 분출압력 또는 설정압력 0.3MPa 초과 :

해답 (1) 0.02MPa 이하   (2) 0.03MPa 이하
     (3) 0.04MPa 이하   (4) 설정압력의 15% 이하

150 고압가스용 안전밸브의 재검사 항목 4가지를 쓰시오. [13. 1회, 22. 1회, 기사]

해답 ① 구조검사 ② 치수검사 ③ 기밀검사 ④ 작동성능검사
해설 고압가스용 안전밸브 재검사 항목 : KGS AA319
① 구조 및 치수검사
② 기밀검사
③ 작동성능검사

151 압력용기의 내압부분에 사용하는 재료에 대한 비파괴시험으로 실시되는 초음파탐상시험의 대상은?

해답 ① 두께가 50mm 이상인 탄소강
② 두께가 38mm 이상인 저합금강
③ 두께가 19mm 이상이고, 최소인장강도가 568.4N/mm^2 이상인 강(오스테나이트계 스테인리스강 제외)
④ 두께가 19mm 이상인 저온(0℃ 미만을 말함)에 사용되는 강(오스테나이트계 스테인리스강 제외)

⑤ 두께가 13mm 이상인 2.5% 니켈강 및 3.5% 니켈강
⑥ 두께가 6mm 이상인 9% 니켈강

[해설] 재료 초음파탐상검사 : KGS AC111

152 저장탱크나 압력용기(액화천연가스 제외) 맞대기 용접부의 기계시험 종류 3가지를 쓰시오. [16. 2회. 기사]

[해답] ① 이음매 인장시험 ② 충격시험 ③ 표면굽힘시험
④ 측면굽힘시험 ⑤ 이면굽힘시험

[해설] 용접부 기계시험의 종류 : KGS AC111
① 이음매 인장시험
② 표면굽힘시험 : 모재의 두께가 19mm 미만인 용접부 및 열간끼워맞춤 방식 외의 방식으로 층성동체의 층성재의 길이이음매로 분류된 용접을 하는 경우의 그 용접부에 한한다.
③ 측면굽힘시험 : 모재의 두께가 19mm 미만인 용접부, 열간끼워맞춤 방식으로 층성동체의 층성재의 길이이음매로 분류된 용접부 및 안전 확보상 지장이 없다고 인정되는 재료에 속하는 용접부를 제외한다.
④ 이면굽힘시험 : 층성동체의 원주이음매에 속한 용접부를 제외한다.
⑤ 충격시험 : 설계온도 0℃ 미만의 용접부에 한정하며, 오스테나이트계 스테인리스강 및 비철금속에 속하는 것을 제외한다.

153 압력용기 등의 내압시험을 물로 하는 경우에 시험압력 계산식을 쓰고 설명하시오. (단, 압력용기 등의 재질이 주철인 경우를 제외한다.)

[해답] $P_t = \mu P \left(\dfrac{\sigma_t}{\sigma_d} \right)$

P_t : 내압시험압력(MPa)
P : 설계압력(MPa)
σ_t : 수압시험온도에서의 재료의 허용응력(N/mm^2)
σ_d : 설계온도에서의 재료의 허용응력(N/mm^2)
μ : 압력용기 등의 설계압력에 따른 다음 표의 값

설계압력 범위	μ
20.6MPa 이하	1.3
20.6MPa 초과 98MPa 이하	1.25
98MPa 초과	1.1 ≤ μ ≤ 1.25의 범위에서 사용자와 제조자가 합의하여 결정한다.

[해설] 압력용기 등의 내압시험 : KGS AC111
① 압력용기 등의 재질이 주철인 경우에는 내압시험압력을 설계압력의 2배로 한다.
② 내압을 받는 압력용기 등의 내압시험을 기체로 하는 경우 시험압력 계산식

$$P_t = 1.1P\left(\frac{\sigma_t}{\sigma_d}\right)$$

여기서, P_t : 내압시험압력(MPa) P : 설계압력(MPa)
σ_t : 수압시험온도에서의 재료의 허용응력(N/mm²)
σ_d : 설계온도에서의 재료의 허용응력(N/mm²)

154. 액화천연가스용 저장탱크에 대한 설명 중 ( ) 안에 알맞은 용어를 쓰시오. [21. 1회. 기사]

"1차 탱크(primary container)"란 정상운전 상태에서 액화천연가스를 저장할 수 있는 것으로서 단일 방호식, (①), (②) 또는 (③) 저장탱크의 안쪽 탱크를 말한다.
"2차 탱크(secondary container)"란 액화천연가스를 담을 수 있는 것으로서 (①), (②) 또는 (③) 저장탱크의 바깥쪽 탱크를 말한다.

[해답] ① 이중 방호식   ② 완전 방호식   ③ 멤브레인식

[해설] 액화천연가스용 저장탱크 제조의 기준 중 용어의 정의 : KGS AC115
(1) "1차 탱크(primary container)"란 정상운전 상태에서 액화천연가스를 저장할 수 있는 것으로서 단일 방호식, 이중 방호식, 완전 방호식 또는 멤브레인식 저장탱크의 안쪽 탱크를 말한다. 〈신설 18. 3. 9〉
(2) "2차 탱크(secondary container)"란 액화천연가스를 담을 수 있는 것으로서 이중 방호식, 완전 방호식 또는 멤브레인식 저장탱크의 바깥쪽 탱크를 말한다. 〈신설 18. 3. 9〉
(3) "단일 방호식 저장탱크(single containment tank)"란 액화천연가스를 저장할 수 있는 하나의 탱크로 구성된 것으로서 다음의 ① 및 ②를 만족하는 저장탱크를 말한다. 〈개정 18. 12. 13〉
  ① 1차 탱크는 액화천연가스를 저장할 수 있는 자기 지지형 강재 원통형으로 한다.
  ② 2차 탱크는 증기를 담을 수 있는 강재 돔(dome) 지붕이 있거나 상부 개방형인 경우에는 증기를 담을 수 있도록 설계되고 단열을 유지할 수 있는 기밀한 구조의 바깥 강재 탱크가 있는 것으로 한다.
(4) "이중 방호식 저장탱크(double containment tank)"란 1차 탱크와 2차 탱크로 구성된 것으로서 다음의 ①부터 ③까지를 만족하는 저장탱크를 말한다. 〈개정 18. 3. 9〉
  ① 1차 탱크는 단일 방호식 저장탱크와 동일한 형태로 액화천연가스를 저장할 수 있는 기밀한 구조인 것으로 한다.

② 1차 탱크는 1차 탱크가 파손되는 경우 액화천연가스를 담을 수 있는 것으로 한다.

③ 1차 탱크와 2차 탱크 사이의 환상공간(annular space)은 6.0m 이하인 것으로 한다.

(5) "완전 방호식 저장탱크(full containment tank)"란 1차 탱크와 2차 탱크가 함께 구성된 것으로서 다음의 ①에서 ④까지를 만족하는 저장탱크를 말한다. 〈개정 18. 3. 9〉

① 1차 탱크는 액화천연가스를 저장할 수 있는 것으로 자기 자립형(self-standing) 구조의 단일벽 강재인 것으로 한다.

② 1차 탱크는 증기를 담지 않는 상부 개방형 구조 또는 증기를 담을 수 있는 돔 지붕을 갖춘 것으로 한다.

③ 2차 탱크는 돔 지붕을 갖춘 콘크리트 구조의 탱크로 하며, 다음의 성능을 갖도록 설계한다.

㉮ 정상운전 시 : 1차 탱크가 상부 개방형인 경우 증기를 담을 수 있어야 하고, 1차 탱크의 단열을 유지할 수 있는 것으로 한다.

㉯ 1차 탱크 누출 시 : 모든 액화천연가스를 담을 수 있어야 하고, 기밀을 유지할 수 있는 구조인 것으로 한다. 또한 증기는 압력 방출시스템을 통해 제어될 수 있는 것으로 한다.

④ 1차 탱크와 2차 탱크 사이의 환상공간은 2.0m 이하인 것으로 한다.

(6) "멤브레인식 저장탱크(membrane containment tank)"란 멤브레인의 1차 탱크와 단열재와 콘크리트가 조합된 복합구조(이하 "복합구조"라 한다)의 2차 탱크로 구성된 것으로서 다음의 ① 및 ②를 만족하는 저장탱크를 말한다. 〈신설 18. 3. 9〉

① 멤브레인에 걸리는 액화천연가스의 하중 및 기타 하중은 단열재를 거쳐 콘크리트 구조의 2차 탱크로 전달될 수 있는 것으로 한다.

② 복합구조 지붕 또는 기밀한 돔 지붕과 단열된 현수 천장(suspended roof)은 증기를 담을 수 있는 것으로 한다.

155 압축수소가스용 복합재료 압력용기를 제조할 때 금속라이너 압력용기를 제조 공정 중에 그 금속라이너의 항복점을 초과하는 압력을 가하여 영구 소성변형을 일으키는 것을 무엇이라 하는가?

해답 자긴처리(auto-frettage)

해설 금속라이너 압력용기에서 금속라이너의 자긴처리 기준 : KGS AC118

① 자긴처리는 내압시험압력 이상의 압력으로 물 등의 유체를 이용하여 실시한다.

② 자긴처리는 압력을 제거 후 금속라이너에 재항복(再降伏)을 일으키지 않는 압력으로 한다.

③ 자긴처리는 금속라이너 두께 등의 치수형상에 따라 압력용기 제조자가 규정한 자긴처리 압력, 유지시간 등의 조건에 따라 실시한다.
④ 자긴처리 조건은 설계서 또는 구조도에 명시한다.
※ "라이너"란 금속 또는 플라스틱을 이용하여 압력용기의 가장 안쪽 층을 구성하는 용기를 말한다.

156 수소 압축가스설비란 압축기로부터 압축된 수소가스를 저장하기 위한 것으로서 설계압력이 얼마를 초과하는 압력용기를 말하는가?

해답 41MPa

해설 수소 압축가스설비(KGS AC111) : 압축기로부터 압축된 수소가스를 저장하기 위한 것으로서 설계압력이 41MPa을 초과하는 압력용기를 말한다. 〈신설 22. 1. 10〉

157 아세틸렌, 수소 그 밖에 가연성가스의 제조 및 사용설비에 부착하는 역화방지장치 중 아세틸렌에만 적용하는 것의 명칭과 상용압력을 쓰시오. [21. 3회. 기사]

해답 ① 명칭 : 수봉식
② 상용압력 : 0.1MPa 이하

해설 역화방지장치 정의(KGS AA211) : "역화방지장치"란 아세틸렌, 수소 그 밖에 가연성가스의 제조 및 사용설비에 부착하는 건식 또는 수봉식(아세틸렌에만 적용한다)의 역화방지장치로서 상용압력이 0.1MPa 이하인 것을 말한다.

158 고압가스용 이음매 없는 용기에서 부식도장을 실시하기 전에 도장효과를 향상시키기 위한 전처리방법 종류 4가지를 쓰시오.

해답 ① 탈지 ② 피막화성처리 ③ 산 세척 ④ 쇼트블라스팅 ⑤ 에칭 프라이머

159 고압가스 충전용기에 사용되는 비열처리 재료 3가지를 쓰시오.

해답 ① 오스테나이트계 스테인리스강 ② 내식알루미늄 합금판
③ 내식알루미늄 합금 단조품

160 충전용기 재질이 강(steel)에서 복합재료인 합성수지 등으로 변화되고 있는데 복합재료 용기에 사용되는 섬유재료 3가지를 쓰시오. [22. 2회. 기사]

해답 ① 탄소섬유 ② 아라미드섬유 ③ 유리섬유 ④ 혼합섬유

해설 액화석유가스용 복합재료 용기 제조의 기준 : KGS AC413
(1) 복합재료 : 용기의 섬유재료는 탄소섬유, 아라미드섬유, 유리섬유 또는 이들의 혼합섬유로 한다.
(2) 용어의 정의
① 탄소섬유 : 다발 모양의 여러 가닥이 나란히 놓여진 연소 탄소 필라멘트로서 용기를 강화하는 데 사용되는 섬유를 말한다.
② 아라미드섬유 : 다발 모양의 여러 가닥이 나란히 놓여진 연속 아라미드 필라멘트로서 용기를 강화하는 데 사용되는 섬유를 말한다.
③ 유리섬유 : 다발 모양의 여러 가닥이 나란히 놓여진 연속 유리 필라멘트로서 용기를 강화하는 데 사용되는 섬유를 말한다.

161 고압가스 충전용기 중 용접용기를 제조할 때 용기의 종류에 따른 부식여유 두께를 쓰시오. [21. 2회. 산기] [20. 1회. 기사]

용기의 종류		부식여유 두께(mm)
암모니아를 충전하는 용기	내용적이 1000L 이하인 것	①
	내용적이 1000L 초과한 것	②
염소를 충전하는 용기	내용적이 1000L 이하인 것	③
	내용적이 1000L 초과한 것	④

해답 ① 1 ② 2 ③ 3 ④ 5
해설 용기 종류에 따른 부식 여유 두께 : KGS AC211

162 아세틸렌 충전용기에 대한 설명 중 (   ) 안에 알맞은 내용을 넣으시오.
(1) 용기 동판의 최대 두께와 최소 두께와의 차이는 평균 두께의 (   )% 이하로 한다.
(2) 충전용기에 다공질물 및 용해제를 충전하는 것은 아세틸렌의 (   )을 방지하기 위해서이다.
(3) 다공질물의 다공도는 다공질물을 용기에 충전한 상태로 20℃에서 아세톤, 디메틸포름아미드 또는 (   )의 흡수량으로 측정한다.
(4) 내용적이 10L 초과 용기에 다공질물의 다공도가 75% 이상 87% 미만일 때 아세톤의 최대 충전량은 (   )% 이하로 한다.
(5) 용기에 채우는 다공질물이 고형일 경우에는 아세톤 또는 디메틸포름아미드를 충전한 다음 용기벽을 따라 용기 직경의 (   ) 또는 3mm를 초과하지 않는 틈이 있는 것은 무방하다.

해답 (1) 10 (2) 분해폭발 (3) 물 (4) 40 (5) 1/200

해설 용해제 충전량 : KGS AC214

① 아세톤의 최대 충전량

다공질물의 다공도(%)	내용적	
	10L 이하	10L 초과
90 이상 92 이하	41.8% 이하	43.4% 이하
87 이상 90 미만	–	42.0% 이하
83 이상 90 미만	38.5% 이하	–
80 이상 83 미만	37.1% 이하	–
75 이상 87 미만	–	40.0% 이하
75 이상 80 미만	34.8% 이하	–

② 디메틸포름아미드의 최대 충전량

다공질물의 다공도(%)	내용적	
	10L 이하	10L 초과
90 이상 92 이하	43.5% 이하	43.7% 이하
85 이상 90 미만	41.1% 이하	42.8% 이하
80 이상 85 미만	38.7% 이하	40.3% 이하
75 이상 80 미만	36.3% 이하	37.8% 이하

참고 '다공질물'과 '다공물질'은 동일한 물질을 지칭하는 것으로 함께 사용하는 용어이니 선택하여 사용하기 바랍니다.

163 이음매 없는 용기의 검사 항목 중 압궤시험에 대하여 설명하시오. [22. 4회. 산기]

해답 꼭지각이 60°로서 그 끝을 반지름 13mm의 원호로 다듬질한 2개의 강제 쐐기를 사용하여 시험 용기 또는 원통재료의 대략 중앙부에서 원통축에 직각으로 서서히 눌러서 양쪽 쐐기 사이의 거리가 일정량에 도달하여도 균열이 생겨서는 안 된다.

해설 ① 압궤시험용 강제쐐기

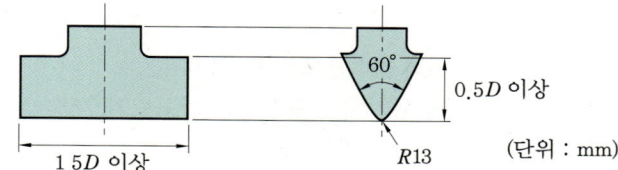

② 압궤시험 예

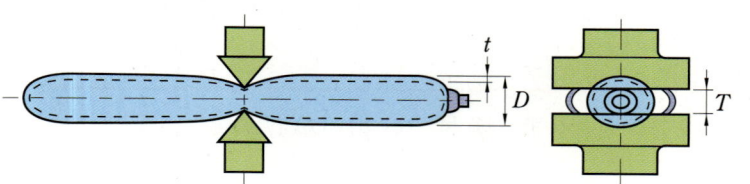

D : 용기 바깥지름
t : 용기 원통부의 두께
T : 양쪽 쐐기 사이의 거리

164 용접용기 재검사 항목 4가지를 쓰시오. [19. 1회. 산기]

해답 ① 외관검사 ② 내압검사 ③ 누출검사
④ 다공질물 충전검사 ⑤ 단열성능검사

해설 (1) 용접용기 종류별 재검사 항목(KGS AC217)
① 초저온 용기 : 외관검사, 단열성능검사
② 아세틸렌 용기 : 외관검사, 다공질물 충전검사
③ 액화석유가스 용기 : 외관검사, 내압검사, 누출검사, 도장검사, 수직도검사
④ 그 밖의 용기 : 외관검사, 내압검사
(2) 이음매 없는 용기 재검사 항목(KGS AC218) : 외관검사, 음향검사, 내압검사
① 내용적 5L 미만 또는 125L 이상인 용기 : 외관검사, 내압검사
② 내용적 5L 이상 125L 미만인 용기 또는 카트리지 용기 : 외관검사, 음향검사, 내압검사

165 고압가스용 이음매 없는 용기 재검사 시 불합격된 용기의 파기 방법 4가지를 쓰시오.

해답 ① 불합격된 용기는 절단 등의 방법으로 파기하여 원형으로 가공할 수 없도록 한다.
② 잔가스를 전부 제거한 후 절단한다.
③ 검사신청인에게 파기의 사유, 일시, 장소 및 인수시한을 통지하고 파기한다.
④ 파기하는 때에는 검사 장소에서 검사원에게 직접 실시하게 하거나 검사원 입회 하에 용기 사용자에게 실시하게 한다.
⑤ 파기한 물품은 검사신청인이 인수시한(통지한 날부터 1개월 이내) 내에 인수하지 아니하는 때에는 검사기관에서 임의로 매각 처분하게 할 수 있다.

해설 고압가스용 이음매 없는 용기 재검사 기준 : KGS AC218

참고 고압가스용 이음매 없는 용기 신규검사 시 불합격된 용기의 파기 방법 : KGS AC212
① 불합격된 용기에 대하여는 절단 등의 방법으로 파기하여 원형으로 복원할 수 없도록 한다.
② 파기하는 때에는 검사 장소에서 검사원 입회 하에 용기 제조자가 실시한다.

166 내용적 30L 이상 50L 이하의 액화석유가스 용기에 부착되는 것으로서 가스 충전구에서 압력조정기의 체결을 해체할 경우 가스 공급을 자동적으로 차단하는 차단기구가 내장된 용기밸브의 명칭은? [22. 1회. 산기]

해답 차단기능형 액화석유가스용 용기밸브

해설 액화석유가스용 용기밸브(KGS AA313)
① 차단기능형 액화석유가스용 용기밸브 : 내용적 30L 이상 50L 이하의 액화석유가스 용기에 부착되는 것으로서 가스 충전구에서 압력조정기의 체결을 해체할 경우 가스 공급을 자동적으로 차단하는 차단기구가 내장된 용기밸브이다.
② 과류차단형 액화석유가스용 용기밸브 : 내용적 30L 이상 50L 이하의 액화석유가스 용기에 부착되는 것으로서 규정량 이상의 가스가 흐르는 경우에 가스 공급을 자동적으로 차단하는 과류차단기구를 내장한 용기밸브이다.

167 용기 내장형 액화석유가스 난방기용으로 사용하는 용기의 내용적이 100L, 안전밸브 분출량 결정압력이 절대압력으로 10MPa일 때 용기밸브에 부착된 안전밸브의 소요 분출량(m^3/min)을 계산하시오. [10. 1회. 산기]

풀이 $Q = 0.0278PW = 0.0278 \times 10 \times 100 = 27.8 \, m^3/min$

해답 $27.8 \, m^3/min$

해설 밸브 성능 : KGS AA314
① 안전밸브 이외의 부분은 개폐 조작이 용이하고, 원활히 작동하는 것으로 한다.
② 안전밸브는 2.0MPa 이상 2.2MPa 이하에서 작동하여 분출이 개시되고 1.7MPa 이상에서 분출이 정지되는 것으로 한다.
③ 안전밸브 분출량은 다음 식에 따라 계산한 값 이상으로 한다.
$Q = 0.0278PW$
여기서, Q : 분출량(m/min) P : 작동 절대압력(MPa)
W : 용기 내용적(L)

168 고압가스 운반차량 등록대상 4가지를 쓰시오. [16. 4회. 산기]

해답 ① 허용농도가 100만분의 200 이하인 독성가스를 운반하는 차량
② 차량에 고정된 탱크로 고압가스를 운반하는 차량
③ 차량에 고정된 2개 이상을 이음매가 없이 연결한 용기로 고압가스를 운반하는 차량
④ 고압가스 제조허가를 받거나 신고를 한 자, 고압가스 판매허가를 받은자, 고압가스 수입업자의 등록을 한 자가 수요자에게 용기로 고압가스를 운반하는 차량
⑤ 용기 충전사업자, 가스난방기용기 충전사업자, 액화석유가스 판매사업자가 수요자에게 용기로 액화석유가스를 운반하는 차량
⑥ 산업통상자원부령으로 정하는 탱크 컨테이너로 고압가스를 운반하는 차량

해설 고압가스 운반자의 등록 대상 범위 등 : 고법 시행령 제5조의4에 규정된 사항임

169 독성가스 외의 고압가스를 운반하는 차량의 경계표지에 대한 물음에 답하시오.

(1) 차량에 설치할 경계표지의 종류 및 설치 위치는?
(2) 경계표지 크기 기준은 어떻게 되는가?
(3) 차량구조상 경계표지를 정사각형 또는 이에 가까운 형상으로 표시할 경우 기준은?

해답 (1) ① 위험고압가스 : 차량의 앞 뒤
② 적색 삼각기 : 운전석 외부 보기 쉬운 곳
(2) ① 위험고압가스 : 가로치수는 차체 폭의 30% 이상, 세로치수는 가로치수의 20% 이상
② 적색 삼각기(가로×높이) : 40×30cm
(3) 경계표지의 면적을 600cm² 이상

170 충전용기를 운반하기 위하여 차량에 적재 시 주의사항 4가지를 쓰시오. [21. 1회. 기사]

해답 ① 고압가스 전용 운반차량의 적재함에 세워서 적재한다.
② 차량의 최대 적재량을 초과하여 적재하지 아니한다.
③ 차량의 적재함을 초과하여 적재하지 아니한다.
④ 납붙임, 접합용기는 포장상자의 외면에 가스의 종류·용도 및 취급 시 주의사항을 기재한 것에만 적용하여 적재하고, 그 용기의 이탈을 막을 수 있도록 보호망을 적재함 위에 씌운다.
⑤ 충전용기를 차량에 적재할 때에는 차량운행 중의 동요로 인하여 용기가 충돌하지 아니하도록 고무링을 씌우거나 적재함에 넣어 세워서 적재한다.
⑥ 독성가스 중 가연성가스와 조연성가스는 동일 차량적재함에 운반하지 아니한다.
⑦ 밸브가 돌출한 충전용기는 고정식 프로텍터나 캡을 부착시켜 밸브의 손상을 방지하는 조치를 한 후 차량에 싣고 운반한다.
⑧ 충전용기를 차에 실을 때에는 넘어지거나 부딪침 등으로 충격을 받지 아니하도록 주의하여 취급하며, 충격을 최소한으로 방지하기 위하여 완충판을 차량 등에 갖추고 이를 사용한다.
⑨ 충전용기는 이륜차(자전거를 포함한다)에 적재하여 운반하지 아니한다.
⑩ 염소와 아세틸렌·암모니아 또는 수소는 동일 차량에 적재하여 운반하지 아니한다.
⑪ 가연성가스와 산소를 동일 차량에 적재하여 운반하는 때에는 그 충전용기의 밸브가 서로 마주보지 아니하도록 적재한다.
⑫ 충전용기와 위험물 안전관리법에 따른 위험물과는 동일 차량에 적재하여 운반하지 아니한다.

171 액화석유가스 충전용기를 이륜차에 적재하여 운반하는 경우에 대한 물음에 답하시오.
[21. 1회. 산기]
(1) 적재하는 충전용기의 충전량은 얼마인가?
(2) 적재하여 운반할 수 있는 용기는 몇 개인가?

해답 (1) 20kg 이하 (2) 2개 이하

해설 고압가스 충전용기 운반 기준 : 충전용기는 이륜차에 적재하여 운반하지 아니한다. 다만, 차량이 통행하기 곤란한 지역이나 그 밖에 시·도지사가 지정하는 경우에는 다음 기준에 적합한 경우에만 액화석유가스 충전용기를 이륜차(자전거는 제외)에 적재하여 운반할 수 있다.
① 넘어질 경우 용기에 손상이 가지 아니하도록 제작된 용기운반 전용적재함이 장착된 것인 경우
② 적재하는 충전용기는 충전량이 20kg 이하이고, 적재 수가 2개를 초과하지 아니한 경우

172 고압가스를 운반하는 차량에 고정된 탱크에 대한 물음에 답하시오.
[18. 2회. 산기]
(1) LPG를 제외한 가연성가스의 최대 내용적은 얼마인가?
(2) 액화암모니아를 제외한 독성가스의 최대 내용적은 얼마인가?

해답 (1) 18000L (2) 12000L

해설 차량에 고정된 탱크 운반차량 내용적 제한(KGS GC207) : 가연성가스(액화석유가스를 제외한다) 및 산소 탱크의 내용적은 1만8천 L, 독성가스(액화암모니아를 제외한다)의 탱크 내용적은 1만2천 L를 초과하지 않는다. 다만, 철도차량이나 견인되어 운반되는 차량에 고정하여 운반하는 탱크의 경우에는 그렇지 않다.

173 독성가스가 충전된 용기를 차량에 적재하여 운반할 때 갖추어야 할 보호구 4가지를 쓰시오.
[17. 2회. 기사]

해답 ① 방독마스크 ② 보호의 ③ 보호장갑 ④ 보호장화

해설 독성가스를 운반하는 때에 휴대하는 보호구 : KGS GC206

품명	운반하는 독성가스의 양	
	압축가스 100m³, 액화가스 1000kg	
	미만인 경우	이상인 경우
방독마스크	○	○
공기호흡기	-	○
보호의	○	○
보호장갑	○	○
보호장화	○	○

174 차량에 고정된 탱크로 산소를 운반할 때 휴대하여야 할 소화기의 능력단위와 비치 개수에 대하여 설명하시오. [18. 1회. 기사]

해답 ① 능력단위 : BC용 B-8 이상 또는 ABC용 B-10 이상
② 비치 개수 : 차량 좌우에 각각 1개 이상

해설 차량에 고정된 탱크로 가스를 운반하는 경우 소화설비 기준

가스의 구분	소화기의 종류		비치 개수
	소화약제의 종류	소화기의 능력단위	
가연성가스	분말소화제	BC용 B-10 이상 또는 ABC용 B-12 이상	차량 좌우에 각각 1개 이상
산소	분말소화제	BC용 B-8 이상 또는 ABC용 B-10 이상	차량 좌우에 각각 1개 이상

175 다음은 가연성 고압가스를 제조하여 저장탱크에 저장한 후 자동차에 고정된 탱크로 출하하는 시설을 나타낸 것이다. ①~⑤의 밸브 명칭과 역할에 대하여 설명하시오. [16. 1회. 산기]

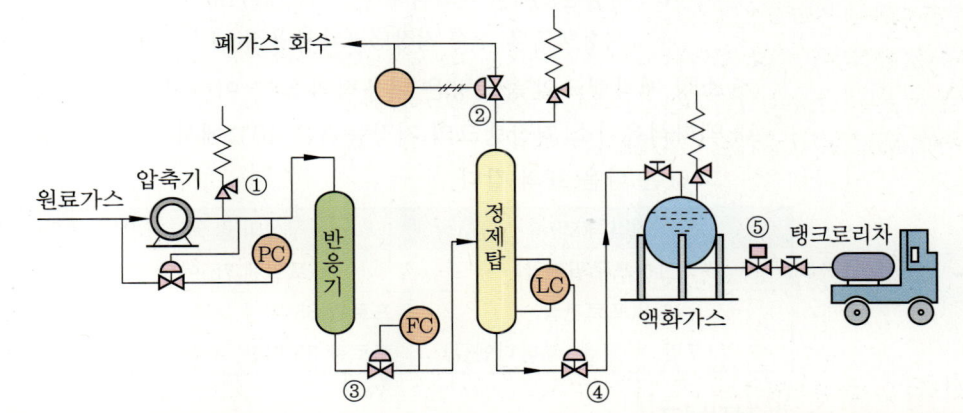

해답 ① 안전밸브 : 압축기 토출압력이 이상 상승 시 작동하여 토출가스를 분출시켜 압력을 정상 압력으로 유지시킨다.
② 압력조절밸브 : 폐가스 회수계의 압력을 조절하는 역할을 한다.
③ 유량조절밸브 : 반응기에서 정제탑으로 이송되는 가스의 양을 조절한다.
④ 액면조절밸브 : 정제탑의 액면이 일정량 이상으로 되면 밸브를 개방하여 액화가스 저장탱크로 이송하고, 액면이 일정량 이하에 도달하면 밸브가 폐쇄된다.
⑤ 긴급차단밸브 : 액화가스를 저장탱크에서 탱크로리로 이송할 때 이상사태가 발생하면 원격조작으로 밸브를 폐쇄시켜 피해가 확대되는 것을 방지한다.

제10장 액화석유가스 안전관리

1 충전시설

1-1 용기 충전

(1) 저장설비

① 저장능력 : 저장설비에 저장할 수 있는 액화석유가스의 양으로서 다음 식에 따라 산정된 것을 말한다. 다만, 소형 저장탱크의 경우에는 0.9대신 0.85를 적용한다.

$W = 0.9dV$

여기서, W : 저장탱크 및 소형 저장탱크의 저장능력(kg)
d : 상용온도에서 액화석유가스 비중(kg/L)
V : 저장탱크 및 소형 저장탱크의 내용적(L)

㈎ 소형 저장탱크의 충전량은 내용적의 85% 이하이므로 0.85를 적용하는 것이다.
㈏ 액화석유가스 저장탱크의 저장능력은 40℃에서의 액 비중을 기준으로 계산하며, 그 값은 다음 표와 같다.

설계압력(MPa)	구성비(몰 %)	40℃ 액 비중
2.16(프로필렌급)	프로필렌 75 이상	0.477
1.8(프로판급)	프로판 65 이상, 부탄 35 미만	0.472
1.08(부탄, 부틸렌, 부타디엔급)	프로판 35 미만, 부탄 65 이상	0.54

② 저장탱크
㈎ 냉각살수장치 설치
㉮ 방사량 : 저장탱크 표면적 1m²당 5L/min 이상의 비율
㉯ 준내화구조 저장탱크 : 2.5L/min·m² 이상
㉰ 조작위치 : 5m 이상 떨어진 위치
㈏ 저장탱크 지하 설치
㉮ 저장탱크실 재료 규격 : 레드믹스 콘크리트(ready-mixed concrete)

항목	규격	항목	규격
굵은 골재의 최대치수	25mm	공기량	4% 이하
설계강도	21MPa 이상	물-결합재비	50% 이하
슬럼프(slump)	120~150mm	그 밖의 사항	KS F 4009에 따름

④ 저장탱크실 바닥은 침입한 물 또는 생성된 물이 모이도록 구배(기울기)를 갖도록 하고, 집수구를 설치하여 고인 물을 배수할 수 있도록 조치
  ㉠ 집수구 크기 : 가로 30cm, 세로 30cm, 깊이 30cm 이상
  ㉡ 집수관 : 80A 이상
  ㉢ 집수구 및 집수관 주변 : 자갈 등으로 조치, 펌프로 배수
  ㉣ 검지관 : 40A 이상으로 4개소 이상 설치
⑤ 저장탱크 설치 거리
  ㉠ 내벽 이격 거리 : 바닥면과 저장탱크 하부와 60cm 이상, 측벽과 45cm 이상, 저장탱크 상부와 상부 내측벽과 30cm 이상 이격
  ㉡ 저장탱크실의 상부 윗면은 주위 지면보다 최소 5cm, 최대 30cm까지 높게 설치
⑥ 점검구 설치
  ㉠ 설치 수 : 저장능력이 20톤 이하인 경우 1개소, 20톤 초과인 경우 2개소
  ㉡ 위치 : 저장탱크 측면 상부의 지상에 맨홀 형태로 설치
  ㉢ 크기 : 사각형 0.8m×1m 이상, 원형은 지름 0.8m 이상의 크기
㈐ 폭발방지장치 설치
  ㉮ 폭발방지장치 : 액화석유가스 저장탱크 외벽이 화염으로 국부적으로 가열될 경우 그 저장탱크 벽면의 열을 신속히 흡수·분산함으로써 탱크 벽면의 국부적인 온도 상승에 따른 저장탱크의 파열을 방지하기 위하여 저장탱크 내벽에 설치하는 다공성 벌집형 알루미늄 합금 박판을 말한다.
  ㉯ 설치대상 : 주거지역, 상업지역에 설치하는 10톤 이상의 저장탱크, LPG 탱크로리
  ㉰ 열전달 매체 : 다공성 벌집형 알루미늄 박판
  ㉱ 후프링과 저장탱크 동체의 접촉압력은 다음 식에 따라 계산한 값 이상으로 한다.

$$P = \frac{0.01 W_h}{D \times b} \times C$$

  여기서, P : 접촉압력(MPa)
  W_h : 폭발방지제의 중량+지지봉의 중량+후프링의 자중(N)
  D : 동체의 안지름(cm)
  b : 후프링의 접촉폭(cm)
  C : 안전율로써 4로 한다.

(2) 사고예방설비 기준

① 과압안전장치 설치
  ㈎ 과압안전장치 축적압력
    ㉮ 분출원인이 화재가 아닌 경우

　　　　　㉠ 안전밸브를 1개 설치한 경우 : 최고허용압력의 110% 이하
　　　　　㉡ 안전밸브를 2개 이상 설치한 경우 : 최고허용압력의 116% 이하
　　　㉰ 분출원인이 화재인 경우 : 안전밸브의 수량에 관계없이 최고허용압력의 121% 이하
　(나) 과압안전장치 작동압력
　　　㉮ 액화가스의 가스설비 등에 부착되어 있는 스프링식 안전밸브는 상용의 온도에서 해당 가스설비 등 안의 액화가스의 상용의 체적이 해당 가스설비 등 안의 내용적의 98%까지 팽창하게 되는 온도에 대응하는 해당 가스설비 등 안의 압력 이하에서 작동하는 것으로 한다.
　　　㉯ 안전밸브 설정압력
　　　　　㉠ 프로판용 : 1.8MPa 이하
　　　　　㉡ 부탄용 : 1.08MPa 이하(압축기나 펌프 토출압력의 영향을 받는 부분은 1.8MPa 이하)
　(다) 과압안전장치 가스방출관 방출구
　　　㉮ 저장탱크 : 지면으로부터 5m 이상 또는 그 저장탱크의 정상부로부터 2m 이상의 높이 중 더 높은 위치
　　　㉯ 소형 저장탱크 : 지면으로부터 2.5m 이상 또는 소형 저장탱크의 정상부로부터 1m 이상의 높이 중 더 높은 위치
　　　㉰ 방출구 구조 : 공기 중에 수직 상방향으로 가스를 분출하는 구조
　　　㉱ 안전밸브 규격(입구 호칭지름)에 따른 장애물과 수평거리
　　　　　㉠ 15A 이하 : 0.3m
　　　　　㉡ 15A 초과 20A 이하 : 0.5m
　　　　　㉢ 20A 초과 25A 이하 : 0.7m
　　　　　㉣ 25A 초과 40A 이하 : 1.3m
　　　　　㉤ 40A 초과 : 2.0m
② 가스누출경보 및 자동차단장치 설치
　(가) 경보기의 검지부 설치장소
　　　㉮ 저장탱크, 소형 저장탱크, 용기
　　　㉯ 충전설비, 로딩암, 압력용기 등 가스설비
　(나) 경보기의 검지부 설치 제외 장소
　　　㉮ 증기, 물방울, 기름기 섞인 연기 등이 직접 접촉될 우려가 있는 곳
　　　㉯ 주위온도 또는 복사열에 따른 온도가 40℃ 이상이 되는 곳
　　　㉰ 설비 등에 가려져 누출가스의 유동이 원활하지 못한 곳
　　　㉱ 차량, 그 밖의 작업 등으로 경보기가 파손될 우려가 있는 곳
　(다) 경보기 검지부 설치 높이 : 바닥면으로부터 검지부 상단까지의 높이가 30cm 이내

③ 환기설비 설치
　㈎ 자연환기설비 설치
　　㋐ 환기구는 바닥면에 접하고, 외기에 면하게 설치
　　㋑ 통풍 가능 면적 : 바닥면적 $1m^2$ 마다 $300cm^2$의 비율 (1개의 면적 $2400cm^2$ 이하)
　　㋒ 사방을 방호벽 등으로 설치한 경우 2방향 이상으로 분산 설치
　㈏ 강제환기설비 설치
　　㋐ 통풍능력 : 바닥면적 $1m^2$ 마다 $0.5m^3/min$ 이상
　　㋑ 흡입구 : 바닥면 가까이에 설치
　　㋒ 배기가스 방출구 높이 : 지면에서 5m 이상

(3) 피해저감설비 기준
① 방류둑 설치 대상 : 저장능력 1000톤 이상의 지상 저장탱크 주위
② 살수장치 설치 : 저장탱크·가스설비실 및 자동차에 고정된 탱크의 이입·충전장소에 소화를 위하여 설치
③ 온도상승방지설비 설치 : 배관을 보호할 수 있도록 40℃ 이하로 유지할 수 있는 조치

(4) 부대설비 기준
① 운영시설물 설치
　㈎ 가스설비설치실, 충전용기 보관실 : 불연재료 사용
　㈏ 건축물 외벽에 설치하는 유리
　　㋐ KS L 2002 강화유리(tempered glass)
　　㋑ KS L 2004 접합유리(laminated glass)
　　㋒ KS L 2006 망 판유리 및 선 판유리(wire glass)
　　㋓ 공인시험기관의 시험 결과 이와 같은 수준 이상의 유리
　㈐ 충전장소 및 용기보관실 : 불연재료나 난연재료를 사용한 가벼운 지붕 설치

(5) 제조 및 충전 기준
① 냄새나는 물질의 첨가
　㈎ 냄새측정방법 : 오더(odor)미터법(냄새측정기법), 주사기법, 냄새주머니법, 무취실법
　㈏ 용어의 정의
　　㋐ 패널(panel) : 미리 선정한 정상적인 후각을 가진 사람으로서 냄새를 판정하는 자
　　㋑ 시험자 : 냄새 농도 측정에 있어서 희석조작을 하여 냄새농도를 측정하는 자
　　㋒ 시험가스 : 냄새를 측정할 수 있도록 액화석유가스를 기화시킨 가스
　　㋓ 시료기체 : 시험가스를 청정한 공기로 희석한 판정용 기체

㉯ 희석배수 : 시료기체의 양을 시험가스의 양으로 나눈 값
㈐ 시료기체 희석배수 : 500배, 1000배, 2000배, 4000배
② 용기 충전
㈎ 용기에 충전할 때에는 다음 계산식에 따른 충전량을 초과하지 않도록 충전

$$G = \frac{V}{C}$$

여기서, G : 액화석유가스의 질량(kg) V : 용기의 내용적(L)
C : 프로판은 2.35, 부탄은 2.05의 수치

㈏ 과충전된 것은 가스회수장치로 보내 초과량을 회수하고, 부족량은 재충전한다.

1-2 자동차에 고정된 용기 충전

① 가스설비 기준
㈎ 로딩암 설치
  ㉮ 건축물 외부에 자동차에 고정된 탱크에서 가스를 이입할 수 있는 설비
  ㉯ 건축물 내부에 설치하는 경우 환기구 면적 합계는 바닥면적의 6% 이상
  ㉰ 충전기 외면에서 가스설비실 외면까지 거리가 8m 이하일 경우 로딩암을 설치하지 않는다.
㈏ 고정충전설비(dispenser : 충전기) 설치
  ㉮ 자동차에 직접 충전할 수 있는 충전기를 설치하고 그 주위에 공지를 확보
  ㉯ 충전기 상부에 캐노피(닫집모양의 차양)를 설치, 면적은 공지면적의 2분의 1 이하
  ㉰ 배관이 캐노피 내부를 통과하는 경우 1개 이상의 점검구 설치
  ㉱ 캐노피 내부의 배관 중 점검이 곤란한 장소에 설치하는 배관은 용접이음으로 한다.
  ㉲ 충전기 주위에는 정전기 방지를 위하여 충전 이외의 필요 없는 장비 시설을 금지
  ㉳ 저장탱크실 상부에는 충전기를 설치하지 않는다.
㈐ 충전기 보호대 설치
  ㉮ 두께 12cm 이상의 철근콘크리트 또는 호칭지름 100A 이상의 KS D 3507(배관용 탄소강관)
  ㉯ 보호대 높이 : 80cm 이상
  ㉰ 보호대는 차량 충돌로부터 충전기를 보호할 수 있는 형태. 다만, 말뚝형태일 경우 2개 이상 설치하고 간격은 1.5m 이하
  ㉱ 보호대 기초
    ㉠ 철근콘크리트제 보호대 : 콘크리트 기초에 25cm 이상의 깊이로 묻고, 바닥과 일체가 되도록 콘크리트 타설

ⓒ 강관제 보호대 : 기초에 묻거나 앵커 볼트를 사용하여 고정
㉱ 보호대 외면에는 야간식별이 가능하도록 야광 페인트로 도색하거나 야광 테이프 또는 반사지 등으로 표시

㈘ 충전호스 설치
㉮ 충전호스 길이 : 5m 이내. 단, 자동차 제조공정 중에 설치된 것은 제외
㉯ 충전호스 끝에는 축적되는 정전기를 제거할 수 있는 정전기 제거장치 설치
㉰ 충전호스에 부착하는 가스주입기는 원터치형으로 한다.
㉱ 세이프티 커플링(safety coupling) 설치 : 충전호스에 과도한 인장력이 가해졌을 때 충전기와 가스주입기가 분리될 수 있는 안전장치
　ⓐ 분리 성능 : 커플링은 연결된 상태에서 압력을 가하여 2.7~3.3MPa에서 분리될 것
　ⓑ 당김 성능 : 커플링은 연결된 상태에서 30±10mm/min의 속도로 당겼을 때 490.4~588.4N에서 분리될 것
　ⓒ 회전 성능 : 커플링은 결합 후 암수 커플링이 자유롭게 회전될 것

② 태양광발전설비 설치
㈎ 태양광발전설비 : 태양빛을 직접 전기에너지로 변환시키는 발전설비로서, 태양빛을 받아 전기를 발생시키는 태양전지로 구성된 집광판(모듈), 전력변환장치(인버터) 등을 말한다.
㈏ 태양광발전설비를 사업소 건축물 상부에 설치하는 경우 건축법 등 건축물 관련 법규 등을 준수하고, 건축구조기술사 또는 건축시공기술사의 구조안전확인을 받은 것으로 한다.
㈐ 태양광발전설비 중 집광판은 캐노피의 상부, 건축물의 옥상 등 충전소 운영에 지장을 주지 않는 장소에 설치
㈑ 집광판을 설치할 수 있는 캐노피는 불연성 재료로 하고, 캐노피의 상부 바닥면이 충전기 상부로부터 3m 이상 높이에 설치
㈒ 충전소 내 집광판을 설치하는 경우 충전설비, 저장설비, 가스설비, 배관, 자동차에 고정된 탱크 이입·충전장소의 외면으로부터 8m 이상 떨어진 곳에 설치, 집광판은 지면으로부터 1.5m 이상 높이에 설치
㈓ 태양광발전설비 관련 전기설비는 방폭성능을 가지는 것으로 설치, 폭발위험장소(0종, 1종, 2종 장소)가 아니고 가스시설 등과 접하지 않는 방향에 설치
㈔ 에너지저장장치(ESS : Energy Storage System)는 설치하지 않는다.

③ 식별표지 및 위험표시
㈎ 충전 중 엔진정지 : 노란색 바탕에 검은 글씨
㈏ 화기엄금 : 흰색 바탕에 붉은 글씨

2 소형 저장탱크 설치

2-1 이격거리 기준

(1) 용기 및 자동차에 고정된 용기 충전시설

충전질량(kg)	탱크간 거리(m)	가스충전구로부터 건축물 개구부에 대한 거리(m)
1000 미만	0.3 이상	0.5 이상
1000 이상 2000 미만	0.5 이상	3.0 이상
2000 이상	0.5 이상	3.5 이상

※ 충전질량 2000kg 이상 항목은 충전질량이 무한다 까지 적용되는 것이 아니라 3000kg 미만까지 적용되는 것임. (소형 저장탱크는 충전질량 3톤 미만에 적용되기 때문이다.)

① 충전질량 1000kg 이상인 경우 이격거리(탱크간 거리 제외)를 유지할 수 없는 경우 방호벽을 설치함으로써 이격거리의 1/2 이상의 직선거리를 유지할 수 있다.

② 방호벽 높이는 소형 저장탱크 정상부보다 50cm 이상 높게 설치

(2) 액화석유가스 일반집단공급시설, 사용시설

충전질량(kg)	가스충전구로부터 토지 경계선까지의 수평거리(m)	탱크간 거리(m)	가스충전구로부터 건축물 개구부까지의 거리(m)
1000 미만	0.5 이상	0.3 이상	0.5 이상
1000 이상 2000 미만	3.0 이상	0.5 이상	3.0 이상
2000 이상	5.5 이상	0.5 이상	3.5 이상

[비고] 동일한 사업소에 두 개 이상의 소형 저장탱크가 있는 경우에는 각 소형 저장탱크 저장능력별로 이격거리를 유지하여야 한다.

2-2 설치장소 및 설치방법

(1) 설치장소

① 옥외에 지상설치식으로 설치
② 습기가 적은 장소에 설치
③ 액화석유가스가 누출한 경우 체류하지 않도록 통풍이 좋은 장소에 설치
④ 기초의 침하, 산사태, 홍수 등으로 피해의 우려가 없는 장소에 설치
⑤ 수평한 장소에 설치

⑥ 부등침하 등으로 탱크나 배관 등에 유해한 결함이 발생할 우려가 없는 장소에 설치
⑦ 건축물이나 사람이 통행하는 구조물의 하부에 설치하지 않는다.

(2) 설치방법
① 동일 장소에 설치하는 소형 저장탱크 수는 6기 이하, 충전질량 합계는 5000kg 미만이 되도록 한다.
② 지면보다 5cm 이상 높게 설치된 일체형 콘크리트 기초에 설치, 일체형 기초는 소형 저장탱크의 수평투영면적보다 넓게 설치
③ 안전밸브 방출구 : 수직상방으로 분출하는 구조
④ 경계책 설치 : 높이 1m 이상 (충전질량 합계가 1000kg 이상인 경우만 해당)
⑤ 소화설비 설치 : 능력단위 ABC용 B-12 이상의 분말소화기 2개 이상 비치(충전질량 1000kg 이상인 경우만 해당)
⑥ 충전량 : 내용적의 85% 이하

3 액화석유가스 사용시설

3-1 용기에 의한 사용시설

(1) 화기와의 거리
① 저장설비, 감압설비 및 배관과 화기와의 거리 : 주거용 시설은 2m 이상

저장능력	화기와의 우회거리
1톤 미만	2m 이상
1톤 이상 3톤 미만	5m 이상
3톤 이상	8m 이상

② 저장설비 등과 화기를 취급하는 장소와의 사이에 높이 2m 이상의 내화성 벽을 설치

(2) 저장능력별 설치해야 할 설비
① 100kg 이하 : 용기, 용기밸브, 압력조정기가 직사광선, 눈, 빗물에 노출되지 않도록 조치
② 100kg 초과 : 옥외에 용기보관실 설치
③ 250kg 이상(자동절체기 사용 시 500kg 이상) : 과압안전장치 설치
④ 500kg 초과 : 저장탱크 또는 소형 저장탱크를 설치

(3) 사이펀 용기 : 기화장치가 설치되어 있는 시설에서만 사용

(4) 가스설비 설치

① 중간밸브 설치 : 연소기 각각에 대하여 퓨즈콕, 상자콕 설치
② 호스 설치 : 호스길이 3m 이내, T형으로 연결하지 않을 것
③ 가스설비 성능(배관설비 포함)
 ㉮ 내압시험압력 : 상용압력의 1.5배 이상(공기, 질소 등의 기체 1.25배 이상)
 ㉯ 압력조정기 출구에서 연소기 입구까지의 호스 기밀시험압력
  ㉮ 조정기 조정압력이 3.3kPa 미만 : 8.4kPa 이상의 압력
  ㉯ 조정기 조정압력이 3.3kPa 이상 30kPa 이하 : 35kPa 이상의 압력
  ㉰ 조정기 조정압력이 30kPa 초과 : 상용압력의 1.1배 또는 35kPa 중 높은 압력

3-2 소형 저장탱크에 의한 사용시설

(1) 기화장치 설치

① 기화장치를 전원으로 조작하는 경우 비상전력을 보유하거나 소형 저장탱크 기상부에 별도의 예비 기체라인을 설치
② 기화장치 출구측 압력은 1MPa 미만이 되도록 하는 기능을 갖거나, 1MPa 미만에서 사용
③ 가열방식이 액화석유가스 연소에 의한 방식인 경우 파일럿버너가 꺼지는 경우 가스공급이 자동으로 차단되는 자동안전장치를 부착
④ 소형 저장탱크와 기화장치까지 3m 이상의 우회거리 유지
⑤ 기화장치 출구배관에는 고무호스를 직접 연결하지 않는다.

(2) 소화설비

① 소형 저장탱크의 저장능력을 합산한 결과 1000kg 이상인 곳에 설치

능력단위		분말(ABC) 소화약제량	이산화탄소 소화약제량	할론 1211 소화약제량
B급 소화능력	20단위	20kg	45kg 또는 50kg	68kg

② 소화기는 소형 저장탱크 경계책 외부 소화기함을 설치하여 비치할 수 있다.
③ 소형 저장탱크 부근에는 소화활동에 필요한 통로 등을 확보한다.

액화석유가스 안전관리 예상문제

01 액화석유가스의 안전관리 및 사업법에서 규정하고 있는 '액화석유가스 집단공급사업'의 정의를 쓰시오.

해답 액화석유가스를 일반의 수요에 따라 배관을 통하여 연료로 공급하는 사업을 말한다.

해설 '액화석유가스 집단공급사업'의 정의는 액법 제2조에 규정된 사항임

참고 ① 액화석유가스 일반집단공급사업(액법 시행령 제2조) : 액화석유가스 배관망공급사업 외의 액화석유가스 집단공급사업으로서 다음의 어느 하나에 해당하는 수요자에게 액화석유가스를 공급하는 사업이다.
  ㉮ 70개소 이상의 수요자(공동주택단지의 경우에는 전체 가구 수가 70가구 이상인 경우를 말한다)
  ㉯ 70개소 미만인 수요자로서 산업통상자원부령으로 정하는 수요자
② 액화석유가스 배관망공급사업(액법 시행령 제1조의2) : 저장능력 5톤 이상인 저장탱크(저장탱크 또는 소형 저장탱크가 2개 이상 설치된 경우에는 각각의 저장능력을 합산한다)로부터 도로(공동주택단지 안의 도로는 제외한다) 또는 타인의 토지에 지중(地中) 매설된 배관을 통하여 공급권역의 수요자에게 액화석유가스를 공급하는 사업을 말한다.
③ 액법 시행령 제2조의 '산업자원부령으로 정하는 수요자'란 다음 각 호의 요건을 모두 갖춘 수요자를 말한다. : 액법 시행규칙 제6조
  ㉮ 저장능력이 1톤 초과 5톤 미만의 액화석유가스 공동저장시설을 설치할 것
  ㉯ 공동저장시설에서 도로(공동주택단지 안의 도로는 제외한다) 또는 타인의 토지에 매설된 배관을 통하여 액화석유가스를 공급받을 것

02 LPG 저장설비의 종류 3가지를 쓰시오. [17. 1회. 기사]

해답 ① 저장탱크 ② 마운드형 저장탱크 ③ 소형 저장탱크 ④ 용기

해설 용어의 정의 : 액법 시행규칙 제2조
① 저장설비란 액화석유가스를 저장하기 위한 설비로서 저장탱크, 마운드형 저장탱크, 소형 저장탱크 및 용기(용기집합설비와 충전용기보관실을 포함한다)를 말한다.
② 마운드형 저장탱크 : 액화석유가스를 저장하기 위하여 지상에 설치된 원통형 탱크에 흙과 모래를 사용하여 덮은 탱크로서 자동차에 고정된 탱크 충전사업시설에 설치되는 탱크를 말한다.

03 액화석유가스를 저장하기 위하여 지상에 설치된 원통형 탱크에 흙과 모래를 사용하여 덮은 저장탱크의 명칭을 쓰시오. [18. 1회. 기사]

해답 마운드형 저장탱크

해설 마운드형 저장탱크 설치기준 : KGS FP333
① 마운드형 저장탱크는 높이 1m 이상의 견고하게 다져진 모래기반 위에 설치한다.
② 마운드형 저장탱크의 모래기반 주위에는 지하수 침입 등으로 인한 붕괴의 위험이 없도록 높이 50cm 이상의 철근콘크리트 옹벽을 설치한다.
③ 마운드형 저장탱크는 그 주위를 20cm 이상 모래로 덮은 후 두께 1m 이상의 흙으로 채운다.
④ 마운드형 저장탱크는 덮은 흙의 유실을 막기 위해 적절한 사면 경사각을 유지하고 그 표면에 잔디를 심는다.
⑤ 마운드형 저장탱크 주위에 물의 침입 및 동결에 대비하여 배수공을 설치하고 바닥은 물이 빠지도록 적절한 구배를 둔다.
⑥ 마운드형 저장탱크 주위에는 해당 저장탱크로부터 누출하는 가스를 검지할 수 있는 관을 바닥면 둘레 20m에 대하여 1개 이상 설치하고, 그 관끝은 빗물 등이 침입하지 아니하도록 뚜껑을 설치한다.

04 액화석유가스 소형 저장탱크의 내용적이 3000L일 때 저장능력은 얼마인가? (단, 액화석유가스의 비중은 0.47이다.) [15. 1회. 기사]

풀이 $W = 0.85 dV = 0.85 \times 0.47 \times 3000 = 1198.5$ kg

해답 1198.5kg

해설 저장능력(KGS FP331) : 저장설비에 저장할 수 있는 액화석유가스의 양으로써 다음 식에 따라 산정된 것을 말한다. 다만, 소형저장탱크의 경우에는 0.9대신 0.85를 적용한다.

$$W = 0.9 dV$$

여기서, W : 저장탱크 및 소형 저장탱크의 저장능력(kg)
d : 상용온도에서 액화석유가스 비중(kg/L)
V : 저장탱크 및 소형 저장탱크의 내용적(L)

① 소형 저장탱크의 충전량은 내용적의 85% 이하이므로 0.85를 적용하는 것이다.
② 액화석유가스 저장탱크의 저장능력은 40℃에서의 액 비중을 기준으로 계산하며, 그 값은 다음 표와 같다.

설계압력(MPa)	구성비(몰%)	40℃ 액 비중
2.16(프로필렌급)	프로필렌 75 이상	0.477
1.8(프로판급)	프로판 65 이상, 부탄 35 미만	0.472
1.08(부탄, 부틸렌, 부타디엔급)	프로판 35 미만, 부탄 65 이상	0.54

05 LPG 저장설비에 따른 충전량은 내용적의 몇 %까지 가능한지 쓰시오. [18. 3회. 기사]

(1) 용기 :　　　　(2) 소형 저장탱크 :　　　　(3) 저장탱크 :

해답 (1) 85　(2) 85　(3) 90

---

06 액화석유가스 용기충전의 시설기준 중 (　) 안에 알맞은 내용을 넣으시오. [18. 2회. 기사]

누출된 가연성가스가 화기를 취급하는 장소로 유동하는 것을 방지하기 위한 시설은 높이 (①)m 이상의 내화성 벽으로 하고, 저장설비 및 가스설비와 화기를 취급하는 장소와의 사이는 우회수평거리를 (②)m 이상으로 한다.

해답 ① 2　② 8

해설 화기와의 거리 : KGS FP331

① 누출된 가연성가스가 화기를 취급하는 장소로 유동하는 것을 방지하기 위한 시설은 높이 2m 이상의 내화성 벽으로 하고, 저장설비 및 가스설비와 화기를 취급하는 장소와의 사이는 우회수평거리를 8m 이상으로 한다.

② 화기를 사용하는 장소가 불연성 건축물 안에 있는 경우 저장설비 및 가스설비로부터 수평거리 8m 이내에 있는 그 건축물의 개구부는 방화문이나 망입유리를 사용하여 폐쇄하고, 사람이 출입하는 출입문은 2중문으로 한다.

---

07 액화석유가스 충전사업기준에서 다음의 경우에 유지하여야 할 거리는 얼마인가?

(1) 액화석유가스 충전시설 중 충전설비의 외면으로부터 사업소 경계까지 :
(2) 자동차에 고정된 탱크 이입·충전장소의 중심으로부터 사업소 경계까지 :

해답 (1) 24m 이상　(2) 24m 이상

참고 저장설비 외면에서 사업소 경계까지 유지해야 할 거리 : 저장능력에 따라 정한 거리 이상 유지

저장능력	사업소 경계와의 거리(m)
10톤 이하	24
10톤 초과 20톤 이하	27
20톤 초과 30톤 이하	30
30톤 초과 40톤 이하	33
40톤 초과 200톤 이하	36
200톤 초과	39

[비고] 같은 사업소에 두 개 이상의 저장설비가 있는 경우에는 그 설비별로 각각 안전거리를 유지한다.

※ 저장능력별 보호시설과 유지해야 할 거리와는 구분하길 바랍니다.

08 저장탱크를 기초에 고정하는 방법 2가지를 쓰시오.

[해답] ① 앵커 볼트   ② 앵커 스트랩(anchor strap)

09 LPG 저장탱크에 온도상승을 방지하기 위하여 설치하는 냉각살수장치는 저장탱크 표면적 1m²당 방사능력 기준은 얼마인가? (단, 단열재를 피복한 준내화구조의 저장탱크가 아니다.)

[해답] 5L/min 이상

[해설] 방사능력 기준 : KGS FP331
① 저장탱크 표면적 $1m^2$당 5L/min 이상
② 준내화구조 : $2.5L/min \cdot m^2$ 이상

[참고] 준내화구조 : 저장탱크에 두께 25mm 이상의 암면 또는 이와 같은 수준 이상의 내화성능을 갖는 단열재로 피복되고, 그 외측을 두께 0.35mm 이상의 KS D 3506(용융 아연도금 강판 및 강대)에서 정한 SBHG 2 또는 이와 같은 수준 이상의 강도 및 내화성능을 갖는 재료로 피복된 것

10 지상에 설치된 횡형 원통형 LPG 저장탱크의 바깥지름이 2m, 동체부 길이가 5m이다. 이 저장탱크의 냉각용 살수장치 수원의 저장량은 몇 톤(ton)인가? (단, 살수량은 저장탱크 표면적 1m²당 5L/min으로서 30분간 계속 살수하여야 하며, 경판은 평판으로 보고 계산하시오.) [07. 2회. 산기]

[풀이] ① 동판의 표면적 계산 : 원통형으로 만들어진 동판(등체)의 표면적은 원둘레($\pi \times D$)에 통체부 길이를 곱한 값이다. (원통형을 펼쳐 놓으면 사각형이 되며, 원둘레가 세로길이, 동체부 길이는 가로길이에 해당된다.)

$$\therefore F_1 = \pi \times D \times L = \pi \times 2 \times 5 = 31.415 ≒ 31.42 m^2$$

② 경판의 면적 계산 : 경판은 평판으로 계산하며, 좌·우(양쪽) 2개이다.

$$\therefore F_2 = \frac{\pi}{4} \times D^2 = \frac{\pi}{4} \times 2^2 \times 2 = 6.283 ≒ 6.28 m^2$$

③ 살수 총면적 $= F_1 + F_2 = 31.42 + 6.28 = 37.7 m^2$

④ 수원의 양 계산 : 30분간 방사하는 물의 양을 계산하면 단위가 리터(L)가 되며, 리터(L)를 질량(kg)으로 구하려면 비중을 곱하며, 물은 비중이 1이다.

∴ 수원의 양

$$= \frac{저장탱크\ 표면적\ 합계(m^2) \times 방사능력(L/min \cdot m^2) \times 방사시간(min)}{kg을\ 톤으로\ 변환하는\ 수치}$$

$$= \frac{(37.7 \times 5 \times 30) \times 1}{1000} = 5.655 ≒ 5.66 톤$$

[해답] 5.66톤

11 LPG 저장탱크를 지하에 설치할 때 저장탱크실은 레드믹스 콘크리트(ready-mixed concrete)를 사용하여 시공하여야 한다. 이때 저장탱크실 재료 규격에 해당하는 항목 4가지를 쓰시오.

해답 ① 굵은 골재의 최대치수 ② 설계강도 ③ 슬럼프(slump) ④ 공기량
⑤ 물-결합재비

해설 레드믹스 콘크리트(ready-mixed concrete) 규격

항목	규격
굵은 골재의 최대치수	25mm
설계강도	21MPa 이상
슬럼프(slump)	120~150mm
공기량	4% 이하
물-결합재비	50% 이하
그 밖의 사항	KS F 4009(레드믹스 콘크리트)에 따른 규정

[비고] 수밀 콘크리트의 시공기준은 국토교통부가 제정한 "콘크리트표준 시방서"를 준용한다.

참고 저장탱크실 레드믹스 콘크리트 규격이 고압가스 저장탱크실과 다른 부분(설계강도, 물-결합재비)이 있으니 구별하기 바랍니다.

12 지상에 설치된 LPG 저장탱크에 대한 물음에 답하시오.
(1) 액면계로 사용되는 유리제 액면계의 명칭을 쓰시오.
(2) 액면계에 설치하는 보호 및 안전장치를 쓰시오.
(3) 저장탱크 외면의 도료 색상을 쓰시오.

해답 (1) 클린카식 액면계
(2) ① 액면계 보호 : 프로텍터 설치(단, 액면계가 유리제일 때만 해당)
② 액면계 안전장치 : 액면계 상하 배관에 자동식 및 수동식 스톱밸브 설치
(3) 은백색 도료

13 LPG 저장탱크의 내부압력이 외부의 압력보다 낮아져 저장탱크가 파괴되는 것을 방지하기 위해 설치하는 설비 5가지를 쓰시오. [06. 3회, 13. 1회, 기사]

해답 ① 압력계 ② 압력경보설비 ③ 진공안전밸브
④ 다른 저장탱크 또는 시설로부터의 가스도입배관(균압관)
⑤ 압력과 연동하는 긴급차단장치를 설치한 냉동제어설비
⑥ 압력과 연동하는 긴급차단장치를 설치한 송액설비

14 액화석유가스 저장탱크의 외벽이 화염에 의하여 국부적으로 가열될 경우 그 저장탱크 벽면의 열을 신속히 흡수, 분산시킴으로써 탱크벽면의 국부적인 온도상승에 의한 탱크의 파열을 방지하기 위하여 탱크 내벽에 설치하는 장치의 명칭은 무엇인가?

해답 폭발방지장치

해설 폭발방지장치 설치기준 : 주거 또는 상업지역에 설치한 저장능력 10톤 이상의 저장탱크 및 액화석유가스용 차량에 고정된 탱크

15 액화석유가스 저장탱크의 외벽이 화염에 의하여 국부적으로 가열될 경우 탱크의 파열을 방지하기 위한 폭발방지제의 열전달 매체 재료로서 가장 적당한 것은? [09. 3회. 기사]

해답 알루미늄 합금 박판

해설 폭발방지장치 재료 : KGS FP331
① 폭발방지장치의 열전달 매체인 다공성 알루미늄 박판("폭발방지제"라 한다)은 알루미늄 합금 박판에 일정 간격으로 슬릿(slit)을 내고 이것을 팽창시킨 다공성 벌집형으로 한다.
② 폭발방지제 지지구조물의 후프링 재질은 기존 저장탱크의 재질과 같은 것 또는 이와 같은 수준 이상의 것으로서 액화석유가스에 대하여 내식성을 가지며 열적 성질이 탱크 동체의 재질과 유사한 것으로 한다.
③ 폭발방지제 지지구조물의 지지봉은 KS D 3507(배관용 탄소강관)에 적합한 것(최저 인장강도 294N/mm^2)으로 한다.
④ 그 밖의 폭발방지제 지지구조물의 부품 재질은 안전을 확보하기 위하여 충분한 기계적 강도 및 액화석유가스에 대한 내식성을 가지는 것으로 한다.

16 지상에 설치된 액화석유가스 저장탱크 외벽이 화염으로 국부적으로 가열될 경우 그 저장탱크 벽면의 열을 신속히 흡수·분산함으로써 탱크 벽면의 국부적인 온도상승에 따른 저장탱크의 파열을 방지하기 위하여 저장탱크 벽면에 설치하는 폭발방지제는 알루미늄 합금 박판에 일정간격으로 슬릿(slit)을 내고 이것을 팽창시켜 어떤 모양으로 한 것인가? [12. 3회, 15. 1회. 기사]

해답 다공성 벌집형

17 저장탱크에 폭발방지장치를 설치할 때 후프링(hoop ring)과 저장탱크 동체의 접촉압력 계산식을 쓰고 설명하시오. [04. 2회, 06. 2회, 07. 2회. 기사]

해답 $P = \dfrac{0.01 W_h}{D \times b} \times C$

여기서, P : 접촉압력(MPa)
W_h : 폭발방지제의 중량+지지봉의 중량+후프링의 자중(N)
D : 동체의 안지름(cm)
b : 후프링의 접촉폭(cm)
C : 안전율로써 4로 한다.

18 충전시설에는 자동차에 고정된 탱크에서 LPG를 저장탱크로 이입할 수 있도록 건축물 외부에 설치하여야 할 것은 무엇인가? [11. 1회. 기사]

해답 로딩암

해설 로딩암 설치(KGS FP331) : 충전시설에는 자동차에 고정된 탱크에서 가스를 이입할 수 있도록 건축물 외부에 로딩암을 설치한다. 다만, 로딩암을 건축물 내부에 설치하는 경우에는 건축물의 바닥면에 접하여 환기구를 2방향 이상 설치하고, 환기구 면적의 합계는 바닥면적의 6% 이상으로 한다.

19 지상에 설치하는 액화석유가스의 저장탱크 안전밸브에 가스방출관을 설치하고자 한다. 저장탱크의 정상부가 지상에서 8m일 경우 방출구 위치(높이)는 지면에서 몇 m가 되어야 하는가?

해답 10m 이상

해설 과압안전장치 가스방출관 설치 : KGS FP331
① 과압안전장치 중 안전밸브에는 가스방출관을 설치한다.
② 가스방출관의 방출구는 화기가 없는 다음의 위치에 설치한다.
㉮ 저장탱크에 설치한 안전밸브의 경우에는 지면으로부터 5m 이상 또는 그 저장탱크의 정상부로부터 2m 이상의 높이 중 더 높은 위치
㉯ 소형 저장탱크에 설치한 안전밸브의 경우에는 지면으로부터 2.5m 이상 또는 소형 저장탱크 정상부로부터 1m 이상의 높이 중 더 높은 위치
㉰ 방출구 높이는 지상에서 저장탱크 정상부까지 높이 8m에 정상부로부터 2m를 더한 높이인 지면에서 10m 이상이 되어야 한다.

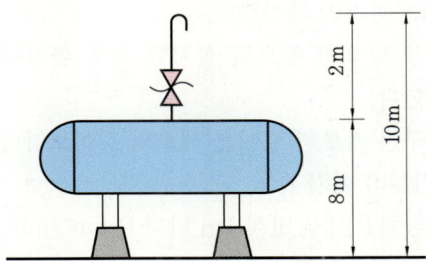

20 LPG 저장설비실, 가스설비실에 설치하는 가스누출경보기의 검지부 설치위치는?

해답 바닥으로부터 검지부 상단까지 30cm 이내

21 LPG 저장설비실, 가스설비실 및 충전용기 보관실에 설치하는 통풍구조에 대한 물음에 답하시오.
(1) 환기구의 통풍 가능 면적의 합계는 바닥면적 1m²마다 얼마 이상의 면적이어야 하는가?
(2) 환기구 1개의 면적은 얼마인가?
(3) 강제환기설비를 설치하였을 때 통풍능력은 바닥면적 1m²마다 얼마인가?
(4) 강제환기설비의 배기가스 방출구 위치는?
(5) 바닥면적이 200m²일 때 환기구 최소 설치 수는 몇 개인가?

해답 (1) 300cm² 이상　　(2) 2400cm² 이하
(3) 0.5m³/min 이상　　(4) 지면에서 5m 이상의 높이
(5) 바닥면적 1m² 당 통풍구 크기는 300cm²이고, 1개의 면적은 2400cm² 이하이다.

$$\therefore \text{환기구 최소 설치 수} = \frac{\text{환기구 전체 면적}}{\text{환기구 1개의 최대 면적}} = \frac{200 \times 300}{2400} = 25\text{개}$$

해설 LPG 시설의 환기설비 설치기준 : KGS FP331
(1) 자연환기설비 설치
　① 외기를 향하게 설치된 환기구의 통풍 가능 면적의 합계는 바닥면적 1m² 마다 300cm²의 비율로 계산한 면적 이상으로 하고, 환기구 1개의 면적은 2400cm² 이하로 한다.
　　㉮ 환기구에 철망, 환기구 틀이 부착될 경우 이것이 차지하는 단면적을 뺀 면적으로 계산한다.
　　㉯ 환기구에 알루미늄 또는 강판제 갤러리가 부착된 경우 환기구 면적의 50%로 계산한다.
　　㉰ 한 방향 이상이 전면 개방되어 있는 경우 개방된 부분의 바닥면으로부터 높이 0.4m까지의 개구부 면적으로 계산한다.
　　㉱ 한 방향의 환기구 통풍가능 면적은 전체 환기구 필요 통풍가능 면적의 70%까지만 계산한다.
　② 사방을 방호벽 등으로 설치할 경우 환기구의 방향은 2방향 이상으로 분산 설치한다.
　③ 환기구는 가로의 길이를 세로의 길이보다 길게 한다.
(2) 강제환기설비 설치
　① 통풍능력은 바닥면적 1m²마다 0.5m³/min 이상으로 한다.
　② 흡입구는 바닥면 가까이에 설치한다.
　③ 배기가스 방출구는 지면에서 5m 이상의 높이에 설치한다.

※ 환기구 및 흡입구의 위치, 방출구 높이 등은 도시가스시설의 환기구 설치기준과 다르니 구별하길 바랍니다.

22 LPG 충전사업소 안의 건축물 외벽에 설치하는 유리창의 유리 재료 2가지를 쓰시오.
[16. 4회. 산기]

해답 ① 강화유리(tempered glass)
② 접합유리(laminated glass)
③ 망 판유리 및 선 판유리(wire glass)

해설 충전소 안의 건축물 외벽에 설치하는 모든 창의 유리 기준 : KGS FP331
① KS L 2002 강화유리(tempered glass)
② KS L 2004 접합유리(laminated glass)
③ KS L 2006 망 판유리 및 선 판유리(wire glass)
④ 공인시험기관의 시험 결과 이와 같은 수준 이상의 유리

23 액화석유가스의 부취제 냄새측정방법 4가지를 쓰시오.
[10. 2회. 기사]

해답 ① 오더(odor)미터법(냄새측정기법)　② 주사기법
③ 냄새주머니법　　　　　　　　　　　④ 무취실법

24 패널(panel)에 의한 냄새나는 물질의 냄새 판정을 위한 시료기체는 깨끗한 공기와 시험 가스와의 희석배수 종류 4가지를 쓰시오.

해답 ① 500배　② 1000배　③ 2000배　④ 4000배

25 액화석유가스를 용기에 충전할 때 과충전된 가스를 처리하는 방법을 설명하시오.
[17. 2회. 산기]

해답 가스회수장치로 보내 초과량을 회수한다.

해설 용기에 충전작업 기준 : KGS FP331
① 가스를 용기에 충전하려면 다음 계산식에 따라 산정된 충전량을 초과하지 않도록 충전한다.

$$G = \frac{V}{C}$$

여기서, G : 액화석유가스의 질량(kg)　V : 용기의 내용적(L)
C : 프로판은 2.35, 부탄은 2.05의 수치

② 액화석유가스를 충전한 후 과충전된 것은 가스회수장치로 보내 초과량을 회수하고, 부족량은 재충전한다.

26 LPG 자동차 충전소의 충전기(고정충전설비 : dispenser)에 대한 물음에 답하시오.

(1) 충전기의 충전호스 길이는 얼마인가?
(2) 충전호스에 과도한 인장력이 작용했을 때 충전기와 가스주입기가 분리될 수 있는 안전장치는?
(3) 충전기 보호대를 강관을 이용하여 설치하였을 때 규격(배관호칭, 높이)은?
(4) 충전기 상부에 설치하여야 하는 캐노피 면적은 얼마인가?
(5) 배관이 캐노피 내부로 통과할 때 설치하여야 할 것은 무엇인가?

해답 (1) 5m 이내
(2) 세이프티 커플링(safety coupling)
(3) 호칭지름 100A 이상, 높이 80cm 이상
(4) 공지면적의 1/2 이하
(5) 점검구

27 LPG 자동차용기 충전기(dispenser)에 대한 물음에 답하시오.

(1) 주입기 형식은 무엇인가?
(2) 충전호스 끝부분에 설치되는 것은 무엇인가?
(3) 세이프티 커플링(safety coupling)의 분리 성능과 당김 성능에 대하여 설명하시오.

해답 (1) 원터치형
(2) 정전기 제거장치
(3) ① 분리 성능 : 커플링은 연결된 상태에서 압력을 가하여 2.7~3.3MPa에서 분리될 것
② 당김 성능 : 커플링은 연결된 상태에서 30±10mm/min의 속도로 당겼을 때 490.4~588.4N에서 분리되는 것으로 할 것

28 액화석유가스용 세이프티 커플링(safety coupling)에 대한 물음에 답하시오.

(1) 세이프티 커플링의 역할을 설명하시오.
(2) 커플링은 가스의 흐름에 지장이 없도록 합산 유효면적은 얼마로 하여야 하는가?

해답 (1) 액화석유가스 자동차용기 충전호스에 설치되는 것으로서 일정강도 이상의 인장력이 작용할 때 자동으로 분리되어 유로를 폐쇄시켜 액화석유가스가 누출되

는 사고를 방지한다.

(2) 0.5cm² 이상

해설 세이프티 커플링(safety coupling)의 구조 및 치수 : KGS AA235
① 암커플링은 호스가 분리되었을 경우 자동차 충전구쪽에, 수커플링은 충전기 쪽에 설치할 수 있는 구조로 한다.
② 커플링이 분리되었을 경우 가스 누출이 없도록 자동으로 폐쇄되는 구조로 한다.
③ 암커플링의 외부 캡이 회전되지 않는 구조로 한다.
④ 커플링은 형상이 균일하고 매끈하며 유효한 잔금 등 결함이 없도록 한다.
⑤ 커플링은 가스의 흐름에 지장이 없는 유효면적(합산 유효면적이 0.5cm² 이상)을 가지는 것으로 한다.

29

자동차에 고정된 용기 충전사업소에 태양광발전설비를 설치할 때에 대한 기준 중 (   ) 안에 알맞은 내용을 쓰시오. [23. 1회. 기사 동영상]

(1) 집광판을 설치할 수 있는 캐노피는 불연성 재료로 하고, 캐노피의 상부 바닥면이 충전기의 상부로부터 (   ) 이상 높이에 설치한다.
(2) 충전소 내 지상에 집광판을 설치하려는 경우에는 충전설비, 저장설비, 가스설비, 배관, 자동차에 고정된 탱크 이입·충전장소의 외면으로부터 (   ) 이상 떨어진 곳에 설치하고, 집광판은 지면으로부터 1.5m 이상 높이에 설치한다.
(3) 태양광발전설비 관련 전기설비는 방폭 성능을 가지는 것으로 설치하거나, (   )가 아니고 가스시설 등과 접하지 않는 방향에 설치한다.
(4) (   )는 설치하지 않는다.

해답 (1) 3m (2) 8m (3) 폭발위험장소 (4) 에너지저장장치

해설 태양광발전설비 설치기준 : KGS FP332
① 태양광발전설비를 사업소 건축물 상부에 설치하는 경우에는 건축법 등 건축물 관련 법규 및 하위규정에 따른 구조 및 설비기준을 준수하고, 건축구조기술사 또는 건축시공기술사의 구조안전확인을 받은 것으로 한다.
② 태양광발전설비는 전기사업법에 따른 사용 전 검사나 사용 전 점검에 합격한 것으로 한다.
③ 태양광발전설비 중 집광판은 캐노피의 상부, 건축물의 옥상 등 충전소 운영에 지장을 주지 않는 장소에 설치한다.
④ 집광판을 설치할 수 있는 캐노피는 불연성 재료로 하고, 캐노피의 상부 바닥면이 충전기의 상부로부터 3m 이상 높이에 설치한다.
⑤ 충전소 내 지상에 집광판을 설치하려는 경우에는 충전설비, 저장설비, 가스설비, 배관, 자동차에 고정된 탱크 이입·충전장소의 외면(자동차에 고정된 탱크 이입·충전장소의 경우에는 지면에 표시된 정치위치의 중심)으로부터 8m 이상

떨어진 곳에 설치하고, 집광판은 지면으로부터 1.5m 이상 높이에 설치한다.
⑥ 태양광발전설비 관련 전기설비는 방폭성능을 가진 것으로 설치하거나, 폭발위험장소(0종 장소, 1종 장소 및 2종 장소를 말한다)가 아니고 가스시설 등과 접하지 않는 방향에 설치한다.
⑦ 에너지저장장치(ESS : Energy Storage System)는 설치하지 않는다.

30 액화석유가스를 저장탱크에 이입·충전하는 기준 중 ( ) 안에 알맞은 내용을 쓰시오.
(1) 자동차에 고정된 탱크와 ( )의 액체라인 및 기체라인 커플링을 접속한 후 충전한다.
(2) 저장탱크에 가스를 충전하려면 가스의 용량이 상용의 온도에서 저장탱크 내용적의 ( )를[을] 넘지 않도록 충전한다.
(3) 자동차에 고정된 탱크로부터 저장탱크에 액화석유가스를 이입받을 때에는 ( ) 이상 연속하여 자동차에 고정된 탱크를 저장탱크에 접속하지 아니한다.

해답 (1) 로리호스(로딩암) (2) 90% (3) 5시간
해설 액화석유가스 제조 및 충전작업 기준 : KGS FP331

31 자동차에 고정된 탱크로 수요자의 소형 저장탱크에 액화석유가스를 충전할 때의 기준 4가지를 쓰시오.

해답 ① 자동차에 고정된 탱크(벌크로리를 포함한다)와 소형 저장탱크의 액체라인 및 기체라인 커플링을 접속한 후 충전한다. 〈신설 19. 2. 28〉
② 액화석유가스를 충전하려면 그 소형 저장탱크 안의 잔량을 확인한 후 충전한다.
③ 충전 중에는 액면계의 움직임·펌프 등의 작동을 주의·감시하여 과충전방지 등 작업 중의 위해방지를 위한 조치를 한다.
④ 충전작업이 완료되면 세이프티 커플링에서 가스누출이 없는지를 확인한다.
해설 소형 저장탱크 충전 기준 : KGS FP331

32 액화석유가스를 소형 저장탱크에 벌크로리 측의 호스 어셈블리로 충전하는 경우에 충전호스를 호스릴 등으로부터 풀어낸 후 조치방법을 쓰시오.

해답 충전호스 끝의 세이프티 커플링 및 소형 저장탱크의 세이프티 커플링으로부터 캡을 열기 전에 블리더 밸브를 열어 압력이 없음을 확인하며, 커플링을 접속한 후에는 액화석유가스 검지기 등을 사용하여 접속부의 가스누출이 없음을 확인한다.
해설 소형 저장탱크 이입 및 충전 작업 : KGS FS331
① 자동차에 고정된 탱크(벌크로리를 포함한다)와 소형 저장탱크의 액체라인 및 기체라인 커플링을 접속한 후 충전한다.

② 소형 저장탱크에 가스를 충전하려면 정전기를 제거한 후 소형 저장탱크 내용적의 85%를 넘지 않도록 충전한다.

③ 액화석유가스를 자동차에 고정된 탱크로부터 이입할 때에는 배관 접속 부분의 가스 누출 여부를 확인하고, 이입한 후에는 그 배관 안의 가스로 인한 위해가 발생하지 않도록 조치한다.

④ 벌크로리 측의 호스 어셈블리로 충전을 하는 경우에는 충전호스를 호스릴 등에서 풀어 내고, 충전호스 끝의 세이프티 커플링 및 소형 저장탱크의 세이프티 커플링으로부터 캡을 열기 전에 블리더 밸브를 열어 압력이 없음을 확인하며, 커플링을 접속한 후에는 액화석유가스 검지기 등을 사용하여 접속부의 가스 누출이 없음을 확인한다.

⑤ 길이 10m 이상의 충전호스를 사용하여 충전하는 경우에는 별도의 충전 보조원에게 충전작업 중 충전호스를 감시하게 한다.

⑥ 충전 중 충전 작업자는 충전이 순조롭게 진행되고 있는지 액면계의 움직임 및 펌프 등의 작동 상태를 주의 깊게 관찰한다.

⑦ 탱크 안의 액면이 정해진 액면에 달했음을 액면계로 확인하고, 신속히 충전용 펌프 또는 압축기의 운전을 정지하며, 확인 및 운전의 정지는 충전 작업자가 스스로 한다.

⑧ 펌프나 압축기를 정지한 후에는 벌크로리 측으로부터 순차적으로 밸브를 닫고, 커플링을 분리한다. 이 경우 계량에 따른 자동정지방식을 병용하고 있는 경우에도 액면계의 확인으로 펌프나 압축기를 정지한다.

⑨ 커플링으로부터 가스의 누출이 없음을 액화석유가스 검지기 등으로 확인한 후 캡을 씌우고 세이프티 커플링의 블리더 밸브를 닫는다.

⑩ 벌크로리 충전호스를 호스릴에 감거나 정해진 장소에 넣고 충전호스 끝의 커플링을 확실히 고정한다.

⑪ 벌크로리 및 자동차에 고정된 탱크 주위에 액화석유가스가 체류되어 있지 않은 것을 확인한 후 출발한다.

참고 ① 블리더 밸브 : 탱크 내의 내용물의 온도 변화에 의해 내압이 상승할 때 탱크 내 증기나 공기를 배출하고, 탱크 내압이 부압 상태가 되었을 때 대기를 흡입하여 탱크 내압을 안전한 범위로 유지시키는 밸브이다. 인화성 유체나 악취가 있는 유체일 경우, 인화의 위험성과 주변에 냄새 유출이 항시 존재하는 경우에 주로 사용한다.

② 벌크로리(KGS FS231) : 소형 저장탱크에 액화석유가스를 공급하기 위하여 펌프 또는 압축기가 부착된 자동차에 고정된 탱크를 말한다.

33 LPG 충전사업소에서 긴급사태가 발생하였을 경우 이를 신속히 전파할 수 있도록 설치하여야 할 통신설비 중 안전관리자가 상주하는 사업소와 현장 사업소와의 사이에 구비하여야 할 통신설비 4가지를 쓰시오. [18. 2회. 산기] [21. 1회. 기사]

해답 ① 구내전화 ② 구내방송 설비 ③ 인터폰 ④ 페이징 설비

해설 통신설비 기준 : KGS FP331

사항별(통신범위)	설치(구비)하여야 할 통신설비
안전관리자가 상주하는 사업소와 현장 사업소와의 사이 또는 현장사무소 상호 간	구내전화, 구내방송 설비, 인터폰, 페이징 설비
사업소 안 전체	구내방송 설비, 사이렌, 휴대용 확성기, 페이징 설비, 메가폰
종업원 상호 간 (사업소 안 임의의 장소)	페이징 설비, 휴대용 확성기, 트랜시버, 메가폰

※ 설치(구비)하여야 할 통신설비는 고법, 액법, 도법에 공통적으로 적용되는 사항임

34 LPG 집단공급시설에 설치한 소형 저장탱크의 충전질량이 2500kg일 때 가스 충전구로부터 토지의 경계까지 이격거리는 얼마인가?

해답 5.5m 이상

해설 소형 저장탱크의 설치거리 기준

충전질량(kg)	가스충전구로부터 토지 경계선까지의 수평거리(m)	탱크간 거리(m)	가스충전구로부터 건축물 개구부까지의 거리(m)
1000 미만	0.5 이상	0.3 이상	0.5 이상
1000 이상 2000 미만	3.0 이상	0.5 이상	3.0 이상
2000 이상	5.5 이상	0.5 이상	3.5 이상

[비고] 동일한 사업소에 두 개 이상의 소형 저장탱크가 있는 경우에는 각 소형 저장탱크 저장능력별로 이격거리를 유지하여야 한다.

35 동일 장소에 설치하는 LPG 소형 저장탱크의 설치 수와 충전질량의 합계는 얼마인가?

[19. 1회. 기사]

해답 ① 설치 수 : 6기 이하
② 충전질량 합계 : 5000kg 미만

36 소형 저장탱크의 안전밸브 방출구 구조에 대하여 설명하시오.

해답 수직상방으로 분출되는 구조

37 충전질량이 1000kg 이상인 소형 저장탱크를 설치한 곳의 경계책 높이는 얼마인가?

해답 1m 이상

38 액화석유가스 소형 저장탱크의 충전량은 내용적의 얼마를 넘지 않도록 충전하여야 하는가? [07. 1회. 산기]

해답 85%
해설 충전량 기준
  ① 액화가스 저장탱크 : 90% 이하
  ② 소형 저장탱크, LPG 차량의 충전용기 : 85% 이하

39 액화석유가스 용기를 실외저장소에 보관하는 기준이다. ( ) 안에 알맞은 내용을 넣으시오. [18. 1회. 산기]

(1) 실외저장소 안의 용기군 사이에 통로를 설치할 때 용기의 단위 집적량은 (①)톤을 초과하지 않아야 한다.
(2) 팰릿(pallet)에 넣어 집적된 용기군 사이의 통로는 그 너비가 (②)m 이상이 되어야 한다.
(3) 팰릿에 넣지 아니한 용기군 사이의 통로는 그 너비가 (③)m 이상이 되어야 한다.
(4) 실외저장소 안에 팰릿에 넣어 집적된 용기의 높이는 (④)m 이하가 되어야 한다.

해답 ① 30 ② 2.5 ③ 1.5 ④ 5
해설 용기에 의한 액화석유가스 저장소 중 실외저장소 설치기준 : KGS FU332
  ① 충전용기와 잔가스용기의 보관장소는 1.5m 이상의 간격을 두어 구분하여 보관한다.
  ② 바닥으로부터 3m 이내의 도랑이나 배수시설이 있을 경우에는 방수재료로 이중으로 덮는다.
  ③ 움푹 패인 곳은 적절한 재료로 포장하거나 메워 평평하게 한다.
  ④ 실외저장소 안의 용기군(容器群) 사이의 통로는 다음 기준에 맞게 한다.
    ㉮ 용기의 단위 집적량은 30톤을 초과하지 않아야 한다.
    ㉯ 팰릿(pallet)에 넣어 집적된 용기군 사이의 통로는 그 너비가 2.5m 이상일 것
    ㉰ 팰릿에 넣지 아니한 용기군 사이의 통로는 그 너비가 1.5m 이상일 것
  ⑤ 실외저장소 안의 집적된 용기의 높이는 다음 기준에 맞게 한다.
    ㉮ 팰릿에 넣어 집적된 용기의 높이는 5m 이하일 것
    ㉯ 팰릿에 넣지 아니한 용기는 2단 이하로 쌓을 것
    ※ '팰릿(pallet)'은 현장에서 '파레트'로 불리는 것을 지칭하는 것이다.

40 가스공급자가 수요자에게 액화석유가스를 공급할 때에는 체적판매방법으로 공급하는 것이 원칙이지만 중량판매방법으로 공급할 수 있는 경우 3가지를 쓰시오. (단, 산업통상자원부장관이 고시하는 자에게 공급하는 경우는 제외한다.)

[해답]
① 단독주택에서 액화석유가스를 사용하는 자
② 이동하면서 액화석유가스를 사용하는 자
③ 6개월 이내의 기간 동안만 액화석유가스를 사용하는 자

[해설] 액화석유가스의 공급방법 : 액법 시행규칙 별표 13

[참고] 중량판매로 할 수 있는 경우 : 액화석유가스 안전관리기준 통합고시 제6장
① 내용적이 30L 미만의 용기로 액화석유가스를 사용하는 경우
② 옥외에서 이동하면서 액화석유가스를 사용하는 경우
③ 6월 이내의 기간 동안 액화석유가스를 사용하는 경우
④ 산업용, 선박용, 농·축산용으로서 액화석유가스를 사용하거나, 그 부대시설에서 액화석유가스를 사용하는 경우
⑤ 재건축, 재개발, 도시계획 대상으로 예정된 건축물 및 허가권자가 증·개축 또는 도시가스공급 예정 건축물로 인정하는 건축물에서 액화석유가스를 사용하는 경우
⑥ 주택 외의 건축물 중 영업장의 면적이 $40m^2$ 이하인 곳에서 액화석유가스를 사용하는 경우
⑦ 노인복지법에 따른 경로당 또는 영·유아보육법에 따른 가정보육시설에서 액화석유가스를 사용하는 경우
⑧ 단독주택에서 액화석유가스를 사용하는 경우
⑨ 그 밖에 허가권자가 인정하는 경우

41 액화석유가스 사용시설에서 저장능력에 따른 설치하여야 하는 시설을 쓰시오.
(1) 저장능력 100kg 이하 :
(2) 저장능력 100kg 초과 :
(3) 저장능력 250kg 이상 :
(4) 저장능력 500kg 초과 :

[해답]
(1) 용기, 용기밸브, 압력조정기가 직사광선, 눈, 빗물에 노출되지 않도록 조치
(2) 옥외에 용기보관실 설치
(3) 고압 배관에 안전장치 설치
(4) 저장탱크 또는 소형 저장탱크 설치

42 LPG 사용시설에서 기화장치가 설치되어 있는 곳에서만 사용이 가능한 용기의 명칭은?

해답 사이펀 용기

해설 사이펀 용기 : 기화장치가 설치되어 있는 시설에서만 사용하도록 제조된 용기로서 용기 상부에 액체라인 밸브와 기체라인 밸브가 설치되어 있다.
① 액체라인 밸브 : 용기 상부 중앙부에 부착된 밸브로 안전밸브가 없다.
② 기체라인 밸브 : 용기 상부 측면에 부착된 밸브로 안전밸브가 있다.

43 [보기]는 LPG 사용시설의 기밀 성능에 대한 내용이다. ( ) 안에 알맞은 숫자를 넣으시오. [06. 1회. 산기] [09. 1회. 기사]

| 보기 |
압력조정기 출구에서 연소기 입구까지의 배관은 ( )kPa 이상의 압력으로 기밀시험을 실시하여 누출이 없도록 한다.

해답 8.4

해설 LPG 사용시설의 배관설비 성능 : KGS FU431
(1) 내압 성능 : 배관은 상용압력의 1.5배(그 구조상 물로 하는 내압시험이 곤란하여 공기, 질소 등의 기체로 내압시험을 실시하는 경우에는 1.25배) 이상의 압력으로 내압시험을 실시하여 이상이 없는 것으로 한다.
(2) 기밀 성능
① 고압 배관은 상용압력 이상의 압력으로 기밀시험(정기검사 시에는 사용압력 이상의 압력으로 실시하는 누출검사)을 실시하여 누출이 없는 것으로 한다.
② 압력조정기 출구에서 연소기 입구까지의 배관
㉮ 조정기 조정압력이 3.3kPa 미만 : 8.4kPa 이상의 압력
㉯ 조정기 조정압력이 3.3kPa 이상 30kPa 이하 : 35kPa 이상의 압력
㉰ 조정기 조정압력이 30kPa 초과 : 상용압력의 1.1배 또는 35kPa 중 높은 압력

44 일반용 액화석유가스 압력조정기는 그 압력조정기의 안전성과 편리성을 확보하기 위하여 갖추어야 할 제품 성능 5가지 중 4가지를 쓰시오. [18. 1회. 산기]

해답 ① 내압 성능 ② 기밀 성능 ③ 내구 성능
④ 내한 성능 ⑤ 다이어프램 성능

해설 일반용 액화석유가스 압력조정기의 제품 성능 : KGS AA434

45 일반용 액화석유가스용 압력조정기의 다이어프램 성능 기준 중 ( ) 안에 알맞은 내용을 쓰시오.

> 압력조정기의 다이어프램에 사용하는 고무의 재료는 전체 배합성분 중 NBR의 성분 함유량이 (①)% 이상이고, 가소제 성분은 (②)% 이하인 것으로 한다.

해답 ① 50 ② 18

해설 다이어프램 성능 : KGS AA434
① 압력조정기의 다이어프램에 사용하는 고무(이하 "다이어프램"이라 한다)의 재료는 전체 배합성분 중 NBR의 성분 함유량이 50% 이상이고, 가소제 성분은 18% 이하인 것으로 한다.
② 다이어프램의 외관은 다음과 같이 한다.
  ㉮ 각 부분은 표면이 매끈하고 흠·균열·기포·터짐 등이 없는 것으로 한다.
  ㉯ 보강층을 사용한 다이어프램의 경우에는 신장을 가하지 않은 상태에서, 그 외의 다이어프램은 최초 길이의 2배만큼 신장시켰을 때 0.5mm 이상의 결함이 3개 이하인 것으로 한다.
  ㉰ 보강층이 있는 다이어프램은 액화석유가스와 접촉하는 면에서 천의 직조무늬가 식별되지 않는 것으로 한다.
③ 다이어프램 치수 및 두께는 제조자가 제시한 도면치수에 따른다. 다만, 두께는 0.785N(0.08kgf)의 하중을 가한 상태에서 측정한다.

46 일반용 액화석유가스 압력조정기의 다이어프램 노화시험방법 2가지를 쓰시오. [18. 2회. 산기]

해답 ① 공기가열 노화시험 ② 오존 노화시험

해설 다이어프램 노화시험 방법 : KGS AA434
① 공기가열 노화시험 : 70℃의 공기 중에서 96시간 노화시킨 후 실온에서 48시간 방치한 다음, 인장강도 및 신장률을 측정하였을 때 인장강도 변화율은 15% 이내, 신장 변화율은 25% 이내, 강도 변화는 쇼어 경도(A형)기준 10 이내인 것으로 한다.
② 오존 노화시험 : KS M 6518(가화고무 물리시험방법)의 오존균열시험에 따라 온도 40℃, 오존농도 25pphm에서 시험편에 20%의 신장을 가한 상태로 72시간 유지한 다음, 신장력을 제거하였을 때 길이 변화가 없는 것으로 하고, 10배의 확대경으로 확인하였을 때 A2급 이상인 것으로 한다.

참고 농도 표시 단위
① ppm : part per million(백만분의 1)
② pphm : part per hundred million(일억분의 1)

③ ppb : part per billion(십억분의 1)

④ ppt : part per trillion(일조분의 1)

47 조정압력이 3.3kPa 이하인 일반용 액화석유가스용 압력조정기의 안전장치에 대한 물음에 답하시오. [16. 3회, 17. 3회. 기사]

(1) 작동표준압력(kPa)은 얼마인가?
(2) 작동개시압력(kPa)은 얼마인가?
(3) 작동정지압력(kPa)은 얼마인가?
(4) 노즐지름이 3.2mm 이하일 때 안전장치 분출용량은 얼마인가? [13. 1회. 산기]

해답 (1) 7.0kPa (2) 5.6~8.4kPa (3) 5.04~8.4kPa (4) 140L/h 이상

해설 조정압력이 3.30kPa 이하인 압력조정기의 안전장치 분출용량 : KGS AA434

① 노즐 지름이 3.2mm 이하일 때 : 140L/h 이상
② 노즐 지름이 3.2mm 초과일 때 다음 계산식에 의한 값 이상

$Q = 44D$

여기서, Q : 안전장치 분출용량(L/h) D : 조정기의 노즐 지름(mm)

참고 조정 성능(KGS AA434) : 조정 성능에 필요한 시험용 가스는 15℃의 건조한 공기로 하고, 15℃의 프로판가스의 질량으로 환산하며 환산식은 아래와 같다.

$W = 1.513Q$

여기서, W : 순프로판의 질량(kg) Q : 건공기의 유량(m³/h)

프로판가스 비중 : 1.522 (15℃)
프로판가스 밀도 : 1.865kg/m³ (15℃)

48 용기 내장형 가스난방기용 압력조정기의 염수분무시험에 대한 다음 물음에 답하시오.

(1) 염수의 농도는 얼마인가?
(2) 온도는 얼마인가?
(3) 시험시간은 얼마인가?

해답 (1) 5% (2) 35±2℃ (3) 48시간

해설 내염수 성능(KGS AA436) : 압력조정기의 몸체, 덮개, 밸브시트, 스프링, 니플에 사용하는 재료 중 규정된 재료 이외의 금속을 사용한 경우에는 5%의 염수를 분무하여 발생한 35±2℃의 증기실에서 48시간 시험하였을 때 이상이 없는 것으로 한다.

49 액화석유가스 자동차용 압력조정기의 기밀시험압력과 내압시험압력을 각각 쓰시오.

해답 ① 1.8MPa 이상 ② 3MPa 이상

해설 LPG 자동차용 압력조정기 제품 성능 : KGS AA435
① 내압 성능 : 압력조정기는 3MPa 이상의 압력으로 2분간 유지하여 누출 또는 변형이 없는 것으로 한다.
② 기밀 성능 : 압력조정기는 1.8MPa 이상의 압력으로 1분간 유지하여 누출이 없는 것으로 한다.
③ 내구 성능 : 압력조정기의 입구압력은 사용압력 범위 안에서 제조자가 제시한 압력으로 유지하고, 표시유량의 50%를 2~3초 간격으로 통과·차단하는 조작을 6만회 반복실시한 후 기밀시험과 출구압력을 실시하여 이상이 없는 것으로 한다. 다만, 폐쇄압력은 내구성시험 전 값의 110% 이하로 한다.
④ 내진동 성능 : 압력조정기에 대해서 진동수 600회/min, 진폭 5mm의 진동을 상하, 좌우 및 전후의 3방향에서 각각 24시간 이상 가한 후 기밀시험과 출구압력을 실시하여 이상이 없는 것으로 한다.

50 도시가스용 압력조정기의 종류를 3가지로 구분하고 출구압력을 각각 쓰시오. [18. 3회. 기사]

해답 ① 중압 : 0.1~1.0MPa 미만
② 준저압 : 4~100kPa 미만
③ 저압 : 1~4kPa 미만

해설 도시가스용 압력조정기 : KGS AA431
① "도시가스용 압력조정기"란 도시가스 정압기 이외에 설치되는 압력조정기로서 입구쪽 호칭지름이 50A 이하이고, 최대 표시유량이 $300Nm^3/h$ 이하인 것을 말한다.
② "정압기용 압력조정기"란 도시가스 정압기에 설치되는 압력조정기를 말한다.

51 정압기용 필터 엘리먼트 재료 기준에 대한 내용 중 ( ) 안에 알맞은 용어 및 명칭을 쓰시오.

(1) ( )은[는] Polyester, Metal Fiber, Fiber glass, Wool 및 금속망 등의 재료로서 여과 입도는 $5 \times 10^{-6} \sim 150 \times 10^{-6}$m로 한다.
(2) ( )은[는] Al, STS304, STS316 또는 이와 같은 수준 이상의 기계적 강도와 성질 등을 가지는 것으로 한다.
(3) ( )은[는] STS304, STS316 또는 이와 같은 수준 이상의 기계적 강도와 성질 등을 가지는 것으로 한다.
(4) ( )은[는] STS304, STS316 또는 이와 같은 수준 이상의 기계적 강도와 성질 등을 가지는 것으로 한다.

해답 (1) 여과재(media) (2) 여과재 지지물(media mesh)
(3) 내부원통(inner core) (4) 외부원통(out core)

[해설] 정압기용 필터 재료 기준 : KGS AA433
① 필터 용기 재료 : KS D 3562(압력배관용 탄소강관), KS D 3564(고압배관용 탄소강관), KS D 3631(연료가스배관용 탄소강관) 또는 이와 같은 수준 이상의 기계적 강도와 성질 등을 가지는 것으로 한다. 다만, KS D 3631은 0.1MPa 미만의 압력에서만 사용할 수 있다.
② 필터 엘리먼트 재료
　㉮ 여과재(media)는 Polyester · Metal Fiber · Fiber glass · Wool 및 금속망 등의 재료로서 여과입도는 $5 \times 10^{-6} \sim 150 \times 10^{-6}$m로 한다.
　㉯ 여과재 지지물(media mesh)은 Al · STS304 · STS316 또는 이와 같은 수준 이상의 기계적 강도와 성질 등을 가지는 것으로 한다.
　㉰ 내부원통(inner core)은 STS304 · STS316 또는 이와 같은 수준 이상의 기계적 강도와 성질 등을 가지는 것으로 한다.
　㉱ 외부원통(out core)은 STS304 · STS316 또는 이와 같은 수준 이상의 기계적 강도와 성질 등을 가지는 것으로 한다.

52 가스누출 경보차단장치의 다음 용어를 설명하시오.
(1) 검지부 :　　　(2) 차단부 :　　　(3) 제어부 :

[해답] (1) 누출된 가스를 검지하여 제어부로 신호를 보내는 기능을 가진 것
(2) 제어부로부터 보내진 신호에 따라 가스의 유로를 개폐하는 기능을 가진 것
(3) 차단부에 자동차단신호를 보내는 기능, 차단부를 원격 개폐할 수 있는 기능 및 경보 기능을 가진 것

53 가스누출 경보차단장치는 가스를 검지한 상태에서 차단시간은 얼마 이내이어야 하는가?

[해답] 30초
[해설] 경보 차단장치의 작동 성능 : KGS AA632
① 유량 성능 : 전자밸브식 차단부의 유량은 최소 1.32m³/h 이상이어야 하며, 표시치의 -5%, +10% 이내인 것으로 한다. 다만, 시험가스는 공기로 하고, 입구압력은 2.8kPa, 차압은 0.1kPa로 시험한다.
② 경보차단 성능
　㉮ 검지부의 가스검지 기능 이외의 기능이 연동되는 것은 경보차단장치의 기능에 나쁜 영향을 주지 아니하는 것으로 한다.
　㉯ 제어부는 검지부 및 차단부와 연결되어 있는 각각의 전선이 단선되는 등의 전기적 이상이 있을 경우 즉시 또는 버튼 조작을 통해 이를 알 수 있는 것으로 한다. 다만, 주거용 주방 자동소화장치에 사용되는 가스누출 경보차단장치의 제어부는 버튼 조작 없이도 즉시 단선 여부를 알 수 있는 것으로 한다.

㉰ 검지부 및 차단부가 2개 이상일 경우 일부 검지부 및 차단부가 전선이 단선되는 등의 전기적 이상이 있더라도 다른 검지부 및 차단부와 연동되는 차단 성능에는 이상이 없는 것으로 한다.
㉱ 경보차단장치는 가스를 검지한 상태에서 연속경보를 울린 후 30초 이내에 가스를 차단하여야 한다.

54 도시가스를 사용 중 호스가 절단되거나 빠졌을 경우 일정량 이상의 가스가 흐르면 콕에 내장된 플라스틱 볼에 의하여 가스를 자동으로 차단하여 생가스 누설로 인한 폭발사고를 방지하는 콕의 명칭을 쓰시오.

해답 퓨즈콕

해설 콕의 종류 : KGS AA334
① 퓨즈콕 : 가스 유로를 볼로 개폐하고, 과류차단 안전기구가 부착된 것으로서, 배관과 호스, 호스와 호스, 배관과 배관 또는 배관과 커플러를 연결하는 구조로 한다.
② 상자콕 : 상자에 넣어 바닥, 벽 등에 설치하는 것으로서, 3.3kPa 이하의 압력과 $1.2m^3/h$ 이하의 표시 유량에 사용하는 콕으로 가스 유로를 핸들, 누름, 당김 등의 조작으로 개폐하고, 과류차단 안전기구가 부착된 것으로서, 배관과 커플러를 연결하는 구조로 한다.
③ 주물 연소기용 노즐콕 : 주물 연소기 부품으로 사용하는 것으로서 볼로 개폐하는 구조로 한다.
④ 업무용 대형 연소기용 노즐콕 : 업무용 대형 연소기 부품으로 사용하는 것으로서 가스흐름을 볼로 개폐하는 구조를 말한다.

55 과류차단 안전기구가 부착된 콕의 종류 2가지를 쓰시오. [17. 2회. 기사]

해답 ① 퓨즈콕 ② 상자콕

해설 과류차단 안전기구(KGS AA334) : 표시유량 이상의 가스량이 통과되었을 경우 가스 유로를 차단하는 장치를 말한다.

56 퓨즈콕을 구조에 의하여 분류할 때 종류 3가지를 쓰시오. [17. 2회. 산기]

해답 ① 배관과 호스를 연결하는 구조
② 호스와 호스를 연결하는 구조
③ 배관과 배관을 연결하는 구조
④ 배관과 커플러를 연결하는 구조

해설 퓨즈콕 구조(KGS AA434) : 퓨즈콕은 가스 유로를 볼로 개폐하고, 과류차단 안전기구가 부착된 것으로서, 배관과 호스, 호스와 호스, 배관과 배관 또는 배관과 커플러를 연결하는 구조로 한다.

57 상자콕 구조에 대한 설명 중 (   ) 안에 알맞은 내용을 쓰시오. [16. 2회, 산기]

> 가스 유로를 핸들, 누름, 당김 등의 조작으로 개폐하고, (①)가 부착된 것으로서 밸브 핸들이 반개방 상태에서도 가스가 차단되어야 하며, (②)과[와] 커플러를 연결하는 구조이다.

해답 ① 과류차단 안전기구 ② 배관

해설 상자콕 구조(KGS AA334) : 상자콕은 가스 유로를 핸들, 누름, 당김 등의 조작으로 개폐하고, 과류차단 안전기구가 부착된 것으로서, 배관과 커플러를 연결하는 구조로 한다.

58 다음에 설명하는 것의 명칭을 쓰시오.

> (1) 연소기와 연결된 호스가 파손 등에 의하여 가스가 누출될 때 이상과다 가스유량을 감지하여 가스를 긴급하게 차단하는 가스용품이다.
> (2) 상자콕의 출구에 접속되는 것으로 신속하게 탈착할 수 있고, 접속부에서 가스누출이 없는 이음구조이다.

해답 (1) 퓨즈콕 (2) 신속이음쇠

해설 콕의 용어 정의 : KGS AA334
① 과류차단 안전기구 : 표시유량 이상의 가스량이 통과되었을 경우 가스 유로를 차단하는 장치를 말한다.
② 신속이음쇠 : 상자콕 출구 측에 접속되는 것으로, 신속하게 탈착할 수 있고, 접속부에서 가스 누출이 없은 이음구조이다.
③ 온-오프(on-off) 장치 : 과류차단 안전기구를 가지며, 핸들 등이 반개방 상태에서도 가스 유로가 열리지 않는 것이다.

59 용기내장형 가스난방기에서 세라믹 버너를 사용하는 경우 갖추어야 할 장치는 무엇인가? [12. 3회, 20. 3회, 기사]

해답 거버너

해설 용기내장형 가스난방기의 구조 및 장치 기준 : KGS AB232
① 난방기의 버너는 적외선방식(세라믹 버너) 또는 촉매연소방식의 버너를 사용한다.

② 장치
㉮ 정전안전장치 : 교류전원으로 가스통로를 개폐하는 난방기는 정전이 되었을 때에 가스통로를 차단하고, 다시 통전되었을 때에 자동으로 가스통로가 열리지 아니하거나 재점화되는 정전안전장치를 갖춘다. 다만, 정전 시에 파일럿 버너의 불꽃이 꺼지지 아니하는 난방기는 그러하지 아니하다.
㉯ 소화안전장치 : 난방기에는 소화안전장치를 부착한 것으로 한다.
㉰ 그 밖의 장치
 ㉠ 거버너(세라믹 버너를 사용하는 난방기만을 말한다.)
 ㉡ 불완전연소 방지장치 또는 산소결핍 안전장치(가스소비량이 11.6kW (10000kcal/h) 이하인 가정용 및 업무용의 개방형 난방기만을 말한다.)
 ㉢ 전도안전장치

60 파일럿 버너 또는 메인 버너의 불꽃이 꺼지거나 연소기구 사용 중에 가스 공급이 중단 또는 불꽃 검지부에 고장이 생겼을 때 자동으로 가스 밸브를 닫히게 하여 불이 꺼졌을 때 가스가 유출되는 것을 방지하는 안전장치의 명칭을 쓰시오.

해답 소화안전장치

61 연소기에 설치되는 소화안전장치의 종류 2가지를 쓰시오. [16. 4회. 산기]

해답 ① 열전대식 ② 광전관식(UV-cell 방식) ③ 플레임 로드식
해설 연소기의 소화안전장치
① 소화안전장치(消火安全裝置) : 가스레인지 등 연소기기가 사용상 부주의로 소화(消火)될 때 자동적으로 가스 흐름을 차단하여 주는 안전장치이다.
② 종류
㉮ 열전대식 : 열전대의 원리를 이용한 것으로 열전대가 가열되어 기전력이 발생되면서 전자밸브가 개방된 상태가 유지되고, 소화된 경우에는 기전력 발생이 감소되면서 스프링에 의해서 전자밸브가 닫혀 가스를 차단하는 것으로 가스레인지 등에 적용한다.
㉯ 광전관식 : 불꽃의 빛을 감지하는 센서를 이용한 방식으로 연소 중에는 전자밸브를 개방시키고 소화 시에는 전자밸브를 닫히도록 한 것이다.
㉰ 플레임 로드(flame rod)식 : 불꽃의 도전성에 의한 정류성을 이용하여 불꽃을 감지하는 방식으로 대용량의 연소기에 사용하는 방식이다.

62 개방형 온수기에 반드시 부착하여야 하는 안전장치 3가지는?

해답 ① 소화안전장치
② 과열방지장치
③ 불완전연소 방지장치 또는 산소결핍 안전장치(개방형 온수기에 한함)

63 이동식 프로판 연소기의 안전성과 편리성을 확보하기 위하여 갖추어야 할 장치 4가지를 쓰시오.

해답 ① 정전안전장치　　② 역풍방지장치
③ 소화안전장치　　④ 산소결핍 안전장치
⑤ 전도안전장치　　⑥ 세라믹 버너를 사용하는 연소기에는 거버너
⑦ 저온차단장치(촉매식 연소기에 한함)

해설 이동식 프로판 연소기 제조 기준 : KGS AB341
(1) 이동식 프로판 연소기 : 액화프로판가스가 충전된 용기를 사용하는 이동식 연소기
(2) 갖추어야 할 장치
　① 정전안전장치 : 정전이 되었을 때 가스통로를 차단하고, 다시 통전이 되었을 때 자동으로 가스통로가 열리지 아니하거나 재점화되는 안전장치
　② 역풍방지장치 : 배기통 연결부가 있는 연소기는 역풍이 버너에 영향을 미치지 아니하는 장치
　③ 소화안전장치 : 연소기에는 필요한 경우 소화안전장치를 갖출 수 있다. 다만, 1L 이상의 용기에 분리식으로 연결되는 난방기에는 소화안전장치를 갖춘다.
　④ 그 밖의 장치
　　㉮ 거버너(세라믹 버너를 사용하는 연소기에는 거버너를 갖춘다)
　　㉯ 산소결핍 안전장치(1L 이상의 용기에 분리식으로 연결되는 난방기에는 산소결 핍안전장치를 갖춘다)
　　㉰ 전도안전장치
　　㉱ 저온차단장치(촉매식 연소기에 한함)

64 이동식 부탄연소기의 용기 연결방법 3가지를 쓰시오. [06. 3회, 23. 1회. 기사]

해답 ① 카세트식　② 직결식　③ 분리식
해설 용기의 연결방법 : KGS AB336
① 카세트식 : 거버너가 부착된 연소기 안에 용기를 수평으로 장착시키는 구조
② 직결식 : 연소기에 1L 이하의 접합용기를 직접 연결하는 구조
③ 분리식 : 연소기에 1L 이하의 접합용기를 호스 등으로 연결하는 구조

65 다기능 가스안전계량기(마이콤미터)의 구조에 대한 기준 중 ( ) 안에 알맞은 내용을 쓰시오.

(1) 통상의 사용상태에서 (①), (②) 등이 침입할 수 없는 구조로 한다.
(2) 차단밸브가 작동한 후에는 ( )을[를] 하지 않는 한 열리지 않는 구조로 한다.
(3) 사용자가 쉽게 조작할 수 없는 ( )이 있는 것으로 한다.

해답 (1) ① 빗물 ② 먼지 (2) 복원조작 (3) 테스트 차단기능

해설 다기능 가스안전계량기 구조 및 치수 : KGS AA631
① 다기능 가스안전계량기 : 가스계량기에 이상유량 차단·가스누출차단장치 등 가스안전기능을 수행하는 안전장치가 부착된 가스용품으로 액화석유가스 또는 도시가스용으로 사용한다.
② 구조 및 치수
  ㉮ 통상의 사용상태에서 빗물, 먼지 등이 침입할 수 없는 구조로 한다.
  ㉯ 차단밸브가 작동한 후에는 복원조작을 하지 않는 한 열리지 않는 구조로 한다.
  ㉰ 복원을 위한 버튼이나 레버 등은 다기능계량기의 정면에서 쉽게 확인할 수 있고, 또한 복원조작을 쉽게 실시할 수 있는 위치에 있는 것으로 한다.
  ㉱ 사용자가 쉽게 조작할 수 없는 테스트 차단기능(제어부로부터의 신호를 받아 차단하는 것만을 말한다)이 있는 것으로 한다.
  ㉲ 가스검지기능을 가지는 다기능계량기의 검지부는 방수구조(가정용은 제외한다)로서 '소방시설 설치유지 및 안전관리에 관한 법률'에 따른 검정품으로 한다.
  ㉳ 입출구간 거리 및 나사규격

입출구간 거리(mm)		나사규격
90	±0.5	M34×1.5
100		
130		

66 다기능 가스안전계량기의 제조기준에서 입출구간 거리는 90mm, 100mm, 130mm 등 3가지로 구별될 수 있다. 이때 입출구간 거리 허용오차와 나사규격에 대하여 각각 쓰시오.
[14. 3회. 기사]

해답 ① 입출구간 거리 허용오차 : ±0.5mm
② 나사규격 : M34×1.5

67 다기능 가스안전계량기(마이콤미터)의 작동 성능(기능) 4가지를 쓰시오.

해답 ① 유량차단 성능　　② 미소사용 유량등록 성능
③ 미소누출검지 성능　　④ 압력저하차단 성능
⑤ 옵션단자 성능　　⑥ 옵션 성능

해설 다기능 가스안전계량기 작동 성능 : KGS AA631
① 유량차단 성능 : 차단값은 설정기 등으로 변경 또는 설정할 수 있는 것으로 한다.
　㉮ 합계유량 차단값을 초과하는 가스가 흐를 경우에 75초 이내에 차단
　　　합계유량 차단값＝연소기구 소비량의 총합×1.13
　㉯ 통상의 사용 상태에서 증가유량 차단값을 초과하여 유량이 증가하는 경우 차단
　　　증가유량 차단값＝연소기구 중 최대소비량×1.13
　㉰ 연속사용시간 차단은 유량이 변동 없이 장시간 연속하여 흐를 경우 차단
② 미소사용 유량등록 성능 : 정상 사용 상태에서 미소유량을 감지하여 오경보를 방지할 수 있는 것. 다만, 미소유량은 40L/h 이하로 하고 설정기 등으로 미소유량을 설정 또는 변경할 수 있는 것으로 한다.
③ 미소누출검지 성능 : 유량을 연속으로 30일간 검지할 때에 표시하는 기능이 있고, 또한 그밖에 원인으로 인하여 차단 복귀하더라도 해당 기능에 영향을 주지 않는 것
④ 압력저하차단 성능 : 통상의 사용 상태에서 다기능계량기 출구쪽 압력저하를 감지하여 압력이 0.6±0.1kPa에서 차단하는 것
⑤ 옵션단자 성능 : 다기능계량기와 옵션기기 연동 차단용 입력 신호선의 접속부의 극성 식별, 작동원인 LED 표시 등
⑥ 옵션 성능 : 통신 성능, 검지 성능, 무선원격차단 성능

68 가스용 폴리에틸렌 밸브에 대한 물음에 답하시오.

(1) 종류 2가지를 쓰시오.
(2) 사용조건 3가지를 쓰시오.

해답 (1) ① 매몰형 폴리에틸렌 플러그 밸브
② 매몰형 폴리에틸렌 볼밸브
(2) ① 사용온도 : −29℃ 이상 38℃ 이하
② 사용압력 : 0.4MPa 이하
③ 지하에 매몰하여 사용

해설 가스용 폴리에틸렌 밸브 적용 범위 : KGS AA333

69 가스용 폴리에틸렌 밸브(PE밸브)에 대한 물음에 답하시오. [09. 3회. 기사 동영상]

(1) 개폐용 핸들 열림 표시는 어느 방향으로 하는가?
(2) 밸브에 표시하여야 할 사항 3가지를 쓰시오.

해답 (1) 시계바늘 반대방향
(2) ① 제조자명 또는 약호　② 재질
　　③ 최고사용압력　　　　④ 호칭지름
　　⑤ 제조 연월 및 로트번호　⑥ 상당 SDR값
　　⑦ 개폐방향

70 매몰 용접형 가스용 볼밸브 제조 기준에 따른 검사시설의 종류 3가지를 쓰시오.

해답 ① 기밀시험설비　　　　② 내압시험설비
　　　③ 토크미터　　　　　　④ 항온조, 정밀저울, 침적설비
　　　⑤ 핀홀 검사설비　　　　⑥ 3차원 측정기 등 볼의 진원도 측정기
　　　⑦ 버니어캘리퍼스 · 마이크로미터 · 나사게이지 등 치수 측정설비
　　　⑧ 그 밖에 검사에 필요한 설비 및 기구

해설 매몰 용접형 가스용 볼밸브 제조 기준 : KGS AA332
(1) 매몰 용접형 가스용 볼밸브 : 배관용 밸브 중 지하에 매몰하여 사용하는 액화석유가스 또는 도시가스용 용접형 볼밸브이다.
(2) 종류

종류	퍼지관 부착 여부
짧은 몸통형 (short pattern)	볼밸브에 퍼지관을 부착하지 않은 것
긴 몸통형 (long pattern)	볼밸브에 퍼지관을 부착한 것(일체형과 용접형으로 구분)

[비고] 1. "일체형"이란 볼밸브의 몸통(덮개)에 퍼지관을 부착한 구조를 말한다.
　　　2. "용접형"이란 볼밸브의 몸통(덮개)에 배관을 용접하여 퍼지관을 부착한 구조를 말한다.

(3) 제조설비
　① 구멍 가공기 · 외경 절삭기 · 내경 절삭기 · 나사 가공기 · 바니싱 가공기 · 주물 가공설비 · 용해설비 · 주조설비 · 자동 용접설비 · 가열로 · 도장설비 · 가압능력 100톤 이상의 단조용 프레스 및 그 밖의 제조에 필요한 가공설비
　② 초음파 세척설비 또는 공압식 · 수압식 등의 전용 세척설비
　③ 볼밸브 조립을 위한 동력용 조립지그 · 공구 및 그 밖의 조립에 필요한 설비

71 가스용 염화비닐호스 종류 3가지의 안지름(mm)과 허용차(mm)를 쓰시오. [16. 2회. 기사]

(1) 1종 :   (2) 2종 :   (3) 3종 :   (4) 허용차 :

해답 (1) 6.3mm (2) 9.5mm (3) 12.7mm (4) ±0.7mm

해설 가스용 염화비닐호스의 구조 및 치수 : KGS AA534

① 호스는 안층·보강층·바깥층의 구조로 하고, 안지름과 두께가 균일한 것으로 굽힘성이 좋고 흠, 기포, 균열 등 결점이 없어야 한다.
② 호스는 안층과 바깥층이 잘 접착되어 있는 것으로 한다. 다만, 자바라 보강층의 경우에는 그러하지 아니하다.
③ 호스의 안지름 치수는 다음 표와 같다.

구분	안지름(mm)	허용차(mm)
1종	6.3	
2종	9.5	±0.7
3종	12.7	

④ 강선 보강층은 직경 0.18mm 이상의 강선을 상하(上下)로 겹치도록 편조하여 제조한다.

72 도시가스를 원료로 사용하여 에너지를 발생시키는 가스용 연료전지의 원리를 설명하시오. [20. 기사 2회]

해답 도시가스를 연료처리 모듈에서 개질반응시켜 수소로 변환하고, 변환된 수소는 발전 모듈에서 산소와 전기화학적인 반응을 시켜 전기를 생산하여 계통에 공급하고, 추가적으로 발생하는 열은 열저장 모듈에 저장하고, 저장된 열은 열저장 모듈에 내장된 열교환기를 이용하여 온수로 공급한다. 처리가 완료된 폐가스는 배기통을 이용하여 실외로 강제 배출시킨다.

해설 연료전지

(1) 원리 : 물에 전기에너지를 공급하여 전기분해하면 수소(H_2)와 산소(O_2)로 분해되고, 반대로 수소와 산소를 결합시키면(반응시키면) 물이 생성되면서 열이 발생하는데 이때 발생하는 열을 전기에너지로 바꿔 동력원으로 사용하는 것으로 연료전지의 원료로 도시가스 등의 수소와 공기 중의 산소를 화학반응 시켜 생기는 화학에너지를 전기에너지로 변환시키는 장치이다.

(2) 가스용 연료전지 시스템 구성 : ㈜하젠이엔지 가스용 연료전지 카탈로그 발췌
  ① 수소추출기(개질기) : 연료(LNG, LPG 등)를 수소로 변환하는 장치
  ② 스택(stack) : 수소와 공기 중 산소를 이용하여 전기 및 열을 발생시키는 장치
  ③ 전력변환기(인버터) : 스택에서 발생되는 직류전력을 교류전력으로 변환하는 장치

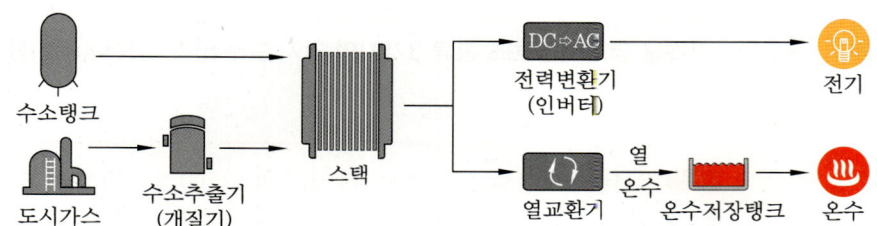

(3) 연료전지의 장점
① 발전효율이 높다.
② 도심지 설치가 용이하다.
③ 사용 원료가 고갈될 염려가 없고 친환경적이다.
④ 난방과 온수 사용이 가능하다.

(4) 액법 시행규칙 별표3 허가대상 가스용품 범위에 연료전지는 가스소비량이 232.6kW(20만 kcal/h) 이하인 것으로 규정하고 있음

73 가스용 연료전지 제조소에 갖추어야 할 제조설비 2가지를 쓰시오. [16. 3회, 21. 2회, 기사]

해답 ① 단위셀 및 스택 제작설비
② 연료개질기 제작설비
③ 그 밖에 제조에 필요한 가공설비

해설 가스용 연료전지 제조의 시설, 기술, 검사기준 : KGS AB934
(1) 제조설비
① 단위셀 및 스택 제작설비 ② 연료개질기 제작설비
③ 그 밖에 제조에 필요한 가공설비
(2) 검사설비
① 가스소비량 측정기 및 연소성 시험설비 ② 기밀시험설비
③ 절연저항 측정기 및 내전압 시험기 ④ 전기출력 측정설비
⑤ 전압측정기 ⑥ 전류측정기
⑦ 그 밖에 검사에 필요한 설비 및 기구

74 액화석유가스 충전사업소에서 폭발사고 발생 시 사업자가 한국가스안전공사에 제출하여야 하는 보고서 중 기술하여야 할 내용 5가지를 쓰시오.

해답 ① 통보자의 소속, 직위, 성명 및 연락처 ② 사고 발생 일시
③ 사고 발생 장소 ④ 사고 내용
⑤ 시설 현황 ⑥ 피해 현황(인명 및 재산)

해설 액화석유가스 안전관리법 시행규칙 별표21

75 액화석유가스 사업자별 판매가격 보고에 대한 표에서 빈칸에 알맞은 내용을 넣으시오.

보고 대상자	보고 대상 액화석유가스의 종류	보고 내용	보고 기한
액화석유가스 충전사업자	(1)	액화석유가스 종류별 부피(L) 단위 정상 판매가격	수시 (가격 변경 시 6시간 이내)
	(2)	이번 달의 액화석유가스의 종류별 중량 단위(kg) 정상 판매가격	(4)
	(3)		
액화석유가스 판매사업자	(2)	이번 달의 액화석유가스의 종류별 중량 단위(kg) 정상 판매가격	(4)
	(3)		

[22. 1회. 기사]

해답 (1) 자동차용 액화석유가스(2호)　　(2) 가정용·상업용 액화석유가스(1호)
　　　(3) 캐비닛히터용 액화석유가스(2호)　(4) 매월 2일

해설 판매가격 보고 대상의 종류와 보고내용 등 : 액법 시행규칙 별표2

보고 대상자	보고 대상 액화석유가스의 종류	보고 내용	보고 방법	보고 기한
액화석유가스 수출입 업자	가. 가정용·상업용 액화석유가스(1호)	지난 달의 액화석유가스의 종류별, 판매대상별(액화석유가스 충전사업자, 집단공급사업자, 판매사업자) 내수판매량, 내수매출액 및 내수매출단가	전자보고	매월 23일
	나. 자동차용 액화석유가스(2호)			
액화석유가스 충전사업자	가. 자동차용 액화석유가스(2호)	액화석유가스의 종류별 부피 단위(L) 정상 판매가격	전자보고 또는 그 밖의 보고	수시(가격 변경 시 6시간 이내)
	나. 가정용·상업용 액화석유가스(1호)	이번 달의 액화석유가스의 종류별 중량 단위(kg) 정상 판매가격		매월 2일
	다. 캐비닛히터용 액화석유가스(2호)			
액화석유가스 집단 공급사업자	가정용·상업용 액화석유가스(1호)	이번 달의 액화석유가스의 종류별 부피 단위(m^3) 정상 판매가격	전자보고 또는 그 밖의 보고	매월 2일
액화석유가스 판매사업자	가. 가정용·상업용 액화석유가스(1호)	이번 달의 액화석유가스의 종류별 중량 단위(kg) 정상 판매가격	전자보고 또는 그 밖의 보고	매월 2일
	나. 캐비닛히터용 액화석유가스(2호)			

[비고] 1. 위 표에서 "전자보고"란 인터넷, 부가가치통신망(VAN)을 이용한 보고를 말하고, "그 밖의 보고"란 전자보고를 제외한 전화, 팩스 등을 이용한 보고를 말한다.
　　　2. 하나의 사업자가 둘 이상의 사업소를 운영하는 경우에는 사업소별로 보고한다.

제11장 도시가스 안전관리

1 가스도매사업 공급시설

1-1 가스도매사업 제조소 및 공급소

(1) 시설기준

① 다른 설비와의 거리
  ㈎ 고압인 가스공급시설의 안전구역 면적 : 20000m² 미만
  ㈏ 안전구역 안의 고압인 가스공급시설과의 거리 : 30m 이상
  ㈐ 둘 이상의 제조소가 인접하여 있는 경우 다른 제조소 경계까지 : 20m 이상
  ㈑ 액화천연가스의 저장탱크와 처리능력이 20만m³ 이상인 압축기와의 거리 : 30m 이상
  ㈒ 저장탱크와의 거리 : 두 저장탱크의 최대지름을 합산한 길이의 1/4 이상에 해당하는 거리 유지(1m 미만인 경우 1m 이상의 거리 유지) → 물분무장치 설치 시 제외

② 사업소 경계와의 거리 : 액화천연가스의 저장설비 및 처리설비

$$L = C \times \sqrt[3]{143000W}$$

여기서, L : 유지하여야 하는 거리(m) (단, 거리가 50m 미만의 경우 50m 이상을 유지)
  C : 저압 지하식 탱크는 0.240, 그 밖의 가스저장설비 및 처리설비는 0.576
  W : 저장탱크는 저장능력(톤)의 제곱근, 그 밖의 것은 그 시설 안의 액화천연가스의 질량(톤)

(2) 액화천연가스 저장탱크의 형식

① 단일 방호형식 : 내부 탱크는 액상 및 기상의 가스를 모두 저장하며, 내부 탱크가 파괴되는 경우 누출된 액상의 가스를 방류둑에서 충분히 담을 수 있는 구조
② 이중 방호형식 : 내부 탱크는 액상 및 기상의 가스를 모두 저장하며, 내부 탱크가 파괴되어 액상의 가스가 누출되는 경우 방류둑 또는 외부 탱크에서 누출된 액상의 가스를 담을 수 있는 구조
③ 완전 방호형식 : 정상운전 시 내부 탱크는 액상의 가스를 저장할 수 있고, 외부 탱크는 기상의 가스를 저장할 수 있는 구조로서 내부 탱크가 파괴되어 누출되는 경우 외부 탱크가 누출된 액상 및 기상의 가스를 담을 수 있으며, 증발가스(boil-off gas)가 안전밸브를 통해 방출될 수 있는 구조

(3) 배관설비

① 용접 방법에 필요한 사항

(가) 용접이음매 위치

㉮ 맞대기 용접하는 경우 용접이음매 간격 : 다음 계산식에 따라 계산한 값 이상. 최소 간격은 50mm

$$D = 2.5\sqrt{R_m t}$$

여기서, D : 용접이음매의 간격(mm)

R_m : 배관의 두께 중심까지의 반경(mm) $\left(\therefore R_m = \dfrac{D_o - t}{2} = \dfrac{D_i + t}{2}\right)$

t : 배관의 두께(mm)

D_i : 배관의 내측 직경(mm)

D_o : 배관의 외측 직경(mm)

㉯ 배관 상호의 길이 이음매는 원주방향에서 원칙적으로 50mm 이상 떨어지게 한다.

(나) 배관의 용접은 지그(jig)를 사용하여 가운데서부터 정확하게 위치를 맞춘다.

(다) 배관의 두께가 다른 배관의 맞대기 이음 : 길이 방향의 기울기를 3분의 1 이하로 한다.

② 매설배관 되메움 재료

(가) 기초 재료(foundation) : 배관의 침하를 방지하기 위하여 배관 하부에 포설하는 재료

(나) 침상 재료(bedding) : 배관에 작용하는 수직방향 및 횡방향에서 지지하고 하중을 기초 아래로 분산하기 위하여 배관 하단에서 배관 상단 0.3m(가스용 폴리에틸렌관은 0.1m)까지 포설하는 재료

(다) 되메움(backfill) 재료 : 배관에 작용하는 하중을 분산해 주고 도로의 침하 등을 방지하기 위하여 침상재료 상단에서 도로 노면까지 포설하는 재료

(4) 방류둑 설치

저장능력 500톤 이상의 액화가스 저장탱크

1-2 가스도매사업 제조소 및 공급소 밖의 배관

(1) 용어의 정의

① 도시가스시설 현대화 : 가스시설의 안전성 향상을 위하여 노후시설이나 위험시설을 개선하고 선진화된 기술과 장비의 도입으로 가스시설의 안전을 강화하는 것으로서 다음의 것을 말한다.
  - ㈎ 배관망 전산화(수치화된 도면 및 관련 자료를 전산당에 입력하고 그 자료의 입·출력이 가능한 정도)
  - ㈏ 관리 대상 시설의 개선(심도 미달 배관과 하수도 관통 배관의 이설, 학교 부지 안 정압기와 고가도로 밑 정압기의 이전 등)
  - ㈐ 노후배관(자체 점검이나 외부 기관의 안전진단 결과 보수·수리 또는 교체가 필요하다고 인정된 배관) 교체 실적
  - ㈑ 가스 사고 발생 빈도

② 안전성 제고를 위한 과학화 : 가스공급시설의 위치·시공 방법 등에 따라 체계적으로 안전관리를 수행하고 과학적으로 운영하는 것으로서 다음의 것을 말한다.
  - ㈎ 시공 감리 실시 배관
  - ㈏ 배관 순찰차량 보유 대수(안전점검원 2인에 1대를 기준으로 한다)
  - ㈐ 노출 배관 길이(굴착공사로 인해 노출된 배관을 말한다)
  - ㈑ 주민 모니터링제 실시 및 선정 인원

(2) 굴착공사로 인한 노출 배관 방호

① 굴착으로 주위가 노출된 고압 배관의 길이가 100m 이상인 것은 노출된 배관 양 끝에 차단장치 설치
② 중압 이하의 배관(호칭지름 100mm 미만인 저압 배관 제외)으로 노출된 부분의 길이가 100m 이상인 것은 노출 부분 양 끝으로부터 300m 이내에 차단장치 설치하거나 500m 이내에 원격조작이 가능한 차단장치 설치
③ 점검 통로와 조명시설 설치 : 노출된 배관 길이가 15m 이상인 경우
  - ㈎ 점검통로 폭 : 0.8m 이상
  - ㈏ 가드레일 : 0.9m 이상의 높이
  - ㈐ 가스배관과 점검통로와의 거리 : 수평거리 1m 이내
  - ㈑ 조명 : 70lx 이상을 유지

(3) 긴급차단장치 설치

① 시가지·주요 하천·호수 등을 횡단하거나 도로·농경지·시가지 등을 따라 매설되는 배관에서 사고가 발생하는 등의 경우에 원격조작으로 가스 공급을 긴급히 차단하기 위하여 설치

② 주요 하천·호수 등을 횡단하는 배관 : 횡단 거리가 500m 이상이고 교량에 설치하는 배관에는 횡단부의 양 끝으로부터 가까운 거리에 설치
③ 매설되는 배관 : 지역 구분에 따른 거리에 설치

지역 구분	지역 분류 기준	차단밸브 설치거리
㈎	지상 4층 이상의 건축물 밀집지역 또는 교통량이 많은 지역으로서 지하에 여러 종류의 공익시설물(전기·가스·수도 시설물 등)이 있는 지역	8km
㈏	"㈎"에 해당하지 않는 지역으로서 밀도지수가 46 이상인 지역	16km
㈐	"㈏"에 해당하지 않는 지역으로서 밀도지수가 46 미만인 지역	24km

[비고] 1. "밀도지수"란 배관의 임의의 지점에서 길이 방향으로 1.6km, 배관 중심으로부터 좌우로 각각 폭 0.2km의 범위에 있는 가옥 수(아파트 등 복합건축물의 가옥 숫자는 건축물 안의 독립된 가구 수로 한다)를 말한다.
  2. ㈎, ㈏, ㈐ 지역이 혼재한 지역의 경우에는 배관 상의 임의의 지점으로부터 짧은 지역을 기준한다.

④ 긴급차단장치의 동력원은 액압, 기압, 스프링 또는 전기 등으로 하되, 가스공급시설을 관리·제어하는 통제소에서 원격조작으로 가스 공급을 차단할 수 있는 것으로 한다.

2 일반도시가스사업 공급시설

2-1 일반도시가스사업 제조소 및 공급소

(1) 시설기준

① 가스혼합기, 가스정제설비, 배송기, 압송기, 가스공급시설의 부대설비(배관 제외)와 사업장 경계까지 : 3m 이상 (고압인 경우 20m 이상, 제1종 보호시설과 30m 이상)
② 화기와의 거리 : 8m 이상의 우회거리
③ 사업소 경계와의 거리 : 가스발생기 및 가스홀더
  ㈎ 최고사용압력이 고압 : 20m 이상
  ㈏ 최고사용압력이 중압 : 10m 이상
  ㈐ 최고사용압력이 저압 : 5m 이상

(2) 환기설비 설치

① 환기설비 구조
- ㉮ 공기보다 비중이 큰 가스(무거운 가스) : 바닥면에 접하고
- ㉯ 공기보다 비중이 작은 가스(가벼운 가스) : 천장이나 벽면상부에서 30cm 이내에 설치
- ㉰ 환기구 통풍가능 면적 : 바닥면적 1m²마다 300cm² 비율로 계산한 면적 이상 (1개 환기구 면적 2400cm² 이하)
- ㉱ 사방을 방호벽 등으로 설치할 경우 : 환기구를 2방향 이상으로 분산 설치

② 기계환기설비의 설치
- ㉮ 통풍능력 : 바닥면적 1m²마다 0.5m³/분 이상
- ㉯ 배기구는 바닥면(공기보다 가벼운 경우에는 천장면) 가까이 설치
- ㉰ 배기가스 방출구 높이 : 지면에서 5m 이상 (공기보다 가벼운 경우 3m 이상)

③ 공기보다 비중이 작은 공급시설이 지하에 설치된 경우의 통풍구조
- ㉮ 통풍구조 : 환기구를 2방향 이상 분산 설치
- ㉯ 배기구 : 천장면으로부터 30cm 이내 설치
- ㉰ 흡입구 및 배기구의 관경 : 100mm 이상
- ㉱ 배기가스 방출구 높이 : 지면에서 3m 이상

(3) 방류둑 설치

저장능력 1000톤 이상인 액화가스 저장탱크

(4) 가스설비의 시험

① 내압시험
- ㉮ 시험압력 : 최고사용압력의 1.5배 이상(기체일 경우 최고사용압력의 1.25배 이상)
- ㉯ 내압시험을 기체에 의하여 하는 경우 : 상용압력의 50%까지 승압하고 그 후에는 상용압력의 10%씩 단계적으로 승압

② 기밀시험 : 최고사용압력의 1.1배

2-2 일반도시가스사업 제조소 및 공급소 밖의 배관

(1) 공동주택 등에 설치하는 압력조정기

① 공급되는 가스압력에 따른 세대수
- ㉮ 중압 이상 : 전체 세대수 150세대 미만
- ㉯ 저압 : 전체 세대수 250세대 미만

② 설치 높이 : 지면으로부터 1.6m 이상 2m 이내(격납상자에 설치하는 경우 높이 제한 없음)
③ 릴리프식 안전장치가 내장된 조정기를 건축물 안에 설치하는 경우 가스방출구는 실외의 안전한 장소에 설치

(2) 배관설비

① 지하에 매설하는 배관 종류
 ㈎ 폴리에틸렌 피복강관(KS D 3589)
 ㈏ 분말용착식 폴리에틸렌 피복강관(KS D 3607)
 ㈐ 가스용 폴리에틸렌관(KS M 3514)

② 지하매설배관의 설치(매설깊이)
 ㈎ 공동주택 등의 부지 내 : 0.6m 이상
 ㈏ 폭 8m 이상의 도로 : 1.2m 이상
 ㈐ 폭 4m 이상 8m 미만인 도로 : 1m 이상

③ 배관설비 표시
 ㈎ 배관 외부 표시사항 : 사용가스명, 최고사용압력, 가스의 흐름 방향
 ㈏ 라인마크 설치기준 : 배관길이 50m마다 1개 이상, 주요 분기점 구부러진 지점 및 그 주위 50m 이내 설치
 ㈐ 표지판 설치 간격 : 200m 간격으로 1개 이상 (가스도매사업자의 배관 : 500m 이내)

2-3 일반도시가스사업 정압기

(1) 정압기실 시설 및 설비

① 과압안전장치 설치
 ㈎ 분출부 크기

정압기 입구 압력		배관 크기
0.5MPa 이상		50A 이상
0.5MPa 미만	설계유량 1000Nm³/h 이상	50A 이상
	설계유량 1000Nm³/h 미만	25A 이상

(나) 설정압력

구 분		상용압력 2.5kPa	그 밖의 경우
이상압력통보설비	상한값	3.2kPa 이하	상용압력의 1.1배 이하
	하한값	1.2kPa 이상	상용압력의 0.7배 이상
주정압기에 설치하는 긴급차단장치		3.6kPa 이하	상용압력의 1.2배 이하
안전밸브		4.0kPa 이하	상용압력의 1.4배 이하
예비정압기에 설치하는 긴급차단장치		4.4kPa 이하	상용압력의 1.5배 이하

(다) 가스방출관 설치 : 지면으로부터 5m 이상 (전기시설물과 접촉 우려가 있는 곳은 3m 이상)

② 가스누출검지 통보설비 설치

　(가) 검지부 : 바닥면 둘레 20m에 대하여 1개 이상의 비율

　(나) 작동상황 점검 : 1주일에 1회 이상

③ 위험감시 및 제어장치 설치

　(가) 경보장치 : 정압기 출구 배관에 설치하고 가스압력이 비정상적으로 상승할 경우 안전관리자가 상주하는 곳에 통보

　(나) 출입문 및 긴급차단장치 개폐통보장치

④ 수분 및 불순물 제거장치 설치 : 정압기 입구에 설치

⑤ 동결방지조치 : 가스에 포함된 수분의 동결에 의해 정압기능이 저해할 우려가 있는 정압기

⑥ 가스공급 차단장치 설치

　(가) 가스차단장치 : 정압기 입구 및 출구에 설치

　(나) 지하에 설치되는 정압기 : 정압기실 외부의 가까운 곳에 추가 설치

⑦ 부대설비 설치

　(가) 비상전력설비

　(나) 압력기록장치 : 정압기 출구의 압력을 측정, 기록

　(다) 조명설비 설치 : 조명도 150룩스

　(라) 외부인 출입감시 장치 설치

⑧ 경계표지 : 정압기실 주변의 보기 쉬운 곳에 게시, 시설명, 공급자, 연락처 등을 표기

⑨ 경계책 높이 : 1.5m 이상의 철책, 철망

(2) 점검기준

① 정압기 : 2년에 1회 이상 분해 점검

② 필터 : 가스공급 개시 후 1개월 이내 및 매년 1회 이상 분해 점검

③ 작동상황 점검 : 1주일에 1회 이상

2-4 고정식 압축도시가스자동차 충전

(1) 시설 기준

① 화기와의 거리
  ㈎ 저장설비·처리설비·압축가스설비 및 충전설비
    ㉮ 고압전선(직류의 경우 750V를 초과하는 전선, 교류의 경우 600V를 초과하는 전선) : 수평거리 5m 이상
    ㉯ 저압전선(직류의 경우 750V 이하의 전선, 교류의 경우 600V 이하의 전선) : 수평거리 1m 이상
  ㈏ 저장설비·처리설비·압축가스설비 및 충전설비의 외면으로부터 화기를 취급하는 장소 : 8m 이상의 우회거리 유지
  ㈐ 저장설비·처리설비·압축가스설비 및 충전설비는 인화성물질 또는 가연성물질의 저장소 : 8m 이상의 우회거리 유지
  ㈑ 저장설비의 유동방지시설 설치
    ㉮ 높이 : 2m 이상의 내화성 벽
    ㉯ 저장설비 등과 화기를 취급하는 장소 : 우회 수평거리 8m 이상 유지
    ㉰ 불연성 건축물 안에서 화기를 사용하는 경우 : 저장설비로부터 8m 이내에 있는 건축물 개구부는 방화문 또는 망입유리로 폐쇄, 출입문은 2중문으로 한다.
② 사업소 경계와의 거리 : 저장설비·처리설비, 압축가스설비 및 충전설비 외면으로부터 10m 이상의 안전거리 유지 (방호벽 설치 시 5m 이상)
③ 도로 경계와의 거리 : 충전설비와 5m 이상의 거리 유지
④ 철도와의 거리 : 저장설비·처리설비·압축가스설비 및 충전설비와 30m 이상의 거리 유지

(2) 호스 설치

① 자동차 주입 호스 : 길이가 8m 이하인 것에 한정
② 압축장치 인입 접속부
③ 배관 길이가 1m를 초과하지 않는 곳으로서, 유연성이 요구되는 장소

(3) 긴급분리장치 설치

① 충전호스에는 충전 중 자동차의 오발진으로 인한 충전기 및 충전호스의 파손을 방지하기 위하여 설치
② 긴급분리장치는 지면 또는 지지대에 고정하여 설치
③ 각 충전설비마다 설치
④ 수평방향으로 당길 때 666.4N(68kgf) 미만의 힘으로 분리되는 것
⑤ 긴급분리장치와 충전설비 사이에 90°회전의 수동밸브를 설치

(4) 충전기 보호설비 설치

① 보호대
- ㉮ 두께 12cm 이상의 철근콘크리트
- ㉯ 호칭 지름 100A 이상의 KS D 3507(배관용 탄소강관) 또는 이와 동등 이상의 기계적 강도를 가진 강관

② 보호대 높이 : 80cm 이상

③ 보호대가 말뚝 형태일 경우 2개 이상 설치, 간격 1.5m 이하

④ 보호대 기초
- ㉮ 콘크리트제 보호대 : 콘크리트 기초에 25cm 이상의 깊이로 묻고, 바닥과 일체가 되도록 콘크리트 타설
- ㉯ 강관제 보호대 : 콘크리트 기초에 25cm 이상의 깊이로 묻거나, 앵커 볼트를 사용하여 콘크리트 기초에 고정

3 사용시설

3-1 도시가스 사용시설

(1) 용어의 정의

① 상용압력 : 통상의 사용 상태에서 사용하는 최고압력으로서, 정압기 출구측 압력이 2.5kPa 이하인 경우에는 2.5kPa을 말하며, 그 외의 것은 일반도시가스사업자가 설정한 정압기의 최대 출구 압력을 말한다.

② 입상관 : 수용가에 가스를 공급하기 위해 건축물에 수직으로 부착되어 있는 배관을 말하며, 가스의 흐름과 관계없이 수직배관은 입상관으로 본다.

③ 빌트인(built-in) : 주방기구에 내장 설치하는 연소기를 말한다.

④ 매립(埋立)배관 : 건축물의 천장, 벽, 바닥 속에 설치되는 배관으로서, 배관 주위에 콘크리트, 흙 등이 채워져 배관의 점검·교체가 불가능한 배관을 말한다. 다만, 천장, 벽체 등을 관통하기 위해 이음부 없이 설치되는 배관은 매립배관으로 보지 않는다.

⑤ 은폐(隱蔽)배관 : 건축물 내 천장, 벽체, 바닥 등의 공간에 외부에서 배관이 보이지 않게 설치된 배관으로서, 배관의 점검·교체 등이 가능한 배관을 말한다. 다만, 상자콕 설치를 위해 은폐배관 중 일부가 매립되는 경우 배관 전체를 매립배관으로 본다.

(2) 가스계량기

① 화기와 2m 이상 우회거리 유지
② 설치 높이 : 1.6m 이상 2m 이내 (보호상자 내에 설치하는 경우 등은 2m 이내에 설치)
③ 유지거리
　㈎ 전기계량기, 전기개폐기 : 60cm 이상
　㈏ 단열조치를 하지 않은 굴뚝, 전기점멸기, 전기접속기 : 30cm 이상
　㈐ 절연조치를 하지 않은 전선 : 15cm 이상
④ 가스계량기 설치 제한
　㈎ 가스계량기는 공동주택의 대피공간, 방·거실 및 주방 등 사람이 거처하는 곳에 설치하지 않는다.
　㈏ 가스계량기에 나쁜 영향을 미칠 우려가 있는 다음 장소에 설치하지 않는다.
　　㉮ 진동의 영향을 받는 장소
　　㉯ 석유류 등 위험물을 저장하는 장소
　　㉰ 수전실, 변전실 등 고압전기설비가 있는 장소

(3) 배관설비

① PE배관 두께 : 압력 범위에 따른 관의 두께

SDR	압력
11 이하	0.4MPa 이하
17 이하	0.25MPa 이하
21 이하	0.2MPa 이하

여기서, SDR(Standard Dimension Ratio) $= \dfrac{D(외경)}{t(최소두께)}$

② PE배관설비 접합
　㈎ PE배관의 접합 전에는 접합부를 접합전용 스크레이프 등으로 다듬질한다.
　㈏ 금속관과의 접합은 T/F(Transition Fitting : 이형질 이음관)를 사용한다.
　㈐ 접합 방법
　　㉮ 열융착 : 맞대기융착, 소켓융착, 새들융착
　　㉯ 전기융착 : 소켓융착, 새들융착
　㈑ 설치 장소 제한
　　㉮ 노출배관으로 사용 금지(지상배관과 연결을 위하여 금속관으로 보호조치를 하고, 지면에서 0.3m 이하로 노출하여 시공하는 경우 노출배관으로 사용할 수 있음)
　　㉯ 온도가 40℃ 이상이 되는 장소 (파이프 슬리브 등을 이용하여 단열조치를 한 경우 40℃ 이상이 되는 장소에 설치할 수 있음)

㈑ 매몰 설치
　㉮ 굴곡허용반경은 외경의 20배 이상(20배 미만일 경우 엘보를 사용한다)
　㉯ 매설위치를 지상에서 탐지할 수 있도록 탐지형 보호포·로케팅 와이어(굵기 6mm² 이상) 등을 설치

③ 입상관 설치
　㈎ 입상관 밸브 : 바닥으로부터 1.6m 이상 2m 이내에 설치
　㈏ 부득이 1.6m 이상 2m 이내에 설치하지 못할 경우 기준
　　㉮ 입상관 밸브를 1.6m 미만으로 설치 : 보호상자 안에 설치
　　㉯ 입상관 밸브를 2.0m 초과하여 설치 : 다음 중 어느 하나의 기준을 따른다.
　　　㉠ 입상관 밸브 차단을 위한 전용 계단을 견고하게 고정·설치
　　　㉡ 원격으로 차단이 가능한 전동밸브를 설치. 이 경우 차단장치의 제어부는 바닥으로부터 1.6m 이상 2m 이내에 설치, 전등밸브 및 제어부는 빗물을 받을 우려가 없도록 조치

④ 배관 고정장치 : 배관과 고정장치 사이에는 절연조치를 할 것
　㈎ 호칭지름 13mm 미만 : 1m마다
　㈏ 호칭지름 13mm 이상 33mm 미만 : 2m마다
　㈐ 호칭지름 33mm 이상 : 3m마다
　㈑ 호칭지름 100mm 이상의 것은 3m를 초과하여 설치할 수 있음

호칭지름	지지간격(m)	호칭지름	지지간격(m)
100A	8	400A	19
150A	10	500A	22
200A	12	600A	25
300A	16	-	-

⑤ 배관이음부와 유지거리(용접이음매 제외)
　㈎ 전기계량기, 전기개폐기 : 60cm 이상
　㈏ 전기점멸기, 전기접속기 : 15cm 이상
　㈐ 절연조치를 하지 않은 전선, 단열조치를 하지 않은 굴뚝 : 15cm 이상
　㈑ 절연전선 : 10cm 이상

⑥ 배관 도색 및 표시
　㈎ 배관 외부에 표시 사항 : 사용가스명, 최고사용압력, 가스 흐름 방향(매설관 제외)
　㈏ 지상 배관 : 황색
　㈐ 지하 매설배관 : 중압 이상 - 적색, 저압 - 황색
　㈑ 건축물 내, 외벽에 노출된 배관 : 바닥에서 1m 높이에 폭 3cm의 황색띠를 2중으로 표시한 경우 황색으로 하지 아니할 수 있음

(4) 점검기준

① 가스사용시설에 설치된 압력조정기 : 1년에 1회 이상(필터 청소 : 3년에 1회 이상)
② 정압기와 필터 분해점검 : 설치 후 3년까지는 1회 이상, 그 이후에는 4년에 1회 이상

(5) 내압시험 및 기밀시험

① 내압시험(중압 이상 배관) : 최고사용압력의 1.5배 이상
② 기밀시험 : 최고사용압력의 1.1배 또는 8.4kPa 중 높은 압력 이상

(6) 연소기

① 호스 길이 : 3m 이내, "T"형으로 연결 금지
② 연소기의 설치 방법
　㈎ 개방형 연소기 : 환풍기, 환기구 설치
　㈏ 반밀폐형 연소기 : 급기구, 배기통 설치
　㈐ 배기통 재료 : 스테인리스강, 내열 및 내식성 재료

3-2 월사용예정량 산정 기준

(1) 월사용예정량 산정식

$$Q = \frac{(A \times 240) + (B \times 90)}{11000}$$

여기서, Q : 월사용예정량(m^3)
　　　　A : 산업용으로 사용하는 연소기의 명판에 기재된 가스소비량의 합계(kcal/h)
　　　　B : 산업용이 아닌 연소기의 명판에 기재된 가스소비량의 합계(kcal/h)
　　※ 산정식 중 '240'은 산업용에 사용하는 연소기가 1일 8시간씩 30일간 사용한 시간이고, '90'은 산업용이 아닌 연소기가 1일 3시간씩 30일간 사용한 시간을 나타낸다.

① 가정용으로 사용하는 연소기의 가스소비량은 합산 대상에서 제외한다.
② 가스보일러 본체에 표시된 소비량과 버너에 표시된 소비량이 다를 경우에는 보일러 본체에 표시된 소비량으로 한다.

(2) 연소기의 용도를 산업용과 비산업용으로 구분

① 산업용 : 해당 가스를 이용하여 직접 제품을 생산, 판매(일반적인 유통 방법에 의한 판매를 말한다)하는 경우
② 비산업용 : 그 밖의 경우

3-3 승압방지장치 설치

(1) 설치 대상

① 높이가 80m 이상인 고층 건물로서 가스압력 상승으로 인한 연소기에 실제 공급되는 가스의 압력이 연소기의 최고사용압력을 초과할 우려가 있는 건물은 가스압력 상승으로 인한 가스누출, 이상연소 등을 방지하기 위하여 설치
② 승압방지장치는 한국가스안전공사의 성능인증품을 사용
③ 승압방지장치의 전·후단에는 승압방지장치의 탈착이 용이하도록 차단밸브를 설치
④ 승압방지장치의 설치위치 및 설치수량은 '건물높이 산정 방법'의 계산식에 따른 압력상승값을 계산하였을 때 연소기에 공급되는 가스압력이 최고사용압력 이내가 되는 위치 및 수량으로 한다.

(2) 승압방지장치 설치가 필요한 건물 높이 산출 방법

① 건물 높이 산정 방법

$$H = \frac{P_h - P_0}{\rho \times (1-S) \times g}$$

H : 승압방지장치 최초 설치 높이(m)
P_h : 연소기 명판의 최고사용압력(Pa)
P_0 : 수직 배관 최초 시작지점의 가스압력(Pa)
ρ : 공기 밀도(1.293kg/m³)
S : 공기에 대한 가스 비중 (0.62)
g : 중력가속도(9.8m/s²)

② ①의 산출식에서 계산된 승압방지장치 최초 설치 높이는 제조사가 제시한 계량기의 압력손실 값을 반영하여 다음과 같이 가산 적용한다.
㉮ 계량기의 압력손실 값은 계량기의 최소 유량에서의 압력손실 값을 적용한다.
㉯ 압력손실 값 1Pa당 0.21m의 높이를 가산하여 ①의 산정식에 의한 결과값에 반영한다.

도시가스 안전관리 예상문제

01 도시가스 사업법에 규정된 안전관리자의 종류 5가지를 쓰시오.

해답 ① 안전관리 총괄자 ② 안전관리 부총괄자 ③ 안전관리 책임자
④ 안전관리원 ⑤ 안전점검원

해설 안전관리자의 종류 및 자격 : 도법 시행령 제15조
① 안전관리자의 종류 : 안전관리 총괄자, 안전관리 부총괄자, 안전관리 책임자, 안전관리원, 안전점검원
② 안전관리 총괄자는 도시가스사업자(법인의 경우에는 그 대표자), 도시가스사업자 외의 가스공급시설 설치자(법인인 경우에는 그 대표자) 또는 특정가스사용시설의 사용자(법인인 경우에는 그 대표자)로 하며 안전관리 부총괄자는 해당 가스공급시설을 직접 관리하는 최고 책임자로 한다.
③ 안전관리의 자격과 선임 인원은 도법 시행령 별표 1의 규정에 따른다.

02 도시가스 배관 종류 3가지를 쓰시오. (단, 관 종류는 제외한다.) [18. 4회. 산기]

해답 ① 본관 ② 공급관 ③ 내관

해설 도시가스 배관 종류 : 도법 시행규칙 제2조
① 배관이란 도시가스를 공급하기 위하여 배치된 관으로써 본관, 공급관, 내관 또는 그 밖의 관을 말한다.
② 본관이란 다음 각목의 것을 말한다.
㉮ 가스도매사업의 경우에는 도시가스제조사업소(액화천연가스의 인수기지를 포함)의 부지 경계에서 정압기지의 경계까지 이르는 배관. 다만, 밸브기지 안의 배관은 제외한다.
㉯ 일반도시가스사업의 경우에는 도시가스제조사업소의 부지 경계 또는 가스도매사업자의 가스시설 경계에서 정압기까지 이르는 배관
㉰ 나프타부생가스·바이오가스제조사업의 경우에는 해당 제조사업소의 부지 경계에서 가스도매사업자 또는 일반도시가스사업자의 가스시설 경계 또는 사업소 경계까지 이르는 배관
㉱ 합성천연가스제조사업의 경우에는 해당 제조사업소의 부지 경계에서 가스도매사업자의 경계 또는 사업소 경계까지 이르는 배관
③ 공급관이란 다음 각목의 것을 말한다.
㉮ 공동주택, 오피스텔, 콘도미니엄, 그 밖에 안전관리를 위하여 산업통상자원부장관이 필요하다고 인정하여 정하는 건축물(이하 "공동주택 등"이라 한

다)에 가스를 공급하는 경우에는 정압기에서 가스사용자가 구분하여 소유하거나 점유하는 건축물의 외벽에 설치하는 계량기의 전단밸브(계량기가 건축물의 내부에 설치된 경우에는 건축물의 외벽)까지 이르는 배관

㉯ 공동주택 등 외의 건축물 등에 가스를 공급하는 경우에는 정압기에서 가스사용자가 소유하거나 점유하고 있는 토지의 경계까지 이르는 배관

㉰ 가스도매사업의 경우에는 정압기지에서 일반도시가스사업자의 가스공급시설이나 대량수요자의 가스사용시설까지 이르는 배관

㉱ 나프타부생가스·바이오가스제조사업 및 합성천연가스제조사업의 경우에는 해당 사업소의 본관 또는 부지 경계에서 가스사용자가 소유하거나 점유하고 있는 토지의 경계까지 이르는 배관

④ 사용자 공급관 : 제③호 ㉮목에 따른 공급관 중 가스사용자가 소유하거나 점유하고 있는 토지의 경계에서 가스사용자가 구분하여 소유하거나 점유하는 건축물의 외벽에 설치된 계량기의 전단밸브(계량기가 건축물의 내부에 설치된 경우에는 그 건축물의 외벽)까지 이르는 배관을 말한다.

⑤ 내관 : 가스사용자가 소유하거나 점유하고 있는 토지의 경계(공동주택 등으로서 가스사용자가 구분하여 소유하거나 점유하는 건축물의 외벽에 계량기가 설치된 경우에는 그 계량기의 전단밸브, 계량기가 건축물의 내부에 설치된 경우에는 건축물의 외벽)에서 연소기까지 이르는 배관을 말한다.

03 도시가스 사업법에서 정한 액화가스의 정의를 쓰시오.

해답 상용의 온도 또는 35℃의 온도에서 압력이 0.2MPa 이상이 되는 것을 말한다.

참고 고법에 규정된 액화가스의 정의(고법 시행규칙 제2조) : 가압·냉각 등의 방법에 의하여 액체상태로 되어 있는 것으로서 대기압에서의 끓는 점이 40℃ 이하 또는 상용의 온도 이하인 것을 말한다.
※ 액화가스의 정의는 고법과 도법에 각각 다르게 규정되어 있으니 구분하길 바랍니다.

04 도시가스 사업법에 따른 가스공급시설의 시공감리에 대한 물음에 답하시오.

(1) 주요공정 시공감리 대상 2가지를 쓰시오.
(2) 일부공정 시공감리 대상 2가지를 쓰시오.

해답 (1) ① 일반도시가스사업자 및 도시가스사업자 외의 가스공급시설 설치자의 배관(그 부속시설을 포함한다)
② 나프타부생가스·바이오가스제조사업자 및 합성천연가스제조사업자의 배관(그 부속시설을 포함한다)

(2) ① 가스도매사업자의 가스공급시설
② 일반도시가스사업자, 나프타부생가스·바이오가스제조사업자, 합성천연가스제조사업자 및 도시가스사업자 외의 가스공급시설 설치자의 가스공급시설 중 주요공정 시공감리 대상의 시설을 제외한 가스공급시설
③ 도법 시행규칙 제21조 제1항에 따른 시공감리의 대상이 되는 사용자 공급관(그 부속시설을 포함한다)

05 도시가스 공급소의 공사계획 승인대상에는 공급소의 신규 설치공사와 해당하는 설비의 설치공사 2가지를 쓰시오. (단, 괄호 안에 내용이 있는 경우에는 괄호의 내용까지도 작성해야 함) [11. 3회, 21. 3회, 기사]

해답 ① 가스홀더 ② 압송기 ③ 정압기
④ 배관(최고사용압력이 중압 또는 고압인 배관으로서 호칭지름이 150mm 이상인 것만을 말한다.)

해설 ① 공사계획 승인대상은 '도시가스사업법 시행규칙 별표 2'에 규정된 사항으로 '제조소', '공급소', '사업소 외의 가스공급시설' 등으로 분류하고 있으니 구별을 하길 바랍니다.
② 공사계획 신고대상은 '도시가스사업법 시행규칙 별표3'에 별도로 규정되어 있습니다.

06 레이저 메탄가스 검지기(detector)는 최대 (①)m의 거리에서 (②)ppm·m의 메탄가스를 (③)초 이내에 검출해 낼 수 있는 장비이다. ( ) 안에 알맞은 숫자를 넣으시오. [19. 2회, 기사]

해답 ① 150 ② 300 ③ 0.2

해설 가스도매사업 제조소 및 공급소의 기준 중 용어의 정의 : KGS FP451
① "레이저 메탄가스 디텍터 등 가스누출 정밀 감시장비"란 최대 150m의 거리에서 300ppm·m의 메탄가스를 0.2초 이내에 검출해 낼 수 있으며, 진단 기간 동안 가스 누출여부를 자동으로 감시할 수 있는 장비를 말한다. 〈신설 14. 9. 11〉
② "상태평가"란 액화천연가스 저장탱크에 대한 외관검사 및 시험 결과를 바탕으로 저장탱크에 대한 상태를 평가하는 것을 말한다. 〈신설 16. 6. 16〉
③ "구조물 안전성평가"란 액화천연가스 저장탱크 설계자료 분석과 현장조사 결과를 바탕으로 내진성능 검토와 구조해석을 실시하여 저장탱크의 구조적, 기능적 안전성을 평가하는 것을 말한다. 〈신설 16. 6. 16〉

07 저압 지하식 LNG 저장탱크 외면으로부터 사업소 경계까지 유지하여야 할 거리 구하는 식을 쓰고 각 인자에 대하여 설명하시오. [11. 3회. 기사]

해답 $L = C \times \sqrt[3]{143000W}$

여기서, L : 유지하여야 하는 거리(m) (단, 거리가 50m 미만의 경우 50m 이상을 유지)
C : 저압 지하식 탱크는 0.240, 그 밖의 가스저장설비 및 처리설비는 0.576
W : 저장탱크는 저장능력(톤)의 제곱근, 그 밖의 것은 그 시설 안의 액화천연가스의 질량(톤)

해설 가스도매사업 사업소 경계와의 거리 기준(KGS FP451) : 액화천연가스(기화된 천연가스를 포함)의 저장설비와 처리설비(1일 처리능력이 52500m³ 이하인 펌프·압축기·응축기 및 기화장치는 제외)는 그 외면으로부터 사업소 경계까지 다음 계산식에서 얻은 거리(그 거리가 50m 미만의 경우에는 50m) 이상을 유지한다.

$L = C \times \sqrt[3]{143000W}$

여기서, L : 유지하여야 하는 거리(m)
C : 저압 지하식 탱크는 0.240, 그 밖의 가스저장설비 및 처리설비는 0.576
W : 저장탱크는 저장능력(톤)의 제곱근, 그 밖의 것은 그 시설 안의 액화천연가스의 질량(톤)

08 저장능력 10만 톤인 LNG 저압 지하식 탱크의 외면과 사업소 경계까지 유지하여야 하는 거리는 얼마인가? (단, 유지하여야 하는 거리 계산 시 적용하는 상수 C는 0.24로 한다.) [18. 1회. 산기]

풀이 $L = C \times \sqrt[3]{143000W}$
$= 0.24 \times \sqrt[3]{143000 \times \sqrt{100000}} = 85.504 \fallingdotseq 85.50\text{m}$

해답 85.5m 이상

해설 저장탱크가 저압 지하식 탱크와 상수 C값이 '0.240'으로 주어졌기 때문에 저장능력의 제곱근으로 적용한 것임

09 가스도매사업의 저장설비 중 저장능력 3톤인 저장탱크 외면과 사업소 경계까지 유지하여야 하는 거리에 대한 물음에 답하시오. (단, 유지하여야 하는 거리 계산 시 적용하는 상수 C는 0.576으로 한다.) [18. 1회. 기사]

(1) 유지하여야 할 거리를 계산하시오.
(2) 유지하여야 할 거리는 얼마인가 기준에 의하여 설명하시오.

풀이 (1) $L = C \times \sqrt[3]{143000W} = 0.576 \times \sqrt[3]{143000 \times 3} = 43.441 \fallingdotseq 43.44\text{m}$

해답 (1) 43.44m

(2) 계산식에서 얻은 거리가 5m 미만에 해당되므로 유지거리는 5m 이상이 되어야 한다.

해설 '저장설비'와 상수 C값이 '0.576'으로 주어졌기 때문에 저장능력의 제곱근을 적용하지 않은 것임

10 가스도매사업의 1일 처리능력이 20만 m³인 압축기와 액화천연가스(LNG) 저장탱크 외면과 유지하여야 하는 거리는 얼마인가?

해답 30m 이상

해설 다른 설비와의 거리 : KGS FP451
① 안전구역 안의 고압인 가스공급시설은 그 외면으로부터 다른 안전구역 안에 있는 고압인 가스공급시설의 외면까지 30m 이상의 거리를 유지한다.
② 액화천연가스 저장탱크는 그 외면으로부터 처리능력이 20만 m³ 이상인 압축기까지 30m 이상의 거리를 유지한다.
③ 둘 이상의 제조소가 인접하여 있는 경우의 가스공급시설은 그 외면으로부터 그 제조소와 다른 제조소의 경계까지 20m 이상의 거리를 유지한다.

참고 액화천연가스 저장탱크 외면으로부터 처리능력이 20만 m³ 이상인 압축기까지 유지해야 할 거리는 동영상 시험에 자주 출제되는 사항이며, 유지거리는 계산에 의하여 산출되는 것이 아니고 규정에 정해진 거리라는 것을 기억하길 바랍니다.

11 도시가스배관을 용접접합에 의하여 이음하는 것에 대한 내용 중 ( ) 안에 알맞은 용어를 넣으시오.
(1) 배관 등의 용접방법은 ( ) 또는 이와 동등 이상의 강도를 갖는 용접방법으로 한다.
(2) 배관상호의 길이 이음매는 원주방향에서 원칙적으로 ( ) 이상 떨어지게 한다.
(3) 배관의 용접은 ( )를[을] 사용하여 가운데에서부터 정확하게 위치를 맞춘다.
(4) 배관의 두께가 다른 배관의 맞대기 이음에서는 배관 두께가 완만히 변화되도록 길이 방향의 기울기를 ( )로 한다.

해답 (1) 아크 용접 (2) 50mm (3) 지그(jig) (4) 1/3 이하

해설 용접 방법 및 용접이음매의 위치 : KGS FS451
① 배관을 맞대기 용접하는 경우 평행한 용접이음매의 간격은 다음 계산식에 따라 계산한 값 이상으로 한다. 다만 최소 간격은 50mm로 한다.

$$D = 2.5\sqrt{R_m \times t}$$

여기서, D : 용접이음매의 간격(mm)
R_m : 배관의 두께 중심까지의 반지름(mm) $\left(\therefore R_m = \dfrac{D_o - t}{2} = \dfrac{D_i + t}{2}\right)$
t : 배관의 두께(mm)

D_i : 배관의 내측 직경(mm)

D_o : 배관의 외측 직경(mm)

② 배관 상호의 길이이음매는 원주 방향에서 원칙적으로 50mm 이상 떨어지게 한다.

③ 배관의 용접은 지그(jig)를 사용하여 가운데에서부터 정확하게 위치를 맞춘다.

④ 배관의 두께가 다른 배관의 맞대기 이음에서는 배관 두께가 완만히 변화되도록 길이 방향의 기울기를 3분의 1 이하로 한다.

[참고] ① 평행한 용접 이음매 간격

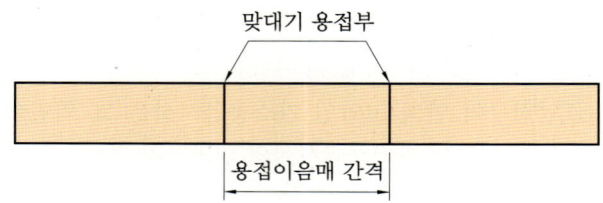

② 평행한 용접이음매 간격을 구하는 공식 중 '2.5'가 어떻게 나왔는지 그 이유를 반드시 알아야 할 분들은 산업통상자원부에 질의하여 궁금증을 해결하길 바랍니다.

12 배관 두께 중심부까지의 반지름(반경)이 500mm이고 두께가 25mm인 도시가스 배관을 맞대기 용접이음할 때 평행한 용접이음매의 간격은 몇 mm로 하여야 하는가?

[풀이] $D = 2.5 \times \sqrt{R_m \times t} = 2.5 \times \sqrt{500 \times 25} = 279.508 ≒ 279.51$mm

[해답] 279.51mm

13 내경 492.2mm, 외경 508.0mm인 도시가스 배관을 맞대기 용접하는 경우 평행한 용접이음매의 간격은 몇 mm로 하여야 하는가?

[풀이] ① 배관 두께 계산 : 배관 두께는 외경(D_o)과 내경(D_i)의 차이로 구할 수 있고, 이때 나오는 값은 좌·우 양쪽의 두께가 되므로 2로 나눠줘야 한다.

$$\therefore t = \frac{D_o - D_i}{2} = \frac{508.0 - 492.2}{2} = 7.9 \text{mm}$$

② 배관 두께 중심까지의 반지름(R_m) 계산

$$R_m = \frac{D_o - t}{2} = \frac{508.0 - 7.9}{2} = 250.05 \text{mm}$$

③ 용접이음매 간격 계산

$$D = 2.5 \times \sqrt{R_m \times t} = 2.5 \times \sqrt{250.05 \times 7.9} = 111.113 ≒ 111.11 \text{mm}$$

[해답] 111.11mm

별해 배관 두께를 구한 후 배관 두께 중심까지의 반지름(R_m)을 용접이음매 간격을 계산하는 것에 적용하여 계산하는 방법

① 배관 두께 중심까지의 반지름(R_m)을 외경으로 구하는 값을 적용

$$\therefore D = 2.5 \times \sqrt{R_m \times t} = 2.5 \times \sqrt{\frac{508.0-7.9}{2} \times 7.9} = 111.113 ≒ 111.11 \text{mm}$$

② 배관 두께 중심까지의 반지름(R_m)을 내경으로 구하는 값을 적용

$$\therefore D = 2.5 \times \sqrt{R_m \times t} = 2.5 \times \sqrt{\frac{492.2+7.9}{2} \times 7.9} = 111.113 ≒ 111.11 \text{mm}$$

14
굴착으로 주위가 노출된 배관으로서 노출된 부분의 길이가 몇 m 이상인 것은 위급한 때에 그 부분에 유입되는 도시가스를 신속히 차단할 수 있도록 노출부분 양 끝에 차단장치를 설치하는가? (단, 호칭지름이 100mm 미만인 저압이 아닌 경우이다.) [12. 2회. 산기]

해답 100m

해설 굴착공사로 인한 노출배관 방호(KGS FS451) : 중압 이하의 배관(호칭지름 100mm 미만인 저압 배관은 제외한다)으로서 노출된 부분의 길이가 100m 이상인 것은 위급한 때에 그 부분에 유입되는 도시가스를 신속히 차단할 수 있도록 노출 부분 양 끝으로부터 300m 이내에 차단장치를 설치하거나 500m 이내에 원격조작이 가능한 차단장치를 설치한다.

15
가스도매사업자의 제조소 및 공급소 밖의 배관에 긴급차단장치를 설치하는 규정에서 지역구분별 긴급차단장치 간 거리의 밀도지수에 대하여 설명하시오. [17. 1회. 기사]

해답 배관의 임의의 지점에서 길이 방향으로 1.6km, 배관 중심으로부터 좌우로 각각 폭 0.2km의 범위에 있는 가옥 수(아파트 등 복합건축물의 가옥 숫자는 건축물 안의 독립된 가구 수로 한다)를 말한다.

참고 지역 구분별 긴급차단장치 간 거리 : KGS FS451

지역 구분	지역 분류 기준	차단밸브 설치거리
(가)	지상 4층 이상의 건축물 밀집지역 또는 교통량이 많은 지역으로서 지하에 여러 종류의 공익시설물(전기·가스·수도 시설물 등)이 있는 지역	8km
(나)	"(가)"에 해당하지 않는 지역으로서 밀도지수가 46 이상인 지역	16km
(다)	"(나)"에 해당하지 않는 지역으로서 밀도지수가 46 미만인 지역	24km

[비고] 1. "밀도지수"란 배관의 임의의 지점에서 길이 방향으로 1.6km, 배관 중심으로부터 좌우로 각각 폭 0.2km의 범위에 있는 가옥 수(아파트 등 복합건축물의 가옥 숫자는 건축물 안의 독립된 가구 수로 한다)를 말한다.
2. (가), (나), (다) 지역이 혼재한 지역의 경우에는 배관 상의 임의의 지점으로부터 짧은 지역을 기준한다.

16 액화석유가스를 원료로 하는 것을 제외한 가스공급시설의 가스가 통하는 부분에 직접 액화가스를 옮겨 넣는 가스발생설비와 가스정제설비에 반드시 필요한 공통설비 명칭을 쓰시오.
[22. 1회. 기사]

해답 역류방지장치

해설 역류방지장치 설치(KGS FP551) : 제조소 및 공급소의 가스공급시설의 가스가 통하는 부분에 직접 액체를 옮겨 넣는 가스발생설비(액화석유가스를 원료로 하는 것은 제외한다)와 가스정제설비에는 액체의 역류를 방지하기 위한 역류방지장치를 설치한다.

17 도시가스 공급시설에 설치하는 통풍구조에 대한 물음에 답하시오.

(1) 환기구의 위치를 2가지로 구분하여 답하시오.
(2) 환기구의 통풍 가능 면적 기준은 얼마인가?
(3) 기계환기설비의 통풍능력은 얼마인가?
(4) 기계환기설비의 배기가스 방출구 위치는 지면에서 얼마인가? (단, 공기보다 비중이 무거운 도시가스이다.)
(5) 기계환기설비의 흡입구 및 배기구의 관경은 얼마인가?

해답 (1) ① 공기보다 비중이 무거운 가스 : 바닥면에 접하도록 설치
② 공기보다 비중이 가벼운 가스 : 천장 또는 벽면 상부에서 30cm 이내
(2) 바닥면적 $1m^2$마다 $300cm^2$ 이상
(3) 바닥면적 $1m^2$마다 $0.5m^3$/분 이상
(4) 지면에서 5m 이상의 높이 (공기보다 가벼운 경우 : 3m 이상)
(5) 100mm 이상

18 바닥면적 $10m^2$인 도시가스 공급시설에 기계환기설비를 설치하고자 할 때 통풍능력(m^3/min)은 얼마 이상 되어야 하는가?
[11. 4회. 산기]

풀이 기계환기설비의 통풍능력은 바닥면적 $1m^2$마다 $0.5m^3$/min 이상이 되어야 한다.
∴ Q = 바닥면적(m^2) × 통풍능력(m^3/min·m^2)
= $10 × 0.5 = 5m^3$/min

해답 $5m^3$/min

19 공동주택 등에 압력조정기를 설치할 때 다음의 경우 세대수 기준은 얼마인가?

(1) 가스압력이 중압 이상인 경우 :
(2) 가스압력이 저압인 경우 :

해답 (1) 150세대 미만 (2) 250세대 미만

해설 공동주택 등에 압력조정기 설치(KGS FS551) : 공동주택 등에 압력조정기를 설치하는 경우에는 적절한 방법으로 다음의 경우에만 설치할 것. 다만, 한국가스안전공사의 안전성평가를 받고 그 결과에 따라 안전관리 조치를 하는 경우에는 전체 세대수를 2배로 할 수 있다.
  ① 공동주택 등에 공급되는 가스압력이 중압 이상으로서 전체 세대수가 150세대 미만인 경우
  ② 공동주택 등에 공급되는 가스압력이 저압으로서 전체 세대수가 250세대 미만인 경우

20 릴리프식 안전장치가 내장된 조정기를 건축물 내에 설치하는 경우 가스방출구의 설치 위치는? [10. 2회. 산기]

해답 실외의 안전한 장소

21 도시가스 배관에 대한 물음에 답하시오.

(1) 폴리에틸렌 피복 관이음매를 사용하는 호칭지름은 얼마 이상인가?
(2) 파이프 덕트 안에 설치되는 입상관으로부터 분기하여 세대에 가스를 공급하기 위해 설치되는 저압의 공급관으로 설치할 수 있는 것의 명칭을 쓰시오.

해답 (1) 150mm 이상 (2) 가스용 금속 플렉시블관

해설 배관설비 재료 : KGS FS551
  ① 지하에 매설하는 배관
    ㉮ KS D 3589 폴리에틸렌 피복강관
    ㉯ KS D 3607 분말용착식 폴리에틸렌 피복강관
    ㉰ KS M 3514 가스용 폴리에틸렌관
  ② 지하에 매설하는 배관(관이음매 및 부분적으로 노출되는 배관을 포함한다)의 재료는 폴리에틸렌 피복강관으로서 KS표시허가제품 또는 이와 동등 이상의 기계적 성질 및 화학적 성분을 가진 것으로 하고, 이음부에는 다음 기준에 따라 부식방지조치를 한다. 다만, 최고사용압력이 0.4MPa 이하인 배관으로서 지하에 매설하는 경우에는 PE배관으로서 KS표시허가제품 또는 이와 동등 이상의 기계적 성질 및 화학적 성분을 가진 제품을 사용할 수 있다.

㉮ 호칭지름 150mm 이상의 관이음매는 폴리에틸렌 피복 관이음매(배관의 분기작업 시 사용하는 서비스티는 제외)를 사용한다.
㉯ 지하매설 강관의 모든 용접부와 호칭지름 150mm 미만의 관이음매는 현장에서 피복(열수축 시트, 열수축 튜브 및 열수축 테이프 등)을 실시한다.
③ 지상에 노출하는 배관의 재료는 배관의 안전성을 확보할 수 있는 것으로 한다.
④ 파이프 덕트 안에 설치되는 입상관으로부터 분기하여 세대에 가스를 공급하기 위해 설치되는 저압의 공급관(파이프 덕트 내부설치 또는 매립설치되는 배관에 한한다)은 가스용 금속 플렉시블관을 설치할 수 있다.

22
도시가스를 수송하는 배관 중 가스누출을 방지하기 위하여 원칙적으로 용접시공방법에 따라 접합하여야 하는 것 3가지를 쓰시오.

해답 ① 지하매설배관(단, PE배관을 제외한다.)
② 최고사용압력이 중압 이상인 노출배관
③ 최고사용압력이 저압으로서 호칭지름 50A 이상의 노출배관

해설 배관설비 접합기준(KGS FS551)
① 다음의 각 배관은 수송하는 도시가스의 누출을 방지하기 위하여 원칙적으로 용접시공방법에 따라 접합한다. 이 경우 용접은 KGS GC205(가스시설 용접 및 비파괴시험 기준)에 따라 실시하고, 모든 용접부(PE배관, 저압으로서 노출된 사용자 공급관 및 호칭지름 80mm 미만인 저압의 배관을 제외한다)에 대하여는 비파괴시험을 한다.
  ㉮ 지하매설배관(PE배관을 제외한다)
  ㉯ 최고사용압력이 중압 이상인 노출배관
  ㉰ 최고사용압력이 저압으로서 호칭지름 50A 이상의 노출배관
② 다음의 경우에는 플랜지접합·기계적접합 또는 나사접합으로 할 수 있으며, 나사접합은 KS B 0222(관용테이퍼나사)에 따라 실시한다.
  ㉮ 용접접합을 실시하기가 매우 곤란한 경우
  ㉯ 최고사용압력이 저압으로서 호칭지름 50A 미만의 노출배관을 건축물 외부에 설치하는 경우
  ㉰ 공동주택 등의 가스계량기를 집단으로 설치하기 위하여 가스계량기로 분기하는 T연결부와 그 후단 연결부의 경우
  ㉱ 공동주택 입상관의 드레인 캡 마감부가 건축물 외부에 설치된 경우

23
물이 체류할 우려가 있는 도시가스 배관에는 수취기를 콘크리트 등의 박스에 설치하며, 수취기에는 입관을 설치하여야 한다. 이때 입관에 설치하는 부속 종류 2가지를 쓰시오.

해답 ① 플러그 ② 캡

해설 수취기 설치 : KGS FS551
① 물이 체류할 우려가 있는 배관에는 수취기를 콘크리트 등의 박스에 설치한다. 다만, 수취기의 기초와 주위를 튼튼히 하여 수취기에 연결된 수취배관의 안전 확보를 위한 밸브박스를 설치한 경우에는 콘크리트 등의 박스에 설치하지 않을 수 있다.
② 수취기의 입관에는 플러그나 캡(중압 이상의 경우에는 밸브)을 설치한다.

참고 매설배관에 설치되는 수취기 예

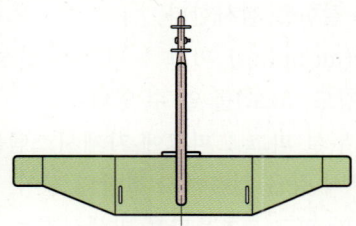

24 도시가스 배관을 지하에 매설하는 공사를 완료하고 되메움 작업 전 내압시험 및 기밀시험을 할 때 관 내부의 수분, 먼지 등 이물질을 공기압을 이용하여 제거하는 것의 명칭을 쓰시오.

해답 피그(pig)
해설 피그를 이용한 이물질 제거 방법

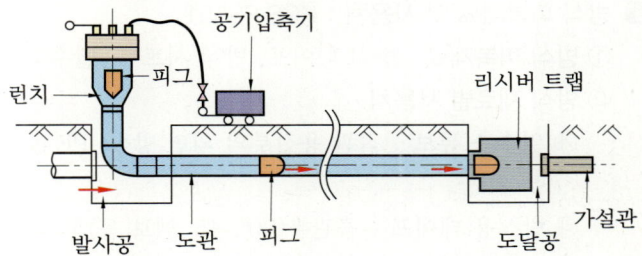

※ 피그(pig)는 탄력성이 있는 플라스틱으로 만들어진 탄환상의 것이다.

25 배관의 형상과 기형 여부를 알아낼 수 있는 피그(pig)로서 배관 내부의 패인 곳, 찌그러진 곳, 타원형으로 변형된 곳 등의 결함과 이의 위치를 정확히 파악할 수 있는 피그(pig) 명칭을 쓰시오.

해답 지오매트리 피그
해설 인텔리전트 피그(intelligent pig)
① 인텔리전트 피그는 배관 내부의 이물질을 제거하고 이송되는 유체를 분리하는 등의 목적으로 만들어진 피그에 내시경과 같은 장치를 설치하여 배관 내부의

기하학적인 결함 및 부식 등을 검출하기 위하여 센서 시스템 및 데이터 처리와 획득 시스템이 탑재된 것으로 배관의 건전성 확보를 위하여 배관 검사의 목적으로 사용되는 것이다.

② 종류
㉮ 지오매트리 피그 : 배관 내부에 이송되는 유체의 흐름에 따라 이동하며 곡관부, 분기관, 용접부, 밸브 등의 상태 점검과 패인 곳(dent), 타원형으로 변형된 곳(ovality), 뒤틀린 곳(buckle), 주름진 곳(wrinkle)과 같은 기하학적 결함을 검사한다.
㉯ 매핑(mapping) 피그 : 피그에 관성항법장치를 탑재하여 배관의 좌표(위도, 경도, 고도)를 알 수 있다.
㉰ 자기누설 피그 : 피그에 자계시스템을 탑재하여 배관 내·외부에서 발생하는 부식 등을 검출하고 결함의 길이, 폭, 길이, 크기 등을 분석할 수 있다.
㉱ 초음파 피그 : 초음파를 발생시키는 시스템을 피그에 탑재하고 초음파를 이용하여 배관에 발생된 크랙, 부식 등을 검출할 수 있다.

26 매설되는 도시가스 배관에 현장도복을 시공하는 이유를 설명하시오. [20. 4회. 산기]

해답 매설되는 도시가스 배관의 현장 용접부 외면, 호칭지름 150mm 미만의 관이음쇠 및 피복 손상부의 보수작업을 할 때 시공하여 방식(부식 방지)이 유지되도록 하기 위하여 현장도복을 시공한다.

해설 방식 피복재료 및 사용처 : KGS FS551
① 방식 피복재료 : 방식 테이프, 방식 시트류, 열수축 튜브
② 방식 재료별 사용처
㉮ 열수축 튜브 : 직관 용접부의 외면 방식, PE coated fitting과 직관의 용접부 외면
㉯ 방식용 테이프 : 곡관부(90°, 45° 엘보 등)의 외견 방식에 사용
㉰ 마스틱 테이프 : 티이, 리듀서, 밸브 및 기타 이형부분의 외면 방식에 사용
※ 도복(塗覆) : 배관 내부 및 외부 양면이나 한 쪽면만을 도료 또는 도료와 복장제(覆裝劑)를 도포하여 방식처리를 하는 일련의 과정을 일컫는다.

27 다음의 조건일 때 도시가스 배관을 지하에 매설하는 깊이는? [17. 4회. 산기]
(1) 공동주택 부지 내 : [15. 2회. 산기]
(2) 폭 8m 이상의 도로 :
(3) 폭 4m 이상 8m 미만인 도로 :

해답 (1) 0.6m 이상 (2) 1.2m 이상 (3) 1m 이상

해설 배관 지하매설 깊이 : KGS FS551
① 공동주택 등의 부지 안에서는 0.6m 이상
② 폭 8m 이상의 도로에서는 1.2m 이상. 다만, 도로에 매설된 최고사용압력이 저압인 배관에서 횡으로 분기하여 수요가에게 직접 연결되는 배관의 경우에는 1m 이상으로 할 수 있다.
③ 폭 4m 이상 8m 미만인 도로에서는 1m 이상. 다만, 다음 어느 하나에 해당하는 경우에는 0.8m 이상으로 할 수 있다.
  ㉮ 호칭지름이 300mm(KS M 3514에 따른 가스용 폴리에틸렌관의 경우에는 공칭외경 315mm를 말한다) 이하로서 최고사용압력이 저압인 배관
  ㉯ 도로에 매설된 최고사용압력이 저압인 배관에서 횡으로 분기하여 수요가에게 직접 연결되는 배관
④ ①부터 ③까지에 해당되지 않는 곳에서는 0.8m 이상. 다만, 다음 어느 하나에 해당하는 경우에는 0.6m 이상으로 할 수 있다.
  ㉮ 폭 4m 미만인 도로에 매설하는 배관
  ㉯ 암반·지하 매설물 등에 의하여 매설 깊이의 유지가 곤란하다고 시장·군수·구청장이 인정하는 경우

28 도시가스 배관의 접합부분은 용접하는 것을 원칙으로 하며, 용접부에 대하여 비파괴시험을 실시하여 이상이 없어야 하지만, 비파괴시험을 하지 않아도 되는 배관 3가지를 쓰시오.
[11. 2회, 15. 2회, 18. 1회. 산기]

해답 ① 가스용 폴리에틸렌관
② 저압으로서 노출된 사용자 공급관
③ 호칭지름 80mm 미만인 저압의 배관

해설 배관설비 접합 및 비파괴시험(KGS FS551) : 다음의 각 배관은 수송하는 도시가스의 누출을 방지하기 위하여 원칙적으로 용접시공방법에 따라 접합한다. 이 경우 용접은 KGS GC205에 따라 실시하고 모든 용접부(PE배관, 저압으로서 노출된 사용자 공급관 및 호칭지름 80mm 미만인 저압의 배관을 제외한다)에 대하여는 비파괴시험을 한다.
① 지하매설배관(PE배관을 제외한다)
② 최고사용압력이 중압 이상인 노출배관
③ 최고사용압력이 저압으로서 호칭지름 50A 이상의 노출배관

29 도시가스 배관은 누출을 방지하기 위하여 용접시공방법에 따라 접합을 하는 것이 원칙이지만, 용접접합을 실시하기 곤란한 경우 대신 접합할 수 있는 방법 3가지를 쓰시오.
[16. 1회. 기사]

[해답] ① 플랜지 접합 ② 기계적 접합 ③ 나사접합
[해설] 플랜지 접합, 기계적 접합 또는 나사접합으로 할 수 있는 경우 : KGS FS551
① 용접접합을 실시하기가 매우 곤란한 경우
② 최고사용압력이 저압으로서 호칭지름 50A 미만의 노출배관을 건축물 외부에 설치하는 경우
③ 공동주택 등의 가스계량기를 집단으로 설치하기 위하여 가스계량기로 분기하는 T연결부와 그 후단 연결부의 경우
④ 공동주택 입상관의 드레인 캡 마감부의 경우

[참고] 도시가스 사용시설 기준(KGS FU551) 중 '플랜지 접합·기계적 접합 또는 나사접합으로 할 수 있는 경우'
① 입상밸브를 접합하는 경우
② 가스계량기를 집단으로 설치 시 각 사용처별 가스계량기로 분기되는 주 배관의 경우
③ 입상관의 드레인 캡 마감부의 경우
④ 노출배관으로 용접접합을 실시하기가 곤란한 경우

30 도시가스 배관 용접부 비파괴검사에 대한 설명 중 (   ) 안에 알맞은 명칭을 쓰시오.

> 도시가스 배관 등의 용접부는 전부에 대하여 (①)와[과] (②)을[를] 하여야 한다. 단, ②번을 실시하기 곤란한 곳에 대신할 수 있는 비파괴검사는 (③)와[과] (④)을[를] 할 수 있다.

[해답] ① 육안검사 ② 방사선투과시험 ③ 초음파탐상시험
④ 자분탐상시험(또는 침투탐상시험)

[해설] 가스시설 용접 및 비파괴시험 기준(KGS GC205) : 가스도매사업의 가스시설의 배관 등의 용접부는 전부를 육안검사와 방사선투과시험을 하고, 기준에 따라 합격한 것으로 한다. 방사선투과시험을 실시하기 곤란한 곳은 초음파탐상시험(또는 침투탐상시험)으로 한다. 이 경우 100A(4B) 미만 또는 6mm 미만의 용접부로서 오스테나이트계 스테인리스강, 동 및 알루미늄의 용접부는 초음파탐상시험을, 강자성 이외의 재료는 자분탐상시험을 생략할 수 있다.

31 교량에 도시가스 배관을 설치할 때 배관의 호칭지름이 300A이면 고정장치 지지간격(설치간격)은 몇 m인가?

[해답] 16
[해설] 교량 등에 설치하는 가스배관 고정장치 : KGS FS551
① 배관은 온도변화에 의한 열응력과 수직 및 수평 하중을 동시에 고려하여 설

계·설치한다.
② 배관의 재료는 강재를 사용하고 접합은 용접으로 한다.
③ 배관 지지대는 배관 하중과 축방향의 하중에 충분히 견디는 강도를 갖는 구조로 설치하고 지지대의 부식 등을 감안하여 가능한 한 여유 있게 설치한다.
④ 지지대, U볼트 등의 고정장치와 배관 사이에는 고무판, 플라스틱 등 절연물질을 삽입한다.
⑤ 배관의 고정 및 지지를 위한 지지대의 최대지지간격은 다음 표를 기준으로 하되, 호칭지름 600A를 초과하는 배관은 배관 처짐량의 500배 미만이 되는 지점마다 지지한다.

배관 관경별 지지간격

호칭지름(A)	지지간격(m)
100	8
150	10
200	12
300	16
400	19
500	22
600	25

32 도시가스 배관을 보수하는 "A형 슬리브 보수"와 "B형 슬리브 보수"를 각각 설명하시오.

해답 ① A형 슬리브 보수 : 배관의 손상된 부분을 전체 원주를 덮는 슬리브로 감싸도록 하여 결함을 보수하는 방법으로써 축방향으로는 용접하나, 원주방향으로는 용접을 하지 않는 보수 방법이다.
② B형 슬리브 보수 : 배관의 손상된 부분을 전체 원주를 덮는 슬리브로 감싸도록 하여 결함을 보수하는 방법으로써 축방향 용접뿐만 아니라 슬리브의 끝단을 원주방향으로 필릿용접하는 보수 방법이다.

해설 도시가스 배관의 보수·보강 : KGS FS551
① A형 슬리브 보수   ② B형 슬리브 보수

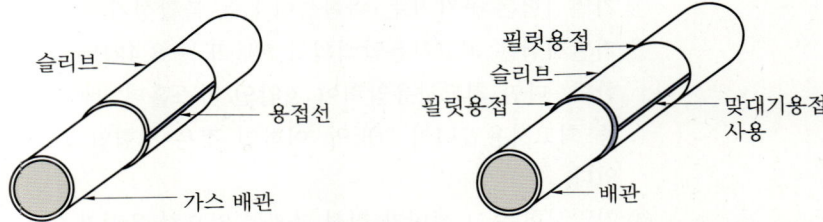

③ 복합재료 보수 : 배관의 손상된 부분을 금속으로 된 슬리브 대신 유리섬유 또는 탄소섬유와 같은 복합재료를 여러 겹으로 감싸 결함을 보수하는 방법이다.

④ 육성(적층)용접 : 배관의 손상된 부분을 용접으로 채워서 결함을 제거하고 배관의 연속성과 기능을 회복하는 보수 방법이다.
⑤ 패치(패드) 보수 : 배관의 손상된 부분을 강판을 이용하여 필릿용접하여 보수하는 방법이다.
⑥ 교체 보수 : 가스공급을 중단한 상태에서 손상된 배관을 원통(cylinder) 형태로 절단하고 동등 이상의 설계 강도를 갖는 배관으로 교체하는 보수 방법이다.

33 가연성가스 및 독성가스 배관에 핫-태핑(hot-tapping) 하는 이유를 설명하시오.

해답 가연성가스 및 독성가스가 흐르는 상태 및 압력이 작용하고 있는 상태에서 본관(배관)에 특수한 샌드위치 밸브와 피팅류를 설치한 후 구멍을 뚫어(천공) 가배관을 설치하여 가스를 임시로 우회시킨 후 본관에서 지관으로 분기, 수리, 이설, 교체를 할 수 있는 공법으로 이 과정에서 가스 공급 중단없이 필요한 배관 작업을 수행할 수 있어 활관(活管) 작업이라고 한다.

해설 핫-태핑(hot-tapping)의 주요 공정
① 천공(tapping) : 특수한 샌드위치 밸브와 피팅류를 설치한 후 계통에 운전 중단 없이 배관에 구멍을 뚫는 기술로 천공 전 불활성가스를 이용하여 화재 및 폭발 가능성을 배제시켜야 한다.
② 차단(plugging) : 본 배관의 유체의 흐름을 임시배관으로 우회시켜 공급 중단 없이 필요한 배관작업을 가능하게 하는 기술로 실링 엘리먼트를 장착한 플러깅 헤드를 배관 내에 설치해 안전성을 확보한다.

34 도시가스 제조소 및 공급소의 기밀시험은 최고사용압력의 1.1배 또는 (①) 중 높은 압력 이상으로 실시한다. 다만, 최고사용압력이 저압인 가스홀더, 배관 및 그 부대설비 이외의 것으로서 최고사용압력이 (②) 이하인 것은 시험압력을 최고사용압력으로 할 수 있다. ( ) 안에 알맞은 내용을 쓰시오.   [16. 1회. 산기]

해답 ① 8.4kPa ② 30kPa
해설 도시가스 제조소 및 공급소의 기밀시험 방법 : KGS FP551
① 기밀시험은 공기 또는 위험성이 없는 불활성기체로 실시한다.
② 기밀시험은 최고사용압력의 1.1배 또는 8.4kPa 중 높은 압력 이상으로 실시한다. 다만 최고사용압력이 저압인 가스홀더, 배관 및 그 부대설비 이외의 것 중 최고사용압력이 30kPa 이하인 것은 시험압력을 최고사용압력으로 할 수 있다.
③ 기밀시험은 그 설비가 취성 파괴를 일으킬 우려가 없는 온도에서 실시한다.
④ 기밀시험은 기밀시험압력에서 누출 등의 이상이 없을 때 합격으로 한다.

35 300A 배관 길이가 400m, 최고사용압력이 중압인 도시가스 배관을 자기압력기록계를 이용하여 기밀시험을 할 때 기밀유지시간은 몇 분인가? [16. 3회. 기사]

풀이 ① 배관 내용적 계산 : 300A 배관의 안지름이 제시되지 않아 300mm로 계산한다.

$$\therefore V = \frac{\pi}{4} \times D^2 \times L = \frac{\pi}{4} \times 0.3^2 \times 400 = 28.274 ≒ 28.27 \text{m}^3$$

② 기밀유지시간 계산 : 저압 및 중압 배관의 내용적이 10m³ 이상 300m³ 미만의 경우에 자기압력계를 이용한 기밀시험시간은 내용적(V)에 24를 곱한 시간(단위 : 분)으로 계산한다.

$$\therefore T = 24 \times V = 24 \times 28.27 = 678.48 \text{분}$$

해답 678.48분

해설 압력계 및 자기압력기록계를 이용한 기밀유지시간 : KGS FS551

구분	내용적	기밀유지시간
저압, 중압	1m³ 미만	24분
	1m³ 이상 10m³ 미만	240분
	10m³ 이상 300m³ 미만	24×V분(단, 1440분을 초과한 경우는 1440분으로 할 수 있다.)
고압	1m³ 미만	48분
	1m³ 이상 10m³ 미만	480분
	10m³ 이상 300m³ 미만	48×V분(단, 2880분을 초과한 경우는 2880분으로 할 수 있다.)

㊟ V는 피시험부분의 내용적(m³)

36 굴착공사로 인하여 일어날 수 있는 도시가스 배관의 파손사고를 예방하기 위한 정보제공, 홍보 등에 필요한 굴착공사 지원 정보망의 구축 운영, 그 밖에 매설배관 확인에 대한 정보지원 업무를 효율적으로 수행하기 위하여 한국가스안전공사와 연계하여 운영하는 시스템을 무엇이라 하는가? [16. 2회. 기사]

해답 굴착공사 정보지원센터

해설 굴착공사 정보지원센터의 설치(도시가스사업법 제30조의2) : 구멍 뚫기, 말뚝 박기, 터파기, 그 밖의 토지의 굴착공사(이하 '굴착공사'라 한다)로 인하여 일어날 수 있는 도시가스 배관의 파손사고를 예방하기 위한 정보제공, 홍보 등에 필요한 굴착공사 지원정보망의 구축·운영, 그 밖에 매설배관 확인에 대한 정보지원업무를 효율적으로 수행하기 위하여 한국가스안전공사에 굴착공사 정보지원센터(이하 '정보지원센터'라 한다)를 둔다.

37 굴착공사 원콜시스템(one call system)을 설명하시오. [20. 3회. 기사]

해답 구멍뚫기, 말뚝박기, 터파기, 그 밖의 토지의 굴착공사를 하는 자와 도시가스사업자가 전화 또는 인터넷 등을 통하여 도시가스사업법에서 정하는 절차에 따라 굴착공사에 관한 정보와 도시가스배관 매설 정보를 주고 받음으로써 도시가스 배관의 파손사고를 예방하기 위한 안전조치의 이행을 담보하는 시스템이다.

해설 한국가스안전공사에 설치된 굴착공사 정보지원센터를 EOCS(Excavation One-Call System)라는 이름으로 운영되고 있음

38 도로 굴착작업 중 줄파기 작업을 시행할 때 매설된 도시가스 배관을 보호하기 위한 주의사항 4가지를 쓰시오. [19. 1회. 기사]

해답 ① 가스배관이 있을 것으로 예상되는 지점으로부터 2m 이내에서 줄파기를 할 때에는 안전관리 전담자의 입회 하에 시행한다.
② 줄파기 1일 시공량 결정은 시공속도가 가장 느린 천공작업에 맞추어 결정한다.
③ 줄파기 심도는 최소한 1.5m 이상으로 하며 지장물의 유무가 확인되지 않는 곳은 안전관리 전담자와 협의 후 공사의 진척 여부를 결정한다.
④ 줄파기는 두 줄 또는 세 줄을 동시에 시행하지 아니하여야 하며 시공작업, 항타작업 및 기포장이 완료된 후에 다른 줄을 시행한다.
⑤ 줄파기 공사 후 가스배관으로부터 1m 이내에 파일을 설치할 경우에는 유도관(guide pipe)을 먼저 설치한 후 되메우기를 실시한다.

해설 도시가스 배관보호 기준 중 굴착공사 시행 : KGS GC253

39 굴착공사에 따른 매설된 도시가스 배관을 보호하기 위한 파일박기 및 터파기에 대한 내용 중 ( ) 안에 알맞은 내용을 쓰시오. [19. 4회. 산기]
(1) 가스배관과 수평 최단거리 ( )m 이내에서 파일박기를 하고자 할 때에는 도시가스사업자의 입회 하에 시험굴착을 통하여 가스배관의 위치를 정확히 확인한다.
(2) 가스배관과의 수평거리 ( )m 이내에서는 파일박기를 하지 아니한다.
(3) 가스배관의 주위를 굴착하고자 할 때에는 가스배관의 좌우 ( )m 이내의 부분은 인력으로 굴착한다.

해답 (1) 2
(2) 0.3
(3) 1

해설 도시가스 배관 보호 기준 : KGS GC253

40 도시가스 배관을 매설하고 굴착공사가 완료된 후의 굴착현장은 원래대로 복구하는 것이 원칙이다. 되메움 공사 완료 후 침하유무를 확인하는 기간은 얼마인가?

해답 3개월 이상

해설 굴착현장 복구 기준 : KGS GC253
① 파일을 뺀 자리는 충분히 메운다.
② 가스배관의 주위에 매설물을 부설하고자 할 때에는 30cm 이상 이격하여 설치한다.
③ 가스배관의 주위를 되메우기하거나 포장할 경우에는 배관 주위의 모래채우기, 보호판·보호포 및 라인마크 설치, 가스배관 부속시설물의 설치 등은 굴착 전과 동일한 상태가 되도록 한다.
④ 되메우기를 하는 때에는 사후에 가스배관의 지반이 침하되지 아니하도록 필요한 조치를 한다.
⑤ 되메우기 작업은 다짐장비에 의한 기계다짐, 물다짐 등의 방법으로 충분한 다짐을 실시한다.
⑥ 되메움용 토사는 운반차로부터 직접 투입하지 아니하도록 한다.
⑦ 되메움 작업 중 장비, 버력 등에 의해 노출된 가스배관 받침방호시설과 가스배관의 피복 등이 손상되지 아니하도록 한다.
⑧ 가스배관 주위의 모래부설, 보호관, 보호판, 검지공, 보호포, 전기부식방지조치 및 라인마크 등은 법의 관련규정에 적합하게 조치한다.
⑨ 되메움공사 완료 후 3개월 이상 침하유무를 확인한다.

41 도시가스 배관의 외면에 표시하여야 할 사항 3가지는 무엇인가?

해답 ① 가스명 ② 최고사용압력 ③ 가스의 흐름 방향

42 지하에 매설하는 도시가스 배관의 색상을 압력에 따라 구별하여 쓰시오.

해답 ① 저압 : 황색 ② 중압 이상 : 적색

43 지하에 정압기실을 설치할 때 고려할 사항 4가지를 쓰시오.

해답 ① 침수방지조치를 할 것
② 천장, 바닥 및 벽의 두께가 각각 30cm 이상의 방수조치를 한 콘크리트로 한다.
③ 시설의 조작을 안전하고 확실하게 하기 위하여 필요한 조명도 150룩스를 확보한다.
④ 정압기실 외부의 가까운 곳에 가스차단장치를 설치한다.

44 정압기 부속설비 4가지를 쓰시오. (단, 각종 통보설비 및 이들과 연결된 배관과 전선은 제외한다.) [23. 3회. 기사]

해답 ① 가스차단장치(valve)
② 정압기용 필터(gas filter)
③ 긴급차단장치(slam shut valve)
④ 안전밸브(safety valve)
⑤ 압력기록장치(pressure recorder)
⑥ 정압기실 내부의 1차측(inlet) 최초 밸브(밸브가 없는 경우 플랜지 또는 절연조인트)로부터 2차측(outlet) 말단 밸브(밸브가 없는 경우 플랜지 또는 절연조인트) 사이에 설치된 배관

해설 용어의 정의 : KGS FS552
① 정압기(governor) : 도시가스 압력을 사용처에 맞게 낮추는 감압 기능, 2차측의 압력을 허용범위 내의 압력으로 유지하는 정압 기능 및 가스의 흐름이 없을 때는 밸브를 완전히 폐쇄하여 압력상승을 방지하는 폐쇄 기능을 가진 기기로서 "정압기용 압력조정기"와 그 부속설비를 말한다.
② 정압기 부속설비 : 정압기실 내부의 1차측(inlet) 최초 밸브(밸브가 없는 경우 플랜지 또는 절연조인트)로부터 2차측(outlet) 말단 밸브(밸브가 없는 경우 플랜지 또는 절연조인트) 사이에 설치된 배관, 가스차단장치(valve), 정압기용 필터(gas filter), 긴급차단장치(slam shut valve), 안전밸브(safety valve), 압력기록장치(pressure recorder), 각종 통보설비 및 이들과 연결된 배관과 전선을 말한다.
③ 압력조정기
㉮ 정압기용 압력조정기 : 도시가스 정압기에 설치되는 압력조정기를 말한다.
㉯ 도시가스용 압력조정기 : 도시가스 정압기 이외에 설치되는 압력조정기로서 입구쪽 호칭지름이 50A 이하이고, 최대표시유량이 300Nm^3/h 이하인 것을 말한다.

45 도시가스 정압기실에 설치하는 긴급차단장치(밸브)에 대한 물음에 답하시오.
(1) 긴급차단장치(SSV)를 설명하시오.
(2) 취급 시 주의사항 3가지를 쓰시오.

해답 (1) 정압기의 이상 발생 등으로 출구측의 압력이 설정압력보다 이상 상승하는 경우 입구측으로 유입되는 가스를 자동 차단하는 장치이다.
(2) ① 긴급차단장치는 완전히 자동으로 작동되며, 작동 후에는 수동으로 복귀하는 구조이므로 함부로 열지 않도록 한다.

② 개폐여부를 육안으로 확인할 수 있는 구조로서 적색표시는 닫힘을 표시하며, 녹색표시는 열림을 의미하므로 점검 시 확인하여야 한다.
③ 긴급차단 기능이 내장된 OPCO, OPSO(Over Pressure Cut(Shut) Off) 조정기는 개폐표시가 없으므로 주의 깊게 점검하여야 한다.

해설 SSV : Slam Shut off Valve

---

46 상용압력이 2.5kPa인 도시가스 정압기에 설치되는 안전장치의 설정압력을 쓰시오.

구분		설정압력
이상압력 통보장치	상한값	①
	하한값	②
주 정압기에 설치되는 긴급차단장치		③
안전밸브		④
예비 정압기에 설치되는 긴급차단장치		⑤

[18. 2회. 기사]

해답 ① 3.2kPa 이하
② 1.2kPa 이상
③ 3.6kPa 이하
④ 4.0kPa 이하
⑤ 4.4kPa 이하

해설 정압기 안전장치 설정압력

구분		상용압력 2.5kPa	그 밖의 경우
이상압력 통보장치	상한값	3.2kPa 이하	상용압력의 1.1배 이하
	하한값	1.2kPa 이상	상용압력의 0.7배 이상
주정압기에 설치하는 긴급차단장치		3.6kPa 이하	상용압력의 1.2배 이하
안전밸브		4.0kPa 이하	상용압력의 1.4배 이하
예비정압기에 설치하는 긴급차단장치		4.4kPa 이하	상용압력의 1.5배 이하

---

47 지하에 설치되는 정압기실에 가스누출검지 통보설비의 검지부 설치 수 기준을 쓰시오.

해답 바닥면 둘레 20m에 1개 이상의 비율로 계산된 수로 한다.

해설 가스누출경보기 설치 개수(KGS FS552) : 정압기실(지하 정압기실을 포함한다)에 설치하는 검지부의 수는 바닥면 둘레 20m에 1개 이상의 비율로 계산된 수로 한다.

48 도시가스 정압기실에서 안전관리자가 상주하는 곳에 통보할 수 있는 감시장치의 종류 3가지를 쓰시오.

해답 ① 이상압력 통보설비 ② 가스누출검지 통보설비 ③ 출입문 개폐 통보장치

해설 감시장치의 기능(역할) : KGS FS552
① 이상압력 통보설비 : 정압기 출구측 압력이 설정압력보다 상승하거나, 낮아지는 경우에 이상유무를 상황실에서 알 수 있도록 경보음(70dB 이상) 등으로 알려주는 설비이다.
② 가스누출검지 통보설비 : 누출된 가스를 검지하여 이를 안전관리자가 상주하는 곳에 통보할 수 있는 설비로 가스누출을 검지하여 그 농도를 지시함과 동시에 경보가 울리는 것이다.
③ 출입문 개폐 통보장치 : 출입문 개폐 여부를 안전관리자가 상주하는 곳에 통보할 수 있는 설비이다.
④ 긴급차단장치 개폐 여부 : 정압기의 이상 발생 등으로 출구측의 압력이 설정압력보다 이상 상승하는 경우 입구측으로 유입되는 가스를 자동차단하는 장치를 말한다.

49 도시가스 정압기실에 설치하는 가스누출경보기의 구조에 대하여 4가지를 쓰시오.

해답 ① 가스누출경보기는 소방시설의 설치유지 및 안전관리에 관한 법률에 따른 분리형 공업용으로 한다.
② 가스누출경보기는 충분한 강도를 가지며, 취급과 정비(특히 엘리먼트의 교체)가 용이한 것으로 한다.
③ 경보부와 검지부는 분리하여 설치할 수 있는 것으로 한다.
④ 검지부가 다점식인 경우에는 경보가 울릴 때 경보부에서 가스의 검지장소를 알 수 있는 구조로 한다.

해설 가스누출경보기의 구조, 설치 장소 및 설치 개수 : KGS FS552
① 검지부 설치 장소는 정압기실 중 가스가 누출하기 쉬운 설비가 설치되어 있는 장소의 주위로서, 누출한 가스가 체류하기 쉬운 곳으로 한다.
② 검지부 설치 위치는 가스의 성질, 주위 상황, 그 밖에 설비의 구조 등에 적합한 곳으로서, 다음 기준에 해당하지 않는 곳으로 한다.
㉮ 증기, 물방울, 기름 섞인 연기 등이 직접 접촉될 우려가 있는 곳
㉯ 주위 온도 또는 복사열에 의한 온도가 40℃ 이상이 되는 곳
㉰ 설비 등에 가려져 누출가스의 유통이 원활하지 못한 곳
㉱ 차량 및 그 밖의 작업 등으로 경보기가 파손될 우려가 있는 곳
③ 검지부의 설치 높이는 가스의 비중, 주위 상황, 가스설비의 높이 등에 적합한 곳으로 한다.

④ 경보기의 설치 장소는 관계자가 상주하거나 경보를 식별할 수 있는 곳으로서, 경보가 울린 후 각종 조치를 취하기에 적절한 곳으로 한다.
⑤ 정압기실(지하 정압기실을 포함한다)에 설치하는 검지부의 수는 바닥면 둘레 20m에 1개 이상의 비율로 계산된 수로 한다.
※ '유동(流動)'은 액체 따위가 흘러 움직임, '유통(流通)'은 막힘없이 흘러 통하게 되다의 의미로 규정에는 '유통'으로 수록되어 있으니 참고하길 바랍니다.

50 일반도시가스사업자의 정압기실에 설치하는 가스누출경보기에 대한 규정 중 (　) 안에 알맞은 내용을 쓰시오. [22. 1회. 산기]

(1) 가스의 누출을 검지하여 그 농도를 (　)함과 동시에 경보가 울리는 것으로 한다.
(2) 미리 설정된 가스 농도(폭발하한계의 4분의 1 이하)에서 (　) 이내에 경보가 울리는 것으로 한다.
(3) 탐지부와 수신부가 분리되어 있는 형태의 경보기로서 (　) 공업용으로 한다.
(4) 충분한 강도를 가지며, 취급과 정비[특히 (　)]가 용이한 것으로 한다.

해답 (1) 지시　(2) 60초　(3) 분리형　(4) 엘리먼트의 교체

51 공기보다 비중이 가벼운 도시가스를 사용하는 정압기를 지하에 설치할 때 통풍구조에 대하여 4가지를 쓰시오.

해답 ① 통풍구조는 환기구를 2방향 이상 분산 설치한다.
② 배기구는 천장면으로부터 30cm 이내에 설치한다.
③ 흡입구 및 배기구의 관지름은 100mm 이상으로 하되 통풍이 양호하도록 한다.
④ 배기가스 방출구는 지면에서 3m 이상의 높이에 설치하되, 화기가 없는 안전한 장소에 설치한다.

해설 환기설비 설치(KGS FS552) : 공기보다 비중이 가벼운 가스를 사용하는 정압기가 지하에 설치된 경우 환기구 설치 예

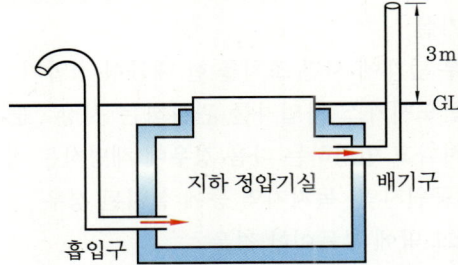

52 정압기실의 조명도는 얼마 이상으로 하여야 하는가?

> **해답** 150 룩스 이상

53 정압기실 경계책 및 경계표지에 대한 내용이다. 물음에 답하시오.
(1) 경계책 높이는 얼마인가?
(2) 경계표지에 표기할 사항 3가지를 쓰시오.

> **해답** (1) 1.5m 이상
> (2) ① 시설명 ② 공급자 ③ 연락처
>
> **해설** 정압기실 표시 기준 : KGS FS552
> ① 경계책 : 정압기실 주위에는 높이 1.5m 이상의 철책 또는 철망 등의 경계책을 설치하여 일반인의 출입을 통제한다.
> ② 경계표지
>   ㉮ 경계표지는 정압기실 주변의 보기 쉬운 곳에 게시한다.
>   ㉯ 경계표지의 크기는 명확하게 식별할 수 있는 크기로 한다.
>   ㉰ 경계표지판은 검정·파랑·적색 글씨로 시설명, 공급자, 연락처 등을 표기한다.

54 정압기의 안전을 확보하기 위하여 정압기실 주위에는 외부사람의 출입을 통제할 수 있도록 경계책을 설치하여야 한다. 이때 경계표지를 설치한 경우에 경계책을 설치한 것으로 인정되는 경우를 쓰시오.

> **해답** ① 철근콘크리트 및 콘크리트 블록재로 지상에 설치된 정압기실
> ② 도로의 지하 또는 도로와 인접하게 설치되어 있어 사람과 차량의 통행에 영향을 주는 장소로서 경계책 설치가 부득이한 정압기실
> ③ 정압기가 건축물 안에 설치되어 있어 경계책을 설치할 수 있는 공간이 없는 정압기실
> ④ 상부 덮개에 시건 조치를 한 매몰형 정압기
> ⑤ 일반도시가스 사업자를 관할하는 시장·군수·구청장이 경계책 설치가 불가능하다고 인정하는 다음 경우에 해당하는 정압기실
>   ㉮ 공원지역, 녹지지역 등에 설치된 경우
>   ㉯ 그 밖에 부득이한 경우

55 도시가스 정압기실에 설치된 정압기 및 필터의 분해점검 주기는 얼마인가?

해답 ① 정압기 : 2년에 1회 이상
② 필터 : 최초 공급 개시 후 1월 이내 및 가스 공급 개시 후 매년 1회 이상

해설 정압기 분해 점검(KGS FS552) : 정압기는 2년에 1회 이상 분해점검을 실시하고, 필터는 가스 공급 개시 후 1월 이내 및 가스 공급 개시 후 매년 1회 이상 분해점검을 실시하며, 1주일에 1회 이상 작동 상황을 점검한다.

참고 사용시설의 정압기 및 필터 : 설치 후 3년까지는 1회 이상, 그 이후에는 4년에 1회 이상 분해점검을 실시한다.

56 도시가스 사용시설의 정압기 성능 중 기밀시험에 대한 내용이다. (　) 안에 알맞은 숫자를 넣으시오.　　　　　　　　　　　　　　　　　　　　　　[12. 1회, 20. 1회. 산기]

> 정압기는 도시가스를 안전하고 원활하게 수송할 수 있도록 하기 위하여 정압기 입구측은 최고사용압력의 (①)배, 출구측은 최고사용압력의 (②)배 또는 (③)kPa 중 높은 압력 이상에서 기밀성능을 갖는 것으로 한다.

해답 ① 1.1　② 1.1　③ 8.4

57 매몰형 정압기 설치에 대한 내용 중 (　) 안에 알맞은 용어를 쓰시오.　[21. 2회. 기사]

(1) 정압기의 기초는 바닥 전체가 일체로 된 철근콘크리트 구조로 하며, 그 두께는 (　) mm 이상으로 한다.
(2) 정압기 본체는 두께 (　)mm 이상의 철판에 부식방지 도장을 한 격납상자에 넣어 매설하고, 격납상자 안의 정압기 주위는 모래를 사용하여 되메움 처리를 한다.
(3) 정압기에는 누출된 가스를 검지하여 이를 안전관리자가 상주하는 곳에 통보할 수 있는 (　)를 설치한다.
(4) 정압기의 상부 덮개 및 컨트롤박스 문에는 개폐 여부를 안전관리자가 상주하는 곳에 통보할 수 있는 (　)를 갖춘다.

해답 (1) 300　(2) 4　(3) 가스누출검지 통보설비　(4) 경보설비(또는 개폐 경보설비)

해설 ① 매몰형 정압기 설치기준 : KGS FS552
② 매몰형 정압기 : 압력조정기, 필터, 밸브, 안전장치 및 그 밖에 부품이 하나의 몸체 안에 부착되어 각각의 독립적인 기능을 가지는 것으로 지하에 매몰하는 일체형 정압기를 말한다.

58 고정식 압축도시가스 자동차 충전시설 기준 중 안전거리에 대한 물음에 답하시오.

(1) 처리설비, 압축가스설비로부터 몇 m 이내에 보호시설이 있는 경우 방호벽을 설치하는가?
(2) 저장설비, 처리설비, 압축가스설비 및 충전설비 외면으로부터 사업소 경계까지 유지하여야 할 거리는 얼마인가?
(3) 충전설비는 도로 경계까지 유지하여야 할 거리는 얼마인가?
(4) 저장설비·처리설비·압축가스설비 및 충전설비와 철도까지 유지하여야 할 거리는 얼마인가?

해답 (1) 30m 이내   (2) 10m 이상   (3) 5m 이상   (4) 30m 이상

해설 처리설비 및 압축가스설비 주위에 방호벽을 설치하는 경우 사업소 경계까지 유지하는 거리는 5m 이상이다(KGS FP651).

59 고정식 압축도시가스 자동차 충전시설에서 저장설비·처리설비·압축가스설비 및 충전설비는 고압전선(교류 600V 초과, 직류 750V 초과인 경우)과 유지할 거리 및 화기를 취급하는 장소까지 유지할 우회거리는 각각 얼마인가? [13. 1회. 산기 동영상]

해답 ① 고압전선 : 5m 이상
② 화기를 취급하는 장소 : 8m 이상

해설 전선과 유지거리 : KGS FP651
① 고압전선 : 수평거리 5m 이상   ② 저압전선 : 수평거리 1m 이상

60 고정식 압축도시가스 자동차 충전시설의 충전호스에 설치하는 긴급분리장치는 수평방향으로 당길 때 분리되는 힘은 몇 N인가? [18. 2회. 기사]

해답 666.4N 미만

해설 긴급분리장치 설치기준 : KGS FP651
① 충전호스에 충전 중 자동차의 오발진으로 인한 충전기 및 충전호스의 파손을 방지하기 위하여 설치한다.
② 자동차가 충전호스와 연결된 상태로 출발할 경우 가스의 흐름이 차단될 수 있도록 긴급분리장치를 지면 또는 지지대에 고정 설치한다.
③ 긴급분리장치는 각 충전설비마다 설치한다.
④ 긴급분리장치는 수평방향으로 당길 때 666.4N(68kgf) 미만의 힘으로 분리되는 것으로 한다.
⑤ 긴급분리장치와 충전설비 사이에는 충전자가 접근하기 쉬운 위치에 90° 회전의 수동밸브를 설치한다.

61 고정식 압축도시가스 자동차 충전시설 중 충전기에 대한 물음에 답하시오.
(1) 자동차의 충돌로부터 충전기를 보호하기 위한 보호대의 재질에 대하여 2가지를 쓰시오.
(2) 충전기 보호대의 높이는 얼마인가?

해답 (1) ① 두께 12cm 이상의 철근콘크리트
② 호칭지름 100A 이상의 KS D 3507(배관용 탄소강관)
(2) 80cm 이상

해설 충전기 보호설비 설치 : KGS FP651
① 보호대는 다음 중 어느 하나를 만족하는 것으로 한다.
  ㉮ 두께 12cm 이상의 철근콘크리트
  ㉯ 호칭지름 100A 이상의 KS D 3597(배관용 탄소강관) 또는 이와 동등 이상의 기계적 강도를 가진 강관
② 보호대의 높이는 80cm 이상으로 한다.
③ 보호대는 차량의 충돌로부터 충전기를 보호할 수 있는 형태로 한다. 다만, 말뚝 형태일 경우 말뚝은 2개 이상을 설치하고, 간격은 1.5m 이하로 한다.
④ 철근콘크리트제 보호대는 콘크리트 기초에 25cm 이상의 깊이로 묻고, 바닥과 일체가 되도록 콘크리트를 타설한다.
⑤ 강관제 보호대는 콘크리트 기초에 묻거나 앵커 볼트를 사용하여 콘크리트 기초에 고정한다.
⑥ 보호대의 외면에는 야간식별이 가능하도록 야광 페인트로 도색하거나 야광 테이프 또는 반사지 등으로 표시한다.

62 고정식 압축도시가스 자동차 충전시설에서 압축가스설비의 모든 밸브와 배관 부속품의 주위에는 안전한 작업을 위하여 확보하여야 할 공간과 공간을 확보하지 않을 수 있는 경우를 구분하여 각각 쓰시오.

해답 ① 확보 공간 : 1m 이상
② 공간을 확보하지 않을 수 있는 경우 : 압축가스설비가 밀폐형 구조물 안에 설치된 경우로서 유지·보수를 위한 문 또는 창문이 설치된 경우

63 도시가스 사용시설에서 입상관의 정의를 쓰시오.

해답 수용가에 가스를 공급하기 위해 건축물에 수직으로 부착되어 있는 배관을 말하며, 가스의 흐름 방향과 관계없이 수직배관은 입상배관으로 본다.

64. 도시가스 사용시설 배관 중 매립(埋立)배관과 은폐(隱蔽)배관을 비교 설명하시오.

[16. 2회, 18. 3회. 기사]

해답 매립배관은 건축물의 천장, 벽, 바닥 속에 설치되는 배관으로서, 배관 주위에 콘크리트, 흙 등이 채워져 배관의 점검·교체가 불가능한 배관을 말하며, 은폐배관은 건축물 내 천장, 벽체, 바닥 등의 공간에 외부에서 배관이 보이지 않게 설치된 배관으로서, 배관의 점검·교체 등이 가능한 배관을 말한다.

해설 매립(埋立)배관과 은폐(隱蔽)배관 : KGS FU551
① 매립배관 : 건축물의 천장, 벽, 바닥 속에 설치되는 배관으로서, 배관 주위에 콘크리트, 흙 등이 채워져 배관의 점검·교체가 불가능한 배관을 말한다. 다만, 천장, 벽체 등을 관통하기 위해 이음부 없이 설치되는 배관은 매립배관으로 보지 않는다.
② 은폐배관 : 건축물 내 천장, 벽체, 바닥 등의 공간에 외부에서 배관이 보이지 않게 설치된 배관으로서, 배관의 점검·교체 등이 가능한 배관을 말한다. 다만, 상자콕 설치를 위해 은폐배관 중 일부가 매립되는 경우 배관 전체를 매립배관으로 본다.

65. 도시가스 사용시설에 설치된 가스계량기의 설치 높이는 바닥으로부터 얼마인가? (단, 보호상자 내에 설치된 것이 아니다.)

해답 1.6m 이상 2m 이내

해설 가스계량기 설치 높이(KGS FU551) : 가스계량기($30m^3/h$ 미만에 한정)의 설치 높이는 바닥으로부터 계량기 지시장치(계량값 표시창)의 중심까지 1.6m 이상 2m 이내에 수직·수평으로 설치하고, 밴드·보호가대 등 고정장치로 고정한다. 다만, 보호상자 내에 설치, 기계실에 설치, 보일러실(가정에 설치된 보일러실은 제외)에 설치 또는 문이 달린 파이프 덕프(pipe shaft, pipe duct) 내에 설치하는 경우에는 바닥으로부터 2m 이내에 설치한다.

66. 가스계량기와 전기계량기와의 이격거리는 얼마인가?

해답 60cm 이상

해설 가스계량기와 유지거리 기준 : KGS FU551
① 전기계량기, 전기개폐기 : 60cm 이상
② 단열조치를 하지 않은 굴뚝, 전기점멸기, 전기접속기 : 30cm 이상
③ 절연조치를 하지 않은 전선 : 15cm 이상

67 도시가스 사용시설에서 가스계량기를 설치할 수 없는 곳 3가지를 쓰시오.

해답 ① 공동주택의 대피공간 ② 방·거실 ③ 주방

해설 가스계량기 설치 제한 : KGS FU551
① 가스계량기는 '건축법 시행령 제46조 제4항'에 따라 공동주택의 대피공간, 방·거실 및 주방 등 사람이 거처하는 곳에 설치하지 않는다.
② 가스계량기에 나쁜 영향을 미칠 우려가 있는 다음 장소에는 설치하지 않는다.
㉮ 진동의 영향을 받는 장소
㉯ 석유류 등 위험물을 저장하는 장소
㉰ 수전실, 변전실 등 고압전기설비가 있는 장소

68 빌트인(built-in) 연소기는 연소기와 호스 연결부분에서의 누출을 확인할 수 있도록 설치하는 것이 원칙이지만 확인할 수 없는 경우의 구조를 쓰시오.

해답 호스 단면적 이상의 점검구를 연소기와 호스 연결부 부근에 설치한다.

해설 빌트인(built-in) 연소기 설치기준 : KGS FU551
① 빌트인(built-in)이란 주방기구에 내장 설치하는 연소기를 말한다.
② 빌트인(built-in) 연소기는 연소기와 호스 연결부분에서의 누출을 확인할 수 있도록 설치하되, 확인할 수 없는 경우에는 호스 단면적 이상의 점검구를 연소기와 호스 연결부 부근에 설치하거나 다음 중 어느 하나에 해당하는 가스누출 확인 장치를 설치한다. 〈개정 15. 12. 10〉
㉮ 다기능 가스 안전계량기(액화석유가스의 안전관리 및 사업법 시행규칙 별표3 제11호에 따른 것을 말한다.) 〈개정 18. 10. 00〉
㉯ 가스누출 확인 퓨즈콕(가스기술기준위원회 의결을 거쳐 산업통상자원부장관의 승인을 받은 특정 상세기준으로 정한 것을 말한다.)
㉰ 가스누출 확인 배관용 밸브(가스기술기준위원회 의결을 거쳐 산업통상자원부장관의 승인을 받은 특정 상세기준으로 정한 것을 말한다.)
㉱ 점검구 대신으로 누출 점검이 가능한 것으로서 한국가스안전공사의 제품검사 또는 성능인증을 받은 제품
③ 빌트인(built-in) 연소기의 호스는 뒤틀리거나 처지지 않도록 고정장치로 고정한다. 〈개정 17. 8. 7〉

69 가스용 폴리에틸렌관(PE관)은 노출배관으로 사용하지 않는 것이 원칙이지만, 노출배관으로 사용할 수 있는 경우에 대하여 설명하시오.

해답 지상배관과 연결을 위하여 금속관을 사용하여 보호조치를 한 경우로서 지면에서 30cm 이하로 노출하여 시공하는 경우에는 노출배관으로 사용할 수 있다.

해설 가스용 폴리에틸렌관 설치 제한 : KGS FS551
① 가스용 폴리에틸렌(PE배관)은 노출배관으로 사용하지 않을 것. 다만, 지상배관과 연결을 위하여 금속관을 사용하여 보호조치를 한 경우로서 지면에서 30cm 이하로 노출하여 시공하는 경우에는 노출배관으로 사용할 수 있다.
② PE배관은 온도가 40℃ 이상이 되는 장소에 설치하지 않는다. 다만, 파이프 슬리브 등을 이용하여 단열조치를 한 경우에는 온도가 40℃ 이상이 되는 장소에 설치할 수 있다.
③ PE배관은 폴리에틸렌 융착원 양성교육을 이수한 자가 시공하도록 할 것

70 도시가스 매설배관용으로 사용되는 가스용 폴리에틸렌관(PE배관)은 원칙적으로 노출배관으로 사용하지 못하게 되어 있으나 지상배관과 연결을 위하여 금속관을 사용하여 보호조치를 한 경우로서 지면에서 얼마 이하로 노출하여 시공하는 경우에 노출배관으로 사용할 수 있는가?

해답 30cm

71 가스용 폴리에틸렌관(PE배관)은 온도가 40℃ 이상이 되는 장소에 설치하지 않는 것이 원칙이지만 어떤 조치를 하면 온도가 40℃ 이상이 되는 장소에 설치할 수 있는가?

[11. 2회, 09. 2회, 19. 3회, 22. 3회. 기사]

해답 파이프 슬리브 등을 이용하여 단열조치를 한 경우

72 가스용 폴리에틸렌관을 지하에 매설한 후 파이프 로케이터로 매설위치를 지상에서 탐지 및 관의 유지관리를 위하여 설치하는 것의 명칭과 규격은?

해답 ① 명칭 : 로케팅 와이어
② 규격 : 굵기가 6mm² 이상의 전선

73 가스용 폴리에틸렌관(PE관)을 지하에 매설한 후 지상에서 매설배관의 위치를 탐지할 수 있는 설비 명칭을 쓰시오.

[12. 1회. 기사 동영상]

해답 로케이터

74 가스용 폴리에틸렌관과 금속관을 연결할 때 사용하는 부품의 명칭은 무엇인가?

해답 T/F(Transition Fitting : 이형질 이음관)

75 가스용 폴리에틸렌관의 SDR값에 따른 압력범위(MPa)를 쓰시오.

SDR	범위
11 이하	①
17 이하	②
21 이하	③

[해답] ① 0.4MPa 이하 ② 0.25MPa 이하 ③ 0.2MPa 이하

76 도시가스 매설배관에 사용하는 폴리에틸렌관의 최고사용압력(MPa)은 얼마인가?
[06. 4회. 산기]

[해답] 0.4MPa

77 폴리에틸렌관의 융착이음 방법 3가지를 쓰시오.

[해답] ① 맞대기 융착이음(butt fusion)
② 소켓 융착이음(socket fusion)
③ 새들 융착이음(saddle fusion)

78 맞대기 융착이음을 하는 가스용 폴리에틸렌관의 두께가 20mm일 때 비드폭의 최소치(B_{min})와 최대치(B_{max})를 각각 계산하시오.

[풀이] ① $B_{min} = 3 + 0.5t = 3 + 0.5 \times 20 = 13mm$
② $B_{max} = 5 + 0.75t = 5 + 0.75 \times 20 = 20mm$
[해답] ① 최소치 : 13mm ② 최대치 : 20mm

79 도시가스 사용시설의 배관을 지하에 매설할 때 상수도관, 하수관거, 통신케이블 등 다른 시설물과 유지하여야 할 거리는 얼마인가?

[해답] 0.3m 이상

80 도시가스 사용시설의 지상배관 중 건축물의 내·외벽에 노출된 것으로 표면색상을 황색으로 하지 않을 수 있는 경우를 설명하시오.
[16. 1회. 기사]

해답 바닥(2층 이상의 건물의 경우에는 각 층의 바닥)으로부터 1m 높이에 폭 30mm의 황색 띠를 2중으로 표시한 경우

해설 배관의 표시 기준 : KGS FU551
① 배관은 그 외부에 사용가스명·최고사용압력 및 가스의 흐름 방향을 표시한다. 다만, 지하에 매설하는 경우에는 흐름 방향을 표시하지 않을 수 있다.
② 지상배관은 부식방지도장 후 표면 색상을 황색으로 도색하고, 지하매설배관은 최고사용압력이 저압인 배관은 황색, 중압 이상인 배관은 적색으로 한다. 다만, 지상배관의 경우 건축물의 내·외벽에 노출된 것으로서, 바닥(2층 이상의 건물의 경우에는 각 층의 바닥을 말한다)에서 1m의 높이에 폭 30mm의 황색 띠를 2중으로 표시한 경우에는 표면 색상을 황색으로 하지 않을 수 있으며, 아연도금강관(배관)은 별도의 부식방지 도장이 없어도 부식방지도장을 한 것으로 본다. 이때, 바닥·벽의 관통부 및 건축물 내 다습부 등은 추가적으로 부식방지 도장을 하도록 한다.
③ 배관을 지하에 매설하는 경우 배관의 직상부에 보호포를 설치한다.

81 도시가스 사용시설의 입상관 밸브는 바닥으로부터 1.6m 이상 2m 이내에 설치하도록 되어 있으나 부득이한 경우에 1.6m 미만 또는 2m 초과하여 설치할 수 있다. 이 경우에 해당하는 조건에 대하여 각각 설명하시오.

(1) 1.6m 미만으로 설치할 수 있는 조건 :
(2) 2.0m를 초과하여 설치할 수 있는 조건 :

해답 (1) 보호상자 안에 설치
(2) ① 입상관 밸브 차단을 위한 전용 계단을 견고하게 고정·설치한다.
② 원격으로 차단이 가능한 전동밸브를 설치한다.

해설 입상관 밸브 설치기준 : KGS FU551
① 입상관은 환기가 양호한 장소에 설치하며 입상관 밸브는 밸브 손잡이가 부착된 부분(중심)을 기준으로 바닥으로부터 1.6m 이상 2m 이내에 설치한다.
② 부득이 1.6m 이상 2m 이내에 설치하지 못할 경우 다음 기준을 따른다.
㉮ 입상관 밸브를 1.6m 미만으로 설치 시 보호상자 안에 설치한다.
㉯ 입상관 밸브를 2.0m 초과하여 설치할 경우에는 다음 중 어느 하나의 기준을 따른다.
㉠ 입상관 밸브 차단을 위한 전용 계단을 견고하게 고정·설치한다.
㉡ 원격으로 차단이 가능한 전동밸브를 설치한다. 이 경우 차단장치의 제어부는 바닥으로부터 1.6m 이상 2m 이내에 설치하며, 전동밸브 및 제어부는 빗물을 받을 우려가 없도록 조치한다.

82 도시가스 사용시설에서 배관 이음부와 다음 시설물과의 이격거리는 얼마인가? (단, 용접 이음매는 제외한다.)

(1) 전기계량기, 전기개폐기 :
(2) 전기점멸기, 전기접속기 :
(3) 절연조치를 하지 않은 전선, 단열조치를 하지 않은 굴뚝 :
(4) 절연전선 :

해답 (1) 60cm 이상 (2) 15cm 이상 (3) 15cm 이상 (4) 10cm 이상

해설 ① 배관이음부와 유지거리는 가스계량기와 유지거리와는 구별을 하기 바랍니다.
② 배관이음부와 유지거리는 법령(액법, 도법)에 따른 사업주체별(LPG 충전시설, LPG 사용시설, 일반도시가스사업자 배관, 도시가스 사용시설 등)로 다르게 규정된 부분이 있으니 구별하기 바랍니다.

참고 일반도시가스사업자의 배관이음매와 유지거리 : KGS FS551
① 전기계량기, 전기개폐기 : 60cm 이상
② 전기점멸기, 전기접속기 : 30cm 이상
③ 절연조치를 하지 않은 전선, 단열조치를 하지 않은 굴뚝 : 15cm 이상
④ 절연전선 : 10cm 이상

83 도시가스 사용시설에서 가스누출 자동차단장치의 검지부를 설치하면 안 되는 장소 3가지를 쓰시오.

해답 ① 출입구 부근 등으로서 외부의 기류가 통하는 곳
② 환기구 등 공기가 들어오는 곳으로부터 1.5m 이내의 곳
③ 연소기의 폐가스가 접촉하기 쉬운 곳

84 도시가스 배관에 실시하는 내압시험 및 기밀시험 중 (   ) 안에 알맞은 내용을 쓰시오.
[22. 3회. 기사]

(1) 중압 이상 배관의 내압시험은 (   ) 이상의 압력으로 실시하여 이상이 없는 것으로 한다.
(2) 내압시험은 수압으로 실시하지만 중압 이하의 배관, 길이 (   ) 이하로 설치되는 고압배관과 부득이한 이유로 물을 채우는 것이 부적당한 경우에는 공기나 위험성이 없는 불활성기체로 할 수 있다.
(3) 기밀시험은 (   ) 또는 8.4kPa 중 높은 압력 이상으로 실시한다.
(4) 기밀시험을 생략할 수 있는 가스공급시설은 최고사용압력이 (   ) 이하의 것 또는 항상 대기로 개방되어 있는 것으로 한다.

해답 (1) 최고사용압력의 1.5배
(2) 50m
(3) 최고사용압력의 1.1배
(4) 0MPa

85 도시가스 사용시설의 저압 배관 기밀시험 압력(kPa)은 얼마인가?

해답 최고사용압력의 1.1배 또는 8.4kPa 중 높은 압력 이상
해설 도시가스 사용시설 기밀시험 및 내압시험 : KGS FU551
① 기밀시험 : 가스사용시설(연소기를 제외한다)은 최고사용압력의 1.1배 또는 8.4kPa 중 높은 압력 이상으로 기밀시험(완성검사를 받은 후의 정기검사를 할 때에는 사용압력 이상의 압력으로 실시하는 누출검사)을 실시해 이상이 없도록 한다.
② 내압시험 : 최고사용압력이 중압 이상인 배관은 최고사용압력의 1.5배(고압의 배관으로서 공기·질소 등의 기체로 내압시험을 실시하는 경우에는 1.25배) 이상의 압력으로 내압시험을 실시하여 압력 강하 및 이상 변형, 파손이 없는지를 확인한다.

86 다음 표는 도시가스 배관 중 내관의 내용적에 따른 기밀시험 유지시간이다. 해당되는 기밀시험 시간을 쓰시오.

배관의 내용적	시험압력 유지시간
10L 이하	①
10L 초과 50L 이하	②
50L 초과	③

해답 ① 5분 ② 10분 ③ 24분
해설 특정가스 사용시설을 제외한 내관의 기밀시험(KGS FU551) : 내관의 내용적에 따라 기밀시험 압력 유지시간 이상의 상태를 유지하여 압력의 변동을 압력 측정기구로 측정하고, 측정한 결과 압력의 변동이 없는 것을 합격으로 한다.

87 도시가스 사용시설의 내관의 내용적을 계산하였더니 100L이었다면, 기밀시험 압력유지 시간은 몇 분인가?   [11. 1회. 기사]

해답 24분

88 도시가스 월사용예정량 산정식을 쓰고 설명하시오. [23. 1회. 산기]

해답 $Q = \dfrac{(A \times 240) + (B \times 90)}{11000}$

여기서, Q : 월사용예정량(m^3)
A : 산업용으로 사용하는 연소기의 명판에 기재된 가스소비량의 합계(kcal/h)
B : 산업용이 아닌 연소기의 명판에 기재된 가스소비량의 합계(kcal/h)

89 도시가스 사용시설에 연소기가 [표]와 같이 설치되었을 때 월사용예정량(m^3)을 계산하시오. [20. 기사 1회]

명칭	가스소비량	설치 수	비고
산업용 보일러	500000kcal/h	2	
취사용 밥솥	5000kcal/h	1	
취사용 국솥	10000kcal/h	1	
취사용 튀김기	10000kcal/h	1	

풀이 $Q = \dfrac{(A \times 240) + (B \times 90)}{11000}$

$= \dfrac{(500000 \times 2 \times 240) + \{(5000 + 10000 + 10000) \times 90\}}{11000}$

$= 22022.727 ≒ 22022.73 m^3$

해답 $22022.73 m^3$

참고 가스소비량 합계 방법 : KGS FU551 도시가스 사용시설 기준

① 월사용예정량 계산 시 가정용으로 사용하는 연소기의 가스소비량은 합산대상에서 제외한다.
② 당해 가스를 이용하여 직접 제품을 생산, 판매(일반적인 유통방법에 의한 판매를 말한다)하는 경우는 "산업용"으로 그 밖의 경우는 "비산업용"으로 계산하며, 그 예는 다음과 같다.
   ㉮ 공장 등 산업체의 식당에서 취사용으로 사용하는 경우는 산업체에서 사용하는 경우라도 제품을 직접 생산, 판매하는 용도가 아니므로 '비산업용'으로 계산한다.
   ㉯ 학교 실습실에 설치된 도자기로 등은 제품을 생산하나 판매가 수반되지 아니하므로 '비산업용'으로 계산한다.
   ㉰ 제과공장에서 빵을 만드는 데 사용하는 연소기는 제품의 생산과 판매가 수반되므로 '산업용'으로 계산한다. 다만, 제과점의 연소기는 일반적인 유통방법에 의한 판매가 이루어지지 않으므로 "비산업용"으로 계산한다.

㉣ 세탁공장은 넓은 의미에서 산업의 일환인 서비스업으로 볼 수 있고, 상시적이고 고정적인 기업활동이 이루어지므로 이곳의 연소기는 '산업용'으로 계산한다.
㉤ 세탁소, 방앗간 등은 상시적이고 고정적인 기업 활동으로 보기 어려우므로 이곳의 연소기는 '비산업용'으로 계산한다.
㉥ 자동차 정비업체의 도장부스에 사용하는 연소기는 제품 수리에 사용하므로 이곳의 연소기는 '비산업용'으로 계산한다.

③ 가정용 연소기의 예
㉠ 여관 종업원의 취사 및 냉·난방용 연소기
㉡ 종업원 비상대기실의 취사 및 냉·난방용 연소기
㉢ 고시원의 개별 취사 및 개별 냉·난방용 연소기
㉣ 건축법 시행령 별표1에 따른 생활숙박시설의 개별 취사 및 개별 냉·난방용 연소기

④ 비가정용 연소기의 예
㉠ 공동주택 등에서 공동으로 사용하는 중앙 난방용 연소기
㉡ 경로당 및 관리실의 취사 및 냉·난방용 연소기
㉢ 아파트 공동 샤워장용 연소기
㉣ 여관 등에서 고객의 취사 및 냉·난방용 연소기
㉤ 고시원의 공동 취사 및 공동 냉·난방용 연소기
㉥ 건축법 시행령 별표1에 따른 생활숙박시설의 공동 취사 및 공동 냉·난방용 연소기

90 [보기]와 같은 연소기구의 가스소비량과 수량일 때 월사용예정량을 계산하시오.

| 보기 |

가스레인지 : 33000kcal/h, 1개   가스용 온수보일러 : 53000kcal/h, 2개
가스밥솥 : 16000kcal/h, 1개   오븐레인지 : 23000kcal/h, 1개

[17. 1회. 산기]

풀이 [보기]의 연소기구는 산업용(A)에 사용하는 것은 없고, 모두 비산업용(B) 연소기구로 판단하여야 한다.

$$\therefore Q = \frac{(A \times 240) + (B \times 90)}{11000}$$

$$= \frac{\{(33000 \times 1) + (53000 \times 2) + (16000 \times 1) + (23000 \times 1)\} \times 90}{11000}$$

$$= 1456.363 ≒ 1456.36 \text{m}^3$$

해답 1456.36m^3

91 일정 높이 이상의 건물로서 가스압력 상승으로 인하여 연소기에 실제 공급되는 가스의 압력이 연소기의 최고사용압력을 초과할 우려가 있는 건물은 가스압력 상승으로 인한 가스누출, 이상연소 등을 방지하기 위하여 (   )를[을] 설치한다. (   ) 안에 알맞은 내용을 쓰시오.

[20. 1회. 산기]

해답 승압방지장치

해설 승압방지장치 설치기준 : KGS FU551 도시가스 사용시설 기준

① 높이가 80m 이상인 고층 건물 등에 연소기를 설치할 때에는 승압방지장치 설치 대상인지 판단한 후 이를 설치한다.
② 승압방지장치는 한국가스안전공사의 성능인증품을 사용한다.
  [비고] 승압방지장치는 액화석유가스의 안전관리 및 사업법령에 따른 도시가스용 압력조정기에 해당하지 아니하므로 도시가스 압력조정기의 기준을 적용하지 아니한다.
③ 승압방지장치의 전·후단에는 승압방지장치의 탈착이 용이하도록 차단밸브를 설치한다.
④ 승압방지장치의 설치위치 및 설치수량은 '건물높이 산정 방법'의 계산식에 따른 압력상승값을 계산하였을 때 연소기에 공급되는 가스압력이 최고사용압력 이내가 되는 위치 및 수량으로 한다.
⑤ 승압방지장치 설치가 필요한 건물 높이 산정 방법

$$H = \frac{P_h - P_0}{\rho \times (1-S) \times g}$$

H : 승압방지장치 최초 설치 높이(m)
P_h : 연소기 명판의 최고사용압력(Pa)
P_0 : 수직 배관 최초 시작지점의 가스압력(Pa)
ρ : 공기 밀도(1.293kg/m^3)
S : 공기에 대한 가스 비중 (0.62)
g : 중력가속도(9.8m/s^2)

⑥ ⑤의 산출식에서 계산된 승압방지장치 최초 설치 높이는 제조사가 제시한 계량기의 압력손실 값을 반영하여 다음과 같이 가산 적용한다.
  ㉮ 계량기의 압력손실 값은 계량기의 최소 유량에서의 압력손실 값을 적용한다.
  ㉯ 압력손실 값 1Pa당 0.21m의 높이를 가산하여 ⑤의 산정식에 의한 결과값에 반영한다.

92 [보기]와 같은 조건일 때 승압방지장치를 설치할 필요가 있는 건물 높이는 몇 m인가?

| 보기 |
- 연소기의 최고사용압력 : 2.5kPa
- 수직배관 최초 시작지점의 가스압력 : 2.1kPa
- 계량기 제조사에서 제시한 계량기 최소유량에서의 손실압력 : 20Pa
- 공기의 밀도 : 1.293kg/m³
- 공기에 대한 가스 비중 : 0.62
- 중력가속도 : 9.8m/s²
- 계량기의 압력손실 값 1Pa 당 0.21m의 높이를 가산한다.

[22. 2회. 기사]

풀이 ① 승압방지장치 최초 설치 높이 계산

$$H_1 = \frac{P_h - P_0}{\rho \times (1-S) \times g} = \frac{2500 - 2100}{1.293 \times (1-0.62) \times 9.8} = 83.071 ≒ 83.07\text{m}$$

② 계량기의 압력손실을 반영한 높이 계산

$$H_2 = 20\text{Pa} \times 0.21\text{m/Pa} = 4.2\text{m}$$

③ 승압방지장치 설치 높이 계산

$$H = H_1 + H_2 = 83.07 + 4.2 = 87.27\text{m}$$

해답 87.27m

93 도시가스 사용시설에서 가스누출 시 대처 방법 4가지를 쓰시오. [19. 1회. 기사]

해답 ① 가스냄새 및 가스누출을 발견한 경우 퓨즈콕 또는 중간밸브 및 계량기에 연결된 메인밸브를 폐쇄한다.
② 출입문과 모든 창문을 열어 실내에 유출되어 있는 가스를 외부로 배출시킨다.
③ 화기를 가까이 하지 말고, 전기기기 사용을 금지한다.
④ 도시가스 회사에 연락하여 안전조치 및 누설 여부를 확인한 후 이상이 없으면 사용한다.

94 가스시설과 관련하여 사람이 사망한 사고 발생 시 규정상 도시가스사업자는 한국가스안전공사에 사고 발생 후 얼마 이내에 서면으로 통보하여야 하는가?

해답 20일 이내
해설 사람이 사망한 사고의 통보 기한(도시가스 사업법 시행규칙 별표17)
① 속보(전화 또는 모사전송을 이용한 통보) : 즉시
② 상보(서면으로 제출하는 상세한 통보) : 사고 발생 후 20일 이내

필답형 실전 모의고사

◆ 한국산업인력공단에서 시행하는 국가기술자격시험 실기문제는 공개되지 않습니다. 본 책의 모의고사는 저자의 오랜 경험으로 만들어진 문제임을 밝혀둡니다.

◆ 본 교재에 수록된 문제·사진·풀이·해답 등을 복제 또는 개인 파일화하여 인터넷, 유튜브, 개인 블로그 등에 올리는 행위는 저작권을 침해하는 것이기 때문에 민·형사상의 불이익을 당할 수 있습니다.

◆ 저작권법 제97조의 5(권리의 침해죄)에 따라 위반자는 5년 이하의 징역 또는 5천만 원 이하의 벌금에 처하거나 이를 병과할 수 있습니다.

2015년 가스산업기사 필답형 실전 모의고사

제1회 필답형 모의고사

01 아세틸렌 제조에 대한 물음에 답하시오.
(1) 용제의 종류 2가지를 쓰시오.
(2) 동 및 동합금 사용 시 동 함유량은 몇 %를 초과하는 것을 사용 금지하고 있는가?

해답 (1) ① 아세톤 ② DMF(디메틸포름아미드)
(2) 62%

02 용접부에 대한 비파괴검사 명칭을 쓰시오.
(1) AE :   (2) PT :   (3) MT :
(4) RT :   (5) UT :

해답 (1) 음향검사   (2) 침투탐상검사
(3) 자분탐상검사   (4) 방사선투과검사
(5) 초음파탐상검사

해설 음향검사(Acoustic Emission Testing) : 작은 망치 같은 것으로 검사물을 타격하여 음향의 울림 양상으로 결함(균열 등) 여부를 검사하는 방법으로 청각에 의해 판단하므로 숙련이 필요하고 신뢰도가 충분하지 않을 수 있고, 음향방출검사라 한다.

03 고압가스 안전관리법령에서 정의하는 '처리능력'이란 용어에 대하여 설명하시오.

해답 처리설비 또는 감압설비에 의하여 압축 · 액화 그 밖의 방법으로 1일에 처리할 수 있는 가스의 양으로 온도 0℃, 게이지압력 0Pa 상태를 기준으로 한다.

해설 ① 용어의 정의는 고압가스 안전관리법 시행규칙 제2조에 규정된 사항이다.
② 처리설비 : 압축 · 액화나 그 밖의 방법으로 가스를 처리할 수 있는 설비 중 고압가스의 제조(충전을 포함)에 필요한 설비와 저장탱크에 딸린 펌프 · 압축기 및 기화장치를 말한다.
③ 감압설비 : 고압가스의 압력을 낮추는 설비를 말한다.

참고 가스의 양 기준 : KGS FP112
① 처리능력은 공정흐름도(PFD : Process Flow Diagram)의 물질수지(material balance)를 기준으로 액화가스는 무게(kg)로, 압축가스는 용적(온도 0℃, 게이지압력 0Pa의 상태를 기준으로 한 m³)으로 계산한다.
② 처리능력은 가스 종류별로 구분하고, 원료가 되는 고압가스와 제조되는 고압가스가 중복되지 않도록 계산한다.

04 정압기를 평가 선정할 경우 각 특성이 사용조건에 적합하도록 정압기를 선정하여야 한다. 이때 정압기를 선정할 때 고려하여야 할 사항 4가지를 쓰시오.

해답 ① 정특성 ② 동특성 ③ 유량특성 ④ 사용 최대 차압 ⑤ 작동 최소 차압

05 도시가스에 첨가하는 부취제의 냄새를 쓰시오.
(1) TBM :   (2) THT :   (3) DMS :

해답 (1) 양파 썩는 냄새
(2) 석탄가스 냄새
(3) 마늘 냄새

해설 부취제의 종류 및 특징
① TBM(Tertiary Buthyl Mercaptan) : 양파 썩는 냄새가 나며 내산화성이 우수하고 토양투과성이 우수하며 토양에 흡착되기 어렵다.
② THT(Tetra Hydro Thiophen) : 석탄가스 냄새가 나며 산화, 중합이 일어나지 않는 안정된 화합물이다. 토양의 투과성이 보통이며, 토양에 흡착되기 쉽다.
③ DMS(Dimethyl Sulfide) : 마늘 냄새가 나며 안정된 화합물이다. 내산화성이 우수하고 토양의 투과성이 아주 우수하며 토양에 흡착되기 어렵다.

06 검사에 합격한 충전용기에 각인하는 기호에 대하여 단위까지 포함하여 설명하시오.
(1) V :   (2) W :
(3) TP :   (4) FP :

해답 (1) 용기 내용적(L)
(2) 밸브 및 부속품을 포함하지 않은 용기의 질량(kg)
(3) 내압시험압력(MPa)
(4) 압축가스 충전의 경우 최고충전압력(MPa)

07 일반용 액화석유가스 압력조정기의 역할 3가지를 쓰시오.

해답 ① 유출압력 조절
② 안정된 연소를 도모
③ 소비가 중단되면 가스를 차단

08 도시가스 시설의 내압시험에 대한 설명 중 (   ) 안에 알맞은 용어 및 숫자를 넣으시오.

> 내압시험은 (①)에 의하여 실시하며, 내압시험압력은 (②)의 (③)배 이상으로 실시한다. 내압시험을 공기 등의 기체로 하는 경우에 먼저 상용압력의 (④)%까지 승압하고 그 후에는 상용압력의 (⑤)%씩 단계적으로 승압하여 내압시험압력에 달하였을 때 누출 등의 이상이 없고, 그 후 압력을 내려 상용압력으로 하였을 때 팽창, 누출 등의 이상이 없으면 합격으로 한다.

해답 ① 수압 ② 최고사용압력 ③ 1.5 ④ 50 ⑤ 10

09 내용적 2L의 고압용기에 암모니아를 충전하여 온도를 173℃로 상승시켰더니 압력이 220atm을 나타내었다. 이 용기에 충전된 암모니아는 몇 g인가? (단, 173℃, 220atm에서 암모니아의 압축계수는 0.4이다.)

풀이 절대단위 이상기체 상태방정식 $PV = Z\frac{W}{M}RT$에서 충전량 W를 구하며,

암모니아(NH$_3$) 분자량(M)은 17이다.

$$\therefore W = \frac{PVM}{ZRT} = \frac{220 \times 2 \times 17}{0.4 \times 0.082 \times (273+173)} = 511.320 ≒ 511.32g$$

해답 511.32g

별해 SI단위 이상기체 상태방정식 $PV = GRT$에서 압축계수(Z)는 오른쪽 항에 적용($PV = ZGRT$)하여 충전량 G를 구하며, 1atm은 101.325kPa이고, 1kg은 1000g이다.

$$\therefore G = \frac{PV}{ZRT} = \frac{(220 \times 101.325) \times (2 \times 10^{-3})}{0.4 \times \frac{8.314}{17} \times (273+173)}$$

$$= 0.510991kg \times 1000 = 510.991g ≒ 510.99g$$

※ 'atm' 단위는 별도의 언급이 없으면 절대단위에 해당되므로 SI단위 공식에 맞는 'kPa' 절대단위로 변환하여 적용한 것이다.

10 전양정이 15m인 원심펌프의 회전수를 1000rpm에서 2000rpm으로 변경시켰을 때 전양정은 몇 m가 되겠는가? (단, 펌프의 효율은 변함이 없다.)

풀이 원심펌프의 상사법칙에서 양정은 회전수 변화의 제곱에 비례한다.

$$\therefore H_2 = H_1 \times \left(\frac{N_2}{N_1}\right)^2 = 15 \times \left(\frac{2000}{1000}\right)^2 = 60\text{m}$$

해답 60m

11 어느 음식점에서 0.5kg/h의 가스를 연소시키는 버너를 10대 설치하고 1일 평균 5시간씩 사용할 때 필요 최저 용기 수는 몇 개인가? (단, 사용 시 최저 온도는 0℃이고, 용기는 50kg 용기이며 잔액이 20%일 때 교환하고 용기의 가스 발생능력은 800g/h이다.)

풀이 필요 최저 용기 수 = $\dfrac{\text{최대소비수량(kg/h)}}{\text{표준가스 발생능력(kg/h)}}$

$= \dfrac{\text{연소기 가스소비량(kg/h)} \times \text{연소기 수}}{\text{표준가스 발생능력(kg/h)}}$

$= \dfrac{0.5 \times 10}{0.85} = 6.25 ≒ 7$개

해답 7개

해설 ① 필요 최저 용기 수 최종값에서 발생하는 소수는 크기와 관계없이 무조건 1개로 계산한다. 이유는 충전용기를 1개 이하인 0.25개를 확보하려면 어차피 충전용기 1개가 있어야 하기 때문이다.
② 잔액이 20%일 때 교환하는 조건은 '용기 교환 주기'를 계산할 때 적용하는 조건이다.

12 15℃ 상태의 공기 10kg과 50℃ 상태의 산소 5kg을 혼합하였을 때 열평형 온도를 계산하시오. (단, 공기와 산소의 정적비열은 각각 0.172kcal/kg·℃, 0.156kcal/kg·℃이다.)

풀이 $t_m = \dfrac{G_1 C_1 t_1 + G_2 C_2 t_2}{G_1 C_1 + G_2 C_2} = \dfrac{(10 \times 0.172 \times 15) + (5 \times 0.156 \times 50)}{(10 \times 0.172) + (5 \times 0.156)} = 25.92℃$

해답 25.92℃

13 원유를 상압에서 증류할 때 얻어지는 비점이 200℃ 이하인 유분으로 가솔린은 옥탄가를 높이기 위하여 이것을 접촉개질한 것이 주체가 되고 있으며, 도시가스 원료로 사용되는 것의 명칭을 쓰시오.

해답 나프타(naphtha)

14 저압배관에서 관지름을 결정하기 위한 가스 사용 예정량(m³/h) 공식을 쓰고 설명하시오.

해답 $Q = K\sqrt{\dfrac{D^5 \cdot H}{S \cdot L}}$

여기서, Q : 가스의 유량(m³/h)　　　D : 관 안지름(cm)
　　　　H : 압력손실(mmH₂O)　　　S : 가스의 비중
　　　　L : 관의 길이(m)　　　　　K : 유량계수(폴의 상수 : 0.707)

15 연소기의 안전성 및 편리성을 확보하기 위하여 갖추어야 할 안전장치 3가지를 쓰시오.

해답 ① 과열방지장치
② 역풍방지장치
③ 소화안전장치
④ 불완전연소 방지장치

해설 연소기 종류별 안전장치 종류
① 이동식 부탄연소기 : 소화안전장치, 거버너, 과압안전장치
② 가스레인지 : 정전안전장치, 소화안전장치, 거버너, 과열방지장치
③ 용기내장형 가스난방기 : 정전안전장치, 소화안전장치, 거버너(세라믹 버너를 사용하는 난방기만을 말한다), 불완전연소 방지장치 또는 산소결핍 안전장치, 전도안전장치, 저온차단장치
④ 자연배기식 및 자연급배기식 가스온수보일러 : 정전안전장치, 역풍방지장치, 소화안전장치, 조절서모스탯 및 과열방지안전장치, 점화장치, 물빼기장치, 가스 거버너, 자동차단밸브, 온도계, 순환펌프, 동결방지장치, 난방수 여과장치
⑤ 강제배기식 및 강제급배기식 가스온수보일러 : 정전안전장치, 역풍방지장치, 소화안전장치, 공기조절장치, 공기감시장치, 가스·공기비 제어장치, 자동버너 컨트롤 시스템, 조절서모스탯 및 과열방지안전장치, 점화장치, 물빼기장치, 가스 거버너, 자동차단밸브, 온도계, 순환펌프, 동결방지장치, 난방수 여과장치
⑥ 가스온수기 : 정전안전장치, 역풍방지장치, 소화안전장치, 거버너(세라믹 버너를 사용하는 온수기만을 말한다), 과열방지장치, 를온도조절장치, 점화장치, 물빼기장치, 수압자동가스밸브, 동결방지장치, 과압방지안전장치
⑦ 가스 사용 업무용 대형 연소기 : 정전안전장치, 역풍방지장치, 소화안전장치, 거버너, 과열방지장치, 동결방지장치
⑧ 그 밖의 연소기 : 정전안전장치, 역풍방지장치, 소화안전장치, 거버너

제2회 필답형 모의고사

01 가스의 공급압력이 높아 불꽃이 염공을 떠나 공간에서 연소하는 현상을 (①)라 하고, 불꽃 주위 기류에 의하여 불꽃이 염공에 정착하지 않고 떨어지게 되어 꺼지는 현상을 (②)라 한다. ( ) 안에 알맞은 용어를 쓰시오.

해답 (1) 선화(또는 리프팅, liffting)
(2) 블로 오프(blow off)

해설 ① 답안을 교재에 수록된 것과 똑같이 작성해야만 득점으로 인정되느냐고 질문하는 경우가 있는데 '선화', '리프팅', 'lifting' 등 3가지 중에서 어느 하나를 선택하여 답안을 작성하면 되는 것입니다.
② 답안을 영문으로 작성할 때 철자가 틀리면 오답으로 채점되니 주의하길 바랍니다.

02 공동주택 부지 내에 매설되는 도시가스 배관의 매설깊이는 얼마인가?

해답 0.6m 이상

해설 배관 지하매설 깊이 : KGS FS551
① 공동주택 등의 부지 안에서는 0.6m 이상
② 폭 8m 이상의 도로에서는 1.2m 이상. 다만, 도로에 매설된 최고사용압력이 저압인 배관에서 횡으로 분기하여 수요가에게 직접 연결되는 배관의 경우에는 1m 이상으로 할 수 있다.
③ 폭 4m 이상 8m 미만인 도로에서는 1m 이상. 다만, 다음 어느 하나에 해당하는 경우에는 0.8m 이상으로 할 수 있다.
  ㉮ 호칭지름이 300mm(KS M 3514에 따른 가스용 폴리에틸렌관의 경우에는 공칭외경 315mm를 말한다) 이하로서 최고사용압력이 저압인 배관
  ㉯ 도로에 매설된 최고사용압력이 저압인 배관에서 횡으로 분기하여 수요가에게 직접 연결되는 배관
④ ①부터 ③까지에 해당되지 않는 곳에서는 0.8m 이상. 다만, 다음 어느 하나에 해당하는 경우에는 0.6m 이상으로 할 수 있다.
  ㉮ 폭 4m 미만인 도로에 매설하는 배관
  ㉯ 암반·지하 매설물 등에 의하여 매설 깊이의 유지가 곤란하다고 시장·군수·구청장이 인정하는 경우

03

일반용 액화석유가스 압력조정기의 입구측 기밀시험압력의 범위는 얼마인가?

(1) 1단 감압식 저압조정기 :　　　　(2) 2단 감압식 1차 조정기 :

해답 (1) 1.56MPa 이상　(2) 1.8MPa 이상

해설 일반용 액화석유가스 압력조정기의 기밀 성능 : KGS AA434

구분	입구쪽	출구쪽
1단 감압식 저압조정기 · 2단 감압식 일체형 저압조정기	1.56MPa 이상	5.5kPa 이상
1단 감압식 준저압조정기 · 2단 감압식 일체형 준저압조정기	1.56MPa 이상	조정압력의 2배 이상
2단 감압식 1차용 조정기	1.8MPa 이상	150kPa 이상
2단 감압식 2차용 저압조정기	0.5MPa 이상	5.5kPa 이상
2단 감압식 2차용 준저압조정기	0.5MPa 이상	조정압력의 2배 이상
자동절체식 저압조정기	1.8MPa 이상	5.5kPa 이상
자동절체식 준저압조정기	1.8MPa 이상	조정압력의 2배 이상
그 밖의 압력조정기	최대입구압력의 1.1배 이상	조정압력의 1.5배 이상

04

양정 15m, 송수량 3.6m³/min일 때 축동력 15PS를 필요로 하는 원심 펌프의 효율은 몇 %인가?

풀이 원심 펌프의 축동력(PS) 계산식 $PS = \dfrac{\gamma \cdot Q \cdot H}{75 \cdot \eta}$ 에서 효율 η를 구하며, 물의 비중량(γ)은 1000kgf/m³, 유량(Q)은 초(s)당 유량(단위 : m³/s)으로 변환하여 적용한다.

$$\therefore \eta = \dfrac{\gamma \cdot Q \cdot H}{75PS} \times 100 = \dfrac{1000 \times 3.6 \times 15}{75 \times 15 \times 60} \times 100 = 80\%$$

해답 80%

05

용기 종류별 부속품 기호를 각각 설명하시오.

(1) AG :　　(2) LG :　　(3) PG :　　(4) LT :

해답 (1) 아세틸렌가스를 충전하는 용기의 부속품
　　(2) 액화석유가스 외의 액화가스를 충전하는 용기의 부속품
　　(3) 압축가스를 충전하는 용기의 부속품
　　(4) 초저온 용기 및 저온 용기의 부속품

06 최고충전압력이 5kgf/cm² · g인 충전용기에 20℃에서 이상기체가 3kgf/cm² · g로 충전되어 있다. 온도가 상승되어 압력이 최고충전압력까지 도달하였을 때 온도는 몇 ℃인가?

풀이 보일-샤를의 법칙 $\dfrac{P_1 V_1}{T_1} = \dfrac{P_2 V_2}{T_2}$ 에서

변화 후의 온도 T_2를 구하며, 충전용기의 내용적은 일정하므로 $V_1 = V_2$이다.

$$\therefore T_2 = \dfrac{P_2 T_1}{P_1} = \dfrac{(5+1.0332) \times (273+20)}{3+1.0332} = 438.294 \text{K} - 273$$

$$= 165.294 ≒ 165.29 ℃$$

해답 165.29℃

07 금속부식을 자연부식과 전기부식으로 분류할 때 각각에 해당되는 부식 종류를 2가지씩 쓰시오.

해답 (1) 자연부식 종류
① 주위 토양 속에 포함된 산 이온 및 알칼리 이온과 금속이 화학반응을 일으켜서 생기는 부식
② 토양 속에 존재하는 황 박테리아 등에 의한 부식
(2) 전기부식 종류
① 이종 금속 접촉에 의한 부식
② 농담전지에 의한 부식

08 가연성가스 저온 저장탱크에는 내부압력이 외부압력보다 낮아짐에 따라 그 저장탱크가 파괴되는 것을 방지하기 위하여 갖추어야 할 설비 4가지를 쓰시오. [14. 1회. 산기]

해답 ① 압력계
② 압력경보설비
③ 진공안전밸브
④ 다른 저장탱크 또는 시설로부터의 가스도입배관(균압관)
⑤ 압력과 연동하는 긴급차단장치를 설치한 냉동제어설비
⑥ 압력과 연동하는 긴급차단장치를 설치한 송액설비

해설 저장탱크 부압파괴 방지조치 : KGS FP112

09 [보기] 반응과 같은 접촉분해 공정 중에서 카본 생성을 억제하는 방법을 설명하시오.

| 보기 |
반응식 : $CH_4 \rightleftarrows 2H_2 + C(카본)$

해답 반응 온도는 낮게, 압력은 높게 유지한다.

해설 카본(C)을 제외한 반응식에서 반응 전 1mol, 반응 후 2mol로 반응 후의 mol수가 많으므로 온도가 높고, 압력이 낮을수록 반응이 잘 일어난다. 그러므로 카본(C) 생성을 방지하려면 반응이 잘 일어나지 않도록 하여야 하므로 반응온도는 낮게, 압력은 높게 유지한다.

10 도시가스 시설에 전기방식 효과를 유지하기 위하여 빗물이나 그 밖에 이물질의 접촉으로 인한 절연의 효과가 상쇄되지 아니하도록 절연 이음매 등을 사용해 절연조치를 하는 장소 4개소를 쓰시오.

해답 ① 교량횡단 배관의 양단
② 배관과 강재 보호관 사이
③ 지하에 매설된 배관의 부분과 지상에 설치된 부분과의 경계
④ 다른 시설물과 접근 교차지점
⑤ 배관과 배관지지물 사이

11 절대압력 $0.082kgf/cm^2$, 대기압 650mmHg일 때 진공압력과 진공도를 각각 계산하시오.

풀이 ① 진공압력 계산 : "절대압력=대기압-진공압력"에서 진공압력을 구한다.
∴ 진공압력=대기압-절대압력
$$=\left(\frac{650}{760} \times 1.0332\right) - 0.082 = 0.801 ≒ 0.80 kgf/cm^2 \cdot v$$

② 진공도(%) 계산
$$진공도 = \frac{진공압력}{대기압} \times 100 = \frac{0.8}{\frac{650}{760} \times 1.0332} \times 100 = 90.532 ≒ 90.53\%$$

해답 ① 진공압력 : $0.8kgf/cm^2 \cdot v$
② 진공도 : 90.53%

12 도시가스 배관의 접합부분은 용접하는 것을 원칙으로 하며, 용접부에 대하여 비파괴시험을 실시하여 이상이 없어야 하지만, 비파괴시험을 하지 않아도 되는 배관 3가지를 쓰시오.

해답 ① 가스용 폴리에틸렌관
② 저압으로서 노출된 사용자 공급관
③ 호칭지름 80mm 미만인 저압의 배관

해설 배관설비 접합 및 비파괴시험(KGS FS551) : 다음의 각 배관은 수송하는 도시가스의 누출을 방지하기 위하여 원칙적으로 용접시공방법에 따라 접합한다. 이 경우 용접은 KGS GC205에 따라 실시하고 모든 용접부(PE배관, 저압으로서 노출된 사용자 공급관 및 호칭지름 80mm 미만인 저압의 배관을 제외한다)에 대하여는 비파괴시험을 한다.
① 지하매설 배관(PE배관을 제외한다)
② 최고사용압력이 중압 이상인 노출배관
③ 최고사용압력이 저압으로서 호칭지름 50A 이상의 노출 배관

13 프로판 85v% 및 부탄 15v%의 혼합가스 $1Sm^3$가 완전연소하는 데 필요한 이론공기량은 몇 Sm^3인가?

풀이 ① 프로판(C_3H_8)과 부탄(C_4H_{10})의 완전연소 반응식
$C_3H_8 + 5O_2 \rightarrow 3CO_2 + 4H_2O$
$C_4H_{10} + 6.5O_2 \rightarrow 4CO_2 + 5H_2O$

② 이론공기량 계산 : 기체연료 $1Sm^3$당 필요한 이론산소량(Sm^3)은 연소반응식에서 몰(mol)수와 같다.
$$\therefore A_0 = \frac{O_0}{0.21} = \frac{(5 \times 0.85) + (6.5 \times 0.15)}{0.21} = 24.880 \fallingdotseq 24.88 Sm^3$$

해답 $24.88 Sm^3$

해설 ① 공기 중 산소의 체적비에 대하여 언급이 없으면 21%를 적용하며, 질량비는 23.2%를 적용합니다.
② $1Sm^3$는 표준상태(0℃, 1기압)의 체적을 의미하는 것으로 'Nm^3'와 병용해서 사용합니다.

14 고압가스 안전관리법 적용을 받는 고압가스 중 35℃의 온도에서 압력이 0Pa을 초과하는 액화가스에 해당하는 가스 종류 3가지를 쓰시오.

해답 ① 액화시안화수소
② 액화브롬화메탄
③ 액화산화에틸렌

해설 고압가스의 종류 및 범위 : 고압가스 안전관리법 시행령 제2조
① 상용(常用)의 온도에서 압력(게이지압력)이 1MPa 이상이 되는 압축가스로서 실제로 그 압력이 1MPa 이상이 되는 것 또는 35℃의 온도에서 압력이 1MPa 이상이 되는 압축가스(아세틸렌가스는 제외)
② 15℃의 온도에서 압력이 0Pa을 초과하는 아세틸렌가스
③ 상용의 온도에서 압력이 0.2MPa 이상이 되는 액화가스로서 실제로 그 압력이 0.2MPa 이상이 되는 것 또는 압력이 0.2MPa이 되는 경우의 온도가 35℃ 이하인 액화가스
④ 35℃의 온도에서 압력이 0Pa을 초과하는 액화가스 중 액화시안화수소, 액화브롬화메탄 및 액화산화에틸렌가스

15 가스도매사업 제조소 및 공급소 밖의 배관에 긴급차단장치의 설치 장소로 적합하지 않다고 인정하는 지역의 차단밸브 설치거리를 8km에서 10km로 늘릴 때 만족시켜야 할 조건 4가지를 쓰시오.

해답 ① 배관 두께를 규정에 정하는 지역의 설계기준으로 적용하는 경우
② 방출시간을 다음 계산식에 따라 산정한 수치 이하로 하는 경우
$V = V_S - \{V_S \times (L - L_S)/L_S\}$
여기서, V : 방출시간(min)
V_S : 기준에서 정하고 있는 방출시간(60min)
L : 긴급차단장치 실제 설치 거리(km)
L_S : 기준에서 정하고 있는 긴급차단장치 설치거리(8km)
③ 매설배관의 충격 및 누출감지를 위한 실시간 감시 시스템을 설치하는 경우
④ 매설배관 피복손상 탐지를 매 5년마다 실시하는 경우

해설 **해답** ①의 규정에 정하는 지역 : 지하 4층 이상의 건축물 밀집지역 또는 교통량이 많은 지역으로서 지하에 여러 종류의 공익시설물(전기, 가스, 수도 시설물 등)이 있는 지역

제4회 필답형 모의고사

01 소규모 LPG 가스사용시설에서 공급배관의 기밀시험을 실시한 후 가스치환을 하는 이유를 설명하시오.

해답 기밀시험에 사용된 공기 또는 질소가스가 배관에 충만되어 있기 때문에 LP가스를 소비자가 사용할 수 없으므로 배관 내에 공급되는 LP가스를 이용하여 기밀시험에 사용된 공기 및 질소가스를 방출하는 것이다.

02 발열량이 10000kcal/Sm³, 공급압력이 수주 280mm, 가스 비중이 0.6일 때 사용하는 연소기구 노즐 지름이 1.38mm이었다. 이 연소기구를 발열량이 20000kcal/Sm³, 공급압력이 수주 200mm, 가스 비중이 0.55인 가스를 사용하는 것으로 변경할 경우 노즐 지름은 몇 mm인가?

풀이 노즐 지름 변경률 계산식 $\dfrac{D_2}{D_1} = \sqrt{\dfrac{WI_1\sqrt{P_1}}{WI_2\sqrt{P_2}}}$ 에서 변경 후 노즐지름(D_2)을 구한다.

$$\therefore D_2 = D_1 \times \sqrt{\dfrac{WI_1\sqrt{P_1}}{WI_2\sqrt{P_2}}} = \sqrt{\dfrac{\dfrac{H_1}{\sqrt{d_1}} \times \sqrt{P_1}}{\dfrac{H_2}{\sqrt{d_2}} \times \sqrt{P_2}}}$$

$$= 1.38 \times \sqrt{\dfrac{\dfrac{10000}{\sqrt{0.6}} \times \sqrt{280}}{\dfrac{20000}{\sqrt{0.55}} \times \sqrt{200}}} = 1.038 ≒ 1.04\text{mm}$$

해답 1.04mm

별해 변경 전후 웨버지수(WI)를 각각 구한 후 변경 후 노즐 지름(D_2)을 구하는 방법

① 웨버지수 계산

$$WI_1 = \dfrac{H_1}{\sqrt{d_1}} = \dfrac{10000}{\sqrt{0.6}} = 12909.944 ≒ 12909.94$$

$$WI_2 = \dfrac{H_2}{\sqrt{d_2}} = \dfrac{20000}{\sqrt{0.55}} = 26967.994 ≒ 26967.99$$

② 변경 후 노즐 지름(D_2) 계산

$$D_2 = D_1 \times \sqrt{\dfrac{WI_1\sqrt{P_1}}{WI_2\sqrt{P_2}}} = 1.38 \times \sqrt{\dfrac{12909.94 \times \sqrt{280}}{26967.99 \times \sqrt{200}}} = 1.038 ≒ 1.04\text{mm}$$

03 [보기]는 배관을 시공할 때 온도변화에 의한 열팽창 길이를 계산하는 공식을 나타낸 것이다. ( ) 안에 알맞은 용어를 쓰시오.

> **| 보기 |**
> 열팽창 길이=( )×온도차×배관 길이

해답 선팽창계수

04 수소 50L 중에 포함된 산소가 7500ppm일 때 압축이 가능한지 판정하시오. [10. 4회. 산기]

풀이 1ppm은 100만분의 1의 농도에 해당되고, 현재 산소량 7500ppm은 수소 50L 중에 포함된 농도이므로 이것이 백분율로 몇 %인지 계산하여 압축금지 규정에 해당되는지 여부를 판단한다.

∴ 산소(%)=(산소농도(ppm)×ppm농도비)×100

$$= \left(7500 \times \frac{1}{1000000}\right) \times 100 = 0.75\%$$

해답 산소 용량이 2% 미만이므로 압축이 가능하다.

해설 고압가스 제조 시 압축금지 : KGS FP112
① 가연성가스(아세틸렌·에틸렌 및 수소는 제외한다) 중 산소 용량이 전체 용량의 4% 이상인 것
② 산소 중의 가연성가스(아세틸렌·에틸렌 및 수소는 제외한다)의 용량이 전체 용량의 4% 이상인 것
③ 아세틸렌·에틸렌 또는 수소 중의 산소 용량이 전처 용량의 2% 이상인 것
④ 산소 중의 아세틸렌·에틸렌 및 수소의 용량 합계가 전체 용량의 2% 이상인 것

05 25℃에서 충전용기에 산소를 최고충전압력 120kgf/cm² 으로 충전한 후 온도를 점차 상승시켰더니 안전밸브에서 가스가 분출되었다. 이때의 온도는 몇 ℃가 되겠는가?

풀이 ① 안전밸브 작동압력 계산 : 안전밸브 작동압력은 내압시험압력(TP)의 10분의 8배 이하이고, 압축가스 충전용기 내압시험압력(TP)은 최고충전압력(FP)의 3분의 5배이다.

$$\therefore \text{안전밸브 작동압력} = TP \times \frac{8}{10} = \left(FP \times \frac{5}{3}\right) = \left(120 \times \frac{5}{3}\right) \times \frac{8}{10}$$

$$= 160 \text{kgf/cm}^2$$

② 안전밸브에서 분출될 때의 온도 계산 : 보일-샤를의 법칙 $\dfrac{P_1 V_1}{T_1} = \dfrac{P_2 V_2}{T_2}$ 에서 충전용기의 내용적은 $V_1 = V_2$ 이므로 변화가 없고, 대기압은 1.0332kgf/cm^2 이다.

$$\therefore T_2 = \dfrac{T_1 \cdot P_2}{P_1} = \dfrac{(273+25) \times (160+1.0332)}{120+1.0332}$$
$$= 396.485 \text{K} - 273 = 123.485 \fallingdotseq 123.49\text{℃}$$

해답 123.49℃

06
릴리프식 안전장치가 내장된 조정기를 건축물 내에 설치하는 경우 실외의 안전한 장소에 설치하여야 하는 것은?

해답 가스방출구

07
비중이 0.64인 가스를 길이 400m 떨어진 곳에 저압으로 시간당 200m³로 공급하고자 한다. 압력손실이 수주로 20mm이면 배관의 최소 관지름(cm)은 얼마인가?

풀이 저압배관 유량식 $Q = K\sqrt{\dfrac{D^5 \cdot H}{S \cdot L}}$ 에서 관지름 D를 구한다.

$$\therefore D = \sqrt[5]{\dfrac{Q^2 \cdot S \cdot L}{K^2 \cdot H}} = \sqrt[5]{\dfrac{200^2 \times 0.64 \times 400}{0.707^2 \times 20}} = 15.925 \fallingdotseq 15.93 \text{cm}$$

해답 15.93cm

08
황화수소를 제거하는 탈황법 중 수산화 제2철을 사용하여 제거하는 화학반응식을 쓰시오. [14. 3회. 산기]

해답 $2\text{Fe(OH)}_3 + 3\text{H}_2\text{S} \rightarrow \text{Fe}_2\text{S}_3 + 6\text{H}_2\text{O}$

09
지름 20mm, 표점거리 300mm의 연강재 시험편을 인장시험한 결과 표점거리가 350mm가 되었을 때 이 재료의 연신율(%)을 계산하시오.

풀이 연신율 $= \dfrac{L' - L}{L} \times 100 = \dfrac{350 - 300}{300} \times 100 = 16.666 \fallingdotseq 16.67\%$

해답 16.67%

10 검사에 합격한 충전용기에 각인하는 기호에 대하여 단위까지 포함하여 설명하시오.
(1) V :   (2) W :   (3) TP :   (4) FP :

해답 (1) 내용적(L)
(2) 밸브 및 부속품을 포함하지 아니한 용기의 질량(kg)
(3) 내압시험압력(MPa)
(4) 압축가스 충전의 경우 최고충전압력(MPa)

11 메탄 $1Nm^3$를 완전연소시키는 데 필요한 공기량은 몇 Nm^3인가? (단, 공기 중 산소 비율은 21vol%, 과잉공기계수는 1.5이다.)

풀이 ① 메탄(CH_4)의 완전연소 반응식 : $CH_4 + 2O_2 \rightarrow CO_2 + 2H_2O$
② 실제공기량 계산 : 메탄 $1Nm^3$가 연소할 때 필요한 산소량(Nm^3)은 연소반응식에서 산소 몰(mol)수와 같다.

$$\therefore A = m \times A_0 = m \times \frac{O_0}{0.21} = 1.5 \times \frac{2}{0.21} = 14.285 ≒ 14.29 Nm^3$$

해답 $14.29 Nm^3$

별해 비례식으로 실제 공기량(Nm^3) 계산

$[CH_4]$ $[O_2]$
↓   ↓
$22.4 Nm^3$ $2 \times 22.4 Nm^3$

$1Nm^3$ $x(O_0)Nm^3$

$$\therefore A_0 = m \times A_0 = m \times \frac{O_0}{0.21} = 1.5 \times \frac{1 \times 2 \times 22.4}{22.4 \times 0.21} = 14.285 ≒ 14.29 Nm^3$$

12 카르노 사이클의 순환과정에서 열흡수 단계에 해당하는 과정은?

해답 정온팽창과정(등온팽창과정)
해설 순환과정 : 정온팽창과정(열공급) → 단열팽창과정 → 정온압축과정(열방출) → 단열압축과정

13 원형관에 흐르는 유체의 마찰저항은 [보기] 중 어떤 것과 관계가 있는지 번호를 찾아 쓰시오.

| 보기 |
① 비례한다.　② 제곱에 비례한다.　③ 반비례한다.　④ 무관하다.

(1) 관의 길이 :
(2) 관의 안지름 :
(3) 유속 :
(4) 유체 압력 :

해답 (1) ①　(2) ③　(3) ②　(4) ④

해설 다르시–바이스 바하 방정식에 의한 마찰저항(h_f)은 다음과 같다.

$$h_f = f \times \frac{L}{D} \times \frac{V^2}{2g}$$

① 유속(V)의 2승(제곱)에 비례한다.
② 관의 길이(L)에 비례한다.
③ 관 안지름(D)에 반비례한다.
④ 관 내벽의 상태와 관계가 있다. (내면의 상태가 거칠면 마찰저항이 커진다.)
⑤ 압력과는 관계가 없다.

14 비열이 0.8kcal/kg·℃인 어떤 액체 1000kg을 0℃에서 100℃로 상승시키는 데 필요한 프로판은 몇 kg인가? (단, 프로판의 발열량은 12000kcal/kg, 연소기 효율은 90%이다.)

풀이 연소기 효율 $\eta = \dfrac{G \times C \times \Delta t}{G_f \times H_l} \times 100$에서 연료량 G_f를 구한다.

$$\therefore G_f = \frac{G \times C \times \Delta t}{H_l \times \eta} = \frac{1000 \times 0.8 \times (100-0)}{12000 \times 0.9} = 7.407 ≒ 7.41 \text{kg}$$

해답 7.41kg

15 스테인리스 배관을 용접할 때 용접용 가스로 Ar을 사용하는데 불활성가스인 N_2를 사용하지 않는 이유가 무엇인지 서술하시오.

해답 질소를 사용하면 용융금속 내부에 질소가 체류하여 기공(blow hole)이 발생하여 용접불량이 되기 때문에 사용하지 않는다.

2016년 가스산업기사 필답형 실전 모의고사

제1회 필답형 모의고사

01 프로판가스 1Sm³를 완전연소시키는 데 필요한 이론공기량은 몇 Sm³인가 계산하시오. (단, 공기 중 산소는 20vol% 이다.) [12. 2회. 산기]

풀이 ① 프로판(C_3H_8)의 완전연소 반응식 : $C_3H_8 + 5O_2 \rightarrow 3CO_2 + 4H_2O$

② 이론공기량 계산 : 아보가드로의 법칙에 의해 기체 1kmol의 체적은 22.4Sm³ 이다.

$$[C_3H_8] \qquad [O_2]$$
$$\downarrow \qquad\qquad \downarrow$$
$$22.4Sm^3 \qquad 5 \times 22.4Sm^3$$
$$1Sm^3 \qquad\qquad x(O_0)Sm^3$$

$$\therefore A_0 = \frac{O_0}{0.2} = \frac{1 \times 5 \times 22.4}{0.2 \times 22.4} = 25Sm^3$$

해답 25Sm³

해설 ① 공기 중 산소의 체적비는 21vol%이지만 문제에서 체적비가 별도로 제시되면 그 값을 적용한다.

② 1Sm³는 표준상태(0℃, 1기압)의 체적을 의미하는 것으로 'Nm³'와 같은 의미이다.

02 산소 시설에 설치하는 압력계는 금유(禁油)라 표시된 전용 압력계를 사용하는 이유를 설명하시오.

해답 산소는 화학적으로 활발한 원소로 산소농도가 높으면 반응성이 풍부해져 오일(석유류, 유지류)과 접촉 시 인화, 폭발의 위험성이 있기 때문에 금유(禁油)라 표시된 전용압력계를 사용하여야 한다.

해설 금유(禁油)란 오일(기름) 사용을 금지한다는 의미이다.

03 내용적 40L인 충전용기를 수조식 내압시험 장치에서 내압시험을 한 결과 영구증가량이 25mL, 전증가량이 300mL일 때 영구증가율(%)을 계산하여 합격, 불합격을 판정하고 그 이유를 설명하시오.

풀이 영구증가율 = $\dfrac{영구증가량}{전증가량} \times 100 = \dfrac{25}{300} \times 100 = 8.333 ≒ 8.33\%$

해답 ① 영구증가율 : 8.33%
② 판정 : 합격
③ 이유 : 영구증가율이 10% 이하가 합격이 되기 때문에

04 관지름 25mm인 배관으로 입상높이 25m인 곳에 프로판(C_3H_8)을 공급할 때 압력손실은 수주로 몇 mm인가? (단, C_3H_8의 비중은 1.52이다.)

풀이 $H = 1.293(S-1)h = 1.293 \times (1.52-1) \times 25 = 16.809 ≒ 16.81 mmH_2O$

해답 $16.81 mmH_2O$

05 금속마다 선팽창계수가 다른 기계적 성질을 이용한 것으로 발열체의 발열변화에 따라 굽히는 정도가 다른 2종의 얇은 금속판을 결합시켜 안전장치 등에 사용되는 것은 무엇인가?

해답 바이메탈
해설 바이메탈의 특성을 온도계에 이용한 것이 '바이메탈 온도계'이다.

06 액화석유가스 및 도시가스를 사용하는 연소기에서 발생하는 역화(back fire)를 설명하시오.

해답 가스의 연소속도가 염공의 가스 유출속도보다 크게 됐을 때 불꽃이 버너 내부에 침입하여 노즐의 선단에서 연소하는 현상
해설 역화의 발생원인
① 염공이 크게 되었을 때
② 노즐의 구멍이 너무 크게 된 경우
③ 콕이 충분히 개방되지 않은 경우
④ 가스의 공급압력이 저하되었을 때
⑤ 버너가 과열된 경우

07 도시가스의 제조공정 중 가스화 방식에 의한 분류 4가지를 쓰시오.

해답 ① 열분해 공정 ② 접촉분해 공정
② 부분연소 공정 ④ 대체천연가스(SNG) 공정
⑤ 수소화 분해 공정

08 가스보일러를 전용보일러실에 설치하지 않아도 되는 경우 2가지를 쓰시오.
[10. 2회. 산기 동영상] [11. 4회. 산기]

해답 ① 밀폐식 가스보일러
② 옥외에 설치한 가스보일러
③ 전용급기통을 부착하는 구조로 검사에 합격한 강제배기식 가스보일러

해설 주거용 가스보일러 설치 기준(KGS GC208) : 가스보일러는 전용보일러실(보일러실 안의 가스가 거실로 들어가지 않는 구조로서 보일러실과 거실 사이의 경계벽은 출입구를 제외하고는 내화구조의 벽을 말한다)에 설치한다. 다만, 다음 중 어느 하나에 해당하는 경우에는 전용보일러실에 설치하지 않을 수 있다.
① 밀폐식 가스보일러
② 옥외에 설치한 가스보일러
③ 전용급기통을 부착하는 구조로 검사에 합격한 강제배기식 가스보일러

09 용접부에 대한 비파괴검사법 중 자분탐상시험의 단점을 3가지 쓰시오.

해답 ① 비자성체에는 적용할 수 없다.
② 전원이 필요하다.
③ 검사 완료 후에 탈자(脫磁) 처리가 필요하다.
④ 페인트 등이 두껍게 코팅이 된 경우 판독이 어렵다.

해설 자분탐상시험의 장점
① 육안으로 검지할 수 없는 결함(균열, 손상, 개재물, 편석, 블로 홀 등)을 검지할 수 있다.
② 검사속도가 매우 빠르며, 검사비용이 비교적 저렴하다.
③ 장비가 간편하여 이동성이 좋다.

10 가연성가스의 정의를 폭발범위를 기준으로 설명하시오.

해답 폭발한계의 하한이 10% 이하인 것과 폭발한계의 상한과 하한의 차가 20% 이상인 것

해설 "가연성가스(고법 시행규칙 제2조)"란 공기 중에서 연소하는 가스로서 폭발한계(공기와 혼합된 경우 연소를 일으킬 수 있는 공기 중의 가스 농도의 한계를 말한다)의 하한이 10% 이하인 것과 폭발한계의 상한과 하한의 차가 20% 이상인 것을 말한다.

11 LPG를 자동차에 고정된 탱크에서 저장탱크로 이입, 충전하는 방법 3가지를 쓰시오.

해답 ① 차압에 의한 방법
② 액펌프에 의한 방법
③ 압축기에 의한 방법

해설 액펌프에 의한 방법을 세분화하면 '균압관이 없는 것'과 '균압관이 있는 것'으로 할 수 있다.

12 다음은 가연성 고압가스를 제조하여 저장탱크에 저장한 후 자동차에 고정된 탱크로 출하하는 시설을 나타낸 것이다. ①~⑤의 밸브 명칭과 역할에 대하여 설명하시오.

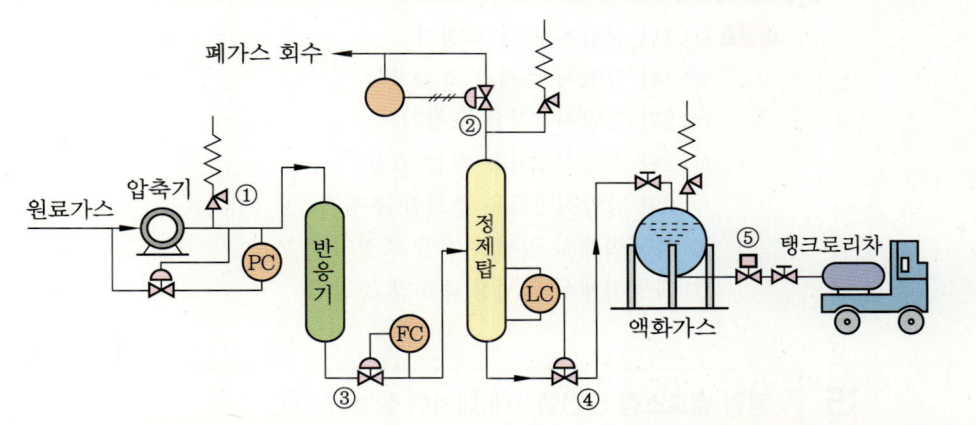

해답 ① 안전밸브 : 압축기 토출압력이 이상 상승 시 작동하여 토출가스를 분출시켜 압력을 정상 압력으로 유지시킨다.
② 압력조절밸브 : 폐가스 회수계의 압력을 조절하는 역할을 한다.
③ 유량조절밸브 : 반응기에서 정제탑으로 이송되는 가스의 양을 조절한다.
④ 액면조절밸브 : 정제탑의 액면이 일정량 이상으로 되면 밸브를 개방하여 액화가스 저장탱크로 이송하고, 액면이 일정량 이하에 도달하면 밸브가 폐쇄된다.
⑤ 긴급차단밸브 : 액화가스를 저장탱크에서 탱크로리로 이송할 때 이상사태가 발생하면 원격조작으로 밸브를 폐쇄시켜 피해가 확대되는 것을 방지한다.

13 도시가스 제조소 및 공급소의 기밀시험은 최고사용압력의 1.1배 또는 (①) 중 높은 압력 이상으로 실시한다. 다만, 최고사용압력이 저압인 가스홀더, 배관 및 그 부대설비 이외의 것으로서 최고사용압력이 (②) 이하인 것은 시험압력을 최고사용압력으로 할 수 있다. ( ) 안에 알맞은 내용을 쓰시오.

해답 ① 8.4kPa   ② 30kPa

해설 도시가스 제조소 및 공급소의 기밀시험 방법 : KGS FP551
① 기밀시험은 공기 또는 위험성이 없는 불활성기체로 실시한다.
② 기밀시험은 최고사용압력의 1.1배 또는 8.4kPa 중 높은 압력 이상으로 실시한다. 다만 최고사용압력이 저압인 가스홀더, 배관 및 그 부대설비 이외의 것 중 최고사용압력이 30kPa 이하인 것은 시험압력을 최고사용압력으로 할 수 있다.
③ 기밀시험은 그 설비가 취성 파괴를 일으킬 우려가 없는 온도에서 실시한다.
④ 기밀시험은 기밀시험압력에서 누출 등의 이상이 없을 때 합격으로 한다.

14 일반용 액화석유가스용 압력조정기의 종류 4가지를 쓰시오.

해답 ① 1단 감압식 저압 조정기
② 1단 감압식 준저압 조정기
③ 2단 감압식 1차용 조정기
④ 2단 감압식 2차용 저압 조정기
⑤ 2단 감압식 2차용 준저압 조정기
⑥ 자동절체식 일체형 저압 조정기
⑦ 자동절체식 일체형 준저압 조정기

15 평형 벨로스형 안전밸브에 대하여 설명하시오.

해답 밸브의 토출측 배압의 변화에 의하여 성능 특성에 영향을 받지 않는 안전밸브이다.
해설 용어의 정의 : KGS FP112
① "설정압력(set pressure)"이란 안전밸브의 설계상 정한 분출압력 또는 분출개시압력으로서 명판에 표시된 압력을 말한다.
② "축적압력(accumulated pressure)"이란 내부유체가 배출될 때 안전밸브에 의하여 축적되는 압력으로서 그 설비 안에서 허용될 수 있는 최대압력을 말한다.
③ "초과압력(over pressure)"이란 안전밸브에서 내부유체가 배출될 때 설정압력 이상으로 올라가는 압력을 말한다.
④ "평형 벨로스형 안전밸브(balanced bellows safety valve)"란 밸브의 토출측 배압의 변화에 의하여 성능 특성에 영향을 받지 않는 안전밸브를 말한다.
⑤ "일반형 안전밸브(conventional safety valve)"란 밸브의 토출측 배압의 변화에 의하여 직접적으로 성능 특성에 영향을 받는 안전밸브를 말한다.
⑥ "배압(back pressure)"이란 배출물 처리설비 등으로부터 안전밸브의 토출측에 걸리는 압력을 말한다.

제2회 필답형 모의고사

01 전기방식법의 종류 4가지를 쓰시오.

해답 ① 희생양극법(또는 유전양극법, 전기양극법)
② 외부전원법
③ 배류법(또는 선택배류법)
④ 강제배류법

해설 전기방식(電氣防蝕) : 지중 및 수중에 설치하는 강재배관 및 저장탱크 외면에 전류를 유입시켜 양극반응을 저지함으로써 배관의 전기적 부식을 방지하는 것이다.
① 희생양극법(犧生陽極法) : 지중 또는 수중에 설치된 양극(anode)금속과 매설배관(cathode : 음극)을 전선으로 연결해 양극금속과 매설배관 사이의 전지작용(고유 전위차)에 의하여 부식을 방지하는 방법이다.
② 외부전원법(外部電源法) : 외부 직류전원장치의 양극(+)은 매설배관이 설치되어 있는 토양이나 수중에 설치한 외부전원용 전극에 접속하고, 음극(-)은 매설배관에 접속시켜 부식을 방지하는 방법이다.
③ 배류법(排流法) : 매설배관의 전위가 주위의 타 금속 구조물의 전위보다 높은 장소에서 매설배관과 주위의 타 금속 구조물을 전기적으로 접속시켜 매설배관에 유입된 누출전류를 전기회로적으로 복귀시키는 방법이다.
④ 강제배류법 : 외부전원법과 배류법(선택배류법)을 혼합한 것이다.

02 내압시험압력 및 기밀시험압력의 기준이 되는 압력으로서 사용 상태에서 해당 설비 등의 각부에 작용하는 최고사용압력을 의미하는 것은? [10. 4회. 산기]

해답 상용압력

해설 압력의 종류에 따른 정의 : KGS FP112
① "설계압력"이란 고압가스용기 등의 각부의 계산 두께 또는 기계적 강도를 결정하기 위하여 설계된 압력을 말한다.
② "상용압력"이란 내압시험압력 및 기밀시험압력의 기준이 되는 압력으로서 사용상태에서 해당 설비 등의 각부에 작용하는 최고사용압력을 말한다.

03 직류전철 등에 의한 누출전류의 영향을 받는 배관에 적합한 전기방식법의 명칭은 무엇인가? [12. 2회. 산기 유사]

해답 배류법

해설 전기방식 방법 : KGS GC202
① 직류전철 등에 따른 누출전류의 영향이 없는 경우에는 외부전원법 또는 희생양극법으로 한다.
② 직류전철 등에 의한 누출전류의 영향을 받는 배관에는 배류법으로 하되, 방식 효과가 충분하지 않을 경우에는 외부전원법 또는 희생양극법을 병용한다.

04 내용적 50L의 고압용기에 0℃에서 100atm으로 산소가 충전되어 있다. 이 가스 3kg을 사용하였다면 압력(atm)은 얼마인가? (단, 온도변화는 없는 것으로 본다.)

풀이 ① 충전상태의 질량(g) 계산 : 이상기체 상태방정식 $PV=\frac{W}{M}RT$에서 질량 W를 구하며, 산소(O_2)의 분자량(M)은 32이다.

$$\therefore W=\frac{PVM}{RT}=\frac{100\times50\times32}{0.082\times(273+0)}=7147.324\fallingdotseq7147.32g$$

② 사용 후 잔압(atm) 계산 : 이상기체 상태방정식 $PV=\frac{W}{M}RT$에서 압력 P를 구하며, 충전량 7147.32g에서 사용량 3000g의 차이가 현재 용기에 남아 있는 잔량(g)이다.

$$\therefore P=\frac{WRT}{VM}=\frac{(7147.32-3000)\times0.082\times(273+0)}{50\times32}=58.026\fallingdotseq58.03atm$$

해답 58.03atm

05 LNG 490kg을 20℃에서 기화시키면 부피는 몇 m³인가? (단, LNG는 CH_4 90%, C_2H_6 10%이고, 액비중은 0.49 이다.)

풀이 ① 혼합가스의 평균분자량(M) 계산 : LNG 각 성분의 분자량은 메탄(CH_4) 16, 에탄(C_2H_6) 30이고, 평균분자량은 각 성분의 분자량에 체적비를 곱한 값을 합산한 것이다.

$$\therefore M=(16\times0.9)+(30\times0.1)=17.4$$

② 20℃에서 기화된 부피(m³) 계산 : SI단위 이상기체 상태방정식 $PV=GRT$에서 부피 V를 계산하며, 1기압은 101.325kPa이다.

$$\therefore V=\frac{GRT}{P}=\frac{490\times\left(\frac{8.314}{17.4}\right)\times(273+20)}{101.325}=677.029\fallingdotseq677.03m^3$$

해답 677.03m³

별해 아보가드로의 법칙에서 1kmol은 22.4Nm³이므로 비례식으로 계산한다.

17.4kg : 22.4Nm³ = 490kg : $x(V_1)$Nm³

∴ $x(V_1) = \dfrac{490 \times 22.4}{17.4}$ Nm³이고 이것은 표준상태(0℃, 1기압)의 체적이므로

보일-샤를의 법칙 $\dfrac{P_1V_1}{T_1} = \dfrac{P_2V_2}{T_2}$ 을 이용하여 온도를 보정한 값을 계산하며,

압력은 언급이 없으므로 $P_1 = P_2$이다.

∴ $V_2 = V_1 \times \dfrac{T_2}{T_1} = \dfrac{490 \times 22.4}{17.4} \times \dfrac{273+20}{273} = 677.017 ≒ 677.02$m³

06
30℃에서 충전용기에 산소를 120atm으로 충전한 후 온도를 점차 상승시켰더니 안전밸브에서 가스가 분출되었다. 이때의 온도는 몇 ℃가 되겠는가?

풀이 ① 내압시험압력 계산 : 압축가스 충전용기 내압시험압력(TP)은 최고충전압력(FP)의 $\dfrac{5}{3}$배이다.

∴ $TP = FP \times \dfrac{5}{3} = 120 \times \dfrac{5}{3} = 200$atm

② 안전밸브 작동압력 계산 : 안전밸브 작동압력은 내압시험압력(TP)의 $\dfrac{8}{10}$배 이하이다.

∴ 안전밸브 작동압력 = $TP \times \dfrac{8}{10} = 200 \times \dfrac{8}{10} = 160$atm

③ 안전밸브에서 가스가 분출될 때의 온도(T_2) 계산 : 보일-샤를의 법칙 $\dfrac{P_1V_1}{T_1} = \dfrac{P_2V_2}{T_2}$ 에서 나중 상태의 온도 T_2를 구하며, 이때의 온도는 절대온도이므로 섭씨온도로 환산하여야 하며, 충전용기는 내용적 변화가 없으므로 $V_1 = V_2$이다.

∴ $T_2 = \dfrac{T_1 \cdot P_2}{P_1} = \dfrac{(273+30) \times 160}{120} = 404$K $- 273 = 131$℃

해답 131℃

07
염공(炎孔)이 갖추어야 할 조건 4가지를 쓰시오.

해답 ① 모든 염공에 빠르게 불이 옮겨서 완전히 점화될 것
② 불꽃이 염공 위에 안정하게 형성될 것
③ 가열불에 대하여 배열이 적정할 것
④ 먼지 등이 막히지 않고 청소가 용이할 것
⑤ 버너의 용도에 따라 여러 가지 형식의 염공이 사용될 수 있을 것

08 상자콕 구조에 대한 설명 중 ( ) 안에 알맞은 내용을 쓰시오.

> 가스 유로를 핸들, 누름, 당김 등의 조작으로 개폐하고, (①)가 부착된 것으로서 밸브 핸들이 반개방 상태에서도 가스가 차단되어야 하며, (②)과[와] 커플러를 연결하는 구조이다.

해답 ① 과류차단 안전기구
② 배관

해설 과류차단 안전기구(KGS AA334) : 표시 유량 이상의 가스량이 통과되었을 경우 가스 유로를 차단하는 장치를 말한다.

09 도시가스 시설에 설치되는 정압기(governer)의 기능 3가지를 쓰시오. [15. 1회. 기사]

해답 ① 도시가스 압력을 사용처에 맞게 낮추는 감압기능
② 2차측의 압력을 허용범위 내의 압력으로 유지하는 정압기능
③ 가스의 흐름이 없을 때는 밸브를 완전히 폐쇄하여 압력상승을 방지하는 폐쇄기능

10 가연성가스 또는 독성가스의 고압가스설비 중 특수반응설비와 긴급차단장치를 설치한 고압가스설비에 이상사태가 발생하는 경우에 그 설비 안의 내용물을 설비 밖으로 긴급하고도 안전하게 처리할 수 있는 방법 4가지를 쓰시오.

해답 ① 플레어스택에서 안전하게 연소시킨다.
② 안전한 장소에 설치되어 있는 저장탱크 등에 임시 이송한다.
③ 벤트스택에서 안전하게 방출시킨다.
④ 독성가스는 제독 조치 후 안전하게 폐기시킨다.

11 정압기 특성 중 사용최대차압에 대하여 설명하시오.

해답 메인밸브에 1차와 2차 압력이 작용하여 최대로 되었을 때 차압

12 [보기]와 같은 반응에 의하여 수소를 제조하는 공업적 제조법 명칭을 쓰시오.

| 보기 |
$$C_mH_n + mH_2O \rightleftarrows mCO + \left(\frac{2m+n}{2}\right)H_2$$

🔶 **해답** 석유 분해법의 수증기 개질법

🔶 **해설** 석유 분해법 : 나프타, 중유 또는 원유를 분해하여 합성가스를 제조하는 방법으로 수증기 개질법과 부분 산화법이 있다.

① 수증기 개질법 : 탄화수소 중 메탄에서 나프타 유분(비점 205℃ 이하)까지 원료로 사용할 수 있으며, 탈황분이 3~5ppm이 될 때까지 충분히 탈황된 나프타를 수증기와 혼합하여 니켈계의 촉매를 통하게 함으로써 다음의 반응이 일어난다.

$$C_mH_n + mH_2O \rightleftarrows mCO + \left(\frac{2m+n}{2}\right)H_2$$

② 부분 산화법 : 원유 또는 중유를 산소 및 수증기와 함께 노(爐)에 흡입하고 불완전연소시켜 가스화하는 방법이며 반응은 다음과 같다.

$$C_mH_n + \frac{m}{2}O_2 \rightleftarrows mCO + \frac{n}{2}H_2$$

$$C_mH_n + mH_2O \rightleftarrows mCO + \left(\frac{2m+n}{2}\right)H_2$$

$$CO + H_2O \rightarrow CO_2 + H_2$$

13 가스액화 분리장치를 구성하는 기기(구성 요소) 3가지를 쓰시오.

🔶 **해답** ① 한랭 발생장치   ② 정류장치   ③ 불순물 제거장치

🔶 **해설** 각 장치의 역할
① 한랭 발생장치 : 냉동 사이클, 가스액화 사이클의 응용으로 가스액화 분리장치에서 액화가스를 채취할 때에 그것에 필요한 한랭을 보급한다.
② 정류장치 : 분축(分縮), 흡수(吸收) 장치로 원료가스를 저온에서 분리, 정제하는 역할을 한다.
③ 불순물 제거장치 : 저온도가 되면 동결하는 원료가스 중의 수분, 탄산가스 등을 제거하는 역할을 한다.

🔶 **참고** ① 분축(分縮) : 혼합기체의 일부 성분만을 응축하여 끓는점이 높은 성분과 낮은 성분으로 분리하는 일
② 흡수(吸收) : 외부의 물질을 안으로 빨아들임

14 콕의 종류 3가지를 쓰시오.

해답 ① 퓨즈콕
② 상자콕
③ 주물 연소기용 노즐콕
④ 업무용 대형 연소기용 노즐콕

해설 콕의 종류 : KGS AA334
① 퓨즈콕 : 가스 유로를 볼로 개폐하고, 과류차단 안전기구가 부착된 것으로서, 배관과 호스, 호스와 호스, 배관과 배관 또는 배관과 커플러를 연결하는 구조로 한다.
② 상자콕 : 상자에 넣어 바닥, 벽 등에 설치하는 것으로서, 3.3kPa 이하의 압력과 $1.2m^3/h$ 이하의 표시 유량에 사용하는 콕으로 가스 유로를 핸들, 누름, 당김 등의 조작으로 개폐하고, 과류차단 안전기구가 부착된 것으로서, 배관과 커플러를 연결하는 구조로 한다.
③ 주물 연소기용 노즐콕 : 주물 연소기 부품으로 사용하는 것으로서 볼로 개폐하는 구조로 한다.
④ 업무용 대형 연소기용 노즐콕 : 업무용 대형 연소기 부품으로 사용하는 것으로서 가스 흐름을 볼로 개폐하는 구조를 말한다.

15 방사선투과검사 시 촬영된 투과사진의 감도(상질) 및 검사방법의 적정성을 알아보기 위해 사용하는 것으로 시험체와 같은 재질의 것을 사용하여야 하며, 촬영할 때 반드시 시험체의 표면에 붙이고 촬영하는 것을 무엇이라 하는가?

해답 투과도계

제4회 필답형 모의고사

01 LPG 강제기화 방식 중 생가스 공급방식을 설명하시오.

해답 기화기에서 기화된 가스를 그대로 공급하는 방식이다.

해설 생가스 공급방식의 특징 [14. 4회. 산기]
① 기화기에서 기화된 가스를 그대로 공급한다.
② 공기 혼합기 등이 필요 없으므로 설비가 간단하다.
③ 부탄의 경우 재액화 우려가 있다.
④ 재액화 현상을 방지하기 위하여 배관을 보온조치 하여야 한다.

참고 LPG 강제기화에 의한 공급방식
① 생가스 공급방식
② 공기혼합가스 공급방식
③ 변성가스 공급방식

02 화학평형에서 계의 상태를 결정하는 변수인 온도, 압력, 성분 농도 등의 조건을 변화시키면 그 계는 변화에 의해서 생기는 영향이 될 수 있는 대로 적게 하는 방향으로 진행되어 새로운 평형상태를 형성하는 법칙은 무엇인가?

해답 르샤틀리에의 법칙 (또는 화학 평형 이동의 법칙)

03 플레어스택(flare stack)의 설치 목적을 설명하시오. [11. 1회. 산기]

해답 긴급이송설비에 의하여 이송되는 가연성가스를 대기 중으로 분출하면 공기와 혼합하여 폭발성 혼합기체가 형성될 수 있으므로 연소시켜 처리하기 위하여

04 정압기를 평가 선정할 경우 각 특성이 사용조건에 적합하도록 정압기를 선정하여야 한다. 이때 정압기를 선정할 때 고려하여야 할 사항 4가지를 쓰시오.

해답 ① 정특성
② 동특성
③ 유량특성
④ 사용 최대 차압
⑤ 작동 최소 차압

05 아세틸렌을 용기에 충전할 때 사용하는 다공물질의 구비조건 4가지를 쓰시오.

해답 ① 고다공도일 것
② 기계적 강도가 클 것
③ 가스충전이 쉽고, 안전성이 있을 것
④ 경제적일 것
⑤ 화학적으로 안정할 것

해설 '다공물질'을 '다공질물'로 표현하는 경우도 있으며, 2가지 명칭을 혼용하여 사용하고 있다.

06 자연급배기식(BF) 보일러와 강제급배기식(FF) 보일러는 밀폐식, 반밀폐식으로 구분할 때 어디에 해당되는지 쓰시오.

해답 밀폐식

해설 실내에 설치되는 연소기구의 분류

구분		구분의 내용
개방식		연소용 공기를 실내에서 취하고, 연소 배기가스는 옥내로 배출하는 방식
반밀폐식	자연배기식(CF)	연소용 공기를 실내에서 취하고, 연소 배기가스를 배기통을 사용해서 자연 통풍력에 의해서 실외로 배출하는 방식
	강제배기식(FE)	연소용 공기를 실내에서 취하고, 연소 배기가스를 배기팬을 사용해서 강제적으로 실외로 배출하는 방식
밀폐식	자연급배기식 (BF)	급배기통을 외기에 접하는 벽을 관통하여 실외로 내보내고, 자연 통풍력에 의해서 급배기를 시키는 방식 (약호 : BF-W)
		급배기통을 전용 급배기통(chamber) 내에 접속하고, 자연 통풍력에 의해서 복도에 급배기를 시키는 방식 (약호 : BF-C)
		급배기통을 공용 급배기통(U 덕트 또는 SE 덕트) 내에 접속하고, 자연 통풍력에 의해서 급배기를 시키는 방식 (약호 : BF-D)
	강제급배기식 (FF)	급배기통을 외기에 접하는 벽을 관통하여 실외로 내보내고, 팬에 의해서 강제적으로 급배기를 시키는 방식

07 어떤 고압장치의 상용압력이 10MPa일 때 안전밸브의 최고 작동압력은 얼마인가?

풀이 안전밸브 작동압력 = 내압시험압력 × $\frac{8}{10}$ = (상용압력 × 1.5) × $\frac{8}{10}$

$$= (10 \times 1.5) \times \frac{8}{10} = 12\text{MPa}$$

해답 12MPa

해설 고압장치의 내압시험압력과 충전용기의 내압시험압력 기준이 다르게 적용되니 구분하여 기억하길 바랍니다.

08 연소기에 설치되는 소화안전장치의 종류 2가지를 쓰시오.

해답 ① 열전대식 ② 광전관식(UV-cell 방식) ③ 플레임 로드식

해설 연소기의 소화안전장치
① 소화안전장치(消火安全裝置) : 가스레인지 등 연소기기가 사용상 부주의로 소화(消火)될 때 자동적으로 가스 흐름을 차단하여 주는 안전장치이다.
② 종류
  ㉮ 열전대식 : 열전대의 원리를 이용한 것으로 열전대가 가열되어 기전력이 발생되면서 전자밸브가 개방된 상태가 유지되고, 소화된 경우에는 기전력 발생이 감소되면서 스프링에 의해서 전자밸브가 닫혀 가스를 차단하는 것으로 가스레인지 등에 적용한다.
  ㉯ 광전관식 : 불꽃의 빛을 감지하는 센서를 이용한 방식으로 연소 중에는 전자밸브를 개방시키고 소화 시에는 전자밸브를 닫히도록 한 것이다.
  ㉰ 플레임 로드(flame rod)식 : 불꽃의 도전성에 의한 정류성을 이용하여 불꽃을 감지하는 방식으로 대용량의 연소기에 사용하는 방식이다.

09 가스용 냉난방기에서 사용하는 흡수제의 명칭을 쓰시오.

해답 리튬브로마이드(LiBr) (또는 취화리듐)

해설 흡수식 냉동기(냉온수기)의 냉매 및 흡수제

냉매	흡수제
암모니아(NH_3)	물(H_2O)
물(H_2O)	리튬브로마이드(LiBr)
염화메틸(CH_3Cl)	사염화에탄
톨루엔	파라핀유

10 안전성 평가기법 4가지를 쓰시오.

해답 ① 체크리스트기법　② 사고예상질문분석기법　③ 위험과 운전분석기법
④ 작업자실수분석기법　⑤ 결함수분석기법(FTA)　⑥ 사건수분석기법(ETA)
⑦ 원인결과분석기법(CCA)

해설 안전성 평가기법(위험성 평가기법) 분류
① 정성적 평가기법 : 체크리스트기법, 사고예상질문분석기법, 위험과 운전분석기법
② 정량적 평가기법 : 작업자실수분석기법, 결함수분석기법(FTA), 사건수분석기법(ETA), 원인결과분석기법(CCA)

11 TLV-TWA와 TLV-STEL에 대하여 설명하시오.

해답 ① TLV-TWA : 정상인이 1일 8시간 또는 1주 40시간 통상적인 작업을 수행함에 있어 건강상 나쁜 영향을 미치지 아니하는 정도의 공기 중의 가스의 농도를 말한다.
② TLV-STEL : 15분 이하의 비교적 단시간 이내에 연속적으로 노출되어 자극을 느끼거나, 생체조직에 만성적 또는 비가역적인 병변을 일으키거나, 마취작용에 의해 사고를 일으키기 쉽거나, 자제심이 없어지거나, 작업능률이 현저히 저하되는 증상이 발생하는 최고농도를 말한다.

해설 ① TLV-TWA(Threshold Limit Value-Time Weighted Average) : 치사허용 시간 가중치[致死許容 時間 加重値]
② TLV-STEL(Threshold Limit Value-Short Term Exposure Limit) : 단시간 치사허용 노출한계치

12 LPG 충전사업소 안의 건축물 외벽에 설치하는 유리창의 유리 재료 2가지를 쓰시오.

해답 ① 강화유리(tempered glass)
② 접합유리(laminated glass)
③ 망 판유리 및 선 판유리(wire glass)

해설 충전소 안의 건축물 외벽에 설치하는 모든 창의 유리 기준 : KGS FP331
① KS L 2002 강화유리(tempered glass)
② KS L 2004 접합유리(laminated glass)
③ KS L 2006 망 판유리 및 선 판유리(wire glass)
④ 공인시험기관의 시험 결과 이와 같은 수준 이상의 유리

13 CaC₂ 1kg을 25℃, 1기압 상태에서 1L 물에 넣으면 아세틸렌은 몇 L 생성되는가? (단, Ca의 원자량은 40 이다.) [10. 1회, 산기]

풀이 ① 카바이드(CaC₂)와 물(H₂O)에 의한 아세틸렌 제조 반응식
$$CaC_2 + 2H_2O \rightarrow Ca(OH)_2 + C_2H_2$$

② 카바이드 1kg이 발생하는 아세틸렌 가스량 계산 : 카바이드(CaC₂)의 분자량은 64이다.

$$\begin{array}{cc} [CaC_2] & [C_2H_2] \\ \downarrow & \downarrow \\ 64g & 22.4L \\ 1000g & xL \end{array}$$

$$\therefore x = \frac{1000 \times 22.4}{64} = 350L$$

③ 25℃의 상태 체적으로 계산 : 보일-샤를의 법칙 $\frac{P_1V_1}{T_1} = \frac{P_2V_2}{T_2}$를 이용하여 온도를 보정한 체적 V_2를 계산하며, $P_1 = P_2$이므로 생략한다.

$$\therefore V_2 = V_1 \times \frac{T_2}{T_1} = 350 \times \frac{273+25}{273} = 382.051 ≒ 382.05L$$

해답 382.05L

별해 ① 카바이드 64g이 물과 반응하여 아세틸렌가스 26g이 생성되므로 카바이드 1000g이 물과 반응하여 생성되는 아세틸렌가스 질량을 계산한다.

64g : 26g = 1000g : xg

$$\therefore x = \frac{26 \times 1000}{64} = 406.25g$$

② 아세틸렌 질량 406.25g을 25℃ 상태에서의 체적(L) 계산 : 이상기체 상태방정식 $PV = \frac{W}{M}RT$에서 체적 V를 계산한다.

$$\therefore V = \frac{WRT}{PM} = \frac{406.25 \times 0.082 \times (273+25)}{1 \times 26} = 381.812 ≒ 381.81L$$

해설 아세틸렌 제조 반응식에서 카바이드(CaC₂)와 반응하는 물(H₂O)은 2mol(다시 이야기하면 2mol×22.4L/mol=44.8L)이기 때문에 문제에서 제시된 물 1L로는 양이 부족하여 반응이 이루어질 수 없다고 생각할 수 있지만, 44.8L는 기체(수증기)의 체적이고 표준상태에서 물 1L가 기체(수증기)로 되면 약 1244.44L가 되므로 물이 부족한 상태는 아니니 착오 없기를 바랍니다.

14 고압가스 운반차량 등록대상 4가지를 쓰시오.

해답 ① 허용농도가 100만분의 200 이하인 독성가스를 운반하는 차량
② 차량에 고정된 탱크로 고압가스를 운반하는 차량
③ 차량에 고정된 2개 이상을 이음매가 없이 연결한 용기로 고압가스를 운반하는 차량
④ 고압가스 제조허가를 받거나 신고를 한 자, 고압가스 판매허가를 받은 자, 고압가스 수입업자의 등록을 한 자가 수요자에게 용기로 고압가스를 운반하는 차량
⑤ 용기 충전사업자, 가스난방기용기 충전사업자, 액화석유가스 판매사업자가 수요자에게 용기로 액화석유가스를 운반하는 차량
⑥ 산업통상자원부령으로 정하는 탱크컨테이너로 고압가스를 운반하는 차량

해설 고법 시행령 제5조의4 '고압가스 운반자의 등록 대상범위 등'에 규정된 사항임

15 펌프 중심에서 아래로 5m에 있는 물을 21m 높이에 0.8m³/min으로 송출할 때 필요한 축동력은 몇 kW 인가? (단, 펌프의 효율은 80%이고, 관로의 전손실수두는 4m이다.)

풀이 ① 펌프의 전양정(H) 계산
H = 흡입양정 + 송출양정 + 손실수두
= 5 + 21 + 4 = 30m

② 축동력(kW) 계산 : 물의 비중량(γ)은 1000kgf/m³, 유량(Q)은 초(s)당 유량(단위 : m³/s)으로 변환하여 적용한다.

$$\therefore kW = \frac{\gamma \cdot Q \cdot H}{102 \cdot \eta} = \frac{1000 \times 0.8 \times 30}{102 \times 0.8 \times 60} = 4.901 = 4.90kW$$

해답 4.9kW

2017년 가스산업기사 필답형 실전 모의고사

제1회 필답형 모의고사

01 용접부에 대하여 실시하는 비파괴검사법의 종류 4가지를 쓰시오.

해답 ① 음향검사(AE) ② 육안검사(VT) ③ 침투탐상검사(PT)
④ 자분탐상검사(MT) ⑤ 방사선투과검사(RT) ⑥ 초음파탐상검사(UT)

해설 ① '비파괴검사'를 '비파괴시험'으로 표현하고 있으므로 '방사선투과검사'를 '방사선투과시험'과 같이 표현할 수 있으며, 각 검사 명칭의 '검사'를 '시험'으로 표현해도 채점에는 영향이 없으니 선택하여 답안을 작성하길 바랍니다.
② 검사 명칭을 영문 약어로 묻는 경우도 있으므로 괄호에 있는 부분도 숙지하길 바랍니다.

02 내진설계에서 평균재현주기 500년 지진지반운동수준에 대한 평균재현주기별 지반운동수준의 비로 나타내는 것은 무엇인가?

해답 위험도계수

03 메탄(CH_4)을 주성분으로 하는 발열량이 12000kcal/Nm^3인 가스에 공기를 혼합하여 3600kcal/Nm^3로 변경하려고 할 때 공기 혼합이 가능한지 설명하시오.

풀이 ① 공기량(m^3) 계산 : 공기를 혼합(희석)하였을 때 발열량 $Q_2 = \dfrac{Q_1}{1+x}$에서 혼합하는 공기량 x를 구한다.

$$\therefore x = \dfrac{Q_1}{Q_2} - 1 = \dfrac{12000}{3600} - 1 = 2.333 ≒ 2.33 m^3$$

② 혼합가스 중 메탄의 부피비(%) 계산

$$메탄부피비(\%) = \dfrac{메탄부피}{메탄부피 + 공기부피} \times 100$$

$$= \dfrac{1}{1+2.33} \times 100 = 30.030 ≒ 30.03\%$$

③ 메탄의 폭발범위 5~15%를 벗어나므로 공기 혼합이 가능하다.

해답 공기 혼합이 가능하다.

04 다음에 설명하는 전기방식법의 명칭은 무엇인가?

> 지중 또는 수중에 설치된 양극(anode)금속과 매설배관(cathode : 음극) 등을 전선으로 연결하여 양극금속과 매설배관 등 사이의 전지작용(고유 전위차)에 의하여 전기적 부식을 방지하는 방법이다.

해답 희생양극법(또는 유전양극법)

05 LNG 기화기의 종류 3가지를 쓰시오.

해답
① 오픈랙(open rack) 기화기
② 중간매체법 기화기
③ 서브머지드(submerged) 기화기

해설 LNG 기화장치의 종류
① 오픈 랙(open rack) 기화기 : 베이스로드용으로 바닷물을 열원으로 사용하므로 초기시설비가 많으나 운전비용이 저렴하다.
② 중간매체법 기화기 : 베이스로드용으로 프로판(C_3H_8), 펜탄(C_5H_{12}) 등을 사용한다.
③ 서브머지드(submerged) 기화기 : 피크로드용으로 액중 버너를 사용한다. 초기시설비가 적으나 운전비용이 많이 소요된다.

06 분젠식 연소기에서 발생하는 이상 연소현상 3가지를 쓰시오.

해답 ① 역화 ② 선화 ③ 옐로팁 ④ 블로 오프

해설 연소기에서 발생하는 이상 연소현상
① 역화(back fire) : 가스의 연소속도가 염공의 가스 유출속도보다 크게 됐을 때 불꽃이 버너 내부에 침입하여 노즐의 선단에서 연소하는 현상
② 선화(lifting) : 가스의 유출속도가 연소속도보다 커서 염공에 접하여 연소하지 않고 염공을 떠나 공간에서 연소하는 현상
③ 옐로팁(yellow tip) : 불꽃의 끝이 적황색으로 되어 연소하는 현상
④ 블로 오프(blow off) : 불꽃 주변의 기류에 의하여 불꽃이 염공에서 떨어져 연소하다 꺼져버리는 현상

07 [보기]와 같은 연소기구의 가스소비량과 수량일 때 월사용예정량을 계산하시오.

| 보기 |
| 가스레인지 : 33000kcal/h, 1개   가스용 온수보일러 : 53000kcal/h, 2개
| 가스밥솥 : 16000kcal/h, 1개   오븐레인지 : 23000kcal/h, 1개

풀이 [보기]의 연소기구는 산업용(A)에 사용하는 것은 없고, 모두 비산업용(B) 연소기구로 판단하여야 한다.

$$\therefore Q = \frac{(A \times 240) + (B \times 90)}{11000}$$

$$= \frac{\{(33000 \times 1) + (53000 \times 2) + (16000 \times 1) + (23000 \times 1)\} \times 90}{11000}$$

$$= 1456.363 \fallingdotseq 1456.36 \, m^3$$

해답 $1456.36 \, m^3$

참고 가스소비량 합계 방법 : KGS FU551 도시가스 사용시설 기준
① 월사용예정량 계산 시 가정용으로 사용하는 연소기의 가스소비량은 합산대상에서 제외한다.
② 당해 가스를 이용하여 직접 제품을 생산, 판매(일반적인 유통방법에 의한 판매를 말한다)하는 경우는 '산업용'으로, 그 밖의 경우는 '비산업용'으로 계산하며, 그 예는 다음과 같다.
㉮ 공장 등 산업체의 식당에서 취사용으로 사용하는 경우는 산업체에서 사용하는 경우라도 제품을 직접 생산, 판매하는 용도가 아니므로 '비산업용'으로 계산한다.
㉯ 학교 실습실에 설치된 도자기로 등은 제품을 생산하나 판매가 수반되지 아니하므로 '비산업용'으로 계산한다.
㉰ 제과공장에서 빵을 만드는 데 사용하는 연소기는 제품의 생산과 판매가 수반되므로 '산업용'으로 계산한다. 다만, 제과점의 연소기는 일반적인 유통방법에 의한 판매가 이루어지지 않으므로 '비산업용'으로 계산한다.
㉱ 세탁공장은 넓은 의미에서 산업의 일환인 서비스업으로 볼 수 있고, 상시적이고 고정적인 기업활동이 이루어지므로 이곳의 연소기는 '산업용'으로 계산한다.
㉲ 세탁소, 방앗간 등은 상시적이고 고정적인 기업 활동으로 보기 어려우므로 이곳의 연소기는 '비산업용'으로 계산한다.
㉳ 자동차 정비업체의 도장부스에 사용하는 연소기는 제품 수리에 사용하므로 이곳의 연소기는 '비산업용'으로 계산한다.
③ 가정용 연소기의 예
㉮ 여관 종업원의 취사 및 냉·난방용 연소기

④ 종업원 비상대기실의 취사 및 냉·난방용 연소기
④ 고시원의 개별 취사 및 개별 냉·난방용 연소기
④ 건축법 시행령 별표1에 따른 생활숙박시설의 개별 취사 및 개별 냉·난방용 연소기

④ 비가정용 연소기의 예
㉮ 공동주택 등에서 공동으로 사용하는 중앙 난방용 연소기
㉯ 경로당 및 관리실의 취사 및 냉·난방용 연소기
㉰ 아파트 공동 샤워장용 연소기
㉱ 여관 등에서 고객의 취사 및 냉·난방용 연소기
㉲ 고시원의 공동 취사 및 공동 냉·난방용 연소기
㉳ 건축법 시행령 별표1에 따른 생활숙박시설의 공동 취사 및 공동 냉·난방용 연소기

08 LPG를 자연기화방식으로 사용하는 곳에서 1일 1호당 평균 가스소비량이 0.12kg/day, 소비호수가 200세대, 평균 가스소비율이 18%일 때 피크 시 가스사용량(kg/h)을 계산하시오.

풀이 $Q = q \times N \times \eta = 0.12 \times 200 \times 0.18 = 4.32 \text{kg/h}$

해답 4.32kg/h

해설 1일 1호당 평균 가스소비량(q) 단위 'kg/day'에서 피크 시 가스사용량(Q) 단위 'kg/h'로 환산 없이 변경될 수 있는 것은 '평균 가스소비율(η)' 때문이다. 그 이유는 LPG를 사용하는 가정에서 가스 소비를 24시간 계속 사용하는 것이 아니라 24시간 중 문제에서 제시된 18%에 해당하는 시간만 사용하기 때문이다.

09 어떤 냉동기에서 0℃의 물로 얼음 4톤을 만드는데 100kWh의 일이 소요되었다면 이 냉동기의 성적계수는 얼마인가? (단, 얼음의 융해잠열은 80kcal/kg이다.)

풀이 ① 1kWh는 860kcal, 1톤은 1000kg에 해당되며, 얼음의 융해잠열은 물의 응고잠열과 같다.
② 성적계수 계산 : 냉동기에서 흡수 제거하는 열량(Q_2)은 물질량(G)에 물질의 잠열(γ)을 곱한 값이다.

$$\therefore COP_R = \frac{Q_2}{W} = \frac{G \times \gamma}{W} = \frac{(4 \times 1000) \times 80}{100 \times 860} = 3.720 \fallingdotseq 3.72$$

해답 3.72

해설 냉동기 성적계수는 단위가 없는 무차원수이다.

10 고압가스 배관의 부식을 억제하는 방법 4가지를 쓰시오.

해답 ① 부식환경의 처리에 의한 방법
② 부식억제제(인히비터)에 의한 방법
③ 피복에 의한 방법
④ 전기 방식법

11 액화암모니아 공급방식 3가지를 쓰시오.

해답 ① 충전용기에 의한 방법
② 자동차에 고정된 탱크(탱크로리)에 의한 방법
③ 배관에 의한 방법

12 프로판을 이론공기량으로 완전연소할 때 혼합가스 중 프로판의 농도(%)는 얼마인가? (단, 공기 중 산소와 질소의 체적비는 21 : 79이다.)

풀이 ① 프로판(C_3H_8)의 완전연소 반응식
$C_3H_8 + 5O_2 \rightarrow 3CO_2 + 4H_2O$
② 혼합가스(프로판+공기) 중 프로판 농도(%) 계산 : 프로판 1몰(mol)의 체적은 22.4L이고, 프로판 1몰이 완전연소할 때 산소는 5몰이 필요하고, 이론산소량을 공기 중 산소 체적비로 나눠주면 이론공기량이 계산된다.

$$\therefore 프로판 농도 = \frac{프로판의 양}{혼합가스의 양} \times 100 = \frac{프로판의 양}{프로판의 양 + 공기량} \times 100$$

$$= \frac{22.4}{22.4 + \left(\frac{5 \times 22.4}{0.21}\right)} \times 100 = 4.030 ≒ 4.03\%$$

해답 4.03%

13 도시가스 제조법 중 수증기 개질법에서 일정압력, 일정온도 상태에서 수증기비가 증가하면 CH_4, CO가 감소하고, H_2, CO_2가 많은 가스가 생성되는 이유를 화학식을 이용하여 설명하시오.

해답 나프타(탄화수소)를 이용한 수증기 개질법에서 탄화수소와 수증기간의 반응식은 다음과 같다.
$A(C_mH_n) + B(H_2O) \rightarrow C(H_2) + D(CO) + E(CO_2) + F(CH_4) + G(C) + H(H_2O)$
여기서 최종적으로 발생가스의 조성은 다음의 3가지 식의 평형관계에 의하여 결정된다.

$$CO + H_2O \rightleftarrows CO_2 + H_2 \quad : 발열반응 \cdots\cdots ①$$
$$CO + 3H_2 \rightleftarrows CH_4 + H_2O \quad : 발열반응 \cdots\cdots ②$$
$$2CO + 2H_2 \rightleftarrows CO_2 + CH_4 \quad : 발열반응 \cdots\cdots ③$$

수증기비가 증가하면 발생가스 중의 H_2O의 분압은 증가한다. 따라서 ①식은 우방향으로, ②식은 좌방향으로 진행하기 쉽게 되고 CO_2 및 H_2는 증대하며, CH_4 및 CO는 감소한다.

14 고압장치에 설치하는 안전밸브에 대한 물음에 답하시오.

(1) 안전밸브를 제조하려는 자가 안전밸브를 검사하기 위하여 갖추어야 할 검사설비 중 계측기기 종류 2가지를 쓰시오.
(2) 가연성가스 또는 독성가스용으로 사용할 수 없는 안전밸브 형식을 쓰시오.

해답 (1) ① 초음파 두께 측정기, 나사게이지, 버니어캘리퍼스 등 두께 측정기
② 표준이 되는 압력계
③ 표준이 되는 온도계
(2) 개방형 안전밸브

해설 고압가스용 안전밸브 제조 기준 : KGS AA319
① 검사설비
㉮ 초음파 두께 측정기, 나사게이지, 버니어캘리퍼스 등 두께 측정기
㉯ 내압시험설비
㉰ 기밀시험설비
㉱ 표준이 되는 압력계
㉲ 표준이 되는 온도계
㉳ 그 밖에 검사에 필요한 설비 및 기구
② 안전밸브 구조 일반
㉮ 안전밸브는 그 일부가 파손되어도 충분한 분출량을 얻어야 하며, 밸브시트는 이탈되지 않도록 밸브몸통에 부착된 것으로 한다.
㉯ 스프링의 조정나사는 자유로이 헐거워지지 않는 구조이고 스프링이 파손되어도 밸브디스크 등이 외부로 빠져나가지 않는 구조인 것으로 한다.
㉰ 안전밸브는 압력을 마음대로 조정할 수 없도록 봉인할 수 있는 구조인 것으로 한다.
㉱ 가연성 또는 독성가스용의 안전밸브는 개방형을 사용하지 않는다.
㉲ 밸브디스크와 밸브시트와의 접촉면이 밸브축과 이루는 기울기는 45°(원추시트) 또는 90°(평면시트)인 것으로 한다.

15 공업용 고압가스 충전용기의 외면 도색 색상을 쓰시오.

(1) 수소 :
(2) 아세틸렌 :
(3) 액화탄산가스 :
(4) 액화염소 :

해답 (1) 주황색
　　　(2) 황색
　　　(3) 청색
　　　(4) 갈색

해설 충전용기 도색 및 문자 색상

가스 종류	용기 도색		문자 색상	
	공업용	의료용	공업용	의료용
산소	녹색	백색	백색	녹색
에틸렌	회색	자색	백색	백색
수소	주황색	–	백색	–
탄산가스	청색	회색	백색	백색
LPG	밝은 회색	–	적색	–
아세틸렌	황색	–	흑색	–
암모니아	백색	–	흑색	–
염소	갈색	–	백색	–
질소	회색	흑색	백색	백색
아산화질소	회색	청색	백색	백색
헬륨	회색	갈색	백색	백색
사이클로 프로판	회색	주황색	백색	백색
기타	회색	회색	백색	–

제2회 필답형 모의고사

01 나프타(naphtha)의 가스화에 따른 영향을 나타내는 것으로 PONA치를 사용하는데 이것이 무엇을 뜻하는지 쓰시오.

해답 ① P : 파라핀계 탄화수소 ② O : 올레핀계 탄화수소
③ N : 나프텐계 탄화수소 ④ A : 방향족 탄화수소

02 액화석유가스 및 도시가스를 사용하는 연소기에서 발생하는 역화(back fire)를 설명하시오. [16. 1회. 산기]

해답 가스의 연소속도가 염공의 가스 유출속도보다 크게 됐을 때 불꽃이 버너 내부에 침입하여 노즐의 선단에서 연소하는 현상

해설 역화의 원인
① 염공이 크게 되었을 때
② 노즐의 구멍이 너무 크게 된 경우
③ 콕이 충분히 개방되지 않은 경우
④ 가스의 공급압력이 저하되었을 때
⑤ 버너가 과열된 경우

03 가스미터를 분류할 때 사용하는 실측식과 추량식의 차이점을 설명하시오.

해답 ① 실측식 : 일정한 부피를 만들어 그 부피로 가스가 몇 회 통과되었는가를 적산(積算)하는 방식으로 건식(乾式)과 습식(濕式)으로 구분되며, 일반적으로 수용가에 부착되어 있는 건식(막식형 독립내기식)이고, 습식은 액체를 봉입한 것으로 기준 가스미터 및 실험실 등에서 사용된다.
② 추량식 : 유량과 일정한 관계가 있는 다른 양(임펠러의 회전수, 차압 등)을 측정함으로써 간접적으로 가스의 양을 측정하는 방식이다.

04 퓨즈콕을 구조에 의하여 분류할 때 종류 3가지를 쓰시오.

해답 ① 배관과 호스를 연결하는 구조
② 호스와 호스를 연결하는 구조
③ 배관과 배관을 연결하는 구조
④ 배관과 커플러를 연결하는 구조

해설 퓨즈콕은 가스 유로를 볼로 개폐하고, 과류차단안전기구가 부착된 것으로서, 배관과 호스, 호스와 호스, 배관과 배관 또는 배관과 커플러를 연결하는 구조로 한다.

05 액화석유가스를 용기에 충전할 때 과충전된 가스를 처리하는 방법을 설명하시오.

해답 가스회수장치로 보내 초과량을 회수한다.

해설 용기에 충전작업 기준 : KGS FP331
① 가스를 용기에 충전하려면 다음 계산식에 따라 산정된 충전량을 초과하지 않도록 충전한다.

$$G = \frac{V}{C}$$

여기서, G : 액화석유가스의 질량(kg)
V : 용기 내용적(L)
C : 프로판은 2.35, 부탄은 2.05의 수치

② 액화석유가스를 충전한 후 과충전된 것은 가스회수장치로 보내 초과량을 회수하고, 부족량은 재충전한다.

06 도시가스 제조 및 공급시설 중 가스홀더의 기능에 대하여 4가지를 쓰시오.

해답 ① 가스 수요의 시간적 변동에 대하여 공급 가스량을 확보한다.
② 공급설비의 일시적 중단에 대하여 어느 정도 공급량을 확보한다.
③ 공급가스의 성분, 열량, 연소성 등의 성질을 균일화한다.
④ 소비지역 근처에 설치하여 피크 시의 공급, 수송효과를 얻는다.

07 프로판(C_3H_8) 22g이 공기 중에서 완전연소할 때 이산화탄소(CO_2) 생성량은 몇 g인가?

풀이 ① 프로판의 완전연소 반응식 : $C_3H_8 + 5O_2 \rightarrow 3CO_2 + 4H_2O$
② 이산화탄소(CO_2) 생성량(g) 계산 : 프로판 1몰(mol)이 완전연소하면 이산화탄소 3몰이 생성되며, 프로판 및 이산화탄소의 분자량은 44이다.

$$[C_3H_8] \quad [CO_2]$$
$$44g \quad\quad 3 \times 44g$$
$$22g \quad\quad x(CO_2)g$$

$$\therefore x = \frac{3 \times 44 \times 22}{44} = 66g$$

해답 66g

08 일반용 액화석유가스 압력조정기의 역할 2가지를 쓰시오.

해답 ① 유출압력 조절
② 안정된 연소를 도모
③ 소비가 중단되면 가스를 차단

09 프로판가스의 총발열량은 24000kcal/m³이다. 이를 공기와 희석하여 5000kcal/m³의 발열량을 갖는 가스로 제조하려면 프로판가스 1m³에 대하여 얼마의 공기를 희석하여야 하는지 계산하시오.

풀이 공기를 혼합(희석)하였을 때 발열량 $Q_2 = \dfrac{Q_1}{1+x}$에서 혼합하는 공기량 x를 구한다.

$$\therefore x = \frac{Q_1}{Q_2} - 1 = \frac{24000}{5000} - 1 = 3.8 m^3$$

해답 3.8m³

10 동일한 온도에서 A기체 130L의 압력이 6atm이고, B기체 150L의 압력이 8atm이다. 2가지 기체를 내용적 500L의 용기에 넣어 혼합하였다면 전압은 몇 atm인가?

풀이 $P = \dfrac{P_A V_A + P_B V_B}{V} = \dfrac{(6 \times 130) + (8 \times 150)}{500} = 3.96 atm$

해답 3.96atm

11 [보기]는 기어펌프의 정지 시 조치사항이다. 정지 시의 작업순서를 올바르게 나열하시오.

| 보기 |
① 흡입밸브를 서서히 닫는다.
② 토출밸브를 닫는다.
③ 드레인 밸브를 개방하여 펌프 내부의 액을 빼낸다.
④ 전동기 스위치를 끊는다.

해답 ④ → ① → ② → ③

해설 펌프 및 압축기의 기동 및 정지순서는 실제로 현장에서 사용하는 현실과는 거리가 있으므로 매뉴얼에 정해진 원칙적인 사항으로 이해하길 바랍니다.

12 아세틸렌을 2.5MPa 압력으로 충전할 때 첨가하는 희석제의 종류 4가지를 쓰시오.

해답 ① 질소 ② 메탄 ③ 일산화탄소 ④ 에틸렌

해설 아세틸렌 충전작업 기준 : KGS FP112
① 아세틸렌을 2.5MPa 압력으로 압축하는 때에는 질소·메탄·일산화탄소 또는 에틸렌 등의 희석제를 첨가한다.
② 습식 아세틸렌 발생기의 표면온도는 70℃ 이하로 유지하고, 그 부근에서는 불꽃이 튀는 작업을 하지 아니한다.
③ 아세틸렌을 용기에 충전하는 때에는 미리 용기에 다공물질을 고루 채워 다공도가 75% 이상 92% 미만이 되도록 한 후 아세톤 또는 디메틸포름아미드를 고루 침윤시키고 충전한다.
④ 아세틸렌을 용기에 충전하는 때의 충전 중의 압력은 2.5MPa 이하로 하고, 충전 후에는 압력이 15℃에서 1.5MPa 이하로 될 때까지 정치하여 둔다.

13 정압기 특성 중 동특성(動特性)을 설명하시오.

해답 부하변화가 큰 곳에 사용되는 정압기에 대하여 중요한 특성으로 부하변동에 대한 응답의 신속성과 안정성이 요구된다.

해설 정압기 특성
① 정특성(靜特性) : 정상상태에 있어서 유량과 2차 압력의 관계
② 동특성(動特性) : 부하변화가 큰 곳에 사용되는 정압기에 대하여 중요한 특성으로 부하변동에 대한 응답의 신속성과 안정성이 요구된다.
③ 유량 특성 : 메인밸브의 열림과 유량과의 관계
④ 사용 최대 차압 : 메인밸브에 1차와 2차 압력이 작용하여 최대로 되었을 때 차압
⑤ 작동 최소 차압 : 정압기가 작동할 수 있는 최소 차압

14 고압가스 제조 시 압축금지에 대한 내용 중 (　) 안에 알맞은 숫자를 넣으시오.

(1) 가연성가스(아세틸렌, 에틸렌 및 수소는 제외) 중 산소 용량이 전체 용량의 (　)% 이상인 것
(2) 산소 중의 가연성가스(아세틸렌, 에틸렌 및 수소는 제외)의 용량이 전체 용량의 (　)% 이상인 것
(3) 아세틸렌, 에틸렌 또는 수소 중의 산소 용량이 전체 용량의 (　)% 이상인 것
(4) 산소 중의 아세틸렌, 에틸렌 및 수소의 용량 합계가 전체 용량의 (　)% 이상인 것

해답 (1) 4 (2) 4 (3) 2 (4) 2

해설 고압가스 제조 시 압축금지(KGS FP112) : 고압가스를 제조하는 경우 다음의 가스는 압축하지 아니한다.
① 가연성가스(아세틸렌·에틸렌 및 수소는 제외한다) 중 산소 용량이 전체 용량의 4% 이상인 것
② 산소 중의 가연성가스(아세틸렌·에틸렌 및 수소는 제외한다)의 용량이 전체 용량의 4% 이상인 것
③ 아세틸렌·에틸렌 또는 수소 중의 산소 용량이 전체 용량의 2% 이상인 것
④ 산소 중의 아세틸렌·에틸렌 및 수소의 용량 합계가 전체 용량의 2% 이상인 것

15 액화석유가스 용기를 실외 저장소에서 보관할 때 충전용기와 잔가스용기의 보관장소는 얼마 이상의 이격거리를 유지하여야 하는가?

해답 1.5m

해설 용기에 의한 액화석유가스 저장소 중 실외저장소 설치 기준 : KGS FU332
① 충전용기와 잔가스용기의 보관장소는 1.5m 이상의 간격을 두어 구분하여 보관한다.
② 바닥으로부터 3m 이내의 도랑이나 배수시설이 있을 경우에는 방수재료로 이중으로 덮는다.
③ 움푹 패인 곳은 적절한 재료로 포장하거나 메워 평평하게 한다.
④ 실외저장소 안의 용기군(容器群) 사이의 통로는 다음 기준에 맞게 한다.
　㉮ 용기의 단위 집적량은 30톤을 초과하지 않아야 한다.
　㉯ 팰릿(pallet)에 넣어 집적된 용기군 사이의 통로는 그 너비가 2.5m 이상일 것
　㉰ 팰릿에 넣지 아니한 용기군 사이의 통로는 그 너비가 1.5m 이상일 것
⑤ 실외저장소 안의 집적된 용기의 높이는 다음 기준에 맞게 한다.
　㉮ 팰릿에 넣어 집적된 용기의 높이는 5m 이하일 것
　㉯ 팰릿에 넣지 아니한 용기는 2단 이하로 쌓을 것

※ '팰릿(pallet)'은 현장에서 '파레트'로 불리는 것을 지칭하는 것이다.

제4회 필답형 모의고사

01 독성가스를 연소설비에 의하여 제독조치를 할 때의 장점 2가지와 단점 2가지를 각각 쓰시오.

해답 (1) 장점
① 가연성 배출가스에만 적용할 수 있다.
② 제독조치할 유량이 많은 경우에 적합하다.
③ 고농도의 가스일 경우 제독조치 효과가 양호하다.
④ 제독조치하는 가스의 가연성을 이용하므로 보조연료는 불필요하다.

(2) 단점
① 불연성가스에는 부적합하다.
② 제독조치할 유량이 적은 경우에는 부적합하다.
③ 집진기능이 없으므로 별도로 집진을 위한 설비가 필요하다.
④ 저농도의 가스일 경우 연소처리 유지가 어려워 다른 방법과의 조합이 필요하다.

02 연소기구에 접속된 염화비닐호스가 지름 0.5mm의 구멍이 뚫려 수주 200mm의 압력으로 LP가스가 10시간 유출하였을 경우 가스분출량은 몇 L인가? (단, LP가스의 분출압력 수주 200mm에서 비중은 1.5이다.)

풀이 염화비닐호스의 작은 구멍에서 유출되는 가스는 노즐에서 가스가 나오는 것과 동일한 현상이므로 '노즐에서 가스분출량(m^3/h) 계산식'을 이용하며, 유출된 10시간을 적용하고, $1m^3$는 1000L에 해당되는 것도 적용하여 풀이한다.

$$\therefore Q = 0.009 \times D^2 \times \sqrt{\frac{P}{d}} = \left(0.009 \times 0.5^2 \times \sqrt{\frac{200}{1.5}}\right) \times 10 \times 1000$$
$$= 259.807 \fallingdotseq 259.81 \text{L}$$

해답 259.81L

해설 ① 노즐에서 분출량 계산식은 단위 정리가 이루어지지 않는 공식이다.
② 유량계수(K)가 주어지는 경우 공식은 $Q = 0.011KD^2\sqrt{\frac{P}{d}}$ 이며, 유량계수(K)는 상수 개념으로 0.8이 제시되므로 공식 중 숫자 '0.011'에 '0.8'을 곱하면 '0.0088'이 되며, 이것을 반올림하여 유량계수가 주어지지 않을 경우에는 $Q = 0.009D^2\sqrt{\frac{P}{d}}$ 를 사용하는 것이다.

03 LPG 사용시설에서 2단 감압방식을 사용할 때 장점 4가지를 쓰시오.

해답
① 입상배관에 의한 압력손실을 보정할 수 있다.
② 가스배관이 길어도 공급압력이 안정된다.
③ 각 연소기구에 알맞은 압력으로 공급이 가능하다.
④ 중간 배관의 지름이 작아도 된다.

해설 2단 감압방식의 단점
① 설비가 복잡하고, 검사방법이 복잡하다.
② 조정기 수가 많아서 점검부분이 많다.
③ 부탄의 경우 재액화의 우려가 있다.
④ 시설의 압력이 높아서 이음방식에 주의하여야 한다.

04 원심압축기에서 발생하는 서징(surging)현상 방지법 4가지를 쓰시오.

해답
① 우상(右上)이 없는 특성으로 하는 방법
② 방출밸브에 의한 방법
③ 베인 컨트롤에 의한 방법
④ 회전수를 변경하는 방법
⑤ 교축밸브를 기계에 가까이 설치하는 방법

해설 서징(surging) 현상 : 토출측 저항이 커지면 유량이 감소하고 맥동과 진동이 발생하여 불안전 운전이 되는 현상

참고 압축기에서 발생되는 서징현상과 펌프에서 발생되는 서징현상은 구별하기 바라며, 원인과 방지방법이 다른 이유는 압축기와 펌프는 구조가 다르고 사용하는 용도가 다르기 때문입니다.

05 진발열량에 대하여 설명하시오.

해답 연료가 연소될 때 생성되는 총발열량에서 수증기의 응축잠열을 제외한 발열량으로 참발열량, 저위발열량이라 한다.

해설 총발열량과 진발열량
① 총발열량 : 연료가 연소될 때 생성되는 총발열량으로서 연소가스 중에 수증기의 응축잠열을 포함한 열량으로 고위발열량이라 한다.
② 진발열량 : 연료가 연소될 때 생성되는 총발열량에서 수증기의 응축잠열을 제외한 발열량으로 참발열량, 저위발열량이라 한다.

06 도시가스 배관의 접합부분은 용접하는 것을 원칙으로 하며, 용접부에 대하여 비파괴시험을 실시하여 이상이 없어야 하지만, 비파괴시험을 하지 않아도 되는 배관의 지름과 압력을 쓰시오.

해답 ① 지름 : 80mm 미만
② 압력 : 저압

해설 배관설비 접합 및 비파괴시험(KGS FS551) : 다음의 각 배관은 수송하는 도시가스의 누출을 방지하기 위하여 원칙적으로 용접시공방법에 따라 접합한다. 이 경우 용접은 KGS GC205에 따라 실시하고 모든 용접부(PE배관, 저압으로서 노출된 사용자 공급관 및 호칭지름 80mm 미만인 저압의 배관을 제외한다)에 대하여는 비파괴시험을 한다.
① 지하매설배관(PE배관을 제외한다)
② 최고사용압력이 중압 이상인 노출배관
③ 최고사용압력이 저압으로서 호칭지름 50A 이상의 노출배관

07 다음의 조건일 때 도시가스 배관을 지하에 매설하는 깊이는?

(1) 공동주택 부지 내 :
(2) 폭 8m 이상의 도로 :
(3) 폭 4m 이상 8m 미만인 도로 :

해답 (1) 0.6m 이상 (2) 1.2m 이상 (3) 1m 이상

해설 배관 지하매설 깊이 : KGS FS551
① 공동주택 등의 부지 안에서는 0.6m 이상
② 폭 8m 이상의 도로에서는 1.2m 이상. 다만, 도로에 매설된 최고사용압력이 저압인 배관에서 횡으로 분기하여 수요가에게 직접 연결되는 배관의 경우에는 1m 이상으로 할 수 있다.
③ 폭 4m 이상 8m 미만인 도로에서는 1m 이상. 다만, 다음 어느 하나에 해당하는 경우에는 0.8m 이상으로 할 수 있다.
  ㉮ 호칭지름이 300mm(KS M 3514에 따른 가스용 폴리에틸렌관의 경우에는 공칭외경 315mm를 말한다) 이하로서 최고사용압력이 저압인 배관
  ㉯ 도로에 매설된 최고사용압력이 저압인 배관에서 횡으로 분기하여 수요가에게 직접 연결되는 배관
④ ①부터 ③까지에 해당되지 않는 곳에서는 0.8m 이상. 다만, 다음 어느 하나에 해당하는 경우에는 0.6m 이상으로 할 수 있다.
  ㉮ 폭 4m 미만인 도로에 매설하는 배관
  ㉯ 암반·지하 매설물 등에 의하여 매설 깊이의 유지가 곤란하다고 시장·군수·구청장이 인정하는 경우

08 액화산소용기에 액화산소가 50kg 충전되어 있다. 이때 용기 외부에서 액화산소에 대하여 6kcal/h의 열량이 주어진다면 액화산소량이 반으로 감소되는데 걸리는 시간은? (단, 산소의 증발잠열은 1600cal/mol이다.) [15. 1회. 기사 유사] [14. 2회. 산기 유사]

풀이 ① 산소의 증발잠열을 'kcal/kg' 단위로 변환 : 산소의 분자량은 32g/mol이고, 1kcal는 1000cal, 1kg은 1000g이다.

$$\therefore 증발잠열 = \frac{1600 \text{cal/mol}}{32 \text{g/mol}} = 50 \text{cal/g} = 50 \text{kcal/kg}$$

② 걸리는 시간 계산 : 증발에 필요한 열량은 '잠열량'이고 '잠열량 = 물질량(G) × 물질의 증발잠열(γ)'이다. 증발되는 산소량(G)은 50kg의 1/2에 해당된다.

$$\therefore 시간 = \frac{증발에\ 필요한\ 열량(잠열량)}{시간당\ 공급열량} = \frac{\left(50 \times \frac{1}{2}\right) \times 50}{6}$$
$$= 208.333 \approx 208.33 시간$$

해답 208.33시간

09 도시가스 제조법 중 수증기 개질법에서 반응온도를 상승시키면 수소와 일산화탄소가 많고, 이산화탄소와 메탄이 적은 저발열량의 가스가 생성되는 이유를 설명하시오.

해답 나프타(탄화수소)를 이용한 수증기 개질법에서 탄화수소와 수증기간의 반응식은 다음과 같다.

$$A(C_mH_n) + B(H_2O) \rightarrow C(H_2) + D(CO) + E(CO_2) + F(CH_4) + G(C) + H(H_2O)$$

여기서 최종적으로 발생가스의 조성은 다음의 3가지 식의 평형관계에 의하여 결정된다.

$$CO + H_2O \rightleftarrows CO_2 + H_2 \qquad : 발열반응 \ \cdots\cdots ①$$
$$CO + 3H_2 \rightleftarrows CH_4 + H_2O \qquad : 발열반응 \ \cdots\cdots ②$$
$$2CO + 2H_2 \rightleftarrows CO_2 + CH_4 \qquad : 발열반응 \ \cdots\cdots ③$$

①, ②, ③ 반응식에서 우방향은 발열반응이고 좌방향은 흡열반응이므로 반응온도를 상승시키면 좌방향으로 반응이 진행되기 쉽게 되어 수소(H_2)와 일산화탄소(CO)가 많고, 이산화탄소(CO_2)와 메탄(CH_4)이 적은 저발열량의 가스가 생성된다.

10 구조에 따른 정압기의 종류 3가지를 쓰시오.

해답 ① 피셔식   ② 레이놀즈식   ③ 액시얼플로식(AFV식)

11 공기보다 비중이 가벼운 도시가스의 공급시설이 지하에 설치된 경우의 통풍구조 기준 중 ( ) 안에 알맞은 내용을 넣으시오.

(1) 통풍구조는 환기구를 (   ) 이상으로 분산하여 설치한다.
(2) 배기구는 천장면으로부터 (   ) 이내에 설치한다.
(3) 흡입구 및 배기구의 관지름은 (   ) 이상으로 하되, 통풍이 양호하도록 한다.
(4) 배기가스 방출구는 지면에서 (   ) 이상의 높이에 설치하되, 화기가 없는 안전한 장소에 설치한다.

해답 (1) 2방향
(2) 0.3m
(3) 100mm
(4) 3m

해설 공기보다 비중이 가벼운 가스를 사용하는 정압기가 설치된 경우 환기구 설치 예 : KGS FS552

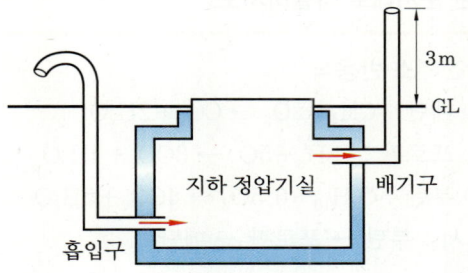

12 비파괴검사법 중 내부결함을 검출할 수 있는 검사 2가지를 쓰시오.

해답 ① 방사선투과검사(RT)
② 초음파탐상검사(UT)

13 내부압력이 상승 시 파열사고를 방지할 목적으로 사용되는 안전밸브의 종류 3가지를 쓰시오.

해답 ① 스프링식 안전밸브
② 파열판식 안전밸브
③ 가용전식 안전밸브

14 저압배관의 유량 계산식은 다음과 같다. 여기서 S와 H는 무엇을 의미하는지 쓰시오.

$$Q = K\sqrt{\dfrac{D^5 \cdot H}{S \cdot L}}$$

해답 ① S : 가스의 비중
② H : 압력손실(mmH$_2$O)

해설 저압배관 유량 계산식 각 기호의 의미
Q : 가스의 유량(m^3/h) D : 관 안지름(cm)
H : 압력손실(mmH$_2$O) S : 가스의 비중
L : 관의 길이(m) K : 유량계수(폴의 상수 : 0.707)

15 메탄, 프로판, 부탄의 완전연소 반응식을 각각 쓰고, 이론공기량이 많이 필요한 것부터 적게 필요한 순서대로 나열하시오.

해답 (1) 완전연소 반응식
① 메탄 : $CH_4 + 2O_2 \rightarrow CO_2 + 2H_2O$
② 프로판 : $C_3H_8 + 5O_2 \rightarrow 3CO_2 + 4H_2O$
③ 부탄 : $C_4H_{10} + 6.5O_2 \rightarrow 4CO_2 + 5H_2O$
(2) 순서 : 부탄 → 프로판 → 메탄

해설 ① 탄화수소(C_mH_n)의 완전연소 반응식

$$C_mH_n + \left(m + \dfrac{n}{4}\right)O_2 \rightarrow mCO_2 + \dfrac{n}{2}H_2O$$

② 완전연소 반응식에서 산소(O_2) 몰(mol)수가 큰 것이 이론공기량(또는 이론산소량)이 많이 필요한 것이다.

2018년 가스산업기사 필답형 실전 모의고사

제1회 필답형 모의고사

01 암모니아의 공업적 제조법인 하버-보시법 반응식을 쓰시오.

해답 $N_2 + 3H_2 \rightarrow 2NH_3$

02 부취제 주입방식 중 액체 주입방식 3가지를 쓰시오.

해답
① 펌프 주입방식
② 적하 주입방식
③ 미터 연결 바이패스 방식

해설 부취제의 주입방법
① 액체 주입식 : 부취제를 액상 그대로 가스 흐름에 주입하는 방법으로 펌프 주입방식, 적하 주입방식, 미터 연결 바이패스 방식으로 분류한다.
② 증발식 : 부취제의 증기를 가스 흐름에 혼합하는 방법으로 바이패스 증발식, 위크 증발식으로 분류한다.

03 전기방식법 중 희생양극법을 설명하고 장점과 단점을 각각 1가지를 쓰시오.

해답
① 희생양극법 : 양극(anode)과 매설배관(cathode : 음극)을 전선으로 접속하고 양극금속과 배관 사이의 전지작용(고유 전위차)에 의해서 방식전류를 얻는 방법이다.
② 장점 : 시공이 간편하고, 단거리 배관에 경제적이다.
③ 단점 : 효과 범위가 좁고, 장거리 배관에는 비용이 많이 소요된다.

해설 희생양극법의 특징(장점 및 단점)
① 시공이 간편하다.
② 단거리의 배관에는 경제적이다.
③ 과방식의 우려가 없다.
④ 다른 매설 금속체로의 장해가 없다.
⑤ 효과 범위가 비교적 좁다.
⑥ 장거리 배관에는 비용이 많이 소요된다.
⑦ 전류 조절이 어렵다.
⑧ 관리장소가 많게 된다.
⑨ 강한 전식에는 효과가 없다.

04 지상에 설치되는 LNG 저장설비의 방호 종류 3가지를 쓰시오.

해답 ① 단일 방호식 저장탱크
② 이중 방호식 저장탱크
③ 완전 방호식 저장탱크

해설 저장탱크의 방호형식 : KGS FP112 고압가스 일반제조 기준 2.3.4 〈신설 20. 3. 18〉, 액화천연가스 저장탱크(KGS FP451 〈신설 18. 3. 9〉)
① 단일 방호형식 : 내부탱크는 액상 및 기상의 가스를 모두 저장하며, 내부탱크가 파괴되는 경우 누출된 액상의 가스를 방류둑에서 충분히 담을 수 있는 구조
② 이중 방호형식 : 내부탱크는 액상 및 기상의 가스를 모두 저장하며, 내부탱크가 파괴되어 액상의 가스가 누출되는 경우 방류둑 또는 외부탱크에서 누출된 액상의 가스를 담을 수 있는 구조
③ 완전 방호형식 : 정상운전 시 내부탱크는 액상의 가스를 저장할 수 있고, 외부탱크는 기상의 가스를 저장할 수 있는 구조로서 내부탱크가 파괴되어 누출되는 경우 외부탱크가 누출된 액상 및 기상의 가스를 담을 수 있으며, 증발가스(boil-off gas)는 안전밸브를 통해 방출될 수 있는 구조

참고 액화천연가스용 저장탱크 제조의 기준(KGS AC115) 중 LNG 저장설비 방호(containment) 방식은 제1편 가스설비 실무 제6장 예상문제 118번 해설을 참고하기 바랍니다.

05 도시가스 배관의 접합부분은 용접하는 것을 원칙으로 하며, 용접부에 대하여 비파괴시험을 실시하여 이상이 없어야 하지만, 비파괴시험을 하지 않아도 되는 배관 3가지를 쓰시오.   [11. 2회, 15. 2회, 산기]

해답 ① 가스용 폴리에틸렌관
② 저압으로서 노출된 사용자 공급관
③ 호칭지름 80mm 미만인 저압의 배관

해설 배관설비 접합 및 비파괴시험(KGS FS551) : 다음의 각 배관은 수송하는 도시가스의 누출을 방지하기 위하여 원칙적으로 용접시공방법에 따라 접합한다. 이 경우 용접은 KGS GC205에 따라 실시하고 모든 용접부(PE배관, 저압으로서 노출된 사용자 공급관 및 호칭지름 80mm 미만인 저압의 배관을 제외한다)에 대하여는 비파괴시험을 한다.
① 지하매설배관(PE배관을 제외한다)
② 최고사용압력이 중압 이상인 노출배관
③ 최고사용압력이 저압으로서 호칭지름 50A 이상의 노출배관

06 왕복동 압축기의 실린더 안지름이 100mm, 행정거리가 150mm, 회전수가 600rpm, 체적효율이 80%일 때 피스톤 압출량(m³/min)을 계산하시오.

풀이 $V = \dfrac{\pi}{4} \times D^2 \times L \times n \times N \times \eta_v$

$= \dfrac{\pi}{4} \times 0.1^2 \times 0.15 \times 1 \times 600 \times 0.8 = 0.565 ≒ 0.57 \text{m}^3/\text{min}$

해답 $0.57 \text{m}^3/\text{min}$

해설 ① 실린더 단면적을 구하는 공식이 '$\dfrac{\pi}{4} \times D^2$'이고, 실린더 단면적에 행정거리($L$)를 곱하면 실린더 체적이 되며, 체적의 단위가 'm³'이므로 실린더 지름(D)과 행정거리는 미터(m) 단위를 적용한다.
② 실린더 단면적을 구할 때 파이(π) 대신에 '3.14'를 적용하면 오차가 발생하며, 어느 것이든 채점에는 영향이 없으니 선택하여 답안을 작성하길 바랍니다. (단, '3.14'로 계산할 경우에는 풀이과정에 기록하길 바랍니다)

07 르샤틀리에 법칙에 대하여 설명하시오.

해답 2종류 이상의 가연성가스가 혼합되었을 때 혼합가스의 폭발범위 하한값과 상한값을 계산하는 것으로 공식은 다음과 같다.

$\dfrac{100}{L} = \dfrac{V_1}{L_1} + \dfrac{V_2}{L_2} + \dfrac{V_3}{L_3} + \dfrac{V_4}{L_4} + \cdots$

여기서, L : 혼합가스의 폭발한계치
V_1, V_2, V_3, V_4 : 각 성분 체적(%)
L_1, L_2, L_3, L_4 : 각 성분 단독의 폭발한계치

해설 별도의 조건없이 '르샤틀리에 법칙'을 묻는 경우에는 가연성 혼합가스의 폭발범위를 구하는 것을 지칭하는 것으로 판단하길 바랍니다.

08 저장능력 10만 톤인 LNG 저압 지하식 저장탱크의 외면과 사업소 경계까지 유지하여야 하는 거리는 얼마인가? (단, 유지하여야 하는 거리 계산 시 적용하는 상수 C는 0.24로 한다.)

풀이 $L = C \times \sqrt[3]{143000W}$

$= 0.24 \times \sqrt[3]{143000 \times \sqrt{100000}} = 85.504 ≒ 85.50 \text{m}$

해답 85.5m 이상

해설 가스도매사업 사업소 경계와의 거리 기준 : 액화천연가스(기화된 천연가스를 포함)의 저장설비와 처리설비는 그 외면으로부터 사업소 경계까지 다음 계산식에서 얻은 거리(그 거리가 50m 미만의 경우에는 50m) 이상을 유지한다.

$$L = C \times \sqrt[3]{143000W}$$

여기서, L : 유지하여야 하는 거리(m)
　　　　C : 저압 지하식 탱크는 0.240, 그 밖의 가스저장설비 및 처리설비는 0.576
　　　　W : 저장탱크는 저장능력(톤)의 제곱근, 그 밖의 것은 그 시설 안의 액화천연 가스의 질량(톤)

09 다음의 일반용 액화석유가스 압력조정기의 입구쪽 기밀시험압력을 각각 쓰시오.

(1) 1단 감압식 저압조정기 :　　　　(2) 2단 감압식 1차 조정기 :　　[15. 2회. 산기]

해답 (1) 1.56MPa 이상　　(2) 1.8MPa 이상

해설 일반용 액화석유가스 압력조정기의 기밀 성능 : KGS AA434

구분	입구쪽	출구쪽
1단 감압식 저압조정기 · 2단 감압식 일체형 저압조정기	1.56MPa 이상	5.5kPa 이상
1단 감압식 준저압조정기 · 2단 감압식 일체형 준저압조정기	1.56MPa 이상	조정압력의 2배 이상
2단 감압식 1차용 조정기	1.8MPa 이상	150kPa 이상
2단 감압식 2차용 저압조정기	0.5MPa 이상	5.5kPa 이상
2단 감압식 2차용 준저압조정기	0.5MPa 이상	조정압력의 2배 이상
자동절체식 저압조정기	1.8MPa 이상	5.5kPa 이상
자동절체식 준저압조정기	1.8MPa 이상	조정압력의 2배 이상
그 밖의 압력조정기	최대입구압력의 1.1배 이상	조정압력의 1.5배 이상

10 다음에 설명하는 방폭구조의 명칭을 쓰시오.

(1) 방폭전기기기의 용기 내부에 보호가스(신선한 공기 또는 불활성가스)를 압입하여 내부압력을 유지함으로써 가연성가스가 용기 내부로 유입되지 않도록 한 구조
(2) 방폭전기기기의 용기 내부에서 가연성가스의 폭발이 발생할 경우 그 용기가 폭발압력에 견디고 접합면, 개구부 등을 통하여 외부의 가연성가스에 인화되지 않도록 한 구조
(3) 방폭전기기기 용기 내부에 절연유를 주입하여 불꽃, 아크 또는 고온 발생부분이 기름 속에 잠기게 함으로써 기름면 위에 존재하는 가연성가스에 인화되지 않도록 한 구조
(4) 정상운전 중에 가연성가스의 점화원이 될 전기불꽃, 아크 또는 고온부분 등의 발생을 방지하기 위하여 기계적, 전기적 구조상 또는 온도 상승에 대하여 특히 안전도를 증가시킨 구조
(5) 정상 시 및 사고(단선, 단락, 지락 등) 시에 발생하는 전기불꽃, 아크 또는 고온부에 의하여 가연성가스가 점화되지 않는 것이 점화시험, 기타 방법에 의하여 확인된 구조

해답 (1) 압력 방폭구조   (2) 내압 방폭구조   (3) 유입 방폭구조
(4) 안전증 방폭구조   (5) 본질안전 방폭구조

11 일반용 액화석유가스 압력조정기는 그 압력조정기의 안전성과 편리성을 확보하기 위하여 갖추어야 할 제품성능 5가지 중 4가지를 쓰시오.

해답 ① 내압성능   ② 기밀성능   ③ 내구성능   ④ 내한성능   ⑤ 다이어프램성능
해설 문제에서 4가지를 요구하고 있으므로 해답에 수록된 5가지 중에서 4가지를 선택하여 답안을 작성하면 되는 것이며, 순서도 관계 없습니다.

12 매설배관에 발생하는 부식에 대한 설명 중에서 ( ) 안에 알맞은 용어를 넣으시오.

> 매설배관 주위의 토양 중에 포함되는 수분 및 기타의 화학성분 등에 의해서 형성되는 국부전지에 의한 부식으로써 부식이 발생하는 쉬운 곳으로는 pH가 극단적으로 다른 곳이나 모래와 점토질 등과 같이 토양 중의 (①)농도가 다른 경계 부근 등이 있고, 토양 속에 혐기성 황산염 환원박테리아가 존재하는 곳에서 (②)부식이 발생한다.

해답 ① 산소   ② 자연

13 액화석유가스 용기를 실외저장소에 보관하는 기준이다. ( ) 안에 알맞을 내용을 넣으시오.

(1) 실외저장소 안의 용기군 사이에 통로를 설치할 때 용기의 단위 집적량은 (①)톤을 초과하지 않아야 한다.
(2) 팰릿(pallet)에 넣어 집적된 용기군 사이의 통로는 그 너비가 (②)m 이상이 되어야 한다.
(3) 팰릿에 넣지 아니한 용기군 사이의 통로는 그 너비가 (③)m 이상이 되어야 한다.
(4) 실외저장소 안의 팰릿에 넣어 집적된 용기의 높이는 (④)m 이하가 되어야 한다.

해답 ① 30   ② 2.5   ③ 1.5   ④ 5
해설 용기에 의한 액화석유가스 저장소 중 실외저장소 설치 기준 : KGS FU332
① 충전용기와 잔가스용기의 보관장소는 1.5m 이상의 간격을 두어 구분하여 보관한다.
② 바닥으로부터 3m 이내의 도랑이나 배수시설이 있을 경우에는 방수재료로 이중으로 덮는다.
③ 움푹 패인 곳은 적절한 재료로 포장하거나 메워 평평하게 한다.
④ 실외저장소 안의 용기군(容器群) 사이의 통로는 다음 기준에 맞게 한다.
   ㉮ 용기의 단위 집적량은 30톤을 초과하지 않아야 한다.

⑭ 팰릿(pallet)에 넣어 집적된 용기군 사이의 통로는 그 너비가 2.5m 이상일 것
⑮ 팰릿에 넣지 아니한 용기군 사이의 통로는 그 너비가 1.5m 이상일 것
⑤ 실외저장소 안의 집적된 용기의 높이는 다음 기준에 맞게 한다.
  ㉮ 팰릿에 넣어 집적된 용기의 높이는 5m 이하일 것
  ㉯ 팰릿에 넣지 아니한 용기는 2단 이하로 쌓을 것
※ '팰릿(pallet)'은 현장에서 '파레트'로 불리는 것을 지칭하는 것이다.

14
가스화 방식 중 수증기 개질법에서 원료 중에 함유된 불순물을 제거하는 수첨 탈황법에 첨가하는 물질은 무엇인가?

해답 수소

해설 수첨(수소화) 탈황법 : 유기유황 화합물은 황화수소보다 반응성이 낮아서 일반적인 황화수소 제거장치에서는 제거할 수 없어 유기유황 화합물을 황화합물로 변화시켜서 제거하여야 한다. 수첨(수소화) 탈황법은 촉매를 사용해서 수소를 첨가하여 유기유황 화합물을 황화수소로, 질소화합물을 암모니아로, 산소화합물을 물로 변화시켜 제거한다.

15
왕복동 다단압축기에서 대기압 상태의 20℃ 공기를 흡입하여 최종단에서 토출압력 25kgf/cm²·g, 온도 60℃의 압축공기 28m³/h를 토출하면 체적효율(%)은 얼마인가? (단, 1단 압축기의 이론적 흡입체적은 800m³/h이고, 대기압은 1.033kgf/cm²이다.)

풀이 ① 실제적 피스톤 압출량 계산 : 보일-샤를의 법칙 $\frac{P_1V_1}{T_1}=\frac{P_2V_2}{T_2}$ 를 이용하여 최종단의 토출가스량(V_2)을 1단의 압력, 온도와 같은 조건의 체적(V_1)으로 환산한다. (보일-샤를의 법칙에서 '1'의 상태를 1단의 온도와 압력 조건으로, '2'의 상태를 최종단의 온도와 압력 조건으로 구분한다.)

$$\therefore V_1=\frac{P_2V_2T_1}{P_1T_2}=\frac{(25+1.033)\times 28\times(273+20)}{1.033\times(273+60)}=620.876≒620.88\text{m}^3/\text{h}$$

② 체적효율 계산 : 이론적 피스톤 압출량은 이론적 흡입체적을 적용하며, 실제적 피스톤 압출량은 1단의 조건으로 환산한 토출가스량을 적용한다.

$$\therefore \eta_v=\frac{\text{실제적 피스톤 압출량}}{\text{이론적 피스톤 압출량}}\times 100=\frac{620.88}{800}\times 100=77.61\%$$

해답 77.61%

해설 기체는 압축성이기 때문에 압력이 상승하면 체적이 줄어드는 특성이 있어 문제에서 제시된 조건을 갖고 체적효율을 구하면 이론적으로 불합리하기 때문에 동일한 온도, 압력의 조건으로 환산하여 효율을 구하는 것입니다.

제2회 필답형 모의고사

01 LPG 충전사업소에서 긴급사태가 발생하였을 경우 이를 신속히 전파할 수 있도록 안전관리자가 상주하는 사업소와 현장 사업소와의 사이에 설치하여야 할 통신설비 4가지를 쓰시오.

해답 ① 구내전화 ② 구내방송 설비 ③ 인터폰 ④ 페이징 설비

해설 통신설비 기준 : KGS FP331

사항별(통신범위)	설치(구비)하여야 할 통신설비
안전관리자가 상주하는 사업소와 현장 사업소와의 사이 또는 현장사무소 상호 간	구내전화, 구내방송 설비, 인터폰, 페이징 설비
사업소 안 전체	구내방송 설비, 사이렌, 휴대용 확성기, 페이징 설비, 메가폰
종업원 상호 간(사업소 안 임의의 장소)	페이징 설비, 휴대용 확성기, 트랜시버, 메가폰

02 수정이나 전기석 또는 로셀염 등의 결정체의 특정 방향에 압력을 가하면 기전력이 발생하고 발생한 전기량은 압력에 비례하는 현상을 무엇이라 하는가?

해답 압전현상

해설 압전(壓電 ; piezo electric) 효과 : 압력이 가해지면 전기가 발생하는 현상으로 압전 효과를 나타내는 대표적인 물질로는 수정, 로셀염, 티탄산바륨, PZT세라믹계가 있다.
※ PZT세라믹 : 티탄산납($PbTiO_3$)과 지르코산납($PbZrO_3$)을 일정한 비율로 섞은 것으로 사용 용도에 따라 불순물을 첨가하여 여러 가지 재료 물성을 갖는 압전 세라믹으로 사용할 수 있다.

03 고압가스를 운반하는 차량에 고정된 탱크에 대한 물음에 답하시오.
(1) LPG를 제외한 가연성가스의 최대 내용적은 얼마인가?
(2) 액화암모니아를 제외한 독성가스의 최대 내용적은 얼마인가?

해답 (1) 18000L (2) 12000L

해설 차량에 고정된 탱크 운반차량 내용적 제한(KGS GC207) : 가연성가스(액화석유가스를 제외한다) 및 산소 탱크의 내용적은 1만8천 L, 독성가스(액화암모니아를 제외한다)의 탱크 내용적은 1만2천 L를 초과하지 않는다. 다만, 철도차량이나 견인되어 운반되는 차량에 고정하여 운반하는 탱크의 경우에는 그렇지 않는다.

04 도시가스 공급방식 중 공급압력에 따른 종류 3가지를 쓰시오.

해답 ① 저압 공급방식 : 0.1MPa 미만
② 중압 공급방식 : 0.1MPa 이상 1MPa 미만
③ 고압 공급방식 : 1MPa 이상

05 [보기]에서 설명하는 가스의 명칭을 화학식으로 쓰시오.

| 보기 |
① 가연성가스이다.
② 물과 반응하여 글리콜을 생성한다.
③ 암모니아와 반응하여 에탄올아민을 생성한다.
④ 물, 알코올, 에테르, 유기용제에 녹는다.

해답 C_2H_4O

해설 산화에틸렌(C_2H_4O)의 특징
① 무색의 가연성가스이다. (폭발범위 : 3~80%)
② 독성가스(TLV-TWA 50ppm, LC50 2900ppm)이다.
③ 에테르취를 가지며, 고농도에서는 자극성의 냄새가 있다.
④ 물, 알코올, 에테르 등 유기용제에 용해된다.
⑤ 산, 알칼리, 산화철, 산화알루미늄 등에 의해 중합폭발 한다.
⑥ 액체 산화에틸렌은 연소하기 쉬우나 폭약과 같은 폭발은 없다.
⑦ 산화에틸렌 증기는 전기 스파크, 화염, 아세틸드 등에 의하여 폭발한다.
⑧ 구리와 직접 접촉을 피하여야 한다.

06 가스시설에서 배관 등을 용접한 후에 강도 유지 및 수송하는 가스의 누출을 방지하기 위하여 실시하는 비파괴시험 중 육안검사를 할 때 보강 덧붙임은 그 높이가 모재 표면보다 낮지 않도록 하고 몇 mm 이하를 원칙으로 하는가? [14. 2회, 산기]

해답 3mm

해설 고압가스시설 배관 등의 용접부에 대한 육안검사 기준 : KGS GC205
① 보강덧붙임(reinforcement of weld)은 그 높이가 므재 표면보다 낮지 않도록 하고, 3mm(알루미늄은 제외한다) 이하를 원칙으로 한다.
② 외면의 언더컷(undercut)은 그 단면이 V자형으로 되지 않도록 하며, 1개의 언더컷 길이와 깊이는 각각 30mm 이하와 0.5mm 이하이고, 1개의 용접부에서 언더컷 길이의 합이 용접부 길이의 15% 이하가 되도록 한다.

③ 용접부 및 그 부근에는 균열, 아크 스트라이크(arc-strike), 위해하다고 인정되는 지그(jig)의 흔적, 오버랩(overlap) 및 피트(pit) 등의 결함이 없고 또한 비드(bead) 형상이 일정하며, 슬러그(slug), 스패터(spatter) 등이 부착되어 있지 않도록 한다.

07 시안화수소를 충전한 용기는 충전 후 24시간 정치하고, 그 후 누출검사를 하여야 한다. 다음 물음에 답하시오. [12. 1회. 산기]

(1) 가스의 누출검사 방법은? (2) 누출검사 주기는?

해답 (1) 질산구리벤젠 등의 시험지로 실시한다.
(2) 1일 1회 이상

해설 시안화수소 충전작업 기준 : KGS FP112
① 용기에 충전하는 시안화수소는 순도가 98% 이상이고 아황산가스 또는 황산 등의 안정제를 첨가한 것으로 한다.
② 시안화수소를 충전한 용기는 충전 후 24시간 정치하고, 그 후 1일 1회 이상 질산구리벤젠 등의 시험지로 가스의 누출검사를 하며, 용기에 충전 연월일을 명기한 표지를 붙이고, 충전한 후 60일이 경과되기 전에 다른 용기에 옮겨 충전한다. 다만, 순도가 98% 이상으로서 착색되지 아니한 것은 다른 용기에 옮겨 충전하지 않을 수 있다.

08 안지름 60cm의 관을 사용하여 수평거리 500m 떨어진 곳에 3m/s의 속도로 송수하고자 한다. 관마찰로 인한 손실수두는 몇 m에 해당하는가? (단, 관의 마찰계수는 0.02이다.)

풀이 수평 원형관에서 발생하는 손실수두(h_f)는 다르시-바이스 바하 방정식을 이용하며, 지름(D)과 관길이(L)는 미터(m) 단위를 적용한다.

$$\therefore h_f = f \times \frac{L}{D} \times \frac{V^2}{2g} = 0.02 \times \frac{500}{0.6} \times \frac{3^2}{2 \times 9.8} = 7.653 = 7.65 \text{mH}_2\text{O}$$

해답 7.65mH$_2$O

09 [보기]와 같은 반응이 이루어지는 곳에 탄소강이 접촉되었을 때 어떤 문제점이 발생하는지 설명하시오.

― 보기 ―
① $Cl_2 + H_2O \rightarrow HCl + HClO$
② $Fe_3C + 2H_2 \rightarrow 3Fe + CH_4$

해답 ① 염소(Cl_2)와 수분(H_2O)이 반응하여 생성된 염산(HCl)이 탄소강을 심하게 부식시킨다.
② 고온, 고압에서 수소(H_2)는 탄소강(Fe_3C) 중의 탄소와 반응하여 수소취성(수소취화, 탈탄작용)을 일으킨다.

10 일반용 액화석유가스 압력조정기의 다이어프램 노화시험방법 2가지를 쓰시오.

해답 ① 공기가열 노화시험
② 오존 노화시험

해설 다이어프램 노화시험 방법 : KGS AA434
① 공기가열 노화시험 : 70℃의 공기 중에서 96시간 노화시킨 후 실온에서 48시간 방치한 다음, 인장강도 및 신장률을 측정하였을 때 인장강도 변화율은 ±15% 이내, 신장 변화율은 ±25% 이내, 강도변화는 쇼어 경도(A형)기준 ±10 이내인 것으로 한다.
② 오존 노화시험 : KS M 6518(가황고무 물리시험방법)의 오존균열시험에 따라 온도 40℃, 오존농도 25pphm에서 시험편에 20%의 신장을 가한 상태로 72시간 유지한 다음, 신장력을 제거하였을 때 길이 변화가 없는 것으로 하고, 10배의 확대경으로 확인하였을 때 A2급 이상인 것으로 한다.

참고 농도 표시 단위
- ppm : part per million(백만분의 1)
- pphm : part per hundred million(일억분의 1)
- ppb : part per billion(십억분의 1)
- ppt : part per trillion(일조분의 1)

11 카르노 사이클에서 공급온도 600℃, 방출온도 30℃일 때 열효율(%)을 구하시오.

풀이 $\eta = \dfrac{W}{Q_1} \times 100 = \dfrac{Q_1-Q_2}{Q_1} \times 100 = \dfrac{T_1-T_2}{T_1} \times 100$

$= \dfrac{(273+600)-(273+30)}{273+600} \times 100 = 65.292 ≒ 65.29\%$

해답 65.29%

12 [보기]는 용접용기 동판 두께를 산출하는 공식이다. 물음에 답하시오.

| 보기 |

$$t = \frac{PD}{2S\eta - 1.2P} + C$$

(1) "S"는 무엇인가 설명하시오.
(2) "η"는 무엇인가 설명하시오.
(3) "P"는 무엇인가 설명하시오.
(4) "D"는 무엇인가 설명하시오.

해답 (1) 허용응력(N/mm^2)   (2) 용접효율
       (3) 최고충전압력(MPa)   (4) 안지름(mm)

해설 용접용기 동판 두께 산출 공식

구분	SI단위	공학단위
공식	$t = \dfrac{PD}{2S\eta - 1.2P} + C$	$t = \dfrac{PD}{200S\eta - 1.2P} + C$
t	동판 두께(mm)	동판 두께(mm)
P	최고충전압력(MPa)	최고충전압력(kgf/cm^2)
D	안지름(mm)	안지름(mm)
S	허용응력(N/mm^2)	허용응력(kgf/mm^2)
η	용접효율	용접효율
C	부식여유(mm)	부식여유(mm)

※ SI단위와 공학단위를 구별하기 바라며, 문제에서 '허용응력' 대신에 '인장강도'로 주어지는 경우가 많으니 인장강도에서 허용응력을 구하는 것을 반드시 숙지하고 응용된 출제문제에 대응하길 바랍니다.

$$\therefore \text{허용응력} = \frac{\text{인장강도}}{\text{안전율}}$$

→ 안전율에 대하여 별도로 언급이 없으면 '4'를 적용합니다. 단, 스테인리스제일 경우는 '3.5'를 적용합니다.

13 지상에 일정량 이상의 저장능력을 갖는 액화가스 저장탱크 주위에 방류둑을 설치하는 목적을 설명하시오.

해답 가연성가스, 독성가스 또는 산소의 액화가스 저장탱크 주위에 액상의 가스가 누출된 경우에 액체상태의 가스가 저장탱크 주위의 한정된 범위를 벗어나서 다른 곳으로 유출되는 것을 방지하기 위하여 설치한다.

14 전기방식법 중 희생양극법의 장점과 단점을 각각 2가지씩 쓰시오.

해답 ① 장점 : 시공이 간편하다.
　　　　　　　단거리 배관에 경제적이다.
　　　　② 단점 : 효과 범위가 좁다.
　　　　　　　장거리 배관에는 비용이 많이 소요된다.

해설 희생양극법의 특징(장점 및 단점)
① 시공이 간편하다.
② 단거리 배관에는 경제적이다.
③ 다른 매설 금속체로의 장해가 없다.
④ 과방식의 우려가 없다.
⑤ 효과 범위가 비교적 좁다.
⑥ 장거리 배관에는 비용이 많이 소요된다.
⑦ 전류 조절이 어렵다.
⑧ 관리장소가 많게 된다.
⑨ 강한 전식에는 효과가 없다.

15 도시가스 제조 프로세스(process)에서 가열방식에 의한 분류 중 외열식과 축열식을 각각 설명하시오.

해답 ① 외열식 : 원료가 들어 있는 용기를 외부에서 가열하는 방법이다.
　　　　② 축열식 : 반응기 내에서 연료를 연소시켜 충분히 가열한 후 원료를 송입하여 가스화하는 방법이다.

해설 도시가스 제조 프로세스 분류
① 원료의 송입법에 의한 분류
　㉮ 연속식 : 원료가 연속적으로 송입되고, 가스 발생도 연속으로 이루어진다.
　㉯ 배치(batch)식 : 일정량의 원료를 가스화실에 넣어 가스화하는 방법이다.
　㉰ 사이클릭(cyclic)식 : 연속식과 배치식의 중간적인 방법이다.
② 가열방식에 의한 분류
　㉮ 외열식 : 원료가 들어 있는 용기를 외부에서 가열하는 방법이다.
　㉯ 축열식 : 반응기 내에서 연료를 연소시켜 충분히 가열한 후 이것을 가스화 열원으로 하는 방법이다.
　㉰ 부분 연소식 : 원료의 일부를 연소시켜 그 열을 이용하여 가스화 열원으로 하는 방법이다.
　㉱ 자열식 : 가스화에 필요한 열을 발열반응을 이용하는 방법이다.

제4회 필답형 모의고사

01 LPG 성분 2가지를 쓰시오.

해답 ① 프로판(C_3H_8) ② 부탄(C_4H_{10})

해설 액화석유가스(LPG)
① 액화석유가스의 정의(액법 제2조) : "액화석유가스"란 프로판이나 부탄을 주성분으로 한 가스를 액화(液化)한 것[기화(氣化)된 것을 포함한다]을 말한다.
② LP가스의 조성 : 석유계 저급탄화수소의 혼합물로 탄소 수가 3개에서 5개 이하의 것으로 프로판(C_3H_8), 부탄(C_4H_{10}), 프로필렌(C_3H_6), 부틸렌(C_4H_8), 부타디엔(C_4H_6) 등이 포함되어 있다.

02 [보기]에서 설명하는 전기방식법의 명칭을 쓰시오.

| 보기 |

지중 또는 수중에 설치된 양극(anode)금속과 매설배관(cathode : 음극) 등을 전선으로 연결하여 양극금속과 매설배관 등 사이의 전지작용(고유 전위차)에 의하여 전기적 부식을 방지하는 방법이다.

해답 희생양극법

해설 전기방식(電氣防蝕) : 지중 및 수중에 설치하는 강재배관 및 저장탱크 외면에 전류를 유입시켜 양극반응을 저지함으로써 배관의 전기적 부식을 방지하는 것이다.
① 희생양극법(犧牲陽極法) : 지중 또는 수중에 설치된 양극(anode)금속과 매설배관(cathode : 음극)을 전선으로 연결해 양극금속과 매설배관 사이의 전지작용(고유 전위차)에 의하여 부식을 방지하는 방법이다.
② 외부전원법(外部電源法) : 외부 직류전원장치의 양극(+)은 매설배관이 설치되어 있는 토양이나 수중에 설치한 외부전원용 전극에 접속하고, 음극(-)은 매설배관에 접속시켜 부식을 방지하는 방법이다.
③ 배류법(排流法) : 매설배관의 전위가 주위의 타금속 구조물의 전위보다 높은 장소에서 매설배관과 주위의 타 금속 구조물을 전기적으로 접속시켜 매설배관에 유입된 누출전류를 전기회로적으로 복귀시키는 방법이다.

03 비중이 0.64인 가스를 길이 300m 떨어진 곳에 저압으로 시간당 170m³로 공급하고자 한다. 압력손실이 수주로 27mm이면 배관의 최소 관지름(mm)은 얼마인가?

풀이 저압 배관 유량식 $Q = K\sqrt{\dfrac{D^5 \cdot H}{S \cdot L}}$ 에서 관지름 D를 구한다.

$$\therefore D = \sqrt[5]{\dfrac{Q^2 \cdot S \cdot L}{K^2 \cdot H}} = \sqrt[5]{\dfrac{170^2 \times 0.64 \times 300}{0.707^2 \times 27}} \times 10 = 132.678 ≒ 132.68\,\text{mm}$$

해답 132.68mm

해설 ① 저압 배관 및 중고압 배관 유량식은 단위 정리가 되지 않는 공식에 해당된다.
② **풀이** 과정 마지막에 '10'을 적용한 것은 관지름 단위 'cm'를 'mm'로 변환하기 위한 것이다.
③ '루트 5승'은 공학용 계산기로만 계산이 가능하며, 조작 방법은 계산기에 따라 다르므로, 소지하고 있는 공학용 계산기의 조작 방법을 숙지하길 바랍니다.

---

04 정압기 정특성 종류 3가지는 (①), (②), (③) 이다.

해답 ① 로크업(lock up) ② 오프셋(offset) ③ 시프트(shift)

해설 정특성 : 정상상태에서의 유량과 2차 압력과의 관계이다.
① 로크업(lock up) : 유량이 0으로 되었을 때 끝맺음 압력과 기준압력(P_s)과의 차이
② 오프셋(offset) : 유량이 변화했을 때 2차 압력과 기준압력(P_s)과의 차이
③ 시프트(shift) : 1차 압력의 변화에 의하여 정압곡선이 전체적으로 어긋나는 것

---

05 과잉공기계수 1.5로 프로판 1Nm³를 완전연소시키는 데 필요한 공기량은 몇 Nm³인가?

풀이 ① 프로판(C_3H_8)의 완전연소 반응식
$C_3H_8 + 5O_2 \rightarrow 3CO_2 + 4H_2O$

② 실제공기량 계산 : 프로판 1Nm³가 완전연소할 때 필요한 이론산소량(O_0)은 연소반응식에서 산소 몰(mol)수와 같다.

$$\therefore A_0 = m \times A_0 = m \times \dfrac{O_0}{0.21} = 1.5 \times \dfrac{5}{0.21} = 35.714 ≒ 35.71\,\text{Nm}^3$$

해답 35.71Nm³

별해 비례식으로 실제공기량(Nm³) 계산

[C_3H_8]   [O_2]
↓   ↓
22.4Nm³   5×22.4Nm³

1Nm³ $x(O_0)$Nm³

$$\therefore A = m \times A_0 = m \times \dfrac{O_0}{0.21} = 1.5 \times \dfrac{1 \times 5 \times 22.4}{22.4 \times 0.21} = 35.714 ≒ 35.71\,\text{Nm}^3$$

06 도시가스 배관 종류 3가지를 쓰시오. (단, 관 종류는 제외한다.)

해답 ① 본관 ② 공급관 ③ 내관

해설 도시가스 배관 종류 : 도법 시행규칙 제2조
① 배관이란 도시가스를 공급하기 위하여 배치된 관으로써 본관, 공급관, 내관 또는 그 밖의 관을 말한다.
② 본관이란 다음 각목의 것을 말한다.
  ㉮ 가스도매사업의 경우에는 도시가스제조사업소(액화천연가스의 인수기지를 포함)의 부지 경계에서 정압기지의 경계까지 이르는 배관. 다만, 밸브기지 안의 배관은 제외한다.
  ㉯ 일반도시가스사업의 경우에는 도시가스제조사업소의 부지 경계 또는 가스도매사업자의 가스시설 경계에서 정압기까지 이르는 배관
  ㉰ 나프타부생가스·바이오가스제조사업의 경우에는 해당 제조사업소의 부지 경계에서 가스도매사업자 또는 일반도시가스사업자의 가스시설 경계 또는 사업소 경계까지 이르는 배관
  ㉱ 합성천연가스제조사업의 경우에는 해당 제조사업소의 부지 경계에서 가스도매사업자의 경계 또는 사업소 경계까지 이르는 배관
③ 공급관이란 다음 각목의 것을 말한다.
  ㉮ 공동주택, 오피스텔, 콘도미니엄, 그 밖에 안전관리를 위하여 산업통상자원부장관이 필요하다고 인정하여 정하는 건축물(이하 "공동주택 등"이라 한다)에 가스를 공급하는 경우에는 정압기에서 가스사용자가 구분하여 소유하거나 점유하는 건축물의 외벽에 설치하는 계량기의 전단밸브(계량기가 건축물의 내부에 설치된 경우에는 건축물의 외벽)까지 이르는 배관
  ㉯ 공동주택 등 외의 건축물 등에 가스를 공급하는 경우에는 정압기에서 가스사용자가 소유하거나 점유하고 있는 토지의 경계까지 이르는 배관
  ㉰ 가스도매사업의 경우에는 정압기지에서 일반도시가스사업자의 가스공급시설이나 대량수요자의 가스사용시설까지 이르는 배관
  ㉱ 나프타부생가스·바이오가스제조사업 및 합성천연가스제조사업의 경우에는 해당 사업소의 본관 또는 부지 경계에서 가스사용자가 소유하거나 점유하고 있는 토지의 경계까지 이르는 배관
④ 사용자 공급관 : 제③호 ㉮목에 따른 공급관 중 가스사용자가 소유하거나 점유하고 있는 토지의 경계에서 가스사용자가 구분하여 소유하거나 점유하는 건축물의 외벽에 설치된 계량기의 전단밸브(계량기가 건축물의 내부에 설치된 경우에는 그 건축물의 외벽)까지 이르는 배관을 말한다.
⑤ 내관 : 가스사용자가 소유하거나 점유하고 있는 토지의 경계(공동주택 등으로서 가스사용자가 구분하여 소유하거나 점유하는 건축물의 외벽에 계량기가 설치된 경우에는 그 계량기의 전단밸브, 계량기가 건축물의 내부에 설치된 경우에는 건축물의 외벽)에서 연소기까지 이르는 배관을 말한다.

07 도시가스 배관 용접부 비파괴검사에 대한 설명 중 (   ) 안에 알맞은 명칭을 쓰시오.

> 도시가스 배관 등의 용접부는 전부에 대하여 (①)와[과] (②)을[를] 하여야 한다. 단, ②번을 실시하기 곤란한 곳에 대신할 수 있는 비파괴검사는 (③)와[과] (④)을[를] 할 수 있다.

해답 ① 육안검사　② 방사선투과시험
③ 초음파탐상시험　④ 자분탐상시험(또는 침투탐상시험)

해설 가스시설 용접 및 비파괴시험 기준(KGS GC205) : 가스도매사업의 가스시설의 배관 등의 용접부는 전부를 육안검사와 방사선투과시험을 하고, 기준에 따라 합격한 것으로 한다. 방사선투과시험을 실시하기 곤란한 곳은 초음파탐상시험(또는 침투탐상시험)으로 한다. 이 경우 100A(4B) 미만 또는 6mm 미만의 용접부로서 오스테나이트계 스테인리스강, 동 및 알루미늄의 용접부는 초음파탐상시험을, 강자성 이외의 재료는 자분탐상시험을 생략할 수 있다.

08 강의 기계적 성질을 개선하기 위하여 실시하는 일반적인 열처리 방법 4가지를 쓰시오.

해답 ① 담금질　② 불림　③ 풀림　④ 뜨임

해설 ① 담금질(quenching) : 재료를 적당한 온도로 가열하여 이 온도에서 물, 기름 등에 급속 냉각시키는 것으로 강도, 경도가 증가하며 소입이라 한다.
② 불림(normalizing) : 결정조직이 거칠은 것을 미세화하여 조직을 균일하게 하고 조직의 변형을 제거하기 위하여 균일하게 가열한 후 공기 중에서 냉각하는 방법으로 소준이라 한다.
③ 풀림(annealing) : 가공 중에 생긴 내부응력을 제거하거나 가공 경화된 재료를 연화시켜 상온가공을 용이하게 할 목적으로 노(爐 : furnace) 중에서 가열하여 서서히 냉각시키는 방법으로 소둔이라 한다.
④ 뜨임(tempering) : 담금질 또는 냉간가공된 재료의 내부응력을 제거하며 재료에 연성이나 인장강도를 부여하기 위하여 담금질 온도보다 낮은 온도에서 재가열한 후 공기 중에서 서랭시키는 방법으로 소려라 한다.

09 가스관련 시설의 내압시험을 물로 하는 이유(장점) 2가지를 쓰시오.

해답 ① 물은 비압축성이므로 시험 중에 파괴되어도 위험성이 적다.
② 장치 및 인체에 유해한 독성이 없다.
③ 구입이 쉽고 경제적이다.

10 LPG 저장탱크 내부를 청소하려고 할 때 내부의 LPG를 이송하는 방법 2가지를 쓰시오.

해답 ① 액펌프에 의한 방법   ② 압축기에 의한 방법

11 전기방식시설 중 관대지전위(管對地電位)의 점검주기는 얼마인가?

해답 1년에 1회 이상

해설 도시가스시설 전기방식시설의 점검 주기 : KGS GC202
① 전기방식시설의 관대지전위(管對地電位) 등을 1년에 1회 이상 점검한다. 다만, 전위측정용 터미널(T/B)에 원격으로 감시·기록하는 장치 등을 설치하고 모니터링이 가능한 경우에는 관대지전위 등의 점검을 한 것으로 볼 수 있다. 〈개정 21. 8. 9〉
② 외부전원법에 따른 전기방식시설은 외부전원점 관대지전위(管對地電位), 정류기의 출력, 전압, 전류, 배선의 접속상태 및 계기류 확인 등을 3개월에 1회 이상 점검한다. 다만, 기준전극을 매설하고 데이터로거 등을 이용하여 전위를 측정하고 이상이 없는 경우에는 6개월에 1회 이상 점검할 수 있다.
③ 배류법에 따른 전기방식시설은 배류점 관대지전위(管對地電位), 배류기의 출력, 전압, 전류, 배선의 접속상태 및 계기류 확인 등을 3개월에 1회 이상 점검한다. 다만, 기준전극을 매설하고 데이터로거 등을 이용하여 전위를 측정하고 이상이 없는 경우에는 6개월에 1회 이상 점검할 수 있다.
④ 절연부속품, 역전류방지장치, 결선(bond) 및 보호절연체의 효과는 6개월에 1회 이상 점검한다.

12 전기기기의 방폭구조 중 안전증 방폭구조를 설명하시오.

해답 정상운전 중에 가연성가스의 점화원이 될 전기불꽃아크 또는 고온 부분 등의 발생을 방지하기 위해 기계적, 전기적 구조상 또는 온도 상승에 대해 특히 안전도를 증가시킨 구조이다.

13 [보기]는 나프타 및 LPG를 원료로 SNG를 제조하는 저온 수증기 개질 프로세스이다. (   )에 알맞은 공정을 쓰시오.

| 보기 |

LPG → (①) → 저온 수증기 개질 → 메탄화 → (②) → 탈습 → SNG

해답 ① 수소화 탈황   ② 탈탄산

[해설] 저온 수증기 개질에 의한 SNG 제조 프로세스

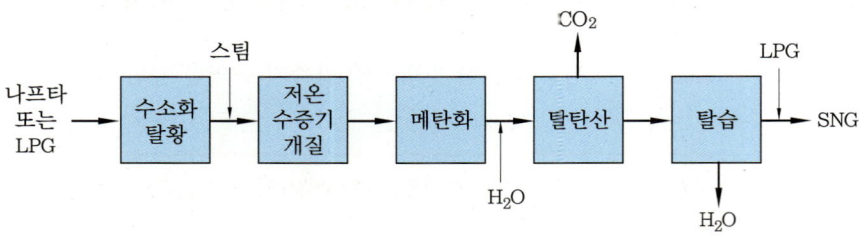

14 원심 펌프를 직렬 및 병렬 운전할 때의 특성을 유량과 양정에 대하여 각각 설명하시오.

[해답] ① 직렬 운전 : 양정 증가, 유량 일정
② 병렬 운전 : 유량 증가, 양정 일정

15 도로에 매설된 도시가스 배관의 누출 여부를 검사하는 장비의 명칭을 영문 약자로 쓰시오.

(1) 불꽃 속에 탄화수소가 들어가면 시료 성분이 이온화됨으로써 불꽃 중에 놓여진 전극 간의 전기전도도가 증대하는 것을 이용한 것이다.
(2) 적외선 흡광 특성을 이용한 방식으로 차량에 탑재하여 메탄의 누출 여부를 탐지하는 것이다.

[해답] (1) FID
(2) OMD

[해설] 도시가스 매설배관 누출을 검사하는 장비(검지기)
① FID(Flame Ionization Detector) : 가스크로마토그래피 분석장치 검출기 중 하나로 불꽃 속에 탄화수소가 들어가면 시료 성분이 이온화됨으로써 불꽃 중에 놓여진 전극간의 전기전도도가 증대하는 것을 이용한 것으로 탄화수소에서 감도가 최고이고 H_2, O_2, CO_2, SO_2 등은 감도가 없다. 수소불꽃 이온화 검출기(또는 수소염 이온화 검출기)라 한다.
② OMD(Optical Methane Detector) : 적외선 흡광방식으로 차량에 탑재하여 50km/h로 운행하면서 도로상 누출과 반경 50m 이내의 누출을 동시에 측정할 수 있고, GPS와 연동되어 누출지점 표시 및 실시간 데이터를 저장하고 위치를 표시하는 것으로 차량용 레이저 메탄 검지기라 한다.

[참고] 레이저 메탄가스 디텍터 등 가스 누출 정밀 감시장비(KGS FS451) : 최대 150m의 거리에서 300ppm·m의 메탄가스를 0.2초 이내에 검출해 낼 수 있으며, 진단 기간 동안 가스 누출을 자동으로 상시 감시할 수 있는 장비를 말한다.

2019년 가스산업기사 필답형 실전 모의고사

제1회 필답형 모의고사

01 [보기]와 같은 반응으로 진행되는 접촉분해(수증기 개질)공정에서 카본(C) 생성을 방지하는 방법에 대하여 온도, 압력, 수증기비의 관계를 설명하시오.

| 보기 |

$$CH_4 \rightleftharpoons 2H_2 + C(카본) \quad \cdots\cdots (1)$$
$$2CO \rightleftharpoons CO_2 + C(카본) \quad \cdots\cdots (2)$$

해답 (1) 반응온도를 낮게, 반응압력은 높게 유지하고 수증기비(수증기량)를 증가시킨다.
(2) 반응온도를 높게, 반응압력은 낮게 유지하고 수증기비(수증기량)를 증가시킨다.

해설 카본(C) 생성을 방지하는 방법
① (1)번, (2)번 모두 반응에 필요한 수증기량 이상의 수증기를 가하면 카본 생성을 방지할 수 있다.
② (1)번 반응은 발열반응에 해당되고 반응 전 1mol, 반응 후 카본(C)을 제외한 2mol로 반응 후의 mol수가 많으므로 온도가 높고, 압력이 낮을수록 반응이 잘 일어난다. 그러므로 카본(C) 생성을 방지하려면 반응이 잘 일어나지 않도록 하여야 하므로 반응온도를 낮게, 반응압력은 높게 유지한다.
③ (2)번 반응은 발열반응에 해당되고 반응 전 2mol, 반응 후 카본(C)을 제외한 1mol로 반응 후의 mol수가 적으므로 온도가 낮고, 압력이 높을수록 반응이 잘 일어난다. 그러므로 카본(C) 생성을 방지하려면 반응이 잘 일어나지 않도록 하여야 하므로 반응온도를 높게, 반응압력은 낮게 유지하여야 한다.

02 레이놀즈(Reynolds)식 정압기의 특징 4가지를 쓰시오.

해답 ① 정압기 본체는 복좌밸브로 구성되며, 상부에 다이어프램이 있다.
② 언로딩(unloading)형이다.
③ 다른 정압기에 비하여 크기가 크다.
④ 정특성은 극히 좋으나 안정성이 부족하다.

03 고압가스 저장탱크의 열침입 원인 4가지를 쓰시오.

해답
① 외면에서의 열복사
② 지지점에서의 열전도
③ 밸브, 안전밸브에 의한 열전도
④ 연결된 배관을 통한 열전도
⑤ 단열재를 충진한 공간에 남은 가스분자의 열전도

04 액화가스와 압축가스 저장탱크 및 용기가 배관으로 연결된 경우 저장능력을 합산한다. 이때 압축가스 $1m^3$는 액화가스로 몇 kg에 해당하는 것으로 계산하는가?

해답 10kg

해설 저장능력 산정기준(고법 시행규칙 별표1) : 저장탱크 및 용기가 다음 각 목에 해당하는 경우에는 저장능력 산정식에 따라 산정한 각각의 저장능력을 합산한다. 다만, 액화가스와 압축가스가 섞여 있는 경우에는 액화가스 10kg을 압축가스 $1m^3$로 본다.
① 저장탱크 및 용기가 배관으로 연결된 경우
② ①번의 경우를 제외한 경우로서 저장탱크 및 용기 사이의 중심거리가 30m 이하인 경우 또는 구축물에 설치되어 있는 경우. 다만, 소화설비용 저장탱크 및 용기는 제외한다.

05 자연발화온도(autoignition temperature : AIT)에 영향을 주는 요인 4가지를 쓰시오.

해답 ① 농도 ② 압력 ③ 부피 ④ 산소량 ⑤ 촉매

해설 ① 자연발화온도(AIT) : 가연혼합기의 온도를 점차 높여가면 외부로부터 불꽃이나 화염 등을 가까이 접근하지 않더라도 발화에 이르는 최저온도이다.
② 자연발화온도에 영향을 주는 요인
㉮ 가연물의 농도가 클수록 증가한다.
㉯ 압력이 증가하면 감소한다.
㉰ 부피가 큰 계일수록 감소한다.
㉱ 산소량이 증가하면 감소한다.
㉲ 촉매 존재 시 최소 AIT보다 낮은 온도에서 발화한다.

06 용접용기 재검사 항목 4가지를 쓰시오.

[해답] ① 외관검사　　　　② 내압검사　　　　③ 누출검사
　　　④ 다공질물 충전검사　⑤ 단열성능검사

[해설] ① 용접용기 종류별 재검사 항목 : KGS AC217
　　　㉮ 초저온 용기 : 외관검사, 단열성능검사
　　　㉯ 아세틸렌 용기 : 외관검사, 다공질물 충전검사
　　　㉰ 액화석유가스 용기 : 외관검사, 내압검사, 누출검사, 도장검사, 수직도검사
　　　㉱ 그 밖의 용기 : 외관검사, 내압검사
　　② 이음매 없는 용기 재검사 항목(KGS AC218) : 외관검사, 음향검사, 내압검사
　　　㉮ 내용적 5L 미만 또는 125L 이상인 용기 : 외관검사, 내압검사
　　　㉯ 내용적 5L 이상 125L 미만인 용기 또는 카트리지 용기 : 외관검사, 음향검사, 내압검사

07
지하에 매설된 도시가스 배관에서 발생하는 부식의 원인 4가지를 쓰시오.

[해답] ① 국부전지의 발생　　　② 이종금속의 접촉
　　　③ 통기차(토질의 차이)　　④ 콘크리트의 접촉
　　　⑤ 미주전류의 발생　　　⑥ 토양 중의 박테리아(세균)

08
폭굉(detonation)의 정의에 대한 설명 중 (　) 안에 알맞은 용어를 쓰시오.

가스 중의 (①)보다도 화염 전파속도가 큰 경우로서 가스의 경우 1000~3500m/s 정도에 달하여 파면선단에 충격파라고 하는 (②)가 생겨 격렬한 파괴작용을 일으키는 현상이다.

[해답] ① 음속　② 압력파

09
배관지름이 14cm인 관에 8m/s로 물이 흐를 때 질량유량(kg/s)을 계산하시오. (단, 물의 밀도는 1000kg/m³이다.)　　　　　　　　　　　　　　　　　　　[07. 2회, 09. 1회. 산기]

[풀이] 질량유량(m)은 체적유량($Q=AV$)에 유체의 밀도(ρ)를 곱한 값이다.
$$\therefore m = \rho \times A \times V = 1000 \times \left(\frac{\pi}{4} \times 0.14^2\right) \times 8 = 123.150 ≒ 123.15 \text{kg/s}$$

[해답] 123.15kg/s

10 고압가스 안전관리법에 정한 액화가스의 정의에 대한 설명 중 ( ) 안에 알맞은 내용을 쓰시오.

> 액화가스란 가압, 냉각 등의 방법으로 액체 상태로 되어 있는 것으로서 대기압에서의 끓는점이 섭씨 (①)도 이하 또는 (②) 이하인 것을 말한다.

해답 ① 40 ② 상용의 온도

해설 도시가스사업법에 정한 액화가스 : 액화가스란 상용의 온도 또는 섭씨 35도의 온도에서 압력이 0.2MPa 이상이 되는 것을 말한다.

11 냉동설비에 사용되는 냉매의 구비조건 4가지를 쓰시오.

해답
① 응고점이 낮고 임계온도가 높으며 응축, 액화가 쉬울 것
② 증발잠열이 크고 기체의 비체적이 적을 것
③ 오일과 냉매가 작용하여 냉동장치에 악영향을 미치지 않을 것
④ 화학적으로 안정하고 분해하지 않을 것
⑤ 금속에 대한 부식성 및 패킹재료에 악영향이 없을 것
⑥ 인화 및 폭발성이 없을 것
⑦ 인체에 무해할 것(비독성가스일 것)
⑧ 액체의 비열은 작고, 기체의 비열은 클 것
⑨ 경제적일 것(가격이 저렴할 것)
⑩ 단위 냉동량당 소요 동력이 적을 것

12 소비호수가 50호인 액화석유가스 사용시설에서 피크 시 평균 가스소비량이 15.5kg/h이다. 50kg 용기를 사용하여 가스를 공급하고, 외기온도가 5℃일 경우 가스발생능력이 1.7kg/h이라 할 때 표준 용기 설치 수를 계산하시오. (단, 2일분 용기 수는 4개이다.)

[07. 2회. 산기]

풀이 표준 용기 수 = 필요 최저 용기 수 + 2일분 용기 수

$$= \frac{\text{피크 시 평균 가스소비량}}{\text{가스발생능력}} + 2일분 용기 수$$

$$= \frac{15.5}{1.7} + 4$$

$$= 13.117 ≒ 14개$$

해답 14개

해설 '피크 시 평균 가스소비량(kg/h)=1일 1호당 평균 가스소비량(kg/day)×가구 수
×피크 시 소비율'로 계산하지만 문제에서는 계산된 값인 15.5kg/h로 주어졌기
때문에 별도의 계산과정이 필요 없음

13 길이가 1km, 선팽창계수 $\alpha = 1.2 \times 10^{-5}$/℃인 배관이 −10℃에서 50℃ 범위에 있을 때 신축량 20mm를 흡수할 수 있는 신축이음은 몇 개를 설치하여야 하는가?

풀이 ① 신축길이(mm) 계산 : 배관길이(L)는 신축길이와 같은 단위를 적용하며, 1km는 1000m이고 1m는 1000mm이다.

∴ $\Delta L = L \cdot \alpha \cdot \Delta t = (1000 \times 10^3) \times 1.2 \times 10^{-5} \times \{50-(-10)\} = 720\,mm$

② 신축이음 수 계산

신축이음 수 = $\dfrac{\text{신축길이}}{\text{신축흡수장치 1개당 흡수길이}} = \dfrac{720}{20} = 36$개

해설 36개

14 정압기를 평가 선정할 경우 각 특성이 사용조건에 적합하도록 정압기를 선정하여야 한다. 이때 정압기를 선정할 때 고려하여야 할 사항 4가지를 쓰시오.   [16. 4회. 산기]

해답 ① 정특성
② 동특성
③ 유량특성
④ 사용 최대 차압
⑤ 작동 최소 차압

해설 정압기 특성
① 정특성 : 정상상태에 있어서 유량과 2차 압력과의 관계이다.
② 동특성 : 부하변화가 큰 곳에 사용되는 정압기에 대하여 중요한 특성으로 부하변동에 대한 응답의 신속성과 안정성이 요구된다.
③ 유량특성 : 메인밸브의 열림과 유량과의 관계이다.
④ 사용 최대 차압 : 메인밸브에 1차와 2차 압력이 작용하여 최대로 되었을 때 차압이다.
⑤ 작동 최소 차압 : 정압기가 작동할 수 있는 최소 차압이다.

15 도시가스 제조공정 중 접촉개질공정에 대하여 설명하시오.   [07. 2회, 09. 1회. 산기]

해답 촉매를 사용해서 반응온도 400~800℃에서 탄화수소와 수증기를 반응시켜 메탄(CH_4), 수소(H_2), 일산화탄소(CO), 이산화탄소(CO_2)로 변환하는 공정이다.

제2회 필답형 모의고사

01 도시가스 원료 중 액체 성분에 해당하는 것 2가지를 쓰시오.

해답 ① 나프타(naphtha) ② LNG(액화천연가스) ③ LPG(액화석유가스)

02 도시가스 정압기 중 피셔(Fisher)식 정압기의 2차압 이상 저하의 원인과 예방 대책 4가지를 각각 쓰시오.

해답

구분	2차압 이상 저하의 원인	2차압 이상 저하의 예방 대책
①	정압기 능력 부족	적절한 능력을 갖는 정압기로 교체
②	필터의 먼지류의 막힘	필터의 교환
③	파일럿의 오리피스의 녹 막힘	
④	센터 스템의 작동 불량	정압기 분해 정비 및 부품 교체
⑤	스트로크 조정 불량	
⑥	주 다이어프램 파손	다이어프램 교환

03 도시가스 원료로 사용하는 오프가스(off gas)의 제조공정을 설명하시오.

해답 ① 석유정제 오프가스는 원유를 상압증류, 감압증류 및 가솔린 생산을 위한 접촉 개질공정 등에서 발생하는 가스를 회수한 것이다.
② 석유화학 오프가스는 나프타 분해에 의해 에틸렌을 제조하는 공정에서 발생하는 가스를 회수한 것이다.

04 비중이 0.64인 가스를 길이 300m 떨어진 곳에 저압으로 시간당 145m³로 공급하고자 할 때 압력손실이 수주로 20mm이면 배관의 최소 관지름(mm)은 얼마인가? (단, 폴의 정수는 0.707이다.) [09. 4회, 산기 유사]

풀이 저압 배관 유량식 $Q = K\sqrt{\dfrac{D^5 \cdot H}{S \cdot L}}$ 에서 관지름 D를 구한다.

$$\therefore D = \sqrt[5]{\dfrac{Q^2 \cdot S \cdot L}{K^2 \cdot H}} = \sqrt[5]{\dfrac{145^2 \times 0.64 \times 300}{0.707^2 \times 20}} \times 10 = 132.200 \fallingdotseq 132.20\,mm$$

해답 132.2mm

해설 ① 저압 배관 및 중고압 배관 유량식은 단위 정리가 되지 않는 공식에 해당된다.
② 풀이 과정 마지막에 '10'을 적용한 것은 관지름 단위 'cm'를 'mm'로 변환하기 위한 것이다.
③ '루트 5승'은 공학용 계산기로만 계산이 가능하며, 조작 방법은 계산기에 따라 다르므로, 소지하고 있는 공학용 계산기의 조작 방법을 숙지하길 바랍니다.

05 압축가스 설비 저장능력 산정식을 쓰시오. (단, Q : 저장능력(m^3), P : 35℃에서 최고충전압력(MPa), V : 내용적(m^3) 을 의미한다.) [09. 1회. 산기]

해답 $Q=(10P+1)V$
해설 압축가스 저장능력 산정식 구분
① $Q=(10P+1)\times V$: 충전압력 P의 단위가 'MPa'이다.
② $Q=(P+1)\times V$: 충전압력 P의 단위가 'kgf/cm^2'이다.

06 부탄 200kg/h를 기화시키는 데 20000kcal/h의 열량이 필요한 경우 효율이 80%인 온수순환식 기화기를 사용할 때 열교환기에 순환되는 온수량(L/h)은 얼마인가? (단, 열교환기 입구와 출구의 온수 온도는 60℃와 40℃이며, 온수의 비열은 1kcal/kgf·℃, 비중은 1이다.) [13. 1회. 산기]

풀이 ① 부탄 200kg/h를 기화시키는 데 필요한 열량(Q_1)과 열교환기에 온수가 순환되어 공급되는 열량(Q_2)은 같으므로 $Q_1=Q_2$이므로 Q로 표시하고, Q_2=순환온수량(G)×온수비열(C)×온수온도차(Δt)×효율(η)이다.
② 순환온수량 계산 : 물의 비중은 1이므로 1kgf는 1L이다.

$$\therefore G=\frac{Q}{C\times \Delta t\times \eta}=\frac{20000}{1\times(60-40)\times 0.8}=1250\text{kg/h}$$

$$\therefore \text{순환온수량(L/h)}=\frac{G[\text{kg/h}]}{\text{비중}}=\frac{1250}{1}=1250\text{L/h}$$

해답 1250L/h
해설 질량 1kg은 중력가속도 9.8m/s^2이 작용하고 있는 지구상에서 중량 1kgf이 되므로 공학단위가 기본으로 사용되던 시기에는 질량과 중량을 구별없이 주어지는 경우가 있었다.

07 내진설계 시 지진기록 측정장비 종류 2가지를 쓰시오. [09. 1회. 기사]

해답 ① 가속도계
② 속도계
③ SI(Spectrum Intensity)센서

해설 지진기록 측정장비
① 가스도매사업 정압기(지) 및 밸브기지 기준(KGS FS452 용어의 정의) : "지진감지장치"란 내진설계의 기초자료가 되는 지면가속도(진도)를 측정하거나 긴급할 때에 가스 흐름을 차단하고 정압기지·배관 등 가스시설의 실제 동적 거동에 대한 정보를 얻기 위하여 설치하는 가속도계, 속도계 및 SI(Spectrum Intensity)센서 등을 말한다.
② 매설 가스배관 내진설계 기준(KGS GC204 2017 : 2.8.3) : 지진기록 계측에는 가속도계, 속도계, 변위계, 간극수압계, 동토압계, 수압계 등을 사용한다.
〈2018. 1. 11 개정판에서 '지진기록 계측' 항목 모두가 삭제되었음〉

08 LPG를 이송하는 펌프에서 발생하는 베이퍼 로크(vapor lock) 현상의 방지법 4가지를 쓰시오.

해답 ① 실린더 라이너의 외부를 냉각한다.
② 흡입배관을 크게 하고 단열 처리한다.
③ 펌프의 설치위치를 낮춘다.
④ 흡입배관을 청소한다.

해설 ① 베이퍼 로크 현상 : 저비점 액체 등을 이송 시 펌프의 입구에서 발생하는 현상으로 액의 끓음에 의한 동요를 말한다.
② 발생원인
  ㉮ 흡입관 지름이 작을 때   ㉯ 외부에서 열량 침투 시
  ㉰ 펌프의 설치위치가 높을 때   ㉱ 배관 내 온도 상승 시

09 고압가스설비에 부착하는 과압안전장치의 작동압력에 대한 기준 중 (   ) 안에 알맞은 내용을 넣으시오.   [10. 1회. 산기]

액화가스의 고압가스설비 등에 부착되어 있는 스프링식 안전밸브는 상용의 온도에 있어서 당해 고압가스설비 등 내의 액화가스의 상용의 체적이 당해 고압가스설비 등 내의 내용적의 (   )%까지 팽창하게 되는 온도에 대응하는 당해 고압가스설비 등 안의 압력에서 작동하는 것일 것

해답 98

10 아세틸렌에서 발생하는 폭발 종류 3가지를 반응식과 함께 쓰시오.

[해답]
① 산화폭발 : $C_2H_2 + 2.5O_2 \rightarrow 2CO_2 + H_2O$
② 분해폭발 : $C_2H_2 \rightarrow 2C + H_2 + 54.2\,kcal$
③ 화합폭발 : $C_2H_2 + 2Cu \rightarrow Cu_2C_2 + H_2$
$C_2H_2 + 2Ag \rightarrow Ag_2C_2 + H_2$

[해설] 아세틸렌의 폭발 종류
① 산화폭발 : 산소와 혼합하여 점화하면 폭발을 일으킨다.
② 분해폭발 : 가압, 충격에 의해 탄소(C)와 수소(H_2)로 분해되면서 폭발을 일으킨다.
③ 화합폭발 : 동(Cu), 은(Ag), 수은(Hg) 등의 금속과 화합 시 폭발성의 아세틸드[구리 아세틸드(Cu_2C_2), 은 아세틸드(Ag_2C_2)]를 생성하여 충격, 마찰에 의하여 폭발한다.

77 직동식 정압기의 기본 구조도를 보고 2차 압력이 설정압력보다 낮을 때 작동 원리에 대하여 설명하시오.   [17. 3회. 기사 유사]

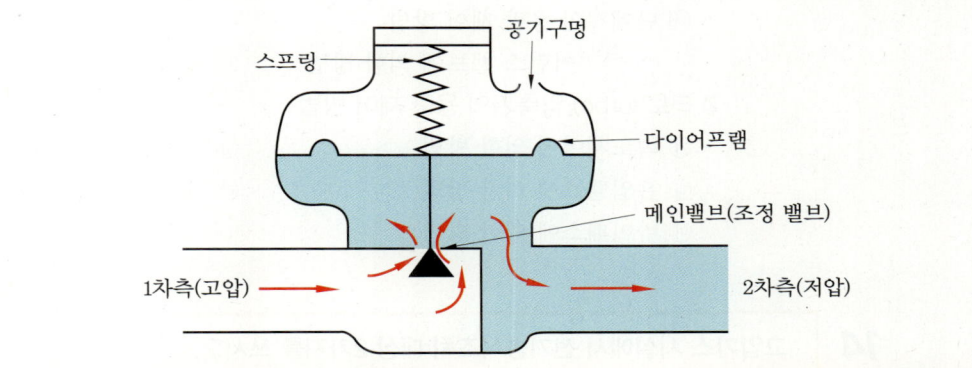

[해답] 정압기 스프링 힘이 다이어프램을 받치고 있는 힘보다 커서 다이어프램에 연결된 메인밸브를 열리게 하여 가스의 유량이 증가하게 되며, 2차 압력을 설정압력으로 유지되도록 작동한다.

[해설] 직동식 정압기의 작동 원리
① 설정압력이 유지될 때 : 다이어프램에 걸려 있는 2차 압력과 스프링의 힘이 평형 상태를 유지하면서 메인밸브는 움직이지 않고 일정량의 가스가 메인밸브를 경유하여 2차측으로 가스를 공급한다.
② 2차측 압력이 설정압력보다 높을 때 : 2차측 가스사용량이 감소하여 2차측 압력이 설정압력 이상으로 상승하며, 이때 다이어프램을 들어 올리는 힘이 증가하여 스프링의 힘에 이기고 다이어프램에 연결된 메인밸브를 닫히게 하여 가스의 유량을 제한하므로 2차 압력을 설정압력으로 유지되도록 작동한다.

12 가스압축에 사용하는 압축기에서 다단 압축의 목적 4가지를 쓰시오.

해답 ① 1단 단열압축과 비교한 일량의 절약 ② 이용효율의 증가
③ 힘의 평형이 양호해진다. ④ 가스의 온도상승을 피할 수 있다.

13 압축기에서 용량 제어를 하는 이유 2가지를 쓰시오.

해답 ① 수요 공급의 균형 유지 ② 압축기 보호
③ 소요 동력의 절감 ④ 경부하 기동

해설 압축기 용량 제어법
① 왕복동형 압축기의 용량 제어법
  ㉮ 연속적인 용량 제어 방법
    ㉠ 흡입 주 밸브를 폐쇄하는 방법 ㉡ 타임드 밸브에 의한 방법
    ㉢ 회전수를 변경하는 방법 ㉣ 바이패스 밸브에 의한 방법
  ㉯ 단계적인 용량 제어 방법
    ㉠ 클리어런스 밸브에 의한 방법 ㉡ 흡입밸브 개방에 의한 방법
② 터보(turbo) 압축기의 용량 제어 방법
  ㉮ 속도제어에 의한 방법 ㉯ 토출밸브에 의한 방법
  ㉰ 흡입밸브에 의한 방법 ㉱ 베인 컨트롤에 의한 방법
  ㉲ 바이패스에 의한 방법

14 고압가스 시설에서 전기방식조치 대상 2가지를 쓰시오.

해답 ① 지중 및 수중에 설치하는 강재배관
② 저장탱크

해설 전기방식조치 대상 : KGS GC202 가스시설 전기방식 기준
① 액화석유가스 시설 : 지중 및 수중에 설치하는 강재배관 및 강재저장탱크
② 도시가스 시설 : 지중 및 수중에 설치하는 강재배관

15 고압가스설비에 설치하는 피해저감설비의 종류 2가지를 쓰시오.

해답 ① 방류둑 ② 방호벽 ③ 살수장치
④ 제독설비 ⑤ 중화·이송설비 ⑥ 온도 상승 방지설비

해설 사고예방설비 : 과압안전장치, 가스누출경보 및 자동차단장치, 긴급차단장치, 역류방지장치, 역화방지장치, 전기방폭설비, 환기설비, 부식방지설비, 정전기제거설비

제4회 필답형 모의고사

01 가스의 공급압력이 높아 불꽃이 염공을 떠나 공간에서 연소하는 현상을 (①)라 하고, 불꽃 주위 기류에 의하여 불꽃이 염공에 정착하지 않고 떨어지게 되어 꺼지는 현상을 (②)라 한다. (   ) 안에 들어갈 용어를 쓰시오. [15. 2회. 산기]

해답 ① 선화(또는 리프팅, lifting)
② 블로 오프(blow off)

해설 ①번 답안을 교재에 수록된 것과 똑같이 작성해야만 득점으로 인정되느냐고 질문하는 경우가 있는데 그것이 아니고 '선화', '리프팅', 'lifting' 3가지 중에서 어느 하나를 선택하여 답안을 작성하면 되는 것입니다.

02 정압기 특성 중 동특성을 설명하시오. [17. 2회. 산기]

해답 부하변화가 큰 곳에 사용되는 정압기에 대하여 중요한 특성으로 부하변동에 대한 응답의 신속성과 안정성이 요구된다.

해설 정압기 선정 시 고려하여야 할 특성
① 정특성(靜特性) : 정상상태에 있어서 유량과 2차 압력의 관계이다.
② 동특성(動特性) : 부하변화가 큰 곳에 사용되는 정압기에 대하여 중요한 특성으로 부하변동에 대한 응답의 신속성과 안정성이 요구된다.
③ 유량특성 : 메인밸브의 열림과 유량과의 관계이다.
④ 사용 최대 차압 : 메인밸브에 1차와 2차 압력이 작용하여 최대로 되었을 때 차압이다.
⑤ 작동 최소 차압 : 정압기가 작동할 수 있는 최소 차압이다.

03 펌프에서 발생하는 수격작용(water hammering)을 설명하시오.

해답 펌프에서 물을 압송하고 있을 때 정전 등으로 펌프가 급히 멈춘 경우 관 내의 유속이 급변하면 물에 심한 압력변화가 생기는 작용을 말한다.

해설 수격작용 방지법
① 관내 유속을 낮게 한다.
② 압력조절용 탱크를 설치한다.
③ 펌프에 플라이 휠(fly wheel)을 설치한다.
④ 밸브를 펌프 토출구 가까이 설치하고 적당히 제어한다.

04 굴착공사에 따른 매설된 도시가스 배관을 보호하기 위한 파일박기 및 터파기에 대한 내용 중 ( ) 안에 알맞은 내용을 쓰시오.

(1) 가스배관과 수평 최단거리 ( )m 이내에서 파일박기를 하고자 할 때에는 도시가스 사업자의 입회하에 시험굴착을 통하여 가스배관의 위치를 정확히 확인한다.
(2) 가스배관과의 수평거리 ( )m 이내에서는 파일박기를 하지 아니한다.
(3) 가스배관의 주위를 굴착하고자 할 때에는 가스배관의 좌우 ( )m 이내의 부분은 인력으로 굴착한다.

해답 (1) 2 (2) 0.3 (3) 1

해설 도시가스 배관 보호 기준(KGS GC253) 중 굴착작업 준비 및 굴착작업 시행 기준

05 LP가스 공급방식 중 생가스 공급방식의 특징 4가지를 쓰시오. [14. 4회, 산기]

해답 ① 기화기에서 기화된 가스를 그대로 공급한다.
② 공기 혼합기 등이 필요 없으므로 설비가 간단하다.
③ 부탄의 경우 재액화 우려가 있다.
④ 재액화 현상을 방지하기 위하여 배관을 보온조치 하여야 한다.

06 플레어스택(flare stack)을 설치하는 이유를 설명하시오. [11. 1회, 산기]

해답 긴급이송설비에 의하여 이송되는 가연성가스를 대기 중으로 분출하면 공기와 혼합하여 폭발성 혼합기체가 형성될 수 있으므로 연소시켜 대기로 안전하게 방출시킨다.

07 기체 상태의 프로판 100Sm³를 액화시켰을 때 무게는 몇 kg인가? (단, 온도와 압력은 변동이 없다.) [12. 4회, 산기]

풀이 ① 기체 상태의 프로판 100Sm³는 표준상태(0℃, 1기압 상태)의 체적이고 질량불변의 법칙에 의해 기체의 무게와 액체의 무게는 같으므로 이상기체 상태방정식 $PV=GRT$를 이용하여 무게(G)를 계산한다. 1기압 상태(1atm)는 101.325kPa이고, 프로판(C_3H_8)의 분자량은 44이다.

② 액화 프로판 무게 계산
$$G = \frac{PV}{RT} = \frac{101.325 \times 100}{\frac{8.314}{44} \times 273} = 196.424 ≒ 196.42\text{kg}$$

해답 196.42kg

08 오스테나이트계 스테인리스강에서 입계부식이 발생하는 환경조건에 대하여 설명하시오.

해답 오스테나이트계 스테인리스강을 450~900℃로 가열하면 결정입계로 크롬탄화물이 석출되며 부식이 발생한다.

09 카바이드를 이용하여 아세틸렌을 제조하는 방식의 가스발생기 중 투입식을 설명하시오.

해답 물에 카바이드(CaC_2)를 넣는 방식으로 카바이드가 물속에 있으므로 온도 상승이 크지 않고 불순가스 발생이 적고, 카바이드 투입량에 따라 아세틸렌가스 발생량을 조절할 수 있어 공업적으로 대량 생산에 적합한 방식이다.

해설 아세틸렌가스 발생기 종류
① 주수식 : 카바이드에 물을 넣는 방식으로 카바이드에 접촉하는 물이 적기 때문에 온도 상승으로 인한 분해의 우려가 있고 불순가스 발생이 많다. 주수량 가감에 의해 가스 발생량을 조절할 수 있다.
② 침지식(접촉식) : 물과 카바이드를 소량씩 접촉시키는 방식으로 발생기의 온도 상승과 불순물이 혼입될 우려가 있다.
③ 투입식 : 물에 카바이드를 넣는 방식으로 카바이드가 물속에 있어 온도 상승이 크지 않고, 불순가스 발생이 적으며, 카바이드 투입량에 따라 아세틸렌가스 발생량을 조절할 수 있기 때문에 공업적으로 가장 많이 사용되는 방식이다.

10 내용적 3L의 고압용기에 암모니아를 충전하여 온도를 173℃로 상승시켰더니 압력이 220atm을 나타내었다. 이 용기에 충전된 암모니아는 몇 g인가? (단, 173℃, 220atm에서 암모니아의 압축계수는 0.4이다.) [06. 4회. 산기]

풀이 이상기체 상태방정식 $PV = Z\dfrac{W}{M}RT$에서 충전량 W를 구하며, 암모니아(NH_3) 분자량(M)은 17이다.

$$\therefore W = \dfrac{PVM}{ZRT} = \dfrac{220 \times 3 \times 17}{0.4 \times 0.082 \times (273+173)} = 766.980 ≒ 766.98g$$

해답 766.98g

별해 SI단위 이상기체 상태방정식 $PV = GRT$에서 압축계수(Z)는 오른쪽 항에 적용($PV = ZGRT$)하여 충전량 G를 구하며, 1atm은 101.325kPa이다.

$$\therefore G = \dfrac{PV}{ZRT} = \dfrac{(220 \times 101.325) \times (3 \times 10^{-3})}{0.4 \times \dfrac{8.314}{44} \times (273+173)} = 0.766486kg = 766.486g ≒ 766.49g$$

※ 'atm' 단위는 별도의 언급이 없으면 절대단위에 해당되므로 SI단위 공식에 맞는 'kPa' 절대단위로 변환하여 적용하였다.

11 [보기]의 가스 중 같은 온도, 압력 조건에서 가장 많이 흐르는 가스부터 번호 순서대로 나열하시오. [08. 2회. 산기]

| 보기 |
① 수소   ② 천연가스   ③ 이산화탄소   ④ 질소

해답 ① → ② → ④ → ③

해설 (1) 저압 배관의 유량식 $Q=K\sqrt{\dfrac{D^5 \cdot H}{S \cdot L}}$ 에서 조건이 모두 같고, 가스 종류가 각각 주어졌으므로(가스 비중이 다름), 유량은 가스 비중(S)의 평방근에 반비례된다. 즉 분자량이 작은 것일수록 유량은 크게 된다.

(2) 각 가스의 분자량 및 가스 비중

명칭	분자량(M)	가스 비중 $\left(S=\dfrac{M}{29}\right)$
수소(H_2)	2	0.0689
천연가스(CH_4)	16	0.551
이산화탄소(CO_2)	44	1.517
질소(N_2)	28	0.965

12 가연성가스 및 방폭전기기기의 폭발등급 분류 시 사용하는 최소점화전류비는 어느 가스의 최소점화전류를 기준으로 하는가? [16. 2회. 기사]

해답 메탄(CH_4)

13 내용적 18L의 LP가스 배관공사를 끝내고 나서 수주 880mm의 압력으로 공기를 넣어 기밀시험을 실시했다. 기밀시험 소요시간 12분이 경과한 후 배관에 부착된 자기압력계를 보니 수주 660mm의 압력을 나타내었다. 이 경우 기밀시험 개시 시의 몇 %의 공기가 누설되었는가? (단, 기밀시험 실시 중 온도변화는 무시한다.) [10. 2회. 기사 유사]

풀이 기밀시험을 실시하는 처음 상태를 '1', 12분이 경과 후의 상태를 '2', 표준상태를 '0'으로 구별하여 보일의 법칙을 적용하여 기밀시험 전·후의 상태를 표준상태의 체적으로 환산한다. $1atm=10332kgf/m^2=10332mmH_2O=1.0332kgf/cm^2$이다.

① 처음 상태(기밀시험)의 공기체적(V_1)을 표준상태(STP : 0℃, 1기압)의 체적(V_0)으로 환산

$$\therefore V_0=\dfrac{P_1 V_1}{P_0}=\dfrac{(880+10332) \times 18}{10332}=19.533 ≒ 19.53L$$

② 12분 후 공기체적(V_2)을 표준상태(STP)의 체적(V_0')으로 환산

$$V_0' = \frac{P_2 V_2}{P_0'} = \frac{(660+10332) \times 18}{10332} = 19.149 ≒ 19.15\text{L}$$

③ 누설량(%) 계산

$$누설량 = \frac{V_0 - V_0'}{V} \times 100 = \frac{19.53 - 19.15}{18} \times 100 = 2.111 ≒ 2.11\%$$

해답 2.11%

해설 누설량 비율(%)을 계산할 때 기준이 처음 상태 공기체적을 환산한 V_0가 아닌 배관 내용적을 기준으로 적용한 것은 기밀시험을 하는 주체가 배관이 되기 때문이다. (19.53L의 공기를 내용적 18L의 배관에 압입하면 배관은 압력 변화에 따라 체적 변화가 없으므로 공기체적은 배관 내용적과 같은 18L가 되기 때문이다.)

14 액화석유가스 사용시설에서 2단 감압방식을 설명하시오.

해답 저장시설(용기)의 가스압력을 소요압력보다 약간 높은 압력으로 1차적으로 감압시켜 공급한 후, 사용시설 근처에서 소요압력으로 2차적으로 감압시켜 각 연소기에 알맞은 압력으로 공급하고 압력손실을 보정할 수 있어 안정적으로 액화석유가스를 공급하는 방법이다.

해설 2단 감압방식
① 사용하는 이유 : 액화석유가스 저장시설로부터 가스사용시설까지 거리가 먼 경우, 입상관에 의하여 압력손실이 크게 발생하는 경우, 가스사용량이 많은 경우, 연소기 종류에 따라 소요압력이 다를 경우에 사용한다.
② 장점
  ㉮ 입상배관에 의한 압력손실을 보정할 수 있다.
  ㉯ 가스 배관이 길어도 공급압력이 안정된다.
  ㉰ 각 연소기구에 알맞은 압력으로 공급이 가능하다.
  ㉱ 중간 배관의 지름이 작아도 된다.
③ 단점
  ㉮ 설비가 복잡하고, 검사방법이 복잡하다.
  ㉯ 조정기 수가 많아서 점검부분이 많다.
  ㉰ 부탄의 경우 재액화의 우려가 있다.
  ㉱ 시설의 압력이 높아서 이음방식에 주의하여야 한다.

15 직동식 정압기에서 2차 압력이 설정압력보다 낮을 때 작동 원리에 대하여 설명하시오.
[17. 3회. 기사, 19. 2회. 산기]

해답 2차측 가스사용량이 증가하여 정압기 스프링 힘이 다이어프램을 받치고 있는 힘보다 커서 다이어프램에 연결된 메인밸브를 열리게 하여 가스의 유량이 증가하게 되며 2차 압력을 설정압력으로 유지되도록 작동한다.

2020년 가스산업기사 필답형 실전 모의고사

제1회 필답형 모의고사

01 액화석유가스 소형 저장탱크의 내용적이 800L일 때 저장능력은 얼마인가? (단, 액화석유가스의 비중은 0.477이다.)

풀이 $W = 0.85 dV = 0.85 \times 0.477 \times 800 = 324.36$ kg

해답 324.36kg

해설 ① 저장능력(KGS FP331) : 저장설비에 저장할 수 있는 액화석유가스의 양으로서 다음 식에 따라 산정된 것을 말한다.

$$W = 0.9 dV$$

다만, 소형 저장탱크의 경우에는 0.9대신 0.85를 적용한다.
여기서, W : 저장탱크 및 소형 저장탱크의 저장능력(kg)
d : 상용온도에서 액화석유가스 비중(kg/L)
V : 저장탱크 및 소형 저장탱크의 내용적(L)
※ 소형 저장탱크의 충전량은 내용적의 85% 이하이므로 0.85를 적용하는 것임

② 액화석유가스 저장탱크의 저장능력은 40℃에서의 액 비중을 기준으로 계산하며, 그 값은 다음 표와 같다.

설계압력(MPa)	구성비(몰%)	40℃ 액 비중
2.16(프로필렌급)	프로필렌 75 이상	0.477
1.8(프로판급)	프로판 65 이상, 부탄 35 미만	0.472
1.08(부탄, 부틸렌, 부타디엔급)	프로판 35 미만, 부탄 65 이상	0.54

02 도시가스 사용시설의 정압기 성능 중 기밀시험에 대한 내용이다. (   ) 안에 알맞은 숫자를 넣으시오.   [12. 1회. 산기]

> 정압기는 도시가스를 안전하고 원활하게 수송할 수 있도록 하기 위하여 정압기 입구측은 최고사용압력의 (①)배, 출구측은 최고사용압력의 (②)배 또는 (③)kPa 중 높은 압력 이상에서 기밀성능을 갖는 것으로 한다.

해답 ① 1.1 ② 1.1 ③ 8.4

03 '처리능력'이란 용어에 대하여 설명하시오. [09. 2회. 산기]

해답 처리설비 또는 감압설비에 의하여 압축, 액화, 그 밖의 방법으로 1일에 처리할 수 있는 가스의 양이다.

해설 가스의 양 기준 : KGS FP112 고압가스 일반제조 기준
① 처리능력은 공정흐름도(PFD : Process Flow Diagram)의 물질수지(material balance)를 기준으로 액화가스는 무게(kg)로, 압축가스는 용적(온도 0℃, 게이지압력 0Pa의 상태를 기준으로 한 m^3)으로 계산한다.
② 처리능력은 가스종류별로 구분하고 원료가 되는 고압가스와 제조되는 고압가스가 중복되지 않도록 계산한다.

참고 고법 시행규칙에서 정의하는 '처리능력'이란 용어 : "처리능력"이란 처리설비 또는 감압설비에 의하여 압축·액화 그 밖의 방법으로 1일에 처리할 수 있는 가스의 양(온도 0℃, 게이지 압력 0Pa 상태를 기준으로 한다)을 말한다.

04 용기 종류별 부속품 기호를 각각 설명하시오. [15. 2회. 산기]
(1) PG :   (2) LG :   (3) LT :

해답 (1) 압축가스를 충전하는 용기의 부속품
(2) 액화석유가스 외의 액화가스를 충전하는 용기의 부속품
(3) 초저온 용기 및 저온 용기의 부속품

해설 용기 종류별 부속품 기호 : KGS AA311
① 아세틸렌가스를 충전하는 용기의 부속품 : AG
② 압축가스를 충전하는 용기의 부속품 : PG
③ 액화석유가스 외의 액화가스를 충전하는 용기의 부속품 : LG
④ 액화석유가스를 충전하는 용기의 부속품 : LPG
⑤ 초저온 용기 및 저온 용기의 부속품 : LT

05 전기방식법 중 외부전원법과 선택배류법의 장점 2가지를 각각 쓰시오.

해답 (1) 외부전원법
① 효과 범위가 넓다.
② 평상시의 관리가 용이하다.
③ 전압, 전류의 조성이 일정하다.
④ 전식에 대해서도 방식이 가능하다.
⑤ 장거리 배관에는 전원 장치의 수가 적어도 된다.

(2) 선택배류법
   ① 유지관리비가 적게 소요된다.
   ② 전철과의 관계 위치에 따라 효과적이다.
   ③ 설치비가 저렴하다.
   ④ 전철 운행 시에는 자연부식의 방지효과도 있다.

해설 (1) 외부전원법의 단점
   ① 초기 설비비가 많이 소요된다.
   ② 과방식의 우려가 있다.
   ③ 전원을 필요로 한다.
   ④ 다른 매설금속체로의 장해에 대해 검토가 필요하다.
(2) 선택배류법(배류법)의 단점
   ① 과방식의 우려가 있다.
   ② 다른 매설금속체로의 장해에 대해 검토가 필요하다.
   ③ 전철 휴지기간에는 전기방식의 역할을 못한다.

06 일정 높이 이상의 건물로서 가스압력 상승으로 인하여 연소기에 실제 공급되는 가스의 압력이 연소기의 최고사용압력을 초과할 우려가 있는 건물은 가스압력 상승으로 인한 가스누출, 이상연소 등을 방지하기 위하여 (   )를[을] 설치한다. (   ) 안에 알맞은 내용을 쓰시오.

해답 승압방지장치

해설 승압방지장치 설치 기준 : KGS FU551 도시가스 사용시설 기준
   ① 높이가 80m 이상인 고층 건물 등에 연소기를 설치할 때에는 승압방지장치 설치 대상인지 판단한 후 이를 설치한다.
   ② 승압방지장치는 한국가스안전공사의 성능인증품을 사용한다.
      [비고] 승압방지장치는 액화석유가스의 안전관리 및 사업법령에 따른 도시가스용 압력조정기에 해당하지 아니하므로 도시가스 압력조정기의 기준을 적용하지 아니한다.
   ③ 승압방지장치의 전·후단에는 승압방지장치의 탈착이 용이하도록 차단밸브를 설치한다.
   ④ 승압방지장치의 설치위치 및 설치수량은 '건물높이 산정 방법'의 계산식에 따른 압력상승 값을 계산하였을 때 연소기에 공급되는 가스압력이 최고사용압력 이내가 되는 위치 및 수량으로 한다.
   ⑤ 승압방지장치 설치가 필요한 건물높이 산정 방법
      $$H = \frac{P_h - P_0}{\rho \times (1-S) \times g}$$

H : 승압방지장치 최초 설치 높이(m)　　P_h : 연소기 명판의 최고사용압력(Pa)
P_0 : 수직 배관 최초 시작지점의 가스압력(Pa)　　ρ : 공기 밀도($1.293 kg/m^3$)
S : 공기에 대한 가스 비중 (0.62)　　g : 중력가속도($9.8 m/s^2$)

⑥ ⑤의 산출식에서 계산된 승압방지장치 최초 설치 높이는 제조사가 제시한 계량기의 압력손실 값을 반영하여 다음과 같이 가산 적용한다.
　㉮ 계량기의 압력손실 값은 계량기의 최소 유량에서의 압력손실 값을 적용한다.
　㉯ 압력손실 값 1Pa당 0.21m의 높이를 가산하여 ④의 산정식에 의한 결과값에 반영한다.
⑦ 승압방지장치 설치가 필요한 건물높이 산출 예시

| 조건 |
- 연소기의 최고사용압력 : 2.5kPa
- 수직 배관 최초 시작지점의 가스압력 : 2.1kPa
- 계량기 제조사에서 제시한 계량기 최소 유량에서의 손실압력 : 20Pa

- 승압방지장치 최초 설치 높이 계산

$$H = \frac{P_h - P_0}{\rho \times (1-S) \times g} = \frac{2500-2100}{1.293 \times (1-0.62) \times 9.8} = 83.071 ≒ 83.07m$$

- 계량기의 압력손실을 반영한 높이 : $20Pa \times 0.21m/Pa = 4.2m$
　∴ 승압방지장치 설치 높이 $= 83.07 + 4.2 = 87.27m$

---

07 부취제 주입방식 중 액체 주입방식 3가지를 쓰시오. 　　　　[18. 1회. 산기]

해답 ① 펌프 주입방식　② 적하 주입방식　③ 미터 연결 바이패스 방식

해설 부취제의 주입방법
① 액체 주입식 : 부취제를 액상 그대로 가스 흐름에 주입하는 방법으로 펌프 주입방식, 적하 주입방식, 미터 연결 바이패스 방식으로 분류한다.
② 증발식 : 부취제의 증기를 가스 흐름에 혼합하는 방법으로 바이패스 증발식, 위크 증발식으로 분류한다.

---

08 독성가스 제조설비로부터 독성가스가 누출될 경우 그 독성가스로 인한 중독을 방지하기 위하여 독성가스 종류에 따라 보유하여야 할 제독제 종류를 1가지씩 쓰시오. [19. 1회. 기사]

(1) 포스겐($COCl_2$) :　　　　　(2) 황화수소(H_2S) :
(3) 아황산가스(SO_2) :　　　　(4) 암모니아(NH_3) :

해답 (1) 가성소다 수용액, 소석회　　(2) 가성소다 수용액, 탄산소다 수용액
(3) 가성소다 수용액, 탄산소다 수용액, 물　(4) 물

[해설] 제조시설 제독제 보유량

가스별	제독제	보유량(kg)
염소	가성소다 수용액	670 [저장탱크 등이 2개 이상 있을 경우 저장탱크에 관계되는 저장탱크 수의 제곱근의 수치. 그 밖의 제조설비와 관계되는 저장설비 및 처리설비(내용적이 5m³ 이상의 것에 한정한다) 수의 제곱근의 수치를 곱하여 얻은 수량, 이하 염소는 탄산소다 수용액 및 소석회에 대하여도 같다.]
	탄산소다 수용액	870
	소석회	620
포스겐	가성소다 수용액	390
	소석회	360
황화수소	가성소다 수용액	1140
	탄산소다 수용액	1500
시안화수소	가성소다 수용액	250
아황산가스	가성소다 수용액	530
	탄산소다 수용액	700
	물	다량
암모니아 산화에틸렌 염화메탄	물	다량

09 산소를 내용적 40L의 충전용기에 27℃, 130atm으로 압축 저장하여 판매하고자 할 때 물음에 답하시오. (단, 산소는 이상기체로 가정한다.)

(1) 이 용기 속에는 산소가 몇 mol이 있는가?
(2) 이 산소는 몇 kg인가?

[풀이] (1) 이상기체 상태방정식 $PV=nRT$에서 몰(mol)수 n을 구한다.

$$\therefore n = \frac{PV}{RT} = \frac{130 \times 40}{0.082 \times (273+27)} = 211.382 ≒ 211.38 \text{mol}$$

(2) 산소 1mol의 질량은 32g이고, 1kg은 1000g이다.

$$\therefore W = 211.38 \times 32 \times 10^{-3} = 6.764 ≒ 6.76 \text{kg}$$

[해답] (1) 211.38mol (2) 6.76kg

10 최고사용압력 7kgf/cm²·g, 최저압력 2kgf/cm²·g일 때 구형 가스홀더의 활동량이 60000 Nm³라면 이 구형 가스홀더의 안지름(m)은 얼마인가 계산하시오. (단, 온도변화는 없다.)

[풀이] ① 가스홀더의 내용적(m³) 계산 : 구형 가스홀더 활동량 계산식

$\Delta V = V \times \dfrac{P_1 - P_2}{P_0}$에서 내용적 V를 구한다.

$\therefore V = \dfrac{P_0 \times \Delta V}{P_1 - P_2} = \dfrac{1.0332 \times 60000}{(7+1.0332)-(2+1.0332)} = 12398.4 \, m^3$

② 가스홀더의 지름(m) 계산 : 구형 가스홀더의 내용적 계산식 $V = \dfrac{\pi}{6} D^3$에서 지름 D를 구한다.

$\therefore D = \sqrt[3]{\dfrac{6V}{\pi}} = \sqrt[3]{\dfrac{6 \times 12398.4}{\pi}} = 23.715 \fallingdotseq 28.72 \, m$

[해답] 28.72m

[별해] 하나의 식으로 구하는 방법 : 지름을 구하는 식에서 내용적 V에 구형 가스홀더 활동량 계산식에서 유도된 내용적을 대입하여 계산한다.

$\therefore D = \sqrt[3]{\dfrac{6V}{\pi}} = \sqrt[3]{\dfrac{6 \times \dfrac{P_0 \times \Delta V}{P_1 - P_2}}{\pi}} = \sqrt[3]{\dfrac{6 \times \dfrac{1.0332 \times 60000}{(7+1.0332)-(2+1.0332)}}{\pi}}$
$= 28.715 \fallingdotseq 28.72 \, m$

[참고] 지름(D)을 구할 때 파이(π) 대신에 '3.14'를 적용하면 최종값에서 오차가 발생하며 채점에는 영향이 없으니 선택하여 답안을 작성하길 바랍니다. 다만, '3.14'를 적용할 때에는 계산과정에 반드시 '3.14'로 기록하여야 합니다.

11 LPG 기화장치를 사용할 때 장점 4가지를 쓰시오.

[해답] ① 한랭시에도 연속적으로 가스공급이 가능하다.
② 공급가스의 조성이 일정하다.
③ 설치면적이 좁아진다.
④ 기화량을 가감할 수 있다.
⑤ 설비비 및 인건비가 절약된다.

12 고압가스 용기는 그 용기의 안전성을 확보하기 위하여 용기 재료의 함유량에 제한을 두는 원소 3가지를 쓰시오.

[해답] ① 탄소(C) ② 인(P) ③ 황(S)

[해설] 용접용기의 재료는 스테인리스강, 알루미늄 합금, 탄소·인 및 황의 함유량이 각각 0.33% 이하·0.04% 이하 및 0.05% 이하인 강 또는 동등 이상의 기계적 성질 및 가공성 등을 가지는 것으로 한다. (단, 이음매 없는 용기는 탄소 0.55% 이하, 인 0.04% 이하, 황 0.05% 이하이다.)

13 체적비로 메탄 55%(폭발범위 : 5~15%), 수소 30%(폭발범위 : 4~75%), 일산화탄소 15%(폭발범위 : 12.5~74%)의 혼합가스의 공기 중에서의 폭발범위 하한값(%)과 상한값(%)을 각각 계산하시오.

풀이 르샤틀리에의 혼합가스 폭발범위 계산식 $\dfrac{100}{L} = \dfrac{V_1}{L_1} + \dfrac{V_2}{L_2} + \dfrac{V_3}{L_3}$ 에서

$L = \dfrac{100}{\dfrac{V_1}{L_1} + \dfrac{V_2}{L_2} + \dfrac{V_3}{L_3}}$ 이다.

① 폭발범위 하한값 계산

$L_l = \dfrac{100}{\dfrac{55}{5} + \dfrac{30}{4} + \dfrac{15}{12.5}} = 5.076 ≒ 5.08\%$

② 폭발범위 상한값 계산

$L_h = \dfrac{100}{\dfrac{55}{15} + \dfrac{30}{75} + \dfrac{15}{74}} = 23.422 ≒ 23.42\%$

해답 5.08~23.42%

14 고온에서 암모니아와 마그네슘이 반응하는 반응식을 완성하시오.

해답 $2NH_3 + 3Mg \rightarrow Mg_3N_2 + 3H_2$

해설 ① 암모니아가 고온에서 마그네슘과 반응하는 경우 마그네슘이 암모니아의 모든 수소 원자를 치환하여 삼차 아마이드인 질화마그네슘(Mg_3N_2)을 만든다.
② 질화마그네슘(Mg_3N_2) : 무색의 입방정계(立方晶系) 결정으로 공기 중에서 가열하면 타서 산화물이 되고, 쉽게 가수분해를 하여 암모니아와 수산화마그네슘이 된다.

15 비열이 0.8kcal/kg·℃인 어떤 액체 1000kg을 0℃에서 100℃로 상승시키는 데 필요한 프로판은 몇 kg인가? (단, 프로판의 발열량은 12000kcal/kg, 연소기 효율은 90%이다.)

[15. 4회. 산기]

풀이 $G_f = \dfrac{G \times C \times \Delta t}{H_l \times \eta} = \dfrac{1000 \times 0.8 \times (100-0)}{12000 \times 0.9} = 7.407 ≒ 7.41 \text{kg}$

해답 7.41kg

제2회 필답형 모의고사

01 조정압력 3.3kPa 이하인 일반용 액화석유가스용 압력조정기의 안전장치에 대한 물음에 답하시오.   [16. 3회. 기사]

(1) 작동표준압력(kPa)은 얼마인가?
(2) 작동개시압력(kPa)은 얼마인가?
(3) 작동정지압력(kPa)은 얼마인가?

해답 (1) 7.0kPa   (2) 5.6~8.4kPa   (3) 5.04~8.4kPa

02 [보기]에서 설명하는 공기액화 사이클의 명칭을 쓰시오.   [08. 4회, 09. 2회. 산기]

| 보기 |
- 공기의 압축압력은 약 7atm 정도이다.
- 열교환기에 축랭기를 사용하여 원료공기를 냉각시킴과 동시에 원료공기 중의 수분과 탄산가스를 제거한다.
- 공기는 팽창식 터빈에서 −145℃ 정도로 90% 처리한다.

해답 가피자(Kapitza) 공기액화 사이클

03 액화산소 1L를 기화시키면 표준상태에서 체적은 몇 L가 되는가? (단, 산소의 비중은 1.105(기체), 1.14(액체, −183℃), 표준상태에서 밀도 1.429g/L 이다.)

풀이 ① 액화산소 1L의 무게 계산
$W = $ 액체 체적$(L) \times$ 액비중 $= 1 \times 1.14 = 1.14$kgf

② 표준상태(0℃, 1기압)에서 기화된 체적 계산 : 공학단위 이상기체 상태방정식 $PV = GRT$에서 체적 V를 구하며, 이때 체적의 단위는 m³이므로 L로 변환해 주어야 한다. 산소의 분자량은 32, 1기압(atm) 상태는 10332kgf/m²이다.

$$\therefore V = \frac{GRT}{P} = \frac{1.14 \times \left(\frac{848}{32}\right) \times (273+0)}{10332} \times 1000 = 798.231 ≒ 798.23L$$

해답 798.23L

별해 아보가드로의 법칙을 이용하여 계산 : 1mol의 체적은 22.4L이다.
$32g : 22.4L = 1.14 \times 1000g : xL$

$$\therefore x = \frac{22.4 \times 1.14 \times 1000}{32} = 798L$$

04 천연가스, 석탄·바이오매스 등을 열분해해 제조한 화합물로 6기압 −25℃에서 액화할 수 있어 운송과 저장이 용이하고, LPG와 물성이 비슷해 혼합이 가능하여 기존의 배관을 이용하여 사용할 수 있으며 자동차 연료로 사용할 수 있는 차세대 연료의 명칭을 쓰시오.

해답 디메틸에테르(DME)

05 배관 호칭 1B, 길이 30m의 저압 배관에 프로판(C_3H_8)가스를 6m³/h로 공급할 때 압력손실이 15mmH₂O이다. 이 배관에 부탄(C_4H_{10})가스를 7m³/h로 공급하면 압력손실은 얼마인가? (단, 프로판 및 부탄의 비중은 각각 1.52, 2.05 이다.) [16. 2회. 기사 유사]

풀이 저압 배관에서 압력손실 $H = \dfrac{Q^2 \cdot S \cdot L}{K^2 \cdot D^5}$ 에서 부탄을 공급할 때 압력손실은 배관 안지름(D)이 제시되지 않아 구할 수 없으므로 프로판을 공급할 때를 '1', 부탄을 공급할 때를 '2'로 구분하여 비례식을 쓰면 다음과 같다.

$$\dfrac{H_2}{H_1} = \dfrac{\dfrac{Q_2^2 \cdot S_2 \cdot L_2}{K_2^2 \cdot D_2^5}}{\dfrac{Q_1^2 \cdot S_1 \cdot L_1}{K_1^2 \cdot D_1^5}}$$ 에서 동일한 시설(배관)이므로 유량계수(K), 관길이(L), 배관 안지름(D)은 변화가 없어 생략하고 다시 쓰면 $\dfrac{H_2}{H_1} = \dfrac{Q_2^2 \times S_2}{Q_1^2 \times S_1}$ 가 된다. 여기서 부탄을 공급할 때 압력손실 H_2를 구한다.

$$\therefore H_2 = \dfrac{H_1 \times Q_2^2 \times S_2}{Q_1^2 \times S_1} = \dfrac{15 \times 7^2 \times 2.05}{6^2 \times 1.52} = 27.535 ≒ 27.54 \text{mmH}_2\text{O}$$

해답 27.54mmH₂O

별해 프로판이 공급될 때의 조건을 갖고 배관 안지름을 구하여 부탄을 공급할 때 압력손실을 구한다.
① 배관 안지름 계산
$$D = \sqrt[5]{\dfrac{Q^2 \cdot S \cdot L}{K^2 \cdot H}} = \sqrt[5]{\dfrac{6^2 \times 1.52 \times 30}{0.707^2 \times 15}} = 2.938 ≒ 2.94 \text{cm}$$
② 부탄을 공급할 때 압력손실 계산
$$H = \dfrac{Q^2 \times S \times L}{K^2 \times D^5} = \dfrac{7^2 \times 2.05 \times 30}{0.707^2 \times 2.94^5} = 27.447 ≒ 27.45 \text{mmH}_2\text{O}$$

06 100L의 물이 들어 있는 욕조에 온수기를 사용하여 온수를 넣은 결과 20분 후에 욕조의 온도가 45℃, 온수량이 300L가 되었을 때의 온수기 효율(%)을 계산하시오. (단, 사용가스의 발열량은 10400kcal/m³, 온수기의 가스소비량은 10m³/h, 물의 비열은 1kcal/kgf·℃, 수도의 수온 및 욕조의 초기 수온은 5℃로 한다.) [11. 2회. 산기]

풀이 ① 온수기에서 나오는 온수 온도(℃) 계산 : 욕조에 있는 5℃ 물이 온수기에서 나온 온수와 혼합되어 45℃가 된 것이므로 온수기에서 나오는 온수는 45℃보다는 온도가 높고, 온수기에서 나오는 온수의 양(G_2)은 45℃로 혼합된 온수 300L에서 처음부터 욕조에 있던 5℃, 100L(G_1)의 차이인 200L가 되며, 물의 비중은 1이므로 1L는 1kgf가 된다.

혼합된 평균온도 계산식 $t_m = \dfrac{G_1 C_1 t_1 + G_2 C_2 t_2}{G_1 C_1 + G_2 C_2}$에서 온수기에서 나오는 온도 t_2를 구하는 식을 유도하여 계산한다.

$$G_1 C_1 t_1 + G_2 C_2 t_2 = t_m (G_1 C_1 + G_2 C_2)$$
$$G_2 C_2 t_2 = \{t_m (G_1 C_1 + G_2 C_2)\} - G_1 C_1 t_1$$
$$\therefore t_2 = \dfrac{\{t_m (G_1 C_1 + G_2 C_2)\} - G_1 C_1 t_1}{G_2 C_2}$$
$$= \dfrac{\{45 \times (100 \times 1 + 200 \times 1)\} - (100 \times 1 \times 5)}{200 \times 1} = 65℃$$

② 온수기 효율(%) 계산 : 온수를 가열하는 시간 20분을 1시간 동안 가스를 소비하는 양과 같은 '시간(hour)' 단위로 맞춰 주어야 한다.

$$\therefore \eta = \dfrac{G_2 \times C \times \Delta t}{G_f \times H_l} \times 100 = \dfrac{\{200 \times 1 \times (65-5)\} \times \left(\dfrac{60}{20}\right)}{10 \times 104000} \times 100$$
$$= 34.615 ≒ 34.62\%$$

해답 34.62%

별해 온수를 가열하는 데 소요된 20분간 사용한 가스량으로 변환하여 계산 : 1시간은 60분에 해당된다.

$$\therefore \eta = \dfrac{G_2 \times C \times \Delta t}{G_f \times H_l} \times 100 = \dfrac{200 \times 1 \times (65-5)}{\left(10 \times \dfrac{20}{60}\right) \times 10400} \times 100 = 34.615 ≒ 34.62\%$$

07 LPG 사용시설에서 2단 감압방식을 사용할 때 장점 4가지를 쓰시오. [11. 2회. 기사]

해답 ① 입상배관에 의한 압력손실을 보정할 수 있다.
② 가스배관이 길어도 공급압력이 안정된다.
③ 각 연소기구에 알맞은 압력으로 공급이 가능하다.
④ 중간 배관의 지름이 작아도 된다.

해설 2단 감압방식의 단점
① 설비가 복잡하고, 검사방법이 복잡하다.
② 조정기 수가 많아서 점검부분이 많다.
③ 부탄의 경우 재액화의 우려가 있다.
④ 시설의 압력이 높아서 이음방식에 주의하여야 한다.

08 정압기를 평가 선정할 경우 각 특성이 사용조건에 적합하도록 정압기를 선정하여야 한다. 이때 정압기를 선정할 때 고려하여야 할 사항 4가지를 쓰시오. [16. 4회, 19. 1회. 산기]

해답 ① 정특성
② 동특성
③ 유량특성
④ 사용 최대 차압
⑤ 작동 최소 차압

09 [보기]와 같은 반응에 의하여 수소를 제조하는 공업적 제조법 명칭을 쓰시오. [16. 2회. 산기]

| 보기 |

$$C_mH_n + mH_2O \rightleftarrows mCO + \left(\frac{2m+n}{2}\right)H_2$$

해답 석유 분해법의 수증기 개질법

해설 석유 분해법 : 나프타, 중유 또는 원유를 분해하여 합성가스를 제조하는 방법으로 수증기 개질법과 부분 산화법이 있다.

① 수증기 개질법 : 탄화수소 중 메탄에서 나프타 유분(비점 205℃ 이하)까지 원료로 사용할 수 있으며, 탈황분이 3~5ppm이 될 때까지 충분히 탈황된 나프타를 수증기와 혼합하여 니켈계의 촉매를 통하게 함으로써 다음의 반응이 일어난다.

$$C_mH_n + mH_2O \rightleftarrows mCO + \left(\frac{2m+n}{2}\right)H_2$$

② 부분 산화법 : 원유 또는 중유를 산소 및 수증기와 함께 노(爐)에 흡입하고 불완전연소시켜 가스화하는 방법이며 반응은 다음과 같다.

$$C_mH_n + \frac{m}{2}O_2 \rightleftarrows mCO + \frac{n}{2}H_2$$

$$C_mH_n + mH_2O \rightleftarrows mCO + \left(\frac{2m+n}{2}\right)H_2$$

$$CO + H_2O \rightarrow CO_2 + H_2$$

10 기화된 LPG의 발열량을 조절하기 위하여 일정량의 공기를 혼합하는 벤투리 튜브방식에 대하여 설명하시오. [14. 1회. 산기]

해답 노즐로부터 가스의 분사 에너지에 의하여 혼합에 필요한 공기를 흡인하여 혼합하는 형식으로 동력원을 필요로 하지 않으며, 혼합가스의 열량을 조정하려면 노즐 압력을 조절하거나 노즐 지름을 변경하는 방법이 사용된다.

11 냉동설비 종류에 따른 냉동능력 산정기준에 대하여 쓰시오. [14. 4회. 산기]

(1) 원심식 압축기를 사용하는 냉동설비 :
(2) 흡수식 냉동설비 :

해답 (1) 압축기의 원동기 정격출력 1.2kW를 1일의 냉동능력 1톤으로 본다.
(2) 발생기를 가열하는 1시간의 입열량 6640kcal를 1일의 냉동능력 1톤으로 본다.

해설 냉동능력 산정기준(고법 시행규칙 별표3) : 원심식 압축기를 사용하는 냉동설비는 그 압축기의 원동기 정격출력 1.2kW를 1일의 냉동능력 1톤으로 보고, 흡수식 냉동설비는 발생기를 가열하는 1시간의 입열량 6640kcal를 1일의 냉동능력 1톤으로 보며, 그 밖의 것은 다음 산식에 의한다.

$$R = \frac{V}{C}$$

여기서, R : 1일의 냉동능력(단위 : 톤)
C : 냉매가스의 종류에 따른 수치
V : 압축기의 표준 회전속도에 있어서의 1시간의 피스톤 압축량(단위 : m³)

12 철과 동을 수용액 중에 접촉하였을 때 양극반응을 일으키는 것과 부식이 일어나는 것을 쓰시오.

해답 ① 양극반응 : 철
② 부식 : 철

해설 양극반응을 일으키는 것이 부식이 진행되는 과정에 해당된다.

13 공기압축기 내부윤활유에 대한 설명 중 ( ) 안에 알맞은 숫자를 넣으시오.

공기압축기의 내부윤활유는 재생유가 아닌 것으로서 잔류탄소의 질량이 전 질량의 (①)% 이하이며 인화점이 (②)℃ 이상으로서 170℃에서 8시간 이상 교반하여 분해되지 아니하거나, 잔류탄소의 질량이 (③)% 초과 (④)% 이하이며 인화점이 (⑤)℃ 이상으로서 170℃에서 12시간 이상 교반하여 분해되지 아니하는 것을 사용한다.

해답 ① 1 ② 200 ③ 1 ④ 1.5 ⑤ 230

해설 윤활제의 선택 및 사용 : KGS FP112 고압가스 일반제조의 시설·기술·검사 기준
① 석유류·유지류 또는 글리세린은 산소압축기의 내부윤활제로 사용하지 아니한다.
② 공기압축기 내부윤활유는 재생유가 아닌 것으로서 잔류탄소의 질량이 전 질량의 1% 이하이며 인화점이 200℃ 이상으로서 170℃에서 8시간 이상 교반하여 분해되지 아니하거나, 잔류탄소의 질량이 1% 초과 1.5% 이하이며 인화점이 230℃ 이상으로서 170℃에서 12시간 이상 교반하여 분해되지 아니하는 것을 사용한다.

14 초음파탐상시험에 대한 물음에 답하시오.

(1) 투과방법에 따른 종류 2가지 :
(2) 검사방법에 따른 분류 2가지 :

해답 (1) ① 수직법 ② 사각법
(2) ① 펄스반사법 ② 공진법 ③ 투과법

해설 초음파탐상시험(UT : Ultrasonic Test) : 사람이 들어 분간할 수 없는 음파인 초음파 진동수 0.5~15MHz 음파의 파장을 피검사물의 내부에 침입시켜 반사파를 이용하여 내부의 결함이나 불균일층의 존재 여부를 검사하는 방법이다.

15 파일럿 정압기를 구동방식에 따른 언로딩(unloading)형과 로딩(loading)형에서 2차 압력이 설정압력 이상으로 증가할 때 작동상태를 각각 설명하시오.

해답 2차측의 압력이 설정압력 이상으로 증가하는 때는 2차 측의 사용량이 감소하는 경우이다.
① 언로딩형 : 파일럿(pilot) 다이어프램을 밀어 올리는 힘이 파일럿 스프링의 힘을 이겨서 파일럿 밸브를 위쪽으로 움직여서 파일럿 계통에 흐르는 가스의 유량을 제한한다. 이에 의해서 구동압력이 높아지면서 본체 다이어프램을 밀어 올리는 힘이 스프링의 힘을 이겨내어 본체 밸브를 위쪽으로 밀어 올려서 가스 유량을 제한하여 2차 압력이 설정압력으로 되돌아가도록 작동한다.
② 로딩형 : 파일럿(pilot) 다이어프램을 밀어 올리는 힘이 파일럿 스프링의 힘을 이겨내고 파일럿 밸브를 위쪽으로 움직여서 파일럿 계통에 흐르는 가스량의 유량을 제한한다. 이에 의해서 구동압력이 낮아지고 본체 스프링의 힘이 본체 다이어프램을 밀어 올리는 힘을 이겨내어 본체 밸브를 아래쪽으로 내려 보내면서 가스의 유량을 제한하여 2차 압력이 설정압력으로 되돌아가도록 작동한다.

해설 (1) 파일럿식 정압기의 구조

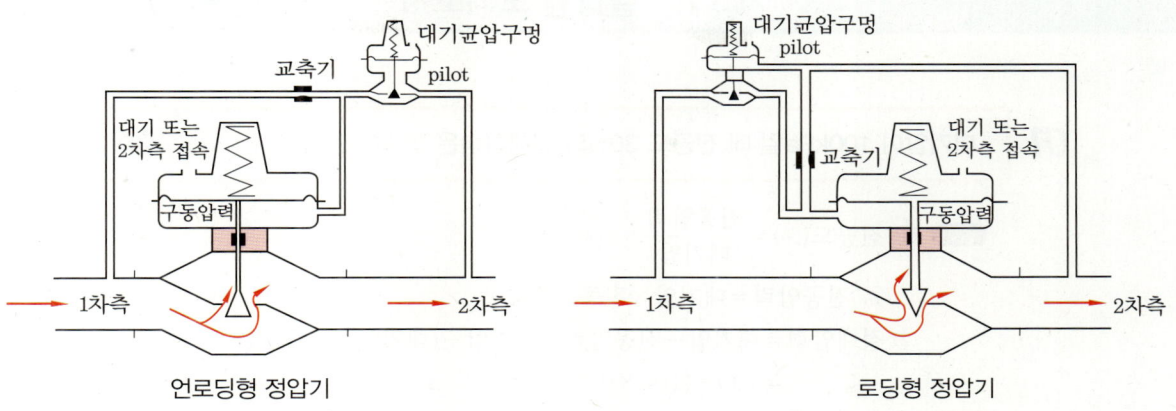

언로딩형 정압기 　　　　　　　　　로딩형 정압기

(2) 작동상태
① 2차 압력이 설정압력으로 되어 있는 경우 : 평형상태 유지
㈎ 언로딩형 : 파일럿 다이어프램에 가해지는 2차 압력과 파일럿 스프링 힘이 균형되어 있기 때문에 파일럿 밸브는 움직이지 않고 파일럿 계통에 일정량의 가스가 흐른다. 이 때문에 구동압력은 일정하고 본체 다이어프램에 가해지는 압력과 본체 스프링 힘이 균형을 유지하므로 본체 밸브도 움직이지 않고 일정량의 가스가 본체 밸브를 통과해서 2차측으로 흐른다.
㈏ 로딩형 : 파일럿 다이어프램에 가해지는 2차 압력과 파일럿 스프링의 힘이 균형되어 있어 파일럿 밸브는 일정 개도를 유지하고 있으므로 파일럿 계통에는 일정량의 가스가 흘러서 파일럿과 교축기 사이의 구동압력은 일정한 압력을 유지하고 본체 다이어프램에 가해지는 압력과 스프링 힘이 균형되는 위치에서 밸브는 정지되어 있고 일정량의 가스가 본체 밸브를 통과해서 2차측으로 흐른다.
② 2차 압력이 설정압력보다 낮은 경우 : 2차측의 사용량이 증가하면 2차측의 압력이 설정압력 이하로 저하된다.
㈎ 언로딩형 : 파일럿 스프링 힘이 파일럿 다이어프램을 밀어 올리는 힘을 이기고 파일럿 밸브를 아래쪽으로 밀어 내려서 파일럿 계통에 흐르는 가스량을 증가시킨다. 이때 1차 압력은 교축기에 의해서 제한되어 있으므로 본체 구동압력이 저하되어 본체 스프링 힘이 본체 다이어프램을 밀어 올리는 힘을 이기고 밸브를 아래쪽으로 밀어 내려서 가스량을 증가시켜서 2차 압력을 설정압력까지 회복하도록 작동한다.
㈏ 로딩형 : 파일럿 스프링 힘이 파일럿 다이어프램을 밀어 올리는 힘을 이겨내어 파일럿 밸브를 아래쪽으로 움직여서 파일럿 계통에 공급하는 가스량을 증가시킨다. 이때 교축기에 의해서 구동압력이 2차측으로 빠져 나가는 것이 제한되기 때문에 구동압력이 상승하여 본체 다이어프램을 밀어 올리는 힘이 본체 스프링 힘을 이겨내서 본체 밸브를 위쪽으로 움직여서 가스량을 증가시켜 압력을 설정압력까지 회복하도록 작동한다.

제3회 필답형 모의고사

01 대기압이 100kPa일 때 진공도 30%의 절대압력은 몇 kPa인가? [09. 3회. 기사]

풀이 ① 진공도(%) = $\dfrac{\text{진공압력}}{\text{대기압}} \times 100$ 이다.

∴ 진공압력 = 대기압 × 진공도

② 절대압력 = 대기압 − 진공압력 = 대기압 − (대기압 × 진공도)
= 100 − (100 × 0.3) = 70kPa · a

해답 70kPa · a

02 저온장치에 사용되는 진공단열법의 종류 3가지를 쓰시오. [10. 1회. 산기]

해답 ① 고진공 단열법 ② 분말진공 단열법 ③ 다층진공 단열법

03 안지름 100mm인 수평원관으로 2km 떨어진 곳에 원유를 0.12m³/min으로 수송할 때 손실수두(m)는 얼마인가? (단, 원유의 점성계수는 0.02N · s/m², 비중은 0.86이다.)

풀이 ① 속도(m/s) 계산 : 체적유량 $Q = A \cdot V$에서 속도 V를 계산하며, 유량은 초(s)당 유량을 적용한다.

$$\therefore V = \dfrac{Q}{A} = \dfrac{Q}{\dfrac{\pi}{4} \times D^2} = \dfrac{0.12}{\dfrac{\pi}{4} \times 0.1^2 \times 60} = 0.254 ≒ 0.25 \text{m/s}$$

② 레이놀즈수 계산 : MKS SI단위로 계산하며, 점성계수 단위 'N · s/m²'은 'kg/m · s'와 같다.

$$\therefore Re = \dfrac{\rho \times D \times V}{\mu} = \dfrac{(0.86 \times 10^3) \times 0.1 \times 0.25}{0.02} = 1075$$

∴ 1075 < 2100이므로 층류 흐름이다.

③ 하겐−푸와죄유 방정식을 적용하여 손실수두(mH₂O) 계산

$$h_L = \dfrac{128\mu LQ}{\pi D^4 \gamma} = \dfrac{128 \times 0.02 \times 2000 \times \left(\dfrac{0.12}{60}\right)}{\pi \times 0.1^4 \times (0.86 \times 10^3 \times 9.8)} = 3.867 ≒ 3.87 \text{mH}_2\text{O}$$

해답 3.87mH₂O

해설 ① 비중을 이용한 밀도(kg/m³) 계산 과정 : $\gamma = \rho \times g$에서 밀도 ρ를 구한다.

$$\therefore \rho = \dfrac{\gamma}{g} = \dfrac{0.86 \times 10^3 \text{kgf/m}^3}{9.8 \text{m/s}^2} = \dfrac{0.86 \times 10^3}{9.8} \text{kgf} \cdot \text{s}^2/\text{m}^4$$

→ 밀도의 공학단위이며, 공학단위를 절대단위(SI단위)로 환산할 때에는 중력가속도 $9.8m/s^2$을 곱하며, 중력가속도를 곱해주면서 'f'는 삭제된다.

$$\therefore \rho = \frac{0.86 \times 10^3}{9.8} kg \cdot s^2/m^4 \times 9.8 m/s^2 = 0.86 \times 10^3 kg/m^3$$

② 비중량의 절대단위 계산 : $\gamma = \rho \times g$에서 ρ에 ①에서 구한 밀도의 절대단위를 대입한다.

$$\therefore \gamma = 0.86 \times 10^3 kg/m^3 \times 9.8 m/s^2 = 0.86 \times 10^3 \times 9.8 kg/m^2 \cdot s^2$$

별해 공학단위로 계산

① 속도(m/s) 계산 : 공학단위, 절대단위 구분없이 0.25m/s로 동일하다.
② 레이놀즈수 계산 : MKS단위로 계산하며, 절대단위를 공학단위로 환산은 중력가속도 $9.8m/s^2$으로 나눠 준다.

$$\therefore Re = \frac{\rho \times D \times V}{\mu} = \frac{\frac{\gamma}{g} \times D \times V}{\frac{\mu}{g}} = \frac{\frac{0.86 \times 10^3}{9.8} \times 0.1 \times 0.25}{\frac{0.02}{9.8}} = 1075$$

$\therefore 1075 < 2100$이므로 층류 흐름이다.

③ 하겐-푸와죄유 방정식을 적용하여 손실수두(mH_2O) 계산

$$h_L = \frac{128\mu LQ}{\pi D^4 \gamma} = \frac{128 \times \frac{0.02}{9.8} \times 2000 \times \frac{0.12}{60}}{\pi \times 0.1^4 \times (0.86 \times 10^3)} = 3.867 \fallingdotseq 3.87 mH_2O$$

04 1단 감압식 저압조정기를 사용할 때 장점 및 단점을 각각 2가지씩 쓰시오.

해답 (1) 장점
① 장치가 간단하다.
② 조작이 간단하다.

(2) 단점
① 배관지름이 커야 한다.
② 최종 압력이 부정확하다.

05 안지름 200mm인 저압 배관의 길이가 300m이다. 이 배관에서 20mmH₂O의 압력손실이 발생할 때 통과하는 가스 유량(m^3/h)을 계산하시오. (단, 가스 비중은 0.5, 폴의 정수 K는 0.7 이다.)

[11. 4회. 산기 유사]

풀이 $Q = K\sqrt{\dfrac{D^5 \cdot H}{S \cdot L}} = 0.7 \times \sqrt{\dfrac{20^5 \times 20}{0.5 \times 300}} = 457.238 \fallingdotseq 457.24 m^3/h$

해답 $457.24 m^3/h$

06 저비점 액화가스 등을 이송하는 펌프 입구에서 발생하는 베이퍼 로크 현상 발생원인 2가지를 쓰시오. [12. 2회. 산기]

해답 ① 흡입관 지름이 작을 때
② 펌프의 설치 위치가 높을 때
③ 외부에서 열량 침투 시
④ 배관 내 온도 상승 시

해설 ① 베이퍼 로크(vapor lock) 현상 : 저비점 액체 등을 이송 시 펌프의 입구에서 발생하는 현상으로 액의 끓음에 의한 동요를 말한다.
② 방지법
  ㉮ 실린더 라이너 외부를 냉각
  ㉯ 흡입배관을 크게 하고 단열처리
  ㉰ 펌프의 설치위치를 낮춘다.
  ㉱ 흡입관로의 청소

07 발열량이 12100kcal/m³인 LPG+air 가스의 웨버지수는 얼마인가? (단, 가스의 분자량(g/mol)은 34, 공기의 분자량은 28.8이다.)

풀이 ① 가스의 공기에 대한 비중 계산

$$d = \frac{가스분자량}{공기분자량} = \frac{34}{28.8} = 1.180 ≒ 1.18$$

② 웨버지수 계산

$$WI = \frac{H_g}{\sqrt{d}} = \frac{12100}{\sqrt{1.18}} = 11138.952 ≒ 11138.95$$

해답 11138.95

별해 하나의 과정으로 계산

$$WI = \frac{H_g}{\sqrt{d}} = \frac{12100}{\sqrt{\frac{34}{28.8}}} = 11136.331 ≒ 11136.33$$

※ 계산 과정을 다르게 적용하면 최종값에서 오차가 발생하지만, 채점에는 영향이 없으니 선택하여 답안을 작성하면 됩니다.

해설 웨버지수는 단위가 없는 무차원수이다.

08 도시가스 제조공정 중 접촉개질공정에 대하여 설명하시오. [09 1회, 07. 2회, 19. 1회. 산기]

해답 촉매를 사용해서 반응온도 400~800℃에서 탄화수소와 수증기를 반응시켜 메탄(CH_4), 수소(H_2), 일산화탄소(CO), 이산화탄소(CO_2)로 변환하는 공정이다.

09 고압가스용 기화장치의 용어 설명 중 ( ) 안에 알맞은 내용을 쓰시오.

> 연결압력실이란 기화통의 동체 또는 경판과 교차하여 기화통에 종속된 압력실로 (①), (②), (③) 등을 말한다.

해답 ① 섬프(sump) ② 도움(dome) ③ 맨홀(manhole)

해설 고압가스용 기화장치에 관련된 용어의 정의 : KGS AA911
① 기화장치 : 액화가스를 증기·온수·공기 등 열매체로 가열하여 기화시키는 기화통을 주체로 한 장치이고, 이것에 부속된 기기·밸브류·계기류 및 연결관을 포함한 것(기화장치가 캐비닛 등에 격납된 것은 캐비닛 등의 외측에 부착된 밸브 또는 플랜지까지)을 말한다.
② 기화통 : 기화장치 중 액화가스를 증기·온수·공기 등 열매체로 가열하여 기화시키는 부분으로서 그 내부의 기구와 접속 노즐을 포함한 것을 말한다.
③ 액화가스 : 가압·냉각 등의 방법으로 액체 상태로 되어 있는 것으로서 대기압에서의 비점이 섭씨 40도 이하 또는 상용의 온도 이하인 것을 말한다.
④ 연결압력실 : 기화통의 동체 또는 경판과 교차하여 기화통에 종속된 압력실로 섬프(sump), 도움(dome), 맨홀(manhole) 등을 말한다.

10 정압기를 평가 선정할 경우 각 특성이 사용조건에 적합하도록 정압기를 선정하여야 한다. 이때 정압기를 선정할 때 고려하여야 할 사항 4가지를 쓰시오. [16. 4회, 19. 1회. 산기]

해답 ① 정특성 ② 동특성 ③ 유량특성 ④ 사용 최대 차압 ⑤ 작동 최소 차압

11 아세틸렌가스는 공업적으로 여러 분야에 사용되고 있다. 아세틸렌가스의 주된 용도 4가지를 쓰시오.

해답 ① 금속의 절단용으로 사용 ② 금속의 가스용접용으로 사용
③ 염화비닐 제조 원료로 사용 ④ 카본 블랙 제조 원료로 사용
⑤ 유기화학(아세톤, 초산비닐, 아크릴로니트릴 등) 제조 원료로 사용
⑥ 의약, 향료, 파인케미컬 합성원료로 사용

12 LPG 가스미터의 감도 유량을 설명하시오.

해답 가스미터가 작동하는 최소 유량이다.

해설 가스미터 감도 유량
① 가정용 막식 가스미터 : 3L/h   ② LPG용 가스미터 : 15L/h

13 자연기화방식에 의한 LPG 공급시설에서 1일 1호당 평균 가스소비량이 1.45kg/day, 소비호수가 50세대, 평균 가스소비율이 20%일 때 피크 시 가스사용량(kg/h)을 계산하시오.

[풀이] $Q = q \times N \times \eta = 1.45 \times 50 \times 0.2 = 14.5 \text{kg/h}$

[해답] 14.5kg/h

[해설] 1일 1호당 평균 가스소비량(q) 단위 'kg/day'에서 피크 시 가스사용량(Q) 단위 'kg/h'로 환산 없이 변경될 수 있는 것은 '평균 가스소비율(η)' 때문이다. 그 이유는 LPG를 사용하는 가정에서 가스소비를 24시간 계속 사용하는 것이 아니라 24시간 중 문제에서 제시된 20%에 해당하는 시간만 사용하기 때문이다.

14 가스 연소기구를 급·배기 방식에 따라 밀폐식과 반밀폐식으로 분류할 때 밀폐식에 대하여 설명하시오.

[해답] 가스기구가 설치되어 있는 실내의 공기와 완전히 격리된 외기에서 흡입된 공기에 의해서 가스를 연소시키고 연소생성물(연소가스)도 직접 외기로 배출하는 형식의 것을 말한다.

[해설] 연소기구를 급·배기 방식에 따른 분류
① 개방형 연소기구 : 가스기구가 설치되어 있는 실내에서 연소용 공기를 취하고 연소생성물(연소가스)은 그대로 실내로 배출하는 형식의 가스기구로 입열량이 비교적 적은 주방용 기구, 소형 스토브 등이 해당된다.
② 반밀폐식 연소기구 : 연소용 공기는 가스기구가 설치되어 있는 실내에서 취하고 연소생성물(연소가스)은 배기통을 사용하여 배출하는 형식으로 자연 드래프트(draft)에 의해서 배출하는 자연배기식(CF 방식)과 배기 팬(fan)을 이용해서 강제로 배출하는 강제배기식(FE 방식)으로 분류한다.
③ 밀폐식 연소기구 : 가스기구가 설치되어 있는 실내의 공기와 완전히 격리된 외기에서 흡입된 공기에 의해서 가스를 연소시키고 연소생성물(연소가스)도 직접 외기로 배출하는 형식의 것을 말한다.

15 가스 배관에서 누설 발생을 사전에 방지할 수 있는 대책 4가지를 쓰시오.

[해답] ① 노후관의 조사 및 교체
② 매설위치가 불량한 관의 조사 및 교체
③ 타 공사에 대한 입회, 순회와 사전 보안조치 후 시공
④ 방식설비의 유지
⑤ 밸브, 신축이음 등의 설비에 대한 기능점검 및 분해 수리

제4회 필답형 모의고사

01 도시가스 제조 및 공급시설 중 가스홀더의 기능에 대하여 4가지를 쓰시오.
[16. 4회, 19. 3회. 기사] [17. 2회. 산기]

해답 ① 가스수요의 시간적 변동에 대하여 공급 가스량을 확보한다.
② 공급설비의 일시적 중단에 대하여 어느 정도 공급량을 확보한다.
③ 공급가스의 성분, 열량, 연소성 등의 성질을 균일화한다.
④ 소비지역 근처에 설치하여 피크시의 공급, 수송효과를 얻는다.

02 고압가스 안전관리법에서 정하는 가연성가스이면서 독성가스에 해당되는 것 4가지를 쓰시오.
[13. 2회. 산기]

해답 ① 아크릴로니트릴 ② 일산화탄소 ③ 벤젠 ④ 산화에틸렌 ⑤ 모노메틸아민
⑥ 염화메탄 ⑦ 브롬화메탄 ⑧ 이황화탄소 ⑨ 황화수소 ⑩ 시안화수소

03 폭발을 폭연과 폭굉으로 분류할 때 폭연과 폭굉의 차이는 무엇인가?

해답 화염전파속도

해설 폭연과 폭굉의 정의
① 폭연(deflagration) : 음속 미만으로 진행되는 열분해 또는 음속 미만의 화염 전파속도로 연소하는 화재로 압력이 위험수준까지 상승할 수도 있고, 상승하지 않을 수도 있으며 충격파를 방출하지 않으면서 급격하게 진행되는 연소이다.
② 폭굉(detonation) : 가스 중의 음속보다도 화염 전파속도가 큰 경우로서 파면선단에 충격파라고 하는 압력파가 생겨 격렬한 파괴작용을 일으키는 현상이다.

04 도시가스 연료의 가연성분 원소 중에서 가장 무거운 원소는?

해답 황(S)

해설 연료의 가연성분 성질 : 분자량이 큰 것이 질량이 크므로 무거운 것이다.

명칭	분자량
탄소(C)	12
수소(H_2)	2
황(S)	32

05 가연성가스에서 산소의 농도나 분압이 높아짐에 따라 다음 사항은 어떻게 변화되는가?
(1) 연소속도 :   (2) 발화온도 :
(3) 폭발범위 :   (4) 최소점화에너지 :

해답 (1) 증가한다. (또는 빨라진다)   (2) 낮아진다. (또는 감소한다)
(3) 넓어진다. (또는 증가한다)   (4) 감소한다. (또는 낮아진다)

06 파일럿식 정압기와 비교하여 직동식 정압기의 동특성 특징에 대하여 설명하시오.

해답 ① 신호계통이 단순하므로 응답속도는 빠르다.
② 스프링 제어식에서는 상당한 안정성을 확보할 수 있다.

해설 직동식과 파일럿식의 특성 비교

구분		직동식	파일럿식
정특성	오프셋(off set)	• 2차 압력을 신호겸 구동압력으로서 이용하기 때문에 오프셋이 크게 된다.	• 파일럿에서 2차 압력의 작은 변화를 증폭해서 메인 정압기를 작동시키므로 오프셋은 적어진다.
	시프트(shift)	• 1차 압력이 변화하면 메인밸브의 평형위치가 변화하므로 2차 압력도 시프트(shift) 된다.	• 기본적으로 1차 압력변화의 영향은 적으나 1차 압력이 변화해도 2차 압력이 거의 시프트(shift)되지 않도록 할 수 있다.
	로크 업(lock up)	• 2차 압력을 완전차단 압력으로서 이용하므로 로크 업은 크게 된다.	• 오프셋과 같은 이유로 로크 업은 적게 할 수 있다.
동특성	응답속도	• 신호계통이 단순하므로 응답속도는 빠르다.	• 응답속도는 약간 늦어지지만 기종에 따라서는 상당히 빠른 것도 있다.
	안정성	• 스프링 제어식에서는 상당한 안정성을 확보할 수 있다.	• 직동식보다 안정성은 좋은 것이 많으나 추 제어식의 것은 안정성은 나빠진다.
적용성		• 소용량으로서 요구 유량제어 범위가 좁은 경우에 이용할 수 있다. • 낮은 차압으로 사용하는 경우에 적당하다.	• 대용량으로서 요구 유량제어 범위가 넓은 경우에 적당하다. • 높은 압력 제어 정도가 요구되는 경우에 적당하다.

07 아보가드로의 법칙을 설명하시오.

해답 모든 기체 1몰(mol)은 표준상태(0℃, 1기압)에서 22.4L의 부피를 차지하며, 그 속에는 6.02×10^{23}개의 분자가 들어 있다.

08 프로판(C_3H_8) 22g이 공기 중에서 완전연소할 때 이산화탄소(CO_2) 생성량은 몇 g인가?
[17. 2회. 산기]

풀이 ① 프로판의 완전연소 반응식 : $C_3H_8 + 5O_2 \rightarrow 3CO_2 + 4H_2O$
② 이산화탄소(CO_2) 생성량(g) 계산 : 프로판 1몰(mol)이 완전연소하면 이산화탄소 3몰이 생성되며, 프로판 및 이산화탄소의 분자량은 44이다.

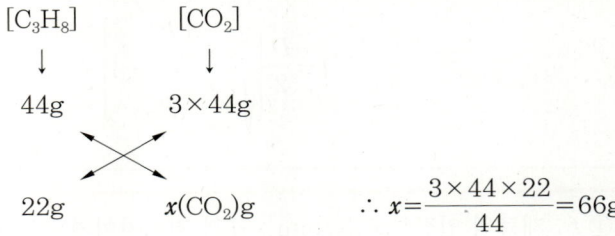

$$\therefore x = \frac{3 \times 44 \times 22}{44} = 66g$$

해답 66g

09 접촉분해공정에서 고온수증기 개질법의 ICI방식의 공정 4단계를 순서대로 쓰시오.

해답 ① 원료의 탈황 ② 가스의 제조 ③ CO 변성 ④ 열 회수
해설 ICI방식 : Imperrial Chemical Industries사의 약칭으로 수소(H_2)가 많고 연소속도가 빠른 발열량 3000kcal/Nm^3 전후의 가스를 제조한다.

10 비중이 0.64인 가스를 길이 200m 떨어진 곳에 저압으로 시간당 200m^3로 공급하고자 한다. 압력손실이 수주로 20mm이면 배관의 최소 관지름(cm)은 얼마인가? (단, 폴의 상수 K는 0.7055 이다.)
[15. 4회. 산기 유사]

풀이 저압 배관 유량식 $Q = K\sqrt{\dfrac{D^5 \cdot H}{S \cdot L}}$에서 관지름 D를 구한다.

$$\therefore D = \sqrt[5]{\frac{Q^2 \cdot S \cdot L}{K^2 \cdot H}} = \sqrt[5]{\frac{200^2 \times 0.64 \times 200}{0.7055^2 \times 20}} = 13.875 ≒ 13.88 cm$$

해답 13.88cm
해설 ① 저압 배관 및 중고압 배관 유량식은 단위 정리가 되지 않는 공식에 해당된다.
② '루트 5승' 계산은 공학용 계산기로만 가능하며, 조작 방법은 계산기에 따라 다르므로, 소지하고 있는 공학용 계산기의 조작 방법을 숙지하길 바랍니다.

11 도시가스 원료 선택 시 고려사항 4가지를 쓰시오.

해답 ① 제조설비의 건설비가 적게 소요될 것
② 이동 및 변동이 용이할 것
③ 수질 및 대기의 공해 문제가 적을 것
④ 원료의 취급이 간편할 것

12 [보기]는 바깥지름과 안지름의 비가 1.2 이상인 경우 배관의 두께 계산식이다. "f"와 "C"가 의미하는 것을 단위를 포함하여 설명하시오.　　　　　　　　　　[14. 2회. 산기 유사]

| 보기 |

$$t = \frac{D}{2}\left\{\sqrt{\frac{\frac{f}{s}+P}{\frac{f}{s}-P}} - 1\right\} + C$$

해답 ① f : 재료의 인장강도(N/mm^2) 규격 최소치이거나 항복점(N/mm^2) 규격 최소치의 1.6배
② C : 관내면의 부식여유의 수치(mm)

해설 배관 두께 계산식 : KGS FP111, FP112
① 외경과 내경의 비가 1.2 이상인 경우

$$t = \frac{D}{2}\left\{\sqrt{\frac{\frac{f}{s}+P}{\frac{f}{s}-P}} - 1\right\} + C$$

② 외경과 내경의 비가 1.2 미만인 경우

$$t = \frac{PD}{2\frac{f}{s}-P} + C$$

여기서, t : 배관의 두께 수치(mm)
　　　　P : 상용압력의 수치(MPa)
　　　　D : 내경에서 부식여유에 상당하는 부분을 뺀 부분의 수치(mm)
　　　　f : 재료의 인장강도(N/mm^2) 규격 최소치이거나 항복점(N/mm^2) 규격 최소치의 1.6배
　　　　C : 관 내면의 부식여유의 수치(mm)
　　　　s : 안전율로서 환경의 구분에 따라 나타낸 수치

13 스프링식 안전밸브와 비교한 파열판식 안전밸브의 특징 4가지를 쓰시오.

해답 ① 밸브 시트의 누설이 없다.
② 구조가 간단하여 취급, 점검이 쉽다.
③ 한번 작동하면 재사용이 불가능하다.
④ 부식성 유체, 괴상(怪狀)물질을 함유한 유체에 적합하다.
⑤ 취출용량이 많아 압력상승이 급격한 중합, 분해와 같은 반응장치에 사용된다.

참고 괴상(怪狀)물질 : '괴이하거나 이상한 모양의 물질'로 가스 중에 포함된 불순물을 의미하는 것으로 생각하길 바랍니다.

14 수소가스의 특성 중 폭명기의 종류 2가지를 반응식을 쓰고 설명하시오.

해답 ① 수소폭명기 : 수소가 공기 중 산소와 체적비 2 : 1로 반응하여 물을 생성한다.
반응식 : $2H_2 + O_2 \rightarrow 2H_2O + 136.6 kcal$
② 염소폭명기 : 수소와 염소의 혼합가스는 빛(직사광선)과 접촉하면 심하게 반응한다.
반응식 : $H_2 + Cl_2 \rightarrow 2HCl + 44 kcal$

해설 반응식 중 발생열량(또는 흡수열량)은 작성하지 않아도 되며, 열량의 수치가 잘못되면 오답으로 채점되니 주의하길 바랍니다. (단, 문제에서 발열량까지 작성하는 문제가 제시될 수도 있으니 선택하여 기억하길 바랍니다.)

15 매설되는 도시가스 배관에 현장도복을 시공하는 이유를 설명하시오.

해답 매설되는 도시가스 배관의 현장 용접부 외면, 호칭지름 150mm 미만의 관이음쇠 및 피복 손상부의 보수작업을 할 때 시공하여 방식(부식 방지)이 유지될 수 있도록 하기 위하여

해설 방식 피복재료 및 사용처 : KGS FS551 일반도시가스사업 제조소 및 공급소 밖의 배관 기준
(1) 방식 피복재료 : 방식 테이프, 방식 시트류, 열수축 튜브
(2) 방식 재료별 사용처
① 열수축 튜브 : 직관 용접부의 외면 방식, PE coated fitting과 직관의 용접부 외면
② 방식용 테이프 : 곡관부(90°, 45° 엘보 등)의 외면 방식에 사용
③ 마스틱 테이프 : 티이, 리듀서, 밸브 및 기타 이형부분의 외면 방식에 사용
※ **도복(塗覆)** : 배관 내부 및 외부 양면이나 한 쪽면만을 도료 또는 도료와 복장제(覆裝劑)를 도포하여 방식처리를 하는 일련의 과정을 일컫는다.

2021년 가스산업기사 필답형 실전 모의고사

제1회 필답형 모의고사

01 일반용 액화석유가스 압력조정기 중 자동절체식 일체형 저압 조정기의 입구압력과 조정압력을 각각 쓰시오.

해답 ① 입구압력 : 0.1~1.56MPa
② 조정압력 : 2.55~3.30kPa

해설 압력조정기의 종류에 따른 입구압력 · 조정압력

종류	입구압력(MPa)	조정압력(kPa)
1단 감압식 저압 조정기	0.07~1.56	2.30~3.30
1단 감압식 준저압 조정기	0.1~1.56	5.0~30.0 이내에서 제조자가 설정한 기준압력의 ±20%
2단 감압식 1차용 조정기 (용량 100kg/h 이하)	0.1~1.56	57.0~83.0
2단 감압식 1차용 조정기 (용량 100kg/h 초과)	0.3~1.56	57.0~83.0
2단 감압식 2차용 조정기	0.01~0.1 또는 0.025~0.1	2.30~3.30
2단 감압식 2차용 준저압 조정기	조정압력 이상~0.1	5.0~30.0 내에서 제조자가 설정한 기준압력의 ±20%
자동절체식 일체형 저압 조정기	0.1~1.56	2.55~3.30
자동절체식 일체형 준저압 조정기	0.1~1.56	5.0~30.0 내에서 제조자가 설정한 기준압력의 ±20%
그 밖의 압력조정기	조정압력 이상~1.56	5kPa을 초과하는 압력범위에서 상기 압력조정기의 종류에 따른 조정압력에 해당하지 않는 것에 한하며, 제조자가 설정한 기준압력의 ±20%일 것

02 도시가스 제조 공정 중 접촉분해 공정에 의하여 발생하는 가스 종류 4가지를 쓰시오.

해답 ① 메탄(CH_4) ② 수소(H_2) ③ 일산화탄소(CO) ④ 이산화탄소(CO_2)

해설 접촉개질 공정 : 촉매를 사용해서 반응온도 400~800℃에서 탄화수소와 수증기를 반응시켜 메탄(CH_4), 수소(H_2), 일산화탄소(CO), 이산화탄소(CO_2)로 변환하는 공정으로 접촉분해 공정이라 한다.

03 저압 배관의 유량 계산식은 [보기]와 같다. 여기서 "D"와 "H"는 무엇을 의미하는지 설명하시오.

| 보기 |

$$Q = K\sqrt{\dfrac{D^5 \cdot H}{S \cdot L}}$$

해답 ① D : 관 안지름(cm)
② H : 압력손실(mmH_2O)

해설 저압 배관 유량 계산식 각 기호의 의미
Q : 가스의 유량(m^3/h) D : 관 안지름(cm)
H : 압력손실(mmH_2O) S : 가스의 비중
L : 관의 길이(m) K : 유량계수(폴의 상수 : 0.707)

04 가스액화 분리장치를 구성하는 기기 3가지를 쓰시오. [16. 2회. 산기]

해답 ① 한랭 발생장치
② 정류장치
③ 불순물 제거장치

해설 각 장치의 역할
① 한랭 발생장치 : 냉동 사이클, 가스액화 사이클의 응용으로 가스액화 분리장치에서 액화가스를 채취할 때에 그것에 필요한 한랭을 보급한다.
② 정류장치 : 분축(分縮), 흡수(吸收)장치로 원료가스를 저온에서 분리, 정제하는 역할을 한다.
③ 불순물 제거장치 : 저온도가 되면 동결하는 원료가스 중의 수분, 탄산가스 등을 제거하는 역할을 한다.

참고 ① 분축(分縮) : 혼합기체의 일부 성분만을 응축하여 끓는점이 높은 성분과 낮은 성분으로 분리하는 일
② 흡수(吸收) : 외부의 물질을 안으로 빨아들임

05 액화석유가스 충전용기를 이륜차에 적재하여 운반하는 경우에 대한 물음에 답하시오.

(1) 적재하는 충전용기의 충전량은 얼마인가?
(2) 적재하여 운반할 수 있는 용기는 몇 개인가?

해답 (1) 20kg 이하
(2) 2개 이하

해설 고압가스 충전용기 운반 기준 : 충전용기는 이륜차에 적재하여 운반하지 아니한다. 다만, 차량이 통행하기 곤란한 지역이나 그 밖에 시·도지사가 지정하는 경우에는 다음 기준에 적합한 경우에만 액화석유가스 충전용기를 이륜차(자전거는 제외)에 적재하여 운반할 수 있다.
① 넘어질 경우 용기에 손상이 가지 아니하도록 제조된 용기운반 전용적재함이 장착된 것인 경우
② 적재하는 충전용기는 충전량이 20kg 이하이고, 적재 수가 2개를 초과하지 아니한 경우

06 양정 15m, 송수량 3.6m³/min일 때 축동력 15PS를 필요로 하는 원심 펌프의 효율은 몇 %인가? [15. 2회. 산기]

풀이 원심 펌프의 축동력(PS) 계산식

$PS = \dfrac{\gamma \cdot Q \cdot H}{75 \cdot \eta}$ 에서 효율 η를 구하며, 물의 비중량(γ)은 1000kgf/m³, 유량(Q)은 초(s)당 유량(단위 : m³/s)으로 변환하여 적용한다.

$\therefore \eta = \dfrac{\gamma \cdot Q \cdot H}{75 PS} \times 100 = \dfrac{1000 \times 3.6 \times 15}{75 \times 15 \times 60} \times 100 = 80\%$

해답 80%

07 토양에 매설되는 강관은 토양이 물리적, 화학적으로 불균일하여 지표의 상황이나 매설 깊이 등의 영향을 받아 부식이 발생한다. 이때 매설관에서 부식이 발생하는 환경인자 4가지를 쓰시오. [19. 1회. 산기]

해답 ① 국부전지의 발생
② 통기차(토질의 차이)
③ 미주전류의 발생
④ 토양 중의 박테리아(세균)

08 용접부에 대한 비파괴검사법 중 초음파탐상검사의 단점 4가지를 쓰시오. [19. 3회. 기사]

해답 ① 결함의 형태가 불명확하다.
② 검출 능력은 결함과 초음파 빔의 방향에 따른 영향이 크다.
③ 검사절차에 대한 검사자의 지식이 필요하다.
④ 초음파의 전달 효율을 높이기 위해 접촉 매질이 필요하다.
⑤ 검사체의 내부 조직에 따른 영향을 받을 수 있다.

해설 초음파탐상검사의 장점
① 내부결함 및 불균일 층의 검사가 가능하다.
② 용입 부족 및 용입부의 결함을 검출할 수 있다.
③ 검사 비용이 저렴하고, 검사 결과를 신속히 알 수 있다.
④ 이동성이 좋고, 검사자 및 주변인에 대한 장해가 없다.

09 시안화수소(HCN)의 제조법 중 메탄, 암모니아, 산소를 원료로 제조하는 앤드루소(Andrussow)법의 반응식을 쓰시오.

해답 $CH_4 + NH_3 + \dfrac{3}{2}O_2 \rightarrow HCN + 3H_2O$

해설 시안화수소(HCN)의 제조법
(1) 앤드루소(Andrussow)법 : 암모니아(NH_3), 메탄(CH_4)에 공기를 가하고 10%의 로듐을 함유한 백금 촉매상을 1000~1100℃로 통하면 시안화수소(HCN)를 함유한 가스를 얻을 수 있고, 이것에서 시안화수소를 분리, 정제하는 제조법이다.
(2) 포름아미드(Formamide)법 : 일산화탄소(CO)와 암모니아(NH_3)를 100~200 atm 정도의 고압으로 반응탑에 이송되고 메탄올 용액 중에서 반응시키면 포름아미드($HCONH_2$)가 생성되고 알루미나 제올라이트, 아연, 망간 등의 촉매를 사용하여 탈수하면 시안화수소를 얻는다.
① 포름아미드 생성 반응식 : $CO + NH_3 \rightarrow HCONH_2$
② 포름아미드 탈수 반응식 : $HCONH_2 \rightarrow HCN + H_2O$

10 초저온 액화가스 4가지를 쓰시오.

해답 ① 액화 산소
② 액화 아르곤
③ 액화 질소
④ 액화 메탄

11 절대압력 1atm인 이상기체 1m³를 5L의 용기에 충전하면 압력은 얼마로 변하겠는가? (단, 온도변화는 없는 것으로 한다.)

풀이 보일-샤를의 법칙 $\dfrac{P_1 V_1}{T_1} = \dfrac{P_2 V_2}{T_2}$ 에서 충전 후의 압력 P_2를 구한다. 온도변화는 없으므로 $T_1 = T_2$이고, 1m³는 1000L 이다.

$\therefore P_2 = \dfrac{P_1 \cdot V_1}{V_2} = \dfrac{1 \times 1000}{5} = 200\text{atm} \cdot \text{a} - 1 = 199\text{atm} \cdot \text{g}$

해답 199atm · g

해설 보일-샤를의 법칙에 적용되는 압력은 절대압력이기 때문에 나중 상태의 압력을 계산한 것도 절대압력이 되며, 5L 용기에 충전된 압력은 계산된 절대압력에서 대기압 1atm을 빼서 게이지압력으로 계산한 것이다.

12 아세틸렌을 충전할 때 용기 내부에 다공물질을 충전하는 이유를 설명하시오.

해답 아세틸렌은 2기압 이상으로 압축 시 분해폭발을 일으키므로 충전용기 내부를 미세한 간격으로 구분하여 분해폭발이 일어나지 않도록 하고, 분해폭발이 일어나도 용기 전체로 파급되는 것을 방지하기 위하여 충전한다.

13 가스에 함유된 수분을 제거하는 방법 3가지를 쓰시오.

해답 ① 염화칼슘($CaCl_2$)을 이용하여 제거
② 진한 황산을 이용하여 제거
③ 수취기(drain separator)를 설치하여 제거
④ 소다석회를 이용하여 제거

해설 가스 중에 함유된 수분을 제거하는 방법
① 카바이드를 이용하여 아세틸렌을 제조할 때 발생된 아세틸렌가스 중의 수분은 저압건조기 및 고압건조기에서 염화칼슘($CaCl_2$)을 이용하여 제거한다.
② 염소, 포스겐에 함유된 수분은 진한 황산을 이용하여 제거한다.
③ 산소 또는 천연메탄을 용기에 충전하는 때에는 압축기와 충전용 지관 사이에 수취기를 설치하여 그 가스 중의 수분을 제거한다.
④ 암모니아에 함유된 수분은 염기성인 소다석회(CaO와 NaOH의 혼합물)을 이용하여 제거한다.

14 바깥지름 216.3mm, 두께 5.8mm인 200A 강관에 내부압력이 9.9kgf/cm² 작용할 때 원주방향 응력(kgf/cm²)을 계산하시오.

풀이 $\sigma_A = \dfrac{PD}{2t} = \dfrac{9.9 \times (216.3 - 2 \times 5.8)}{2 \times 5.8} = 174.700 ≒ 174.70\,\text{kgf/cm}^2$

해답 $174.7\,\text{kgf/cm}^2$

해설 ① 응력의 단위가 'kgf/cm²'일 때와 'kgf/mm²'일 때 계산식을 구분하여야 한다.

※ 단위가 'kgf/mm²'일 때 $\sigma_A = \dfrac{PD}{200t}$, $\sigma_B = \dfrac{PD}{400t}$ 를 적용하여야 함

② 응력 계산식에서 지름 D는 안지름을 의미하므로 문제에서 주어진 바깥지름에서 안지름을 계산하기 위해서는 좌·우에 있는 두께 2개소를 제외시켜야 안지름이 계산된다는 것 이해하고 있어야 한다.

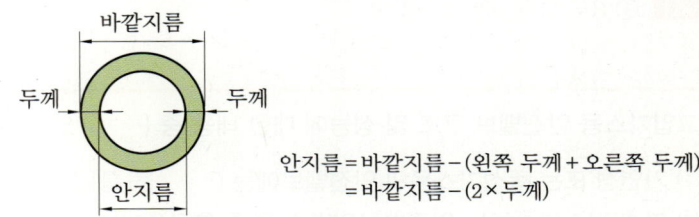

안지름 = 바깥지름 − (왼쪽 두께 + 오른쪽 두께)
      = 바깥지름 − (2 × 두께)

③ 안지름과 두께의 단위는 'cm'가 되어야 하지만 분모, 분자에 동일한 단위를 적용하면 약분되어 최종값에는 변화가 없기 때문에 'mm' 단위를 적용해도 이상이 없는 사항이다.

15 BLEVE의 정의를 설명하시오.

해답 가연성 액체 저장탱크 주변에서 화재가 발생하여 기상부의 탱크가 국부적으로 가열되면 그 부분이 강도가 약해져 탱크가 파열되며, 이때 내부의 액화가스가 급격히 유출, 팽창되어 화구(fire ball)를 형성하여 폭발하는 형태로 비등액체 팽창 증기폭발이라고 한다.

해설 BLEVE : Boiling Liquid Expanding Vapor Explosion (비등액체 팽창 증기폭발)

제2회 필답형 모의고사

01 고압가스 충전용기 중 용접용기를 제조할 때 용기의 종류에 따른 부식여유 두께를 쓰시오.
[20. 1회. 기사]

용기의 종류		부식여유 두께(mm)
염소를 충전하는 용기	내용적이 1000L 이하인 것	①
	내용적이 1000L 초과한 것	②
암모니아를 충전하는 용기	내용적이 1000L 이하인 것	③
	내용적이 1000L 초과한 것	④

해답 ① 3 ② 5 ③ 1 ④ 2

02 고압가스용 안전밸브 구조 및 성능에 대한 내용 중 (   ) 안에 알맞은 용어를 쓰시오.
(1) 가연성 또는 독성가스용의 안전밸브에는 (   )을[를] 사용하지 않는다. [17. 1회. 산기]
(2) 분출관을 부착하는 안전밸브의 밸브몸통 출구쪽에는 밸브시트의 면보다 아래쪽에 개방된 (   )을[를] 설치한 것으로 한다.
(3) 안전밸브의 재료성능은 시험편을 채취한 밸브에 따른 적절한 (   ) 또는 항복점 및 연신율을 갖는 것으로 한다.
(4) 밀폐형의 기밀성능은 출구쪽으로부터 밸브 내부에 (   )MPa 이상의 압력을 가해서 입구쪽 및 출구쪽을 밀폐시켰을 때 몸체, 기타의 각부에 누출이 없는 것으로 한다.

해답 (1) 개방형
(2) 드레인 빼기
(3) 인장강도
(4) 0.6

해설 고압가스용 안전밸브 제조의 시설·기술·검사 기준 : KGS AA319

03 아세틸렌 충전작업에 대한 내용 중 (   ) 안에 알맞은 내용을 쓰시오.
(1) 아세틸렌을 2.5MPa압력으로 압축할 때에는 (①), (②), 일산화탄소 또는 에틸렌 등의 희석제를 첨가한다.
(2) 아세틸렌을 용기에 충전하는 때에는 미리 용기에 다공물질을 고루 채워 다공도가 75% 이상 92% 미만이 되도록 한 후 (③)이나 (④)를 고루 침윤시키고 충전한다.

해답 ① 질소 ② 메탄 ③ 아세톤 ④ 디메틸포름아미드

04 배관의 안지름이 4.16cm, 길이 20m인 배관에 비중 1.52인 가스를 저압으로 공급할 때 압력손실이 20mmH₂O 발생되었다. 이때 배관을 통과하는 가스의 시간당 유량(m³)을 계산하시오. (단, 폴의 상수는 0.7이다.) [11. 2회. 산기]

풀이 $Q = K\sqrt{\dfrac{D^5 \cdot H}{S \cdot L}} = 0.7 \times \sqrt{\dfrac{4.16^5 \times 20}{1.52 \times 20}} = 20.040 ≒ 20.04 \text{m}^3/\text{h}$

해답 $20.04 \text{m}^3/\text{h}$

05 발열량이 24000kcal/m³, 공급압력 2.8kPa, 공기에 대한 가스 비중 1.55인 LPG를 사용하는 연소기구의 노즐 지름이 0.6mm이었다. 이 연소기구를 발열량이 6000kcal/m³, 공급압력 1.0kPa, 공기에 대한 가스 비중 0.65인 도시가스를 사용하는 것으로 변경할 경우 노즐 지름은 몇 mm인가? [11. 1회. 산기 유사]

풀이 노즐 지름 변경률 계산식 $\dfrac{D_2}{D_1} = \sqrt{\dfrac{WI_1\sqrt{P_1}}{WI_2\sqrt{P_2}}}$ 에서 변경 후 노즐 지름(D_2)을 구한다.

$$\therefore D_2 = D_1 \times \sqrt{\dfrac{WI_1\sqrt{P_1}}{WI_2\sqrt{P_2}}} = \sqrt{\dfrac{\dfrac{H_1}{\sqrt{d_1}} \times \sqrt{P_1}}{\dfrac{H_2}{\sqrt{d_2}} \times \sqrt{P_2}}}$$

$$= 0.6 \times \sqrt{\dfrac{\dfrac{24000}{\sqrt{1.55}} \times \sqrt{2.8}}{\dfrac{6000}{\sqrt{0.65}} \times \sqrt{1.0}}} = 1.249 ≒ 1.25 \text{mm}$$

해답 1.25mm

해설 노즐 지름 변경률 공식에서 사용압력 P_1, P_2의 단위가 'mmH₂O'이지만 분모, 분자에 동일한 단위가 적용되므로 단위 변환 없이 'kPa' 단위를 그대로 적용해서 계산할 수 있다.

별해 LPG와 LNG의 웨버지수(WI)를 각각 구한 후 변경 후 노즐 지름(D_2)을 구하는 방법

① 웨버지수 계산

$$WI_1 = \dfrac{H_1}{\sqrt{d_1}} = \dfrac{24000}{\sqrt{1.55}} = 19277.263 ≒ 19277.26$$

$$WI_2 = \dfrac{H_2}{\sqrt{d_2}} = \dfrac{6000}{\sqrt{0.65}} = 7442.084 ≒ 7442.08$$

② 변경 후 노즐 지름(D_2) 계산

$$D_2 = D_1 \times \sqrt{\dfrac{WI_1\sqrt{P_1}}{WI_2\sqrt{P_2}}} = 0.6 \times \sqrt{\dfrac{19277.26 \times \sqrt{2.8}}{7442.08 \times \sqrt{1.0}}} = 1.249 ≒ 1.25 \text{mm}$$

06 불소(플루오린)에 대한 물음에 답하시오.

(1) 분자식을 쓰시오.
(2) 기체 상태의 색상을 쓰시오.
(3) 연소성에 의하여 분류할 때 무엇에 해당되는지 쓰시오.
(4) 물과 반응했을 때 생성되는 것으로 인체에 유해한 물질의 명칭을 쓰시오.

해답 (1) F_2
(2) 연한 황색(또는 황갈색, 연한 노란색)
(3) 조연성(또는 지연성)
(4) 불화수소(HF) (또는 플루오르수소, 불산, 불화수소산, 플루오린화수소산)

해설 불소(F_2)와 물(H_2O)이 반응했을 때 반응식
$$2F_2 + 2H_2O \rightarrow 4HF + O_2$$

07 부취제 주입방식 중 액체 주입방식 3가지를 쓰시오.

해답 ① 펌프 주입방식 ② 적하 주입방식 ③ 미터 연결 바이패스 방식

해설 부취제의 주입방법
① 액체 주입식 : 부취제를 액상 그대로 가스 흐름에 주입하는 방법으로 펌프 주입방식, 적하 주입방식, 미터 연결 바이패스 방식으로 분류한다.
② 증발식 : 부취제의 증기를 가스 흐름에 혼합하는 방법으로 바이패스 증발식, 위크 증발식으로 분류한다.

08 고압가스 안전관리법 적용을 받는 고압가스의 종류 및 범위에 대한 다음의 내용 중 ( ) 안에 공통적으로 들어갈 각각의 내용을 쓰시오.

(1) 상용의 온도에서 압력이 ( )MPa 이상이 되는 액화가스로서 실제로 그 압력이 ( )MPa 이상이 되는 것 또는 압력이 ( )MPa이 되는 경우의 온도가 35℃ 이하인 액화가스
(2) 15℃의 온도에서 압력이 ( )Pa을 초과하는 아세틸렌가스
(3) 상용의 온도에서 압력(게이지압력)이 ( )MPa 이상이 되는 압축가스로서 실제로 그 압력이 ( )MPa 이상이 되는 것 또는 35℃의 온도에서 압력이 ( )MPa 이상이 되는 압축가스(아세틸렌가스는 제외한다)
(4) 35℃의 온도에서 압력이 ( )Pa을 초과하는 액화가스 중 액화시안화수소, 액화브롬화메탄 및 액화산화에틸렌가스

해답 (1) 0.2 (2) 0 (3) 1 (4) 0

09 LPG를 자연기화방식으로 사용하는 곳에서 1일 1호당 평균 가스소비량이 1.2kg/day, 소비호수가 200세대, 평균 가스소비율이 18%일 때 피크 시 가스사용량(kg/h)을 계산하시오.

풀이 $Q = q \times N \times \eta = 1.2 \times 200 \times 0.18 = 43.2 \text{kg/h}$

해답 43.2kg/h

해설 1일 1호당 평균 가스소비량(q) 단위 'kg/day'에서 피크 시 가스사용량(Q) 단위 'kg/h'로 환산 없이 변경될 수 있는 것은 '평균 가스소비율(η)' 때문이다. 그 이유는 LPG를 사용하는 가정에서 가스 소비를 24시간 계속 사용하는 것이 아니라 24시간 중 문제에서 제시된 18%에 해당하는 시간만 사용하기 때문이다.

10 가스의 유출속도가 연소속도보다 커서 염공에 접하여 연소하지 않고 염공을 떠나 공간에서 연소하는 현상은 무엇인가?

해답 선화(또는 리프팅[lifting])

11 정압기의 특성 중 사용 최대 차압에 대하여 설명하시오. [16. 2회. 산기]

해답 메인밸브에 1차와 2차 압력이 작용하여 최대로 되었을 때 차압

해설 정압기 특성
① 정특성(靜特性) : 정상상태에 있어서 유량과 2차 압력의 관계
② 동특성(動特性) : 부하변화가 큰 곳에 사용되는 정압기에 대하여 중요한 특성으로 부하변동에 대한 응답의 신속성과 안정성이 요구된다.
③ 유량특성 : 메인밸브의 열림과 유량과의 관계
④ 사용 최대 차압 : 메인밸브에 1차와 2차 압력이 작용하여 최대로 되었을 때 차압
⑤ 작동 최소 차압 : 정압기가 작동할 수 있는 최소 차압

12 액화가스 저장탱크 주위에 액상의 가스가 누출된 경우에 그 가스의 유출을 방지할 수 있는 기능을 갖는 피해저감설비의 명칭을 쓰시오. [11. 4회. 산기]

해답 방류둑

13 가스압축에 사용하는 압축기에서 다단 압축을 하는 이유 4가지를 쓰시오.

해답 ① 1단 단열압축과 비교한 일량의 절약
② 이용효율의 증가
③ 힘의 평형이 양호해진다.
④ 가스의 온도 상승을 피할 수 있다.

14 비열의 SI단위를 쓰시오.

해답 kJ/kg · K (또는 kJ/kg · ℃, J/g · K, J/g · ℃)

해설 비열은 어떤 물질 1kg을 온도변화 1K(또는 1℃)에 필요한 열량(kJ)이므로 절대온도(K) 또는 섭씨온도(℃)를 사용해도 관계없다. 온도 변화폭 1은 절대온도와 섭씨온도 동일한 범위이다.

15 내용적 40L인 용기에 아세틸렌가스 6kg(액비중 0.613)을 충전할 때 다공성물질의 다공도를 90%라 하면 표준상태에서 안전공간은 몇 %인가? (단, 아세톤의 비중은 0.8이고, 주입된 아세톤량은 13.9kg 이다.)

풀이 ① 아세톤이 차지하는 체적(V_1) 계산

$$V_1 = \frac{액체무게}{액비중} = \frac{13.9}{0.8} = 17.375 ≒ 17.38L$$

② 다공성 물질이 차지하는 체적(V_2) 계산
$V_2 = 40 \times (1 - 0.9) = 4L$

③ 아세틸렌이 차지하는 체적(V_3) 계산 : 용기에 충전된 것은 액체상태의 아세틸렌이다.

$$V_3 = \frac{액체무게}{액비중} = \frac{6}{0.613} = 9.788 ≒ 9.79L$$

④ 용기 내 내용물이 차지하는 체적(V) 계산
$V = V_1 + V_2 + V_3 = 17.38 + 4 + 9.79 = 31.17L$

⑤ 안전공간(%) 계산

$$안전공간 = \frac{V - E}{V} \times 100 = \frac{40 - 31.17}{40} \times 100 = 22.075 ≒ 22.08\%$$

해답 22.08%

제4회 필답형 모의고사

01 에틸렌의 위험도를 계산하고, 가연성가스의 위험도와 폭발범위와의 관계를 설명하시오.
(단, 공기 중에서 에틸렌의 폭발범위는 3.1~32%이다.)

풀이 ① 에틸렌(C_2H_4)의 위험도 계산

$$H = \frac{U-L}{L} = \frac{32-3.1}{3.1} = 9.322 ≒ 9.32$$

해답 ① 위험도 : 9.32
② 위험도와 폭발범위와의 관계 : 위험도는 가연성가스의 폭발가능성을 나타내는 수치(폭발범위를 폭발범위 하한계로 나눈 것)로 수치가 클수록 위험하다. 즉, 폭발범위가 넓을수록, 폭발범위 하한계가 낮을수록 위험성이 크다.

02 보일 오프 가스(BOG : Boil Off Gas)에 대한 물음에 답하시오.

(1) 정의를 쓰시오.
(2) 발생하는 원인 2가지를 쓰시오.

해답 (1) LNG 저장시설에서 자연 입열에 의하여 기화된 가스로 증발가스라 한다.
(2) ① 저장탱크 외부로부터 전도되는 열
② 롤 오버(roll over) 현상

해설 롤 오버(roll over) 현상 : LNG 저장탱크에서 상이한 액체 밀도로 인하여 층상화된 액체의 불안정한 상태가 바로 잡히며 생기는 LNG의 급격한 물질 혼합 현상을 말하며, 일반적으로 상당한 양의 증발가스가 탱크 내부에서 방출되는 현상이 수반된다.

03 LPG 및 LNG에 첨가하는 부취제의 종류 2가지를 영어 약자로 쓰시오.

해답 ① TBM ② THT ③ DMS

해설 부취제의 종류 및 특징
① TBM(Tertiary Buthyl Mercaptan) : 양파 썩는 냄새가 나며 내산화성이 우수하고 토양투과성이 우수하며 토양에 흡착되기 어렵다.
② THT(Tetra Hydro Thiophen) : 석탄가스 냄새가 나며 산화, 중합이 일어나지 않는 안정된 화합물이다. 토양의 투과성이 보통이며, 토양에 흡착되기 쉽다.
③ DMS(Dimethyl Sulfide) : 마늘 냄새가 나며 안정된 화합물이다. 내산화성이 우수하고 토양의 투과성이 아주 우수하며 토양에 흡착되기 어렵다.

04 혼합가스의 발열량이 7000kcal/m³일 때 웨버지수는 얼마인가? (단, 혼합가스의 몰분율은 H_2 49.6%, CO_2 16.5%, N_2 4.1%, CH_4 12.4%, C_3H_8 17.4%이고, 공기의 평균분자량은 28.9이다.)

[풀이] ① 혼합가스 분자량 계산 : 혼합가스 분자량은 성분가스의 분자량에 몰분율을 곱한 값을 합산한 것이고, 각 성분의 분자량은 수소(H_2) 2, 이산화탄소(CO_2) 44, 질소(N_2) 28, 메탄(CH_4) 16, 프로판(C_3H_8) 44 이다.

∴ $M = (2 \times 0.496) + (44 \times 0.165) + (28 \times 0.041) + (16 \times 0.124)$
  $+ (44 \times 0.174) = 19.04$

② 혼합가스의 공기에 대한 비중 계산

$$d = \frac{혼합가스\ 분자량}{공기\ 분자량} = \frac{19.04}{28.9} = 0.658 ≒ 0.66$$

③ 웨버지수 계산

$$WI = \frac{H_g}{\sqrt{d}} = \frac{7000}{\sqrt{0.66}} = 8616.404 ≒ 8616.40$$

[해답] 8616.4

[별해] 혼합가스 분자량을 구한 값에서 하나의 과정으로 계산

$$WI = \frac{H_g}{\sqrt{d}} = \frac{7000}{\sqrt{\frac{19.04}{28.9}}} = 8624.094 ≒ 8624.09$$

[해설] ① 웨버지수와 비중은 단위가 없는 무차원수이다.
② 분자량의 단위는 'g/mol'을 사용하지만 생략하여도 무방하다.
③ 계산과정을 다르게 적용하면 최종값에서 오차가 발생할 수 있지만, 채점에는 영향이 없으니 [풀이] 와 [별해] 중에 하나를 선택하여 답안을 작성하면 된다.

05 독성가스 중 배관을 2중관으로 하여야 하는 가스 종류 4가지를 쓰시오. [18. 3회, 기사]

[해답] ① 포스겐 ② 황화수소 ③ 시안화수소 ④ 아황산가스
⑤ 산화에틸렌 ⑥ 암모니아 ⑦ 염소 ⑧ 염화메탄

[해설] 독성가스 배관 구조 기준 : KGSFP112
① 독성가스 배관은 그 가스의 종류, 성질, 압력 및 그 배관의 주위의 상황에 따라 안전한 구조를 갖도록 하기 위하여 2중관 구조로 한다.
② 2중관으로 하여야 하는 가스의 대상은 암모니아, 아황산가스, 염소, 염화메탄, 산화에틸렌, 시안화수소, 포스겐 및 황화수소로 한다.
③ 2중관의 외층관 내경은 내층관 외경의 1.2배 이상을 표준으로 하고 재료, 두께 등에 관한 사항은 배관설비 두께 기준에 따른다.
④ 2중관의 내층관과 외층관 사이에는 가스누출검지 경보설비의 검지부를 설치하여 가스누출을 검지하는 조치를 강구한다.

06 고압가스 안전관리법령에 의하여 허가, 신고 및 등록을 한 자는 정기검사를 받아야 한다. 다음 검사대상별 검사주기는 각각 얼마인가?

(1) 고압가스 특정제조자 :
(2) 고압가스 특정제조자 외의 가연성가스, 독성가스 및 산소의 제조자 :
(3) 고압가스 특정제조자 외의 질소가스 제조자 :

해답 (1) 4년
  (2) 1년
  (3) 2년

해설 정기검사의 대상별 검사주기 : 고법 시행규칙 별표19
① 대상별 검사주기는 다음과 같다. 다만, 가스설비 안의 고압가스를 제거한 상태에서의 휴지기간은 정기검사기간 산정에서 제외한다.

검사대상	검사주기
고압가스 특정제조허가를 받은 자(이하 이 표에서 "고압가스 특정제조자"라 한다)	매 4년
고압가스 특정제조자 외의 가연성가스 · 독성가스 및 산소의 제조자 · 저장자 또는 판매자(수입업자를 포함한다)	매 1년
고압가스 특정제조자 외의 불연성가스(독성가스는 제외한다)의 제조자 · 저장자 또는 판매자	매 2년
그 밖에 공공의 안전을 위하여 특히 필요하다고 산업통상자원부장관이 인정하여 지정하는 시설의 제조자 또는 저장자	산업통상자원부장관이 지정하는 시기

② 대상별 검사주기는 해당 시설의 설치에 대한 최초의 완성검사증명서를 발급받은 날을 기준으로 ①호의 표에 따른 기간이 지난 날(①호 단서에 따른 정기검사를 받은 자의 경우에는 그 정기검사를 받은 날을 기준으로 2년이 지난 날)의 전후 15일 안에 받아야 한다.

07 지상에 일정량 이상의 저장능력을 갖는 가연성, 독성액화가스 및 액화산소 저장탱크 주위에 방류둑을 설치하는 목적을 설명하시오. [18. 2회. 산기]

해답 가연성, 독성액화가스 및 액화산소 저장탱크 주위에 액상의 가스가 누출될 경우에 액체상태의 가스가 저장탱크 주위의 한정된 범위를 벗어나서 다른 곳으로 유출되는 것을 방지하기 위하여 설치한다.

08 가연성가스를 압축하는 압축기와 오토크레이브와의 사이의 배관, 아세틸렌의 고압건조기와 충전용 교체밸브 사이의 배관 및 아세틸렌 충전용 지관에 설치하는 장치의 명칭을 쓰시오.

해답 역화방지장치

해설 역화방지장치 : 아세틸렌, 수소 그 밖에 가연성가스의 제조 및 사용설비에 부착하는 건식 또는 수봉식(아세틸렌에만 적용한다)의 장치로서 상용압력이 0.1MPa 이하인 것을 말한다.

09 제2종 보호시설 2가지를 쓰시오.

해답 ① 주택
② 사람을 수용하는 건축물(가설건축물 제외)로서 사실상 독립된 부분의 연면적이 $100m^2$ 이상 $1000m^2$ 미만인 것

해설 제1종 보호시설
① 학교·유치원·어린이집·놀이방·어린이 놀이터·학원·병원(의원 포함)·도서관·청소년수련시설·경로당·시장·공중목욕탕·호텔·여관·극장·교회 및 공회당(公會堂)
② 사람을 수용하는 건축물(가설건축물 제외)로서 사실상 독립된 부분의 연면적이 $1000m^2$ 이상인 것
③ 예식장·장례식장 및 전시장, 그 밖에 이와 유사한 시설로서 300명 이상 수용할 수 있는 건축물
④ 아동복지시설 또는 장애인복지시설로서 수용능력이 20명 이상 수용할 수 있는 건축물
⑤ 문화재보호법에 따라 지정문화재로 지정된 건축물

10 아크 용접부에 발생하는 결함의 종류 4가지를 쓰시오.   [17. 3회, 19. 3회, 21. 1회, 기사]

해답 ① 오버랩(overlap)
② 슬래그 섞임(slag inclusion)
③ 기공(blow hole)
④ 언더컷(undercut)
⑤ 피트(pit)
⑥ 스패터(spatter)
⑦ 용입 불량

11 1일 1호당 평균 가스소비량 1.65kg/day, 가구 수 30호인 곳에 자동절체식 조정기를 사용할 때 필요한 용기 수는 얼마인가? (단, 피크 시 소비율 24%, 용기의 가스발생능력 1.2kg/h이다.)

풀이 ① 필요 최저 용기 수 계산

$$용기\ 수 = \frac{피크\ 시\ 평균\ 가스소비량}{용기의\ 가스발생능력} = \frac{1.65 \times 30 \times 0.24}{1.2} = 9.9 ≒ 10개$$

② 예비 용기 포함 용기 수 계산 : 자동절체식 조정기를 사용하므로 예비 용기를 포함하여야 한다.

∴ 예비 용기 포함 용기 수 = 필요 최저 용기 수 × 2 = 10 × 2 = 20개

해답 20개

해설 '필요 최저 용기 수'를 계산할 때 1일 1호당 평균 가스소비량 단위 'kg/day'를 용기의 가스발생능력 단위 'kg/h'로 나눠주면 단위 환산 없이 용기 수가 계산되는 것은 '피크 시 소비율' 때문이다. 다시 이야기하면 하루 24시간 중 문제에서 제시된 24%에 해당하는 시간만 가스를 소비하는 것이기 때문이다.

12 암모니아의 공업적 제조법인 하버 – 보시법의 반응식을 쓰시오.

해답 $N_2 + 3H_2 \rightarrow 2NH_3$

13 아보가드로의 법칙을 설명하시오. [20. 4회, 산기]

해답 모든 기체 1몰(mol)은 표준상태(0℃, 1기압)에서 22.4L의 부피를 차지하며, 그 속에는 6.02×10^{23}개의 분자가 들어있다.

14 고온, 고압의 수소가 들어있는 곳에 탄소강을 사용하면 안 되는 이유를 설명하시오.

해답 수소는 고온, 고압 하에서 강재 중의 탄소와 반응하여 메탄(CH_4)을 생성하고, 이것이 취성을 발생시키는 수소취성이 발생하기 때문이다.

해설 수소 취성 방지 원소 : 텅스텐(W), 바나듐(V), 몰리브덴(Mo), 티타늄(Ti), 크롬(Cr)

15 원유, 중유, 나프타 등 탄화수소를 고온에서 가열하여 약 10000kcal/m³의 고열량 가스를 제조하는 공정 명칭을 쓰시오.

해답 열분해 공정

2022년 가스산업기사 필답형 실전 모의고사

제1회 필답형 모의고사

01 LPG 자동차에 고정된 용기 충전소에서 충전호스의 길이는 (①)m 이내로 하고, 충전호스에 부착하는 가스주입기는 (②)형으로 하여야 한다. ( ) 안에 알맞은 내용을 넣으시오.

해답 ① 5 ② 원터치

02 아세틸렌 제조 및 충전에 대한 물음에 법령에서 정해진 내용으로 답하시오.
(1) 아세틸렌을 2.5MPa 압력으로 압축할 때 첨가하는 희석제를 1가지만 쓰시오.
(2) 습식 아세틸렌 발생기의 표면은 (   )℃ 이하의 온도로 유지한다.
(3) 아세틸렌을 용기에 충전 후에는 압력이 15℃에서 (   )MPa 이하로 될 때까지 정치하여 둔다.
(4) 상하의 통으로 구성된 아세틸렌 발생장치로 아세틸렌을 제조하는 때에는 사용 후 그 통을 분리하거나 (   )이[가] 없도록 조치한다.

해답 (1) ① 질소(N_2) ② 메탄(CH_4) ③ 일산화탄소(CO) ④ 에틸렌(C_2H_4)
(2) 70
(3) 1.5
(4) 잔류가스

03 공기 중 체적비로 수소 10%, 프로판 50%, 에탄 40%인 혼합가스의 폭발하한계를 계산과정과 함께 쓰시오. (단, 공기 중에서 수소의 폭발범위는 4~75%, 프로판은 2~10%, 에탄은 3~13%이다.) [08. 2회. 산기 유사]

풀이 혼합가스의 폭발범위 계산식 $\dfrac{100}{L} = \dfrac{V_1}{L_1} + \dfrac{V_2}{L_2} + \dfrac{V_3}{L_3}$ 에서 폭발범위 하한값 L을 구한다.

$$\therefore L = \dfrac{100}{\dfrac{V_1}{L_1} + \dfrac{V_2}{L_2} + \dfrac{V_3}{L_3}} = \dfrac{100}{\dfrac{10}{4} + \dfrac{50}{2} + \dfrac{40}{3}} = 2.448 ≒ 2.45\%$$

해답 2.45%

04 펌프는 낮은 곳에서 물을 끌어올려 높은 곳으로 보내는 역할을 한다. 히트펌프(heat pump)는 이와 비슷하게 낮은 온도에서 높은 온도로 열을 끌어올리는 역할을 하는 것으로 냉매의 기화열 또는 응축열을 이용해 저온의 열원을 고온으로 전달하는 냉방장치로, 반대로 고온의 열원을 저온으로 전달하는 난방장치로 사용할 수 있다. 이와 같은 히트펌프를 구성하는 요소 4가지를 쓰시오.

해답 ① 압축기 ② 응축기 ③ 팽창밸브 ④ 증발기

해설 히트펌프(heat pump)식 냉난방장치 : 증기압축식 냉동장치와 비슷한 구조로 이루어져 냉난방을 겸용할 수 있는 것으로 냉방용은 압축기에서 압축된 냉매가스를 응축기(실외기)에서 액화한 후 고온, 고압의 냉매액을 팽창밸브에서 저온, 저압으로 교축팽창을 시킨 후 증발기(실내기)에서 냉매가 기화하면서 냉방의 목적을 달성한다. 반대로 난방용은 사방밸브에 의해 냉매의 흐름을 반대로 변경시켜 냉방용과 반대로 순환시켜 난방을 목적을 달성하는 것이다. (난방일 경우 실내기가 응축기 역할을, 실외기가 증발기 역할을 한다.)

05 부취제의 구비조건 4가지를 쓰시오. [11. 2회. 산기]

해답 ① 화학적으로 안정하고, 독성이 없을 것
② 보통 존재하는 냄새(생활취)와 명확하게 식별될 것
③ 극히 낮은 농도에서도 냄새가 확인될 수 있을 것
④ 가스관이나 가스미터 등에 흡착되지 않을 것
⑤ 배관을 부식시키지 않을 것
⑥ 물에 잘 녹지 않고 토양에 대하여 투과성이 클 것
⑦ 완전연소가 가능하고, 연소 후 냄새나 유해한 성질이 남지 않을 것

06 독성가스 중에서 특유의 색깔이 있어 누출 시 바로 그 사실을 알 수 있는 가스의 종류 4가지를 쓰시오.

해답 ① 염소
② 이산화질소
③ 불소(또는 플루오린)
④ 요오드펜타플루오르화
⑤ 질소트리산화물
⑥ 오존
⑦ 산소디플루오르화물

해설 각 가스의 색상 및 허용농도

명칭	기체 색깔	허용농도
염소(Cl_2)	황록색	TLV-TWA 1ppm
이산화질소(NO_2)	갈색	TLV-TWA 3ppm
불소(F_2)	연한 황색(황록색)	TLV-TWA 0.1ppm
요오드펜타플루오르화(IF_5)	무색에서 노란색	LC50 1278ppm
질소트리산화물(N_2O_3)	갈색, 녹색, 파란색	LC50 88ppm
산소디플루오르화물(OF_2)	갈색, 무채색	LC50 136ppm
오존(O_3)	무색에서 파란색까지	TLV-TWA 0.1ppm

07 길이 500m 배관에 비중이 1.52인 가스를 공급압력 1.5kgf/cm^2·g, 유출압력 1.3kgf/cm^2·g로 시간당 200m^3로 공급하기 위한 배관의 안지름(cm)을 계산하시오. (단, 코크스 상수는 52.31이다.) [09. 1회. 산기 유사]

풀이 중고압 배관 유량식 $Q = K\sqrt{\dfrac{D^5 \cdot (P_1^2 - P_2^2)}{S \cdot L}}$ 에서 안지름 D[cm]를 구하며, 압력은 절대압력(kgf/cm^2·a)을 적용하므로 대기압 1.0332kgf/cm^2를 대입한다.

$$\therefore D = \sqrt[5]{\dfrac{Q^2 \times S \times L}{K^2 \times (P_1^2 - P_2^2)}} = \sqrt[5]{\dfrac{200^2 \times 1.52 \times 500}{52.31^2 \times \{(1.5+1.0332)^2 - (1.3+1.0332)^2\}}}$$
$$= 6.478 \fallingdotseq 6.48 \text{cm}$$

해답 6.48cm

해설 ① 저압 배관 및 중고압 배관 유량식은 단위 정리가 되지 않는 공식에 해당됩니다.
② '루트 5승'은 공학용 계산기로만 계산이 가능하며, 조작 방법은 계산기에 따라 다르므로, 소지하고 있는 공학용 계산기의 조작 방법을 숙지하길 바랍니다.

08 금속재료 중 탄소강에서 발생하는 저온취성에 대하여 설명하시오.

해답 탄소강은 온도가 저하함에 따라 인장강도, 항복점, 경도는 증가하지만 연신율, 단면수축률, 충격치는 감소한다. 탄소강의 경우 특히 -70℃ 부근에서는 충격치가 거의 0에 가깝게 되어 소성변형을 일으키는 성질이 없어지며 이와 같은 성질을 저온취성이라 한다.

09 직류전압 구배법, 피어슨법(Pearson survey) 등은 무엇을 목적으로 사용되는 것인가?

해답 지하에 매설된 도시가스 배관의 피복손상부를 조사하기 위하여

해설 피복손상부를 조사하는 방법 및 종류
① 직류에 의한 방법 : 직류전압 구배법, 짧은 간격 전위법
② 교류에 의한 방법 : 피어슨법, 우드베리법(Woodberry survey), PCM(Pipeline Current Mapper)

10 액화석유가스 변성가스 공급방식을 설명하시오. [18. 1회. 기사]

해답 부탄을 고온의 촉매로서 분해하여 메탄, 수소, 일산화탄소 등의 연질가스로 변성시켜 공급하는 방법으로 재액화방지 외에 특수한 용도에 사용하기 위하여 변성한다.

11 1일 공급할 수 있는 최대 가스량이 50000m³, 생산능력보다 소비량이 커지는 시간이 10:00부터 15:00이며, 이때의 송출률이 40%, 가스홀더의 유효가동량이 1일 공급량의 15%일 때 필요한 제조가스량(m³/day)은 얼마인가? [10. 2회. 산기]

풀이 $S \times a = \dfrac{t}{24} \times M + \Delta H$에서 1일 최대 공급량 $S = 50000\text{m}^3/\text{day}$, t시간의 송출률 $a = 40\%$, 가스홀더의 유효가동량 ΔH는 1일 공급량의 15%이므로 50000×0.15, 제조능력보다 소비량이 커지는 시간 t는 10:00부터 15:00이므로 5시간을 대입하여 최대 제조능력 M을 구한다.

$$\therefore M = (S \times a - \Delta H) \times \dfrac{24}{t} = (50000 \times 0.4 - 50000 \times 0.15) \times \dfrac{24}{5} = 60000\text{m}^3/\text{day}$$

해답 60000m³/day

12 일반도시가스사업자의 정압기실에 설치하는 가스누출경보기에 대한 내용 중 ( ) 안에 알맞은 내용을 쓰시오.

(1) 가스의 누출을 검지하여 그 농도를 ( )함과 동시에 경보가 울리는 것으로 한다.
(2) 미리 설정된 가스농도(폭발하한계의 4분의 1 이하)에서 ( ) 이내에 경보가 울리는 것으로 한다.
(3) 탐지부와 수신부가 분리되어 있는 형태의 경보기로서 ( ) 공업용으로 한다.
(4) 충분한 강도를 가지며, 취급과 정비 특히 ( )가 용이한 것으로 한다.

해답 (1) 지시 (2) 60초 (3) 분리형 (4) 엘리먼트의 교체

13 내용적 30L 이상 50L 이하의 액화석유가스 용기에 부착되는 것으로서 가스충전구에서 압력조정기의 체결을 해체할 경우 가스공급을 자동적으로 차단하는 차단기구가 내장된 용기밸브의 명칭은?　　　　　　　　　　　　　　　　　　　　　　　　　　　　　[20. 3회. 기사 유사]

해답 차단기능형 액화석유가스용 용기밸브

해설 액화석유가스용 용기밸브(KGS AA313)
① 차단기능형 액화석유가스용 용기밸브 : 내용적 30L 이상 50L 이하의 액화석유가스 용기에 부착되는 것으로서 가스충전구에서 압력조정기의 체결을 해체할 경우 가스공급을 자동적으로 차단하는 차단기구가 내장된 용기밸브이다.
② 과류차단형 액화석유가스용 용기밸브 : 내용적 30L 이상 50L 이하의 액화석유가스 용기에 부착되는 것으로서 규정량 이상의 가스가 흐르는 경우에 가스공급을 자동적으로 차단하는 과류차단기구를 내장한 용기밸브이다.

14 피셔식 정압기의 작동상황 플로차트에서 빈칸을 채우시오. (단, 압력은 '상승, 하강'으로, 밸브는 '열린다, 닫힌다'에서 선택하여 적으시오.)

항목	수용가의 가스사용량	2차 압력	파일럿 다이어프램	파일럿 다이어프램 공급밸브	파일럿 다이어프램 버출밸브	구동압력	메인밸브
상황	사용량 감소	상승	①	②	③	④	⑤

해답 ① 내려간다.
② 열린다.
③ 닫힌다.
④ 하강
⑤ 닫힌다.

15 아황산가스가 누출되었을 때 사용할 수 있는 제독제 종류 4가지를 쓰시오.

해답 ① 가성소다 수용액
② 탄산소다 수용액
③ 물
④ 소석회

해설 제독제 종류

① 제조시설에 보유하여야 할 제독제

가스별	제독제	보유량 (단위 : kg)
염소	가성소다 수용액	670 [저장탱크 등이 2개 이상 있을 경우 저장탱크에 관계되는 저장탱크 수의 제곱근의 수치, 그 밖의 제조설비와 관계되는 저장설비 및 처리설비(내용적이 5m³ 이상의 것에 한정한다)] 수의 제곱근의 수치를 곱하여 얻은 수량, 이하 염소는 탄산소다 수용액 및 소석회에 대하여도 같다.
	탄산소다 수용액	870
	소석회	620
포스겐	가성소다 수용액	390
	소석회	360
황화수소	가성소다 수용액	1140
	탄산소다 수용액	1500
시안화수소	가성소다 수용액	250
아황산가스	가성소다 수용액	530
	탄산소다 수용액	700
	물	다량
암모니아 산화에틸렌 염화메탄	물	다량

② 독성가스 용기 운반 시 응급조치에 필요한 제독제

품명	운반하는 독성가스의 양		비고
	액화가스 질량 1000kg		
	미만인 경우	이상인 경우	
소석회	20kg 이상	40kg 이상	염소, 염화수소, 포스겐, 아황산가스 등 효과가 있는 액화가스에 적용된다.

제2회 필답형 모의고사

01 가스 비중이 0.55인 도시가스를 20m 높이에 공급할 때 압력손실은 몇 mmH₂O인가?

[풀이] $H = 1.293 \times (S-1) \times h = 1.293 \times (0.55-1) \times 20$
$= -11.637 ≒ -11.64 \text{mmH}_2\text{O}$

[해답] $-11.64 \text{mmH}_2\text{O}$

[해설] 압력손실이 마이너스(-)값이 나오는 것은 공기보다 가볍기 때문에 압력이 상승하는 것을 의미한다.

02 가스크로마토그래피 분석장치의 원리를 설명하시오.

[해답] 운반기체(carrier gas)의 유량을 조절하면서 측정하여야 할 시료기체를 도입부를 통하여 공급하면 운반기체와 시료기체가 분리관을 통과하는 동안 분리되어 시료의 각 성분의 흡수력 차이(시료의 확산속도, 이동속도)에 따라 성분의 분리가 일어나고 시료의 각 성분이 검출기에서 측정된다.

03 LPG 사용시설에서 2단 감압방식을 사용할 때 장점 4가지를 쓰시오. [20. 2회. 산기]

[해답] ① 입상배관에 의한 압력손실을 보정할 수 있다.
② 가스배관이 길어도 공급압력이 안정된다.
③ 각 연소기구에 알맞은 압력으로 공급이 가능하다.
④ 중간 배관의 지름이 작아도 된다.

[해설] 2단 감압방식의 단점
① 설비가 복잡하고, 검사방법이 복잡하다.
② 조정기 수가 많아서 점검부분이 많다.
③ 부탄의 경우 재액화의 우려가 있다.
④ 시설의 압력이 높아서 이음방식에 주의하여야 한다.

04 서로 맞물려 회전하는 회전자(rotor)는 기어가 없는 땅콩형 모양으로 유입구와 유출구의 압력차에 의해서 회전하며 1회전할 때마다 일정 용적의 유량을 케이스 밖으로 배출하는 구조이다. 고속회전이 가능하므로 소형으로 대용량을 계량할 수 있는 유량계의 명칭을 쓰시오.

해답 루트형 유량계

해설 용적식 유량계
① 오벌(oval) 기어식 : 케이스 내부에 2개의 타원형의 기어가 서로 맞물려 회전할 수 있도록 조립되어 있고, 입구와 출구의 압력차에 의하여 회전하며 회전수로부터 유량을 측정한다. 중유와 같은 고점도 유체의 유량 측정도 가능하다.
② 루트(root)형 : 회전자가 기어가 없는 매끈한 구조의 땅콩 모양(또는 누에고치 모양)으로 되어 있다. 회전자 전후의 압력차에 의하여 2개의 회전자가 서로 회전하며 케이스와 회전자 사이에 형성되는 계량실의 부피와 회전수로부터 통과유량을 측정한다.

05 안전성 평가기법 중 ETA에 대하여 설명하시오.

해답 초기사건으로 알려진 특정한 장치의 이상이나 운전자의 실수로부터 발생되는 잠재적인 사고 결과를 평가하는 정량적 안전성 평가기법이다.

해설 ETA(Event Tree Analysis) : 사건수분석기법

06 방류둑 구조에 대한 내용 중 (   ) 안에 알맞은 내용을 쓰시오.
(1) 철근콘크리트, 철골·철근콘크리트는 (   ) 콘크리트를 사용하고 균열 발생을 방지하도록 배근, 리베팅 이음, 신축이음 및 신축이음의 간격, 배치 등을 한다.
(2) 방류둑은 (   ) 것으로 한다.
(3) 성토는 수평에 대하여 (   ) 이하의 기울기로 하여 쉽게 허물어지지 않도록 충분히 다져 쌓고, 강우 등으로 인하여 유실되지 않도록 그 표면에 콘크리트 등으로 보호한다.
(4) 성토 윗부분의 폭은 (   )m 이상으로 한다.

해답 (1) 수밀성
(2) 액밀한
(3) 45°
(4) 0.3

07 고압가스설비와 배관의 기밀시험용으로 사용되는 기체 2가지를 쓰시오.

해답 ① 질소 ② 공기

08
고압가스 제조시설에 설치하는 플레어스택의 구조에서 역화 및 공기 등과의 혼합폭발을 방지하기 위하여 갖추어야 할 시설 4가지를 쓰시오. [20. 2회. 기사]

해답
① liquid seal의 설치
② flame arrestor의 설치
③ vapor seal의 설치
④ purge gas(N_2, off gas 등)의 지속적인 주입
⑤ molecular seal 설치

09
아세틸렌에서 발생하는 폭발 종류 2가지를 각각 반응식과 함께 쓰시오. [19. 2회. 산기]

해답
① 분해폭발 : $C_2H_2 \rightarrow 2C + H_2$
② 산화폭발 : $C_2H_2 + 2.5O_2 \rightarrow 2CO_2 + H_2O$
③ 화합폭발 : $C_2H_2 + 2Cu \rightarrow Cu_2C_2 + H_2$
　　　　　　$C_2H_2 + 2Ag \rightarrow Ag_2C_2 + H_2$

해설 아세틸렌의 폭발 종류
① 분해폭발 : 가압, 충격에 의해 탄소(C)와 수소(H_2)로 분해되면서 폭발을 일으킨다.
② 산화폭발 : 산소와 혼합하여 점화하면 폭발을 일으킨다.
③ 화합폭발 : 동(Cu), 은(Ag), 수은(Hg) 등의 금속과 화합 시 폭발성의 아세틸드[구리 아세틸드(Cu_2C_2), 은 아세틸드(Ag_2C_2)]를 생성하여 충격, 마찰에 의하여 폭발한다.

10
일산화탄소와 수소를 반응시켜 메탄올을 합성하는 제조 반응식을 쓰시오.

해답 $CO + 2H_2 \rightarrow CH_3OH$

해설 일산화탄소(CO)와 수소(H_2)에 의한 메탄올(CH_3OH) 제조
① 반응식 : $CO + 2H_2 \rightarrow CH_3OH$
② 촉매 : 동·아연계(CuO, ZnO), 아연·크롬계(ZnO, Cr_2O_3)
③ 온도 : 250~400℃
④ 압력 : 200~300atm

11 양정 15m, 송수량 5.25m³/min일 때 축동력 20PS를 필요로 하는 원심 펌프의 효율은 몇 %인가? (단, 물의 비중은 1이다.)

풀이 원심 펌프의 축동력(PS) 계산식 $PS = \dfrac{\gamma \cdot Q \cdot H}{75 \cdot \eta}$ 에서 효율 η를 구하며, 물의 비중량(γ)은 1000kgf/m³, 유량(Q)은 초(s)당 유량(단위 : m³/s)으로 변환하여 적용한다.

$\therefore \eta = \dfrac{\gamma \times Q \times H}{75 \times PS} \times 100 = \dfrac{1000 \times 5.25 \times 15}{75 \times 20 \times 60} \times 100 = 87.5\%$

해답 87.5%

12 지하에 매설된 도시가스 배관에서 발생하는 부식의 원인 4가지를 쓰시오. [19. 1회. 산기]

해답 ① 국부전지의 발생　② 이종금속의 접촉
③ 통기차(토질의 차이)　④ 콘크리트의 접촉
⑤ 미주전류의 발생　⑥ 토양 중의 박테리아(세균)

13 [보기]와 같은 반응으로 진행되는 접촉분해(수증기 개질)공정에서 카본(C) 생성을 방지하는 방법에 대하여 온도, 압력의 관계를 설명하시오. [19. 1회. 산기]

| 보기 |

$CH_4 \rightleftarrows 2H_2 + C(카본)$ ········· (1)
$2CO \rightleftarrows CO_2 + C(카본)$ ········· (2)

해답 (1) 반응온도를 낮게, 반응압력을 높게 유지한다.
(2) 반응온도를 높게, 반응압력을 낮게 유지한다.

해설 카본(C) 생성을 방지하는 방법
① (1)번, (2)번 모두 반응에 필요한 수증기량 이상의 수증기를 가하면 카본 생성을 방지할 수 있다.
② (1)번 반응은 발열반응에 해당되고 반응 전 1mol, 반응 후 카본(C)을 제외한 2mol로 반응 후의 mol수가 많으므로 온도가 높고, 압력이 낮을수록 반응이 잘 일어난다. 그러므로 카본(C) 생성을 방지하려면 반응이 잘 일어나지 않도록 하여야 하므로 반응온도는 낮게, 반응압력은 높게 유지한다.
③ (2)번 반응은 발열반응에 해당되고 반응 전 2mol, 반응 후 카본(C)을 제외한 1mol로 반응 후의 mol수가 적으므로 온도가 낮고, 압력이 높을수록 반응이 잘 일어난다. 그러므로 카본(C) 생성을 방지하려면 반응이 잘 일어나지 않도록 하여야 하므로 반응온도는 높게, 반응압력은 낮게 유지하여야 한다.

14 고압가스 안전관리법에서 정하는 특정고압가스 종류 4가지를 쓰시오.

해답
① 수소　　② 산소　　③ 액화암모니아
④ 아세틸렌　　⑤ 액화염소　　⑥ 천연가스
⑦ 압축모노실란　　⑧ 압축디보레인　　⑨ 액화알진
⑩ 그 밖에 대통령령으로 정하는 고압가스

해설
① 특정고압가스(고법 제20조) : 수소, 산소, 액화암고니아, 아세틸렌, 액화염소, 천연가스, 압축모노실란, 압축디보레인, 액화알진, 그 밖에 대통령령으로 정하는 고압가스
② 대통령령으로 정하는 고압가스(고법 시행령 제16조) : 포스핀, 세렌화수소, 게르만, 디실란, 오불화비소, 오불화인, 삼불화인, 삼불화질소, 삼불화붕소, 사불화유황, 사불화규소
③ 특수고압가스(고법 시행규칙 제2조) : 압축모노실탄, 압축디보레인, 액화알진, 포스핀, 세렌화수소, 게르만, 디실란 및 그 밖에 반도체의 세정 등 산업통상자원부장관이 인정하는 특수한 용도에 사용되는 고압가스
④ 특수고압가스(KGS FU212 특수고압가스 사용시설 기준) : 특정고압가스 사용시설 중 압축모노실란, 압축디보레인, 액화알진, 포스핀, 세렌화수소, 게르만, 디실란, 오불화비소, 오불화인, 삼불화인, 삼불화질소, 삼불화붕소, 사불화유황, 사불화규소를 말한다.

15 [보기]의 증기압축식 냉동 사이클에서 냉매가 순환되는 과정을 번호로 나열하시오.

| 보기 |
① 팽창밸브　② 증발기　③ 응축기　④ 수액기　⑤ 압축기

해답 ⑤ → ③ → ④ → ① → ②

해설 증기압축식 냉동기의 각 기기 역할(기능)
① 압축기 : 저온, 저압의 냉매가스를 고온, 고압으로 압축하여 응축기로 보내 응축, 액화하기 쉽도록 하는 역할을 한다.
② 응축기 : 고온, 고압의 냉매가스를 공기나 물을 이용하여 응축, 액화시키는 역할을 한다.
③ 수액기 : 응축기에서 액화된 냉매를 일시 저장하는 역할을 한다.
④ 팽창밸브 : 고온, 고압의 냉매액을 증발기에서 증발하기 쉽게 저온, 저압으로 교축 팽창시키는 역할을 한다.
⑤ 증발기 : 저온, 저압의 냉매액이 피냉각 물체로부터 열을 흡수하여 증발함으로써 냉동의 목적을 달성한다.

제4회 필답형 모의고사

01 펌프의 비교회전도(비속도)에 대한 설명 중 ( ) 안에 알맞은 내용을 쓰시오.

> 비교회전도(比較回轉度)란 1개의 임펠러를 대상으로 형상과 운전상태를 동일하게 유지하면서 그 크기를 변경하고, 유량 $1m^3/min$에서 양정 1m를 발생시킬 때 그 임펠러에 주어져야 할 회전수(rpm)로 비속도라고도 한다. 비교회전도가 크면 (①), (②) 펌프이고 작으면 (③), (④) 펌프 특성을 갖는다.

해답 ① 대유량 ② 저양정 ③ 소유량 ④ 고양정

해설 각 펌프의 양정 및 비교회전도 범위

구분	양정	비교회전도 범위
원심펌프	고양정	100~600rpm · m^3/min · m
사류펌프	중양정	500~1300rpm · m^3/min · m
축류펌프	저양정	1200~2000rpm · m^3/min · m

02 이음매 없는 용기의 검사 항목 중 압궤시험에 대하여 설명하시오.

해답 꼭지각이 60°로서 그 끝을 반지름 13mm의 원호로 다듬질한 2개의 강제 쐐기를 사용하여 시험 용기 또는 원통재료의 대략 중앙부에서 원통축에 직각으로 서서히 눌러서 양쪽 쐐기 사이의 거리가 일정량에 도달하여도 균열이 생겨서는 안 된다.

해설 ① 압궤시험용 강제쐐기

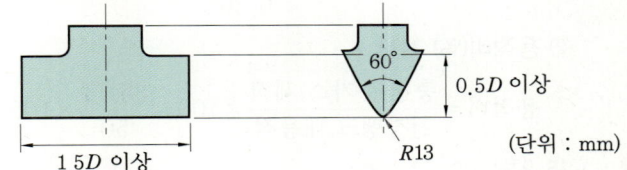

② 압궤시험 예

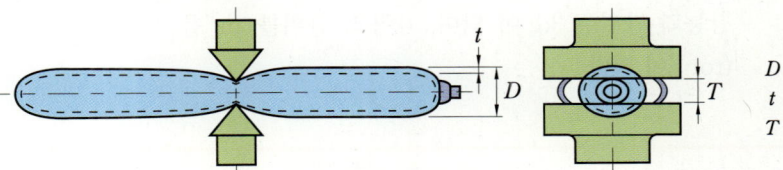

D : 용기 바깥지름
t : 용기 원통부의 두께
T : 양쪽 쐐기 사이의 거리

03 20℃에서 1atm으로 용기에 충전된 가스가 온도가 상승되어 압력이 2.5배 증가되었다면 이때의 온도는 몇 ℃인가?

풀이 보일-샤를의 법칙 $\dfrac{P_1V_1}{T_1}=\dfrac{P_2V_2}{T_2}$에서 충전용기의 내용적은 일정($V_1=V_2$)하므로 $\dfrac{P_1}{T_1}=\dfrac{P_2}{T_2}$이다. 압력이 2.5배로 증가되는 것은 $\dfrac{P_2}{P_1}$의 값이 2.5배라는 것이므로 여기에 대입하여 변화된 후의 온도 T_2를 구하며, 이때의 온도는 절대온도(K)이므로 섭씨온도(℃)로 변환한다.

$\therefore T_2 = \dfrac{P_2}{P_1} \times T_1 = 2.5 \times (273+20) = 732.5K - 273 = 459.5℃$

해답 459.5℃

04 내용적 50m³인 저장탱크에 비중 0.56인 액화석유가스 20톤을 저장할 때 물음에 답하시오.
(1) 저장탱크 저장능력(톤)은 얼마인가?
(2) 저장탱크 내용적 대비 액화석유가스가 차지하는 용적비(%)는 얼마인가?

풀이 (1) 저장탱크 저장능력 계산
$W = 0.9dV = 0.9 \times 0.56 \times 50 = 25.2$톤

(2) 용적비 계산
① 충전된 액화석유가스 20톤이 차지하는 체적 계산

액화석유가스 체적 $= \dfrac{\text{액화석유가스 질량(kg)}}{\text{액화석유가스 비중(kg/L)}}$

$= \dfrac{20 \times 1000}{0.56} = 35714.285L = 35.714m^3 ≒ 35.71m^3$

② 용적비(%) 계산

용적비 $= \dfrac{\text{충전된 가스 체적}}{\text{저장탱크 내용적}} \times 100 = \dfrac{35.71}{50} \times 100 = 71.42\%$

해답 (1) 25.2톤 (2) 71.42%

해설 액화가스 저장탱크 저장능력을 계산할 때 내용적(V)의 단위를 'L'를 적용하면 저장능력 단위는 'kg'이 되며, 내용적 단위를 'm³'를 적용하면 저장능력 단위는 '톤(ton)'이 된다.

05 아세틸렌은 분해폭발의 위험성이 있어 충전할 때 주의하여야 한다. 아세틸렌 충전작업에 대하여 설명하시오.

해답 ① 아세틸렌을 2.5MPa 압력으로 압축하는 때에는 질소·메탄·일산화탄소 또는 에틸렌 등의 희석제를 첨가한다.
② 아세틸렌을 용기에 충전하는 때에는 미리 용기에 다공물질을 고루 채워 다공도가 75% 이상 92% 미만이 되도록 한 후 아세톤 또는 디메틸포름아미드를 고루 침윤시키고 충전한다.
③ 아세틸렌을 용기에 충전하는 때의 충전 중의 압력은 2.5MPa 이하로 하고, 충전 후에는 압력이 15℃에서 1.5MPa 이하로 될 때까지 정치하여 둔다.

06 아세틸렌에 대한 최소산소농도값(MOC)을 추산하면 얼마인가? (단, 공기 중에서 아세틸렌의 폭발범위는 2.5~81%이다.)

풀이 ① 아세틸렌(C_2H_2)의 완전연소 반응식 : $C_2H_2 + 2.5O_2 \rightarrow 2CO_2 + H_2O$
② 최소산소농도값(MOC) 계산 : 완전연소 반응식에서 아세틸렌 1몰에 대하여 산소 2.5몰이 필요하다.

$$\therefore \text{MOC} = \text{LFL} \times \frac{\text{산소 몰수}}{\text{연료 몰수}} = 2.5 \times \frac{2.5}{1} = 6.25\%$$

해답 6.25%

07 다음 각 설비 및 장치, 용기의 기밀시험압력에 대하여 각각 쓰시오.
(1) 고압가스 설비 및 배관 :
(2) 냉매설비 배관 :
(3) 아세틸렌 용기 :
(4) 납붙임 용기 :

해답 (1) 상용압력 이상으로 하되, 0.7MPa를 초과하는 경우 0.7MPa 압력 이상으로 한다.
(2) 설계압력 이상
(3) 최고충전압력의 1.8배
(4) 최고충전압력

해설 충전용기 시험압력
(1) 최고충전압력
① 압축가스를 충전하기 위한 용기 : 35℃의 온도에서 그 용기에 충전할 수 있는 가스의 압력 중 최고압력
② 아세틸렌 용기 : 15℃에서 용기에 충전할 수 있는 가스의 압력 중 최고압력
③ 초저온, 저온 용기 : 상용압력 중 최고압력
④ 액화가스를 충전하기 위한 용기 : 내압시험압력의 5분의 3배
⑤ 접합 및 납붙임 용기
㉮ 압축가스를 충전하는 용기 : 35℃의 온도에서 그 용기에 충전할 수 있는 가스의 압력 중 최고압력

㉯ 액화가스를 충전하는 용기 : 규정에 정한 내압시험압력의 5분의 3배. 다만, 내압시험압력이 0.8MPa를 초과하는 경우에는 0.8MPa로 한다.

(2) 기밀시험압력
① 아세틸렌 용기 : 최고충전압력의 1.8배
② 초저온, 저온 용기 : 최고충전압력의 1.1배의 압력
③ 그 밖의 용기 : 최고충전압력
④ 접합 및 납붙임 용기 : 최고충전압력

(3) 내압시험압력
① 압축가스 및 초저온, 저온 용기에 충전하는 액화가스 : 최고충전압력의 3분의 5배
② 아세틸렌 용기 : 최고충전압력의 3배
③ 액화가스 : 액화가스 종류별로 정한 압력
④ 접합 및 납붙임 용기
㉮ 압축가스를 충전하는 용기 : 최고충전압력 수치의 3분의 5배
㉯ 액화가스를 충전하는 용기 : 액화가스 종류별로 규정에 정한 압력

08 고압가스 안전관리법에 규정된 액화가스의 정의를 쓰시오.

[해답] 액화가스란 가압(加壓)·냉각 등의 방법에 의하여 액체상태로 되어 있는 것으로서 대기압에서의 끓는 점이 40℃ 이하 또는 상용온도 이하인 것을 말한다.
[해설] '도시가스사업법 시행규칙'에 규정된 액화가스의 정의 : 액화가스란 상용의 온도 또는 35℃의 온도에서 압력이 0.2MPa 이상이 되는 것을 말한다.

09 수소와 메탄이 체적비 50 : 50으로 이루어진 혼합가스를 취급하는 시설에 가스누출검지 경보장치를 설치할 때 검지부의 경보농도 설정값을 계산하시오. (단, 공기 중에서 수소의 폭발범위는 4~75%, 메탄의 폭발범위는 5~15%이다.)

[풀이] ① 혼합가스의 폭발범위 하한계 계산 : 르샤틀리에 공식 $\dfrac{100}{L} = \dfrac{V_1}{L_1} + \dfrac{V_2}{L_2}$를 이용하여 폭발범위 하한계 L을 계산한다.

$$\therefore L = \dfrac{100}{\dfrac{V_1}{L_1} + \dfrac{V_2}{L_2}} = \dfrac{100}{\dfrac{50}{4} + \dfrac{50}{5}} = 4.444 ≒ 4.44\%$$

② 경보농도 설정값(%) 계산 : 가스누출검지 경보장치 검지부의 경보농도 설정값은 폭발범위 하한계의 1/4 이하로 한다.

$$\therefore 경보농도 설정값 = 폭발범위 하한계 \times \dfrac{1}{4} = 4.44 \times \dfrac{1}{4} = 1.11\% \text{ 이하}$$

[해답] 1.11% 이하

10 도시가스 제조법 중 수소화분해공정에 대하여 설명하시오.

해답 C/H비가 큰 탄화수소를 고온·고압의 수소기류 중에서 열분해 또는 접촉분해시켜서 메탄을 주성분으로 하는 고열량의 가스를 제조하는 방법으로 촉매로는 Ni(니켈) 등을 사용한다.

11 전기방식법 중 배류법에 대하여 설명하시오.

해답 매설배관의 전위가 주위의 타 금속 구조물의 전위보다 높은 장소에서 매설배관과 주위의 타 금속 구조물을 전기적으로 접속시켜 매설배관에 유입된 누출전류를 전기회로적으로 복귀시키는 방법이다.

해설 전기방식(電氣防蝕) : 지중 및 수중에 설치하는 강재배관 및 저장탱크 외면에 전류를 유입시켜 양극반응을 저지함으로써 배관의 전기적 부식을 방지하는 것이다.
① 희생양극법(犧牲陽極法) : 지중 또는 수중에 설치된 양극금속과 매설배관을 전선으로 연결해 양극금속과 매설배관 사이의 전지작용으로 부식을 방지하는 방법이다.
② 외부전원법(外部電源法) : 외부 직류전원장치의 양극(+)은 매설배관이 설치되어 있는 토양이나 수중에 설치한 외부전원용 전극에 접속하고, 음극(-)은 매설배관에 접속시켜 부식을 방지하는 방법이다.
③ 배류법(排流法) : 매설배관의 전위가 주위의 타 금속 구조물의 전위보다 높은 장소에서 매설배관과 주위의 타 금속 구조물을 전기적으로 접속시켜 매설배관에 유입된 누출전류를 전기회로적으로 복귀시키는 방법이다.

12 웨버지수는 연소성과 호환성을 판단하는 지수로 사용하며, 연소기에 웨버지수가 같은 다른 연료를 사용해도 이상이 없는 것이 일반적이다. LPG를 사용하던 연소기구를 LNG로 바꿀 때 변경해야 할 입력값(In-put)에 대하여 설명하시오.

해답 LNG는 LPG보다 단위 체적당 발열량이 낮아 웨버지수가 작으므로 LPG 연소기구의 노즐 지름을 크게 하여 웨버지수가 같아지도록 조정하면 호환이 가능하다.

해설 웨버지수 : 도시가스 발열량(H_g : kcal/m³)을 가스 비중(d)의 평방근으로 나눈 값으로 가스의 연소성을 판단하는 데 중요한 수치이다.

$$WI = \frac{H_g}{\sqrt{d}}$$

13 LPG 이입·충전에는 차압에 의한 방법, 펌프에 의한 방법, 압축기에 의한 방법이 있는데 이 중에서 압축기에 의한 방법을 설명하시오.

> **해답** 저장탱크 상부의 가스를 압축기를 이용하여 흡입하고, 압력을 올린 후 이것으로 탱크로리 상부를 가압하여 탱크로리의 LPG를 저장탱크로 이송시키며, 사방밸브를 조작하여 탱크로리 내의 잔가스를 회수할 수 있다. 액화석유가스 이송방법 중 속도가 가장 빨라 충전소 등에서 가장 많이 이용되고 있는 방법이다.

14 수소를 생산방식에 따라 4가지로 구분하여 쓰시오.

> **해답** ① 그린 수소 ② 그레이 수소 ③ 브라운 수소 ④ 블루 수소
>
> **해설** ① 그린 수소(green hydrogen) : 태양광, 풍력 등 재생에너지에서 생산된 전기로 물을 전기분해(수전해)하여 생산한 수소이다. 수소를 생산하는 과정에서 오염물질이 배출되지 않으며, 전기에너지를 수소로 변환하여 쉽게 저장하므로 생산량이 고르지 않은 재생에너지의 단점을 보완할 수 있는 장점이 있는 반면, 생산단가가 높고 전력 사용량이 많아 상용화에 어려움이 있다.
> ② 그레이 수소(gray hydrogen) : 천연가스를 고온·고압의 수증기와 반응시켜 물에 함유된 수소를 추출하는 개질 방식(반응식 : $CH_4 + 2H_2O \rightarrow CO_2 + 4H_2$)과 석유화학이나 철강 공정 등에서 부수적으로 발생하는 부생수소도 포함된다. 수소 생산 과정에서 이산화탄소가 가장 많이 발생한다.
> ③ 브라운 수소(brown hydrogen) : 석탄이나 갈탄을 고온·고압하에서 가스화하여 수소가 주성분인 합성가스를 만드는 방식이다.
> ④ 블루 수소(blue hydrogen) : 그레이 수소를 만드는 과정에서 발생한 이산화탄소를 포집·저장하여 탄소 배출을 줄인 수소를 말한다. 블루 수소는 그레이, 브라운 수소에 비해 친환경적인 생산 방식으로 그린 수소에 비해 경제성이 뛰어나다.

15 브레이턴 사이클 과정 4가지를 쓰시오.

> **해답** ① 단열 압축 과정 ② 정압 가열 과정 ③ 단열 팽창 과정 ④ 정압 방열 과정
>
> **해설** 브레이턴 사이클(Brayton cycle) : 가스터빈의 이상 사이클로 2개의 단열과정과 2개의 정압과정으로 이루어진다.

2023년 가스산업기사 필답형 실전 모의고사

제1회 필답형 모의고사

01 도시가스 및 액화석유가스 사용시설의 입상관의 정의를 쓰시오.

해답 수용가에 가스를 공급하기 위해 건축물에 수직으로 부착되어 있는 배관을 말하며, 가스의 흐름 방향과 관계없이 수직배관은 입상관으로 본다.

02 위험장소 안에 있는 전기설비에는 그 전기설비가 누출된 가스의 점화원이 되는 것을 방지하기 위하여 가연성가스의 제조설비 또는 저장설비 중 전기설비는 방폭성능을 갖도록 설치하여야 하는데 암모니아와 브롬화메탄을 제외시키는 이유를 설명하시오.

해답 암모니아 및 브롬화메탄의 경우 다른 가연성가스에 비하여 상대적으로 폭발범위가 좁고, 최소발화에너지(MIE : Minmum Ignition Energy)가 높기 때문에 전기설비로 인한 폭발의 가능성이 낮아 제외하고 있다.

해설 암모니아 및 브롬화메탄 성질

구분	공기 중 폭발범위	최소발화에너지
암모니아(NH_3)	15~28%	0.77×10^{-3} J
브롬화메탄(CH_3Br)	8.6~16%	-

03 도시가스 제조소 및 공급소에 설치하는 가스누출검지 경보장치의 검지부를 설치하는 위치는 가스의 성질·주위상황·각 설비의 구조 등의 조건에 따라 정하여야 한다. KGS code에 규정된 설치 제외장소 4가지 중 2가지를 선택하여 쓰시오.

해답 ① 증기, 물방울, 기름 섞인 연기 등이 직접 접촉될 우려가 있는 곳
② 주위온도 또는 복사열에 의한 온도가 40℃ 이상이 되는 곳
③ 설비 등에 가려져 누출가스의 유통이 원활하지 못한 곳
④ 차량 그 밖의 작업 등으로 인하여 경보기가 파손될 우려가 있는 곳

04 고압가스 안전관리법에서 규정하고 있는 충전용기의 정의를 쓰시오.

[해답] 고압가스의 충전질량 또는 충전압력의 2분의 1 이상이 충전되어 있는 상태의 용기를 말한다.

[해설] 잔가스 용기 : 충전질량 또는 충전압력의 2분의 1 미만이 충전되어 있는 상태의 용기를 말한다.

05 직류 아크용접기와 교류 아크용접기의 특성을 비교한 표를 완성하시오.

구분	직류 용접기	교류 용접기
아크 안정성		
극성 이용		
역률		
전격의 위험		

[해답]

구분	직류 용접기	교류 용접기
아크 안정성	안정	불안정
극성 이용	가능	불가능
역률	양호	불량
전격의 위험	적다	많다

[해설] 직류 아크용접기와 교류 아크용접기의 비교

구분	직류 용접기	교류 용접기
아크 안정성	안정	불안정
극성 이용	가능	불가능
역률	양호	불량
전격의 위험	적다	많다
비피복 용접봉 사용	가능	불가능
무부하 전압	낮다	높다
구조	복잡	간단
유지	어렵다	쉽다
고장	많다	적다
가격	비싸다	싸다
소음	있다	없다
자기 쏠림 방지	불가능	가능

06 시안화수소의 충전작업 및 제독조치에 대한 기준 중 ( ) 안에 알맞은 내용을 쓰시오.

(1) 용기에 충전하는 시안화수소는 순도가 ( )% 이상으로 한다.
(2) 시안화수소를 충전한 용기는 충전 후 (①)하고, 그 후 1일 1회 이상 (②) 등의 시험지로 가스의 누출검사를 한다.
(3) 시안화수소를 제조하는 설비에 보유해야 할 제독제는 (①)이고, (②)kg 이상 보유하여야 한다.

해답 (1) 98
(2) ① 24시간 정치 ② 질산구리벤젠
(3) ① 가성소다 수용액 ② 250

해설 시안화수소 충전작업 기준 : KGS FP112
① 용기에 충전하는 시안화수소는 순도가 98% 이상이고, 아황산가스 또는 황산 등의 안정제를 첨가한 것으로 한다.
② 시안화수소를 충전한 용기는 충전 후 24시간 정치하고, 그 후 1일 1회 이상 질산구리벤젠 등의 시험지로 가스의 누출검사를 하며, 용기에 충전 연월일을 명기한 표지를 붙이고, 충전한 후 60일이 경과되기 전에 다른 용기에 옮겨 충전한다. 다만, 순도가 98% 이상으로서 착색되지 아니한 것은 다른 용기에 옮겨 충전하지 않을 수 있다.

※ 독성가스 종류에 따른 제독제 및 보유량은 2020년 1회 산업기사 필답형 08번 해설을 참고하기 바랍니다.

07 바닥면적 33m^2인 액화석유가스 저장설비실의 통풍구조에 대한 물음에 답하시오.

(1) 강제환기설비를 설치하였을 때 통풍능력은 얼마인가?
(2) 자연환기설비를 설치하였을 때 환기구의 통풍 가능 면적 합계는 얼마인가?
(3) 자연환기설비를 설치하였을 때 환기구는 몇 개를 설치해야 하는가?

풀이 (1) 통풍능력은 바닥면적 1m^2마다 0.5m^3/min 이상으로 한다.
∴ 33×0.5=16.5m^3/min 이상
(2) 환기구의 통풍 가능 면적의 합계는 바닥면적 1m^2마다 300cm^2의 비율로 계산한 면적 이상으로 한다.
∴ 33×300=9900cm^2 이상
(3) 환기구 1개의 면적은 2400cm^2 이하로 한다.
∴ 환기구 수 = $\frac{통풍 가능 면적 합계}{1개소의 면적}$ = $\frac{9900}{2400}$ = 4.125 ≒ 5개 이상

해답 (1) 16.5m³/min 이상
(2) 9900cm² 이상
(3) 5개 이상

해설 LPG 시설의 환기설비 설치 기준 : KGS FP331
① 자연환기설비 설치
  ㉮ 외기를 향하게 설치된 환기구의 통풍 가능 면적의 합계는 바닥면적 $1m^2$ 마다 $300cm^2$의 비율로 계산한 면적 이상으로 하고, 환기구 1개의 면적은 $2400cm^2$ 이하로 한다.
    ㉠ 환기구에 철망, 환기구 틀이 부착될 경우 이것이 차지하는 단면적을 뺀 면적으로 계산한다.
    ㉡ 환기구에 알루미늄 또는 강판제 갤러리가 부착된 경우 환기구 면적의 50%로 계산한다.
    ㉢ 한 방향 이상이 전면 개방되어 있는 경우 개방된 부분의 바닥면으로부터 높이 0.4m까지의 개구부 면적으로 계산한다.
    ㉣ 한 방향의 환기구 통풍 가능 면적은 전체 환기구 필요 통풍 가능 면적의 70%까지만 계산한다.
  ㉯ 사방을 방호벽 등으로 설치할 경우 환기구의 방향은 2방향 이상으로 분산 설치한다.
  ㉰ 환기구는 가로의 길이를 세로의 길이보다 길게 한다.
② 강제환기설비 설치
  ㉮ 통풍 능력은 바닥면적 $1m^2$마다 $0.5m^3$/min 이상으로 한다.
  ㉯ 흡입구는 바닥면 가까이에 설치한다.
  ㉰ 배기가스 방출구는 지면에서 5m 이상의 높이에 설치한다.
※ 환기구 및 흡입구의 위치, 방출구 높이 등은 도시가스시설의 환기구 설치 기준과 다르니 구별하길 바랍니다.

08 폭굉유도거리가 짧아질 수 있는 조건 4가지를 쓰시오.

해답 ① 정상 연소속도가 큰 혼합가스일수록
② 관속에 방해물이 있거나 지름이 작을수록
③ 압력이 높을수록
④ 점화원의 에너지가 클수록

해설 ① 폭굉의 정의 : 가스 중의 음속보다도 화염 전파속도가 큰 경우로서 가스의 경우 1000~3500m/s 정도에 달하여 파면선단에 충격파라고 하는 압력파가 생겨 격렬한 파괴작용을 일으키는 현상을 말한다.
② 폭굉유도거리 : 최초의 완만한 연소가 격렬한 폭굉으로 발전될 때까지의 거리

09 게이뤼삭 법칙을 설명하시오.

[해답] 압력이 일정할 때 기체의 부피는 온도에 비례하여 변한다.

[해설] 게이뤼삭(Gay Lussac)의 법칙을 샤를(Charles)의 법칙이라 한다.

10 흡수식 냉동기(냉온수기)에 사용하는 냉매에 따른 흡수제를 각각 쓰시오. [16. 4회. 산기]

(1) 암모니아(NH_3) :
(2) 물(H_2O) :
(3) 염화메틸(CH_3Cl) :
(4) 톨루엔 :

[해답] (1) 물(H_2O)
(2) 리튬브로마이드(LiBr)
(3) 사염화에탄
(4) 파라핀유

11 수소 30%, 일산화탄소 70%인 혼합가스 $1Nm^3$가 완전연소할 때 필요한 이론공기량(Nm^3)은 얼마인가?

[풀이] ① 수소(H_2)와 일산화탄소(CO)의 완전연소 반응식

$$H_2 + \frac{1}{2}O_2 \rightarrow H_2O$$

$$CO + \frac{1}{2}O_2 \rightarrow CO_2$$

② 이론공기량 계산 : 기체 1kmol의 부피는 $22.4Nm^3$이고, 체적으로 이론공기량(A_0)은 이론산소량(O_0)을 공기 중 산소의 체적비 21%로 나눠준다.

[H_2]	[O_2]	[CO]	[O_2]
↓	↓	↓	↓
$22.4Nm^3$	$\frac{1}{2} \times 22.4Nm^3$	$22.4Nm^3$	$\frac{1}{2} \times 22.4Nm^3$
$1 \times 0.3Nm^3$	$x(O_0)Nm^3$	$1 \times 0.7Nm^3$	$y(O_0)Nm^3$

$$\therefore A_0 = \frac{x(O_0)}{0.21} + \frac{y(O_0)}{0.21} = \frac{\left(\frac{1}{2} \times 22.4\right) \times (1 \times 0.3)}{22.4 \times 0.21} + \frac{\left(\frac{1}{2} \times 22.4\right) \times (1 \times 0.7)}{22.4 \times 0.21}$$

$$= \frac{\left(\frac{1}{2} \times 0.3\right) + \left(\frac{1}{2} \times 0.7\right)}{0.21} = 2.380 ≒ 2.38 Nm^3$$

[해답] $2.38 Nm^3$

해설 ① 공기 중 산소의 체적비에 대하여 언급이 없으면 21%를 적용하며, 질량비는 23.2%를 적용합니다.
② 1Nm³는 표준상태(0℃, 1기압)의 체적을 의미하는 것으로 Sm³와 병용해서 사용합니다.

12 가스온수기를 가정집의 목욕탕(샤워실)과 같은 곳에 설치하는 것을 제한하는 이유를 설명하시오.

해답 목욕탕(샤워실)과 같은 환기가 잘 되지 않는 곳에 설치하여 사용하면 연소용 공기(산소)의 공급이 원활하게 이루어지지 않아 불완전연소가 되며, 이때 발생하는 일산화탄소(CO)에 중독되어 사망할 수 있는 사고가 발생할 가능성이 크기 때문에 제한하는 것이다.

13 도시가스 월 사용 예정량 산정식을 쓰고 설명하시오.

해답 $Q = \dfrac{(A \times 240) + (B \times 90)}{11000}$

여기서, Q : 월 사용 예정량(m³)
A : 산업용으로 사용하는 연소기의 명판에 기재된 가스소비량의 합계(kcal/h)
B : 산업용이 아닌 연소기의 명판에 기재된 가스소비량의 합계(kcal/h)

14 수소 제조시설에서 수소의 누출 여부를 검지하기 위하여 설치하는 가스누설검지 경보장치의 경보농도는 몇 % 이하로 하는가?

풀이 ① 공기 중에서 수소의 폭발범위는 4~75%이다.
② 경보농도는 가연성가스의 경우 폭발하한계의 4분의 1 이하이다.

∴ 경보농도=폭발범위 하한계 $\times \dfrac{1}{4} = 4 \times \dfrac{1}{4} = 1\%$

해답 1 % 이하

해설 가스누출경보 및 자동차단장치 경보농도(KGS FP112) : 경보농도는 검지경보장치의 설치장소, 주위 분위기 온도에 따라 가연성가스는 폭발하한계의 4분의 1 이하, 독성가스는 TLV-TWA(Threshold Limit Value-Time Weight Average : 정상인이 1일 8시간 또는 주 40시간 통상적인 작업을 수행함에 있어 건강상 나쁜 영향을 미치지 아니하는 정도의 공기 중 가스농도를 말한다) 기준농도 이하로 한다. (다만, 암모니아를 실내에서 사용하는 경우에는 50ppm으로 할 수 있다)

15 내용적 100L 용기에 다음과 같은 조건으로 혼합가스가 있을 때 용기의 전압은 게이지압력으로 몇 atm인가?

구분	몰분율(%)	압력(atm·a)
에탄	10	38
프로판	50	8.4
부탄	40	1.75

풀이 기체 1몰(mol)은 22.4L의 체적을 가지므로 몰분율은 체적비율과 같으며, 문제에서 제시된 몰분율은 내용적 100L 용기에서 각각의 기체가 차지하는 체적비율이다. 각 성분의 압력이 절대압력으로 제시되었으므로 대기압 1atm을 적용해서 게이지압력으로 변환한다.

$$\therefore P = \frac{P_1V_1 + P_2V_2 + P_3V_3}{V}$$

$$= \frac{(38 \times 100 \times 0.1) + (8.4 \times 100 \times 0.5) + (1.75 \times 100 \times 0.4)}{100}$$

$$= 8.7 \text{atm} \cdot \text{a} - 1 = 7.7 \text{atm} \cdot \text{g}$$

해답 7.7atm·g

별해 기체 1몰(mol)은 22.4L의 체적을 가지므로 몰분율은 체적비율과 같으며, 각 성분의 압력은 100L 용기에서 나타내고 있는 것이므로 전압을 계산할 때 내용적은 고려하지 않는다. 각 성분의 압력이 절대압력으로 제시되었으므로 대기압 1atm을 적용해서 게이지압력으로 변환한다.

$$\therefore P = P_1X_1 + P_2X_2 + P_3X_3 = (38 \times 0.1) + (8.4 \times 0.5) + (1.75 \times 0.4)$$

$$= 8.7 \text{atm} \cdot \text{a} - 1 = 7.7 \text{atm} \cdot \text{g}$$

제2회 필답형 모의고사

01 1단 감압식 저압조정기를 사용할 때 장점 및 단점을 각각 2가지씩 쓰시오. [20. 3회. 산기]

해답 (1) 장점
① 장치가 간단하다.
② 조작이 간단하다.
(2) 단점
① 배관지름이 커야 한다.
② 최종 압력이 부정확하다.

02 비중이 0.6인 가스를 길이 400m 떨어진 곳에 저압으로 시간당 200m³로 공급하고자 한다. 압력손실이 수주로 25mm이면 배관의 최소 관지름(cm)은 얼마인가? [15. 4회. 산기] [20. 4회. 유사]

풀이 저압 배관 유량식 $Q = K\sqrt{\dfrac{D^5 \cdot H}{S \cdot L}}$ 에서 관지름 D를 구한다.

$$\therefore D = \sqrt[5]{\dfrac{Q^2 \cdot S \cdot L}{K^2 \cdot H}} = \sqrt[5]{\dfrac{200^2 \times 0.6 \times 400}{0.707^2 \times 25}} = 15.034 ≒ 15.03\text{cm}$$

해답 15.03cm

해설 ① 저압 배관 및 중고압 배관 유량식은 단위 정리가 되지 않는 공식에 해당됩니다.
② '루트 5승' 계산은 공학용 계산기로만 가능하며, 조작 방법은 계산기에 따라 다르므로, 소지하고 있는 공학용 계산기의 조작 방법을 숙지하길 바랍니다.

03 가연성가스 저온 저장탱크에는 그 저장탱크의 내부압력이 외부압력보다 낮아짐에 따라 그 저장탱크가 파괴되는 것을 방지하기 위하여 설치하여야 할 설비 2가지를 쓰시오. [23. 1회. 기사]

해답 ① 압력계
② 압력경보설비
③ 진공안전밸브
④ 다른 저장탱크 또는 시설로부터의 가스도입배관(균압관)
⑤ 압력과 연동하는 긴급차단장치를 설치한 냉동제어설비
⑥ 압력과 연동하는 긴급차단장치를 설치한 송액설비

해설 저장탱크 부압파괴 방지조치(KGS FP112) : 가연성가스 저온 저장탱크에는 그 저장탱크의 내부압력이 외부압력보다 낮아짐에 따라 그 저장탱크가 파괴되는 것을 방지하기 위하여 다음의 부압파괴 방지설비를 설치한다.
① 압력계
② 압력경보설비
③ 그 밖의 다음 중 어느 하나 이상의 설비
　㉮ 진공안전밸브
　㉯ 다른 저장탱크 또는 시설로부터의 가스도입배관(균압관)
　㉰ 압력과 연동하는 긴급차단장치를 설치한 냉동제어설비
　㉱ 압력과 연동하는 긴급차단장치를 설치한 송액설비

04 내용적 40L인 용기에 0℃ 상태에서 산소가 절대압력 180kgf/cm²으로 충전되어 있을 때 무게는 몇 kg인가? [23. 1회. 기사 유사]

풀이 절대단위 이상기체 상태방정식 $PV=\frac{W}{M}RT$에서 무게 W를 구하는 데 단위가 'g'이므로 'kg'으로 변환하여야 하며, 용기에 충전된 압력은 절대압력으로 주어졌으므로 그대로 'atm' 단위로 변환하여 계산하고, 산소(O_2)의 분자량(M)은 32이다.

$$\therefore W=\frac{PVM}{RT}=\frac{\frac{180}{1.0332}\times 40\times 32}{0.082\times(273+0)\times 1000}=9.961 ≒ 9.96\,kg$$

해답 9.96kg

별해 SI단위 이상기체 상태방정식 $PV=GRT$를 이용하여 계산 : 문제에서 제시된 조건을 공식의 각 기호에 맞는 단위로 변환하여 적용한다.
(1atm은 101.325kPa, 40L은 0.04m³이다.)

$$\therefore G=\frac{PV}{RT}=\frac{\left(\frac{180}{1.0332}\times 101.325\right)\times 0.04}{\frac{8.314}{32}\times(273+0)}=9.955 ≒ 9.96\,kg$$

05 피셔식 정압기의 작동상황 플로차트에서 빈칸을 채우시오. (단, 압력은 '상승, 하강'으로, 밸브는 '열린다, 닫힌다'에서 선택하여 적으시오.) [22. 1회. 산기]

항목	수용가의 가스사용량	2차 압력	파일럿 다이어프램	파일럿 다이어프램 공급밸브	파일럿 다이어프램 배출밸브	구동압력	메인밸브
상황	사용량 감소	상승	①	②	③	④	⑤

해답 ① 내려간다.　② 열린다.　③ 닫힌다.　④ 하강　⑤ 닫힌다.

06 고압가스 안전관리법에서 규정하고 있는 초저온 저장탱크의 정의를 쓰시오.

[해답] 섭씨 영하 50도 이하의 액화가스를 저장하기 위한 저장탱크로서 단열재를 씌우거나 냉동설비로 냉각시키는 등의 방법으로 저장탱크 내의 가스온도가 상용의 온도를 초과하지 아니하도록 한 것을 말한다.

[해설] 용어의 정의 : 고법 시행규칙 제2조

[참고] 초저온 용기의 정의 : 섭씨 영하 50도 이하의 액화가스를 저장하기 위한 용기로서 단열재를 씌우거나 냉동설비로 냉각시키는 등의 방법으로 용기 내의 가스온도가 상용의 온도를 초과하지 아니하도록 한 것을 말한다.

※ 초저온 저장탱크와 초저온 용기의 정의는 '저장탱크'와 '용기'만 변경하면 되는 사항이다.

07 공기액화 분리장치의 폭발원인 4가지를 쓰시오. [12. 1회, 16. 2회, 18. 3회, 기사]

[해답] ① 공기 취입구로부터 아세틸렌(C_2H_2)의 혼입
② 압축기용 윤활유 분해에 따른 탄화수소의 생성
③ 공기 중 질소화합물(NO, NO_2) 혼입
④ 액체 공기 중에 오존(O_3)의 혼입

※ 답안의 각 물질 분자기호는 작성하지 않아도 되며(단, 답안을 물질명 분자기호로 요구하는 경우도 있음), '질소화합물'을 '질소산화물'로 표현해도 무방합니다.

[해설] 폭발방지대책
① 장치 내 여과기를 설치한다.
② 아세틸렌이 흡입되지 않는 장소에 공기 흡입구를 설치
③ 양질의 압축기 윤활유 사용
④ 장치는 1년에 1회 정도 내부를 사염화탄소(CCl_4)를 사용하여 세척한다.

08 압력계에 지시된 26kgf/cm²을 수두(水頭)로 변환하면 몇 m인가?

[풀이] 환산압력 = $\dfrac{\text{주어진 압력}}{\text{주어진 압력의 표준대기압}} \times$ 구하려는 표준대기압

$= \dfrac{26}{1.0332} \times 10.332 = 260 mH_2O$

[해답] $260 mH_2O$

[해설] 1atm = 760mmHg = 76cmHg = 0.76mHg = 29.9inHg = 760torr
= 10332kgf/m² = 1.0332kgf/cm² = 10.332mH₂O = 10332mmH₂O
= 101325N/m² = 101325Pa = 101.325kPa = 0.101325MPa
= 1.01325bar = 1013.25mbar = 14.7lb/in² = 14.7psi

09 아황산가스(SO_2)가 누출될 경우 그 가스로 인한 중독을 방지하기 위하여 보유하여야 할 제독제 3가지를 쓰시오. [20. 1회. 산기 유사]

해답 ① 가성소다 수용액
② 탄산소다 수용액
③ 물

해설 ① 제독제 보유량 : KGS FP111, KGS FP112, KGS FP211

가스별	제독제	보유량(kg)
염소	가성소다 수용액	670 [저장탱크 등이 2개 이상 있을 경우 저장탱크에 관계되는 저장탱크 수의 제곱근의 수치. 그 밖의 제조설비와 관계되는 저장설비 및 처리설비(내용적이 5m³ 이상의 것에 한정한다) 수의 제곱근의 수치를 곱하여 얻은 수량, 이하 염소는 탄산소다 수용액 및 소석회에 대하여도 같다.]
	탄산소다 수용액	870
	소석회	620
포스겐	가성소다 수용액	390
	소석회	360
황화수소	가성소다 수용액	1140
	탄산소다 수용액	1500
시안화수소	가성소다 수용액	250
아황산가스	가성소다 수용액	530
	탄산소다 수용액	700
	물	다량
암모니아 산화에틸렌 염화메탄	물	다량

② '소석회'는 운반과정 중에 보유해야 할 제독제이며(2022년 산업기사 1회 필답형 15번 참고) 문제의 조건에서 제조시설 및 충전시설이 명시되어 있지 않아 '소석회'라고 답한 수험생이 정답 여부를 공단에 민원을 넣어 확인해 본 결과 KGS FP111의 제독제 보유 규정에 근거한 문제라는 답변을 받았음

10 아세틸렌, 프로판, 메탄, 수소의 위험도를 구하고, 위험도가 큰 것부터 작은 순으로 쓰시오.
[16. 1회. 기사]

풀이 위험도(H) 계산식 $H=\dfrac{U-L}{L}$에 각 가스의 폭발범위 상한값(U)과 하한값(L)을 대입하여 구한다.

① 아세틸렌 : $H=\dfrac{81-2.5}{2.5}=31.4$

② 프로판 : $H=\dfrac{9.5-2.2}{2.2}=3.318≒3.32$

③ 메탄 : $H=\dfrac{15-5}{5}=2$

④ 수소 : $H=\dfrac{75-4}{4}=17.75$

해답 (1) 위험도 : ① 아세틸렌 : 31.4 ② 프로판 : 3.32
③ 메탄 : 2 ④ 수소 : 17.75
(2) 순서 : 아세틸렌 → 수소 → 프로판 → 메탄

해설 ① 각 가스의 공기 중에서 폭발범위

가스 명칭	공기 중 폭발범위(vol%)
아세틸렌(C_2H_2)	2.5~81
프로판(C_3H_8)	2.2~9.5
메탄(CH_4)	5~15
수소(H_2)	4~75

② 문제에서 제시된 가스 종류에 번호를 부여하고 위험도 순서를 번호로 나열하는 형태로 제시될 수 있으니 문제 내용을 정확히 파악하길 바랍니다.

11 도시가스 제조 프로세스 중 접촉분해 프로세스에 대하여 설명하시오.
[07. 2회, 09 1회, 19. 1회, 20. 3회. 산기]

해답 촉매를 사용해서 반응온도 400~800℃에서 탄화수소와 수증기를 반응시켜 메탄(CH_4), 수소(H_2), 일산화탄소(CO), 이산화탄소(CO_2)로 변환하는 공정이다.

해설 도시가스의 가스화 방식에 의한 분류
① 열분해 공정(process)
② 접촉분해 공정(접촉개질공정)
③ 부분연소 공정
④ 대체천연가스(SNG) 공정
⑤ 수소화 분해 공정

12 가스배관 경로를 선정할 때 고려사항 4가지를 쓰시오.

해답 ① 최단거리로 할 것
② 구부러지거나 오르내림이 적을 것
③ 은폐, 매설을 피할 것
④ 옥외에 설치할 것

13 정압기를 평가 선정할 경우 각 특성이 사용조건에 적합하도록 정압기를 선정하여야 한다. 이때 고려하여야 할 특성 4가지를 쓰시오. [17. 1회. 기사] [16. 4회. 산기]

해답 ① 정특성
② 동특성
③ 유량특성
④ 사용 최대 차압
⑤ 작동 최소 차압

14 국내에 적용하고 있는 독성가스 기준인 허용농도를 표시하는 영문 약자를 쓰시오. [17. 2회. 기사 유사]

해답 LC50
해설 ① 독성가스의 정의(고법 시행규칙 제2조) : 공기 중에 일정량 이상 존재하는 경우 인체에 유해한 독성을 가진 가스로서 허용농도가 100만분의 5000 이하인 것을 말한다. → LC50(치사농도(致死濃度) 50 : Lethal Concentration 50)으로 표시
② 허용농도 : 해당 가스를 성숙한 흰쥐 집단에게 대기 중에서 1시간 동안 계속하여 노출시킨 경우 14일 이내에 그 흰쥐의 2분의 1 이상이 죽게 되는 가스의 농도를 말한다.

15 LPG 및 도시가스를 사용하는 기기에서 파일럿 버너(pilot burner)란 무엇인가?

해답 주 버너의 화염을 점화하기 위해서 사용되는 작은 불꽃의 버너를 지칭하는 것이다.

제4회 필답형 모의고사

01 가스압축에 사용하는 압축기에서 다단 압축을 하는 목적 4가지를 쓰시오.

해답 ① 1단 단열압축과 비교한 일량의 절약
② 이용효율의 증가
③ 힘의 평형이 양호해진다.
④ 가스의 온도 상승을 피할 수 있다.

02 LPG 자연기화방식과 비교한 강제기화방식의 장점 4가지를 쓰시오.

해답 ① 한랭 시에도 연속적으로 가스공급이 가능하다.
② 공급가스의 조성이 일정하다.
③ 설치면적이 좁아진다.
④ 기화량을 가감할 수 있다.
⑤ 설비비 및 인건비가 절약된다.

03 정압기를 평가·선정할 경우 각 특성이 사용조건에 적합하도록 정압기를 선정하여야 한다. 이때 고려하여야 할 사항 4가지를 쓰시오.

해답 ① 정특성
② 동특성
③ 유량특성
④ 사용 최대 차압
⑤ 작동 최소 차압

04 온도변화에 따른 배관의 열팽창을 흡수하는 상온 스프링(cold spring)을 설명하시오.

해답 배관의 자유팽창량(열팽창)을 미리 계산하여 자유팽창량의 1/2 만큼 배관을 짧게 절단한 후 강제 배관을 하여 신축을 흡수하는 장치(신축이음쇠)이다.

05 비중이 0.55인 부탄을 내용적 50m³인 저장탱크에 20톤 저장할 때 저장탱크 내용적 대비 부탄이 차지하는 체적비는 몇 %인가?

풀이 ① 저장탱크에 저장된 부탄 20톤이 차지하는 체적 계산 : 부탄은 액화가스이므로 비중 0.55는 액비중이다.

$$\therefore \text{액화 부탄 체적} = \frac{\text{액화 부탄 질량(kg)}}{\text{부탄 액비중(kg/L)}} = \frac{20 \times 1000}{0.55}$$
$$= 36363.636 \text{L} = 36.363 \text{m}^3 \fallingdotseq 36.36 \text{m}^3$$

② 체적비(%) 계산

$$\text{체적비} = \frac{\text{충전된 액화 부탄 체적}}{\text{저장탱크 내용적}} \times 100 = \frac{36.36}{50} \times 100 = 72.72\%$$

해답 72.72%

06 프로판 10Sm³를 과잉공기량 20%로 완전연소시킬 때 필요한 공기량은 몇 Sm³인가?

풀이 ① 프로판(C_3H_8)의 완전연소 반응식

$$C_3H_8 + 5O_2 \rightarrow 3CO_2 + 4H_2O$$

② 실제공기량 계산 : 프로판 1Sm³가 완전연소할 때 필요한 이론산소량(O_0)은 연소반응식에서 산소몰(mol)수와 같고, 과잉공기량 20%는 공기비(m) 1.2로 연소시키는 것이다.

$$\therefore A = m \times A_0 = m \times \frac{O_0}{0.21} = \left(1.2 \times \frac{5}{0.21}\right) \times 10 = 285.714 \fallingdotseq 285.71 \text{Sm}^3$$

해답 285.71Sm³

별해 비례식으로 실제공기량(A) 계산

$$[C_3H_8] \qquad [O_2]$$
$$\downarrow \qquad \downarrow$$
$$22.4\text{Sm}^3 \qquad 5 \times 22.4\text{Sm}^3$$

$$10\text{Sm}^3 \qquad x(O_0)\text{Sm}^3$$

$$\therefore A = m \times A_0 = m \times \frac{O_0}{0.21} = 1.2 \times \frac{10 \times 5 \times 22.4}{22.4 \times 0.21} = 285.714 \fallingdotseq 285.71 \text{Sm}^3$$

07 중압 이상인 도시가스 배관에 실시하는 내압시험 및 기밀시험압력 기준을 쓰시오.

해답 ① 내압시험 : 최고사용압력의 1.5배 이상의 압력
② 기밀시험 : 최고사용압력의 1.1배 또는 8.4kPa 중 높은 압력 이상

08 냉매의 구비조건 중 물리적 조건 4가지를 쓰시오.

해답 ① 증발잠열이 클 것
② 증기의 비열은 크고, 액체의 비열은 작을 것
③ 임계온도가 높을 것
④ 증발압력이 너무 낮지 않을 것
⑤ 응고점이 낮을 것
⑥ 비점이 낮을 것
⑦ 비열비가 작을 것

해설 냉매의 구비조건 중 화학적 조건
① 화학적으로 결합이 양호하고, 분해하지 않을 것
② 패킹재료에 악영향을 미치지 않을 것
③ 금속에 대한 부식성이 없을 것
④ 인화 및 폭발성이 없을 것
⑤ 윤활유에 용해되지 않을 것

09 가스액화 분리장치를 구성하는 요소(기기) 3가지를 쓰시오.

해답 ① 한랭 발생장치
② 정류장치
③ 불순물 제거장치

해설 각 장치의 역할
① 한랭 발생장치 : 냉동 사이클, 가스액화 사이클의 응용으로 가스액화 분리장치에서 액화가스를 채취할 때에 그것에 필요한 한랭을 보급한다.
② 정류장치 : 분축(分縮), 흡수(吸收)장치로 원료가스를 저온에서 분리, 정제하는 역할을 한다.
③ 불순물 제거장치 : 저온도가 되면 동결하는 원료가스 중의 수분, 탄산가스 등을 제거하는 역할을 한다.

참고 ① 분축(分縮) : 혼합기체의 일부 성분만을 응축하여 끓는점이 높은 성분과 낮은 성분으로 분리하는 일
② 흡수(吸收) : 외부의 물질을 안으로 빨아들임

10 원심 펌프를 직렬 및 병렬 운전할 때의 특성을 유량과 양정에 대하여 설명하시오.

해답 ① 직렬 운전 : 유량 일정, 양정 증가
② 병렬 운전 : 유량 증가, 양정 일정

11 가스계량기에 대한 물음에 답하시오

(1) 가스계량기와 화기 사이에 유지해야 할 우회거리는 얼마인가?
(2) 전기계량기 및 전기개폐기와 유지해야 할 거리는 얼마인가?
(3) 절연조치를 하지 않은 전선과 유지해야 할 거리는 얼마인가?
(4) 가스계량기를 공동주택의 대피공간에 설치 여부를 가능, 불가능으로 답하시오.

해답 (1) 2m 이상 (2) 0.6m 이상 (3) 0.15m 이상 (4) 불가능

해설 가스계량기 설치 제한 : KGS FU551
① 가스계량기는 '건축법 시행령'에 따라 공동주택의 대피공간, 방·거실 및 주방 등 사람이 거처하는 곳에 설치하지 않는다.
② 가스계량기에 나쁜 영향을 미칠 우려가 있는 다음 장소에는 설치하지 않는다.
㉮ 진동의 영향을 받는 장소
㉯ 석유류 등 위험물을 저장하는 장소
㉰ 수전실, 변전실 등 고압전기설비가 있는 장소

12 고압가스 제조시설의 상용압력이 15MPa일 때 내압시험압력, 기밀시험압력 및 안전밸브 작동압력을 각각 쓰시오.

풀이 ① 고압가스 설비와 배관은 상용압력의 1.5배 이상의 압력으로 내압시험을 실시한다.
∴ 내압시험압력 = 상용압력 × 1.5배 = 15 × 1.5 = 22.5MPa 이상
② 고압가스 설비와 배관의 기밀시험압력은 상용압력 이상으로 하되, 0.7MPa를 초과하는 경우 0.7MPa 압력 이상으로 한다.
③ 안전밸브 작동압력은 내압시험압력의 10분의 8 이하에서 작동한다.
∴ 안전밸브 작동압력 = 내압시험압력 × $\frac{8}{10}$ = (상용압력 × 1.5) × $\frac{8}{10}$
= (15 × 1.5) × $\frac{8}{10}$ = 18MPa 이하

해답 ① 내압시험압력 : 22.5MPa 이상 ② 기밀시험압력 : 0.7MPa 이상
③ 안전밸브 작동압력 : 18MPa 이하

13 35℃에서 최고충전압력이 5MPa인 질소가 내용적 1000m³인 저장탱크에 충전되어 있을 때 저장능력은 얼마인가?

풀이 압축가스 저장능력 산정식을 이용하여 구한다.
∴ $Q = (10P+1) \times V = (10 \times 5 + 1) \times 1000 = 51000 m^3$

해답 51000m³

14 액화석유가스 사용시설에 설치하는 가스누출 자동차단장치 설치기준 중 (   ) 안에 알맞은 내용을 쓰시오.

(1) 액화석유가스 특정사용시설 중 제1종 보호시설 또는 (   ) 안에서 액화석유가스를 사용(주거용 제외)하고자 하는 경우 가스누출 자동차단장치를 설치하여야 한다.
(2) 가스누출경보기 연동차단기능의 (   )를 설치한 경우에는 설치하지 않을 수 있다.

해답 (1) 지하실
(2) 다기능 가스안전계량기

해설 가스누출 자동차단장치 설치 : KGS FU431, FU432, FU433
① 액화석유가스 특정 사용시설 중 설치대상
  ㉮ 제1종 보호시설 또는 지하실 안에서 액화석유가스를 사용(주거용으로 액화석유가스를 사용하는 경우를 제외한다)하고자 하는 자
  ㉯ ㉮ 외의 장소에서 액화석유가스를 사용하고자 하는 자로서 다음 경우에 해당하는 자
    ㉠ 식품위생법에 따른 집단급식소를 운영하는 자
    ㉡ 식품위생법에 따른 식품접객업의 영업을 하는 자
② 설치제외 대상 〈개정 22. 11. 4〉
  ㉮ 연소기가 연결된 각 배관에 퓨즈콕 등이 설치되어 있고, 각 연소기에 소화 안전장치가 부착된 경우
  ㉯ 가스누출경보기 연동차단기능의 다기능 가스안전계량기가 설치된 경우
  ㉰ 설치대상 가스사용시설 중 가스의 공급이 예고없이 차단될 경우 재해 및 손실이 막대하게 발생될 우려가 있는 시설
  ㉱ 가스누출 차단장치를 설치하여도 그 설치목적을 달성할 수 없는 시설

15 2020년에 도시가스 사용시설에 정압기(단독 사용자 정압기)를 설치하였을 때 2030년을 기준으로 최초로 분해점검을 실시한 때는 (①)년 이고, 이후 (②)년에 실시하여 총 (③)회 이상을 실시하여야 한다. (   ) 안에 알맞은 내용을 넣으시오.

해답 ① 2023 ② 2027 ③ 2

해설 정압기 분해점검 시기(주기)
① 일반도시가스사업자 정압기(KGS FS552) : 정압기는 2년에 1회 이상 분해점검을 실시하고, 필터는 가스 공급 개시 후 1월 이내 및 가스 공급 개시 후 매년 1회 이상 분해점검을 실시하며, 1주일에 1회 이상 작동 상황을 점검한다.
② 사용시설(KGS FU551) : 정압기와 필터의 경우에는 설치 후 3년까지는 1회 이상, 그 이후에는 4년에 1회 이상 분해점검을 실시하고, 작동 상황은 1주일에 1회 이상 점검한다.

2024년 가스산업기사 필답형 실전 모의고사

제1회 필답형 모의고사

01 수소의 공업적 제조법 중 일산화탄소 전화법의 반응식을 쓰고 설명하시오. [10. 2회. 산기]

해답 ① 반응식 : $CO + H_2O \rightarrow CO_2 + H_2 + 9.8kcal$
② 일산화탄소에 수증기(H_2O)를 2단으로 구분하여 반응시켜 수소를 제조하는 방법이다.

참고 촉매 및 반응온도

구분	촉매	반응온도
제1단 반응(고온 전화반응)	$Fe_2O_3 - Cr_2O_3$계	350~500℃
제2단 반응(저온 전화반응)	$CuO - ZnO$계	200~250℃

02 지상에 설치되는 LNG 저장설비의 방호 종류 3가지를 쓰시오. [18. 1회. 산기]

해답 ① 단일 방호식 저장탱크 ② 이중 방호식 저장탱크 ③ 완전 방호식 저장탱크

참고 저장탱크의 방호형식 : KGS FP112 고압가스 일반제조 기준 2.3.4 〈신설 20. 3. 18〉
① 단일 방호형식 : 내부탱크는 액상 및 기상의 가스를 모두 저장하며, 내부탱크가 파괴되는 경우 누출된 액상의 가스를 방류둑에서 충분히 담을 수 있는 구조
② 이중 방호형식 : 내부탱크는 액상 및 기상의 가스를 모두 저장하며, 내부탱크가 파괴되어 액상의 가스가 누출되는 경우 방류둑 또는 외부탱크에서 누출된 액상의 가스를 담을 수 있는 구조
③ 완전 방호형식 : 정상운전 시 내부탱크는 액상의 가스를 저장할 수 있고, 외부탱크는 기상의 가스를 저장할 수 있는 구조로서 내부탱크가 파괴되어 누출되는 경우 외부탱크가 누출된 액상 및 기상의 가스를 담을 수 있으며, 증발가스(boil-off gas)는 안전밸브를 통해 방출될 수 있는 구조
※ 멤브레인식 저장탱크는 멤브레인 1차 탱크(내부탱크)와 단열재와 콘크리트가 조합된 복합구조의 2차 탱크(외부탱크)로 구성된 것으로서 멤브레인에 걸리는 액화천연가스의 하중 및 기타 하중이 단열재를 거쳐 콘크리트 구조의 2차 탱크로 전달되고, 복합구조 지붕 또는 기밀한 돔 지붕과 단열된 현수 천장(suspended roof)은 증기를 담을 수 있는 구조로서 LNG 저장설비 방호형식과는 별개의 LNG 저장설비이다.

03 도시가스 시설의 가스누출 자동차단장치의 검지부 설치 위치에 대하여 각각 쓰시오.

(1) 공기보다 가벼운 가스 :
(2) 공기보다 무거운 가스 :

해답 (1) 천장으로부터 검지부 하단까지의 거리가 0.3m 이하가 되도록 설치
(2) 바닥면으로부터 검지부 상단까지의 거리가 0.3m 이하가 되도록 설치

04 5℃ 물 500L를 효율이 75%인 연소기로 1시간 동안 가열하여 55℃로 상승시킬 때 필요한 LPG는 몇 kg인가? (단, LPG의 발열량은 12000kcal/kg이다.)

풀이 ① 물의 비열은 1kcal/kg·℃이고, 비중은 1이므로 1L은 1kg이다.
② LPG 사용량 계산

$$G_f = \frac{G \times C \times \Delta t}{H_l \times \eta} = \frac{500 \times 1 \times (55-5)}{12000 \times 0.75} = 2.777 ≒ 2.78 \text{kg}$$

해답 2.78kg

05 LPG 저장시설에 설치되는 긴급차단장치에 대한 물음에 답하시오.

(1) 조작 위치는 그 저장탱크 외면으로부터 얼마나 떨어진 곳에 설치하는가?
(2) 동력원 종류 3가지를 쓰시오.

해답 (1) 5m 이상
(2) ① 액압 ② 기압 ③ 전기 ④ 스프링

해설 저장탱크의 긴급차단장치 조작 위치 : 그 저장탱크 외면으로부터 거리
① 고압가스 시설
  ㉮ 고압가스 특정제조 : 10m 이상 (KGS FP111)
  ㉯ 고압가스 일반제조 : 5m 이상 (KGS FP112)
② 액화석유가스 시설 : 5m 이상 (KGS FP331 외)
③ 도시가스 시설
  ㉮ 가스도매사업 : 10m 이상 (KGS FP451)
  ㉯ 일반도시가스사업 : 5m 이상 (KGS FP551)

※ 문제에서 제시되는 저장시설이 어느 곳에 해당되는 시설인지 확인한 후 답안을 작성하길 바라며, 시설에 따라 정답이 달라질 수 있습니다.

06 다음 용어를 설명하시오.

(1) 제트 화재(jet fire) :
(2) 풀 화재(pool fire) :

해답 (1) 가연성가스 배관에서 가스가 분출되는 경우에 발생하는 화재로 가스가 분출되면서 공기와 혼합되어 화염을 형성한다.
(2) 액면화재라 하며 인화성, 가연성 액체의 액면에서 발생하는 화재로 인화성, 가연성 액면에서 발생하는 인화성 증기에 점화원에 의해 착화되어 발생한다.

07 카바이드를 이용하여 아세틸렌가스를 제조하는 방법에 대한 물음에 답하시오.

(1) 발생기 종류에는 투입식, (   ), 주수식으로 분류된다.
(2) 투입식에 대하여 설명하시오. [19. 4회. 산기]

해답 (1) 침지식(또는 접촉식)
(2) 물에 카바이드(CaC_2)를 넣는 방식으로 카바이드가 물속에 있으므로 온도 상승이 크지 않고 불순가스 발생이 적고, 카바이드 투입량에 따라 아세틸렌가스 발생량을 조절할 수 있어 공업적으로 대량 생산에 적합한 방식이다.

해설 아세틸렌가스 발생기 종류
① 주수식 : 카바이드(CaC_2)에 물을 넣는 방식으로 카바이드에 접촉하는 물이 적기 때문에 온도 상승으로 인한 분해의 우려가 있고 불순가스 발생이 많다. 주수량 가감에 의해 가스발생량을 조절할 수 있다.
② 침지식(접촉식) : 물과 카바이드를 소량씩 접촉시키는 방식으로 발생기의 온도 상승과 불순물이 혼입될 우려가 있다.
③ 투입식 : 물에 카바이드를 넣는 방식으로 공업적으로 대량 생산에 적합한 방식이다.

08 내경 25cm인 배관에 유량이 5m³/min으로 흐를 때 유속은 몇 m/s인가?

풀이 체적유량 계산식 $Q = A \cdot V = \dfrac{\pi}{4} \times D^2 \times V$에서 유속 V를 구하며, 유량은 분(min)당 유량에서 초(s)당 유량으로 변환하여 적용한다.

$$\therefore V = \dfrac{4 \times Q}{\pi \times D^2} = \dfrac{4 \times 5}{\pi \times 0.25^2 \times 60} = 1.697 \fallingdotseq 1.70 \text{m/s}$$

해답 1.7 m/s

09 발열량이 12100kcal/m³인 LPG+air 가스의 웨버지수는 얼마인가? (단, 가스의 분자량 (g/mol)은 34, 공기의 분자량은 28.8이다.) [20. 3회. 산기]

풀이 ① 가스의 공기에 대한 비중 계산

$$d = \frac{\text{가스 분자량}}{\text{공기 분자량}} = \frac{34}{28.8} = 1.180 = 1.18$$

② 웨버지수 계산

$$WI = \frac{H_g}{\sqrt{d}} = \frac{12100}{\sqrt{1.18}} = 11138.952 = 11138.95$$

해답 11138.95

별해 하나의 과정으로 계산

$$WI = \frac{H_g}{\sqrt{d}} = \frac{12100}{\sqrt{\frac{34}{28.8}}} = 11136.331 = 11136.33$$

해설 ① 웨버지수는 단위가 없는 무차원수이다.
② 계산 과정을 다르게 적용하면 최종값에서 오차가 발생하지만, 채점에는 영향이 없으니 선택하여 답안을 작성하면 됩니다.

10 부식의 형태에 따른 종류 4가지를 쓰고 각각 설명하시오.

해답 ① 전면부식 : 전면에 전체적으로 부식되는 것으로 부식량은 크지만 전면에 나타나 대처하기 쉽기 때문에 피해는 적은 편이다.
② 국부부식 : 부식이 특정한 부분에 집중되는 것으로 공식(점식), 극간부식, 구식 등이 있다.
③ 선택부식 : 합금 중 특정 성분만 선택적으로 용출되거나 전체가 용출한 다음, 특정 성분이 재석출되는 것으로 주철의 흑연화부식, 황동의 탈아연부식, 알루미늄 청동의 탈알루미늄 부식 등이 있다.
④ 입계부식 : 결정입자가 선택적으로 부식되는 것으로 스테인리스강에서 크롬탄화물이 석출되면서 발생하는 경우이다.

11 정압기 특성 중 동특성(動特性)을 설명하시오. [17. 2회. 산기]

해답 부하변화가 큰 곳에 사용되는 정압기에 대하여 중요한 특성으로 부하변동에 대한 응답의 신속성과 안정성이 요구된다.

12 고압가스 안전관리법에 따라 품질검사기관으로 한국가스안전공사를 정하여 품질 유지를 하여야 할 고압가스 종류 4가지를 쓰시오.

해답 ① 프레온 22　② 프레온 134a　③ 프레온 404a　④ 프레온 407c
　　　⑤ 프로판　⑥ 이소부탄　⑦ 연료전지용으로 사용되는 수소가스

해설 ① 품질 유지 대상 고압가스 : 고법 시행규칙 제45조, 별표 26
　　　㉮ 냉매로 사용되는 고압가스 : 프레온 22, 프레온 134a, 프레온 404a, 프레온 407c, 프레온 410a, 프레온 507a, 프레온 1234yf, 프로판, 이소부탄
　　　㉯ 연료전지용으로 사용되는 수소가스
　　② 고압가스 품질검사기관(고법 시행령 제15조의 4) : 한국가스안전공사

참고 품질검사 대상 고압가스(고법 시행규칙 별표 4) : 산소, 수소, 아세틸렌

13 가스보일러의 배기가스에 의한 중독사고를 예방하기 위하여 배기가스가 누출될 경우 이를 신속히 검지하여 알려줄 수 있도록 가스보일러를 설치하는 곳에 일산화탄소 경보기를 설치해야 한다. 이때 일산화탄소 경보기를 설치하지 않아도 되는 가스보일러의 조건 2가지를 쓰시오.

해답 ① 옥외에 설치한 경우
　　　② 액법 시행규칙에서 정한 가스용품에 해당하지 않는 경우
　　　③ 액법 시행규칙 별표 7에서 정한 온수기에 해당하는 경우

해설 주거용 가스보일러 설치 방법 기준(KGS GC208) : 일산화탄소 경보기는 가스보일러의 배기가스에 의한 중독사고를 예방하기 위해 배기가스가 누출될 경우 이를 신속히 검지하여 알려줄 수 있도록 기준에 따라 설치한다. 다만, 가스보일러가 다음 중 어느 하나에 해당하는 경우에는 설치하지 않을 수 있다. 〈신설 20. 9. 4〉
① 옥외에 설치한 경우
② 액법 시행규칙 제71조의2 제2항 제1호 본문에 따른 가스용품에 해당하지 않는 경우
③ 액법 시행규칙 별표 7 제4호 차목에 따른 온수기에 해당하는 경우

참고 ① 액법 시행규칙 제71조의2 제2항 제1호
　　　• 가스용품의 범위 : 별표 7 제4호 차목에 따른 온수보일러 및 같은 호 하목에 따른 다기능보일러. 다만, 제2호에 따른 안전장치를 별도 설치(이미 설치되어 있는 경우를 포함한다)하거나 제3회에 따른 설치기준에 적합한 안전장치의 수를 초과하여 사용자(건축주를 포함한다)에게 판매하는 온수보일러 및 다기능보일러는 제외한다.
② 액법 시행규칙 별표 7 제4호 차목에 따른 온수기 : 전가스 소비량 232.6kW (20만 kcal/h) 이하, 사용압력 3.3kPa 이하인 것

14 액화가스 저장탱크 내부를 수리하기 위하여 저장탱크의 액화가스를 자동차에 고정된 탱크를 이용하여 다른 저장탱크로 회수하려고 할 때 이용할 수 있는 방법 2가지를 쓰시오.

[18. 4회. 산기 유사]

해답 ① 펌프에 의한 방법
② 압축기에 의한 방법

해설 '차압에 의한 방법'은 저장탱크와 자동차에 고정된 탱크가 균압이 되면 저장탱크 내의 액화가스를 더 이상 회수할 수 없기 때문에 부적합한 방법이 될 수 있다.

15 온도계 종류에 따른 측정 원리를 [보기]에서 찾아 번호로 쓰시오.

| 보기 |
ⓐ 열기전력　ⓑ 저항　ⓒ 복사열　ⓓ 열팽창

(1) 서모커플(thermocouple) :
(2) 바이메탈 :
(3) 서미스터(thermistor) :
(4) 피로미터(pyrometer) :

해답 (1) ⓐ
(2) ⓓ
(3) ⓑ
(4) ⓒ

해설 서모커플(thermocouple)은 열전대 온도계를, 피로미터(pyrometer)는 방사온도계를 지칭하는 것이다.

제2회 필답형 모의고사

01 일반용 액화석유가스 압력조정기의 기밀시험압력에 대한 표 중 빈칸에 알맞은 내용을 쓰시오.

구분	입구쪽	출구쪽
1단 감압식 저압조정기	①	5.5kPa 이상
2단 감압식 1차용 조정기	②	③
자동절체식 저압조정기	1.8MPa 이상	④

해답 ① 1.56MPa 이상
② 1.8MPa 이상
③ 150kPa 이상
④ 5.5kPa 이상

해설 종류별 기밀시험압력 : KGS AA434

구분	입구쪽	출구쪽
1단 감압식 저압조정기 · 2단 감압식 일체형 저압조정기	1.56MPa 이상	5.5kPa 이상
1단 감압식 준저압조정기 · 2단 감압식 일체형 준저압조정기	1.56MPa 이상	조정압력의 2배 이상
2단 감압식 1차용 조정기	1.8MPa 이상	150kPa 이상
2단 감압식 2차용 저압조정기	0.5MPa 이상	5.5kPa 이상
2단 감압식 2차용 준저압조정기	0.5MPa 이상	조정압력의 2배 이상
자동절체식 저압조정기	1.8MPa 이상	5.5kPa 이상
자동절체식 준저압조정기	1.8MPa 이상	조정압력의 2배 이상
그 밖의 압력조정기	최대입구압력의 1.1배 이상	조정압력의 1.5배 이상

02 도시가스 배관재료의 구비조건 4가지를 쓰시오.

해답 ① 배관 안의 가스 흐름이 원활한 것일 것
② 내부의 가스압력과 외부로부터의 하중 및 충격하중 등에 견디는 강도를 가질 것
③ 토양 · 지하수 등에 대하여 내식성을 가질 것
④ 배관의 접합이 용이하고 가스의 누출을 방지할 수 있을 것
⑤ 절단 가공이 용이할 것

03 다음 ( ) 안에 알맞은 내용을 쓰시오. [04. 1회. 산기]

> 액화석유가스 사용시설에는 연소기 각각에 대하여 (①) 또는 이와 같은 수준 이상의 성능을 가진 안전장치를 설치한다. 다만, 가스소비량이 (②)kcal/h을 초과하는 연소기가 연결된 배관 또는 연소기 사용압력이 3.3kPa을 초과하는 배관에는 배관용 밸브를 설치할 수 있다.

해답 ① 퓨즈콕·상자콕
② 19400

해설 액화석유가스 사용시설 중간밸브 설치 기준 : KGS FU431, FU432, FU433
(1) 연소기가 설치된 곳에는 조작하기 쉬운 위치에 중간밸브를 다음 기준에 적합하게 설치한다.
  ① 사용시설에는 연소기 각각에 대하여 퓨즈콕·상자콕 또는 이와 같은 수준 이상의 성능을 가진 안전장치(이하 "퓨즈콕 등"이라 한다)를 설치한다. 다만, 가스소비량이 19400kcal/h을 초과하는 연소기가 연결된 배관 또는 연소기 사용압력이 3.3kPa을 초과하는 배관에는 배관용 밸브를 설치할 수 있다.
  ② 배관이 분기되는 경우에는 주배관에 배관용 밸브를 설치한다.
  ③ 액화석유가스 사용시설의 압력조정기의 출구측 배관에는 압력조정기와 접하도록 배관용 밸브 및 압력측정기구 접속 이음관(이하 "가압구"라 한다)을 설치한다. 다만, 가압구를 설치하지 않아도 상용압력 이상으로 가압할 수 있는 경우에는 가압구를 설치하지 않을 수 있으며, 2단 감압식 압력조정기의 2차 조정기 출구측 용적이 1L 미만인 경우에는 배관용 밸브 및 가압구를 설치하지 않을 수 있다.
  ④ 2개 이상의 실로 분기되는 경우에는 각 실의 주배관마다 배관용 밸브를 설치한다.
(2) 중간밸브 및 퓨즈콕 등은 해당 가스 사용시설의 사용압력 및 유량에 적합한 것으로 한다.
(3) 가스누출 자동차단장치의 차단부와 배관용 밸브의 설치위치가 중복되는 경우에는 그 배관용 밸브에 차단부를 설치할 수 있다.

04 다음에 설명하는 압축기 명칭을 쓰시오.
(1) 피스톤의 왕복운동에 의하여 일정 체적의 기체를 흡입하고 기체에 압력을 가하여 토출구로 압출하는 것을 반복하는 형식으로 압축기 효율이 양호하다.
(2) 임펠러의 회전운동을 압력과 속도에너지로 전환하여 압력을 상승시키는 것으로 고속회전이 가능하고 흡입·토출 밸브가 없어 구조가 간단하며, 압축에 오일이 필요 없다.

해답 (1) 왕복동식 압축기
(2) 터보식 압축기

05 원심 펌프의 성능 곡선 중 ①, ②, ③의 곡선 명칭을 각각 쓰시오. [08. 4회. 산기]

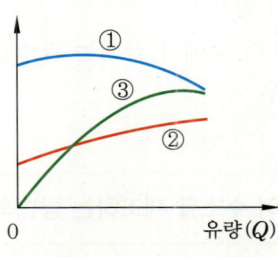

해답 ① 양정 곡선 ② 동력 곡선 ③ 효율 곡선

06 이상기체에 대한 다음의 가역과정을 압력(P)과 부피(V)로 표현하시오.
(1) 등온변화 과정 :
(2) 단열변화 과정 :

해답 (1) $PV=C$
(2) $PV^k=C$

해설 가역과정의 P, V의 관계
① 등온(정온) 변화 과정 : 온도가 일정한 상태에서의 변화를 말하며, 외부로부터 일을 받으면 열이 되어 외부로 방출하고, 또 주위로부터 열을 받을 경우 일로 변환이 가능하다.
온도가 일정한 경우는 $dT=0$, $T=C$, $T_1=T_2$으로 표시하므로
$PV=C$, $P_1V_1=P_2V_2$, $\dfrac{P_1}{P_2}=\dfrac{V_2}{V_1}$이다.

② 단열 변화 과정 : 계와 주위와의 사이에 열출입이 완전 차단되어 있고, 마찰 등에 의한 내부 열이 발생하지 않을 때를 말하며, $PV^k=C$, $\dfrac{P_1}{P_2}=\left(\dfrac{V_2}{V_1}\right)^k$이다.

07 공동주택 등에 압력조정기를 설치하는 경우 공급되는 도시가스의 압력이 저압인 경우와 중압인 경우에 공급세대수는 얼마인가 각각 쓰시오.

해답 ① 저압 공급 : 250세대 미만
② 중압 공급 : 150세대 미만

해설 공동주택 등에 설치하는 압력조정기(KGS FS551) : 공동주택 등에 압력조정기를 설치하는 경우에는 다음 각 호의 경우에만 설치할 것. 다만, 한국가스안전공사의 안전성 평가를 받고 그 결과에 따라 안전관리 조치를 하는 경우에는 전체 세대수를 2배로 할 수 있다.
① 공동주택 등에 공급되는 가스압력이 중압 이상으로서 전체 세대수가 150세대 미만인 경우
② 공동주택 등에 공급되는 가스압력이 저압으로서 전체 세대수가 250세대 미만인 경우

08 메탄을 이용하여 수소를 제조하는 방법의 반응식이다. 각각의 제조방법 명칭을 쓰시오.

> ① $CH_4 + H_2O \rightarrow CO + 3H_2$
> ② $CH_4 + \frac{1}{2}O_2 \rightarrow CO + 2H_2$
> ③ $CH_4 + H_2O \rightarrow CO + 3H_2$, $CH_4 + \frac{1}{2}O_2 \rightarrow CO + 2H_2$

해답 ① 수증기 개질법 ② 부분 산화법 ③ 자열 개질법
해설 메탄(천연가스)을 이용한 수소제조법
　(1) 수증기 개질법(SR : Steam Reforming)
　　① 반응식 : $CH_4 + H_2O \rightarrow CO + 3H_2$
　　② 흡열반응이다.
　　③ 75% 이상 고농도 수소 제조가 가능
　　④ 효율이 높고, 여러 운전 조건에 대해 안정적 운영이 가능
　　⑤ 정상상태에 이르기까지 시간이 많이 소요됨
　　⑥ 에너지 사용량이 많음
　(2) 부분 산화법(POX : Partial Oxidation)
　　① 반응식 : $CH_4 + \frac{1}{2}O_2 \rightarrow CO + 2H_2$
　　② 발열반응이다.
　　③ 정상상태에 이르기까지 시간이 짧게 소요됨
　　④ 반응온도가 낮고, 에너지 사용량이 적음
　　⑤ 수소농도가 35% 이하로 낮음
　　⑥ 운전제어가 어렵고 효율이 낮음
　　⑦ 핫스폿(hot spot) 발생빈도가 높음
　(3) 자열 개질법(ATR : Autothermal Reforming)
　　① 반응식 : $CH_4 + H_2O \rightarrow CO + 3H_2$, $CH_4 + \frac{1}{2}O_2 \rightarrow CO + 2H_2$

② 정상상태에 이르기까지 시간이 짧게 소요됨
③ 흡열반응과 발열반응이 동시에 일어나 에너지관리에 유리함
④ 수소농도가 55% 이하로 낮음
⑤ 운전 제어가 어렵다.

(4) CO_2 개질법(CDR : Carbon Dioxide Reforming)
① 반응식 : $CH_4 + CO_2 \rightarrow 2CO + 2H_2$
② 흡열반응이다.
③ 반응물로 CO_2를 사용함으로써 온실가스 배출을 저감
④ 반응온도가 높고, CO 생성량이 높음
⑤ 효율이 낮고, 에너지 사용량이 많음

09 도시가스용 배관 용접부의 응력을 제거할 때 모재 종류에 따른 온도 이상에서 일정시간을 유지하여야 할 때 빈 칸에 알맞은 온도를 쓰시오.

모재의 종류	온도
1. 탄소강	①
2. 크롬 함유량이 0.75% 이하이고, 전합금 성분이 2% 이하인 저합금강	600℃
3. 크롬 함유량이 0.75%를 초과하여 2% 이하이고, 전합금 성분이 2.75% 이하인 저합금강	600℃
4. 전합금 성분이 10% 이하인 합금강(2와 3에 정한 것을 제외)	680℃
5. 펄라이트계 스테인리스강	②
6. 마텐자이트계 스테인리스강	③
7. 2.5% 니켈강 또는 3.5% 니켈강	④

해답 ① 600℃ ② 740℃ ③ 760℃ ④ 600℃

해설 모재 종류에 따른 온도 : KGS FS551

모재의 종류	온도(℃)
1. 탄소강	600
2. 크롬 함유량이 0.75% 이하이고, 전합금 성분이 2% 이하인 저합금강	600
3. 크롬 함유량이 0.75%를 초과하여 2% 이하이고, 전합금 성분이 2.75% 이하인 저합금강	600
4. 전합금 성분이 10% 이하인 합금강(2와 3에 정한 것을 제외)	680
5. 펄라이트계 스테인리스강	740
6. 마텐자이트계 스테인리스강	760
7. 2.5% 니켈강 또는 3.5% 니켈강	600

10 압력계를 이용하여 도시가스 배관의 기밀시험을 할 때 최고사용압력이 중압, 저압이고 내용적이 1m³ 이상 10m³ 미만인 배관의 기밀유지시간은 몇 분인가?

해답 240분

해설 ① 압력계 및 자기압력기록계를 이용한 기밀유지시간 : KGS FS551

구분	내용적	기밀유지시간
저압, 중압	1m³ 미만	24분
	1m³ 이상 10m³ 미만	240분
	10m³ 이상 300m³ 미만	$24 \times V$분 (단, 1440분을 초과한 경우는 1440분으로 할 수 있다.)
고압	1m³ 미만	48분
	1m³ 이상 10m³ 미만	480분
	10m³ 이상 300m³ 미만	$48 \times V$분 (단, 2880분을 초과한 경우는 2880분으로 할 수 있다.)

[주] V는 피시험부분의 내용적(m³)

② 도시가스 배관의 기밀시험 유지시간과 필답형 제11장 도시가스 안전관리 예상문제 86번의 내관 기밀시험 유지시간은 별개의 사항이니 구분해서 기억하길 바랍니다.

11 메탄(CH_4)을 주성분으로 하는 발열량이 12000kcal/Nm³인 가스에 공기를 혼합하여 3600kcal/Nm³로 변경하려고 할 때 공기 혼합이 가능한지 설명하시오. [10. 1회, 17. 1회, 산기]

풀이 ① 공기량(m³) 계산 : 공기를 혼합(희석)하였을 때 발열량 $Q_2 = \dfrac{Q_1}{1+x}$에서 혼합하는 공기량 x를 구한다.

$$\therefore x = \dfrac{Q_1}{Q_2} - 1 = \dfrac{12000}{3600} - 1 = 2.333 ≒ 2.33 m^3$$

② 혼합가스 중 메탄의 부피비(%) 계산

$$메탄\ 부피비(\%) = \dfrac{메탄\ 부피}{메탄\ 부피 + 공기\ 부피} \times 100$$

$$= \dfrac{1}{1+2.33} \times 100 = 30.030 ≒ 30.03\%$$

③ 메탄의 폭발범위 5~15%를 벗어나므로 공기 혼합이 가능하다.

해답 공기 혼합이 가능하다.

12 수소경제 육성 및 안전관리에 관한 법률에 규정된 수소용품 3가지를 쓰시오.

해답 ① 연료전지
② 수전해설비
③ 수소추출설비

해설 (1) 수소용품 : 연료전지와 수소관련 용품으로써 산업통상자원부령으로 정하는 용품을 말한다.
→ 산업통상자원부령으로 정하는 용품 : 수소법 시행규칙 제2조 3항
① 연료전지(자동차에 장착되는 것은 제외)로서 다음 각목의 어느 하나에 해당하는 것
㉮ 연료소비량이 232.6kW 이하인 고정형 설비와 그 부대설비
㉯ 이동형 설비와 그 부대설비
② 수전해설비
③ 수소추출설비

(2) 용어의 정의
① 연료전지(수소법 제2조) : '신에너지 및 재생에너지 개발·이용·보급촉진법'에 따른 신에너지의 하나로서 수소와 산소의 전기화학적 반응을 통하여 전기와 열을 생산하는 설비와 그 부대설비를 말한다.
② 수소제조설비(수소법 시행규칙 제2조) : 수소를 제조하기 위한 것으로서 다음 각 목의 설비를 말한다.
㉮ 수전해설비 : 물을 전기분해하여 수소를 제조하는 설비
㉯ 수소추출설비 : 도시가스 또는 액화석유가스 등으로부터 수소를 추출하여 제조하는 설비

13 충전용기에 산소가 20℃에서 10MPa로 충전되어 있다. 온도가 40℃로 상승하면 압력은 절대압력으로 몇 MPa인가?

풀이 보일-샤를의 법칙 $\dfrac{P_1 V_1}{T_1} = \dfrac{P_2 V_2}{T_2}$에 40℃로 상승한 후의 압력 P_2를 구하며, 보일-샤를의 법칙에 적용하는 압력은 절대압력이므로 구하는 압력 P_2도 절대압력이 된다. 용기는 내용적 변화가 없으므로 $V_1 = V_2$이다.

$$\therefore P_2 = \dfrac{P_1 \times T_2}{T_1} = \dfrac{(10+0.101325) \times (273+40)}{273+20} = 10.790 ≒ 10.79 \text{MPa} \cdot a$$

해답 10.79 MPa·a

해설 문제에서 최종값을 절대압력 MPa로 묻고 있으므로 답안의 단위에 "a"를 붙이지 않아도 채점에는 영향이 없으며, 단위가 주어졌으므로 단위를 작성하지 않아도 이상이 없는 사항이니 선택하여 작성하길 바랍니다.

14 강제기화방식과 비교한 자연기화방식의 특징 4가지를 쓰시오.

해답 ① 기화능력에 한계가 있어 소량 소비처에 적합하다.
② 가스의 조성 변화량이 크다.
③ 발열량 변화가 크다.
④ 충전용기가 많이 필요하다.

15 정압기의 특성 중 사용 최대 차압과 파일럿식 정압기의 작동 최소 차압에 대하여 각각 설명하시오.

해답 ① 사용 최대 차압 : 메인밸브에 1차 압력과 2차 압력이 작용하여 정압성능에 영향을 주는데 이것이 실용적으로 사용할 수 있는 범위에서 최대로 되었을 때 차압
② 파일럿식 정압기 작동 최소 차압 : 파일럿식 정압기는 2차 압력을 신호로 해서 1차 압력으로부터 구동압력을 얻어 작동하는데 1차 압력과 2차 압력의 차압이 어느 정도 이상이 아니면 파일럿식 정압기는 작동할 수 없게 되는데 이의 최소 차를 작동 최소 차압이라고 한다.

해설 정압기 작동 최소 차압
① 파일럿식 언로딩형 : 완전 차단된 상태(전폐)에서 구동압력이 가장 높아지기 때문에 구동압력 이상의 1차 압력이 없으면 완전 차단이 불가능하다.
② 파일럿식 로딩형 : 완전 개방된 상태(전개)에서 구동압력이 가장 높아지기 때문에 구동압력 이상의 1차 압력이 없으면 완전 개방이 불가능하다.
③ 직동식 정압기 : 2차 압력을 구동압력으로 하고 있기 때문에 작동 최소 차압은 고려할 필요가 없다.

※ 사용 최대 차압의 설명이 2021년 2회 11번 답안과 차이가 있는데 그 내용은 동일한 것이므로 선택하여 답안을 작성하길 바랍니다.
※ 파일럿식 정압기의 구조와 작동상황은 2020년 2회 산업기사 필답형 모의고사 15번 해설을 참고하길 바랍니다.

제3회 필답형 모의고사

01 아세틸렌 충전작업 중 2.5MPa 압력으로 압축할 때 첨가하는 희석제 종류 2가지를 쓰시오.

해답 ① 질소 ② 메탄 ③ 일산화탄소 ④ 에틸렌

해설 아세틸렌 충전작업 기준 : KGS FP112
① 아세틸렌을 2.5MPa 압력으로 압축하는 때에는 질소·메탄·일산화탄소 또는 에틸렌 등의 희석제를 첨가한다.
② 습식 아세틸렌 발생기의 표면은 70℃ 이하의 온도를 유지하고, 그 부근에서는 불꽃이 튀는 작업을 하지 아니한다.
③ 아세틸렌을 용기에 충전하는 때에는 미리 용기에 다공물질을 고루 채워 다공도가 75% 이상 92% 미만이 되도록 한 후, 아세톤 또는 디메틸포름아미드를 고루 침윤시키고 충전한다.
④ 아세틸렌을 용기에 충전하는 때의 충전 중의 압력은 2.5MPa 이하로 하고, 충전 후에는 압력이 15℃에서 1.5MPa 이하로 될 때까지 정치하여 둔다.
⑤ 상하의 통으로 구성된 아세틸렌 발생장치로 아세틸렌을 제조하는 때에는 사용 후 그 통을 분리하거나 잔류가스가 없도록 조치한다.

02 초저온 액화가스가 충전된 용기 취급 시 주의사항 4가지를 쓰시오.

해답 ① 용기에 낙하, 외부의 충격을 금한다.
② 용기는 직사광선, 빗물, 눈 등을 피한다.
③ 습기, 인화성물질, 염류 등이 있는 곳을 피하여 보관한다.
④ 통풍이 양호한 곳에 보관한다.
⑤ 기름 묻은 장갑, 면장갑을 사용하지 말고, 가죽장갑을 사용하여 취급한다.
⑥ 전선, 어스선 등 전기시설물 근처를 피하여 보관한다.

03 내용적 30L 이상 50L 이하의 액화석유가스 용기에 차단기능형 밸브를 부착하는 이유를 설명하시오.

해답 액화석유가스 용기 가스충전구에서 압력조정기의 체결을 해체할 경우 가스공급을 자동적으로 차단시켜 누설로 인한 폭발사고를 방지하기 위하여 부착한다.

해설 액화석유가스 용기 밸브 종류
① 차단기능형 액화석유가스용 용기밸브(KGS AA312) : 내용적 30L 이상 50L 이하의 액화석유가스 용기에 부착되는 것으로서 가스충전구에서 압력조정기의 체결을 해체할 경우 가스공급을 자동적으로 차단하는 차단기구가 내장된 용기밸브이다.
② 과류차단형 액화석유가스용 용기밸브(KGS AA313) : 내용적 30L 이상 50L 이하의 액화석유가스 용기에 부착되는 것으로서 규정량 이상의 가스가 흐르는 경우에 가스공급을 자동적으로 차단하는 과류차단기구를 내장한 용기밸브이다.

04 LP가스 공급방식 중 생가스 공급방식의 특징 4가지를 쓰시오.

해답 ① 기화기에서 기화된 가스를 그대로 공급한다.
② 공기 혼합기 등이 필요없으므로 설비가 간단하다.
③ 부탄의 경우 재액화 우려가 있다.
④ 재액화 현상을 방지하기 위하여 배관을 보온 조치하여야 한다.

05 비중 0.55인 액화가스를 내용적 20000L인 저장시설에 충전할 때 저장능력은 몇 kg인가?

풀이 $W = 0.9 dV = 0.9 \times 0.55 \times 20000 = 9900 \text{kg}$
해답 9900kg

06 정압기를 선정할 때 고려해야 할 특성에는 정특성, (①), (②), 사용 최대 차압, 작동 최소 차압이다. ( ) 안에 알맞은 내용을 쓰시오.

해답 ① 동특성 ② 유량특성
해설 정압기 특성
① 정특성(靜特性) : 정상상태에 있어서 유량과 2차 압력의 관계
② 동특성(動特性) : 부하변화가 큰 곳에 사용되는 정압기에 대하여 중요한 특성으로 부하변동에 대한 응답의 신속성과 안정성이 요구된다.
③ 유량특성 : 메인밸브의 열림과 유량과의 관계
④ 사용 최대 차압 : 메인밸브에 1차와 2차 압력이 작용하여 최대로 되었을 때 차압
⑤ 작동 최소 차압 : 정압기가 작동할 수 있는 최소 차압

07 펌프에서 발생하는 서징(surging) 현상의 원인 2가지를 쓰시오.

해답 ① 펌프의 양정곡선이 산고곡선이고 곡선의 최상부에서 운전했을 때
② 유량조절 밸브가 탱크 뒤쪽에 있을 때
③ 배관 중에 물탱크나 공기탱크가 있을 때

해설 (1) 펌프 서징(surging) 현상 : 펌프를 운전 중 주기적으로 운동, 양정, 토출량이 규칙 바르게 변동하는 현상이다.
(2) 서징현상 방지법
① 임펠러, 가이드 베인의 형상 및 치수를 변경하여 특성을 변화시킨다.
② 방출밸브를 사용하여 서징 현상이 발생할 때의 양수량 이상으로 유량을 증가시킨다.
③ 임펠러의 회전수를 변경시킨다.
④ 배관 중에 있는 불필요한 공기탱크를 제거한다.

참고 ① '산고곡선'이란 양정곡선이 산(山) 모양으로 가운데가 뾰족하게 만들어졌다는 것이다.
② 압축기에서 발생하는 서징현상과 펌프에서 발생하는 서징현상을 구별하길 바랍니다.

08 공기보다 비중이 가벼운 도시가스의 공급시설이 지하에 설치된 경우의 통풍구조 기준 중 (　) 안에 알맞은 내용을 넣으시오.

(1) 통풍구조는 환기구를 (　) 이상으로 분산하여 설치한다.
(2) 배기구는 천장면으로부터 (　) 이내에 설치한다.
(3) 흡입구 및 배기구의 관지름은 (　) 이상으로 하되, 통풍이 양호하도록 한다.
(4) 배기가스 방출구는 지면에서 (　) 이상의 높이에 설치하되, 화기가 없는 안전한 장소에 설치한다.

해답 (1) 2방향　(2) 0.3m　(3) 100mm　(4) 3m

해설 공기보다 비중이 가벼운 가스를 사용하는 정압기가 설치된 경우 환기구 설치 예 : KGS FS552

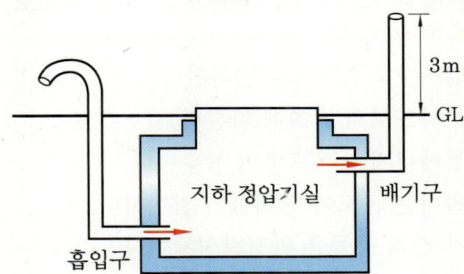

09 고압가스 안전관리법 적용을 받는 고압가스 중 35℃의 온도에서 압력이 0Pa을 초과하는 액화가스에 해당하는 가스 종류 3가지를 쓰시오.

해답 ① 액화시안화수소 ② 액화브롬화메탄 ③ 액화산화에틸렌

해설 고압가스의 종류 및 범위 : 고압가스 안전관리법 시행령 제2조
① 상용(常用)의 온도에서 압력(게이지압력)이 1MPa 이상이 되는 압축가스로서 실제로 그 압력이 1MPa 이상이 되는 것 또는 35℃의 온도에서 압력이 1MPa 이상이 되는 압축가스(아세틸렌가스는 제외)
② 15℃의 온도에서 압력이 0Pa을 초과하는 아세틸렌가스
③ 상용의 온도에서 압력이 0.2MPa 이상이 되는 액화가스로서 실제로 그 압력이 0.2MPa 이상이 되는 것 또는 압력이 0.2MPa이 되는 경우의 온도가 35℃ 이하인 액화가스
④ 35℃의 온도에서 압력이 0Pa을 초과하는 액화가스 중 액화시안화수소, 액화브롬화메탄 및 액화산화에틸렌가스

10 도시가스 사용시설에서 가스계량기를 설치할 수 없는 곳 3가지를 쓰시오.

해답 ① 공동주택의 대피 공간
② 방·거실
③ 주방

해설 가스계량기 설치 제한 : KGS FU551
① 가스계량기는 '건축법 시행령 제46조 제4항'에 따라 공동주택의 대피 공간, 방·거실 및 주방 등 사람이 거처하는 곳에 설치하지 않는다.
② 가스계량기에 나쁜 영향을 미칠 우려가 있는 다음 장소에는 설치하지 않는다.
㉮ 진동의 영향을 받는 장소
㉯ 석유류 등 위험물을 저장하는 장소
㉰ 수전실, 변전실 등 고압전기설비가 있는 장소

11 이상기체(완전기체)의 성질에 대하여 4가지를 쓰시오.

해답 ① 보일-샤를의 법칙을 만족한다.
② 아보가드로의 법칙에 따른다.
③ 내부에너지는 온도만의 함수이다.
④ 비열비는 온도에 관계없이 일정하다.
⑤ 분자 간의 충돌은 완전탄성체이다.

12 환기가 되지 않는 밀폐된 공간인 가로 4m, 세로 6m, 높이 3m인 곳에 표준상태에서 프로판 5kg이 누설되었을 때 폭발위험이 있는지 계산으로 판단하시오.

풀이 ① 프로판(C_3H_8)이 폭발할 수 있는 조건은 공간 체적에 폭발범위 하한값에 해당하는 가스량이 누설되었을 때이고, 공기 중에서 프로판의 폭발범위는 2.2~9.5%이다.

∴ 누설 가스량＝공간 체적×폭발범위 하한값
$$= (4 \times 6 \times 3) \times 0.022 = 1.584 ≒ 1.58 m^3$$

② 폭발 가능한 가스량 계산 : SI단위 이상기체 상태방정식 $PV=GRT$에서 질량 G를 구하여 누설량 5kg과 비교하여 판단한다.

$$\therefore G = \frac{PV}{RT} = \frac{101.325 \times 1.58}{\frac{8.314}{44} \times (273+0)} = 3.103 ≒ 3.10 kg$$

③ 판단 : 폭발 가능한 최소량 3.1kg을 초과하므로 폭발할 수 있다.

해답 폭발위험이 있다.

별해 (1) ① 누설된 프로판 5kg을 SI단위 이상기체 상태방정식을 이용하여 표준상태의 체적으로 환산하여 비교

$$\therefore V = \frac{GRT}{P} = \frac{5 \times \frac{8.314}{44} \times (273+0)}{101.325} = 2.545 ≒ 2.55 m^3$$

② 판단 : 누설된 가스량 5kg이 폭발위험이 있는 $1.58m^3$을 초과하므로 폭발할 수 있다.

(2) ① 누설된 프로판 5kg을 아보가드로법칙을 이용하여 체적으로 계산

$$44kg : 22.4m^3 = 5kg : x \, m^3$$

$$\therefore x = \frac{5 \times 22.4}{44} = 2.545 ≒ 2.55 m^3$$

② 누설된 프로판이 실내 체적에 대한 비율 계산

$$체적비율 = \frac{누설 \, 가스량}{공간 \, 체적} \times 100 = \frac{2.55}{5 \times 6 \times 3} \times 100 = 2.83\%$$

③ 판단 : 누설된 프로판의 체적비율이 폭발범위에 해당되므로 폭발위험이 있다.

13 고압가스를 충전하는 내용적 500L 미만의 용기가 제조 후 경과 연수가 표와 같을 때 재검사 주기를 각각 쓰시오.

구분	경과 연수	
	15년 이상 20년 미만	20년 이상
용접용기	①	②
LPG용 용접용기	③	④

해답 ① 2년
② 1년
③ 5년
④ 2년

해설 용접용기 재검사 주기
① 고압가스 용접용기 : LPG용 용접용기 제외

구분	15년 미만	15년 이상 20년 미만	20년 이상
500L 이상	5년	2년	1년
500L 미만	3년	2년	1년

② LPG용 용접용기

구분	15년 미만	15년 이상 20년 미만	20년 이상
500L 이상	5년	2년	1년
500L 미만	5년		2년

14 가스도매사업자의 가스공급시설에 설치되는 벤트스택에 대한 물음에 답하시오.
(1) 벤트스택의 높이 기준인 방출된 가스의 착지농도를 쓰시오.
(2) 액화가스가 함께 방출되거나 급랭될 우려가 있는 벤트스택에 설치하여야 하는 것을 쓰시오.

해답 (1) 폭발하한계값 미만
(2) 기액분리기(氣液分離器)

15 같은 배관에 같은 압력으로 [보기]의 가스가 흐를 때 가장 많은 양(kg/s)이 흐르는 것부터 작게 흐르는 순서대로 번호로 나열하시오.

| 보기 |
① 부탄   ② 메탄   ③ 수소   ④ 황화수소

풀이 ① 저압 배관 유량식 $Q = K\sqrt{\dfrac{D^5 \cdot H}{S \cdot L}}$ 및 중고압 배관 유량식 $Q = K\sqrt{\dfrac{D^5 \cdot (P_1^2 - P_2^2)}{S \cdot L}}$

에서 유량(Q)은 체적유량(m^3/h)이므로 질량유량(kg/s)으로 변환하기 위해서는 가스의 밀도(ρ)를 곱한다.

② 저압 배관 유량식을 이용하여 질량유량(m)을 구하는 식을 정리하면 $m = Q \times \rho$
$= K \times \sqrt{\dfrac{D^5 \times H}{S \times L}} \times \rho$ 이고, 문제에서 제시된 조건이 가스 종류에 따른 비중과 밀도만 다르고 나머지 조건은 같으므로 다음과 같이 비중과 밀도에 따른 질량 유량식으로 정리하여 가스 각각에 대하여 질량유량의 관계를 구한다.

∴ $m = Q \times \rho = K \times \sqrt{\dfrac{D^5 \times H}{S \times L}} \times \rho = \sqrt{\dfrac{1}{S}} \times \rho = \sqrt{\dfrac{1}{\frac{M}{29}}} \times \dfrac{M}{22.4}$

③ 각 가스별 질량유량 계산 : 숫자가 큰 것이 질량유량 값이 크게 나오는 것이다.

- 부탄(C_4H_{10}) : $m_{C_4H_{10}} = \sqrt{\dfrac{1}{\frac{M_{C_4H_{10}}}{29}}} \times \dfrac{M_{C_4H_{10}}}{22.4} = \sqrt{\dfrac{1}{\frac{58}{29}}} \times \dfrac{58}{22.4} = 1.8309$

- 메탄(CH_4) : $m_{CH_4} = \sqrt{\dfrac{1}{\frac{M_{CH_4}}{29}}} \times \dfrac{M_{CH_4}}{22.4} = \sqrt{\dfrac{1}{\frac{16}{29}}} \times \dfrac{16}{22.4} = 0.9616$

- 수소(H_2) : $m_{H_2} = \sqrt{\dfrac{1}{\frac{M_{H_2}}{29}}} \times \dfrac{M_{H_2}}{22.4} = \sqrt{\dfrac{1}{\frac{2}{29}}} \times \dfrac{2}{22.4} = 0.3399$

- 황화수소(H_2S) : $m_{H_2S} = \sqrt{\dfrac{1}{\frac{M_{H_2S}}{29}}} \times \dfrac{M_{H_2S}}{22.4} = \sqrt{\dfrac{1}{\frac{34}{29}}} \times \dfrac{34}{22.4} = 1.4018$

해답 ① → ④ → ② → ③

해설 각 가스의 분자량

가스 종류	부탄(C_4H_{10})	메탄(CH_4)	수소(H_2)	황화수소(H_2S)
분자량	58	16	2	34

PART 3

안전관리 실무
[동영상 예상문제]

1. 액화석유가스 시설

문제 1~32

01 예상문제

LPG 이입·충전 시 사용하는 펌프에 대한 물음에 답하시오.

(1) 펌프 사용 시 장점 2가지를 쓰시오.
(2) 펌프 사용 시 단점 3가지를 쓰시오.
(3) 이입·충전 시 사용하는 펌프 종류 3가지를 쓰시오.

해답 (1) ① 재액화 현상이 없다.
② 드레인 현상이 없다.
(2) ① 충전시간이 길다.
② 잔가스 회수가 불가능하다.
③ 베이퍼 로크 현상이 일어나 누설의 원인이 된다.
(3) ① 원심 펌프
② 기어 펌프
③ 베인 펌프

해설 LPG 이입·충전 방법
① 차압에 의한 방법
② 액펌프에 의한 방법 : 균압관이 없는 경우, 균압관이 있는 경우
③ 압축기에 의한 방법

02 예상문제

LPG 이입·충전 시 사용하는 압축기에 대한 물음에 답하시오.

(1) 제시해 주는 압축기의 형식 명칭을 쓰시오.
(2) 펌프를 사용할 때와 비교한 장점 3가지와 단점 2가지를 쓰시오.
(3) 이 압축기에서 행정거리를 $\frac{1}{2}$로 줄이면 피스톤 압출량 변화는 어떻게 변하는가?
(4) 실린더에서 이상음이 발생하는 원인 4가지를 쓰시오.

해답 (1) 왕복동식 압축기
(2) 장점 ① 펌프에 비해 이송시간이 짧다.
② 잔가스 회수가 가능하다.
③ 베이퍼 로크 현상이 없다.
단점 ① 부탄의 경우 재액화현상이 있다.
② 드레인의 원인이 된다.
(3) $\frac{1}{2}$로 감소된다.
(4) ① 실린더와 피스톤이 닿는다.
② 피스톤링이 마모되었다.
③ 실린더 내에 액해머가 발생하고 있다.
④ 실린더에 이물질이 혼입되고 있다.
⑤ 실린더 라이너에 편감 또는 흠이 있다.

03 예상문제

LPG 이입·충전 시 사용하는 압축기에 대한 물음에 답하시오.

(1) 지시하는 부분의 명칭을 쓰시오.
(2) 이 기기의 기능을 쓰시오.
(3) LPG 압축기 내부윤활유 명칭을 쓰시오.

해답 (1) 액트랩(또는 액분리기)
(2) 가스 흡입측에 설치하여 흡입가스 중 액을 분리하고 액압축을 방지한다.
(3) 식물성유

해설 왕복동형 압축기의 특징
① 용적형으로 고압이 쉽게 형성된다.
② 급유식(윤활유식) 또는 무급유식이다.
③ 배출가스 중 오일이 혼입될 우려가 있다.
④ 압축이 단속적이므로 진동이 크고 소음이 크다.
⑤ 형태가 크고, 설치면적이 크다.
⑥ 접촉부가 많아서 고장 시 수리가 어렵다.
⑦ 용량 조정범위가 넓고, 압축효율이 높다.
⑧ 반드시 흡입, 토출밸브가 필요하다.

04 예상문제

LPG 이송용 압축기에서 지시하는 부분의 명칭과 기능에 대하여 쓰시오.

해답 ① 명칭 : 사방밸브
(또는 4로 밸브, 4-way valve)
② 기능 : 압축기의 흡입측과 토출측을 전환하여 액이송과 가스 회수를 동시에 할 수 있다.

해설 LPG를 이입·충전작업 중 작업을 중단해야 하는 경우
① 과충전이 되는 경우
② 충전작업 중 주변에서 화재가 발생했을 때
③ 탱크로리와 저장탱크를 연결한 호스 등에서 누설이 되는 경우
④ 압축기 사용 시 워터해머(액압축)가 발생하는 경우
⑤ 펌프 사용 시 액배관 내에서 베이퍼 로크가 심한 경우

05 예상문제

LPG 이송에 사용하는 차량에 고정된 탱크(탱크로리)에 대한 물음에 답하시오.

(1) 차량 앞, 뒤에 부착된 경계표지의 크기 기준 3가지를 쓰시오.
(2) 운전석 외부에 부착하는 적색 삼각기의 규격(가로×세로) 및 글자색을 쓰시오.
(3) 탱크 정상부의 높이가 차량 정상부의 높이보다 높을 때 설치하는 것의 명칭을 쓰시오.
(4) 탱크 내용적은 얼마로 제한하고 있는가?

해답 (1) ① 가로치수 : 차체폭의 30% 이상
　　　　② 세로치수 : 가로치수의 20% 이상
　　　　③ 차량 구조상 정사각형 또는 이에 가까운 형상으로 표시할 때는 면적이 600cm² 이상
(2) ① 규격 : 40cm×30cm
　　② 글자색 : 황색
(3) 높이 측정기구(또는 검지봉)
(4) 내용적 제한 없음

해설 자동차에 고정된 탱크 내용적 제한 기준
① 가연성가스, 산소 : 18000L 초과 금지
　　　　　　　　　(단, LPG 제외)
② 독성가스 : 12000L 초과 금지
　　　　　　(단, 액화암모니아 제외)

06 예상문제

액화석유가스용 차량에 고정된 탱크로부터 LPG를 저장탱크로 이송할 때에 대한 물음에 답하시오.

(1) 차량 앞뒤에 설치하는 경계표지의 내용을 쓰시오.
(2) 경계표지의 규격(가로×세로)은 얼마인가?
(3) 경계표지의 바탕색 및 글씨 색상을 각각 구분하여 쓰시오.

해답 (1) LPG 이·충전 작업 중, 절대금연
(2) 60×45cm 이상
(3) ① 바탕색 : 흰색
　　② LPG 이·충전 작업 중 : 흑색
　　③ 절대금연 : 적색

해설 LPG 이입·충전 기준 : KGS FP331
① 자동차에 고정된 탱크와 로호스(로딩암)의 액체라인 및 기체라인 커플링을 접속한 후 충전한다.
② 저장탱크에 가스를 충전하려면 가스의 용량이 상용의 온도에서 저장탱크 내용적의 90%를 넘지 않도록 충전한다.
③ 액화석유가스를 자동차에 고정된 탱크로부터 이입할 때에는 배관접속 부분의 가스누출 여부를 확인하고, 이입한 후에는 그 배관 안의 가스로 인한 위해가 발생하지 아니하도록 조치한다.
④ 자동차에 고정된 탱크로부터 저장탱크에 액화석유가스를 이입받을 때에는 5시간 이상 연속하여 자동차에 고정된 탱크를 저장탱크에 접속하지 아니한다.

07 예상문제

액화석유가스용 차량에 고정된 탱크에 대한 물음에 답하시오.

(1) 탱크 내부에 액면요동을 방지하기 위하여 설치하는 것의 명칭은 무엇인가?
(2) 탱크의 외벽이 화염으로 인하여 국부적으로 가열될 경우 그 탱크 벽면의 열을 신속히 흡수, 분산시킴으로써 탱크 벽면의 국부적인 온도 상승으로 인한 탱크의 파열을 방지하기 위하여 설치하는 폭발방지제의 열전달 매체 재료로서 가장 적당한 것은?
(3) 차량에 고정된 탱크에는 상온에서 탱크에 충전하는 당해가스의 최고액면을 정확히 측정할 수 있도록 설치하는 액면계의 종류 2가지를 쓰시오.
(4) 차량에 고정된 탱크에 설치된 긴급차단장치는 온도가 몇 ℃일 때 자동적으로 작동되어야 하는가?

해답 (1) 방파판
(2) 알루미늄 합금 박판
(3) ① 슬립튜브식
② 차압식
(4) 110℃

08 예상문제

LPG 이입·충전 작업을 하기 위하여 저장탱크와 차량에 고정된 탱크(탱크로리)를 연결하는 로딩암(loading arm)에 대한 물음에 답하시오.

(1) 로딩암 "A(큰 관)"와 "B(작은 관)"에 흐르는 LPG의 상태를 액체와 기체로 구별하여 답하시오.
(2) 이입·충전작업을 할 때 정전기를 제거하기 위하여 접지선을 연결하는 부분의 명칭을 쓰시오.
(3) 접지선의 단면적은 얼마인가?
(4) 접지 저항치 총합은 몇 Ω 이하인가? (단, 피뢰설비가 설치된 경우가 아니다.)

"A(큰 관)" "B(작은 관)"

해답 (1) ① A라인 : 액체
② B라인 : 기체
(2) 접지탭 (또는 접지코드)
(3) $5.5mm^2$ 이상
(4) 100Ω 이하 (피뢰설비 설치 시 10Ω 이하)

해설 로딩암(loading arm) 작동 성능(운동 성능) : KGS AA236
① 암(arm)의 운동 각도 범위는 10° 이상 70° 이하인 것으로 한다.
② 차량과 로딩암의 위치가 직각에서 ±20°에서도 이입·충전 작업이 가능한 것으로 한다.

09 예상문제

지상에 설치된 LPG 저장탱크에 대한 물음에 답하시오.

(1) 지시하는 부분의 명칭과 지면에서의 설치 높이는 얼마인가?
(2) 저장탱크의 침하상태 측정주기는 얼마인가?
(3) 저장량이 몇 톤 이상일 때 방류둑을 설치하여야 하는가?
(4) 저장탱크를 기초에 고정하는 방법 2가지를 쓰시오.

[해답] (1) ① 명칭 : 안전밸브 방출구
② 높이 : 5m 이상
(2) 1년에 1회 이상
(3) 1000톤 이상
(4) ① 앵커 볼트(anchor bolt)
② 앵커 스트랩(anchor strap)

[해설] 가스방출관 방출구 위치 : 지면으로부터 또는 탱크 정상부로부터 높이 중 더 높은 위치

구분	지면으로부터	탱크 정상부로부터
저장탱크	5m 이상	2m 이상
소형 저장탱크	2.5m 이상	1m 이상

10 예상문제

지상에 설치된 LPG 저장탱크에 설치된 냉각살수장치에 대한 물음에 답하시오.

(1) 저장탱크 표면적 $1m^2$당 분당 방사량은 얼마인가? (단, 준내화구조의 경우가 아니다.)
(2) 자동차에 고정된 탱크 이입·충전장소에 설치하는 살수장치 기준에 대하여 설명하시오.
(3) 냉각살수장치 조작위치는 저장탱크 외면에서 얼마인가?

[해답] (1) 5L
(2) 국내에 운행하는 자동차에 고정된 탱크 중 최대용량의 것을 기준으로 한다.
(3) 5m 이상

[해설] 냉각살수장치 : KGS FP331, FP332
① 살수장치는 저장탱크 표면적 $1m^2$당 5L/min 이상의 비율로 계산된 수량을 저장탱크 전 표면에 분무할 수 있는 고정된 장치로 한다.
② 준내화구조 저장탱크의 경우 방사량 : $2.5L/min·m^2$ 이상
③ 살수장치의 종류
㉮ 살수관식 : 배관에 직경 4mm 이상의 작은 구멍을 뚫거나 살수노즐을 배관에 부착
㉯ 확산판식 : 확산판을 살수노즐 끝에 부착한 것으로 구형 저장탱크에 설치

11 예상문제

지상에 설치된 LPG 저장탱크의 액면계에 대한 물음에 답하시오.

(1) 액면계 명칭은 무엇인가?
(2) 액면계의 기능 2가지를 쓰시오.
(3) 액면계 상하에 설치되는 밸브의 형식과 역할(기능)을 설명하시오.

해답 (1) 클링거(Klinger)식 액면계
(2) ① 저장탱크 내 LPG 액면을 지시하여 잔량 상태 확인
② LPG 이입·충전 시 과충전을 방지
(3) ① 밸브 형식 : 자동 및 수동식 스톱밸브
② 역할(기능) : 액면계 파손 및 검사 시에 LPG의 누설을 방지하기 위하여

해설 저장탱크 액면계 설치기준 : KGS FP331, FP332
① 액면계는 평형반사식 유리액면계, 평형투시식 유리액면계 및 플로트(float)식, 차압식, 정전용량식, 편위식, 고정튜브식 또는 회전튜브식이나 슬립튜브식 액면계 등에서 선정하여 사용한다.
② 액면계 상하에는 수동식 및 자동식 스톱밸브를 각각 설치한다. 다만, 자동식 및 수동식 기능을 함께 갖춘 경우에는 각각 설치한 것으로 볼 수 있다.

12 예상문제

LPG 저장탱크에 부착되는 안전밸브에 대한 물음에 답하시오.

(1) 안전밸브의 명칭(종류)을 쓰시오.
(2) 작동점검 주기는 얼마인가?

해답 (1) 스프링식 안전밸브
(2) 2년에 1회 이상

해설 과압안전장치 축적압력 : KGS FP331, FP332
① 분출원인이 화재가 아닌 경우
㉮ 안전밸브를 1개 설치한 경우 : 최고허용압력의 110% 이하
㉯ 안전밸브를 2개 이상 설치한 경우 : 최고허용압력의 116% 이하
② 분출원인이 화재인 경우 : 안전밸브 수량에 관계없이 최고허용압력의 121% 이하

13 예상문제

LPG 저장탱크를 지하에 매설할 때 저장탱크실은 수밀성(水密性) 콘크리트로 시공하여야 한다. 저장탱크실 콘크리트 설계강도는 몇 MPa인가?

해답 21MPa 이상

해설 LPG 저장탱크실 재료 규격 : KGS FP331, FP332

항목	규격
굵은 골재의 최대치수	25mm
설계강도	21MPa 이상
슬럼프(slump)	120~150mm
공기량	4% 이하
물-결합재비	50% 이하
그 밖의 사항	KS F 4009에 의한 규정

※ LPG 저장탱크실 재료 규격은 고압가스, 도시가스 분야의 규격과 다른 부분이 있으니 구분하길 바라며, 동영상 시험에서는 주로 액화석유가스 저장탱크실에 대하여 출제되었으니 참고바랍니다.

14 예상문제

LPG 저장탱크가 지하에 매설된 부분의 지상부이다. 지시하는 부분의 명칭과 기능(역할)을 쓰시오.

해답 ① 명칭 : 맨홀(man hole)
② 기능 : 정기검사 및 수리, 점검 시 저장탱크 내부에 작업자가 들어가기 위한 것

해설 LPG 저장탱크 지하 설치 시 집수구 기준 : KGS FP331, FP332
① 집수구 크기 : 가로 30cm, 세로 30cm, 깊이 30cm 이상
② 집수관 : 80A 이상
③ 집수구 및 집수관 주변 : 자갈 등으로 조치, 펌프로 배수
④ 검지관 : 40A 이상으로 4개소 이상 설치

15 예상문제

LPG 용기 충전사업소에 설치된 저장탱크의 저장능력이 25톤이라면 사업소 경계까지 유지하여야 할 안전거리는 얼마인가?

해답 30m 이상

해설 저장설비 안전거리 유지 기준 : KGS FP331, FP332

① 사업소 경계까지 다음 거리 이상을 유지(단, 저장설비를 지하에 설치하거나 지하에 설치된 저장설비 안에 액중펌프를 설치하는 경우에는 사업소 경계와의 거리에 0.7을 곱한 거리)

저장능력	사업소 경계와의 거리
10톤 이하	24m
10톤 초과 20톤 이하	27m
20톤 초과 30톤 이하	30m
30톤 초과 40톤 이하	33m
40톤 초과 200톤 이하	36m
200톤 초과	39m

② 저장설비, 충전설비 및 탱크로리 이입·충전장소 : 보호시설과 거리 유지

저장능력	제1종	제2종
10톤 이하	17m	12m
10톤 초과 20톤 이하	21m	14m
20톤 초과 30톤 이하	24m	16m
30톤 초과 40톤 이하	27m	18m
40톤 초과	30m	20m

[비고] 지하에 저장설비를 설치하는 경우에는 상기 보호시설과의 안전거리를 2분의 1로 할 수 있다.

16 예상문제

LPG를 충전용기에 충전하는 회전식 충전기이다. 충전설비와 사업소 경계까지 유지하여야 할 안전거리는 얼마인가?

해답 24m 이상

해설 LPG용기 충전장소 관리기준 : KGS FP331
① 저장설비는 외면으로부터 사업소 경계까지 저장능력에 따른 거리를 유지할 것
② 충전설비는 사업소 경계까지 24m 이상을 유지할 것
③ 탱크로리 이입·충전장소에는 정차위치를 표시하고, 그 중심으로부터 사업소 경계까지 24m 이상을 유지할 것
④ 저장설비, 충전설비, 탱크로리 이입·충전장소는 보호시설까지 안전거리를 유지할 것
⑤ 저장설비, 가스설비는 화기를 취급하는 장소까지 8m 이상의 우회거리를 유지할 것
⑥ 사업소 및 저장설비에는 경계표지 및 경계책을 설치할 것

17 예상문제

액화석유가스 용기 충전 사업소에 설치된 저장탱크 배관에 부착된 기기에 대한 물음에 답하시오.

(1) 지시하는 것의 명칭을 쓰시오.
(2) 동력원의 종류 4가지를 쓰시오.
(3) 이 설비(기기)의 조작스위치(조작밸브)는 저장탱크 외면으로부터 몇 m 이상 떨어진 곳에 설치하는가?

해답 (1) 긴급차단장치(또는 긴급차단밸브)
(2) ① 액압 ② 기압 ③ 전기식 ④ 스프링식
(3) 5m 이상

해설 긴급차단장치 차단조작기구 설치 장소 :
KGS FP331, FP332
① 안전관리자가 상주하는 사무실 내부
② 충전기 주변
③ 액화석유가스의 대량 유출에 대비하여 충분히 안전이 확보되고 조작이 용이한 곳

18 예상문제

지시하는 것은 LPG 저장탱크 배관에 설치된 기기이다. 명칭을 쓰시오.

해답 릴리프 밸브

해설 ① 릴리프 밸브 : 펌프 및 배관에서 액체의 압력상승을 방지하기 위하여 설치하는 것으로 배관 내의 압력이 일정압력 상승 시 작동하여 저장탱크나 펌프의 흡입측으로 되돌려진다.
② 구조도(단면도)

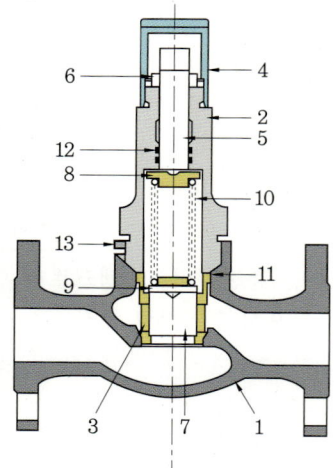

[각부 명칭]
1. body 2. bonnet 3. disk guid 4. cap
5. adjust nut 6. adjust nut 7. valve disk
8. spring disk 9. spring disk lower
10. spring 11, 12. O-ring 13. screw

19 · 예상문제

LPG 저장탱크가 설치된 곳의 배관에서 지시하는 부분의 기기 명칭을 쓰시오.

해답
(1) 글로브 밸브(또는 스톱밸브)
(2) 체크 밸브
(3) 긴급차단장치
(4) 바이패스 라인

해설
① 바이패스 라인 : 배관에 설치된 릴리프 밸브, 긴급차단장치 등이 작동하지 않을 때 바이패스 라인에 설치된 글로브 밸브를 수동으로 개방하여 액체가 배출되도록 하는 배관이다. 바이패스 라인에 설치된 글로브 밸브는 평상시에는 폐쇄된 상태를 유지한다.
② 각 기기(밸브)의 외관 모양 : 몸체는 동일하지만 조작용 핸들의 유무를 갖고 구별하기 바랍니다.

글로브 밸브   체크 밸브   긴급차단장치

20 · 예상문제

LPG 소형 저장탱크의 충전질량이 2500kg일 때 가스 충전구로부터 토지경계선까지 이격거리는 얼마인가?

해답 5.5m 이상

해설 소형 저장탱크의 설치거리 기준 : KGS FS331

소형 저장탱크의 충전질량	가스충전구로부터 토지경계선에 대한 수평거리(m)	탱크간 거리(m)	가스충전구로부터 건축물 개구부에 대한 거리(m)
1000kg 미만	0.5 이상	0.3 이상	0.5 이상
1000kg 이상 2000kg 미만	3.0 이상	0.5 이상	3.0 이상
2000kg 이상	5.5 이상	0.5 이상	3.5 이상

※ 충전질량 1000kg 이상인 경우에 방호벽을 설치하면 토지경계선 및 건축물 개구부에 대한 거리의 1/2 이상의 직선거리를 유지할 수 있다. 이 경우 방호벽의 높이는 소형 저장탱크 정상부보다 50cm 이상 높게 유지하여야 한다.

참고 다중이용시설 또는 가연성 건조물과는 가스 충전구로부터 건축물 개구부에 대한 거리의 2배 이상의 직선거리를 유지해야 한다.
〈신설 20. 9. 4〉

21 예상문제

LPG 일반집단공급시설에 설치된 소형 저장탱크에 대한 물음에 답하시오.

(1) 소형 저장탱크를 동일 장소에 설치할 때 설치 수와 충전질량 합계는 얼마인가?
(2) 충전량은 내용적의 얼마로 충전하는가?
(3) 경계책 설치 높이는 얼마인가? (단, 충전질량 합계가 1000kg 이상인 것이다.)

해답 (1) ① 설치 수 : 6기 이하
② 충전질량 합계 : 5000kg 미만
(2) 85% 이하
(3) 1m 이상

해설 소형 저장탱크 설치기준 : KGS FP331, FP332, FS331
① 소형 저장탱크 수 : 6기 이하, 충전질량 합계 5000kg 미만
② 경계책 설치 : 높이 1m 이상(충전질량 1000kg 이상만 해당)
③ 충전량 : 내용적의 85% 이하
④ 안전밸브 방출구 : 수직상방으로 분출하는 구조

22 예상문제

지시하는 것은 액화석유가스 용기충전 사업소의 저장설비가 있는 장소에 설치된 기기이다. 명칭을 쓰시오.

해답 가스누출경보기 검지부
(또는 가스누설 검지기)

해설 가스누출경보기 설치기준 : KGS FP331, FP332
① 검지부 설치 높이 : 바닥면으로부터 검지부 상단까지 30cm 이내
② 검지부 설치 제외 장소
㉮ 증기, 물방울, 기름기 섞인 연기 등이 직접 접촉될 우려가 있는 곳
㉯ 주위온도 또는 복사열에 따른 온도가 40℃ 이상이 되는 곳
㉰ 설비 등에 가려져 누출가스의 유동이 원활하지 못한 곳
㉱ 차량, 그 밖의 작업 등으로 경보기가 파손될 우려가 있는 곳
③ 경보부 설치 장소 : 관계자가 상주하거나 경보를 식별할 수 있는 장소로써 경보가 울린 후 각종 조치를 취하기에 적절한 곳

23 예상문제

LPG 저장설비실과 가스설비실의 자연환기설비에 대한 물음 및 ( )에 알맞은 용어를 쓰시오.

(1) 환기구는 ( )에 접하고, 외기에 면하게 설치한다.
(2) 환기구의 통풍가능 면적의 합계 기준을 쓰시오.
(3) 환기구 1개의 면적은 얼마인가?
(4) 사방을 방호벽 등으로 설치할 경우 환기구 방향은 ( )방향 이상으로 분산 설치한다.
(5) 환기구는 가로의 길이를 ( )의 길이보다 길게 한다.

해답 (1) 바닥면
(2) 바닥면적 $1m^2$ 마다 $300cm^2$의 비율로 계산한 면적 이상
(3) $2400cm^2$ 이하
(4) 2
(5) 세로

해설 강제환기설비(강제통풍장치) 설치기준 : KGS FP331, FP332
① 통풍능력은 바닥면적 $1m^2$ 마다 $0.5m^3/min$ 이상으로 한다.
② 흡입구는 바닥면 가까이에 설치한다.
③ 배기가스 방출구를 지면에서 5m 이상의 높이에 설치한다.

24 예상문제

액화석유가스를 자동차에 고정된 용기에 충전하는 고정충전설비(dispenser ; 충전기)에 대한 물음에 답하시오.

(1) 충전기의 충전호스 길이는 얼마인가?
(2) 충전호스 끝에 설치하는 장치는 무엇인가?
(3) 충전호스에 부착하는 가스주입기의 형식을 쓰시오.

해답 (1) 5m 이내
(2) 정전기 제거장치
(3) 원터치형

해설 액화석유가스 자동차에 고정된 용기 충전시설 기준 : KGS FP332
① 충전기 상부에는 캐노피를 설치하고, 그 면적은 공지면적의 2분의 1 이하로 한다.
② 배관이 캐노피 내부를 통과하는 경우에는 1개 이상의 점검구를 설치한다.
③ 캐노피 내부의 배관으로서 점검이 곤란한 장소에 설치하는 배관은 용접이음으로 한다.
④ 충전기 주위에는 정전기 방지를 위하여 충전 이외의 필요 없는 장비는 시설을 금지한다.
⑤ 저장탱크실 상부에는 충전기를 설치하지 아니한다.

25 예상문제

액화석유가스를 자동차에 고정된 용기에 충전하는 고정충전설비(dispenser ; 충전기)의 충전호스에 과도한 인장력이 가해졌을 때 충전기와 가스주입기가 분리될 수 있는 안전장치의 명칭을 쓰시오.

해답 세이프티 커플링(safety coupling)

해설 세이프티 커플링(safety coupling) 작동 성능 : KGS AA235
① 분리 성능 : 커플링은 연결된 상태에서 압력을 가하여 2.7~3.3MPa에서 분리될 것
② 당김 성능 : 커플링은 연결된 상태에서 30±10mm/min의 속도로 당겼을 때 490.4~588.4N에서 분리되는 것으로 할 것
③ 회전 성능 : 커플링은 결합 후 암수 커플링이 자유롭게 회전되는 것으로 한다.

26 예상문제

액화석유가스를 자동차에 고정된 용기에 충전하는 고정충전설비(dispenser ; 충전기)에 차량의 충돌로부터 충전기를 보호할 수 있도록 설치하는 보호대에 대한 물음에 답하시오.

(1) 보호대로 사용할 수 있는 것 2가지를 규격을 포함하여 쓰시오.
(2) 보호대 높이는 얼마인가?
(3) 강관제 보호대를 고정하는 방법 2가지를 쓰시오.

해답 (1) ① 두께 12cm 이상의 철근콘크리트
② 호칭지름 100A 이상의 배관용 탄소강관
(2) 80cm 이상
(3) ① 콘크리트 기초에 25cm 이상의 깊이로 묻는다.
② 앵커볼트를 사용하여 고정한다.

해설 고정충전설비(충전기) 보호대 설치기준 : KGS FP332
① 보호대 재질
㉮ 두께 12cm 이상의 철근콘크리트
㉯ 호칭지름 10CA 이상의 KS D 3507(배관용 탄소강관) 또는 이와 동등 이상의 기계적 강도를 가지는 강관
② 보호대의 높이는 80cm 이상으로 한다.
③ 보호대는 차량의 충돌로부터 충전기를 보호할 수 있는 형태로 한다. 다만, 말뚝 형태일 경우 말뚝은 2개 이상을 설치하고, 간격은 1.5m 이하로 한다.

27 예상문제

단단 감압식 저압조정기에 대한 물음에 답하시오.

(1) 조정기의 사용 목적을 쓰시오.
(2) 조정기의 용량은 얼마인가?
(3) 조정기 입구압력과 출구압력(조정압력)을 쓰시오.
(4) 최대폐쇄압력은 얼마인가?

해답 (1) 유출압력(공급압력) 조절로 안정된 연소를 도모하고, 소비가 중단되면 가스를 차단한다.
(2) 총 가스소비량의 150% 이상
(3) ① 입구압력 : 0.07~1.56MPa
② 출구압력(조정압력) : 2.3~3.3kPa
(4) 3.5kPa 이하

해설 단단 감압식 저압조정기의 장·단점
① 장점 : 장치 및 조작이 간단하다.
② 단점 : 배관 지름이 커야 하고, 최종압력이 부정확하다.

28 예상문제

2단 감압식 2차 조정기에 대한 물음에 답하시오.

(1) 2단 감압식 조정기를 사용할 때 장점 4가지를 쓰시오.
(2) 2단 감압식 조정기를 사용할 때 단점 4가지를 쓰시오.

해답 (1) ① 입상배관에 의한 압력손실을 보정할 수 있다.
② 가스배관이 길어도 공급압력이 안정된다.
③ 중간배관이 가늘어도 된다.
④ 각 연소기구에 알맞은 압력으로 공급이 가능하다.
(2) ① 설비가 복잡하다.
② 조정기수가 많아서 점검 개소가 많다.
③ 부탄의 경우 재액화의 우려가 있다.
④ 검사방법이 복잡하고 시설의 압력이 높아서 이음방식에 주의하여야 한다.

29 예상문제

일반용 액화석유가스 압력조정기의 다이어프램에 대한 물음에 답하시오.

(1) 다이어프램의 재료는 전체 배합성분 중 NBR의 성분 함유량은 (①)% 이상이고, 가소제 성분은 (②)% 이하인 것으로 한다. ( ) 안에 알맞은 내용을 쓰시오.
(2) 다이어프램의 내가스시험에 사용되는 액체 종류 3가지를 쓰시오.
(3) 다이어프램의 노화시험 방법 2가지를 쓰시오.

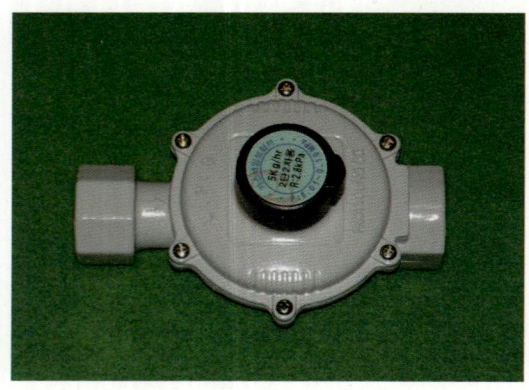

[해답] (1) ① 50 ② 18
(2) ① 액화석유가스 ② 이소옥탄 ③ n-펜탄
    ④ 상온의 물   ⑤ 윤활유
(3) ① 공기가열 노화시험 ② 오존 노화시험

[해설] 다이어프램 노화시험 방법 : KGS AA434
① 공기가열 노화시험 : 70℃의 공기 중에서 96시간 노화시킨 후 실온에서 48시간 방치한 다음 인장강도 및 신장률을 측정하였을 때 인장강도 변화율은 ±15% 이내, 신장 변화율은 ±25% 이내, 강도변화는 쇼어 경도(A형)기준 ±10 이내인 것으로 한다.
② 오존 노화시험 : KS M 6518(가화고무 물리시험방법)의 오존균열시험에 따라 온도 40℃, 오존농도 25pphm에서 시험편에 20%의 신장을 가한 상태로 72시간 유지한 다음 신장력을 제거하였을 때 길이 변화가 없는 것으로 하고, 10배의 확대경으로 확인하였을 때 A2급 이상인 것으로 한다.

30 예상문제

LPG 집합공급설비에 자동절체식 조정기를 사용할 때의 장점 4가지를 쓰시오.

[해답] ① 전체 용기의 수량이 수동교체식의 경우보다 적어도 된다.
② 잔액이 거의 없어질 때까지 소비된다.
③ 용기 교환주기의 폭을 넓힐 수 있다.
④ 분리형을 사용하면 단단 감압식 조정기의 경우보다 배관의 압력손실을 크게 해도 된다.

[해설] 자동절체식 조정기의 절체성능(KGS AA434) : 사용쪽 용기 안의 압력이 0.1MPa 이상일 때 표시용량의 범위에서 예비쪽 용기에서 가스가 공급되지 않아야 한다.

31 예상문제

LPG 충전용기 집합장치에 대한 물음에 답하시오.

(1) 지시하는 부분의 명칭을 쓰시오.
(2) 집합장치에 설치된 LPG 충전용기의 명칭을 쓰시오.
(3) 이 용기는 원칙적으로 (   )장치가 설치되어 있는 시설에서만 사용이 가능하다. (   ) 안에 알맞은 내용을 쓰시오.
(4) 이 시설에 기체배관이 설치되어 있는데 기체배관 설치 시 제외되는 시설은 무엇인가?

해답 (1) 액자동절체기
(2) 사이펀 용기
(3) 기화
(4) 비상전력 공급설비

해설 액자동절체기 : 사용측 용기의 LPG를 모두 소비하면 자동으로 예비측 용기의 액을 공급하여 주는 기기로 LPG의 공급이 중단되지 않게 한다.

32 예상문제

LPG 기화장치에 대한 물음에 답하시오.

(1) 기화장치의 구성요소 3가지를 쓰시오.
(2) 기화장치에서 액화가스의 유출을 방지하기 위한 장치(기기)는 무엇인가?
(3) 온수가열방식과 증기가열방식은 기화기의 과열을 방지하기 위해 온수 및 증기의 온도를 얼마로 제한하는가?
(4) 기화기 사용 시 장점 4가지를 쓰시오.

해답 (1) ① 기화부 ② 제어부 ③ 조압부
(2) 액유출 방지장치 (또는 액유출 방지기구)
(3) ① 온수 : 80℃ 이하
    ② 증기 : 120℃ 이하
(4) ① 한랭시에도 연속적으로 가스공급이 가능하다.
    ② 공급가스의 조성이 일정하다.
    ③ 설치면적이 좁아진다.
    ④ 기화량을 가감할 수 있다.
    ⑤ 설비비 및 인건비가 절약된다.

해설 고압가스용 기화장치의 내압성능 및 기밀성능 : KGS AA911
① 내압시험압력 : 설계압력의 1.3배 이상 (불활성기체를 사용하는 경우 설계압력의 1.1배)
② 기밀시험압력 : 설계압력 이상의 압력

2. 도시가스 시설

문제 33~54

33 예상문제

아파트 외벽에 설치된 도시가스 입상관 및 밸브에 대한 물음에 답하시오.

(1) 지시하는 밸브의 설치높이는 바닥으로부터 얼마인가?
(2) 입상관에 어떤 표시를 하면 아파트 외벽과 같은 색상으로 도색할 수 있는가?

해답 (1) 1.6m 이상 2m 이내
(2) 바닥에서 1m 높이에 폭 3cm의 황색띠를 2중으로 표시

해설 도시가스 사용시설 입상관 밸브 설치기준 : KGS FS551, FU551
① 입상관 밸브는 바닥으로부터 1.6m 이상 2m 이내에 설치한다.
② 1.6m 이상 2m 이내에 설치 못할 경우 기준
  ㉮ 입상관 밸브를 1.6m 미만으로 설치 시 보호상자 안에 설치한다.
  ㉯ 입상관 밸브를 2.0m 초과하여 설치할 경우 다음 중 어느 하나의 기준을 따른다.
    ㉠ 입상관 밸브 차단을 위한 전용계단을 견고하게 고정, 설치한다.
    ㉡ 원격차단이 가능한 전동밸브를 설치하며, 차단장치의 제어부는 바닥으로부터 1.6m 이상 2.0m 이내에 설치한다.

34 예상문제

아파트 외부 벽면에 설치된 도시가스 입상관에 대한 물음에 답하시오.

(1) 입상관의 정의에 대하여 쓰시오.
(2) 지시하는 "ㄷ"자 부분의 명칭은 무엇인가?
(3) 지시하는 부분의 장치를 설치하는 이유를 설명하시오.
(4) 아파트가 25층으로 가정할 때 지시하는 것은 몇 개를 설치하여야 하는가?

해답 (1) 수용가에 가스를 공급하기 위해 건축물에 수직으로 부착되어 있는 배관을 말하며, 가스의 흐름 방향과 관계없이 수직배관은 입상배관으로 본다.
(2) 신축흡수장치(또는 신축이음장치, 신축조인트, Expansion joint)
(3) 온도변화에 따른 배관의 열팽창(수축, 팽창)을 흡수하기 위하여
(4) 2개

해설 입상관의 곡관 수 : KGS FS551
① 10층 이하 : 무
② 11층 이상 20층 이하 : 1개 이상
③ 21층 이상 : 11층 이상 20층 이하 수에 10층마다 1개 이상의 수

35 예상문제

도시가스 사용시설에서 배관 이음부와 유지하여야 할 거리 기준에 대하여 쓰시오. (단, 용접이음매는 제외한다.)

해답
① 전기계량기, 전기개폐기 : 60cm 이상
② 전기점멸기, 전기접속기 : 15cm 이상
③ 절연조치를 하지 않은 전선, 단열조치를 하지 않은 굴뚝 : 15cm 이상
④ 절연전선 : 10cm 이상

해설 가스계량기와 유지거리 : KGS FS551, FU551
① 전기계량기, 전기개폐기 : 60cm 이상
② 단열조치를 하지 않은 굴뚝, 전기점멸기, 전기접속기 : 30cm 이상
③ 절연조치를 하지 않은 전선 : 15cm 이상

참고 배관이음부 및 가스계량기와 유지거리를 구분하기 바라며, 배관이음부와 유지거리는 사업주체별 다르게 규정되는 사항도 있으니 구별하길 바랍니다.

36 예상문제

도시가스 배관에 표시하여야 할 사항 3가지를 쓰시오.

해답
① 사용 가스명
② 최고사용압력
③ 가스의 흐름 방향

해설 배관설비 표시 기준 : KGS FS551, FU551
① 배관은 그 외부에 사용 가스명, 최고사용압력 및 가스의 흐름 방향을 표시한다. 다만, 지하에 매설하는 경우에는 흐름 방향을 표시하지 아니할 수 있다.
② 지상배관은 부식방지도장 후 표면색상을 황색으로 도색한다.
③ 지하매설배관은 최고사용압력이 저압인 배관은 황색, 중압 이상인 배관은 적색으로 한다.
④ 지상배관의 경우 건축물의 내·외벽에 노출된 것으로서 바닥(2층 이상의 건물의 경우에는 각 층의 바닥을 말한다)에서 1m의 높이에 폭 3cm의 황색띠를 2중으로 표시한 경우에는 표면색상을 황색으로 하지 아니할 수 있다.
⑤ 아연도금강관(백관)은 별도의 부식방지 도장이 없어도 부식방지조치를 한 것으로 본다.

37 예상문제

도시가스 정압기에 대한 물음에 답하시오.

(1) 정압기의 기능 3가지를 쓰고 설명하시오.
(2) 정압기 구성 요소 중 2차 압력을 감지하여 그 2차 압력의 변동을 메인밸브에 전달하는 부분의 명칭을 쓰시오.

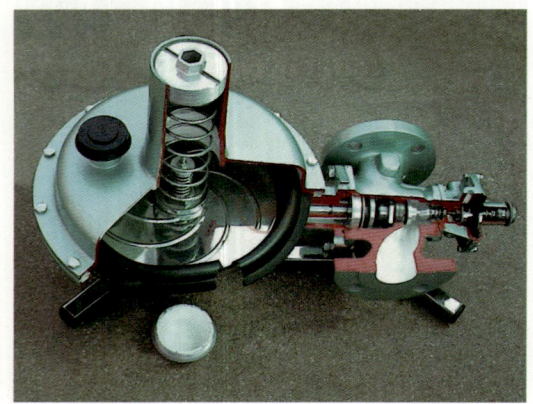

해답 (1) ① 감압 기능 : 도시가스 압력을 사용처에 맞게 낮추는 기능
② 정압 기능 : 2차측의 압력을 허용범위 내의 압력으로 유지하는 기능
③ 폐쇄 기능 : 가스의 흐름이 없을 때는 밸브를 완전히 폐쇄하여 압력상승을 방지하는 기능
(2) 다이어프램

해설 정압기 구성 요소
① 다이어프램 : 2차 압력을 감지하고 2차 압력의 변동을 메인밸브에 전달하는 부분
② 스프링 : 조정할 압력(2차 압력)을 설정하는 부분
③ 메인밸브(조정밸브) : 가스의 유량을 밸브 개도에 따라서 직접 조정하는 부분

38 예상문제

도시가스 정압기실 감시장치에 대한 설명에 해당하는 설비 명칭을 쓰시오.

(1) 정압기 출구측 압력이 설정압력보다 상승하거나 낮아지는 경우에 이상유무를 상황실에서 알 수 있도록 경보음(70dB 이상) 등으로 알려주는 설비이다.
(2) 정압기실에서 누출된 가스가 검지되었을 때 통보하는 설비이다.
(3) 정압기실 출입문 개폐여부를 확인하는 설비이다.
(4) 정압기의 이상발생 등으로 출구측의 압력이 설정압력보다 이상 상승하는 경우 입구측으로 유입되는 가스를 차단하는 장치의 개폐여부를 확인하는 설비이다.

해답 (1) 이상압력 통보설비
 (또는 이상압력 통보장치)
(2) 가스누출검지 통보설비
(3) 출입문 개폐 통보장치
(4) 긴급차단장치(밸브)

39 예상문제

도시가스 정압기실에 대한 물음에 답하시오.

(1) 지시하는 부분의 기기 명칭을 쓰시오.
(2) ①번과 ③번 기기의 분해·점검 주기에 대하여 쓰시오.
(3) 정압기의 작동상황 점검주기는 얼마인가?
(4) 정압기실의 조명도는 얼마인가?

해답
(1) ① 정압기
    ② 긴급차단장치(또는 긴급차단밸브)
    ③ 정압기 필터
(2) ① 정압기 : 2년에 1회 이상
    ③ 정압기 필터 : 가스 공급개시 후 1개월 이내 및 가스공급 개시 후 매년 1회 이상
(3) 1주일에 1회 이상
(4) 150룩스 이상

해설 가스사용시설(단독사용자시설)의 정압기 및 필터 점검주기 : 설치 후 3년까지는 1회 이상, 그 이후에는 4년에 1회 이상

40 예상문제

주정압기에 설치되는 긴급차단장치의 작동압력은 얼마인가? (단, 상용압력이 2.5kPa이다.)

해답 3.6kPa 이하

해설 정압기에 설치되는 과압안전장치의 설정압력

구분		상용압력이 2.5kPa인 경우
이상압력 통보설비	상한값	3.2kPa 이하
	하한값	1.2kPa 이상
주 정압기에 설치되는 긴급차단장치		3.6kPa 이하
안전밸브		4.0kPa 이하
예비 정압기에 설치되는 긴급차단장치		4.4kPa 이하

참고 상용압력 2.5kPa 외 그 밖의 경우 설정압력은 가스설비 실무(필답형) 11장 예상문제 46번 해설을 참고하길 바랍니다.

41 예상문제

정압기실에 설치되는 가스누설검지 통보장치의 검지부에 대한 물음에 답하시오.

(1) 검지부 설치 수 기준을 쓰시오.
(2) 작동상황 점검 주기는 얼마인가?

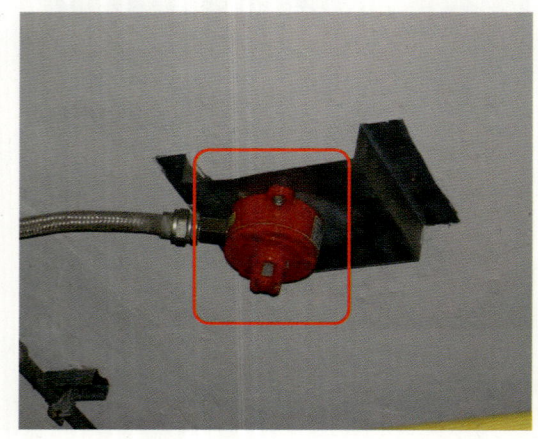

해답 (1) 정압기실 바닥면 둘레 20m에 대하여 1개 이상
(2) 1주일에 1회 이상

해설 가스누출경보기 검지부 설치 제외 장소 : KGS FS552
① 증기, 물방울, 기름 섞인 연기 등이 직접 접촉될 우려가 있는 곳
② 주위온도 또는 복사열에 의한 온도가 40℃ 이상이 되는 곳
③ 설비 등에 가려져 누출가스의 유통이 원활하지 못한 곳
④ 차량 그 밖의 작업 등으로 인하여 경보기가 파손될 우려가 있는 곳

42 예상문제

정압기실에 설치되는 기기의 명칭을 쓰시오.

(1)  (2)

(3)  (4)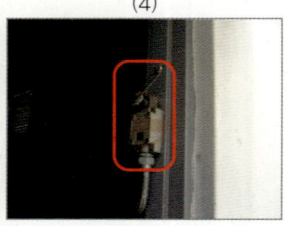

해답 (1) 이상압력 통보설비
(2) 압력기록장치
(3) 필터 차압계
(4) 출입문 개폐 통보장치

해설 각 기기의 역할(기능) : KGS FS552
① 이상압력 통보설비 : 정압기 출구측 압력이 설정압력보다 상승하거나 낮아지는 경우에 이상유무를 상황실에서 알 수 있도록 경보음(70dB 이상) 등으로 알려주는 설비이다.
② 압력기록장치 : 정압기 출구 가스의 압력을 측정·기록(또는 출구 압력을 원격으로 감시·기록하는 장치로 대체 가능)할 수 있는 장치이다.
③ 필터 차압계 : 정압기 입구에 설치하여 불순물을 제거하는 필터의 입구와 출구의 압력차를 지시하여 오염 여부를 판단한다.
④ 출입문 개폐 통보장치 : 정압기실 출입문을 허가되지 않은 사람이 개폐하였을 때 안전관리자가 상주하는 곳에 통보할 수 있는 경보설비이다.

43 예상문제

LNG를 사용하는 도시가스 정압기실에 대한 물음에 답하시오.

(1) 지시하는 정압기 안전밸브 방출관 높이는 지면에서 얼마인가? (단, 전기시설물과 접촉 등으로 인한 사고의 우려가 없는 장소이다.)
(2) 정압기실 경계책 높이는 얼마인가?
(3) 경계표시에 기재하여야 할 내용 3가지를 쓰시오.

해답 (1) 지면에서 5m 이상
(2) 1.5m 이상
(3) ① 시설명 ② 공급자 ③ 연락처

해설 안전밸브는 가스방출관이 설치된 것으로 하고 그 방출관의 주위에 불 등이 없는 안전한 위치로서 지면으로부터 5m 이상의 높이에 설치한다. 다만, 전기시설물과의 접촉 등으로 사고의 우려가 있는 장소에서는 3m 이상으로 할 수 있다.

참고 ① 안전밸브 가스방출관과 기계환기설비(강제통풍시설) 배기구의 설치기준은 각각 적용되고 있다.
② 제시된 정압기실은 지상에 설치된 것이어서 벽면의 환기구를 통해 자연환기가 되므로 기계환기설비를 설치할 필요가 없다.

44 예상문제

정압기실에 설치된 기기에 대한 물음에 답하시오.

(1) 지시하는 기기의 명칭과 역할을 쓰시오.
(2) 정압기 입구측 압력이 0.5MPa 이상일 때 분출부(방출관) 크기는 얼마인가?

해답 (1) ① 명칭 : 정압기 안전밸브
② 역할 : 정압기의 압력이 이상 상승하는 경우 자동으로 압력을 대기 중으로 방출하기 위한 밸브이다.
(2) 50A 이상

해설 정압기 안전밸브 분출부(방출관) 크기 기준 : KGS FS552
① 정압기 입구측 압력이 0.5MPa 이상 : 50A 이상
② 정압기 입구측 압력이 0.5MPa 미만
㉮ 정압기 설계유량이 $1000Nm^3/h$ 이상 : 50A 이상
㉯ 정압기 설계유량이 $1000Nm^3/h$ 미만 : 25A 이상

45 예상문제

지상에 설치된 도시가스 정압기실의 환기구 통풍가능 면적 합계 기준을 쓰시오.

해답 바닥면적 1m²마다 300cm²의 비율로 계산한 면적 이상

해설 자연환기설비 설치기준 : KGS FS552
① 환기구 위치
  ㉮ 공기보다 비중이 무거운 가스 : 바닥면에 접하도록 설치
  ㉯ 공기보다 비중이 가벼운 가스 : 천장 또는 벽면 상부에서 30cm 이내
  ㉰ 사방을 방호벽 등으로 설치할 경우 환기구 방향은 2방향 이상으로 분산 설치
② 외기에 면하는 환기구 면적
  ㉮ 통풍가능 면적 합계 : 바닥면적 1m²마다 300cm²의 비율로 계산한 면적 이상
  ㉯ 1개 환기구의 면적 : 2400cm² 이하

46 예상문제

공기보다 비중이 가벼운 도시가스의 공급시설이 지하에 설치된 경우의 통풍구조에 대한 물음에 답하시오.

(1) 배기구의 설치위치는 천장면으로부터 얼마인가?
(2) 흡입구 및 배기구의 관경은 얼마인가?
(3) 배기가스 방출구 높이는 얼마인가?

해답 (1) 30cm 이내 (2) 100mm 이상
(3) 지면에서 3m 이상

해설 공기보다 비중이 가벼운 도시가스의 공급시설(정압기실)이 지하에 설치된 경우 통풍구조 : KGS FS552
① 통풍구조는 환기구를 2방향 이상 분산하여 설치한다.
② 배기구는 천장면으로부터 0.3m 이내에 설치한다.
③ 흡입구 및 배기구의 관경은 100mm 이상으로 하되, 통풍이 양호하도록 한다.
④ 배기가스 방출구는 지면에서 3m 이상의 높이에 설치하되, 화기가 없는 안전한 장소에 설치한다.

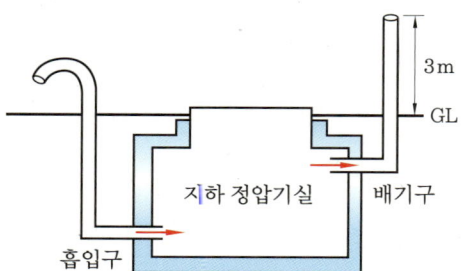

47 예상문제

정압기실에 자연환기설비를 설치할 수 없거나 공기보다 비중이 무거운 가스로서 정압기실이 지하에 설치된 경우에 설치하는 기계환기설비에 대한 물음에 답하시오.

(1) 통풍능력 기준은 얼마인가?
(2) 흡입구 및 배기구의 관경은 얼마인가?
(3) 배기가스 방출구 높이는 얼마인가?

해답 (1) 바닥면적 1m²마다 0.5m³/분 이상
(2) 100mm 이상
(3) 지면에서 5m 이상

해설 공기보다 비중이 무거운 가스로서 정압기실이 지하에 설치된 경우 기계환기설비 설치
① 통풍능력은 바닥면적 1m²마다 0.5m³/분 이상으로 한다.
② 배기구는 바닥면 가까이에 설치한다.
③ 배기가스 방출구는 지면에서 5m 이상의 높이에 설치한다. 다만, 다음의 경우에는 배기가스 방출구를 지면에서 3m 이상의 높이에 설치한다.
㉮ 공기보다 비중이 가벼운 배기가스인 경우
㉯ 전기시설물과의 접촉 등으로 사고의 우려가 있는 경우
※ 통풍구조, 흡입구 및 배기구의 관경은 '공기보다 가벼운 경우'의 기준과 같다.

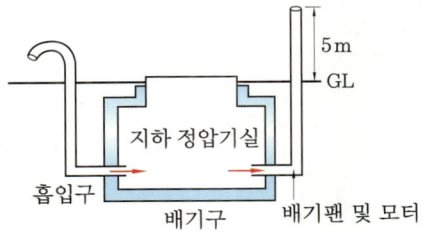

48 예상문제

지시하는 것은 도시가스 정압기실 외부에 설치되는 장치이다.

(1) 지시하는 장치의 명칭을 쓰시오.
(2) 이 장치의 기능(역할)을 설명하시오.
(3) 도시가스 공급시설에 설치하는 공기보다 무거운 가스를 사용하는 지역정압기실 개구부와 RTU 박스는 얼마 이상의 거리를 유지하여야 하는가?

해답 (1) RTU 장치
(2) 정압기실의 상황(온도, 압력, 가스누설 유무 등)을 도시가스 상황실로 전송하여 정압기실을 무인으로 감시하는 통신시설 및 정전 시 비상전력을 공급할 수 있는 시설이 갖추어져 있다.
(3) 4.5m 이상

해설 도시가스 공급시설에 설치하는 정압기실 및 구역압력조정기실 개구부와 RTU(Remote Terminal Unit) 박스는 다음 기준에서 정한 거리 이상을 유지한다.
① 지구정압기, 건축물 내 지역정압기 및 공기보다 무거운 가스를 사용하는 지역정압기 : 4.5m 이상
② 공기보다 가벼운 가스를 사용하는 지역정압기 및 구역압력조정기 : 1m 이상

49 예상문제

공동주택 등에 압력조정기를 설치할 때 공급되는 가스압력이 중압이면 전체 세대수는 얼마인가?

해답 150세대 미만

해설 압력조정기 설치 : KGS FS551
① 공급압력에 따른 공급세대수
  ㉮ 중압 공급 : 150세대 미만
  ㉯ 저압 공급 : 250세대 미만
② 릴리프식 안전장치가 내장된 조정기를 건축물 내에 설치하는 경우에는 가스방출구를 실외의 안전한 장소에 설치한다.
③ 지면으로부터 1.6m 이상 2m 이내에 설치한다. 다만, 격납상자에 설치하는 경우에는 그렇지 않을 수 있다.

50 예상문제

가스도매사업의 1일 처리능력이 25만m^3인 압축기와 액화천연가스(LNG)의 저장탱크 외면과 유지하여야 하는 거리는 얼마인가?

해답 30m 이상

해설 설비 사이의 거리 : KGS FP451
① 고압인 가스공급시설의 안전구역 면적 : 20000m^2 미만
② 안전구역 안의 고압인 가스공급시설과의 거리 : 30m 이상
③ 2개 이상의 제조소가 인접하여 있는 경우 : 20m 이상
④ 액화천연가스의 저장탱크와 처리능력이 20만 m^3 이상인 압축기와의 거리 : 30m 이상
⑤ 저장탱크와의 거리 : 두 저장탱크의 최대지름을 합산한 길이의 1/4 이상에 해당하는 거리 유지(1m 미만인 경우 1m 이상의 거리 유지) → 물분무장치 설치 시 제외

※ 액화천연가스의 저장탱크와 처리능력이 20만 m^3 이상인 압축기와의 거리는 계산에 의하여 산출되는 것이 아니라 규정에 정해진 거리이니 착오 없기를 바랍니다.

51 예상문제

LNG를 저장탱크로 이입·충전하는 과정 중의 한 부분이다. 물음에 답하시오.

(1) LNG의 주성분은 무엇인가?
(2) LNG 주성분에 해당하는 물질(탄화수소)의 비점과 분자량은 얼마인가?

해답 (1) 메탄(CH_4)
(2) ① 비점 : $-161.5\,℃$
② 분자량 : 16

해설 분자량 단위는 'g/mol', 'kg/kmol'이지만 일반적으로 생략하여 사용하고 있다.

52 예상문제

LNG 저장탱크 주위에 액상의 가스가 누출된 경우 그 유출을 방지할 수 있는 방류둑을 설치하여야 하는 저장능력은 몇 톤인가?

해답 500톤 이상

해설 도시가스 사업주체별 방류둑 설치 저장능력
① 가스도매사업(KGS FP451) : 500톤 이상
② 일반도시가스 사업(KGS FP551) : 1000톤 이상

참고 LNG 저장시설이 설치되는 곳은 '가스도매사업' 시설로 판단한 것이다.

53 예상문제

LNG를 기화시키는 기화장치에 대한 물음에 답하시오.

(1) 오픈 랙(open rack) 기화장치의 열매체로 사용하는 것은 무엇인가?
(2) 천연가스 연소열을 이용하므로 운전비용이 많이 소요되는 기화장치 명칭은?

해답 (1) 바닷물(또는 해수)
(2) 서브머지드(submerged) 기화장치

해설 LNG 기화장치의 종류
① 오픈 랙(open rack) 기화기 : 베이스로드용으로 바닷물을 열원으로 사용하므로 초기시설비가 많으나 운전비용이 저렴하다.
② 중간매체법 기화기 : 베이스로드용으로 해수와 LNG 사이에 프로판(C_3H_8), 펜탄(C_5H_{12}) 등과 같은 중간 열매체가 순환된다.
③ 서브머지드(submerged) 기화기 : 피크로드용으로 액중 버너를 사용한다. 초기시설비가 적으나 운전비용이 많이 소요된다.

54 예상문제

LNG를 기화시킨 후 부취제를 주입하는 정량펌프에 대한 물음에 답하시오.

(1) 액체주입방식 3가지와 증발식 2가지를 쓰시오.
(2) 공기 중의 혼합비율 용량이 얼마의 상태일 때 감지할 수 있어야 하는가?
(3) 정량펌프를 사용하는 이유를 설명하시오.

해답 (1) ① 액체주입방식 : 펌프주입방식, 적하주입방식, 디터연결 바이패스 방식
② 증발식 : 바이패스 증발식, 위크 증발식
(2) 1/1000
(3) 일정량의 부취제를 직접 가스 중에 주입하기 위하여

해설 부취제의 종류 및 특징
① TBM(Tertiary Butyl Mercaptan) : 양파 썩는 냄새가 나며 내산화성이 우수하고 토양투과성이 우수하며 토양에 흡착되기 어렵다. 냄새가 가장 강하다.
② THT(Tetra Hydro Thiophen) : 석탄가스 냄새가 나며 산화, 중합이 일어나지 않는 안정된 화합물이다. 토양의 투과성이 보통이며, 토양에 흡착되기 쉽다.
③ DMS(Dimethyl Sulfide) : 마늘 냄새가 나며 안정된 화합물이다. 내산화성이 우수하며 토양의 투과성이 아주 우수하며 토양에 흡착되기 어렵다. 일반적으로 다른 부취제와 혼합해서 사용한다.

3. 도시가스 배관

문제 55~90

55 예상문제

가스배관에 사용되는 배관 종류이다. 각각의 명칭을 쓰시오.

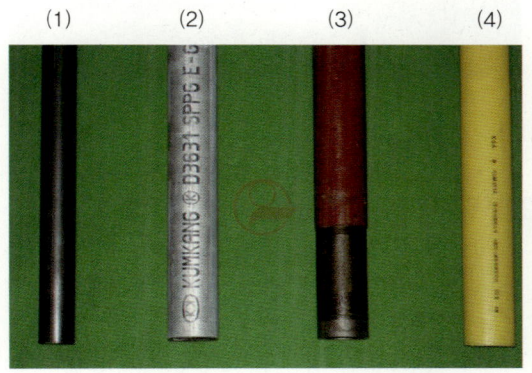

해답
(1) 배관용 탄소강관 흑관
(2) 배관용 탄소강관 백관(또는 아연도금강관)
(3) 폴리에틸렌 피복강관(PLP관)
(4) 가스용 폴리에틸렌관(PE배관)

해설 ① 도시가스 배관 재료 선정기준 :
KGS FS551
㉮ 배관 안의 가스 흐름이 원활한 것으로 한다.
㉯ 내부의 가스압력과 외부로부터의 하중 및 충격하중 등에 견디는 강도를 가진 것으로 한다.
㉰ 토양·지하수 등에 대하여 내식성을 가진 것으로 한다.
㉱ 배관의 접합이 용이하고 가스의 누출을 방지할 수 있는 것으로 한다.
㉲ 절단 가공이 용이한 것으로 한다.
② 지하매설 배관 재료 : KGS FS551
㉮ KS D 3589 폴리에틸렌 피복강관
㉯ KS D 3607 분말용착식 폴리에틸렌 피복강관
㉰ KS M 3514 가스용 폴리에틸렌관

56 예상문제

가스용 폴리에틸렌관(PE)의 SDR값에 따른 압력범위(MPa)를 각각 쓰시오.

SDR 범위	압력범위
11 이하	①
17 이하	②
21 이하	③

해답 ① 0.4MPa 이하   ② 0.25MPa 이하
③ 0.2MPa 이하

해설 PE배관 접합 기준 : KGS FS551, FU551
① PE배관의 접합은 관의 재질, 설치조건 및 주위여건 등을 고려하여 실시하며 눈, 우천 시에는 천막 등으로 보호조치를 한 후 융착한다.
② PE배관은 수분, 먼지 등의 이물질을 제거한 후 접합한다.
③ PE배관의 접합 전에는 접합부를 접합전용 스크레이프 등을 사용하여 다듬질한다.
④ 금속관과의 접합은 T/F(Transition Fitting)를 사용한다.
⑤ 공칭 외경이 상이할 경우의 접합은 관 이음매(fitting)를 사용하여 접합한다.
⑥ $SDR = \dfrac{D(바깥지름)}{t(최소두께)}$
(SDR : Standard Dimension Ratio)

57 예상문제

가스용 폴리에틸렌관(PE배관)을 사용할 때의 특징 4가지를 쓰시오.

해답 ① 염분이나 수분에 의한 영향이 없어 부식우려가 없다.
② 화학적으로 안정하여 사용가스와 반응우려가 없다.
③ 강관보다 경제적이고 시공이 간편하다.
④ 유연성이 좋아 진동이나 지진 등에 안전하다.
⑤ 충격에 강하고 −80℃까지 사용이 가능하여 동파 우려가 없다.

해설 가스용 폴리에틸렌관 설치 : KGS FS551
① PE배관 설치 제한
㉮ PE배관은 노출배관으로 사용하지 않을 것. 다만, 지상배관과 연결을 위하여 금속관을 사용하여 보호조치를 한 경우로서 지면에서 30cm 이하로 노출하여 시공하는 경우에는 노출배관으로 사용할 수 있다.
㉯ PE배관은 온도가 40℃ 이상이 되는 장소에 설치하지 않는다. 다만, 파이프 슬리브 등을 이용하여 단열조치를 한 경우에는 온도가 40℃ 이상이 되는 장소에 설치할 수 있다.
㉰ PE배관은 폴리에틸렌융착원 양성교육을 이수한 자가 시공하도록 할 것
② PE배관의 굴곡허용반경은 외경의 20배 이상으로 한다. 다만, 굴곡반경이 외경의 20배 미만일 경우에는 엘보를 사용한다.

58 예상문제

가스용 폴리에틸렌관(PE배관)의 이음방법 명칭을 쓰시오.

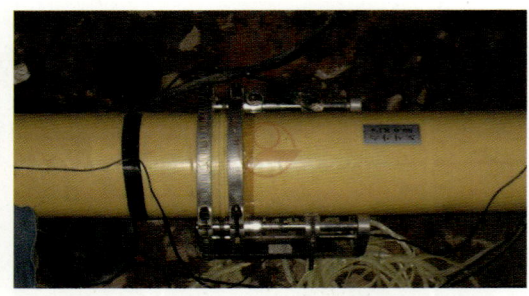

해답 맞대기 융착이음

해설 맞대기 융착이음(butt fusion) 기준 : KGS FS551
① 공칭외경 90mm 이상의 직관과 이음관 연결에 적용한다.
② 비드(bead)는 좌·우 대칭형으로 둥글고 균일하게 형성되도록 한다.
③ 비드의 표면은 매끄럽고 청결하도록 한다.
④ 접합면의 비드와 비드 사이의 경계부위는 배관의 외면보다 높게 형성되도록 한다.
⑤ 이음부의 연결오차(v)는 배관두께의 10% 이하로 한다.

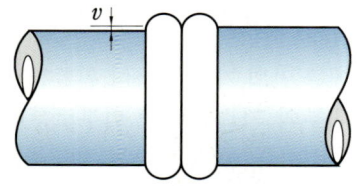

⑥ 시공이 불량한 융착이음부는 절단하여 제거하고 재시공한다.

59 예상문제

맞대기 융착이음을 하는 가스용 폴리에틸렌관(PE배관)의 두께가 20mm일 때 비드(bead) 폭의 최소치(B_{min})와 최대치(B_{max})를 각각 계산하시오.

풀이 ① $B_{min} = 3 + 0.5t = 3 + 0.5 \times 20 = 13\text{mm}$
② $B_{max} = 5 + 0.75t = 5 + 0.75 \times 20 = 20\text{mm}$

해답 ① 최소치 : 13mm 이상
② 최대치 : 20mm 이하

해설 맞대기 융착이음 비드폭(KGS FS551) : 공칭 외경별 비드폭은 원칙적으로 다음 식에 따라 산출한 최소치(B_{min}) 이상, 최대치(B_{max}) 이하이어야 한다.
① $B_{min} = 3 + 0.5t$
② $B_{max} = 5 + 0.75t$
여기서, t : 배관 두께

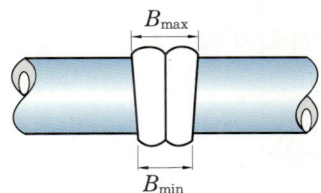

비드폭의 최소 및 최대치 예

60 예상문제

가스용 폴리에틸렌관(PE배관)의 이음방법의 명칭을 쓰시오.

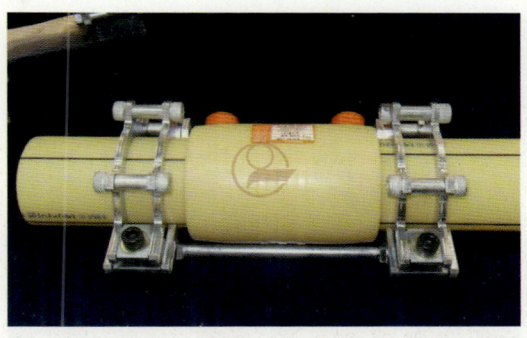

해답 소켓 융착이음

해설 소켓 융착이음(socket fusion) 기준 : KGS FS551
① 용융된 비드는 접합부 전면에 고르게 형성되고 관 내부로 밀려 나오지 않도록 한다.
② 배관 및 이음관의 접합은 일직선을 유지한다.
③ 비드 높이(h)는 이음관의 높이(H) 이하로 한다.

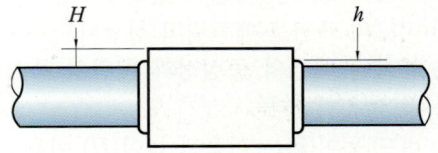

④ 융착작업은 홀더(holder) 등을 사용하고 관의 용융부위는 소켓 내부 경계턱까지 완전히 삽입되도록 한다.
⑤ 시공이 불량한 융착이음부는 절단하여 제거하고 재시공한다.

61 예상문제

가스용 폴리에틸렌관(PE관)의 이음방법의 명칭을 쓰시오.

해답 새들 융착이음

해설 새들 융착이음(saddle fusion) 기준 : KGS FS551
① 접합부 전면에는 대칭형의 둥근 형상 이중비드가 고르게 형성되어 있도록 한다.
② 비드의 표면은 매끄럽고 청결하도록 한다.
③ 접합된 새들의 중심선과 배관의 중심선이 직각을 유지한다.
④ 비드 높이(h)는 이음관 높이(H) 이하로 한다.

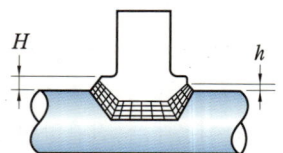 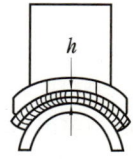

⑤ 시공이 불량한 융착이음부는 절단하여 제거하고 재시공한다.

62 예상문제

가스용 폴리에틸렌관을 융착이음할 때 발생하는 불량에 대한 물음에 답하시오.

(1) 융착불량(incomplete fusion)이란 무엇인지 설명하시오.
(2) 열선이탈(wire disorder)을 설명하시오.
(3) 열선이탈 원인을 설명하시오.

해답 (1) 부적절한 융착조건, 이물질 등에 의해 융착 경계면이 서로 충분히 녹지 않고 결합된 것이다.
(2) 이음관 내부에 감겨진 열선이 융착 후 예정된 위치에 있지 않은 것이다.
(3) 과도한 가열 시간 또는 과도한 온도 등의 적절치 않은 융착 절차에 의해서 발생할 수 있다.

해설 가스용 폴리에틸렌관 융착이음 용어의 정의 : KGS FS551
① 공극(voids) : 재료의 내부에 갇힌 기체 등에 의해 형성된 빈곳이나, 융착 과정 중에 융착부 내부에 형성되어 존재하는 빈 곳을 말한다.
② 융착불량(incomplete fusion) : 부적절한 융착조건, 이물질 등에 의해 융착 경계면이 서로 충분히 녹지 않고 결합된 것을 말한다.
③ 열선이탈(wire disorder) : 이음관 내부에 감겨진 열선이 융착 후 예정된 위치에 있지 않은 것을 말한다.
 [비고] 일반적으로 열선이탈은 과도한 가열 시간 또는 과도한 온도 등의 적절치 않은 융착절차에 의해서 발생할 수 있다.
④ 열영향부(heat-affected zone) : 융착열로 조직이나 성질의 변화를 일으킨 부분 또는 용융되었다가 다시 응고된 부분을 말한다.

63 예상문제

도시가스 배관(PE배관)을 지하에 매설할 때 사용하는 부품에 대한 물음에 답하시오.

(1) 명칭을 쓰시오.
(2) 장점 4가지를 쓰시오.

해답 (1) 가스용 PE밸브
(2) ① 시공이 간편하다.
② 부식이 없어 수명이 반영구적이다.
③ 조작하기 쉽다.
④ 맨홀이 소형이다.

해설 가스용 폴리에틸렌 밸브 : KGS AA333
① 종류
  ㉮ 매몰형 폴리에틸렌 플러그 밸브
  ㉯ 매몰형 폴리에틸렌 볼 밸브(PE밸브)
② 사용 조건
  ㉮ 사용온도 : -29℃ 이상 38℃ 이하
  ㉯ 사용압력 : 0.4MPa 이하
  ㉰ 지하에 매몰하여 사용

64 예상문제

가스용 폴리에틸렌관(PE배관)을 지하에 매설하는 과정에서 배관에 설치하는 전선의 명칭은 무엇인가?

해답 로케팅 와이어

해설 로케팅 와이어(locating wire) 설치
① 설치목적 : 가스용 폴리에틸렌관을 지하에 매설한 후 파이프 로케이터 사용에 의해 매설위치를 지상에서 탐지 및 관의 유지관리를 위하여 설치
② 탐지원리 : 전도체에 전기가 흐르면 도체 주변에 자장이 형성되는 원리를 이용
③ 규격 : 단면적 $6mm^2$ 이상의 전선(나선은 제외)을 사용

65 예상문제

가스용 폴리에틸렌관(PE배관) 부속 종류의 명칭을 쓰시오.

(1)
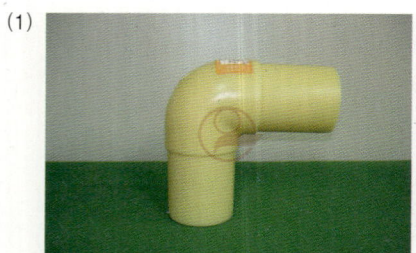

(2)

(3)

(4)
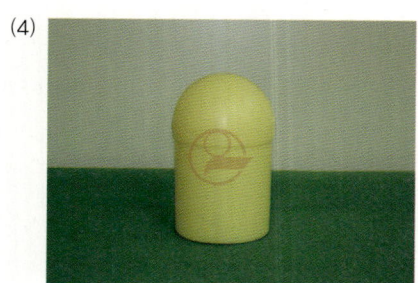

[해답] (1) 엘보
(2) 티
(3) 리듀서(reducer)
(4) 캡

66 예상문제

가스 배관의 이음방법의 명칭은 무엇인가?

(1)

(2)

(3)
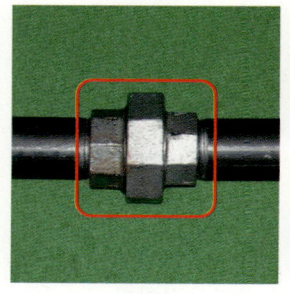

(4)
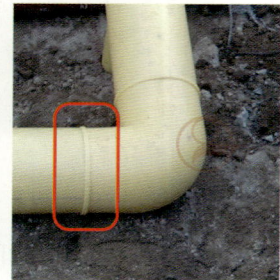

[해답] (1) 플랜지 이음
(2) 용접이음
(3) 나사이음
(4) 융착이음

[해설] (3)번을 '유니언 이음'으로 하는 경우가 있는데 '유니언'은 이음쇠 명칭에 해당되는 것으로 배관 이음 방법과는 관계없는 사항이다.

67 예상문제

지시하는 부분은 도시가스 매설배관 공사를 완료하고 관내부의 이물질을 제거하는 것으로 이것의 명칭을 쓰시오.

해답 피그(pig)

해설 피그(pig) : 도시가스 매설배관 공사가 완료되고 내압시험 및 기밀시험을 하기 전에 피그를 공기압을 통해서 배관 내의 수분, 이물질, 먼지 등을 제거하는 것이다.

참고 실기시험 동영상 시험에 출제되는 피그(pig)의 형상

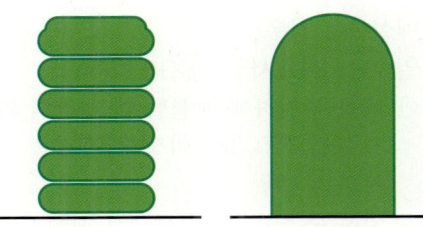

68 예상문제

도시가스 매설배관으로 사용할 수 있는 배관재료(또는 배관명칭) 2가지를 쓰시오.

해답 ① 가스용 폴리에틸렌관(PE배관)
② 폴리에틸렌 피복강관(PLP관)
③ 분말 용착식 폴리에틸렌 피복강관

해설 ① 가스용 폴리에틸렌관은 최고사용압력 0.4MPa 이하의 경우에 사용할 수 있다.
② 배관의 기울기 : 배관의 기울기는 도로의 기울기를 따르고 도로가 평탄한 경우에는 $\dfrac{1}{500} \sim \dfrac{1}{1000}$ 정도의 기울기로 한다.
③ 지하 매설배관의 도색 : 최고사용압력이 저압인 배관은 황색, 중압 이상인 배관은 적색으로 한다.

예상문제 69

도시가스 매설배관의 매설깊이 기준 4가지를 설명하시오. (단, 가스도매사업의 경우는 제외한다.)

해답
① 공동주택 등의 부지 내 : 0.6m 이상
② 폭 8m 이상의 도로 : 1.2m 이상
③ 폭 4m 이상 8m 미만의 도로 : 1m 이상
④ ① 내지 ③에 해당하지 않는 곳 : 0.8m 이상

해설 일반도시가스사업 제조소 밖의 배관 매설깊이 기준 : KGS FS551
① 공동주택 등의 부지 안에서는 0.6m 이상
② 폭 8m 이상의 도로에서는 1.2m 이상. 다만, 도로에 매설된 최고사용압력이 저압인 배관에서 횡으로 분기하여 수요가에게 직접 연결되는 배관의 경우 1m 이상으로 할 수 있다.
③ 폭 4m 이상 8m 미만인 도로에서는 1m 이상. 다만, 다음 어느 하나에 해당하는 경우에는 0.8m 이상으로 할 수 있다.
　㉮ 호칭지름이 300mm(가스용 폴리에틸렌관의 경우 공칭외경 315mm) 이하로서 최고사용압력이 저압인 배관
　㉯ 도로에 매설된 최고사용압력이 저압인 배관에서 횡으로 분기하여 수요가에게 직접 연결되는 배관
④ ①부터 ③까지에 해당되지 아니한 곳에서는 0.8m 이상, 다만, 다음 어느 하나에 해당하는 경우에는 0.6m 이상으로 할 수 있다.
　㉮ 폭 4m 미만인 도로에 매설하는 배관
　㉯ 암반, 지하매설물 등에 의하여 매설 깊이의 유지가 곤란하다고 시장·군수·구청장이 인정하는 경우

예상문제 70

도시가스 배관을 지하에 매설할 때 보호판 시공에 대한 물음에 답하시오.

(1) 보호판의 설치 위치는 배관 정상부에서 얼마인가?
(2) 보호판의 두께를 저압 및 중압배관, 고압배관으로 구분하여 쓰시오.
(3) 보호판에 구멍을 뚫어 놓는 이유를 설명하시오.

해답 (1) 30cm 이상
(2) ① 저압 및 중압배관 : 4mm 이상
　　② 고압배관 : 6mm 이상
(3) 누출된 가스가 지면으로 확산되도록 하기 위하여

해설 보호판을 설치하여야 하는 경우
① 가스도매사업(KGS FS451) : 도로 밑에 배관을 매설하는 경우
② 일반도시가스사업 : KGS FS551
　㉮ 배관을 지하에 매설할 때 배관의 외면과 타시설물과 0.3m 이상의 간격을 유지하지 못하는 경우
　㉯ 지하 구조물, 암반 등으로 매설깊이를 확보할 수 없을 때
　㉰ 도로 밑에 중압 이상인 배관을 매설하는 때
③ 가스사용시설 : KGS FU551
　㉮ 배관을 지하에 매설할 때 배관의 외면과 타시설물과 0.3m 이상의 간격을 유지하지 못하는 경우
　㉯ 지하 구조물, 암반 등으로 매설깊이를 확보할 수 없을 때
　㉰ 고압배관의 매설심도를 확보할 수 없는 경우

71 예상문제

도시가스 매설배관의 되메우기 작업 시 보호포를 시공하는 것에 대한 물음에 답하시오.

(1) 최고사용압력에 따른 보호포 바탕색을 구별하여 쓰시오.
(2) 보호포에 표시사항 3가지를 쓰시오.
(3) 배관을 도로에 매설하는 공정에서 보호포를 설치할 때 보호포 폭 기준을 설명하시오.

해답 (1) ① 저압배관 : 황색 ② 중압 이상 : 적색
 (2) ① 가스명 ② 최고사용압력 ③ 공급자명
 (3) 배관 호칭지름에 10cm를 더한 폭

해설 보호포 설치기준 : KGS FS551
① 보호포는 호칭지름에 10cm를 더한 폭으로 설치하고, 2열 이상으로 설치할 경우 보호포간의 간격은 해당 보호포 폭 이내로 한다.
② 최고사용압력이 중압 이상인 배관의 경우에는 보호판의 상부로부터 30cm 이상 떨어진 위치에 설치한다.
③ 최고사용압력이 저압인 배관으로서 매설깊이가 1.0m 이상인 경우에는 배관 정상부로부터 60cm 이상, 매설깊이가 1.0m 미만인 경우에는 배관 정상부로부터 40cm 이상 떨어진 곳에 설치한다.
④ 공동주택 등의 부지 안에 설치하는 배관의 경우에는 배관 정상부로부터 40cm 떨어진 곳에 설치한다.
⑤ 매설깊이를 확보할 수 없어 보호관 등을 사용한 경우에는 보호관 직상부에 보호포를 설치할 수 있다.

72 예상문제

도시가스 매설배관의 되메우기 작업에 대한 물음에 답하시오.

(1) 기초 재료의 종류 3가지를 쓰시오.
(2) 침상 재료로 사용할 수 있는 것을 쓰시오.
(3) 되메움 재료로 사용할 수 있는 것을 쓰시오.

해답 (1) ① 굴착토 또는 모래와 유사한 성분이 함유된 흙(마사토)
 ② 순환골재
 ③ 인공토양
 ④ 슬래그 및 폐주물사
 (2) 마른모래 또는 흙
 (3) 암편이나 굵은 돌이 포함되지 않은 양질의 흙

해설 되메움 작업 재료 : KGS FS551
① 기초 재료(foundation) : 배관의 침하를 방지하기 위하여 배관하부에 모래 또는 19mm 이상의 큰 입자가 포함되지 않은 재료
② 침상 재료(bedding) : 배관에 작용하는 하중을 수직방향 및 횡방향에서 지지하고 하중을 기초 아래로 분산시키기 위하여 배관 하단에서 배관 상단 30cm(가스용 폴리에틸렌관의 경우에는 10cm)까지 포설하는 재료
③ 되메움 재료(backfill) : 배관에 작용하는 하중을 분산시켜 주고 도로의 침하 등을 방지하기 위하여 침상재료 상단에서 도로 노면까지 포설하는 재료

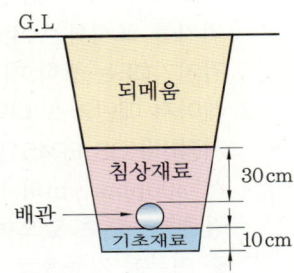

되메움 구조

73 예상문제

도시가스 매설배관의 누설을 탐지하는 차량에 사용되는 가스누출검지기의 명칭을 쓰시오.

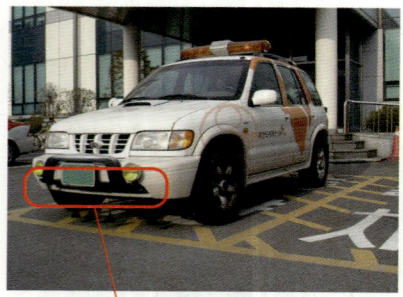

탐지부 상세도

해답 수소불꽃 이온화 검출기(또는 FID, 수소염이온화 검출기)

해설 ① 수소불꽃 이온화 검출기(FID : Flame Ionization Detector) : 불꽃으로 시료 성분이 이온화됨으로써 불꽃 중에 놓여진 전극간의 전기전도도가 증대하는 것을 이용한 것으로 탄화수소에서 감도가 최고이고 H_2, O_2, CO_2, SO_2 등은 감도가 없다.
② OMD(Optical Methane Detector) : 적외선 흡광방식으로 차량에 탑재하여 50km/h로 운행하면서 도로상 누출과 반경 50m 이내의 누출을 동시에 측정할 수 있고, GPS와 연동되어 누출지점 표시 및 실시간 데이터를 저장하고 위치를 표시하는 것으로 차량용 레이저 메탄 검지기(또는 광학 메탄 검지기)라 한다.
③ 레이저 메탄가스 디텍터 등 가스누출 정밀 감시장비(KGS FP451) : 최대 150m의 거리에서 300ppm·m의 메탄가스를 0.2초 이내에 검출해 낼 수 있으며, 진단기간 동안 가스누출 여부를 자동으로 감시할 수 있는 장비를 말한다.

74 예상문제

일반도시가스사업자 배관을 시가지 외의 지역에 매설하였을 때 설치하는 표지판이다.

(1) 표지판은 몇 m 간격으로 설치하여야 하는가?
(2) 표지판의 규격(가로×세로)은 몇 mm 이상인가?
(3) 표지판 재질은 무엇인가?

해답 (1) 200m 이내
(2) 200×150mm 이상
(3) 일반 구조용 압연강재(KS D 3503)

해설 사업자별 매설배관 표지판 설치간격
① 가스도매사업자 배관 : 500m 이내
② 일반도시가스사업자 배관 : 200m 이내
③ 고압가스 배관 : 지하에 설치된 배관은 500m 이하, 지상에 설치된 배관은 1000m 이하의 간격

참고 가스도매사업 표지판

75 예상문제

도시가스 배관을 도로에 매설 시 표시하는 것에 대한 물음에 답하시오.

(1) 제시해 주는 것의 명칭을 쓰시오.
(2) 도시가스 배관이 직선으로 매설된 경우 설치간격은 몇 m인가?
(3) 금속재를 제외한 종류 2가지를 쓰시오.

해답 (1) 라인마크(line-mark)
(2) 50m 이내
(3) ① 스티커형 라인마크
② 네일(nail)형 라인마크

해설 라인마크(line-mark) 설치기준 :
KGS FS551, FU551
① 도로법에 따른 도로 및 공동주택 등의 부지 안 도로에 도시가스 배관을 매설하는 경우 설치한다.
② 라인마크 종류는 금속재 라인마크, 스티커형 라인마크 및 네일(nail)형 라인마크로 한다. 다만, '도로교통법'에 따른 보도와 차도가 명확히 구분된 도로의 차도에는 네일형 라인마크를 설치하지 않는다. 〈신설 17. 5. 17〉
③ 라인마크는 배관길이 50m마다 1개 이상 설치하되 주요분기점, 굴곡지점, 관말지점 및 그 주위 50m 안에 설치한다.
④ 금속재 라인마크 재료는 KS D 5101(동합금 봉)·KS D 6024(동 및 동합금 주물)에서 정하는 황동 주물 1종, 2종, 3종 또는 이와 동등 이상의 것을 사용하고, 라인마크 핀은 KS D 3503(일반구조용 압연강재) 또는 이와 동등 이상의 재료를 사용한다.

76 예상문제

도시가스 배관이 매설된 부분에 설치하는 라인마크를 설명하시오.

(1)    (2)

해답 (1) 매설배관이 분기(삼방향)되는 곳
(2) 매설배관이 직선(직선방향)으로 매설된 곳

해설 ① 라인마크의 모양 : KGS FS551, FU551

㉮ 직선방향   ㉯ 일방향

㉰ 양방향   ㉱ 삼방향

㉲ 135° 방향   ㉳ 관말지점

② 금속재 라인마크 지름과 두께 : 60mm×7mm

77 예상문제

도시가스 배관이 움직이지 않도록 건축물에 고정부착하는 조치를 관경에 따라 3가지 구분하여 고정장치 설치 간격을 쓰시오.

해답
① 관경 13mm 미만 : 1m마다
② 관경 13mm 이상 33mm 미만 : 2m마다
③ 관경 33mm 이상 : 3m마다

해설 교량 및 횡으로 설치하는 가스배관의 고정 및 지지 기준 : KGS FS551, FU551
① 배관은 온도변화에 의한 열응력과 수직 및 수평 하중을 고려하여 설계·설치한다.
② 배관의 재료는 강재를 사용하고 접합은 용접으로 한다.
③ 배관 지지대는 배관 하중 및 축방향의 하중에 충분히 견디는 강도를 갖는 구조로 설치한다.
④ 지지대, U볼트 등의 고정장치와 배관 사이에는 고무판, 플라스틱 등 절연물질을 삽입한다.
⑤ 배관의 고정 및 지지를 위한 지지대의 최대지지간격은 다음 표를 기준으로 하되, 호칭지름 600A를 초과하는 배관은 배관 처짐량의 500배 미만이 되는 지점마다 지지한다.

배관 관경별 지지간격

호칭지름(A)	지지간격(m)
100	8
150	10
200	12
300	16
400	19
500	22
600	25

78 예상문제

최고사용압력이 고압이나 중압인 도시가스 배관에서 용접에 의하여 접합되고 방사선투과시험에 합격된 배관은 통과하는 가스를 시험가스로 사용할 때 가스농도가 몇 % 이하에서 작동하는 가스검지기를 사용하여 해당 검지기가 작동하지 않는 것으로 판정하는가?

해답 0.2%

해설 신규로 설치되는 본관, 공급관의 기밀시험 방법 : KGS FS551
① 발포액을 이음부에 도포하여 거품의 발생 여부로 판정하는 방법
② 시험에 사용하는 가스농도가 0.2% 이하에서 작동하는 가스검지기를 사용하여 해당 검지기가 작동되지 않는 것으로 판정하는 방법(매설된 배관은 시험가스를 넣어서 12시간 경과한 후 판정한다.)
③ 최고사용압력이 고압이나 중압인 배관으로서 용접에 의하여 접합되고 방사선투과시험에 따라 합격된 배관은 통과하는 가스를 시험가스로 사용하고 0.2% 이하에서 작동하는 가스검지기를 사용하여 해당 검지기가 작동하지 않는 것으로 판정하는 방법(매설된 배관은 시험가스를 넣어서 12시간 경과한 후 판정한다.)
④ 압력측정기구의 종류와 시험할 부분의 용적 및 최고사용압력에 따라 정한 기밀유지시간을 유지하여 처음과 마지막 시험의 압력차가 압력측정기구의 허용 오차 안에 있는 것을 확인함으로써 판정하는 방법

79 예상문제

저전위 금속을 배관과 접속하여 애노드(anode)로 하고 피방식체를 캐소드(cathode)하여 부식을 방지하는 전기방식법의 명칭을 쓰시오.

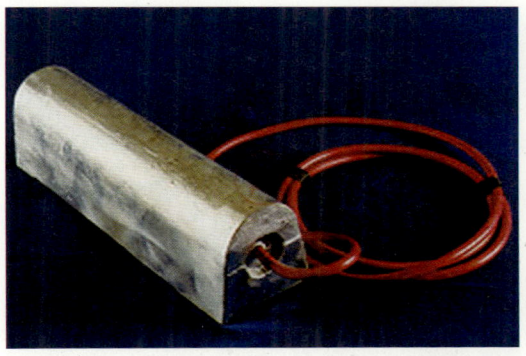

해답 희생양극법
(또는 유전양극법, 전기양극법, 전류양극법)

해설 가스시설 전기방식법 : KGS GC202
① 전기방식(電氣防蝕) : 지중 및 수중에 설치하는 강재 배관 및 저장탱크 외면에 전류를 유입하여 양극반응을 저지함으로써 배관의 전기적 부식을 방지하는 것을 말한다.
② 희생양극법(犧牲陽極法) : 지중 또는 수중에 설치된 양극 금속과 매설배관을 전선으로 연결해 양극 금속과 매설배관 사이의 전지작용으로 부식을 방지하는 방법을 말한다.

희생양극법 시공 예

80 예상문제

땅속에 매설한 애노드(anode)에 강제전압을 가하여 피방식 금속체를 캐소드(cathode)하는 방식의 전기방식법 명칭은 무엇인가?

해답 외부전원법

해설 외부전원법 : KGS GC202
① 외부전원법(外部電源法) : 외부 직류전원장치(정류기)의 양극(+ : anode)은 매설배관이 설치되어 있는 토양이나 수중에 설치한 외부전원용 전극(불용성 양극)에 접속하고, 음극(- : cathode)은 매설배관에 접속하여 부식을 방지하는 방법으로 직류전원장치(정류기), 양극, 부속배선으로 구성된다.
② 정류기의 역할 : 한전의 교류전원을 직류전원으로 바꾸어 주어 도시가스 배관에 방식전류를 흘려보내는 역할을 한다.

81 예상문제

직류전철이 운행하는 곳에 설치된 배류기를 이용한 전기방식 명칭은 무엇인가?

해답 배류법

해설 배류법(排流法) : KGS GC202
① 배류법이란 매설배관의 전위가 주위의 타 금속 구조물의 전위보다 높은 장소에서 매설배관과 주위의 타 금속 금속물을 전기적으로 접속하여 매설배관에 유입된 누출전류를 전기회로적으로 복귀시키는 방법을 말한다.
② 배류기의 역할 : 매설된 도시가스배관에 유입된 전기철도로부터의 누설전류를 토양(대지)에 유출시키지 않고 직접 레일로 되돌려 주는 역할을 한다. 누설된 전류가 토양(대지) 가운데로 유출하는 경우 이 부분 금속이 양이온이 되어 급격히 부식되는 현상이 나타난다.

82 예상문제

직류전철 등에 의한 누출전류의 영향을 받지 않는 도시가스 매설배관에 부식을 방지하는 방법 2가지를 쓰시오.

해답 ① 희생양극법
② 외부전원법

해설 전기방식 방법 : KGS GC202
① 직류전철 등에 따른 누출전류의 영향이 없는 경우에는 외부전원법 또는 희생양극법으로 한다.
② 직류전철 등에 따른 누출전류의 영향을 받는 배관에는 배류법으로 하되, 방식효과가 충분하지 않을 경우에는 외부전원법 또는 희생양극법을 병용한다.

83 예상문제

도시가스 배관의 부식을 방지하는 전위상태는 방식전류가 흐르는 상태에서 황산염환원 박테리아가 번식하는 토양에서 방식전위 상한값은 포화황산동 기준전극으로 얼마인가?

해답 −0.95V 이하

해설 전기방식 기준 : KGS GC202
① 배관의 부식 방지를 위한 방식전위 하한값은 전기철도 등의 간섭 영향을 받는 곳을 제외하고는 포화황산동 기준전극으로 −2.5V 이상이 되도록 한다.
② 방식전류가 흐르는 상태에서 토양 중에 있는 배관의 방식전위는 상한값은 포화황산동 기준전극으로 −0.85V 이하(황산염환원 박테리아가 번식하는 토양에서는 −0.95V 이하)로 한다.
③ 방식전류가 흐르는 상태에서 자연전위와의 전위변화가 최소한 −300mV 이하로 한다.
④ 토양 중에 있는 배관의 방식전위 상한값은 방식전류가 일순간 동안 흐르지 않는 상태(instant-off)에서 포화황산동 기준전극으로 −0.85V(황산염환원 박테리아가 번식하는 토양에서는 −0.95V) 이하로 한다.

84 예상문제

전기방식 전위측정용 터미널(T/B)의 설치간격은 희생양극법 및 배류법과 외부전원법일 경우 각각 얼마인가?

해답 ① 희생양극법 및 배류법 : 300m 이내
② 외부전원법 : 500m 이내

해설 도시가스시설의 전위측정용 터미널(T/B) 설치 : KGS GC202
① 희생양극법 또는 배류법에 따른 배관에는 300m 이내의 간격으로 설치한다.
② 외부전원법에 따른 배관에는 500m 이내의 간격으로 설치하며, 이미 설치된 전위측정용 터미널(T/B) 또는 배관을 이설하는 경우에는 이웃한 전위측정용 터미널과 설치간격을 10% 안에서 가감해 설치할 수 있다. 다만, 다음 조건을 모두 만족한 경우에는 1000m 이내의 간격으로 설치할 수 있다.
㉮ 방식전위를 원격으로 감시·기록하는 장치 등을 설치한 경우
㉯ 안전관리자가 기록값을 상시 모니터링이 가능한 경우

85 예상문제

도시가스 시설에 설치된 전기방식시설의 관대지전위(管對地電位) 점검주기는 얼마인가?

해답 1년에 1회 이상

해설 도시가스 전기방식 시설의 유지관리 :
KGS GC202
① 전기방식시설의 관대지전위(管對地電位) 등을 1년에 1회 이상 점검한다.
② 외부전원법에 따른 전기방식시설은 외부전원점 관대지전위, 정류기의 출력, 전압, 전류, 배선의 접속상태 및 계기류의 확인 등을 3개월에 1회 이상 점검한다. 다만, 기준전극을 매설하고 데이터로거 등을 이용하여 전위를 측정하고 이상이 없는 경우에는 6개월에 1회 이상 점검할 수 있다.
③ 배류법에 따른 전기방식시설은 배류점 관대지전위, 배류기의 출력, 전압, 전류, 배선의 접속상태 및 계기류의 확인 등을 3개월에 1회 이상 점검한다. 다만, 기준전극을 매설하고 데이터로거 등을 이용하여 전위를 측정하고 이상이 없는 경우에는 6개월에 1회 이상 점검할 수 있다.
④ 절연부속품, 역전류장치, 결선(bond) 및 보호절연체의 효과는 6개월에 1회 이상 점검한다.

86 예상문제

아크용접부에 발생하는 결함 명칭을 각각 쓰시오.

(1)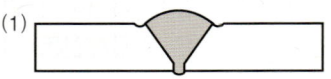

(2)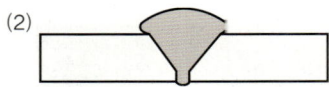

(3)

(4)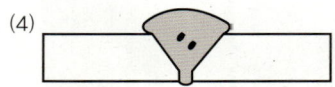

해답 (1) 언더컷
(2) 오버랩
(3) 용입 불량
(4) 슬래그 혼입

해답 아크용접 결함의 원인
① 언더컷(undercut) : 용접 전류가 너무 높을 때, 용접속도가 빠를 때, 아크 길이가 길 때
② 오버랩(overlap) : 용접 전류가 너무 낮을 때, 용접속도가 느릴 때, 운봉이 나쁠 때
③ 용입 불량(lack of penetration) : 용접속도가 빠를 때, 용접 홈 각도가 좁을 때, 용접 전류가 낮을 때
④ 슬래그 혼입(slag inclusion) : 불안전한 슬래그 제거, 용접 전류가 낮을 때, 용접봉 각도 부적당, 운봉 조작 불안전 및 속도가 빠를 때

87 예상문제

다음은 비파괴검사의 장비 및 방법을 나타낸 것이다. 각각의 명칭을 쓰시오.

(1)   (2)

(3)   (4)

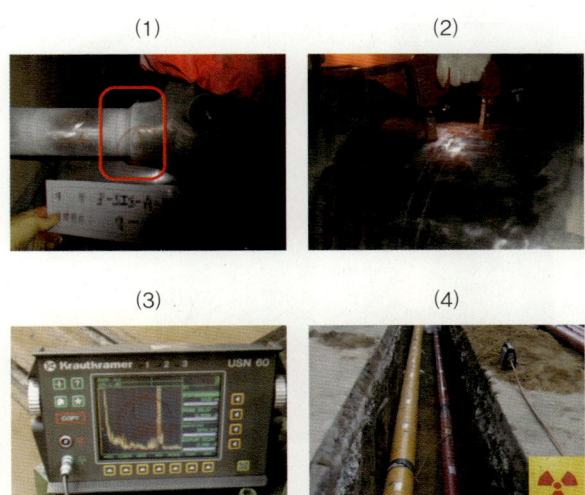

해답
(1) 침투탐상검사(PT)
(2) 자분탐상검사(MT)
(3) 초음파탐상검사(UT)
(4) 방사선투과검사(RT)

해설
① '비파괴검사'를 '비파괴시험'으로 표현하고 있으므로 '방사선투과검사'를 '방사선투과시험'과 같이 표현할 수 있으며, 각 검사의 명칭의 '검사'를 '시험'으로 표현해도 채점에는 영향이 없으니 선택하여 답안을 작성하길 바랍니다.
② 검사 명칭을 영문 약어로 묻는 경우도 있으므로 괄호에 있는 부분도 숙지하길 바랍니다.

88 예상문제

자석의 S극과 N극을 이용하여 결함 여부를 검사하는 비파괴시험 명칭은 무엇인가?

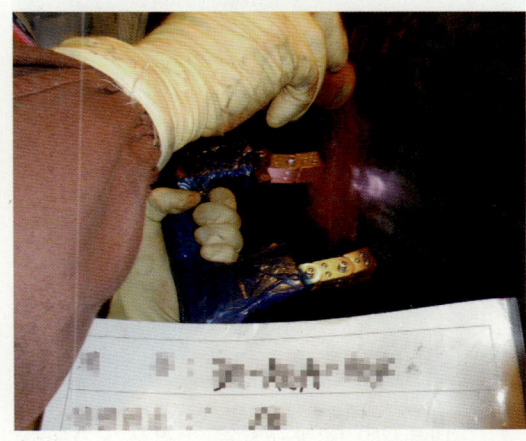

해답 자분탐상시험(MT)

해설 ① 자분탐상시험(MT : Magnetic Test) : 피검사물이 자화한 상태에서 표면 또는 표면에 가까운 손상에 의해 생기는 누설자속을 사용하여 검출하는 방법으로 육안으로 검지할 수 없는 결함(균열, 손상, 개재물, 편석, 블로홀 등)을 검지할 수 있다.
② 자분탐상시험의 특징
㉮ 육안으로 검지할 수 없는 결함(균열, 손상, 개재물, 편석, 블로홀 등)을 검지할 수 있다.
㉯ 검사속도가 매우 빠르며, 검사비용이 비교적 저렴하다.
㉰ 장비가 간편하여 이동성이 좋다.
㉱ 비자성체에는 적용할 수 없다.
㉲ 전원이 필요하다.
㉳ 검사 완료 후에 탈자(脫磁) 처리가 필요하다.
㉴ 페인트 등이 두껍게 코팅이 된 경우 판독이 어렵다.

89 예상문제

초음파탐상검사의 장점 4가지를 쓰시오.

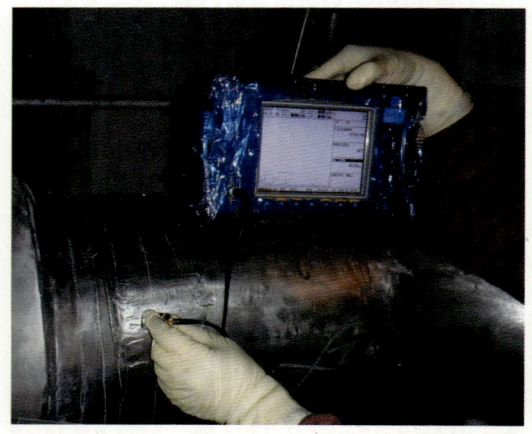

해답
① 내부결함 및 불균일 층의 검사가 가능하다.
② 용입 부족 및 용입부의 결함을 검출할 수 있다.
③ 검사 비용이 저렴하고, 검사 결과를 신속히 알 수 있다.
④ 이동성이 좋고, 검사자 및 주변인에 대한 장해가 없다.

해설 초음파탐상검사의 단점
① 결함의 형태가 불명확하다.
② 검출 능력은 결함과 초음파 빔의 방향에 따른 영향이 크다.
③ 검사절차에 대한 검사자의 지식이 필요하다.
④ 초음파의 전달 효율을 높이기 위해 접촉 매질이 필요하다.
⑤ 검사체의 내부 조직에 따른 영향을 받을 수 있다.

90 예상문제

방사선투과시험의 장점과 단점을 각각 3가지씩 쓰시오.

해답 (1) 장점
① 내부결함의 검출이 가능하다.
② 결함의 크기, 모양을 알 수 있다.
③ 검사 기록결과가 유지된다.
(2) 단점
① 장치의 가격이 고가이다.
② 고온부, 두께가 두꺼운 곳은 부적당하다.
③ 취급상 방호에 주의하여야 한다.
④ 선에 평행한 크랙 등은 검출이 불가능하다.

해설 가이거 계수기(Geiger 計數器) : 이온화 방사선을 측정하는 장치로 휴대하기 간편하여 방사능 측정장비로 널리 사용되고 있다. 불활성 기체를 담은 가이거-뮐러 계수관을 이용하여 α입자, β입자, γ선 등과 같은 방사능에 의해 불활성 기체가 이온화되는 정도를 표시하여 방사능을 측정한다.

4. 가스사용시설

문제 91~96

91 예상문제

가스누출경보 자동차단장치의 구성 모습이다. 지시하는 장치의 명칭과 기능을 설명하시오.

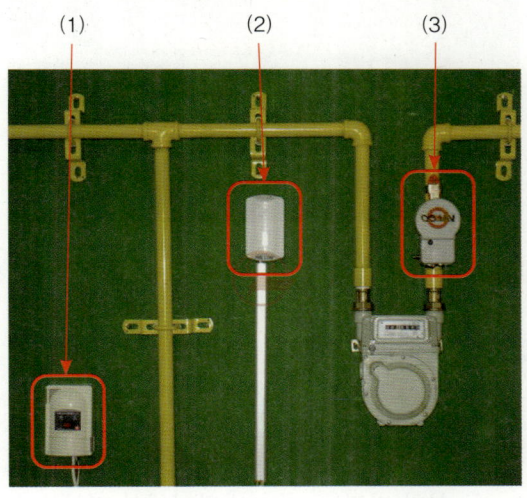

해답 (1) 제어부 : 차단부에 자동차단신호를 보내는 기능, 차단부를 원격 개폐할 수 있는 기능 및 경보기능을 가진 것
(2) 검지부 : 누출된 가스를 검지하여 제어부로 신호를 보내는 기능을 가진 것
(3) 차단부 : 제어부로부터 보내진 신호에 따라 가스의 유로를 개폐하는 기능을 가진 것

해설 가스누출경보 자동차단장치(KGS AA632) : 액화석유가스 또는 도시가스에 사용하는 것으로 가스누출경보기로 누출된 가스를 검지하여 자동으로 가스의 공급을 차단하는 장치이다.

92 예상문제

도시가스 사용시설에 설치하는 가스누출 자동차단장치를 차단방식에 따라 4가지로 구분하여 설명하시오.

해답 ① 핸들 작동식 : 밸브 핸들을 움직여 차단하는 방식
② 밸브 직결식 : 차단부와 밸브 스템이 직접 연결되는 구조
③ 전자밸브식 : 차단부를 솔레노이드 밸브(solenoid valve)로 사용한 방식
④ 플런저 작동식 : 차단부가 유압 액추에이터로 구동되는 방식

해설 전자밸브식 차단부의 사용압력은 3.3kPa 이하인 것으로 한다. : KGS AA632

93 예상문제

가스누출경보 및 자동차단장치에 대한 물음에 답하시오.

(1) 경보장치의 종류 3가지를 쓰시오.
(2) 경보농도에 대하여 3가지로 구분하여 쓰시오.
(3) 경보장치 지시계 눈금범위에 대하여 3가지로 구분하여 쓰시오.

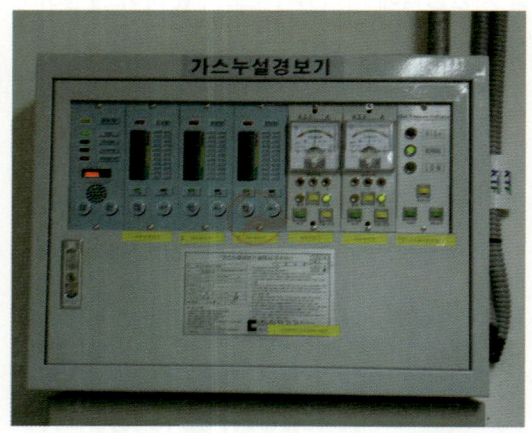

해답
(1) ① 접촉연소 방식
② 격막 갈바니 전지방식
③ 반도체 방식
(2) ① 가연성가스 : 폭발하한계의 1/4 이하
② 독성가스 : TLV-TWA 기준농도 이하
③ 암모니아(실내 사용) : 50ppm
(3) ① 가연성가스 : 0~폭발하한계 값
② 독성가스 : 0~TLV-TWA 기준농도의 3배 값
③ 암모니아(실내 사용) : 150ppm

해설 가스누출경보 및 자동차단장치 설치 : KGS FP112

94 예상문제

LPG 사용시설에 설치된 가스누출 자동차단장치의 검지부 설치 거리는 얼마인가?

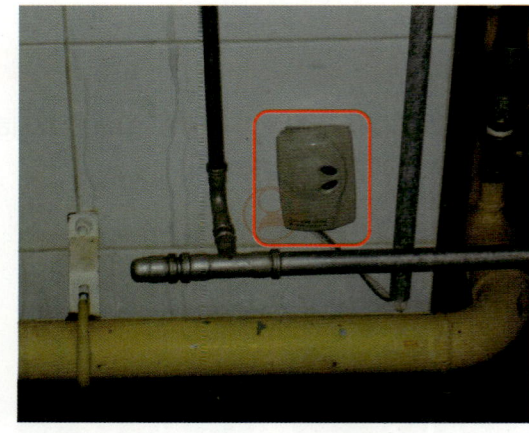

해답 바닥면에서 검지부 상단까지 거리는 0.3m 이하

해설 ① LPG 사용시설의 검지부의 설치기준 : KGS FU431, FU432
㉮ 설치 수 : 연소기 버너 중심부분으로부터 수평거리 4m 이내에 검지부 1개 이상
㉯ 설치 거리(높이) : 바닥면에서 검지부 상단까지의 거리는 0.3m 이하
② 도시가스 사용시설의 검지부 설치기준 : KGS FU551
㉮ 공기보다 가벼운 경우 : 연소기 버너 중심부분으로부터 수평거리 8m 이내 1개 이상, 천장에서 검지부 하단까지 거리가 0.3m 이하
㉯ 공기보다 무거운 경우 : 연소기 버너 중심부분으로부터 수평거리 4m 이내 1개 이상, 바닥면에서 검지부 상단까지의 거리는 0.3m 이하
③ 검지부 설치 제외 장소
㉮ 출입구 부근 등으로서 외부의 기류가 통하는 곳
㉯ 환기구 등 공기가 들어오는 곳으로부터 1.5m 이내
㉰ 연소기의 폐가스가 접촉하기 쉬운 곳

95 예상문제

분젠식 연소방식의 특징 4가지를 쓰시오.

해답 ① 불꽃은 내염, 외염을 형성한다.
② 연소속도가 크고, 불꽃길이가 짧다.
③ 연소온도가 높고, 연소실이 작아도 된다.
④ 선화현상이 일어나기 쉽다.
⑤ 소화음, 연소음이 발생한다.
⑥ 공기조절기 조정이 필요하다.

해설 연소방식의 분류
① 적화(赤化)식 : 연소에 필요한 공기를 2차 공기로 취하는 방식
② 분젠식 : 가스를 노즐로부터 분출시켜 주위의 공기를 1차 공기로 흡입하는 방식
③ 세미분젠식 : 적화식과 분젠식의 혼합형(1차 공기량 40% 미만 취함)
④ 전1차 공기식 : 연소용 공기를 송풍기로 압입하여 가스와 강제 혼합하여 필요한 공기를 모두 1차 공기로 하여 연소하는 방식

96 예상문제

LPG 및 도시가스를 사용하는 연소기구에 대한 물음에 답하시오.

(1) 불완전연소 원인 4가지를 쓰시오.
(2) 불완전연소가 발생하였을 때 완전연소가 될 수 있도록 조절하는 것의 명칭을 쓰시오.
(3) 연소기구가 갖추어야 할 조건 3가지를 쓰시오.

해답 (1) ① 공기(산소) 공급량 부족
② 배기 및 환기 불충분
③ 가스 조성의 불량
④ 가스기구의 부적합
⑤ 프레임 냉각
(2) 공기조절장치
(3) ① 가스를 완전연소시킬 수 있을 것
② 연소열을 유효하게 이용할 수 있을 것
③ 취급이 쉽고, 안전성이 높을 것

해설 연소기구에서 발생하는 이상현상
① 역화(back fire) : 가스의 연소속도가 염공의 가스 유출속도보다 크게 됐을 때 불꽃이 버너 내부에 침입하여 노즐의 선단에서 연소하는 현상이다.
② 리프팅(lifting : 선화) : 불꽃이 염공에 접하여 연소하지 않고 염공을 떠나 공간에서 연소하는 현상으로 선화라고 한다.
③ 옐로 팁(yellow tip : 황염) : 불꽃의 끝이 적황색으로 되어 연소하는 현상으로 연소반응이 충분한 속도로 진행되지 않을 때, 1차 공기량이 부족하여 불완전연소가 될 때 발생한다.

5. 배관 부속

문제 97~104

97 예상문제

다음 배관 부속의 명칭을 쓰시오.

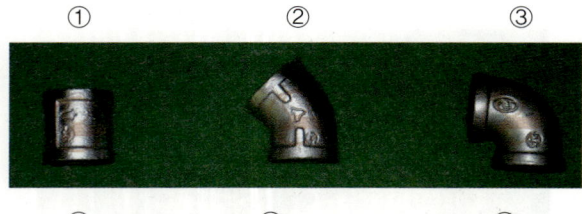

해답 ① 소켓　② 45° 엘보　③ 90° 엘보
④ 니플　⑤ 티　⑥ 크로스
⑦ 캡　⑧ 유니언　⑨ 90° 엘보

해설 사용 용도에 의한 관 이음쇠의 분류
① 배관의 방향을 전환할 때 : 엘보(elbow), 벤드(bend)
② 관을 도중에 분기할 때 : 티(tee), 와이(Y), 크로스(cross)
③ 동일 지름의 관을 연결할 때 : 소켓(socket), 니플(nipple), 유니언(union)
④ 이경관을 연결할 때 : 리듀서(reducer), 부싱(bushing), 이경 엘보, 이경 티
⑤ 관 끝을 막을 때 : 플러그(plug), 캡(cap)
⑥ 관의 분해, 수리가 필요할 때 : 유니언, 플랜지

98 예상문제

다음 밸브에 대한 물음에 답하시오.
(1) 밸브의 명칭을 쓰시오.
(2) 용도를 '유로 개폐용', '유량 조절용' 중에 선택하여 답하시오.
(3) 특징 4가지를 쓰시오.

해답 (1) 글로브 밸브 (또는 스톱 밸브, 옥형변)
(2) 유량 조절용
(3) ① 유체의 흐름에 따라 마찰손실(저항)이 크다.
② 주로 유량 조절용으로 사용된다.
③ 유체의 흐름 방향과 평행하게 밸브가 개폐된다.
④ 밸브의 디스크 모양은 평면형, 반구형, 원뿔형 등의 형상이 있다.
⑤ 슬루스 밸브에 비하여 가볍고 가격이 저렴하다.

해설 글로브 밸브(globe valve) : 구조상 디스크와 시트가 원추상으로 접촉되어 폐쇄하는 밸브로서 유체는 디스크 부근에서 상하방향으로 평행하게 흐르므로 근소한 디스크의 리프트라도 예민하게 유량에 관계되므로 죔 밸브로서 유량 조절에 사용되는 밸브이다. 디스크 형상에 따라 반구형, 원뿔형, 반원형으로 분류한다.

99 예상문제

다음 밸브에 대한 물음에 답하시오.

(1) 밸브의 명칭을 쓰시오.
(2) 용도를 '유로 개폐용', '유량 조절용' 중에 선택하여 답하시오.
(3) 핸들을 조작하면 상하로 이동하여 유로를 개폐하는 부품의 명칭을 쓰시오.

해답 (1) 슬루스 밸브 (또는 게이트 밸브, 사절변)
(2) 유로 개폐용
(3) 밸브 디스크

해설 슬루스 밸브(sluice valve)의 특징
① 게이트 밸브(gate valve) 또는 사절변이라 한다.
② 리프트가 커서 개폐에 시간이 걸린다.
③ 밸브를 완전히 열면 밸브 본체 속에 관로의 단면적과 거의 같게 된다.
④ 쐐기형의 밸브 본체가 밸브 시트 안을 눌러 기밀을 유지한다.
⑤ 유로의 개폐용으로 사용한다.
⑥ 밸브를 절반 정도 열고 사용하면 와류가 생겨 유체의 저항이 커지기 때문에 유량 조절에는 적합하지 않다.

100 예상문제

다음은 배관에 설치되는 밸브의 한 종류이다. 물음에 답하시오.

(1) 명칭을 쓰시오.
(2) 기능(역할)을 설명하시오.
(3) 종류 2가지와 배관에 설치할 수 있는 경우를 설명하시오.

해답 (1) 체크 밸브 (또는 역지밸브, 역류방지밸브)
(2) 유체 흐름의 역류를 방지한다.
(3) ① 스윙식 : 수평·수직배관에 설치
② 리프트식 : 수평배관에 설치

해설 체크 밸브(check valve)의 역할 및 종류
① 역할(기능) : 역류방지밸브라 하며 유체를 한 방향으로만 흐르게 하고 역류를 방지하는 목적에 사용하는 밸브이다.
② 종류
㉮ 스윙식(swing type) : 수평·수직배관에 사용
㉯ 리프트식(lift type) : 수평배관에 사용

리프트식 체크 밸브 구조

101 예상문제

다음 밸브의 명칭을 쓰시오.

(1)

(2)

해답 (1) 볼 밸브
(2) 버터플라이 밸브

해설 버터플라이 밸브(butterfly valve) : 원통형 몸체 속에 밸브 봉을 축으로 하여 원형 평판이 회전함으로써 개폐동작이 이루어지는 구조이다.

102 예상문제

LPG 및 도시가스 사용시설에 사용하는 부품의 명칭을 각각 쓰시오.

(1)

(2)

해답 (1) 퓨즈콕
(2) 상자콕

해설 콕의 종류 및 구조 : KGS AA334
① 퓨즈콕 : 가스유로를 볼로 개폐하고, 과류차단 안전기구가 부착된 것으로서 배관과 호스, 호스와 호스, 배관과 배관 또는 배관과 커플러를 연결하는 구조이다.
② 상자콕 : 상자에 넣어 바닥, 벽 등에 설치하는 것으로서, 3.3kPa 이하의 압력과 1.2m^3/h 이하의 표시 유량어 사용하는 콕으로 가스유로를 핸들, 누름, 당김 등의 조작으로 개폐하고, 과류차단 안전기구가 부착된 것으로서 배관과 커플러를 연결하는 구조이다.
③ 주물 연소기용 노즐콕 : 주물 연소기 부품으로 사용하는 것으로서, 볼로 개폐하는 구조이다.
④ 업무용 대형 연소기용 노즐콕 : 업무용 대형 연소기용 부품으로 사용하는 것으로 가스 흐름을 볼로 개폐하는 구조이다.

103 예상문제

퓨즈콕 구조에 대한 설명 중 ( ) 안에 알맞은 용어를 쓰시오.

(1) 퓨즈콕은 가스유로를 (①)로 개폐하고, (②)가 부착된 것으로서 배관과 호스, 호스와 호스, 배관과 배관 또는 배관과 커플러를 연결하는 구조로 한다.
(2) 콕의 핸들 등을 회전하여 조작하는 것은 핸들의 회전각도를 90°나 180°로 규제하는 ( )를 갖추어야 한다.
(3) 콕을 완전히 열었을 때의 핸들의 방향은 유로의 방향과 ( )인 것으로 한다.
(4) 콕은 닫힌 상태에서 ( )이 없이는 열리지 아니하는 구조로 한다.

해답 (1) ① 볼 ② 과류차단 안전기구
(2) 스토퍼
(3) 평행
(4) 예비적 동작

해설 ① 퓨즈콕 표면에 표시된 ⓕ1.2의 의미 : 과류차단 안전기구가 작동하는 유량이 $1.2m^3/h$
② 과류차단 안전기구 : 표시유량 이상의 가스량이 통과되었을 경우 가스유로를 차단하는 장치이다.

104 예상문제

액화석유가스 또는 도시가스용 퓨즈콕의 재료 및 성능에 대한 물음에 답하시오.

(1) 몸통 및 덮개 재료 종류 2가지를 쓰시오.
(2) 기밀 성능 기준은 얼마인가?
(3) 토크 성능(콕의 핸들 회전력) 기준은 얼마인가?

해답 (1) ① 단조용 황동봉 ② 쾌삭 황동봉
(2) 35kPa 이상
(3) 0.588N·m 이하

해설 ① 콕의 재료 : KGS AA334
㉮ 콕의 몸통 및 덮개의 재료는 KS D 5101(구리 및 구리 합금봉)의 단조용 황동봉 및 쾌삭 황동봉을 사용한다. 다만, 업무용 대형 연소기용 노즐콕의 몸통 재료는 KS D 5101의 단조용 황동봉을 사용한다.
㉯ 콕의 몸통 및 덮개 이외의 금속 부품 재료는 내식성 또는 표면에 내식처리를 한 것을 사용한다.
㉰ 상자콕은 ㉮ 및 ㉯의 재료 이외에 주물 황동을 사용할 수 있다.
② 제품 성능
㉮ 기밀 성능 : 콕은 35kPa 이상의 공기압을 1분간 가하였을 때 누출이 없는 것으로 한다. 다만, 상자콕은 열림 및 닫힘 위치에서 각각 가스 입구 측에서 22.5kPa의 공기압을 가하였을 때 누출이 없는 것으로 한다.
㉯ 토크 성능 : 콕의 핸들 회전력은 0.588N·m 이하인 것으로 한다.

6. 압축도시가스 및 수소자동차 충전시설

문제 105~110

105 예상문제

고정식 압축도시가스 자동차 충전시설 기준에서 유지하여야 할 거리는 각각 얼마인가?

(1) 처리설비·압축가스설비로부터 몇 m 이내에 보호시설이 있는 경우 방호벽을 설치하는가?
(2) 저장설비·처리설비·압축가스설비 및 충전설비는 그 외면으로부터 사업소 경계까지 유지하는 안전거리는 얼마인가?
(3) 충전설비는 도로경계까지 유지하여야 할 거리는 얼마인가?
(4) 저장설비·처리설비·압축가스설비 및 충전설비는 철도까지 유지거리는 얼마인가?

해답 (1) 30m 이내 (2) 10m 이상
 (3) 5m 이상 (4) 30m 이상

해설 화기와의 거리 기준 : KGS FP651
① 고압전선(직류의 경우 750V 초과, 교류의 경우 600V를 초과하는 전선)과 수평거리 5m 이상
② 저압전선(직류의 경우 750V 이하, 교류의 경우 600V 이하의 전선)과 수평거리 1m 이상
③ 설비 외면으로부터 화기를 취급하는 장소까지는 8m 이상의 우회거리 유지
④ 인화성물질 또는 가연성물질의 저장소로부터 8m 이상의 거리를 유지

106 예상문제

고정식 압축도시가스 자동차 충전시설에 설치된 충전기에 대한 물음에 답하시오.

(1) 자동차 주입호스(충전호스) 길이는 얼마인가?
(2) 자동차의 충돌로부터 충전기를 보호하기 위한 보호대 높이는 얼마인가?
(3) 충전호스에는 충전 중 자동차의 오발진으로 인한 충전기 및 충전호스의 파손을 방지하기 위하여 설치하는 안전장치의 명칭을 쓰시오.

해답 (1) 8m 이하
 (2) 80cm 이상
 (3) 긴급분리장치

해설 긴급분리장치 설치기준 : KGS FP651
① 자동차가 충전호스와 연결된 상태로 출발할 경우 가스의 흐름이 차단될 수 있도록 긴급분리장치를 지면 또는 지지대에 고정 설치한다.
② 긴급분리장치는 각 충전설비마다 설치한다.
③ 긴급분리장치는 수평방향으로 당길 때 666.4N(68kgf) 미만의 힘으로 분리되는 것으로 한다.
④ 긴급분리장치와 충전설비 사이에는 충전자가 접근하기 쉬운 위치에 90° 회전의 수동밸브를 설치한다.

107

고정식 압축도시가스 자동차 충전시설에 설치된 압축가스설비의 모든 밸브와 배관 부속품의 주위에는 안전한 작업을 위하여 확보하여야 할 보유공지는 얼마인가?

해답 1m 이상

해설 가스설비 설치 방법 : KGS FP651
① 압축가스설비의 모든 밸브와 배관부속품의 주위에는 안전한 작업을 위하여 1m 이상의 공간을 확보한다. 다만, 압축가스설비가 밀폐형 구조물 안에 설치된 경우로서 유지, 보수를 위한 문 또는 창문이 설치된 경우에는 1m 이상의 공간을 확보하지 아니할 수 있다.
② 처리설비 및 압축가스설비는 불연재료로 격리된 구조물 안에 설치한다.
③ 처리설비 및 압축가스설비는 충분한 환기를 유지할 수 있도록 한다.
  ㉮ 환기구의 환기가능면적 합계 : 바닥면적 $1m^2$ 마다 $300cm^2$ 이상 유지
  ㉯ 기계환기설비 환기능력 : 바닥면적 $1m^2$ 마다 $0.5m^3$/분 이상
④ 처리설비 및 압축가스설비는 충전소에 출입하는 자동차의 진·출입로 이외의 장소에 설치하며 자동차로 인한 충격 등으로부터 처리설비 및 압축가스설비를 보호할 수 있는 조치를 한다.

108

고정식 압축도시가스 충전시설의 저장설비 및 완충탱크에 설치된 과압안전장치 중 안전밸브 또는 파열판에 설치된 가스방출관의 방출구 위치(높이)에 대하여 쓰시오.

해답 지상으로부터 5m 이상의 높이 또는 저장설비 및 완충탱크의 정상부로부터 2m의 높이 중 높은 위치

해설 과압안전장치 작동압력 : KGS FP651
① 안전장치의 설정압력은 최고허용압력 또는 설계압력을 초과하지 않는 압력으로 한다.
② 고압설비에 부착하는 과압안전장치는 내압시험압력의 10분의 8 이하의 압력에서 작동하는 것으로 한다.
③ 액화가스의 고압설비 등에 부착되어 있는 스프링식 안전밸브는 상용의 온도에서 해당 고압설비 안의 액화가스의 상용의 체적이 해당 고압설비 내의 내용적의 98%까지 팽창하게 되는 온도에 대응하는 해당 고압설비 내의 압력에서 작동하는 것으로 한다.

109 예상문제

수소자동차 충전시설에 대한 물음에 답하시오.

(1) 수소 가스 공급방식에 따라 충전소 구성방식 3가지를 쓰시오.
(2) 수소 생산 여부에 따른 충전소를 On-site 방식과 Off-site 방식으로 분류하는데 각각을 설명하시오.
(3) 충전기(dispenser) 상부 지붕(캐노피)이 아치형 또는 V자형으로 되어 있는 이유를 설명하시오.

해답
(1) ① 튜브 트레일러 공급방식
② 추출기 공급방식
③ 수전해 공급방식
(2) ① On-site 방식 : 수소를 천연가스에서 추출하거나, 수전해 설비를 이용하여 자체적으로 생산하여 자동차에 충전하는 수소 충전소이다.
② Off-site 방식 : 수소를 파이프 라인이나 튜브 트레일러를 이용하여 외부로부터 공급받아 자동차에 충전하는 수소 충전소이다.
(3) 수소는 공기 중 폭발범위가 4~75%로 넓고, 공기보다 가볍기 때문에 누출이 되었을 때 대기 중으로 확산이 잘 될 수 있도록 하여 폭발사고를 방지할 목적으로 충전기 상부 지붕을 아치형이나 V자형으로 설치한다.

110 예상문제

수소자동차 충전시설의 캐노피 천장에 설치된 것으로 지시하는 것의 명칭을 각각 쓰시오.

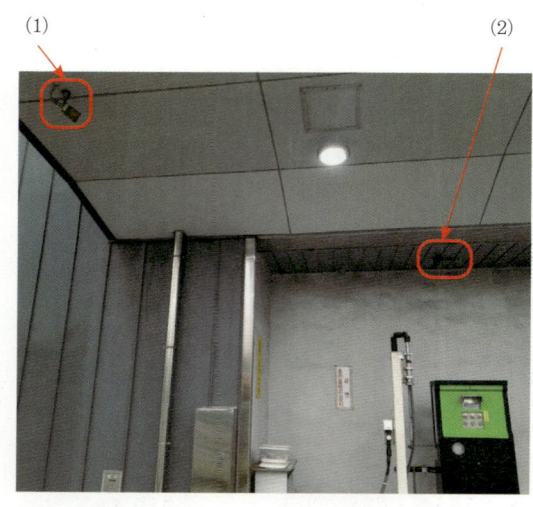

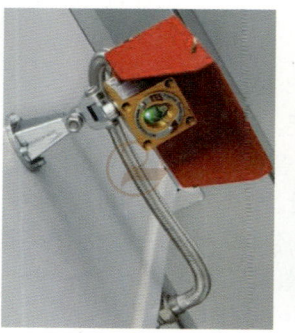 
(1) (2)

해답
(1) 수소불꽃검지기
(2) 수소누출검지 경보장치의 검지부

해설
① 수소불꽃은 파장이 짧기 때문에 일반불꽃과 같이 육안으로 확인하기가 어려워 수소충전소에는 수소불꽃을 감지할 수 있는 수소불꽃검지기를 설치한다. 수소불꽃검지기는 자외선을 검지하는 방법이 주로 쓰이기 때문에 태양광과 반사광에 의한 오작동을 막기 위해 후드를 부착하는 등의 조치가 필요할 수 있다.
② 수소불꽃검지기는 경보장치와 연결되어 있기 때문에 작동 시 경보장치를 통해 수소충전소에 상주하는 안전관리자가 인식하고 대응을 할 수 있다.

7. 가스계량기

문제 111~118

111 예상문제

가스계량기(gas meter)에 대한 물음에 답하시오.

(1) 명칭을 쓰시오.
(2) 특징 4가지를 쓰시오.
(3) 용도 2가지를 쓰시오.

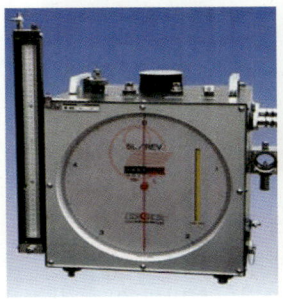

해답 (1) 습식 가스계량기
(2) 특징
① 계량이 정확하다.
② 사용 중에 오차의 변동이 적다.
③ 사용 중에 수위조정 등의 관리가 필요하다.
④ 설치면적이 크다.
(3) ① 기준용
② 실험실용

해설 습식 가스계량기의 측정원리 : 고정된 원통 안에 4개로 구성된 내부드럼이 있고, 입구에서 받은 물에 잠겨 있는 내부드럼으로 들어가 가스압력으로 밀어 올려 내부드럼이 1회전하는 동안 통과한 가스체적을 환산한다.

참고 '가스계량기'와 '가스미터(gas meter)'는 동일한 기기를 지칭하는 것으로 혼용하여 사용하고 있다.

112 예상문제

도시가스용에 사용되는 가스미터에 대한 물음에 답하시오.

(1) 명칭을 쓰시오.
(2) 특징 3가지를 쓰시오.
(3) 용도를 쓰시오.
(4) 가스미터에 표시된 "0.5L/rev"와 "MAX 1.5m³/h"를 설명하시오.

해답 (1) 막식 가스미터
(2) ① 가격이 저렴하다.
② 설치 후의 유지관리에 시간을 요하지 않는다.
③ 대용량의 것은 설치면적이 크다.
(3) 일반 수용가
(4) ① 0.5L/rev : 계량실의 1주기 체적이 0.5L이다.
② MAX 1.5m³/h : 사용 최대유량이 시간당 1.5m³이다.

해설 막식 가스미터의 측정원리 : 가스를 일정 용적의 통속에 넣어 충만시킨 후 배출하여 그 횟수를 용적단위로 환산하여 적산한다.

113 예상문제

도시가스 사용시설에 설치된 가스미터에 대한 물음에 답하시오.

(1) 바닥으로부터 설치높이는 얼마인가?
(2) 전기계량기와 이격거리는 얼마인가?
(3) 화기와의 우회거리는 몇 m인가?

해답
(1) 1.6m 이상 2m 이내
(2) 60cm 이상
(3) 2m 이상

해설
① 가스계량기(30m³/h 미만에 한한다)의 설치높이는 바닥으로부터 1.6m 이상 2.0m 이내에 수직, 수평으로 설치하고 밴드, 보호가대 등 고정장치로 고정한다. 다만, 보호상자 내에 설치, 기계실에 설치, 보일러실(가정에 설치된 보일러실은 제외한다)에 설치 또는 문이 달린 파이프 덕트(pipe shaft, pipe duct) 내에 설치하는 경우 바닥으로부터 2.0m 이내 설치한다.

② 가스미터와 유지거리
  ㉮ 전기계량기, 전기개폐기 : 60cm 이상
  ㉯ 단열조치를 하지 않은 굴뚝, 전기점멸기, 전기접속기 : 30cm 이상
  ㉰ 절연조치를 하지 않은 전선 : 15cm 이상

114 예상문제

도시가스 사용시설에서 가스계량기에 나쁜 영향을 미칠 우려가 있어 설치를 제한하는 장소 3가지를 쓰시오.

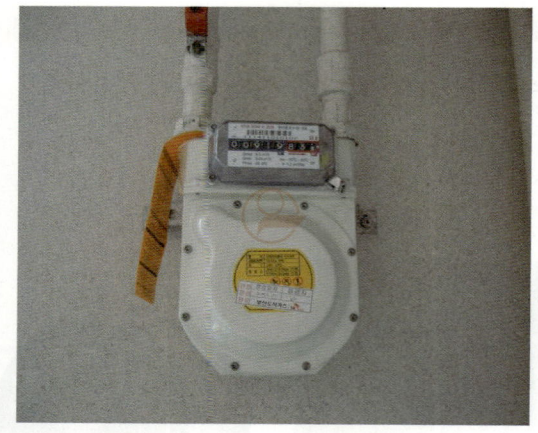

해답
① 진동의 영향을 받는 장소
② 석유류 등 위험물을 저장하는 장소
③ 수전실, 변전실 등 고압전기설비가 있는 장소

해설 가스계량기 설치 제한 : KGS FU551
① 가스계량기는 건축법 시행령 제46조 제4항에 따라 공동주택의 대피공간, 방·거실 및 주방 등 사람이 거처하는 곳에 설치하지 않는다.
② 가스계량기에 나쁜 영향을 미칠 우려가 있는 다음 장소에는 설치하지 않는다.
  ㉮ 진동의 영향을 받는 장소
  ㉯ 석유류 등 위험물을 저장하는 장소
  ㉰ 수전실, 변전실 등 고압전기설비가 있는 장소

115 예상문제

도시가스 사용시설에 설치된 가스미터의 명칭을 쓰시오.

[해답] 터빈식 가스미터

[해설] ① 터빈식 가스미터 : 날개에 부딪치는 유체의 운동량으로 회전체를 회전시켜 운동량과 회전량의 변화량으로 가스 흐름량을 측정하는 계량기로 유속식 유량계의 한 종류이다.
② 특징
  ㉮ 측정범위가 넓고 고압 및 저압에서도 정도가 우수하다.
  ㉯ 압력손실이 적고 산업용 가스미터로 사용된다.
  ㉰ 적용가스의 범위가 넓다. (LNG, LPG, 석탄가스, 에틸렌, 수소, 아세틸렌, 질소, 공기 등)
  ㉱ 윤활유를 정기적으로 주입하여야 한다.
  ㉲ 터빈 임펠러의 재질 : 합성수지, 알루미늄 합금 사용

116 예상문제

도시가스 사용시설에 설치된 것으로 지시하는 것의 명칭과 기능을 쓰시오.

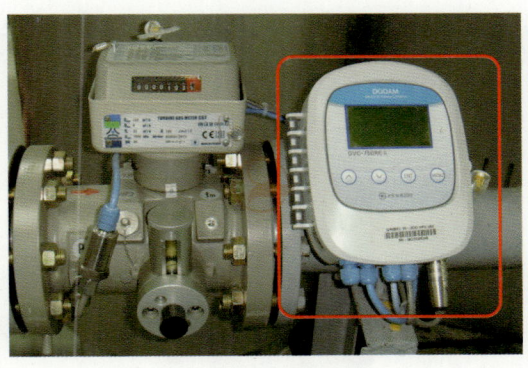

[해답] ① 명칭 : 온도압력보정장치
② 기능 : 가스계량기 내 온도와 압력을 측정하여 가스공급자의 기준 온도와 압력으로 부피를 보정하는 장치이다.

[해설] 온도압력보정장치(온압보정장치) 설치기준 〈신설 21. 10. 08〉: KGS FU551
① 온압보정장치는 KS표시 허가 제품 또는 '계량에 관한 법률'에 따른 형식 승인과 검정을 받은 것으로 한다.
② 수시로 환기가 가능한 장소에 설치한다.
③ 화기와 유지해야 하는 거리는 우회거리 2m 이상으로 한다.
④ 수직·수평으로 설치하고 밴드·보호가대 등 고정장치로 견고하게 고정한다.
⑤ 기존 배관을 분리(절단)하는 경우에는 배관 내부의 가스를 외부의 안전한 장소로 퍼지한 후 배관 내부 가스 농도가 폭발하한계의 1/4 이하가 된 것을 확인한 다음에 배관 작업을 실시한다.
⑥ 배관 작업을 실시한 후 배관은 최고사용압력의 1.1배 또는 8.4kPa 중 높은 압력 이상의 압력으로 기밀시험을 실시한다. 다만, 작업 여건상 기밀시험이 어려운 경우에는 가스누출검지기 및 검지액 등을 이용한 누출검사로 기밀시험을 대신할 수 있다.
⑦ 온압보정장치와 연결되는 전선(전선에 3.6V 이하의 전압이 걸리는 경우에 한정한다)은 가스계량기 또는 배관 이음부와 이격거리 기준을 적용하지 않는다.

117 예상문제

다기능 가스안전계량기에 대한 물음에 답하시오.

(1) 다기능 가스안전계량기를 설명하시오.
(2) 신호를 송신 또는 송수신하는 조건 4가지를 쓰시오.

해답 (1) 액화석유가스 또는 도시가스용 가스계량기에 이상유량차단, 가스누출차단 등 가스안전 기능을 수행하는 안전장치가 부착된 가스용품으로 다기능계량기, 마이콤미터라 한다.
(2) ① 합계 증가 차단한 경우
② 연속사용시간 차단한 경우
③ 미소누출 검지한 경우
④ 전지전압 저하 시
⑤ 공급압력 저하 차단 시
⑥ 자동검침 기능 작동 시
⑦ 센터 차단 시
(차단 기능이 있는 경우에만 적용)

해설 다기능 가스안전계량기 구조 : KGS AA631
① 차단밸브가 작동한 후에는 복원조작을 하지 않은 한 열리지 않은 구조로 한다.
② 복원을 위한 버튼이나 레버 등은 다기능계량기 정면에서 쉽게 확인할 수 있고, 또한 복원조작을 쉽게 실시할 수 있는 위치에 있는 것으로 한다.
③ 사용자가 쉽게 조작할 수 없는 테스트차단기능(제어부로부터의 신호를 받아 차단하는 것만을 말한다)이 있는 것으로 한다.

118 예상문제

다기능 가스안전계량기의 작동 성능(기능) 4가지를 쓰시오. (단, 유량계량 기능은 제외한다.)

해답 ① 유량차단 성능 ② 미소사용유량등록 성능
③ 미소누출검지 성능 ④ 압력저하차단 성능

해설 작동 성능 : KGS AA631
① 유량차단 성능
㉮ 합계유량차단 값을 초과하는 가스가 흐를 경우 75초 이내에 차단하는 것으로 한다.
∴ 합계유량차단 값=연소기구 소비량의 총합×1.13
㉯ 통상의 사용 상태에서 증가유량차단 값을 초과하여 유량이 증가하는 경우 차단하는 것으로 한다.
∴ 증가유량차단 값=연소기구 중 최대소비량×1.13
㉰ 연속사용시간차단은 유량이 변동 없이 장시간 연속하여 흐를 경우 차단하는 것으로 한다.
② 미소사용유량등록 성능 : 정상 사용 상태에서 미소유량을 감지하여 오경보를 방지할 수 있는 것으로 한다. 다만, 미소유량은 40L/h 이하로 한다.
③ 미소누출검지 성능 : 유량을 연속으로 30일간 검지할 때에 표시하는 기능이 있고, 또한 그 밖에 원인으로 인하여 차단 복귀하더라도 해당 기능에 영향을 주지 아니하는 것으로 한다.
④ 압력저하차단 성능 : 통상의 사용 상태에서 다기능계량기 출구쪽 압력 저하를 감지하여 압력이 0.6±0.1kPa에서 차단하는 것으로 한다.

8. 주거용 가스보일러

문제 119~126

119 예상문제

가스보일러 안전장치의 종류 4가지를 쓰시오.

해답
① 소화안전장치   ② 동결방지장치
③ 과열방지안전장치 ④ 정전안전장치
⑤ 저가스압 차단장치 ⑥ 역풍방지장치

해설 소화안전장치 : 파일럿 버너 또는 메인 버너의 불꽃이 꺼지거나 연소기구 사용 중에 가스 공급이 중단 또는 불꽃 검지부에 고장이 생겼을 때 자동으로 가스 밸브를 닫히게 하여 불이 꺼졌을 때 가스가 유출되는 것을 방지하는 안전장치이다. 종류에는 열전대식, 광전관식(UV-cell 방식), 플레임 로드(flame rod)식이 있다.

120 예상문제

주거용 가스보일러 배기통 및 연돌의 터미널에는 직경 몇 mm 이상인 물체가 통과할 수 없는 방조망을 설치하여야 하는가?

해답 16

해설 주거용 가스보일러의 구조(KGS GC208) : 배기통 및 연돌의 터미널에는 새·쥐 등 직경 16mm 이상인 물체가 통과할 수 없는 방조망을 설치한다.

참고 주거용 가스보일러 시공 예 : KGS GC208

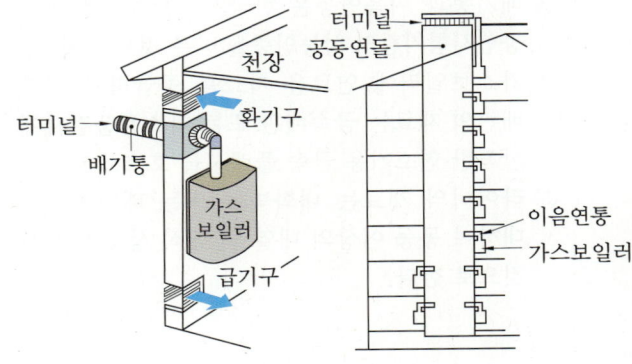

121 예상문제

가스보일러 설치기준 중 ( ) 안에 알맞은 용어를 쓰시오.

> 가스보일러에 연료용 가스를 공급하기 위한 배관의 재료는 (①) 또는 가스용품검사에 합격한 (②)로 한다.

해답 ① 금속배관
② 연소기용 금속 플렉시블 호스

해설 가스보일러 재료 기준 : KGS GC208
① 배기통과 이음연통의 재료는 스테인리스강판 또는 배기가스 및 응축수에 내열, 내식성이 있는 것(콘덴싱 보일러의 연통의 경우 플라스틱을 포함한다)으로 한다.
② 플라스틱 재료는 기계적, 화학적 및 열적 부하에 대하여 내구력이 있는 것으로 한다.
③ 배기통과 이음연통은 한국가스안전공사 또는 공인시험기관의 성능인증을 받은 것으로 한다.
④ 가스보일러에 연료용 가스를 공급하기 위한 배관의 재료는 금속배관 또는 가스용품검사에 합격한 연소기용 금속 플렉시블 호스로 한다.
⑤ 라이너의 재료는 내화벽돌 또는 배기가스에 대하여 동등 이상의 내열 및 내식 성능을 가진 것으로 한다.

122 예상문제

도시가스용 가스보일러를 배기방식에 따른 명칭을 쓰시오.

(1)  (2)

해답 (1) 단독·밀폐식·강제급배기식
(2) 단독·반밀폐식·강제배기식

해설 가스보일러 배기방식 : KGS GC208
① 단독·밀폐식·강제급배기식 : 하나의 가스보일러를 사용하는 배기시스템으로써 연소용 공기는 실외에서 급기하고, 배기가스는 실외로 배기하며, 송풍기를 사용하여 강제적으로 급기 및 배기하는 시스템을 말한다.
② 단독·반밀폐식·강제배기식 : 하나의 가스보일러를 사용하는 배기시스템으로써 연소용 공기는 가스보일러가 설치된 실내에서 급기하고, 배기가스는 실외로 배기하며(연돌을 통하여 배기하는 것을 포함한다), 송풍기를 사용하여 강제적으로 배기하는 시스템을 말한다.

※ 배기방식 구별은 배기통의 형상을 보고 판단하길 바랍니다.

123 예상문제

가스보일러를 전용보일러실에 설치하지 않아도 되는 경우 3가지를 쓰시오.

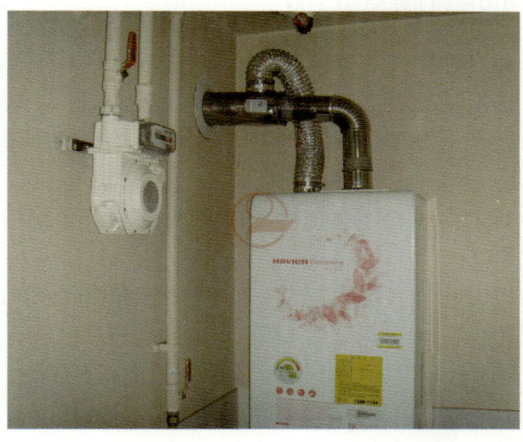

해답
① 밀폐식 가스보일러
② 옥외에 설치한 가스보일러
③ 전용 급기통을 부착시키는 구조로 검사에 합격한 강제배기식 가스보일러

해설 가스보일러 설치방법(KGS GC208) : 가스보일러는 전용보일러실(보일러실 안의 가스가 거실로 들어가지 않는 구조로서 보일러실과 거실 사이의 경계벽은 출입구를 제외하고는 내화구조의 벽을 말한다)에 설치한다. 다만, 다음 중 어느 하나에 해당하는 경우에는 전용보일러실에 설치하지 않을 수 있다.
① 밀폐식 가스보일러
② 옥외에 설치한 가스보일러
③ 전용 급기통을 부착시키는 구조로 검사에 합격한 강제배기식 가스보일러

124 예상문제

단독·밀폐식·강제급배기식 가스보일러는 배기가스가 안전하게 확산될 수 있도록 터미널은 규정에 적합하게 설치하여야 한다. 터미널 설치에 대한 내용 중 ( ) 안에 알맞은 숫자를 넣으시오.

(1) 터미널 개구부로부터 ( )m 이내에 배기가스가 실내로 유입할 우려가 있는 개구부가 없도록 한다.
(2) 터미널과 상방향에 설치된 구조물과의 이격거리는 ( )m 이상이 되도록 한다.
(3) 터미널의 높이는 바닥면 또는 지면으로부터 ( )m 위쪽으로 한다.
(4) 터미널은 전방 ( )m 이내에 장애물이 없도록 한다.
(5) 터미널과 좌우 또는 상하에 설치된 돌출물간의 이격거리는 ( )m 이상이 되도록 한다.
(6) 터미널과 좌우 및 상하에 설치된 다른 터미널과의 이격거리는 ( )m 이상이 되도록 한다.

해답 (1) 0.6 (2) 0.25 (3) 0.15
(4) 0.15 (5) 1.5 (6) 0.3

해설 용어의 정의 : KGS GC208
① 터미널(terminal) : 배기가스를 건축물 바깥 공기 중으로 배출하기 위하여 배기시스템 말단에 설치하는 부속품(배기통과 터미널이 일체형인 경우에는 배기가스가 배출되는 말단부분)을 말한다.
② 배기통(vent) : 가스보일러를 단독배기방식으로 사용하는 경우로서, 가스보일러에서 나오는 배기가스를 이음연통이나 연돌을 거치지 않고 건축물 바깥으로 직접 배출하는 연통을 말한다.

125 예상문제

단독·반밀폐식·강제배기식 가스보일러 설치방법에 대한 내용 중 ( ) 안에 알맞은 내용을 쓰시오.

(1) 배기통 및 이음연통을 부득이 천장 속 등의 은폐부에 설치하는 경우에는 배기통 및 이음연통을 (①)조치하고, 수리나 교체에 필요한 (②) 및 (③)를[을] 설치한다.
(2) 터미널 개구부로부터 ( )m 이내에는 배기가스가 실내로 유입할 우려가 있는 개구부가 없도록 한다.
(3) 터미널의 상·하·주위 ( )m 이내에는 가연성 구조물이 없도록 한다.

해답 (1) ① 단열 ② 점검구 ③ 외부 환기구
(2) 0.6　　　　(3) 0.6

해설 단독·반밀폐식·강제배기식 구조 : KGS GC208
① 배기통 및 이음연통의 유효단면적은 가스보일러 또는 배기팬의 배기통 접속부 유효단면적 이상(콘덴싱보일러의 경우 이하)으로 한다. 〈개정 21. 5. 12〉
② 전용보일러실에 설치하는 급기구 및 상부환기구는 다음 기준에 따른다.
　㉮ 급기구 및 상부환기구의 유효단면적은 그 실에 설치된 배기통의 단면적 이상으로 한다.
　㉯ 급기구 또는 상부환기구의 위치 및 구조는 유입된 공기가 직접 가스보일러 연소실에 흡입되어 불이 꺼지는 일이 발생하지 않도록 한다.

126 예상문제

공동·반밀폐식·강제배기식 가스보일러를 연돌의 터미널까지 단독배기통을 설치하는 방법 중 ( ) 안에 알맞은 내용을 쓰시오.

(1) 배기통의 굴곡 수는 ( )개 이하로 한다.
(2) 배기통의 가로 길이는 ( )m 이하로서 될 수 있는 한 짧고 물고임이나 배기통 앞 끝의 기울기가 없도록 한다.
(3) 배기통의 입상높이는 원칙적으로 ( )m 이하로 한다.
(4) 터미널의 옥상돌출부는 지붕면으로부터 수직거리를 (①)m 이상으로 하고, 터미널 상단으로부터 수평거리 (②)m 이내에 건축물이 있는 경우에는 그 건축물의 처마보다 (③)m 이상 높게 설치한다.

해답 (1) 4
(2) 5
(3) 10
(4) ① 1 ② 1 ③ 1

해설 공동·반밀폐식·강제배기식(KGS GC208) : 다수의 가스보일러를 사용하는 배기시스템으로써 연소용 공기는 가스보일러가 설치된 실내에서 급기하고, 배기가스는 연돌을 통하여 실외로 배기하며, 송풍기를 사용하여 강제적으로 배기하는 시스템을 말한다.

9. 충전용기 및 부속품

문제 127~158

127 예상문제

LPG 충전용기에 대한 물음에 답하시오.

(1) 제조방법에 의한 용기 명칭을 쓰시오.
(2) 탄소(C), 인(P), 황(S)의 화학성분비는 얼마인가?

해답 (1) 용접용기(또는 심용기, 계목[繼目]용기)
(2) ① 탄소(C) : 0.33% 이하
② 인(P) : 0.04% 이하
③ 황(S) : 0.05% 이하

해설 LPG 충전용기 : KGS AC211
① 액화석유가스용 강제용기 : 액화석유가스를 충전하기 위한 내용적 20L 이상 125L 미만의 강으로 만든 용접용기를 말한다.
② 몸체 재료 : KS D 3533(고압가스 용기용 강판 및 강대)의 재료 또는 동등 이상의 기계적 성질 및 가공성을 갖는 것으로 한다.
③ 스커트, 프로텍터 및 캡의 재료 : KS D 3503 (일반구조용 압연강재) SS400의 규격에 적합한 것 또는 이와 동등 이상의 화학적 성분 및 기계적 성질을 가진 것으로 한다.
④ 용기 동판의 최대두께와 최소두께와의 차이는 평균두께의 10% 이하로 한다.

128 예상문제

액화석유가스 충전용기에 대한 물음에 답하시오.

(1) 과류차단형 밸브(또는 차단기능형 밸브)를 부착하는 용기 내용적은 얼마인가?
(2) 충전용기 밸브에 부착된 청색캡(또는 적색캡)의 역할을 쓰시오.
(3) 내용적 25L 이상 125L 미만의 용기를 소비자에게 공급할 때 용기 외면에 표시하여야 하는 사항 3가지를 쓰시오.

해답 (1) 30L 이상 50L 이하
(2) 스프링식 안전밸브에 이물질이 들어가는 것을 방지하고, 조절스프링을 조작하는 것을 방지하기 위하여 부착한다.
(3) ① 빈용기 무게(용기 몸체, 프로텍터 및 밸브를 합산한 무게)
② 가스의 무게
③ 총 무게
④ 충전사업자의 상호 및 전화번호

해설 ① 과류차단형 밸브(KGS AA313) : 규정량 이상의 가스가 흐르는 경우에 가스공급을 자동적으로 차단하는 과류차단기구를 내장한 용기밸브이다.
② 차단기능형 밸브(KGS AA312) : 가스충전구에서 압력조정기의 체결을 해제할 경우 가스공급을 자동적으로 차단하는 차단기구가 충전구에 내장된 용기밸브이다.

129 예상문제

프로텍터 내부에 밸브가 2개 설치된 용기에 대한 물음에 답하시오.

(1) 이 용기 명칭을 쓰시오. (단, 제조방법, 충전가스에 의한 명칭은 제외한다.)
(2) 이 용기는 원칙적으로 ( )가 설치되어 있는 시설에서만 사용한다. ( ) 안에 알맞은 내용을 쓰시오.

해답 (1) 사이펀 용기
(2) 기화장치

해설 ① 사이펀 용기 : 액화석유가스 기체와 액체를 공급할 수 있도록 제조된 용기로 기화기가 설치되어 있는 시설에서만 사용할 수 있는 용기이다.
② 사이펀 용기의 내부는 중심부에 부착된 밸브(적색 핸들)와 연결된 작은 관이 용기 아래부분까지 연결되어 있다.

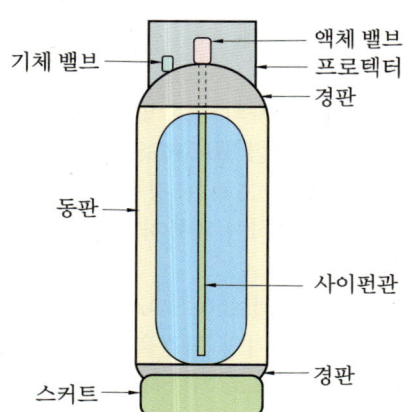

130 예상문제

아세틸렌 용기에 각인된 기호는 무엇을 의미하는지 각각 설명하시오.

(1) TP : (2) TW :
(3) V :   (4) FP :

해답 (1) 내압시험압력(MPa)
(2) 용기의 질량에 다공물질, 용제 및 밸브의 질량을 합한 질량(kg)
(3) 내용적(L)
(4) 최고충전압력(MPa)

해설 제품표시 사항 : KGS AC214
① 용기제조업자의 명칭 또는 약호
② 충전하는 가스의 명칭
③ 용기의 번호
④ 내용적(기호 : V, 단위 : L)
⑤ 밸브 및 부속품(분리할 수 있는 것에 한한다)을 포함하지 아니한 용기의 질량(기호 : W, 단위 : kg)
⑥ 용기의 질량에 용기의 다공물질, 용제 및 밸브의 질량을 합한 질량(기호 : TW, 단위 : kg)
⑦ 내압시험에 합격한 연월
⑧ 내압시험압력(기호 : TP, 단위 : MPa)
⑨ 압축가스 충전의 경우 최고충전압력(기호 : FP, 단위 : MPa)
⑩ 내용적이 500L를 초과하는 용기의 경우 동판의 두께(기호 : t, 단위 : mm)

131 예상문제

아세틸렌 용기에 대한 물음에 답하시오.

(1) 용기 재질은 무엇인가?
(2) 다공물질의 종류 4가지를 쓰시오.
(3) 다공도 기준은 얼마인가?

해답 (1) 탄소강
(2) ① 규조토
② 목탄
③ 석회
④ 산화철
⑤ 탄산마그네슘
⑥ 다공성플라스틱
(3) 75% 이상 92% 미만

해설 다공물질의 구비조건
① 고다공도일 것
② 기계적 강도가 클 것
③ 가스충전이 쉽고 안정성이 있을 것
④ 경제적일 것
⑤ 화학적으로 안정할 것

참고 '다공물질'을 '다공질물'로 표현하는 경우도 있으며, 모두 동일한 물질을 지칭하는 것이다.

132 예상문제

아세틸렌 충전작업에 대한 물음에 답하시오.

(1) 용기 내부에 충전하는 용제(용해제, 침윤제)의 종류 2가지를 쓰시오.
(2) 2.5MPa 이상의 압력으로 충전 시 첨가하는 희석제의 종류 4가지를 쓰시오.
(3) 최고충전압력은 얼마인가?

해답 (1) ① 아세톤[$(CH_3)_2CO$]
② 디메틸포름아미드(DMF)
(2) ① 질소(N_2) ② 메탄(CH_4)
③ 일산화탄소(CO) ④ 에틸렌(C_2H_4)
(3) 15℃에서 용기에 충전할 수 있는 가스의 압력 중 최고압력

해설 다공도 측정 : KGS AC214
① 다공질물(또는 다공물질)의 다공도는 다공질물을 용기에 충전한 상태로 20℃에서 아세톤, 디메틸포름아미드 또는 물의 흡수량으로 측정한다.
② 아세틸렌을 충전하는 용기는 밸브 바로 밑의 가스 취입, 취출 부분을 제외하고 다공질물을 빈틈없이 채운다. 다만, 다공질물이 고형일 경우에는 아세톤 또는 디메틸포름아미드를 충전한 다음 용기벽을 따라 용기 직경의 1/200 또는 3mm를 초과하지 아니하는 틈이 있는 것은 무방하다.
③ 용해제 및 다공질물을 고루 채워 다공도를 75% 이상 92% 미만으로 한다.

133 예상문제

아세틸렌 용기에 대한 물음에 답하시오.

(1) 지시하는 부분의 명칭을 쓰시오.
(2) 이것이 녹는 적정온도는 얼마인가?
(3) 재검사 시에 안전장치를 교체해야 하는 경우 4가지를 쓰시오.

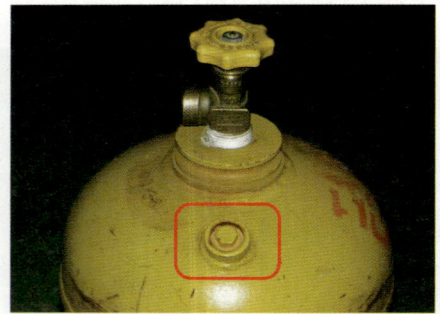
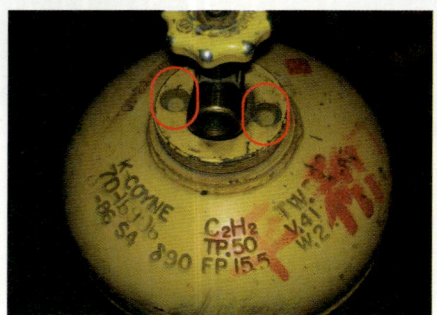

해답 (1) 가용전식 안전밸브
(2) 105±5℃
(3) ① 내려앉음 ② 찌그러짐 ③ 마모 ④ 손상

해설 ① 가용전식 안전밸브의 특징
   ㉮ 고온의 영향을 받는 곳에서는 사용이 불가능하다.
   ㉯ 재료 : 납(Pb), 주석(Sn), 비스무트(Bi), 안티몬(Sb) 등
   ㉰ 가용전이 작동하면 재사용할 수 없다.
② 안전장치 교체(KGS AC217) : 용기 몸체에 부착된 안전장치인 가용전(105±5℃에서 작동)은 분리하지 않고 검사하여 가용전에 이상(내려앉음, 찌그러짐, 마모, 손상 등)이 있는 경우에는 교체한다.

134 예상문제

산소 충전용기에 대한 물음에 답하시오.

(1) 제조방법에 의한 용기 명칭을 쓰시오.
(2) 제조방법 3가지를 쓰시오.
(3) 이 용기의 화학성분비(탄소 : 인 : 황)는 얼마인가?

해답 (1) 이음매 없는 용기
       (또는 무계목[無繼目]용기, 심리스용기)
(2) ① 만네스만식
    ② 에르하트식
    ③ 딥 드로잉식
(3) ① 탄소(C) 0.55% 이하
    ② 인(P) 0.04% 이하
    ③ 황(S) 0.05% 이하

해설 ① 용기의 재료(KGS AC211, AC212) : 스테인리스강, 알루미늄 합금, 탄소·인 및 황의 함유량이 각각 0.33%(이음매 없는 용기는 0.55%) 이하·0.04% 이하 및 0.05% 이하인 강 또는 동등 이상의 기계적 성질 및 가공성 등을 가지는 것으로 한다.
② 용기 동판의 최대 두께와 최소 두께와의 차이는 평균두께의 10% 이하로 한다. (단, 이음매 없는 용기는 20% 이하)

135 예상문제

산소 충전시설에 대한 물음에 답하시오.

(1) 충전작업 시 주의사항 4가지를 쓰시오.
(2) 품질검사 시 산소의 순도와 압력은 얼마인가?
(3) 산소를 충전할 때 압축기와 충전용 지관 사이에 설치하여야 할 기기는 무엇인가?

해답 (1) ① 밸브와 용기 내부의 석유류, 유지류를 제거할 것
② 용기와 밸브 사이에 가연성 패킹을 사용하지 않을 것
③ 압력계는 산소 전용 압력계를 사용할 것
④ 기름 묻은 장갑으로 취급을 금지할 것
⑤ 급격한 충전은 피할 것
(2) ① 순도 : 99.5% 이상
② 압력 : 35℃에서 11.8MPa 이상
(3) 수취기(drain separator)

해설 품질검사 순도 기준 : KGS FP112
① 산소 : 99.5% 이상
② 수소 : 98.5% 이상
③ 아세틸렌 : 98% 이상

136 예상문제

다음은 압축가스 충전시설이다. 지시하는 부분의 명칭을 쓰시오.

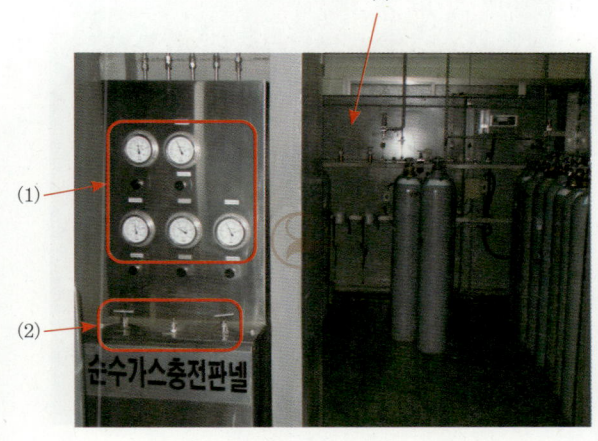

해답 (1) 충전용 주관 압력계
(2) 충전용 주관 밸브
(3) 방호벽

해설 방호벽 설치(KGS FP112) : 아세틸렌가스 또는 압력이 9.8MPa 이상인 압축가스를 용기에 충전하는 경우에 다음 부분에 설치한다.
① 압축기와 그 충전장소 사이의 공간
② 압축기와 그 가스충전용기 보관장소 사이의 공간
③ 충전장소와 그 가스충전용기 보관장소 사이의 공간
④ 충전장소와 그 충전용 주관밸브 조작밸브 사이의 공간

137 예상문제

산소 충전용기가 신규검사 후 경과년수가 10년일 때 재검사 주기는 얼마인가?

해답 5년

해설 용기의 재검사 주기 : 고법 시행규칙 별표 22
① 용접용기(LPG용 용접용기 제외)

내용적	신규검사 후 경과년수		
	15년 미만	15년~20년 미만	20년 이상
500L 이상	5년	2년	1년
500L 미만	3년	2년	1년

② LPG용 용접용기

내용적	신규검사 후 경과년수		
	15년 미만	15년~20년 미만	20년 이상
500L 이상	5년	2년	1년
500L 미만		5년	2년

③ 이음매 없는 용기 또는 복합재료용기

내용적	신규검사 후 경과년수
500L 이상	5년
500L 미만	신규검사 후 경과년수가 10년 이하인 것은 5년마다, 10년을 초과한 것은 3년마다

138 예상문제

초저온 용기에 대한 물음에 답하시오.

(1) 초저온 용기의 정의를 쓰시오.
(2) 초저온 용기에 충전하는 가스의 종류 3가지를 쓰시오.
(3) 초저온 용기 재료 2가지를 쓰시오.
(4) 초저온 용기의 내통과 외통 사이를 진공상태로 만드는 이유를 설명하시오.

해답 (1) -50℃ 이하의 액화가스를 충전하기 위한 용기로서 단열재를 씌우거나 냉동설비로 냉각시키는 등의 방법으로 용기 내의 가스온도가 상용 온도를 초과하지 아니하도록 한 것
(2) ① 액화산소
② 액화질소
③ 액화아르곤
(3) ① 18-8 스테인키스강
② 알루미늄 합금
(4) 진공에 의한 열전달을 차단하기 위하여

해설 ① 초저온 용기는 용접에 의하여 제조되므로 용접용기 기준이 적용된다.
② 초저온 용기 동체 부분에 망 같은 것이 부착되어 있는 것은 운반 및 사용 중에 용기에 가해지는 충격을 완화시키기 위한 완충재이다.

139 예상문제

초저온 용기를 저울에 올려놓고 수시로 방출밸브를 개방하여 기체를 배출하는 조작을 하면서 무게를 확인하는 과정으로 초저온 용기에서만 행하는 시험의 명칭은 무엇인가?

해답 단열성능시험

해설 초저온 용기 단열성능시험 : KGS AC213
① 단열성능시험은 액화질소, 액화산소 또는 액화아르곤을 사용하여 실시한다.

② 합격기준

내용적 구분	침입열량	
	kcal/h · ℃ · L	J/h · ℃ · L
1000L 미만	0.0005 이하	2.09 이하
1000L 이상	0.002 이하	8.37 이하

③ 단열성능에 대한 재시험 : 단열성능검사에 부적합된 초저온 용기는 단열재를 교체하여 재시험을 행할 수 있다.

140 예상문제

내용적 500L인 초저온 용기에 액화산소 200kg을 충전하고 20시간 동안 방치한 후 150kg이 되었을 때 단열성능시험 합격 여부를 판정하시오. (단, 시험용 액화산소의 비점은 −183℃, 액화산소의 증발잠열은 213526J/kg, 외기온도는 20℃이다.)

풀이 ① 침입열량 계산 : 충전량 200kg과 잔량 150kg의 차가 기화된 가스량(W)이다.

$$\therefore Q = \frac{W \cdot q}{H \cdot \Delta t \cdot V}$$
$$= \frac{(200-150) \times 213526}{20 \times \{20-(-183)\} \times 500}$$
$$= 5.259 ≒ 5.26 \text{J/h} \cdot \text{℃} \cdot \text{L}$$

② 판정 : 침입열량 기준 2.09J/h · ℃ · L를 초과하므로 불합격이다.

해답 불합격

해설 침입열량 계산식

$$Q = \frac{W \cdot q}{H \cdot \Delta t \cdot V}$$

여기서, Q : 침입열량(J/h · ℃ · L)
　　　　W : 기화된 가스량(kg)
　　　　q : 시험용 가스의 기화잠열(J/kg)
　　　　H : 측정시간(h)
　　　　Δt : 시험용 가스의 비점과 대기 온도와의 온도차(℃)
　　　　V : 초저온 용기 내용적(L)

141 예상문제

초저온 용기 프로텍터 내부의 모습이다. 물음에 답하시오.

(1) 초저온 용기에 사용하는 안전밸브의 명칭을 쓰시오.
(2) 지시하는 부분의 명칭을 쓰시오.

해답 (1) 스프링식과 파열판식을 병용 설치
(2) ① 액면계
② 안전밸브
③ 압력계
④ 케이싱 파열판

해설 초저온 용기 상부 구조 및 명칭

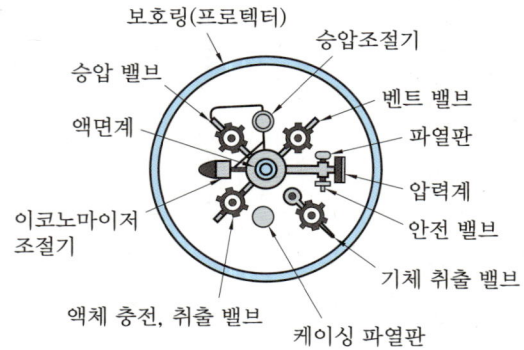

142 예상문제

초저온 용기에 충전된 액화산소에 대한 물음에 답하시오.

(1) 대기압 상태에서 비등점은 얼마인가?
(2) 임계온도 및 임계압력은 얼마인가?
(3) 이동식 초저온 용기 취급 시 주의사항 4가지를 쓰시오.

해답 (1) -183℃
(2) ① 임계온도 : -118.4℃
② 임계압력 : 50.1atm
(3) ① 용기에 낙하, 외부의 충격을 금한다.
② 용기는 직사광선, 빗물, 눈 등을 피한다.
③ 습기, 인화성물질, 염류 등이 있는 곳을 피하여 보관한다.
④ 통풍이 양호한 곳에 보관한다.
⑤ 기름 묻은 장갑, 면장갑을 사용하지 말고, 가죽장갑을 사용하여 취급한다.
⑥ 전선, 어스선 등 전기시설물 근처를 피하여 보관한다.

143 예상문제

에어졸 제조시설에서 누출시험을 할 수 있는 온수시험탱크의 온수 온도는 얼마인가?

해답 46℃ 이상 50℃ 미만

해설 에어졸 제조설비 설치 : KGS FP112
① 에어졸 제조시설에는 정량을 충전할 수 있는 자동충전기를 설치하고, 인체에 사용하거나 가정에서 사용하는 에어졸의 제조시설에는 불꽃길이 시험장치를 설치한다.
② 에어졸 제조시설에는 온도를 46℃ 이상 50℃ 미만으로 누출시험을 할 수 있는 에어졸 충전용기의 온수시험탱크를 설치한다.

144 예상문제

고압가스 충전용기 보관장소에서 충전용기 보관기준과 비교해 잘못된 부분 2가지를 쓰시오.

해답 ① 가연성가스(아세틸렌)와 산소용기를 각각 구분하여 보관하지 않았음
② 충전용기 밸브의 손상을 방지하는 조치를 하지 않았음(캡 미부착)

해설 고압가스 충전용기 보관기준 : KGS FP112
① 충전용기와 잔가스용기는 각각 구분하여 놓을 것
② 가연성가스, 독성가스 및 산소의 용기는 각각 구분하여 놓을 것
③ 용기 보관장소에는 계량기 등 작업에 필요한 물건 외에는 두지 않을 것
④ 용기 보관장소 2m 이내에는 화기, 인화성, 발화성물질을 두지 않을 것
⑤ 충전용기는 40℃ 이하로 유지하고, 직사광선을 받지 않도록 조치
⑥ 충전용기는 넘어짐 방지조치를 할 것
⑦ 가연성가스 용기 보관장소에는 방폭형 휴대용 손전등 외의 등화를 지니고 들어가지 않을 것

145 예상문제

공업용 용기에 충전하는 가스 명칭을 쓰시오.

(1)
(2)
(3)
(4)

해답
(1) 아세틸렌(C_2H_2) (2) 산소(O_2)
(3) 이산화탄소(CO_2) (4) 수소(H_2)

해설 용기의 도색 및 표시

가스 종류	용기도색 공업용	용기도색 의료용
산소(O_2)	녹색	백색
수소(H_2)	주황색	–
액화탄산가스(CO_2)	청색	회색
액화석유가스	밝은 회색	–
아세틸렌(C_2H_2)	황색	–
암모니아(NH_3)	백색	–
액화염소(Cl_2)	갈색	–
질소(N_2)	회색	흑색
아산화질소(N_2O)	회색	청색
헬륨(He)	회색	갈색
에틸렌(C_2H_4)	회색	자색
사이클로 프로판	회색	주황색
기타의 가스	회색	–

146 예상문제

독성가스 외의 충전용기를 차량에 적재할 때 주의사항 3가지를 쓰시오.

해답
① 고압가스 전용 운반차량에 세워서 적재한다.
② 차량의 최대적재량을 초과하여 적재하지 아니한다.
③ 차량의 적재함을 초과하여 적재하지 아니한다.
④ 납붙임 및 접합용기는 포장상자에 적재하고, 보호망을 적재함 위에 씌운다.

해설 충전용기 혼합적재를 금지하는 경우 :
KGS GC206
① 염소와 아세틸렌, 암모니아, 수소는 동일 차량에 적재하여 운반하지 않는다.
② 가연성가스와 산소를 동일 차량에 적재하여 운반하는 때에는 그 충전용기의 밸브가 서로 마주보지 않도록 적재한다.
③ 충전용기와 위험물 안전관리법에 따른 위험물과는 동일 차량에 적재하여 운반하지 않는다.
④ 독성가스 중 가연성가스와 조연성가스는 동일 차량 적재함에 운반하지 않는다.

※ 충전용기 적재차량의 주정차 시 제1종 보호시설과 유지거리 : 15m 이상

147 예상문제

LPG 용기 검사장비에 대한 물음에 답하시오.

(1) 이 검사장비의 명칭을 쓰시오.
(2) 이 검사장비의 특징 3가지를 쓰시오.
(3) 내압시험 결과 합격기준에 해당하는 영구증가율은 얼마인가?

해답 (1) 수조식 내압시험 장치
(2) ① 보통 소형 용기에 행한다.
② 내압시험압력까지 팽창이 정확히 측정된다.
③ 비수조식에 비하여 측정결과에 대한 신뢰성이 크다.
(3) 10% 이하

해설 ① 용접용기 종류별 재검사 항목 : KGS AC217
㉮ 초저온 용기 : 외관검사, 단열성능검사
㉯ 아세틸렌 용기 : 외관검사, 다공물질 충전검사
㉰ 액화석유가스 용기 : 외관검사, 내압검사, 누출검사, 도장검사, 수직도검사
㉱ 그 밖의 용기 : 외관검사, 내압검사
② 이음매 없는 용기 재검사 항목(KGS AC218) : 외관검사, 음향검사, 내압검사
㉮ 내용적 5L 미만 또는 125L 이상인 용기 : 외관검사, 내압검사
㉯ 내용적 5L 이상 125L 미만인 용기 또는 카트리지 용기 : 외관검사, 음향검사, 내압검사

148 예상문제

다음 LPG 용기 검사장비의 명칭을 쓰시오.

해답 기밀시험 장치

해설 재검사에 불합격된 용기의 파기 방법 : KGS AC217
① 불합격된 용기는 절단 등의 방법으로 파기하여 원형으로 가공할 수 없도록 한다.
② 잔가스를 전부 제거한 후 절단한다.
③ 검사신청인에게 파기의 사유, 일시, 장소 및 인수시한 등을 통지하고 파기한다.
④ 파기하는 때에는 검사 장소에서 검사원에게 직접 실시하게 하거나 검사원 입회하에 용기사용자에게 실시하게 한다.
⑤ 파기한 물품은 검사신청인이 인수시한(통지한 날부터 1개월 이내) 내에 인수하지 아니하는 때에는 검사기관에게 임의로 매각 처분하게 할 수 있다.

149 예상문제

고압가스 충전용기 밸브의 충전구 형식을 쓰시오.

(1)

(2)

(3)

해답 (1) A형
(2) B형
(3) C형

해설 충전용기 충전밸브
① 충전구 형식에 의한 분류
  ㉮ A형 : 가스 충전구가 숫나사
  ㉯ B형 : 가스 충전구가 암나사
  ㉰ C형 : 가스 충전구에 나사가 없는 것
② 충전구 나사형식에 의한 분류
  ㉮ 가연성가스 용기 : 왼나사(단, 액화브롬화 메탄, 액화암모니아의 경우 오른나사)
  ㉯ 기타 가스 용기 : 오른나사

150 예상문제

산소(O_2) 충전용기 밸브에 대한 물음에 답하시오.

(1) 안전밸브의 형식(종류)을 쓰시오.
(2) 안전밸브의 특징 4가지를 쓰시오.
(3) 밸브 몸체에 각인된 "PG"를 설명하시오.

해답 (1) 파열판식 안전밸브
(2) ① 구조가 간단하여 취급, 점검이 쉽다.
② 밸브 시트의 누설이 없다.
③ 한번 작동하면 재사용이 불가능하다.
④ 부식성 유체, 괴상물질을 함유한 유체에 적합하다.
(3) 압축가스 충전용기 부속품

해설 파열판식과 가용전식 안전밸브 구별 : 아래 사진에서 왼쪽 용기밸브와 같이 캡 부분에 배출구멍이 뚫려 있는 것은 파열판식이고, 오른쪽 용기밸브와 같이 캡 부분 배출구멍이 납 등으로 막혀 있는 것은 가용전식에 해당되므로 동영상에서 제시되는 화면을 정확히 보고 판단하여야 합니다.

파열판식   가용전식

151 예상문제

이산화탄소(CO_2) 충전용기 밸브에 대한 물음에 답하시오.

(1) 안전밸브의 형식(종류)을 쓰시오.
(2) 밸브 몸체에 각인된 "LG"를 설명하시오.
(3) 밸브 몸체에 각인된 "W"와 "TP"를 설명하시오.

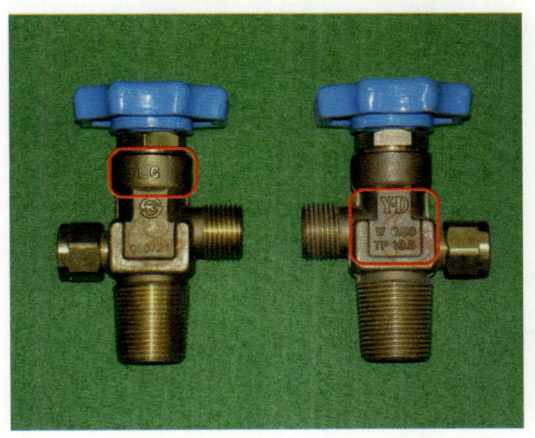

해답 (1) 파열판식 안전밸브
(2) 액화석유가스 외의 액화가스 충전용기 부속품
(3) ① W : 질량(kg)
   ② TP : 내압시험압력(MPa)

해설 밸브 몸통(몸체) 및 안전장치용 너트에 사용하는 재료

부품 명칭	재료	최저사용온도
밸브 몸체 및 안전장치용 너트	KS D 5101의 C3771, C3604	−196℃
	KS D 3710의 SF 390A	−
	KS D 3752의 SM 25C	−
	KS D 3706의 STS304, STS316	−253℃
	KS D 3706의 STS420	−
	KS D 6763의 6061	−269℃

152 예상문제

아세틸렌(C_2H_2) 충전용기 밸브에 대한 물음에 답하시오.

(1) 밸브 몸체에 각인된 "AG"를 설명하시오.
(2) 충전구 형식과 충전구 나사형식을 쓰시오.

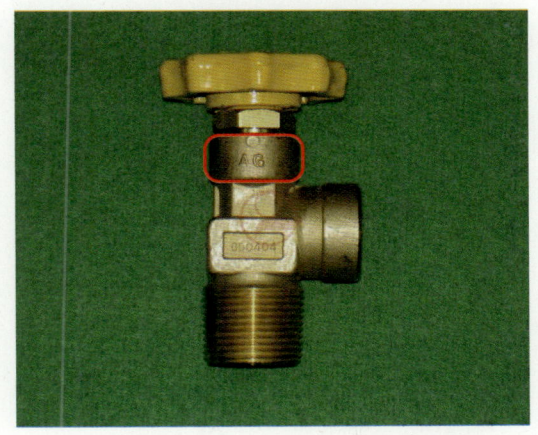

해답 (1) 아세틸렌가스 충전용기 부속품
(2) ① 충전구 형식 : B형
   ② 충전구 나사형식 : 왼나사

해설 ① 아세틸렌 충전용기에는 가용전식 안전밸브를 사용하여 충전용기 밸브에는 안전장치가 부착되어 있지 않다.
(가용전 용융온도 : 105±5℃)
② 용기밸브 재료의 화학성분 : 해당 재료 표준에 만족하는 것으로 한다. 다만, 아세틸렌 용기밸브 재료가 동합금인 경우에는 동함유량이 62%를 초과하는 동합금이 아닌 것으로 한다.
③ 용기 부속품(충전용기 밸브)의 재검사 항목
㉮ 외관검사
㉯ 기밀성능검사
㉰ 작동성능검사

153 예상문제

액화석유가스용 충전용기 밸브에 부착된 안전밸브 형식(종류)을 쓰시오.

해답 스프링식 안전밸브

해설
① 스프링식 안전밸브의 특징
  ㉮ 일반적으로 가장 널리 사용된다.
  ㉯ 밸브 시트 누설이 있다.
  ㉰ 작동 후 압력이 정상으로 되돌아오면 재사용이 가능하다.
  ㉱ 작동압력은 내압시험압력의 8/10 이하에서 작동한다.
② 액화석유가스용 용기밸브의 안전밸브 분출량 계산식 : KGS AA315

$$Q = 0.01154 V(10P \times 14.223 + 14.70)$$

여기서, Q : 분출량(m^3/h)
  V : 용기 내용적(L)
  P : 취출량 결정압력으로서 다음 식으로 계산한 분출개시압력(MPa)
  ([내압시험압력 $\times$ 0.8] $\times$ 1.2 = 분출개시압력 $\times$ 1.2)

154 예상문제

염소(Cl_2) 충전용기 밸브 몸체 재질과 스핀들 재질은 무엇인가?

해답
① 몸체 재질 : 황동. 주강
② 스핀들 재질 : 18-8 스테인리스강

해설
① 용기 부속품은 밸브핸들이 부착되어 있거나 전용개폐기구를 사용하여 개폐하는 구조로 한다.
② 염소 충전용기에는 가용전식 안전밸브를 사용하여 충전용기 밸브에는 안전장치가 부착되어 있지 않다. (가용전 용융온도 : 65~68℃)

가용전식 안전밸브 3개소

155 예상문제

산소-아세틸렌 화염을 사용하는 시설이다. 지시하는 부분의 명칭을 쓰시오.

해답 (1) 역화방지장치
(2) 압력조정기

해설 가스용 역화방지장치 : KGS AA211
① 역화방지장치란 아세틸렌, 수소 그 밖에 가연성가스의 제조 및 사용설비에 부착하는 건식 또는 수봉식(아세틸렌에만 적용한다)의 역화방지장치로서 상용압력이 0.1MPa 이하인 것을 말한다.
② 역화방지장치의 구조는 소염소자, 역류방지장치 및 방출장치 등을 구비한 것으로 한다. 다만, 액화석유가스용 및 도시가스용의 것은 방출장치를 생략할 수 있다.
③ 소염소자는 금망, 소결금속, 스틸울, 발포금속, 물 또는 이와 동등 이상의 소염성능을 가진 것으로 한다. 다만, 물은 아세틸렌용에만 적용한다.

156 예상문제

공기액화 분리장치 폭발원인 4가지를 쓰시오.

해답 ① 공기 취입구로부터 아세틸렌(C_2H_2)의 혼입
② 압축기용 윤활유 분해에 따른 탄화수소의 생성
③ 공기 중 질소화합물의 혼입(NO, NO_2)
④ 액체공기 중에 오존(O_3)의 혼입

해설 ① 폭발방지 대책
㉮ 아세틸렌이 혼입되지 않는 장소에 공기 흡입구를 설치
㉯ 양질의 압축기 윤활유 사용
㉰ 장치 내 여과기 설치
㉱ 장치는 1년에 1회 이상 사염화탄소(CCl_4)를 사용하여 세척
② 공기액화 분리기의 불순물 유입금지 : 공기액화 분리기(공기 압축량이 $1000m^3/h$ 이하의 것은 제외)에 설치된 액화산소통 안의 액화산소 5L 중 아세틸렌의 질량이 5mg 또는 탄화수소의 탄소의 질량이 500mg을 넘을 때에는 그 공기액화 분리기의 운전을 중지하고 액화산소를 방출한다.

※ '질소화합물'을 '질소산화물'로 불려지고 있음

157 예상문제

액화산소, 액화질소, 액화아르곤 등 초저온 액화가스용 저장탱크이다. 지시하는 부분의 명칭은 무엇인가?

해답 차압식 액면계(또는 햄프슨식 액면계)

해설 차압식 액면계(햄프슨식 액면계) : 액화산소와 같은 극저온의 저장조의 상·하부를 U자관에 연결하여 차압에 의하여 액면을 측정하는 방식이다.

158 예상문제

LNG 저장탱크의 단면 모형이다. 보랭재로 사용되는 것 3가지를 쓰시오.

해답 ① 펄라이트
② 경질폴리우레탄폼
③ 폴리염화비닐폼

해설 액화천연가스 저장탱크 용어 : KGS AC115
① 지상식 저장탱크 : 지표면 위에 설치하는 형태의 저장탱크
② 지중식 저장탱크 : 액화천연가스의 최고 액면을 지표면과 동등 또는 그 이하가 되도록 설치하는 형태의 저장탱크
③ 지하식 저장탱크 : 지하에 설치하는 구조로서 콘크리트 지붕을 흙으로 완전히 덮어버린 형태의 저장탱크
④ 1차 탱크 : 정상운전 상태에서 액화천연가스를 저장할 수 있는 것으로서 단일 방호식, 이중 방호식, 완전 방호식 또는 멤브레인식 저장탱크의 안쪽 탱크를 말한다.
⑤ 2차 탱크 : 액화천연가스를 담을 수 있는 것으로서 이중 방호식, 완전 방호식 또는 멤브레인식 저장탱크의 바깥쪽 탱크를 말한다.

10. 압축기 및 펌프

문제 159~166

159 예상문제

압축기에 대한 물음에 답하시오.

(1) 명칭을 쓰시오.
(2) 특징 4가지를 쓰시오.

해답 (1) 왕복동식 압축기
(2) 특징
① 용적형으로 고압이 쉽게 형성된다.
② 오일윤활식, 무급유식이다.
③ 용량조정범위가 넓고, 압축효율이 높다.
④ 압축이 단속적이므로 진동이 크고 소음이 크다.
⑤ 배출가스 중 오일이 혼입될 우려가 있다.

해설 왕복동식 압축기 용량 제어
① 연속적인 용량 제어법
㉮ 흡입 주밸브를 폐쇄하는 방법
㉯ 타임드 밸브 제어에 의한 방법
㉰ 회전수를 변경하는 방법
㉱ 바이패스 밸브에 의한 방법
② 단계적인 용량 제어법
㉮ 클리어런스 밸브에 의한 조정
㉯ 흡입 밸브 개방에 의한 방법

160 예상문제

다단압축기에 대한 물음에 답하시오.

(1) 다단압축을 하는 목적 4가지를 쓰시오.
(2) 압축비 증대 시 영향 4가지를 쓰시오.

해답 (1) 다단압축의 목적
① 1단 단열압축과 비교한 일량의 절약
② 이용효율의 증가
③ 힘의 평형이 좋아진다.
④ 가스의 온도상승을 피할 수 있다.
(2) ① 소요동력이 증대한다.
② 실린더 내의 온도가 상승한다.
③ 체적효율이 저하한다.
④ 토출가스량이 감소한다.

해설 단수 결정 시 고려할 사항
① 최종의 토출압력
② 취급 가스량
③ 취급가스의 종류
④ 연속운전의 여부
⑤ 동력 및 제작의 경제성

161 예상문제

용적형 압축기의 단면을 나타낸 것이다. 물음에 답하시오.

(1) 압축기 명칭을 쓰시오.
(2) 특징 4가지를 쓰시오.

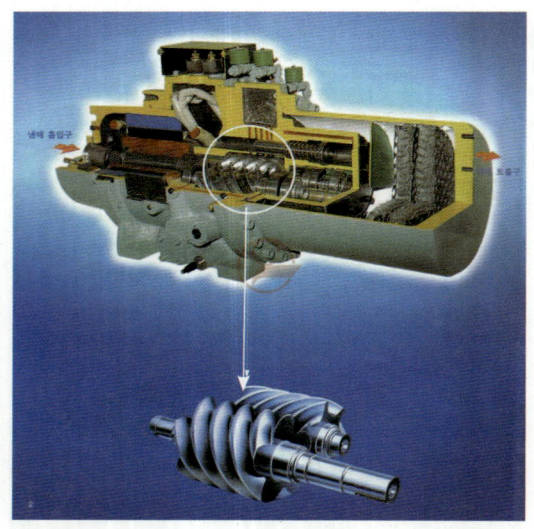

해답 (1) 나사압축기(screw compressor)
(2) ① 용적형이며 무급유식 또는 급유식이다.
② 흡입, 압축, 토출의 3행정을 가지고 있다.
③ 연속적으로 압축하고, 맥동현상이 없다.
④ 용량조정이 어렵고(70~100%), 효율은 떨어진다.
⑤ 토출압력은 3MPa까지 가능하고, 소음방지가 필요하다.
⑥ 두 개의 암(female), 수(male)의 치형을 가진 로터의 맞물림에 의해 압축한다.
⑦ 고속회전이므로 형태가 작고, 경량이며 설치면적이 작다.

162 예상문제

원심압축기에 대한 물음에 답하시오.

(1) 특징 4가지를 쓰시오.
(2) 구성요소 3가지를 쓰시오.
(3) 용량제어 방법 3가지를 쓰시오.

해답 (1) ① 원심형 무급유식이다.
② 연속토출로 맥동현상이 적다.
③ 고속회전이 가능하므로 전동기와 직결사용이 가능하다.
④ 형태가 작고 경량이어서 기초, 설치면적이 적다.
⑤ 용량 조정범위가 좁고(70~100%) 어렵다.
⑥ 압축비가 적고, 효율이 좋지 않다.
⑦ 토출압력 변화에 의해 용량 변화가 크다.
⑧ 운전 중 서징(surging) 현상이 발생할 수 있다.
(2) ① 임펠러 ② 디퓨저 ③ 가이드 베인
(3) 용량제어 방법
① 속도 제어에 의한 방법
② 토출밸브에 의한 방법
③ 흡입밸브에 의한 방법
④ 베인 컨트롤에 의한 방법
⑤ 바이패스에 의한 방법

163 예상문제

원심펌프 축봉장치에 메커니컬 실(mechanical seal)을 채택하는 경우 2가지를 쓰시오.

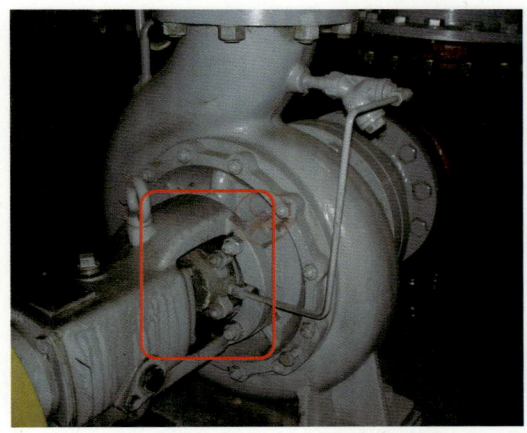

해답
① 가연성 액화가스를 이송할 때
② 독성 액화가스를 이송할 때

해설 메커니컬 실(mechanical seal)의 종류 및 특징
① 내장형(inside type) : 고정면이 펌프측에 있는 것으로 일반적으로 사용된다.
② 외장형(outside type) : 회전면이 펌프측에 있는 것으로 구조재, 스프링재가 내식성에 문제가 있거나 고점도(100cP 초과), 저응고점액일 때 사용한다.
③ 싱글 실형 : 습동면(접촉면)이 1개로 조립된 것
④ 더블 실형 : 습동면(접촉면)이 2개로 누설을 완전히 차단하고 유독액 또는 인화성이 강한 액일 때, 누설 시 응고액, 내부가 고진공, 보온 보랭이 필요할 때 사용한다.
⑤ 언밸런스 실 : 펌프의 내압을 실의 습동면에 직접 받는 경우 사용한다.
⑥ 밸런스 실 : 펌프의 내압이 큰 경우 고압이 실의 습동면에 직접 접촉하지 않게 한 것으로 LPG, 액화가스와 같이 저비점 액체일 때 사용한다.

164 예상문제

진흙탕이나 모래가 많은 물 또는 특수약액을 이송하는데 적합한 것으로 고무막을 상하로 운동시켜 액체를 이송하는 펌프의 명칭은 무엇인가?

해답 다이어프램 펌프

해설 다이어프램 펌프 특징
① 그랜드 패킹이 없어 누설을 방지할 수 있다.
② 특수약액, 불순물이 많은 유체를 이송할 수 있다.

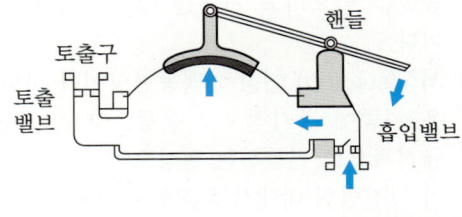
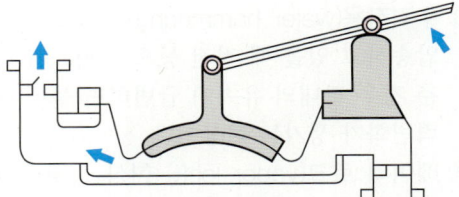

다이어프램 펌프 작동 상세도

165 예상문제

원심펌프에서 발생하는 이상 현상 4가지를 쓰시오.

해답
① 캐비테이션(cavitation) 현상
② 서징(surging) 현상
③ 수격작용(water hammering)
④ 베이퍼 로크(vapor lock) 현상

해설 원심펌프에서 발생되는 이상 현상
① 캐비테이션(cavitation) 현상 : 유수 중에 그 수온의 증기압력보다 낮은 부분이 생기면 물이 증발을 일으키고 기포를 다수 발생하는 현상이다.
② 서징(surging) 현상 : 맥동현상이라 하며 펌프 운전 중에 주기적으로 운동, 양정, 토출량이 규칙적으로 변동하는 현상으로 압력계의 지침이 일정범위 내에서 움직인다.
③ 수격작용(water hammering) : 펌프에서 물을 압송하고 있을 때 정전 등으로 펌프가 급히 멈춘 경우 관내의 유속이 급변하면 물에 심한 압력변화가 생기는 현상이다.
④ 베이퍼 로크(vapor lock) 현상 : 저비점 액체 등을 이송 시 펌프의 입구에서 발생하는 현상으로 액의 끓음에 의한 동요를 말한다.

166 예상문제

원심펌프에서 발생하는 전동기 과부하의 원인 4가지를 쓰시오.

해답
① 양정이나 수량이 증가한 때
② 액의 점도가 증가되었을 때
③ 액 비중이 증가되었을 때
④ 임펠러, 베인에 이물질이 혼입되었을 때

해설 펌프의 토출량이 감소하는 원인
① 임펠러 자체가 마모 또는 부식되었을 때
② 임펠러에 이물질이 혼입되었을 때
③ 공기를 혼입하였을 때
④ 송수관의 내면에 스케일 등이 부착하여 관로 저항이 증대하였을 때
⑤ 캐비테이션 현상이 발생하였을 때

11. 계측기기

문제 167~170

167 예상문제

가스크로마토그래피(gas chromatography) 장치에 대한 물음에 답하시오.

(1) 가스크로마토그래피의 측정원리는 무엇인가?
(2) 이 분석기의 3대 구성요소를 쓰시오.
(3) 운반기체(carry gas)의 종류 4가지를 쓰시오.

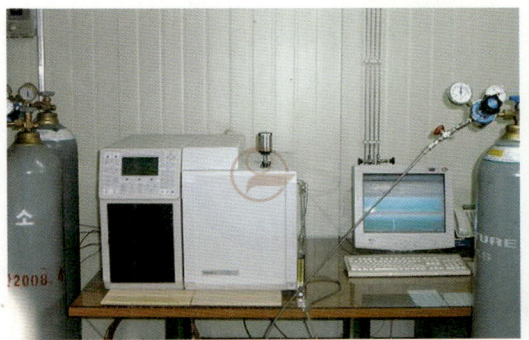

해답 (1) 가스의 확산속도 이용
(2) ① 분리관(column)
② 검출기(detector)
③ 기록계
(3) ① 수소(H_2)
② 헬륨(He)
③ 아르곤(Ar)
④ 질소(N_2)

해설 가스크로마토그래피(gas chromatography) 특징
① 여러 종류의 가스를 분석할 수 있다.
② 선택성이 좋고, 고감도로 측정할 수 있다.
③ 미량 성분의 분석이 가능하다.
④ 응답속도가 늦으나 분리능력이 좋다.
⑤ 동일 가스의 연속 측정이 불가능하다.

168 예상문제

부르동관(bourdon tube) 압력계에 대한 물음에 답하시오.

(1) 부르동관의 재질을 저압용과 고압용으로 구분하여 쓰시오.
(2) 고압가스 설비에 설치하는 압력계의 최고 눈금범위 기준은?
(3) 탄성압력계의 종류 4가지를 쓰시오.

 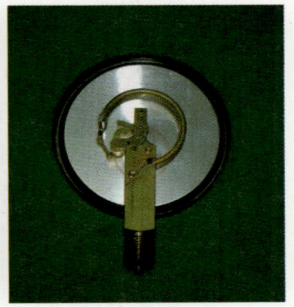

해답 (1) ① 저압용 : 황동, 인청동, 청동
② 고압용 : 니켈강, 스테인리스강
(2) 상용압력의 1.5배 이상 2배 이하
(3) ① 부르동관식
② 벨로스식
③ 다이어프램식
④ 캡슐식

해설 압력계 설치(KGS FP112) : 고압가스 설비에 설치하는 압력계는 상용압력의 1.5배 이상 2배 이하의 최고눈금이 있는 것으로 하고, 사업소에는 국가표준기본법에 의한 제품인증을 받은 압력계를 2개 이상 비치한다.

169 예상문제

다이어프램(diaphragm) 압력계에 대한 물음에 답하시오.

(1) 다이어프램 재료 3가지를 쓰시오.
(2) 특징 4가지를 쓰시오.

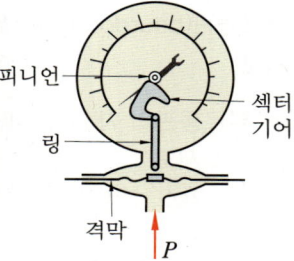

해답 (1) ① 고무
　　　② 인청동
　　　③ 스테인리스강
(2) ① 응답속도가 빠르나 온도의 영향을 받는다.
　　② 극히 미세한 압력 측정에 적당하다.
　　③ 부식성 유체의 측정이 가능하다.
　　④ 압력계가 파손되어도 위험이 적다.
　　⑤ 먼지를 함유한 기체나 점도가 높은 액체 측정에 적합하다.
　　⑥ 통풍계(draft gauge)로 사용한다.
　　⑦ 측정범위는 20~5000mmH$_2$O이다.

해설 압력계 점검(검사) 기준
① 고압가스 일반제조(KGS FP112) : 충전용 주관의 압력계는 매월 1회 이상, 그 밖의 압력계는 3월에 1회 이상 표준이 되는 압력계로 그 기능을 검사한다.
② 액화석유가스 용기충전(KGS FP331) : 충전용 주관의 압력계는 매월 1회 이상, 그 밖의 압력계는 1년에 1회 이상 국가표준기본법에 따른 교정을 받은 압력계로 그 기능을 검사한다.

170 예상문제

차압식 유량계의 단면을 나타낸 것으로 물음에 답하시오.

(1) 측정원리는 무엇인가?
(2) 종류 3가지를 쓰시오.
(3) 내부에 관 단면적을 축소시켜 압력차가 발생하게 하는 부품을 무엇이라 하는가?

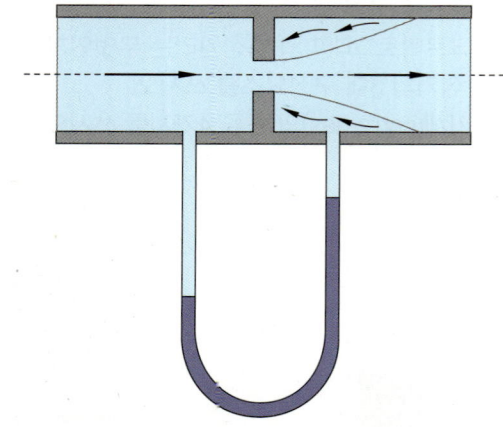

해답 (1) 베르누이 방정식
(2) ① 오리피스미터
　　② 플로노즐
　　③ 벤투리미터
(3) 조리개 기구(또는 오리피스)

해설 차압식 유량계의 특징
① 관로에 오리피스, 플로 노즐 등이 설치되어 있다.
② 규격품이라 정도(精度)가 좋다.
③ 유량은 압력차의 평방근에 비례한다.
④ 레이놀즈수가 10^5 이상에서 유량계수가 유지된다.
⑤ 고온 고압의 액체, 기체를 측정할 수 있다.
⑥ 유량계 전후의 동일한 지름의 직선관이 필요하다.
⑦ 통과 유체는 동일한 유체이어야 하며, 압력손실이 크다.

12. 폭발 및 방폭 설비

문제 171~182

171 예상문제

가연성액체 저장탱크 주변에서 화재가 발생하여 기상부의 탱크가 국부적으로 가열되면 그 부분의 강도가 약해져 탱크가 파열된다. 이때 내부의 액화가스가 급격히 유출 팽창되어 화구(fire ball)를 형성하여 폭발하는 형태를 영문 약자로 쓰시오.

해답 BLEVE

해설
① BLEVE(비등액체팽창 증기폭발) : Boiling Liquid Expanding Vapor Explosion
② 액화석유가스 충전사업소 및 도시가스 사업소에서 폭발사고가 발생하였을 때 사업자가 한국가스안전공사에 통보할 때에 포함되어야 할 사항(단, 속보로 통보할 때에는 ㉤, ㉥ 항목은 생략할 수 있다.) : 액법 시행규칙 별표 22, 도법 시행규칙 별표 17
  ㉠ 통보자의 소속, 직위, 성명 및 연락처
  ㉡ 사고 발생 일시
  ㉢ 사고 발생 장소
  ㉣ 사고 내용
  ㉤ 시설 현황
  ㉥ 피해 현황(인명과 재산)

172 예상문제

정전기는 점화원이 될 수 있으므로 제거하여야 한다. 제거방법(방지대책) 4가지를 쓰시오.

정전기 제거용 접지선

해답
① 대상물을 접지한다.
② 상대습도를 70% 이상 유지한다.
③ 공기를 이온화한다.
④ 절연체에 도전성을 갖게 한다.
⑤ 정전의, 정전화를 착용하여 대전을 방지한다.

해설 가연성가스 제조설비 등에서 발생하는 정전기를 제거하는 조치 기준 : KGS FP112
① 탑류, 저장탱크, 열교환기, 회전기계, 벤트스택 등은 단독으로 접지하여야 한다.
② 본딩용 접속선 및 접지접속선은 단면적 5.5mm² 이상의 것(단선은 제외)을 사용하고 경납붙임, 용접, 접속금구 등을 사용하여 확실히 접속하여야 한다.
③ 접지 저항치는 총합 100Ω(피뢰설비를 설치한 것은 총합 10Ω) 이하로 하여야 한다.

173 예상문제

방폭구조의 종류 6가지와 그 기호를 각각 쓰시오.

해답
① 내압 방폭구조 : d
② 압력 방폭구조 : p
③ 유입 방폭구조 : o
④ 안전증 방폭구조 : e
⑤ 본질안전 방폭구조 : ia, ib
⑥ 특수 방폭구조 : s

해설 방폭관리사와 방폭관리 감독자 : KGS GC103
① 방폭관리사(skilled personnel) : 다양한 종류의 방폭구조 관련 지식, 위험장소 구분 관련 지식, KGS code 기준 및 국가 법령의 요구 조건 관련 지식과 방폭전기기기 설치 실무 관련 지식을 보유한 자를 말한다.
② 방폭관리 감독(technical person with executive function)자 : 방폭 분야에 관한 충분한 지식, 현장 조건에 관한 정통한 지식 및 전기기기 설치에 관한 정통한 지식을 보유하고 폭발 위험장소 내 전기기기 점검 관리에 관한 총괄적 책임자 지위에서 방폭관리사를 관리하는 사람을 말한다.

174 예상문제

다음 그림은 탱크 내부의 폭발 모습으로 [보기]와 함께 설명하는 방폭구조의 명칭과 기호를 각각 쓰시오.

| 보기 |
내부에서 폭발성가스의 폭발이 일어날 경우에 용기가 폭발압력에 견디고, 외부의 폭발성 분위기에 불꽃의 전파를 방지하도록 한 구조이다. 또 폭발한 고열가스가 용기의 틈으로부터 누설되어도 틈의 냉각효과로 외부의 폭발성가스에 착화될 우려가 없도록 만들어진 구조이다.

해답
① 명칭 : 내압(內壓) 방폭구조
② 기호 : d

175 예상문제

[보기]와 그림에서 설명하는 방폭구조의 명칭과 기호를 각각 쓰시오.

| 보기 |
용기 내부에 보호가스(신선한 공기 또는 불활성 가스)를 압입하여 내부 압력을 유지함으로써 가연성가스가 용기 내부로 유입되지 않도록 한 구조이다.

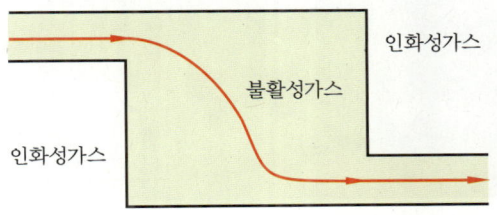

해답 ① 명칭 : 압력 방폭구조
② 기호 : p

176 예상문제

[보기]에서 설명하는 방폭구조의 명칭과 기호를 각각 쓰시오.

| 보기 |
용기 내부에 절연유를 주입하여 불꽃, 아크 또는 고온발생 부분이 기름 속에 잠기게 함으로써 기름면 위에 존재하는 가연성가스에 인화되지 아니하도록 한 구조로 탄광에서 처음으로 사용하였다.

절연유

해답 ① 명칭 : 유입 방폭구조
② 기호 : o

177 예상문제

방폭전기기기 결합부의 나사류를 외부에서 쉽게 조작함으로써 방폭성능을 손상시킬 우려가 있는 것은 드라이버, 스패너, 플라이어 등의 일반공구로 조작할 수 없도록 한 구조의 명칭은 무엇인가?

해답 자물쇠식 죄임구조

해설 위험장소에 따른 등기구 방폭구조

구분		1종 장소	2종 장소	
		내압	내압	안전증
백열전등	정착등	○	○	○
	이동등	△	○	
형광등		○	○	○
고압 수은등		○	○	○
전지내장제 전등		○	○	
표시등류		○	○	○

[비고] "○"표시는 적합한 것, "△"표시는 사용해도 지장은 없으나 가능하면 피하는 것이 좋은 것을 나타낸다.

178 예상문제

방폭전기기기 설치에 사용되는 정션박스(junction box), 풀박스(pull box), 접속함 등에 사용되는 방폭구조 명칭 2가지를 쓰시오.

해답 ① 내압 방폭구조
② 안전증 방폭구조

해설 방폭전기기기의 선정 및 설치 : KGS GC201
① 0종 장소에는 원칙적으로 본질안전 방폭구조의 것을 사용한다.
② 방폭전기기기 설비의 부속품은 내압 방폭구조 또는 안전증 방폭구조의 것으로 한다.
③ 내압 방폭구조의 방폭전기기기 본체에 있는 전선 인입구에는 가스의 침입을 확실하게 방지할 수 있는 조치를 하고, 그 밖의 방폭구조의 방폭전기기기의 본체에 있는 전선 인입구에는 전선관로 등을 통해 분진 등의 고형이물이나 물의 침입을 방지할 수 있는 조치를 한다.

179 예상문제

방폭전기기기에 표시된 내용에 대하여 설명하시오.

(1) Ex : (2) d : (3) ⅡB :

해답
(1) 방폭구조
(2) 내압 방폭구조
(3) 내압 방폭전기기기의 폭발등급(최대 안전틈새 범위 0.5mm 초과 0.9mm 미만)

해설 가연성가스의 폭발등급과 발화도(위험등급)
① 내압 방폭구조의 폭발등급 분류

최대 안전틈새 범위 (mm)	0.9 이상	0.5 초과 0.9 미만	0.5 이하
가연성가스의 폭발등급	A	B	C
방폭전기기기의 폭발등급	ⅡA	ⅡB	ⅡC

[비고] 최대 안전틈새는 내용적이 8L이고 틈새 깊이가 25mm인 표준용기 내에서 가스가 폭발할 때 발생한 화염이 용기 밖으로 전파하여 가연성가스에 점화되지 아니하는 최댓값

② 본질안전 방폭구조의 폭발등급 분류

최소 점화전류비의 범위(mm)	0.8 초과	0.45 이상 0.8 이하	0.45 미만
가연성가스의 폭발등급	A	B	C
방폭전기기기의 폭발등급	ⅡA	ⅡB	ⅡC

[비고] 최소 점화전류비는 메탄가스의 최소 점화전류를 기준으로 나타낸다.

180 예상문제

방폭전기기기 명판에 표시된 "T6"에 대하여 설명하시오.

해답 방폭전기기기의 온도등급(85℃ 초과 100℃ 이하)

해설 ① 가연성가스의 발화도 범위에 따른 방폭 전기기기의 온도등급

가연성가스의 발화도(℃) 범위	방폭전기기기의 온도등급
450℃ 초과	T1
300℃ 초과 450℃ 이하	T2
200℃ 초과 300℃ 이하	T3
135℃ 초과 200℃ 이하	T4
100℃ 초과 135℃ 이하	T5
85℃ 초과 100℃ 이하	T6

② 한국가스안전공사 부설 가스교육원 교재에 수록된 발화도 범위와 온도등급이 다르게 수록되어 있는데 교육원 교재가 KGS code 규정과 다르게 수록된 경우입니다.

181 예상문제

고압가스 설비에서 이상상태가 발생하는 경우 그 설비 내의 내용물을 설비 밖으로 긴급하고 안전하게 이송하는 설비이다.

(1) 설비 명칭을 쓰시오.
(2) 설비 높이를 가연성가스와 독성가스일 때 착지농도 기준으로 각각 설명하시오.
(3) 설비에서 가스 방출 시 작동압력에서 대기압까지의 방출 소요시간은 방출 시작으로부터 몇 분 이내로 하는가?

해답 (1) 벤트스택(vent stack)
(2) ① 가연성가스 : 폭발하한계값 미만
② 독성가스 : TLV-TWA 기준농도값 미만
(3) 60분

해설 ① 벤트스택 지름 : 150m/s 이상 되도록
② 방출구 위치 : 작업원이 정상작업을 하는 장소 및 통행하는 장소로부터
㉮ 긴급용 벤트스택 : 10m 이상
㉯ 그 밖의 벤트스택 : 5m 이상

182 예상문제

고압가스 설비에서 이상상태가 발생하는 경우 그 설비 내의 내용물을 설비 밖으로 긴급하고 안전하게 이송하여 연소에 의하여 처리하는 설비이다.

(1) 설비 명칭을 쓰시오.
(2) 설비 높이 및 위치는 지표면에 미치는 복사열 (kcal/m^2·h)을 얼마로 제한하는가?
(3) 역화 및 공기와 혼합폭발을 방지하기 위한 시설 또는 방법 4가지를 쓰시오.

해답 (1) 플레어스택(flare stack)
(2) 4000kcal/m^2·h 이하
(3) ① liquid seal의 설치
② flame arrester의 설치
③ vapor seal의 설치
④ purge gas(N$_2$, off gas 등)의 지속적인 주입
⑤ molecular seal의 설치

PART 4

가스산업기사실기

동영상 실전 모의고사

- ◆ 한국산업인력공단에서 시행하는 국가기술자격시험 실기문제는 공개되지 않습니다. 본 책의 모의고사는 저자의 오랜 경험으로 만들어진 문제임을 밝혀둡니다.
- ◆ 본 교재에 수록된 문제·사진·풀이·해답 등을 복제 또는 개인 파일화하여 인터넷, 유튜브, 개인 블로그 등에 올리는 행위는 저작권을 침해하는 것이기 때문에 민·형사상의 불이익을 당할 수 있습니다.
- ◆ 저작권법 제97조의 5(권리의 침해죄)에 따라 위반자는 5년 이하의 징역 또는 5천만 원 이하의 벌금에 처하거나 이를 병과할 수 있습니다.

2015년 가스산업기사 동영상 실전 모의고사

제1회 동영상 모의고사

01 도로 폭이 6m인 곳에 도시가스 배관을 매설할 때의 물음에 답하시오.

(1) 매설깊이는 얼마인가?
(2) 최고사용압력이 저압인 배관을 횡으로 분기하여 수요가에게 직접 연결할 때 매설깊이는 얼마인가?

[해답] (1) 1m 이상
 (2) 0.8m 이상

[해설] 매설깊이 기준 : KGS FS551
① 공동주택 등의 부지 내 : 0.6m 이상
② 폭 8m 이상의 도로 : 1.2m 이상
③ 폭 4m 이상 8m 미만의 도로 : 1m 이상
④ ① 내지 ③에 해당하지 않는 곳 : 0.8m 이상

※ 도로 폭이 6m이므로 매설깊이는 1m 이상이 되어야 하지만, '도로에 매설된 최고사용압력이 저압인 배관에서 횡으로 분기하여 수요가에게 직접 연결되는 배관은 0.8m 이상'으로 할 수 있다. (자세한 사항은 **동영상 예상문제 69번 해설**을 참고하길 바랍니다.)

02 도시가스(LNG) 지하 정압기실에 설치된 강제 통풍장치에 대한 물음에 답하시오.

(1) 배기구 관지름은 몇 mm 이상인가?
(2) 방출구는 지면에서 몇 m 이상의 높이에 설치해야 하는가?

[해답] (1) 100mm 이상
 (2) 3m 이상

[해설] ① 배기가스 방출구 높이는 지면에서 5m 이상이지만 공기보다 가벼운 LNG이기 때문에 답안이 3m 이상이 되는 것입니다.
② '배기가스 방출구 높이'와 '정압기 안전밸브 방출관 높이'를 구별하기 바랍니다.

03 도로 및 공동주택 등의 부지 안 도로에 도시가스 배관을 매설하는 경우에 매설 표시를 하는 것의 명칭을 쓰시오.

해답 라인마크

04 지시하는 것은 정전기를 제거하기 위한 접지선이다. 정전기를 제외한 점화원의 종류 4가지를 쓰시오.

해답 ① 전기불꽃
② 단열압축
③ 충격 및 마찰열
④ 복사열

05 보여주는 장미는 LNG(비점 −162℃)에 넣었다 빼낸 것으로 꽃잎이 쉽게 부스러진다. 100% CH_4를 Cl_2와 반응시키면 HCl과 냉매로 사용되는 물질이 생성되는데 이 물질의 명칭은 무엇인가?

해답 염화메틸(CH_3Cl) (또는 염화메탄)

06 용기 부속품에 각인된 기호에 대하여 설명하시오.

(1) W :   (2) TP :

해답 (1) 질량(kg)
(2) 내압시험압력(MPa)

07 다기능 가스안전계량기의 작동 성능 4가지를 쓰시오. (단, 유량계량 성능은 제외한다.)

해답 ① 유량차단 성능
② 미소사용유량등록 성능
③ 미소누출검지 성능
④ 압력저하차단 성능

08 LPG 충전사업소에서 폭발사고가 발생하였을 때 사업자가 한국가스안전공사에 제출하여야 하는 사고보고서에 기술하여야 할 내용은 무엇인가?

해답 ① 통보자의 소속, 직위, 성명 및 연락처
② 사고 발생 일시
③ 사고 발생 장소
④ 사고 내용
⑤ 시설 현황
⑥ 피해 현황(인명 및 재산)

 09 그림은 탱크 내부의 폭발 모습으로 그림과 함께 설명하는 방폭구조의 명칭을 쓰시오.

내부에서 폭발성가스의 폭발이 일어날 경우 용기가 폭발압력에 견디고, 외부의 폭발성 분위기에 불꽃의 전파를 방지하도록 한 구조이다. 또 폭발한 고열가스가 용기의 틈으로부터 누설되어도 틈의 냉각효과로 외부의 폭발성가스에 착화될 우려가 없도록 만들어진 구조이다.

해답 내압방폭구조

10 LPG 시설에 설치된 설비에 대한 물음에 답하시오.
(1) 지시하는 것의 명칭을 쓰시오.
(2) 이 설비를 설치하는 이유를 설명하시오.

해답 (1) 스프링식 안전밸브
(2) 내부 압력이 이상 상승하였을 때 압력을 외부로 배출시켜 파열사고 등을 방지한다.

제2회 동영상 모의고사

01 충전용기에 각인된 "TW"에 대하여 설명하시오.

해답: 아세틸렌 용기 질량에 다공물질, 용제 및 밸브의 질량을 합한 질량(kg)

02 가스용 폴리에틸렌관(PE배관)을 지하에 매설할 때 사용하는 이 설비의 명칭을 쓰시오.

해답: 가스용 PE밸브

03 도시가스 매설배관의 누설검사 차량에 탑재하여 누설검사에 사용되는 장비로 우리나라 대부분의 도시가스 공급회사에서 사용하고 있는 장비의 명칭을 쓰시오.

해답: 수소불꽃이온화 검출기(또는 수소염이온화 검출기, FID)

04 LNG 저장탱크에서 저장능력이 (①)톤 이상일 때 (②)을[를] 설치한다. ( ) 안에 알맞은 내용을 쓰시오.

해답: ① 500
② 방류둑

05 LPG 충전사업소에서 지하에 설치된 저장탱크 저장능력이 30톤일 경우 사업소 경계와의 거리는 얼마인가?

해답 21m 이상

해설 저장설비 안전거리 유지기준(KGS FP331, FP332) : 사업소 경계까지 다음 거리 이상을 유지(단, 저장설비를 지하에 설치하거나 지하에 설치된 저장설비 안에 액중펌프를 설치는 경우에는 사업소 경계와의 거리에 0.7을 곱한 거리)

저장능력	유지거리
10톤 이하	24m
10톤 초과 20톤 이하	27m
20톤 초과 30톤 이하	30m
30톤 초과 40톤 이하	33m
40톤 초과 200톤 이하	36m
200톤 초과	39m

06 25층 아파트에 설치된 입상관에 대한 물음에 답하시오.

(1) 입상관에 설치하는 신축이음은 최소 몇 개 설치하여야 하는가?
(2) 각 세대에 분기되어 벽체를 관통하는 부분의 보호관은 분기관 바깥지름의 몇 배인가? (동영상에서 분기관의 굴곡부가 2개소인 것을 보여 줌)

(1)

(2)

해답 (1) 2개
(2) 1.5배 이상

해설 ① 입상관의 곡관 수 : KGS FS551
㉮ 10층 이하 : 무
㉯ 11층 이상 20층 이하 : 1개 이상
㉰ 21층 이상 : 11층 이상 20층 이하 수에 10층마다 1개 이상의 수
② 보호관 규격(안지름) : 분기관 바깥지름의 1.2배 이상(단, 2회 이상의 굴곡이 있는 경우 1.5배 이상)

07 도시가스 중압배관을 매설 시공하는 것이다. 용접부에 대한 비파괴검사 중 외관검사를 제외한 종류 3가지를 쓰시오.

해답 ① 방사선투과검사
② 초음파탐상검사
③ 자분탐상검사
④ 침투탐상검사

08 밀폐식 보일러를 사람이 거처하는 곳에 부득이 설치할 때 바닥면적이 5m²이면 통풍구 면적은 최소 몇 cm²인가?

풀이 통풍구 면적은 바닥면적 1m² 당 300cm² 이상이므로 5×300=1500cm²가 된다.
해답 1500cm²

09 LPG 자동차용기 충전기(dispenser)에 대한 물음에 답하시오.
(1) 충전호스 길이는 얼마인가?
(2) 충전호스에 과도한 인장력이 작용하였을 때 분리되는 안전장치의 명칭은 무엇인가?

해답 (1) 5m 이내
(2) 세이프티 커플링(safety coupling)

10 그림은 탱크 내부의 폭발모습으로 [보기]에서 설명하는 방폭구조의 명칭과 기호를 쓰시오.

| 보기 |

방폭전기기기의 용기 내부에서 가연성가스의 폭발이 발생할 경우 그 용기가 폭발압력에 견디고 접합면, 개구부 등을 통하여 외부의 가연성가스에 인화되지 아니하도록 한 구조

해답 ① 명칭 : 내압(耐壓)방폭구조
② 기호 : d

제4회 동영상 모의고사

01 대기압 상태에서 LNG의 주성분인 CH_4의 비점과 분자량(g/mol)은 각각 얼마인가?

해답 ① 비점 : $-161.5℃$
② 분자량 : 16

02 가연성가스 또는 독성가스 설비에서 이상 상태가 발생하는 경우 그 설비 내의 내용물을 설비 밖으로 긴급하고 안전하게 이송하는 설비의 명칭을 쓰시오.

해답 벤트스택(vent stack)

03 LPG 자동차용기 충전소에 설치된 저장탱크 주변에서 화재가 발생하여 기상부의 탱크가 국부적으로 가열되면 그 부분의 강도가 약해져 탱크가 파열된다. 이때 내부의 액화가스가 급격히 유출 팽창되어 화구(fire ball)를 형성하여 폭발하는 형태를 영문 약자로 쓰시오.

해답 BLEVE
해설 BLEVE(Boiling Liquid Expanding Vapor Explosion) : 비등액체팽창 증기폭발

04 가스용 폴리에틸렌관을 맞대기 융착이음할 때 최소 관지름은 몇 mm인가?

해답 공칭외경 90

05 다음과 같이 금속재료에 대하여 실시하는 시험 명칭과 목적을 쓰시오. [제시되는 동영상에서 금속재료 시험편에 충격적인 힘을 작용시켜 파괴되는 시험과정을 보여 주고 있음]

해답 ① 명칭 : 충격시험
② 목적 : 금속재료의 인성과 취성을 확인

해설 인성과 취성
① 인성(靭性) : 재료가 외력에 의해 파괴되기 어려운 질기고, 강한 충격에 잘 견디는 성질이다.
② 취성(脆性) : 재료가 외력에 의하여 영구 변형을 하지 않고 파괴되는 성질로 메짐이라 한다.

06 건축물 내부에 호칭지름 20mm 도시가스 배관을 300m 설치할 때 배관 고정장치는 몇 개를 설치하여야 하는가?

풀이 호칭지름 20mm 배관의 고정장치 설치간격은 2m이다.

∴ 고정장치 수 = $\dfrac{배관길이}{설치간격}$ = $\dfrac{300}{2}$ = 150개

해답 150개

07 공업용 용기에 충전하는 가스 명칭을 쓰시오.

(1)   (2)

(3)   (4)

해답 (1) 아세틸렌(C_2H_2)
(2) 산소(O_2)
(3) 이산화탄소(CO_2)
(4) 수소(H_2)

해설 각 가스의 분자기호는 작성하지 않아도 무방하지만, 문제에 따라 분자기호로 묻는 경우도 있으니 분자기호도 함께 기억하길 바랍니다.

08 LPG 자동차용기 충전기(dispenser)에 대한 물음에 답하시오.

(1) 충전호스 끝부분에 설치되는 장치는 무엇인가?
(2) 충전호스에 과도한 인장력이 작용하였을 때 분리되는 안전장치의 명칭은 무엇인가?

해답 (1) 정전기 제거장치
(2) 세이프티 커플링(safety coupling)

09 LPG를 이입, 충전할 때 사용하는 압축기에서 정전기를 제거하기 위한 것으로 지시하는 것의 방법을 쓰시오.

해답 대상물을 접지한다.

10 LNG를 도시가스로 공급하는 정압기실에서 지시하는 안전밸브 방출관에 대한 물음에 답하시오.

(1) 방출관 높이는 지면에서 얼마인가?
(2) 방출관이 전기시설물과의 접촉 등으로 인한 사고의 우려가 있는 장소일 때 높이는 지면에서 얼마인가?

해답 (1) 5 m 이상
(2) 3 m 이상

2016년 가스산업기사 동영상 실전 모의고사

제1회 동영상 모의고사

01 도시가스용 가스보일러를 배기방식에 따른 명칭을 쓰시오.

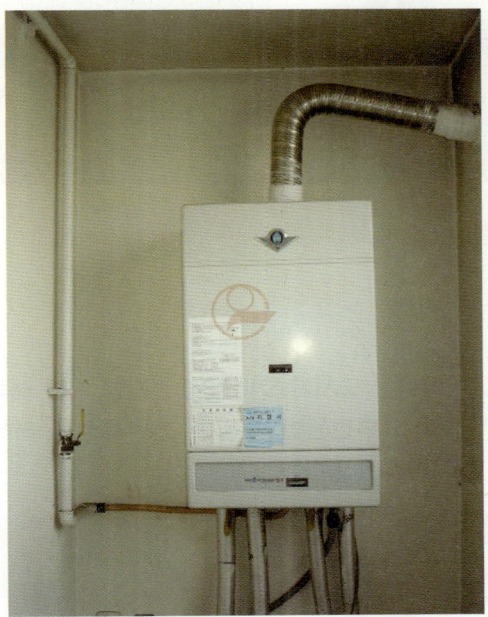

해답 단독 · 반밀폐식 · 강제배기식

02 도시가스 사용시설에서 사용되는 가스용품의 명칭을 각각 쓰시오.

(1)   (2)

해답 (1) 퓨즈콕 (2) 상자콕

03 원심펌프에서 발생할 수 있는 이상 현상 4가지를 쓰시오.

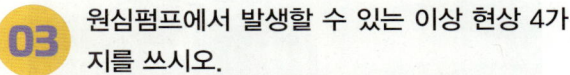

해답 ① 캐비테이션 현상
② 서징현상
③ 수격작용
④ 베이퍼로크 현상

04 맞대기 융착이음을 하는 가스용 폴리에틸렌관의 두께가 20 mm일 때 비드 폭의 최소(B_{min})와 최대치(B_{max})를 각각 계산하시오.

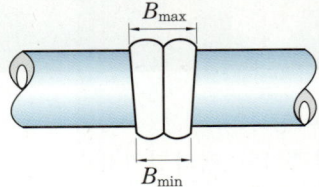

풀이 ① $B_{min} = 3 + 0.5t = 3 + 0.5 \times 20 = 13\,mm$
② $B_{max} = 5 + 0.75t = 5 + 0.75 \times 20 = 20\,mm$

해답 ① 최소치 : 13 mm
② 최대치 : 20 mm

05 LPG 탱크로리 정차 위치에 설치된 냉각살수장치이다. 저장탱크 표면적 $1m^2$ 당 물분무능력은 얼마인가?

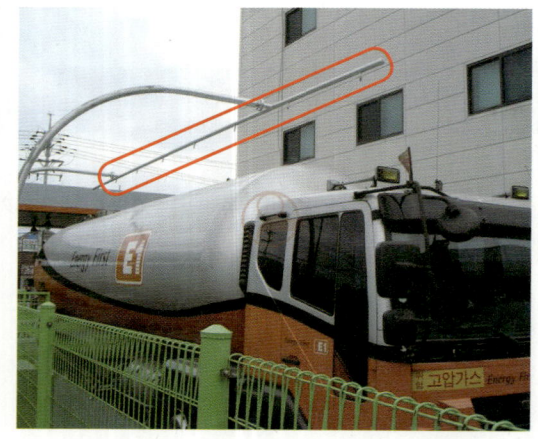

해답 5 L/min 이상

06 도시가스 도매사업의 1일 처리능력이 25만 m^3인 압축기와 액화천연가스(LNG) 저장탱크 외면과 유지하여야 하는 거리는 얼마인가?

해답 30 m 이상

해설 ① 압축기와 액화천연가스(LNG) 저장탱크 외면과 유지하여야 하는 거리는 계산에 의하여 산출되는 것이 아니며, 규정에 정해진 거리입니다.
② 설비 사이의 거리 기준은 동영상 예상문제 50번 해설을 참고하기 바랍니다.

07 메탄과 같은 유기화합물을 분석하는 검출기로 불꽃이온화검출기(FID)라 불리며, 이것은 특정 가스와의 반응을 이용한 것으로 이 가스는 무엇인가?

해답 수소(H_2)

08 매설된 도시가스 배관의 전기방식 중 배류법 및 외부전원법의 경우 전위측정용 터미널(TB) 설치간격은 얼마인가?

해답 ① 배류법 : 300 m 이내
② 외부전원법 : 500 m 이내

09 방폭전기기기에 표시된 내용에 대하여 설명하시오.

(1) Ex :
(2) p :
(3) Ⅱ :
(4) T6 :

해답 (1) 방폭구조
(2) 압력방폭구조
(3) 방폭전기기기(기기 분류)
(4) 방폭전기기기의 온도 등급(가연성가스의 발화도(℃) 범위 : 85℃ 초과 100℃ 이하)

10 액화천연가스(LNG)의 비점은 몇 ℃인가?
[LNG를 이용한 실험장면 동영상에서 2중 진공보온병에 담긴 LNG에 디지털 온도계로 온도를 측정하며 온도계에 "-161"이라는 숫자가 표시되는 것을 보여주고 있음]

해답 -161.5℃ (또는 -161℃)

제2회 동영상 모의고사

01 자석의 S극과 N극을 이용하여 검사하는 비파괴검사의 명칭은 무엇인가?

해답 자분탐상검사(MT)

02 LPG 저장소에서 통풍구 크기(면적)는 바닥면적의 몇 % 이상을 확보하여야 하는가?

풀이 통풍구 크기는 바닥면적 $1\,m^2$당 $300\,cm^2$ 이상이고, $1\,m^2 = 10000\,cm^2$이다.

∴ 면적비 = $\dfrac{\text{통풍구 면적}}{\text{바닥면적}} \times 100$

= $\dfrac{300}{10000} \times 100 = 3\%$

해답 3%

03 공업용 용기에 충전하는 가스 명칭을 쓰시오.

(1)   (2)

(3)   (4)

해답 (1) 아세틸렌(C_2H_2)
     (2) 산소(O_2)
     (3) 이산화탄소(CO_2)
     (4) 수소(H_2)

04 보여주는 장미는 LNG(비점 −162℃)에 넣었다 빼낸 것으로 꽃잎이 쉽게 부스러진다. 100% CH_4를 Cl_2와 반응시키면 HCl과 냉매로 사용되는 물질이 생성되는데 이 물질의 명칭은 무엇인가?

해답 염화메틸(CH_3Cl) (또는 염화메탄)

05 공정에 존재하는 위험요소들과 공정의 효율을 떨어뜨릴 수 있는 운전상의 문제점을 찾아내어 그 원인을 제거하는 위험성 평가기법의 명칭을 쓰시오.

해답 위험과 운전 분석(HAZOP) 기법

06 횡으로 설치된 도시가스 배관의 호칭지름이 100A 일 때 고정장치 설치거리(지지간격)는 얼마인가?

해답 8m

해설 교량 및 횡으로 설치하는 가스배관의 호칭지름별 최대지지간격 : KGS FS551

호칭지름	지지간격	호칭지름	지지간격
100A	8m	400A	19m
150A	10m	500A	22m
200A	12m	600A	25m
300A	16m		

07 산소 충전용기 밸브의 안전밸브 형식(명칭)을 쓰시오.

해답 파열판식 안전밸브

08 액화가스가 저장된 저장시설에 설치되는 방류둑 성토의 기울기는 수평에 대하여 (　)도 이하로 하며, 성토 윗부분의 폭은 30cm 이상으로 한다. (　) 안에 알맞은 내용을 넣으시오.

해답 45

09 지상에 설치된 LPG 저장탱크 최대지름이 각각 30m와 34m일 때 저장탱크 상호간 유지하여야 할 안전거리는 몇 m인가? (단, 물분무장치가 설치되지 않은 경우이다.)

풀이 $L = \dfrac{D_1 + D_2}{4} = \dfrac{30 + 34}{4} = 16\,\text{m}$

해답 16m 이상

해설 지상 저장탱크간 거리(KGS FP331) : 두 저장탱크의 최대지름을 합산한 길이의 4분의 1 이상에 해당하는 거리(두 저장탱크의 최대지름을 합산한 길이의 4분의 1이 1m 미만인 경우에는 1m 이상의 거리)를 유지한다. 거리를 유지하지 못하는 경우에는 물분무장치를 설치한다.

10 방폭전기기기에 표시된 내용에 대하여 설명하시오.

(1) Ex :
(2) d :
(3) ⅡB :
(4) T4 :

해답 (1) 방폭구조
(2) 내압방폭구조
(3) 내압 방폭전기기기의 폭발등급(최대안전틈새 범위 0.5mm 초과 0.9mm 미만)
(4) 방폭전기기기의 온도등급(가연성가스의 발화도(℃) 범위 : 135℃ 초과 200℃ 이하)

해설 해답 (3)번과 (4)번의 숫자가 틀리면 오답으로 채점될 수 있으니, 괄호 안의 내용이 정확하다고 판단될 경우에 선택해서 답안을 작성하길 바랍니다.

제4회 동영상 모의고사

01 호칭지름 30mm 배관의 길이가 500m이고, 150mm 배관의 길이가 3000m인 도시가스 배관을 설치할 때 고정장치는 몇 개를 설치하여야 하는가?

풀이 ① 호칭지름 30mm 배관 고정장치는 2m 간격으로 설치한다.

∴ 고정장치 수 = $\dfrac{배관길이}{설치간격} = \dfrac{500}{2} = 250$개

② 호칭지름 150mm 배관 고정장치는 10m 간격으로 설치한다.

∴ 고정장치 수 = $\dfrac{배관길이}{설치간격} = \dfrac{3000}{10} = 300$개

③ 합계 = 250+300 = 550개

해답 550개

해설 호칭지름 100A 이상의 고정장치 최대지지간격 : KGS FS551

호칭지름	지지간격
100A	8m
150A	10m
200A	12m
300A	16m
400A	19m
500A	22m
600A	25m

02 도시가스 배관을 지하에 매설할 때에 대한 물음에 답하시오.

(1) 도시가스 배관과 상수도관 등 다른 시설물과 이격거리는 얼마인가?
(2) 도시가스 배관 매설 시 보호판을 설치하는 이유 2가지를 쓰시오.

(1)

(2)

해답 (1) 0.3m 이상
(2) ① 배관 외면과 타 시설물과 0.3m 이상의 간격을 유지하지 못하는 경우
② 매설 깊이를 확보할 수 없는 경우
③ 도로 밑에 최고사용압력이 중압 이상인 배관을 매설하는 경우

해설 보호판을 설치하는 경우 기준은 사업자별로 규정이 각각 되어 있으므로 동영상 예상문제 70번 해설을 참고하길 바랍니다.

03 지시하는 것은 LPG 이송에 사용하는 차량에 고정된 탱크(탱크로리)의 차량 운전석 외부에 설치된 것으로 명칭과 역할을 쓰시오. [동영상에서 차량 외부에 안테나와 같은 것이 설치된 것을 보여 주고 있음]

해답 ① 명칭 : 높이 측정 기구(또는 검지봉)
② 역할 : 차량에 고정된 탱크의 정상부 높이가 차량 정상부 높이보다 높을 경우 충돌사고를 방지하기 위하여 설치한다.

04 가스용 폴리에틸렌관의 열융착이음 종류 2가지를 쓰시오.

해답 ① 맞대기 융착이음
② 소켓 융착이음
③ 새들 융착이음

05 방폭전기기기 결합부의 나사류를 외부에서 쉽게 조작함으로써 방폭성능을 손상시킬 우려가 있는 것은 드라이버, 스패너, 플라이어 등의 일반공구로 조작할 수 없도록 한 구조의 명칭과 'ⅡB'에 대하여 설명하시오.

해답 ① 구조의 명칭 : 자물쇠식 죄임구조
② ⅡB : 방폭전기기기의 폭발등급

06 실내에 설치된 기화장치에 대한 물음에 답하시오.

(1) 액체 상태로 열교환기 밖으로 유출을 방지하는 장치의 명칭을 쓰시오.
(2) 액 유출 시 나타나는 현상 2가지를 쓰시오.

해답 (1) 액유출방지장치
(2) ① 인화, 폭발의 위험
② 산소 부족으로 인한 질식
③ 피부 노출 시 저온으로 인한 동상

07 공업용 용기에 충전하는 가스 명칭을 쓰시오.

(1)
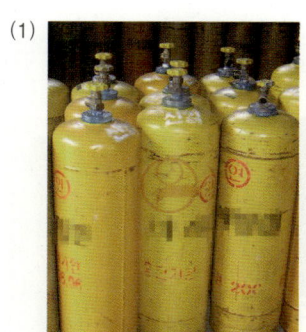

(2)

(3)

(4)

[해답] (1) 아세틸렌(C_2H_2)   (2) 산소(O_2)
      (3) 이산화탄소(CO_2)   (4) 수소(H_2)

08 지하에 설치되는 도시가스(LNG) 정압기 안전밸브 방출관 최소 높이는 지면에서 얼마인가? (단, 전기시설물과 접촉 우려가 없는 장소이다.)

[해답] 5 m

[해설] 정압기 안전밸브 방출관의 방출구는 주위에 불 등이 없는 안전한 위치로서 지면으로부터 5 m 이상의 높이에 설치한다. 다만, 전기시설물과의 접촉 등으로 사고의 우려가 있는 장소에서는 3 m 이상으로 할 수 있다.

[참고] ① 지시된 부분의 큰 배관이 정압기실 강제통풍장치의 배기구이고, 작은 배관이 정압기 안전밸브 방출관이다.
② 황색 배관 왼쪽 부분이 정압기실 강제통풍장치의 급기구이다.

09 정전기 제거방법(방지대책) 4가지를 쓰시오.

접지선

해답
① 대상물을 접지한다.
② 상대습도를 70% 이상 유지한다.
③ 공기를 이온화한다.
④ 절연체에 도전성을 갖게 한다.
⑤ 정전의, 정전화를 착용하여 대전을 방지한다.

10 LPG 시설에 설치된 설비에 대한 물음에 답하시오.

(1) 지시하는 것의 명칭을 쓰시오.
(2) 이 설비를 설치하는 이유를 설명하시오.

해답
(1) 스프링식 안전밸브
(2) 내부 압력이 이상 상승하였을 때 압력을 외부로 배출시켜 파열사고 등을 방지한다.

2017년 가스산업기사 동영상 실전 모의고사

제1회 동영상 모의고사

01 이음매 없는 용기의 신규검사 항목 중 재질(재료)검사 항목 3가지를 쓰시오.

해답 ① 인장시험 ② 충격시험 ③ 압궤시험

참고 이음매 없는 용기의 재검사 항목(KGS AC218)
: 외관검사, 음향검사, 내압검사

02 방폭전기기기의 방폭구조 종류 6가지를 쓰시오.

해답 ① 내압 방폭구조
② 압력 방폭구조
③ 유입 방폭구조
④ 안전증 방폭구조
⑤ 본질안전 방폭구조
⑥ 특수 방폭구조

03 가스용 폴리에틸렌관의 융착이음을 보고 물음에 답하시오.

(1) 융착이음의 종류 3가지를 쓰시오.
(2) 동영상에서 보여주는 융착이음의 명칭을 쓰시오.

해답 (1) ① 맞대기 융착이음
② 소켓 융착이음
③ 새들 융착이음
(2) 맞대기 융착이음

04 가스용 폴리에틸렌관(PE배관)을 소켓 융착 이음할 때 기준 4가지를 쓰시오.

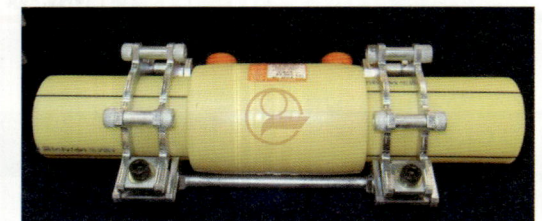

해답 ① 용융된 비드는 접합부 전면에 고르게 형성되고 관 내부로 밀려나오지 않도록 할 것
② 배관 및 이음관의 접합은 일직선을 유지할 것
③ 비드 높이는 이음관의 높이 이하일 것
④ 융착작업은 홀더(holder) 등을 사용하고 관의 용융 부위는 소켓 내부 경계턱까지 완전히 삽입되도록 할 것

05 LPG 충전사업소에서 폭발사고가 발생하였을 때 사업자가 한국가스안전공사에 제출하여야 하는 사고보고서 중 기술하여야 할 내용은 무엇인가?

해답 ① 통보자의 소속, 직위, 성명 및 연락처
② 사고 발생 일시
③ 사고 발생 장소
④ 사고 내용
⑤ 시설 현황
⑥ 피해 현황(인명 및 재산)

06 도시가스 매설배관의 누설검사 차량에 탑재하여 누설검사에 사용되는 장비로, 우리나라 대부분의 도시가스 공급회사에서 사용하고 있는 장비의 명칭을 쓰시오.

해답 수소불꽃이온화 검출기(또는 수소염이온화 검출기, FID)

07 대기압 상태에서 액화천연가스(LNG)의 비점과 분자량(g/mol)은 얼마인가? [LNG를 이용한 실험장면 동영상에서 2중 진공보온병에 담긴 LNG에 디지털 온도계로 온도를 측정하며 온도계에 "−161"이라는 숫자가 표시되는 것을 보여주고 있음]

해답 ① 비점 : −161.5℃ (또는 −161℃)
② 분자량 : 16

08 고정식 압축도시가스(CNG) 자동차 충전시설 내에 설치된 압축가스 설비의 밸브 및 배관 주위에 안전한 작업을 위하여 확보하는 공간은 얼마인가?

해답 1m 이상

09 직류전철 등에 의한 누출전류의 영향을 받지 않는 도시가스 매설배관에 부식을 방지하는 방법 2가지를 쓰시오.

해답 ① 희생양극법
② 외부전원법

10 LPG 자동차용기 충전소에 설치된 고정식 충전설비(dispenser)에서 지시하는 부분의 명칭을 쓰시오.

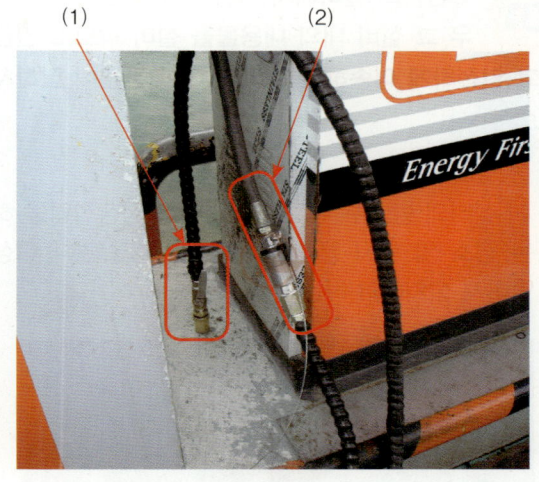

※ 동영상에서 보여주는 (1)번의 상세 사진

해답 (1) 가스주입기
(2) 세이프티 커플링(safety coupling)

제2회 동영상 모의고사

01 고압가스 설비에서 이상 상태가 발생하는 경우 그 설비 내의 내용물을 설비 밖으로 긴급하고 안전하게 이송하는 설비에 대한 물음에 답하시오.

(1) 이 설비의 명칭을 쓰시오.
(2) 이 설비의 방출구 위치는 작업원이 정상작업을 하는 장소 및 항시 통행하는 장소로부터 얼마 이상 떨어져 설치해야 하는가?

해답 (1) 벤트스택(vent stack)
(2) ① 긴급용 벤트스택 : 10m 이상
② 그 밖의 벤트스택 : 5m 이상

02 액화가스 저장탱크가 설치된 장소의 방류둑 단면으로 지시하는 것의 기능과 이것이 평상 시에 닫혀 있는지, 열려 있는지 쓰시오.

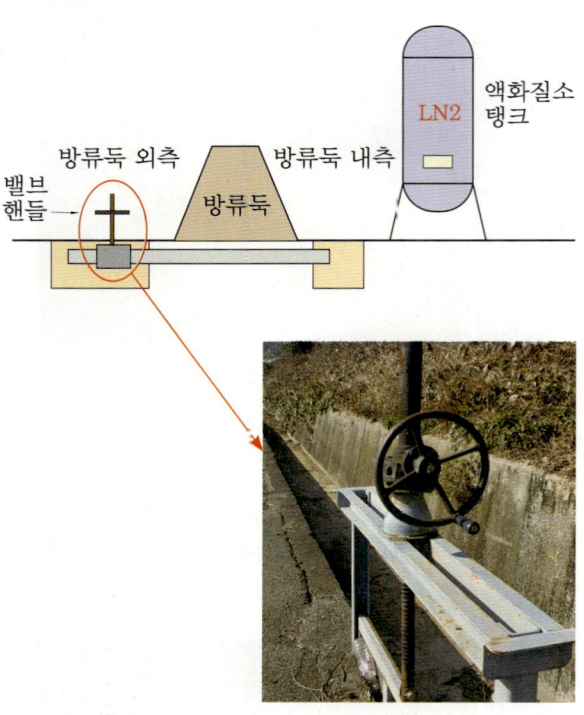

해답 ① 기능 : 방류둑 안에 고인 물을 외부로 배출할 수 있는 배수밸브이다.
② 평상 시 상태 : 닫혀 있어야 한다.

03 용기 내의 온도가 설정온도 이상이 되면 안전장치가 녹아 가스를 외부로 배출시키는 기능을 하는 것으로 염소, 아세틸렌 용기에 부착하는 안전밸브 종류를 쓰시오.

해답 가용전식

04 건축물 내부에 호칭지름 20mm 도시가스 배관을 200m 설치할 때 배관 고정장치는 몇 개를 설치하여야 하는가?

풀이 호칭지름 20mm 배관의 고정장치 설치간격은 2m이다.

∴ 고정장치 수 = $\dfrac{배관길이}{설치간격} = \dfrac{200}{2} = 100$개

해답 100개

05 공동주택에 압력조정기를 설치할 때 공급되는 도시가스의 압력이 중압 이상인 경우 공급세대 수는 얼마인가?

해답 150세대 미만

06 LPG용 차량에 고정된 탱크 정차 위치에 설치된 장치에 대한 물음에 답하시오.

(1) 지시하는 부분의 명칭을 쓰시오.
(2) 저장탱크 표면적 1m² 당 물분무능력은 얼마인가?

해답 (1) 냉각살수장치
     (2) 5L/min 이상

07 메탄과 같은 유기화합물을 검출하는 검출기로 불꽃이온화검출기(FID)라 불리며, 이것은 특정가스와의 반응을 이용한 것으로 이 가스는 무엇인가?

해답 수소(H_2)

08 도로 및 공동주택 등의 부지 안 도로에 도시가스 배관을 매설하는 경우에 매설 표시를 하는 것의 명칭을 쓰시오.

해답 라인마크

09 LPG를 이입·충전할 때 사용하는 압축기에서 정전기를 제거하기 위한 것으로 지시하는 것의 방법은 무엇인가?

해답 대상물을 접지한다.

10 그림은 탱크 내부의 폭발 모습이다. 그림과 함께 설명하는 방폭구조의 기호와 의미는 무엇인가?

> 내부에서 폭발성가스의 폭발이 일어날 경우 용기가 폭발압력에 견디고, 외부의 폭발성 분위기에 불꽃의 전파를 방지하도록 한 구조이다. 또 폭발한 고열가스가 용기의 틈으로부터 누설되어도 틈의 냉각효과로 외부의 폭발성가스에 착화될 우려가 없도록 만들어진 구조이다.

점화원

해답 ① 기호 : d
② 의미 : 내압방폭구조

제4회 동영상 모의고사

01 최고사용압력이 고압 또는 중압인 배관에서 (①)에 합격된 배관은 통과하는 가스를 시험가스로 사용할 때 가스 농도가 (②)% 이하에서 작동하는 가스검지기를 사용한다. ( ) 안에 알맞은 내용을 쓰시오.

해답 ① 방사선투과시험   ② 0.2

02 보여주는 장미는 LNG(비점 −162℃)에 넣었다 빼낸 것으로 꽃잎이 쉽게 부스러진다. 100% CH_4를 Cl_2와 반응시키면 HCl과 냉매로 사용되는 물질이 생성되는데 이 물질의 명칭은 무엇인가?

해답 염화메틸(CH_3Cl) (또는 염화메탄)

03 도시가스 정압기실에 대한 물음에 답하시오.

(1) 2년에 1회 이상 분해점검을 하는 것의 명칭을 쓰시오.
(2) 가스 공급 개시 후 매년 1회 이상 분해점검을 하는 것의 명칭을 쓰시오.

해답 (1) 정압기   (2) 정압기 필터

04 액화가스가 저장된 저장시설에 설치되는 방류둑 성토의 기울기는 수평에 대하여 ( )도 이하로 하며, 성토 윗부분의 폭은 30cm 이상으로 한다. ( ) 안에 알맞은 내용을 쓰시오.

해답 45

05 방폭구조로 된 방폭등으로서 방폭전기기기 결합부의 나사류를 외부에서 쉽게 조작함으로써 방폭 성능을 손상시킬 우려가 있는 것을 드라이버, 스패너, 플라이어 등의 일반공구로 조작할 수 없도록 한 구조 명칭은 무엇인가?

[해답] 자물쇠식 죄임구조

06 고압가스 설비에 설치된 압력계는 (①)의 (②)배 이상, (③)배 이하의 최고눈금이 있는 것이어야 하며, 사업소에는 국가표준기본법에 의한 제품인증을 받은 압력계를 2개 이상 비치하여야 한다. ( ) 안에 알맞은 내용을 넣으시오.

[해답] ① 상용압력 ② 1.5 ③ 2

[해설] 압력계 설치(KGS FP112) : 고압가스 설비에 설치하는 압력계는 상용압력의 1.5배 이상 2배 이하의 최고눈금이 있는 것으로 하고, 압축·액화 그밖의 방법으로 처리할 수 있는 가스의 용적이 1일 100m^3 이상인 사업소에는 '국가표준기본법'에 의한 제품인증을 받은 압력계를 2개 이상 비치한다.

07 단독·반밀폐식·강제배기식 가스보일러 설치방법에 대한 물음에 답하시오.

(1) 방열판이 설치되지 않은 터미널의 상·하·주위 얼마 이내에는 가연성 구조물이 없어야 하는가?
(2) 터미널 개구부로부터 얼마 이내에는 배기가스가 실내로 유입할 우려가 있는 개구부가 없어야 하는가?

[해답] (1) 60cm 이내
 (2) 60cm 이내

[해설] 용어의 정의 : KGS GC208
① 단독·반밀폐식·강제배기식 : 하나의 가스보일러를 사용하는 배기시스템으로써 연소용 공기는 가스보일러가 설치된 실내에서 급기하고, 배기가스는 실외로 배기하며(연돌을 통하여 배기하는 것 포함), 송풍기를 사용하여 강제적으로 배기하는 시스템을 말한다.
② 터미널(terminal) : 배기가스를 건축물 바깥 공기 중으로 배출하기 위하여 배기시스템 말단에 설치하는 부속품(배기통과 터미널이 일체형인 경우에는 배기가스가 배출되는 말단부분)을 말한다.

08 도시가스를 사용하는 연소기에서 황염(yellow tip)이 발생하는 이유 2가지를 쓰시오. [동영상에서 공기조절기를 조절하면서 불꽃색깔이 황색으로 변하는 것을 보여 주고 있음]

해답 ① 연소반응이 충분한 속도로 진행되지 않을 때
② 1차 공기량 부족으로 불완전연소가 되는 경우
③ 불꽃이 저온의 물체에 접촉하였을 때

09 방폭전기기기에 대한 [보기]의 설명과 제시되는 그림을 보고 방폭구조의 명칭과 기호를 각각 쓰시오.

| 보기 |
용기 내부에 보호가스(신선한 공기 또는 불활성가스)를 압입하여 내부 압력을 유지함으로써 가연성가스가 용기 내부로 유입되지 않도록 한 구조이다.

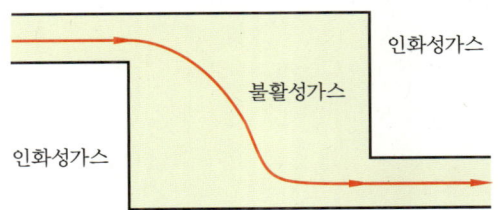

해답 ① 명칭 : 압력방폭구조
② 기호 : p

10 공업용 용기에 충전하는 가스 명칭을 쓰시오.

(1)    (2)

(3)    (4)

해답 (1) 아세틸렌(C_2H_2)
(2) 산소(O_2)
(3) 이산화탄소(CO_2)
(4) 수소(H_2)

2018년 가스산업기사 동영상 실전 모의고사

제1회 동영상 모의고사

01 방폭전기기기 명판에 표시된 사항을 설명하시오.

(1) Ex :
(2) p :
(3) T6 :

해답
(1) 방폭구조
(2) 압력 방폭구조
(3) 방폭전기기기의 온도 등급(가연성가스의 발화도(℃) 범위 : 85℃ 초과 100℃ 이하)

02 가스도매사업의 1일 처리능력이 25만 m³인 압축기와 액화천연가스(LNG) 저장탱크 외면과 유지하여야 하는 최소 거리는 얼마인가?

해답 30 m

해설 ① 압축기와 액화천연가스(LNG) 저장탱크 외면과 유지하여야 하는 거리는 계산에 의하여 산출되는 것이 아니며, 규정에 정해진 거리입니다.
② 설비 사이의 거리 기준은 동영상 예상문제 50번 해설을 참고하기 바랍니다.

03 조리개 전후에 연결된 액주계의 압력차를 이용하여 유량을 측정하는 차압식 유량계는 (　) 원리를 응용한 것이다. (　) 안에 알맞은 내용을 쓰시오.

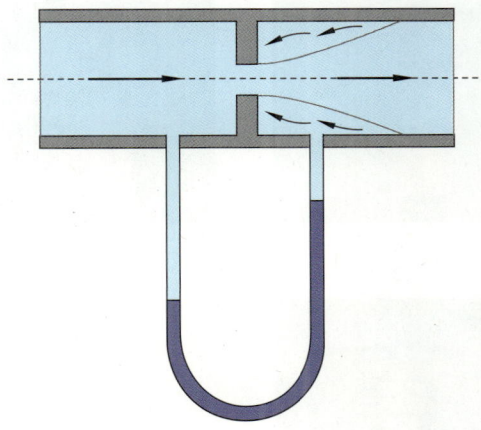

해답 베르누이 방정식(또는 베르누이 정리)

04 용기부속품(충전용기 밸브)에 각인된 기호에 대하여 설명하시오.

(1) W :
(2) TP :

해답 (1) 질량(kg)
(2) 내압시험압력(MPa)

05 호칭지름 30 mm 배관의 길이가 500 m이고, 150 mm 배관의 길이가 3000 m인 도시가스 배관을 설치할 때 고정장치는 몇 개를 설치하여야 하는가?

풀이 ① 호칭지름 30 mm 배관 고정장치는 2 m 간격으로 설치한다.

∴ 고정장치 수 = $\dfrac{배관길이}{설치간격}$ = $\dfrac{500}{2}$ = 250개

② 호칭지름 150 mm 배관 고정장치는 10 m 간격으로 설치한다.

∴ 고정장치 수 = $\dfrac{배관길이}{설치간격}$ = $\dfrac{3000}{10}$ = 300개

③ 합계 = 250 + 300 = 550개

해답 550개

해설 호칭지름 100A 이상의 고정장치 최대지지간격 : KGS FS551

호칭지름	지지간격
100A	8m
150A	10m
200A	12m
300A	16m
400A	19m
500A	22m
600A	25m

06 LPG 자동차용기 충전소에 설치된 저장탱크 주변에서 화재가 발생하여 기상부의 탱크가 국부적으로 가열되면 그 부분의 강도가 약해져 탱크가 파열된다. 이때 내부의 액화가스가 급격히 유출 팽창되어 화구(fire ball)를 형성하여 폭발하는 형태를 영문 약자로 쓰시오.

해답 BLEVE

해설 BLEVE(Boiling Liquid Expanding Vapor Explosion) : 비등액체팽창 증기폭발

07 다기능 가스 안전계량기의 작동 성능 4가지를 쓰시오. (단, 유량계량 성능은 제외한다.)

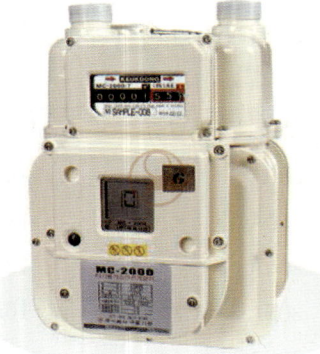

해답
① 유량차단 성능
② 미소사용유량등록 성능
③ 미소누출검지 성능
④ 압력저하차단 성능

08 다음 충전용기 밸브의 안전밸브 종류를 쓰시오.

(1) 　　(2)

(3)

해답 (1) 파열판식　(2) 스프링식　(3) 파열판식

해설 파열판식과 가용전식 안전밸브 구별 : 아래 사진에서 왼쪽 용기밸브와 같이 캡 부분에 배출구멍이 뚫려 있는 것은 파열판식이고, 오른쪽 용기밸브와 같이 캡 부분에 배출구멍이 납 등으로 막혀 있는 것은 가용전식에 해당되므로 동영상에서 제시되는 화면을 정확히 보고 판단하길 바랍니다.

09 도시가스 정압기 입구압력이 0.5MPa일 때 물음에 답하시오.

(1) 정압기 설계유량이 900 Nm³/h일 때 안전밸브 방출관 크기는 얼마인가?
(2) 상용압력이 2.5kPa인 경우 안전밸브 설정압력은 얼마인가?

[해답] (1) 50A 이상
(2) 4.0kPa 이하

[해설] 정압기 안전밸브 분출부(방출관) 크기 기준
① 정압기 입구측 압력이 0.5MPa 이상 : 50A 이상
② 정압기 입구측 압력이 0.5MPa 미만
  ㉮ 정압기 설계유량이 1000 Nm³/h 이상 : 50A 이상
  ㉯ 정압기 설계유량이 1000 Nm³/h 미만 : 25A 이상

※ 문제에서 입구압력을 0.5MPa로 주어졌으므로 정압기 안전밸브 방출관 크기는 설계유량에 관계없이 50A 이상이 되어야 함

※ 정압기에 설치되는 과압안전장치의 설정압력 기준은 **동영상 예상문제 40번 해설**을 참고하기 바랍니다.

10 지시하는 것은 도시가스 정압기실에 설치된 장치이다.

(1) 명칭을 쓰시오.
(2) 기능(역할) 2가지를 쓰시오.

내부 모습

[해답] (1) RTU 장치
(2) ① 정압기실의 온도, 압력, 가스누설 유무 등의 상황을 도시가스 회사로 전송하여 무인으로 감시한다.
② 정전 시 비상전력을 공급한다.

제2회 동영상 모의고사

01 LPG 자동차용기 충전기(dispenser) 충전호스 설치에 대한 설명 중 ( ) 안에 알맞은 내용을 넣으시오.

(1) 충전기의 충전호스 길이는 ( )m 이내로 한다.
(2) 충전호스에 부착하는 가스주입기는 ( )으로 한다.

해답 (1) 5 (2) 원터치형

02 밀폐식 보일러를 사람이 거처하는 곳에 부득이 설치할 때 바닥면적이 5m²이면 통풍구 최소 면적은 몇 cm²인가?

풀이 통풍구 면적은 바닥면적 $1m^2$ 당 $300cm^2$ 이상이므로 $5 \times 300 = 1500cm^2$가 된다.
해답 $1500cm^2$

03 가스용 폴리에틸렌관의 열융착이음 종류 2가지를 쓰시오.

해답 ① 맞대기 융착이음
② 소켓 융착이음
③ 새들 융착이음

04 도시가스 매설배관의 누설검사 차량에 탑재하여 누설검사에 사용되는 장비로, 우리나라 대부분의 도시가스 공급회사에서 사용하고 있는 장비 명칭을 영문 약자로 쓰시오.

해답 FID
해설 FID : 수소불꽃 이온화검출기, 수소염 이온화검출기

05 도시가스 사용시설 배관에 대한 물음에 답하시오.

(1) 배관이음부와 절연조치를 하지 않은 전선과의 유지거리는 얼마인가?
(2) 가스계량기와 절연조치를 하지 않은 전선과의 유지거리는 얼마인가?

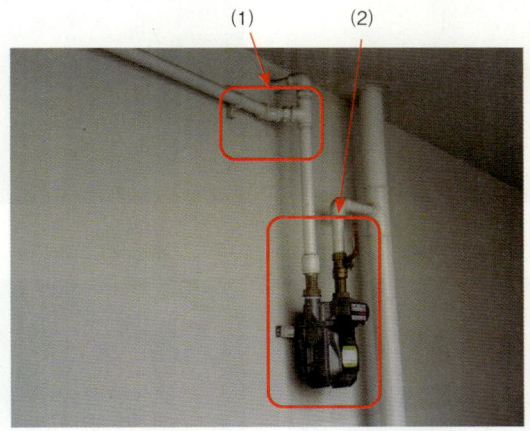

해답 (1) 15cm 이상 (2) 15cm 이상
해설 유지거리 기준을 '배관이음부'와 '가스계량기'를 구별하여 기억하길 바라며, 동영상 예상문제 35번을 참고하길 바랍니다.

06 방폭전기기기의 방폭구조 종류 4가지를 쓰시오.

해답 ① 내압 방폭구조   ② 압력 방폭구조
③ 유입 방폭구조   ④ 안전증 방폭구조
⑤ 본질안전 방폭구조 ⑥ 특수 방폭구조

07 방폭전기기기에 표시된 내용에 대하여 설명하시오.

(1) Ex :
(2) d :
(3) ⅡB :
(4) T4 :

해답 (1) 방폭구조
(2) 내압 방폭구조
(3) 내압 방폭전기기기의 폭발등급(최대안전틈새 범위 0.5mm 초과 0.9mm 미만)
(4) 방폭전기기기의 온도등급(가연성가스의 발화도(℃) 범위 : 135℃ 초과 200℃ 이하)

해설 문제에서 묻는 내용과 제시되는 동영상의 명판에 표시된 사항이 맞지 않을 수 있으며, 이 경우 제시되는 문제 내용에 해당하는 답안을 작성하여야 합니다.

08 가스도매사업의 1일 처리능력이 25만 m³인 압축기와 액화천연가스(LNG) 저장탱크 외면과 유지하여야 하는 최소 거리는 얼마인가?

[해답] 30 m

[해설] ① 압축기와 액화천연가스(LNG) 저장탱크 외면과 유지하여야 하는 거리는 계산에 의하여 산출되는 것이 아니며, 규정에 정해진 거리입니다.
② 설비 사이의 거리 기준은 동영상 예상문제 40번 해설을 참고하기 바랍니다.

09 액화천연가스(LNG)를 이용한 실험장면에서 -161이라는 숫자가 의미하는 것은 무엇인가? [동영상에서 2중 진공보온병에 담긴 LNG에 디지털 온도계로 온도를 측정하며 온도계에 "-161"이라는 숫자가 표시되고 있음]

[해답] 액화천연가스(LNG)의 주성분인 메탄(CH_4)의 비점이 -161℃라는 것이다.

10 공업용 용기에 충전하는 가스 명칭을 쓰시오.

(1) (2)

(3) (4)

[해답] (1) 아세틸렌(C_2H_2)
(2) 산소(O_2)
(3) 이산화탄소(CO_2)
(4) 수소(H_2)

제4회 동영상 모의고사

01 아세틸렌 충전용기에 각인된 "TW"에 대하여 설명하시오.

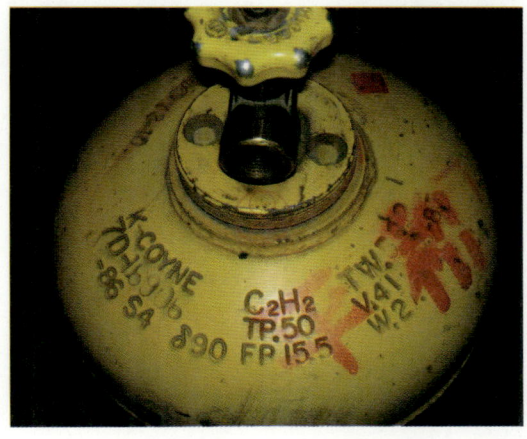

해답 아세틸렌 용기 질량에 다공질물, 용제 및 밸브의 질량을 합한 질량(kg)

02 LPG 자동차용기 충전소에 설치된 고정식 충전설비(dispenser)에서 지시하는 부분의 명칭을 쓰시오.

해답 세이프티 커플링(safety coupling)

03 얇은 평판 또는 돔(dome) 모양의 원판 주위를 고정하여 용기나 설비에 설치하는 것으로, 구조가 간단하며 취급, 점검이 용이한 안전밸브의 명칭을 쓰시오.

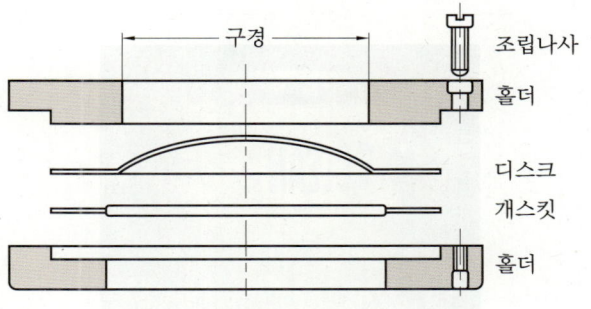

해답 파열판식 안전밸브

04 정전기 제거방법(방지대책) 4가지를 쓰시오.

접지선

해답 ① 대상물을 접지한다.
② 상대습도를 70% 이상 유지한다.
③ 공기를 이온화한다.
④ 절연체에 도전성을 갖게 한다.
⑤ 정전의, 정전화를 착용하여 대전을 방지한다.

05 [보기]에서 설명하는 방폭구조의 명칭과 기호를 각각 쓰시오.

| 보기 |
용기 내부에 절연유를 주입하여 불꽃, 아크 또는 고온 발생 부분이 기름 속에 잠기게 함으로써 기름면 위에 존재하는 가연성가스에 인화되지 아니하도록 한 구조로 탄광에서 처음으로 사용하였다.

절연유

해답 ① 명칭 : 유입방폭구조
② 기호 : o

 07 막식 계량기에 표시된 내용을 설명하시오.

(1) MAX 3.1m³/h :
(2) 0.7L/rev :

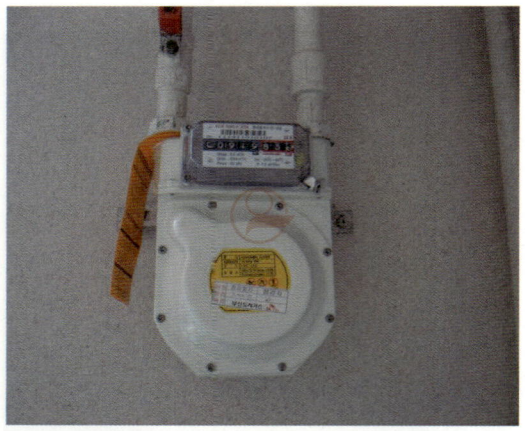

해답 (1) 사용 최대 유량이 시간당 $3.1m^3$이다.
(2) 계량실 1주기 체적이 0.7L이다.

06 도시가스 매설배관에서 저압관과 고압관의 배관색을 다르게 하는 이유를 설명하시오.

해답 저압관과 중압 및 고압관을 구별하여 사후관리 및 주변 굴착공사 시 배관의 파손방지와 안전관리를 유지하기 위하여

08 도시가스 정압기실 실내의 조명도는 몇 룩스 이상인가?

해답 150

09 고압가스 설비에서 이상 상태가 발생하는 경우 그 설비 내의 내용물을 설비 밖으로 긴급하고 안전하게 이송하는 벤트스택의 설치기준을 쓰시오.

해답 ① 벤트스택의 높이는 방출된 가스의 착지농도가 폭발하한계값 미만이 되도록 충분한 높이로 하고, 독성가스인 경우에는 TLV-TWA 기준농도값 미만이 되도록 충분한 높이로 한다.
② 벤트스택 방출구의 위치는 작업원이 정상작업을 하는데 필요한 장소 및 작업원이 항상 통행하는 장소로부터 긴급용은 10m 이상, 그 밖의 벤트스택은 5m 이상 떨어진 곳에 설치한다.
③ 벤트스택에는 정전기 또는 낙뢰 등으로 인한 착화를 방지하는 조치를 강구하고 만일 착화된 경우에는 즉시 소화할 수 있는 조치를 강구한다.
④ 벤트스택 또는 그 벤트스택에 연결된 배관에는 응축액의 고임을 제거 또는 방지하기 위한 조치를 강구한다.
⑤ 액화가스가 함께 방출되거나 또는 급랭될 우려가 있는 벤트스택에는 그 벤트스택과 연결된 가스공급시설의 가장 가까운 곳에 기액분리기(氣液分離器)를 설치한다.

10 지하에 설치되는 도시가스(LNG) 정압기 안전밸브 방출관 최소 높이는 지면에서 얼마인가? (단, 전기시설물과 접촉 우려가 없는 장소이다.)

해답 5m

해설 정압기 안전밸브 방출관의 방출구는 주위에 불 등이 없는 안전한 위치로서 지면으로부터 5m 이상의 높이에 설치한다. 다만, 전기시설물과의 접촉 등으로 사고의 우려가 있는 장소에서는 3m 이상으로 할 수 있다.

참고 ① 지시된 부분의 큰 배관이 정압기실 강제통풍장치의 배기구이고, 작은 배관이 정압기 안전밸브 방출관이다.
② 황색 배관 왼쪽 부분이 정압기실 강제통풍장치의 급기구이다.

2019년 가스산업기사 동영상 실전 모의고사

제1회 동영상 모의고사

01 공업용 용기에 충전하는 가스 명칭을 쓰시오.

(1)

(2)

(3)

(4)

해답
(1) 아세틸렌(C_2H_2)
(2) 산소(O_2)
(3) 이산화탄소(CO_2)
(4) 수소(H_2)

02 방폭등과 같이 방폭전기기기 결합부의 나사류를 외부에서 쉽게 조작함으로써 방폭 성능을 손상시킬 우려가 있는 것은 드라이버, 스패너, 플라이어 등의 일반공구로 조작할 수 없도록 한 구조의 명칭과 "ⅡB"에 대하여 설명하시오. [제시되는 동영상에서 방폭등 명판에 각인된 "Exd ⅡB T4"를 확대하여 보여주고 있음]

해답
① 구조의 명칭 : 자물쇠식 죄임구조
② ⅡB : 내압방폭전기기기의 폭발등급(최대안전틈새 범위 0.5mm 초과 0.9mm 미만)

03 메탄과 같은 유기화합물을 분석하는 검출기로 불꽃이온화검출기(FID)라 불리며, 이것은 특정가스와의 반응을 이용한 것이다. 이 가스는 무엇인가?

해답 수소(H_2)

04 매설된 도시가스 배관의 전기방식 중 희생양극법 및 외부전원법의 경우 전위측정용 터미널(TB) 설치 간격은 얼마인가?

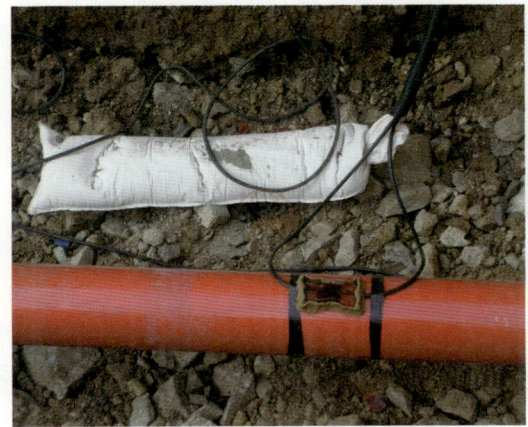

해답 ① 희생양극법 : 300m 이내
② 외부전원법 : 500m 이내

05 도시가스 배관을 지하에 매설하는 경우 지면에서 매설위치를 확인하는 것에 대한 물음에 답하시오.

(1) 도로 및 공동주택 부지 안 도로에 도시가스 배관을 매설할 때 설치하는 것의 명칭을 쓰시오.
(2) 직선배관일 때 설치간격 기준에 대하여 쓰시오.

해답 (1) 라인마크(line-mark)
(2) 배관길이 50m마다 1개 이상 설치한다.

06 LPG 탱크로리 정차 위치에 설치된 냉각살수장치는 저장탱크 표면적 1m^2 당 물분무능력은 얼마인가?

해답 5L/min 이상

07 액화석유가스의 저장설비, 가스설비실, 용기보관실에 설치된 자연환기설비의 환기구의 통풍가능면적 합계 기준에 대하여 쓰시오.

해답 바닥면적 $1m^2$ 마다 $300cm^2$의 비율로 계산한 면적 이상으로 한다.

08 가스용 폴리에틸렌관(PE배관)의 맞대기 융착이음은 공칭외경이 최소 몇 mm일 때 적용 가능한가?

해답 90

해설 맞대기 융착이음을 하는 공칭외경 기준을 묻는 것이 아니라 '최소 지름'을 묻는 것이므로 답안에 '이상'을 작성하면 오답으로 채점될 수 있으니 주의하길 바랍니다.

09 공정에 존재하는 위험요소들과 공정의 효율을 떨어뜨릴 수 있는 운전상의 문제점을 찾아내어 그 원인을 제거하는 위험성 평가기법의 명칭을 쓰시오.

해답 위험과 운전 분석(HAZOP)기법

10 도시가스 사용시설에서 가스배관과 호스 사이에 설치하는 것으로 호스가 파손되는 것 등에 의해 가스가 누출할 때의 이상 과다 유량을 감지하여 가스를 차단하는 가스용품 명칭을 쓰시오.

해답 퓨즈콕

해설 과류차단 안전기구 : 표시유량 이상의 가스량이 통과되었을 경우 가스유로를 차단하는 장치로 퓨즈콕 내부에 설치되어 있다.

제2회 동영상 모의고사

01 가연성가스 고압가스 설비에 설치하는 벤트스택에 대한 물음에 답하시오.

(1) 이 설비의 방출구 위치는 작업원이 정상작업을 하는 장소 및 항시 통행하는 장소로부터 얼마 이상 떨어져 설치하는가?
(2) 착지농도 기준으로 이 설비의 높이는 얼마인가?

[해답] (1) ① 긴급용 벤트스택 : 10m 이상
② 그 밖의 벤트스택 : 5m 이상
(2) 폭발하한계값 미만

02 탱크 내부의 폭발 모습으로 방폭전기기기의 용기 내부에서 가연성가스의 폭발이 발생할 경우 그 용기가 폭발압력에 견디고 접합면, 개구부 등을 통하여 외부의 가연성가스에 인화되지 아니하도록 한 구조의 방폭구조 명칭과 기호를 쓰시오.

[해답] ① 명칭 : 내압(耐壓) 방폭구조
② 기호 : d

03 횡으로 설치된 도시가스 배관의 호칭지름이 150A일 때 고정장치의 최대 지지간격은 얼마인가?

[해답] 10m

[해설] 교량 및 횡으로 설치하는 가스배관의 호칭지름별 최대지지간격 : KGS FS551

호칭지름	지지간격
100A	8m
150A	10m
200A	12m
300A	16m
400A	19m
500A	22m
600A	25m

04 충전용기 밸브의 안전밸브 종류를 쓰시오.

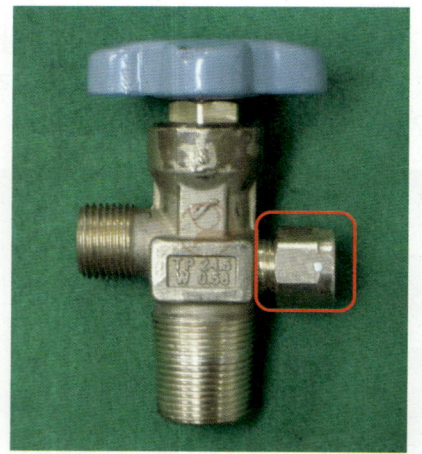

해답 가용전식

해설 제시되는 동영상 밸브에서 캡 부분 배출구멍이 막혀 있어 가용전식으로 판단한 것이며, 파열판식과 가용전식 안전밸브 구별은 동영상 예상문제 150번 또는 2018년 1회 산업기사 동영상 모의고사 8번 해설을 참고하기 바랍니다.

05 LPG용 차량에 고정된 탱크 정차 위치에 설치된 장치에 대한 물음에 답하시오.

(1) 지시하는 부분의 명칭을 쓰시오.
(2) 저장탱크 표면적 $1m^2$ 당 물분무능력은 얼마인가?

해답 (1) 냉각살수장치
(2) 5L/min 이상

06 도시가스 매설배관 표지판의 설치간격과 재질에 대하여 각각 쓰시오.

해답 ① 설치간격 : 200m 이내
② 재질 : 일반 구조용 압연강재(KS D 3503)

해설 매설배관 표지판 설치간격
① 가스도매사업 배관 : 500m 이내
② 일반도시가스사업 배관 : 200m 이내
③ 고압가스 배관 : 지하에 설치된 배관은 500m 이하, 지상에 설치된 배관은 1000m 이하의 간격

07 LNG의 주성분인 메탄(CH_4)의 임계압력 및 임계온도는 각각 얼마인가?

해답 ① 임계압력 : 45.8atm
② 임계온도 : -82.1℃

08 파일럿 버너 또는 메인 버너의 불꽃이 꺼지거나 연소기구 사용 중에 가스 공급이 중단 또는 불꽃 검지부에 고장이 생겼을 때 자동으로 가스 밸브를 닫게 하여 불이 꺼졌을 때 가스가 유출되는 것을 방지하는 안전장치로 종류에는 열전대식, UV-cell 방식 등이 있다. 이 장치의 명칭을 쓰시오.

[해답] 소화안전장치

09 액화천연가스의 저장설비와 처리설비는 그 외면으로부터 사업소 경계까지 유지하여야 하는 최소거리는 얼마인가?

[해답] 50 m

[해설] 사업소 경계와의 거리 : 액화천연가스(기화된 천연가스를 포함한다)의 저장설비와 처리설비(1일 처리능력 52500 m³ 이하인 펌프, 압축기, 응축기 및 기화장치는 제외한다)는 그 외면으로부터 사업소 경계까지 다음 계산식에서 얻은 거리 (그 거리가 50 m 미만의 경우에는 50 m) 이상을 유지한다.

$$L = C \times \sqrt[3]{143000W}$$

여기서,
L : 유지하여야 하는 거리(m)
C : 저압 지하식 저장탱크는 0.240, 그 밖의 가스저장설비 및 처리설비는 0.576
W : 저장탱크는 저장능력(톤)의 제곱근, 그 밖의 것은 그 시설 안의 액화천연가스의 질량(톤)

10 전기방식법 중 외부전원법의 장점 3가지를 쓰시오.

[해답] ① 효과 범위가 넓다.
② 평상시의 관리가 용이하다.
③ 전압, 전류의 조성이 일정하다.
④ 전식에 대해서도 방식이 가능하다.
⑤ 장거리 배관에는 전원장치 수가 적어도 된다.

[해설] 외부전원법의 단점
① 초기 설비비가 많이 소요된다.
② 과방식의 우려가 있다.
③ 전원을 필요로 한다.
④ 다른 매설 금속체로의 장해에 대해 검토가 필요하다.

제4회 동영상 모의고사

01 방폭전기기기에 대한 [보기]의 설명과 제시되는 그림을 보고 방폭구조의 명칭과 기호를 각각 쓰시오.

| 보기 |
용기 내부에 보호가스(신선한 공기 또는 불활성 가스)를 압입하여 내부 압력을 유지함으로써 가연성가스가 용기 내부로 유입되지 않도록 한 구조이다.

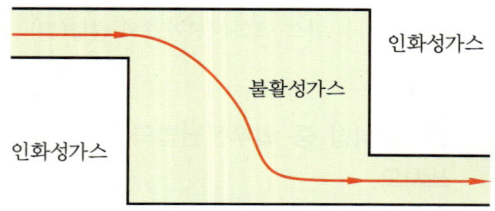

[해답] ① 명칭 : 압력방폭구조
② 기호 : p

02 도시가스 배관을 지하에 매설한 후 다음과 같은 전기방식법을 시공하였을 때 터미널 박스 설치간격은 얼마인가?

[해답] 300m 이내
[해설] 첨부된 이미지의 전기방식법은 희생양극법이다.

03 도시가스를 사용하는 연소기구에서 1차 공기량이 부족할 경우, 연소반응이 충분한 속도로 진행되지 않을 때 불꽃의 끝이 적황색으로 되어 연소하는 현상을 무엇이라 하는가? [동영상에서 공기조절장치의 공기량을 줄이면서 불꽃이 적황색으로 변화하는 과정을 보여주고 있음]

[해답] 옐로 팁(yellow tip)

04 도시가스 정압기실에서 정압기 전단 및 후단에 설치되는 안전장치 명칭을 쓰시오.

[해답] ① 전단 : 긴급차단장치
② 후단 : 정압기 안전밸브

05 LNG의 주성분인 기체상태 CH₄의 밀도와 비중은 각각 얼마인가? (단, 소수점 셋째 자리까지 구하시오.)

해답 ① $\rho = \dfrac{분자량}{22.4} = \dfrac{16}{22.4} = 0.714\,kg/m^3$

② $s = \dfrac{분자량}{29} = \dfrac{16}{29} = 0.551$

해설 ① 메탄(CH₄)의 분자량은 16이다.
② 비중은 단위가 없는 무차원수이다.

06 LPG 용기에 부착되는 밸브 내부에 설치되는 안전장치의 명칭을 쓰시오.

해답 스프링식 안전밸브

07 LPG 자동차용기 충전소에 설치된 저장탱크 주변에서 화재가 발생하여 기상부의 탱크가 국부적으로 가열되면 그 부분의 강도가 약해져 탱크가 파열된다. 이때 내부의 액화가스가 급격히 유출 팽창되어 화구(fire ball)를 형성하여 폭발하는 형태를 영문 약자로 쓰시오.

해답 BLEVE

해설 BLEVE(Boiling Liquid Expanding Vapor Explosion) : 비등액체팽창 증기폭발

08 맞대기 융착이음을 하는 가스용 폴리에틸렌관의 두께가 20mm일 때 비드 폭의 최소치(B_{min})와 최대치(B_{max})를 각각 계산하시오.

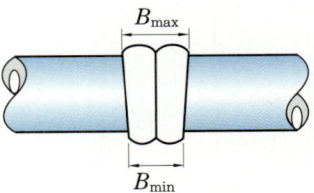

풀이 ① $B_{min} = 3 + 0.5t = 3 + 0.5 \times 20 = 13\,mm$
② $B_{max} = 5 + 0.75t = 5 + 0.75 \times 20 = 20\,mm$

해답 ① 최소치 : 13mm
② 최대치 : 20mm

09 공업용 용기에 충전하는 가스 명칭을 쓰시오.

(1)   (2)

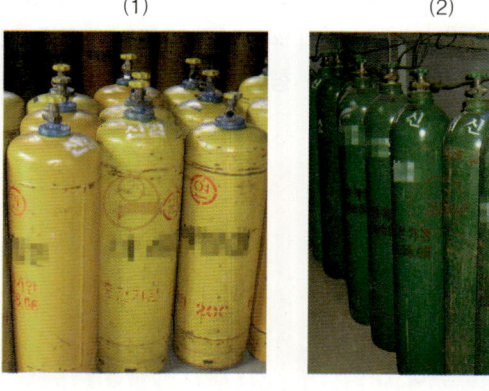

(3)   (4)

해답
(1) 아세틸렌(C_2H_2)
(2) 산소(O_2)
(3) 이산화탄소(CO_2)
(4) 수소(H_2)

10 도시가스 배관을 지하에 매설하는 공정에 대한 물음에 답하시오.

(1) 도시가스 배관과 상수도관 등 다른 시설물과 이격거리는 얼마인가?
(2) 도시가스 배관 매설 시 보호판을 설치하는 이유 2가지를 쓰시오.

(1)

(2)

해답
(1) 0.3m 이상
(2) ① 배관 외면과 타 시설물과 0.3m 이상의 간격을 유지하지 못하는 경우
② 매설 깊이를 확보할 수 없는 경우
③ 도로 밑에 최고사용압력이 중압 이상인 배관을 매설하는 경우

해설 ① 보호판을 설치하는 경우 기준은 사업자별로 규정이 각각 되어 있으므로 동영상 예상문제 70번 해설을 참고하길 바랍니다.
② 해답은 '일반도시가스사업'의 기준을 적용하였음

2020년 가스산업기사 동영상 실전 모의고사

제1회 동영상 모의고사

01 공업용 용기에 충전하는 가스 명칭을 쓰시오.

(1)

(2)

(3)

(4)

해답 (1) 아세틸렌(C_2H_2)
(2) 산소(O_2)
(3) 이산화탄소(CO_2)
(4) 수소(H_2)

02 아세틸렌 충전용기에 각인된 "TW"에 대하여 설명하시오.

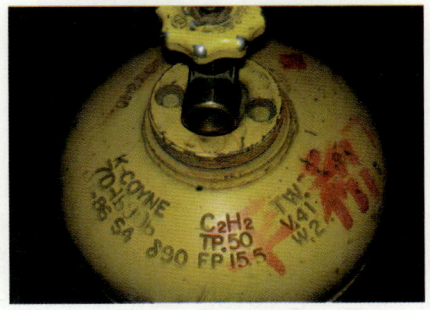

해답 아세틸렌 용기 질량에 다공질물, 용제 및 밸브의 질량을 합한 질량(kg)

03 다기능 가스안전계량기의 작동 성능 4가지를 쓰시오. (단, 유량계량 성능은 제외한다.)

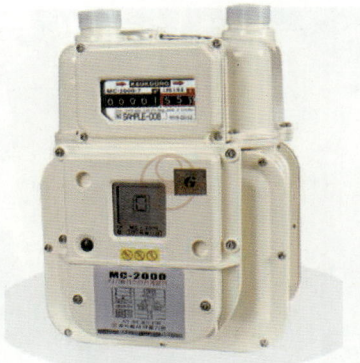

해답 ① 유량차단 성능
② 미소사용유량등록 성능
③ 미소누출검지 성능
④ 압력저하차단 성능

04 제시해 주는 충전용기 밸브의 안전밸브 종류를 쓰시오.

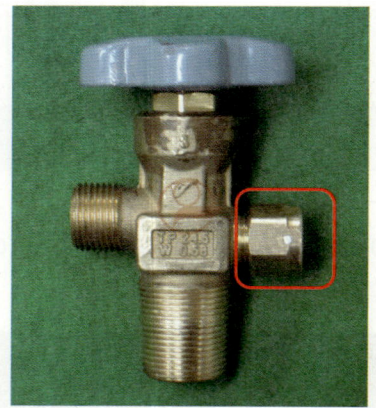

해답 가용전식

해설 제시되는 동영상 밸브에서 캡 부분 배출구멍이 막혀 있어 가용전식으로 판단한 것이며, 파열판식과 가용전식 안전밸브의 구별은 동영상 예상문제 150번 또는 2018년 1회 산업기사 동영상 모의고사 8번 해설을 참고하기 바랍니다.

05 지하에 매설된 도시가스 배관을 전기방식 조치를 하기 위하여 설치된 정류기로 이 전기방식법의 전위측정용 터미널 설치간격은 얼마인가?

해답 500 m 이내

해설 정류기는 외부전원법에 적용되는 장치이다.

06 실내에 설치된 기화장치에 대한 물음에 답하시오.

(1) 액체 상태로 열교환기 밖으로 유출을 방지하는 장치의 명칭을 쓰시오.
(2) 실내로 액체가 유출 시 발생할 수 있는 문제점 2가지를 쓰시오.

해답 (1) 액유출방지장치
(2) ① 인화, 폭발의 위험
② 산소 부족으로 인한 질식
③ 피부 노출 시 저온으로 인한 동상

07 보여주는 장미는 LNG(비점 −162°C)에 넣었다 빼낸 것으로 꽃잎이 쉽게 부스러진다. 100% CH_4를 Cl_2와 반응시키면 HCl과 냉매로 사용되는 물질이 생성되는데 이 물질의 명칭은 무엇인가?

해답 염화메틸(CH_3Cl) (또는 염화메탄)

08 도시가스 배관 용접부에 비파괴검사를 하는 것으로 이 검사법의 명칭을 영문약자로 쓰시오.

해답 RT

해설 비파괴검사법 영문약자
① 침투탐상검사 : PT
② 자분탐상검사 : MT
③ 초음파탐상검사 : UT
④ 방사선투과검사 : RT

09 액화석유가스의 저장설비, 가스설비실, 용기보관실에 설치된 자연환기설비의 환기구의 통풍가능면적 합계 기준에 대하여 쓰시오.

해답 바닥면적 $1m^2$ 마다 $300cm^2$의 비율로 계산한 면적 이상으로 한다.

10 가스용 폴리에틸렌관(PE배관)을 맞대기 융착이음할 때 최소 공칭외경은 얼마인가?

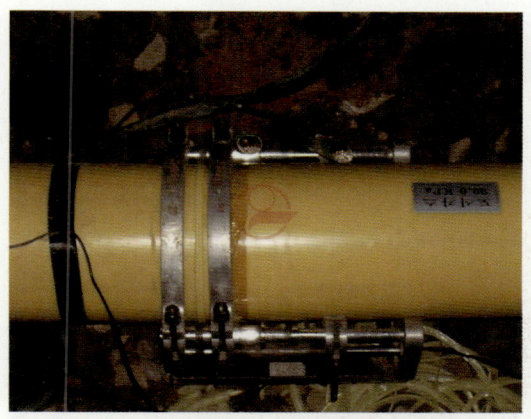

해답 90mm

해설 맞대기 융착이음을 하는 공칭외경 기준을 묻는 것이 아니라 '최소 지름'과 '단위'가 없으므로 답안에 '이상'을 작성하는 경우, 단위가 없으면 오답으로 채점될 수 있으니 주의하길 바랍니다.

제2회 동영상 모의고사

01 자석의 S극과 N극을 이용하여 검사하는 비파괴검사의 명칭은 무엇인가?

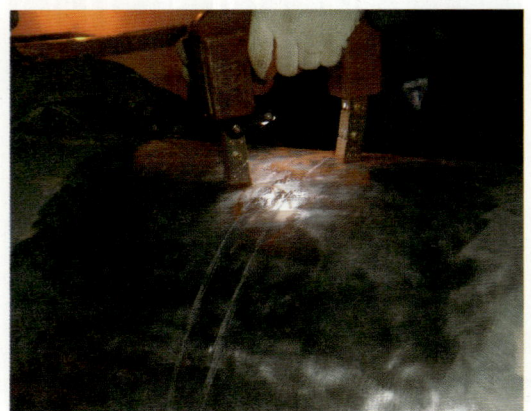

해답 자분탐상검사(MT)

02 가스용 폴리에틸렌관의 열융착이음 종류 3가지를 쓰시오.

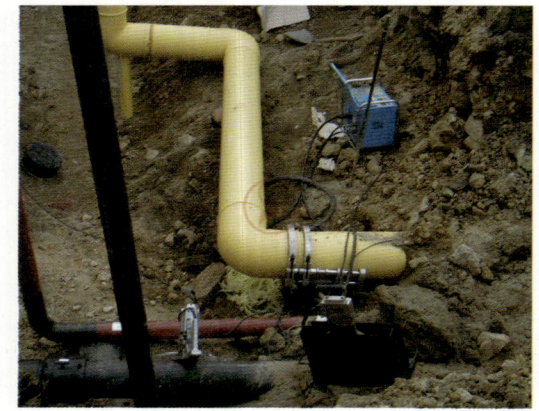

해답 ① 맞대기 융착이음
② 소켓 융착이음
③ 새들 융착이음

03 지시하는 것은 LPG 저장시설의 배관에 설치된 기기이다. 각각의 명칭을 쓰시오.

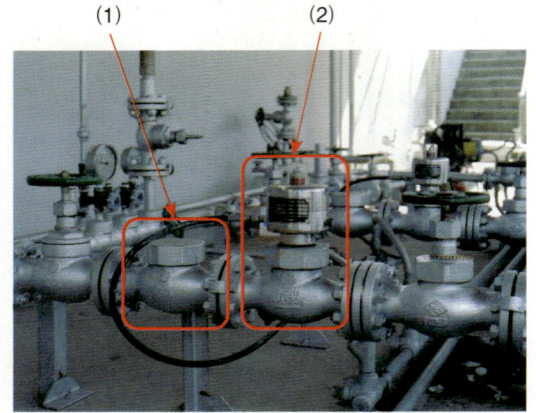

해답 (1) 체크밸브
(2) 긴급차단장치

해설 체크밸브 및 긴급차단밸브 외형

체크밸브   긴급차단밸브

04 가스용 폴리에틸렌관(PE배관)을 지하에 매설할 때 사용하는 이 설비의 명칭을 쓰시오.

해답 가스용 PE밸브

05 공업용 용기에 충전하는 가스 명칭을 쓰시오.

(1)  (2)

(3)  (4)

해답 (1) 아세틸렌(C_2H_2) (2) 산소(O_2)
(3) 이산화탄소(CO_2) (4) 수소(H_2)

06 액화산소 저장탱크가 설치된 곳에 방류둑을 설치하여야 할 때 저장능력과 방류둑 용량은 얼마인가?

해답 ① 저장능력 : 1000톤 이상
② 방류둑 용량 : 저장탱크 저장능력 상당용적의 60% 이상

07 고압가스를 충전하는 용기에 대한 물음에 답하시오.

(1) "A" 충전용기는 충전 후 15℃에서 압력이 얼마로 될 때까지 정치하여야 하는가?
(2) "B" 충전용기는 충전하는 가스의 품질검사 순도는 얼마인가?

"A" 용기   "B" 용기

해답 (1) 1.5 MPa 이하
(2) 98.5% 이상

08 도로 및 공동주택 등의 부지 안 도로에 도시가스 배관을 매설하는 경우에 배관길이 50m 마다 1개 이상 설치하여 배관이 매설되었다는 것을 표시하는 것의 명칭을 쓰시오.

해답 라인마크

09 LPG를 이입·충전할 때 사용하는 압축기에서 정전기를 제거하기 위한 방법 중 지시하는 것은 어떤 방법에 해당되는가?

해답 대상물을 접지한다.

10 주거용 가스보일러와 연통을 접합하는 방법 2가지를 쓰시오.

해답 ① 나사식
② 플랜지식
③ 리브식

해설 주거용 가스보일러 설치기준(KGS GC208) : 가스보일러는 방, 거실, 그 밖에 사람이 거처하는 곳과 목욕탕, 샤워장, 베란다 그 밖에 환기가 잘 되지 않아 가스보일러의 배기가스가 누출되는 경우 사람이 질식할 우려가 있는 곳에 설치하지 아니한다. 다만, 밀폐식 가스보일러로서 다음 중 어느 하나의 조치를 한 경우에는 설치할 수 있다.
① 가스보일러와 연통의 접합은 나사식, 플랜지식 또는 리브식으로 하고, 연통과 연통의 접합은 나사식, 플랜지식, 클램프식, 연통일체형 밴드조임식 또는 리브식 등으로 하여 연통이 이탈되지 아니하도록 설치하는 경우
② 막을 수 없는 구조의 환기구가 외기와 직접 통하도록 설치되어 있고, 그 환기구의 크기가 바닥면적 $1m^2$ 마다 $300cm^2$의 비율로 계산한 면적(철망 등을 부착할 때는 철망이 차지하는 면적을 뺀 면적으로 한다) 이상인 곳에 설치하는 경우
③ 실내에서 사용 가능한 전이중급배기통(coaxial flue pipe)을 설치하는 경우

제3회 동영상 모의고사

01 용기 내의 온도가 설정온도 이상이 되면 안전장치가 녹아 가스를 외부로 배출시키는 기능을 하는 것으로 염소, 아세틸렌 용기에 부착하는 안전밸브 종류를 쓰시오.

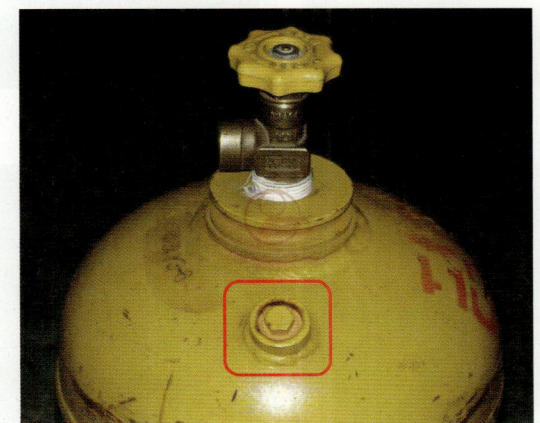

해답 가용전식

02 매설된 도시가스 배관의 전기방식 중 희생양극법 및 외부전원법의 경우 전위측정용 터미널(TB)의 설치간격은 몇 m 이내인가?

해답 ① 희생양극법 : 300m 이내
      ② 외부전원법 : 500m 이내

03 액화천연가스(LNG)를 이용한 실험장면에서 -161이라는 숫자가 의미하는 것은 무엇인가? [제시되는 동영상에서 2중 진공보온병에 담긴 LNG에 디지털 온도계로 온도를 측정하며 온도계에 "-161"이라는 숫자가 표시되고 있음]

해답 액화천연가스(LNG)의 주성분인 메탄(CH_4)의 비점이 -161℃라는 것이다.

04 LPG용 차량에 고정된 탱크 정차 위치에 설치된 장치에 대한 물음에 답하시오.

(1) 지시하는 부분의 명칭을 쓰시오.
(2) 저장탱크 표면적 1m^2당 물분무능력은 얼마인가?

해답 (1) 냉각살수장치
      (2) 5L/min 이상

05 도시가스 사용시설 배관에 대한 물음에 답하시오.

(1) 배관 이음부와 절연조치를 하지 않은 전선과의 유지거리는 얼마인가?
(2) 가스계량기와 절연조치를 하지 않은 전선과의 유지거리는 얼마인가?

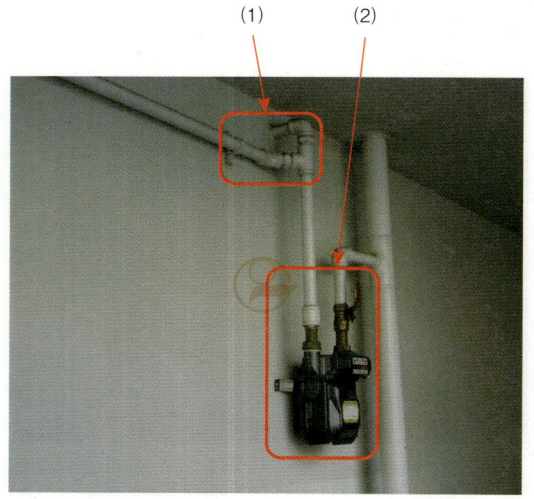

해답 (1) 15 cm 이상
(2) 15 cm 이상

해설 유지거리 기준을 '배관이음부'와 '가스계량기'를 구별하여 기억하길 바라며, 동영상 예상문제 35번을 참고하길 바랍니다.

06 동영상에서 제시되는 용기에 대한 물음에 답하시오.

(1) 가연성가스가 충전되는 용기를 기호로 모두 적으시오.
(2) D 용기에 충전하는 가스의 임계온도 및 임계압력 MPa은 얼마인가?
(3) 용기에 가스를 충전할 때 압축기와 충전용 지관 사이에 수취기를 설치하는 것은 어느 것인지 기호로 쓰시오.
(4) 누설 시 바닥에 체류하는 가스가 충전되는 용기를 기호로 모두 적으시오.

A   B

C   D

해답 (1) A, D
(2) ① 임계온도 : $-239.9℃$
② 임계압력 : $1.28\,MPa$
(3) B
(4) B, C

해설 ① 각 용기에 충전되는 가스 명칭
A 용기 : 아세틸렌(C_2H_2), B 용기 : 산소(O_2)
C 용기 : 이산화탄소(CO_2), D 용기 : 수소(H_2)
② 각 가스의 연소성 및 분자량

구분	연소성	분자량
아세틸렌(C_2H_2)	가연성	26
산소(O_2)	조연성	32
이산화탄소(CO_2)	불연성	44
수소(H_2)	가연성	2

※ 공기의 평균분자량 29보다 큰 가스가 공기보다 무거워 누설 시 바닥에 체류한다.

07 동영상에서 사용된 방폭구조의 명칭 2가지를 쓰고 설명하시오. [동영상에서 "Ex d ib ⅡB T6"가 각인된 방폭전기기기의 명판을 보여주고 있음]

해답 ① 내압 방폭구조 : 방폭전기기기의 용기 내부에서 가연성가스의 폭발이 발생할 경우 그 용기가 폭발압력에 견디고 접합면, 개구부 등을 통하여 외부의 가연성가스에 인화되지 아니하도록 한 구조이다.
② 본질안전 방폭구조 : 정상 시 및 사고(단선, 단락, 지락 등) 시에 발생하는 전기불꽃, 아크 또는 고온부에 의하여 가연성가스가 점화되지 아니하는 것이 점화시험, 기타 방법에 의하여 확인된 구조이다.

해설 방폭전기기기의 구조에 따른 기호
① 내압 방폭구조 : d
② 유입 방폭구조 : o
③ 압력 방폭구조 : p
④ 안전증 방폭구조 : e
⑤ 본질안전 방폭구조 : ia, ib
⑥ 특수 방폭구조 : s

08 제시되는 정압기의 2차 압력이 상승 시 작동 상태를 설명하시오.

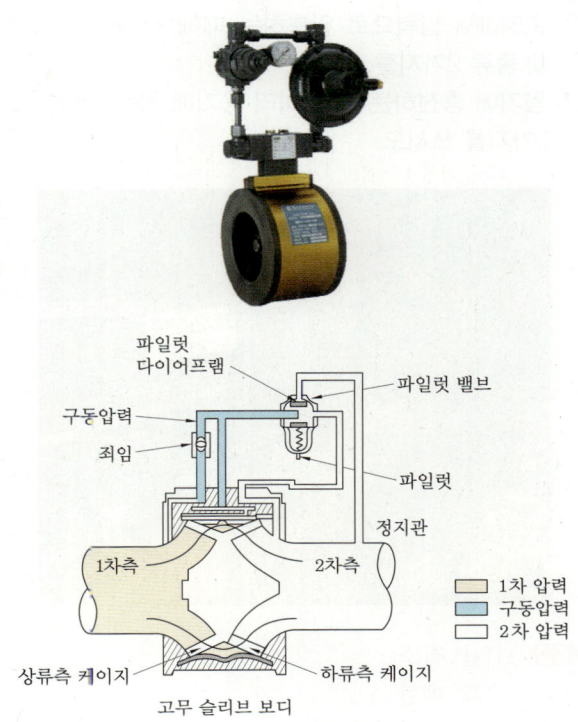

해답 2차측 압력이 상승하면 파일럿 다이어프램이 아래쪽으로 밀려 내려와 파일럿 밸브가 닫히게 된다. 그러면 1차 압력이 고무 슬리브와 보디 사이에 도입되어 이 때문에 고무 슬리브 상류측과의 차압이 없어져 고무 슬리브는 수축하여 케이지에 밀착한다. 이로 인하여 고무 슬리브는 하류측에 있어서 1차 압력과 2차 압력의 차압을 받아 가스를 완전히 차단한다.

해설 2차 압력이 저하할 때 작동상태 : 2차 압력이 저하하면 파일럿 스프링이 작동하여 파일럿 다이어프램을 위쪽으로 밀어 올린다. 이에 의하여 파일럿 밸브가 열리면서 작동압력은 2차측으로 빠져 나간다. 이때 1차측에서 가스가 흘러 들어오나 조리개로 제한되어 있으므로 작동압력이 저하하기 때문에 고무 슬리브 내외에 압력차가 생겨서 고무 슬리브가 바깥쪽으로 확장되어 가스가 흐른다.

09 아세틸렌 충전작업에 대한 물음에 답하시오.

(1) 2.5MPa 압력으로 압축하는 때에 첨가하는 희석제 종류 2가지를 쓰시오.
(2) 용기에 충전하는 때에 미리 용기에 침윤시키는 것 2가지를 쓰시오.

해답 (1) ① 질소
② 메탄
③ 일산화탄소
④ 에틸렌
(2) ① 아세톤
② 디메틸포름아미드

10 LPG 저장설비 및 가스설비실의 통풍구조에 대한 물음에 답하시오.

(1) 환기구의 통풍가능면적 합계는 바닥면적 1m²당 얼마인가?
(2) 환기구 1개의 면적은 얼마인가?

해답 (1) 300cm² 이상
(2) 2400cm² 이하

제4회 동영상 모의고사

01 방폭전기기기 명판에 표시된 'Ex d ib ⅡB T6'에서 방폭구조 2가지 명칭과 구조에 대하여 설명하시오.

해답 ① d : 내압방폭구조
② ib : 본질안전방폭구조

02 지시하는 것은 LPG를 이입, 충전할 때 사용하는 압축기에서 정전기를 제거하기 위한 것으로 이와 같은 방법을 무엇이라고 하는가?

해답 대상물을 접지한다.

03 고압가스 설비에 설치된 압력계는 상용압력의 (①)배 이상 (②)배 이하의 최고눈금이 있는 것이어야 하며, 사업소에는 국가표준기본법에 의한 교정을 받은 표준이 되는 압력계를 2개 이상 비치하여야 한다. ( ) 안에 알맞은 내용을 쓰시오.

해답 ① 1.5
② 2

해설 압력계 설치(KGS FP112) : 고압가스 설비에 설치하는 압력계는 상용압력의 1.5배 이상 2배 이하의 최고눈금이 있는 것으로 하고, 압축·액화 그밖의 방법으로 처리할 수 있는 가스의 용적이 1일 $100m^3$ 이상인 사업소에는 '국가표준기본법'에 의한 제품인증을 받은 압력계를 2개 이상 비치한다.

04 제시해 주는 용기에 대한 물음에 답하시오.

(1) 용기 명칭을 쓰시오. (단, 제조방법에 의한 명칭, 충전하는 가스에 의한 명칭은 제외한다.)
(2) 일반 가정용으로 사용하는 용기와 비교해서 특징을 설명하시오.

해답 (1) 사이펀 용기
(2) 원칙적으로 기화장치가 설치되어 있는 시설에서만 사용이 가능하며, 기화장치가 고장 등에 의하여 액화석유가스를 공급하지 못하는 경우 회색 핸들의 기체용 밸브를 개방하여 기체를 일시적으로 공급할 수 있다.

해설 동영상에서 제시되는 용기는 그림과 길이방향으로 절반 정도 절개하여 내부에 손가락 정도의 굵기를 갖는 작은 배관이 적색 핸들의 용기밸브부터 용기 아랫부분까지 이어져 내려온 것을 보여주고 있다.

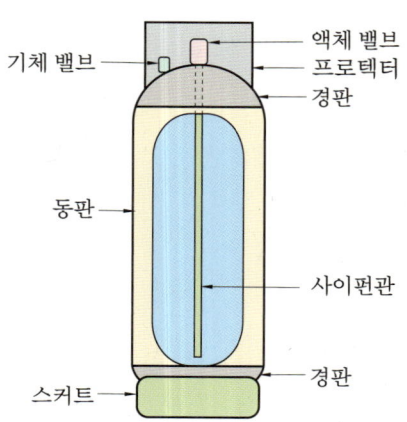

05 건축물 밖에 누출된 가스가 체류할 우려가 있는 장소에 고압가스 제조설비가 설치될 때 바닥면 둘레가 55m이면 가스누출검지 경보장치의 검지부 설치 수는 몇 개인가?

해답 3개

해설 고압가스 제조시설 검지부 설치 수 : KGS FP112
① 건축물 안에 고압가스 설비 등 가스가 누출하기 쉬운 고압가스 설비가 설치되는 경우 : 바닥면 둘레 10m에 대하여 1개 이상의 비율
② 건축물 밖에 고압가스 설비가 누출된 가스가 체류할 우려가 있는 장소에 설치되는 경우 : 바닥면 둘레 20m마다 1개 이상의 비율
③ 특수반응 설비 - 누출된 가스가 체류하기 쉬운 장소에 설치되어 있는 경우 : 바닥면 둘레 10m마다 1개 이상의 비율
④ 가열로 등 발화원이 있는 제조설비가 누출된 가스가 체류하기 쉬운 장소에 설치되는 경우 : 바닥면 둘레 20m마다 1개 이상의 비율

06 액화산소 저장탱크에 대한 물음에 답하시오.

(1) 방류둑을 설치하여야 할 저장능력은 얼마인가?
(2) 방류둑 용량은 저장탱크 저장능력 상당용적의 얼마인가?

해답 (1) 1000톤 이상
(2) 60% 이상

 07 막식 가스미터에 표시된 내용을 설명하시오.

(1) MAX 3.1 m^3/h :
(2) 0.7L/rev :

해답 (1) 사용 최대유량이 시간당 3.1 m^3이다.
(2) 계량실 1주기 체적이 0.7L이다.

 08 고정식 압축도시가스 자동차 충전소의 시설 기준에 대한 물음에 답하시오.

(1) 압축가스설비 외면으로부터 사업소 경계까지 안전거리는 얼마인가? (단, 압축가스설비의 주위에 철근콘크리트제 방호벽이 설치되어 있다.)
(2) 처리설비, 압축가스설비로부터 몇 m 이내에 보호시설이 있는 경우 방호벽을 설치하여야 하는가?
(3) 충전설비는 도로의 경계와 유지하여야 할 거리는 얼마인가?
(4) 처리설비, 압축가스설비 및 충전설비는 철도까지 유지하여야 할 거리는 얼마인가?

해답 (1) 5m 이상
(2) 30m 이내
(3) 5m 이상
(4) 30m 이상

해설 압축가스설비 외면으로부터 사업소 경계까지 10m 이상의 안전거리를 유지하되, 압축가스설비 주위에 방호벽을 설치하는 경우에는 5m 이상의 안전거리를 유지할 수 있다.

※ (1)번에서 방호벽 설치여부에 따라 답안이 달라지므로 문제의 조건을 확인하고 답안을 작성하길 바랍니다.

09 LPG 자동차 용기 충전기(dispenser)를 보호하기 위하여 설치하는 보호대의 높이와 탄소강관 외에 사용할 수 있는 것을 쓰시오.

해답 ① 보호대 높이 : 80cm 이상
② 탄소강관 외 : 두께 12cm 이상의 철근콘크리트

해설 LPG 자동차 고정충전설비(충전기) 보호대 : KGS FP332
① 두께 12cm 이상의 철근콘크리트
② 호칭지름 100A 이상의 KS D 3507(배관용 탄소강관) 또는 이와 동등 이상의 기계적 강도를 가진 강관
③ 높이는 80cm 이상으로 한다.
④ 차량의 충돌로부터 충전기를 보호할 수 있는 형태로 한다. 다만, 말뚝 형태일 경우 말뚝은 2개 이상 설치하고, 간격은 1.5m 이하로 한다.

10 LPG 자동차 용기 충전소의 충전기(dispenser)에 대한 물음에 답하시오.

(1) 충전호스 끝부분에 설치되는 장치는 무엇인가?
(2) 충전호스에 과도한 인장력이 작용하였을 때 분리되는 안전장치의 명칭은 무엇인가?

해답 (1) 정전기 제거장치
(2) 세이프티 커플링(safety coupling)

2021년 가스산업기사 동영상 실전 모의고사

제1회 동영상 모의고사

01 LPG 충전사업소에서 지하에 설치된 저장탱크 저장능력이 30톤일 경우 사업소 경계와의 거리는 얼마인가?

해답 21m 이상

해설 저장설비 안전거리 유지기준(KGS FP331, FP332) : 사업소 경계까지 다음 거리 이상을 유지(단, 저장설비를 지하에 설치하거나 지하에 설치된 저장설비 안에 액중펌프를 설치는 경우에는 사업소 경계와의 거리에 0.7을 곱한 거리)

저장능력	유지거리
10톤 이하	24m
10톤 초과 20톤 이하	27m
20톤 초과 30톤 이하	30m
30톤 초과 40톤 이하	33m
40톤 초과 200톤 이하	36m
200톤 초과	39m

02 주거용 가스보일러 설치기준에 대한 내용 중 ( ) 안에 알맞은 용어를 쓰시오.

(1) 배기통 및 연돌의 터미널에는 새, 쥐 등 직경 ( ) mm 이상인 물체가 통과할 수 없는 방조망을 설치한다.
(2) 전용 보일러실에는 대기압보다 낮은 압력인 음압 형성의 원인이 되는 ( )을 설치하지 않는다.
(3) 가스보일러는 ( )에 설치하지 아니한다.
(4) (3)번의 조건에도 불구하고 가스보일러를 설치할 수 있는 경우를 쓰시오.

해답 (1) 16
(2) 환기팬
(3) 지하실 또는 반지하실
(4) 밀폐식 가스보일러 및 급배기 시설을 갖춘 전용보일러실에 설치하는 반밀폐식 가스보일러의 경우

03 [보기]에서 설명하는 방폭구조의 명칭을 쓰시오.

보기
방폭전기기기 용기 내부에 절연유를 주입하여 불꽃, 아크 또는 고온발생 부분이 기름 속에 잠기게 함으로써 기름면 위에 존재하는 가연성가스에 인화되지 아니하도록 한 구조로 탄광에서 처음으로 사용하였다.

절연유

해답 유입방폭구조

04 가스용 폴리에틸렌관의 열융착이음 종류 3가지를 쓰시오.

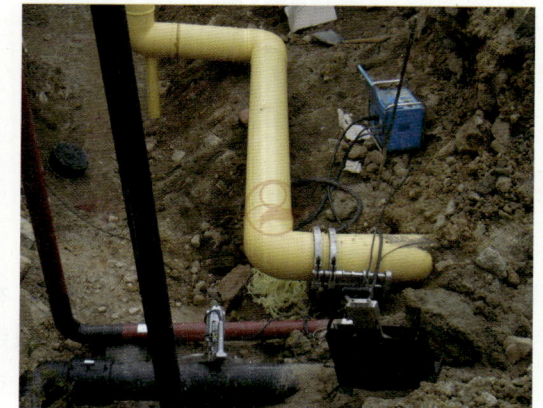

해답
① 맞대기 융착이음
② 소켓 융착이음
③ 새들 융착이음

05 초저온 용기에 충전하는 가스의 최고온도는 얼마인가?

해답 -50℃

해설 초저온 용기 정의 : -50℃ 이하의 액화가스를 충전하기 위한 용기로서 단열재로 씌우거나 냉동설비로 냉각시키는 등의 방법으로 용기 내의 가스온도가 상용온도를 초과하지 아니하도록 한 것이다.
∴ 초저온 용기에 충전하는 가스의 최고온도는 -50℃가 된다.

06 도로폭이 20m인 곳에 도시가스 배관을 매설할 때 매설깊이는 얼마인가?

해답 1.2m 이상

해설 매설깊이 기준 : KGS FS551
① 공동주택 등의 부지 내 : 0.6m 이상
② 폭 8m 이상의 도로 : 1.2m 이상
③ 폭 4m 이상 8m 미만의 도로 : 1m 이상
④ ① 내지 ③에 해당하지 않는 곳 : 0.8m 이상
※ 배관 매설깊이에 대한 구체적인 기준은 동영상 예상문제 69번 해설을 참고하길 바랍니다.

07 액화가스 저장탱크가 설치된 장소의 방류둑 단면으로 지시하는 것의 기능과 이것이 평상시에 닫혀 있는지, 열려 있는지 쓰시오.

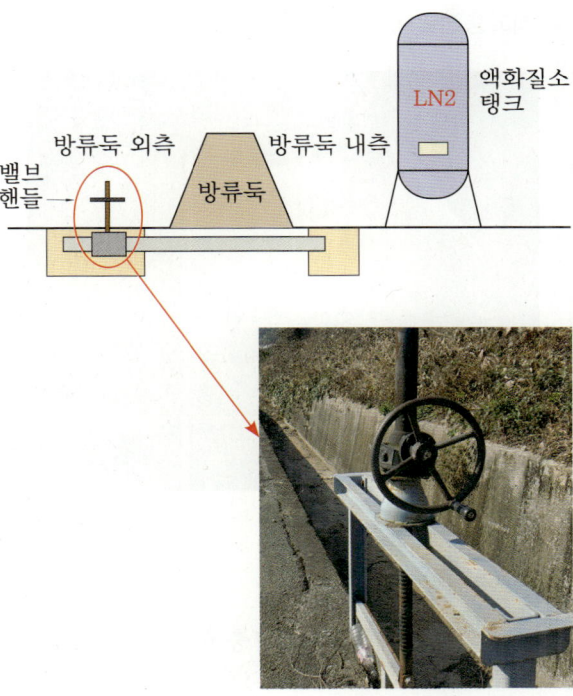

[해답] ① 기능 : 방류둑 안에 고인 물을 외부로 배출할 수 있는 배수밸브이다.
② 평상 시 상태 : 닫혀 있어야 한다.

08 횡으로 설치된 도시가스 배관의 호칭지름이 150A일 때 고정장치의 최대 지지간격은 얼마인가?

[해답] 10 m

[해설] 교량 및 횡으로 설치하는 가스배관의 호칭지름별 최대 지지간격 : KGS FS551

호칭지름	지지간격
100 A	8 m
150 A	10 m
200 A	12 m
300 A	16 m
400 A	19 m
500 A	22 m
600 A	25 m

09 지상에 설치된 LPG 저장탱크 최대지름이 각각 30m와 34m일 때 저장탱크 상호간 유지하여야 할 안전거리는 몇 m인가? (단, 물분무장치가 설치되지 않은 경우이다.)

[풀이] $L = \dfrac{D_1 + D_2}{4} = \dfrac{30 + 34}{4} = 16\,\text{m}$

[해답] 16m 이상

[해설] 지상 저장탱크간 거리(KGS FP331) : 두 저장탱크의 최대지름을 합산한 길이의 4분의 1 이상에 해당하는 거리(두 저장탱크의 최대지름을 합산한 길이의 4분의 1이 1m 미만인 경우에는 1m 이상의 거리)를 유지한다. 거리를 유지하지 못하는 경우에는 물분무장치를 설치한다.

10 산소가 충전된 용기에 각인된 기호 및 숫자를 보고 물음에 답하시오.

(1) 내압시험압력(kg/cm^2)은 얼마인가?
(2) 최고충전압력(kg/cm^2)은 얼마인가?

[해답] (1) 250
(2) 150

[해설] ① 내압시험 및 최고충전압력의 단위는 용기에 각인된 수치가 3자리이면 공학단위인 'kgf/cm^2', 2자리이면 SI단위인 'MPa'로 판단하길 바랍니다.
② 문제에서 압력의 단위를 'kg/cm^2'으로 제시되었으므로 답란에 단위를 작성하지 않는 경우 또는 'kgf/cm^2'으로 작성해도 득점에는 영향이 없으니 선택하여 작성하길 바랍니다.

제2회 동영상 모의고사

01 액화천연가스 시설에서 내진설계 대상에서 제외되는 경우 2가지를 쓰시오.

[해답] ① 저장능력이 3톤(압축가스의 경우 $300\,\mathrm{m}^3$) 미만인 저장탱크 또는 가스홀더
② 지하에 설치되는 시설
③ 건축법령에 따라 내진설계를 하여야 하는 것으로서 같은 법령이 정하는 바에 따라 내진설계를 한 시설

[해설] 가스도매사업의 내진설계 제외 대상 : 도법 시행규칙 별표 5

02 그림과 같은 구조를 갖는 내압 방폭구조를 설명하시오.

[해답] 방폭전기기기의 용기 내부에서 가연성가스의 폭발이 발생할 경우 그 용기가 폭발압력에 견디고 접합면, 개구부 등을 통해 외부의 가연성가스에 인화되지 않도록 한 구조를 말한다.

03 가스용 폴리에틸렌관(PE배관)을 맞대기 융착이음할 때 이음부 연결오차(v)는 배관두께의 얼마인가?

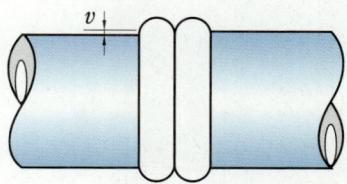

[해답] 10% 이하

04 다음과 같이 금속재료에 대하여 실시하는 시험명칭과 목적을 쓰시오. [제시되는 동영상에서 금속재료(둥근 원형의 쇠막대기) 시험편에 충격적인 힘을 가하여 파괴되는 시험과정을 보여주고 있음]

[해답] ① 시험명칭 : 충격시험
② 시험 목적 : 금속재료의 인성과 취성을 확인

[해설] 인성과 취성
① 인성(靭性) : 재료가 외력에 의해 파괴되기 어려운 질기고, 강한 충격에 잘 견디는 성질이다.
② 취성(脆性) : 재료가 외력에 의하여 영구 변형을 하지 않고 파괴되는 성질로 메짐이라 한다.

05 도시가스 정압기 설계유량이 1000Nm³/h 미만일 때 물음에 답하시오.

(1) 안전밸브 방출관 크기는 얼마인가?
(2) 상용압력이 2.5kPa인 경우 안전밸브 설정압력은 얼마인가?

 (1) 25A 이상
(2) 4.0kPa 이하

해설 ① 정압기 안전밸브 분출부(방출관) 크기 기준
㉮ 정압기 입구측 압력이 0.5MPa 이상 : 50A 이상
㉯ 정압기 입구측 압력이 0.5MPa 미만
㉠ 정압기 설계유량이 1000Nm³/h 이상 : 50A 이상
㉡ 정압기 설계유량이 1000Nm³/h 미만 : 25A 이상

② 정압기 과압안전장치 설정압력 기준

구분		상용압력이 2.5kPa인 경우
이상압력 통보설비	상한값	3.2kPa 이하
	하한값	1.2kPa 이상
주 정압기에 설치되는 긴급차단장치		3.6kPa 이하
안전밸브		4.0kPa 이하
예비 정압기에 설치되는 긴급차단장치		4.4kPa 이하

06 매설된 도시가스 배관의 전기방식법 중 외부전원법에 대하여 설명하시오.

해답 외부 직류전원장치의 양극(+)은 매설배관이 설치되어 있는 토양이나 수중에 설치한 외부전원용 전극에 접속하고, 음극(-)은 매설배관에 접속시켜 부식을 방지하는 방법이다.

07 정압기실에 설치되는 가스누출검지 통보장치의 검지부에 대한 물음에 답하시오.

(1) 검지부 설치 수 기준을 쓰시오.
(2) 작동상황 점검 주기는 얼마인가?

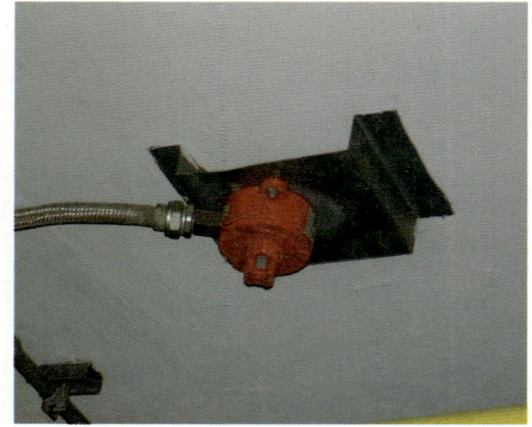

 (1) 정압기실 바닥면 둘레 20m에 대하여 1개 이상
(2) 1주일에 1회 이상

08 고압가스 설비에 설치하는 압력계에 대한 기준 중 ( ) 안에 알맞은 내용을 쓰시오.

(1) 고압가스 설비에 설치하는 압력계는 상용압력의 (①)배 이상 (②)배 이하의 최고눈금이 있는 것으로 한다.
(2) 충전용 주관의 압력계는 (①) 이상, 그 밖의 압력계는 (②) 이상 표준이 되는 압력계로 그 기능을 검사한다.

해답 (1) ① 1.5 ② 2
(2) ① 매월 1회 ② 3월에 1회

해설 압력계 설치 : KGS FP112
① 고압가스 설비에 설치하는 압력계는 상용압력의 1.5배 이상 2배 이하의 최고눈금이 있는 것으로 하고, 압축·액화 그 밖의 방법으로 처리할 수 있는 가스의 용적이 1일 100m³ 이상인 사업소에는 '국가표준기본법'에 의한 제품인증을 받은 압력계를 2개 이상 비치한다.
② 충전용 주관의 압력계는 매월 1회 이상, 그 밖의 압력계는 3월에 1회 이상 표준이 되는 압력계로 그 기능을 검사한다.
※ "3월"에 1회 이상은 해당년도 3월달이 아니고 3개월 주기로 검사한다는 것이다.
③ 고압가스 특정제조(KGS FP111)의 경우 주관의 압력계 기능 검사주기는 동일하지만 그 밖의 압력계는 1년에 1회 이상이니 구별하여 기억하길 바랍니다.

09 초저온 용기에 충전하는 가스의 최고온도는 얼마인가?

해답 -50℃

해설 초저온 용기 정의 : -50℃ 이하의 액화가스를 충전하기 위한 용기로서 단열재로 씌우거나 냉동설비로 냉각시키는 등의 방법으로 용기 내의 가스온도가 상용온도를 초과하지 아니하도록 한 것이다.
∴ 초저온 용기에 충전하는 가스의 최고온도는 -50℃가 된다.

10 지상에 저장탱크를 설치한 곳의 방류둑에 대한 물음에 답하시오. [제시되는 동영상에서 저장탱크 외면에 "LNG"라는 가스 명칭이 표시된 것을 보여줌]

(1) 이 시설 내측 및 그 외면으로부터 일정 거리에는 그 저장탱크의 부속설비 외의 것을 설치하지 않아야 한다. 이때 외면으로부터 거리는 얼마인가?
(2) 방류둑을 설치하여야 하는 저장능력은 얼마인가?
(3) 방류둑 용량은 얼마인가?

해답 (1) 10m 이내
(2) 500톤 이상
(3) 저장탱크의 저장능력에 상당하는 용적 이상 (또는 저장능력 상당용적 이상)

해설 방류둑을 설치하여야 할 저장탱크 저장능력 기준
① 고압가스 특정제조
   ㉮ 가연성가스 : 500톤 이상
   ㉯ 독성가스 : 5톤 이상
   ㉰ 액화산소 : 1000톤 이상
② 고압가스 일반제조
   ㉮ 가연성가스, 액화산소 : 1000톤 이상
   ㉯ 독성가스 : 5톤 이상
③ 냉동제조시설(독성가스 냉매 사용) : 수액기 내용적 1만 L 이상
④ 액화석유가스 : 1000톤 이상
⑤ 도시가스
   ㉮ 가스도매사업 : 500톤 이상
   ㉯ 일반도시가스사업 : 1000톤 이상

※ LNG 저장탱크는 가스도매사업자의 시설로 판단한 것임

제4회 동영상 모의고사

01 압축가스 및 액화가스를 충전하는 용기를 용접유무에 의하여 구분할 때 명칭을 쓰시오.

해답 이음매 없는 용기(또는 심리스 용기, 무계목 용기)

02 도시가스 사용시설에 호칭지름 43mm인 배관을 노출하여 설치할 때 물음에 답하시오.

(1) 고정장치 설치간격은 얼마인가?
(2) 배관 외부에 표시할 사항 2가지를 쓰시오.

해답 (1) 3m마다
(2) ① 사용가스명   ② 최고사용압력
    ③ 가스의 흐름 방향

03 LNG에 대한 물음에 답하시오.

(1) LNG의 주성분인 물질의 완전연소 반응식을 완성하시오.
(2) LNG의 주성분인 물질과 염소를 반응시키면 냉매로 사용되는 물질이 생성되는데 이 물질의 명칭은 무엇인가?

해답 (1) $CH_4 + 2O_2 \rightarrow CO_2 + 2H_2O$
(2) 염화메틸(CH_3Cl) (또는 염화메탄)

04 탱크 내부의 폭발 모습으로 방폭전기기기의 용기 내부에서 가연성가스의 폭발이 발생할 경우 그 용기가 폭발압력에 견디고 접합면, 개구부 등을 통하여 외부의 가연성가스에 인화되지 아니하도록 한 구조의 방폭구조 명칭과 기호를 쓰시오.

해답 ① 명칭 : 내압(耐壓) 방폭구조
② 기호 : d

05 LNG 저장시설에서 저장능력이 (①) 이상일 때 (②)을[를] 설치한다. ( ) 안에 알맞은 내용을 넣으시오.

[해답] ① 500톤 ② 방류둑

06 도시가스 배관의 신축흡수조치에 대한 기준 중 ( ) 안에 알맞은 내용을 쓰시오.

매설되어 있는 배관 외의 배관에 신축흡수조치를 할 때 (①)을[를] 사용하거나 (②)이나 (③) 등의 신축이음매를 사용할 수 있다. 건축물 내에 설치된 수직 배관은 길이가 (④)을[를] 초과하는 경우에는 신축흡수조치를 한다.

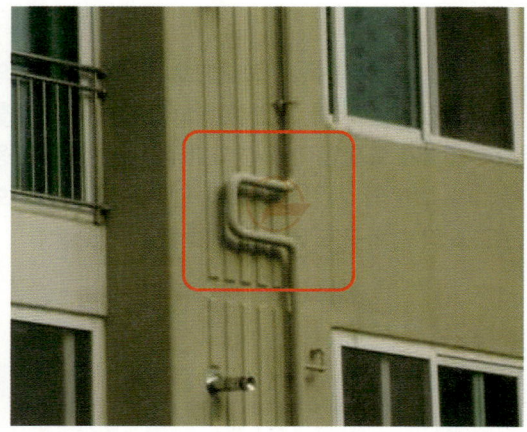

[해답] ① 곡관(bent pipe) ② 벨로스형
③ 슬라이드형 ④ 60m

07 공칭외경 90mm 이상인 가스용 폴리에틸렌관(PE배관)을 지하에 매설할 때 접합하는 것으로 이음방법 명칭을 쓰시오.

[해답] 맞대기 융착이음

08 도시가스(LNG) 지하 정압기실에 설치된 강제 통풍장치에 대한 물음에 답하시오.

(1) 배기구 관지름은 몇 mm 이상인가?
(2) 방출구는 지면에서 몇 m 이상의 높이에 설치해야 하는가?

[해답] (1) 100mm 이상 (2) 3m 이상
[해설] ① 배기가스 방출구 높이는 지면에서 5m 이상이지만 공기보다 가벼운 LNG이기 때문에 답안이 3m 이상이 되는 것입니다.
② '배기가스 방출구 높이'와 '정압기 안전밸브 방출관 높이'를 구별하기 바랍니다.

09 용기보관실에서 가스누출 시 화재 확산 예방법에 대하여 2가지를 쓰시오.

해답
① 용기보관실은 그 외면으로부터 화기를 취급하는 장소까지 2m 이상의 우회거리를 유지한다.
② 용기보관실은 불연성 재료를 사용하고, 그 지붕은 불연성 재료를 사용한 가벼운 지붕을 설치한다.
③ 용기보관실에는 분리형 가스누출경보기를 설치한다.
④ 용기보관실에 설치된 전기설비는 방폭구조로 하고 용기보관실 내에는 방폭등 외의 조명등을 설치하지 아니한다.
⑤ 용기보관실에는 누출된 액화석유가스가 머물지 아니하도록 자연환기설비나 강제환기설비를 설치한다.

10 도시가스 배관을 도로 폭이 6m인 곳에 매설할 때 매설깊이는 얼마로 하여야 하는가?

해답 1m 이상

해설 매설깊이 기준 : KGS FS551
① 공동주택 등의 부지 내 : 0.6m 이상
② 폭 8m 이상의 도로 : 1.2m 이상
③ 폭 4m 이상 8m 미만의 도로 : 1m 이상
④ ① 내지 ③에 해당하지 않는 곳 : 0.8m 이상

※ 배관 매설깊이에 대한 구체적인 기준은 동영상 예상문제 69번 해설을 참고하길 바랍니다.

2022년 가스산업기사 동영상 실전 모의고사

제1회 동영상 모의고사

01 자석의 S극과 N극을 이용하여 용접부에 비파괴검사를 하는 것의 명칭을 영문약자로 쓰시오.

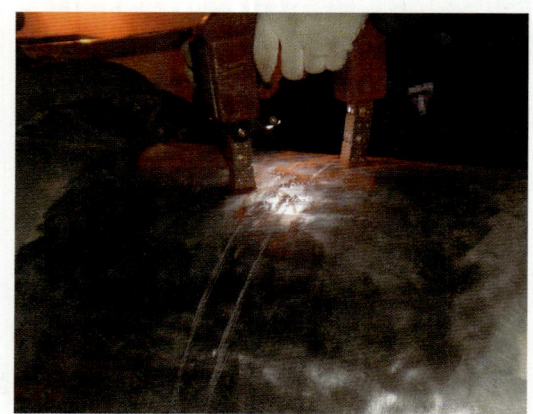

[해답] MT
[해설] MT : 자분탐상검사

02 다음은 압축기의 단면을 나타낸 것이다. 명칭을 쓰시오.

[해답] 나사 압축기
(또는 스크루 압축기, screw compressor)

03 LPG 자동차 용기 충전기(dispenser)를 보호하기 위하여 설치하는 보호대의 높이와 탄소강관 외에 사용할 수 있는 것을 쓰시오.

[해답] ① 보호대 높이 : 80cm 이상
② 탄소강관 외 : 두께 12cm 이상의 철근콘크리트

[해설] LPG 자동차 고정충전설비(충전기) 보호대 : KGS FP332
① 두께 12cm 이상의 철근콘크리트
② 호칭지름 100A 이상의 KS D 3507(배관용 탄소강관) 또는 이와 동등 이상의 기계적 강도를 가진 강관
③ 높이는 80cm 이상으로 한다.
④ 차량의 충돌로부터 충전기를 보호할 수 있는 형태로 한다. 다만, 말뚝 형태일 경우 말뚝은 2개 이상 설치하고, 간격은 1.5m 이하로 한다.

04 LNG 저장설비 외면으로부터 사업소 경계까지 유지하여야 할 거리 계산식은 [보기]와 같다. 여기서 "W"의 의미를 단위까지 포함하여 쓰시오.

┌─ 보기 ─────────────────┐
$$L = C \times \sqrt[3]{143000W}$$
└────────────────────────┘

해답 저압 지하식 저장탱크는 저장능력(톤)의 제곱근, 그 밖의 것은 그 시설 안의 액화천연가스의 질량(톤)

해설 사업소 경계까지 유지거리 계산식의 각 기호의 의미
L : 유지하여야 하는 거리(m)
C : 상수(저압 지하식 저장탱크 0.240, 그 밖의 가스저장설비 및 처리설비 0.576)

05 가스도매사업의 제조소 및 공급소에서 내진설계 대상에서 제외되는 LNG 저장탱크는 저장능력이 (   )톤 미만인 경우이다. (   ) 안에 알맞은 내용을 쓰시오.

해답 3
해설 가스도매사업의 내진설계 제외 대상 : 도법 시행규칙 별표5
① 저장능력이 3톤(압축가스의 경우 300m³) 미만인 저장탱크 또는 가스홀더
② 지하에 설치되는 시설
③ 건축법령에 따라 내진설계를 하여야 하는 것으로서 같은 법령이 정하는 바에 따라 내진설계를 한 시설

06 LPG 저장시설 배관에 설치된 장치에 대한 물음에 답하시오.
(1) 지시하는 것의 명칭을 쓰시오.
(2) 이 장치를 작동하는 동력원 종류 4가지를 쓰시오.

해답 (1) 긴급차단장치 (또는 긴급차단밸브)
(2) ① 액압 ② 기압 ③ 전기식 ④ 스프링식

07 밀폐식 보일러를 사람이 거처하는 곳에 부득이 설치할 때 바닥면적이 5m²이면 통풍구(환기구) 면적은 얼마인가?

해답 1500cm² 이상
해설 통풍구(환기구) 면적은 바닥면적 1m²당 300cm²의 비율로 계산한 면적 이상이므로 5×300=1500cm² 이상 확보하여야 한다.

08 방폭전기기기에 표시된 기호의 의미 및 ( ) 안에 알맞은 내용을 쓰시오.

(1) Ex :
(2) d :
(3) ⅡB : 방폭전기기기의 (   )
(4) T4 : 방폭전기기기의 (   )

해답 (1) 방폭구조
 (2) 내압 방폭구조
 (3) 폭발등급
 (4) 온도등급

 09 다음 용기에 대한 물음에 답하시오.

(1) 용기 명칭을 쓰시오. (단, 제조방법 및 충전하는 가스에 의한 명칭은 제외한다.)
(2) 일반 가정용으로 사용하는 용기와 비교해서 구분되는 점을 설명하시오.

해답 (1) 사이펀 용기
 (2) 사이펀 용기는 원칙적으로 기화장치가 설치되어 있는 시설에서만 사용이 가능하며, 기화장치가 고장 등에 의하여 액화석유가스를 공급하지 못하는 경우 기체용 밸브(회색 핸들)를 개방하여 기체를 일시적으로 공급할 수 있다.

해설 사이펀 용기의 구조는 2020년 제4회 04번 해설을 참고하기 바랍니다.

 10 퓨즈콕에 대한 물음에 답하시오.

(1) 이 가스용품 내부에 설치된 안전기구의 명칭을 쓰시오.
(2) 핸들 등이 반개방 상태에서도 가스유로가 열리지 않는 장치의 명칭을 쓰시오.

해답 (1) 과류차단안전기구
 (2) 온-오프(on-off) 장치

해설 각 장치의 기능(역할) : KGS AA334
 ① 과류차단안전기구 : 표시유량 이상의 가스량이 통과되었을 경우 가스유로를 차단하는 장치를 말한다.
 ② 온-오프(on-off) 장치 : 과류차단안전기구를 가지며, 핸들 등이 반개방 상태에서도 가스유로가 열리지 않는 것을 말한다.

제2회 동영상 모의고사

01 가스용 폴리에틸렌관(PE배관) 융착이음에 대한 물음에 답하시오.

(1) 동영상에서 보여주는 융착이음 명칭을 쓰시오.
(2) 동영상에서 보여주는 융착이음을 할 때 공칭외경은 몇 mm 이상인가?

해답 (1) 맞대기 융착이음　(2) 90

02 메탄과 같은 유기화합물을 분석하는 검출기로 불꽃 이온화 검출기(FID)라 불리며, 이것은 특정 가스와의 반응을 이용한 것이다. 이 가스는 무엇인가?

해답 수소(H_2)

03 LPG를 저장탱크 또는 차량에 고정된 탱크에 이입·충전할 때 사용되는 가스용품의 명칭을 쓰시오.

해답 로딩암(loading arms)

04 그림은 탱크 내부의 폭발 모습이다. 그림과 함께 설명하는 방폭구조의 명칭을 쓰시오.

내부에서 폭발성가스의 폭발이 일어날 경우 용기가 폭발압력에 견디고, 외부의 폭발성 분위기에 불꽃의 전파를 방지하도록 한 구조이다. 또 폭발한 고열가스가 용기의 틈으로부터 누설되어도 틈의 냉각효과로 외부의 폭발성가스에 착화될 우려가 없도록 만들어진 구조이다.

해답 내압 방폭구조

05 도시가스 사용시설에서 사용하는 것으로 내부에 과류차단 안전기구가 설치된 가스용품 명칭을 쓰시오.

해답 퓨즈콕

06 LPG 시설에 설치된 설비에 대한 물음에 답하시오.

(1) 지시하는 것의 명칭을 쓰시오.
(2) 지상에 설치된 저장탱크에 이와 같은 설비를 설치하였을 때 방출구 높이 기준에 대하여 설명하시오.

해답 (1) 스프링식 안전밸브
(2) 지면으로부터 5m 이상 또는 저장탱크 정상부에서 2m 이상 중 높은 위치

해설 ① 제시된 스프링식 안전밸브 내부 구조
② 제시된 스프링식 안전밸브는 수직배관 중간에 설치하며, 밸브 위쪽에 연결된 배관으로 가스 방출이 이루어진다.

07 액화천연가스 저장설비와 처리설비는 그 외면으로부터 사업소 경계까지 유지하여야 하는 최소거리는 얼마인가?

해답 50m

해설 사업소 경계와의 거리(KGS FP451) : 액화천연가스(기화된 천연가스 포함한다)의 저장설비와 처리설비(1일 처리능력 $52500\,m^3$ 이하인 펌프, 압축기, 응축기 및 기화장치는 제외한다)는 그 외면으로부터 사업소 경계까지 다음 계산식에서 얻은 거리(그 거리가 50m 미만의 경우에는 50m) 이상을 유지한다.

$$L = C \times \sqrt[3]{143000W}$$

여기서,
 L : 유지하여야 하는 거리(m)
 C : 저압 지하식 저장탱크는 0.240, 그 밖의 가스저장설비 및 처리설비는 0.576
 W : 저장탱크는 저장능력(톤)의 제곱근, 그 밖의 것은 그 시설 안의 액화천연가스의 질량(톤)

08 도시가스 정압기 입구측 압력이 0.5MPa 미만이고, 설계유량이 1000Nm³/h 미만일 때 물음에 답하시오.

(1) 안전밸브 방출관 크기는 얼마인가?
(2) 상용압력이 2.5kPa인 경우 주 정압기에 설치되는 긴급차단장치의 설정압력은 얼마인가?

해답 (1) 25A 이상
(2) 3.6kPa 이하

해설 ① 정압기 안전밸브 분출부(방출관) 크기 기준
㉮ 정압기 입구측 압력이 0.5MPa 이상 : 50A 이상
㉯ 정압기 입구측 압력이 0.5MPa 미만
㉠ 정압기 설계유량이 1000Nm³/h 이상 : 50A 이상
㉡ 정압기 설계유량이 1000Nm³/h 미만 : 25A 이상
② 정압기 과압안전장치 설정압력 기준

구분		상용압력이 2.5kPa인 경우
이상압력 통보설비	상한값	3.2kPa 이하
	하한값	1.2kPa 이상
주 정압기에 설치되는 긴급차단장치		3.6kPa 이하
안전밸브		4.0kPa 이하
예비 정압기에 설치되는 긴급차단장치		4.4kPa 이하

09 LPG 자동차에 고정된 용기에 충전하는 충전기(dispenser)에 대한 물음에 답하시오.

(1) 충전호스에 설치하는 장치의 명칭과 역할을 쓰시오.
(2) 충전 중에 발생할 수 있는 사고를 방지하기 위하여 충전호스에 설치되는 안전장치의 명칭과 역할을 쓰시오.

해답 (1) ① 장치 : 정전기제거장치
② 역할 : 충전호스에 축적되는 정전기를 제거하여 정전기로 인한 인화, 폭발을 방지한다.
(2) ① 명칭 : 세이프티 커플링(safety coupling)
② 역할 : LPG 충전 중 충전호스에 과도한 인장력이 가해졌을 때 충전기와 가스주입기가 자동으로 분리됨과 동시에 폐쇄되어 LPG 누출로 인한 사고를 사전에 방지한다.

해설 세이프티 커플링 작동성능
① 분리 성능 : 커플링은 연결된 상태에서 압력을 가하여 2.7~3.3MPa에서 분리되는 것으로 한다.
② 당김 성능 : 커플링은 연결된 상태에서 30±10mm/min의 속도로 당겼을 때 490.4~588.4N에서 분리되는 것으로 한다.
③ 회전 성능 : 커플링은 결합 후 암수 커플링이 자유롭게 회전되는 것으로 한다.

가스용 폴리에틸렌관(PE배관) 매설에 대한 물음에 답하시오.

(1) 도로폭이 10m일 때 매설깊이는 얼마인가?
(2) 매설깊이를 확보할 수 없는 경우 조치사항에 대하여 설명하시오.

해답 (1) 1.2m 이상
(2) 금속제의 보호관 또는 보호판으로 배관을 보호하며, 보호관이나 보호판 외면과 지면 또는 노면과는 0.3m 이상의 깊이를 유지한다.

해설 매설깊이 기준 : KGS FS551
① 공동주택 등의 부지 내 : 0.6m 이상
② 폭 8m 이상의 도로 : 1.2m 이상
③ 폭 4m 이상 8m 미만의 도로 : 1m 이상
④ ① 내지 ③에 해당하지 않는 곳 : 0.8m 이상

※ 배관 매설깊이에 대한 구체적인 기준은 **동영상 예상문제 69번 해설**을 참고하길 바랍니다.

제4회 동영상 모의고사

01 다음은 수소자동차 충전시설에 설치된 것으로 명칭을 각각 쓰시오. [동영상에서 충전설비가 설치된 캐노피 천장부분에 설치된 기기를 보여주고 있음]

(1)　　　　　　(2)

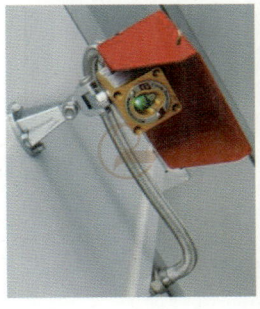 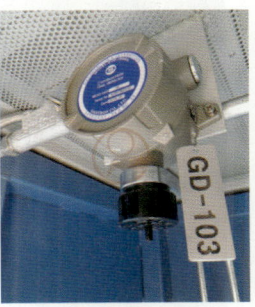

[해답] (1) 수소불꽃검지기
　　　(2) 수소누출검지 경보장치의 검지부
[해설] 수소 불꽃은 파장이 짧기 때문에 일반 불꽃과 같이 육안으로 확인하기가 어려워 수소충전소에는 수소 불꽃을 감지할 수 있는 수소불꽃검지기를 설치한다.

02 가스용 폴리에틸렌관의 열융착이음 종류 3가지를 쓰시오.

[해답] ① 맞대기 융착이음
　　　② 소켓 융착이음
　　　③ 새들 융착이음

03 가스사용시설에 설치된 가스미터의 설치높이는 바닥으로부터 얼마인가?

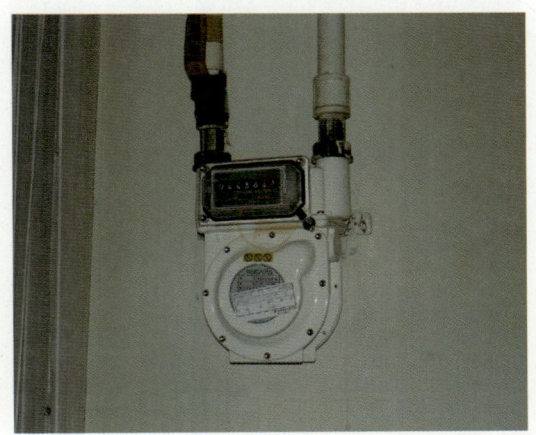

[해답] 1.6m 이상 2m 이내 (또는 1.6~2m 이내)

04 도시가스를 사용하는 연소기구에서 1차 공기량이 부족한 경우, 연소반응이 충분한 속도로 진행되지 않을 때 불꽃의 끝이 적황색으로 되어 연소하는 현상을 무엇이라 하는가? [동영상에서 공기조절장치의 공기량을 줄이면서 불꽃이 적황색으로 변화하는 과정을 보여줌]

[해답] 옐로팁(yellow tip)(또는 황염[黃炎])

05 액화가스가 저장된 저장시설에 설치되는 방류둑 성토의 기울기는 수평에 대하여 ( )도 이하로 하며, 성토 윗부분의 폭은 30cm 이상으로 한다. ( ) 안에 알맞은 내용을 쓰시오.

해답 45

06 동영상에서 제시해 주는 전기방식에 대한 물음에 답하시오.

(1) 전기방식 명칭을 쓰시오.
(2) 양극재료로 사용하는 금속을 쓰시오.

해답 (1) 희생양극법
(2) ① 마그네슘(Mg)
② 아연(Zn)

07 LPG 용기충전시설에 설치된 소형 저장탱크에 대한 물음에 답하시오. (단, 충전질량은 1000kg이다.)

(1) 경계책 높이는 얼마인가?
(2) 소형 저장탱크 부근에 비치하여야 할 소화설비 기준을 쓰시오.

해답 (1) 1m 이상
(2) ABC용 B-12 이상의 분말소화기를 2개 이상 비치

해설 소형 저장탱크에 설치하는 경계책은 높이 1m 이상으로 충전질량 1000kg 이상만 해당된다.

08 도시가스 배관이 매설된 부분에 설치되는 것으로 이것의 용도를 쓰시오.

해답 도시가스 매설배관의 전기방식용 전위를 측정하기 위한 터미널 박스이다.

09 도시가스 표지판에 대한 물음에 답하시오.

(1) 표지판을 설치하는 경우에 대하여 쓰시오.
(2) 설치간격은 얼마인가?

> [해답] (1) 배관을 시가지 외 도로·산지·농지 또는 하천부지·철도부지 내에 매설하는 경우
> (2) 500m 이내

> [해설] 도시가스 표지판 설치간격
> ① 가스도매사업자 배관 : 500m 이내
> ② 일반도시가스사업자 배관 : 200m 이내
> ※ 동영상에서 보여주는 표지판은 고압가스관(고압공급관)이므로 가스도매사업자의 규정을 적용한 것이다.

> [참고] 일반도시가스사업자 배관 표지판

10 도시가스 배관을 지하에 매설하는 공정에 대한 물음에 답하시오.

(1) 도시가스 배관과 상수도관 등 다른 시설물과 이격거리는 얼마인가?
(2) 도시가스 배관 매설 시 보호판을 설치해야 하는 경우를 쓰시오.

(1)

(2)

> [해답] (1) 0.3m 이상
> (2) ① 배관 외면과 타 시설물과 0.3m 이상의 간격을 유지하지 못하는 경우
> ② 매설 깊이를 확보할 수 없는 경우
> ③ 도로 밑에 최고사용압력이 중압 이상인 배관을 매설하는 경우

> [해설] ① 보호판을 설치하는 경우 기준은 사업자별로 규정이 각각 되어 있으므로 동영상 예상문제 70번 해설을 참고하길 바랍니다.
> ② 해답은 '일반도시가스사업'의 기준을 적용하였음

2023년 가스산업기사 동영상 실전 모의고사

제1회 동영상 모의고사

01 고정식 압축도시가스 자동차 충전시설의 저장설비·처리설비·압축가스설비 및 충전설비는 다음의 전선과 유지하여야 할 거리는 얼마인가?

(1) 고압전선 :
(2) 저압전선 :

해답 (1) 5 m 이상
(2) 1 m 이상

해설 ① 고압전선 : 직류의 경우에는 750V를 초과하는 전선을, 교류의 경우에는 600V를 초과하는 전선
② 저압전선 : 직류의 경우에는 750V 이하의 전선을, 교류의 경우에는 600V 이하의 전선

02 도시가스 매설배관 누설검사를 하는 차량에 탑재하여 사용되는 장비의 명칭과 원리를 설명하시오.

해답 ① 명칭 : 수소 불꽃 이온화 검출기(또는 수소염 이온화 검출기, FID)
② 원리 : 불꽃 속에 탄화수소가 들어가면 시료 성분이 이온화됨으로써 불꽃 중에 놓여진 전극간의 전기전도도가 증대하는 것을 이용한 것이다.

03 용기가스 소비자에게 액화석유가스를 공급하려는 가스공급자와 가스소비자가 체결하는 안전공급 계약에 포함되어야 하는 사항 4가지를 쓰시오.

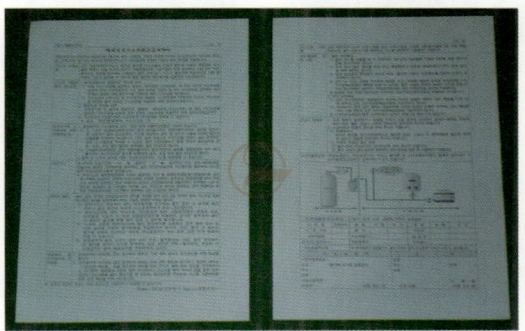

해답 ① 액화석유가스의 전달방법
② 액화석유가스의 계량방법과 가스요금
③ 공급설비와 소비설비에 대한 비용부담
④ 공급설비와 소비설비의 관리방법
⑤ 위해 예방조치에 관한 사항
⑥ 계약의 해지
⑦ 계약기간
⑧ 소비자보장책임보험 가입에 관한 사항

04 도시가스 배관을 지하에 매설한 후 다음과 같은 전기방식법을 시공하였을 때 터미널박스 설치간격은 얼마인가?

해답 300m 이내
해설 첨부된 이미지(사진)는 '희생양극법'이다.

05 도시가스 배관을 지하에 매설하는 경우 배관의 직상부에 보호포를 설치한다. 이때 최고사용압력에 따른 보호포의 바탕색을 각각 쓰시오.

해답 ① 저압 : 황색
② 중압 이상 : 적색
해설 보호표 표시사항 : 가스명, 최고사용압력, 공급자명 등

06 도시가스 정압기실에서 정압기 전단 및 후단에 설치되는 안전장치의 명칭을 쓰시오.

해답 ① 전단 : 긴급차단장치
② 후단 : 정압기 안전밸브
해설 정압기를 기준으로 '전단'은 1차측(입구측)을, '후단'은 2차측(출구측)을 지칭하는 것이다.

07 건축물 내부에 호칭지름 20mm 도시가스 배관을 200m 설치할 때 배관 고정장치는 몇 개를 설치해야 하는가?

[풀이] 호칭지름 20mm 배관의 고정장치 설치간격은 2m이다.

∴ 고정장치 수 = $\dfrac{\text{배관길이}}{\text{설치간격}} = \dfrac{20}{2} = 100$개

[해답] 100개

08 수소자동차 충전소의 상부 지붕이 "V자"형(또는 아치형)으로 되어 있는 이유를 설명하시오.

[해답] 수소는 폭발범위가 4~75%로 넓고, 공기보다 가볍기 때문에 누출이 되었을 때 대기 중으로 확산이 잘 될 수 있도록 하여 폭발사고를 방지할 목적으로 V자형(또는 아치형)으로 설치한다.

09 공업용 용기에 충전하는 가스 명칭을 쓰시오.

(1)   (2)

(3)   (4)

[해답] (1) 아세틸렌(C_2H_2)   (2) 산소(O_2)
(3) 이산화탄소(CO_2)   (4) 수소(H_2)

10 맞대기 융착이음을 하는 가스용 폴리에틸렌 관의 두께가 30mm일 때 비드 폭의 최소치(B_{min})와 최대치(B_{max})를 각각 계산하시오.

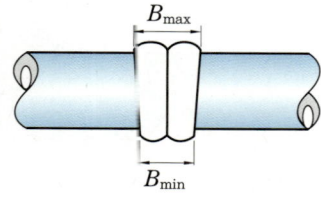

[풀이] ① $B_{min} = 3 + 0.5t = 3 + (0.5 \times 30) = 18\,mm$
② $B_{max} = 5 + 0.75t = 5 + (0.75 \times 30) = 27.5\,mm$

[해답] ① 최소치(B_{min}) : 18mm
② 최대치(B_{max}) : 27.5mm

제2회 동영상 모의고사

01 도시가스 배관을 매설할 때 다음과 같은 전기방식을 시공하였을 때 전기방식법 명칭과 터미널 박스 설치 간격을 각각 쓰시오.

[해답] ① 명칭 : 희생양극법
② 설치 간격 : 300m 이내

02 호칭지름 25mm 도시가스 배관을 고정설치할 때 작업자가 지켜야 할 사항 2가지를 쓰시오.

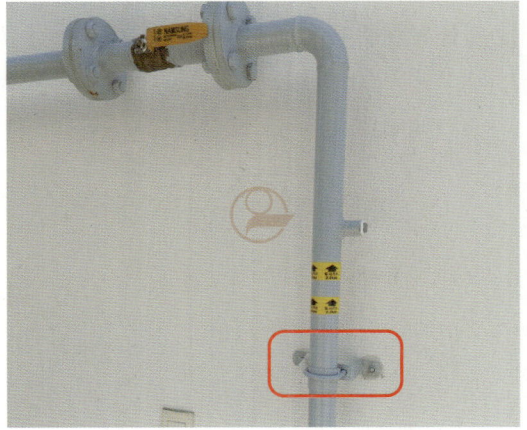

[해답] ① 고정장치를 2m 마다 설치한다.
② 배관과 고정장치 사이에 절연조치를 한다.

03 고압가스 충전용기에 대한 물음에 기호(A, B, C, D)로 답하시오.

(1) 가연성가스를 충전한 용기 :
(2) 조연성가스를 충전한 용기 :
(3) 불연성가스를 충전한 용기 :

A

B

C

D

[해답] (1) B, D
(2) A
(3) C

[해설] 각 용기에 충전하는 가스 명칭
A : 산소
B : 암모니아
C : 이산화탄소
D : 아세틸렌

04 액화천연가스 저장설비와 처리설비는 그 외면으로부터 사업소 경계까지 유지하여야 하는 최소거리는 얼마인가?

[해답] 50 m

[해설] 사업소 경계와의 거리(KGS FP451) : 액화천연가스(기화된 천연가스 포함한다)의 저장설비와 처리설비(1일 처리능력 52500 m^3 이하인 펌프, 압축기, 응축기 및 기화장치는 제외한다)는 그 외면으로부터 사업소 경계까지 다음 계산식에서 얻은 거리(그 거리가 50 m 미만의 경우에는 50 m) 이상을 유지한다.

$$L = C \times \sqrt[3]{143000W}$$

여기서,
 L : 유지하여야 하는 거리(m)
 C : 저압 지하식 저장탱크는 0.240, 그 밖의 가스저장설비 및 처리설비는 0.576
 W : 저장탱크는 저장능력(톤)의 제곱근, 그 밖의 것은 그 시설 안의 액화천연가스의 질량(톤)

 05 LPG 용기에 대한 물음에 답하시오.

(1) 용기 명칭을 쓰시오.
(2) 일반 가정용으로 사용하는 용기와 비교해서 구분되는 점을 설명하시오.

[해답] (1) 사이펀 용기
(2) 사이펀 용기는 원칙적으로 기화장치가 설치되어 있는 시설에서만 사용이 가능하며, 기화장치가 고장 등에 의하여 액화석유가스를 공급하지 못하는 경우 기체용 밸브(회색 핸들)를 개방하여 기체를 일시적으로 공급할 수 있다.

[해설] 동영상에서 제시되는 용기는 그림과 길이방향으로 절반 정도 절개하여 내부에 손가락 정도의 굵기를 갖는 작은 배관이 적색 핸들의 용기밸브부터 용기 아랫부분까지 이어져 내려온 것을 보여주고 있음

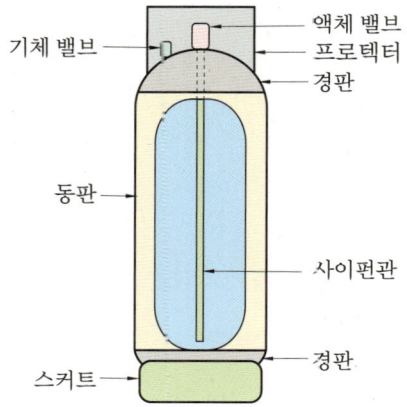

06 도시가스 사용시설에서 가스누출 자동차단 장치의 검지부를 설치하지 않아야 할 장소 2가지를 쓰시오.

해답 ① 출입구 부근 등으로서 외부의 기류가 통하는 곳
② 환기구 등 공기가 들어오는 곳으로부터 1.5m 이내의 곳
③ 연소기의 폐가스에 접촉하기 쉬운 곳

07 LPG를 이입·충전할 때 사용하는 압축기에서 정전기를 제거하기 위한 방법 중 지시하는 것은 어떤 방법에 해당되는가?

해답 대상물을 접지한다.

08 가스도매사업의 가스공급시설에 설치되는 벤트스택에 대한 물음에 답하시오.

(1) 벤트스택의 높이 기준이 되는 방출된 가스의 착지농도를 쓰시오.
(2) 액화가스가 함께 방출되거나 급랭될 우려가 있는 벤트스택에 설치하여야 하는 것을 쓰시오.

해답 (1) 폭발하한계 값 미만
(2) 기액분리기(氣液分離器)

09 LPG 자동차 충전기(dispenser)에 대한 물음에 답하시오.

(1) 충전호스 길이는 얼마인가?
(2) 충전호스 끝 부분에 설치되는 장치는 무엇인가?

해답 (1) 5m 이내
(2) 정전기 제거장치

10 도로 및 공동주택 등의 부지 안 도로에 도시가스 배관을 매설하는 경우에 매설표시를 하는 것에 대한 물음에 답하시오.

(1) 제시되는 것의 명칭을 쓰시오.
(2) 종류 2가지를 쓰시오. (단, 금속재는 제외한다.)

해답
(1) 라인마크
(2) ① 스티커형 라인마크
② 네일형 라인마크

해설 라인마크의 종류
① 금속재 라인마크

② 스티커형 라인마크

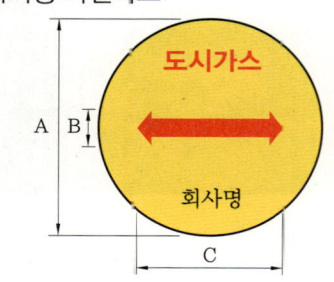

A	B	C	두께
100mm	10mm	70mm	1.5±0.2mm

[비고] 글씨는 8~10[mm] 장방형으로 한다.

③ 네일형 라인마크

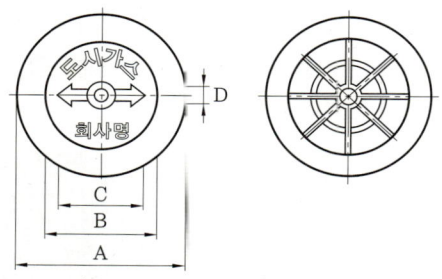

A	B	C	D	두께
60mm	40mm	30mm	6mm	7mm

[비고] 글씨는 6~10mm 장방형에 음각으로 한다.

제4회 동영상 모의고사

01 고압가스 설비에 설치하는 압력계에 대한 기준 중 ( ) 안에 알맞은 내용을 쓰시오.

⑴ 고압가스 설비에 설치하는 압력계는 상용압력의 (   )에 해당하는 최고눈금이 있는 것으로 한다.
⑵ 충전용 주관의 압력계는 (   ) 이상 표준이 되는 압력계로 그 기능을 검사한다.

[해답] ⑴ 1.5배 이상 2배 이하
      ⑵ 매월 1회

[해설] 압력계 설치 : KGS FP112
① 고압가스 설비에 설치하는 압력계는 상용압력의 1.5배 이상 2배 이하의 최고눈금이 있는 것으로 하고, 압축·액화 그 밖의 방법으로 처리할 수 있는 가스의 용적이 1일 100m³ 이상인 사업소에는 '국가표준기본법'에 의한 제품인증을 받은 압력계를 2개 이상 비치한다.
② 충전용 주관의 압력계는 매월 1회 이상, 그 밖의 압력계는 3월에 1회 이상 표준이 되는 압력계로 그 기능을 검사한다.
   ※ "3월"에 1회 이상은 해당년도 3월달이 아니고 3개월 주기로 검사한다는 것이다.
③ 고압가스 특정제조(KGS FP111)의 경우 주관의 압력계 기능 검사주기는 동일하지만, 그 밖의 압력계는 1년에 1회 이상이니 구별하여 기억하길 바랍니다.

02 다음 충전용기 밸브의 안전밸브 종류를 쓰시오.

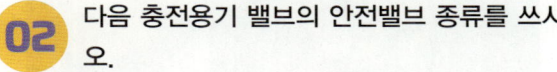

[해답] ⑴ 파열판식
     ⑵ 스프링식
     ⑶ 가용전식

[해설] 파열판식과 가용전식 안전밸브 구별 : 아래 사진 왼쪽과 같이 캡(cap) 부분에 배출구멍이 뚫려 있으면 파열판식이고, 오른쪽과 같이 캡 부분 배출구멍이 납 등으로 막혀 있으면 가용전식에 해당되므로 동영상에서 제시되는 화면을 정확히 보고 판단하길 바랍니다.

03 정압기 부속설비인 압력기록장치는 정압기 어느 쪽 압력을 측정·기록하는가?

[해답] 정압기 출구

[해설] 압력기록장치 설치(KGS FS552) : 정압기 출구에는 가스의 압력을 측정·기록(또는 출구 압력을 원격으로 감시·기록하는 장치로 대체 가능)할 수 있는 장치를 설치한다.

[참고] 법령 및 KGS code에는 정압기 출구 압력을 측정하는 것으로 규정되어 있으나 현장에 설치되는 압력기록장치는 정압기 입구와 출구를 동시에 측정·기록하는 것이 일반적이다. (사진에서 적색관이 정압기 입구압력 유입관, 황색관이 출구 압력 유입관이다.)

04 공기액화분리기의 불순물 유입금지 기준에 대한 내용 중 ( ) 안에 알맞은 내용을 쓰시오.

공기액화분리기에 설치된 액화산소통 안의 액화산소 (①) 중 아세틸렌의 질량이 (②) 또는 탄화수소의 탄소의 질량이 (③)을 넘을 때에는 그 공기액화분리기의 운전을 중지하고 액화산소를 방출하여야 한다.

[해답] ① 5L
② 5mg
③ 500mg

05 LPG 시설에 설치된 설비에 대한 물음에 답하시오.

(1) 지시하는 것의 명칭을 쓰시오.
(2) 이 설비를 설치하는 이유를 설명하시오.

해답 (1) 스프링식 안전밸브
(2) 내부 압력이 이상 상승하였을 때 압력을 외부로 배출시켜 파열사고 등을 방지한다.

06 LPG 자동차용 충전기(dispenser) 충전호스 설치에 대한 설명 중 ( ) 안에 알맞은 내용을 넣으시오.

(1) 충전기의 충전호스 길이는 ( )m 이내로 한다.
(2) 충전호스에 부착하는 가스주입기는 ( )으로 한다.

해답 (1) 5
(2) 원터치형

07 충전용기 어깨부분에 각인된 "TP"와 "FP" 기호에 대하여 각각 설명하시오.

해답 ① TP : 내압시험압력(MPa)
② FP : 최고충전압력(MPa)

해설 ① 용기에 각인된 압력 수치가 3자리의 경우는 공학단위인 'kgf/cm²'으로, 2자리의 경우는 SI단위인 'MPa'로 판단하길 바랍니다.
② 압력 수치가 3자리인 용기는 공학단위를 기본으로 사용하던 시기에 제조된 용기로 생각하면 됩니다.

08 가정용 가스보일러의 배기방식에 따른 명칭을 쓰시오.

(1)   (2)

 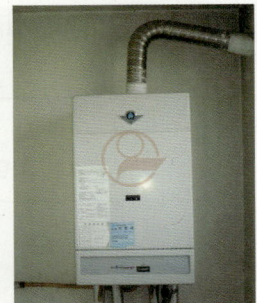

해답 (1) 단독 · 반밀폐식 · 강제배기식
(2) 단독 · 밀폐식 · 강제급배기식

해설 가스보일러 본체와 배기통이 하나가 연결된 것이 반밀폐식, 두 개가 연결된 것이 밀폐식이며, 밀폐식에서 은박지 주름관 형태로 이루어진 것이 연소용 공기가 외부에서 유입되는 통로이다.

09 LPG 저장시설의 경계책 및 경계표지에 대한 물음에 답하시오.

(1) 경계책 높이는 얼마인가?
(2) "화기엄금"이라고 표시된 경계표지는 경계책 외부에 몇 개소 이상 설치하여야 하는가?

해답 (1) 1.5m 이상
(2) 3개소 이상

해설 기계실·지상 저장탱크실의 "화기엄금" 경계표지 설치 기준 : KGS FP331
① 규격 : 1.5×0.4m 이상
② 색상 : 바탕(흰색), 화기엄금(적색), 통제구역(청색)
③ 수량 : 3개소 이상
④ 게시위치 : 기계실 출입문
※ 경계표지 예

화 기 엄 금
(통 제 구 역)

 10 가스용 폴리에틸렌 밸브(PE밸브)에 대한 물음에 답하시오.

(1) 사용압력(MPa)은 얼마인가?
(2) 사용온도(℃)는 얼마인가?
(3) 개폐용 핸들의 열림 방향은 시계 방향, 시계 반대 방향에서 선택하시오.
(4) PE밸브의 상당압력등급(SDR)이 11 이하일 때 최고사용압력은 얼마인가?

해답 (1) 0.4MPa 이하
(2) -29℃ 이상 38℃ 이하
(3) 시계 반대 방향
(4) 0.4MPa

해설 PE밸브가 완전히 열렸을 때 핸들 방향과 유로의 방향이 평행인 것으로 하고, 볼의 구멍과 유로와는 어긋나지 않는 것으로 한다.

2024년 가스산업기사 동영상 실전 모의고사

제1회 동영상 모의고사

01 액화가스 저장탱크가 설치된 장소의 방류둑 단면으로 지시하는 것의 명칭과 평상시에 개폐여부를 판단하시오.

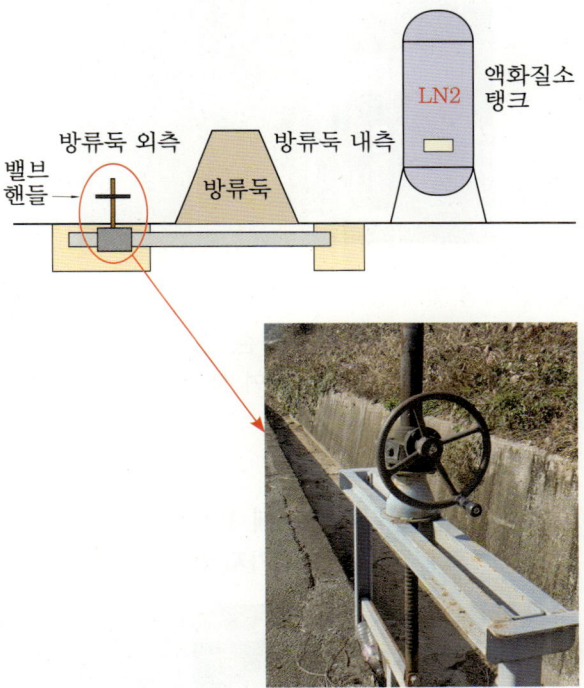

해답 ① 명칭 : 배수밸브
② 개폐여부 : 폐쇄되어 있어야 한다.

02 LPG 충전용기 밸브의 안전장치 명칭을 쓰시오.

해답 스프링식 안전밸브

03 도시가스를 사용하는 연소기구에서 1차 공기량이 부족한 경우, 연소반응이 충분한 속도로 진행되지 않을 때 불꽃의 끝이 적황색으로 되어 연소하는 현상을 무엇이라 하는가? [동영상에서 공기조절장치의 공기량을 줄이면서 불꽃이 적황색으로 변화하는 과정을 보여줌]

해답 옐로팁(yellow tip) (또는 황염[黃炎])

04 LPG 저장시설 배관에 설치된 장치에 대한 물음에 답하시오.

(1) 지시하는 것의 명칭을 쓰시오.
(2) 조작 위치는 저장탱크 외면으로부터 얼마나 떨어진 곳에 설치하는가?

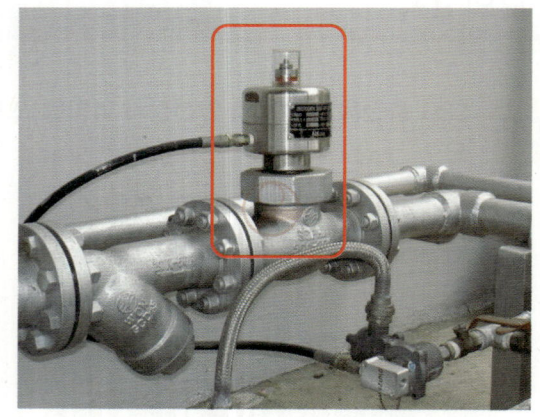

 (1) 긴급차단장치 (또는 긴급차단밸브)
　　(2) 5m 이상

05 액화석유가스 판매시설의 용기보관실에 대한 물음에 답하시오.

(1) 용기보관실 외면으로부터 화기를 취급하는 장소까지 유지하여야 할 우회거리는 얼마인가?
(2) 용기보관실의 면적은 얼마인가?

 (1) 2m 이상
　　(2) 19m² 이상

06 지상에 설치된 LPG 저장탱크와 액면계를 접속하는 상·하 배관에 설치하여야 할 밸브는 무엇인가?

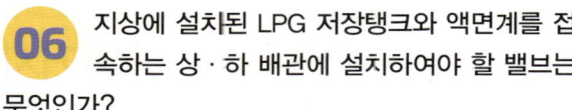 자동 및 수동식 스톱밸브
해설 기능(역할) : 액면계 파손 및 검사 시에 LPG의 누설을 차단하기 위하여 설치한다.

07 방폭전기기기 명판에 표시된 'Ex d ib ⅡB T6'에서 방폭구조 2가지 명칭을 쓰시오.

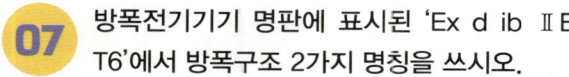 ① d : 내압 방폭구조
　　② ib : 본질안전 방폭구조

08 LPG 자동차에 고정된 용기에 충전하는 충전기(dispenser) 충전호스에 대한 물음에 답하시오.

(1) 충전호스 끝에 설치하는 장치의 기능을 설명하시오.
(2) 충전호스에 설치하는 안전장치의 기능을 설명하시오.

[해답] (1) 충전호스에 축적되는 정전기를 제거하는 장치를 설치하여 정전기로 인한 인화, 폭발을 방지한다.
(2) LPG 충전 중 충전호스에 과도한 인장력이 가해졌을 때 충전기와 가스주입기가 자동으로 분리됨과 동시에 충전호스를 폐쇄시켜 LPG 누출로 인한 사고를 방지하는 세이프티 커플링을 설치한다.

09 건축물 밖에 설치된 도시가스 노출배관(입상관)에 대한 물음에 답하시오.

(1) 지시하는 부분의 명칭을 쓰시오.
(2) 지시하는 장치를 설치하는 이유를 설명하시오.

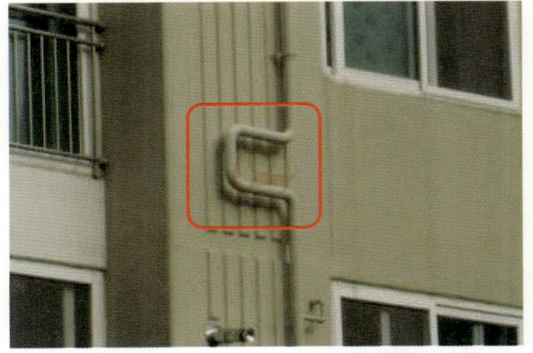

[해답] (1) 신축흡수장치(또는 신축이음장치, 신축조인트, expansion joint, 곡관)
(2) 온도변화에 따른 배관의 열팽창(수축, 팽창)을 흡수하여 배관의 파손 등을 방지하기 위하여 설치한다.

10 가스도매사업 제조소 시설기준에 대한 물음에 답하시오.

(1) 안전구역의 면적은 얼마인가?
(2) 가스공급시설의 외면과 화기를 취급하는 장소까지 우회거리는 얼마인가?
(3) 안전구역 안의 고압인 가스공급시설과 다른 안전구역 안의 고압인 가스공급시설의 외면까지 유지하여야 할 거리는 얼마인가?
(4) 둘 이상의 제조소가 인접하는 경우 가스공급시설 외면과 다른 제조소의 경계까지 유지하여야 할 거리는 얼마인가?
(5) 지상에 노출하여 설치하는 배관은 안전 확보에 필요한 수평거리를 유지한다. 이때 학교와 유지하여야 할 거리는 얼마인가? (단, 최고사용압력이 1MPa 미만인 경우가 아니다.)

[해답] (1) 20000m^2 미만
(2) 8m 이상
(3) 30m 이상
(4) 20m 이상
(5) 30m 이상

[해설] 가스도매사업 제조소 기준 : KGS FP451

제2회 동영상 모의고사

01 LPG 자동차에 고정된 용기에 충전하는 충전기(dispenser)에 대한 물음에 답하시오.

(1) 충전호스에 설치하는 장치의 명칭과 역할을 쓰시오.
(2) 충전 중에 발생할 수 있는 사고를 방지하기 위하여 충전호스에 설치되는 안전장치의 명칭과 역할을 쓰시오.

[해답] (1) ① 장치 명칭 : 정전기 제거장치
② 역할 : 충전호스에 축적되는 정전기를 제거하여 정전기로 인한 인화, 폭발을 방지한다.
(2) ① 장치 명칭 : 세이프티 커플링(safety coupling)
② 역할 : LPG 충전 중 충전호스에 과도한 인장력이 가해졌을 때 충전기와 가스주입기가 자동으로 분리됨과 동시에 폐쇄되어 LPG 누출로 인한 사고를 사전에 방지한다.

02 호칭지름 300A인 도시가스 배관을 교량에 설치할 때 고정장치 지지간격(설치간격)은 몇 m인가?

[해답] 16m

[해설] 교량 및 횡으로 설치하는 가스배관의 호칭지름별 최대지지간격

호칭지름	지지간격
100A	8m
150A	10m
200A	12m
300A	16m
400A	19m
500A	22m
600A	25m

03 LPG 저장시설 배관에 설치된 장치에 대한 물음에 답하시오.

(1) 지시하는 것의 명칭을 쓰시오.
(2) 이 장치를 작동하는 동력원은 무엇인가?

해답 (1) 긴급차단장치 (또는 긴급차단밸브)
(2) 기압

해설 동력원 종류를 기압으로 판단한 것은 2번째 사진에서 왼쪽의 폐쇄된 볼밸브가 대기 중으로 개방되는 형태로 되어 있기 때문이며, 이 밸브를 개방하면 기압(공기압)이 대기 중으로 배출되면서 긴급차단장치가 작동된다.

04 가스용 폴리에틸렌관(PE배관)의 열융착 이음 시공이 불량한 융착이음부는 어떻게 조치하는지 쓰시오.

해답 절단하여 제거하고 재시공한다.

05 LNG 저장시설에 설치하는 방류둑에 대한 물음에 답하시오.

(1) 방류둑을 설치하여야 할 저장능력은 얼마인가?
(2) 방류둑 내측 및 그 외면으로부터 몇 m 이내에는 그 저장탱크의 부속시설 및 배관 외의 것을 설치하지 않아야 하는가?
(3) 방류둑 용량은 얼마인가?
(4) LNG 저장탱크를 방호형식에 따라 분류할 때 방류둑을 설치하지 않아도 되는 형식은?

해답 (1) 500톤 이상
(2) 10m 이내
(3) 저장탱크 저장능력 상당용적 이상
(4) 완전 방호형식

해설 가스도매사업 방류둑 설치 기준 : KGS FP451

06 방폭전기기기 명판에 표시된 'Ex d ib ⅡB T6'에서 방폭구조 2가지 명칭을 쓰시오.

해답 ① d : 내압 방폭구조
② ib : 본질안전 방폭구조

07 막식 가스미터에 표시된 내용을 설명하시오.

(1) MAX 3.1 m³/h :
(2) 0.7 L/rev :

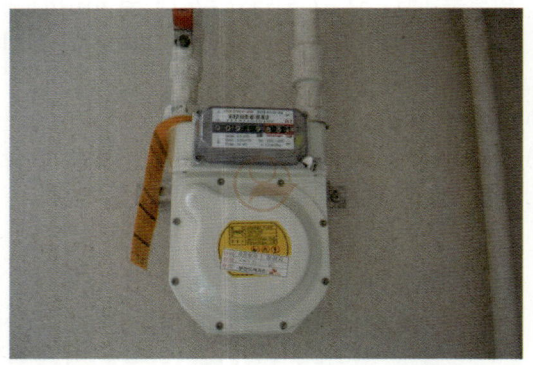

해답 (1) 사용 최대유량이 시간당 3.1m³이다.
(2) 계량실 1주기 체적이 0.7L이다.

08 LPG 자동차 용기 내부에 설치되는 안전장치의 명칭을 쓰시오.

해답 과충전방지장치
해설 ① 과충전방지장치는 액화석유가스의 충전량이 용기 내용적의 80%(원통형 용기의 경우 85%)를 충전한 경우 충전이 되지 아니하는 구조로 한다.
② 과충전방지장치 모양

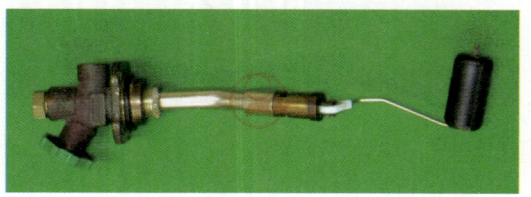

09 도시가스 정압기실에서 지시하는 것의 분해점검 주기에 대하여 각각 쓰시오.

(1) (2)

해답 (1) 가스 공급 개시 후 1월 이내 및 가스 공급 개시 후 매년 1회 이상
(2) 2년에 1회 이상

해설 ① 지시하는 부분의 명칭
  (1) 정압기 필터
  (2) 정압기
② 분해점검 주기
  ㉮ 일반도시가스사업의 정압기 : 정압기는 2년에 1회 이상 분해점검을 실시하고, 필터는 가스 공급 개시 후 1월 이내 및 가스 공급 개시 후 매년 1회 이상 분해점검을 실시하고 1주일에 1회 이상 작동 상황을 점검한다.
  ㉯ 도시가스 사용시설(단독사용자 시설)의 정압기 : 정압기와 필터는 설치 후 3년까지는 1회 이상, 그 이후에는 4년에 1회 이상

※ 제시된 정압기슬은 '일반도시가스사업의 정압기'로 판단한 것이다.

10 지시하는 것은 도시가스 및 LPG 사용시설에 설치되는 것으로 기능 4가지를 쓰시오.

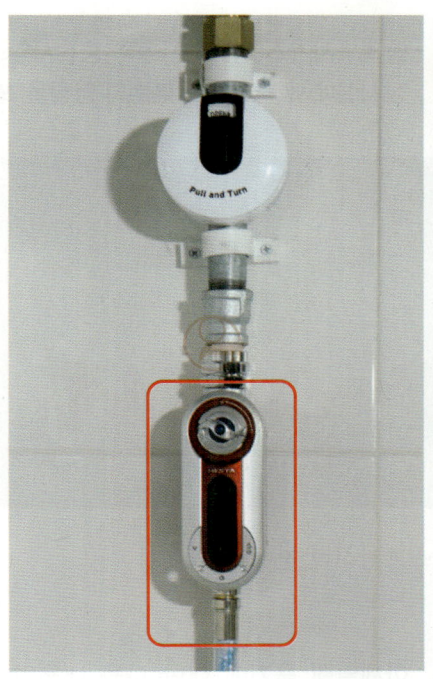

해답
① 자동 잠금 기능
② 가스누출 확인 기능
③ 화재폭발 방지 기능
④ 밸브 자동보정 기능
⑤ 디지털 타이머 기능
⑥ 과류차단 기능

해설 제시되는 동영상에서 가스사용 시설의 퓨즈콕 부분에 설치된 기기의 사진이 나왔고, 일반적으로 가스 타이머 콕(또는 타임콕)이라 불려지고 있는 제품이다. 사용 중에 국물이 넘쳐 갑자기 불이 꺼지거나 정전 및 조리를 마치고 가스레인지를 끄면 타이머 시간이 남아 있어도 10초 후에 자동 잠금 기능이 실행되어 가스 사고를 방지하는 기능 등이 있다.

제3회 동영상 모의고사

01 지하에 매몰하여 사용하는 액화석유가스 또는 도시가스용 용접형 볼밸브에 대한 물음에 답하시오.

(1) 기능을 쓰시오.
(2) 볼밸브 종류를 짧은 몸통형과 긴 몸통형으로 구분할 때 무엇으로 하는가?

사진출처 : KMC VALVE

[해답] (1) 가스 유로를 개폐
(2) 퍼지관의 부착 여부

[해설] 볼밸브의 종류 : KGS AA332
① 짧은 몸통형(short pattern) : 볼밸브에 퍼지관을 부착하지 않은 것
② 긴 몸통형(long pattern) : 볼밸브에 퍼지관을 부착한 것으로 일체형과 용접형으로 구분
  ㉮ 일체형 : 볼밸브의 몸통(덮개)에 퍼지관을 부착한 구조
  ㉯ 용접형 : 볼밸브의 몸통(덮개)에 배관을 용접하여 퍼지관을 부착한 구조

02 압축도시가스(CNG) 자동차 충전사업소의 저장시설에서 지시하는 부분의 명칭을 쓰시오.

[해답] 스프링식 안전밸브

03 아세틸렌 용기에 대한 다음 내용의 정의를 각각 쓰시오.

(1) 최고충전압력 :
(2) 기밀시험압력 :
(3) 내압시험압력 :
(4) 내력비 :

[해답] (1) 15℃에서 용기에 충전할 수 있는 가스의 압력 중 최고압력
(2) 최고충전압력의 1.8배
(3) 최고충전압력의 3배
(4) 내력과 인장강도의 비

04 가스용 폴리에틸렌관의 열융착이음의 종류 3가지를 쓰시오.

해답 ① 맞대기 융착이음
② 소켓 융착이음
③ 새들 융착이음

05 방폭전기기기의 명판에 "Exp"로 표시되어 있을 때 방폭구조 명칭을 쓰고 구조를 설명하시오.

해답 ① 명칭 : 압력 방폭구조
② 구조 설명 : 방폭전기기기의 용기 내부에 보호가스(신선한 공기 또는 불활성가스)를 압입하여 내부압력을 유지함으로써 가연성가스가 용기 내부로 유입되지 않도록 한 구조이다.

06 LPG 자동차에 고정된 용기에 충전하는 충전기(dispenser)에 대한 물음에 답하시오.

(1) 충전호스 끝부분에 설치하는 장치의 명칭을 쓰시오.
(2) 충전 중에 발생할 수 있는 사고를 방지하기 위하여 충전호스에 과도한 인장력이 작용하였을 때 분리되는 안전장치의 명칭을 쓰시오.

해답 (1) 정전기 제거장치
(2) 세이프티 커플링(safety coupling)

07 정압기 부속설비에 대한 물음에 답하시오.

(1) 지시하는 것의 명칭을 쓰시오.
(2) 이 설비에서 정압기 어느 쪽 압력을 측정·기록하는가?

해답 (1) 자기압력기록계(또는 압력기록장치)
(2) 정압기 출구측 압력

08 가스용 폴리에틸렌관(PE배관)은 그 배관의 안전성을 확보하기 위하여 사용하는 압력 및 그 배관의 외경과 두께의 비에 의하여 다음 표와 같이 정해진다. 빈 칸에 알맞은 내용을 넣으시오.

①	압력
11 이하	②
17 이하	③
21 이하	④

[해답] ① SDR ② 0.4MPa 이하
③ 0.25MPa 이하 ④ 0.2MPa 이하

09 퓨즈콕 구조에 대한 설명 중 ( ) 안에 알맞은 내용을 쓰시오.

(1) 퓨즈콕은 가스유로를 (①)로 개폐하고, (②)가 부착된 것으로 한다.
(2) 콕의 핸들 등을 회전하여 조작하는 것은 핸들의 회전각도를 90°나 180°로 규제하는 ( )를 갖추어야 한다.
(3) 콕을 완전히 열었을 때의 핸들의 방향은 유로의 방향과 ( )인 것으로 한다.
(4) 콕은 닫힌 상태에서 ( )이 없이는 열리지 아니하는 구조로 한다.
(5) 콕의 핸들 등이 회전하는 구조의 것은 회전각도가 90°인 것을 원칙으로 열림 방향은 ( )인 구조로 한다.

[해답] (1) ① 볼 ② 과류차단안전기구
(2) 스토퍼 (3) 평행
(4) 예비적 동작 (5) 시계 반대 방향

10 도시가스 배관의 전기방식에 대한 물음에 답하시오.

(1) 포화황산동 기준전극으로 방식전위 하한값은 얼마인가?
(2) 황산염 환원 박테리아가 번식하는 토양에서 방식전류가 흐르는 상태에서 포화황산동 기준전극으로 방식전위 상한값은 얼마인가?

[해답] (1) −2.5V 이상
(2) −0.95V 이하

[해설] 도시가스 배관의 부식방지를 위한 전위상태 : KGS GC202
① 방식전위 하한값은 전기철도 등의 간섭 영향을 받는 곳을 제외하고는 포화황산동 기준전극으로 −2.5V 이상이 되도록 한다.
② 방식전류가 흐르는 상태에서 토양 중에 있는 배관의 방식전위 상한값은 포화황산동 기준전극으로 −0.85V 이하(황산염환원 박테리아가 번식하는 토양에서는 −0.95V 이하)가 되도록 한다.
③ 방식전류가 흐르는 상태에서 자연전위와의 전위 변화가 최소한 −300mV 이하로 한다. 다만, 다른 금속과 접촉하는 배관은 제외한다.
④ 토양 중에 있는 배관의 방식전위 상한값은 방식전류가 일순간 동안 흐르지 않는 상태(instant-off)에서 포화황산동 기준전극으로 −0.85V(황산염환원 박테리아가 번식하는 토양에서는 −0.95V) 이하로 한다.

가스산업기사실기
부록

1. 단위환산 및 자주하는 질문
2. 간추린 가스 공식 100선(選)

1 단위환산 및 자주하는 질문

1 단위환산

1 'kgf/cm²'을 'kgf/m²'으로 환산

분모에 있는 'cm²'을 없애야 하므로 현재 단위 뒤에 분수를 만들고 분자에 'cm²' 놓고 분모에는 'm²'을 놓은 다음, 각 단위의 숫자 관계를 대입(1m는 100cm의 관계)하는데 이때 큰 단위에 해당하는 'm'를 기준으로 하고 숫자도 제곱(2승)을 해 줍니다.

$$\therefore \frac{kgf}{cm^2} \times \frac{(100cm)^2}{(1m)^2} = \frac{kgf}{cm^2} \times \frac{100^2 cm^2}{1^2 m^2} = \frac{kgf}{cm^2} \times \frac{10000 cm^2}{1 m^2} = 10000 \times \frac{kgf}{m^2}$$

> **결론**
>
> 'kgf/cm²'을 'kgf/m²'으로 단위를 환산할 때에는 1만을 곱하고, 반대로 'kgf/m²'을 'kgf/cm²'으로 환산할 때에는 1만으로 나눠줍니다.

2 'kgf/cm²'을 'kgf/mm²'으로 환산

분모에 있는 'cm²'을 없애야 하므로 현재 단위 뒤에 분수를 만들고 분자에 'cm²' 놓고 분모에는 'mm²'을 놓은 다음, 각 단위의 숫자 관계를 대입(1cm는 10mm의 관계)하는데 이때 큰 단위에 해당하는 'cm'를 기준으로 하고 숫자도 제곱(2승)을 해 줍니다.

$$\therefore \frac{kgf}{cm^2} \times \frac{(1cm)^2}{(10mm)^2} = \frac{kgf}{cm^2} \times \frac{1^2 cm^2}{10^2 mm^2} = \frac{kgf}{cm^2} \times \frac{1 cm^2}{100 mm^2} = \frac{1}{100} \times \frac{kgf}{mm^2}$$

> **결론**
>
> 'kgf/cm²'을 'kgf/mm²'으로 단위를 환산할 때에는 100으로 나눠주고, 반대로 'kgf/mm²'을 'kgf/cm²'으로 환산할 때에는 100을 곱해 줍니다.

3 SI단위 'Pa', 'kPa', 'MPa'의 관계

(1) 국제 단위계의 접두어

인자	접두어	기호	인자	접두어	기호
10^1	데카	da	10^{-1}	데시	d
10^2	헥토	h	10^{-2}	센티	c
10^3	킬로	k	10^{-3}	밀리	m
10^6	메가	M	10^{-6}	마이크로	μ
10^9	기가	G	10^{-9}	나노	n
10^{12}	테라	T	10^{-12}	피코	p
10^{15}	페타	P	10^{-15}	펨토	f
10^{18}	엑사	E	10^{-18}	아토	a
10^{21}	제타	Z	10^{-21}	젭토	z
10^{24}	요타	Y	10^{-24}	욕토	y

(2) 'kPa'은 'Pa'의 1000배에 해당되고 'MPa'은 'kPa'의 1000배, 'Pa'의 100만배에 해당 됩니다.

① 'kPa' → 'Pa' 단위로 표시 : 'k(킬로)'는 1000배이므로 '1kPa'은 '1000Pa'으로 표시합니다.

② 'Pa' → 'kPa' 단위로 표시 : 1000으로 나눠주어야 하므로 '1Pa'은 '$\frac{1}{1000}$kPa'입니다.

③ 'MPa' → 'kPa' 단위로 표시 : 'M(메가)'는 'k(킬로)'의 1000배이므로 '1MPa'은 '1000 kPa'입니다.

④ 'kPa' → 'MPa' 단위로 표시 : 1000으로 나눠주어야 하므로 '1kPa'은 '$\frac{1}{1000}$ MPa'입니다.

4 대기압을 이용한 환산압력 계산

1 MPa을 kgf/cm² 단위로 환산하는 경우 1~3에서 설명한 방법으로는 곤란한 경우입니다.

(1) 표준 대기압

$$1atm = 760mmHg = 76cmHg = 0.76mHg = 29.9inHg = 760torr$$
$$= 10332kgf/m^2 = 1.0332kgf/cm^2 = 10.332mH_2O = 10332mmH_2O$$
$$= 101325N/m^2 = 101325Pa = 1013.25hPa = 101.325kPa = 0.101325MPa$$
$$= 1.01325bar = 1013.25mbar = 14.7lb/in^2 = 14.7psi$$

(2) 환산압력 계산

$$환산압력 = \frac{주어진\ 압력}{주어진\ 압력의\ 표준대기압} \times 구하려\ 하는\ 표준대기압$$

[예] 1MPa을 kgf/cm² 단위로 환산하면 얼마인가?

$$환산압력 = \frac{1MPa}{0.101325MPa} \times 1.0332kgf/cm^2$$
$$= 10.1968kgf/cm^2 ≒ 10kgf/cm^2$$

※ 환산압력을 계산하기 위해서는 표준대기압에 해당하는 압력 모두를 기억하고 있어야 가능하니 꼭 기억해 놓길 바랍니다.

주요 물리량의 단위 비교

물리량	SI단위	공학단위
힘	N (kg·m/s²)	kgf
압력	Pa (N/m²)	kgf/m²
열량	J (N·m)	kcal
일	J (N·m)	kgf·m
에너지	J (N·m)	kgf·m
동력	W (J/s)	kgf·m/s

2 자주하는 질문

1 이상기체 상태방정식 적용 문제

문제 내용적 110L의 LPG 용기에 부탄(C_4H_{10})이 50kg 충전되어 있다. 이 부탄을 10시간 소비한 후 용기 내의 압력을 측정하니 27℃에서 4kgf/cm²·g이었다면 남아 있는 부탄은 몇 kg인가? (단, 27℃에서 포화증기압은 9kgf/cm²이다.)

풀이 $PV = \dfrac{W}{M}RT$ 에서

$$W = \dfrac{PVM}{RT} = \dfrac{\left(\dfrac{4+1.0332}{1.0332}\right) \times 110 \times 58}{0.082 \times (273+27) \times 1000} = 1.263 ≒ 1.26\,kg$$

해답 1.26kg

보충설명 ① 풀이과정에서 분자에 적색 원으로 표시한 첫 번째 부분은 용기에 남아있는 압력 4kgf/cm²·g을 atm으로 환산하는 과정이고 atm 단위는 별도의 언급이 없으면 절대압력으로 판단하여 계산합니다. 그래서 게이지압력 4kgf/cm²·g에 대기압 1.0332kgf/cm²을 더해 절대압력으로 환산한 후 다시 대기압으로 나눠 atm 단위로 환산한 것입니다.
② 분자의 58은 부탄(C_4H_{10})의 분자량입니다.
③ 분모에 적용한 1000은 풀이 에 적용한 공식의 질량(W)의 단위는 g(그램)인데 문제에서 계산하여야 할 단위는 kg이기 때문에 1000으로 나눠 준 것입니다.

(1) SI단위 공식을 적용하여 풀이

풀이 $PV = GRT$ 에서

$$G = \dfrac{PV}{RT} = \dfrac{\left(\dfrac{4+1.0332}{1.0332} \times 101.325\right) \times (110 \times 10^{-3})}{\dfrac{8.314}{58} \times (273+27)} = 1.262 ≒ 1.26\,kg$$

보충설명 ① 풀이 과정에서 분자에 적색 원으로 표시한 첫 번째 부분은 용기의 압력 게이지 압력에 대기압을 더해 절대압력으로 환산한 후 대기압으로 나눠 'atm'으로 변환한 후 여기에 'kPa' 단위 대기압 101.325kPa을 곱해 절대압력 kPa로 변환한 것입니다.

② 분자 마지막 부분 (110×10^{-3})에서 10^{-3}은 공식에서 체적(V)의 단위는 m^3인데 문제에서 주어진 것은 L(리터)이며, $1m^3$는 1000L이기 때문에 L를 m^3로 환산하기 위해 1000으로 나눠 준 것입니다. (나눠 주는 계산식을 "−"승을 곱하는 것으로 표시하여도 똑같은 의미입니다.)

③ 풀이 에 적용한 공식에서 무게(G)의 단위는 kg이기 때문에 단위환산이 필요 없는 것입니다.

(2) 공학단위 공식을 적용하여 풀이

풀이 $PV = GRT$ 에서

$$G = \frac{PV}{RT} = \frac{(4+1.0332) \times \boxed{10000} \times \boxed{(110 \times 10^{-3})}}{\frac{848}{58} \times (273+27)} = 1.262 ≒ 1.26\,kg$$

보충설명 ① 분자에 10000을 곱한 것은 풀이 에 적용한 공식의 압력(P)에 해당하는 단위가 절대압력으로 kgf/m^2이기 때문입니다. 즉 문제에서 주어진 게이지압력 $4kgf/cm^2 \cdot g$에 표준대기압 $1.0332 kgf/cm^2$을 더해 절대압력 kgf/cm^2으로 계산한 후 kgf/m^2으로 단위를 환산하기 위해서는 10000을 곱한 것입니다.

② 분자 마지막 부분 (110×10^{-3})에서 10^{-3}은 공식에서 체적(V)의 단위는 m^3인데 문제에서 주어진 것은 L(리터)이며, $1m^3$는 1000L이기 때문에 L를 m^3로 환산하기 위해 1000으로 나눠 준 것입니다. (나눠 주는 계산식을 "−"승을 곱하는 것으로 표시하여도 똑같은 의미입니다.)

③ 풀이 계산식에서 무게(G)의 단위는 kg이기 때문에 단위환산이 필요 없는 것입니다.

> **결론**
>
> 이상기체 상태방정식을 적용하는 문제는 제시된 조건과 요구하는 내용의 단위에 따라 3가지 공식 중에서 선택하여 답안을 작성하길 바랍니다. 3가지 공식에 따라 최종값에서 오차는 발생하며 채점에는 영향이 없으니 반드시 교재에 설명된 공식을 이용하지 않아도 됩니다. 3가지 공식 중에 어느 공식을 선택하여 적용할지는 수험자 본인이 결정하길 바랍니다.

2 LPG 집합설비 충전용기 수 계산

문제 [보기]의 설계조건과 그래프를 이용하여 물음에 답하시오.

| 보기 |

[설계조건]
- 1일 1호당 평균 가스소비량 : 1.35kg/day
- 세대수 : 50호
- 사용 용기 질량 : 50kg
- 용기의 가스발생능력 : 1.10kg/h
- 외기온도 : 0℃
- 자동절환식 일체형 조정기 사용

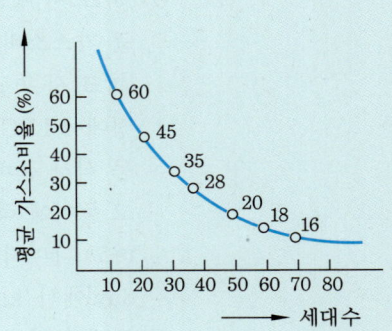

(1) 피크 시 평균 가스소비량(kg/h)을 계산하시오.
(2) 필요 최저 용기 수를 계산하시오.
(3) 2일분 용기 수를 계산하시오.
(4) 표준 용기 설치 수는 몇 개인가?
(5) 2열 용기 수는 몇 개인가?

풀이 (1) $Q = q \times N \times \eta = 1.35 \times 50 \times 0.2 = 13.5$ kg/h

(2) 필요 최저 용기 수 $= \dfrac{\text{피크 시 평균 가스소비량(kg/h)}}{\text{피크 시 용기 가스발생능력(kg/h)}} = \dfrac{13.5}{1.10} = 12.272$

$\fallingdotseq 12.27$개

(3) 2일분 용기 수 $= \dfrac{\text{1일 1호당 평균 가스소비량(kg/day)} \times 2\text{일} \times \text{세대수}}{\text{용기의 질량(크기)}}$

$= \dfrac{1.35 \times 2 \times 50}{50} = 2.7$개

(4) 표준 용기 수 = 필요 최저 용기 수 + 2일분 용기 수 = 12.27 + 2.7 = 14.97개

(5) 2열 용기 수 = 14.97 × 2 = 29.94 ≒ 30개

해답 (1) 13.5 kg/h
(2) 12.27개
(3) 2.7개
(4) 14.97개
(5) 30개

보충설명 ① (1)번 항목에서 '피크 시 평균 가스소비량(kg/h)'을 계산할 때 피크 시 평균 가스소비율(η)은 그래프에서 가로축의 세대수를 선택한 후 수직으로 선을 연장하

여 선도에서 만나는 지점에서 세로축의 소비율을 찾아 적용합니다. (이 선도에서 세대수 50호를 수직으로 연장하면 선도의 20%와 만나기 때문에 이 값을 적용한 것이며, 실제 시험에서는 오차가 발생할 수 있기 때문에 조건이 일정 수치로 주어지는 경우가 대부분입니다.)

② '피크 시 평균 가스소비량(kg/h)'을 계산할 때 적용되는 항목이 1일 1호당 평균 가스소비량의 단위가 'kg/day'인데 계산된 결과값은 'kg/h'로 되는 이유는 '피크 시 평균 가스소비율' 때문입니다. '피크 시 평균 가스소비율'의 의미는 가정에서 LPG를 사용할 때 24시간 연속으로 사용하는 것이 아니라 아침과 저녁 등 식사 준비시간 등과 같이 하루 24시간 중 일정시간만 사용하고 있을 것이고 풀이에 적용된 20%는 하루 24시간 중 20%에 해당하는 시간만 LPG를 사용하고 나머지 시간에는 소비하지 않는다는 의미이며, 이것 때문에 단위가 'kg/day'에서 'kg/h'로 변경될 수 있는 것입니다.

③ 문제와 같이 용기 수를 계산할 때 항목별로 주어지면 각각의 계산과정에서 발생되는 소수점은 살려 나가는 방법으로 계산하고, 최종 '2열 용기 수'에서 발생되는 소수는 크기에 관계없이 무조건 1개로 올려 계산하여야 합니다.

④ '2일분 용기 수'의 의미는 LPG 판매점이 편의점과 같이 24시간 영업을 하지 않기 때문에 저녁부터 다음날 아침까지는 LPG를 배달하지 않을 것입니다. LPG가 배달되지 않는 이 시간 동안 사용할 수 있는 최소의 가스량으로 생각하길 바랍니다.

문제 소비자 1일 1호당 평균 가스소비량 1.4kg/day, 소비호수 5호, 자동절체식 조정기 사용 시 예비용기를 포함한 용기 수는? (단, 용기는 50kg이며 가스발생능력은 1.10kg/h, 소비율은 40%이다.)

풀이 ① 필요 최저 용기 수 계산

$$용기\ 수 = \frac{피크\ 시\ 평균\ 가스소비량}{용기의\ 가스발생능력} = \frac{1.4 \times 5 \times 0.4}{1.10} = 2.545 ≒ 3개$$

② 예비용기 포함 용기 수 계산

예비용기 포함 용기 수=필요 최저 용기 수×2=3×2=6개

해답 6개

보충설명 문제와 같이 용기 수를 계산하는 데 필요한 조건이 제시되고, 요구하는 사항이 항목별이 아닌 최종 용기 수로 질문하면 '필요 최저 용기 수'에서 계산되는 소수는 크기에 관계없이 무조건 1개로 올려 계산하여야 합니다. 이유는 앞 문제에서 질문한 '2일분 용기 수', '표준 용기 수'가 생략되었기 때문입니다.

3 노즐에서 가스 분출량 계산

문제 LPG를 사용하는 연소기구의 밸브가 열려 0.6mm의 노즐에서 수주 280mm의 압력으로 LP가스가 4시간 유출하였을 경우 가스분출량은 몇 L인가? (단, 분출압력 280mmH₂O에서 LP가스의 비중은 1.7이다.)

풀이 $Q = 0.009D^2 \times \sqrt{\dfrac{P}{d}} = 0.009 \times 0.6^2 \times \sqrt{\dfrac{280}{1.7}} \times \boxed{1000 \times 4}$

$\fallingdotseq 166.325 = 166.33\text{L}$

해답 166.33L

보|충|설|명 ① 노즐에서 분출되는 가스량(Q)의 단위는 'm³/h'인데 문제에서 묻는 것은 4시간 동안 유출된 가스량을 'L(리터)' 단위로 묻고 있으므로 'm³'를 'L'로 변환하기 위해 '1000'을 곱한 것이고, 4시간 동안 유출된 가스량을 계산하기 위해 '4'를 곱한 것입니다.

② 1m³=1000L, 1L=1000mL=1000 cc, 비중이 1인 물의 경우 1L=1kg, 1m³=1000kg=1톤 등은 상식적으로 기억하고 있어야 합니다.

4 펌프의 축동력 계산

문제 전양정 25m, 유량이 1.5m³/min인 펌프로 물을 이송하는 경우 이 펌프의 축동력(kW)을 계산하시오. (단, 펌프의 효율은 75%이다.)

풀이 $\text{kW} = \dfrac{\gamma \cdot Q \cdot H}{102\eta} = \dfrac{1000 \times 1.5 \times 25}{102 \times 0.75 \times \boxed{60}} = 8.169 \fallingdotseq 8.17\text{kW}$

해답 8.17kW

보|충|설|명 ① 비중량(γ)은 별도로 언급이 없으면 물의 비중량 1000kgf/m³을 적용합니다. 이유는 물의 비중은 1이기 때문입니다.

② 분모에 '60'을 적용한 이유는 축동력 공식에서 유량(Q)의 단위가 'm³/s'인데 분(min)당 유량으로 주어진 것을 초(s)당 유량으로 변환하기 위한 것입니다. 만약에 시간당 유량(m³/h)으로 주어지면 '3600'을 적용해야 합니다.

5 원주방향 및 축방향 응력 계산

문제 200A 강관에 내압 10kgf/cm²을 받을 경우 관에 생기는 원주방향 응력(kgf/cm²)과 축방향 응력(kgf/cm²)을 계산하시오. (단, 200A 강관의 바깥지름(D)은 216.3mm, 두께(t)는 5.8mm이다.)

풀이 ① 원주방향 응력 계산

$$\sigma_A = \frac{PD}{2t} = \frac{10 \times (216.3 - 2 \times 5.8)}{2 \times 5.8} = 176.465 ≒ 173.47 \text{kgf/cm}^2$$

② 축방향 응력 계산

$$\sigma_B = \frac{PD}{4t} = \frac{10 \times (216.3 - 2 \times 5.8)}{4 \times 5.8} = 88.232 ≒ 88.23 \text{kgf/cm}^2$$

해답 ① 원주방향 응력 : 176.47kgf/cm²
② 축방향 응력 : 88.23kgf/cm²

보충설명 ① 원주방향 및 축방향 응력 계산식에서 D는 안지름을 의미하므로 문제에서 주어진 바깥지름(외경)에서 안지름을 계산하기 위해서는 좌·우에 있는 두께 2개소를 제외시켜야 안지름이 계산됩니다.

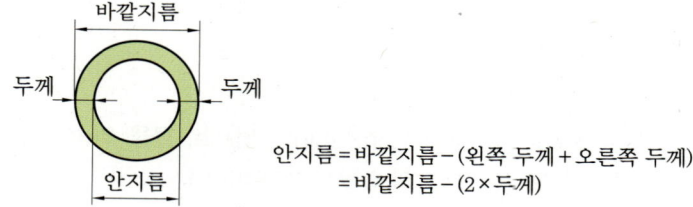

안지름 = 바깥지름 - (왼쪽 두께 + 오른쪽 두께)
     = 바깥지름 - (2×두께)

② 안지름과 두께의 단위는 'cm'가 되어야 하지만 분모, 분자에 동일한 단위를 적용하면 약분되어 최종값에는 변화가 없기 때문에 'mm' 단위를 적용해도 이상이 없는 사항입니다.

6 압축가스 저장탱크 및 용기 충전량 산정식

문제 내용적 500L, 압력이 12MPa이고 용기 본 수는 120개일 때 압축가스의 저장능력은 몇 m³인가?

풀이 $Q=(10P+1) \cdot V=(10 \times 12+1) \times 0.5 \times 120 = 7260\text{m}^3$

해답 7260m³

보|충|설|명 압축가스를 저장탱크 및 용기에 충전할 때 충전량 산정식에서 $Q=(10P+1) \cdot V_1$과 $Q=(P+1) \cdot V_1$이 어떻게 다른지 구별이 필요합니다.

결론부터 이야기하면 $Q=(10P+1) \cdot V_1$에서 압력(P)의 단위는 'MPa'이고, $Q=(P+1) \cdot V_1$에서 압력(P)의 단위는 'kgf/cm²'입니다.

압축가스의 충전압력이 SI단위인지, 공학단위인지 확인을 하고 어떤 공식을 적용해야 하는지 판단하길 바랍니다.

7 용접용기 동판 두께 계산식

문제 최고충전압력 2.0MPa, 동체의 안지름 65cm인 강재 용접용기의 동판 두께는 몇 mm인가? (단, 재료의 인장강도 500N/mm², 용접효율 100%, 부식여유 1mm이다.)

풀이
$$t = \frac{P \cdot D}{2 \cdot S\eta - 1.2P} + C = \frac{2 \times 65 \times 10}{2 \times 500 \times \frac{1}{4} \times 1 - 1.2 \times 2} + 1 = 6.250 ≒ 6.25\text{mm}$$

해답 6.25mm

보충설명 ① 동판 두께 계산식의 각 기호의 의미와 단위
  t : 동판의 두께(mm) P : 최고충전압력(MPa)
  D : 안지름(mm) S : 허용응력(N/mm²)
  η : 용접효율 C : 부식여유수치(mm)

② **풀이** 과정 분자의 '65×10'은 안지름을 'mm' 단위로 변환하는 과정입니다.

③ **풀이** 과정 분모의 '500×$\frac{1}{4}$'은 재료의 인장강도 500N/mm²를 이용하여 '허용응력(N/mm²)'을 계산하는 과정이고 '인장강도', '허용응력', '안전율'의 관계는 다음과 같습니다.
  ㉮ 안전율 = $\frac{인장강도(N/mm^2)}{허용응력(N/mm^2)}$ 이므로
   허용응력(S) = $\frac{인장강도}{안전율}$ = 인장강도 × $\frac{1}{안전율}$ 입니다.
  ㉯ 안전율이 별도로 주어지지 않으면 '4'를 적용합니다. 다만, 스테인리스제일 경우에는 3.5를 적용합니다. (2016년 기사 제1회 필답형 13번 참고)

④ 공학단위일 경우 공식
  $t = \frac{P \cdot D}{200S \cdot \eta - 1.2P} + C$ 이고 압력(P)은 kgf/cm², 허용응력(S)은 kgf/mm²을 적용합니다.

결론

저장탱크 동판 두께 계산, 구형 가스홀더 동판 두께 계산, 배관의 스케줄 번호 등을 계산할 때 재료의 인장강도가 주어졌는지, 허용응력으로 주어졌는지 꼭 확인하고 풀이과정을 작성하길 바랍니다.

8 공기액화 분리장치의 불순물 유입금지 기준

문제 공기액화 분리장치의 액화산소 5L 중에 CH_4이 250mg, C_4H_{10}이 200mg 함유하고 있다면 공기액화 분리장치의 운전이 가능한지 판정하시오. (단, 공기액화 분리장치의 공기압축량이 1000m³/h 이상이다.)

풀이 ① 탄화수소 중 탄소질량 계산

$$탄소질량 = \left(\frac{12}{16} \times 250\right) + \left(\frac{48}{58} \times 200\right) = 353.017 ≒ 353.02 \text{mg}$$

② 판정 : 500mg이 넘지 않으므로 운전이 가능하다.

해답 탄화수소 중 탄소질량이 353.02mg으로 500mg을 넘지 않으므로 운전이 가능하다.

보충설명 ① 공기액화분리기의 불순물 유입금지 기준(KGS FP112) : 공기액화분리기(1시간의 공기압축량이 1000m³ 이하의 것은 제외한다)에 설치된 액화산소통 안의 액화산소 5L 중 아세틸렌 질량이 5mg 또는 탄화수소의 탄소의 질량이 500mg을 넘을 때에는 그 공기액화분리기의 운전을 중지하고 액화산소를 방출한다.

② 탄화수소 중 탄소질량 계산 : 탄화수소 중 탄소질량은 문제에서 주어진 탄화수소류의 질량에 이 탄화수소 중 탄소가 차지하는 질량비율만큼 있는 것이므로 질량비를 곱하면 됩니다.

$$\therefore 탄소의\ 질량비 = \frac{탄소질량}{분자량}$$

$$\therefore 탄소질량 = A물질의\ 탄소량 + B물질의\ 탄소량$$
$$= (A물질\ 탄소의\ 질량비 \times A물질량) +$$
$$(B물질\ 탄소의\ 질량비 \times B물질량)$$
$$= \left(\frac{12}{16} \times 250\right) + \left(\frac{48}{58} \times 200\right) = 353.017 ≒ 353.02 \text{mg}$$

> **문제**
> 공기액화 분리장치에서 액화산소 35L 중 메탄 2g, 부탄 4g이 혼합되어 있을 때 탄화수소의 탄소질량을 구하고, 공기액화 분리장치의 운전은 어떻게 하여야 하는지 조치 방법을 쓰시오.
>
> (1) 탄화수소의 탄소질량 계산 :
> (2) 조치 방법 :

풀이 (1) 탄소질량 = $\dfrac{\left(\dfrac{12}{16}\times 2000\right)+\left(\dfrac{48}{58}\times 4000\right)}{\dfrac{35}{5}}=687.192 ≒ 687.19\,\text{mg}$

해답 (1) 687.19mg

(2) 탄화수소 중 탄소질량이 500mg을 넘으므로 운전을 중지하고 액화산소를 방출하여야 한다.

보충설명 문제에서 액화산소가 35L로 주어졌으므로 주어진 액화산소는 기준량 5L에 7배 $\left(\dfrac{35}{5}=7\right)$에 해당되는 양이며, 메탄 2g과 부탄 4g도 액화산소 기준량에 7배에 해당되는 양에 포함된 양이므로 계산된 탄소량을 7배로 나눠주면 액산 5L에 함유된 양이 됩니다. 탄화수소류의 질량 단위 중 1g은 1000mg에 해당됩니다.

$$\therefore 탄소질량 = \dfrac{A물질\ 중\ 탄소량 + B물질\ 중\ 탄소량}{액산\ 기준량의\ 배수}$$

$$= \dfrac{\left(\dfrac{12}{16}\times 2000\right)+\left(\dfrac{48}{58}\times 4000\right)}{\dfrac{35}{5}}=687.192 ≒ 687.19\,\text{mg}$$

3 단위정리가 이루어지지 않는 공식

계산공식에 적용하는 각 기호의 인자에 대한 각각의 단위를 정리하면 최종값 단위와 일치하는 것이 일반적인데 그렇지 않은 공식을 정리한 것입니다.

단위정리가 이루어지지 않는 공식이 존재하는 이유는 실험이나 경험 등에 의하여 만들어진 공식이 대부분이고 최종값의 오차를 보정하기 위하여 상수(C)값을 적용하는 것이 일반적입니다.

1 입상배관에 의한 압력손실

$$H = 1.293(S-1)h$$

여기서, H : 입상배관에 의한 압력손실(mmH$_2$O)
S : 가스의 비중
h : 입상높이(m)

※ 가스비중이 공기보다 작은 경우 "−" 값이 나오면 압력이 상승되는 것이다.

※ '1.293'은 공기의 밀도 $\left(\rho = \dfrac{M}{22.4} = \dfrac{28.965}{22.4} = 1.293\text{kg/m}^3\right)$이며, 공학단위가 기본으로 적용될 때 질량 1kg은 중량 1kgf으로 적용할 수 있었으므로 이것을 적용하면 최종값 단위는 'kg/m^2'으로 나오고 이것은 'mmH$_2$O'와 변환이 가능하다.

2 저압배관의 유량식

$$Q = K\sqrt{\dfrac{D^5 \cdot H}{S \cdot L}}$$

여기서, Q : 가스의 유량(m^3/h)
H : 압력손실(mmH$_2$O)
L : 관의 길이(m)
D : 관 안지름(cm)
S : 가스의 비중
K : 유량계수(폴의 상수 : 0.707)

3 중 · 고압배관의 유량식

$$Q = K\sqrt{\dfrac{D^5 \cdot (P_1^2 - P_2^2)}{S \cdot L}}$$

여기서, Q : 가스의 유량(m^3/h)
P_1 : 초압(kgf/cm^2 · a)
S : 가스의 비중
K : 유량계수(코크스의 상수 : 52.31)
D : 관 안지름(cm)
P_2 : 종압(kgf/cm^2 · a)
L : 관의 길이(m)

4 노즐에서의 가스분출량 계산식

$$Q = 0.011 K \cdot D^2 \cdot \sqrt{\frac{P}{d}} = 0.009 D^2 \cdot \sqrt{\frac{P}{d}}$$

여기서, Q : 분출가스량(m³/h) K : 유출계수(0.8)
D : 노즐의 지름(mm) d : 가스 비중
P : 노즐 직전의 가스압력(mmH₂O)

5 웨버지수

$$WI = \frac{H_g}{\sqrt{d}}$$

여기서, WI : 웨버지수
H_g : 도시가스의 총발열량(kcal/m³) d : 도시가스의 비중

※ 웨버지수는 단위가 없는 무차원수입니다.

6 연소기의 노즐 조정

$$\frac{D_2}{D_1} = \frac{\sqrt{WI_1\sqrt{P_1}}}{\sqrt{WI_2\sqrt{P_2}}}$$

여기서, D_1 : 변경 전 노즐 지름(mm) D_2 : 변경 후 노즐 지름(mm)
WI_1 : 변경 전 가스의 웨버지수 WI_2 : 변경 후 가스의 웨버지수
P_1 : 변경 전 가스의 압력(mmH₂O) P_2 : 변경 후 가스의 압력(mmH₂O)

7 배관의 스케줄 번호(schedule number)

$$\text{Sch No} = 10 \times \frac{P}{S}$$

여기서, P : 사용압력(kgf/cm²) S : 재료의 허용응력(kgf/mm²)

8 용접용기 동판 두께 산출식

$$t = \frac{P \cdot D}{2S \cdot \eta - 1.2P} + C$$

여기서, t : 동판의 두께(mm) P : 최고충전압력(MPa)
D : 안지름(mm) S : 허용응력(N/mm²)
η : 용접효율 C : 부식여유수치(mm)

☞ 단위가 정리되지 않는 공식을 몇 시간, 심한 경우 며칠씩이나 각각의 기호에 대입해 보고 정리가 되지 않아 고민하면서 금쪽과 같은 시간을 허비(虛費)하지 않기를 바랍니다.

2 간추린 가스 공식 100선(選)

1 온도

① $℃ = \dfrac{5}{9}(℉ - 32)$

② $℉ = \dfrac{5}{9}℃ + 32$

③ 절대온도

$K = ℃ + 273 \qquad °R = ℉ + 460$

2 압력

① 절대압력 = 대기압 + 게이지압력
      = 대기압 − 진공압력

② 압력환산

환산압력 = $\dfrac{\text{주어진 압력}}{\text{주어진 압력 표준대기압}} \times$ 구하려고 하는 표준대기압

> **참고**
> 1MPa = 10.1968kgf/cm² ≒ 10kgf/cm²
> 1kPa = 101.968mmH₂O ≒ 100mmH₂O

3 비열비

$k = \dfrac{C_p}{C_v} > 1$

$C_p - C_v = AR \qquad C_p = \dfrac{k}{k-1}AR \qquad C_v = \dfrac{1}{k-1}AR$

k : 비열비
C_p : 정압비열(kcal/kgf·℃)
C_v : 정적비열(kcal/kgf·℃)
A : 일의 열당량 $\left(\dfrac{1}{427}\text{kcal/kgf·m}\right)$
R : 기체상수 $\left(\dfrac{848}{M}\text{kgf·m/kg·K}\right)$

[SI 단위]

$C_p - C_v = R \qquad C_p = \dfrac{k}{k-1}R \qquad C_v = \dfrac{1}{k-1}R$

C_p : 정압비열(kJ/kg·℃)
C_v : 정적비열(kJ/kg·℃)
R : 기체상수 $\left(\dfrac{8.314}{M}\text{kJ/kg·K}\right)$

4 현열과 잠열

① 현열

$Q = G \cdot C \cdot \Delta t$

Q : 현열(kcal)
G : 물체의 중량(kgf)
C : 비열(kcal/kgf·℃)
Δt : 온도변화(℃)

② 잠열

$Q = G \cdot \gamma$

Q : 잠열(kcal)
G : 물체의 중량(kgf)
γ : 잠열량(kcal/kgf)

[SI 단위]

① 현열(감열)

$Q = m \cdot C \cdot \Delta t$

Q : 현열(kJ)
m : 물체의 질량(kg)
C : 비열(kJ/kg·℃)
Δt : 온도변화(℃)

② 잠열

$Q = m \cdot \gamma$

Q : 잠열(kJ)
m : 물체의 질량(kg)
γ : 잠열량(kJ/kg)

5 엔탈피

$$h = U + A \cdot P \cdot v$$

- h : 엔탈피(kcal/kgf)
- U : 내부에너지(kcal/kgf)
- A : 일의 열당량$\left(\dfrac{1}{427}\text{kcal/kgf}\cdot\text{m}\right)$
- P : 압력(kgf/m^2)
- v : 비체적(m^3/kgf)

[SI 단위]

$$h = U + P \cdot v$$

- h : 엔탈피(kJ/kg)
- U : 내부에너지(kJ/kg)
- P : 압력(kPa)
- v : 비체적(m^3/kg)

6 엔트로피

$$dS = \frac{dQ}{T} = U + \frac{A \cdot P \cdot v}{T}$$

- dS : 엔트로피 변화량(kcal/kgf·K)
- dQ : 열량변화(kcal/kgf)
- T : 그 상태의 절대온도(K)
- A : 일의 열당량$\left(\dfrac{1}{427}\text{kcal/kgf}\cdot\text{m}\right)$
- P : 압력(kgf/m^2)
- v : 비체적(m^3/kgf)

[SI 단위]

$$dS = \frac{dQ}{T} = U + \frac{P \cdot v}{T}$$

- dS : 엔트로피 변화량(kJ/kg·K)
- dQ : 열량변화(kJ/kg)
- T : 그 상태의 절대온도(K)
- P : 압력(kPa)
- v : 비체적(m^3/kg)

7 열평형 온도(열역학 제0법칙)

$$t_m = \frac{G_1 \cdot C_1 \cdot t_1 + G_2 \cdot C_2 \cdot t_2}{G_1 \cdot C_1 + G_2 \cdot C_2}$$

- t_m : 평균온도(℃)
- G_1, G_2 : 각 물질의 질량(kgf)
- C_1, C_2 : 각 물질의 비열(kcal/kgf·℃)
- t_1, t_2 : 각 물질의 온도(℃)

8 줄의 법칙

$$Q = A \cdot W \qquad W = J \cdot Q$$

- Q : 열량(kcal)
- W : 일량(kgf·m)
- A : 일의 열당량$\left(\dfrac{1}{427}\text{kcal/kgf}\cdot\text{m}\right)$
- J : 열의 일당량(427kgf·m/kcal)

[SI 단위]

$$Q = W$$

- Q : 열량(kJ)
- W : 일량(kJ)

9 비중

① 가스 비중

$$\text{가스 비중} = \frac{\text{기체분자량(질량)}}{\text{공기의 평균분자량(29)}}$$

② 액체 비중

$$\text{액체 비중} = \frac{t\text{℃의 물질의 밀도}}{4\text{℃물의 밀도}}$$

10 가스 밀도, 비체적

① 가스 밀도(g/L, kg/m^3) = $\dfrac{\text{분자량}}{22.4}$

② 가스비체적(L/g, m^3/kg) = $\dfrac{22.4}{\text{분자량}} = \dfrac{1}{\text{밀도}}$

11 보일-샤를의 법칙

① 보일의 법칙

$$P_1 \cdot V_1 = P_2 \cdot V_2$$

② 샤를의 법칙

$$\frac{V_1}{T_1} = \frac{V_2}{T_2}$$

③ 보일-샤를의 법칙

$$\frac{P_1 \cdot V_1}{T_1} = \frac{P_2 \cdot V_2}{T_2}$$

- P_1 : 변하기 전의 절대압력
- P_2 : 변한 후의 절대압력
- V_1 : 변하기 전의 부피
- V_2 : 변한 후의 부피
- T_1 : 변하기 전의 절대온도(K)
- T_2 : 변한 후의 절대온도(K)

12 이상기체 상태 방정식

① $PV = nRT \qquad PV = \frac{W}{M}RT \qquad PV = Z\frac{W}{M}RT$

- P : 압력(atm)
- V : 체적(L)
- n : 몰(mol) 수
- R : 기체상수(0.082 L·atm/mol·K)
- M : 분자량(g)
- W : 질량(g)
- T : 절대온도(K)
- Z : 압축계수

② $PV = GRT$

- P : 압력(kgf/m²·a)
- V : 체적(m³)
- G : 중량(kgf)
- T : 절대온도(K)
- R : 기체상수 $\left(\frac{848}{M}\text{kgf·m/kg·K}\right)$

[SI 단위]

$PV = GRT$

- P : 압력(kPa·a)
- V : 체적(m³)
- G : 중량(kg)
- T : 절대온도(K)
- R : 기체상수 $\left(\frac{8.314}{M}\text{kJ/kg·K}\right)$

13 실제기체 상태 방정식(Van der Walls식)

① 실제기체가 1mol의 경우

$$\left(P + \frac{a}{V^2}\right)(V - b) = RT$$

② 실제기체가 n[mol]의 경우

$$\left(P + \frac{n^2 \cdot a}{V^2}\right)(V - n \cdot b) = nRT$$

- a : 기체분자간의 인력(atm·L²/mol²)
- b : 기체분자 자신이 차지하는 부피(L/mol)

14 달톤의 분압법칙

$$P = P_1 + P_2 + P_3 + \cdots + P_n$$

- P : 전압
- P_1, P_2, P_3, P_n : 각 성분 기체의 압력

15 아메가의 분적법칙

$$V = V_1 + V_2 + V_3 + \cdots + V_n$$

- V : 전부피
- V_1, V_2, V_3, V_n : 각 성분 기체의 부피

16 전압

$$P = \frac{P_1V_1 + P_2V_2 + P_3V_3 + \cdots + P_nV_n}{V}$$

- P : 전압
- V : 전부피
- P_1, P_2, P_3, P_n : 각 성분 기체의 분압
- V_1, V_2, V_3, V_n : 각 성분 기체의 부피

17 분압

$$분압 = 전압 \times \frac{성분\ 몰수}{전\ 몰수}$$

$$= 전압 \times \frac{성분\ 부피}{전\ 부피}$$

$$= 전압 \times \frac{성분\ 분자수}{전\ 분자수}$$

18 혼합가스의 조성

① $mol(\%) = \dfrac{어느\ 성분\ 기체의\ mol수}{가스\ 전체의\ mol수}$

② 체적$(\%) = \dfrac{어느\ 성분\ 기체의\ 체적}{가스\ 전체의\ 체적}$

③ 중량$(\%) = \dfrac{어느\ 성분\ 기체의\ 중량}{가스\ 전체의\ 중량}$

19 혼합가스의 확산속도(그레이엄의 법칙)

$$\frac{U_2}{U_1} = \sqrt{\frac{M_1}{M_2}} = \frac{t_1}{t_2}$$

U_1, U_2 : 1번 및 2번 기체의 확산속도
M_1, M_2 : 1번 및 2번 기체의 분자량
t_1, t_2 : 1번 및 2번 기체의 확산시간

20 르샤틀리에의 법칙(폭발한계 계산)

$$\frac{100}{L} = \frac{V_1}{L_1} + \frac{V_2}{L_2} + \frac{V_3}{L_3} + \frac{V_4}{L_4} + \cdots$$

L : 혼합가스의 폭발한계치
V_1, V_2, V_3, V_4 : 각 성분 체적(%)
L_1, L_2, L_3, L_4 : 각 성분 단독의 폭발한계치

21 다공도 계산식

$$다공도(\%) = \frac{V-E}{V} \times 100$$

V : 다공물질의 용적(m^3)
E : 아세톤의 침윤 잔용적(m^3)
※ 다공도 기준 : 75~92% 미만

22 횡형 원통형 저장탱크

① 내용적 계산식

$$V = \frac{\pi}{4} D_1^2 L_1 + \frac{\pi}{12} D_1^2 \cdot L_2 \times 2$$

② 표면적 계산식

$$A = \pi D_2 L_1 + \frac{\pi}{4} D_2^2 \times 2$$

V : 저장탱크 내용적(m^3)
A : 저장탱크 표면적(m^2)
D_1 : 저장탱크 안지름(m)
D_2 : 저장탱크 바깥지름(m)
L_1 : 원통부의 길이(m)
L_2 : 경판의 길이(m)

23 구형(球形) 저장탱크 내용적 계산식

$$V = \frac{4}{3} \pi \cdot r^3 = \frac{\pi}{6} \cdot D^3$$

V : 구형 저장탱크의 내용적(m^3)
r : 구형 저장탱크의 반지름(m)
D : 구형 저장탱크의 지름(m)

24 집합공급 설비 용기 수 계산

① 피크 시 평균 가스소비량(kg/h)
  = 1일 1호당 평균 가스소비량(kg/day) × 세대수 × 피크 시의 평균 가스소비율

② 필요 최저 용기 수
  $= \dfrac{피크\ 시\ 평균\ 가스소비량(kg/h)}{피크\ 시\ 용기\ 가스발생능력(kg/h)}$

③ 2일분 용기 수 =
  $\dfrac{1일\ 1호당\ 평균가스소비량(kg/day) \times 2일 \times 세대수}{용기의\ 질량(크기)}$

④ 표준 용기 설치 수
  = 필요 최저 용기 수 + 2일분 용기 수

⑤ 2열 합계 용기 수 = 표준 용기 수 × 2

25 영업장의 용기 수 계산

$$\text{용기 수} = \frac{\text{최대소비수량(kg/h)}}{\text{표준가스 발생능력(kg/h)}}$$

26 용기 교환주기 계산

$$\text{교환주기} = \frac{\text{총 가스량}}{\text{1일 가스소비량}}$$

$$= \frac{\text{용기의 크기(kg)} \times \text{용기 수}}{\text{가스소비량(kg/h)} \times \text{연소기수} \times \text{1일 평균사용시간}}$$

27 입상배관에 의한 압력손실

$$H = 1.293(S-1)h$$

H : 입상배관에 의한 압력손실(mmH$_2$O)
S : 가스의 비중
h : 입상높이(m)

※ 가스 비중이 공기보다 작은 경우 "−" 값이 나오면 압력이 상승되는 것이다.

28 저압배관의 유량 결정

$$Q = K\sqrt{\frac{D^5 \cdot H}{S \cdot L}}$$

Q : 가스의 유량(m³/h)
D : 관 안지름(cm)
H : 압력손실(mmH$_2$O)
S : 가스의 비중
L : 관의 길이(m)
K : 유량계수(폴의 상수 : 0.707)

29 중·고압배관의 유량 결정

$$Q = K\sqrt{\frac{D^5 \cdot (P_1^2 - P_2^2)}{S \cdot L}}$$

Q : 가스의 유량(m³/h)
D : 관 안지름(cm)
P_1 : 초압(kgf/cm²·a)
P_2 : 종압(kgf/cm²·a)
S : 가스의 비중
L : 관의 길이(m)
K : 유량계수(코크스의 상수 : 52.31)

30 배관의 스케줄 번호(schedule number)

$$\text{Sch No} = 10 \times \frac{P}{S}$$

P : 사용압력(kgf/cm²)
S : 재료의 허용응력(kgf/mm²)

$$\left(S = \frac{\text{인장강도(kgf/mm}^2\text{)}}{\text{안전율(4)}}\right)$$

31 배관의 두께 계산

① 바깥지름과 안지름의 비가 1.2 미만인 경우

$$t = \frac{P \cdot D}{2 \cdot \frac{f}{S} - P} + C$$

② 바깥지름과 안지름의 비가 1.2 이상인 경우

$$t = \frac{D}{2}\left\{\sqrt{\frac{\frac{f}{S}+P}{\frac{f}{S}-P}} - 1\right\} + C$$

t : 배관의 두께(mm)
P : 상용압력(MPa)
D : 안지름에서 부식여유에 상당하는 부분을 뺀 수치(mm)
f : 재료의 인장강도(N/mm²) 또는 항복점(N/mm²)의 1.6배
C : 부식여유치(mm)
S : 안전율

32 열팽창에 의한 신축길이

$$\Delta L = L \cdot \alpha \cdot \Delta t$$

ΔL : 관의 신축길이(mm)
L : 관 길이(mm)
α : 선팽창계수(1.2×10⁻⁵/℃)
Δt : 온도차(℃)

33 원형관의 압력손실

① 다르시-바이스바하식

$$h_f = f \times \frac{L}{D} \times \frac{V^2}{2g}$$

② 패닝(Fanning)의 식

$$h_f = 4f \times \frac{L}{D} \times \frac{V^2}{2g}$$

- h_f : 손실수두(mH_2O)
- f : 관마찰계수
- L : 관길이(m)
- D : 관지름(m)
- V : 유체의 속도(m/s)
- g : 중력가속도($9.8m/s^2$)

34 노즐에서의 가스분출량 계산식

$$Q = 0.011 K \cdot D^2 \cdot \sqrt{\frac{P}{d}} = 0.009 D^2 \cdot \sqrt{\frac{P}{d}}$$

- Q : 분출가스량(m^3/h)
- K : 유출계수(0.8)
- D : 노즐의 지름(mm)
- d : 가스 비중
- P : 노즐 직전의 가스압력(mmH_2O)

35 가스홀더의 활동량(ΔV) 계산

$$\Delta V = V \times \frac{(P_1 - P_2)}{P_0} \times \frac{T_0}{T_1}$$

- ΔV : 가스홀더의 활동량(Nm^3)
- V : 가스홀더의 내용적(m^3)
- P_1 : 가스홀더의 최고사용압력($kgf/cm^2 \cdot a$)
- P_2 : 가스홀더의 최저사용압력($kgf/cm^2 \cdot a$)
- P_0 : 표준대기압($1.0332 kgf/cm^2$)
- T_0 : 표준상태의 절대온도(273K)
- T_1 : 가동상태의 절대온도(K)

36 가스홀더의 제조 능력

$$M = (S \times a - H) \times \frac{24}{t}$$

- M : 1일의 최대 필요 제조 능력
- S : 1일의 최대 공급량
- a : 17시~22시 공급률
- H : 가스홀더 활동량
- t : 시간당 공급량이 제조 능력보다도 많은 시간 (피크사용시간)

37 도시가스 월사용 예정량 산정식

$$Q = \frac{(A \times 240) + (B \times 90)}{11000}$$

- Q : 월사용 예정량(m^3)
- A : 공장 등 산업용 연소기 가스소비량 합계 (kcal/h)
- B : 음식점 등 영업용(산업용 외) 연소기 가스소비량 합계(kcal/h)

38 공기 희석 시 조정 발열량

$$Q_2 = \frac{Q_1}{1+x}$$

- Q_2 : 조정된 발열량($kcal/m^3$)
- Q_1 : 변경 전 발열량($kcal/m^3$)
- x : 희석배수(공기량 : m^3)

39 웨버지수

$$WI = \frac{H_g}{\sqrt{d}}$$

- H_g : 도시가스의 총발열량($kcal/m^3$)
- d : 도시가스의 비중

40 연소속도 지수

$$C_p = K \times \frac{1.0H_2 + 0.6(CO + C_mH_n) + 0.3CH_4}{\sqrt{d}}$$

H_2 : 가스 중의 수소 함량(vol%)
CO : 가스 중의 일산화탄소 함량(vol%)
C_mH_n : 가스 중의 탄화수소의 함량(vol%)
d : 가스의 비중
K : 가스 중의 산소 함량에 따른 정수

41 연소기의 노즐 조정

$$\frac{D_2}{D_1} = \frac{\sqrt{WI_1}\sqrt{P_1}}{\sqrt{WI_2}\sqrt{P_2}}$$

D_1 : 변경 전 노즐 지름(mm)
D_2 : 변경 후 노즐 지름(mm)
WI_1 : 변경 전 가스의 웨버지수
WI_2 : 변경 후 가스의 웨버지수
P_1 : 변경 전 가스의 압력(mmH_2O)
P_2 : 변경 후 가스의 압력(mmH_2O)

42 왕복동형 압축기 피스톤 압출량

① 이론적 피스톤 압출량

$$V = \frac{\pi}{4} \cdot D^2 \cdot L \cdot n \cdot N \cdot 60$$

② 실제적 피스톤 압출량

$$V' = \frac{\pi}{4} \cdot D^2 \cdot L \cdot n \cdot N \cdot 60 \cdot \eta_v$$

V : 이론적인 피스톤 압출량(m³/h)
V' : 실제적인 피스톤 압출량(m³/h)
D : 피스톤 지름(m)
L : 행정거리(m)
n : 기통수
N : 분당 회전수(rpm)
η_v : 체적효율(%)

43 회전식 압축기 피스톤 압출량

$$V = 60 \times 0.785 \cdot t \cdot N \cdot (D^2 - d^2)$$

V : 피스톤 압출량(m³/h)
t : 회전 피스톤의 가스 압축부분의 두께(m)
N : 회전 피스톤의 회전수(rpm)
D : 피스톤 기통의 안지름(m)
d : 회전 피스톤의 바깥지름(m)

44 나사식 압축기 토출량

$$Q_{th} = C_v \cdot D^2 \cdot L \cdot N$$

Q_{th} : 이론 토출량(m³/min)
D : 암로터의 지름(m)
L : 로터의 길이(m)
N : 숫로터의 회전수(rpm)
C_v : 로터 모양에서 결정되는 상수

45 압축비

① 1단 압축비   ② 다단 압축비

$$a = \frac{P_2}{P_1} \qquad a^m = \sqrt[n]{\frac{P_2}{P_1}}$$

P_1 : 흡입압력(절대압력)
P_2 : 최종압력(절대압력)
n : 단수

46 압축기 효율

① 체적효율(%)

$$\eta_v = \frac{\text{실제적 피스톤 압출량}}{\text{이론적 피스톤 압출량}} \times 100$$

② 압축효율(%)

$$\eta_c = \frac{\text{이론동력}}{\text{실제소요동력(지시동력)}} \times 100$$

③ 기계효율(%)

$$\eta_m = \frac{\text{실제적 소요동력(지시동력)}}{\text{축동력}} \times 100$$

47 펌프 효율

① 체적효율(%)

$$\eta_v = \frac{\text{실제적 흡출량}}{\text{이론적 흡출량}} \times 100$$

② 수력효율(%)

$$\eta_h = \frac{\text{최종 압력 증가량}}{\text{평균 유효 압력}} \times 100$$

③ 기계효율(%)

$$\eta_m = \frac{\text{실제적 소용 동력(지시 동력)}}{\text{축동력}} \times 100$$

④ 펌프의 전효율

$$\eta = \frac{L_w}{L_s} = \eta_v \times \eta_h \times \eta_m$$

- η : 펌프의 전효율
- L_w : 수동력
- L_s : 축동력
- η_v : 체적효율
- η_h : 수력효율
- η_m : 기계효율

48 비교회전도(비속도)

$$N_s = \frac{N\sqrt{Q}}{\left(\frac{H}{n}\right)^{\frac{3}{4}}}$$

- N_s : 비교회전도(비속도)(rpm·m³/min·m)
- N : 회전수(rpm)
- H : 양정(m)
- Q : 풍량(m³/min)
- n : 단수

49 전동기(motor) 회전수

$$N = \frac{120f}{P} \times \left(1 - \frac{s}{100}\right)$$

- N : 전동기 회전수(rpm)
- f : 주파수(Hz)
- P : 극수
- s : 미끄럼률

50 압축기 축동력

① PS(미터마력)   ② kW

$$\text{PS} = \frac{P \cdot Q}{75\eta} \qquad \text{kW} = \frac{P \cdot Q}{102\eta}$$

- P : 토출압력(kgf/m²)
- Q : 유량(m³/s)
- η : 효율

51 펌프의 축동력

① PS(미터마력)   ② kW

$$\text{PS} = \frac{\gamma \cdot Q \cdot H}{75\eta} \qquad \text{kW} = \frac{\gamma \cdot Q \cdot H}{102\eta}$$

- γ : 액체의 비중량(kgf/m³)
- Q : 유량(m³/s)
- H : 전양정(m)
- η : 효율

52 원심펌프 상사법칙

① 유량

$$Q_2 = Q_1 \times \left(\frac{N_2}{N_1}\right) \times \left(\frac{D_2}{D_1}\right)^3$$

② 양정

$$H_2 = H_1 \times \left(\frac{N_2}{N_1}\right)^2 \times \left(\frac{D_2}{D_1}\right)^2$$

③ 동력

$$L_2 = L_1 \times \left(\frac{N_2}{N_1}\right)^3 \times \left(\frac{D_2}{D_1}\right)^5$$

- Q_1, Q_2 : 변경 전, 후의 유량
- H_1, H_2 : 변경 전, 후의 양정
- L_1, L_2 : 변경 전, 후의 동력
- N_1, N_2 : 변경 전, 후의 임펠러 회전수
- D_1, D_2 : 변경 전, 후의 임펠러 지름

53 응력(stress)

$$\sigma = \frac{W}{A}$$

- σ : 응력(kgf/cm^2)
- W : 하중(kgf)
- A : 단면적(cm^2)

① 원주방향 응력 ② 축방향 응력

$$\sigma_A = \frac{PD}{2t} \qquad \sigma_B = \frac{PD}{4t}$$

- σ_A : 원주방향 응력(kgf/cm^2)
- σ_B : 축방향 응력(kgf/cm^2)
- P : 사용압력(kgf/cm^2)
- D : 안지름(mm)
- t : 두께(mm)

③ 인장하중에 의한 응력

$$\sigma = \frac{\varepsilon \times \Delta L}{L}$$

- σ : 응력(kgf/cm^2)
- ε : 영률(kgf/cm^2)
- ΔL : 늘어난 길이(cm)
- L : 길이(cm)

※ 충격하중에 의한 응력은 인장하중에 의한 응력의 2배이다.

54 용기 두께 산출식

① 용접 용기 동판 두께 산출식

$$t = \frac{P \cdot D}{2S \cdot \eta - 1.2P} + C$$

- t : 동판의 두께(mm)
- P : 최고충전압력(MPa)
- D : 안지름(mm)
- S : 허용응력(N/mm^2)
- η : 용접효율
- C : 부식여유수치(mm)

② 산소 용기 두께 산출식

$$t = \frac{P \cdot D}{2S \cdot E}$$

- t : 두께(mm)
- P : 최고충전압력(MPa)
- D : 바깥지름(mm)
- S : 인장강도(N/mm^2)
- E : 안전율

③ 프로판 용기 두께 산출식

$$t = \frac{P \cdot D}{0.5S \cdot \eta - P} + C$$

- t : 동판의 두께(mm)
- P : 최고충전압력(MPa)
- D : 안지름(mm)
- S : 인장강도(N/mm^2)
- η : 용접효율
- C : 부식여유수치(mm)

④ 염소 용기 두께 산출식

$$t = \frac{P \cdot D}{2S}$$

- t : 동판의 두께(mm)
- P : 증기압력(MPa)
- D : 바깥지름(mm)
- S : 인장강도(N/mm^2)

⑤ 구형 가스홀더 두께 산출식

$$t = \frac{P \cdot D}{4f \cdot \eta - 0.4P} + C$$

- t : 동판의 두께(mm)
- P : 최고충전압력(MPa)
- D : 안지름(mm)
- f : 허용응력(N/mm^2)
- η : 용접효율
- C : 부식여유수치(mm)

55 저장능력 산정식

① 압축가스의 저장탱크 및 용기

$$Q = (10P + 1) \cdot V_1$$

② 액화가스 저장탱크

$$W = 0.9d \cdot V_2$$

③ 액화가스 용기(충전용기, 탱크로리)

$$W = \frac{V_2}{C}$$

- Q : 저장능력(m^3)
- P : 35℃에서 최고충전압력(MPa)
- V_1 : 내용적(m^3)
- V_2 : 내용적(L)
- W : 저장능력(kg)
- d : 액화가스의 비중
- C : 액화가스 충전상수
  (C_3H_8 : 2.35, C_4H_{10} : 2.05, NH_3 : 1.86)

56 안전공간 계산

$$Q = \frac{V-E}{V} \times 100$$

- Q : 안전공간(%)
- V : 저장시설의 내용적
- E : 액화가스의 부피

57 항구(영구)증가율(%) 계산

$$\text{항구(영구)증가율(\%)} = \frac{\text{항구증가량}}{\text{전증가량}} \times 100$$

58 비수조식 내압시험장치 전증가량 계산

$$\Delta V = (A-B) - \{(A-B)+V\} \times P \times \beta$$

- ΔV : 전증가량(cm³)
- V : 용기 내용적(cm³)
- P : 내압시험압력(MPa)
- A : 내압시험압력 P에서의 압입수량(수량계의 물 강하량)(cm³)
- B : 내압시험압력 P에서의 수압펌프에서 용기까지의 연결관에 압입된 수량(용기 이외의 압입수량)(cm³)
- β : 내압시험 시 물의 온도에서 압축계수
- t : 내압시험 시 물의 온도(℃)

59 온도변화에 의한 액화가스의 액팽창량

$$\Delta V = V \cdot \alpha \cdot \Delta t$$

- ΔV : 액팽창량(L)
- V : 액화가스의 체적(L)
- α : 액팽창계수(℃)
- Δt : 온도변화(℃)

60 압력변화에 의한 액변화량

$$\Delta V = V_0 \cdot \beta \cdot \Delta P$$

- ΔV : 가압한 물의 체적변화량(L)
- V_0 : 내용적+가압한 물의 양(L)
- β : 압축계수(atm)
- ΔP : 압력변화(atm)

61 초저온 용기의 단열성능시험 (침입열량 계산식)

$$Q = \frac{W \cdot q}{H \cdot \Delta t \cdot V}$$

- Q : 침입열량(J/h·℃·L)
- W : 측정 중의 기화가스량(kg)
- q : 시험용 액화가스의 기화잠열(J/kg)
- H : 측정시간(h)
- Δt : 시험용 액화가스의 비점과 외기와의 온도차(℃)
- V : 용기 내용적(L)

62 안전밸브 작동압력

$$P = \text{내압시험압력} \times \frac{8}{10} \text{ 이하}$$

내압시험압력 = 상용압력 × 1.5배
(단, 설비, 장치, 배관의 경우만 해당)

63 안전밸브 분출면적

$$a = \frac{W}{230P\sqrt{\dfrac{M}{T}}}$$

- a : 분출부 유효면적(cm²)
- W : 시간당 분출가스량(kg/h)
- P : 분출압력(kgf/cm²·a)
- M : 가스 분자량
- T : 분출직전 가스의 절대온도(K)

64 압력용기 안전밸브 지름

$$d = C\sqrt{\left(\frac{D}{100}\right) \times \left(\frac{L}{1000}\right)}$$

- d : 안전밸브 지름(mm)
- C : 가스 정수
- D : 압력용기 바깥지름(mm)
- L : 압력용기 길이(mm)

65 용기 내장형 가스난방기용 용기밸브 안전밸브 분출량

$Q = 0.0278 P \cdot W$

Q : 분출량(m^3/min) W : 용기 내용적(L)
P : 작동절대압력(MPa)

66 충전용기 시험압력

① 최고충전압력(FP)
  ㉮ 압축가스 용기 : 35℃ 최고충전압력
  ㉯ 아세틸렌 용기 : 15℃에서 최고압력
  ㉰ 초저온, 저온 용기 : 상용압력 중 최고압력
  ㉱ 액화가스 용기 : TP × $\frac{3}{5}$ 배

② 기밀시험압력(AP)
  ㉮ 압축가스 용기 : 최고충전압력(FP)
  ㉯ 아세틸렌 용기 : FP × 1.8배
  ㉰ 초저온, 저온 용기 : FP × 1.1배
  ㉱ 액화가스 용기 : 최고충전압력(FP)

③ 내압시험압력(TP)
  ㉮ 압축가스 용기 : FP × $\frac{5}{3}$ 배
  ㉯ 아세틸렌 용기 : FP × 3배
  ㉰ 재충전 금지 용기 압축가스 : FP × $\frac{5}{4}$ 배
  ㉱ 초저온, 저온 용기 : FP × $\frac{5}{3}$ 배
  ㉲ 액화가스 용기 : 액화가스 종류별로 규정된 압력

67 연소기 효율

$\eta(\%) = \dfrac{\text{유효하게 이용된 열량}}{\text{공급열량}} \times 100$

$= \dfrac{G \cdot C \cdot \Delta t}{G_f \cdot H_l} \times 100$

η : 연소기 효율(%) G : 온수량(kg)
C : 온수 비열(kcal/kgf·℃)
Δt : 온도차(℃) G_f : 연료사용량(kgf)
H_l : 연료의 저위발열량(kcal/kgf)

68 냉동능력 산정식

$R = \dfrac{V}{C}$

R : 1일의 냉동능력(톤)
V : 피스톤 압출량(m^3/h)
C : 냉매에 따른 정수

69 냉동기 성적계수

① 이론 성적계수

$= \dfrac{\text{증발절대온도}}{\text{응축절대온도} - \text{증발절대온도}}$

$= \dfrac{\text{냉동력(kcal/kgf)}}{\text{이론적 소요동력}}$

$= \dfrac{Q_2}{Q_1 - Q_2} = \dfrac{T_2}{T_1 - T_2}$

② 실제 성적계수

$= \dfrac{\text{증발열량}}{\text{압축열량}} = \dfrac{\text{냉동력(kcal/kgf)}}{\text{압축기 소요동력} \times 860}$

= 이론성적계수 × 압축효율 × 기계효율
$= \varepsilon \times \eta_c \times \eta_m$

70 자연배기식 배기통 높이

$h = \dfrac{0.5 + 0.4n + 0.1L}{\left(\dfrac{1000A_v}{6Q}\right)^2}$

h : 배기통의 높이(m)
n : 배기통의 굴곡수
L : 역풍방지장치 개구부 하단부로부터 배기통 끝의 개구부까지의 전길이(m)
A_v : 배기통의 유효단면적(cm^2)
Q : 가스소비량(kcal/h)

71 배기통 유효단면적

$A = \dfrac{20 \cdot q \cdot Q}{1400\sqrt{H}}$

A : 배기통 유효단면적(m^2)
q : 연료 1kg당 이론폐가스량(m^3/kg)
Q : 연소기구 가스소비량(kg/h)
H : 배기통의 높이(m)

72 환풍기에 의한 유효환기량

$Q = 20K \cdot H$

Q : 유효환기량(m³/h)
K : 상수
H : 가스소비량(m³/h)

73 공동·반밀폐식·강제배기식 연돌의 유효단면적

$A = Q \times 0.6 \times K \times F + P$

A : 연돌의 유효단면적(mm²)
Q : 가스보일러의 가스소비량 합계(kcal/h)
K : 형상계수
F : 가스보일러의 동시 사용률
P : 배기통의 수평투영면적(mm²)

74 폭발방지장치 후프링 접촉압력

$P = \dfrac{0.01Wh}{D \times b} \times C$

P : 접촉압력(MPa)
Wh : 폭발방지제의 중량+지지봉의 중량+후프링의 자중(N)
D : 동체의 안지름(cm)
b : 후프링의 접촉폭(cm)
C : 안전율(4)

75 액화천연가스 안전거리

$L = C \times \sqrt[3]{143000W}$

L : 안전거리(m)
W : 저압 지하식 저장탱크는 저장능력(톤)의 제곱근, 그 밖의 것은 그 시설 안의 액화천연가스 질량(톤)
C : 상수(저압 지하식 저장탱크 : 0.240, 그 밖의 설비 : 0.576)

76 자유 피스톤형 압력계

$P = \left\{ \dfrac{W+W'}{a} \right\} \times P_1$

P : 압력(kgf/cm²·a)
W : 추의 무게(kg)
W' : 피스톤의 두께(kg)
a : 피스톤의 단면적(cm²)
P_1 : 대기압(kgf/cm²)

77 U자형 액주형 압력

$P_2 = P_1 + \gamma \cdot h$

P_2 : 측정 절대압력(mmH₂O, kgf/m²)
P_1 : 대기압(mmH₂O, kgf/m²)
γ : 액체의 비중량(kgf/m³)
h : 액주 높이(m)

78 유량 계산

① 체적유량 : $Q = A \cdot V$
② 중량유량 : $G = \gamma \cdot A \cdot V$
③ 질량유량 : $M = \rho \cdot A \cdot V$

Q : 체적유량(m³/s)
G : 중량유량(kgf/s)
M : 질량유량(kg/s)
γ : 비중량(kgf/m³)
ρ : 밀도(kg/m³)
A : 단면적(m²)
V : 유속(m/s)

79 베르누이 방정식

$H = h_1 + \dfrac{P_1}{\gamma} + \dfrac{V_1^2}{2g} = h_2 + \dfrac{P_2}{\gamma} + \dfrac{V_2^2}{2g}$

H : 전수두(m)
h_1, h_2 : 위치수두
$\dfrac{P_1}{\gamma}, \dfrac{P_2}{\gamma}$: 압력수두
$\dfrac{V_1^2}{2g}, \dfrac{V_2^2}{2g}$: 속도수두

80 차압식 유량계 유량 계산

$$Q = CA\frac{1}{\sqrt{1-m^2}} \times \sqrt{2g\frac{P_1-P_2}{\gamma}}$$

$$= CA\frac{1}{\sqrt{1-m^2}} \times \sqrt{2gh\frac{\gamma_m-\gamma}{\gamma}}$$

Q : 유량(m^3/s) C : 유량계수
A : 단면적(m^2) g : 중력가속도($9.8m/s^2$)
m : 교축비$\left(\frac{D_2^2}{D_1^2}\right) = \left(\frac{D_2}{D_1}\right)^2$
h : 마노미터(액주계) 높이차(m)
P_1 : 교축기구 입구측 압력(kgf/m^2)
P_2 : 교축기구 출구측 압력(kgf/m^2)
γ_m : 마노미터 액체 비중량(kgf/m^3)
γ : 유체의 비중량(kgf/m^3)

81 피토관 유량계 유량 계산

$$Q = CA\sqrt{2g \times \frac{P_t-P_s}{\gamma}} = CA\sqrt{2gh \times \frac{\gamma_m-\gamma}{\gamma}}$$

Q : 유량(m^3/s) C : 유량계수
A : 단면적(m^2) g : 중력가속도($9.8m/s^2$)
P_t : 전압(kgf/m^2)
P_s : 정압(kgf/m^2)
h : 마노미터(액주계) 높이 차(m)
γ_m : 마노미터 액체 비중량(kgf/m^3)
γ : 유체의 비중량(kgf/m^3)

82 오차

$$오차율(\%) = \frac{측정값-참값}{측정값(또는 참값)} \times 100$$

83 기차

$$E = \frac{I-Q}{I} \times 100$$

E : 기차(%)
I : 시험용 미터의 지시량
Q : 기준미터의 지시량

84 감도

$$감도 = \frac{지시량 변화}{측정량 변화}$$

85 비례대

$$비례대(\%) = \frac{동작 신호폭(측정 온도차)}{조절기 눈금} \times 100$$

86 정량분석 체적

$$V_0 = \frac{V(P-P') \times 273}{760 \times (273+t)}$$

V_0 : 표준상태의 체적
V : 분석 측정시의 가스체적
P : 대기압(mmHg)
P' : $t°C$의 가스봉액의 증기압(mmHg)
t : 분석 측정시의 온도(°C)

87 가스크로마토그래피 관련식

① 지속 용량

$$지속 용량 = \frac{유량 \times 피크길이}{기록지 속도}$$

② 이론단 수

$$N = 16 \times \left\{\frac{Tr}{W}\right\}^2$$

N : 이론단 수
Tr : 시료 도입점으로부터 피크 최고점까지 길이 (mm)
W : 봉우리 폭(mm)

③ 이론단 높이

$$이론단 높이 = \frac{L}{N}$$

L : 분리관 길이(mm)
N : 이론단 수

88 폭발범위 계산 (Lennard Jones식)

① 폭발범위 하한값

$$x_1 = 0.55 x_0$$

② 폭발범위 상한값

$$x_2 = 4.8\sqrt{x_0}$$

$$x_0 = \frac{1}{1+\dfrac{n}{0.21}} \times 100 = \frac{0.21}{0.21+n} \times 100$$

n : 완전연소 반응식에서 산소 몰(mol)

89 위험도 계산

$$H = \frac{U-L}{L}$$

H : 위험도
U : 폭발범위 상한값
L : 폭발범위 하한값

90 탄화수소의 완전연소 반응식

$$C_m H_n + \left(m + \frac{n}{4}\right) O_2 \rightarrow m CO_2 + \frac{n}{2} H_2O$$

91 고체, 액체 연료의 이론산소량(O_0), 이론공기량(A_0) 계산

$$O_0\,[\text{kg/kg}] = 2.67C + 8\left(H - \frac{O}{8}\right) + 1S$$

$$O_0\,[\text{Nm}^3/\text{kg}] = 1.867C + 5.6\left(H - \frac{O}{8}\right) + 0.7S$$

$$A_0\,[\text{kg/kg}] = \frac{O_0}{0.232}$$

$$A_0\,[\text{Nm}^3/\text{kg}] = \frac{O_0}{0.21}$$

C : 탄소함유량
H : 수소함유량
O : 산소함유량
S : 황 함유량

92 공기비 관련 공식

① 공기비(과잉공기계수)

$$m = \frac{A}{A_0} = \frac{A_0 + B}{A_0} = 1 + \frac{B}{A_0}$$

② 과잉공기량(B)

$$B = A - A_0 = (m-1)A_0$$

③ 과잉공기율(%)

$$\% = \frac{B}{A_0} \times 100 = \frac{A - A_0}{A_0} \times 100$$
$$= (m-1) \times 100$$

④ 과잉공기비 $= m - 1$

93 배기가스 분석에 의한 공기비 계산

① 완전연소

$$m = \frac{N_2}{N_2 - 3.76 O_2}$$

② 불완전연소

$$m = \frac{N_2}{N_2 - 3.76(O_2 - 0.5CO)}$$

N_2 : 질소함유율(%)
O_2 : 산소함유율(%)
CO : 일산화탄소 함유율(%)

94 발열량 계산

① 고위발열량

$$H_h = H_l + 600(9H - W)$$

② 저위발열량

$$H_l = H_h - 600(9H + W)$$

H : 수소함유량
W : 수분함유량

95 화염온도

① 이론 연소온도

$$t = \frac{H_l}{G \times C_p}$$

② 실제 연소온도

$$t_2 = \frac{H_l + 공기현열 - 손실열량}{G_s \times C_p} + t_1$$

t : 이론 연소온도(℃)
t_2 : 실제 연소온도(℃)
t_1 : 기준온도(℃)
H_l : 연료의 저위발열량(kcal)
G : 이론 연소가스량(Nm³/kgf)
C_p : 연소가스의 정압비열(kcal/Nm³·℃)
G_s : 실제 연소가스량(Nm³/kgf)

96 열기관 효율

$$\eta = \frac{AW}{Q_1} \times 100$$
$$= \frac{Q_1 - Q_2}{Q_1} \times 100 = \left(1 - \frac{Q_2}{Q_1}\right) \times 100$$
$$= \frac{T_1 - T_2}{T_1} \times 100 = \left(1 - \frac{T_2}{T_1}\right) \times 100$$

η : 열기관 효율(%)
AW : 유효일의 열당량(kcal)
Q_1 : 공급열량(kcal)
Q_2 : 방출열량(kcal)
T_1 : 작동 최고온도(K)
T_2 : 작동 최저온도(K)

97 냉동기 성적계수

$$COP_R = \frac{Q_2}{AW} = \frac{Q_2}{Q_1 - Q_2} = \frac{T_2}{T_1 - T_2}$$

98 히트펌프 성적계수

$$COP_H = \frac{Q_1}{AW} = \frac{Q_1}{Q_1 - Q_2}$$
$$= \frac{T_1}{T_1 - T_2} = 1 + COP_R$$

99 레이놀즈수(Reynolds number)

$$Re = \frac{\rho \cdot D \cdot V}{\mu} = \frac{D \cdot V}{\nu} = \frac{4Q}{\pi \cdot D \cdot \nu}$$

ρ : 밀도(kg/m³)
D : 관지름(m)
V : 유속(m/s)
μ : 점성계수(kg/m·s)
ν : 동점성계수(m²/s)
Q : 유량(m³/s)

100 마하수

$$M = \frac{V}{C} = \frac{V}{\sqrt{k \cdot g \cdot R \cdot T}}$$

V : 물체의 속도(m/s)
C : 음속(m/s)
k : 비열비
g : 중력가속도(9.8m/s²)
R : 기체상수$\left(\frac{848}{M} \text{kgf·m/kg·K}\right)$
T : 절대온도(K)

[SI단위]

$$C = \sqrt{k \cdot R \cdot T}$$

R : 기체상수$\left(\frac{8314}{M} \text{J/kg·K}\right)$

독학으로 **준**비하는 **수**험서!
가스산업기사 실기

2025년 1월 10일 인쇄
2025년 1월 15일 발행

저자 : 서상희
펴낸이 : 이정일

펴낸곳 : 도서출판 **일진사**
www.iljinsa.com

04317 서울시 용산구 효창원로 64길 6
대표전화 : 704-1616, 팩스 : 715-3536
등록번호 : 제1979-000009호(1979.4.2)

값 79,000원

ISBN : 978-89-429-1985-7

* 이 책에 실린 글이나 사진은 문서에 의한 출판사의 동의 없이 무단 전재·복제를 금합니다.